信息技术和电气工程学科国际知名教材中译本系列

Dynamic Programming and Optimal Control
—— Approximate Dynamic Programming (II)

动态规划与最优控制
——近似动态规划
（第II卷）

[美] 德梅萃·P. 博塞克斯 (Dimitri P. Bertsekas)　著

贾庆山 (Jia Qingshan)　译

U0286847

清华大学出版社
北京

北京市版权局著作权合同登记号 图字：01-2016-5735

图书在版编目（CIP）数据

动态规划与最优控制：近似动态规划. 第 II 卷 / (美)德梅萃·P. 博塞克斯（Dimitri P. Bertsekas）著；贾庆山译. —北京：清华大学出版社，2021.1（2024.11重印）
（信息技术和电气工程学科国际知名教材中译本系列）
书名原文：Dynamic Programming and Optimal Control—Approximate Dynamic Programming
ISBN 978-7-302-56146-0

Ⅰ. ①动… Ⅱ. ①德… ②贾… Ⅲ. ①动态规划–教材 Ⅳ. ①TP13

中国版本图书馆 CIP 数据核字(2020)第 142821 号

责任编辑：王一玲 李 晔
封面设计：常雪影
责任校对：李建庄
责任印制：宋 林

出版发行：清华大学出版社
　　　　网　　　址：https://www.tup.com.cn, https://www.wqxuetang.com
　　　　地　　　址：北京清华大学学研大厦 A 座　　　　邮　　编：100084
　　　　社 总 机：010-83470000　　　　邮　　购：010- 62786544
　　　　投稿与读者服务：010-62776969, c-service@tup.tsinghua.edu.cn
　　　　质 量 反 馈：010-62772015, zhiliang@tup.tsinghua.edu.cn
　　　　课 件 下 载：https://www.tup.com.cn, 010-83470236
印 装 者：三河市君旺印务有限公司
经　　销：全国新华书店
开　　本：203mm×260mm　　印　张：31.5　　字　数：841 千字
版　　次：2021 年 2 月第 1 版　　印　次：2024 年 11 月第 4 次印刷
印　　数：2701～2900
定　　价：129.00 元

产品编号：057229-01

◀ 关于作者 ▶

Dimitri Bertsekas 曾在希腊国立雅典技术大学学习机械与电机工程,之后从麻省理工学院获得系统科学博士学位。曾先后在斯坦福大学工程与经济系统系和伊利诺伊大学香槟分校的电机工程系任教。1979 年以来,他一直在麻省理工学院电机工程与计算机科学系任教,现任麦卡菲工程教授。其研究涉及多个领域,包括优化、控制、大规模计算和数据通信网络,并与其教学和著书工作联系紧密。他已撰写 14 本著作以及众多论文,其中数本著作在麻省理工学院被用作教材。他与动态规划之缘始于博士论文的研究,并通过学术论文、多本教材和学术专著一直延续至今。

Bertsekas 教授因其著作《神经元动态规划》(与 John Tsitsiklis 合著)荣获 1997 年 INFORMS 授予的运筹学与计算机科学交叉领域的杰出研究成果奖、2000 年希腊运筹学国家奖、2001 年美国控制会议 John R. Ragazzini 奖以及 2009 年 INFORMS Expository 写作奖。2001 年,他因为 "基础性研究、实践并教育优化/控制理论,特别是在数据通信网络中的应用" 当选美国工程院院士。

Bertsekas 博士近些年出版的书包括《概率导论》第二版(2008 年与 John Tsitsiklis 合著)和《凸优化理论》(2009),均由雅典娜科学出版社出版。

这是第 II 卷的一次重要修订，增加了大量新内容，并对原有内容进行了重新组织。与第三版相比，篇幅增加了逾 60%，大部分原有内容被重新组织并/或修订。第 II 卷现在超过 700 页，在篇幅上超过了第 I 卷。这几乎可以被视为一本新书!

近似动态规划已成为第 II 卷的核心内容，占据全书超过一半的内容（最后两章的全部以及第 1~3 章的大部分内容）。所以，第 II 卷可被视作我 1996 年的《神经元动态规划》一书（与 John Tsitsiklis 合著）的续作。现在这本书着重关注 1996 年之后新的研究成果。另一方面，本书保留了作为教科书的体系，一些内容以形象的甚至是不严格的程度来解释，并引用期刊论文或《神经元动态规划》一书参考更数学化的处理。

在扩展与重新组织的过程中，本书的结构变得更加模块化，更适合课堂教学的使用。可在一学期约三分之一至一半时间内讲完核心内容，包括第 1 章（除了 1.3 节、1.4 节与特定应用对应的内容），第 2 章和第 6 章合在一起自成体系。这些内容集中在折扣问题，可通过第 3 章和 7.1 节的随机最短路问题的内容进行补充。实际上，这构成了我在麻省理工学院的课堂上讲授的内容的一半（剩下的一半来自第 I 卷，包括那一卷的第 6 章，讨论有限阶段近似动态规划问题）。在第 5 章、7.2 节、7.4 节中的平均费用问题的内容，正和负动态规划模型的高级内容（7.3 节）是最后的内容，可由教师根据实际情况选用。

因为本书的重点发生了转移，我将更多的重心放在新近的研究成果上，包括近似动态规划和基于仿真的方法，还包括异步迭代方法，这一方法以仿真为中心视角，因为仿真是天然异步的。许多这些内容源自从前一版发行以来六年时间里我自己以及合作的研究内容。其中一些重点，按照在文中出现的顺序，如下：

(1) 一般的折扣动态规划问题的计算方法（2.5 节和 2.6 节），包括 2.5 节中近似涉及的误差界，2.6.2 节和 2.6.3 节中的异步乐观策略迭代方法，以及在博弈与极小极大问题，约束策略迭代和 Q-学习中的应用。

(2) 涉及不合适策略随机最短路问题的策略迭代方法（包括异步乐观的版本）（3.4 节）。

(3) 在 6.3 节 ~6.6 节中的多种基于仿真的近似值迭代和近似策略迭代方法的大量新增内容。

(4) 乐观策略迭代新的可靠的 Q-学习算法（2.6.3 节和 6.6.2 节）。

(5) 多步方法的新的仿真技术，比如几何采样和自由形式采样（6.4.1 节和 7.3.3 节）。

(6) 7.3 节中蒙特卡罗线性代数的大量新增内容（主要是大规模线性方程的基于仿真和近似的求解），这部分内容扩展了近似策略评价的动态规划方法。

(1)~(5) 中的许多研究内容基于我与 Janey (Huizhen) Yu 的工作，而 (6) 中的大部分研究是基于我与 Janey Yu 和 Mengdi Wang 的工作。我与 Janey 和 Mengdi 的合作对本书有重要影响，在此深表感谢。我们的一些工作只以总结形式涉及，并稍作修改以适应本书的体系与目的；自然地，其表述上的不足应由我承担全部责任。请读者参阅我们的合作以及各自的学术论文，那里更全面地描述了我们的研究，包括本书不能涵盖的内容。

我向在近似动态规划的研究中合作的同事一并致谢，他们以不同形式为这本书做出了贡献，特别是 Vivek Borkar、Angelia Nedic 和 Ben Van Roy。特别感谢 John Tsitsiklis，我与他在动态规划与异步算法上有着逾三十年的交流与合作。我还想感谢来自许多同事的有益的交流，包括 Vivek Farias、Eugene Feinberg、Warren Powell、Martin Puterman、Uriel Rothblum 和 Bruno Scherrer。最后，我想感谢近十年来我动态规划课堂上的诸多学生，他们耐心地使用尚在建设中的教材，并通过涉及广泛应用领域的研究课题贡献了他们的想法和经验。

Dimitri P. Bertsekas

2012 年春

目录

第 1 章 折扣问题——理论

本卷中我们考虑具有无穷多个决策阶段（无穷阶段）的随机最优控制问题。在第 I 卷第 7 章中已经介绍了这类问题。这里我们提供更加综合的分析。特别地，我们无需假设有限多的状态，我们还更加深入地讨论相关的理论与计算问题。

正如在第 I 卷第 7 章中介绍的，着重关注四类无穷阶段问题：

(1) 单阶段费用有界的折扣问题。

(2) 随机最短路问题。

(3) 单阶段费用无界的折扣与非折扣问题。

(4) 单阶段平均费用问题。

在这一卷中我们自始至终集中考虑具有精确信息的情形，在这类问题中每次决策都是在已知当前系统状态的前提下做出的。状态信息不精确的问题可以像在第 I 卷第 5 章中那样通过使用充分统计量转化为具有精确信息的问题。在依赖历史的策略中，当前的控制可能取决于到当前阶段的整个系统的历史。我们不讨论这类策略。因为正如 1.1.4 节所示，它们不能进一步降低费用。

本书前两章考虑折扣问题，包括单阶段费用有界的问题，也为在包括折扣与非折扣的其他问题中的分析与计算方法打好基础。第 3、4、5 章考虑其他三类主要问题。最后两章讨论基于仿真的方法，这类方法主要通过使用蒙特卡罗仿真和参数化结构（如在第 I 卷第 6 章中讨论的基于特征的结构或者神经网络）计算最优未来费用 (cost-to-go) 函数的近似。这个主题已经在几本更加专业的书和学术专著中出现过，而这一卷包括了相当多之前没有以书的形式出现的内容。

为了数学上的严格性，我们明确假设扰动空间是可数的，这样离散概率的微积分就能在我们的分析中使用了。特别地，我们分析中使用的每个期望值都定义为可数无穷多项的加和。不过，我们有时会停下来讨论一些结论可以用于解决不可数扰动空间的问题。为方便数学能力较好的读者，在附录 A 中介绍了一般空间上的动态规划和随机控制问题的严格理论所使用的数学工具。更进一步的讨论，推荐由 Bertsekas 和 Shreve 合著的学术专著 [BeS78]。这本书可从互联网上免费下载。

在这一章，对（折扣与非折扣）总费用最小的无穷阶段问题进行一般性介绍后，着重讨论单阶段费用有界的折扣问题。在 1.2 节中提供了这类问题的基本理论。讨论了多柄老虎机（multi-armed bandit）问题（一类重要的特殊情形），并分别在 1.3 节和 1.4 节中讨论连续时间的变形。在 1.5 节和 1.6 节中讨论了这一基础理论的一些推广。在 1.2 节之后，读者可以直接跳到第 2 章中计算方法的相关内容，并只在必要时回来读这一章的其他节。

1.1 总费用最小化——介绍

现在来形式化描述总费用最小化问题，这是本章和第 2 章的主题，也是第 I 卷第 1 章中介绍的基本问题的平稳版本。

无穷阶段总费用问题

考虑平稳的离散时间动态系统

$$x_{k+1} = f(x_k, u_k, w_k), k = 0, 1, \cdots \tag{1.1}$$

其中，对所有的 k，状态 x_k 是空间 X 中的一个元素，控制 u_k 是控制空间 U 的一个元素，随机扰 w_k 是空间 W 中的一个元素。①假设 W 可数。控制 u_k 限制于 U 的非空子集 $U(x_k)$ 中取值，该子集取决于当前状态 x_k[对所有的 $x_k \in X$ 有 $u_k \in U(x_k)$]。随机扰动 $w_k, k = 0, 1, \cdots$，由与 k 独立的概率分布 $P(\cdot | x_k, u_k)$ 刻画，这里的 $P(w_k | x_k, u_k)$ 是当系统状态为 x_k 且控制为 u_k 时 w_k 出现的概率。所以 w_k 的概率可能显式地依赖于 x_k 和 u_k，但不依赖于之前的扰动 $w_{k-1}, \cdots, w_0$。

给定初始状态 x_0，我们想找到一个策略 $\pi = \{\mu_0, \mu_1, \cdots\}$，其中 $\mu_k : X \mapsto U, \mu_k(x_k) \in U(x_k)$ 对所有的 $x_k \in X, k = 0, 1, \cdots$，该策略应能最小化如下费用函数

$$J_\pi(x_0) = \lim_{N \to \infty} E_{w_k, k=0,1,\cdots} \left\{ \sum_{k=0}^{N-1} \alpha^k g(x_k, \mu_k(x_k), w_k) \right\} \tag{1.2}$$

且满足式 (1.1) 描述的系统方程。②单阶段的费用 $g : X \times U \times W \mapsto \Re$ 是给定的，α 是个正标量。

若 $\alpha < 1$，意味着未来的费用被打扣，于是 α 被称作折扣因子。另一种主要的可能性是 $\alpha = 1$，此时的问题被称作非折扣问题。这类问题在第 3 章和第 4 章中考虑。③

我们用 Π 表示所有可接受的策略 π 构成的集合，即所有函数序列 $\pi = \{\mu_0, \mu_1, \cdots\}$ 构成的集合，其中对所有的 $x \in X, k = 0, 1, \cdots$ 有 $\mu_k : X \mapsto U, \mu_k(x) \in U(x)$。最优费用函数 J^* 定义如下

$$J^*(x) = \min_{\pi \in \Pi} J_\pi(x), x \in X$$

---

① 我们既考虑具有无穷状态和控制空间的问题 [正如式 (1.1) 所示系统]，也考虑具有离散（有限或可数）状态空间的问题（此时对应的系统是个马尔可夫链，正如第 I 卷第 7 章中所示）。在本章中，为了一般性，除了一些例外，我们重点强调第一类问题。在第 2 章，我们将讨论计算方法，届时将主要关注有限状态马尔可夫链问题（也被称为马尔可夫决策问题或者简为 MDP），将引入非常适合这类问题的紧凑马尔可夫链的概念。一般而言，为区分无穷与有限状态空间的问题，我们用 x 表示连续状态空间的元素，用 i 表示离散状态空间的元素。

② 在下面的篇幅中我们将引入关于单阶段费用 g 和标量 α 的一般的合适的假设以保证总费用 $J_\pi(x_0)$ 定义中使用的极限存在。如果不知该极限是否存在，隐含假设 $J_\pi(x_0)$ 定义如下

$$J_\pi(x_0) = \limsup_{N \to \infty} E_{w_k, k=0,1,\cdots} \left\{ \sum_{k=0}^{N-1} \alpha^k g(x_k, \mu_k(x_k), w_k) \right\}$$

注意 π 的 N- 阶段费用的期望值定义为（可能无限多的）加和，因为扰动 $w_k, k = 0, 1, \cdots$ 从可数集合中取值。实际上，读者可以验证所有后续的数学表达只要涉及期望值均可写成在有限或者可数集合上的加和，这样无须涉及测度论的积分概念也能理解了。

式 (1.2) 中的费用 $J_\pi(x_0)$ 表示有限阶段费用期望值的极限，这在我们所考虑的所有问题中均假设定义完整且有限，具体而言是按照第 I 卷第 1.5 节中讨论的意义下。另一种可能性是在所有的 π 上最小化无穷阶段期望费用

$$E_{w_k, k=0,1,\cdots} \left\{ \sum_{k=0}^{\infty} \alpha^k g(x_k, \mu_k(x_k), w_k) \right\}$$

这一费用需要更为复杂的数学定义（在所有扰动序列所构成空间上的概率测度；见 [BeS78]）。然而，我们指出在将使用的假设条件下，上述表示与式 (1.2) 中给出的费用等价。这可以通过单调收敛定理（见 4.1 节）和其他的随机收敛定理来证明，这些收敛定理允许在适当的条件下交换极限与期望的顺序。

③ 我们将不时考虑稍微更具有一般性的折扣形式，其中 α 可能依赖于当前的状态和控制。这类问题的结构与当前这一节讨论的问题没有太大差别。正如我们将在 1.5 节和 1.6 节中展示的那样，从本质上说，真正重要的是所用的折扣形式将导出在相关的动态规划方程中的压缩映射的结构。

注意，我们这里沿用第 I 卷中的符号体系，用 $\min S$（而不是 $\inf S$）来表示数集 S 的最大下界，即使 S 集合中的任意元素均不能达到这一下界。

对于给定的初始状态 x，最优策略系指能达到最优费用 $J^*(x)$ 的策略。这一策略可能依赖于 x，不过我们发现对于大部分问题，最优策略在存在时可被选成与初始状态独立。在许多情况下，这一策略可被取成平稳的，即具有 $\pi = \{\mu, \mu, \cdots\}$ 的形式，此时这一策略被称为平稳策略 μ。若对所有的状态 x 有 $J_\mu(x) = J^*(x)$，则说 μ 是最优的。

注意，当我们将扰动限制在从可数集合中取值时，我们的系统模型明显比具有可数状态的可控马尔可夫链更通用。例如，我们的模型包括如下特例：具有任意状态与控制空间的确定性系统。

1.1.1　有限阶段动态规划算法

对于任意的可接受的策略 $\pi = \{\mu_0, \mu_1, \cdots\}$，假设我们将前 N 阶段的费用累加起来，并在此基础上加上形式为 $\alpha^N J(x_N)$ 的终了费用，其中 $J : X \mapsto \Re$ 是某个函数。总费用如下

$$E_{w_k, k=0,1,\cdots}\left\{ \alpha^N J(x_N) + \sum_{k=0}^{N-1} \alpha^k g(x_k, \mu_k(x_k), w_k) \right\}$$

该费用在 π 上的最小值可如下计算，从 $\alpha^N J(x)$ 开始，重复 N 次相应的动态规划算法，正如第 I 卷 1.3 节中介绍的那样。这一算法对于 $k = 1, \cdots, N$ 给定如下

$$J_{N-k}(x) = \min_{u \in U(x)} E\left\{ \alpha^{N-k} g(x, u, w) + J_{N-k+1}(f(x, u, w)) \right\} \tag{1.3}$$

初始条件为

$$J_N(x) = \alpha^N J(x)$$

其中 $J_{N-k}(x)$ 表示从 x 开始的最后 k 个阶段的最优费用。对于每个初始状态 x，最优的 N-阶段费用是 $J_0(x)$，可从该算法的最后一步获得。

为了将这个动态规划算法写成更方便的形式，考虑对于所有的 k 和 x，给定如下函数

$$V_k(x) = \frac{J_{N-k}(x)}{\alpha^{N-k}}$$

那么式 (1.3) 的动态规划迭代变为

$$V_{k+1}(x) = \min_{u \in U(x)} E\left\{ g(x, u, w) + \alpha V_k(f(x, u, w)) \right\} \tag{1.4}$$

具有初始条件

$$V_0(x) = J(x)$$

注意这里的思想：为了求解一个 $(k+1)$-阶段的问题，最小化第一阶段与以 α 为折扣因子经过合适的折扣到当前时间的未来 k-阶段的最优费用之和，如图 1.1.1 所示。

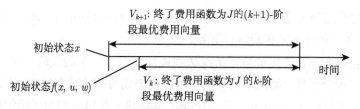

图 1.1.1　动态规划迭代式（1.4）的解释

　　式 (1.4) 迭代的重要特征是它可通过单次动态规划迭代计算所有最优有限阶段费用函数。每次迭代，我们获得某个有限阶段问题的最优费用函数，与前一次迭代中求解的问题相比，这个问题的阶段数增加了 1。这种便捷之所以可能，是因为我们处理的是一个平稳系统和对所有阶段均相同的费用函数 g。

1.1.2　符号简写与单调性

　　上述计算有限阶段最优费用的方法启发我们引入具有重要理论价值的两种映射，这也为原本烦琐的数学公式提供了更加简洁的符号体系。

　　对任意的函数 $J : X \mapsto \Re$，考虑通过将动态规划应用于 J 获得的函数，并将该函数记作

$$(TJ)(x) = \min_{u \in U(x)} E\{g(x, u, w) + \alpha J(f(x, u, w))\}, x \in X \tag{1.5}$$

其中 $E\{\cdot\}$ 表示对所有的 w 按照分布 $P\{w|x, u\}$ 取数学期望。[①]因为 $(TJ)(\cdot)$ 自身是定义在状态空间 X 上的函数，我们将 T 视作将 X 上的函数 J 转化到 X 上的函数 TJ 的映射。[②]注意 TJ 是单阶段费用为 g、终了费用为 αJ 的单阶段问题的最优费用函数。

　　类似的，对于任意函数 $J : X \mapsto \Re$ 以及任意平稳策略 μ，记

$$(T_\mu J)(x) = E\{g(x, \mu(x), w) + \alpha J(f(x, \mu(x), w))\}, x \in X \tag{1.6}$$

再一次重申，$T_\mu J$ 可被视作是对应于 μ 的单阶段费用为 g、终了费用为 αJ 的单阶段问题的费用函数。

　　用 T^k 表示将映射 T 与自身重复 k 次的结果，即，对所有的 k，有

$$(T^k J)(x) = (T(T^{k-1}J))(x), x \in X$$

所以 $T^k J$ 是通过将映射 T 作用到函数 $T^{k-1}J$ 上所得的函数。为方便起见，写作

$$(T^0 J)(x) = J(x), x \in X$$

类似地，$T_\mu^k J$ 被定义为

$$(T_\mu^k J)(x) = (T_\mu(T_\mu^{k-1}J))(x), x \in X$$

---

　　① 每当使用映射 T 时，我们将引入充分的假设以保证式 (1.5) 中涉及的数学期望是有定义的。

　　② 为简化符号，我们试着避免在容易引起误解的时候在函数中使用括号，所以比如倾向于使用 TJ 而不是 $T(J)$（尽管后者也是正确的），但我们用 $(TJ)(x)$ 而不是 TJx。

且

$$(T_\mu^0 J)(x) = J(x), x \in X$$

可以看出，$(T^k J)(x)$ 是 k 个阶段以 α 为折扣因子、初始状态为 x、单阶段费用为 g 且终了费用函数为 $\alpha^k J$ 这一问题的最优费用[见式 (1.4)；由此式给出 $T^k J$ 与 V_k 相等]。类似地，$(T_\mu^k J)(x)$ 是相同问题的平稳策略 μ 的费用。

最后，考虑一个 k 个阶段的策略 $\pi = \{\mu_0, \mu_1, \cdots, \mu_{k-1}\}$，$(T_{\mu_0} T_{\mu_1} \cdots T_{\mu_{k-1}} J)(x)$，这一表述形式可定义如下

$$(T_{\mu_i} T_{\mu_{i+1}} \cdots T_{\mu_{k-1}} J)(x) = (T_{\mu_i}(T_{\mu_{i+1}} \cdots T_{\mu_{k-1}} J))(x), i = 0, \cdots, k-2$$

上式代表了在 k 个阶段以 α 为折扣因子、以 x 为初始状态、单阶段费用为 g 且最终费用函数为 $\alpha^k J$ 的问题在策略 π 作用下的费用。

例 1.1.1 上述简洁的符号缩写极大地简化了原本冗长的动态规划表达式。为进一步看清楚这一点，我们考虑 $k = 2$ 的情形，此时有

$$
\begin{aligned}
(T^2 J)(x) &= \min_{u \in U(x)} E\{g(x, u, w) + \alpha(TJ)(f(x, u, w))\} \\
&= \min_{u_0 \in U(x)} E_{w_0}\Big\{g(x, u_0, w_0) + \alpha \min_{u_1 \in U(f(x, u_0, w_0))} E_{w_1}\big\{g(f(x, u_0, w_0), u_1, w_1) \\
&\quad + \alpha J(f(f(x, u_0, w_0), u_1, w_1))\big\}\Big\} \\
&= \min_{u_0 \in U(x)} E_{w_0}\Big\{g(x, u_0, w_0) + \min_{u_1 \in U(f(x, u_0, w_0))} E_{w_1}\big\{\alpha g(f(x, u_0, w_0), u_1, w_1) \\
&\quad + \alpha^2 J(f(f(x, u_0, w_0), u_1, w_1))\big\}\Big\}
\end{aligned}
$$

上式最后一行是动态规划算法应用于两阶段的、以 α 为折扣因子的、以 x 为初始状态的、单阶段费用为 g 的、终了费用函数为 $\alpha^2 J$ 的问题上的表述形式。

再考虑对 $(T_{\mu_0} T_{\mu_1} J)(x)$ 的计算，有

$$
\begin{aligned}
(T_{\mu_0} T_{\mu_1} J)(x) &= E\{g(x, \mu_0(x), w) + \alpha(T_{\mu_1} J)(f(x, \mu_0(x), w))\} \\
&= E_{w_0}\Big\{g(x, \mu_0(x), w_0) + \alpha E_{w_1}\big\{g(f(x, \mu_0(x), w_0), \mu_1((x, \mu_0(x), w_0)), w_1) \\
&\quad + \alpha J(f(f(x, \mu_0(x), w_0), u_1, w_1))\big\}\Big\} \\
&= E_{w_0}\Big\{g(x, \mu_0(x), w_0) + E_{w_1}\big\{\alpha g(f(x, \mu_0(x), w_0), \mu_1(f(x, \mu_0(x), w_0)), w_1) \\
&\quad + \alpha^2 J(f(f(x, \mu_0(x), w_0), \mu_1(f(x, \mu_0(x), w_0)), w_1))\big\}\Big\}
\end{aligned}
$$

同样，这一表达式是两阶段的策略 $\{\mu_0, \mu_1\}$ 在初始状态为 x 且终了阶段费用函数为 $\alpha^2 J$ 时的费用。

下面的单调性在后续分析中将扮演重要角色。

引理 1.1.1（单调性引理） 对任意的函数 $J : X \mapsto \Re$ 和 $J' : X \mapsto \Re$，若满足对所有的 $x \in X$，有

$$J(x) \leqslant J'(x)$$

则对任意的平稳策略 $\mu : X \mapsto U$，对所有的 $x \in X$，且 $k = 1, 2, \cdots$，有

$$(T^k J)(x) \leqslant (T^k J')(x), (T_\mu^k J)(x) \leqslant (T_\mu^k J')(x)$$

证明　如果将 $(T^k J)(x)$ 和 $(T_\mu^k J)(x)$ 视作 k-阶段问题费用且以 $\alpha^k J$ 为终了费用函数,那么上述结果变得明显了:当终了费用函数均匀地增加时,k-阶段的费用也是均匀增加的。(还可通过直接的数学归纳法来证明这一引理。)

对于任意的两个函数 $J : X \mapsto \Re$ 和 $J' : X \mapsto \Re$,如果对所有 $x \in X$ 满足 $J(x) \leqslant J'(x)$,则记作

$$J \leqslant J'$$

用这一符号,引理 1.1.1 可写作

$$J \leqslant J' \Rightarrow T^k J \leqslant T^k J', k = 1, 2, \cdots$$
$$J \leqslant J' \Rightarrow T_\mu^k J \leqslant T_\mu^k J', k = 1, 2, \cdots$$

用 $e : X \mapsto \Re$ 表示单位函数,它在 X 上的每个元素取值均为 1:

$$e(x) \equiv 1, x \in X$$

由式 (1.5) 和式 (1.6) 中 T 和 T_μ 的定义有,对任意的函数 $J : X \mapsto \Re$ 和标量 r

$$(T(J + re))(x) = (TJ)(x) + \alpha r, x \in X$$
$$(T_\mu(J + re))(x) = (T_\mu J)(x) + \alpha r, x \in X$$

更一般地,可使用上述两个关系式通过数学归纳法证明下面的引理。

引理 1.1.2(常数偏移引理)　对每个 k、函数 $J : X \mapsto \Re$、平稳策略 μ、标量 r 和 $x \in X$ 有

$$(T^k(J + re))(x) = (T^k J)(x) + \alpha^k r$$
$$(T_\mu^k(J + re))(x) = (T_\mu^k J)(x) + \alpha^k r$$

现在我们注意到了将 T 和 T_μ 联系在一起的简写的符号。让我们用 $\mathcal{M}$ 表示所有可接受的平稳策略构成的集合。那么对每个函数 $J : X \mapsto \Re$,有

$$(TJ)(x) = \min_{\mu \in \mathcal{M}} (T_\mu J)(x), x \in X$$

或更紧凑的形式为

$$TJ = \min_{\mu \in \mathcal{M}} (T_\mu J)$$

其中最小值被理解为对 $T_\mu J$ 的每个元素分别取的。

1.1.3　无穷阶段结果的预览

首先列出希望获得的几类结果。

1. 动态规划算法的收敛性

用 J_0 表示零值函数 $[J_0(x) = 0$ 对所有的 $x]$。因为根据定义有一个策略的无穷阶段的费用是其 k 个阶段费用当 $k \to \infty$ 时的极限，因此应澄清下述关系，即最优的无穷阶段费用等于最优的 k-阶段费用的极限；即

$$J^*(x) = \lim_{k \to \infty} (T^k J_0)(x), x \in X$$

这意味着如果从零值函数 J_0 开始并无穷次使用动态规划算法迭代，将最终得到最优费用函数 J^*。同样，对于 $\alpha < 1$ 和有界函数 J，最终费用 $\alpha^k J$ 随着 k 逐渐减少，所以应澄清如下关系，即若 $\alpha < 1$，则有不论 J 的取值如何，如下收敛性均成立

$$J^*(x) = \lim_{k \to \infty} (T^k J)(x), x \in X$$

2. 贝尔曼方程

因为由定义，对所有的 $x \in X$，有

$$(T^{k+1} J_0)(x) = \min_{u \in U(x)} E_w \left\{ g(x, u, w) + \alpha(T^k J_0)(f(x, u, w)) \right\}$$

澄清如下关系是合理的，即如果 $\lim_{k \to \infty} T^k J_0 = J^*$ [正如在上面 (a) 中所述]，那么必须当 $k \to \infty$ 时取极限，

$$J^*(x) = \min_{u \in U(x)} E_w \left\{ g(x, u, w) + \alpha J^*(f(x, u, w)) \right\}, x \in X$$

或者等价地有

$$J^* = TJ^*$$

这也被称为贝尔曼方程，明确指出最优费用函数 J^* 是映射 T 的不动点。可以看到贝尔曼方程对我们将考虑的所有最优费用最小化问题均成立，尽管这将依赖于我们的假设条件，而且其证明将相当复杂。

3. 最优平稳策略的特征

如果将贝尔曼方程视作动态规划算法将 $k \to \infty$ 时的极限，那么应澄清如下关系，即如果 $\mu(x)$ 对所有的 x 达到贝尔曼方程右侧的最小值，那么平稳策略 μ 是最优的。

无穷阶段总费用问题的大部分分析围绕上述三个问题展开，同时也围绕 J^* 的有效计算和最优平稳策略展开。对于本章考虑的具有单阶段有界费用的折扣费用问题和第 3 章中考虑的随机最短路问题，上述结论是正确的。对于单阶段费用无界的问题以及第 3 章中假设条件不满足的随机最短路问题，可能会有违背直观的数学现象导致上述某些结论不成立。这展示了无穷阶段问题应当在数学上被小心且严格地处理。

1.1.4　随机的和依赖历史的策略

我们对无穷阶段总费用的模型涉及有助于分析的可接受策略的某些限制。具体而言，假设在每个时刻 k，控制在已知当前状态 x_k 的条件下被施加。这类策略被称作马尔可夫的，因为它们不涉及对当前状态以外状态的依赖性。然而，如果允许控制依赖于整个历史

$$h_k = \{x_0, u_0, \cdots, x_{k-1}, u_{k-1}, x_k\}$$

这通常在时刻 k 已知,那么将会怎样?是否有可能据此获得更好的性能呢?

另一个相关的问题是我们是否可以通过使用随机策略获得更好的性能,在随机策略中我们并不是确定地选择在时刻 k 应施加的某个控制,而是选择在控制约束集合上的一个概率分布,并依据这一分布随机地选择控制。

为回答这一问题,考虑随机且依赖历史的策略 $\pi = \{\mu_0, \mu_1, \cdots\}$,其中 μ_k 是一个函数,将历史 h_k 映射到 $U(x_k)$ 上的一个概率分布 $\mu_k(u_k|h_k)$。为了数学上的简便,在本节中我们将在关于扰动空间的假设基础上,进一步假设控制空间是可数的。作为结果,对于一个固定的初始状态,可能的历史 h_k 构成的集合是可数的。所以分布 $\mu_k(u_k|h_k)$ 是定义在可数集合上的,且可在无须使用测度论中概率论的前提下来处理。

让我们也考虑如下特例,随机马尔可夫策略 $\pi = \{\mu_0, \mu_1, \cdots\}$,其中 μ_k 是一个函数,将状态 x_k 映射成定义在约束控制集 $U(x_k)$ 上的概率分布 $\mu_k(u_k|x_k)$。

定义在给定的初始状态的可数子集上的分布和随机的依赖历史的策略定义了在将以正概率出现的每个阶段 k 下状态–控制对 (x_k, u_k) 构成的可数集合上的概率分布。一个重要的结论是任意这样的分布都可以通过随机的马尔可夫策略生成,正如下面的命题所示。

命题 1.1.1(马尔可夫策略的充分性) 假设控制空间可数,考虑从可数集合上取值的初始状态分布。每个 (x_k, u_k) 对的概率分布和与随机的依赖历史的策略对应的单阶段的期望费用均可通过一个随机的马尔可夫策略获得。

证明 令 $\pi = \{\mu_0, \mu_1, \cdots\}$ 表示随机的依赖历史的策略,用 $\xi_k(x_k)$ 和 $\zeta(x_k, u_k)$ 分别表示 x_k 和 (x_k, u_k) 对应的分布。考虑随机马尔可夫策略 $\bar{\pi} = \{\bar{\mu}_0, \bar{\mu}_1, \cdots\}$,其中 $\bar{\mu}_k$ 对所有满足 $\xi_k(x_k) > 0$ 的 x_k 定义如下

$$\bar{\mu}_k(u_k|x_k) = \frac{\zeta_k(x_k, u_k)}{\xi_k(x_k)}$$

用 $\bar{\xi}_k(x_k)$ 和 $\bar{\zeta}_k(x_k, u_k)$ 表示 x_k 和 (x_k, u_k) 分别对应的分布。将通过数学归纳法展示对于所有的 k、x_k 和 u_k,有

$$\xi_k(x_k) = \bar{\xi}_k(x_k), \zeta_k(x_k, u_k) = \bar{\zeta}_k(x_k, u_k) \tag{1.7}$$

为证明上式只需证明对所有的 k、x_k 和 u_k 有 $\zeta_k(x_k, u_k) > 0$。

事实上,对 $k = 0$,$\xi_0(x_0)$ 和 $\bar{\xi}_0(x_0)$ 均等于初始状态的分布,而

$$\bar{\zeta}_0(x_0, u_0) = \bar{\xi}_0(x_0)\bar{\mu}_0(u_0|x_0) = \bar{\xi}_0(x_0)\frac{\zeta_0(x_0, u_0)}{\xi_0(x_0)} = \zeta_0(x_0, u_0)$$

假设式 (1.7) 对某个 k 成立,则有

$$\begin{aligned}
\bar{\xi}_{k+1}(x_{k+1}) &= \sum_{x_k, u_k} \bar{\zeta}_k(x_k, u_k) p_{x_{k+1}x_k}(u_k) \\
&= \sum_{x_k, u_k} \bar{\xi}_k(x_k)\bar{\mu}_k(u_k|x_k) p_{x_{k+1}x_k}(u_k) \\
&= \sum_{x_k, u_k} \bar{\xi}_k(x_k)\frac{\zeta_k(x_k, u_k)}{\xi_k(x_k)} p_{x_{k+1}x_k}(u_k) \\
&= \sum_{x_k, u_k} \zeta_k(x_k, u_k) p_{x_{k+1}x_k}(u_k) \\
&= \xi_{k+1}(x_{k+1})
\end{aligned}$$

其中 $p_{x_{k+1}x_k}(u_k)$ 是系统的转移概率，上式中的求和是对所有满足 $\zeta_k(x_k,u_k)>0$ 的 (x_k,u_k) 对求和。进一步地，

$$\begin{aligned}
\bar{\zeta}_{k+1}(x_{k+1},u_{k+1}) &= \bar{\xi}_{k+1}(x_{k+1})\bar{\mu}_k(u_{k+1}|x_{k+1}) \\
&= \bar{\xi}_{k+1}(x_{k+1})\frac{\zeta_{k+1}(x_{k+1},u_{k+1})}{\xi_{k+1}(x_{k+1})} \\
&= \zeta_{k+1}(x_{k+1},u_{k+1})
\end{aligned}$$

至此便完成了数学归纳法的证明。所以 π 和 $\bar{\pi}$ 生成了的状态-控制对的分布相同，据此可知它们每个阶段对应的期望费用相等。

上一个命题表明，任意依赖历史的随机策略在有限阶段的期望费用可被一个马尔可夫随机策略重复。这意味着对有限阶段的问题，可以安全地将注意力集中在马尔可夫策略上，而无须考虑依赖历史的策略。进一步地，这一点对于无穷阶段问题也成立，只要当 $N\to\infty$ 时依赖历史的随机策略的 N 个阶段的费用收敛到其无穷阶段费用。特别地，这对于我们将讨论的三类主要的总费用问题是成立的：各阶段费用有界的折扣问题（当前这一章）、各阶段费用非负的问题（第 4 章）和各阶段费用非正的问题（第 4 章）。

那么，是否有可能不关注随机策略而只关注确定性马尔可夫策略呢？这通常是成立的。我们的意思是，对于许多类有意义的总费用问题，可证明使用随机策略的最优费用与使用确定性策略的最优费用相同，如果存在最优的（可能是随机的）策略，那么一定存在最优的确定性策略。这里包括本章讨论的各阶段费用有界的折扣费用问题，第 3 章和第 5 章的有限状态和控制空间模型；实际上对所有这些问题，可证明我们可以将注意力集中在平稳确定性马尔可夫策略。例外情况主要出现在第 4 章中各阶段费用无界的模型，以及本书未考虑的一些模型，如约束动态规划问题，在这类问题中策略需要满足额外的不等式约束（如 [FeS96]、[FeS02]）。[BeS78] 详细阐述了某些关注随机策略的情形。本书中的方法是通过建立确定性马尔可夫策略的问题（不过这类策略可能会依赖初始状态）来讨论在这类问题中最优策略的存在性（或者这类策略的子集中最优策略的存在性，比如平稳策略），并有选择性地点评随机策略可能的性能。

1.2 折扣问题——各阶段费用有界

本节讨论行为最好的无穷阶段问题的有关理论，这类问题主要由下述假设刻画。

假设 D（折扣费用 —— 各阶段费用有界） 各阶段费用 g 满足对所有的 $(x,u,w)\in X\times U\times W$，有

$$|g(x,u,w)|\leqslant M$$

其中 M 是某个标量。进一步地，$0<\alpha<1$。

各阶段费用的有界性并不像看上去那样局限。这一条件在空间 X、U 和 W 是有限集合或者为了计算目的用有限集合来近似时成立。而且当 X、U 和 W 是欧几里得空间的子集时，通常可以将问题重新建模让这些空间变成有界的，于是费用就变成有界的了。

下面的命题展示了对任意有界的初始函数 J，动态规划算法收敛到最优费用函数 J^*。这将作为上述假设 D 的结果，这一假设意味着 N 个阶段后费用的"尾巴"

$$\lim_{K\to\infty} E\left\{\sum_{k=N}^{K}\alpha^k g(x_k,\mu_k(x_k),w_k)\right\}$$

当 $N\to\infty$ 时收敛到 0。进一步地，当终了费用 $\alpha^N J(x_N)$ 加到 N 个阶段的费用上时，如果 J 有界，其影响当 $N\to\infty$ 时收敛到 0。

命题 1.2.1(动态规划算法的收敛性) 对任意有界函数 $J:X\mapsto\Re$，对所有的 $x\in X$，有

$$J^*(x)=\lim_{N\to\infty}(T^N J)(x)$$

证明 对每个正整数 N，初始状态 $x_0\in X$，策略 $\pi=\{\mu_0,\mu_1,\cdots\}$，将费用 $J_\pi(x_0)$ 分解成初始的 N 个阶段和剩余阶段

$$J_\pi(x_0)=\lim_{K\to\infty} E\left\{\sum_{k=0}^{K}\alpha^k g(x_k,\mu_k(x_k),w_k)\right\}$$
$$=E\left\{\sum_{k=0}^{N-1}\alpha^k g(x_k,\mu_k(x_k),w_k)\right\}$$
$$+\lim_{K\to\infty} E\left\{\sum_{k=N}^{K}\alpha^k g(x_k,\mu_k(x_k),w_k)\right\}$$

因为由假设条件 D，$|g(x_k,\mu_k(x_k),w_k)|\leqslant M$，有

$$\left|\lim_{K\to\infty} E\left\{\sum_{k=N}^{K}\alpha^k g(x_k,\mu_k(x_k),w_k)\right\}\right|\leqslant M\sum_{k=N}^{\infty}\alpha^k=\frac{\alpha^N M}{1-\alpha}$$

用上面的关系式，于是有

$$J_\pi(x_0)-\frac{\alpha^N M}{1-\alpha}-\alpha^N\max_{x\in X}|J(x)|$$
$$\leqslant E\left\{\alpha^N J(x_N)+\sum_{k=1}^{N-1}\alpha^k g(x_k,\mu_k(x_k),w_k)\right\}$$
$$\leqslant J_\pi(x_0)+\frac{\alpha^N M}{1-\alpha}+\alpha^N\max_{x\in X}|J(x)|$$

通过在所有的 π 上取最小值，对所有的 x_0 和 N，有

$$J^*(x_0)-\frac{\alpha^N M}{1-\alpha}-\alpha^N\max_{x\in X}|J(x)|$$
$$\leqslant(T^N J)(x_0) \tag{1.8}$$
$$\leqslant J^*(x_0)+\frac{\alpha^N M}{1-\alpha}+\alpha^N\max_{x\in X}|J(x)|$$

并当 $N\to\infty$ 时取极限，于是可得相应的结果。

注意基于上面的命题, 动态规划算法可被用于计算 J^* 的近似。这个计算方法 [叫作值迭代 (参阅第 I 卷第 7 章)] 和其他的一些方法将在第 2 章中介绍。

给定任意的平稳策略 μ, 可以考虑一个稍作修改的折扣问题, 该问题与原问题基本相同, 唯一区别是控制约束集对每个状态 x 仅包括控制 $\mu(x)$ 一个元素, 即控制约束集是 $\tilde{U}(x) = \{\mu(x)\}$ 而不是 $U(x)$。命题 1.2.1 应用于这个修改后的问题可获得如下结论。

命题 1.2.2   对每个平稳策略 μ, 相应的费用函数对所有的 $x \in X$ 满足

$$J_\mu(x) = \lim_{N \to \infty} (T_\mu^N J)(x)$$

下面这个命题展示了 J^* 是贝尔曼方程的唯一解。

命题 1.2.3 (贝尔曼方程)   最优费用函数 J^* 满足对所有的 $x \in X$, 有

$$J^*(x) = \min_{u \in U(x)} E_w \{g(x, u, w) + \alpha J^*(f(x, u, w))\} \tag{1.9}$$

或者等价的

$$J^* = TJ^*$$

进一步地, J^* 是这个方程在有界函数类中唯一的解。而且, 对任意的满足 $J \geqslant TJ$ (或 $J \leqslant TJ$) 的有界函数 J, 有 $J \geqslant J^*$ (或者相应地有 $J \leqslant J^*$)。

证明   从式 (1.8) 中可以看出, 对所有的 $x \in X$ 和 N 有

$$J^*(x) - \frac{\alpha^N M}{1 - \alpha} \leqslant (T^N J_0)(x) \leqslant J^*(x) + \frac{\alpha^N M}{1 - \alpha}$$

其中 J_0 是零值函数 [$J_0(x) = 0$ 对所有的 $x \in X$]。将映射 T 应用到这一关系上, 并使用引理 1.1.1 和引理 1.1.2 中的单调性和常值偏移引理, 我们对所有的 $x \in X$ 和 N 有

$$(TJ^*)(x) - \frac{\alpha^{N+1} M}{1 - \alpha} \leqslant (T^{N+1} J_0)(x) \leqslant (TJ^*)(x) + \frac{\alpha^{N+1} M}{1 - \alpha}$$

将上述关系式对 $N \to \infty$ 取极限并注意如下事实

$$\lim_{N \to \infty} (T^{N+1} J_0)(x) = J^*(x)$$

参见命题 1.2.1, 我们有 $J^* = TJ^*$。

为证明唯一性, 注意若 J 是有界的且满足 $J = TJ$, 那么 $J = \lim_{N \to \infty} T^N J$。所以由命题 1.2.1, 我们有 $J = J^*$。最终, 对任意的满足 $J \geqslant TJ$ 的有界的 J, 使用引理 1.1.1 的单调性引理, 我们对所有的 k 有

$$J \geqslant TJ \geqslant \cdots \geqslant T^k J \geqslant T^{k+1} J \geqslant \cdots$$

对 $k \to \infty$ 取极限并使用命题 1.2.1, 我们有 $J \geqslant \lim_{k \to \infty} T^k J = J^*$。对 $J \leqslant TJ$ 情形的证明类似。

基于由命题 1.2.1 获得命题 1.2.2 同样的原因, 有如下结果。

命题 1.2.4   对每个平稳策略 μ, 相应的费用函数满足对所有的 $x \in X$, 有

$$J_\mu(x) = E_w \{g(x, \mu(x), w) + \alpha J_\mu(f(x, \mu(x), w))\}$$

或者等价的

$$J_\mu = T_\mu J_\mu$$

J_μ 是这个方程在有界函数集合中的唯一解。而且对任意满足 $J \geqslant T_\mu J$(或 $J \leqslant T_\mu J$)的有界函数 J,有 $J \geqslant J_\mu$(或者相应地有 $J \leqslant J_\mu$)。

下面的命题刻画了平稳最优策略。

命题 1.2.5(最优性的充分与必要条件) 平稳策略 μ 是最优的当且仅当 $\mu(x)$ 对所有的 $x \in X$ 达到式 (1.9) 贝尔曼方程的最小值,即

$$TJ^* = T_\mu J^*$$

证明 如果 $TJ^* = T_\mu J^*$,那么使用贝尔曼方程 $(J^* = TJ^*)$,有 $J^* = T_\mu J^*$,所以由命题 1.2.4 的唯一性部分,有 $J^* = J_\mu$,即 μ 是最优的。反过来,如果平稳策略 μ 是最优的,有 $J^* = J_\mu$,由命题 1.2.4,获得 $J^* = T_\mu J^*$。将这与贝尔曼方程 $(J^* = TJ^*)$ 联合使用,有 $TJ^* = T_\mu J^*$。

注意命题 1.2.5 意味着当贝尔曼方程右侧的最小值对所有的 $x \in X$ 都能达到时,最优平稳策略存在。特别地,当 $U(x)$ 对每个 $x \in X$ 有限时,一定存在最优平稳策略。

最后展示下面的对所有有界函数 f 的收敛速率估计

$$\max_{x \in X} |(T^k J)(x) - J^*(x)| \leqslant \alpha^k \max_{x \in X} |J(x) - J^*(x)|, k = 0, 1, \cdots$$

这一关系是通过使用 $T^k J^* = J^*$(来自贝尔曼方程)和下面的命题获得的,这是 1.5 节将要再次讨论的 T 的基本压缩性质。

命题 1.2.6(收敛速率) 对任意两个有界函数 $J : X \mapsto \Re, J' : X \mapsto \Re$,以及对所有的 $k = 0, 1, \cdots$,有

$$\max_{x \in X} |(T^k J)(x) - (T^k J')(x)| \leqslant \alpha^k \max_{x \in X} |J(x) - J'(x)|$$

证明 引入符号

$$c = \max_{x \in X} |J(x) - J'(x)|$$

满足对所有的 $x \in X$,有

$$J(x) - c \leqslant J'(x) \leqslant J(x) + c$$

在这一关系中应用 T^k 并使用引理 1.1.1 和引理 1.1.2 的单调性和常值偏移引理,对所有的 $x \in X$

$$(T^k J)(x) - \alpha^k c \leqslant (T^k J')(x) \leqslant (T^k J)(x) + \alpha^k c$$

于是对所有的 $x \in X$,有

$$|(T^k J)(x) - (T^k J')(x)| \leqslant \alpha^k c$$

由此得证。

如之前讨论的,通过将命题 1.2.6 具体化获得如下命题。

命题 1.2.7 对任意两个有界函数 $J : X \mapsto \Re, J' : X \mapsto \Re$,和任意的平稳策略 μ,我们有

$$\max_{x \in X} |(T_\mu^k J)(x) - (T_\mu^k J')(x)| \leqslant \alpha^k \max_{x \in X} |J(x) - J'(x)|, k = 0, 1, \cdots$$

马尔可夫链的符号

现在用不同的符号来描述前面的结果，这一次针对状态空间 X 是有限或可数的情形。于是，类似于第 I 卷第 7 章，状态可被描述为 $i = 1, 2, \cdots$，系统可由转移概率 $p_{ij}(u)$ 来刻画

$$p_{ij}(u) = P(x_{k+1} = j | x_k = i, u_k = u), i, j \in X, u \in U(i)$$

这个分布可以给定一个初始分布或者可通过下面的系统方程来计算

$$x_{k+1} = f(x_k, u_k, w_k)$$

和已知的输入扰动 w_k 的转移概率 $P(\cdot | x, u)$。实际上，有

$$p_{ij}(u) = P(W_{ij}(u) | i, u)$$

其中 $W_{ij}(u)$ 是（有限）集合

$$W_{ij}(u) = \{w \in W | f(i, u, w) = j\}$$

映射 T 和 T_μ 可用转移概率的形式写成如下形式

$$(TJ)(i) = \min_{u \in U(i)} \sum_{j \in X} p_{ij}(u)(g(i, u, j) + \alpha J(j)), i \in X$$

$$(T_\mu J)(i) = \sum_{j \in X} p_{ij}(\mu(i))(g(i, \mu(i), j) + \alpha J(j)), i \in X$$

本节的结果可用新的符号来表示。例如，贝尔曼方程具有如下形式

$$J^*(i) = \min_{u \in U(i)} \sum_{j \in X} p_{ij}(u)(g(i, u, j) + \alpha J^*(j)), i \in X$$

下面及后续的例子进一步解释了上述符号。

例 1.2.1（机器更换） 考虑在第 I 卷 1.1 节所考虑问题的无穷阶段的折扣版本。这里，我们想有效地操作一台机器，这台机器可以处于 n 个状态中的某个，分别记作 $1, 2, \cdots, n$。状态 1 对应机器在完美的工作状态。转移概率 p_{ij} 给定。当机器处于状态 i 时每单位时间的费用为 $g(i)$。每个阶段初始的选择是 (a) 让机器继续当前的状态；(b) 用新机器（状态 1）替换当前的机器，替代费用为 R。一旦替换，机器可确保在状态 1 停留一个阶段；在后续阶段，机器可能会依据转移概率 p_{1j} 逐渐衰减到状态 $j \geqslant 1$。假设无穷阶段折扣因子 $\alpha \in (0, 1)$，所以本节的理论适用。

贝尔曼方程（参阅命题 1.2.3）具有如下形式

$$J^*(i) = \min \left[R + g(1) + \alpha J^*(1), g(i) + \alpha \sum_{j=1}^{n} p_{ij} J^*(j) \right], i = 1, \cdots, n$$

由命题 1.2.5，一个平稳策略是最优的，当且仅当它在如下的状态 i 进行更换

$$R + g(1) + \alpha J^*(1) < g(i) + \alpha \sum_{j=1}^{n} p_{ij} J^*(j)$$

且它在如下状态 i 是不更换的

$$R + g(1) + \alpha J^*(1) > g(i) + \alpha \sum_{j=1}^{n} p_{ij} J^*(j)$$

基于动态规划算法 (参阅命题 1.2.1),用有限阶段费用函数的性质来刻画最优费用函数。特别地,从零函数开始的动态规划方法形式如下

$$J_0(i) = 0$$

$$(TJ_0)(i) = \min\left[R + g(1), g(i)\right]$$

$$(T^k J_0)(i) = \min\left[R + g(1) + \alpha(T^{k-1}J_0)(1), g(i) + \alpha \sum_{j=1}^{n} p_{ij}(T^{k-1}J_0)(j)\right]$$

假设 $g(i)$ 对 i 非减,且转移概率满足

$$\sum_{j=1}^{n} p_{ij} J(j) \leqslant \sum_{j=1}^{n} p_{(i+1)j} J(j), i = 1, 2, \cdots, n-1 \tag{1.10}$$

对所有的函数 $J(i)$,这些函数对 i 单调非减。这个假设可被满足如果

$$p_{ij} = 0, 若 j < i$$

机器不能在使用后进入更好的状态,且

$$p_{ij} \leqslant p_{(i+1)j}, 若 i < j$$

即,从某个好状态 i 进入坏状态 $j(i < j)$ 的概率随着 i 变坏而增加。因为 $g(i)$ 随着 i 非减,有 $(TJ_0)(i)$ 是对于 i 非减的,而且从假设式 (1.10) 来看,上述分析对 $(T^2 J_0)(i)$ 也成立。类似地,可以看出,对所有的 k,$(T^k J_0)(i)$ 对于 i 非减且其极限

$$J^*(i) = \lim_{k \to \infty} (T^k J_0)(i)$$

这在直观上很清楚:最优费用不应当随着机器从更坏的初始状态开始而减小。于是有如下函数

$$g(i) + \alpha \sum_{j=1}^{n} p_{ij} J^*(j)$$

对于 i 非减。考虑如下状态集合

$$X_R = \left\{ i \mid R + g(1) + \alpha J^*(1) \leqslant g(i) + \alpha \sum_{j=1}^{n} p_{ij} J^*(j) \right\}$$

且令

$$i^* = \begin{cases} X_R 中的最小状态, & X_R \text{ 非空} \\ n+1, & \text{其他情况} \end{cases}$$

于是,最优策略具有如下形式

$$当且仅当 i \geqslant i^* 时更换$$

正如图 1.2.1 中所示。

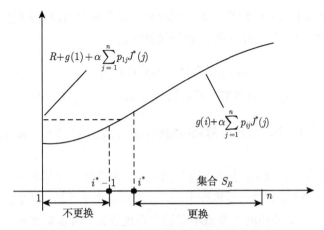

图 1.2.1 例 1.2.1 中机器更换的最优策略

在下面两节中用两类有意思的问题来阐述本节的理论：1.3 节中的多柄老虎机问题和 1.4 节中的连续时间半马尔可夫问题。这些节的内容不会在后面使用，读者可以跳过而不会失去行文的连贯性。然后，1.5 节和 1.6 节将提供基础理论的一些推广，这些推广将在第 2~5 章中少量地使用（主要是 2.5 节和 2.6 节）。读者可以直接进入第 2 章中计算方法的讨论，然后在需要时回到本章。

1.3 调度与多柄老虎机问题

本节将讨论一类重要的单阶段费用有界的折扣费用问题。有 n 个项目（或者活动），其中任何时刻只有一个可以施工。每个项目 l 在 k 时刻由其状态 x_k^l 刻画。如果项目 l 在 k 时刻施工，则得到期望收益 $\alpha^k R^l(x_k^l)$，其中 $\alpha \in (0,1)$ 是折扣因子；状态 x_k^l 根据如下方程变化

$$x_{k+1}^l = f^l(x_k^l, w_k^l), \text{若} l \text{在时刻} k \text{施工}$$

其中 w_k^l 是随机分布，其概率分布依赖于 x_k^l 但不受先验分布的影响。所有空闲的项目的状态不受影响，即

$$x_{k+1}^l = x_k^l, \text{若} l \text{在时刻} k \text{空闲}$$

假设状态信息是完整的且收益函数 $R^l(\cdot)$ 上下均一致有界，所以问题属于 1.2 节和假设条件 D 下的折扣费用模型。

另外，假设在任意时刻 k 可选择的行为包括从所有的项目退出，此时将收获收益 $\alpha^k M$ 且在未来不会收到任何收益。退出的收益 M 事先给定且是该问题的一个参数，这在分析上非常有用。注意当 M 非常小时，退出总不是最优的，于是允许这个模型包括退出不是真实选项的问题。

该问题的关键特征是满足如下三个基本条件的独立性：

(1) 空闲项目的状态保持不变。

(2) 所获收益只取决于当前正在施工的项目。

(3) 每一时刻只有一个项目施工。

这些假设条件蕴含的丰富的结构使得该问题存在非常有效的解法。最优策略具有指标规则，即对每个项目 l，有一个函数 $m^l(x^l)$ 使得时刻 k 的最优策略是

$$
\begin{aligned}
&\text{退出} \quad \text{若} M > \max_{\bar{l}}\{m^{\bar{l}}(x_k^{\bar{l}})\} \\
&\text{对项目} l \text{施工} \quad \text{若} m^l(x_k^l) = \max_{\bar{l}}\{m^{\bar{l}}(x_k^{\bar{l}})\} \geqslant M
\end{aligned}
\tag{1.11}
$$

所以 $m^l(x_k^l)$ 可被视作对第 l 个项目施工的利润指标，M 代表了在时刻 k 退出的利润。最优策略应执行利润最大的行为。

这个问题有个漂亮的名字，叫做多柄老虎机问题，这个名字来自早年的一个特殊背景，在那个问题中我们需要选择在给定机器上的一系列行为，这台机器有多个手柄，每个手柄具有不同的随机的且未知的收益。每玩一次，选定手柄的收益概率可被更好地识别，所以每次玩时，需要在具有高的期望收益的手柄和探索其他手柄的收益可能之间进行选择。

1.3.1 项目的指标

用 $J(x, M)$ 表示当初始状态为 $x = (x^1, \cdots, x^n)$ 且退出收益为 M 时的最优可达收益。从 1.2 节中我们知道，对每个 M，$J(\cdot, M)$ 是贝尔曼方程的唯一有界解

$$
J(x, M) = \max\left[M, \max_l L^l(x, M, J)\right]
\tag{1.12}
$$

其中 L^l 定义如下

$$
L^l(x, M, J) = R^l(x^l) + \alpha \underset{w^l}{E}\{J(x^1, \cdots, x^{l-1}, f^l(x^l, w^l), x^{l+1}, \cdots, x^n, M)\}
\tag{1.13}
$$

下面的命题给出了 J 的一些有用的性质。

命题 1.3.1 定义 $B = \max_l \max_{x^l} |R^l(x^l)|$。对给定的 x，最优收益函数 $J(x, M)$ 作为 M 的函数具有如下性质：

(1) $J(x, M)$ 是凸函数且单调非减。

(2) $J(x, M)$ 对所有的 $M \leqslant -B/(1-\alpha)$ 是常数。

(3) 对所有的 $M \geqslant B/(1-\alpha)$ 有 $J(x, M) = M$。

证明 考虑从如下函数开始的动态规划的一步迭代

$$
J_0(x, M) = \max[0, M]
$$

它具有如下形式

$$
J_{k+1}(x, M) = \max\left[M, \max_l L^l(x, M, J_k)\right], k = 0, 1, \cdots
\tag{1.14}
$$

由命题 1.2.1 我们知道对所有的 x 和 M 有

$$
\lim_{k \to \infty} J_k(x, M) = J(x, M)
$$

我们用数学归纳法证明 $J_k(x, M)$ 具有上述命题中描述的性质 (1)~(3)，然后通过当 $k \to \infty$ 时取极限可对 J 证明同样的性质。实际上，$J_0(x, M)$ 显然满足性质 (1)~(3)。假设 $J_k(x, M)$ 满足 (1)~(3)。那么

由式 (1.12) 和式 (1.14)，$J_{k+1}(x, M)$ 相对 M 是凸的且是单调非减的，因为期望与取最大值的运算保持这些性质。然后性质 (1) 也可证明。验证 (2) 和 (3) 类似的比较直接，留给读者自行分析。

现在考虑只有一个项目 l 的问题。该问题的最优收益函数记作 $J^l(x^l, M)$ 且具有命题 1.3.2 中指出的性质。对于给定的 x^l，$J^l(x^l, M)$ 可视作 M 的函数，其典型形式示于图 1.3.1 中。显然，对每个 $J^l(x^l, M) = M$ 存在 M 的最小值 $m^l(x^l)$，即对所有的 x^l，有

$$m^l(x^l) = \min\left\{M | J^l(x^l, M) = M\right\} \tag{1.15}$$

函数 $m^l(x^l)$ 被称作项目 l 的指标函数。该函数对每个状态提供了一个不用区分的阈值，即 $m^l(x^l)$ 是系统在状态 x^l 时我们在退出和施工该项目之间无差异的退出收益。

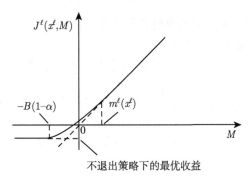

图 1.3.1　对于固定的 x^l，第 l 个项目的收益函数 $J^l(x^l, M)$ 的形状以及指标 $m^l(x^l)$ 的定义

我们的目标是对式 (1.15) 定义的指标函数证明式 (1.11) 的最优性。

1.3.2　项目逐个退出策略

首先考虑只有单个项目 l 和固定的退出收益 M 的问题。于是由式 (1.15) 对指标的定义，最优策略是

$$
\begin{aligned}
&退出项目 l, \quad 若 \ m^l(x^l) < M \\
&施工项目 l, \quad 若 \ m^l(x^l) \geqslant M
\end{aligned}
\tag{1.16}
$$

换言之，该项目一直施工直到其状态进入退出集合

$$X^l = \left\{x^l | m^l(x^l) < M\right\} \tag{1.17}$$

此时，该项目永久退出。

现在考虑具有固定退出收益 M 的多项目问题。假设在某时刻我们处于状态 $x = (x^1, \cdots, x^n)$。让我们问两个问题。

问题 1，当仍有项目 l 在状态 x^l 且 $m^l(x^l) > M$ 时（从所有项目）退出是否合理？答案是否定的。当 $m^l(x^l) > M$ 时退出不是最优的，因为如果我们一直施工项目 l 直到其状态进入式 (1.17) 描述的退出集合 X^l 时再退出，这样将获得更大的期望收益。这由式 (1.15) 的指标定义和对单项目问题的式 (1.16) 的最优策略的本性可得。

问题 2,当项目 l 的状态在式 (1.17) 描述的退出集合 X^l 中时继续施工该项目是否合理?直观上看,答案是否定的;如果在单项目的情形下某个项目非常不受欢迎以至要退出却因为有其他项目存在时变得受欢迎了,特别是这些项目在上面假设的意义下与该项目独立。

于是得出如下论断,即存在一个最优的项目逐个退出策略(简记作 PPR 策略),该策略以与只有单个项目的情形类似的方式永久性地让项目退出。于是每个时刻 PPR 策略,当状态为 $x = (x^1, \cdots, x^n)$,则

$$
\begin{aligned}
&\text{永久退出项目} l \quad \text{若} x^l \in X^l \\
&\text{施工某个项目} \quad \text{若} x^j \notin X^j \text{对某个} j
\end{aligned}
\tag{1.18}
$$

其中 X^l 是式 (1.17) 的第 l 个项目退出集合。注意 PPR 策略决定一个项目的退出而并不决定在剩下的项目中应当施工哪一个。

下面的命题证实了我们的论断,证明虽然长但很简单。

命题 1.3.2 存在一个最优的 PPR 策略。

证明 根据式 (1.12) 和式 (1.18),PPR 策略的存在性等价于对所有的 l 有

$$
\max \left[M, \max_{\bar{l} \neq l} L^{\bar{l}}(x, M, J) \right] \geqslant L^l(x, M, J), \text{对所有满足} x^l \in X^l \text{的} x
\tag{1.19}
$$

$$
M \leqslant L^l(x, M, J), \text{对所有满足} x^l \neq X^l \text{的} x
\tag{1.20}
$$

其中 L^l 如下

$$
L^l(x, M, J) = R^l(x^l) + \alpha \underset{w^l}{E} \left\{ J(x^1, \cdots, x^{l-1}, f^l(x^l, w^l), x^{l+1}, \cdots, x^n, M) \right\}
\tag{1.21}
$$

其中 $J(x, M)$ 是与 x 和 M 对应的最优收益函数。

第 l 个单项目的最优收益函数 J^l 显然对所有 x^l 满足

$$
J^l(x^l, M) \leqslant J(x^1, \cdots, x^{l-1}, x^l, x^{l+1}, \cdots, x^n, M)
\tag{1.22}
$$

因为具有施工 l 之外的项目的选择不能减小最优收益。进一步地,从退出集合 X^l 的定义(参见式 (1.17))

$$
x^l \notin X^l, \text{若} M \leqslant R^l(x^l) + \alpha \underset{w^l}{E} \left\{ J^l(f^l(x^l, w^l), M) \right\}
\tag{1.23}
$$

由式 (1.21)~ 式 (1.23),可得式 (1.20)。

只需对 $l = 1$ 证明式 (1.19)。引入

$\underline{x} = (x^2, \cdots, x^n)$:除项目 1 之外的所有项目构成的集合。

$\underline{J}(\underline{x}, M)$:项目 1 永久退出后的最优收益函数。

$J(x^1, \underline{x}, M)$:与状态 $x = (x^1, \underline{x})$ 对应包括所有项目的最优收益函数。

将对所有的 $x = (x^1, \underline{x})$ 证明如下不等式

$$
\underline{J}(\underline{x}, M) \leqslant J(x^1, \underline{x}, M) \leqslant \underline{J}(\underline{x}, M) + (J^1(x^1, M) - M)
\tag{1.24}
$$

总而言之,这表示了直观上显而易见的事实,即在状态 $(x^1, \underline{x})$,如果从项目 1 中可获得的最大收益超过退出收益 M 我们将乐于让项目 1 永久退出。这里声明,为了对 $l = 1$ 时证明式 (1.19),证明

式 (1.24) 足矣。事实上，当 $x^l \in X^l$ 时，有 $J^1(x^1, M) = M$，于是由式 (1.24) 有 $J(x^1, \underline{x}, M) = \underline{J}(\underline{x}, M)$，该式在 $l = 1$ 时与式 (1.19) 等价。

现在转向证明式 (1.24)。其左式显然易证。为证明右式，对动态规划的迭代使用数学归纳法

$$J_{k+1}(x^1, \underline{x}) = \max \left[M, R^1(x^1) + \alpha E \left\{ J_k(f^1(x^1, w^1), x) \right\} \right.$$
$$\left. \max_{l \neq 1} \left[R^l(x^l) + \alpha E \left\{ J_k(x^1, F^l(\underline{x}, w^l)) \right\} \right] \right] \tag{1.25}$$

$$\underline{J}_{k+1}(\underline{x}) = \max \left[M, \max_{l \neq 1} \left[R^l(x^l) + \alpha E \left\{ \underline{J}_k(F^l(\underline{x}, w^l)) \right\} \right] \right] \tag{1.26}$$

$$J_{k+1}^1(x^1) = \max \left[M, R^1(x^1) + \alpha E \left\{ J_k^1(f^1(x^1, w^1)) \right\} \right] \tag{1.27}$$

其中对所有的 $l \neq 1$ 和 $\underline{x} = (x^2, \cdots, x^n)$

$$F^l(\underline{x}, w^l) = (x^2, \cdots, x^{l-1}, f^l(x^l, w^l), x^{l+1}, \cdots, x^n)$$

式 (1.25)~ 式 (1.27) 迭代的初始条件是

$$J_0(x^1, \underline{x}) = M, \text{ 对所有的} (x^1, \underline{x}) \tag{1.28}$$

$$\underline{J}_0(\underline{x}) = M, \text{ 对所有的} \underline{x} \tag{1.29}$$

$$J_0^1(x^1) = M, \text{ 对所有的} x^1 \tag{1.30}$$

我们知道，$J_k(x^1, \underline{x}) \to J(x^1, \underline{x}, M)$，$\underline{J}_k(\underline{x}) \to \underline{J}(\underline{x}, M)$，和 $J_k^1(x^1) \to J^1(x^1, M)$，所以为了证明式 (1.24) 只需证明对所有的 k 和 $x = (x^1, \underline{x})$，有

$$J_k(x^1, \underline{x}) \leqslant \underline{J}_k(\underline{x}) + (J_k^1(x^1) - M) \tag{1.31}$$

从式 (1.28)~ 式 (1.30) 的视角，可见式 (1.31) 对 $k = 0$ 成立。假设该式对所有的 k 成立。证明该式对 $k + 1$ 成立。从式 (1.25)~ 式 (1.27) 及归纳假设式 (1.31)，有

$$J_{k+1}(x^1, \underline{x}) \leqslant \max \left[M, R^1(x^1) + \alpha E \left\{ \underline{J}_k(\underline{x}) + J_k^1(f^1(x^1, w^1)) - M \right\} \right.$$
$$\left. \max_{l \neq 1} \left[R^l(x^l) + \alpha E \left\{ \underline{J}_k(F^l(\underline{x}, w^l)) + J_k^1(x^1) - M \right\} \right] \right]$$

使用 $\underline{J}_k(\underline{x}) \geqslant M$ 和 $J_k^1(x^1) \geqslant M$，[参见式 (1.25)~ 式 (1.27)]，以及前一个等式，可见

$$J_{k+1}(x^1, \underline{x}) \leqslant \max \left[\beta_1, \beta_2 \right]$$

其中

$$\beta_1 = \max \left[M, R^1(x^1) + \alpha E \left\{ J_k^1(f^1(x^1, w^1)) \right\} \right] + \alpha(\underline{J}_k(\underline{x}) - M)$$

$$\beta_2 = \max \left[M, \max_{l \neq 1} \left[R^l(x^l) + \alpha E \left\{ \underline{J}_k(F^l(\underline{x}, w^l)) \right\} \right] \right] + \alpha(J_k^1(x^1) - M)$$

由式 (1.26)、式 (1.27) 和之前的等式，有

$$J_{k+1}(x^1, \underline{x}) \leqslant \max \left[J_{k+1}^1(x^1) + \underline{J}_k(\underline{x}) - M, \underline{J}_{k+1}(\underline{x}) + J_k^1(x^1) - M \right] \tag{1.32}$$

由式 (1.25)∼ 式 (1.27) 和式 (1.28)∼ 式 (1.30),可见 $J_k^1(x^1) \leqslant J_{k+1}^1(x^1)$ 和 $\underline{J}_k(\underline{x}) \leqslant \underline{J}_{k+1}(\underline{x})$ 对所有的 k、x^1 和 $\underline{x}$ 成立。所以由式 (1.32),有式 (1.31) 对 $k+1$ 成立。归纳法证毕。

作为证明指标规则最优性的第一步,使用前面的命题推导出 $J(x, M)$ 对于 M 的偏导数的表达式。

命题 1.3.3 对固定的 x,用 K_M 表达在退出收益是 M 时的最优策略下的退出时间。那么对所有的 $\partial J(x, M)/\partial M$ 存在的 M,有

$$\frac{\partial J(x, M)}{\partial M} = E\left\{\alpha^{K_M}|x_0 = x\right\}$$

证明 固定 x 和 M。用 π^* 表示最优策略,用 K_M 表示 π^* 下的退出时间。如果 π^* 用于退出收益为 $M + \epsilon$ 的问题,收益为

$$E\{退出前总收益\} + (M + \epsilon)E\left\{\alpha^{K_M}\right\} = J(x, M) + \epsilon E\left\{\alpha^{K_M}\right\}$$

当退出收益为 $M + \epsilon$ 时的最优收益 $J(x, M + \epsilon)$ 不小于之前的表达式,所以

$$J(x, M + \epsilon) \geqslant J(x, M) + \epsilon E\left\{\alpha^{K_M}\right\}$$

类似地,有

$$J(x, M - \epsilon) \geqslant J(x, M) - \epsilon E\left\{\alpha^{K_M}\right\}$$

对于 $\epsilon > 0$,由这两个关系式可得

$$\frac{J(x, M) - J(x, M - \epsilon)}{\epsilon} \leqslant E\left\{\alpha^{K_M}\right\} \leqslant \frac{J(x, M + \epsilon) - J(x, M)}{\epsilon}$$

将 $\epsilon \to 0$ 是可以得到原命题的结论。

注意 $J(x, \cdot)$ 相对于 M 的凸性(命题 1.3.1)意味着 $\partial J(x, M)/\partial M$ 相对于勒贝格测度几乎处处存在(参见 [Roc70])。进一步地,可证明 $\partial J(x, M)/\partial M$ 对所有的 M 存在,因此最优策略唯一。

对于给定的 M,初始状态 x,最优 PPR 策略,用 T_l 表示项目 l 在假设是唯一项目时的退出时间,用 T 表示多项目问题的退出时间。T_l 和 T 的取值可以是非负的或者无穷大。最优 PPR 策略的存在性意味着我们一定有

$$T = T_1 + \cdots + T_n$$

进一步地,$T_1, \cdots, T_n$ 是独立随机变量。因此,

$$E\left\{\alpha^T\right\} = E\left\{\alpha^{T_1 + \cdots + T_n}\right\} = \prod_{l=1}^n E\left\{\alpha^{T_l}\right\}$$

由命题 1.3.3,有

$$\frac{\partial J(x, M)}{\partial M} = \prod_{l=1}^n \frac{\partial J^l(x^l, M)}{\partial M} \tag{1.33}$$

指标规则的最优性

现在可以证明我们的主要结论了。

命题 1.3.4 式 (1.11) 的指标规则是最优平稳策略。

证明 固定 $x = (x^1, \cdots, x^n)$，记

$$m(x) = \max_{\bar{l}}\{m^{\bar{l}}(x^{\bar{l}})\}$$

假设 l 取到上式中的最大值，即

$$m^l(x^l) = \max_{\bar{l}}\{m^{\bar{l}}(x^{\bar{l}})\}$$

如果 $m(x) < M$，那么式 (1.11) 的指标规则在状态 x 的最优性可由最优 PPR 策略的存在性证明。如果 $m(x) \geqslant M$，则有

$$J^l(x^l, M) = R^l(x^l) + \alpha E\{J^l(f^l(x^l, w^l), M)\}$$

然后与式 (1.33) 一起使用这一关系式，有

$$\frac{\partial J(x, M)}{\partial M} = \frac{\partial J^l(x^l, M)}{\partial M} \cdot \prod_{j \neq l} \frac{\partial J^j(x^j, M)}{\partial M}$$

$$= \alpha \frac{\partial}{\partial M} E\left\{ J^l(f^l(x^l, w^l), M) \cdot \prod_{j \neq l} \frac{\partial J^j(x^j, M)}{\partial M} \right\}$$

$$= \alpha E\left\{ \frac{\partial}{\partial M} J^l(f^l(x^l, w^l), M) \cdot \prod_{j \neq l} \frac{\partial J^j(x^j, M)}{\partial M} \right\}$$

$$= \alpha E\left\{ \frac{\partial}{\partial M} J(x^1, \cdots, x^{l-1}, f^l(x^l, w^l), x^{l+1}, \cdots, x^n, M) \right\}$$

$$= \alpha \frac{\partial}{\partial M} E\left\{ J(x^1, \cdots, x^{l-1}, f^l(x^l, w^l), x^{l+1}, \cdots, x^n, M) \right\}$$

且最终有

$$\frac{\partial J(x, M)}{\partial M} = \frac{\partial}{\partial M} L^l(x, M, J)$$

其中有

$$L^l(x, M, J) = R^l(x^l) + \alpha E\left\{ J(x^1, \cdots, x^{l-1}, f^l(x^l, w^l), x^{l+1}, \cdots, x^n, M) \right\}$$

（微分和期望的交换对几乎所有 M 均成立；见 [Ber73a]。）由最优 PPR 策略的存在性，有

$$J(x, m(x)) = L^l(x, m(x), J)$$

因此，对固定的 x 可视作 M 函数的凸函数 $J(x, M)$ 和 $L^l(x, M, J)$ 对 $M = m(x)$ 时相等，且对几乎所有的 $M \leqslant m(x)$ 有相等的微分。于是对所有的 $M \leqslant m(x)$，有

$$J(x, M) = L^l(x, M, J)$$

这意味着式 (1.11) 的指标规则对所有满足 $m(x) \geqslant M$ 的 x 是最优的。

衰减和改进的情形

很明显，式 (1.11) 的指标规则的最优性带来了极大的简化，因为多项目问题的最优化简化为 n 个相对独立的单项目优化问题。不论如何，这些单项目问题中的每一个都可能是复杂的。然而，在特定的情形下，问题可以得到简化。

假设对所有以正概率出现的 l、x^l 和 w^l，有问题

$$m^l(x^l) \leqslant m^l(f^l(x^l, w^l)) \tag{1.34}$$

或者

$$m^l(x^l) \geqslant m^l(f^l(x^l, w^l)) \tag{1.35}$$

在式 (1.34)[或式 (1.35)] 项目随着它们被施工变得更加有（没有）利润。相应地称这种情形为改进的和衰减的。

在改进的情形中最优策略的本质是明显的：要么在第一阶段退出，要么选择在第一阶段具有最大指标的项目，并在所有后续阶段中持续地对这些项目施工。

在衰减的情形中注意式 (1.35) 意味着如果在状态 x^l 下退出是最优的，那么对每个状态 $f^l(x^l, w^l)$ 都是最优的。因此，对所有满足 $M = m^l(x^l)$ 的 x^l 有，对所有的 w^l，

$$J^l(x^l, M) = M, \quad J^l(f^l(x^l, w^l), M) = M$$

由贝尔曼方程

$$J^l(x^l, M) = \max\left[M, R^l(x^l) + \alpha E\left\{J^l(f^l(x^l, w^l), M)\right\}\right]$$

有

$$m^l(x^l) = R^l(x^l) + \alpha m^l(x^l)$$

或者

$$m^l(x^l) = \frac{R^l(x^l)}{1 - \alpha}$$

所以在衰减情形下的最优策略是：

如果 $M > \max\limits_l \dfrac{R^l(x^l)}{1 - \alpha}$，则退出

否则对具有最大一步收益 $R^l(x^l)$ 的项目 l 施工

下面给出衰减情形的一个例子。

例 1.3.1(寻宝) 考虑一个包括 N 个地点的搜索问题。每个地点 l 可能含有期望价值为 v_l 的宝藏。搜索地点 l 的费用是 $c_l > 0$，并以概率 β_l 发现宝藏（假如宝藏在那里）。用 P_l 表示在地点 l 有宝藏的概率。用 P_l 表示与搜索地点 l 对应的项目的状态。于是，对应的一步收益是

$$R^l(P_l) = \beta_l P_l v_l - c_l \tag{1.36}$$

且退出收益是 $M = 0$。如果在地点 l 的搜索没有找到宝藏，概率 P_l 下降到

$$\bar{P}_l = \frac{P_l(1 - \beta_l)}{P_l(1 - \beta_l) + 1 - P_l}$$

可由贝叶斯规则验证。如果搜索找到了宝藏，概率 P_l 掉到 0，因为宝藏被从该地点移除了。据此以及 $R^l(P_l)$ 随 P_l 增加的事实 [参阅式 (1.36)]，可见衰减条件 (1.35) 成立。所以，最优的选择是当 $\max\limits_l R^l(P_l) \geqslant 0$ 时搜索式 (1.36) 中 $R^l(P_l)$ 达到最大值的地点 l，当对所有的 l 有 $R^l(P_l) < 0$ 时退出。

1.4 折扣连续时间问题

本节考虑在第 I 卷 7.5 节中讨论的连续时间半马尔可夫问题。在那里我们看到那些紧密地联系到离散时间的问题，主要的区别是折扣因子依赖于状态和控制。本节在本章的框架下重新审视这些问题，然后讨论一些有意思的特殊情形。我们将注意力集中在有限或可数的状态情形上。

首先关注一类重要的特例，在这类问题中两次相邻的转移之间的时间间隔满足指数概率分布。我们用一个称为统一化的转化过程来证明，这些模型的分析以及与离散时间框架的关系可被简化。许多这类的实际系统涉及泊松过程，所以对这里和第 4 章讨论的大多数问题，假设读者对这一过程熟悉的程度达到 [Ros83b]、[Gal95] 和 [BeT08] 这些教材中的水平。

之后讨论相邻两次转移的时间间隔未必满足指数分布的问题。这是在第 I 卷 7.5 节讨论的有限状态情形。这里将分析推广到状态是可数无限的情形。

统一化

考虑状态可数的连续时间系统。相应地，状态记作 $i = 1, 2, \cdots$，系统由转移概率描述。特别地，状态转移和控制选择均发生在离散的时间，但相邻两次转移的时间间隔是随机的。首先假设如下条件：

(1) 如果系统在状态 i 施加的控制是 u，下一个状态是 j 的概率是 $p_{ij}(u)$。

(2) 从转移到状态 i 到转移到下一个状态之间的时间间隔 τ 是具有参数 $\nu_i(u) > 0$ 的指数分布，即：

$$P\left\{转移时间间隔 > \tau | i, u\right\} = \mathrm{e}^{-\nu_i(u)\tau}$$

或者等价地，τ 的概率密度函数是

$$p(\tau) = \nu_i(u)\mathrm{e}^{-\nu_i(u)\tau}, \tau \geqslant 0$$

进一步地，τ 与之前的转移时间、状态和控制独立。参数 $\nu_i(u)$ 是一致有界的，即对某个 ν，有

$$\nu_i(u) \leqslant \nu, 对所有 i, u \in U(i)$$

参数 $\nu_i(u)$ 被称作与状态 i 和控制 u 相关的**转移速率**。可验证相对应的平均转移时间是

$$E\{\tau\} = \int_0^\infty \tau \nu_i(u)\mathrm{e}^{-\nu_i(u)\tau}\mathrm{d}\tau = \frac{1}{\nu_i(u)}$$

所以 $\nu_i(u)$ 可被解读成平均单位时间的转移次数。

任意时间 t 的状态和控制分别记作 $i(t)$ 和 $u(t)$，并在转移之间保持不变。用下面的符号：

t_k——第 k 次转移发生的时间。通常有 $t_0 = 0$。

$\tau_k = t_k - t_{k-1}$——第 k 次转移时间间隔。

$i_k = i(t_k)$——有 $i(t) = i_k$ 对 $t_k \leqslant t < t_{k+1}$。

$u_k = u(t_k)$——有 $u(t) = u_k$ 对 $t_k \leqslant t < t_{k+1}$ 成立。

考虑具有如下形式的费用函数

$$\lim_{N \to \infty} E\left\{\int_0^{t_N} \mathrm{e}^{-\beta t}g(i(t), u(t))\mathrm{d}t\right\} \tag{1.37}$$

其中 g 是给定函数，β 是给定的正的折扣因子。与离散时间问题类似，可接受的策略是一个序列 $\pi = \{\mu_0, \mu_1, \cdots\}$，其中每个 μ_k 是从状态到控制的映射，对每个状态 i 的控制集合是 $\mu_k(i) \in U(i)$。在策略 π 下，施加在区间 $[t_k, t_{k+1}]$ 上的控制是 $\mu_k(i_k)$。因为状态在两次转移之间保持不变，π 的费用函数给定如下

$$J_\pi(i_0) = \sum_{k=0}^{\infty} E\left\{ \int_{t_k}^{t_{k+1}} e^{-\beta t} g(i_k, \mu_k(i_k)) | i_0 \right\}$$

首先考虑转移速率对所有的状态和控制相同的情形，即，对所有的 i 和 u，有

$$\nu_i(u) = \nu$$

稍微思考一下，就会发现这个问题本质上与转移时间固定的情形是相同的，因为控制不能通过影响下次转移的时间来影响一个阶段的费用。

实际上，式 (1.37) 对应于一个序列 $\{(i_k, u_k)\}$ 的费用可以被表达为

$$\sum_{k=0}^{\infty} E\left\{ \int_{t_k}^{t_{k+1}} e^{-\beta t} g(i(t), u(t)) \mathrm{d}t \right\} = \sum_{k=0}^{\infty} E\left\{ \int_{t_k}^{t_{k+1}} e^{-\beta t} \mathrm{d}t \right\} E\{g(i_k, u_k)\} \tag{1.38}$$

根据转移时间间隔的独立性有

$$
\begin{aligned}
E\left\{ \int_{t_k}^{t_{k+1}} e^{-\beta t} \mathrm{d}t \right\} &= \frac{E\{e^{-\beta t_k}\}(1 - E\{e^{-\beta \tau_{k+1}}\})}{\beta} \\
&= \frac{E\{e^{-\beta(\tau_1 + \cdots + \tau_k)}\}(1 - E\{e^{-\beta \tau_{k+1}}\})}{\beta} \\
&= \frac{\alpha^k(1 - \alpha)}{\beta}
\end{aligned}
\tag{1.39}
$$

其中

$$\alpha = E\{e^{-\beta \tau}\} = \int_0^{\infty} e^{-\beta \tau} \nu e^{-\nu \tau} \mathrm{d}\tau = \frac{\nu}{\beta + \nu}$$

上述对 α 的表达式可以得出 $(1 - \alpha)/\beta = 1/(\beta + \nu)$，所以由式 (1.39)，有

$$E\left\{ \int_{t_k}^{t_{k+1}} e^{-\beta t} \mathrm{d}t \right\} = \frac{\alpha^k}{\beta + \nu}$$

由这个关系式和式 (1.38)，该问题的费用可被表示成

$$\frac{1}{\beta + \nu} \sum_{k=0}^{\infty} \alpha^k E\{g(i_k, u_k)\}$$

所以实际上面临的是一个常规的离散时间问题，具有有待最小化的期望总费用。转移时间中的随机性的影响已被简化为对每个阶段费用的适度缩放。

总结一下，具有如下费用的连续时间马尔可夫链问题

$$\lim_{N \to \infty} E\left\{ \int_0^{t_N} e^{-\beta t} g(i(t), u(t)) \mathrm{d}t \right\}$$

转移速率为 ν 且与状态和控制独立，该问题等价于离散时间马尔可夫链问题，具有折扣因子

$$\alpha = \frac{\nu}{\beta + \nu}$$

每个阶段的费用是

$$\tilde{g}(i, u) = \frac{g(i, u)}{\beta + \nu} \tag{1.40}$$

特别地，贝尔曼方程具有如下形式

$$J(i) = \min_{u \in U(i)} \left[\tilde{g}(i, u) + \alpha \sum_j p_{ij}(u) J(j) \right] \tag{1.41}$$

在某些问题中，在式 (1.37) 的费用之外，每个阶段还有额外的期望费用 $\hat{g}(i, u)$ 会在状态 i 下选择控制 u 时产生，并且与转移时间间隔独立。在这种情形下式 (1.40) 的每阶段期望费用应当变为 $\hat{g}(i, u) + \tilde{g}(i, u)$，式 (1.41) 的贝尔曼方程变成

$$J(i) = \min_{u \in U(i)} \left[\hat{g}(i, u) + \tilde{g}(i, u) + \alpha \sum_j p_{ij}(u) J(j) \right] \tag{1.42}$$

例 1.4.1　制造特殊定制产品的制造商按批次处理订单。订单按照单位时间速率为 ν 的泊松过程到达；即，相邻到达的间隔时间相互独立且具有参数为 ν 的指数分布。每个单位时间内如果有 i 个订单尚未完成，则会产生费用 $c(i)$。假设 $c(i)$ 有界且对于 i 单调非减。费用以折扣因子 $\beta > 0$ 打折。处理订单的启动费用为 K。当新订单到达时，制造商必须决定是开始处理当前这批订单还是继续等下一个订单。

这里的状态是尚未完成的订单数 i。如果在状态 i 的决定是处理订单，那么费用是 K 且下一个转移到的状态将是 1。否则，将会有期望费用 $c(i)/(\beta + \nu)$ 直到状态转移到下一个状态 $i+1$[见式 (1.40)]，见图 1.4.1。我们实际上面临的是一个折扣的离散时间问题，且单阶段费用有界。

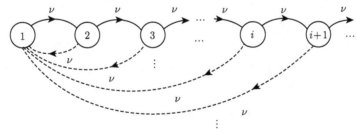

图 1.4.1　例 1.4.1 连续时间马尔可夫链的状态转移图。实线显示的是与首次控制（非填补订单）相关的状态转移，虚线显示的是与二次控制（填补订单）相关的状态转移

贝尔曼方程具有如下形式

$$J(i) = \min \left[K + \alpha J(1), \frac{c(i)}{\beta + \nu} + \alpha J(i+1) \right], i = 1, 2, \cdots$$

其中 $\alpha = \nu/(\beta + \nu)$ 是有效的折扣因子 [见式 (1.5)]。[注意启动费用 K 在决定处理订单后立刻产生，所以 K 没有在至下一个转移之前的这个阶段被打折；见式 (1.42)。] 基于第一定律（或者使用动态规

划算法/值迭代和数学归纳),可见 $J(i)$ 是 i 的单调非减函数,所以由贝尔曼方程,可得存在阈值 i^*,当且仅当订单的数量超过 i^* 时处理订单的策略是最优的。

非统一的转移速率

现在讨论更一般的情形,此时转移速率 $\nu_i(u)$ 依赖状态和控制,且可通过使用允许从一个状态转移到自身的虚假转移这一技巧来统一转移速率并被转化成之前的情形。粗略地说,平均意义上慢的转移将被加速,可解读为有时在一次转移之后状态将不再变化。为了展示这将如何操作,用 ν 表示新的统一转移速率,对所有的 i 和 u 有 $\nu_i(u) \leqslant \nu$,并定义新的转移概率如下

$$\tilde{p}_{ij}(u) = \begin{cases} \dfrac{\nu_i(u)}{\nu} p_{ij}(u), & i \neq j \\[2mm] \dfrac{\nu_i(u)}{\nu} p_{ii}(u) + 1 - \dfrac{\nu_i(u)}{\nu}, & i = j \end{cases}$$

这一过程称为原来过程的统一化的版本(见图 1.4.2)。现在说在原过程中以速率 $\nu_i(u)$ 离开状态 i 在概率意义下等价于在新过程中以更快的速率 ν 离开状态 i,但以概率 $1 - \nu_i(u)/\nu$ 返回状态 i。等价地,转移是真实的(转移到不同的状态)以概率 $\nu_i(u)/\nu < 1$ 发生。关于概率等价性,我们的意思是对任意给定的策略 π、初始状态 i_0 和时间 t,概率 $P\{i(t) = i|i_0, \pi\}$ 在原过程和其统一化的版本中对所有 i 相同。我们对于这一事实在习题 1.10 中对有限状态的情形给出证明(更深入的讨论参阅 [Lip75b] 和 [Ros83b])。

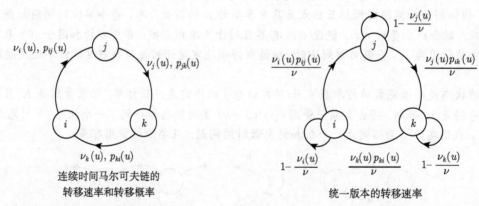

连续时间马尔可夫链的
转移速率和转移概率

统一版本的转移速率

图 1.4.2 通过虚构的自转移,将连续时间的马尔可夫链转化成统一的版本。这个统一的版本包括转移速率 μ,即所有原始转移速率 $\mu_i(u)$ 的上界和转移概率

$$\tilde{p}_{ij}(u) = (\nu_i(u)/\nu)p_{ij}(u), \quad 若 i \neq j$$

且

$$\tilde{p}_{ii}(u) = (\nu_i(u)/\nu)p_{ii}(u) + 1 - \nu_i(u)/\nu, \quad 若 i = j$$

在如图所示的例子中,我们认为对所有的 i 和 u, 有 $p_{ii}(u) = 0$。

总之,可以将具有转移速率 $\nu_i(u)$、转移概率为 $p_{ij}(u)$、费用为

$$\lim_{N \to \infty} E\left\{ \int_0^{t_N} e^{-\beta t} g(i(t), u(t)) dt \right\}$$

的连续时间马尔可夫链问题转化为离散时间马尔可夫链问题具有折扣因子

$$\alpha = \frac{\nu}{\beta + \nu}$$

其中 ν 是统一化之后的转移速率，于是对所有的 i 和 u 满足

$$\nu_i(u) \leqslant \nu$$

转移概率是

$$\tilde{p}_{ij}(u) = \begin{cases} \dfrac{\nu_i(u)}{\nu} p_{ij}(u), & i \neq j \\ \dfrac{\nu_i(u)}{\nu} p_{ii}(u) + 1 - \dfrac{\nu_i(u)}{\nu}, & i = j \end{cases}$$

且每个阶段的费用对所有 i 和 u，有

$$\tilde{g}(i, u) = \frac{g(i, u)}{\beta + \nu}$$

特别地，贝尔曼方程具有如下形式

$$J(i) = \min_{u \in U(i)} \left[\tilde{g}(i, u) + \alpha \sum_j \tilde{p}_{ij}(u) J(j) \right]$$

使用此前定义稍作计算后可将该式写作

$$J(i) = \frac{1}{\beta + \nu} \min_{u \in U(i)} \left[g(i, u) + (\nu - \nu_i(u)) J(i) + \nu_i(u) \sum_j p_{ij}(u) J(j) \right]$$

当在状态 i 下采用控制 u 在每阶段有额外的费用 $\hat{g}(i, u)$ 时，贝尔曼方程变成 [见式 (1.42)]

$$J(i) = \frac{1}{\beta + \nu} \min_{u \in U(i)} \Big[(\beta + \nu) \hat{g}(i, u) + g(i, u)$$
$$+ (\nu - \nu_i(u)) J(i) + \nu_i(u) \sum_j p_{ij}(u) J(j) \Big]$$

例 1.4.2（优先级指派和 μc 规则） 考虑共享单个服务器的 r 个队列。每单位时间对每个队列 $l = 1, \cdots, r$ 中的每个顾客有一个正费用 c_l。队 l 中每个顾客的服务时间符合参数为 μ_l 的指数分布，所有顾客的服务时间独立。假设开始时每个队有一定的顾客，没有后续到达，最优的服务顾客的顺序是什么呢？这里的费用是

$$\lim_{N \to \infty} E \left\{ \int_0^{t_N} e^{-\beta t} \sum_{l=1}^r c_l x_l(t) dt \right\}$$

其中 $x_l(t)$ 是时间 t 时第 l 个队里的顾客数，β 是正的折扣因子。

首先构造该问题的统一化版本。构造的过程如图 1.4.3 所示。折扣因子是

$$\alpha = \frac{\mu}{\beta + \mu}$$

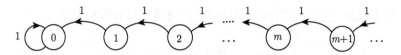

提供服务时第 l 个队列的转移概率

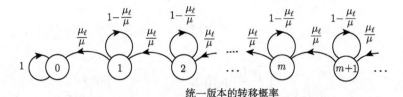

统一版本的转移概率

图 1.4.3　连续时间马尔可夫链和当例 1.4.2 提供服务的时候第 l 个队列的统一版本

其中

$$\mu = \max_l \{\mu_l\}$$

且对应的费用是

$$\frac{1}{\beta + \mu} \sum_{k=0}^{\infty} \alpha^k E\left\{\sum_{l=1}^{r} c_l x_k^l\right\} \tag{1.43}$$

其中 x_k^l 是第 l 个队在第 k 次（真的或者虚构的）转移之后的顾客数。

现在将费用重写为另一种更便于分析的形式。这里的思想是将问题从一种最小化等待费用的问题转化为一种最大化等待费用节省程度的问题。对 $k = 0, 1, \cdots$，定义

$$l_k = \begin{cases} l, & \text{如果第} k \text{次转移对应从队} l \text{的一次离去} \\ 0, & \text{如果第} k \text{次转移是虚构的} \end{cases}$$

同样记有

$c_{l_0} = 0,$

x_0^l：队 l 中的初始顾客数。

那么式 (1.43) 的费用也可被重写为

$$\frac{1}{\beta + \mu}\left[\sum_{l=1}^{r} c_l x_0^l + \sum_{k=1}^{\infty} \alpha^k E\left\{\sum_{l=1}^{r} c_l x_0^l - \sum_{m=0}^{k-1} c_{l_m}\right\}\right]$$

$$= \frac{1}{\beta + \mu}\left[\sum_{k=0}^{\infty} \alpha^k \left(\sum_{l=1}^{r} c_l x_0^l\right) - E\left\{\sum_{m=0}^{\infty} \sum_{k=m+1}^{\infty} \alpha^k c_{l_m}\right\}\right]$$

$$= \frac{1}{(\beta + \mu)(1 - \alpha)} \sum_{l=1}^{r} c_l x_0^l - \frac{\alpha}{(\beta + \mu)(1 - \alpha)} \sum_{k=0}^{\infty} \alpha^k E\{c_{l_k}\}$$

$$= \frac{1}{\beta} \sum_{l=1}^{r} c_l x_0^l - \frac{\alpha}{\beta} \sum_{k=0}^{\infty} \alpha^k E\{c_{l_k}\}$$

所以，没有最小化式 (1.43)，而是等价地解决如下问题

$$\text{maximize} \sum_{k=0}^{\infty} \alpha^k E\{c_{l_k}\} \tag{1.44}$$

其中 c_{l_k} 可以被视作从第 k 次转移获得节省的等待费用速率。

现在可以发现式 (1.44) 的问题是一个多柄老虎机问题。第 r 个队可被视作是独立的项目。每个时刻, 一个非空的队列, 比如说 l, 被选中并且被服务。因为一个顾客离去以 μ_l/μ 的概率发生, 而一个不改变状态的虚构事件以 $1 - \mu_l/\mu$ 的概率发生, 对应的期望收益是

$$\frac{\mu_l}{\mu} c_l \tag{1.45}$$

注意每个阶段的收益是有界的, 所以可使用 1.2 节和 1.3 节的框架和结果。很明显该问题属于 1.3 节末尾考虑的衰减类的问题。所以, 在每个顾客离开之后, 最优的策略是服务具有最大单阶段收益的队列 (即, 开始从事具有最大指标的项目; 参见 1.3 节的末尾)。等价的 [参见式 (1.45)], 最优做法是服务 $\mu_l c_l$ 达到最大化的队列 l。这一策略就是著名的 μc 规则。这一规则在其他几个涉及优先级分配的问题中同样扮演重要的角色。可以将 $\mu_l c_l$ 视作等待费用速率 c_l 对服务一个顾客需要的平均时间 $1/\mu_l$ 的比例。因此, μc 规则对应的是去服务能够最大化平均单位服务时间下节省的等待费用速率的队列 l。

折扣半马尔可夫问题

现在考虑比连续时间问题更为一般的问题, 这时我们不能使用统一化, 而且也不能将问题转化为能纳入 1.2 节框架的折扣问题。取而代之的是, 将问题建模成几乎能纳入那一框架的离散时间问题。唯一的区别是折扣因子可能依赖状态和/或控制。

继续假设有限或者可数多个状态, 但将转移概率用转移分布 $Q_{ij}(\tau, u)$ 替代, 其中对给定的一对 (i, u), 给定转移区间与下一个状态的联合分布如下:

$$Q_{ij}(\tau, u) = P\{t_{k+1} - t_k \leqslant \tau, i_{k+1} = j | i_k = i, u_k = u\}$$

假设对所有的状态 i 和 j, 控制 $u \in U(i)$, $Q_{ij}(\tau, u)$ 已知且平均转移时间有限:

$$\int_0^\infty \tau Q_{ij}(\tau, u) < \infty$$

注意转移分布通过如下方式给定了常规的转移概率

$$p_{ij}(u) = P\{i_{k+1} = j | i_k = i, u_k = u\} = \lim_{\tau \to \infty} Q_{ij}(\tau, u)$$

所以, 与统一化方法适用的情形不同, $Q_{ij}(\tau, u)$ 无须为指数分布的。

如之前一样, 考虑具有如下形式的费用函数

$$\lim_{N \to \infty} E\left\{\int_0^{t_N} e^{-\beta t} g(i(t), u(t)) dt\right\} \tag{1.46}$$

其中 t_N 是第 N 次转移完成的时间, 函数 g 与正的折扣因子 β 是给定的。适用的 N 阶段策略 $\pi = \{\mu_0, \mu_1, \cdots, \mu_{N-1}\}$ 的费用函数给定如下

$$J_\pi^N(i) = \sum_{k=0}^{N-1} E\left\{\int_{t_k}^{t_{k+1}} e^{-\beta t} g(i_k, \mu_k(i_k)) dt | i_0 = i\right\}$$

可以看到, 对所有的状态 i 有

$$J_\pi^N(i) = G(i, \mu_0(i)) + \sum_j \int_0^\infty e^{-\beta \tau} Q_{ij}(d\tau, \mu(i)) J_{\pi_1}^{N-1}(j) \tag{1.47}$$

其中 $J_{\pi_1}^{N-1}(j)$ 是策略 $\pi_1 = \{\mu_1, \mu_2, \cdots, \mu_{N-1}\}$ 在第一阶段后 $(N-1)$ 个阶段上的费用, $G(i, u)$ 是与 (i, u) 相对应的单阶段费用的期望值。后面这一项费用如下

$$G(i, u) = g(i, u) \sum_j \int_0^\infty \left(\int_0^\tau \mathrm{e}^{-\beta t} \mathrm{d}t \right) Q_{ij}(\mathrm{d}\tau, u)$$

或者等价地, 因为 $\int_0^\tau \mathrm{e}^{-\beta t}\mathrm{d}t = (1 - \mathrm{e}^{-\beta\tau})/\beta$, 所以

$$G(i, u) = g(i, u) \sum_j \int_0^\infty \frac{1 - \mathrm{e}^{-\beta\tau}}{\beta} Q_{ij}(\mathrm{d}\tau, u) \tag{1.48}$$

如果记

$$m_{ij}(u) = \int_0^\infty \mathrm{e}^{-\beta\tau} Q_{ij}(\mathrm{d}\tau, u)$$

那么式 (1.47) 可被写成如下形式

$$J_\pi^N(i) = G(i, \mu_0(i)) + \sum_j m_{ij}(\mu_0(i)) J_{\pi_1}^{N-1}(j) \tag{1.49}$$

该式与折扣离散时间问题的对应方程类似 [用 $m_{ij}(u)$ 代替了 $\alpha p_{ij}(u)$]。

式 (1.49) 的表达式启发我们与 1.1.2 节类似使用映射 T 和 T_μ。对于一个函数 J 和平稳策略 μ, 定义

$$(T_\mu J)(i) = G(i, \mu(i)) + \sum_j m_{ij}(\mu(i)) J(j) \tag{1.50}$$

$$(TJ)(i) = \min_{u \in U(i)} \left[G(i, u) + \sum_j m_{ij}(u) J(j) \right] \tag{1.51}$$

于是通过使用式 (1.49), 可见无穷阶段策略 $\pi = \{\mu_0, \mu_1, \cdots\}$ 的费用函数 J_π 可被表达成

$$J_\pi(i) = \lim_{N \to \infty} J_\pi^N(i) = \lim_{N \to \infty} (T_{\mu_0} T_{\mu_1} \cdots T_{\mu_{N-1}} J_0)(i)$$

其中 J_0 是零值函数 $[J_0(i) = 0$ 对所有的 $i]$。平稳策略 μ 的费用可被表达成

$$J_\mu(i) = \lim_{N \to \infty} (T_\mu^N J_0)(i)$$

这些表达式隐含的假设是对应的极限存在, 这是一个稍后将在合适的条件下验证的结论。

1.2 节中的折扣费用分析可平行地推广过来 (参阅第 I 卷第 7.5 节), 前提是假设: (a) $g(i, u)$[以及 $G(i, u)$] 是 i 和 u 的有界函数。(b) 在 (i, u) 上 $\sum_j m_{ij}(u)$ 的最大值比 1 小; 即,

$$\rho = \max_{i, u \in U(i)} \sum_j m_{ij}(u) < 1 \tag{1.52}$$

在这些条件下, 可获得与 1.2 节类似的结论。特别地, 最优费用函数 J^* 是贝尔曼方程 $J = TJ$ 的唯一有界解, 或

$$J(i) = \min_{u \in U(i)} \left[G(i, u) + \sum_j m_{ij}(u) J(j) \right]$$

本质上，我们面对的是一个离散时间折扣问题的等价问题，其中的折扣因子依赖 i 和 u。

注意，为了让 $\rho < 1$ 的性质 [参见式 (1.52)] 成立，充分条件是存在 $\bar{\tau} > 0$ 和 $\epsilon > 0$，满足转移时间大于 $\bar{\tau}$ 的概率 $\epsilon > 0$；即，对所有的 i 和 $u \in U(i)$，有

$$1 - \sum_j Q_{ij}(\bar{\tau}, u) = \sum_j P\{\tau \geqslant \bar{\tau} | i, u, j\} \geqslant \epsilon$$

现在注意在某些问题中，在式 (1.46) 的费用之外，还有额外的期望阶段费用 $\hat{g}(i, u)$，该费用当控制 u 在状态 i 下被选用时产生，且与转移阶段的长度独立。在这种情形下映射 T 和 T_μ 应当变为

$$(T_\mu J)(i) = \hat{g}(i, \mu(i)) + G(i, \mu(i)) + \sum_j m_{ij}(\mu(i)) J(j),$$

$$(TJ)(i) = \min_{u \in U(i)} \left[\hat{g}(i, u) + G(i, u) + \sum_j m_{ij}(u) J(j) \right]$$

该问题的另一种变形是单位时间的费用 g 依赖下一个状态 j。在这种问题建模中，一旦系统进入状态 i，控制 $u \in U(i)$ 被选中，接下来将以概率 $p_{ij}(u)$ 进入状态 j，下一次转移的费用是 $g(i, u, j)\tau_{ij}(u)$，其中 $\tau_{ij}(u)$ 是随机的，其分布是 $Q_{ij}(\tau, u)/p_{ij}(u)$。那么 $G(i, u)$ 应当被定义为

$$G(i, u) = \sum_j \int_0^\infty g(i, u, j) \frac{1 - \mathrm{e}^{-\beta\tau}}{\beta} Q_{ij}(\mathrm{d}\tau, u)$$

[参阅式 (1.48)]和之前的分析无须变动可直接使用。

例 1.4.3（M/D/1 队列的控制） 考虑一个单服务台队列，其中顾客以速率为 λ 的泊松流到达。一个顾客的服务时间是确定的，且等于 $1/\mu$，其中 μ 是给定的服务速率。到达和服务速率 λ 和 μ 可从给定的子集合 Λ 和 M 中选取，且仅能在有顾客从系统中离去时变动。使用速率 λ 和 μ 在每单位时间的费用分别为 $q(\lambda)$ 和 $r(\mu)$，当有 i 个顾客在系统中时（包括在队列中等待和正在接受服务的顾客），每个单位时间的等待费用为 $c(i)$。我们希望找到能最小化总折扣费用的设定速率的策略。

注意速率仅在有顾客离去时变动。因为服务时间的分布不是指数分布，这一限定是必要的，这让我们可以使用系统中的顾客数作为状态；如果我们允许在有顾客到达时亦可变动到达速率，那么到达的这个顾客看到的当前系统中正在被服务的顾客已经被服务的时间也需要作为系统状态的一部分。

转移分布给定如下

$$Q_{0j}(\tau, \lambda, \mu) = \begin{cases} 1 - \mathrm{e}^{-\lambda\tau}, & j = 1, \\ 0, & \text{其他} \end{cases}$$

$$Q_{ij}(\tau, \lambda, \mu) = \begin{cases} p_{ij}(\lambda, \mu), & 1/\mu \leqslant \tau, \\ 0, & \text{其他}, \end{cases} \quad i \geqslant 1$$

其中 $p_{ij}(\lambda, \mu)$ 是状态转移概率。对 $i \geqslant 1$ 和 $j \geqslant i - 1$，$p_{ij}(\lambda, \mu)$ 可被计算为在 $[0, 1/\mu]$ 时间段内将有 $j - i + 1$ 个到达发生的概率，这一概率可由泊松分布计算出来（比如，见 [BeT08]）。特别地，有

$$p_{ij}(\lambda, \mu) = \begin{cases} \dfrac{\mathrm{e}^{-\lambda/\mu}(\lambda/\mu)^{(j-i+1)}}{(j-i+1)!}, & \text{若} j \geqslant i - 1, \\ 0, & \text{其他}, \end{cases} \quad i \geqslant 1$$

使用上面的公式，可以写出贝尔曼方程并可像求解离散时间折扣问题一样求解该问题。

1.5 压缩映射的作用

动态规划模型的两个关键结构性质决定了大部分可对这类问题证明的数学结论。第一条性质是映射 T 和 T_μ 的单调性(参见引理 1.1.1)。这一性质是无穷阶段总费用问题的基础。例如,这一性质在第 3 章中的随机最短路模型中扮演重要角色,同时构成在第 4 章中的正与负的动态规划模型的分析的基础。

然而,当每个阶段的费用有界且有折扣,我们有另一条性质可强化单调性的作用:映射 T 和 T_μ 是压缩映射。本节解释这一性质的意思及含义。

一般而言,给定一个模 $\|\cdot\|$(即,一个满足对所有 $y \in Y$ 有 $\|y\| \geqslant 0$,且当且仅当 $y = 0$ 时有 $\|y\| = 0$,对所有标量 a 有 $\|ay\| = |a|\|y\|$ 且对所有 $y, z \in Y$ 有 $\|y + z\| \leqslant \|y\| + \|z\|$)的实数向量空间 Y,一个函数 $F : Y \mapsto Y$ 被称为是压缩映射,如果对某个 $\rho \in (0, 1)$,有

$$\|Fy - Fz\| \leqslant \rho\|y - z\|, \forall y, z \in Y$$

标量 ρ 被称作 F 的压缩的模。空间 Y 被称作在模 $\|\cdot\|$ 下是完备的,如果每个柯西列 $\{y_k\} \subset Y$ 是收敛的,该收敛是指对某个 $\bar{y} \in Y$,有 $\|y_k - \bar{y}\| \to 0$[①]。当 Y 是完备的时,压缩映射 $F : Y \mapsto Y$ 的一条重要的性质是该映射有唯一的不动点,即如下方程

$$y = Fy$$

有唯一解 y^*,被称作 F 的不动点。进一步地,从任意初始点 y_0 开始,由如下迭代

$$y_{k+1} = Fy_k$$

生成的数列 $\{y_k\}$ 收敛到 y^*。我们很快将在特定条件下证明这一性质;不过,我们的证明方法同时适用于更广泛的情形。

例 1.5.1($\Re$ 中的线性压缩映射) 考虑具有如下形式的线性映射 $F : \Re^n \mapsto \Re^n$

$$Fy = b + Ay$$

其中 A 是一个 $n \times n$ 的矩阵,b 是 $\Re^n$ 中的向量。用 $\sigma(A)$ 表示 A 的谱半径(在 A 的所有特征值的模中的最大值)。那么可证明 A 是在某个模下的压缩映射(当且仅当 $\sigma(A) < 1$)。

特别地,给定 $\epsilon > 0$,存在模 $\|\cdot\|_s$ 满足

$$\|Ay\|_s \leqslant (\sigma(A) + \epsilon)\|y\|_s, \forall y \in \Re^n \tag{1.53}$$

所以,如果 $\sigma(A) < 1$,那么可以选择满足 $\rho = \sigma(A) + \epsilon < 1$ 的 $\epsilon > 0$,并获得如下的压缩关系

$$\|Fy - Fz\|_s = \|A(y - z)\|_s \leqslant \rho\|y - z\|_s, \forall y, z \in \Re^n \tag{1.54}$$

---

① 在本节将使用实分析中的一些内容;请参考教材 [LiS61]、[Roy88]、[Rud76],这些教材针对这一内容的介绍可供不同读者选用。一个数列 $\{y_k\} \subset Y$ 如果当 $m, n \to \infty$ 时有 $\|y_m - y_n\| \to 0$,即,对任意给定的 $\epsilon > 0$,存在 N 满足对所有 $m, n \geqslant N$ 有 $\|y_m - y_n\| \leqslant \epsilon$,被称作是一个柯西列。注意柯西列始终有界。同时,实数的柯西列是收敛的,这意味着实数轴是完备空间,任意有限维的实数向量空间也是完备的。另一方面,无穷维空间在某些模下可能不是完备的,而在另一些模下是完备的。

模 $\|\cdot\|_s$ 可被取为加权的欧氏模，即，可能形式为 $\|y\|_s = \|My\|$，其中 M 是可逆方阵，$\|\cdot\|$ 是标准欧氏模，即，$\|x\| = \sqrt{x'x}$。①

反过来，如果式 (1.54) 对某个模 $\|\cdot\|_s$ 和所有的实向量 y、z 成立，该式也对所有复向量 y、z 和平方模成立。一个复向量 c 的平方模 $\|c\|_s^2$ 定义为该向量实部与虚部各自的模的平方之和。所以由式 (1.54)，通过取 $y - z = u$，其中 u 是与某个满足 $|\lambda| = \sigma(A)$ 的特征值 λ 对应的特征向量，有 $\sigma(A)\|u\|_s = \|Au\|_s \leqslant \rho\|u\|_s$。于是有 $\sigma(A) \leqslant \rho$，同时有如果 F 是某个给定模下的压缩映射，一定有 $\sigma(A) < 1$。

1.5.1 极大模压缩

我们将着重关注对于动态规划特别重要的一类压缩映射。用 X 表示一个集合（典型的例子是动态规划中的状态空间），用 $v : X \mapsto \Re$ 表示正值函数

$$v(x) > 0, \forall x \in X$$

用 $B(X)$ 表示函数 $J : X \mapsto \Re$ 构成的集合，其中的每个函数满足 $J(x)/v(x)$ 当 x 在 X 上取值时有界。定义 $B(X)$ 上的模，称为加权极大模，如下

$$\|J\| = \max_{x \in X} \frac{|J(x)|}{v(x)} \tag{1.55}$$

（上述公式中的最大值无须取到。无论一个集合的所有上界中的最小值是否能取到，都仍用 $\max$ 来表示。）很容易验证这样定义的模 $\|\cdot\|$ 满足模所需的性质。进一步，$B(X)$ 在该模下是完备的。②

---

① 我们将通过使用 A 的约当标准型 J 来证明 (1.53) 式。特别地，如果 P 是满足 $P^{-1}AP = J$ 的非奇异矩阵，且 D 是以 $1, \delta, \cdots, \delta^{n-1}$ 为对角线元素的对角阵 D，其中 $\delta > 0$，那么可直接验证 $D^{-1}P^{-1}APD = \hat{J}$，其中 $\hat{J}$ 与 J 几乎相等只是将非对角线元素中的非零元素替代为 δ。定义 $\hat{P} = PD$，有 $A = \hat{P}\hat{J}\hat{P}^{-1}$。现在，如果 $\|\cdot\|$ 是标准欧氏模，那么可以注意到对某个 $\beta > 0$，对所有 $z \in \Re^n$ 和 $\delta \in (0,1]$ 有 $\|\hat{J}z\| \leqslant (\sigma(A) + \beta\delta)\|z\|$。对于给定的 $\delta \in (0,1]$，考虑定义为 $\|y\|_s = \|\hat{P}^{-1}y\|$ 的加权欧氏模 $\|\cdot\|_s$。那么对所有 $y \in \Re^n$，有

$$\|Ay\|_s = \|\hat{P}^{-1}Ay\| = \|\hat{P}^{-1}\hat{P}\hat{J}\hat{P}^{-1}y\| = \|\hat{J}\hat{P}^{-1}y\| \leqslant (\sigma(A) + \beta\delta)\|\hat{P}^{-1}y\|$$

所以对所有 $y \in \Re^n$，有 $\|Ay\|_s \leqslant (\sigma(A) + \beta\delta)\|y\|_s$。对给定的 $\epsilon > 0$，选择 $\delta = \epsilon/\beta$，这样由之前的关系式可推导出式 (1.53)。

② 为证明这一点，考虑柯西列 $\{J_k\} \subset B(X)$，注意当 $m, n \to \infty$ 时，有 $\|J_m - J_n\| \to 0$，这意味着对所有的 $x \in X$，$\{J_k(x)\}$ 是实数构成的柯西列，所以该数列收敛到某个 $J^*(x)$。我们将证明 $J^* \in B(x)$ 且有 $\|J_k - J^*\| \to 0$。至此，证明对某个给定的 $\epsilon > 0$，存在 K 对所有的 $x \in X$ 和 $k \geqslant K$ 满足

$$|J_k(x) - J^*(x)|/v(x) \leqslant \epsilon$$

这将意味着

$$\max_{x \in X} |J^*(x)|/v(x) \leqslant \epsilon + \|J_k\|$$

所以 $J^* \in B(X)$，同时将意味着 $\|J_k - J^*\| \leqslant \epsilon$，满足 $\|J_k - J^*\| \to 0$。假设原命题不成立，即，存在 $\epsilon > 0$ 和一个子列 $\{x_{m_1}, x_{m_2}, \cdots\} \subset X$ 满足 $m_i < m_{i+1}$ 和

$$\epsilon < |J_{m_i}(x_{m_i}) - J^*(x_{m_i})|/v(x_{m_i}), \forall i \geqslant 1$$

上式右侧小于或等于

$$|J_{m_i}(x_{m_i}) - J_n(x_{m_i})|/v(x_{m_i}) + |J_n(x_{m_i}) - J^*(x_{m_i})|/v(x_{m_i}), \forall n \geqslant 1, i \geqslant 1$$

上式中第一项对于超过某个阈值的 i 和 n 小于 $\epsilon/2$；固定 i，让 n 足够大，第二项也可小于 $\epsilon/2$。所以二者之和将小于 ϵ，这与之前的假设矛盾。

下面将总是假设 $B(X)$ 具有上面所述的加权极大模,其中的加权函数 v 将在行文过程中清晰定义。在通常情况下,该模是未加权的,即,$v(x) \equiv 1$ 和 $\|J\| = \max\limits_{x \in X} |J(x)|$,在这种情形下我们将明确指出。

对于映射 $F : B(X) \mapsto B(X)$ 和函数 $J \in B(X)$,通过连续 k 次在 J 上使用 F 获得的函数 $F^k J$ 属于 $B(X)$。下面是压缩映射有关的主要结论,并特别针对 $B(X)$。假设 F 是压缩映射,且可保证 $F^k J$ 收敛到 F 的唯一不动点,并为计算不动点的重要算法提供了基础。

命题 1.5.1(压缩映射不动点定理)   如果 $F : B(X) \mapsto B(X)$ 是模为 $\rho \in (0,1)$ 的压缩映射,那么存在唯一的 $J^* \in B(X)$ 满足

$$J^* = FJ^*$$

进一步,对任意的 $J \in B(X)$,$\{F^k J\}$ 收敛到 J^* 且有

$$\|F^k J - J^*\| \leqslant \rho^k \|J - J^*\|, k = 1, 2, \cdots$$

证明   固定某个 $J \in B(X)$ 并考虑由 $J_{k+1} = FJ_k$ 从 $J_0 = J$ 开始生成的数列 $\{J_k\}$。由 F 的压缩性质,

$$\|J_{k+1} - J_k\| \leqslant \rho \|J_k - J_{k-1}\|, k = 1, 2, \cdots$$

上式意味着

$$\|J_{k+1} - J_k\| \leqslant \rho^k \|J_1 - J_0\|, k = 1, 2, \cdots$$

于是对每个 $k \geqslant 0$ 和 $m \geqslant 1$,有

$$\begin{aligned}
\|J_{k+m} - J_k\| &\leqslant \sum_{i=1}^{m} \|J_{k+i} - J_{k+i-1}\| \\
&\leqslant \rho^k (1 + \rho + \cdots + \rho^{m-1}) \|J_1 - J_0\| \\
&\leqslant \frac{\rho^k}{1 - \rho} \|J_1 - J_0\|
\end{aligned}$$

所以,$\{J_k\}$ 是一个柯西列且一定收敛到某个极限 $J^* \in B(X)$,因为 $B(X)$ 是完备的。对所有的 $k \geqslant 1$,有

$$\|FJ^* - J^*\| \leqslant \|FJ^* - J_k\| + \|J_k - J^*\| \leqslant \rho \|J^* - J_{k-1}\| + \|J_k - J^*\|$$

且由于 J_k 收敛到 J^*,有 $FJ^* = J^*$。因此,J_k 的极限 J^* 是 F 的一个不动点。这是唯一的不动点,因为如果 $\tilde{J}$ 是另一个不动点,有

$$\|J^* - \tilde{J}\| = \|FJ^* - F\tilde{J}\| \leqslant \rho \|J^* - \tilde{J}\|$$

这意味着 $J^* = \tilde{J}$。

为了证明上式中最后一部分的收敛速率的界,注意有

$$\|F^k J - J^*\| = \|F^k J - FJ^*\| \leqslant \rho \|F^{k-1} J - J^*\|$$

重复这一过程 k 次,可获得所需的结果。

上述命题中由 $F^k J$ 表现出来的收敛速率被称作是几何的，$F^k J$ 被称作以几何速度收敛到其极限 J^*。这意味着误差项 $\|F^k J - J^*\|$ 收敛到 0 的速度比某个几何级数还快。

现在考虑与每阶段费用有界的折扣费用问题相关联的映射 T 和 T_μ[参阅式 (1.5) 和式 (1.40)]。命题 1.2.6 和命题 1.2.7 说明 T 和 T_μ 针对未加权的极大模是压缩映射（$\rho = \alpha$），其中 $v(x) \equiv 1$。它们的唯一不动点分别是 J^*（最优费用函数）和 J_μ。进一步地，动态规划迭代/值迭代收敛到 J^* 的过程遵循命题 1.5.1 的一般收敛性结论。这对于针对半马尔可夫决策过程的映射 T 和 T_μ 同样成立 [参见式 (1.50) 和式 (1.51)]。稍后我们将看到动态规划问题的一些例子，其中动态规划的映射 T 不是针对某个未加权极值模的压缩，但对于某个合适的加权极值模是压缩的。这种情况下的一个重要的例子是随机最短路问题（见第 3 章）。

现在我们集中关注有限维情形 $X = \{1, \cdots, n\}$。考虑具有如下形式的线性映射 $F : \Re^n \mapsto \Re^n$

$$Fy = b + Ay$$

其中 A 是一个 $n \times n$ 的矩阵，元素为 a_{ij}，b 是 $\Re^n$ 中的向量（见例 1.5.1）。那么可直接验证（见下面的命题）F 是加权极值模 $\|y\| = \max\limits_{i=1,\cdots,n} |y_i|/v(i)$ 下的压缩映射当且仅当

$$\frac{\sum\limits_{j=1}^{n} |a_{ij}| v(j)}{v(i)} < 1, i = 1, \cdots, n$$

我们用 $|A|$ 表示一个矩阵，其每个元素是矩阵 A 的对应元素的绝对值，用 $\sigma(|A|)$ 表示 $|A|$ 的谱半径。那么可证明 F 是某个加权极值模下的压缩映射当且仅当 $\sigma(|A|) < 1$。该结论的一种证明可在 [BeT89] 第 2 章推论 6.2 中找到。也可以用第 3 章的随机最短路问题的分析来构造（见命题 3.2.3），以及如下事实即 A 是加权极值模压缩当且仅当 $|A|$ 是加权极值模压缩。所以任何次随机矩阵 P（对所有 i, j 满足 $p_{ij} \geqslant 0$，对所有 i 满足 $\sum\limits_{j=1}^{n} p_{ij} \leqslant 1$）是一个针对某个加权极值模的压缩映射当且仅当 $\sigma(P) < 1$。

最后，我们考虑具有如下性质的非线性映射 $F : \Re^n \mapsto \Re^n$

$$|Fy - Fz| \leqslant P|y - z|, \forall y, z \in \Re^n$$

对某个具有非负元素的矩阵 P，且 $\sigma(P) < 1$。这里，一般用 $|w|$ 表示一个向量，其元素是 w 对应元素的绝对值，不等式对每个元素成立。那么我们称 F 是某个加权极值模下的压缩映射。为明白这一点，注意由之前的讨论知，P 是某个加权极值模 $\|w\| = \max\limits_{i=1,\cdots,n} |w(i)|/v(i)$ 下的压缩映射，且对某个 $\alpha \in (0,1)$，有

$$\frac{(|Fy - Fz|)(i)}{v(i)} \leqslant \frac{(P|y-z|)(i)}{v(i)} \leqslant \alpha \|y - z\|, \forall i = 1, \cdots, n$$

所以 F 是相对于 $\|\cdot\|$ 下的压缩映射。对于压缩映射性质和特征的其他讨论，见文献 [OrR70]。

可数状态空间的某些特殊情形

X 可数（或者，作为一个特例，是有限的）的情形在动态规划中经常出现。下面的命题提供了一些有用的准则，这些准则可用于验证一个线性的或者通过对其他压缩映射进行参数极小化获得的映射是否为压缩映射。

命题 1.5.2 记 $X = \{1, 2, \cdots\}$

(a) 记 $F : B(X) \mapsto B(X)$ 是具有如下形式的线性映射

$$(FJ)(i) = b_i + \sum_{j \in X} a_{ij} J(j), i \in X$$

其中 b_i 和 a_{ij} 是某个标量。那么 F 是针对加权极值模式 (1.55) 下的压缩映射且模为 ρ 当且仅当

$$\frac{\sum_{j \in X} |a_{ij}| v(j)}{v(i)} \leqslant \rho, i \in X \tag{1.56}$$

(b) 记 $F : B(X) \mapsto B(X)$ 是具有如下形式的映射

$$(FJ)(i) = \min_{\mu \in M} (F_\mu J)(i), i \in X$$

其中 M 是参数集合, 对每个 $\mu \in M$, F_μ 是从 $B(X)$ 到 $B(X)$ 的压缩映射且模为 ρ。那么 F 是压缩映射, 模为 ρ。

证明 (a) 假设式 (1.56) 成立。对任意的 $J, J' \in B(X)$, 有

$$
\begin{aligned}
\|FJ - FJ'\| &= \max_{i \in X} \frac{\left| \sum_{j \in X} a_{ij} (J(j) - J'(j)) \right|}{v(i)} \\
&\leqslant \max_{i \in X} \frac{\sum_{j \in X} |a_{ij}| v(j) (|J(j) - J'(j)| / v(j))}{v(i)} \\
&\leqslant \max_{i \in X} \frac{\sum_{j \in X} |a_{ij}| v(j)}{v(i)} \|J - J'\| \\
&\leqslant \rho \|J - J'\|
\end{aligned}
$$

其中最后一个不等式源自假设条件。

反过来, 用反证法, 假设式 (1.56) 对某个 $i \in X$ 不成立。定义 $J(j) = v(j) \mathrm{sgn}(a_{ij})$ 和 $J'(j) = 0$ 对所有 $j \in X$。那么有 $\|J - J'\| = \|J\| = 1$, 且有

$$\frac{|(FJ)(i) - (FJ')(i)|}{v(i)} = \frac{\sum_{j \in X} |a_{ij}| v(j)}{v(i)} > \rho = \rho \|J - J'\|$$

这表明 F 不是具有模 ρ 的压缩。

(b) 因为 F_μ 是模为 ρ 的压缩, 对任意 $J, J' \in B(X)$, 有

$$\frac{(F_\mu J)(i)}{v(i)} \leqslant \frac{(F_\mu J')(i)}{v(i)} + \rho \|J - J'\|, i \in X$$

所以通过在所有的 $\mu \in M$ 上取最小值, 有

$$\frac{(FJ)(i)}{v(i)} \leqslant \frac{(FJ')(i)}{v(i)} + \rho \|J - J'\|, i \in X$$

交换 J 和 J' 的位置，有

$$\frac{|(FJ)(i) - (FJ')(i)|}{v(i)} \leqslant \rho\|J - J'\|, i \in X$$

通过对所有的 i 取最大值，F 的压缩性质可被证明。

上述命题假设 $FJ \in B(X)$ 对所有的 $J \in B(X)$ 成立。下面的命题提供了一些条件，特别是与动态规划有关的一些条件，这些条件蕴含这一假设。

命题 1.5.3 记 $X = \{1, 2, \cdots\}$，M 为参数集合，对每个 $\mu \in M$，记 F_μ 为具有如下形式的线性映射

$$(F_\mu J)(i) = b_i(\mu) + \sum_{j \in X} a_{ij}(\mu)J(j), i \in X$$

(a) 有 $F_\mu J \in B(X)$ 对所有的 $J \in B(X)$，只需有 $b(\mu) \in B(X)$ 和 $V(\mu) \in B(X)$，其中

$$b(\mu) = \{b_1(\mu), b_2(\mu), \cdots\}, V(\mu) = \{V_1(\mu), V_2(\mu), \cdots\}$$

其中

$$V_i(\mu) = \sum_{j \in X} |a_{ij}(\mu)|v(j), i \in X$$

(b) 考虑如下映射 F

$$(FJ)(i) = \min_{\mu \in M}(F_\mu J)(i), i \in X$$

有 $FJ \in B(X)$ 对所有的 $J \in B(X)$，只需有 $b \in B(X)$ 和 $V \in B(X)$，其中

$$b = \{b_1, b_2, \cdots\}, V = \{V_1, V_2, \cdots\}$$

其中 $b_i = \max\limits_{\mu \in M} b_i(\mu)$ 和 $V_i = \max\limits_{\mu \in M} V_i(\mu)$。

证明 (a) 对所有的 $\mu \in M, J \in B(X)$ 和 $i \in X$，有

$$(F_\mu J)(i) \leqslant |b_i(\mu)| + \sum_{j \in X} |a_{ij}(\mu)||J(j)/v(j)|v(j)$$

$$\leqslant |b_i(\mu)| + \|J\| \sum_{j \in X} |a_{ij}(\mu)|v(j)$$

$$= |b_i(\mu)| + \|J\|V_i(\mu)$$

类似地，有 $(F_\mu J)(i) \geqslant -|b_i(\mu)| - \|J\|V_i(\mu)$。那么有

$$|(F_\mu J)(i)| \leqslant |b_i(\mu)| + \|J\|V_i(\mu), i \in X$$

通过将此不等式除以 $v(i)$，并在所有 $i \in X$ 上取最大值，有

$$\|F_\mu J\| \leqslant \|b_\mu\| + \|J\|\|V_\mu\| < \infty$$

(b) 通过与在 (a) 中一样的分析，但首先在所有的 μ 上对 $(F_\mu J)(i)$ 取最小值，有

$$\|FJ\| \leqslant \|b\| + \|J\|\|V\| < \infty$$

m-阶段极大模压缩

在某些动态规划的内容中，映射 T 和 T_μ 不是压缩映射，但当迭代有限次之后变成压缩的。在这些情形下，可以使用稍微不同的压缩映射的不动点定理，现在给出这一定理。

称一个函数 $F : B(X) \mapsto B(X)$ 是一个 m-阶段的压缩映射，如果存在一个正整数 m 和某个 $\rho < 1$，满足

$$\|F^m J - F^m J'\| \leqslant \rho \|J - J'\|, \forall J, J' \in B(X)$$

其中 F^m 表示 F 对自身作用 m 次。如果 F^m 是一个压缩，那么 F 是一个 m-阶段的压缩。同样，标量 ρ 被称为压缩的模。我们有如下命题 1.5.1 的推广。

命题 1.5.4（m-阶段压缩映射的不动点定理） 如果 $F : B(X) \mapsto B(X)$ 是一个 m-阶段压缩映射，模为 $\rho \in (0,1)$，那么存在唯一的 $J^* \in B(X)$，满足

$$J^* = FJ^*$$

进一步地，对任意的 $J \in B(X)\{F^k J\}$ 收敛到 J^*。

证明 因为 F^m 将 $B(X)$ 映射到 $B(X)$ 上且是一个压缩映射，由命题 1.5.1，它在 $B(X)$ 上有唯一的不动点，记作 J^*。在 $J^* = F^m J^*$ 关系式两侧同时使用 F，可见 FJ^* 也是 F^m 的一个不动点，所以由不动点的唯一性，有 $J^* = FJ^*$。所以 J^* 是 F 的不动点。如果 F 有其他的不动点，比如 $\tilde{J}$，那么有 $\tilde{J} = F^m \tilde{J}$，由 F^m 的不动点的唯一性意味着 $\tilde{J} = J^*$。所以，J^* 是 F 的唯一不动点。

为了证明 $\{F^k J\}$ 的收敛性，注意由命题 1.5.1，对所有的 $J \in B(X)$，有

$$\lim_{k \to \infty} \|F^{mk} J - J^*\| = 0$$

用 $F^l J$ 代替 J，有

$$\lim_{k \to \infty} \|F^{mk+l} J - J^*\| = 0, l = 0, 1, \cdots, m-1$$

这证明了所需的结论。

下一节讨论一个有意思的折扣问题，这类问题不能用 1.1 节和 1.2 节的理论来分析，但可以用 m-阶段压缩映射理论来分析。

1.5.2 折扣问题——单阶段费用无界

我们目前已经在本章考虑了状态空间可能无穷的折扣问题，但要求单阶段费用有界。单阶段费用有界这一假设对于要求动态规划的映射 T 是（未加权）极值模下的压缩映射至关重要。另一方面，单阶段费用的有界性假设常常是有局限性的。例如，在具有容量无限的队列或者库存的问题中，自然包括让单阶段的费用随着系统中顾客数的增加而增加到无穷的情况。实际上，对于许多具有可数的状态空间和单阶段费用无界折扣问题，存在一种分析方法依赖于加权的极值模下的压缩映射。

考虑一类问题，其中状态空间是 $X = \{1, 2, \cdots\}$，折扣因子是 $\alpha \in (0,1)$，转移概率记为 $p_{ij}(u)$ 对 $i, j \in X$ 和 $u \in U(i)$，以及单阶段的期望费用记作 $g(i, u), i \in X, u \in U(i)$。约束集 $U(i)$ 可能无穷。对一个正的加权序列 $v = \{v(1), v(2), \cdots\}$，考虑序列 $J = \{J(1), J(2), \cdots\}$ 的空间 $B(X)$ 满足 $\|J\| < \infty$，其中 $\|\cdot\|$ 是加权的极大模

$$\|J\| = \max_{i \in X} \frac{|J(i)|}{v(i)}$$

下面的假设将允许我们使用命题 1.5.2 和命题 1.5.3 来证明动态规划的映射 T 和 T_μ 是 m-阶段的压缩映射。我们假设如下条件。

假设 1.5.1

(a) 序列 $G = \{G_1, G_2, \cdots\}$，其中

$$G_i = \max_{u \in U(i)} |g(i, u)|, i \in X$$

属于 $B(X)$。

(b) 序列 $V = \{V_1, V_2, \cdots\}$，其中

$$V_i = \max_{u \in U(i)} \sum_{j \in X} p_{ij}(u) v(j), i \in X$$

属于 $B(X)$。

(c) 存在整数 $m \geq 1$ 和标量 $\rho \in (0, 1)$ 满足对每个策略 π，有

$$\alpha^m \frac{\sum\limits_{j \in X} P(x_m = j | x_0 = i, \pi) v(j)}{v(i)} \leqslant \rho, i \in X$$

假设 1.5.1(a) 在单阶段费用的期望的绝对值作为状态 i 的函数随着 $v(i)$ 成比例增长时成立。特别地，该条件在如下情况时成立

$$v(i) = \max\{1, \max_{u \in U(i)} |g(i, u)|\}, i \in X$$

假设 1.5.1(b) 是比值 $V_i / v(i)$ 上的有界性假设，即，比值 $v(j)/v(i)$ 的期望值在 u 上的最大值。如下表达式

$$\frac{\sum\limits_{j \in X} P(x_m = j | x_0 = i, \pi) v(j)}{v(i)}$$

在所有的 i、m 和 π 上对某个标量 $B > 0$ 一致有界时假设 1.5.1(c) 成立。因为这时可以让 m 取值足够大以满足 $\alpha^m B \leqslant \rho$。这一表达式是 $v(j)/v(i)$ 的期望值，在使用策略 π 时在 m 个阶段后到达状态 i。

例 1.5.2　记

$$v(i) = i, i \in X$$

那么假设 1.5.1(a) 在状态 i 的单阶段最大期望绝对费用以不超过 i 的线性速度增加时满足。假设 1.5.1(b) 表明从状态 i 之后的最大期望的下一个阶段，

$$\max_{u \in U(i)} E\{j | i, u\}$$

也以不超过 i 的速度线性增加。最后，假设 1.5.1(c) 在

$$\alpha^m \sum_{j \in X} P(x_m = j | x_0 = i, \pi) j \leqslant \rho i, i \in X$$

时将得到满足。这需要对所有的 π,在系统到达状态 i 的 m 个阶段之后的状态的期望值不超过 $\alpha^{-m}\rho i$。特别地,如果从状态 i 开始的状态有期望的上界,存在足够大的 m 使得假设 1.5.1(c) 满足。类似的解释对 $v(i)$ 的其他选择也可能,比如对某个正整数 t

$$v(i) = i^t, i \in X$$

现在考虑动态规划映射 T_μ 和 T,

$$(T_\mu J)(i) = g(i, \mu(i)) + \alpha \sum_{j \in X} p_{ij}(\mu(i)) J(j), i \in X$$

$$(TJ)(i) = \min_{u \in U(i)} \left[g(i, u) + \alpha \sum_{j \in X} p_{ij}(u) J(j) \right], i \in X$$

并证明它们的压缩性质。

命题 1.5.5 在假设 1.5.1 下,映射 T 和 T_μ 将 $B(X)$ 映射到 $B(X)$ 上,且为具有模 ρ 的 m-阶段压缩映射。

证明 假设 1.5.1(a) 和 1.5.1(b),与命题 1.5.3 一起,展示了如果 $J \in B(X)$,那么对所有的 μ,$TJ \in B(X)$ 和 $T_\mu J \in B(X)$。对任意 $J \in B(X)$,任意策略 $\pi = \{\mu_0, \mu_1, \cdots\}$,有对所有的 $i \in X$,

$$(T_{\mu_0} \cdots T_{\mu_{m-1}} J)(i) = b_i + \alpha^m \sum_{j \in X} P(x_m = j | x_0 = i, \pi) J(j)$$

其中 b_i 是从状态 i 开始使用策略 π 的前 m 个阶段的期望费用(终了费用为 0)。联合使用命题 1.5.2(a) 和假设 1.5.1(c),有 $T_{\mu_0} \cdots T_{\mu_{m-1}}$ 是模为 ρ 的压缩映射,然后使用命题 1.5.2(b),可知相同结论对 T^m 也成立。

T 和 m-阶段压缩性质和命题 1.5.4 现在可用于重复 1.2 节的分析并用于证明如下标准结论:

(a) 动态规划迭代 $J_{k+1} = TJ_k$ 收敛到贝尔曼方程 $J = TJ$ 的唯一解 J^*。

(b) 贝尔曼方程的唯一解 J^* 是该问题的最优费用函数。

(c) 平稳策略 μ 是最优的当且仅当 $T_\mu J^* = TJ^*$。

之前的分析可被推广到无折扣的情形,此时 $\alpha = 1$(在某些附加条件下)。实际上,我们将在 3.6 节在具有可数状态的随机最短路问题的背景下重新回顾 T 的相应的压缩性质。

1.6 折扣动态规划的一般形式

之前的章节中已经研究了折扣问题的多个理论问题,包括:

(a) 贝尔曼方程的唯一解的存在性。

(b) 动态规划迭代/值迭代的收敛性。

(c) 平稳策略的最优性条件。

从抽象的角度看,这些结论围绕着在 1.1.2 节中引入的映射 T_μ 和 T,和 1.4 节中讨论的这些映射在半马尔可夫问题中的变形。1.5 节中讨论了这些结论如何从 T_μ 和 T 的主要特征推导出其有效性(除了这些映射的单调性),即它们的压缩性质。受此启发,得到了一种强大的统一的分析方法,对给定的动态规划问题，可以分析是否存在压缩映射，如果存在，使用 1.5 节中的理论来回答上面的 (a)~(c) 的问题。我们看到了在某些具有单阶段费用无界的折扣问题上使用这种方法的一个例子；见 1.5.2 节。

本节继续沿着这一抽象的视角分析，旨在统一并推广折扣问题（在本章）的理论和相应的计算方法（在下一章）。①考虑一类一般的映射，这类映射在随机动态规划中出现后便自成一类，但更具一般性：例如这类映射适用于极小极大问题、博弈理论问题、无折扣动态规划问题，甚至适用于动态规划之外的重要问题。我们讨论这些映射的性质，结合上面的 (a)~(c) 的性质，于是以比之前更一般的角度处理有意思的动态规划问题。

在这一节，我们将集中关注与 1.5 节中的压缩映射的联系，我们的视角超越了压缩映射并适用于无折扣问题，比如第 3 章中的随机最短路问题和第 4 章中的无折扣问题。进一步地，本节的抽象视角具有算法的价值，且将统一并增强第 2 章和第 3 章中对算法的分析。

记 X 和 U 为两个集合，其与动态规划的联系下面很快就可以看出，我们将分别称为 "状态" 集合和 "控制" 集合。对每个 $x \in X$，记 $U(X) \subset U$ 为在状态 x 下可行控制的非空子集。与动态规划内容一致，我们将函数 $\mu : X \mapsto U, \mu(x) \in U(x)$ 对所有的 $x \in X$ 称为 "策略"。用 $\mathcal{M}$ 表示所有策略构成的集合。

记实值函数 $J : X \mapsto \Re$ 的集合为 $R(X)$，记 $H : X \times U \times R(X) \mapsto \Re$ 为给定映射。考虑如下定义的映射 T

$$(TJ)(x) = \min_{u \in U(x)} H(x, u, J), \forall x \in X$$

假设 $(TJ)(x) > -\infty$ 对所有的 $x \in X$，所以 T 将 $R(X)$ 映射到 $R(X)$ 上。对每个策略 $\mu \in \mathcal{M}$，考虑如下定义的映射 $T_\mu : R(X) \mapsto R(X)$

$$(T_\mu J)(x) = H(x, \mu(x), J), \forall x \in X$$

我们想找到一个函数 $J^* \in R(X)$，满足

$$J^*(x) = \min_{u \in U(x)} H(x, u, J^*), \forall x \in X$$

即，找到 T 的一个不动点。我们还想获得一个策略 μ^*，满足 $T_{\mu^*} J^* = TJ^*$。

我们给出一些特例。额外的例子将在动态规划模型和具有特殊结构的算法的分析中看到，这些内容将在后面涉及。

例 1.6.1（折扣问题） 考虑 1.1 节中的 α- 折扣总费用问题。对

$$H(x, u, J) = E\{g(x, u, w) + \alpha J(f(x, u, w))\}$$

方程 $J = TJ$，即

$$J(x) = \min_{u \in U(x)} H(x, u, J) = \min_{u \in U(x)} E\{g(x, u, w) + \alpha J(f(x, u, w))\}, \forall x \in X$$

---

① 本节、2.5 节和 2.6 节中的对应算法，3.3.2 节和 3.4.1 节包含了相对高深的内容，这些内容涉及一般的动态规划模型，可在首次阅读时跳过。这些内容仅在第 6 章偶尔用到，在第 4、5、7 章不会用到。

是贝尔曼方程。在马尔可夫决策过程中，状态为 $x = 1, \cdots, n$，状态 x 下的控制 $u \in U(x)$，转移概率 $p_{xy}(u)$，每阶段费用为 $g(x, u, y)$，H 具有如下形式

$$H(x, u, J) = \sum_{y=1}^{n} p_{xy}(u)(g(x, u, y) + \alpha J(y))$$

方程 $J = TJ$ 是马尔可夫决策过程的贝尔曼方程。

例 1.6.2（折扣半马尔可夫问题） 如例 1.6.1 中的 x, y, u，考虑如下映射

$$H(x, u, J) = G(x, u) + \sum_{y=1}^{n} m_{xy}(u)J(y)$$

其中 G 是某个函数表示单阶段的费用，$m_{xy}(u)$ 是非负数且满足 $\sum\limits_{y=1}^{n} m_{xy}(u) < 1$ 对所有的 $x \in X$ 和 $u \in U(x)$ 成立。方程 $J = TJ$ 是连续时间半马尔可夫决策问题转化为等价的离散时间问题后的贝尔曼方程（见 1.4 节）。

例 1.6.3（极小极大问题） 考虑例 1.6.1 的极小极大版本，其中一位玩家从集合 $W(x, u)$ 中选择 w，记

$$H(x, u, J) = \max_{w \in W(x,u)} [g(x, u, w) + \alpha J(f(x, u, w))]$$

那么方程 $J = TJ$ 是无穷阶段极小极大动态规划问题的贝尔曼方程（见第Ⅰ卷第 1 章）。

例 1.6.4（确定性与随机性最短路问题） 考虑经典的确定性最短路问题（见第Ⅰ卷第 2 章），包括一个图，具有 n 个节点 $x = 1, \cdots, n$，加上一个终点 t，每个弧 (x, u) 的弧长为 a_{xu}，和如下映射

$$H(x, u, J) = \begin{cases} a_{xu} + J(u), & u \neq t \\ a_{xt}, & u = t \end{cases}$$

那么方程 $J = TJ$ 是从节点 x 到节点 t 的最短距离 $J^*(x)$ 的贝尔曼方程 $J = TJ$。

一种推广是具有如下形式的映射

$$H(x, u, J) = p_{xt}(u)g(x, u, t) + \sum_{y=1}^{n} p_{xy}(u)(g(x, u, y) + J(y))$$

这对应于随机最短路问题，在第Ⅰ卷 7.2 节中讨论过，还将在第 3 章再次考虑。其中一种特例是随机有限阶段有限状态的动态规划问题。

1.2 节和 1.5 节的许多理论可被推广到本节的更为抽象的框架。特别地，对于函数 $v : X \mapsto \Re$ 具有

$$v(x) > 0, \forall x \in X$$

用 $B(X)$ 表示 X 上的实值函数 J 的空间，满足当 x 在 X 上取值时 $J(x)/v(x)$ 有界，正如在 1.5 节中讨论的，考虑如下在 $B(X)$ 上的加权极大模

$$\|J\| = \max_{x \in X} \frac{|J(x)|}{v(x)}$$

引入下面的假设。

假设 1.6.1（压缩）

对所有的 $J \in B(X)$ 和 $\mu \in \mathcal{M}$，函数 $T_\mu J$ 和 TJ 属于 $B(X)$。进一步地，对某个 $\alpha \in (0,1)$，有

$$\|T_\mu J - T_\mu J'\| \leqslant \alpha \|J - J'\|, \forall J, J' \in B(X), \mu \in \mathcal{M} \tag{1.57}$$

一个等价的表述式 (1.57) 的条件是

$$\frac{|H(x,u,J) - H(x,u,J')|}{v(x)} \leqslant \alpha \|J - J'\|, \forall x \in X, u \in U(x), J, J' \in B(X)$$

注意式 (1.57) 意味着

$$\|TJ - TJ'\| \leqslant \alpha \|J - J'\|, \forall J, J' \in B(X) \tag{1.58}$$

为明确这一点，有

$$(T_\mu J)(x) \leqslant (T_\mu J')(x) + \alpha \|J - J'\|v(x), \forall x \in X$$

由此式，通过对两侧同时在 $\mu \in \mathcal{M}$ 上取极小值，有

$$\frac{(TJ)(x) - (TJ')(x)}{v(x)} \leqslant \alpha \|J - J'\|, \forall x \in X$$

交换 J 和 J'，有

$$\frac{(TJ')(x) - (TJ)(x)}{v(x)} \leqslant \alpha \|J - J'\|, \forall x \in X$$

将上两式合在一起，对左侧在 $x \in X$ 上取极大值，可得式 (1.58)。

可见假设 1.6.1 的压缩假设在例 1.6.1～ 例 1.6.3 中成立，那些例子中 v 等于单位函数 e，即，$v(x) \equiv 1$。一般而言，这一假设在例 1.6.4 中不成立，但我们将在第 3 章中看到这在第 I 卷 7.2 节的随机最短路问题这一特例中成立。不过，在这一特例中，不能取 $v(x) \equiv 1$，这也是我们考虑更一般的 $v \neq e$ 情形的主要原因。

下面两个例子展示了从满足压缩假设的映射出发，可以获得具有相同不动点和更强的压缩模的多步映射。对任意的 $J \in R(X)$，用 $T_{\mu_0} \cdots T_{\mu_k} J$ 表示映射 $T_{\mu_0}, \cdots, T_{\mu_k}$ 联合应用到 J 上的情形，即，

$$T_{\mu_0} \cdots T_{\mu_k} J = (T_{\mu_0}(T_{\mu_1} \cdots (T_{\mu_{k-1}}(T_{\mu_k} J)) \cdots))$$

例 1.6.5（多步映射） 考虑由一组映射构成的集合，其中每个映射 $T_\mu : \Re^n \mapsto \Re^n, \mu \in \mathcal{M}$，且满足假设 1.6.1，$m$ 为正整数，$\mathcal{M}$ 是 m-元构成的集合 $\nu = (\mu_0, \cdots, \mu_{m-1})$，其中 $\mu_k \in \mathcal{M}, k = 1, \cdots, m-1$。对每个 $\nu = (\mu_0, \cdots, \mu_{m-1}) \in \bar{\mathcal{M}}$，定义映射 $\bar{T}_\nu$，由

$$\bar{T}_\nu J = T_{\mu_0} \cdots T_{\mu_{m-1}} J, \forall J \in B(X)$$

那么有如下的压缩性质

$$\|\bar{T}_\nu J - \bar{T}_\nu J'\| \leqslant \alpha^m \|J - J'\|, \forall J, J' \in B(X)$$

和

$$\|\bar{T} J - \bar{T} J'\| \leqslant \alpha^m \|J - J'\|, \forall J, J' \in B(X)$$

其中 $\bar{T}$ 定义如下

$$(\bar{T}J)(x) = \inf_{(\mu_0,\cdots,\mu_{m-1})\in\bar{\mathcal{M}}}(T_{\mu_0}\cdots T_{\mu_{m-1}}J)(x), \forall J\in B(X), x\in X$$

那么映射 $\bar{T}_\nu, \nu\in\bar{\mathcal{M}}$，满足假设 1.6.1，并具有压缩模 α^m。

下面的例子考虑在加权贝尔曼方程下的映射，这类映射一般出现在近似动态规划中，将在第 6 章和第 7 章中遇到。

例 1.6.6（加权多步映射） 考虑由一组映射构成的集合，每个映射 $L_\mu : B(X) \mapsto B(X), \mu\in\mathcal{M}$，满足假设 1.6.1，即，对某个 $\alpha\in(0,1)$，有

$$\|L_\mu J - L_\mu J'\| \leqslant \alpha\|J - J'\|, \forall J, J'\in B(X), \mu\in\mathcal{M}$$

同时考虑定义如下的映射 $T_\mu : B(X) \mapsto B(X)$

$$(T_\mu J)(x) = \sum_{l=1}^{\infty} w_l(x)(L_\mu^l J)(x), x\in X, J\in\Re^n$$

其中 $w_l(x)$ 是非负标量，满足对所有 $x\in X$，

$$\sum_{l=1}^{\infty} w_l(x) = 1$$

于是有

$$\|T_\mu J - T_\mu J'\| \leqslant \sum_{l=1}^{\infty} w_l(x)\alpha^l\|J - J'\|$$

这表明 T_μ 是一个压缩映射且模为

$$\bar{\alpha} = \max_{x\in X}\sum_{l=1}^{\infty} w_l(x)\alpha^l \leqslant \alpha$$

进一步地，L_μ 和 T_μ 对所有的 $\mu\in\mathcal{M}$ 有共同的不动点，且这一点对映射 L 和 T 也成立。

现在考虑一些具有一般性的问题，首先考虑在假设 1.6.1 的压缩条件下的情形，然后考虑在额外的单调性假设下的情形。

1.6.1 压缩与单调性的基本结论

T_μ 和 T 的压缩性质与 1.5 节中的理论一起可用于证明如下命题。

命题 1.6.1 假设 1.6.1 中的条件成立。于是有:

(a) 映射 T_μ 和 T 是模为 α 的在 $B(X)$ 上的压缩映射，在 $B(X)$ 里有唯一的不动点，分别记为 J_μ 和 J^*。

(b) 对每个 $J\in B(X)$ 和 $\mu\in\mathcal{M}$，有

$$\lim_{k\to\infty} T_\mu^k J = J_\mu, \lim_{k\to\infty} T^k J = J^*$$

(c) 有 $T_\mu J^* = T J^*$ 当且仅当 $J_\mu = J^*$。

(d) 对每个 $J \in B(X)$, 有

$$\|J^* - J\| \leqslant \frac{1}{1-\alpha}\|TJ - J\|, \|J^* - TJ\| \leqslant \frac{\alpha}{1-\alpha}\|TJ - J\|$$

(e) 对每个 $J \in B(X)$ 和 $\mu \in \mathcal{M}$, 有

$$\|J_\mu - J\| \leqslant \frac{1}{1-\alpha}\|T_\mu J - J\|, \|J_\mu - T_\mu J\| \leqslant \frac{\alpha}{1-\alpha}\|T_\mu J - J\|$$

证明 我们已经证明了 T_μ 和 T 是在 $B(X)$ 上的模为 α 的压缩映射 [见式 (1.57) 和式 (1.58)]。(a) 和 (b) 由命题 1.5.1 可得。为证明 (c), 注意如果 $T_\mu J^* = TJ^*$, 那么从 $TJ^* = J^*$ 的角度看, 有 $T_\mu J^* = J^*$, 这意味着 $J^* = J_\mu$, 因为 J_μ 是 T_μ 的唯一不动点。反之, 如果 $J_\mu = J^*$, 则有 $T_\mu J^* = T_\mu J_\mu = J_\mu = J^* = TJ^*$。

为证明 (d), 使用三角不等式对每个 k, 有

$$\|T^k J - J\| \leqslant \sum_{l=1}^{k}\|T^l J - T^{l-1}J\| \leqslant \sum_{l=1}^{k}\alpha^{l-1}\|TJ - J\|$$

对 $k \to \infty$ 取极限并使用 (b), 可得左侧不等式。右侧不等式由左侧不等式和 T 的压缩性质可得。(e) 的证明类似 (d) 的证明 [事实上这是 (d) 的特例, 其中 $T = T_\mu$, 即, 当对所有的 $x \in X$, 有 $U(x) = \{\mu(x)\}$]。

上面命题的 (c) 说明存在 $\mu \in \mathcal{M}$ 满足 $J_\mu = J^*$, 当且仅当 $H(x, u, J^*)$ 在 $U(x)$ 上的最小值在所有的 $x \in X$ 上取到。当然如果 $U(x)$ 对每个 x 有限, 最小值可以达到, 但在其他情况下, 如果没有附加假设条件, 则这一点没有保证。(d) 提供了有用的误差界: 我们可以评价任意函数 $J \in B(X)$ 与不动点 J^* 的近似程度, 通过对 J 使用 T 并计算 $\|TJ - J\|$。(e) 的左侧不等式 (满足 $J = J^*$) 说明对每个 $\epsilon > 0$, 存在 $\mu_\epsilon \in \mathcal{M}$ 满足 $\|J_{\mu_\epsilon} - J^*\| \leqslant \epsilon$, 这可以通过让 $\mu_\epsilon(x)$ 在 $U(x)$ 上最小化 $H(x, u, J^*)$ 获得, 对所有的 $x \in X$, 误差为 $(1-\alpha)\epsilon v(x)$。

单调性的角色

我们在本节到目前为止的分析只依赖压缩假设。我们还没有使用本章动态规划模型的单调性 (见 1.1.2 节)。现在引入这一性质的一般形式。

假设 1.6.2 (单调性) 如果 $J, J' \in R(X)$ 且 $J \leqslant J'$, 那么

$$H(x, u, J) \leqslant H(x, u, J'), \forall x \in X, u \in U(x)$$

注意这一假设等价于

$$J \leqslant J' \Rightarrow T_\mu J \leqslant T_\mu J', \forall \mu \in \mathcal{M}$$

并意味着

$$J \leqslant J' \Rightarrow TJ \leqslant TJ'$$

H 单调性的一个重要结果, 当这一结果在压缩性成立之外也成立时, 这一结果意味着 J^* 的最优性。

命题 1.6.2 若假设 1.6.1 和假设 1.6.2 成立, 则

$$J^*(x) = \min_{\mu \in \mathcal{M}} J_\mu(x), \forall x \in X$$

进一步地, 对每个 $\epsilon > 0$, 存在 $\mu_\epsilon \in \mathcal{M}$, 满足

$$J^*(x) \leqslant J_{\mu_\epsilon}(x) \leqslant J^*(x) + \epsilon, \forall x \in X \tag{1.59}$$

证明 注意式 (1.59) 的右侧由命题 1.6.1(e) 成立 (见该证明之后的说明)。所以对所有 $x \in X$ 有 $\min_{\mu \in \mathcal{M}} J_\mu(x) \leqslant J^*(x)$。为证明该不等式以及式 (1.59) 的左侧，注意对所有 $\mu \in \mathcal{M}$，有 $T J^* \leqslant T_\mu J^*$，且 因为 $J^* = T J^*$，于是有 $J^* \leqslant T_\mu J^*$。通过对该不等式两侧重复使用 T_μ，并使用假设 1.6.2 的单调性假 设，对所有 $k > 0$ 有 $J^* \leqslant T_\mu^k J^*$。当 $k \to \infty$ 时取极限，对所有 $\mu \in \mathcal{M}$ 有 $J^* \leqslant J_\mu$。

注意如果没有单调性，则可能对某个 x 有 $\min_{\mu \in \mathcal{M}} J_\mu(x) < J^*(x)$。这一点通过下面的例子来说明。

例 1.6.7（没有单调性时的反例） 记 $X = \{x_1, x_2\}, U = \{u_1, u_2\}$，记

$$H(x_1, u, J) = \begin{cases} -\alpha J(x_2), & u = u_1, \\ -1 + \alpha J(x_1), & u = u_2, \end{cases} \quad H(x_2, u, J) = \begin{cases} 0, & u = u_1 \\ B, & u = u_2 \end{cases}$$

其中 B 是正标量。那么可见

$$J^*(x_1) = -\frac{1}{1-\alpha}, J^*(x_2) = 0$$

和 $J_{\mu^*} = J^*$，其中 $\mu^*(x_1) = u_2, \mu^*(x_2) = u_1$。另一方面，对 $\mu(x_1) = u_1$ 和 $\mu(x_2) = u_2$，有 $J_\mu(x_1) = -\alpha B$ 和 $J_\mu(x_2) = B$，所以对充分大的 B 有 $J_\mu(x_1) < J^*(x_1)$。

命题 1.6.1 和命题 1.6.2 一起处理寻找能同时对所有的 $x \in X$ 最小化 $J_\mu(x)$ 的 $\mu \in \mathcal{M}$，这与动态 规划理论一致。该问题的最优值是 $J^*(x)$，μ 对所有的 x 最优当且仅当 $T_\mu J^* = T J^*$。为证明这一点， 只需压缩和单调性假设，而无需关于 H 结构的额外假设，例如离散时间动态系统、转移概率等。尽管 识别 H 的合适的结构并验证其压缩和单调性可能需要一些针对每类具体问题的分析，一旦这些分析 完成，可以相当迅速地获得重要的结论。

非平稳策略

与动态规划的联系启发我们考虑所有序列 $\pi = \{\mu_0, \mu_1, \cdots\}$ 构成的集合 Π，其中 $\mu_k \in \mathcal{M}$ 对所有 的 k（动态规划中的非平稳策略），并定义

$$J_\pi(x) = \liminf_{k \to \infty} (T_{\mu_0} \cdots T_{\mu_k} J)(x), \forall x \in X$$

其中 J 是 $R(X)$ 中的任意函数，$T_{\mu_0} \cdots T_{\mu_k} J$ 表示映射 $T_{\mu_0}, \cdots, T_{\mu_k}$ 一起作用于 J，即

$$T_{\mu_0} \cdots T_{\mu_k} J = (T_{\mu_0}(T_{\mu_1} \cdots (T_{\mu_{k-1}}(T_{\mu_k} J)) \cdots))$$

注意 J_π 的定义中 J 的选择并不重要，因为对任意两个 $J, J' \in B(X)$，由压缩性假设 1.6.1 有，

$$\|T_{\mu_0} T_{\mu_1} \cdots T_{\mu_k} J - T_{\mu_0} T_{\mu_1} \cdots T_{\mu_k} J'\| \leqslant \alpha^{k+1} \|J - J'\|$$

所以 $J_\pi(x)$ 的值与 J 独立。因为由命题 1.6.1(b)，$J_\mu(x) = \lim_{k \to \infty} (T_\mu^k J)(x)$ 对所有的 $\mu \in \mathcal{M}, J \in B(X)$ 和 $x \in X$，在动态规划中，J_μ 是平稳策略 $\{\mu, \mu, \cdots\}$ 的费用函数。

现在宣称在假设 1.6.1 和假设 1.6.2 的条件下，T 的不动点 J^* 等于 J_π 的最优值，即

$$J^*(x) = \min_{\pi \in \Pi} J_\pi(x), \forall x \in X$$

实际上，因为 $\mathcal{M}$ 定义了 Π 的一个子集，由命题 1.6.2，有

$$J^*(x) = \min_{\mu \in \mathcal{M}} J_\mu(x) \geqslant \min_{\pi \in \Pi} J_\pi(x), \forall x \in X$$

而对每一个 $\pi \in \Pi$ 和 $x \in X$，有

$$J_\pi(x) = \liminf_{k \to \infty}(T_{\mu_0}T_{\mu_1}\cdots T_{\mu_k}J)(x) \geqslant \lim_{k \to \infty}(T^{k+1}J)(x) = J^*(x)$$

[1.6.2 的单调性假设可以被用于证明

$$T_{\mu_0}T_{\mu_1}\cdots T_{\mu_k}J \geqslant T^{k+1}J$$

最后一个等式由命题 1.6.1(b) 成立。]综合上面的关系，有 $J^*(x) = \min_{\pi \in \Pi} J_\pi(x)$。

所以，在动态规划语言中，可以将 J^* 视为在所有策略上的最优费用函数。同时，命题 1.6.2 表明平稳策略是充分的，即最优费用可被平稳策略以任意精度接近 [对所有 $x \in X$ 一致，正如式 (1.59) 所示]。

周期性策略

考虑多步映射 $\bar{T}_\nu = T_{\mu_0}\cdots T_{\mu_{m-1}}, \nu \in \bar{\mathcal{M}}$，在例 1.6.5 中定义，其中 $\bar{\mathcal{M}}$ 是 m-元 $\nu = (\mu_0, \cdots, \mu_{m-1})$ 构成的集合，其中 $\mu_k \in \mathcal{M}, k = 1, \cdots, m-1$，其中 m 是正整数。假设映射 T_μ 满足假设 1.6.1 和假设 1.6.2，这对假设 $\bar{T}_\nu$ 也成立（此式 $\bar{T}_\nu$ 的压缩模为 α^m）。所以 $\bar{T}_\nu$ 的唯一不动点是 J_π，其中 π 是非平稳但为周期的策略

$$\pi = \{\mu_0, \cdots, \mu_{m-1}, \mu_0, \cdots, \mu_{m-1}, \cdots\}$$

进一步地，可证明映射 $T_{\mu_0}\cdots T_{\mu_{m-1}}, T_{\mu_1}\cdots T_{\mu_{m-1}}T_{\mu_0}, \cdots, T_{\mu_{m-1}}T_{\mu_0}\cdots T_{\mu_{m-2}}$，具有唯一的对应的不动点 $J_0, J_1, \cdots, J_{m-1}$，这满足

$$J_0 = T_{\mu_0}J_1, J_1 = T_{\mu_1}J_2, \cdots J_{m-2} = T_{\mu_{m-2}}J_{m-1}, J_{m-1} = T_{\mu_{m-1}}J_0$$

为验证这些等式，将不动点关系与 T_{μ_0} 相乘

$$J_1 = T_{\mu_1}\cdots T_{\mu_{m-1}}T_{\mu_0}J_1$$

来证明 $T_{\mu_0}J_1$ 是 $T_{\mu_0}\cdots T_{\mu_{m-1}}$ 的不动点，即等于 J_0 等。注意即使 $\bar{T}_\nu$ 定义了周期性策略的费用函数，$\bar{T}$ 具有与 T 相同的不动点，即 J^*。这使得为近似 J^* 的一种计算上的可能性是使用 $\bar{T}_\nu$ 而不是 T_μ。我们之后将讨论这种方法何时有优势。

单调性下的误差界

压缩与单调性假设合在一起可被化为一种对分析有用的形式。这一形式与常量偏移引理 1.1.2 类似，并通过如下命题给出。

命题 1.6.3（加权偏移性质） 压缩与单调性假设 1.6.1 和假设 1.6.2 成立，当且仅当对所有 $J, J' \in B(X), \mu \in \mathcal{M}$，以及标量 $c \geqslant 0$，有

$$J \leqslant J' + cv \Rightarrow T_\mu J \leqslant T_\mu J' + \alpha cv \tag{1.60}$$

其中 v 是加权极大模 $\|\cdot\|$ 的加权函数。

证明 假设压缩与单调性假设成立。若 $J' \leqslant J + cv$，则有

$$H(x, u, J') \leqslant H(x, u, J + cv) \leqslant H(x, u, J) + \alpha cv(x), \forall x \subset X, u \subset U(x) \tag{1.61}$$

其中左侧不等式来自单调性假设, 右侧不等式源自压缩假设, 这两条假设与 $\|v\| = 1$ 一起意味着

$$\frac{H(x, u, J + cv) - H(x, u, J)}{v(x)} \leqslant \alpha \|J + cv - J\| = \alpha c$$

式 (1.61) 的条件蕴含着希望证明的式 (1.60) 的条件。反之, 式 (1.60) 的条件对 $c = 0$ 意味着单调性假设, 而对 $c = \|J' - J\|$ 意味着压缩性假设。

可以使用命题 1.6.3 证明命题 1.6.1 中 (d) 和 (e) 的一些有用的变形（该命题只需压缩性假设）。这些变形将在第 2 章中被用于推导不同的计算方法的误差界。

命题 1.6.4（压缩与单调性的误差界） 假设 1.6.1 和假设 1.6.2 成立。

(a) 对任意 $J \in B(X)$ 和 $c \geqslant 0$, 有

$$TJ \leqslant J + cv \Rightarrow J^* \leqslant J + \frac{c}{1-\alpha} v$$

$$J \leqslant TJ + cv \Rightarrow J \leqslant J^* + \frac{c}{1-\alpha} v$$

(b) 对任意 $J \in B(X), \mu \in \mathcal{M}$ 和 $c \geqslant 0$, 有

$$T_\mu J \leqslant J + cv \Rightarrow J_\mu \leqslant J + \frac{c}{1-\alpha} v$$

$$J \leqslant T_\mu J + cv \Rightarrow J \leqslant J_\mu + \frac{c}{1-\alpha} v$$

(c) 对任意 $J \in B(X), c \geqslant 0$ 和 $k = 0, 1, \cdots$, 有

$$TJ \leqslant J + cv \Rightarrow J^* \leqslant T^k J + \frac{\alpha^k c}{1-\alpha} v$$

$$J \leqslant TJ + cv \Rightarrow T^k J \leqslant J^* + \frac{\alpha^k c}{1-\alpha} v$$

证明 (a) 我们证明第一个关系。应用式 (1.60) 并用 J' 和 J 分别替代 J 和 TJ, 并在所有 $u \in U(x)$ 和所有 $x \in X$ 上取最小值, 我们可见如果 $TJ \leqslant J + cv$, 那么 $T^2 J \leqslant TJ + \alpha cv$。类似往前推导, 有

$$T^l J \leqslant T^{l-1} J + \alpha^{l-1} cv$$

现在对每个 k, 有

$$T^k J - J = \sum_{l=1}^{k} (T^l J - T^{l-1} J) \leqslant \sum_{l=1}^{k} \alpha^{l-1} cv$$

由上式, 通过对 $k \to \infty$ 取极限, 有 $J^* \leqslant J + (c/(1-\alpha)) v$。类似地可证明第二个关系式。

(b) 这一部分是 (a) 的特例, 其中 T 等于 T_μ。

(c) 我们首先证明第一个关系式。从 (a), 不等式 $TJ \leqslant J + cv$ 意味着

$$J^* \leqslant J + \frac{c}{1-\alpha} v$$

对不等式两侧同时使用 T^k, 并使用 T^k 的单调性和不动点性质, 有

$$J^* \leqslant T^k \left(J + \frac{c}{1-\alpha} v \right)$$

使用式 (1.60) 并用 T^k 和 α^k 分别替代 T_μ 和 α, 有

$$T^k\left(J + \frac{c}{1-\alpha}v\right) \leqslant T^k J + \frac{\alpha^k c}{1-\alpha}v$$

欲证明的第一个关系式可由前两个关系式证明。类似可证明第二个关系式。

1.6.2 折扣动态博弈

现在讨论将之前的框架应用于零和博弈的情形。在这类博弈的最简单情形中,有两个博弈者只有一次选择的机会:第一个(称为最小化者)可能从 n 个可能选项中选中 i;第二个(称为最大化者)可能从 m 个选项中选中 j。然后最小化者付给最大化者 a_{ij} 元钱,这被称为费用。最小化者希望将 a_{ij} 最小化,而最大化者希望将 a_{ij} 最大化。

这些博弈者使用混合的策略,其中最小化一方选择一个定义在其 n 个选项上的概率分布 $u = (u_1, \cdots, u_n)$,最大化一方选择一个定义在其 m 个选项上的概率分布 $v = (v_1, \cdots, v_m)$。因为选中 i 和 j 的概率是 $u_i v_j$,期望费用是 $\sum_{i,j} a_{ij} u_i v_j$ 或者 $u'Av$,其中 A 是 $n \times m$ 的矩阵,每个元素为 a_{ij}。如果每个博弈者都采取最坏情况的视角,在这一视角下将假设对方采取最不利于自己的选择并据此优化其选择,最小化者应该最小化 $\max_{v \in V} u'Av$,最大化者应最大化 $\min_{u \in U} u'Av$,其中 U 和 V 分别是在 $\{1, \cdots, n\}$ 和 $\{1, \cdots, m\}$ 上的概率分布的集合。一个基本的结论(将不会在本书中证明)是这两个最优值相等,

$$\min_{u \in U} \max_{v \in V} u'Av = \max_{v \in V} \min_{u \in U} u'Av \tag{1.62}$$

这意味着存在一个数值,该数值可被视作这一博弈对于其参与者的价值。

现在考虑一个动态零和博弈,其中每个阶段是上述的这类博弈。在给定阶段的博弈由 "状态" x 表示,该状态可从有限集合 X 中取值。状态转移遵循转移概率 $q_{xy}(i,j)$ 其中 i 和 j 是最小化者和最大化者分别选择的选项(这里 y 表示在由 x 表示的博弈中选择了 i 和 j 的选项之后将进入的博弈)。当状态为 x,在 $u \in U, v \in V$ 时,单阶段期望费用是 $u'A(x)v$,其中 $A(x)$ 是 $n \times m$ 的费用矩阵,状态转移概率为

$$p_{xy}(u,v) = \sum_{i=1}^{n} \sum_{j=1}^{m} u_i v_j q_{xy}(i,j) = u'Q_{xy}v$$

其中 Q_{xy} 是 $n \times m$ 的矩阵,元素为 $q_{xy}(i,j)$。费用的折扣因子为 $\alpha \in (0,1)$,大致说来,最小化者和最大化者的目标分别是最小化和最大化总的折扣的期望费用。

引入映射 G 和 H,定义如下

$$
\begin{aligned}
G(x,u,v,J) &= u'A(x)v + \alpha \sum_{y \in X} p_{xy}(u,v)J(y) \\
&= u'\left(A(x) + \alpha \sum_{y \in X} Q_{xy}J(y)\right)v
\end{aligned} \tag{1.63}
$$

$$H(x,u,J) = \max_{v \in V} G(x,u,v,J)$$

可证明 H 满足压缩性假设 1.6.1（注意 $v(x) \equiv 1$）和单调性假设 1.6.2，所以命题 1.6.1 和命题 1.6.2 适用。所以对应的映射 T 是未加权的极大模压缩，其唯一的不动点 J^* 满足

$$J^*(x) = \min_{u \in U} \max_{v \in V} G(x, u, v, J^*), \forall x \in X$$

现在注意，因为

$$A(x) + \alpha \sum_{y \in X} Q_{xy} J(y)$$

[见式 (1.63)]是一个与 u 和 v 独立的矩阵，可将 $J^*(x)$ 视作静态博弈的价值（依赖于状态 x）。特别地，由基本的最小最大等式 (1.62)，有

$$\min_{u \in U} \max_{v \in V} G(x, u, v, J^*) = \max_{v \in V} \min_{u \in U} G(x, u, v, J^*), \forall x \in X$$

这意味着 J^* 也是如下映射的唯一不动点

$$(\bar{T} J)(x) = \max_{v \in V} \bar{H}(x, v, J)$$

其中

$$\bar{H}(x, v, J) = \min_{u \in U} G(x, u, v, J)$$

即，无论最小化者和最大化者在每个阶段选择混合策略的顺序怎样，J^* 始终是不动点。

当博弈者选择策略 μ 和 ν 而不是 u 和 v 时，关于 $J^*(x)$ 是博弈的价值还有另一种解释。这一解释需要额外的分析，在此仅简要描述。对于给定的 x，可以将 $J^*(x)$ 视作最小化者（最大化者）从 x 出发使用策略 $\mu : X \mapsto U$（或者相应的 $v : X \mapsto V$）对抗最大化者（或者最小化者）可能使用的最坏策略的情况下可能获得的最好收益。更具体一点，对于固定最小化者的策略 μ，考虑通过选择一个最优的策略 v 来最大化最大化者的期望收益的折扣动态规划问题。那么可以证明 J_μ 是这个动态规划问题的最大值函数，且有 $J^* = \min_{\mu \in \mathcal{M}} J_\mu$。类似地，通过交换最小化与最大化，$J^* = \max_{v \in \mathcal{N}} \bar{J}_v$，其中 $\mathcal{N}$ 是最大化者的策略集合，对固定的 v，$\bar{J}_v$ 通过选择最优的 $\mu \in \mathcal{M}$ 来最小化期望收益的折扣动态规划问题的最优费用函数。

1.7　注释、参考文献及习题

许多作者对分析单阶段费用有界的折扣问题做出了贡献，特别值得注意的是 Shapley[Sha53]、Bellman[Bel57] 和 Blackwell[Bla65]。对涉及多个指标、加权指标和约束的变形与扩展，见 Feinberg 和 Shwartz[FeS94]、Ghosh[Gho90]、Ross[Ros89] 和 White 和 Kim[WhK80]。涉及测度论的数学问题在 Bertsekas 和 Shreve[BeS78]、Dynkin 和 Yuskevich[DyY79]、Hernandez-Lerma[Her89]、Hinderer[Hin70] 中有详细分析。在附录 A 中阐述的下半解析/通用测度框架，由 Bertsekas 和 Shreve 在 [BeS78] 中率先提出。

多柄老虎机的指标规则解来自 Gittins[Git79] 以及 Gittins 和 Jones 的 [GiJ74]。后续的贡献包括 Whittle[Whi80b]、Kelly[Kel81] 以及 Whittle 的 [Whi81]、[Whi82]。这里给出的证明来自 Tsitsiklis[Tsi86]，这一工作简化了之前的证明 Whittle[Whi80b]。对于有限状态空间的简单证明在 Tsitsiklis[Tsi94a] 中给出，沿袭了之前 Weiss[Wei88] 的证明。对多柄老虎机的其他分析，见 Kumar[Kum85]，Varaiya、Walrand 和 Buyukkoc 的 [VWB85]，Kumar 和 Varaiya 的 [KuV86]，Nain、Tsoucas 和 Walrand 的 [NTW89]，Weber[Web92]，Bertsimas 和 Nino-Mora 的 [BeN96] 以及 Bertsimas、Paschalidis 和 Tsitsiklis 的 [BPT94a]、[BPT94b]。

使用统一化的方法将涉及马尔可夫链的连续时间随机控制问题转化为离散时间问题在 Lippman[Lip75b] 之后获得了广泛的关注。半马尔可夫决策模型由 Jewell[Jew63] 之后被引入，同时也在 Ross[Ros70] 中进行了讨论。

在折扣问题中的压缩映射的角色首先由 Shapley[Sha53] 认识到并被深入分析，这一工作中考虑的是两个博弈者的动态博弈。单阶段费用无界的可数状态的折扣问题（见 1.5.2 节）在 Harrison[Har72]、Lippman[Lip73] 和 [Lip75a]、Van Nunen[Van76]、Wessels[Wes77]、van Nunen 和 Wessels[VaW78] 以及 Cavazos-Cadena[Cav86] 中进行了讨论。

在未加权极大模压缩假设的抽象动态规划模型由 Denardo[Den67] 引入。这些模型由 [Ber77] 的作者在未用到压缩性质而仅使用动态规划中常用的单调性的情况下进行了分析，并在 [BeS78] 一书中得到广泛应用。我们在这里的分析，将这一理论推广到加权极大模压缩，这一结果在作者的综述论文 [Ber12] 中。抽象动态规划模型也作为基础后来发展出了相关的异步分布动态规划框架并在作者的论文 [Ber82a] 中提到，并将在本书中多个地方用到，从 2.6 节开始。对相关的工作，见 Verd'u 和 Poor[VeP84]，[VeP87]。动态博弈始自 Shapley[Sha53] 的论文。由 Filar 和 Vrieze 所著 [FiV96] 一书提供了细致的分析和许多参考文献。

最后需要注意尽管为了数学上的严格性，我们之前在本章中假设可数的扰动空间，我们的分析仍将不可数扰动空间问题作为分析的起点。这可通过将这类问题化简为具有一个概率测度集合的确定性问题来实现。这一化简的基本思想在习题 1.5 中进行了阐述。这一分析思路在 [BeS78]（第 9 章）中被采用，用于解决无穷阶段随机控制问题的测度问题。

习题

1.1　本习题的目的是展示具有折扣因子的最短路径问题没有太大的研究意义。假设有一个图，每条弧 (i, j) 的长度 a_{ij} 非负。路径 $(i_0, i_1, \cdots, i_m)$ 的长度是 $\sum_{k=0}^{m-1} \alpha^k a_{i_k i_{k+1}}$，其中 α 是折扣因子，取值范围为 $(0, 1)$。考虑寻找将两个给定节点连接起来的具有最小费用的路径的问题。证明这一问题未必有解。

1.2　考虑与 1.1 节中的问题类似的问题，唯一的区别是当我们在状态 x_k 时，下一个状态 x_{k+1} 可以概率 $\beta \in (0, 1)$ 由 $x_{k+1} = f(x_k, u_k, w_k)$ 确定并以概率 $(1 - \beta)$ 移动到终了状态并一直停留在这一状态而没有任何费用。证明即使 $\alpha = 1$，这一问题仍能放入折扣费用的框架。如果 β 被依赖状态的概率 $\beta_x \in (0, 1)$ 替代呢？

1.3（列压缩 [Por75]） 本习题的目的是提供一种方法将一类折扣问题转化为具有稍小折扣因子的折扣问题。考虑 $n-$ 状态的折扣问题，其中 $U(i)$ 对所有的状态 i 是有限集合。单阶段费用是 $g(i, u)$，折扣因子是 α，转移概率是 $p_{ij}(u)$。对每个 $j = 1, \cdots, n$，令

$$m_j = \min_{i=1,\cdots,n} \min_{u \in U(i)} p_{ij}(u)$$

对所有的 i、j 和 u，令

$$\tilde{p}_{ij}(u) = \frac{p_{ij}(u) - m_j}{1 - \sum_{k=1}^{n} m_k}$$

假设 $\sum_{k=1}^{n} m_k < 1$。

(a) 证明 $\tilde{p}_{ij}(u)$ 是转移概率。

(b) 考虑单阶段费用 $g(i, u)$ 的折扣问题，折扣因子

$$\alpha \left(1 - \sum_{j=1}^{n} m_j\right)$$

和转移概率 $\tilde{p}_{ij}(u)$。证明这一问题具有与原问题相同的最优策略，其最优费用向量 J' 满足

$$J^* = J' + \frac{\alpha \sum_{j=1}^{n} m_j J'(j)}{1 - \alpha} e$$

其中 J^* 是元问题的最优费用向量，e 是单位向量。

1.4（数据传输 [Sch72]） 一个有限状态问题在每个阶段的折扣因子都依赖状态，这样的问题可被转化为具有依赖状态的折扣因子问题。为看出这一点，考虑如下涉及变量 $J(i)$ 的方程集合：

$$J(i) = \min_{u \in U(i)} \left[g(i, u) + \sum_{j=1}^{n} m_{ij}(u) J(j) \right], \ i = 1, \cdots, n \tag{1.64}$$

其中假设对所有 $i, u \in U(i)$ 以及 $j, m_{ij}(u) \geqslant 0$，有

$$M_i(u) = \sum_{j=1}^{n} m_{ij}(u) < 1$$

令

$$\alpha = \max_{i=1,\cdots,n} \left\{ \frac{M_i(u) - m_{ii}(u)}{1 - m_{ii}(u)} \right\}$$

$$\delta_{ij} = \begin{cases} 1, & i = j \\ 0, & i \neq j \end{cases}$$

并定义，对所有的 i 和 j，

$$\bar{g}(i, u) = \frac{g(i, u)(1 - \alpha)}{1 - M_i(u)}$$

$$\bar{m}_{ij}(u) = \delta_{ij} + \frac{(1-\alpha)(m_{ij}(u)-\delta_{ij})}{1-M_i(u)}$$

证明对所有的 i 和 j,

$$\sum_{j=1}^{n} \bar{m}_{ij}(u) = \alpha < 1, \bar{m}_{ij}(u) \geqslant 0$$

式 (1.64) 的解 $\{J(i)|i=1,\cdots,n\}$ 也是如下方程的解

$$J(i) = \min_{u \in U(i)} \left[\bar{g}(i,u) + \alpha \sum_{j=1}^{n} \bar{p}_{ij}(u)J(j) \right], i = 1,\cdots,n$$

其中 $\bar{p}_{ij}(u)$ 是定义如下的转移概率

$$\bar{p}_{ij}(u) = \frac{\bar{m}_{ij}(u)}{\alpha}$$

1.5 (随机对确定问题的转化) 考虑控制系统

$$p_{k+1} = p_k P_{\mu_k}, k = 0, 1, \cdots$$

其中 p_k 是定义在 X 上的概率分布,是一个行向量,P_{μ_k} 是针对控制函数 μ_k 的转移概率矩阵。状态是 p_k,控制是 μ_k。同时考虑如下费用函数

$$\lim_{N \to \infty} \sum_{k=0}^{N-1} \alpha^k p_k g_{\mu_k}$$

证明涉及上面系统和费用函数的确定性问题的最优费用和最优策略同时获得一个对应的折扣费用问题的最优费用和最优策略。

1.6 假设有两个金矿:Anaconda 和 Bonanza,以及一个挖金矿的机器。令 x_A 和 x_B 分别为现在 Anaconda 和 Bonanza 的含金量。当在 Anaconda(或 Bonanza)中使用机器时,存在概率 p_A(或者对应的 p_B)让金子的 $r_A x_A$(或者分别是 $r_B x_B$)被挖出来且不会损坏机器,并以概率 $1-p_A$(或者分别是 $1-p_B$)损坏机器到不能修复的程度且没有挖出金子。我们假设 $0 < r_A < 1$ 和 $0 < r_B < 1$。

(a) 假设 $p_A = p_B = p$,其中 $0 < p < 1$。寻找选矿策略来最大化在机器损坏前挖出的金子的期望值。提示: 这一问题可被视作具有折扣因子 p 的折扣多柄老虎机问题。

(b) 假设 $p_A < 1$ 和 $p_B = 1$。试证明挖出的金子的最优期望值具有形式 $J^*(x_A, x_B) = \tilde{J}_A(x_A) + x_B$,其中 $\tilde{J}_A(x_A)$ 是如果仅限于在 Anaconda 挖金子的话能挖出的金子的最优期望量。证明没有策略可以达到最优值 $J^*(x_A, x_B)$。

1.7 (收税的问题 [VWB85]) 这一问题类似多柄老虎机问题。唯一的区别是如果我们在阶段 k 中对项目 l 施工,我们对每个其他的项目 $\bar{l}$ 付税 $\alpha^k C^{\bar{l}}(x^{\bar{l}})$ [其和为 $\alpha^k \sum\limits_{\bar{l} \neq l} C^{\bar{l}}(x^{\bar{l}})$],而不是获得收益 $\alpha^k R^l(x^l)$。目标是找到一个项目的选择策略来最小化支付的总税额。证明这一问题可被转化为老虎机问题,对项目 l 的收益函数等于

$$R^l(x^l) = C^l(x^l) - \alpha E \left\{ C^l(f^l(x^l, w^l)) \right\}$$

1.8 （重启问题 [KaV87]）   本题的目的是证明多柄老虎机问题中一个项目的指标可通过求解一个相关的无穷阶段折扣费用问题来计算获得。下面考虑收益函数为 $R(x)$ 的单个项目，固定的初始状态 x_0，和对那个状态的指标 $m(x_0)$ 的价值的计算。考虑如下问题，在状态 x_k 和时间 k，有两个选择：(1) 继续，这带来收益 $\alpha^k R(x_k)$ 并让项目进入状态 $x_{k+1} = f(x_k, w)$，或 (2) 重启项目，这让状态进入 x_0，带来收益 $\alpha^k R(x_0)$，并让项目进入状态 $x_{k+1} = f(x_0, w)$。证明这一问题的最优收益函数和具有 $M = m(x_0)$ 的老虎机问题的最优收益函数相同，因此这两个问题从状态 x_0 出发的最优收益等于 $m(x_0)$。**提示**：证明这两个问题的贝尔曼方程具有如下形式

$$J(x) = \max \left[R(x_0) + \alpha E\{J(f(x_0, w))\}, R(x) + \alpha E\{J(f(x, w))\} \right]$$

1.9 （多柄老虎机问题和可分近似）   考虑 1.3 节的多柄老虎机问题，但有如下两个区别：

(1) 当项目 l 未被处理时，其状态按如下方程变化

$$x_{k+1}^l = \bar{f}^l(x_k^l, \bar{w}_k^l)$$

其中 $\bar{f}^l$ 是给定函数，$\bar{w}_k^l$ 是随机扰动且分布依赖于 x_k^l 但不依赖于之前的扰动。进一步，可获得收益 $\bar{R}^l(x_k^l)$，其中 $\bar{R}^l$ 是给定函数。

(2) 没有退出这一选项。（不过，我们允许在任一时刻可以不对任何项目施工。这对应于引入了一个虚拟的项目，在对该项目施工时没有任何收益。）

假设最优收益函数 $J^*(x^1, \cdots, x^n)$ 有形式为 $\sum_{l=1}^{n} \tilde{J}^l(x^l)$ 的可分函数近似，其中每个 $\tilde{J}^l$ 对应于第 l 个项目对总收益的贡献函数。对应的一步前瞻策略选择可以最大化如下收益的项目 l

$$R^l(x^l) + \sum_{j \neq l} \bar{R}^j(x^j) + \alpha E\{\tilde{J}^l(f^l(x^l, w^l))\} + \alpha \sum_{j \neq l} E\{\tilde{J}^j(\bar{f}^j(x^j, \bar{w}^j))\}$$

证明这一策略具有如下形式

$$\text{对项目} l \text{施工，若} \tilde{m}^l(x^l) = \max_j \{\tilde{m}^j(x^j)\}$$

则其中对所有的 l,

$$\tilde{m}^l(x^l) = R^l(x^l) - \bar{R}^l(x^l) + \alpha E\{\tilde{J}^l(f^l(x^l, w^l)) - \tilde{J}^l(\bar{f}^l(x^l, \bar{w}^l))\}$$

所以，可将 $\tilde{m}^l(x^l)$ 视作项目 l 的近似指标，这一指标由可分收益函数的近似 $\sum_{l=1}^{n} \tilde{J}^l(x^l)$ 导出。

1.10 （统一化合理性的证明）   完善下面论述的细节，证明对有限个状态 $i = 1, \cdots, n$ 的统一化程序的合理性。固定一个策略，为简化符号，我们不展示转移速率对控制的依赖性。记 $p(t)$ 为坐标如下的行向量

$$p_i(t) = P\{i(t) = i | x_0\}, i = 1, \cdots, n$$

有

$$\mathrm{d}p(t)/\mathrm{d}t = p(t)A$$

其中 $p(0)$ 是行向量，其第 i 维坐标等于 1 当 $x_0 = i$，否则等于 0，矩阵 A 的元素如下

$$a_{ij} = \begin{cases} \nu_i p_{ij}, & i \neq j \\ -\nu_i, & i = j \end{cases}$$

从此我们可得

$$p(t) = p(0)\mathrm{e}^{At}$$

其中

$$\mathrm{e}^{At} = \sum_{k=0}^{\infty} \frac{(At)^k}{k!}$$

考虑统一化后的转移矩阵 B

$$B = I + \frac{A}{\nu}$$

其中 $\nu \geqslant \nu_i, i = 1, \cdots, n$。同时考虑如下公式

$$\mathrm{e}^{At} = \mathrm{e}^{-\nu t}\mathrm{e}^{B\nu t} = \mathrm{e}^{-\nu t} \sum_{k=0}^{\infty} \frac{(B\nu t)^k}{k!}$$

用这些关系式来证明

$$p(t) = p(0) \sum_{k=0}^{\infty} \Gamma(k, t) B^k$$

其中

$$\Gamma(k, t) = \frac{(\nu t)^k}{k!} \mathrm{e}^{-\nu t} = \mathrm{Prob}\{在统一化后的马尔可夫链中在 0 和 t 之间出现了 k 个转移\}$$

证明对 $i = 1, \cdots, n$，有

$$p_i(t) = \mathrm{Prob}\{在统一化后的马尔可夫链中有 i(t) = i\}$$

1.11 某人有财产，如果出售可以获得的报价是 n 个值中的一个。前后报价相隔时间随机、独立、同分布，分布给定。寻找报价的接受策略来最大化 $E\{\alpha^T s\}$，其中 T 是出售的时间，s 是出售的价格，$\alpha \in (0,1)$ 是折扣因子。

1.12 考虑与 1.2 节中的问题类似的问题，唯一的区别是折扣因子 α 依赖当前状态 x_k、控制 u_k 和扰动 w_k；即，费用函数具有如下形式

$$J_\pi(x_0) = \lim_{N \to \infty} \mathop{E}_{\substack{w_k, \\ k=0,1,\cdots}} \left\{ \sum_{k=0}^{N-1} \alpha_{\pi,k} g(x_k, \mu_k(x_k), w_k) \right\}$$

其中

$$\alpha_{\pi,k} = \alpha(x_0, \mu_0(x_0), w_0)\alpha(x_1, \mu_1(x_1), w_1)\cdots\alpha(x_k, \mu_k(x_k), w_k)$$

其中 $\alpha(x, u, w)$ 是满足如下条件的函数

$$0 \leqslant \min\{\alpha(x, u, w) | x \in X, u \in U, w \in W\}$$
$$\leqslant \max\{\alpha(x, u, w) | x \in X, u \in U, w \in W\}$$
$$< 1$$

使用 1.6 节中的分析提供 1.2 节中的类似结果。

1.13 (最小最大问题) 使用 1.6 节的分析对如下的最小最大问题提供 1.2 节中的类似结果,其费用为

$$J_\pi(x_0) = \lim_{N\to\infty} \max_{\substack{w_k \in W(x_k,\mu_k(x_k)), \\ k=0,1,\cdots}} \sum_{k=0}^{N-1} \alpha^k g(x_k,\mu_k(x_k),w_k)$$

g 有界,x_k 由 $x_{k+1} = f(x_k,\mu_k(x_k),w_k)$ 生成,$W(x,u)$ 对每个 $(x,u) \in S \times U$ 的 W 的给定非空子集。(与第 Ⅰ 卷第 1 章的习题 1.5 对比。)

1.14 (有限阶段问题的无穷阶段模型) 考虑第 Ⅰ 卷第 1 章的 N-阶段的基本问题,并遵循 1.6 节的广义动态规划问题的特殊性。令 $X = X_0 \cup \cdots \cup X_N$,其中 $X_0,\cdots,X_N$ 是 N-阶段问题的状态空间,对 $k \leqslant N-1$ 和 $x \in X_k$,令 $U(x) = U_k(x)$。对 $J: X \mapsto \Re$,将 J 在 X_k 上的限制记作 J_k,即,$J_k(x) = J(x)$ 对 $x \in X_k$,和 $J = (J_0,\cdots,J_N)$。定义

$$H(x,u,J) = E\{g_k(x,u,w_k) + J_{k+1}(f_k(x,u,w_k))\}$$

若 $k \leqslant N-1, x \in X_k, u \in U_k(x)$,且

$$H(x,u,J) = g_N(x)$$

若 $x \in X_N$。令 T 为定义如下的映射

$$(TJ)(x) = \min_{u \in U(x)} H(x,u,J), x \in X$$

(a) 证明 T 的不动点是 $J^* = (J_0^*,\cdots,J_N^*)$,其中 J_k^* 是 N-阶段问题在阶段 k 的最优未来费用函数。

(b) 证明有限阶段动态规划算法等于从任意 $J = (J_0,\cdots,J_N)$ 使用 $N+1$ 次 T,或者等价地从任意 $J = (J_0,\cdots,J_N)$ 和 $J_N = g_N$ 使用 N 次 T。

第 2 章   折扣问题——计算方法

本章讨论单阶段费用有界的折扣问题的数值解。同时考虑具有无穷和有限状态与控制空间的问题。我们主要关注后者,这类问题也被称为马尔可夫决策问题(简记为 MDP)。这些是在第 I 卷第 7 章中讨论的问题。一些所讨论的计算方法也有适用于无穷维空间的版本,这些版本可被视作为方便起见而在无限状态和控制空间中进行分析的理想化的算法,但在适当时机会为了实际的计算而稍作修改或者进行离散化。

2.1 节引入在有限空间问题中非常适合的紧凑马尔可夫链的概念。第一个计算方法,值迭代(简记为 VI),在 2.2 节中进行讨论。这在本质上就是动态规划算法,可在极限时获得最优费用函数和一个最优策略,正如在 1.2 节中讨论的那样。我们将描述为了加速收敛性而提出的变形版本。两个主要的其他方法:策略迭代(简记为 PI)和线性规划,分别在 2.3 节和 2.4 节中讨论。这三种方法是通用方法,适用于一大类动态规划问题,包含但不限于折扣问题。这些方法将在后续分析中多次出现。我们将在 2.5 节和 2.6 节中显著地扩展这些方法,通过使用 1.6 节的广义动态规划框架并引入近似和异步计算。

第 6 章和第 7 章将考虑多种其他方法,那些方法非常适用于大规模问题和系统,这些系统难以建模但易于仿真。特别地,我们将在那里讨论 VI 和 PI 的多种使用近似结构的版本。进一步地,我们将考虑转移一类问题,即其中概率未知的问题,但系统的动态过程和费用结构可以通过仿真来观察。

2.1   马尔可夫决策问题

在本节和本章的大部分地方,假设问题中的状态、控制和扰动空间是有限集合,这样实际上处理的是有限状态马尔可夫链的控制问题。首先将之前的一些分析转化为对马尔可夫链而言更方便的形式。沿用通常的习惯分别用 i 和 x 表示有限和无限状态情形下的状态。

令状态空间 X 包括 n 个状态,记作 $1, \cdots, n$:

$$X = \{1, \cdots, n\}$$

记转移概率如下:

$$p_{ij}(u) = P(x_{k+1} = j | x_k = i, u_k = u), i, j \in X, u \in U(i)$$

映射 T 和 T_μ 可写为如下形式:

$$(TJ)(i) = \min_{u \in U(i)} \sum_{j=1}^{n} p_{ij}(u)(g(i, u, j) + \alpha J(j)), i \in X \tag{2.1}$$

$$(T_\mu J)(i) = \sum_{j=1}^{n} p_{ij}(\mu(i)) \left(g(i, \mu(i), j) + \alpha J(j) \right), i \in X \tag{2.2}$$

(见 1.2 节末尾的讨论)。

为简化符号,将经常假设单阶段费用不依赖于 j,将在本节剩余的部分以及 2.2~2.4 节中使用这一假设。那么式 (2.1) 和式 (2.2) 的映射 T 和 T_μ 具有如下形式:

$$(TJ)(i) = \min_{u \in U(i)} \left[g(i,u) + \alpha \sum_{j=1}^n p_{ij}(u)J(j) \right], i \in X$$

$$(T_\mu J)(i) = g(i,\mu(i)) + \alpha \sum_{j=1}^n p_{ij}(\mu(i))J(j), i \in X$$

这相当于在所有的计算中使用单阶段的期望费用,这与之前对映射 T 和 T_μ 的定义没有本质差别。2.2~2.4 节中的算法可以简单地修改为使用式 (2.1) 或者式 (2.2) 的替代形式。

任何定义在 X 上的函数 J,包括函数 TJ 和 $T_\mu J$ 可由 n-维向量表达

$$J = \begin{pmatrix} J(1) \\ \vdots \\ J(n) \end{pmatrix}, TJ = \begin{pmatrix} (TJ)(1) \\ \vdots \\ (TJ)(n) \end{pmatrix}, T_\mu J = \begin{pmatrix} (T_\mu J)(1) \\ \vdots \\ (T_\mu J)(n) \end{pmatrix}$$

对于平稳策略 μ,用 P_μ 表示转移概率矩阵

$$P_\mu = \begin{pmatrix} p_{11}(\mu(1)) & \cdots & p_{1n}(\mu(1)) \\ & \vdots & \\ p_{n1}(\mu(n)) & \cdots & p_{nn}(\mu(n)) \end{pmatrix}$$

用 g_μ 表示费用向量

$$g_\mu = \begin{pmatrix} g(1,\mu(1)) \\ \vdots \\ g(n,\mu(n)) \end{pmatrix}$$

然后可以写成向量的形式

$$T_\mu J = g_\mu + \alpha P_\mu J$$

与平稳策略 μ 对应的费用函数 J_μ 是如下方程的唯一解。由命题 1.2.1

$$J_\mu = T_\mu J_\mu = g_\mu + \alpha P_\mu J_\mu$$

这一方程应被视作具有 n 个线性方程 n 个未知变量的系统,这些变量是 n 维向量 J_μ 的元素 $J_\mu(i)$。这一方程也可被写作

$$(I - \alpha P_\mu)J_\mu = g_\mu$$

或者等价的

$$J_\mu = (I - \alpha P_\mu)^{-1} g_\mu$$

其中 I 表示 $n \times n$ 的单位阵。矩阵 $I - \alpha P_\mu$ 的可逆性有保障是因为我们已经证明了表达式为 $J_\mu = T_\mu J_\mu$ 的系统方程对每个向量 g_μ 有唯一解（见命题 1.2.1），映射 T_μ 是压缩映射（见命题 1.2.7）。另一种证明 $I - \alpha P_\mu$ 是可逆矩阵的方法，需要注意任意转移概率矩阵的特征值位于复平面的单位圆内。所以 αP_μ 的任何特征值都不能等于 1，这是 $I - \alpha P_\mu$ 可逆的充分必要条件。

2.2 值迭代

这里从 n 维向量 J 出发并序贯计算 $TJ, T^2 J, \cdots$。这就是值迭代（简记为 VI）方法，也在早期的动态规划文献中有时被称为*序贯近似*。由命题 1.2.1，对所有的 i，有

$$\lim_{k \to \infty} (T^k J)(i) = J^*(i)$$

进一步地，由命题 1.2.6，误差序列 $|(T^k J)(i) - J^*(i)|$（对所有的 $i \in X$）以 α^k 的常数倍为上界。

值迭代方法有丰富的理论，并包含了基本的想法，其重要性远超出了动态规划的范畴（见 1.5 节的压缩映射和不动点迭代的讨论）。不过在动态规划的范畴内，其性质由动态规划的映射 T 和 T_μ 内在的单调性而被强化。作为结果，值迭代有多个对动态规划而言特殊的有意思的性质。下面将讨论其中的一些性质。

2.2.1 值迭代的单调误差界

得益于一些误差界，值迭代方法经常可获得本质性的强化，这些误差界可作为计算的副产品获得。这样的界的一个例子可由命题 1.6.1(d) 取 $J = T^k J$ 来获得，此时对所有的 $i = 1, \cdots, n$ 和 $k = 1, 2, \cdots,$ 有

$$(T^k J)(i) - b_k \leqslant J^*(i) \leqslant (T^k J)(i) + b_k$$

其中

$$b_k = \frac{\alpha}{1 - \alpha} \max_{i=1,\cdots,n} |(T^k J)(i) - (T^{k-1} J)(i)|$$

这一界只依赖 T 的压缩性质。我们将推导另一个界，那个界将同时依赖 T 的压缩性和单调性，更加细致并且也是单调的：这个界在 k 增大时变得更紧。下面的论述有助于理解其本质（也见命题 1.6.4）。

将平稳策略 μ 的费用分成第一阶段的费用和剩余的费用：

$$J_\mu(i) = g(i, \mu(i)) + \sum_{k=1}^{\infty} \alpha^k E\{g(x_k, \mu(x_k)) | x_0 = i\}$$

于是有

$$g_\mu + \left(\frac{\alpha \underline{\beta}}{1 - \alpha} \right) e \leqslant J_\mu \leqslant g_\mu + \left(\frac{\alpha \bar{\beta}}{1 - \alpha} \right) e \tag{2.3}$$

其中 e 是单位向量，$e = (1, 1, \cdots, 1)'$，$\underline{\beta}$ 和 $\bar{\beta}$ 是单阶段费用的最小值和最大值：

$$\underline{\beta} = \min_i g(i, \mu(i)), \bar{\beta} = \max_i g(i, \mu(i))$$

使用 $\underline{\beta}$ 和 $\bar{\beta}$ 的定义,可将式 (2.3) 中的界按如下方式强化:

$$\left(\frac{\underline{\beta}}{1-\alpha}\right)e \leqslant g_\mu + \left(\frac{\alpha\underline{\beta}}{1-\alpha}\right)e \leqslant J_\mu \leqslant g_\mu + \left(\frac{\alpha\bar{\beta}}{1-\alpha}\right)e \leqslant \left(\frac{\bar{\beta}}{1-\alpha}\right)e \tag{2.4}$$

这些界现在将在值优化方法中使用。

假设有向量 J 并计算

$$T_\mu J = g_\mu + \alpha P_\mu J$$

通过将这一公式与下面的关系式相减

$$J_\mu = g_\mu + \alpha P_\mu J_\mu$$

有

$$J_\mu - J = T_\mu J - J + \alpha P_\mu(J_\mu - J)$$

这个公式表示 $J_\mu = T_\mu J_\mu$ 的一种变形:这意味着 $J_\mu - J$ 是与平稳策略 μ 相关的费用向量,每阶段的费用向量等于 $T_\mu J - J$。所以,式 (2.4) 可通过将 J_μ 替换为 $J_\mu - J$,将 g_μ 替换为 $T_\mu J - J$ 来使用。于是有

$$\left(\frac{\underline{\gamma}}{1-\alpha}\right)e \leqslant T_\mu J - J + \left(\frac{\alpha\underline{\gamma}}{1-\alpha}\right)e$$
$$\leqslant J_\mu - J$$
$$\leqslant T_\mu J - J + \left(\frac{\alpha\bar{\gamma}}{1-\alpha}\right)e$$
$$\leqslant \left(\frac{\bar{\gamma}}{1-\alpha}\right)e$$

其中

$$\underline{\gamma} = \min_i[(T_\mu J)(i) - J(i)], \bar{\gamma} = \max_i[(T_\mu J)(i) - J(i)]$$

等价地,对每个向量 J,有

$$J + \frac{\underline{c}}{\alpha}e \leqslant T_\mu J + \underline{c}e \leqslant J_\mu \leqslant T_\mu J + \bar{c}e \leqslant J + \frac{\bar{c}}{\alpha}e$$

其中

$$\underline{c} = \frac{\alpha\underline{\gamma}}{1-\alpha}, \bar{c} = \frac{\alpha\bar{\gamma}}{1-\alpha}$$

事实上,在上述论述中,若在所有的 μ 上引入最小化,便可用 T 替代 T_μ,因而可以获得下面的命题。

命题 2.2.1(值迭代的单调误差界) 对每个向量 J、状态 i 和 k,有

$$(T^k J)(i) + \underline{c}_k \leqslant (T^{k+1} J)(i) + \underline{c}_{k+1}$$
$$\leqslant J^*(i)$$
$$\leqslant (T^{k+1} J)(i) + \bar{c}_{k+1}$$
$$\leqslant (T^k J)(i) + \bar{c}_k \tag{2.5}$$

其中

$$\underline{c}_k = \frac{\alpha}{1-\alpha} \min_{i=1,\cdots,n} \left[(T^k J)(i) - (T^{k-1} J)(i) \right] \tag{2.6}$$

$$\bar{c}_k = \frac{\alpha}{1-\alpha} \max_{i=1,\cdots,n} \left[(T^k J)(i) - (T^{k-1} J)(i) \right] \tag{2.7}$$

证明 记

$$\underline{\gamma} = \min_{i=1,\cdots,n} \left[(TJ)(i) - J(i) \right]$$

有

$$J + \underline{\gamma} e \leqslant TJ \tag{2.8}$$

在两侧同时使用 T 并使用 T 的单调性, 有

$$TJ + \alpha \underline{\gamma} e \leqslant T^2 J$$

并且, 将这一关系与式 (2.8) 综合, 有

$$J + (1+\alpha)\underline{\gamma} e \leqslant TJ + \alpha \underline{\gamma} e \leqslant T^2 J \tag{2.9}$$

这一程序可以重复, 首先使用 T 获得

$$TJ + (\alpha + \alpha^2)\underline{\gamma} e \leqslant T^2 J + \alpha^2 \underline{\gamma} e \leqslant T^3(J)$$

然后使用式 (2.8), 有

$$J + (1+\alpha+\alpha^2)\underline{\gamma} e \leqslant TJ + (\alpha+\alpha^2)\underline{\gamma} e \leqslant T^2 J + \alpha^2 \underline{\gamma} e \leqslant T^3 J$$

在 k 步之后, 可以获得如下不等式

$$J + \left(\sum_{i=0}^{k} \alpha^i \right) \underline{\gamma} e \leqslant TJ + \left(\sum_{i=1}^{k} \alpha^i \right) \underline{\gamma} e$$
$$\leqslant T^2 J + \left(\sum_{i=2}^{k} \alpha^i \right) \underline{\gamma} e$$
$$\cdots$$
$$\leqslant T^{k+1} J$$

当 $k \to \infty$ 时, 取极限并使用等式 $\underline{c}_1 = \alpha\underline{\gamma}/(1-\alpha)$, 可得

$$J + \left(\frac{\underline{c}_1}{\alpha} \right) e \leqslant TJ + \underline{c}_1 e \leqslant T^2 J + \alpha \underline{c}_1 e \leqslant J^* \tag{2.10}$$

其中, $\underline{c}_1$ 由式 (2.6) 定义。在这一不等式中将 J 替换为 $T^k J$, 有

$$T^{k+1} J + \underline{c}_{k+1} e \leqslant J^*$$

这就是式 (2.5) 的第二个不等式。

由式 (2.9), 有

$$\alpha\gamma \leqslant \min_{i=1,\cdots,n} \left[(T^2 J)(i) - (TJ)(i) \right]$$

因此 $\alpha c_1 \leqslant c_2$。在式 (2.10) 中使用这一关系，可得

$$TJ + \underline{c}_1 e \leqslant T^2 J + \underline{c}_2 e$$

并将 J 替换为 $T^{k-1}J$，有式 (2.5) 中的第一个不等式。通过类似的论述可以获得式 (2.5) 的第二个不等式。

注意上面的证明并不依赖状态空间的有限性，实际上命题 2.2.1 可在无限状态空间上证明（参见习题 2.10）。

例 2.2.1（误差界示意）

考虑有两个状态和两个控制的问题

$$X = \{1, 2\}, U = \{u^1, u^2\}$$

转移概率示于图 2.2.1 中，即

$$P(u^1) = \begin{pmatrix} p_{11}(u^1) & p_{12}(u^1) \\ p_{21}(u^1) & p_{22}(u^1) \end{pmatrix} = \begin{pmatrix} 3/4 & 1/4 \\ 3/4 & 1/4 \end{pmatrix}$$

$$p(u^2) = \begin{pmatrix} p_{11}(u^2) & p_{12}(u^2) \\ p_{21}(u^2) & p_{22}(u^2) \end{pmatrix} = \begin{pmatrix} 1/4 & 3/4 \\ 1/4 & 3/4 \end{pmatrix}$$

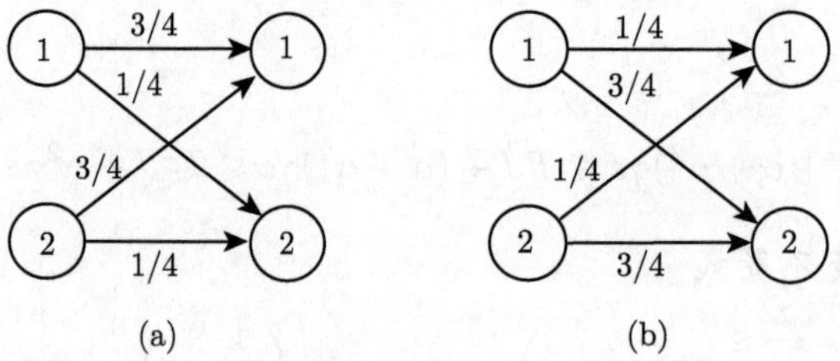

图 2.2.1 例 2.2.1 的状态转移图：(a)$u = u^1$; (b)$u = u^2$

转移费用是

$$g(1, u^1) = 2, g(1, u^2) = 0.5, g(2, u^1) = 1, g(2, u^2) = 3$$

折扣因子是 $\alpha = 0.9$。对 $i = 1, 2$ 的映射 T 给定如下：

$$(TJ)(i) = \min\left\{ g(i, u^1) + \alpha \sum_{j=1}^{2} p_{ij}(u^1)J(j), g(i, u^2) + \alpha \sum_{j=1}^{2} p_{ij}(u^2)J(j) \right\}$$

式 (2.6) 和式 (2.7) 中的标量 $\underline{c}_k$ 和 $\bar{c}_k$ 给定如下：

$$\underline{c}_k = \frac{\alpha}{1-\alpha} \min\{(T^k J)(1) - (T^{k-1}J)(1), (T^k J)(2) - (T^{k-1}J)(2)\}$$

$$\bar{c}_k = \frac{\alpha}{1-\alpha} \max\{(T^k J)(1) - (T^{k-1}J)(1), (T^k J)(2) - (T^{k-1}J)(2)\}$$

值迭代方法从零值函数 $J_0[J_0(1) = J_0(2) = 0]$ 开始的迭代结果示于图 2.2.2 中，该图同时展示了误差界的作用。

k	$(T^k J_0)(1)$	$(T^k J_0)(2)$	$(T^k J_0)(1)$ $+\underline{c}_k$	$(T^k J_0)(1)$ $+\bar{c}_k$	$(T^k J_0)(2)$ $+\underline{c}_k$	$(T^k J_0)(2)$ $+\bar{c}_k$
0	0	0				
1	0.500	1.000	5.000	9.500	5.500	10.000
2	1.287	1.562	6.350	8.375	6.625	8.650
3	1.844	2.220	6.856	7.767	7.232	8.144
4	2.414	2.745	7.129	7.540	7.460	7.870
5	2.896	3.247	7.232	7.417	7.583	7.768
6	3.343	3.686	7.287	7.371	7.629	7.712
7	3.740	4.086	7.308	7.345	7.654	7.692
8	4.099	4.444	7.319	7.336	7.663	7.680
9	4.422	4.767	7.324	7.331	7.669	7.676
10	4.713	5.057	7.326	7.329	7.671	7.674
11	4.974	5.319	7.327	7.328	7.672	7.673
12	5.209	5.554	7.327	7.328	7.672	7.673
13	5.421	5.766	7.327	7.328	7.672	7.673
14	5.612	5.957	7.328	7.328	7.672	7.672
15	5.783	6.128	7.328	7.328	7.672	7.672

图 2.2.2　例 2.2.1 问题在考虑和不考虑误差边界的情况下，值迭代方法的性能

终止问题——所得策略的最优性

现在讨论如何使用误差界在有限次值迭代后得到最优或者近优策略。首先注意到对给定的任意 J，如果计算 TJ 和策略 μ 以在 TJ 的计算中获得最小值，即 $T_\mu J = TJ$，那么可以获得如下的关于 μ 的次优界：

$$\max_i [J_\mu(i) - J^*(i)] \leqslant \frac{\alpha}{1-\alpha}\left(\max_i[(TJ)(i) - J(i)] - \min_i[(TJ)(i) - J(i)]\right) \tag{2.11}$$

为明白这一点，$k = 1$ 时，使用式 (2.5) 对所有的 i 可得

$$\underline{c}_1 \leqslant J^*(i) - (TJ)(i) \leqslant \bar{c}_1$$

$k = 1$ 时，使用式 (2.5) 并用 T_μ 替代 T 可得

$$\underline{c}_1 \leqslant J_\mu(i) - (T_\mu J)(i) = J_\mu(i) - (TJ)(i) \leqslant \bar{c}_1$$

将上两式相减，可获得式 (2.11) 中的估计。

在实际中，可以在误差界中的差别 $(\bar{c}_k - \underline{c}_k)$ 变得充分小时终止值迭代。之后可以将如下的"中间数"取为 J^* 的最终估计

$$\tilde{J}_k = T^k J + \left(\frac{\bar{c}_k + \underline{c}_k}{2}\right) e \tag{2.12}$$

或者取"均值"

$$\hat{J}_k = T^k J + \frac{\alpha}{n(1-\alpha)}\sum_{i=1}^{n}((T^k J)(i) - (T^{k-1}J)(i))e \tag{2.13}$$

这两个向量都在误差界所刻画的区域之中。那么式 (2.11) 的估计提供了在计算 $T^k J$ 的过程中取最小值的策略 μ 的次优性的界。

式 (2.11) 的界也可用于证明在足够大次数的值迭代之后，在第 k 次值迭代中取到最小值的平稳策略 μ^k[即，$(T_{\mu^k}T^{k-1})J = T^kJ$] 是最优的。事实上，因为平稳策略的个数有限，存在 $\bar{\epsilon} > 0$，若平稳策略 μ 满足

$$\max_i[J_\mu(i) - J^*(i)] < \bar{\epsilon}$$

那么 μ 一定是最优的，即 $J_\mu = J^*$。现在让 $\bar{k}$ 满足对所有的 $k \geqslant \bar{k}$，有

$$\frac{\alpha}{1-\alpha}\left(\max_i[(T^kJ)(i) - (T^{k-1}J)(i)] - \min_i[(T^kJ)(i) - (T^{k-1}J)(i)]\right) < \bar{\epsilon}$$

那么由式 (2.11) 可以看出对所有的 $k \geqslant \bar{k}$，任意在第 k 次迭代取到最小值的平稳策略都是最优的。

收敛速度

为使用误差界分析值迭代的收敛速度，假设存在平稳策略 μ^*，能在所有 μ 上达到如下关系中的最小值

$$\min_\mu T_\mu T^{k-1}J = T^kJ$$

对所有充分大的 k，以至于最终该方法退化为线性迭代

$$J := g_{\mu^*} + \alpha P_{\mu^*}J$$

在我们之前讨论的视角下，这是正确的，例如如果 μ^* 是唯一最优平稳策略。线性迭代的收敛速度一般由迭代对应的矩阵的谱半径（最大特征值的模）决定 [我们这里是 α，因为任意转移概率矩阵都具有与 $e = (1, 1, \cdots, 1)'$ 对应的单位特征值，而所有其他特征值位于复平面的单位圆以内]。

然而，当误差界被使用时，式 (2.12) 和式 (2.13) 中的 $\hat{J}_k$ 和 $\tilde{J}_k$ 接近最优费用向量 J^* 的速度由转移概率矩阵 P_{μ^*} 的次支配特征值决定，即由具有第二大模的特征值决定。这一点的证明在习题 2.4 中扼要地给出了。其中涉及的主要思想如下。令 $\lambda_1, \cdots, \lambda_n$ 为 P_{μ^*} 的特征值，按模从大到小排列；即

$$|\lambda_1| \geqslant |\lambda_2| \geqslant \cdots \geqslant |\lambda_n|$$

其中 λ_1 等于 1，λ_2 是次支配特征值。为简化讨论，假设有一组线性独立的实特征向量 $e_1, e_2, \cdots, e_n$ 与 $\lambda_1, \lambda_2, \cdots, \lambda_n$ 对应，其中 $e_1 = e = (1, 1, \cdots, 1)'$。那么初始误差 $J - J_{\mu^*}$ 可以被表示成特征向量的线性组合

$$J - J_{\mu^*} = \xi_1 e + \sum_{j=2}^n \xi_j e_j$$

对某些标量 $\xi_1, \xi_2, \cdots, \xi_n$。因为 $T_{\mu^*}J = g_{\mu^*} + \alpha P_{\mu^*}J$ 且 $J_{\mu^*} = g_{\mu^*} + \alpha P_{\mu^*}J_{\mu^*}$，后续误差的关系由下式决定

$$T_{\mu^*}J - J_{\mu^*} = \alpha P_{\mu^*}(J - J_{\mu^*}), \forall J$$

因此在 k 步迭代之后的误差可被写作

$$T_{\mu^*}^kJ - J_{\mu^*} = \alpha^k \xi_1 e + \alpha^k \sum_{j=2}^n \lambda_j^k \xi_j e_j$$

使用命题 2.2.1 的误差界相当于沿着向量 e 的方向的 $T_{\mu^*}^k J$ 的转化。所以，最好的情况是，误差界足够紧以至于能消除误差中的元素 $\alpha^k \xi_1 e$，但不能影响其余项 $\alpha^k \sum_{j=2}^n \lambda_j^k \xi_j e_j$，这一项像 $\alpha^k |\lambda_2|^k$ 一样衰减，其中 λ_2 是次支配特征值。

在例 2.2.1 中，具有误差界的值迭代收敛相当快。在这个例子中，可证明 $\mu^*(1) = u^2, \mu^*(2) = u^1$，且有

$$P_{\mu^*} = \begin{pmatrix} 1/4 & 3/4 \\ 3/4 & 1/4 \end{pmatrix}$$

P_{μ^*} 的特征值可计算出来，$\lambda_1 = 1$，$\lambda_2 = -\dfrac{1}{2}$，这解释了收敛速度快的原因，因为次支配特征值 λ_2 的模 $1/2$ 比 1 小多了。另一方面，存在如下情形，其中使用误差界的该方法的收敛性非常慢。例如，假设 P_{μ^*} 是具有两个或者多个块的分块对角矩阵，或者更一般地，P_{μ^*} 对应于具有多个常返态。那么可证明次支配特征值 λ_2 等于 1，当 α 接近 1 时收敛通常很慢。

在值迭代中消除非最优行为

现在讨论如何利用命题 2.2.1 中的误差界通过丢弃一些不必要的控制来减少值迭代的计算量。特别地，从命题 1.2.5 得知，如果 $\tilde{u} \in U(i)$ 满足

$$g(i, \tilde{u}) + \alpha \sum_{j=1}^n p_{ij}(\tilde{u}) J^*(j) > J^*(i)$$

那么 $\tilde{u}$ 在状态 i 下一定不是最优的，即，对每个最优的平稳策略 μ，有 $\mu(i) \neq \tilde{u}$。因而，如果确信上述不等式成立，则可以安全地将 $\tilde{u}$ 从可行集合 $U(i)$ 中消除。当不能检验这一不等式时，因为不知道最优的费用函数 J^*，所以可以保证该式一定成立，如果

$$g(i, \tilde{u}) + \alpha \sum_{j=1}^n p_{ij}(\tilde{u}) \underline{J}(j) > \bar{J}(i) \tag{2.14}$$

其中，$\bar{J}$ 和 $\underline{J}$ 是上下界，且对所有的 $i = 1, \cdots, n$，满足

$$\underline{J}(i) \leqslant J^*(i) \leqslant \bar{J}(i)$$

上述观察是命题 2.2.1 中的误差界的一个有用应用的基础。因为这些界在值迭代方法中计算出来，不等式 (2.14) 可同时被检验而非最优的行为可以从可行集合中消去以显著节省后续的计算量。因为上下界函数 $\bar{J}$ 和 $\underline{J}$ 收敛到 J^*，可见 [考虑到约束集合 $U(i)$ 的有限性] 最终所有非最优的 $\tilde{u} \in U(i)$ 都将被消去，所以在有限步迭代后将集合 $U(i)$ 减小为由在 i 最优的控制构成的集合。因此，值迭代所需的计算量可能会显著减小，代价是需要记录在每个状态 i 下尚未被消除的非最优控制构成的集合。

2.2.2 值迭代的变形

现在考虑值迭代的一些变形。这些变形中的一些旨在加速收敛，而其他的涉及近似。另外的值迭代方法，旨在包括非常多状态的复杂问题，将在第 6 章和第 7 章中讨论。

值迭代的高斯–赛德尔版本

在之前讨论的值迭代方法中，费用函数的估计在所有的状态下同步迭代；这对应于使用所谓的雅可比方法求解系统 $J = TJ$。另一种方法是每次只迭代一个状态，并在计算中使用中间结果；这对应于使用所谓的高斯–赛德尔方法 求解 $J = TJ$。雅可比方法和高斯–赛德尔方法是求解线性和非线性系统方程的著名的通用方法并被深入地分析（比如，见书 [BeT89]，[OrR70]）。

为从数学上描述高斯–赛德尔方法，定义如下操作 n 维向量 J 的映射 W：

$$(WJ)(1) = \min_{u \in U(1)} \left[g(1,u) + \alpha \sum_{j=1}^{n} p_{1j}(u)J(j) \right] \tag{2.15}$$

并且对 $i = 2, \cdots, n$，

$$(WJ)(i) = \min_{u \in U(i)} \left[g(i,u) + \alpha \sum_{j=1}^{i-1} p_{ij}(u)(WJ)(j) + \alpha \sum_{j=i}^{n} p_{ij}(u)J(j) \right] \tag{2.16}$$

换言之，$(WJ)(i)$ 与 $(TJ)(i)$ 使用几乎相同的方程计算，唯一的不同在于之前的计算结果 $(WJ)(1), \cdots,$ $(WJ)(i-1)$ 替代 $J(1), \cdots, J(i-1)$ 并被使用。注意 WJ 的计算与 TJ 的计算一样简单（除非使用并行计算机，此时 TJ 潜在的可以比 WJ 计算得快许多）。

现在考虑值迭代方法，其中计算 $J, WJ, W^2J, \cdots$ 下面的命题证明了该方法可行并预示了比之前的值迭代方法更好的性能。

命题 2.2.2（**高斯-赛德尔方法的收敛性**） 对任意向量 J 和 J'，所有的 k，有

$$\max_{i=1,\cdots,n} |(W^kJ)(i) - (W^kJ')(i)| \leqslant \alpha^k \max_{i=1,\cdots,n} |J(i) - J'(i)| \tag{2.17}$$

进一步地，

$$(WJ^*)(i) = J^*(i), i = 1, \cdots, n \tag{2.18}$$

$$\lim_{k \to \infty} (W^kJ)(i) = J^*(i), i = 1, \cdots, n \tag{2.19}$$

证明 对 $k = 1$ 证明式 (2.17) 足矣。由 W 的定义和命题 1.2.6，有

$$|(WJ)(1) - (WJ')(1)| \leqslant \alpha \max_{i=1,\cdots,n} |J(i) - J'(i)|$$

使用这一不等式，还有

$$|(WJ)(2) - (WJ')(2)| \leqslant \alpha \max \big\{ |(WJ)(1) - (WJ')(1)|, |J(2) - J'(2)|, \cdots,$$
$$|J(n) - J'(n)| \big\}$$
$$\leqslant \alpha \max_{i=1,\cdots,n} |J(i) - J'(i)|$$

类似地，继续推导，对每个 i 和 $j \leqslant i$，有

$$|(WJ)(j) - (WJ')(j)| \leqslant \alpha \max_{i=1,\cdots,n} |J(i) - J'(i)|$$

所以式 (2.17) 对 $k = 1$ 得到了证明。方程 $WJ^* = J^*$ [参见式 (2.18)] 由式 (2.15) 和式 (2.16) 对 W 的定义和贝尔曼方程 $J^* = TJ^*$ 可得。式 (2.19) 的收敛性由 $WJ^* = J^*$ 和式 (2.17) 可得。

命题 2.2.3（高斯–赛德尔方法与雅可比方法的对比） 令 J 为 n 维向量。那么如果

$$J(i) \leqslant (TJ)(i), i = 1, \cdots, n$$

则对所有的 i 和 k，有

$$(T^k J)(i) \leqslant (W^k J)(i) \leqslant J^*(i), i = 1, \cdots, n$$

而如果

$$J(i) \geqslant (TJ)(i), i = 1, \cdots, n$$

则对所有的 i 和 k，有

$$(T^k J)(i) \geqslant (W^k J)(i) \geqslant J^*(i), i = 1, \cdots, n$$

证明 通过使用式 (2.15) 和式 (2.16) 中 W 的定义以及 T 的单调性（引理 1.1.1）可以证明。

上面的命题指出高斯–赛德尔版本比常规的雅可比版本的值迭代方法收敛更快，并提供了在值迭代方法中用映射 W 替代 T 的主要动机。这一更快的收敛性可以通过进一步的分析证实（比如，见 [BeT89] 和 [BeT91a]）并且已经在实用中通过大量的实验验证。不过，这一比较并不完全公平，因为常规方法可能与命题 2.2.1 中的误差界一起使用。我们也可以使用高斯–赛德尔版本中的误差界（见习题 2.10）。不过，当引入误差界之后，这两种方法彼此之间没有明显的孰优孰劣。一种可能性是在大部分迭代中使用高斯–赛德尔版本，偶尔引入一次常规迭代来获得对应的误差界。这种混合方法通常比单独使用常规方法能获得更好的性能。对常规方法有利的最优一点是这种方法比高斯–赛德尔版本的方法更适用于并行计算（参阅 [BeT91a] 获得对比分析）。

我们注意到有高斯–赛德尔方法的另一种更为灵活的形式，这一形式允许按任意顺序选择所访问的状态并以非均匀的频率更新它们的费用。这一方法始终保持对最优向量 J^* 的一个估计 J，在每步迭代中选择一个状态 i 并用 $(TJ)(i)$ 替代 $J(i)$。剩余值 $J(j), j \neq i$，保持不动。在每次迭代中对状态 i 的选择是任意的，唯一的要求是所有状态应当被无限次地经常地选中。这一方法是异步不动点迭代的一个例子，可被证明从任意的初始 J 触发均可收敛到 J^*。值迭代的异步版本在基于仿真的动态规划算法中扮演着重要的角色，将在 2.6 节中讨论这一内容。

2.2.3 Q-学习

现在考虑值迭代的一种替代版本，称为 Q-学习。这与常规值迭代在数学上和计算上等价，可在相同的计算量下生成相同的迭代序列（只是需要一些额外的存储空间）。这一方法基于状态–控制对 (i, u) 的 Q-因子，通常记作 $Q(i, u)$，在第 I 卷的 6.4 节中已经出现过。Q-学习与值迭代相比的优势直到第 6 章才会变得比较明显，在那里我们考虑基于仿真的 "无模型的" 实现方法，那些方法不使用转移概率 $p_{ij}(u)$。然而，在这里讨论 Q-因子和 Q-学习是必要的，因为它们在本章稍后讨论的相关内容中将扮演重要的角色（见 2.6.3 节）。

考虑有限状态折扣马尔可夫决策过程，每阶段费用为 $g(i, u, j)$，转移概率为 $p_{ij}(u)$，值迭代方法为 $J_{k+1} = TJ_k$，或者

$$J_{k+1}(i) = \min_{u \in U(i)} \left[\sum_{j=1}^{n} p_{ij}(u)(g(i, u, j) + \alpha J_k(j)) \right], i = 1, \cdots, n$$

类似地，可以将这一迭代写成

$$J_{k+1}(i) = \min_{u \in U(i)} Q_{k+1}(i,u), i = 1, \cdots, n \tag{2.20}$$

其中 Q_{k+1} 是向量，每维的元素是 $Q_{k+1}(i,u), i = 1, \cdots, n, u \in U(i)$，按如下方式生成

$$Q_{k+1}(i,u) = \sum_{j=1}^{n} p_{ij}(u) \left(g(i,u,j) + \alpha \min_{v \in U(j)} Q_k(j,v) \right), i = 1, \cdots, n, u \in U(i) \tag{2.21}$$

在这种情形下，假设初始条件如下：

$$J_0(i) = \min_{u \in U(i)} Q_0(i,u), i = 1, \cdots, n, u \in U(i) \tag{2.22}$$

将式 (2.20)～ 式 (2.22) 的方法称作 *Q-学习算法*[1]，注意它与值迭代方法 $J_{k+1} = TJ_k$ 完全等价：得到相同的结果并需要相同的计算量。唯一的区别是这一方法不使用 $J(i)$，而是需要维护 $Q(i,u)$，这被称为 Q-因子。

类似地，可以将贝尔曼方程写成

$$J^*(i) = \min_{u \in U(i)} Q^*(i,u), i = 1, \cdots, n$$

其中 Q^* 满足对所有的 $i = 1, \cdots, n$，以及 $u \in U(i)$，

$$Q^*(i,u) = \sum_{j=1}^{n} p_{ij}(u) \left(g(i,u,j) + \alpha \min_{v \in U(j)} Q^*(j,v) \right) \tag{2.23}$$

等价地，对所有的 $i = 1, \cdots, n$ 和 $u \in U(i)$，[2]Q^* 是如下定义的映射 F 的不动点

$$(FQ)(i,u) = \sum_{j=1}^{n} p_{ij}(u) \left(g(i,u,j) + \alpha \min_{v \in U(j)} Q(j,v) \right) \tag{2.24}$$

注意由这些方程对 $Q^*(i,u)$ 的解释：它是从状态 i 开始在第一阶段使用 u 并在之后使用最优策略的费用。

最后，注意尽管 Q-学习是针对有限状态和控制空间开发的方法，这一方法也适用于当状态空间和控制空间无限的情形。这是很明显的，因为值迭代适用于无穷空间问题，(确定性) Q-学习在数学上与值迭代等价。

---

① 这一算法假设转移概率 $p_{ij}(u)$ 已知（或者系统是确定性的）。第 6 章和第 7 章将考虑 Q-学习的随机的基于仿真的版本，这一版本不使用转移概率 $p_{ij}(u)$。我们可以这样区分这两个版本，将式 (2.20)～ 式 (2.22) 的方法称为 "确定方法"，将基于仿真的版本称为 "随机方法"。两种版本都使用 Q-因子的符号，并旨在解决相同的贝尔曼方程。然而，它们的分析有着本质的不同。特别地，随机方法的收敛性证明（在使用相应映射的压缩性质之外）需要随机迭代算法中的思想，比如随机近似方法（见 6.1.4 节和其中的参考文献）。

② 映射 F 有唯一的不动点，因为如果 $\tilde{Q}$ 是另一个不动点，那么由式 (2.24)，由 $\tilde{J}(i) = \min\limits_{u \in U(i)} \tilde{Q}(i,u)$ 定义的 $\tilde{J}$ 将满足 $\tilde{J} = T\tilde{J}$ 所以 $\tilde{J} = J^*$。那么关系式 $\tilde{Q} = F\tilde{Q}$ 和 F 的定义意味着 $\tilde{Q} = Q^*$。事实上，F 可被证明是在如下定义的极大值模下的模为 α 的压缩映射

$$\|Q\| = \max_{i=1,\cdots,n, u \in U(i)} |Q(i,u)|$$

且 Q^* 是其唯一不动点。

2.3 策略迭代

有限空间马尔可夫决策过程的**策略迭代方法**（简称 PI）生成一系列平稳策略，具有单调的改进的费用。这一方法可以在费用空间实现，获得一系列策略/费用对 $\{(\mu^k, J_{\mu^k})\}$，或者在 Q-因子空间实现，获得一系列策略/Q-因子对 $\{(\mu^k, Q_{\mu^k})\}$。类似于值迭代的情形，这两种实现在数学上等价，所以从一种方法可以推导出另一种方法。我们从费用的情形开始。

2.3.1 针对费用的策略迭代

在策略迭代算法的基本形式中，给定策略 μ 和通过求解对应的贝尔曼方程获得的其费用函数 J_μ，我们通过最小化涉及 J_μ 的动态规划方程 $T_{\bar\mu} J_\mu = T J_\mu$ 计算改进的策略 $\bar\mu$，并重复这一过程。

值迭代算法

第一步：（初始化）猜测初始平稳策略 μ^0。

第二步：（策略评价）给定平稳策略 μ^k，从如下线性系统方程计算对应的费用函数 J_{μ^k}

$$(I - \alpha P_{\mu^k}) J_{\mu^k} = g_{\mu^k}$$

或者等价的 $J_{\mu^k} = T_{\mu^k} J_{\mu^k}$。

第三步：（策略改进）获得一个新的平稳策略 μ^{k+1} 满足

$$T_{\mu^{k+1}} J_{\mu^k} = T J_{\mu^k}$$

如果 $J_{\mu^k} = T J_{\mu^k}$，停止；否则返回第二步并重复这一过程。

这个算法基于如下命题。

命题 2.3.1（策略改进性质） 令 μ 和 $\bar\mu$ 是满足 $T_{\bar\mu} J_\mu = T J_\mu$ 的平稳策略，或者等价地，对 $i = 1, \cdots, n$,

$$g(i, \bar\mu(i)) + \alpha \sum_{j=1}^n p_{ij}(\bar\mu(i)) J_\mu(j) = \min_{u \in U(i)} \left[g(i, u) + \alpha \sum_{j=1}^n p_{ij}(u) J_\mu(j) \right]$$

那么有

$$J_{\bar\mu}(i) \leqslant J_\mu(i), i = 1, \cdots, n \tag{2.25}$$

进一步地，如果 μ 非最优，上面方程中的不等式至少对一个状态 i 严格成立。

证明 因为 $J_\mu = T_\mu J_\mu$（命题 1.2.4），由假设 $T_{\bar\mu} J_\mu = T J_\mu$，对每个 i，有

$$\begin{aligned} J_\mu(i) &= g(i, \mu(i)) + \alpha \sum_{j=1}^n p_{ij}(\mu(i)) J_\mu(j) \\ &\geqslant g(i, \bar\mu(i)) + \alpha \sum_{j=1}^n p_{ij}(\bar\mu(i)) J_\mu(j) \\ &= (T_{\bar\mu} J_\mu)(i) \end{aligned}$$

对这一不等式两侧重复使用 $T_{\bar\mu}$ 并使用 $T_{\bar\mu}$ 的单调性（引理 1.1.1）和命题 1.2.2，我们有

$$J_\mu \geqslant T_{\bar\mu} J_\mu \geqslant \cdots \geqslant T_{\bar\mu}^k J_\mu \geqslant \cdots \geqslant \lim_{N \to \infty} T_{\bar\mu}^N J_\mu = J_{\bar\mu}$$

证明了式 (2.25)。

如果 $J_\mu = J_{\bar\mu}$，那么从之前的关系有 $J_\mu = T_{\bar\mu}J_\mu$，且因为由假设，有 $T_{\bar\mu}J_\mu = TJ_\mu$，$J_\mu = TJ_\mu$，由命题 1.2.3，这意味着 $J_\mu = J^*$。所以 μ 一定是最优的。于是有如果 μ 不是最优的，那么对某个状态 i，有 $J_{\bar\mu}(i) < J_\mu(i)$。

因为所有平稳策略构成的集合是有限大的（由 X 和 U 的有限性），一个改进的策略在每次迭代时会被产生，于是有该算法将在有限步迭代后找到最优平稳策略。这一性质是策略迭代与值迭代相比主要的优点，后者通常需要无穷步迭代来收敛。在另一方面，在该算法第二步中找到 J_{μ^k} 的精确值需要求解线性方程 $(I - \alpha P_{\mu^k})J_{\mu^k} = g_{\mu^k}$ 构成的系统。该系统的维数等于状态的个数，所以当这一数字非常大时，该方法就没有吸引力了。图 2.3.1 提供了策略迭代的集合解释并与值迭代进行了比较。

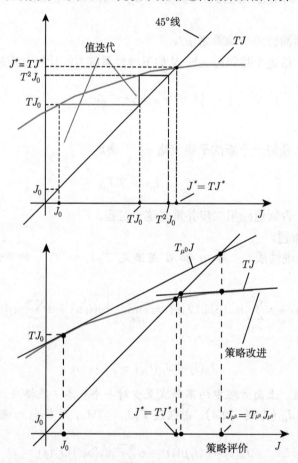

图 2.3.1 一维上 PI 和 VI 的集合解释。每个稳定的策略 μ 定义了 J 向量的线性函数 $g_\mu + \alpha P_\mu J$，且 TJ 是分段线性函数，即 $g_\mu + \alpha P_\mu J$ 关于 μ 的最小。最优的花费 J^* 满足 $J^* = TJ^*$，因而它可以从 TJ 的曲线和 45° 直线的交叉点得到。顶部的图通过阶梯构造近似 J^*，指出了 VI 序列。

当 TJ 图的正确线性分段（即最优固定策略）被识别时，PI 序列终止，如底部图中所示。这个图显示了通过迭代产生 μ^0 的过程且这个过程满足 $T_{\mu^0}J_0 = TJ_0$，之后是策略评估产生 J_{μ^0}，再后是策略改进。

我们现在通过之前的例子展示策略迭代。

例 2.2.1（续） 让我们过一遍值迭代方法的计算流程。

初始化：选择初始平稳策略

$$\mu^0(1) = u^1, \mu^0(2) = u^2$$

策略评价：通过方程 $J_{\mu^0} = T_{\mu^0}J_{\mu^0}$ 获得 J_{μ^0}，或者等价地，由线性系统方程

$$J_{\mu^0}(1) = g(1, u^1) + \alpha p_{11}(u^1)J_{\mu^0}(1) + \alpha p_{12}(u^1)J_{\mu^0}(2)$$
$$J_{\mu^0}(2) = g(2, u^2) + \alpha p_{21}(u^2)J_{\mu^0}(1) + \alpha p_{22}(u^2)J_{\mu^0}(2)$$

替换上该问题中的数据，有

$$J_{\mu^0}(1) = 2 + 0.9 \cdot \frac{3}{4} \cdot J_{\mu^0}(1) + 0.9 \cdot \frac{1}{4} \cdot J_{\mu^0}(2)$$
$$J_{\mu^0}(2) = 3 + 0.9 \cdot \frac{1}{4} \cdot J_{\mu^0}(1) + 0.9 \cdot \frac{3}{4} \cdot J_{\mu^0}(2)$$

对 $J_{\mu^0}(1)$ 和 $J_{\mu^0}(2)$ 求解这组线性方程，可得

$$J_{\mu^0}(1) \simeq 24.12, J_{\mu^0}(2) \simeq 25.96$$

策略改进：现在找到满足 $T_{\mu^1}J_{\mu^0} = TJ_{\mu^0}$ 的 $\mu^1(1)$ 和 $\mu^1(2)$。有

$$(TJ_{\mu^0})(1) = \min \left\{ 2 + 0.9 \left(\frac{3}{4} \cdot 24.12 + \frac{1}{4} \cdot 25.96 \right), \right.$$
$$\left. 0.5 + 0.9 \left(\frac{1}{4} \cdot 24.12 + \frac{3}{4} \cdot 25.96 \right) \right\}$$
$$= \min\{24.12, 23.45\} = 23.45$$

$$(TJ_{\mu^0})(2) = \min \left\{ 1 + 0.9 \left(\frac{3}{4} \cdot 24.12 + \frac{1}{4} \cdot 25.96 \right), \right.$$
$$\left. 3 + 0.9 \left(\frac{1}{4} \cdot 24.12 + \frac{3}{4} \cdot 25.96 \right) \right\}$$
$$= \min\{23.12, 25.95\} = 23.12$$

最小控制是

$$\mu^1(1) = u^2, \mu^1(2) = u^1$$

策略评价：由方程 $J_{\mu^1} = T_{\mu^1}J_{\mu^1}$ 获得 J_{μ^1}：

$$J_{\mu^1}(1) = g(1, u^2) + \alpha p_{11}(u^2)J_{\mu^1}(1) + \alpha p_{12}(u^2)J_{\mu^1}(2)$$
$$J_{\mu^1}(2) = g(2, u^1) + \alpha p_{21}(u^1)J_{\mu^1}(1) + \alpha p_{22}(u^1)J_{\mu^1}(2)$$

代入问题的数据和系统方程的解，可得

$$J_{\mu^1}(1) \simeq 7.33, J_{\mu^1}(2) \sim 7.67$$

策略改进：执行为了找到 TJ_{μ^1} 所需的最小化：

$$(TJ_{\mu^1})(1) = \min \left\{ 2 + 0.9 \left(\frac{3}{4} \cdot 7.33 + \frac{1}{4} \cdot 7.67 \right), \right.$$

$$\left. 0.5 + 0.9 \left(\frac{1}{4} \cdot 7.33 + \frac{3}{4} \cdot 7.67 \right) \right\}$$

$$= \min \{8.67, 7.33\} = 7.33$$

$$(TJ_{\mu^1})(2) = \min \left\{ 1 + 0.9 \left(\frac{3}{4} \cdot 7.33 + \frac{1}{4} \cdot 7.67 \right), \right.$$

$$\left. 3 + 0.9 \left(\frac{1}{4} \cdot 7.33 + \frac{3}{4} \cdot 7.67 \right) \right\}$$

$$= \min \{7.67, 9.83\} = 7.67$$

于是有 $J_{\mu^1} = TJ_{\mu^1}$，这意味着 μ^1 是最优的，且 $J_{\mu^1} = J^*$：

$$\mu^*(1) = u^2, \mu^*(2) = u^1, J^*(1) \simeq 7.33, J^*(2) \simeq 7.67$$

在实际中，策略迭代通常只需较少的迭代次数即可终止或者非常接近最优策略。实际上，大部分费用改进通常是在最初的几次迭代中出现的。不过，策略迭代在最坏情况下的计算复杂性是很糟糕的，而且有例子表明该方法可能非常缓慢（非多项式，见 [LDK95]、[MaS99]、[Ye05] 和 [Fea10] 及其中的参考文献）。习题 2.5 给出了一个简单的例子，其中该方法改进得很缓慢，几乎需要与状态数 n 相当的迭代次数。尽管这导致了多项式的计算，但这在大规模实际问题中仍是慢得不可接受的。

我们最后注意到在某些情形下，可以利用问题的特殊结构来加速策略迭代。比如，有时候我们可以证明如果 μ 属于某个受限的可接受策略的子集合 M，那么 J_μ 具有一种形式可保证 $\bar{\mu}$ 也属于 M。在这种情形下，值迭代将限制在子集合 M 中，如果初始策略属于 M。进一步地，策略评价这一步可被加速。习题 2.9 给出了一个例子。

2.3.2　Q-因子的策略迭代

类似值迭代，也可以通过使用 Q-因子等价地实现策略迭代。为看到这一点，注意策略改进这一步可通过在 $u \in U(i)$ 上最小化如下的表达式来实现

$$Q_\mu(i, u) = \sum_{j=1}^{n} p_{ij}(u)(g(i, u, j) + \alpha J_\mu(j)), i = 1, \cdots, n, u \in U(i)$$

将上式视作与 μ 对应的 (i, u) 对的 Q-因子。然后考虑

$$J_\mu(j) = Q_\mu(j, \mu(j))$$

可以看到对当前策略 μ^k 的评价可通过求解下面的系统方程来等价地实现

$$Q_{\mu^k}(i, u) = \sum_{j=1}^{n} p_{ij}(u)(g(i, u, j) + \alpha Q_{\mu^k}(j, \mu^k(j))), i = 1, \cdots, n, u \in U(i) \tag{2.26}$$

而策略改进可通过满足如下关系的 μ^{k+1} 来等价地实现

$$Q_{\mu^k}(i, \mu^{k+1}(i)) = \min_{u \in U(i)} Q_{\mu^k}(i, u), i = 1, \cdots, n \tag{2.27}$$

注意式 (2.26) 的系统有唯一解，因为任意解均需满足 $Q_{\mu^k}(j, \mu^k(j)) = J_{\mu^k}(j)$，所以 Q-因子 $Q_{\mu^k}(j, \mu^k(j))$ 可唯一确定，然后剩下的 Q-因子 $Q_{\mu^k}(i, u)$ 也可由式 (2.26) 唯一确定。

式 (2.26)∼ 式 (2.27) 的算法是 Q-因子的策略迭代算法。这一算法与费用的策略迭代在数学上等价，正如在之前的章节中证明的那样，唯一的区别是，我们计算所有的 Q-因子 $Q_{\mu^k}(i, u)$，而不仅仅是费用 $J_{\mu^k}(j) = Q_{\mu^k}(j, \mu^k(j))$，即，仅仅是与由当前策略选中的控制对应的 Q-因子。然而，剩下的 Q-因子 $Q_{\mu^k}(i, u)$ 需要在式 (2.27) 的策略改进一步中使用，所以无需额外的计算量。我们将在第 6 章中看到当使用特别的基于仿真的 "无模型" 的 Q-学习算法实现式 (2.26) 的策略评价这一步而转移概率 $p_{ij}(u)$ 未知时，使用 Q-因子是有优势的。

2.3.3 乐观策略迭代

当状态数多时，使用类似于高斯消元法的直接方法在策略评价一步中求解如下的线性系统

$$(I - \alpha P_{\mu^k}) J_{\mu^k} = g_{\mu^k}$$

可能非常耗费计算时间。避开这一困难的一种方法是通过使用值迭代的方法求解这一系统，即，通过重复地对当前迭代量使用映射 T_{μ^k}。事实上，可以考虑通过执行有限步的值迭代来近似求解这一系统。在这一方法中，值迭代与策略迭代的界限很模糊，T_{μ^k} 的应用夹杂着 T 的应用，标志着从一个策略 μ^k 到下一个策略 μ^{k+1}。这一方法称为乐观策略迭代算法。[①]经验表明，这一方法通常比常规策略迭代显著地节省计算量。

为形式化表达这一方法，记 J_0 为任意 n 维向量。令 $\{m_k\}$ 为正整数构成的数列，令数列 $\{J_k\}$ 和 $\{\mu^k\}$ 定义如下

$$T_{\mu^k} J_k = T J_k, J_{k+1} = T_{\mu^k}^{m_k} J_k, k = 0, 1, \cdots$$

所以，平稳策略 μ^k 可由 J_k 通过策略改进方程 $T_{\mu^k} J_k = T J_k$ 定义，其费用向量 J_{μ^k} 通过 $m_k - 1$ 次额外的值迭代近似评价，获得向量 J_{k+1}，这一向量反过来用于定义 μ^{k+1}。

注意如果 $m_k = 1$ 对所有的 k 成立，则获得值迭代方法；然而如果 $m_k = \infty$，则获得策略迭代方法，其中策略评价这一步通过值迭代来迭代地进行。分析和计算经验建议通常最好根据某些经验规则选择 m_k 大于 1。这里的一个关键思想是涉及单个策略的值迭代（对某个 μ 和 J 计算 $T_\mu J$）比涉及所有策略的迭代（对某个 J 计算 TJ）计算量少许多，特别当每个状态下的控制的数量很大时。这是因为 T 涉及在 u 上的最小化，而 T_μ 不涉及。

图 2.3.2 展示了乐观策略迭代。可见因为 T 和 T_μ 的单调性和凹性，如果该方法从满足 $TJ_0 \leqslant J_0$ 的初始条件出发，那么这些算法迭代的中间结果 J_k 单调地下降并收敛到 J^*，这是通常可以被证明的（见下面的命题）。结果可证明即使条件 $TJ_0 \leqslant J_0$ 不满足，收敛性也可被证明，但这一性质从图中看

[①] "乐观" 这一名字源自这一事实，即旨在经济地使用计算量，通过有限次（而不是无穷次）的值迭代来近似地评价策略，不过我们仍渴望获得使用精确策略评价的策略迭代的收敛性。另一个广泛使用的名字是 "修订" 策略迭代（比如见 [Put94]）。我们倾向于 "乐观" 这一名字，因为它更加直观而且在与近似动态规划相关的行文中也已经被广泛使用（见第 6 章和第 7 章）。

并不明显,并且依赖折扣马尔可夫决策过程的良好结构并特别地依赖于常值偏移引理 1.1.2(见后续证明)。

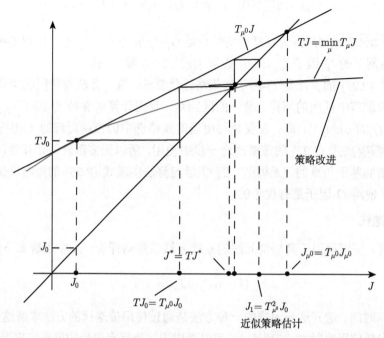

图 2.3.2　一维上 PI 的最优假设。在本例中,策略 μ^0 是仅两次使用 T_{μ^0} 近似估计的

命题 2.3.2(乐观策略迭代的收敛性)　令 $\{J_k\}$ 和 $\{\mu^k\}$ 为由乐观策略迭代生成的序列。那么 $\{J_k\}$ 收敛到 J^*。进一步,μ^k 对某个阈值之后的所有 k 都是最优的。

证明　首先选择标量 r 满足由 $\bar{J}_0 = J_0 + re$ 定义的向量 $\bar{J}_0$ 满足 $T\bar{J}_0 \leqslant \bar{J}_0$ [从此以后,令 e 为单位向量 $(1,\cdots,1)'$]。这可以做到,因为如果 r 满足 $TJ_0 - J_0 \leqslant (1-\alpha)re$,则有

$$T\bar{J}_0 = TJ_0 + \alpha re \leqslant J_0 + re = \bar{J}_0$$

其中 $e = (1,1,\cdots,1)'$ 是单位向量。

这样选定 $\bar{J}_0$ 之后,对所有的 k 定义 $\bar{J}_{k+1} = T_{\mu^k}^{m_k} \bar{J}_k$。那么因为由常值偏移引理 1.1.2,有

$$T(J + re) = TJ + \alpha re, T_\mu(J + re) = T_\mu + \alpha re$$

对任意的 J 和 μ,由归纳法可证对所有的 k 和 $m = 0, 1, \cdots, m_k$,向量 $T_{\mu^k}^m J_k$ 和 $T_{\mu^k}^m \bar{J}_k$ 之差为单位向量的常数倍,即

$$r\alpha^{m_0+\cdots+m_{k-1}+m}e$$

于是有如果 J_0 被 $\bar{J}_0$ 替代作为该算法的初始向量,相同的策略序列 $\{\mu^k\}$ 可被获得;即,对所有的 k,有 $T_{\mu^k}\bar{J}_k = T\bar{J}_k$。

下一步我们将证明 $J^* \leqslant \bar{J}_k \leqslant T^k \bar{J}_0$ 对所有的 k,从这一点可以证明收敛性。事实上,有 $T_{\mu^0}\bar{J}_0 = T\bar{J}_0 \leqslant \bar{J}_0$,从这一点,有

$$T_{\mu^0}^m \bar{J}_0 \leqslant T_{\mu^0}^{m-1} \bar{J}_0, m = 1, 2, \cdots$$

所以有

$$T_{\mu^1} \bar{J}_1 = T\bar{J}_1 \leqslant T_{\mu^0} \bar{J}_1 = T_{\mu^0}^{m_0+1} \bar{J}_0 \leqslant T_{\mu^0}^{m_0} \bar{J}_0 = \bar{J}_1 \leqslant T_{\mu^0} \bar{J}_0 = T\bar{J}_0$$

这一论述可持续下去，证明对所有的 k，有 $\bar{J}_k \leqslant T\bar{J}_{k-1}$，所以有

$$\bar{J}_k \leqslant T^k \bar{J}_0, k = 0, 1, \cdots$$

另一方面，因为 $T\bar{J}_0 \leqslant \bar{J}_0$，有 $J^* \leqslant \bar{J}_0$，于是有对 $\bar{J}_0$ 使用任意多次形式为 T_μ 的映射生成的函数的下界为 J^*。所以

$$J^* \leqslant \bar{J}_k \leqslant T^k \bar{J}_0, k = 0, 1, \cdots$$

通过对 $k \to \infty$ 取极限，有 $\lim\limits_{k\to\infty} \bar{J}_k(i) = J^*(i)$ 对所有的 i，且因为 $\lim\limits_{k\to\infty}(\bar{J}_k - J_k) = 0$，有

$$\lim_{k\to\infty} J_k(i) = J^*(i), i = 1, \cdots, n$$

最后，由命题 1.2.5 的最优性条件，以及状态和控制空间的有限性，可得存在 $\epsilon > 0$ 满足如果 $\max\limits_i |J(i) - J^*(i)| \leqslant \epsilon$ 和 $T_\mu J = TJ$，那么 μ 是最优的。因为 $J_k \to J^*$，这证明 μ^k 对所有充分大的 k 是最优的。

因为对常值偏移引理 1.1.2 的依赖，上述证明在策略评价通过使用高斯–赛德尔版本的值迭代（参见 2.2.2 节）时不再成立。2.5.5 节将在更一般的设定下重新审视乐观策略迭代，我们将证明该方法在按照循环的顺序对状态费用的更新采用高斯–赛德尔方式时收敛到 J^*。不过如果该方法以不那么正规的异步形式实现时，像 $TJ_0 \leqslant J_0$ 这样的条件仍然是证明收敛性必需的，将在 2.6 节中讨论这一点。

2.3.4 有限前瞻策略和滚动

马尔可夫决策过程的精确计算解在状态数非常大时经常非常耗费时间，此时次优方法变成必须的（参见第 I 卷的第 6 章）。在这一节，我们讨论有限前瞻方法并特别讨论滚动算法（参见第 I 卷的 6.3 节和 6.4 节），可以看到这些方法可被视作一步策略迭代方法。使用费用函数近似的有限前瞻的更细致的讨论将在 2.5.1 节、第 6 章和第 7 章给出。

在状态 i 下一步前瞻策略使用达到如下表达式最小值的控制 $\bar{\mu}(i)$

$$\min_{u\in U(i)} \left[g(i,u) + \alpha \sum_{j=1}^n p_{ij}(u)\tilde{J}(j) \right] \tag{2.28}$$

其中 $\tilde{J}$ 是真实最优函数 J^* 的某个近似。类似地，在状态 i，一个两步前瞻策略 应用可达到之前方程最小值的控制 $\tilde{\mu}(i)$，其中现在 $\tilde{J}$ 自身是在一步前瞻近似的基础上获得的。换言之，对所有可从 i 到达的状态 j，有

$$\tilde{J}(j) = \min_{u\in U(j)} \left[g(j,u) + \alpha \sum_{k=1}^n p_{jk}(u)\bar{J}(k) \right]$$

其中 $\bar{J}$ 是 J^* 的某个近似。前瞻多于两个阶段的策略可以类似定义。

为了减小获得 $\bar{\mu}(i)$ 的计算量，可以对该方法进行变形，式 (2.28) 的最小化可在子集 $\bar{U}(i) \subset U(i)$ 上进行。所以，在这一变形中使用的控制 $\bar{\mu}(i)$ 可达到如下方程的最小值

$$\min_{u\in\bar{U}(i)} \left[g(i,u) + \alpha \sum_{j=1}^n p_{ij}(u)\tilde{J}(j) \right]$$

而不是达到式 (2.28) 的最小值。这在一些情况下有吸引力，比如通过使用某些经验或者近似优化，我们可以识别较好策略的一个子集 $\bar{U}(i)$，为了节省计算量，我们在一步前瞻最小化中将注意力集中在这个子集上。

下面的命题给出了一步前瞻策略性能的一些界，这些界与在第 I 卷 6.3 节中对有限阶段问题给出的性能界有关。第一个界 [下面命题的 (a)] 与向量 $\hat{J}$ 有关，其第 i 维元素是

$$\hat{J}(i) = \min_{u \in \bar{U}(i)} \left[g(i,u) + \alpha \sum_{j=1}^{n} p_{ij}(u)\tilde{J}(j) \right], i = 1, \cdots, n \tag{2.29}$$

这在寻找状态 i 下的一步前瞻控制的过程中计算。

命题 2.3.3（一步前瞻的误差界） 令 $\bar{\mu}$ 是通过式 (2.29) 中的最小化获得的一步前瞻策略。

(a) 假设 $\hat{J} \leqslant \tilde{J}$，那么 $J_{\bar{\mu}} \leqslant \hat{J}$。

(b) 假设对所有的 i，$\bar{U}(i) = U(i)$，那么

$$\|J_{\bar{\mu}} - \hat{J}\| \leqslant \frac{\alpha}{1-\alpha} \|\hat{J} - \tilde{J}\| \tag{2.30}$$

其中 $\|\cdot\|$ 表示极大模。进一步地，有

$$\|J_{\bar{\mu}} - J^*\| \leqslant \frac{2\alpha}{1-\alpha} \|\tilde{J} - J^*\| \tag{2.31}$$

和

$$\|J_{\bar{\mu}} - J^*\| \leqslant \frac{2}{1-\alpha} \|\hat{J} - \tilde{J}\|$$

证明 (a) 有

$$\tilde{J} \geqslant \hat{J} = T_{\bar{\mu}}\tilde{J}$$

由此，再利用 $T_{\bar{\mu}}$ 的单调性，有

$$\tilde{J} \geqslant \hat{J} \geqslant T_{\bar{\mu}}^k \tilde{J} \geqslant T_{\bar{\mu}}^{k+1}\tilde{J}, k = 1, 2, \cdots$$

通过对 $k \to \infty$ 取极限，有 $\hat{J} \geqslant J_{\bar{\mu}}$。

(b) 这一部分的证明可通过使用命题 1.6.1(e) 得到部分简化，但我们将给出一个直接证明。使用三角不等式，对每个 k，有

$$\|T_{\bar{\mu}}^k \hat{J} - \hat{J}\| \leqslant \sum_{l=1}^{k} \|T_{\bar{\mu}}^l \hat{J} - T_{\bar{\mu}}^{l-1}\hat{J}\| \leqslant \sum_{l=1}^{k} \alpha^{l-1} \|T_{\bar{\mu}}\hat{J} - \hat{J}\|$$

通过对 $k \to \infty$ 取极限并使用 $T_{\bar{\mu}}^k \hat{J} \to J_{\bar{\mu}}$ 这一事实，有

$$\|J_{\bar{\mu}} - \hat{J}\| \leqslant \frac{1}{1-\alpha} \|T_{\bar{\mu}}\hat{J} - \hat{J}\| \tag{2.32}$$

因为 $\hat{J} = T_{\bar{\mu}}\tilde{J}$，所以

$$\|T_{\bar{\mu}}\hat{J} - \hat{J}\| = \|T_{\bar{\mu}}\hat{J} - T_{\bar{\mu}}\tilde{J}\| \leqslant \alpha \|\hat{J} - \tilde{J}\|$$

式 (2.30) 可通过综合上述两个关系式获得。

用 J^* 替代 $\hat{J}$, 重复式 (2.32) 的证明, 有

$$\|J_{\bar{\mu}} - J^*\| \leqslant \frac{1}{1-\alpha}\|T_{\bar{\mu}}J^* - J^*\|$$

因为 $T\tilde{J} = T_{\bar{\mu}}\tilde{J}$ 和 $J^* = TJ^*$, 所以

$$\|T_{\bar{\mu}}J^* - J^*\| \leqslant \|T_{\bar{\mu}}J^* - T_{\bar{\mu}}\tilde{J}\| + \|T\tilde{J} - TJ^*\|$$
$$\leqslant \alpha\|J^* - \tilde{J}\| + \alpha\|\tilde{J} - J^*\|$$
$$= 2\alpha\|\tilde{J} - J^*\|$$

综合上述两个关系式可得式 (2.31)。

同样, 用 $\tilde{J}$ 替代 $\hat{J}$ 并用 T 替代 $T_{\bar{\mu}}$ 重复式 (2.32) 的证明, 同时使用 $\hat{J} = T\tilde{J}$, 有

$$\|J^* - \tilde{J}\| \leqslant \frac{1}{1-\alpha}\|T\tilde{J} - \tilde{J}\| = \frac{1}{1-\alpha}\|\hat{J} - \tilde{J}\| \qquad (2.33)$$

最后, 使用三角不等式, 有

$$\|J_{\bar{\mu}} - J^*\| \leqslant \|J_{\bar{\mu}} - \hat{J}\| + \|\hat{J} - \tilde{J}\| + \|\tilde{J} - J^*\|$$
$$\leqslant \frac{\alpha}{1-\alpha}\|\hat{J} - \tilde{J}\| + \|\hat{J} - \tilde{J}\| + \frac{1}{1-\alpha}\|\hat{J} - \tilde{J}\|$$
$$= \frac{2}{1-\alpha}\|\hat{J} - \tilde{J}\|$$

其中第二个不等式来自式 (2.30) 和式 (2.33)。

针对命题 2.3.3(b) 的界的重要一点是, $J_{\bar{\mu}}$ 并不会受 $\tilde{J}$ 的常值偏移影响 [即对所有的 $\tilde{J}(i)$ 加上同一个常数]。所以式 (2.31) 的 $\|\tilde{J} - J^*\|$ 可能用小许多的 $\min_{c \in \Re}\|\tilde{J} + ce - J^*\|$ 替代。注意, 如果 $\tilde{J}$ 是从某个初始向量开始经过一些值迭代获得的, 无论是否使用 2.2.1 节中的值迭代的误差界对 $J_{\bar{\mu}}$ 都没有区别, 因为这些界只是提供了一个常数的偏移: 使用这些误差界带来的收敛速度上的优势仍然保留了!

不幸的是, 式 (2.31) 的界当 α 接近于 1 时并不十分可靠。无论如何, 下面的例子展示了这一界在只有两个状态的非常简单的问题中是紧的。可以看到, 两个控制在单阶段费用上的 $O(\epsilon)$ 的差别可导致策略费用的 $O(\epsilon/(1-\alpha))$ 的差别, 不过这一差别在贝尔曼方程中可被 J^* 和 $\tilde{J}$ 之间的 $O(\epsilon)$ 的差别"抵消掉"。

例 2.3.1 考虑图 2.3.3 中所示两个状态的折扣问题, 其中 ϵ 是一个正标量, $\alpha \in [0,1)$ 是折扣因子。最优策略 μ^* 是从状态 1 移动到状态 2, 最优未来费用函数是 $J^*(1) = J^*(2) = 0$。考虑向量 $\tilde{J}$ 满足 $\tilde{J}(1) = -\epsilon$ 和 $\tilde{J}(2) = \epsilon$, 所以

$$\|\tilde{J} - J^*\| = \epsilon$$

正如在式 (2.31) 中假设的 [参见命题 2.3.3(b)]。决定停留在状态 1 的策略 μ 是基于 $\tilde{J}$ 的一步前瞻策略, 因为

$$2\alpha\epsilon + \alpha\tilde{J}(1) = \alpha\epsilon = 0 + \alpha\tilde{J}(2)$$

有

$$J_\mu(1) = \frac{2\alpha\epsilon}{1-\alpha} = \frac{2\alpha}{1-\alpha}\|\tilde{J} - J^*\|$$

所以式 (2.31) 中的界取等号。

图 2.3.3 一个两阶段问题展示了命题 2.3.3(b)(例 2.3.1)的错误边界的紧度。图中所有状态转移都是确定的,但在状态 1,有两个可能的决策:转移到状态 2(策略 μ^*)或者停留在状态 1(策略 μ)。每一个转移的花费都写在了相应的弧线上。

第 I 卷第 6 章给出了多种有限前瞻的策略(以及一些变形),其中 $\tilde{J}$ 由不同途径获得。

(a) **确定性等价控制**:这时 $\tilde{J}$ 可通过求解从当前状态出发的确定性问题获得,其中未来的不确定量取某些适当选取的值。

(b) **开环反馈控制**:这时 $\tilde{J}$ 可通过求解从当前状态出发的随机问题获得,但假设未来没有状态反馈。

(c) **基于模型的预测控制**:这一方法适用于一些特殊但重要的连续空间控制问题。这时 $\tilde{J}$ 可通过在线求解合适的从当前状态出发的确定性最优控制问题获得。

同时注意,在第 I 卷 6.5 节中,模型预测控制与下面将讨论的滚动方法密切相关。

滚动算法

一步前瞻控制的一个重要的例子是滚动算法,在第 I 卷 6.4 节中讨论过,其中 $\tilde{J}$ 是某个平稳策略 μ(也称为基础策略或基础规则)的未来费用,即,$\tilde{J} = J_\mu$。所以,由定义,滚动策略是从 μ 开始的单步策略改进的结果。为获得策略改进所需费用 $J_\mu(j)$ 的策略评价可以任意合适的方法进行。蒙特卡罗仿真(将许多从 j 出发的样本轨道的费用取平均)是一种主要的方法,这一方法已经在第 I 卷 6.4 节中讨论过。当然,如果该问题是确定性的,从 j 开始的单次仿真轨道已足够,那么此时滚动策略的实现所需的计算量小很多。实际上滚动方法通常易于实现且非常有效。

下面的命题与命题 2.3.3(a) 有关,证明了滚动策略改进了基础策略(正如我们所期望的,因为滚动是一步策略迭代,于是命题 2.3.1 适用)。

命题 2.3.4(滚动带来的费用改进) 令 $\bar{\mu}$ 是通过一步前瞻最小化获得的滚动策略

$$\min_{u \in \bar{U}(i)} \left[g(i,u) + \alpha \sum_{j=1}^{n} p_{ij}(u) J_\mu(j) \right]$$

其中 μ 是基础策略 [参见式 (2.29) 有 $\tilde{J} = J_\mu$] 且假设对所有的 $i = 1, \cdots, n$, $\mu(i) \in \bar{U}(i) \subset U(i)$,那么 $J_{\bar{\mu}} \leqslant J_\mu$。

证明 令

$$\hat{J}(i) = \min_{u \in \bar{U}(i)} \left[g(i,u) + \alpha \sum_{j=1}^{n} p_{ij}(u) J_\mu(j) \right]$$

对所有 $i = 1, \cdots, n$, 有

$$\hat{J}(i) \leqslant g(i, \mu(i)) + \alpha \sum_{j=1}^{n} p_{ij}(u) J_\mu(j) = J_\mu(i)$$

其中右侧的等式由贝尔曼方程获得。于是命题 2.3.3(a) 的假设成立,于是可得到相应结论。

滚动策略的一种变形适用于多个基础规则,并同时改进所有这些规则。

例 2.3.2(具有多个规则的滚动) 令 $\mu_1, \cdots, \mu_M$ 为平稳策略,令

$$\tilde{J}(i) = \min\{J_{\mu_1}(i), \cdots, J_{\mu_M}(i)\}, \quad i = 1, \cdots, n$$

令 $\bar{U}(i) \subset U(i)$,假设 $\mu_1(i), \cdots, \mu_M(i) \in \bar{U}(i)$ 对所有的 $i = 1, \cdots, n$ 成立,那么,对所有的 i 和 $m = 1, \cdots, M$,有

$$
\begin{aligned}
\hat{J}(i) &= \min_{u \in \bar{U}(i)} \left[g(i, u) + \alpha \sum_{j=1}^{n} p_{ij}(u) \tilde{J}(j) \right] \\
&\leqslant \min_{u \in \bar{U}(i)} \left[g(i, u) + \alpha \sum_{j=1}^{n} p_{ij}(u) J_{\mu_m}(j) \right] \\
&\leqslant g(i, \mu_m(i)) + \alpha \sum_{j=1}^{n} p_{ij}(\mu_m(i)) J_{\mu_m}(j) \\
&= J_{\mu_m}(i)
\end{aligned}
$$

由此式,通过对右式在所有 m 上取最小值,于是有

$$\hat{J}(i) \leqslant \tilde{J}(i), i = 1, \cdots, n$$

适用命题 2.3.3(a),可见通过将 $\tilde{J}$ 作为一步前瞻近似获得的滚动策略 $\bar{\mu}$ 满足

$$J_{\bar{\mu}}(i) \leqslant \min\{J_{\mu_1}(i), \cdots, J_{\mu_M}(i)\}, \quad i = 1, \cdots, n$$

即,该策略改进了策略 $\mu_1, \cdots, \mu_M$ 中的每一个。

在滚动方法的一种近似版的变形中,可以使用近似的 $\tilde{J}$ 而不是 J_μ。这一近似可能在本质上是一种经验,或者基于更为系统的仿真方法,例如将在第 6 章和第 7 章中讨论的那些方法。例如,$J_\mu(i)$ 的值可对一个具有代表性的状态子集中的所有的 i 通过仿真计算出来,$\tilde{J}$ 可以依据这些计算出来的值从某参数化向量类中用最小二乘回归选定。注意这一近似可以离线进行,回避掉在线应用中与时间敏感的限制。然而,在这种方法下滚动方法的一个重要优点 —— 对问题数据在控制施加后的实时变化的适应能力可能丢失。

2.4 线性规划方法

另一种求解折扣马尔可夫决策过程的主要方法是基于线性规划。其优点是目的直接为最优策略,而不是一系列逐渐改进的策略或者费用函数。进一步地,马尔可夫决策过程与线性规划的关系允许运用后者的计算与理论方法,包括多项式复杂性理论。

主要的思想是因为 T 是单调的,如果 $J \leqslant TJ$ 对某个 J 成立,则有 $J \leqslant T^k J$ 对所有的 k 成立,因为 $\lim_{k \to \infty} T^k J = J^*$(见命题 1.2.1),于是有

$$J \leqslant TJ \Rightarrow J \leqslant J^* = TJ^*$$

所以 J^* 是 "最大的" 满足约束 $J \leqslant TJ$ 的 J。这一约束可被写作由有限个线性不等式描述的系统

$$J(i) \leqslant g(i, u) + \alpha \sum_{j=1}^{n} p_{ij}(u) J(j), i = 1, \cdots, n, u \in U(i)$$

刻画了 $\Re^n$ 中的一个多面体。最优费用向量 J^* 是这个多面体的 "东北" 角,正如图 2.4.1 中所示。特别地,$J^*(1), \cdots, J^*(n)$ 是如下问题的解(以 $z_1, \cdots, z_n$ 为自变量):

maximize $\sum_{i=1}^{n} z_i$

s.t. $z_i \leqslant g(i, u) + \alpha \sum_{j=1}^{n} p_{ij}(u) z_j, i = 1, \cdots, n, u \in U(i)$

这时具有 n 个自变量和 $n \times n$ 个约束条件,其中 m 是集合 $U(i)$ 的最大元素个数的线性规划。当 n 增加时,其解变得更加复杂。对于非常大的 n 和 m,线性规划方法仅在使用特殊的大规模线性规划方法时有实际意义。

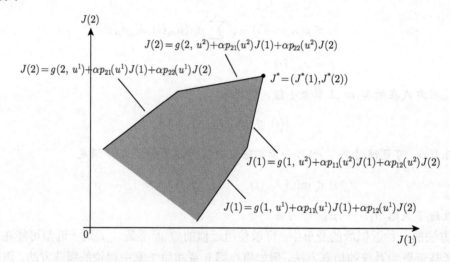

图 2.4.1　与无穷阶段折扣费用相关联的线性规划问题。阴影部分是约束集,目标是最大化 $J(1) + J(2)$

例 2.2.1(续)　对于本节早先考虑的问题,线性规划问题具有如下形式

$$\text{maximize } z_1 + z_2$$

$$\text{s.t. } z_1 \leqslant 2 + 0.9 \left(\frac{3}{4} z_1 + \frac{1}{4} z_2 \right), \quad z_1 \leqslant 0.5 + 0.9 \left(\frac{1}{4} z_1 + \frac{3}{4} z_2 \right)$$

$$z_2 \leqslant 1 + 0.9 \left(\frac{3}{4} z_1 + \frac{1}{4} z_2 \right), \quad z_2 \leqslant 3 + 0.9 \left(\frac{1}{4} z_1 + \frac{3}{4} z_2 \right)$$

基于线性规划的费用近似

当状态数非常大或者无穷多时,可考虑寻找最优费用函数的一个近似,这一近似可以用于通过最小化贝尔曼方程获得(次优)策略,即,通过一步前瞻的过程。一种可能性是使用如下线性形式近似 $J^*(x)$

$$\tilde{J}(x, r) = \sum_{k=1}^{s} r_k w_k(x)$$

其中 $r = (r_1, \cdots, r_s)$ 是参数向量, 对每个状态 x, $w_k(x)$ 是确定的已知标量. 这等于通过 m 个给定函数 $w_k(x)$ 的线性组合近似费用函数 $J^*(x)$, 其中 $k = 1, \cdots, s$. 以这些函数为基可构成采用 r 的不同取值对应的费用函数近似 $\tilde{J}(x, r)$ 构成的空间 (参阅第 6 章和第 I 卷 6.3.5 节对近似的讨论).

于是在之前的线性规划方法中使用 $\tilde{J}(x, r)$ 而不是 J^* 来确定 r 是可行的. 特别地, 计算 r 为如下规划问题的解

$$\text{maximize} \sum_{x \in \tilde{X}} \tilde{J}(x, r)$$
$$\text{s.t.} \quad \tilde{J}(x, r) \leqslant g(x, u) + \alpha \sum_{y \in X} p_{xy}(u) \tilde{J}(y, r), x \in \tilde{X}, u \in \tilde{U}(x)$$

其中 $\tilde{X}$ 或者是状态空间 X 或者是适当挑选的 X 的子集, $\tilde{U}(x)$ 或者是 $U(x)$ 或者是适当挑选的 $U(x)$ 的子集. 这是一个线性规划, 因为 $\tilde{J}(x, r)$ 是参数向量 r 的线性函数.

这一近似方法的主要困难在于尽管 r 的维数可能适中, 约束条件的个数可能非常大. 这一数目可能与 $\tilde{n}\tilde{m}$ 一样大, 其中 $\tilde{n}$ 是 $\tilde{X}$ 的元素个数, $\tilde{m}$ 是集合 $\tilde{U}(x)$ 的最大元素个数. 不过, 具有很多约束条件的线性规划经常可以通过使用特殊的大规模线性规划方法进行相对较快的求解, 比如割平面方法或者列生成方法 (比如见参考文献 [Dan63]、[BeT97]、[Ber99]). 随机采样方法也可被用于选择一组需要强制满足的合适的约束子集 (可以使用某些已知的次优策略), 并根据需要逐渐扩大所满足的约束条件 (见参考文献 [DFV03]、[DFV04]、[DeF04]). 所以线性规划方法可能对于非常多状态的问题也是适用的. 不过, 其应用可能需要显著的复杂性以及相当多的计算量.

2.5 一般折扣问题的方法

本节和下一节从三个方面推广所提出的计算方法:

(a) 通过在 1.6 节的推广动态规划框架内使用值迭代和策略迭代, 将它们的适用范围推广到更广泛的涉及加权极大模压缩的动态规划模型.

(b) 通过在值迭代和策略迭代的计算操作中引入近似.

(c) 通过允许非常规的/异步的在不同状态下的费用和策略的更新. 这一计算模型在处理基于仿真的方法时需要, 也在处理一步分布式计算系统时需要.

让我们回到 1.6 节的推广的动态规划框架, 基于映射 $H : X \times U \times R(X) \mapsto \Re$. 这里 X 和 U 是两个 (可能无穷大的) 集合, 这两个集合分别称为 "状态" 集合和 "控制" 集合, $R(X)$ 是定义在 X 上的实值函数构成的集合.

对每个 $x \in X$, 存在控制的子集 $U(x)$ 在 x 上可行. 函数 $\mu : X \mapsto U$ 满足对所有的 $x \in X$ 有 $\mu(x) \in U(x)$ 被称为是一个策略, 所有策略的集合记作 $\mathcal{M}$. 对每个策略 $\mu \in \mathcal{M}$, 引入映射 $T_\mu : R(X) \mapsto R(X)$, 定义如下

$$(T_\mu J)(x) = H(x, \mu(x), J), \forall x \in X \tag{2.34}$$

以及如下定义的映射 T

$$(TJ)(x) = \min_{u \in U(x)} H(x, u, J), \forall x \in X \tag{2.35}$$

引入加权函数 $v : X \mapsto \Re$ 满足

$$v(x) > 0, \forall x \in X$$

引入空间 $B(X)$ 包含定义在 X 上的实值函数 J 且满足 $J(x)/v(x)$ 有界,引入在 $B(X)$ 上的加权极大模

$$\|J\| = \max_{x \in X} \frac{|J(x)|}{v(x)}$$

基于下面的假设进行分析。

假设 2.5.1(压缩) 对所有的 $J \in B(X)$ 和 $\mu \in \mathcal{M}$,函数 $T_\mu J$ 和 TJ 属于 $B(X)$。进一步地,对某个 $\alpha \in (0,1)$,有

$$\|T_\mu J - T_\mu J'\| \leqslant \alpha \|J - J'\|, \forall J, J' \in B(X), \mu \in \mathcal{M} \tag{2.36}$$

基于假设 2.5.1,在 1.6 节中已经证明

$$\|TJ - TJ'\| \leqslant \alpha \|J - J'\|, \forall J, J' \in B(X)$$

所以 T 和 T_μ 是 $B(X)$ 上的极大模压缩,它们的唯一不动点分别记作 J^* 和 J_μ[参见命题 1.6.1(a)]。进一步地,对任意 $J \in B(X)$,

$$\lim_{k \to \infty} T_\mu^k J = J_\mu, \lim_{k \to \infty} T^k J = J^*$$

和

$$T_\mu J^* = TJ^* \text{ 当且仅当} J_\mu = J^*$$

[参见命题 1.6.1(b), (c)]。此外,在下面的附加单调性假设下,已证明

$$J^*(x) = \min_{\mu \in \mathcal{M}} J_\mu(x), \forall x \in X$$

(参见命题 1.6.2)。

假设 2.5.2(单调性) 如果 $J, J' \in R(X)$ 且 $J \leqslant J'$,那么

$$H(x, u, J) \leqslant H(x, u, J'), \forall x \in X, u \in U(x)$$

本节将讨论计算 J^* 和满足 $J_{\mu^*} = J^* = \min_{\mu \in \mathcal{M}} J_\mu$ 的策略 μ^* 的几种方法。这些方法包括到目前为止讨论的折扣马尔可夫决策过程的值迭代和策略迭代算法,作为特例,还包括针对广泛的其他问题的推广,包括第 3 章的随机最短路问题,以及在更一般的假设下可使用的异步版本,后者在基于仿真的实现中特别受欢迎。

在本节以及下一节的诸多值迭代算法中,在式 (2.35) 对 T 的定义中达到最小值是定义一个算法所必需的。在这种情形下,我们隐含假设正如算法的定义所需的那样,可达最小值。特别地,如果对每个固定的 x 和 J,$H(x, \cdot, J)$ 对于 u 是连续的,$U(x)$ 是紧的,这一点成立(参见 Weierstrass 定理;见第Ⅰ卷附录 B)。

近似

作为本节分析的一部分，考虑在多种值迭代和策略迭代算法实现中的近似。特别地，将假设给定任意 $J \in B(X)$，不能精确计算 TJ，但可以计算 $\bar{J} \in B(X)$ 和 $\mu \in \mathcal{M}$ 以满足

$$||\bar{J} - TJ|| \leqslant \delta, ||T_\mu J - TJ|| \leqslant \epsilon \tag{2.37}$$

其中 δ 和 ϵ 是非负标量。这些标量可能未知，所以最终分析将大多是定性的。

$\delta > 0$ 的情形将在状态空间无穷或者有限但很大时出现。此时，与其对所有状态 x 计算 $(TJ)(x)$，不如只对一些状态进行这样的计算，而对其他状态 x 采用某种形式的差值估计 $(TJ)(x)$。另一种方法是使用仿真数据 [例如，对某些或者所有 x 的 $(TJ)(x)$ 的有噪声的估计值] 和从适当的参数族按某种最小均方误差选择的对 $(TJ)(x)$ 的估计函数（这类方法将在第 6 和 7 章中讨论）。这样所得函数 $\bar{J}$ 将满足 $||\bar{J} - TJ|| \leqslant \delta, \delta > 0$。注意 δ 可能不小，最终的性能损失可能是一个主要的顾虑。

$\epsilon > 0$ 的情形在控制空间无穷或者有限但很大时可能出现，在 $(TJ)(x)$ 的计算中涉及的最小化难以精确进行。不过，有可能

$$\delta > 0, \epsilon = 0$$

实际上这在第 6 章和第 7 章讨论的问题中经常出现。在另一种场景中，可以先获得策略 μ 满足一个约束即该策略属于某个有结构的策略的子集，所以满足对某个 $\epsilon > 0$ 有，$||T_\mu J - TJ|| \leqslant \epsilon$ 于是可以设 $\bar{J} = T_\mu J$。此时在式 (2.37) 中有 $\epsilon = \delta$。

2.5.1　采用近似的有限前瞻策略

考虑涉及多阶段近似的更一般形式的前瞻：给定正整数 m 和前瞻函数 J_m，序贯地计算（在时间上后向）$J_{m-1}, \cdots, J_0$ 和策略 $\mu_{m-1}, \cdots, \mu_0$ 满足

$$||J_k - TJ_{k+1}|| \leqslant \delta, ||T_{\mu_k} J_{k+1} - TJ_{k+1}|| \leqslant \epsilon, k = 0, \cdots, m-1 \tag{2.38}$$

参见式 (2.37)。注意在马尔可夫决策过程中，J_k 可被视作 $(m-k)$ 阶段且最终费用函数为 J_m 的问题的最优费用函数的近似。有如下的误差界，它和其他界一起，量化了采用多阶段前瞻的优点。这一误差界推广了命题 2.3.3(b) 中的误差界，后者适用于折扣马尔可夫决策过程和单阶段前瞻。

命题 2.5.1（多阶段前瞻的误差界）　令假设条件 2.5.1 满足。由式 (2.38) 的方法生成的周期性策略

$$\pi = \{\mu_0, \cdots, \mu_{m-1}, \mu_0, \cdots, \mu_{m-1}, \cdots\}$$

满足

$$||J_\pi - J^*|| \leqslant \frac{2\alpha^m}{1 - \alpha^m}||J_m - J^*|| + \frac{\epsilon}{1 - \alpha^m} + \frac{\alpha(\epsilon + 2\delta)(1 - \alpha^{m-1})}{(1 - \alpha)(1 - \alpha^m)} \tag{2.39}$$

证明　使用式 (2.38) 的三角不等式和 T 的压缩性质，对所有 k，有

$$||J_{m-k} - T^k J_m|| \leqslant ||J_{m-k} - TJ_{m-k+1}|| + ||TJ_{m-k+1} - T^2 J_{m-k+2}||$$
$$+ \cdots + ||T^{k-1} J_{m-1} - T^k J_m||$$
$$\leqslant \delta + \alpha\delta + \cdots + \alpha^{k-1}\delta$$

说明

$$||J_{m-k} - T^k J_m|| \leqslant \frac{\delta(1-\alpha^k)}{1-\alpha}, k=1,\cdots,m \tag{2.40}$$

由式 (2.38),有 $||J_k - T_{\mu_k} J_{k+1}|| \leqslant \delta + \epsilon$,所以,对所有 k,有

$$
\begin{aligned}
||J_{m-k} - T_{\mu_{m-k}} \cdots T_{\mu_{m-1}} J_m|| &\leqslant ||J_{m-k} - T_{\mu_{m-k}} J_{m-k+1}|| \\
&+ ||T_{\mu_{m-k}} J_{m-k+1} - T_{\mu_{m-k}} T_{\mu_{m-k+1}} J_{m-k+2}|| \\
&+ \cdots \\
&+ ||T_{\mu_{m-k}} \cdots T_{\mu_{m-2}} J_{m-1} - T_{\mu_{m-k}} \cdots T_{\mu_{m-1}} J_m|| \\
&\leqslant (\delta+\epsilon) + \alpha(\delta+\epsilon) + \cdots + \alpha^{k-1}(\delta+\epsilon)
\end{aligned}
$$

说明

$$||J_{m-k} - T_{\mu_{m-k}} \cdots T_{\mu_{m-1}} J_m|| \leqslant \frac{(\delta+\epsilon)(1-\alpha^k)}{1-\alpha}, k=1,\cdots,m \tag{2.41}$$

使用 $||T_{\mu_0} J_1 - T J_1|| \leqslant \epsilon$ 这一事实 [参见式 (2.38)],有

$$
\begin{aligned}
||T_{\mu_0} \cdots T_{\mu_{m-1}} J_m - T^m J_m|| &\leqslant ||T_{\mu_0} \cdots T_{\mu_{m-1}} J_m - T_{\mu_0} J_1|| \\
&+ ||T_{\mu_0} J_1 - T J_1|| + ||T J_1 - T^m J_m|| \\
&\leqslant \alpha ||T_{\mu_1} \cdots T_{\mu_{m-1}} J_m - J_1|| + \epsilon + \alpha ||J_1 - T^{m-1} J_m|| \\
&\leqslant \epsilon + \frac{\alpha(\epsilon+2\delta)(1-\alpha^{m-1})}{1-\alpha}
\end{aligned}
$$

其中最后一个不等式基于式 (2.40) 和式 (2.41) 并取 $k=m-1$。

从这一关系以及 $T_{\mu_0} \cdots T_{\mu_{m-1}}$ 和 T^m 是模为 α^m 的压缩这一事实,有

$$
\begin{aligned}
||T_{\mu_0} \cdots T_{\mu_{m-1}} J^* - J^*|| &\leqslant ||T_{\mu_0} \cdots T_{\mu_{m-1}} J^* - T_{\mu_0} \cdots T_{\mu_{m-1}} J_m|| \\
&+ ||T_{\mu_0} \cdots T_{\mu_{m-1}} J_m - T^m J_m|| + ||T^m J_m - J^*|| \\
&\leqslant 2\alpha^m ||J^* - J_m|| + \epsilon + \frac{\alpha(\epsilon+2\delta)(1-\alpha^{m-1})}{1-\alpha}
\end{aligned}
$$

我们也对 1.6 节的例 1.6.5 的多步映射使用了命题 1.6.1(e),有

$$||J_\pi - J^*|| \leqslant \frac{1}{1-\alpha^m} ||T_{\mu_0} \cdots T_{\mu_{m-1}} J^* - J^*||$$

综合上述两式,可以得到所需结论。

注意,对 $m=1$ 和 $\delta=\epsilon=0$,即,考虑单步前瞻策略 $\bar{\mu}$,前瞻函数 J_1,在 $T J_1$ 的最小化中没有近似误差,此时式 (2.39) 获得如下界

$$||J_{\bar{\mu}} - J^*|| \leqslant \frac{2\alpha}{1-\alpha} ||J_1 - J^*||$$

这与式 (2.31) 的为折扣马尔可夫决策过程推导的界相同。

当 $\epsilon=\delta$ 和 $J_k = T_{\mu_k} J_{k+1}$ 的特例(参阅命题 2.5.1 之前的讨论),式 (2.39) 的界可被适度强化。特别地,对所有 k,有 $J_{m-k} = T_{\mu_{m-k}} \cdots T_{\mu_{m-1}} J_m$,所以式 (2.41) 的右侧变成 0,之前的证明在进行一些

计算后可以获得

$$||J_\pi - J^*|| \leqslant \frac{2\alpha^m}{1-\alpha^m}||J_m - J^*|| + \frac{\delta}{1-\alpha^m} + \frac{\alpha\delta(1-\alpha^{m-1})}{(1-\alpha)(1-\alpha^m)}$$
$$= \frac{2\alpha^m}{1-\alpha^m}||J_m - J^*|| + \frac{\delta}{1-\alpha}$$

最后,注意命题 2.5.1 证明了当 $m \to \infty$ 时,$||J_\pi - J^*||$ 的界相应的趋向 $\epsilon + \alpha(\epsilon + 2\delta)/(1-\alpha)$,或者

$$\limsup_{m\to\infty}||J_\pi - J^*|| \leqslant \frac{\epsilon + 2\alpha\delta}{1-\alpha}$$

可以看到,这一误差界比对应的近似版本的值迭代和策略迭代的误差界好,仅为后者的 $1/(1-\alpha)$(参阅 2.5.3 节和 2.5.6 节)。这是个有意思的现象,首先在 [Sch12] 中针对折扣马尔可夫决策过程证明。另外,是否可以对大的 m 保持式 (2.38) 的近似仍存在问题,我们稍后将在近似值迭代中讨论这一点。

2.5.2 推广的值迭代

推广的值迭代是指如下算法,从某个 $J \in B(X)$ 开始,生成 $TJ, T^2J, \cdots$。因为 T 是在假设 2.5.1 下的加权极值压缩,算法收敛到 J^*,收敛速率被如下公式支配

$$||T^kJ - J^*|| \leqslant \alpha^k||J - J^*||, k = 0, 1, \cdots$$

类似地,对给定策略 $\mu \in \mathcal{M}$,有

$$||T_\mu^kJ - J_\mu|| \leqslant \alpha^k||J - J_\mu||, k = 0, 1, \cdots$$

由命题 1.6.1(d),也可以获得误差界

$$||T^{k+1}J - J^*|| \leqslant \frac{\alpha}{1-\alpha}||T^{k+1}J - T^kJ||, k = 0, 1, \cdots$$

这一界不依赖单调性假设 2.5.2。习题 2.10 为推广的值迭代提供一些额外的误差界,这些界也使用了单调性假设并且与 2.2.1 节中的结论平行。

现在假设使用推广的值迭代来计算 J^* 的一个近似 $\tilde{J}$,那么获得策略 $\bar{\mu}$ 来对每个 $x \in X$ 在所有的 $u \in U(x)$ 上最小化 $H(x, u, \tilde{J})$,即,$T_{\bar{\mu}}\tilde{J} = T\tilde{J}$。之后使用命题 2.5.1,令 $m = 1$ 和 $\epsilon = 0$,有

$$||J_{\bar{\mu}} - J^*|| \leqslant \frac{2\alpha}{1-\alpha}||\tilde{J} - J^*|| \tag{2.42}$$

这可被视作通过一般的一步前瞻方法获得的策略性能的误差界。

我们在下面的命题中使用这一界,这一命题展示如果策略集合有限,那么满足 $J_{\mu^*} = J^*$ 的策略 μ^* 可在有限次值迭代之后获得。

命题 2.5.2 令假设 2.5.1 成立,并令 $J \in B(X)$。如果策略集合 $\mathcal{M}$ 有限,存在整数 $\bar{k} \geqslant 0$ 满足对所有的 μ^* 有 $J_{\mu^*} = J^*$,存在 $k \geqslant \bar{k}$ 满足 $T_{\mu^*}T^kJ = T^{k+1}J$。

证明 令 $\bar{\mathcal{M}}$ 为非最优策略集合,即,所有满足 $J_\mu \neq J^*$ 的策略 μ 构成的集合。因为 $\bar{\mathcal{M}}$ 是有限的,所以

$$\min_{\mu \in \bar{\mathcal{M}}}||J_\mu - J^*|| > 0$$

所以由式 (2.42),存在充分小的 $\beta > 0$,满足

$$||\tilde{J} - J^*|| \leqslant \beta \text{和} T_\mu \tilde{J} = T\tilde{J} \Rightarrow ||J_\mu - J^*|| = 0 \Rightarrow \mu \notin \bar{\mathcal{M}} \tag{2.43}$$

于是,若 k 充分大且满足 $||T^k J - J^*|| \leqslant \beta$,那么 $T_{\mu^*} T^k J = T^{k+1} J$ 意味着 $\mu^* \notin \bar{\mathcal{M}}$,所以 $J_{\mu^*} = J^*$。

2.5.3　近似值迭代

值迭代方法在命题 1.2.1 的假设条件下有效,所以可保证该方法在具有无穷状态和控制空间的问题上收敛到 J^*。然而,对于这些问题,这种方法也许只能通过近似的方法实现。特别地,给定函数 J,可能只能计算出 TJ 的近似 $\tilde{J}$,以满足

$$||\tilde{J} - TJ|| \leqslant \delta$$

在其他场合下也出现了对近似的需求,包括当状态的数目有限但非常大的情况,正如之前提及的。

于是需要考虑近似值迭代方法,从任意有界函数 J_0 开始,产生一系列 $\{J_k\}$,满足

$$||J_{k+1} - TJ_k|| \leqslant \delta, k = 0, 1, \cdots \tag{2.44}$$

在这一过程中,可能同时产生一系列策略 $\{\mu^k\}$ 满足

$$||T_{\mu^{k+1}} J_k - TJ_k|| \leqslant \epsilon, k = 0, 1, \cdots \tag{2.45}$$

其中 ϵ 是个标量(如果最小化是精确的,则其值应为 0;如果 $T_{\mu^{k+1}} J_k = J_{k+1}$,则其值应为 δ)。于是相应的费用向量 J_{μ^k} "收敛" 到 J^* 附近,误差界的阶次为 $O(\delta/(1-\alpha)^2)$[加上更小的阶次为 $O(\epsilon/(1-\alpha))$ 的误差界]。下面的命题证明了这一点。然而,为了使这一误差界定量有用,需要知道 δ 和 ϵ。更重要的是,我们需要知道对应给定的近似方式是否保证存在这样的 δ 和 ϵ;关于这一点,请见如下命题证明之后的讨论。

命题 2.5.3(近似值迭代的误差界)　令假设 2.5.1 成立,由式 (2.44) 和式 (2.45) 的近似值迭代方法产生的序列 $\{J_k\}$ 满足

$$\limsup_{k \to \infty} ||J_k - J^*|| \leqslant \frac{\delta}{1-\alpha} \tag{2.46}$$

而对应的策略序列 $\{\mu^k\}$ 满足

$$\limsup_{k \to \infty} ||J_{\mu^k} - J^*|| \leqslant \frac{\epsilon}{1-\alpha} + \frac{2\alpha\delta}{(1-\alpha)^2} \tag{2.47}$$

证明　使用三角不等式、式 (2.44) 和 T 的压缩性质,有

$$||J_k - T^k J_0|| \leqslant ||J_k - TJ_{k-1}||$$
$$+ ||TJ_{k-1} - T^2 J_{k-2}|| + \cdots + ||T^{k-1} J_1 - T^k J_0||$$
$$\leqslant \delta + \alpha\delta + \cdots + \alpha^{k-1}\delta$$

并最终有

$$||J_k - T^k J_0|| \leqslant \frac{(1 - \alpha^k)\delta}{1 - \alpha}, k = 0, 1, \cdots \tag{2.48}$$

当 $k \to \infty$ 时, 取极限并使用 $\lim\limits_{k \to \infty} T^k J_0 = J^*$ 的事实, 得到式 (2.46)。

我们已经使用了三角不等式及 T_{μ^k} 和 T 的压缩性质,

$$
\begin{aligned}
||T_{\mu^k} J^* - J^*|| &\leqslant ||T_{\mu^k} J^* - T_{\mu^k} J_{k-1}|| \\
&\quad + ||T_{\mu^k} J_{k-1} - T J_{k-1}|| + ||T J_{k-1} - J^*|| \\
&\leqslant \alpha||J^* - J_{k-1}|| + \epsilon + \alpha||J_{k-1} - J^*||
\end{aligned}
$$

并使用命题 1.6.1(e)(在 $v = e$ 时适用), 有

$$
||J_{\mu^k} - J^*|| \leqslant \frac{||T_{\mu^k} J^* - J^*||}{1 - \alpha} \leqslant \frac{\epsilon}{1 - \alpha} + \frac{2\alpha||J_{k-1} - J^*||}{1 - \alpha}
$$

将这一关系式与式 (2.46) 综合, 可得式 (2.47)。

最后, 注意命题 2.5.3 的误差界是在假设生成的 $\{J_k\}$ 序列对所有 k 满足 $||J_{k+1} - T J_k|| \leqslant \delta$[参见式 (2.44)] 的前提下预测的。不幸的是, 一些在实际中使用的近似方式仅在 $\{J_k\}$ 是有界数列时保证存在这样的 δ。如下的简单例子取自 [BeT96]6.5.3 节, 展示了迭代的有界性并不会自动获得保障, 而是需要在近似值迭代方法中认真对待的一件事。

例 2.5.1(**近似值迭代中的误差放大**) 考虑一个折扣马尔可夫决策过程, 状态为 1 和 2, 具有单个策略。转移是确定性的: 从状态 1 到 2, 再从状态 2 到 2。这些转移不产生费用。所以有 $J^*(1) = J^*(2) = 0$。

考虑一个值迭代方法, 通过使用加权最小二乘在线性函数 $S = \{(r, 2r) | r \in \Re\}$ 的一维子空间中近似费用函数; 即, 用向量 J 在 S 上的加权欧几里得投影来近似 J。特别地, 给定 $J_k = (r_k, 2r_k)$, 找到 $J_{k+1} = (r_{k+1}, 2r_{k+1})$, 其中对权重 $w_1, w_2 > 0$, r_{k+1} 通过下式获得

$$
r_{k+1} = \arg\min_r \left[w_1 \left(r - (T J_k)(1) \right)^2 + w_2 \left(2r - (T J_k)(2) \right)^2 \right]
$$

因为每阶段费用为零且转移为确定性的, 所以 $T J_k = (2\alpha r_k, 2\alpha r_k)$, 之前的最小化可写作

$$
r_{k+1} = \arg\min_r \left[w_1(r - 2\alpha r_k)^2 + w_2(2r - 2\alpha r_k)^2 \right]
$$

其中通过使用对应的最优性条件可获得 $r_{k+1} = \alpha\beta r_k$, 这里 $\beta = 2(w_1 + 2w_2)/(w_1 + 4w_2) > 1$。所以若 $\alpha > 1/\beta$, 序列 $\{r_k\}$ 发散且序列 $\{J_k\}$ 也发散。注意在本例中最优费用函数 $J^* = (0, 0)$ 属于子空间 S。这里的难点是通过最小二乘对 $T J_k$ 的近似来生成 J_{k+1} 的近似值迭代映射并不是压缩映射(尽管 T 本身是一个压缩映射)。同时, 没有 δ 满足对所有的 k 有 $||J_{k+1} - T J_k|| \leqslant \delta$, 因为在每次的近似值迭代中误差被放大了。

2.5.4 推广的策略迭代

在推广的策略迭代中, 我们从某个初始策略 μ^0 开始保持并更新策略 μ^k。第 $(k+1)$ 步迭代具有如下形式。

(推广的策略迭代) **策略评价**: 计算方程 $J_{\mu^k} = T_{\mu^k} J_{\mu^k}$ 的唯一解 J_{μ^k}。

策略改进: 获得满足 $T_{\mu^{k+1}} J_{\mu^k} = T J_{\mu^k}$ 的改进策略 μ^{k+1}。

该算法除了需要压缩性假设 2.5.1 之外，还需要单调性假设 2.5.2，所以本节假设满足这两个条件。进一步地，与我们的符号体系一致，假设 $H(x, u, J_{\mu^k})$ 在 $u \in U(x)$ 上的最小值对所有的 $x \in X$ 均可取到，因此改进策略 μ^{k+1} 有定义。下面的命题为策略集合有限的情形建立了一条基本的费用改进性质和有限步收敛性质。

命题 2.5.4（推广的策略迭代的收敛性） 令假设条件 2.5.1 和 2.5.2 成立，并令 $\{\mu^k\}$ 为由推广的策略迭代算法生成的序列。那么，对所有的 k，有 $J_{\mu^{k+1}} \leqslant J_{\mu^k}$，当且仅当 $J_{\mu^k} = J^*$ 时等号成立。进一步地，

$$\lim_{k \to \infty} \|J_{\mu^k} - J^*\| = 0$$

且如果策略集合有限，对某个 k，有 $J_{\mu^k} = J^*$。

证明 有

$$T_{\mu^{k+1}} J_{\mu^k} = T J_{\mu^k} \leqslant T_{\mu^k} J_{\mu^k} = J_{\mu^k}$$

对这一不等式两侧同时使用 $T_{\mu^{k+1}}$ 并使用单调性假设 2.5.2，获得

$$T_{\mu^{k+1}}^2 J_{\mu^k} \leqslant T_{\mu^{k+1}} J_{\mu^k} = T J_{\mu^k} \leqslant T_{\mu^k} J_{\mu^k} = J_{\mu^k}$$

类似地，对所有的 $m > 0$，有

$$T_{\mu^{k+1}}^m J_{\mu^k} \leqslant T J_{\mu^k} \leqslant J_{\mu^k}$$

所以当 $m \to \infty$ 时取极限，可见

$$J_{\mu^{k+1}} \leqslant T J_{\mu^k} \leqslant J_{\mu^k}, k = 0, 1, \cdots \tag{2.49}$$

如果 $J_{\mu^{k+1}} = J_{\mu^k}$，于是有 $T J_{\mu^k} = J_{\mu^k}$，所以 J_{μ^k} 是 T 的不动点且必须等于 J^*。进一步使用归纳法和 T 的单调性，式 (2.49) 意味着

$$J_{\mu^k} \leqslant T^k J_{\mu^0}, k = 0, 1, \cdots$$

因为

$$J^* \leqslant J_{\mu^k}, \quad \lim_{k \to \infty} \|T^k J_{\mu^0} - J^*\| = 0$$

于是有 $\lim\limits_{k \to \infty} \|J_{\mu^k} - J^*\| = 0$。最后，如果策略的数目有限，那么式 (2.49) 意味着仅在有限步迭代中可能出现对某个 x 有 $J_{\mu^{k+1}}(x) < J_{\mu^k}(x)$，所以一定对某个 k 有 $J_{\mu^{k+1}} = J_{\mu^k}$，此时正如之前所证，有 $J_{\mu^k} = J^*$。

当策略集合无穷时，可以在某些紧性和连续性条件下断定所生成策略序列的收敛性。特别地，假设状态空间有限，$X = \{1, \cdots, n\}$，并且每个控制约束集合 $U(x)$ 是 $\Re^m$ 的紧子集。将把费用向量 J 视作 $\Re^n$ 的元素，将策略 μ 视作紧集 $U(1) \times \cdots \times U(n) \subset \Re^{mn}$ 的元素。于是 $\{\mu^k\}$ 有至少一个极限点 $\bar{\mu}$，这个极限点一定是可接受的策略。下面的命题保证了在附加的 $H(x, \cdot, \cdot)$ 的连续性假设下，每个极限点 $\bar{\mu}$ 都是最优的。

假设 2.5.3（紧性和连续性）

(a) 状态空间有限，$X = \{1, \cdots, n\}$。

(b) 每个控制约束集合 $U(x), x = 1, \cdots, n$, 是 $\Re^m$ 的紧子集。

(c) 每个函数 $H(x, \cdot, \cdot), x = 1, \cdots, n$, 在 $U(x) \times \Re^n$ 上连续。

命题 2.5.5 令假设 2.5.1、假设 2.5.2 和假设 2.5.3 成立，令 $\{\mu^k\}$ 是有推广的策略迭代算法生成的序列。那么对 $\{\mu^k\}$ 的每个极限点 $\bar{\mu}$，有 $J_{\bar{\mu}} = J^*$。

证明 由命题 2.5.4，有 $J_{\mu^k} \to J^*$。令 $\bar{\mu}$ 为子列 $\{\mu^k\}_{k \in \mathcal{K}}$ 的极限。将证明 $T_{\bar{\mu}}J^* = TJ^*$，据此可得 $J_{\bar{\mu}} = J^*$[参见命题 1.6.1(c)]。事实上，有 $T_{\bar{\mu}}J^* \geqslant TJ^*$，所以我们着重证明相反的不等式。由等式 $T_{\mu^k}J_{\mu^{k-1}} = TJ_{\mu^{k-1}}$，有

$$H(x, \mu^k(x), J_{\mu^{k-1}}) \leqslant H(x, u, J_{\mu^{k-1}}), \forall x = 1, \cdots, n, u \in U(x)$$

在这一关系式中对 $k \to \infty, k \in \mathcal{K}$ 取极限，并使用 $H(x, \cdot, \cdot)$ 的连续性 [参见假设 2.5.3(c)]，有

$$H(x, \bar{\mu}(x), J^*) \leqslant H(x, u, J^*), \forall x = 1, \cdots, n, u \in U(x)$$

对等式右侧在 $u \in U(x)$ 上取最小值，于是有 $T_{\bar{\mu}}J^* \leqslant TJ^*$。

下面的例子在动态博弈中使用了上述命题。

例 2.5.2（动态博弈的策略迭代） 考虑 1.6.1 节中描述的折扣动态博弈，并使用刚才描述的策略迭代算法。策略评价一步计算方程 $J_{\mu^k} = T_{\mu^k}J_{\mu^k}$ 的解 J_{μ^k}，或者与之等价的（使用 1.6.1 节中的符号）

$$J_{\mu^k}(x) = \max_{v \in V} G\left(x, \mu^k(x), v, J_{\mu^k}\right), x \in X \tag{2.50}$$

其中

$$G(x, u, v, J) = u'A(x)v + \alpha \sum_{y \in X} p_{xy}(u, v)J(y) \tag{2.51}$$

上式中的转移概率为

$$p_{xy}(u, v) = \sum_{i=1}^{n} \sum_{j=1}^{m} u_i v_j q_{xy}(i, j) = u'Q_{xy}v$$

其中 Q_{xy} 是 $n \times m$ 的转移概率矩阵，每个元素 $q_{xy}(i, j)$ 分别对应最小化一方选择移动 i、最大化一方选择 j 时从状态/游戏 x 转移到状态/游戏 y 的概率。

可以看出，式 (2.50) 是折扣动态规划最大化问题的贝尔曼方程，J_{μ^k} 是对应的最优费用函数。从式 (2.51) 可以看出这个问题对应 (x, v) 的单阶段费用等于

$$\mu^k(x)'A(x)v \tag{2.52}$$

在 v 下从 x 到 y 的转移概率等于

$$p_{xy}\left(\mu^k(x), v\right) = \sum_{i=1}^{n} \sum_{j=1}^{m} \mu_i^k(x) v_j q_{xy}(\mu_i^k(x), y) \tag{2.53}$$

其中 $\mu_i^k(x)$ 是最小化一方在 μ^k 下选择移动 i 的概率。

在状态 x 下的策略改进涉及求解一个静态博弈，其收益矩阵为

$$A(x) + \alpha \sum_{y \in X} Q_{xy}J_{\mu^k}(y) \tag{2.54}$$

这一博弈的解获得最小化一方在状态 x 下的改进的策略/概率分布 $\mu^{k+1}(x)$，即

$$\mu^{k+1}(x) \in \arg\min_{u \in U} \left[\max_{v \in V} u' \left(A(x) + \alpha \sum_{y \in X} Q_{xy}J_{\mu^k}(y) \right) v \right]$$

因为 X 假设为有限的且满足假设 2.5.3，所以由命题 2.5.5 可得，序列 $\{\mu^k\}$ 收敛到最优策略。

2.5.5 推广的乐观策略迭代

乐观策略迭代也可以按照 2.3.3 节中的路线推广：每个策略 μ^k 通过使用有限步的值迭代近似求解方程 $J_{\mu^k} = T_{\mu^k} J_{\mu^k}$ 来评价。所以，从函数 $J_0 \in B(X)$ 开始，通过下面的算法生成序列 $\{J_k\}$ 和 $\{\mu^k\}$

$$T_{\mu^k} J_k = T J_k, \quad J_{k+1} = T_{\mu^k}^{m_k} J_k, \quad k = 0, 1, \cdots \tag{2.55}$$

其中 $\{m_k\}$ 是正整数构成的序列。

例 2.5.3（博弈的乐观策略迭代）　考虑例 2.5.2 中描述的折扣动态博弈的推广的乐观策略迭代算法。策略改进一步与例 2.5.2 中一样：在状态 x 下涉及求解静态博弈，其收益矩阵为式 (2.54)。策略评价一步包括对最大化一方的动态规划问题的 m_k 次值迭代，这个规划问题对应 (x, v) 的单阶段费用由式 (2.52) 给出，在 v 下从 x 到 y 的转移概率由式 (2.53) 给出。这个算法比例 2.5.2 中给出的非乐观版本有更大的吸引力，在非乐观版本中需要精确求解最大化一方的动态规划问题。

现在讨论式 (2.55) 算法的收敛性质。不幸的是，即使策略的数量有限时，对于折扣问题的乐观策略迭代的收敛性证明（参见命题 2.3.2）也仅在如下假设下成立

$$T J_0 \leqslant J_0$$

原因是 T_μ 的常值偏移性质

$$T_\mu (J + ce) = T_\mu J + \alpha ce, \forall c \in \Re$$

在本节的更一般的情形下不再成立，其中 $e = (1, 1, \cdots, 1)'$（参见引理 1.1.2）。然而，式 (2.55) 的同步乐观策略迭代算法在没有 $T J_0 \leqslant J_0$ 的限制条件下仍有良好的收敛性质。在下面的两个命题中通过使用与命题 2.3.2 中不同的并且更复杂的证明方法来证明这一点。这些命题依赖命题 1.6.3 的更弱的常值偏移性质和命题 1.6.4 的界。

命题 2.5.6（推广的乐观策略迭代的收敛性）　令假设 2.5.1 和假设 2.5.2 成立，并且令 $\{(J_k, \mu^k)\}$ 是由式 (2.55) 的乐观的推广策略迭代算法生成的序列。那么

$$\lim_{k \to \infty} ||J_k - J^*|| = 0$$

且如果策略数量有限，有 $J_{\mu^k} = J^*$ 对大于某个指标 $\bar{k}$ 的所有的 k 成立。

命题 2.5.7　令假设 2.5.1、假设 2.5.2 和假设 2.5.3 成立，令 $\{(J_k, \mu^k)\}$ 为式 (2.55) 的乐观的推广的策略迭代生成的序列。那么 $\{\mu^k\}$ 的每个极限点 $\bar{\mu}$ 满足 $J_{\bar{\mu}} = J^*$。

通过四个引理证明上面的两个命题。如前所述，用 $||\cdot||$ 表示加权极值模，权重向量为 v。第一个引理集中了单调加权极值模映射的一些通用性质，这些性质的一些变形之前已注意到并在这里重申以便使用。

引理 2.5.1　令 $W : B(X) \mapsto B(X)$ 为满足单调性假设的

$$J \leqslant J' \Rightarrow WJ \leqslant WJ', \forall J, J' \in B(X)$$

和压缩性假设

$$||WJ - WJ'|| \leqslant \alpha ||J - J'||, \forall J, J' \in B(X)$$

的映射 [对某个 $\alpha \in (0,1)$]。

(a) 对所有的 $J, J' \in B(X)$ 和标量 $c \geqslant 0$，有

$$J \geqslant J' - cv \Rightarrow WJ \geqslant WJ' - \alpha cv \tag{2.56}$$

(b) 对所有的 $J \in B(X), c \geqslant 0$ 和 $k = 0, 1, \cdots$，有

$$J \geqslant WJ - cv \Rightarrow W^k J \geqslant J^* - \frac{\alpha^k}{1-\alpha} cv \tag{2.57}$$

$$WJ \geqslant J - cv \Rightarrow J^* \geqslant W^k J - \frac{\alpha^k}{1-\alpha} cv \tag{2.58}$$

其中 J^* 是 W 的不动点。

证明 (a) 部分本质上可由命题 1.6.3 证明，而 (b) 部分本质上可由命题 1.6.4(c) 证明。

引理 2.5.2 令假设 2.5.1 和假设 2.5.2 成立，并且令 $J \in B(X)$ 和 $c \geqslant 0$ 满足

$$J \geqslant TJ - cv$$

令 $\mu \in \mathcal{M}$ 满足 $T_\mu J = TJ$。那么对所有的 $k > 0$，有

$$TJ \geqslant T_\mu^k J - \frac{\alpha}{1-\alpha} cv \tag{2.59}$$

和

$$T_\mu^k J \geqslant T(T_\mu^k J) - \alpha^k cv \tag{2.60}$$

证明 因为

$$J \geqslant TJ - cv = T_\mu J - cv$$

通过使用引理 2.5.1(a) 并令 $W = T_\mu^j$ 和 $J' = T_\mu J$，对所有的 $j \geqslant 1$，有

$$T_\mu^j J \geqslant T_\mu^{j+1} J - \alpha^j cv \tag{2.61}$$

通过将这一关系式在 $j = 1, \cdots, k-1$ 上叠加，有

$$TJ = T_\mu J \geqslant T_\mu^k J - \sum_{j=1}^{k-1} \alpha^j cv = T_\mu^k J - \frac{\alpha - \alpha^k}{1-\alpha} cv \geqslant T_\mu^k J - \frac{\alpha}{1-\alpha} cv$$

这证明了式 (2.59)。由式 (2.61) 对 $j = k$ 的关系，有

$$T_\mu^k J \geqslant T_\mu^{k+1} J - \alpha^k cv = T_\mu(T_\mu^k J) - \alpha^k cv \geqslant T(T_\mu^k J) - \alpha^k cv$$

这证明了式 (2.60)。

下面的引理适用于式 (2.55) 的推广的乐观策略迭代算法并证明了一个初步的界。

引理 2.5.3 令假设 2.5.1 和假设 2.5.2 成立，令 $\{(J_k, \mu^k)\}$ 为由式 (2.55) 的策略迭代算法生成的序列，并假设对某个 $c \geqslant 0$，有

$$J_0 \geqslant TJ_0 - cv$$

那么对所有的 $k \geqslant 0$, 有

$$TJ_k + \frac{\alpha}{1-\alpha}\beta_k cv \geqslant J_{k+1} \geqslant TJ_{k+1} - \beta_{k+1} cv \tag{2.62}$$

其中 β_k 是标量并由下式给定

$$\beta_k = \begin{cases} 1, & k = 0 \\ \alpha^{m_0+\cdots+m_{k-1}}, & k > 0 \end{cases} \tag{2.63}$$

其中 $m_j, j = 0, 1, \cdots,$ 是在式 (2.55) 表示的算法中使用的整数.

证明 使用引理 2.5.2 通过对 k 使用归纳法证明式 (2.62). 对 $k = 0$, 使用式 (2.59) 并令 $J = J_0, \mu = \mu^0$ 和 $k = m_0$, 有

$$TJ_0 \geqslant J_1 - \frac{\alpha}{1-\alpha}cv = J_1 - \frac{\alpha}{1-\alpha}\beta_0 cv$$

这证明了式 (2.62) 左侧当 $k = 0$ 时成立. 再使用式 (2.60) 并令 $\mu = \mu^0$ 和 $k = m_0$, 有

$$J_1 \geqslant TJ_1 - \alpha^{m_0}cv = TJ_1 - \beta_1 cv$$

这证明了式 (2.62) 右侧当 $k = 0$ 时成立.

假设式 (2.62) 对 $k - 1 \geqslant 0$ 成立, 将证明该式也对 k 成立. 事实上, 由归纳假设的右侧可得

$$J_k \geqslant TJ_k - \beta_k cv$$

使用式 (2.59) 和式 (2.60) 并令 $J = J_k, \mu = \mu^k, k = m_k$, 有

$$TJ_k \geqslant J_{k+1} - \frac{\alpha}{1-\alpha}\beta_k cv$$

并相应地有

$$J_{k+1} \geqslant TJ_{k+1} - \alpha^{m_k}\beta_k cv = TJ_{k+1} - \beta_{k+1} cv$$

这就完成了归纳证明.

下面的引理本质上证明了推广的乐观策略迭代的收敛性 (命题 2.5.6) 并提供了相应的误差界.

引理 2.5.4 令假设 2.5.1 和假设 2.5.2 成立, 令 $\{(J_k, \mu^k)\}$ 为由式 (2.55) 的策略迭代算法生成的序列, 并令 $c \geqslant 0$ 是标量, 满足

$$\|J_0 - TJ_0\| \leqslant c \tag{2.64}$$

那么对所有的 $k \geqslant 0$, 有

$$J_k + \frac{\alpha^k}{1-\alpha}cv \geqslant J_k + \frac{\beta_k}{1-\alpha}cv \geqslant J^* \geqslant J_k - \frac{(k+1)\alpha^k}{1-\alpha}cv \tag{2.65}$$

其中 β_k 由式 (2.63) 定义.

证明 使用关系式 $J_0 \geqslant TJ_0 - cv$[参见式 (2.64)] 和引理 2.5.3, 有

$$J_k \geqslant TJ_k - \beta_k cv, k = 0, 1, \cdots$$

在引理 2.5.1(b) 中使用这一关系式并令 $W = T$ 和 $k = 0$, 有

$$J_k \geqslant J^* - \frac{\beta_k}{1-\alpha}cv$$

这里使用了 $\alpha^k \geqslant \beta_k$ 这一事实来证明式 (2.65) 的左侧。

使用关系式 $TJ_0 \geqslant J_0 - cv$[参见式 (2.64)] 和引理 2.5.1(b) 并令 $W = T$, 有

$$J^* \geqslant T^k J_0 - \frac{\alpha^k}{1-\alpha} cv, k = 0, 1, \cdots \tag{2.66}$$

再使用关系式 $J_0 \geqslant TJ_0 - cv$ 和引理 2.5.3, 有

$$TJ_j \geqslant J_{j+1} - \frac{\alpha}{1-\alpha} \beta_j cv, j = 0, \cdots, k-1$$

对这一不等式两侧同时使用 T^{k-j-1} 并使用 T^{k-j-1} 的单调性和压缩性质, 有

$$T^{k-j} J_j \geqslant T^{k-j-1} J_{j+1} - \frac{\alpha^{k-j}}{1-\alpha} \beta_j cv, j = 0, \cdots, k-1$$

参见引理 2.5.1(a)。通过将这一关系式对 $j = 0, \cdots, k-1$ 累加, 并使用 $\beta_j \leqslant \alpha^j$ 这一事实, 于是有

$$T^k J_0 \geqslant J_k - \sum_{j=0}^{k-1} \frac{\alpha^{k-j}}{1-\alpha} \alpha^j cv = J_k - \frac{k\alpha^k}{1-\alpha} cv \tag{2.67}$$

最后, 综合式 (2.66) 和式 (2.67), 可得式 (2.65) 的右侧。

证明 (命题 2.5.6 和命题 2.5.7) 令 c 为标量满足式 (2.64)。那么式 (2.65) 的误差界说明 $\lim_{k\to\infty} \|J_k - J^*\| = 0$, 即, 命题 2.5.6 的第一部分。第二部分 (当策略个数有限时迭代在有限步终止) 类似命题 2.5.4 可证明。命题 2.5.7 的证明可用紧性和连续性假设 2.5.3 和命题 2.5.5 的收敛性论断来证明。

收敛速率问题 考虑引理 2.5.4 推广的乐观策略迭代的收敛速率的界, 并将这一界写为如下形式

$$\|J_0 - TJ_0\| \leqslant c \Rightarrow J_k - \frac{(k+1)\alpha^k}{1-\alpha} cv \leqslant J^* \leqslant J_k + \frac{\alpha^{m_0 + \cdots + m_k}}{1-\alpha} cv \tag{2.68}$$

将这些界与推广的策略迭代的界比较, 后者是

$$\|J_0 - TJ_0\| \leqslant c \Rightarrow T^k J_0 - \frac{\alpha^k}{1-\alpha} cv \leqslant J^* \leqslant T^k J_0 + \frac{\alpha^k}{1-\alpha} cv \tag{2.69}$$

[参见命题 1.6.4(c)]。

当比较式 (2.68) 和式 (2.69) 的界时, 还应当考虑每种方法单次迭代时相应的额外的计算量: 乐观的策略迭代在第 k 次迭代中需要单次使用 T 并在之后连续 $m_k - 1$ 次使用 T_{μ^k} (每次需要的时间都比 T 少), 而值迭代只需要使用一次 T。可见, 乐观策略迭代的上界比值迭代的上界好 (或者说为达到同样的上界需要更少的额外计算量), 而乐观策略迭代的下界比值迭代的差 (需要的额外计算量大且误差界更差)。这说明初始条件 J_0 的选择对乐观策略迭代很重要, 特别地, 比起 $J_0 \leqslant TJ_0$ (意味着从下面收敛到 J^*) 我们更希望有 $J_0 \geqslant TJ_0$ (意味着从上面收敛到 J^*)。这与图 2.3.2 提供的乐观策略迭代的直观感觉一致, 并且与 2.6 节中后续的关于异步乐观策略迭代的分析一致, 那些分析表明当 $J_0 \geqslant TJ_0$ 不成立时该方法的收敛性是脆弱的。

2.5.6 近似策略迭代

可以对具有无穷状态和控制空间的问题按如下关系式定义策略迭代

$$T_{\mu^{k+1}}J_{\mu^k} = TJ_{\mu^k}, k = 0, 1, \cdots$$

于是命题 2.3.1 的证明可用于证明所生成的策略序列 $\{\mu^k\}$ 是不断改进的，即对所有的 k 有 $J_{\mu^{k+1}} \leqslant J_{\mu^k}$。然而，对无穷状态空间问题，该方法的一步策略评价和/或一步策略改进可能只能通过近似来实现。类似的情形可能当状态空间有限但状态数非常大时出现。

我们需要考虑一种近似策略迭代方法，这种方法生成一系列的平稳策略 $\{\mu^k\}$ 和对应的近似费用函数序列 $\{J_k\}$ 并且满足

$$||J_k - J_{\mu^k}|| \leqslant \delta, ||T_{\mu^{k+1}}J_k - TJ_k|| \leqslant \epsilon, k = 0, 1, \cdots \tag{2.70}$$

其中 δ 和 ϵ 是非负标量，$||\cdot||$ 表示加权极值模。下面的命题为这个算法提供了误差界。

命题 2.5.8（近似策略迭代的误差界） 令假设 2.5.1 和假设 2.5.2 成立。由式 (2.70) 的近似策略迭代算法生成的序列 $\{\mu^k\}$ 满足

$$\limsup_{k \to \infty} ||J_{\mu^k} - J^*|| \leqslant \frac{\epsilon + 2\alpha\delta}{(1-\alpha)^2} \tag{2.71}$$

证明的核心在于如下的命题，该命题量化了每次迭代时近似策略改进的量。

命题 2.5.9 令假设 2.5.1 和假设 2.5.2 成立，并令 J、$\bar{\mu}$ 和 μ 满足

$$||J - J_\mu|| \leqslant \delta, ||T_{\bar{\mu}}J - TJ|| \leqslant \epsilon \tag{2.72}$$

其中 δ 和 ϵ 是标量。于是有

$$||J_{\bar{\mu}} - J^*|| \leqslant \alpha||J_\mu - J^*|| + \frac{\epsilon + 2\alpha\delta}{1-\alpha} \tag{2.73}$$

证明 利用式 (2.72) 和 T 和 $T_{\bar{\mu}}$ 的压缩性质，这意味着 $||T_{\bar{\mu}}J_\mu - T_{\bar{\mu}}J|| \leqslant \alpha\delta$ 和 $||TJ - TJ_\mu|| \leqslant \alpha\delta$，于是有 $T_{\bar{\mu}}J_\mu \leqslant T_{\bar{\mu}}J + \alpha\delta v$ 和 $TJ \leqslant TJ_\mu + \alpha\delta v$，有

$$T_{\bar{\mu}}J_\mu \leqslant T_{\bar{\mu}}J + \alpha\delta v \leqslant TJ + (\epsilon + \alpha\delta)v \leqslant TJ_\mu + (\epsilon + 2\alpha\delta)v \tag{2.74}$$

因为 $TJ_\mu \leqslant T_\mu J_\mu = J_\mu$，由这个关系可推出

$$T_{\bar{\mu}}J_\mu \leqslant J_\mu + (\epsilon + 2\alpha\delta)v$$

再使用命题 1.6.4(b) 并令 $\mu = \bar{\mu}, J = J_\mu$ 和 $\epsilon = \epsilon + 2\alpha\delta$，有

$$J_{\bar{\mu}} \leqslant J_\mu + \frac{\epsilon + 2\alpha\delta}{1-\alpha}v \tag{2.75}$$

使用这一关系式，有

$$J_{\bar{\mu}} = T_{\bar{\mu}}J_{\bar{\mu}} = T_{\bar{\mu}}J_\mu + (T_{\bar{\mu}}J_{\bar{\mu}} - T_{\bar{\mu}}J_\mu) \leqslant T_{\bar{\mu}}J_\mu + \frac{\alpha(\epsilon + 2\alpha\delta)}{1-\alpha}v$$

这里的不等式可用命题 1.6.3 和式 (2.75) 证明。从不等式两侧减去 J^*, 有

$$J_{\bar{\mu}} - J^* \leqslant T_{\bar{\mu}} J_\mu - J^* + \frac{\alpha(\epsilon + 2\alpha\delta)}{1-\alpha} v \tag{2.76}$$

同时压缩性质

$$T J_\mu - J^* = T J_\mu - T J^* \leqslant \alpha \|J_\mu - J^*\| v$$

与式 (2.74) 一并可推出

$$T_{\bar{\mu}} J_\mu - J^* \leqslant T J_\mu - J^* + (\epsilon + 2\alpha\delta) v \leqslant \alpha \|J_\mu - J^*\| v + (\epsilon + 2\alpha\delta) v$$

将这一关系与式 (2.76) 综合, 有

$$J_{\bar{\mu}} - J^* \leqslant \alpha \|J_\mu - J^*\| v + \frac{\alpha(\epsilon + 2\alpha\delta)}{1-\alpha} v + (\epsilon + 2\alpha\delta) v = \alpha \|J_\mu - J^*\| v + \frac{\epsilon + 2\alpha\delta}{1-\alpha} v$$

这等价于所想证明的关系式 (2.73)。

证明(命题 **2.5.8** 的证明) 使用命题 2.5.9, 有

$$\|J_{\mu^{k+1}} - J^*\| \leqslant \alpha \|J_{\mu^k} - J^*\| + \frac{\epsilon + 2\alpha\delta}{1-\alpha}$$

当 $k \to \infty$ 时, 对上式两侧同时取上极限即可获得所需的结果。

我们也注意到命题 2.5.8 的界是紧的, 正如 [BeT96] 一书的 6.2.3 节中的例子所展示的。这一误差界可以与之前在命题 2.5.3 中推导出的近似值迭代的误差界可比。特别地, 误差 $\|J_{\mu^k} - J^*\|$ 与 $1/(1-\alpha)^2$ 渐近成比例, 并相应地与策略评价或值迭代中的近似误差渐近成比例。值得注意的是, 因为这预示着与精确实现相反, 近似策略迭代未必保持对于近似值迭代的收敛速率上的优势, 尽管其每次迭代需要更多的额外的计算量。

另一方面, 近似策略迭代没有近似值迭代在例 2.5.1 中展示的那样具有迭代不稳定的问题。特别地, 如果策略集合有限, 那么 $\{J_{\mu^k}\}$ 序列保证有界, 式 (2.70) 的假设在实际中通过使用将在第 6 和第 7 章中讨论的费用函数近似方法不难满足。

注意对精确策略迭代 ($\delta = \epsilon = 0$), 由式 (2.73) 可推出

$$\|J_{\mu^{k+1}} - J^*\| \leqslant \alpha \|J_{\mu^k} - J^*\|$$

所以在状态空间无穷并且/或者控制空间也无穷的情形下, 精确策略迭代在本节的压缩性和单调性假设下以几何速度收敛。这一收敛速率与精确值迭代相同。

策略收敛的情形

一般而言, 由近似策略迭代生成的策略序列 $\{\mu^k\}$ 可能在几个策略之间振荡(见 6.4.3 节)。然而, 在某些情形下这一序列收敛到某个 $\bar{\mu}$, 即

$$\mu^{\bar{k}+1} = \mu^{\bar{k}} = \bar{\mu}, \text{ 对某些 } \bar{k} \tag{2.77}$$

一个例子是聚集方法, 将在 6.5 节中讨论。在这种情形下, 可以证明下面的界比命题 2.5.8 中的界更好, 仅为其 $1/(1-\alpha)$。

命题 2.5.10(当策略收敛时的近似策略迭代的误差界) 令 $\bar{\mu}$ 为有近似策略迭代在式 (2.70) 和式 (2.77) 条件下生成的策略。于是有

$$||J_{\bar{\mu}} - J^*|| \leqslant \frac{\epsilon + 2\alpha\delta}{1 - \alpha} \tag{2.78}$$

证明 令 $\bar{J}$ 为通过对 $\bar{\mu}$ 进行近似策略评价获得的费用向量。于是在式 (2.70) 中有

$$||\bar{J} - J_{\bar{\mu}}|| \leqslant \delta, ||T_{\bar{\mu}}\bar{J} - T\bar{J}|| \leqslant \epsilon$$

由这一关系式和 $J_{\bar{\mu}} = T_{\bar{\mu}}J_{\bar{\mu}}$ 这一事实,有

$$\begin{aligned}
||TJ_{\bar{\mu}} - J_{\bar{\mu}}|| &\leqslant ||TJ_{\bar{\mu}} - T\bar{J}|| + ||T\bar{J} - T_{\bar{\mu}}\bar{J}|| + ||T_{\bar{\mu}}\bar{J} - J_{\bar{\mu}}|| \\
&= ||TJ_{\bar{\mu}} - T\bar{J}|| + ||T\bar{J} - T_{\bar{\mu}}\bar{J}|| + ||T_{\bar{\mu}}\bar{J} - T_{\bar{\mu}}J_{\bar{\mu}}|| \\
&\leqslant \alpha||J_{\bar{\mu}} - \bar{J}|| + \epsilon + \alpha||\bar{J} - J_{\bar{\mu}}|| \\
&\leqslant \epsilon + 2\alpha\delta
\end{aligned} \tag{2.79}$$

使用命题 1.6.1(d) 并令 $J = J_{\bar{\mu}}$,可以获得式 (2.78) 的误差界。

上述误差界可以推广到当有近似策略迭代算法生成的相邻两个策略 "相差不太大" 的情形,无须完全相同。特别地,假设 μ 和 $\bar{\mu}$ 是相邻的两个策略,除了满足

$$||\bar{J} - J_{\mu}|| \leqslant \delta, ||T_{\bar{\mu}}\bar{J} - T\bar{J}|| \leqslant \epsilon$$

[参见式 (2.70)],还满足

$$||T_{\mu}\bar{J} - T_{\bar{\mu}}\bar{J}|| \leqslant \zeta$$

其中 ζ 是某个标量(当策略精确收敛时有 $\mu = \bar{\mu}$)。于是有

$$||T\bar{J} - T_{\bar{\mu}}\bar{J}|| \leqslant ||T\bar{J} - T_{\mu}\bar{J}|| + ||T_{\mu}\bar{J} - T_{\bar{\mu}}\bar{J}|| \leqslant \epsilon + \zeta$$

通过将式 (2.79) 中的 ϵ 替代为 $\epsilon + \zeta$,有

$$||J_{\bar{\mu}} - J^*|| \leqslant \frac{\epsilon + \zeta + 2\alpha\delta}{1 - \alpha}$$

当 ζ 足够小且具有与 $\max\{\delta, \epsilon\}$ 相同的阶次时,这一误差界与当策略收敛时的误差界可比。

近似乐观策略迭代

现在转向策略评价和策略改进操作为近似的情形下的误差界分析,类似于非乐观策略迭代的情形。特别地,考虑一种方法,该方法产生一系列策略 $\{\mu^k\}$ 和对应的近似费用函数序列 $\{J_k\}$,满足

$$||J_k - T_{\mu^k}^{m_k} J_{k-1}|| \leqslant \delta, ||T_{\mu^{k+1}}J_k - TJ_k|| \leqslant \epsilon, k = 0, 1, \cdots \tag{2.80}$$

[参见式 (2.70)]。例如,我们需要计算(可能是通过仿真来近似的计算)一个状态子集合中状态 x 的值 $T_{\mu^k}^{m_k}(x)$,并对这些值使用最小二乘拟合来从某个参数化函数族中选择 J_k。可以类似非乐观情形 [参见式 (2.71)] 证明相同的误差界。然而,为了得出这一误差界,将需要下面的条件,这一条件比我们到目前为止所使用的压缩性和单调性条件更强。

假设 2.5.4（半线性单调压缩） 对所有的 $J \in B(X)$ 和 $\mu \in \mathcal{M}$，函数 $T_\mu J$ 和 TJ 属于 $B(X)$。进一步地，对某个 $\alpha \in (0,1)$，有对所有的 $J, J' \in B(X)$ 和 $\mu \leqslant \mathcal{M}$，有

$$\frac{(T_\mu J')(x) - (T_\mu J)(x)}{v(x)} \leqslant \alpha \sup_{y \in X} \frac{J'(y) - J(y)}{v(y)}, \forall x \in X \tag{2.81}$$

简单易证，这一假设同时意味着压缩性和单调性假设 2.5.1 和假设 2.5.2。同时这一假设条件在 1.6 节中所讨论的折扣动态规划例子中均满足，在下一章将讨论的随机最短路问题中也均满足。当 T_μ 是线性映射时，涉及一个矩阵，每个元素均为非负，且谱半径小于 1（或者更一般地，如果 T_μ 是有限个这样的线性映射中最小的或者最大的），此时该假设条件成立。

有如下命题。尽管其叙述简单，其证明（基于 [ThS10b]）较长且复杂。该证明在习题 2.16 中给出了大概步骤。

命题 2.5.11（近似乐观策略迭代的误差界） 令假设 2.5.1、假设 2.5.2 和假设 2.5.4 成立。于是由式 (2.80) 的近似乐观策略迭代算法序列 $\{\mu^k\}$ 满足

$$\limsup_{k \to \infty} \|J_{\mu^k} - J^*\| \leqslant \frac{\epsilon + 2\alpha\delta}{(1-\alpha)^2} \tag{2.82}$$

注意一般而言，使用近似乐观策略迭代可能会出现误差振荡/不稳定的现象（参见例 2.5.1）。特别地，在式 (2.80) 中当对所有的 k 有 $m_k = 1$ 时，这一方法本质上变成了近似值迭代。然而，可以看出当所选 m_k 显著地大于 1 时是有帮助的。比如，可以证明在例 2.5.1 中，若 m_k 非常大，那么这一方法收敛到最优费用函数。

一个了不起的事实是近似值迭代、近似策略迭代和近似乐观策略迭代具有非常类似的误差界（参见命题 2.5.3、命题 2.5.8 和命题 2.5.11）。近似值迭代有稍微好的界，但在实用中这一优势并不显著，而且可能会产生不稳定的现象。

2.5.7 数学规划

2.4 节的线性规划方法可被直接拓展，基于下面的命题。

命题 2.5.12 令假设 2.5.1 和假设 2.5.2 成立。那么对所有的 $J \in B(X)$，有

$$J \leqslant TJ \Rightarrow J \leqslant J^*$$

和

$$J \geqslant TJ \Rightarrow J \geqslant J^*$$

证明 如果 $J \leqslant TJ$，通过对两侧重复使用 T 并使用单调性假设 2.5.2，对所有的 k，有 $J \leqslant T^k J$。对 $k \to \infty$ 取极限并使用当 $k \to \infty$ 时有 $T^k J \to J^*$ 的事实，有 $J \leqslant J^*$。当 $J \geqslant TJ$ 时对 $J \geqslant J^*$ 的证明类似。

命题 2.5.12 证明了 J^* 是"最大的"满足 $J \leqslant TJ$ 的 J，所以可以通过求解某个优化问题来获得，该优化问题以最大化 J 的"程度"的某种度量为目标，约束是（可能非线性的）$J \leqslant TJ$。例如，如果 $X = \{1, \cdots, n\}$ 且 $U(i)$ 对每个 $i = 1, \cdots, n$ 有限，那么 $J^*(1), \cdots, J^*(n)$ 是如下问题的解（自变量为

$z_1, \cdots, z_n$) :

$$\text{maximize} \sum_{i=1}^{n} z_i$$
$$\text{s.t. } z_i \leqslant H(i, u, z), i = 1, \cdots, n, u \in U(i)$$

其中 $z = (z_1, \cdots, z_n)$。这是一个线性或者非线性规划（取决于 H 是否是 J 的线性函数）具有 n 个自变量和 $n \times m$ 个约束条件，其中 m 是集合 $U(i)$ 中的元素的最大值。类似于 2.4 节，当 n 增加时，其解变得更加复杂，此时需要考虑特殊的求解和/或者近似方法。

2.6 异步方法

本节将值迭代和策略迭代方法进一步推广到一般的动态规划问题，着重讨论这些方法的异步框架。

2.6.1 异步值迭代

在 2.5.2 节中描述的每个推广的值迭代的形式使用如下定义的映射 T

$$(TJ)(x) = \min_{u \in U(x)} H(x, u, J), \forall x \in X$$

[参见式 (2.35)]同时对所有的状态进行，于是产生从某个 $J \in B(X)$ 开始的序列 $TJ, T^2J, \cdots$ 在值迭代的更一般的形式中，在任意某个迭代中，可能仅在一个状态子集上用 $(TJ)(x)$ 替换 $J(x)$。例如 2.2.2 节中对有限状态空间 $X = \{1, \cdots, n\}$ 的高斯–赛德尔方法，在这一方法中，每次迭代时，$J(x)$ 只对某个选中的状态 $\bar{x}$ 进行更新，对所有其他状态 $x \neq \bar{x}$ 的 $J(x)$ 并不改变。在这一方法中，各状态依次进行迭代，但更一般的迭代顺序是可能的，不论是确定性的还是随机性的。

上面描述的方法称为**异步值迭代方法**，这种方法的提出源自如下考虑：

(a) **更快的收敛性。**一般而言，对动态规划的计算和分析的经验（参见命题 2.2.3）已经展示了其收敛性可以通过在值迭代的更新时尽早更新某些状态加快算法的收敛。这被称为高斯–赛德尔效应，这一效应在 [BeT89] 一书中有详细讨论。

(b) **并行和分布式异步计算。**在这一方面，我们考虑多个处理器，每个处理器对一个状态子集使用值迭代，并将结果与其他处理器通信（可能通信具有延迟）。此时的一个目标是通过利用并行机制加快计算。有许多可以从并行机制中受益的动态规划算法的例子，比如将在第 6 章和第 7 章中讨论的值迭代和基于仿真的算法。另一个目标是当有用的信息在地理上分散的多个点分别局部产生和处理的问题中获得处理上的便捷性。例如，数据或者传感器网络计算，这类问题中的节点、网关 (gateway)、传感器和数据收集中心合作通过使用动态规划或者最短路径一类的计算方法完成对数据流的路由和控制。

(c) **基于仿真的实现。**这是我们考虑异步计算的主要动机。此时假设不同状态的迭代按照各状态在某种形式的仿真中出现的顺序进行。本章考虑基于模型的异步仿真算法，这类算法中转移概率 $p_{ij}(u)$ 已知（或者系统是确定性的）。在第 6 章和第 7 章，将考虑随机基于仿真的方法，可用于没有模型的场合，此时没有数学模型或者难以构建，但是，系统和费用的结构可以仿真。如同我们将在第 6 和第 7 章中深入讨论的，存在着值迭代和策略迭代的基于仿真的版本，这类方法本质上需要异步实现。

将以上这些文字放在脑海中，我们引入异步分布式求解一般的不动点问题的模型，该问题具有形式 $J = TJ$。令 $R(X)$ 为定义在某个给定集合 X 上的实值函数，令 T 将 $R(X)$ 映射到 $R(X)$。考虑如下的计算框架，涉及将 X 分成不相交的非空子集 $X_1, \cdots, X_m$，以及有 m 个处理器的网络，每个更新对应的 J 的元素。特别地，令 J 为形如 $J = (J_1, \cdots, J_m)$ 的拆分，其中 J_l 是将 J 限制在集合 X_l 上。那么在一个（同步的）分布式值迭代算法中，处理器 l 在第 t 次迭代时按照下面方式更新 J_l

$$J_l^{t+1}(x) = T(J_1^t, \cdots, J_m^t)(x), \forall x \in X_l, l = 1, \cdots, m \tag{2.83}$$

这里为了适应分布式算法的框架及其过多的符号，我们只好向读者致以歉意，当某些（但不是所有的）处理器更新它们对应的元素时，我们将使用上标 t 来表示迭代/时间，并保留使用序号 k 来表示涉及所有处理器的计算阶段，同时保留使用下标 l 来表示元素/处理器的序号。

在异步的值迭代算法中，处理器 l 仅当 t 属于选定的子集 $\mathcal{R}_l$ 时更新 J_l，其他的元素 $J_j, j \neq l$ 由其他的处理器提供，通信 "延迟" 是 $t - \tau_{lj}(t)$，对所有的 $x \in X_l$，

$$J_l^{t+1}(x) = \begin{cases} T(J_1^{\tau_{l1}(t)}, \cdots, J_m^{\tau_{lm}(t)})(x), & t \in \mathcal{R}_l \\ J_l^t(x), & t \notin \mathcal{R}_l \end{cases} \tag{2.84}$$

通信延迟在许多来源（[BeT89] 一书提供了详细的参考文献）中描述的异步分布式计算系统中自然出现了。这些系统对于求解大规模动态规划问题是有意义的，特别是对于基于仿真的方法，这类方法自然适用于分布式计算。另一方面，如果整个算法是集中式地在单个物理的处理器上进行，式 (2.84) 的算法通常将没有通信延迟，即，对所有的 l、j 和 t，有 $\tau_{lj}(t) = t$。

更简单的情形是 X 是有限集合且每个子集 X_l 仅包含单个元素 l，这类情形也经常出现，特别是在仿真中。此时，将简化式 (2.84) 迭代中的符号，用 J_l^t 替代标量元素 $J_l^t(l)$，正如下面的例子中所做的那样。

例 2.6.1（每次一个状态的迭代） 假设 $X = \{1, \cdots, n\}$，考虑求解折扣的 n 个状态的马尔可夫决策过程的高斯–赛德尔方法的一种推广形式 [参见 2.2.2 节，式 (2.15) 和式 (2.16)]。我们将每个状态视作一个处理器，所以 $X_l = \{l\}, l = 1, \cdots, n$ 且执行值迭代时每次处理一个状态，并按照某个状态序列 $\{x^0, x^1, \cdots\}$ 进行，该序列是通过某种方式产生的，可能是通过仿真。所以，从某个初始向量 J^0 开始，生成了一个序列 $\{J^t\}$，有 $J^t = (J_1^t, \cdots, J_n^t)$，且满足如下条件

$$J_l^{t+1} = \begin{cases} T(J_1^t, \cdots, J_n^t)(l), & l = x^t \\ J_l^t, & l \neq x^t \end{cases}$$

其中 $T(J_1^t, \cdots, J_n^t)(l)$ 表示如下向量的第 l 维元素

$$T(J_1^t, \cdots, J_n^t) = TJ^t$$

为了方便，将 $J_l^t(l)$ 写成 J_l^t。这个算法是式 (2.84) 迭代的特殊形式，其中 J_l 被更新的时刻构成的集合是 $\mathcal{R}_l = \{t \mid x^t = l\}$，且没有通信延迟（正如像整个算法集中式地在单个物理处理器上进行的情形）。

注意如果 X 有限，则可以不失一般性地假设每个状态分配给不同的处理器。因为更新一组状态的单个物理处理器可被一组虚拟的处理器替代，每个分配给单个状态，并同时更新各自对应的 J 的元素。

现在将要讨论式 (2.84) 的异步算法的收敛性。为此引入如下假设。

假设 2.6.1（连续更新和信息更新）

(1) 处理器 l 更新 J_l 的时间点的集合 $\mathcal{R}_l$ 对每个 $l = 1, \cdots, m$ 无限。

(2) 对所有的 $l, j = 1, \cdots, m$ 存在 $\lim\limits_{t \to \infty} \tau_{lj}(t) = \infty$。

假设 2.6.1 是为了证明算法的某种收敛性的自然和关键的条件。[①] 特别地，条件 $\tau_{lj}(t) \to \infty$ 保证关于处理器更新的过时信息将最终从计算中清除。也可以自然地假设 $\tau_{lj}(t)$ 是对于 t 单调增的，但这一假设对于后续的分析不是必要的。

我们希望证明对所有的 l 有 $J_l^t \to J_l^*$，并为了这一目的采用下面的对于完全异步迭代的一般收敛定理，这一定理来自本书作者的论文 [Ber83]，并在 [BeT89] 一书中（第 6 章）作为基础用于分析完全异步迭代及在动态规划中的应用（即，值迭代和策略迭代），和异步的基于梯度的优化。这一定理也将在第 3 章中用于证明在没有压缩性条件时分布式异步值迭代算法的收敛性。为了该定理的描述，我们说如果对所有的 $x \in X$，有 $\lim\limits_{k \to \infty} J^k(x) = J(x)$，序列 $\{J^k\} \subset R(X)$ 逐点收敛到 $J \in R(X)$。

命题 2.6.1（完全异步收敛定理） 令 T 具有唯一的不动点 J^*，令假设 2.6.1 成立，并假设存在一个非空子集序列 $\{S(k)\} \subset R(X)$，满足

$$S(k+1) \subset S(k), k = 0, 1, \cdots$$

并且具有如下性质。

(1) 异步收敛条件：每个序列 $\{J^k\}$ 若满足 $J^k \in S(k)$，对每个 k，逐点收敛到 J^*。进一步地，有

$$TJ \in S(k+1), \forall J \in S(k), k = 0, 1, \cdots$$

(2) 盒子条件：对所有的 k，$S(k)$ 是具有如下形式的叉积 (Cartesian product)

$$S(k) = S_1(k) \times \cdots \times S_m(k)$$

其中 $S_l(k)$ 是由定义在 $X_l, l = 1, \cdots, m$ 上的实值函数构成的集合。那么对每个 $J \in S(0)$，由式 (2.84) 的异步算法生成的序列 $\{J^t\}$ 逐点收敛到 J^*。

证明 为了解释证明的思想，注意给定的条件意味着通过对向量 $J \in S(k)$ 使用 T 来更新 J_l 的任意元素，而保持其他元素不变，可获得 $S(k)$ 中的向量。所以，只要时间长到延迟变得"无关"，那么在 J 进入 $S(k)$ 之后，将停留在 $S(k)$ 之内。进一步地，一旦 J_l 的元素进入 $S_l(k)$ 子集且延迟变得"无关"，J_l 将自在 $J \in S(k)$ 中迭代以来首次并一直停留在更小的子集 $S_l(k+1)$。当每个元素 $J_l, l = 1, \cdots, m$ 进入 $S_l(k+1)$，整个向量 J 依据盒子条件进入 $S(k+1)$。所以从 $S(k)$ 的迭代最终进入 $S(k+1)$ 并一直在其中，并依据同步收敛条件逐点收敛到 J^*。

按照这一思想，使用归纳法证明对每个 $k \geqslant 0$，存在一个时间点 t_k 满足:

(1) $J^t \in S(k)$ 对所有的 $t \geqslant t_k$。

[①] 一般而言，收敛的分布式迭代异步算法分为完全和部分异步的（参见 [BeT89] 一书中第 6 章和第 7 章）。在前者，对于通信延迟没有界，而在后者必须有界（尽管这个界可能未知）。当前这一节的算法是完全异步的，正如假设 2.6.1 所反映的那样。

(2) 对所有 l 和满足 $t \geq t_k$ 的 $t \in \mathcal{R}_l$，有

$$\left(J_1^{\tau_{l1}(t)}, \cdots, J_m^{\tau_{lm}(t)}\right) \in S(k)$$

[简言之，经过一段时间，所有固定点的估计将在 $S(k)$ 之中，于是式 (2.84) 的迭代所使用的所有估计均来自 $S(k)$。]

归纳假设对于 $k = 0$ 时成立，因为 $J \in S(0)$。假设归纳假设对于某个给定的 k 成立，我们将证明存在一个时间点 t_{k+1} 满足所需的性质。对每个 $l = 1, \cdots, m$，令 $t(l)$ 为 $\mathcal{R}_l$ 中的满足 $t(l) \geq t_k$ 的第一个元素。于是由同步收敛条件，有 $TJ^{t(l)} \in S(k+1)$，意味着（由盒子条件的视角）

$$J_l^{t(l)+1} \in S_l(k+1)$$

类似地，对每个 $t \in \mathcal{R}_l, t \geq t(l)$，有 $J_l^{t+1} \in S_l(k+1)$。在 $\mathcal{R}_l$ 的元素之间，J_l^t 不变化。所以有，

$$J_l^t \in S_l(k+1), \forall t \geq t(l)+1$$

令 $t_k' = \max_l \{t(l)\} + 1$。然后，使用盒子条件，有

$$J^t \in S(k+1), \forall t \geq t_k'$$

最终，因为由假设 2.6.1，有当 $t \to \infty$ 时，$\tau_{lj}(t) \to \infty$，$t \in \mathcal{R}_l$，可以选择一个充分大的时间点 $t_{k+1} \geq t_k'$ 满足对所有的 l, j 有 $\tau_{lj}(t) \geq t_k'$，且 $t \in \mathcal{R}_l$ 满足 $t \geq t_{k+1}$。于是有，对所有的 $t \in \mathcal{R}_l$ 满足 $t \geq t_{k+1}$ 和 $j = 1, \cdots, m$，$J_j^{\tau_{jl}(t)} \in S_j(k+1)$，这（由盒子条件）意味着

$$\left(J_1^{\tau_{l1}(t)}, \cdots, J_m^{\tau_{lm}(t)}\right) \in S(k+1)$$

归纳法证毕。

图 2.6.1 说明了之前的收敛定理的假设。这些假设在动态规划中两类主要的研究中得到满足。第一类是当 $S(k)$ 是以 J^* 为球心的加权极值模球，且可与前一节的压缩框架一起使用（见下面的命题）。第二类是基于单调性条件。将在第 3 章中与随机最短路问题联合使用，在这类问题中没有极值模压缩。这也与第 4 章的动态规划问题有关，其中也没有压缩性。图 2.6.2 说明了达成异步收敛性的机制。

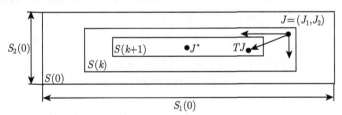

图 2.6.1 异步收敛定理的几何解释。我们拥有一个嵌套的盒子 $S(k)$，使得对所有的 $J \in S(k)$，有 $TJ \in S(k+1)$

应注意该定理的一些推广。T 可以是时变的，于是使用一系列映射 $T_k, k = 0, 1, \cdots$ 而不是 T。于是如果所有的 T_k 有共同的不动点 J^*，定理的结论成立（习题 2.11 给出了更精确的表述）。这一推广在之后将讨论的一些算法中有用（例如，在 2.6.3 节中）。另一个推广是允许 T 具有多个不动点并引入假设，这一假设大致说的是 $\cap_{k=0}^{\infty} S(k)$ 是不动点集合。于是结论是（在合适的意义下）：$\{J^t\}$ 的每个点都是不动点（见习题 2.12）。

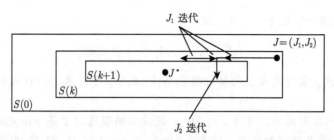

图 2.6.2　异步收敛机制的几何解释。一个单一元素的向量 $J \in S(k)$，设为 J_l，其迭代保证了 J 在 $S(k)$ 中，且把 J_l 移动到 $S(k+1)$ 的相关成分 $S_l(k+1)$ 中，并在整个迭代过程中始终保持下去。

现在在压缩性假设下对完全异步值迭代算法使用之前的收敛性定理。主要单调性假设 2.5.2 不是必需的（正如这一条件对于 $\{T^k J\}$ 同步收敛到 J^* 也不需要一样）。

命题 2.6.2　令假设 2.5.1 和假设 2.6.1 成立。于是如果 $J^0 \in B(X)$，由式 (2.84) 的异步值迭代算法生成的序列 $\{J^t\}$ 逐点收敛到 J^*。

证明　应用命题 2.6.1，其中

$$S(k) = \{J \in B(X) |\ ||J^k - J^*|| \leqslant \alpha^k ||J^0 - J^*||\}, k = 0, 1, \cdots$$

因为 T 是压缩映射且模为 α，同步收敛条件满足。因为 T 是加权极值模下的压缩映射，也满足盒子条件，于是得到命题中的结论。

2.6.2　异步策略迭代

现在将开发具有与前一节中的异步值迭代算法具有可比性质的异步策略迭代算法。处理器将一同保持并更新最优费用函数的一个估计 J^t，及最优策略的一个估计 μ^t。处理器 l 的局部的 J^t 和 μ^t 分别记作 J_l^t 和 μ_l^t，即，$J_l^t(x) = J^t(x)$ 和 $\mu_l^t(x) = \mu^t(x)$（对所有的 $x \in X_l$）。

对每个处理器 l，有两个不相交的时间点的子集合 $\mathcal{R}_l, \bar{\mathcal{R}}_l \subset \{0, 1, \cdots\}$，分别对应策略改进和策略评价迭代。在 $t \in \mathcal{R}_l \cup \bar{\mathcal{R}}_l$ 的时间点，处理器 l 的局部费用函数 J_l^t 在更新时使用其他处理器 $j \neq l$ 的"延迟的"局部费用 $J_j^{\tau_{lj}(t)}$，其中 $0 \leqslant \tau_{lj}(t) \leqslant t$。在时间点 $t \in \mathcal{R}_l$（局部的策略改进时间点），局部策略 μ_l^t 也被更新。对 $\mathcal{R}_l$ 和 $\bar{\mathcal{R}}_l$ 的多种选择，算法采用值迭代（当 $\mathcal{R}_l = \{0, 1, \cdots\}$）和策略迭代（当 $\bar{\mathcal{R}}_l$ 包含大量的 $\mathcal{R}_l$ 的连续元素的时间点）的角色。如前所述，将 $t - \tau_{lj}(t)$ 视作"通信延迟"，需要假设 2.6.1。

在乐观策略迭代的一个自然的异步版本中，在时间点 t，每个处理器 l 进行下面的某一步。

(a) **局部策略改进**：如果 $t \in \mathcal{R}_l$，处理器 l 对所有的 $x \in X_l$ 设置，

$$J_l^{t+1}(x) = \min_{u \in U(x)} H(x, u, J_1^{\tau_{l1}(t)}, \cdots, J_m^{\tau_{lm}(t)}) \tag{2.85}$$

$$\mu_l^{t+1}(x) = \arg \min_{u \in U(x)} H(x, u, J_1^{\tau_{l1}(t)}, \cdots, J_m^{\tau_{lm}(t)}) \tag{2.86}$$

(b) **局部策略评价**：如果 $t \in \bar{\mathcal{R}}_l$，处理器 l 对所有的 $x \in X_l$ 设置，

$$J_l^{t+1}(x) = H(x, \mu^t(x), J_1^{\tau_{l1}(t)}, \cdots, J_m^{\tau_{lm}(t)}) \tag{2.87}$$

并保持 μ_l 不变，即，$\mu_l^{t+1}(x) = \mu_l^t(x)$（对所有的 $x \in X_l$）。

(c) **没有局部变化**：如果 $t \notin \mathcal{R}_l \cup \bar{\mathcal{R}}_l$，处理器 l 保持 J_l 和 μ_l 不变，即，$J_l^{t+1}(x) = J_l^t(x)$ 和 $\mu_l^{t+1}(x) = \mu_l^t(x)$（对所有的 $x \in X_l$）。

不幸的是，即使当在实现时没有延迟 $\tau_{lj}(t)$，上述的策略迭代算法也是不可靠的。难点是该算法涉及混合应用 T 和不同的映射 T_μ，这些映射具有不同的不动点，所以在缺乏某种系统性的朝向 J^* 的趋势时，存在振荡的可能（见图 2.6.3）。虽然这在同步版本中并未发生（见命题 2.5.6），该算法的异步版本式 (2.55) 可能振荡除非 J^0 满足某种特殊的条件，比如 $TJ^0 \leqslant J^0$（这类振荡的例子已经在论文 [WiB93] 中构造出来；同时参阅 [Ber10c]，其中将 [WiB93] 中的一个例子按照本书的符号体系进行了重写）。

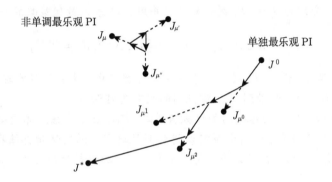

图 2.6.3 最乐观异步 PI 的图解。当从满足 $J^0 \geqslant TJ^0 = T_{\mu^0}J^0$ 的 J^0 和 μ^0 开始时，算法会单调收敛于 J^*（见右面的轨迹）。然而对于其他初始条件，有可能出现振荡，因为当 μ 值改变时，映射 T_μ 有不同的不动点且"针对不同的目标"。原来这样的振荡是不可能发生在算法被同步执行的时候，但可能发生在算法被异步执行的时候。左侧的轨迹展示了一个在三个策略 μ、μ'、μ'' 之间的循环

本节和下一节将开发两种分布式异步策略迭代算法，每种使用一种机制提前排除了之前描述的振荡行为。在第一种算法中，存在一种简单的随机机制，使用这种机制时式 (2.87) 的策略评价以某个正的概率被式 (2.85) 和式 (2.86) 的策略改进替代。在第二种算法中，引入一个映射 F_μ，该映射定义在 Q-因子的空间上，具有普遍的不动点的性质：其不动点与 J^* 相关且对所有的 μ 相同，所以图 2.6.3 中展示的异常不会出现。第一种算法虽然简单，但需要一些限制条件，包括策略集合是有限的。第二种算法更为复杂，但没有这一限制条件。

具有随机性的一种乐观异步算法

引入一种机制，该机制提供一种随机的机制来避免振荡行为。该机制由一个小的正概率 $p > 0$ 所定义，策略评价迭代以概率 p 替代为策略改进迭代，与过去的迭代结果独立。对这一随机过程建模，并假设在该算法开始前，重新组织集合 $\mathcal{R}_l$ 和 $\bar{\mathcal{R}}_l$ 如下：选择每个集合 $\bar{\mathcal{R}}_l$ 的每个元素，并以概率 p 将其从 $\bar{\mathcal{R}}_l$ 中除去，将其加入 $\mathcal{R}_l$（与其他元素独立）。

假设如下条件：

假设 2.6.2 (a) 策略集合 $\mathcal{M}$ 有限。

(b) 存在整数 $B \geqslant 0$，满足

$$(\mathcal{R}_l \cup \bar{\mathcal{R}}_l) \cap \{\tau \mid t < \tau \leqslant t + B\} \neq \varnothing, \forall t, l$$

(c) *存在整数 $B' \geqslant 0$, 满足*

$$0 \leqslant t - \tau_{lj}(t) \leqslant B', \forall t, l, j$$

假设 2.6.2 保证每个处理器 l 在每个连续 B 次迭代中将执行至少一个策略迭代或者策略改进迭代, 并保证通信延迟有上界 B'。该算法的收敛性由下面的命题给出。

命题 2.6.3 在假设 2.5.1、假设 2.5.2、假设 2.6.1 和假设 2.6.2 下, 对之前的具有随机性的算法, 有

$$\lim_{t \to \infty} J^t(x) = J^*(x), \forall x \in X$$

以概率 1 成立。

证明 令 J^* 和 J_μ 分别为 T 和 T_μ 的不动点, 并用 $\mathcal{M}^*$ 表示最优策略的集合:

$$\mathcal{M}^* = \{\mu \in \mathcal{M} | J_\mu = J^*\} = \{\mu \in \mathcal{M} | T_\mu J^* = T J^*\}$$

证明该算法最终 (以概率 1) 进入 J^* 的一个小领域并停留其中, 生成的策略在 $\mathcal{M}^*$ 中, 变得等价于异步值迭代, 所以由命题 2.6.2 收敛到 J^*。该证明的思想包括两步。

(1) 存在一个充分小的以 J^* 为球心的加权极值模球, 记作 S^*, 在该球体内测了改进只生成在 $\mathcal{M}^*$ 中的策略, 所以对这些策略的策略评价和策略改进如果从这里开始将保持算法在 S^* 中, 并且从 T 和 $T_\mu, \mu \in \mathcal{M}^*$ 的压缩和共同不动点性质出发, 将减小与 J^* 的加权极值模距离。这是命题 2.5.2 的结果 [参见式 (2.43)]。

(2) 以概率 1, 得益于随机性机制, 该算法将最终永远进入 S^* 并生成 $\mathcal{M}^*$ 中的策略。

现在证明 (1) 和 (2) 的能处理延迟和异步性的合适的形式。首先定义一个有界集合, 该算法始终停留在其中。考虑如下集合

$$A_b = \{J | \ ||J - J_\mu|| \leqslant b, \forall \mu \in \mathcal{M}\}$$

其中 $||\cdot||$ 表示加权极值模且 b 充分大以至于 A_b 是非空的。于是 A_b 有界, 因为由假设 2.6.2 可知 $\mathcal{M}$ 是有限集合。注意, 对所有的 $\mu \in \mathcal{M}$ 和 $J \in A_b$, 有 $T_\mu J \in A_b$, 因为

$$||T_\mu J - J_\mu|| = ||T_\mu J - T_\mu J_\mu|| \leqslant \alpha ||J - J_\mu|| \leqslant \alpha b < b$$

令 b 充分大以至于 $J^0 \in A_b$, 并定义

$$S(k) = \{J | \ ||J - J^*|| \leqslant \alpha^k c\}$$

其中 c 充分大使得 $A_b \subset S(0)$。于是 $J^t \in A_b$, 对所有的 t, 有 $J^t \in S(0)$。

令 k^* 满足

$$J \in S(k^*) \text{和} T_\mu J = T J \Rightarrow \mu \in \mathcal{M}^* \tag{2.88}$$

应注意 $\mathcal{M}$ 有限和命题 2.5.2, 这样的 k^* 存在 [参见式 (2.43)]。

现在宣称以概率 1, 对任意给定的 $k \geqslant 1$, J^t 将最终进入 $S(k)$ 并在至少之后的 B' 次连续迭代中停留在 $S(k)$ 之中。这是因为随机机制满足对任意的 t 和 k, 以至少 $p^{k(B+B')}$ 的概率之后的 $k(B + B')$ 次迭代是策略改进, 所以 $J^{t+k(B+B')-\xi} \in S(k)$ 对所有满足 $0 \leqslant \xi < B'$ 的 ξ 成立 [如果 $t \geqslant B' - 1$, 有 $J^{t-\xi} \in S(0)$ (对所有的满足 $0 \leqslant \xi < B'$ 的 ξ), 所以 $J^{t+B+B'-\xi} \in S(1)$ 对所有的 $0 \leqslant \xi < B'$ 成立, 这意味着 $J^{t+2(B+B')-\xi} \in S(2)$ 对 $0 \leqslant \xi < B'$ 成立, 等]。

于是有以概率 1, 对于某个 $\bar{t}$, 将对所有满足 $\bar{t}-B' \leqslant \tau \leqslant \bar{t}$ 的 τ, 有 $J^{\tau} \in S(k^*)$ 和 $\mu^{\bar{t}} \in M^*$[参见式 (2.88)]。基于式 (2.88)、式 (2.86) 和式 (2.87) 对算法的定义, 可以看到在下一次迭代时, 有 $\mu^{\bar{t}+1} \in M^*$ 和

$$||J^{\bar{t}+1} - J^*|| \leqslant ||J^{\bar{t}} - J^*|| \leqslant \alpha^{k^*} c$$

所以有 $J^{\bar{t}+1} \in S(k^*)$; 这是因为从 $J_{\mu^{\bar{t}}} = J^*$ 的视角和 T 以及 $T_{\mu^{\bar{t}}}$ 的压缩性质, 有

$$\frac{|J_l^{\bar{t}+1}(x) - J_l^*(x)|}{v(x)} \leqslant \alpha||J^{\bar{t}} - J^*|| \leqslant \alpha^{k^*+1} c \tag{2.89}$$

对所有的 $x \in X_l$ 和满足 $\bar{t} \in \bar{\mathcal{R}}_l \cup \mathcal{R}_l$ 的 l, 而对所有其他的 x 有 $J^{\bar{t}+1}(x) = J^{\bar{t}}(x)$。类似分析下去, 对所有 $t > \bar{t}$, 将有对所有满足 $t-B' \leqslant \tau \leqslant t$ 的 τ, 有 $t > \bar{t}$ 和 $\mu^t \in M^*$。所以, 在 $\bar{t}$ 之后最多 B 次迭代 [在 J_l 的所有元素都通过策略评价或者策略改进更新至少一次之后, 以至于

$$\frac{|J_l^{t+1}(x) - J_l^*(x)|}{v(x)} \leqslant \alpha||J^{\bar{t}} - J^*|| \leqslant \alpha^{k^*+1} c$$

对每个 $i, x \in X_l$ 和满足 $\bar{t} \leqslant t < \bar{t}+B$ 的某个 t, 参见式 (2.89)], J^t 将永远进入 $S(k^*+1)$, 满足 $\mu^t \in M^*$ (因为 $\mu^t \in M^*$ 对所有的 $t \geqslant \bar{t}$ 成立, 正如之前所证)。于是, 根据同样的原因, 在最多另外 $B'+B$ 次迭代之后, J^t 将永远进入 $S(k^*+2)$, 满足 $\mu^t \in M^*$, 等等。所以, J^t 将以概率 1 收敛到 J^*。

命题 2.6.3 的证明说明最终 (在某次迭代之后以概率 1) 该算法将变得等价于异步值迭代 (每个算法评价将生成与策略改进同样的结果), 从而毫无例外地生成最优策略。然而, 这一现象发生所将经历的迭代次数的期望值可能非常大。进一步地, 证明依赖于策略集合有限。这些现象产生了对这一算法在实用中的有效性的疑问。不过, 对许多问题该算法性能良好, 特别是很少出现振荡的现象。

一个可能重要的事情是对随机概率 p 的选择。如果 p 太小, 那么收敛速度可能慢, 因为可能在较长的时间内发生振荡行为。另一方面, 如果 p 大, 那么可能需要进行大量的策略改进迭代, 从而采用乐观策略迭代所希望的收益可能会丧失。自适应的机制将基于算法的进展来调整 p, 可能是解决这一问题的一个有意思的可能性。

2.6.3　具有均一不动点的策略迭代

现在将讨论另一种处理式 (2.85)～式 (2.87) 的 "自然的" 异步策略迭代算法的收敛性困难的方法。正如在图 2.5.1 中展示的与乐观策略迭代的联系, 映射 T 和 T_μ 具有不同的不动点。结果是, 乐观与分布式策略迭代, 后者涉及不规则的应用 T_μ 和 T, 并且没有 "一致的目标"。

记住这一点, 引入一个新的映射, 由 μ 来参数化并对所有的 μ 具有共同的不动点, 该映射容易得出 J^*。这一映射是一个加权机制模映射且模为 α, 所以该映射可以与异步值迭代和策略迭代联合使用。[①] 该映射在一个 (V, Q) 对上操作, 其中:

V 是一个向量, 对每个 x 有一个元素 $V(x)$ (在动态规划的视角下这可以被视作一个费用向量)。

Q 是一个向量, 对每个 (x, u) 对有一个元素 $Q(x, u)$ (在动态规划的视角下这可以被视作 Q-因子的向量)。

---

① 一般而言, 如果有由 μ 参数化的映射的集合, 每个映射都是加权机制模压缩映射且具有共同的模和共同的不动点, 我们将在每次迭代中对其中任意一个进行迭代而不会对异步收敛性质产生负面影响。这可以通过对异步收敛定理 (命题 2.6.1) 的一个简单的变化来证明; 见习题 2.11。

这生成了一个对

$$(MF_\mu(V,Q), F_\mu(V,Q))$$

其中:

$F_\mu(V,Q)$ 是一个向量, 对每个 (x,u) 有一个元素 $F_\mu(V,Q)(x,u)$ 定义为

$$F_\mu(V,Q)(x,u) \stackrel{\text{def}}{=} H(x,u,W_\mu(V,Q)) \tag{2.90}$$

$W_\mu(V,Q)$ 是 x 的函数, 定义为

$$W_\mu(V,Q)(x) = \min\{V(x), Q(x,\mu(x))\}, x \in X \tag{2.91}$$

$MF_\mu(V,Q)$ 是一个向量, 对每个 x 有个元素 $(MF_\mu(V,Q))(x)$, 其中 M 表示在 u 上进行最小化, 所以有

$$(MF_\mu(V,Q))(x) = \min_{u \in U(x)} F_\mu(V,Q)(x,u) \tag{2.92}$$

例 2.6.2(折扣马尔可夫决策过程的异步乐观策略迭代)

考虑 2.1 节的折扣马尔可夫决策过程的特殊情况。有

$$H(x,u,J) = \sum_{y=1}^{n} p_{xy}(u)\left(g(x,u,y) + \alpha J(y)\right)$$

和

$$\begin{aligned}
F_\mu(V,Q)(x,u) &= H(x,u,W_\mu(V,Q)) \\
&= \sum_{y=1}^{n} p_{xy}(u)\left(g(x,u,y) + \alpha \min\{V(y), Q(y,\mu(y))\}\right)
\end{aligned}$$

$$(MF_\mu(V,Q))(x) = \min_{u \in U(x)} \sum_{y=1}^{n} p_{xy}(u)\left(g(x,u,y) + \alpha \min\{V(y), Q(y,\mu(y))\}\right)$$

[参见式 (2.90)~ 式 (2.92)]。注意 $F_\mu(V,Q)$ 是一个映射, 定义了最优停止问题的策略 μ 的 Q-因子的贝尔曼方程, 该问题中停止在状态 y 的费用等于 $V(y)$。

现在考虑如下定义的映射 G_μ

$$G_\mu(V,Q) = (MF_\mu(V,Q), F_\mu(V,Q)) \tag{2.93}$$

并证明该映射具有一个重要的均一压缩性质和一个对应的均一不动点。为此, 在 (V,Q) 的空间中引入如下定义的模

$$\|(V,Q)\| = \max\{\|V\|, \|Q\|\}$$

其中 $\|V\|$ 是 V 的加权极值模, $\|Q\|$ 定义如下

$$\|Q\| = \max_{x \in X, u \in U(x)} \frac{|Q(x,u)|}{v(x)}$$

有如下命题。

命题 2.6.4 令假设 2.5.1 和假设 2.5.2 成立。考虑由式 (2.90)~ 式 (2.93) 定义的映射 G_μ。那么对所有的 μ, 有:

(a) (J^*, Q^*) 是 G_μ 的唯一不动点, 其中 Q^* 定义如下

$$Q^*(x, u) = H(x, u, J^*), x \in X, u \in U(x) \tag{2.94}$$

(b) 下面的均一压缩性质对所有的 (V, Q)、$(\tilde{V}, \tilde{Q})$ 成立:

$$\|G_\mu(V, Q) - G_\mu(\tilde{V}, \tilde{Q})\| \leqslant \alpha \|(V, Q) - (\tilde{V}, \tilde{Q})\|$$

证明 (a) 使用式 (2.94) 的 Q^* 的定义, 有

$$J^*(x) = (TJ^*)(x) = \min_{u \in U(x)} H(x, u, J^*) = \min_{u \in U(x)} Q^*(x, u), \forall x \in X$$

所以有

$$\min\{J^*(x), Q^*(x, \mu(x))\} = J^*(x), \forall x \in X, \mu \in \mathcal{M}$$

使用式 (2.90) 的 F_μ 的定义, 有 $F_\mu(J^*, Q^*) = Q^*$, 同时有 $MF_\mu(J^*, Q^*) = J^*$, 所以 (J^*, Q^*) 是 G_μ 对所有的 μ 的不动点。该不动点的唯一性将通过 (b) 部分的压缩性质证明。

(b) 使用式 (2.90)~ 式 (2.91) 对 F_μ 和 W_μ 的定义, 可以证明对所有的 (V, Q)、$(\tilde{V}, \tilde{Q})$, 有

$$\|F_\mu(V, Q) - F_\mu(\tilde{V}, \tilde{Q})\| \leqslant \alpha \|W_\mu(V, Q) - W_\mu(\tilde{V}, \tilde{Q})\|$$
$$\leqslant \alpha \max\{\|V - \tilde{V}\|, \|Q - \tilde{Q}\|\} \tag{2.95}$$

事实上, 第一个不等式来自压缩性假设 2.5.1, 第二个不等式源自最小化映射的非扩张性质: 对任意的 $J_1, J_2, \tilde{J}_1, \tilde{J}_2$, 有

$$\|\min\{J_1, J_2\} - \min\{\tilde{J}_1, \tilde{J}_2\}\| \leqslant \max\{\|J_1 - \tilde{J}_1\|, \|J_2 - \tilde{J}_2\|\} \tag{2.96}$$

[对每个 x 有,

$$\frac{J_m(x)}{v(x)} \leqslant \max\{\|J_1 - \tilde{J}_1\|, \|J_2 - \tilde{J}_2\|\} + \frac{\tilde{J}_m(x)}{v(x)}, m = 1, 2$$

两边同时对 m 取最小, 交换 J_m 和 $\tilde{J}_m$, 并对 x 取最大]。这里使用式 (2.96) 的关系, $J_1 = V, \tilde{J}_1 = \tilde{V}, J_2(x) = Q(x, \mu(x)), \tilde{J}_2(x) = \tilde{Q}(x, \mu(x))$ (对所有的 $x \in X$)。

下面注意对所有的 Q 和 $\tilde{Q}$, 有[①]

$$\|MQ - M\tilde{Q}\| \leqslant \|Q - \tilde{Q}\|$$

这与式 (2.95) 联立获得

$$\max\{\|MF_\mu(V, Q) - MF_\mu(\tilde{V}, \tilde{Q})\|, \|F_\mu(V, Q) - F_\mu(\tilde{V}, \tilde{Q})\|\}$$
$$\leqslant \alpha \max\{\|V - \tilde{V}\|, \|Q - \tilde{Q}\|\}$$

---

① 作为证明有

$$\frac{Q(x, u)}{v(x)} \leqslant \|Q - \tilde{Q}\| + \frac{\tilde{Q}(x, u)}{v(x)}, \forall u \in U(x), x \in X$$

在两侧同时对 $u \in U(x)$ 取最小, 交换 Q 和 $\tilde{Q}$, 并对 $x \in X$ 和 $u \in U(x)$ 取最大。

或者等价地有 $\|G_\mu(V,Q) - G_\mu(\tilde{V},\tilde{Q})\| \leqslant \alpha\|(V,Q) - (\tilde{V},\tilde{Q})\|$。

因为命题 2.6.4(b) 的均一压缩性质，类似式 (2.84) 中的值迭代算法的分布式不动点迭代可与式 (2.93) 的映射同时使用来异步地产生一个序列 $\{(V^t,Q^t)\}$，该序列保证对任意序列 $\{\mu^t\}$ 收敛到 (J^*,Q^*)。这可以通过使用命题 2.6.2 来证实（更确切地说，是与那个命题的证明非常类似的一个证明）；式 (2.93) 的映射表示了式 (2.84) 中的 T。①

为了描述对应的异步策略迭代算法，再次考虑 m 个处理器，将 X 分解成为集合 $X_1,\cdots,X_m$，并将每个子集 X_l 分配到一个处理器 $l \in \{1,\cdots,m\}$。下面对式 (2.86) 和式 (2.87) 的 "自然的" 异步策略迭代算法的变化 [没有 "通信延迟" $t-\tau_{lj}(t)$] 可证明是收敛的，即 $V^t \to J^*,Q^t \to Q^*$。每个处理器 l 仅对 x 在其 "局部" 状态空间 X_l 操作 $V^t(x),Q^t(x,u)$ 和 $\mu^t(x)$。特别地，在每个时刻 t，每个处理器 l 进行下面的某个操作：

(a) **局部策略改进**：如果 $t \in \mathcal{R}_l$，处理器 l 对所有的 $x \in X_l$ 设置，

$$V^{t+1}(x) = \min_{u \in U(x)} H(x,u,W_{\mu^t}(V^t,Q^t))$$

其中 W_{μ^t} 由式 (2.91) 给定，令 $\mu^{t+1}(x)$ 为达到极小值的 u，保持 Q 不变，即，$Q^{t+1}(x,u) = Q^t(x,u)$[对所有的 $x \in X_l$ 和 $u \in U(x)$]。

(b) **局部策略评价**：如果 $t \in \bar{\mathcal{R}}_l$，处理器 l 对所有的 $x \in X_l$ 和 $u \in U(x)$ 设定

$$Q^{t+1}(x,u) = H(x,u,W_{\mu^t}(V^t,Q^t))$$

保持 V 和 μ 不变，即，$V^{t+1}(x) = V^t(x)$ 和 $\mu^{t+1}(x) = \mu^t(x)$[对所有的 $x \in X_l$]。

(c) **没有局部的变化**：如果 $t \notin \mathcal{R}_l \cup \bar{\mathcal{R}}_l$，处理器 l 保持 Q、V 和 μ 不变，即，$Q^{t+1}(x,u) = Q^t(x,u)$ 对所有的 $x \in X_l$ 和 $u \in U(x)$ 成立，$V^{t+1}(x) = V^t(x)$ 和 $\mu^{t+1}(x) = \mu^t(x)$ 对所有的 $x \in X_l$ 成立。

注意当这一算法不涉及 "通信延迟" $t-\tau_{lj}(t)$ 时，该算法可以清晰地被推广到包括这一情形。原因是异步收敛分析框架与命题 2.6.4 的均一加权极值模压缩性质合在一起允许存在这样的延迟。

减小空间的实现

之前的策略迭代算法适用于同时加速对 J^* 和 Q^* 的计算。然而，如果目标只是为了计算 J^*，那么更简单且有效的算法是可能的。至此，注意到之前的算法在执行时无须维护完整的向量 Q。因为对于 $u \neq \mu^t(x)$ 的值 $Q^t(x,u)$ 不出现在计算中，于是仅需要值 $Q(x,\mu^t(x))$，这个值保存在向量 J^t 中：

$$J^t(x) \stackrel{\text{def}}{=} Q(x,\mu^t(x))$$

这是如下算法的基础，在该算法中，用如下定义的函数 $\min\{V^t,J^t\}$ 来表述

$$\min\{V^t,J^t\}(x) = \min\{V^t(x),J^t(x)\}, x \in X$$

在每个时间点 t 对每个处理器 l，

---

① 因为 F_μ 和 G_μ 依赖 μ，这改变了算法的进程，必须使用异步收敛定理的少许扩展来证明如下算法的收敛性，该扩展在习题 2.11 中给出。

(a) **局部策略改进**: 如果 $t \in \mathcal{R}_l$，那么处理器 l 对所有的 $x \in X_l$，有

$$J^{t+1}(x) = V^{t+1}(x) = \min_{u \in U(x)} H(x, u, \min\{V^t, J^t\}) \tag{2.97}$$

令 $\mu^{t+1}(x)$ 为达到最小值的 u。

(b) **局部策略评价**: 如果 $t \in \bar{\mathcal{R}}_l$，处理器 l 对所有的 $x \in X_l$，设定

$$J^{t+1}(x) = H(x, \mu^t(x), \min\{V^t, J^t\}) \tag{2.98}$$

并保持 V 和 μ 不变，即，对所有的 $x \in X_l$，有

$$V^{t+1}(x) = V^t(x), \mu^{t+1}(x) = \mu^t(x)$$

(c) **没有局部变化**: 如果 $t \notin \mathcal{R}_l \cup \bar{\mathcal{R}}_l$，处理器 l 保持 J、V 和 μ 不变，即，对所有的 $x \in X_l$，有

$$J^{t+1}(x) = J^t(x), V^{t+1}(x) = V^t(x), \mu^{t+1}(x) = \mu^t(x)$$

例 2.6.3（折扣马尔可夫决策过程的异步乐观策略迭代——续）　为了解释之前的算法如何实现，考虑 2.1 节的折扣马尔可夫决策过程的特例（参阅例 2.6.2）。这里

$$H(x, u, J) = \sum_{y=1}^{n} p_{xy}(u) \left(g(x, u, y) + \alpha J(y) \right)$$

如下给定的映射 $F_\mu(V, Q)$

$$F_\mu(V, Q)(x, u) = \sum_{y=1}^{n} p_{xy}(u) \left(g(x, u, y) + \alpha \min\{V(y), Q(y, \mu(y))\} \right)$$

定义了对应的停止问题中的 μ 的 Q-因子。在式 (2.97) 和式 (2.98) 的策略迭代算法中，μ 的策略评价目的是求解这一停止问题，而不是求解线性系统的方程，正如传统的策略迭代。特别地，式 (2.98) 的策略评价迭代是

$$J^{t+1}(x) = \sum_{y=1}^{n} p_{xy}\left(\mu^t(x)\right) \left(g(x, \mu^t(x), y) + \alpha \min\{V^t(y), J^t(y)\} \right)$$

对所有的 $x \in X_l$ 成立。式 (2.97) 的策略改进迭代是对如下问题的值迭代:

$$J^{t+1}(x) = V^{t+1}(x) = \min_{u \in U(x)} \sum_{y=1}^{n} p_{xy}(u) \left(g(x, u, y) + \alpha \min\{V^t(y), J^t(y)\} \right)$$

对所有的 $x \in X_l$ 成立，而当前的策略局部更新为

$$\mu^{t+1}(x) = \arg \min_{u \in U(x)} \sum_{y=1}^{n} p_{xy}(u) \left(g(x, u, y) + \alpha \min\{V^t(y), J^t(y)\} \right)$$

对所有的 $x \subset X_l$ 成立。"停止费用" $V^t(y)$ 是最近的费用值，通过 y 的局部策略改进获得。

例 2.6.4(动态博弈的异步乐观策略迭代) 考虑例 2.5.2 和例 2.5.3 的折扣动态博弈问题的乐观策略迭代算法 [参见式 (2.97) 和式 (2.98)]。在这个问题中,局部策略评价这一步 [参见式 (2.98)] 包括最大化一方的动态规划问题的局部的值迭代,假设最小化一方的策略固定,停止费用 V^t 如式 (2.98)。在状态 x 的局部策略改进一步 [参见式 (2.97)] 包括求解一个静态博弈,其收益矩阵也涉及用 $\min\{V^t, J^t\}$ 替代 J^t,正如式 (2.97) 所示。

采用差值的变形

在式 (2.98) 中使用 $\min\{V^t, J^t\}$(而不是 J^t)为算法的收敛性提供了增强机制,这也可能导致效率低下,特别是当对许多 x 值 $V^t(x)$ 从下面接近其极限 $J^*(x)$ 时。于是 $J^{t+1}(x)$ 被设定为比如下迭代更小的一个值

$$\hat{J}^{t+1}(x) = H(x, \mu^t(x), J^t) \tag{2.99}$$

由 "标准的" 策略评价迭代给定,在某种意义上这可能减慢算法。

一个可能的处理这个问题的办法是使用算法的一种变形,该变形适当地修改式 (2.98),使用具有参数 $\gamma_t \in (0,1]$ 的差值,$\gamma_t \to 0$。特别地,对 $t \in \bar{\mathcal{R}}_l$ 和 $x \in X_l$,计算式 (2.98) 和式 (2.99) 给定的值 $J^{t+1}(x)$ 和 $\hat{J}^{t+1}(x)$,如果

$$J^{t+1}(x) < \hat{J}^{t+1}(x) \tag{2.100}$$

则将 $J^{t+1}(x)$ 重新设定为

$$(1 - \gamma_t)J^{t+1}(x) + \gamma_t \hat{J}^{t+1}(x) \tag{2.101}$$

该算法的思想是当式 (2.100) 的条件满足时以 $J^{t+1}(x)$ 的更大值为目标。渐近地,当 $\gamma_t \to 0$ 时,式 (2.100) 和式 (2.101) 的迭代变得与式 (2.98) 的收敛性的更新相同。这类算法的更详细的分析,请参阅论文 [BeY10b]。

2.7 注释、资源和习题

2.2.1 节中给出的值迭代的误差界、引理 2.5.1、习题 2.10 源自 MacQueen[McQ66](同时参见 Porteus[Por71]、[Por75] 和 Porteus 与 Totten[PoT78])。对应的收敛速率在 Morton[Mor71]、Morton 和 Wecker[MoW77] 中有讨论。误差界的使用可被视作值迭代中的第一类修正的特例,见习题 2.4 和本书作者的论文 [Ber95a],后者还描述了多类修正方法。

折扣问题的高斯–赛德尔方法由 Hastings[Has68] 提出。该算法的收敛性的详细讨论和相关背景在 Bertsekas 和 Tsitsiklis 所著的 [BeT89] 一书的 2.6 节中给出。值迭代的并行化和与雅可比和高斯–赛德尔方法的对比在 Archibald、McKinnon 和 Thomas 的 [AMT93],Bertsekas 和 Tsitsiklis 的 [BeT89]、[BeT91a] 以及 Tsitsiklis[Tsi89] 中有讨论。

折扣问题的策略迭代由 Bellman[Bel57] 提出。乐观策略迭代算法的思想(在策略评价一步使用有限步的值迭代)在多位作者的工作中出现。该思想首次形式化地由 van Nunen[Van76] 提出并分析。Puterman 和 Shin 的 [PuS78]、[PuS82] 的论文也产生了影响,参见 Puterman[Put94]。对折扣马尔可夫决策过程的值迭代、策略迭代和乐观策略迭代类型的重要的 Q-学习算法将在第 6 章讨论。

单步前瞻策略的误差界在许多工作中给出，可以参见 Denardo 的 [Den67]、Williams 和 Baird 的 [WiB93]、Tsitsiklis 和 Van Roy 的 [TsV96]。Bertsekas 和 Tsitsiklis 的 [BeT96] 一书第 I 卷第 6 章含有有限步前瞻策略的大量讨论。以滚动算法及其与模型预测控制的联系为着重点的综述由本书作者在 [Ber05a] 中给出。约束动态规划问题的滚动算法也在本书作者的 [Ber05a]、[Ber05b] 中有讨论。策略迭代和牛顿方法（见习题 2.8）的关系由 Pollatschek 和 Avi-Itzhak[PoA69] 指出，并进一步由 Puterman 和 Brumelle[PuB78] 讨论。

2.4 节的线性规划方法由 D'Epenoux[D'Ep60] 提出。策略迭代与单纯形方法应用于求解折扣问题的线性规划之间存在联系。特别地，可以证明线性规划的具有分块旋转规则的单纯形方法在数学上等价于策略迭代算法，例如参见 Kallenberg[Kal83]、[Kal94a]、[Kal94b] 和 Puterman[Put94]，以及其中引用的文献。使用奇函数和线性规划的近似方法由 Schweitzer 和 Seidman[ScS85] 提出但没有分析，进一步由 Farias 和 Van Roy 在 [DFV03]、[DFV04]、[DeF04] 中发展。在网络定价中的应用参见 Paschalidis 和 Tsitsiklis[PaT00]。近似线性规划（尽管未在本书中讨论）是有希望的方法，值得进一步关注。

折扣马尔可夫决策过程在广义的加权极值模映射下的计算方法的抽象（见 2.5 节）来自本书作者的综述论文 [Ber12]，依赖几篇之前的使用更具体化假设条件的分析。命题 2.5.1 的多阶段误差界（见 2.5.1 节）源自 Scherrer[Sch12] 最近工作，这篇论文讨论了在折扣马尔可夫决策过程的近似值迭代和策略迭代中使用周期性策略。近似值迭代的相关讨论，包括例 2.5.1 中的误差放大现象，以及相关的误差界，见 Munos 和 Szepesvari[MuS08]。推广的同步乐观策略迭代的收敛性分析（见 2.5.5 节）来自 Rothblum[Rot79]，文中考虑了未加权极值模的情形（$v = e$），参见 Canbolat 和 Rothblum[CaR11]，文中考虑了乐观策略迭代方法，其中策略改进操作中的最小化采用了近似，在某个 $\epsilon > 0$ 范围内。本书中的加权极值模的推广是新的，将在第 3 章中用于证明乐观策略迭代在第 I 卷 7.2 节中的随机最短路问题中的收敛性。2.5.6 节中的误差界和近似策略迭代的分析（见命题 2.5.8）源自 Bertsekas 和 Tsitsiklis[BeT96]。相关分析由 Munos[Mun03] 给出。乐观策略迭代的界（见命题 2.5.11 和习题 2.16）源自 Thierry 和 Scherrer[ThS10b]，文中分析了折扣马尔可夫决策过程的情形。我们基本采用了他们的证明。相关的误差界和分析由 Scherrer[Sch11] 给出。

对折扣马尔可夫决策过程和博弈、最短路问题和 1.6 节的推广的动态规划模型的异步值迭代（2.6.1 节）由本书作者在 [Ber82a] 中提出。总异步收敛定理 2.6.1 在作者的论文 [Ber83] 中首次给出，文中给出了多种算法，包括折扣和非折扣动态规划问题的值迭代，无约束优化的梯度方法（参见 [BeT89]，给出了教材类型的内容）。

折扣马尔可夫决策过程的异步策略迭代在条件 $J^0 \geqslant T_{\mu^0} J^0$ 下的收敛性由 Williams 和 Baird[WiB93] 给出，他们还给出了例子以展示当没有这一条件时，算法可能出现循环。解决这一困难的异步策略迭代算法（见 2.6.2 节和 2.6.3 节），大部分是基于 Bertsekas 和 Yu[BeY10a]、[BeY10b] 的工作。这些方法还用于随机 Q-学习算法的发展，将在 6.6.2 节讨论。

有若干算法没有涉及。有限状态无穷阶段问题的复杂性分析在 Papadimitriou 和 Tsitsikilis[PaT87] 中给出。对无穷状态空间系统用有限状态马尔可夫链近似的离散化方法在 Fox[Fox71]、Haurie 和 L'Ecuyer [HaL86]、Whitt[Whi78],[Whi79]、White[Whi80a] 和作者的 [Ber75] 中讨论。相关的多网格近似方法和相关的复杂性分析，参见 Chow 和 Tsitsiklis[ChT89],[ChT91]。处理无穷状态空间的基于随机化的一种不同的方法,由 Rust[Rus97] 引入,参见 Rust[Rus95]。

我们最后指出动态规划自初始就被视作是具有广泛应用的一种方法,但一直围绕着计算问题受到若干关键的局限。贝尔曼将此描述为 "维数灾难",以此描述离散状态问题中状态个数增加或者在连续状态问题中状态空间维数增加时所需的计算量会爆炸。通过近似处理这一困难是过去 25 年中动态规划在算法上的主要进展,其中仿真扮演了重要角色。第 6 章和第 7 章将讨论值迭代和策略迭代如何适用于近似的费用函数和仿真。本章的分析将作为这一分析的导引和基础。

习题

2.1 写一个计算机程序迭代计算满足如下条件的向量 J_μ

$$J_\mu = \begin{pmatrix} 1 \\ 2 \\ 3 \end{pmatrix} + \alpha \begin{pmatrix} 3/4 & 1/4 & 0 \\ 1/4 & 3/4 - \epsilon & \epsilon \\ 0 & \epsilon & 1 - \epsilon \end{pmatrix} J_\mu$$

对 $\alpha = 0.9$ 和 $\alpha = 0.999$,$\epsilon = 0.5$ 和 $\epsilon = 0.001$ 的所有组合计算。尝试采用和不采用误差界的值迭代。讨论所得结果。

2.2 令 $\bar{J} : X \mapsto \Re$ 是定义在 X 上的任意有界函数,考虑 2.2 节中的值迭代方法,起始函数 $J : X \mapsto \Re$ 具有如下形式

$$J(x) = \bar{J}(x) + r, x \in X$$

其中 r 是某个标量。证明命题 2.2.1 的界 $(T^k J)(x) + \underline{c}_k$ 和 $(T^k J)(x) + \bar{c}_k$ 与标量 r 对所有的 $x \in X$ 独立。证明如果 X 包含单个状态 $\tilde{x}$(即,$X = \{\tilde{x}\}$),那么有

$$(TJ)(\tilde{x}) + \underline{c}_1 = (TJ)(\tilde{x}) + \bar{c}_1 = J^*(\tilde{x})$$

2.3(值迭代的另一个雅可比版本) 考虑 2.1 节的 n- 状态的折扣马尔可夫决策过程和从任意函数 $J : S \mapsto \Re$ 开始的值迭代方法的版本,迭代地生成 $FJ, F^2 J, \cdots$,其中 F 是如下定义的映射

$$(FJ)(i) = \min_{u \in U(i)} \frac{g(i, u) + \alpha \sum_{j \neq i} p_{ij}(u) J(j)}{1 - \alpha p_{ii}(u)}$$

证明当 $k \to \infty$ 时 $(F^k J)(i) \to J^*(i)$,并给出至少与常规方法相当的收敛速率估计。证明 F 是等价的动态规划问题的动态规划映射,该等价问题中在每个状态的停留概率为 0。

2.4(第一类修正的收敛性质 [Ber95a]) 考虑系统 $J = FJ$ 的解,其中映射 $F : \Re^n \mapsto \Re^n$ 确定了如下关系

$$FJ = h + QJ$$

h 是 $\Re^n$ 中的给定向量,Q 是一个 $n \times n$ 矩阵。令 d 为 $\Re^n$ 中的一个向量,考虑一般的第一类修正迭代 $J := MJ$,其中映射 $M : \Re^n \mapsto \Re^n$ 确定了如下关系

$$MJ = FJ + \gamma z$$

和

$$z = Qd, \gamma = \frac{(d-z)'(FJ-J)}{||d-z||^2}$$

(a) 证明系统 $J = FJ$ 的任意解 J^* 满足 $J^* = MJ^*$。

(b) 验证使用式 (2.13) 误差界的值迭代方法是迭代 $J := MJ$ 的特例，其中 d 等于单位向量。

(c) 假设 d 是 Q 的特征向量，令 λ 为对应的特征值，令 $\lambda_1, \cdots, \lambda_{n-1}$ 为剩下的特征值。证明 MJ 可被写成

$$MJ = h + RJ$$

其中 h 是 $\Re^n$ 中的某个向量且有

$$R = Q - \frac{\lambda}{(1-\lambda)||d||^2} dd'(I-Q)$$

证明 $Rd = 0$，且对所有的 k 和 J，有

$$R^k = RQ^{k-1}, M^k J = M(F^{k-1}J)$$

进一步地，R 的特征值是 $0, \lambda_1, \cdots, \lambda_{n-1}$（这最后一个论断需要稍许复杂的证明；参见 [Ber95a]）。

(d) 令 d 如 (c) 部分中所定义，假设 $e_1, \cdots, e_{n-1}$ 是与 $\lambda_1, \cdots, \lambda_{n-1}$ 相对应的特征向量。假设向量 J 可被写成

$$J = J^* + \xi e + \sum_{i=1}^{n-1} \xi_i e_i$$

其中 J^* 是该系统的解。证明，对所有的 $k > 1$，有

$$M^k J = J^* + \sum_{i=1}^{n-1} \xi_i \lambda_i^{k-1} R e_i$$

所以如果 λ 是最大特征值且 $\lambda_1, \cdots, \lambda_{n-1}$ 处于单位圆之内，那么 $M^k J$ 以第二大特征值决定的速率收敛到 J^*。注意：这一结果可以推广到 Q 没有完全线性独立的特征向量的情形，以及 F 通过多类修正来修改的情形[Ber95a]。

2.5（策略迭代的一个坏例子）　该问题提供了一个例子（通过与 J. Tsitsiklis 的私下交流），其中策略迭代非常慢，因为该方法在每次迭代时仅调整一个状态的控制。考虑一个确定性的折扣问题，状态为 $1, \cdots, n$。状态 1 和 n 是在所有控制下的吸收态。在状态 $i = 2, \cdots, n-2$，有两个控制：一个跳转到 $i-1$，费用为 1，另一个跳转到 $i+1$，费用为 2。在状态 $n-1$，有两个控制：一个移动到 $n-2$，费用为 1；另一个移动到 n，费用为 $-2n$。令初始策略为从每个状态 $i = 2, \cdots, n-1$ 移动到 $i-1$。证明对于足够接近于 1 的折扣因子 α，最优策略是所有状态 $i = 2, \cdots, n-1$ 从 i 移动到 $i+1$，而且策略迭代方法将需要 $n-1$ 次迭代才能找到这一最优策略。

2.6（单步前瞻的误差界）　这道习题推广了命题 2.3.3(a) 对单步前瞻策略性能的误差界。这一界用如下向量给出

$$\hat{J}(i) = \min_{u \in \tilde{U}(i)} \left[g(i,u) + \alpha \sum_{j=1}^{n} p_{ij}(u) \tilde{J}(j) \right], i = 1, \cdots, n$$

[参见式 (2.29)]。令 $\bar{\mu}$ 为通过对此式进行最小化获得的单步前瞻策略。假设对某个标量 δ，有

$$\hat{J} \leqslant \tilde{J} + \delta e \tag{2.102}$$

那么

$$J_{\bar{\mu}} \leqslant \hat{J} + \frac{\alpha\delta}{1-\alpha} e \leqslant \tilde{J} + \frac{\delta}{1-\alpha} e$$

证明 当 $\delta = 0$ 时，由命题 2.3.3(a) 可知上述结论成立。对于 $\delta \neq 0$ 的更一般情形，有 $\tilde{J} + \delta e \geqslant \hat{J} \geqslant T\tilde{J}$，其中通过对两边同时加上 $\sum_{m=1}^{k} \alpha^m \delta e$，获得对所有的 k，有

$$\tilde{J} + \sum_{m=0}^{k} \alpha^m \delta e \geqslant T\tilde{J} + \sum_{m=1}^{k} \alpha^m \delta e = T\left(\tilde{J} + \sum_{m=0}^{k-1} \alpha^m \delta e\right)$$

通过对 $k \to \infty$ 取极限，可见 $J^+ \geqslant TJ^+$，其中

$$J^+ = \tilde{J} + \frac{\delta}{1-\alpha} e$$

因为如果 $\tilde{J}$ 被替换为 J^+ 则单步前瞻策略没有变化，通过应用命题 2.3.3(a)，其中 $\delta = 0$，用 J^+ 替换 $\tilde{J}$，有

$$J^+ \geqslant \hat{J}^+ \geqslant J_{\bar{\mu}}$$

其中 $\hat{J}^+$ 给定如下

$$
\begin{aligned}
\hat{J}^+(i) &= \min_{u \in \bar{U}(i)} \left[g(i,u) + \alpha \sum_{j=1}^{n} p_{ij}(u) J^+(j) \right] \\
&= \min_{u \in \bar{U}(i)} \left[g(i,u) + \alpha \sum_{j=1}^{n} p_{ij}(u) \left(\tilde{J}(j) + \frac{\delta}{1-\alpha} \right) \right] \\
&= \hat{J}(i) + \frac{\alpha\delta}{1-\alpha}
\end{aligned}
$$

证明完成。

2.7（约束策略迭代 [BeY10a],[Ber10a]） 对于 2.1 节中的 n-状态折扣马尔可夫决策过程的内容和符号，考虑如下给定的映射 H 和 $\hat{H}$，

$$H(i,u,J) = \sum_{j=1}^{n} p_{ij}(u) \left(g(i,u,j) + \alpha J(j) \right)$$

并且

$$\hat{H}(i,u,J) = \sum_{j=1}^{n} p_{ij}(u) \left(g(i,u,j) + \alpha \min\{c(j), J(j)\} \right)$$

其中 $c(j)$ 是对每个 $j = 1, \cdots, n$ 给定的标量。考虑式 (2.35) 和式 (2.34) 中的与 H 对应的映射 T 和 T_μ，令 $\hat{T}$ 和 $\hat{T}_\mu$ 为 $\hat{H}$ 的对应映射：

$$(\hat{T}J)(i) = \min_{u \in U(i)} \hat{H}(i,u,J), \quad (\hat{T}_\mu J)(i) = \hat{H}(i,\mu(i),J)$$

(a) 证明（类似 H），$\hat{H}$ 满足 2.5 节的压缩和单调性假设。

(b) 令 J^* 和 $\hat{J}^*$ 分别为 T 和 $\hat{T}$ 的唯一不动点。证明如果对所有的 j，有 $c(j) \geqslant J^*(j)$，那么 $\hat{J}^* = J^*$。

(c) 考虑使用 $\hat{H}$ 替代 H 的推广的策略迭代算法。证明策略评价阶段包括求解一个最优停止问题。

(d) 假设对所有的 j 有 $c(j) \geqslant J^*(j)$。那么，基于 (b) 部分，使用 H 和 $\hat{H}$ 的推广策略迭代算法在有限步策略迭代中得到 J^*。哪一个收敛更快？对于使用 $\hat{H}$ 替代 H 有哪些优点和不足？

(e) 考虑具有如下形式的更一般的映射 $\hat{H}$

$$\hat{H}(i, u, J) = \sum_{j=1}^{n} p_{ij}(u)\left(g(i, u, j) + \alpha h(J(j))\right)$$

其中 $h : \Re \mapsto \Re$ 是一个标量函数。推导 h 应满足的条件并给出一个特例，在该例中 $\hat{H}$ 满足 2.5 节的压缩和单调性假设，也有 $\hat{J}^* = J^*$[参见 (b) 部分]。

2.8（策略迭代和牛顿法） 这道习题的目的是展示策略迭代和求解非线性方程的牛顿法之间的联系。考虑形式为 $F(J) = 0$ 的方程，其中 $F : \Re^n \mapsto \Re^n$。给定向量 $J_k \in \Re^n$，通过牛顿法求解如下线性系统方程确定 J_{k+1}

$$F(J_k) + \frac{\partial F(J_k)}{\partial J}(J_{k+1} - J_k) = 0$$

其中 $\partial F(J_k)/\partial J$ 是 F 在 J_k 评价的雅可比矩阵。

(a) 考虑 2.1 节的 n-状态折扣马尔可夫决策过程并定义

$$F(J) = TJ - J$$

证明如果存在满足

$$T_\mu J = TJ$$

的唯一 μ，那么 F 在 J 的雅可比矩阵是

$$\frac{\partial F(J)}{\partial J} = \alpha P_\mu - I$$

其中 I 是 $n \times n$ 的单位阵。

(b) 证明策略迭代算法与求解 $F(J) = 0$ 的牛顿法相同（假设在每步给出唯一策略）。

2.9（阈值型策略和策略迭代）

(a) 考虑 1.2 节的机器替换例子，保持其中的假设。定义一个阈值型策略为平稳策略，当且仅当状态大于或等于某个固定状态 i 时替换。假设使用一个阈值型策略开始策略迭代算法。证明所有后续生成的策略都将是阈值型策略，因此该算法将在最多 n 次循环之后终止。

(b) 对第 I 卷 7.3 节中的卖设备的例子证明 (a) 部分的结论。这里，一个阈值型策略指的是一个平稳策略，当报价高于某个给定数时卖设备。

2.10（一般误差界 [Ber76]） 令 X 为一个集合，$B(X)$ 为定义在 X 上的所有有界实值函数。令 $T : B(X) \mapsto B(X)$ 为具有如下两条性质的映射：

(1) 对所有 $J, J' \in B(X)$ 且 $J \leqslant J'$ 时，有 $TJ \leqslant TJ'$。

(2) 对每个标量 $r \neq 0$ 和所有的 $x \in X$,

$$\alpha_1 \leqslant \frac{(T(J+re))(x)-(TJ)(x)}{r} \leqslant \alpha_2$$

其中 α_1、α_2 是两个标量,且满足 $0 \leqslant \alpha_1 \leqslant \alpha_2 < 1$。

(a) 证明 T 是 $B(X)$ 上的一个压缩映射,从而对每个 $J \in B(X)$,有

$$\lim_{k \to \infty} (T^k J)(x) = J^*(x), x \in X$$

其中 J^* 是 T 在 $B(X)$ 里的唯一不动点。

(b) 证明对所有的 $J \in B(X), x \in X$, 和 $k = 1, 2, \cdots$ 有

$$(T^k J)(x) + \underline{c}_k \leqslant (T^{k+1} J)(x) + \underline{c}_{k+1} \leqslant J^*(x) \leqslant (T^{k+1} J)(x) + \bar{c}_{k+1}$$
$$\leqslant (T^k J)(x) + \bar{c}_k$$

其中对所有的 k, 有

$$\underline{c}_k = \min \left\{ \frac{\alpha_1}{1-\alpha_1} \min_{x \in X} \left[(T^k J)(x) - (T^{k-1} J)(x) \right], \right.$$
$$\left. \frac{\alpha_2}{1-\alpha_2} \min_{x \in X} \left[(T^k J)(x) - (T^{k-1} J)(x) \right] \right\} \tag{2.103}$$

$$\bar{c}_k = \max \left\{ \frac{\alpha_1}{1-\alpha_1} \max_{x \in X} \left[(T^k J)(x) - (T^{k-1} J)(x) \right], \right.$$
$$\left. \frac{\alpha_2}{1-\alpha_2} \max_{x \in X} \left[(T^k J)(x) - (T^{k-1} J)(x) \right] \right\} \tag{2.104}$$

当 X 由单个元素组成时, 图 2.7.1 给出了对这些关系的几何解释。

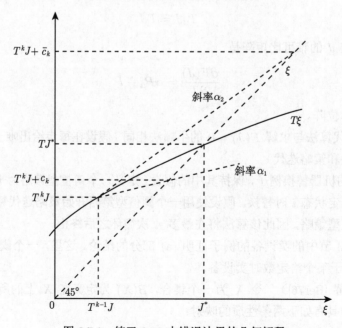

图 2.7.1　练习 2.10 中错误边界的几何解释

(c) 考虑如下算法

$$J_k(x) = (TJ_{k-1})(x) + \gamma_k, x \in X$$

其中 J_0 是 $B(X)$ 中的任意函数，γ_k 是 $[\underline{c}_k, \bar{c}_k]$ 区间内的任意标量，$\underline{c}_k$ 和 $\bar{c}_k$ 由式 (6.1) 和式 (6.2) 给定，其中 $(T^k J)(x) - (T^{k-1} J)(x)$ 替换为 $(TJ_{k-1})(x) - J_{k-1}(x)$。证明对所有的 k，有

$$\max_{x \in S} |J_k(x) - J^*(x)| \leqslant \alpha_2^k \max_{x \in X} |J_0(x) - J^*(x)|$$

2.11（时变映射的完全异步收敛定理） 令 $\{T_k\}$ 为从 $R(X)$ 到 $R(X)$ 的系列映射，具有相同的唯一不动点 J^*。假设 2.6.1 成立，并假设存在非空子集系列 $\{S(k)\} \subset R(X)$，对所有的 k 满足 $S(k+1) \subset S(k)$，且具有如下性质。

(1) 同步收敛条件：每个序列 $\{J^k\}$ 对每个 k 满足 $J^k \in S(k)$，逐点收敛到 J^*。进一步地，有

$$T_t J \in S(k+1), \forall J \in S(k), k, t = 0, 1, \cdots$$

(2) 盒子条件：对所有的 k，$S(k)$ 是具有如下形式的笛卡儿积

$$S(k) = S_1(k) \times \cdots \times S_m(k)$$

其中 $S_l(k)$ 是 X_l 上的实值函数的集合，$l = 1, \cdots, m$。

那么对每个 $J^0 \in S(0)$，由如下异步算法生成的序列 $\{J^t\}$

$$J_l^{t+1}(x) = \begin{cases} T_t(J_1^{\tau_{l1}(t)}, \cdots, J_m^{\tau_{lm}(t)})(x), & t \in \mathcal{R}_l \\ J_l^t(x), & t \notin \mathcal{R}_l \end{cases}$$

[参阅式 (2.84)]逐点收敛到 J^*。**提示**：使用命题 2.6.1 的证明。

2.12 证明完全收敛定理（命题 2.6.1）的变形，其中 $T: \Re^n \mapsto \Re^n$，并且我们不假设 J^* 的唯一性，而是假设对所有的 k，满足 $J^k \in S(k)$ 的序列 $\{J^k\}$ 的每个极限点都是 T 的不动点。

2.13（更紧的误差界） 令 T 和 T_μ 是 2.5 节中的映射，假设压缩与单调性假设 2.5.1 和假设 2.5.2 成立。并假设对某个 $J \in B(X), \mu \in \mathcal{M}$，且 $\epsilon > 0$，有 $T_\mu J \leqslant TJ + \epsilon v$。

(a) 证明对所有的 $b, c \geqslant 0$，有

$$-be \leqslant J - J^* \leqslant cv \Rightarrow 0 \leqslant J_\mu - J^* \leqslant \frac{\epsilon + b + c}{1 - \alpha} e \tag{2.105}$$

摘自 [CaR11] 的简要证明：假设 $-bv \leqslant J - J^* \leqslant cv$。有

$$T_\mu J - J \leqslant TJ + \epsilon v - J + J^* - TJ^* \leqslant (\epsilon + b + \alpha c)v$$

其中对第一个不等式使用了关系式 $T_\mu J \leqslant TJ + \epsilon v$ 且有 $J^* = TJ^*$，对第二个不等式使用了关系 $J^* - J \leqslant bv$ 和 $TJ - TJ^* \leqslant \alpha cv$，其中后者可由式 (2.56) 得到，且有 $J' = J^*$。应用式 (2.57) 且有 $W = T_\mu$ 和 $k = 0$，有

$$J_\mu \leqslant J + \frac{\epsilon + b + \alpha c}{1 - \alpha} v$$

加上不等式 $J - J^* \leqslant cv$，可以得到式 (2.105) 最右侧的不等式。从命题 1.6.2 中还能得到 $0 \leqslant J_\mu - J^*$。

(b) 证明对所有的 $c \geqslant 0$，有

$$0 \leqslant J - J^* \leqslant cv \Rightarrow 0 \leqslant J_\mu - J^* \leqslant \frac{\epsilon + \alpha c}{1 - \alpha}v \tag{2.106}$$

简要证明：假设 $0 \leqslant J - J^* \leqslant cv$。因为 $J^* \leqslant J$，所以有 $T_\mu J^* - T_\mu J \leqslant 0$。基于这一事实，有

$$
\begin{aligned}
T_\mu J^* - J^* &= T_\mu J^* - T_\mu J + T_\mu J - TJ + TJ - TJ^* \\
&\leqslant \|T_\mu J - TJ\|v + \|TJ - TJ^*\|v \\
&\leqslant (\epsilon + \alpha c)v
\end{aligned}
$$

还有 $T_\mu J^* - J^* = T_\mu J^* - TJ^* \geqslant 0$，这一关系式与之前的关系式一并使用，可以得到 $\|T_\mu J^* - J^*\| \leqslant \epsilon + \alpha c$。这一结果通过使用命题 1.6.1(e) 得到且有 $J = J^*$。

注意：式 (2.105) 的误差界与式 (2.42) 的误差界类似，但适用于 $b \neq c$ 的情形。不过，式 (2.42) 的误差界在 $b = c$ 时更紧。对于 $b = 0$ 的情形，式 (2.106) 的误差界比式 (2.42) 和式 (2.105) 的误差界更紧。

2.14（推广动态规划的滚动算法） 考虑 2.5 节的推广动态规划的框架，假设压缩和单调性假设 2.5.1 和假设 2.5.2 成立。令 $J \in B(X)$ 并定义

$$\hat{J}(x) = \min_{u \in \bar{U}(x)} H(x, u, J), x \in X$$

其中 $\bar{U}(x) \subset U(x)$。同时令 $\bar{\mu}$ 为在上式最小化中获得的单步前瞻策略。

(a) 假设 $\hat{J} \leqslant J$。证明 $J_{\bar{\mu}} \leqslant \hat{J}$。提示：遵循命题 2.3.3(a) 的证明思路。

(b) 考虑滚动算法的推广版本，其中 $J = J_\mu$，μ 为"基础策略"。假设对所有的 $x \in X$ 有 $\mu(x) \in \bar{U}(x)$。证明"滚动策略"$\bar{\mu}$ 具有性质 $J_{\bar{\mu}} \leqslant \hat{J} \leqslant J_\mu$。提示：证明 $J_\mu = T_\mu J_\mu \geqslant T_{\bar{\mu}} J_\mu = \hat{J}$，再使用 (a) 部分。

2.15（推广动态规划的高斯-赛德尔方法） 考虑 2.5 节的推广动态规划的框架，$X = \{1, \cdots, n\}$，假设压缩和单调性假设 2.5.1 和假设 2.5.2 成立。考虑高斯-赛德尔方法和对应的映射 W，采用与式 (2.15) 和式 (2.16) 类似的定义，即，$(WJ)(i)$ 与 $(TJ)(i)$ 采用同样方程计算，唯一区别是之前计算的数值 $(WJ)(1), \cdots, (WJ)(i-1)$ 替代了 $J(1), \cdots, J(i-1)$。证明 W 是单调加权极值模压缩。提示：调整命题 2.2.2 的证明。

2.16（乐观近似策略迭代的误差界 [ThS10b]） 对于乐观近似策略迭代方法

$$\|J_k - T_{\mu^k}^{m_k} J_{k-1}\| \leqslant \delta, \|T_{\mu^{k+1}} J_k - TJ_k\| \leqslant \epsilon, k = 0, 1, \cdots \tag{2.107}$$

在假设条件 2.5.1、假设 2.5.2 和假设 2.5.4 下证明命题 2.5.11 的误差界

$$\limsup_{k \to \infty} \|J_{\mu^k} - J^*\| \leqslant \frac{\epsilon + 2\alpha\delta}{(1 - \alpha)^2}$$

简要证明：对任意函数 $y \in B(X)$，使用下面的符号

$$M(y) = \sup_{x \in X} \frac{y(x)}{v(x)} \tag{2.108}$$

于是假设 2.5.4 的条件式 (2.81) 可被写成

$$M(T_\mu J - T_\mu J') \leqslant \alpha M(J - J'), \forall J, J' \in B(X), \mu \in \mathcal{M} \tag{2.109}$$

经过多步变形后可以得到下式, 对所有的 $J, J' \in B(X), \mu \in \mathcal{M}$

$$T_\mu^l J - T_\mu^l J' \leqslant \alpha^l M(J - J')v, M(T_\mu^l J - T_\mu^l J') \leqslant \alpha^l M(J - J'), \forall l \geqslant 1 \tag{2.110}$$

这可以通过使用式 (2.109) 的归纳法证明。固定 $k \geqslant 1$, 为简单起见, 定义

$$\underline{J} = J_{k-1}, J = J_k$$

$$\mu = \mu^k, \bar{\mu} = \mu^{k+1}, m = m_k, \bar{m} = m_{k+1}$$

$$s = J_\mu - T_\mu^m \underline{J}, \bar{s} = J_{\bar{\mu}} - T_{\bar{\mu}}^{\bar{m}} J, t = T_\mu^m \underline{J} - J^*, \bar{t} = T_{\bar{\mu}}^{\bar{m}} J - J^*$$

有

$$J_\mu - J^* = J_\mu - T_\mu^m \underline{J} + T_\mu^m \underline{J} - J^* = s + t \tag{2.111}$$

下面将证明 s 和 t 的迭代关系, 也将涉及剩余函数

$$r = T_\mu \underline{J} - \underline{J}, \bar{r} = T_{\bar{\mu}} J - J$$

首先获得 r 和 $\bar{r}$ 之间的关系。有

$$\begin{aligned}
\bar{r} &= T_{\bar{\mu}} J - J \\
&= (T_{\bar{\mu}} J - T_\mu J) + (T_\mu J - J) \\
&\leqslant (T_{\bar{\mu}} J - T J) + (T_\mu J - T_\mu(T_\mu^m \underline{J})) + (T_\mu^m \underline{J} - J) + (T_\mu^m (T_\mu \underline{J}) - T_\mu^m \underline{J}) \\
&\leqslant \epsilon v + \alpha M(J - T_\mu^m \underline{J})v + \delta v + \alpha^m M(T_\mu \underline{J} - \underline{J})v \\
&\leqslant (\epsilon + \delta)v + \alpha \delta v + \alpha^m M(r)v
\end{aligned}$$

其中第一个不等式来自 $T_{\bar{\mu}} J \geqslant T J$, 第二个和第三个不等式来自式 (2.107) 和式 (2.110)。由这一关系, 有

$$M(\bar{r}) \leqslant (\epsilon + (1 + \alpha)\delta) + \beta M(r)$$

其中 $\beta = \alpha^m$。在这一关系中对 $k \to \infty$ 取 $\limsup$, 有

$$\limsup_{k \to \infty} M(r) \leqslant \frac{\epsilon + (1 + \alpha)\delta}{1 - \hat{\beta}} \tag{2.112}$$

其中 $\hat{\beta} = \alpha^{\liminf_{k \to \infty} m_k}$。

下面推导 s 和 r 之间的关系式。有

$$\begin{aligned}
s &= J_\mu - T_\mu^m \underline{J} \\
&= T_\mu^m J_\mu - T_\mu^m \underline{J} \\
&\leqslant \alpha^m M(J_\mu - \underline{J})v
\end{aligned}$$

$$\leqslant \frac{\alpha^m}{1-\alpha} M(T_\mu \underline{J} - \underline{J}) v$$

$$= \frac{\alpha^m}{1-\alpha} M(r) v$$

其中第一个不等式来自式 (2.110)，第二个不等式来自使用命题 1.6.4(b)。于是有 $M(s) \leqslant \dfrac{\alpha^m}{1-\alpha} M(r)$，对上式两侧同时取 $\limsup$ 并使用式 (2.112)，有

$$\limsup_{k\to\infty} M(s) \leqslant \frac{\hat{\beta}(\epsilon + (1+\alpha)\delta)}{(1-\alpha)(1-\hat{\beta})} \tag{2.113}$$

最后证明 t、$\bar{t}$ 和 r 之间的关系。首先注意到

$$TJ - TJ^* \leqslant \alpha M(J - J^*) v$$

$$= \alpha M(J - T_\mu^m \underline{J} + T_\mu^m \underline{J} - J^*) v$$

$$\leqslant \alpha M(J - T_\mu^m \underline{J}) v + \alpha M(T_\mu^m \underline{J} - J^*) v$$

$$\leqslant \alpha \delta v + \alpha M(t) v$$

使用这一关系式，并结合式 (2.107) 和式 (2.110)，有

$$\bar{t} = T_{\bar{\mu}}^{\bar{m}} J - J^*$$

$$= (T_{\bar{\mu}}^{\bar{m}} J - T_{\bar{\mu}}^{\bar{m}-1} J) + \cdots + (T_{\bar{\mu}}^2 J - T_{\bar{\mu}} J) + (T_{\bar{\mu}} J - TJ) + (TJ - TJ^*)$$

$$\leqslant (\alpha^{\bar{m}-1} + \cdots + \alpha) M(T_{\bar{\mu}} J - J) v + \epsilon v + \alpha \delta v + \alpha M(t) v$$

所以最终有

$$M(\bar{t}) \leqslant \frac{\alpha - \alpha^{\bar{m}}}{1-\alpha} M(\bar{r}) + (\epsilon + \alpha\delta) + \alpha M(t)$$

通过对两侧同时取 $\limsup$ 并使用式 (2.112)，于是有

$$\limsup_{k\to\infty} M(t) \leqslant \frac{(\alpha - \hat{\beta})(\epsilon + (1+\alpha)\delta)}{(1-\alpha)^2(1-\hat{\beta})} + \frac{\epsilon + \alpha\delta}{1-\alpha} \tag{2.114}$$

现在综合式 (2.111)、式 (2.113) 和式 (2.114)，有

$$\limsup_{k\to\infty} M(J_{\mu^k} - J^*) \leqslant \limsup_{k\to\infty} M(s) + \limsup_{k\to\infty} M(t)$$

$$\leqslant \frac{\hat{\beta}(\epsilon + (1+\alpha)\delta)}{(1-\alpha)(1-\hat{\beta})} + \frac{(\alpha - \hat{\beta})(\epsilon + (1+\alpha)\delta)}{(1-\alpha)^2(1-\hat{\beta})} + \frac{\epsilon + \alpha\delta}{1-\alpha}$$

$$= \frac{(\hat{\beta}(1-\alpha) + (\alpha - \hat{\beta}))(\epsilon + (1+\alpha)\delta)}{(1-\alpha)^2(1-\hat{\beta})} + \frac{\epsilon + \alpha\delta}{1-\alpha}$$

$$= \frac{\alpha(\epsilon + (1+\alpha)\delta)}{(1-\alpha)^2} + \frac{\epsilon + \alpha\delta}{1-\alpha}$$

$$= \frac{\epsilon + 2\alpha\delta}{(1-\alpha)^2}$$

这证明了结论，因为注意到 $J_{\mu^k} \geqslant J^*$，所以有 $M(J_{\mu^k} - J^*) = \|J_{\mu^k} - J^*\|$。

2.17（误差放大与投影值迭代） 考虑子空间 $S = \{\Phi r | r \in \Re^s\}$，该子空间由 $n \times s$ 的矩阵 Φ 的列向量生成，有如下迭代

$$\Phi r_{k+1} = \Pi T_\mu(\Phi r_k)$$

其中 μ 是 n-状态马尔可夫决策过程的一个策略，Π 表示基于加权欧氏模投影到 S 上的投影。使用例 2.5.1 来证明上述迭代一般会导致误差放大/不稳定。在例 2.5.1 的情形中，证明如果 $p_{21} > 0$ 而不是 $p_{21} = 0$（以至于马尔可夫链是不可约的），存在一个加权欧几里得投影模 Π 满足 ΠT_μ 对所有的 $\alpha \in (0,1)$ 是压缩的。注意：例 2.5.1 证明了如果 $p_{21} = 0$（以至于状态 1 是过渡态），没有欧几里得投影模 Π 能让 ΠT_μ 对所有的 $\alpha \in (0,1)$ 是压缩的。ΠT_μ 的压缩性质将在 6.3.1 节中讨论。

2.18（非扩张单调不动点迭代的收敛性） 在单调性假设 2.5.2 下考虑 1.6 节的映射 H。假设 X 是有限集合，与满足压缩性假设 2.5.1 不同，H 满足如下条件：

(1) 对每个 $J \in B(X)$，函数 TJ 属于 $B(X)$。

(2) 对所有的 $J, J' \in B(X)$，H 满足

$$\frac{|H(x,u,J) - H(x,u,J')|}{v(x)} \leqslant \|J - J'\| \tag{2.115}$$

对所有的 $x \in X$ 和 $u \in U(x)$ 均成立。

(3) T 具有唯一不动点 $J^* \in B(X)$。

证明对每个 $J \in B(X)$，有 $\|T^k J - J^*\| \to 0$。简要证明：对任意 $c > 0$ 和 $k \geqslant 1$，令 $V_k = T^k(J^* + cv)$，并注意到 $J^* = T^k J^* \leqslant V_k$。通过式 (2.115) 中在 $u \in U(x)$ 上取最小，可以得到 $T(J^* + cv) \leqslant J^* + cv$，即 $V_1 \leqslant V_0$。从这一点并考虑到 T 的单调性，有 $\{V_k(x)\}$ 是单调非增的，并对每个 $x \in X$ 收敛到某个标量 $\bar{V}(x) \geqslant J^*(x)$。进一步地，对应的函数 $\bar{V}$ 在 $B(X)$ 中，因为 $V_0 \geqslant \bar{V} \geqslant J^*$，并且也满足 $\|V_k - \bar{V}\| \to 0$（因为 X 是有限的）。从式 (2.115) 可以得到 $\|TV_k - T\bar{V}\| \leqslant \|V_k - \bar{V}\|$，所以 $\|TV_k - T\bar{V}\| \to 0$。结合上式与 $TV_k = V_{k+1} \to \bar{V}$，得出 $\bar{V} = T\bar{V}$。所以由不动点 T 的唯一性有 $\bar{V} = J^*$，于是 $\{V_k\}$ 从上方单调地收敛到 J^*。

类似地，定义 $W_k = T^k(J^* - cv)$，使用与上述类似的论述，$\{W_k\}$ 从下方单调地收敛到 J^*。现在在 V_k 和 W_k 的定义中令 $c = \|J - J^*\|$。那么 $J^* - cv \leqslant J_0 = J \leqslant J^* + cv$，所以由 T 的单调性，对所有的 k 有 $W_k \leqslant T^k J \leqslant V_k$，$W_k \leqslant J^* \leqslant V_k$。于是有

$$\frac{|(T^k J)(x) - J^*(x)|}{v(x)} \leqslant \frac{|W_k(x) - V_k(x)|}{v(x)} \leqslant \|W_k - V_k\|, \forall x \in X$$

因为 $\|W_k - V_k\| \leqslant \|W_k - J^*\| + \|V_k - J^*\| \to 0$，于是结论得证。

第 3 章　随机最短路问题

本章考虑最短路问题的随机版本。这一问题的介绍性讨论已经在第 I 卷 7.2 节给出。本章的分析更加复杂,使用了更弱的假设条件,其中秉承了第 I 卷第 2 章确定性最短路问题中假设条件的特征。

3.1　问题建模

为介绍目的,让我们从无穷阶段动态规划的角度考虑第 I 卷第 2 章中的确定性最短路问题。这里考虑一个图,其节点为 $1, 2, \cdots, n, t$, 其中 t 是一个特殊状态,称作目的地或者终了状态,我们希望为每个节点 $i \neq t$ 选择后继节点 $\mu(i)$ 以满足 $(i, \mu(i))$ 是一条弧,从任意节点 j 出发经过一系列后继节点的路径在 t 终止,并且这条路径在从 j 出发到 t 为止的所有路径中弧长最短。

随机最短路问题(简称 SSP 问题)是最短路问题的一个推广形式,其中在每个节点 i, 必须从给定的概率分布 $p_{ij}(u)$ 构成的集合中选择一个在所有可能的后继节点 j 上的概率分布,这些概率分布由一个控制 $u \in U(i)$ 进行参数化。对于给定的分布取值和给定的初始节点,路径及其长度现在都是随机的,但我们希望路径以概率 1 指向目的地 t 并具有最小的期望长度。注意,如果每个可能概率分布以概率 1 指定单个后继节点,就得到了一个确定性最短路问题。

我们将这一问题建模成为总费用无穷阶段问题的特例,其中:

(a) 没有折扣 $(\alpha = 1)$。

(b) 状态空间是 $X = \{1, 2, \cdots, n, t\}$, 具有如下转移概率

$$p_{ij}(u) = P(x_{k+1} = j | x_k = i, u_k = u), i, j \in X, u \in U(i)$$

进一步地,目的地节点处于吸收态,即对所有 $u \in U(t)$,

$$p_{tt}(u) = 1$$

(c) 控制约束集合 $U(i)$ 对所有的 i 都是有限集合。

(d) 当控制 $u \in U(i)$ 被选中后会产生费用 $g(i, u)$。进一步地,目的地没有费用,即,对所有的 $u \in U(t)$, 有 $g(t, u) = 0$。

注意,这里假设每个阶段的费用不依赖于后继状态。这仅是为了符号记法的简便,并适合在所有计算中使用每个阶段的期望费用。特别地,如果在状态 i 使用控制 u 并转移到状态 j 的费用是 $\tilde{g}(i, u, j)$, 将如下的期望费用作为每个阶段的费用来使用

$$g(i, u) = \sum_{j = 1, \cdots, n, t} p_{ij}(u) \tilde{g}(i, u, j)$$

在后续分析中无须改变仍可保留。

因为目的地 t 没有费用且为吸收态，所以对每个策略来说从 t 开始的费用都是 0。相应地，对所有的费用函数，忽略与 t 对应的元素，定义映射 T 和 T_μ 作用于函数 J 后的每个元素 $J(1), \cdots, J(n)$ 为

$$(TJ)(i) = \min_{u \in U(i)} \left[g(i, u) + \sum_{j=1}^n p_{ij}(u) J(j) \right], i = 1, \cdots, n$$

$$(T_\mu J)(i) = g(i, \mu(i)) + \sum_{j=1}^n p_{ij}(\mu(i)) J(j), i = 1, \cdots, n$$

这些映射与在折扣问题中介绍的映射对应。区别在于这里没有折扣（$\alpha = 1$），但对于状态 i 和满足 $p_{it}(u) > 0$ 的控制 u，有

$$\sum_{j=1}^n p_{ij}(u) = 1 - p_{it}(u) < 1$$

正如在 2.1 节中，对每个平稳策略 μ，使用如下的紧凑符号

$$P_\mu = \begin{pmatrix} p_{11}(\mu(1)) & \cdots & p_{1n}(\mu(1)) \\ \vdots & & \vdots \\ p_{n1}(\mu(n)) & \cdots & p_{nn}(\mu(n)) \end{pmatrix}$$

及

$$g_\mu = \begin{pmatrix} g(1, \mu(1)) \\ \vdots \\ g(n, \mu(n)) \end{pmatrix}$$

于是可以写出

$$T_\mu J = g_\mu + P_\mu J$$

使用这一符号，策略 $\pi = \{\mu_0, \mu_1, \cdots\}$ 的费用函数可以被写作

$$J_\pi = \limsup_{N \to \infty} T_{\mu_0} \cdots T_{\mu_{N-1}} J_0 = \limsup_{N \to \infty} \left(g_{\mu_0} + \sum_{k=1}^{N-1} P_{\mu_0} \cdots P_{\mu_{k-1}} g_{\mu_k} \right)$$

其中 J_0 表示全零向量。平稳策略 μ 的费用函数可被写作

$$J_\mu = \limsup_{N \to \infty} T_\mu^N J_0 = \limsup_{N \to \infty} \sum_{k=0}^{N-1} P_\mu^k g_\mu$$

合适的策略

我们在第 I 卷 7.2 节讨论过随机最短路问题，当时的假设条件是所有策略不论初始状态在哪里均以概率 1 到达目的地。为了在更弱的条件下分析这个问题，引入了一类特殊的策略。如果当使用一个平稳策略 μ 时，不论初始状态在哪里，都存在正的概率让目的地在最多 n 个阶段后到达，那么这个平稳策略是合适的；即如果 μ 满足下式时，

$$\rho_\mu = \max_{i=1, \cdots, n} P\{x_n \neq t | x_0 = i, \mu\} < 1 \tag{3.1}$$

不合适的平稳策略被称为是不合适的。

可证明 μ 是合适的当且仅当在与 μ 对应的马尔可夫链中，每个状态 i 与目的地由一条路径以正概率相连。注意，从定义式 (3.1)，有

$$P\{x_{2n} \neq t | x_0 = i, \mu\} = P\{x_{2n} \neq t | x_n \neq t, x_0 = i, \mu\}$$
$$\times P\{x_n \neq t | x_0 = i, \mu\}$$
$$\leqslant \rho_\mu^2$$

类似继续下去，我们注意到对一个合适的策略 μ，在 k 个阶段后仍未到达目的地的概率满足

$$P\{x_k \neq t | x_0 = i, \mu\} \leqslant \rho_\mu^{\lfloor k/n \rfloor}, i = 1, \cdots, n \tag{3.2}$$

所以目的地在一个合适的策略下最终将以概率 1 到达。进一步地，相对应的总费用向量 J_μ 的极限存在且有限，因为在第 k 个阶段产生的期望费用的绝对值的界为

$$\rho_\mu^{\lfloor k/n \rfloor} \max_{i=1,\cdots,n} |g(i, \mu(i))|$$

所以

$$|J_\mu(i)| \leqslant \lim_{N \to \infty} \sum_{k=0}^{N-1} \rho_\mu^{\lfloor k/n \rfloor} \max_{i=1,\cdots,n} |g(i, \mu(i))| < \infty$$

注意在一个合适的策略下，费用结构与折扣问题类似，主要差别是有效的折扣因子依赖于当前的状态和阶段，但至少是每 n 个阶段为 ρ_μ。

对本节定义的随机最短路问题，假设如下条件成立。这些假设将会贯穿本章内容。

假设 3.1.1 存在至少一个合适的策略。

假设 3.1.2 对每个不合适的策略 μ，对至少一个状态 i 对应的费用 $J_\mu(i)$ 为 ∞；即，$\sum_{k=0}^{N-1} P_\mu^k g_\mu$ 的某个元素当 $N \to \infty$ 时发散。

对于确定性最短路问题，当且仅当每个节点通过一条路径与目的地相连时假设 3.1.1 成立，而当且仅当每个不包含目的地的环具有正的长度时假设 3.1.2 成立。能推导出假设 3.1.2 的一个简单条件是费用 $g(i, u)$ 对所有的 $i \neq t$ 和 $u \in U(i)$ 都是严格正的。另一个使假设 3.1.1 和假设 3.1.2 成立的重要的情形是当所有的策略都是合适的，即在所有平稳策略下终止都是不可避免的。这与第Ⅰ卷 7.2 节的假设等价，即在所有策略下终止均为不可避免的；见习题 3.6。

3.2 主要结论

现在将在假设 3.1.1 和假设 3.1.2 下推导随机最短路问题的主要分析结论。这些结论大部分与每个阶段费用有界的折扣问题的结论一样强。特别地，我们证明了：

(a) 最优费用向量是贝尔曼方程 $J^* = TJ^*$ 的唯一解。

(b) 平稳策略 μ 是最优的（当且仅当 $T_\mu J^* = TJ^*$）。

(c) 值迭代方法（简记作 VI）从任意初始向量出发均收敛到最优费用向量 J^*。

(d) 策略迭代方法（简记作 PI）从任意合适的策略出发均获得最优的合适的策略。

(e) 值迭代和策略迭代的异步和乐观的版本都是可以使用的。

(f) 与 2.4 节类似的线性规划方法可以获得最优费用向量和一个最优策略。

下面的命题提供了一些基本的初步结论：

命题 3.2.1（合适的策略的性质）　(a) 对于一个合适的策略 μ，对每个向量 J，对应的费用向量 J_μ 满足

$$\lim_{k\to\infty}(T_\mu^k J)(i)=J_\mu(i), i=1,\cdots,n$$

进一步地，

$$J_\mu=T_\mu J_\mu$$

且 J_μ 是这一方程的唯一解。

(b) 平稳策略 μ 是合适的当且仅当它满足，对某个向量 J，

$$J(i)\geqslant(T_\mu J)(i), i=1,\cdots,n$$

证明　(a) 使用数学归纳法，对所有的 $J\in\Re^n$ 和 $k\geqslant 1$，有

$$T_\mu^k J=P_\mu^k J+\sum_{m=0}^{k-1}P_\mu^m g_\mu \tag{3.3}$$

式 (3.2) 意味着对所有的 $J\in\Re^n$，有

$$\lim_{k\to\infty}P_\mu^k J=0$$

而

$$\lim_{k\to\infty}\sum_{m=0}^{k-1}P_\mu^m g_\mu=J_\mu$$

所以，通过将式 (3.3) 对 $k\to\infty$ 取极限，有

$$\lim_{k\to\infty}T_\mu^k J=J_\mu$$

由 T_μ 的定义，还有

$$T_\mu^{k+1}J=T_\mu(T_\mu^k J)=g_\mu+P_\mu T_\mu^k J$$

对 $k\to\infty$ 取极限，有

$$J_\mu=g_\mu+P_\mu J_\mu$$

这与 $J_\mu=T_\mu J_\mu$ 等价。

最后，为了证明唯一性，注意若 $J=T_\mu J$，那么对所有的 k，有 $J=T_\mu^k J$，所以有 $J=\lim_{k\to\infty}T_\mu^k J=J_\mu$。

(b) 如果 μ 是合适的，由 (a) 部分，对 $J=J_\mu$ 有 $J\geqslant T_\mu J$。反过来，如果 $J\geqslant T_\mu J$，T_μ 的单调性和式 (3.3) 意味着

$$J\geqslant T_\mu^k J=P_\mu^k J+\sum_{m=0}^{k-1}P_\mu^m g_\mu, k=1,2,\cdots$$

如果 μ 是不合适的，由假设 3.1.2，上述公式右侧求和的某些项将在 $k\to\infty$ 时发散，这导致矛盾。

下面的命题是本节的主要结论，提供了与 1.2 节中折扣费用问题的主要结论类似的结论。

命题 3.2.2(贝尔曼方程和最优性条件) (a) 最优费用向量 J^* 满足贝尔曼方程

$$J^* = TJ^*$$

进一步地，J^* 是这一方程的唯一解。

(b) 有

$$\lim_{k \to \infty} (T^k J)(i) = J^*(i), i = 1, \cdots, n$$

对每个向量 J 成立。

(c) 平稳策略 μ 是最优的，当且仅当

$$T_\mu J^* = TJ^*$$

(d) 如果向量 J 满足 $J \leqslant TJ$，则有 $J \leqslant J^*$；如果满足 $J \geqslant TJ$，则有 $J \geqslant J^*$。

证明 (a),(b) 首先证明 T 最多只有一个不动点。实际上，如果 J 和 J' 是两个不动点，那么选择满足 $J = TJ = T_\mu J$ 和 $J' = TJ' = T_{\mu'} J'$ 的 μ 和 μ'；这是可能的，因为控制约束集合有限。由命题 3.2.1(b)，有 μ 和 μ' 是合适的，命题 3.2.1(a) 意味着 $J = J_\mu$ 和 $J' = J_{\mu'}$。对所有的 $k \geqslant 1$，有 $J = T^k J \leqslant T_{\mu'}^k J$，由命题 3.2.1(a)，有 $J \leqslant \lim_{k \to \infty} T_{\mu'}^k J = J_{\mu'} = J'$。类似地，$J' \leqslant J$，证明了 $J = J'$ 以及 T 具有最多一个不动点。

下面证明 T 至少有一个不动点。令 μ 为合适的策略（由假设 3.1.1 存在一个这样的策略）。选择 μ' 使其满足

$$T_{\mu'} J_\mu = TJ_\mu$$

于是有 $J_\mu = T_\mu J_\mu \geqslant T_{\mu'} J_\mu$。由命题 3.2.1(b)，$\mu'$ 是合适的，使用 $T_{\mu'}$ 的单调性和命题 3.2.1(a)，有

$$J_\mu \geqslant \lim_{k \to \infty} T_{\mu'}^k J_\mu = J_{\mu'} \tag{3.4}$$

类似进行下去，构造一个序列 $\{\mu^k\}$，满足每个 μ^k 是合适的且有

$$J_{\mu^k} \geqslant TJ_{\mu^k} \geqslant J_{\mu^{k+1}}, k = 0, 1, \cdots \tag{3.5}$$

因为合适策略的集合有限，某个策略 μ 必然在序列 $\{\mu^k\}$ 中重复出现，由式 (3.5)，有

$$J_\mu = TJ_\mu$$

所以 J_μ 是 T 的不动点，从之前证明的唯一性质，J_μ 是 T 的唯一不动点。

下面证明 T 的唯一不动点等于最优费用向量 J^*，且对所有的 J，有 $T^k J \to J^*$。前文中构造了一个合适的 μ 满足 $TJ_\mu = J_\mu$。我们将证明对所有的 J 有 $T^k J \to J_\mu$，且 $J_\mu = J^*$。令 $e = (1, 1, \cdots, 1)'$，令 $\delta > 0$ 为某个标量，并令 $\hat{J}$ 是满足如下条件的向量

$$T_\mu \hat{J} = \hat{J} - \delta e$$

这样的向量是存在且唯一的，因为方程 $\hat{J} = T_\mu \hat{J} + \delta e$ 可被写成 $\hat{J} = g_\mu + \delta e + P_\mu \hat{J}$，所以在用 $g_\mu + \delta e$ 替换 g_μ 后，$\hat{J}$ 是与 μ 对应的费用向量。因为 μ 是合适的，由命题 3.2.1(a)，$\hat{J}$ 是唯一的。进一步地，有 $J_\mu \leqslant \hat{J}$，这意味着

$$J_\mu = TJ_\mu \leqslant T\hat{J} \leqslant T_\mu \hat{J} = \hat{J} - \delta e \leqslant \hat{J}$$

使用 T 的单调性和之前的关系式，有

$$J_\mu = T^k J_\mu \leqslant T^k \hat{J} \leqslant T^{k-1} \hat{J} \leqslant \hat{J}, k \geqslant 1$$

于是，$T^k \hat{J}$ 收敛到某个向量 $\tilde{J}$，有

$$T\tilde{J} = T\left(\lim_{k\to\infty} T^k \hat{J}\right)$$

映射 T 可以被视作连续的，所以可以在上面的关系式中交换 T 和极限的顺序，从而得到 $\tilde{J} = T\tilde{J}$。由之前证明的 T 的不动点的唯一性，一定有 $\tilde{J} = J_\mu$。还可以看到

$$J_\mu - \delta e = T J_\mu - \delta e \leqslant T(J_\mu - \delta e) \leqslant T J_\mu = J_\mu$$

所以，$T^k(J_\mu - \delta e)$ 是单调增的并有上界。如前所述，有 $\lim_{k\to\infty} T^k(J_\mu - \delta e) = J_\mu$。对任意的 J，可以找到 $\delta > 0$，满足

$$J_\mu - \delta e \leqslant J \leqslant \hat{J}$$

由 T 的单调性，于是有

$$T^k(J_\mu - \delta e) \leqslant T^k J \leqslant T^k \hat{J}, k \geqslant 1$$

且因为 $\lim_{k\to\infty} T^k(J_\mu - \delta e) = \lim_{k\to\infty} T^k \hat{J} = J_\mu$，从而有

$$\lim_{k\to\infty} T^k J = J_\mu$$

为了证明 $J_\mu = J^*$，选择任意的策略 $\pi = \{\mu_0, \mu_1, \cdots\}$。有

$$T_{\mu_0} \cdots T_{\mu_{k-1}} J_0 \geqslant T^k J_0$$

其中 J_0 是零向量。当 $k \to \infty$ 时，对上式两侧同时取 $\limsup$，有

$$J_\pi \geqslant J_\mu$$

所以 μ 是一个最优平稳策略且 $J_\mu = J^*$。

(c) 如果 μ 是最优的，那么 $J_\mu = J^*$，由假设 3.1.1 和假设 3.1.2，μ 是合适的，所以由命题 3.2.1(a)，

$$T_\mu J^* = T_\mu J_\mu = J_\mu = J^* = T J^*$$

反过来，如果 $J^* = T J^* = T_\mu J^*$，从命题 3.2.1(b) 可以证明 μ 是合适的，使用命题 3.2.1(a)，有 $J^* = J_\mu$。所以，μ 是最优的。

(d) 如果 $J \leqslant T J$，通过将 T 重复作用于不等式两侧，并考虑 T 的单调性，有

$$J \leqslant T^k J, k = 1, 2, \cdots$$

当 $k \to \infty$ 时取极限并基于 $T^k J \to J^*$ 这一事实 [参见 (b) 部分]，有 $J \leqslant J^*$。若 $J \geqslant T J$ 时对 $J \geqslant J^*$ 的证明是类似的。

命题 3.2.2 的结论还可以通过如下假设（稍作修改）来证明，此时不使用假设 3.1.2，而是假设对所有的 i 和 $u \in U(i)$ 有 $g(i, u) \geqslant 0$，以及存在最优的合适的策略；见习题 3.12。

计算方法

命题 3.2.2 也提供了类似于折扣有限状态问题的计算方法的基础。特别地，

(a) 值迭代方法对任意起始向量收敛到最优费用向量 J^* [参见命题 3.2.2(b)]。我们将在 3.4 节中讨论这一方法及其异步版本的一些特殊性质。

(b) 策略迭代方法从任意的合适策略出发获得最优的合适的策略。这可作为 T 具有不动点的证明的一部分 [参见命题 3.2.2(b)]。3.5 节将进一步讨论策略迭代，包括乐观的、近似的和异步的版本。

(c) 基于命题 3.2.2(d)，类似于 2.4 节中的线性规划版本可被使用。特别地，$J^*(1), \cdots, J^*(n)$ 是如下问题（在 $z_1, \cdots, z_n$ 中）的解：

$$\text{maximize} \sum_{i=1}^{n} z_i$$

$$\text{s.t. } z_i \leqslant g(i, u) + \sum_{j=1}^{n} p_{ij}(u) z_j, i = 1, \cdots, n, u \in U(i) \tag{3.6}$$

推广到紧控制约束集合

对控制约束集 $U(i)$ 的有限性假设可以放松。只需假设对每个 i，$U(i)$ 是欧几里得空间的一个紧子集，且对所有的 i 和 j，$p_{ij}(u)$ 和 $g(i,u)$ 对于 u 在 $U(i)$ 中是连续的。在这些紧性和连续性假设以及假设 3.1.1 和假设 3.1.2 下，命题 3.2.2 依然成立。证明类似于在上面给出的证明，但在技术上更复杂。可在论文 [BeT91b] 中找到。

随机最短路问题病理学

现在给出两个例子来说明我们的结论对假设条件中看起来很小的变化的敏感性。

例 3.2.1（敲诈者困境 [Whi82]）　这个例子展示了有限或者紧控制约束集的约束不能轻易放松。本例中，有两个状态：状态 1 和目标状态 t。在状态 1，我们能选择控制 u，$0 < u \leqslant 1$，并导致费用 $-u$；于是以概率 u^2 移动到状态 t，并以概率 $1 - u^2$ 停留在状态 1。注意每个平稳策略都是合适的，即该策略以概率 1 到达目标。

将 u 视作由敲诈者提出的需求，状态 1 是受害者所能容忍的情形。状态 t 表示受害者拒绝敲诈者的要求。于是这一问题可被视作是敲诈者试图在自身对更大需求的欲望和受害者能容忍的限度中寻找平衡，以最大化自身的总收益。

如果控制从区间 $[0,1]$ 的有限子集中选出，该问题将进入本节的框架中。最优费用将是有限的，将存在最优平稳策略。然而，没有有限性的约束时，从状态 1 开始的最优费用是 $-\infty$，且不存在最优平稳策略。事实上，对任意满足 $\mu(1) = u$ 的平稳策略 μ，有

$$J_\mu(1) = -u + (1 - u^2) J_\mu(1)$$

由此可得

$$J_\mu(1) = -\frac{1}{u}$$

因为 u 可以取得任意接近 0，于是有 $J^*(1) = -\infty$，但不存在平稳策略达到最优费用。同时注意这一情景不会改变，如果约束集是 $u \in [0,1]$（即，$u = 0$ 是允许的控制），尽管在这一情况下使用 $\mu(1) = 0$ 的平稳策略是不合适的且其对应的费用向量是零，所以违反了假设 3.1.2。进一步地，可证明如下的贝尔曼方程

$$J^*(1) = (TJ^*)(1) = \min_{u \in (0,1]} [-u + (1 - u^2) J^*(1)]$$

没有（实数）解。事实上，该方程不可能有解达到 $J^*(1) \geqslant 0$，因为那样 $u^* = 1$ 达到最小值将导致矛盾，而且该方程不可能有解达到 $J^*(1) < 0$，因为此时 u 的最小值是

$$u^* = \min\left[1, -\frac{1}{2J^*(1)}\right]$$

于是通过替换，有

$$J^*(1) = (TJ^*)(1) = \begin{cases} -1, & J^*(1) \geqslant -1/2 \\ J^*(1) + \dfrac{1}{4J^*(1)}, & J^*(1) \leqslant -1/2 \end{cases}$$

这是矛盾的。①

关于这个问题的另一个有意思的事实是存在最优 非平稳策略 π。该策略可表示为 $\pi = \{\mu_0, \mu_1, \cdots\}$，在时间 k 和状态 1 下满足

$$\mu_k(1) = \frac{\gamma}{k+1}$$

其中 γ 是区间 $(0, 1/2)$ 中的标量。$J_\pi(1) = -\infty$ 留给读者来证明。在策略 π 下发生的是，敲诈者提出随时间越来越小的钱数要求，最终加起来是 ∞。然而，受害者拒绝的概率以更快的速度随时间减小，结果，受害者永远能容忍的概率是严格正的，这导致了敲诈者的无穷的总期望收益。

例 3.2.2（单纯停止问题） 为了说明为什么需要假设所有不合适的策略对至少某个初始状态具有无穷费用（假设 3.1.2），考虑最优停止问题，其中在任意状态均可以停止或者继续。依赖于状态的费用仅当涉及停止行为时才产生，这将系统引入人造的目的地；停止前的所有费用都是零。于是进入了本节的框架但不遵守假设 3.1.2，这意味着永远不停止的不合适的策略对任意起始状态均不会产生无穷费用。不幸的是，这一看似微小的假设放松导致我们的结论失效，这在图 3.2.1 中给出了例子，其中 T 具有多个不动点。这个例子实际上是一个确定性最短路问题，涉及具有零长度的环，且存在（非最优）不合适策略以导致对所有的初始状态都有有限费用（而不是对某些初始状态有无穷费用）。

图 3.2.1 当违背假设 3.1.2 时，命题 3.2.2 不成立的例子。图中显示了两个固定的策略 μ、μ' 的转移概率和费用。

贝尔曼等式 $J = TJ$ 通过下面给出

$$J(1) = \min\{-1, J(2)\}, \quad J(2) = J(1)$$

且满足对于任何形式的 J，

$$J(1) = \delta, \quad J(2) = \delta$$

其中，$\delta \leqslant -1$。这里合适的策略 μ 是最优的且相应的最优费用向量是

$$J(1) = -1, \quad J(2) = -1$$

难点在于对于所有的初始状态，不合适的策略 μ' 都存在有限的（零）费用。

---

① 贝尔曼方程不存在实数解还可以通过将在第 4 章中给出的针对非正阶段费用的总费用问题的一般性结论来证明 [见命题 4.1.2(b)，这意味着如果对某个 i 有 $J^*(i) = -\infty$，那么贝尔曼方程没有实数解，该方程有解，但对某些状态，解是 ∞]。

3.3 基本压缩性质

1.5 节提到, 第 1 章中对折扣问题推导的强的结论得益于映射 T 的压缩性. 尽管命题 3.2.2 与对应的 1.2 节的折扣费用结论具有相似性, 但这里的映射 T 未必是针对某个模的压缩映射; 见习题 3.13 给出的反例. 另一方面, 如果强化假设 3.1.1 和假设 3.1.2, 那么要求所有平稳策略都是合适的, 结果显示 T 是针对加权机制模的一个压缩映射. 这是如下命题的主要内容.

命题 3.3.1 假设所有平稳策略是合适的. 那么, 存在向量 $v = (v(1), \cdots, v(n)))$, 各维为正, 满足 T 和 T_μ 对所有的平稳策略 μ 是针对如下加权极值模的压缩映射

$$\|J\| = \max_{i=1,\cdots,n} \frac{J(i)}{v(i)}$$

证明 首先定义向量 v 是某个动态规划问题的解, 然后证明该问题有所需性质. 考虑一个新的随机最短路问题, 其中转移概率与之前相同, 但转移费用均为 -1 (除了终了状态 t, 其中自转移费用是 0). 在这一新问题中令 $\hat{J}(i)$ 为从状态 i 出发的 (有限取值的) 最优未来费用. 由命题 3.2.2, 有对所有的 $i = 1, \cdots, n$ 和平稳策略 μ,

$$\hat{J}(i) = -1 + \min_{u \in U(i)} \sum_{j=1}^{n} p_{ij}(u)\hat{J}(j) \leqslant -1 + \sum_{j=1}^{n} p_{ij}(\mu(i))\hat{J}(j) \tag{3.7}$$

定义

$$v(i) = -\hat{J}(i), i = 1, \cdots, n$$

那么对所有的 μ, 由式 (3.7), 有

$$\sum_{j=1}^{n} p_{ij}(\mu(i))v(j) \leqslant v(i) - 1 \leqslant \rho v(i), i = 1, \cdots, n \tag{3.8}$$

其中 ρ 定义为

$$\rho = \max_{i=1,\cdots,n} \frac{v(i) - 1}{v(i)}$$

因为 $v(i) = -\hat{J}(i) \geqslant 1$ 对所有 i 成立, 所以 $\rho < 1$. T_μ 的压缩性质现在可由式 (3.8) 和命题 1.5.2(a) 得出. T 的压缩性质可由命题 1.5.2(b) 和 $TJ = \min_\mu T_\mu J$ 这一事实得出.

使用刚才证明的压缩性质, 可以获得对随机最短路问题最有用的解析和算法结论. 本质上所有在第 1 章和第 2 章对有限状态折扣问题推导的结论对随机最短路问题在 (稍显限制性的) 所有平稳策略都是合适的策略这一假设条件下均成立; 参见 1.6 节和 2.5 节. 这些结论也在第 I 卷 7.2 节中给出, 现在可以清楚地看到这些结论源自命题 3.3.1 中证明的压缩映射的结构.

应注意命题 3.3.1 的压缩性质的两个推广. 一个是对随机最短路问题, 其中 $U(i)$ 是欧几里得空间的一个紧子集, 当 u 在 $U(i)$ 上变化时, $p_{ij}(u)$ 和 $g(i, u)$ 都是连续的, 对所有的 i 和 j 均如此. 之前提及在这些紧性和连续性假设下, 还有假设 3.1.1 和假设 3.1.2, 命题 3.2.2 成立. 所以如果所有的策略是合适的, 那么命题 3.3.1 的证明展示了映射 T 和 T_μ 是针对一个共同的加权极值模的压缩.

第二个推广是对于具有终了状态 t 和可数多个非终了状态的随机最短路问题, 这些非终了状态记为 $1, 2, \cdots$。令 $v(i)$ 为 (在所有策略中) 从状态 i 出发到终止前所经历的阶段数的最大期望值. 于是可

以证明若 $v(i)$ 在 i 上是有限的和有界的, 映射 T 和 T_μ 是针对加权极值模 $\|\cdot\|$ 的压缩映射, 压缩模为

$$\rho = \max_{i=1,2,\cdots} \frac{v(i)-1}{v(i)}$$

证明类似, 但比命题 3.3.1 的证明稍显复杂, 在习题 3.15 中给出了提纲.

3.4 值迭代

如前所述, 在第 2 章中针对折扣费用问题发展出的方法在随机最短路问题中有类似版本. 本节集中关注值迭代, 超出在命题 3.2.2(b) 中证明的收敛性结论. 特别地, 下面将讨论有限步终止的条件和异步版本收敛性条件.

3.4.1 有限步终止的条件

一般而言, 值迭代方法在随机最短路问题中需要无穷步迭代. 不过, 在特殊情形下, 该方法可在有限步内终止. 一个明显的例子是确定性最短路问题 (第 I 卷 2.1 节), 但存在其他更一般的终止的情形.

对这样的情形, 假设与某个最优平稳策略 μ^* 对应的转移概率图是无环的. 即在以状态 $1,\cdots,n,t$ 为节点, 以每个 i 和 j 构成的满足 $p_{ij}(\mu^*(i)) > 0$ 的状态对为弧 (i,j) 的图中没有环.

我们断言在这一无环假设下, 当从如下给定的向量 J 出发时, 值迭代方法将在最多 n 次迭代后获得 J^* [1]

$$J(i) = \infty, i = 1,\cdots,n \tag{3.9}$$

为了证明这一点, 考虑状态集合 $S_0, S_1, \cdots$, 定义如下

$$S_0 = \{t\}$$

$$S_{k+1} = \{i | p_{ij}(\mu^*(i)) = 0 \text{ for all } j \notin \cup_{m=0}^k S_m\}, k = 0, 1, \cdots$$

并令 $S_{\bar{k}}$ 为最后一个这样的非空集合. 于是由无环假设, 有

$$\cup_{m=0}^{\bar{k}} S_m = \{1, \cdots, n, t\}$$

下面用归纳法来证明, 从 $J(i) \equiv \infty$ 开始 [参见式 (3.9)], 值迭代方法将得出

$$(T^k J)(i) = J^*(i), \forall i \in \cup_{m=1}^k S_m, k = 1, \cdots, \bar{k} \tag{3.10}$$

---

[1] 尽管我们没有讨论在某些维可以取值为 ∞ 的向量 J 上应用 T 的情况, 但如下公式的含义

$$(TJ)(i) = \min_{u \in U(i)} \left[g(i,u) + \sum_{j=1}^n p_{ij}(u) J(j) \right], i = 1, \cdots, n$$

此时是明显的: 若某个 j 满足 $J(j) = \infty$, 且 $p_{ij}(u) > 0$, 则将这样的 $u \in U(i)$ 从最小化中剔除; 若这涉及所有的 $u \in U(i)$, 那么有 $(TJ)(i) - \infty$.

事实上,容易看到这对 $k=1$ 也成立。假设如果 $i \in \cup_{m=1}^{k} S_m$,则 $(T^k J)(i) = J^*(i)$。于是,由 T 的单调性,对所有的 i,有

$$J^*(i) \leqslant (T^{k+1} J)(i)$$

然而由归纳假设中集合 S_k 的定义和 μ^* 的最优性,有

$$(T^{k+1} J)(i) \leqslant g(i, \mu^*(i)) + \sum_{j \in \cup_{m=0}^{k} S_m} p_{ij}(\mu^*(i)) J^*(j)$$
$$= J^*(i), \text{ 对于 } i \in \cup_{m=1}^{k+1} S_m$$

最后两个关系式完成了归纳法。

所以已经证明,如果存在某个最优平稳策略 μ^*,其对应的转移概率图是无环的,那么在第 k 步迭代中,通过由式 (3.9) 给定的 J 开始的值迭代方法将找到在集合 S_k 中的状态的最优费用;参见式 (3.10)。特别地,所有最优费用将在 $\bar{k}$ 次迭代后被找到。

在存在最优的 μ^* 具有无环转移概率图这一假设中,隐含信息是对所有的 $i \neq t$ 没有正的自转移概率 $p_{ii}(\mu^*(i))$。然而,在假设 3.1.1 和假设 3.1.2 下,具有这样的自转移概率的随机最短路问题可被转化为另一个随机最短路问题,其中对所有的 $i \neq t$ 和 $u \in U(i)$,有 $p_{ii}(u) = 0$。特别地,可以证明(习题 3.8)修改后的随机最短路问题每阶段的费用为

$$\tilde{g}(i, u) = \frac{g(i, u)}{1 - p_{ii}(u)}, i = 1, \cdots, n$$

而不是 $g(i, u)$,转移概率为

$$\tilde{p}_{ij}(u) = \begin{cases} 0, & j = i, \\ \dfrac{p_{ij}(u)}{1 - p_{ii}(u)}, & j \neq i, \end{cases} i = 1, \cdots, n$$

而不是 $p_{ij}(u)$,这个随机最短路问题等价于原来的问题,即二者具有相同的最优费用和策略。所以,具有适当修改的每阶段费用和转移概率的值迭代在 n 次迭代之内终止。

若存在一个无环图 G,满足对所有状态 $i \neq t$,有

$$p_{ij}(u) > 0, \text{ 对某个 } u \in U(i) \Rightarrow (i, j) \in G$$

即,所有可能的转移在无环图 G 内部发生,可以得到值迭代的一个更强的收敛性结论。在这一假设下,可以验证值迭代从任意 $J \in \Re^n$ 出发,都将在最多 n 步内收敛到 J^*。为看到这一点,定义如下集合

$$S_0 = \{t\}$$

$$S_{k+1} = \{i | p_{ij}(u) = 0 \text{对所有} j \notin \cup_{m=0}^{k} S_m, u \in U(i)\}, k = 0, 1, \cdots$$

令 $S_{\bar{k}}$ 为最优一个这样的非空集合。于是无环假设意味着

$$\cup_{m=0}^{\bar{k}} S_m = \{1, \cdots, n, t\}$$

进一步地，对任意的 $J \in \Re^n$，有

$$(T^k J)(i) = J^*(i), \forall i \in \cup_{m=1}^k S_m, k = 1, \cdots, \bar{k}$$

这一结论涵盖了有限阶段动态规划问题，这类问题总是可以被转化为无穷阶段随机最短路问题，其状态空间为有限阶段的所有阶段中状态的并集；相关结论参见习题 3.7。

持续改进的策略

如果存在一个最优策略 μ^*，在该策略下，从一个给定状态只能去往费用更小的状态，即，对所有的 i，有

$$p_{ij}(\mu^*(i)) > 0 \Rightarrow J^*(i) > J^*(j)$$

那么值迭代的性质还可以进一步增强。这样的策略称为持续改进的。

持续改进的策略存在的一个特例是确定性最短路问题，其中所有的弧长都是正的。另一个重要的特例已经在第 I 卷 6.6.1 节中针对连续状态最短路问题讨论过；见习题 3.10。

与一个持续改进的策略对应的转移概率图是无环的，所以当这样的策略存在时，由之前的讨论，值迭代方法在从一个"无限"初始条件开始时将在有限步之内终止。然而，一个更强的性质可以被证明。如在第 I 卷第 2 章中所讨论的，对具有正弧长的最短路问题可以使用 Dijkstra 算法。这是标志修正方法，每次迭代时从 OPEN 列表中删除具有最小标志的节点，且对每个节点只需要一次迭代。若存在持续改进策略，那么一条类似的性质对随机最短路成立：如果从 OPEN 列表中删除具有最小费用估计 $J(j)$ 的状态 j，对应的值迭代方法的高斯-赛德尔版本对每个状态只需要一步迭代；见习题 3.11。

对于持续改进的策略存在的问题，使用第 I 卷 2.3.1 节中讨论的标志修正最短路方法的直接修订的版本也是恰当的。特别地，可以将从 OPEN 列表中删除最小费用状态这一策略近似为使用 SLF 和 LLL 策略（相关分析和计算实验，见论文 [PBT98]）。

3.4.2　异步值迭代

考虑应用于随机最短路问题的 2.6.1 节的异步分布值迭代方法。与在 2.6.1 节相同，引入贝尔曼方程 $J = TJ$ 的异步分布式求解的一个通用模型。在 2.6.1 节的模型中，每个处理器更新一个状态子集的费用估计。然而，因为在这里状态空间是有限的，为不失一般性（因为可以从后续讨论看出），假设每个处理器更新单个状态的费用。所以处理器 $l, i = 1, \cdots, n$，更新 $J = (J_1, \cdots, J_n)$ 的对应维 J_l。

假设处理器 l 仅在选定的迭代的子集合 $\mathcal{R}_l$ 中的时刻 t 更新 J_l，其他维 J_j 由其他处理器通过通信"延迟"$t - \tau_{lj}(t)$ 提供：

$$J_l^{t+1} = \begin{cases} T(J_1^{\tau_{l1}(t)}, \cdots, J_n^{\tau_{ln}(t)}), & t \in \mathcal{R}_l \\ J_l^t, & t \notin \mathcal{R}_l \end{cases} \tag{3.11}$$

如 2.6.1 节所述，使用异步收敛定理（命题 2.6.1）在下面的假设条件下（也在 2.6.1 节中给出了）证明收敛性。

假设 3.4.1（连续更新和信息更新）

(1) 处理器 l 更新 J_l 的时刻构成的集合 $\mathcal{R}_l$ 对每个 $l = 1, \cdots, n$ 是无穷的。

(2) 对所有的 $l, j = 1, \cdots, n$ 有 $\lim_{t \to \infty} \tau_{lj}(t) = \infty$。

首先假设所有的策略是合适的。此时，T 是针对加权极值模 $\|\cdot\|$（参见命题 3.3.1）的压缩映射。通过使用异步收敛定理（命题 2.6.1），以及如下的集合序列

$$S(k) = \{J \in \Re^n \mid \|J^k - J^*\| \leqslant \rho^k \|J^0 - J^*\|\}$$

其中 $\rho \in (0,1)$ 是 T 的压缩模，可得由式 (3.11) 的异步算法生成的序列 $\{J^t\}$ 逐点收敛到 J^*。

现在考虑一般情形，假设 3.1.1 和假设 3.1.2 成立，但存在不合适的策略。于是 T 可能不是一个压缩映射（见习题 3.13）。然而，T 仍然是单调的，且 J^* 是其唯一不动点，结果证明这是异步收敛的充分条件。事实上，对于标量 $c > 0$，引入

$$\underline{J} = J^* - ce, \bar{J} = J^* + ce$$

其中 e 是单位向量。于是有

$$\underline{J} \leqslant T\underline{J} \leqslant T\bar{J} \leqslant \bar{J} \tag{3.12}$$

从 T 的形式的角度来看，

$$(TJ)(i) = \min_{u \in U(i)} \left[g(i,u) + \sum_{j=1}^{n} p_{ij}(u) J(j) \right], i = 1, \cdots, n$$

并基于如下事实

$$\sum_{j=1}^{n} p_{ij}(u) \leqslant 1$$

使用异步收敛定理（命题 2.6.1），其中

$$S(k) = \{J \in \Re^n \mid T^k \underline{J} \leqslant J \leqslant T^k \bar{J}\}, k = 0, 1, \cdots$$

c 充分大使得初始条件 J^0 满足 $J^0 \in S(0)$。于是可以证明由异步值迭代算法生成的序列 $\{J^t\}$ 逐点收敛到 J^*。事实上，集合 $S(k)$ 明显满足命题 2.6.1 的同步收敛和盒子条件。这些集合还满足

$$S(k+1) \subset S(k)$$

注意到式 (3.12) 和 T 的单调性。于是在假设 3.4.1 下，命题 2.6.1 的所有条件均满足，于是可以证明算法的收敛性。

3.5 策略迭代

在随机最短路问题中，存在几个可能的策略迭代算法可供选择。一个这样的算法是基于命题 3.2.2 的用于证明 T 具有不动点时使用的构造方法的。在典型迭代中，给定一个合适的策略 μ 和对应的费用向量 J_μ，可以获得新的合适的策略 $\bar{\mu}$ 满足 $T_{\bar{\mu}} J_\mu = T J_\mu$。在式 (3.4) 中证明了 $J_{\bar{\mu}} \leqslant J_\mu$。进一步地，如果 μ 非最优，严格不等式 $J_{\bar{\mu}}(i) < J_\mu(i)$ 对至少一个状态 i 成立；否则应该有 $J_\mu = T J_\mu$，且由命

题 3.2.2(c)，μ 将是最优的。于是，如果当前策略非最优，新策略应当严格更好。因为合适的策略的总数有限，该算法在有限步迭代后终止并获得最优的合适的策略。

在接下来的两个小节中，将假设所有策略都是合适的，并在这一条件下讨论策略迭代的变形：在 3.5.1 节中讨论乐观版本，在 3.5.2 节中讨论近似版本。这些方法与折扣问题的对应方法类似，它们的分析依赖 3.3 节的压缩性质。

不幸的是，当存在不合适的策略时，标准策略迭代及其乐观和近似的版本会遇到严重的困难。由假设 3.1.2 可知与不合适的策略对应的费用向量具有一些无穷大的维，且不能通过求解对应的贝尔曼方程评价。这一弱点在近似的、乐观的和异步的策略迭代中被放大了，此时即使从一个合适的策略开始，也不能保证后续生成的策略是合适的。于是想构造策略迭代的一种替代形式，其中包含一种机制来避免最优费用的估计由于不合适的策略而变得无界。为此，提供了两个算法，分别在 3.5.3 节和 3.5.4 节中给出，其中引入停止费用的一个阈值来保持费用迭代是有界的。这些算法与 2.6.2 节和 2.6.3 节中的异步策略迭代算法具有相似之处，实际上它们可以在异步的形式下可靠实现，正如稍后将看到的那样。

3.5.1 乐观策略迭代

考虑如下情形，所有策略都是合适的，因此 T 和 T_μ 是如下共同的加权极值模下的压缩映射

$$||J|| = \max_{i=1,\cdots,n} \frac{J(i)}{v(i)}$$

其中 $v = (v(1),\cdots,v(n))$ 是一个合适的加权向量（参见命题 3.3.1）。与折扣马尔可夫决策过程的情形类似，考虑乐观策略迭代方法，从一个向量 $J_0 \in \Re^n$ 开始，使用如下算法生成序列 $\{J_k\}$ 和 $\{\mu^k\}$

$$T_{\mu^k}J_k = TJ_k, J_{k+1} = T_{\mu^k}^{m_k}J_k, k = 0,1,\cdots \qquad (3.13)$$

其中 $\{m_k\}$ 是正整数序列。这是 2.5.5 节算法的针对如下映射的特例

$$H(i,u,J) = g(i,u) + \sum_{j=1}^n p_{ij}(u)J(j)$$

（参见 1.6 节例 1.6.4）。从命题 3.3.1 中证明的压缩映射的结构来看，2.5 节中的压缩和单调性假设成立，2.5.5 节中的收敛性结论和收敛速率估计成立。特别地，有如下命题。

命题 3.5.1（乐观策略迭代的收敛性） 假设所有平稳策略都是合适的，令 $\{(J_k,\mu^k)\}$ 是由式 (3.13) 的乐观策略迭代算法生成的序列，假设对某个 $c \geqslant 0$，有

$$||J_0 - TJ_0|| \leqslant c$$

其中 $||\cdot||$ 是命题 3.3.1 的加权极值模。于是对所有的 $k \geqslant 0$，有

$$J_k + \frac{\alpha^k}{1-\alpha}cv \geqslant J_k + \frac{\beta_k}{1-\alpha}cv \geqslant J^* \geqslant J_k - \frac{(k+1)\alpha^k}{1-\alpha}cv$$

其中 v 和 α 分别是命题 3.3.1 中的加权向量和压缩模，β_k 定义为

$$\beta_k = \begin{cases} 1, & k=0 \\ \alpha^{m_0+\cdots+m_{k-1}}, & k>0 \end{cases}$$

其中 $m_j, j = 0, 1, \cdots$ 是式 (3.13) 算法中使用的整数。进一步地，有

$$\lim_{k \to \infty} ||J_k - J^*|| = 0$$

且对所有比某个序号 $\bar{k}$ 更大的所有的 k 有 $J_{\mu^k} = J^*$。

证明 因为在我们的假设下，随机最短路问题是 2.5 节的推广的动态规划问题模型的一个特例，以上结论可从命题 2.5.6 和引理 2.5.4 得出。

注意当式 (3.13) 算法中的映射 T 和 T_μ 被任意针对共同的加权极值模的单调映射 W 和 W_μ 替代，且分别以 J^* 和 J_μ 为这两个映射各自的唯一不动点时，可以获得类似的命题。特别地，如果 W 是基于 T 的高斯–赛德尔映射，这一性质将保持 [在该映射中 $(WJ)(i)$ 由与 $(TJ)(i)$ 相同的方程计算，唯一区别是之前的计算值 $(WJ)(1), \cdots, (WJ)(i-1)$ 替代 $J(1), \cdots, J(i-1)$ 来使用；参见习题 2.15]。

3.5.2 近似策略迭代

再次考虑如下情形，其中所有平稳策略都是合适的，所以有命题 3.3.1 中的压缩性质，针对如下的加权极值模

$$||J|| = \max_{i=1,\cdots,n} \frac{J(i)}{v(i)}$$

考虑近似策略迭代算法，生成平稳策略序列 $\{\mu^k\}$ 和对应的近似费用向量序列 $\{J_k\}$，对所有 k 满足

$$||J_k - J_{\mu^k}|| \leqslant \delta, \quad T_{\mu^{k+1}} J_k \leqslant T J_k + \epsilon v \tag{3.14}$$

其中 δ 和 ϵ 是某个正标量。

下面的命题提供了误差界，可视作 2.5.6 节中误差界的特例。

命题 3.5.2（近似策略迭代的误差界） 假设所有策略是合适的。由式 (3.14) 的近似策略迭代算法生成的序列 $\{\mu^k\}$，满足

$$||J_{\mu^{k+1}} - J^*|| \leqslant \alpha ||J_{\mu^k} - J^*|| + \frac{\epsilon + 2\alpha\delta}{1 - \alpha}$$

且

$$\limsup_{k \to \infty} ||J_{\mu^k} - J^*|| \leqslant \frac{\epsilon + 2\alpha\delta}{(1 - \alpha)^2}$$

进一步地，当 $\{\mu^k\}$ 收敛到某个 $\bar{\mu}$ 时，即

$$\mu^{\bar{k}+1} = \mu^{\bar{k}} = \bar{\mu}$$

对某个 $\bar{k}$，有

$$||J_{\bar{\mu}} - J^*|| \leqslant \frac{\epsilon + 2\alpha\delta}{1 - \alpha}$$

证明 在假设条件下，随机最短路问题是 2.5 节推广的动态规划模型的特例。以上结论可从命题 2.5.8 和命题 2.5.10 中推出（见 2.5.6 节）。

再考虑一种近似乐观策略迭代算法，生成平稳策略序列 $\{\mu^k\}$ 和对应的近似费用向量序列 $\{J_k\}$，满足对所有的 k，有

$$||J_k - T_{\mu^k}^{m_k} J_{k-1}|| \leqslant \delta, \quad T_{\mu^{k+1}} J_k \leqslant T J_k + \epsilon v, \quad k = 0, 1, \cdots \tag{3.15}$$

那么在 2.5.6 节中给出的近似乐观策略迭代的误差界也可以直接推广。

命题 3.5.3（乐观近似策略迭代的误差界） 假设所有策略是合适的。由式 (3.15) 的乐观近似策略迭代算法生成的序列 $\{\mu^k\}$，满足

$$\limsup_{k\to\infty}||J_{\mu^k} - J^*|| \leqslant \frac{\epsilon + 2\alpha\delta}{(1-\alpha)^2}$$

证明 这些结论可以从命题 2.5.11 得出（显然在随机最短路问题中满足半线性单调压缩）。

3.5.3 具有不合适策略的策略迭代

本节讨论策略迭代方法的一种变形来处理不合适的策略。这一变形使用 J^* 的一个严格上界 $\hat{J}$：

$$\hat{J}(i) > J^*(i), i = 1, \cdots, n \tag{3.16}$$

假设这一严格上界可以获得（在实用中这是一个温和的限制 —— 某个合适的策略的费用向量的上界可以被用作 $\hat{J}$）。引入如下定义的映射 $\hat{H}$

$$\hat{H}(i, u, J) = \min\left\{\hat{J}(i), g(i,u) + \sum_{j=1}^{n} p_{ij}(u)J(j)\right\}, i = 1, \cdots, n \tag{3.17}$$

和如下给定的映射 $\hat{T}$

$$(\hat{T}J)(i) = \min_{u\in U(i)} \hat{H}(i, u, J), i = 1, \cdots, n \tag{3.18}$$

注意 $\hat{T}$ 对应于修改的随机最短路问题，其中包括额外的行为，该行为在任意状态 i 可以终止系统，费用为 $\hat{J}(i)$。然而，终止行为不是最优的，这从式 (3.16) 可以看出来，所以修改后的随机最短路问题和原随机最短路问题是等价的，即这两个问题均具有相同的最优费用和最优策略。于是可以证明 $\hat{T}$ 以 J^* 为其唯一不动点（在假设 3.1.1 和假设 3.1.2 下，所以命题 3.2.2 成立）。从 2.6.1 节和 3.4.2 节的分析还可以得出，不论是同步还是分布式异步形式，值迭代方法 $\hat{T}^kJ, k = 0, 1, \cdots$，对任意初始向量 J 都收敛到 J^*。

下面考虑与标准版本类似的（同步）策略迭代方法，即，3.2 节中讨论的方法（参见命题 3.2.2 的证明）。区别在于策略评价通过求解最优停止问题来进行而不是求解线性方程组。这一停止问题是与上述给定的映射 $\hat{H}$ 和 $\hat{T}$ 对应的。

对任意策略 μ（合适与否），引入如下给定的映射 $\hat{T}_\mu$

$$(\hat{T}_\mu J)(i) = \hat{H}(i, \mu(i), J), i = 1, \cdots, n \tag{3.19}$$

我们说 $\hat{T}_\mu$ 具有唯一不动点。这是一个停止问题的最优费用向量，其中在每个状态 i 有两个可能的控制：

(a) 停止并产生费用 $\hat{J}(i)$。

(b) 使用由策略 μ 指定的控制 $\mu(i)$。

可将这一停止问题视作一个随机最短路问题，其中对应的假设 3.1.1 和假设 3.1.2 成立。特别地，存在合适的策略，即在每个状态均终止的策略。进一步地，可证明每个不合适的策略对某个初始状态具有无穷费用（否则可构造原随机最短路问题中的一个不合适的策略，对所有初始状态均具有有限费

用)。所以由命题 3.2.2(a),$\hat{T}_\mu$ 有唯一不动点,记作 $\hat{J}_\mu$。此外,对任意 J 和 μ,有 $\lim_{k\to\infty} \hat{T}_\mu^k J = \hat{J}_\mu$[参见命题 3.2.2(b)]。

现在考虑允许不合适的策略的策略迭代方法。该方法具有通常的形式,但使用映射 $\hat{T}_\mu$ 和 $\hat{T}$ 替代 T_μ 和 T。特别地,给定一个策略 μ(合适与否):

(a) 计算唯一向量 $\hat{J}(\mu) = \left(\hat{J}_\mu(1), \cdots, \hat{J}_\mu(n) \right)$,满足

$$\hat{J}_\mu = \hat{T}_\mu \hat{J}_\mu \tag{3.20}$$

这是策略评价步骤且不涉及求解线性方程组,因为 $\hat{T}_\mu$ 是非线性映射。为求解式 (3.20) 方程,可以求解一个对应的最优停止问题,参见式 (3.17) 和式 (3.18)。一种可能性是通过线性规划来求解这一问题,即,计算如下线性规划以 $z = (z_1, \cdots, z_n)$ 为自变量的解 $\hat{J}_\mu$:

$$\text{maximize} \quad \sum_{i=1}^{n} z_i$$

$$\text{s.t.} \quad z_i \leqslant g(i, \mu(i)) + \sum_{j=1}^{n} p_{ij}(\mu(i)) z_j, i = 1, \cdots, n$$

$$z_i \leqslant \hat{J}(i), i = 1, \cdots, n \tag{3.21}$$

[参见式 (3.6) 的线性规划]。这里的一个关键点是 $\hat{J}_\mu$ 完整定义且即使当 μ 不合适时各维也有限(对于 $\hat{J}_\mu \leqslant \hat{J}$)。

(b) 使用如下方程产生新策略 $\bar{\mu}$

$$\bar{\mu}(i) \in \arg \min_{u \in U(i)} \hat{H}(i, u, \hat{J}_\mu)$$

或者

$$\hat{T}_{\bar{\mu}} \hat{J}_\mu = \hat{T} \hat{J}_\mu \tag{3.22}$$

(这是策略改进步骤)。

这一算法终止于满足 $\hat{T}_\mu \hat{J}_\mu = \hat{T} \hat{J}_\mu$ 的 μ;此时 μ 是最优的,因为满足最优性方程 $\hat{J}_\mu = \hat{T} \hat{J}_\mu$。

正如在折扣马尔可夫决策过程中的证明(参见命题 2.3.1),证明如下结论便足以证明算法终止(未必终止于最优策略)

$$\hat{J}_{\bar{\mu}} \leqslant \hat{J}_\mu \tag{3.23}$$

所以除非一个策略是最优的,否则它不会被重复。事实上,由式 (3.22),有

$$\hat{T}_{\bar{\mu}} \hat{J}_\mu \leqslant \hat{T}_\mu \hat{J}_\mu = \hat{J}_\mu$$

对这一不等式两侧重复使用 $\hat{T}_{\bar{\mu}}$,于是有

$$\hat{T}_{\bar{\mu}}^k \hat{J}_\mu \leqslant \hat{J}_\mu, k = 0, 1, \cdots$$

对 $k \to \infty$ 取极限并使用关系式 $\lim_{k\to\infty} \hat{T}_{\bar{\mu}}^k \hat{J}_\mu = \hat{J}_{\bar{\mu}}$,可获得式 (3.23)。

例 3.5.1（确定性最短路问题） 作为上述算法的示例，考虑随机最短路问题的确定性版本，其中在给定状态的每个控制选择导致唯一后继状态。这样的问题等价于经典的最短路问题，涉及 n 个节点 $1, \cdots, n$ 构成的图加上目标节点 t。正如在 3.1 节中注意到的，当且仅当在每个节点通过一条路径与目的地相连的情况下假设 3.1.1 被满足，而当且仅当每个不包含目的地的环具有正的长度时假设 3.1.2 被满足。然而，具有正长度的环对应于不合适的策略，所以不合适的策略是非常普遍的。

为理解之前的策略迭代算法如何处理不合适的策略，考虑一个简单的确定性最短路问题，只有两个节点 1 和 2，它们互相连接并都与目的地 t 相连。弧是 $(1,2)$、$(1,t)$、$(2,1)$、$(2,t)$，这些弧长均为 1。最优路径长度是 $J^*(1) = J^*(2) = 1$，但策略 μ 从 1 移动到 2，从 2 移动到 1，这样的策略是不合适的，具有无穷费用 $J_\mu(1) = J_\mu(2) = \infty$。考虑 J^* 的上界 $\hat{J} = (3,3)$（比 n 个最大弧长之和更大的数值都是上界）。假设将这一节的策略迭代算法从不合适的策略 μ 开始。那么 $\hat{J}_\mu$ 可以通过求解对应的线性规划式 (3.21) 获得：

$$\text{maximize} \quad z_1 + z_2$$
$$\text{s.t.} \quad z_1 \leqslant 1 + z_2, z_2 \leqslant 1 + z_1, z_1 \leqslant 3, z_2 \leqslant 3$$

其最优解是 $\hat{J}_{\bar{\mu}} = (3,3)$。后续策略改进步骤通过在对应于节点 1 和 2 的两个移动中对 $T\hat{J}_{\bar{\mu}}$ 进行最小化找到新策略 $\bar{\mu}$：

$$\min\{1, 1 + \hat{J}_{\bar{\mu}}(2)\}, \min\{1, 1 + \hat{J}_{\bar{\mu}}(1)\}$$

[参见式 (3.22)]。最小值在从节点 1 和 2 移动到目的地 t 时达到，所以 $\bar{\mu}$ 是最优的。

具有随机性的乐观异步算法

如式 (3.17) 和式 (3.18) 所示的修改的映射还可以被用于推导策略迭代的乐观异步版本并保证收敛性，即使存在不适合的策略时也适用。特别地，使用有限步值迭代和基于已知的 $\hat{J}$ 和 J^* 的上界 [参见式 (3.17)~ 式 (3.19)] 修改的映射 $\hat{T}$ 和 $\hat{T}_\mu$，近似执行策略迭代的策略评价步骤是可能的。

使用 2.6.2 节中具有随机性的异步策略迭代算法，其中以一个小概率 p 将每个局部策略评价迭代替换为局部策略改进迭代，与过去迭代的结果独立。于是使用命题 2.6.1 的证明思路，乐观异步策略迭代算法可以被证明逐点收敛到 J^*。

为了证明这一结论，对标量 $c > 0$ 定义

$$\underline{J} = J^* - ce, \bar{J} = J^* + ce$$

其中 e 是单位向量。假设 c 足够大满足 $\underline{J} \leqslant \hat{J} \leqslant \bar{J}$ 和 $\underline{J} \leqslant J^0 \leqslant \bar{J}$，其中 J^0 是初始迭代值。证明的思路概括如下：

(1) 定义

$$S(k) = \{J | \hat{T}^k \underline{J} \leqslant J \leqslant \hat{T}^k \bar{J}\}, k = 0, 1, \cdots$$

于是从 $J \in S(0)$ 开始，算法保持在 $S(0)$ 之中。进一步地，给定任意以 J^* 为球心的极值模球 S，存在 $\bar{k}$ 满足对所有 $k \geqslant \bar{k}$，有 $\hat{T}^k J \in S$ 以概率 1 成立。

(2) 用 $\mathcal{M}^*$ 表示最优策略集合：

$$\mathcal{M}^* = \{\mu \in \mathcal{M} | J_\mu = J^*\} = \{\mu \in \mathcal{M} | \hat{T}_\mu J^* = \hat{T} J^*\}$$

令 $\hat{k}$ 满足

$$J \in S(\hat{k}) \text{和} \hat{T}_\mu J = \hat{T} J, \text{这意味着} \mu \in \mathcal{M}^*$$

注意到状态和控制空间的有限性,这样的 $\hat{k}$ 存在。

(3) 正如在命题 2.6.1 的证明中,算法将以概率 1 进入 $S(\hat{k})$,此时算法等价于基于 $\hat{T}$ 的异步值迭代,于是收敛到 J^*(参见 3.4.2 节的分析)。

3.5.4 具有均一不动点的异步策略迭代

现在讨论一种乐观异步分布式策略迭代算法,该算法以类似于 2.6.3 节中策略迭代算法的方式处理收敛性问题,这一方式基于均一不动点性质。在这一算法中,策略评价步骤包括只在求解适当的停止问题的迭代,其停止费用收敛到该问题的最优费用(参见例 2.6.2)。其优点是这一算法不需要 J^* 的上界,而且即使当存在某些不合适的策略时也可使用,因为停止费用提供了一个阈值,可用于防止由该算法生成的费用估计变得无界。

这一算法与 2.6.3 节中的算法相同,一点区别是:映射 H 是与随机最短路问题对应的映射,即

$$H(x, u, J) = g(x, u) + \sum_{y=1}^{n} p_{xy}(u) J(y)$$

而不是 2.5 节中推广的折扣问题中的映射。除了这一区别,该算法与 2.3 节中在符号和操作上均相同。

如同在 2.6.3 节中一样,在分布式异步框架中将状态空间 $X = \{1, \cdots, n\}$ 划分为集合 $X_1, \cdots, X_m$,并将每个子集合 X_l 指派给一个处理器 $l \in \{1, \cdots, m\}$。对每个处理器 l,有两个不相交的时间子集 $\mathcal{R}_l, \bar{\mathcal{R}}_l \subset \{0, 1, \cdots\}$,分别对应于策略改进和策略评价迭代。

给出 Q-因子版本的算法形式,其中每个处理器 l 对所有的 $x \in X_l, u \in U(x)$ 保持局部费用估计 $V^t(x)$、Q-因子估计 $Q^t(x, u)$ 和策略 $\mu^t(x)$。特别地,在每个时刻 t 和每个处理器 l,算法进行如下操作。

(a) **局部策略改进**:如果 $t \in \mathcal{R}_l$,处理器 l 对所有的 $x \in X_l$ 设定

$$V^{t+1}(x) = \min_{u \in U(x)} \left[g(x, u) + \sum_{y=1}^{n} p_{xy}(u) \min\left\{V^t(y), Q^t(y, \mu^t(y))\right\} \right] \tag{3.24}$$

设定 $\mu^{t+1}(x)$ 为达到最小值的 u,保持 Q 不变,即,$Q^{t+1}(x, u) = Q^t(x, u)$ 对所有 $x \in X_l$ 和 $u \in U(x)$ 成立。

(b) **局部策略评价**:如果 $t \in \bar{\mathcal{R}}_l$,处理器 l 对所有的 $x \in X_l$ 和 $u \in U(x)$ 设定

$$Q^{t+1}(x, u) = g(x, u) + \sum_{y=1}^{n} p_{xy}(u) \min\left\{V^t(y), Q^t(y, \mu^t(y))\right\} \tag{3.25}$$

并保持 V 和 μ 不变,即,$V^{t+1}(x) = V^t(x)$ 和 $\mu^{t+1}(x) = \mu^t(x)$ 对所有的 $x \in X_l$ 成立。

(c) **没有局部变化**:如果 $t \notin \mathcal{R}_l \cup \bar{\mathcal{R}}_l$,处理器 l 保持 Q、V 和 μ 不变,即,$Q^{t+1}(x, u) = Q^t(x, u)$ 对所有的 $x \in X_l$ 和 $u \in U(x)$ 成立,$V^{t+1}(x) = V^t(x)$ 和 $\mu^{t+1}(x) = \mu^t(x)$ 对所有的 $x \in X_l$ 成立。

上述算法旨在计算最优 Q-因子向量 Q^*，由此可以获得 J^*。对于目标只是计算 J^* 的情形，可以使用缩减空间的实现，其中在 V^t、J^t 和 μ^t 上迭代而不是在 V^t、Q^t 和 μ^t 上迭代，有

$$J^t(x) \stackrel{\text{def}}{=} Q(x, \mu^t(x)), x \in X$$

这一算法在符号和操作上与 2.6.3 节中给出的形式相同（参见例 2.6.3）。采用差值的变形是可能的，与 2.6.3 节中类似。

异步收敛性

为了分析式 (3.24) 和式 (3.25) 中的算法，首先注意到基于命题 3.2.2(a)，最优 Q-因子 Q^* 是如下定义的映射 F 的唯一不动点

$$(FQ)(x, u) = g(x, u) + \sum_{y=1}^{n} p_{xy}(u) \min_{v \in U(y)} Q(y, v), x \in X, u \in U(x)$$

并满足

$$J^*(x) = \min_{u \in U(x)} Q^*(x, u), x \in X$$

类似于 2.6.3 节，引入如下映射

$$
\begin{aligned}
F_\mu(V, Q)(x, u) &= H(x, u, \min\{V, Q_\mu\}) \\
&= g(x, u) + \sum_{y=1}^{n} p_{xy}(u) \min\{V(y), Q(y, \mu(y))\}
\end{aligned}
\tag{3.26}
$$

（参见例 2.6.2），并且引入 μ-依赖的映射

$$L_\mu(V, Q) = (MQ, F_\mu(V, Q)) \tag{3.27}$$

其中 M 是在 u 上的逐点最小化操作，即

$$(MQ)(x) = \min_{u \in U(x)} Q(x, u)$$

为了分析，使用 2.6.1 节的异步收敛思想。将证明尽管 L_μ 可能不是极值模压缩映射，它仍然是单调的且可证明以 (J^*, Q^*) 为其对所有 μ 的唯一不动点。这些性质对使用命题 2.6.1 的异步收敛定理和证明算法收敛到 (J^*, Q^*) 来说已经充分了。我们将给出这一分析的大纲，更详细的分析建议阅读 [YuB11b]。

为了使用命题 2.6.1，构造一个嵌套的集合序列，包含唯一不动点 (J^*, Q^*)，满足命题中的同步收敛性和盒子条件。用 $\underline{F}$ 和 $\bar{F}$ 表示通过在所有平稳策略 μ 构成的有限集合 F_μ 上分别进行最小化和最大化的映射：

$$
\begin{aligned}
\underline{F}(V, Q)(x, u) &= \min_\mu F_\mu(V, Q)(x, u) \\
\bar{F}(V, Q)(x, u) &= \max_\mu F_\mu(V, Q)(x, u)
\end{aligned}
$$

注意从 F_μ 的定义式 (3.26)，对任意固定的 Q，存在着 $\bar\mu$ 达到上面的最大值，对所有 V 和 (x, u) 均一的，即如下的 $\bar\mu$

$$Q(x, \bar\mu(x)) = \max_{u \in U(x)} Q(x, u), \forall x \in X$$

[参见式 (3.26)]。类似地，存在 $\underline\mu$ 达到上面的最小值，对所有 V 和 (x, u) 是均一的。考虑如下定义的映射 $\underline L$ 和 $\bar L$

$$\underline L(V, Q) = (MQ, \underline F(V, Q)), \bar L(V, Q) = (MQ, \bar F(V, Q)) \tag{3.28}$$

有如下命题。

命题 3.5.4 对任意的 μ，式 (3.27) 的映射 L_μ 和式 (3.28) 的映射 $\underline L$ 和 $\bar L$ 是单调的，其唯一不动点是 (J^*, Q^*)。进一步地，

(a) 对任意标量 $c \geqslant 0$，有

$$(J^-, Q^-) \leqslant \underline L(J^-, Q^-) \leqslant (J^*, Q^*) \leqslant \bar L(J^+, Q^+) \leqslant (J^+, Q^+)$$

定义

$$J^- = J^* - ce_V, \qquad Q^- = Q^* - ce_Q$$
$$J^+ = J^* + ce_V, \qquad Q^+ = Q^* + ce_Q$$

其中 e_V 和 e_Q 分别是空间 V 和 Q 中的单位向量。

(b) 对任意 (V, Q) 序列 $\underline L^k(V, Q)$ 和 $\bar L^k(V, Q)$ 当 $k \to \infty$ 时收敛到 (J^*, Q^*)，其中 $\underline L^k$ (或者 $\bar L^k$) 表示 $\underline L$ (或者对应的 $\bar L$) 的 k-重叠加。

证明 对任意的 μ、V_1、V_2、Q_1、Q_2 满足 $V_1 \leqslant V_2$ 和 $Q_1 \leqslant Q_2$，有 $MQ_1 \leqslant MQ_2$ 和 $F_\mu(V_1, Q_1) \leqslant F_\mu(V_2, Q_2)$，所以 $L_\mu(V_1, Q_1) \leqslant L_\mu(V_2, Q_2)$ 和 L_μ 是单调的。

为了证明 L_μ 以 (J^*, Q^*) 为其唯一不动点，我们注意到 Q-因子的贝尔曼方程和 F 与 F_μ 的定义，有

$$Q^* = FQ^*, J^* = MQ^*, F_\mu(J^*, Q^*) = FQ^* = Q^*$$

上面最右端的关系式意味着 (J^*, Q^*) 是 L_μ 的不动点。为了证明不动点的唯一性，令 $(\bar V, \bar Q)$ 是 L_μ 的不动点，即 $\bar V = M\bar Q$ 和 $\bar Q = F_\mu(\bar V, \bar Q)$。于是有

$$\bar Q = F_\mu(\bar V, \bar Q) = F\bar Q$$

其中最后的等式来自 $\bar V = M\bar Q$。这证明了 $\bar Q$ 是 F 的不动点。因为 F 以 Q^* 为其唯一不动点，$\bar Q = Q^*$。于是可以证明 $\bar V = MQ^* = J^*$。所以 (J^*, Q^*) 是 L_μ 的唯一不动点。

映射 $\underline L$ 和 $\bar L$ 分别由 $L_\mu(V, Q)$ 在 μ 上的逐维最小化和最大化定义，所以它们继承了对所有映射 L_μ 都使用的一些性质：单调的且以 (J^*, Q^*) 为不动点。为证明 $\bar L$ 的不动点的唯一性，假设 (V, Q) 是不动点，所以 $(V, Q) = \bar L(V, Q)$。于是根据之前提到的性质，对固定的 Q 存在 $\bar\mu$ 达到 $\bar L$ 定义中的最大值，对所有 (x, u) 均一的，有 $(V, Q) = \bar L(V, Q) = L_{\bar\mu}(V, Q)$。于是 (V, Q) 是 $L_{\bar\mu}$ 的不动点，可证明 $(V, Q) = (J^*, Q^*)$。类似地，证明 (J^*, Q^*) 是 $\underline L$ 的唯一不动点。

(a) 对任意 μ，有 $L_\mu(J^*, Q^*) = (J^*, Q^*)$，所以也使用 L_μ 的定义，

$$(J^-, Q^-) \leqslant L_\mu(J^-, Q^-) \leqslant (J^*, Q^*) \leqslant L_\mu(J^+, Q^+) \leqslant (J^+, Q^+)$$

通过取 μ 的最小值和最大值, 可获得所希望的不等式.

(b) 对于给定的 (V, Q), 令 c 满足

$$(J^-, Q^-) \leqslant (V, Q) \leqslant (J^+, Q^+) \tag{3.29}$$

其中 (J^-, Q^-) 和 (J^+, Q^+) 在 (a) 部分中定义. 对 $k = 0, 1, \cdots$ 定义

$$(\bar{V}_k, \bar{Q}_k) = \bar{L}^k(J^+, Q^+), (\underline{V}_k, \underline{Q}_k) = \underline{L}^k(J^-, Q^-) \tag{3.30}$$

根据 (a) 部分和 $\bar{L}$ 的单调性, 有 $(\bar{V}_k, \bar{Q}_k)$ 从上方单调收敛到某个 $(\bar{V}, \bar{Q}) \geqslant (J^*, Q^*)$, 而 $(\underline{V}_k, \underline{Q}_k)$ 从下方单调收敛到某个 $(\underline{V}, \underline{Q}) \leqslant (J^*, Q^*)$. 通过在如下方程中取极限

$$(\bar{V}_{k+1}, \bar{Q}_{k+1}) = \bar{L}(\bar{V}_k, \bar{Q}_k)$$

并使用 $\bar{L}$ 的连续性, 于是有 $(\bar{V}, \bar{Q}) = \bar{L}(\bar{V}, \bar{Q})$, 所以 $(\bar{V}, \bar{Q})$ 必须等于 (J^*, Q^*), 即 $\bar{L}$ 的唯一不动点. 类似地, $(\underline{V}, \underline{Q}) = (J^*, Q^*)$. 结论是

$$(\bar{V}_k, \bar{Q}_k) \downarrow (J^*, Q^*), (\underline{V}_k, \underline{Q}_k) \uparrow (J^*, Q^*) \tag{3.31}$$

现在由式 (3.29) 式 (3.30), 以及 $\underline{L}$ 和 $\bar{L}$ 的单调性, 对所有的 k, 有

$$(\underline{V}_k, \underline{Q}_k) \leqslant \underline{L}^k(V, Q) \leqslant \bar{L}^k(V, Q) \leqslant (\bar{V}_k, \bar{Q}_k)$$

这与式 (3.31) 一起, 证明了 $\underline{L}^k(V, Q)$ 和 $\bar{L}^k(V, Q)$ 当 $k \to \infty$ 时收敛到 (J^*, Q^*).

现在考虑式 (3.30) 的对 $(\underline{V}_k, \underline{Q}_k)$、$(\bar{V}_k, \bar{Q}_k)$ 以及如下集合

$$S(k) = \left\{ (V, Q) \,|\, (\underline{V}_k, \underline{Q}_k) \leqslant (V, Q) \leqslant (\bar{V}_k, \bar{Q}_k) \right\}, k = 0, 1, \cdots$$

其交集是 (J^*, Q^*)[参见式 (3.31)]. 注意到这个集合序列和映射 L_μ 满足命题 2.6.1 的异步收敛定理同步收敛和盒子条件 (更确切地说, 是习题 2.11 的时变版本). 这证明了分别使用映射 M 和 F_μ 异步更新 V 和 Q 且在每次迭代任意修改 μ 的算法的收敛性.

3.6 可数状态问题

现在将考虑随机最短路问题的一个推广, 其中状态个数可数. 特别地, 假设状态空间是

$$X = \{1, 2, \cdots\}$$

加上一个没有费用和吸收态的目标状态 t. 对于 $i, j \in X \cup \{t\}$ 和 $u \in U(i)$, 转移概率记作 $p_{ij}(u)$, 每阶段的期望费用记作 $g(i, u), i \in X, u \in U(i)$. 约束集 $U(i)$ 可能是无穷的/任意的. 在 1.5.2 节中处理了具有可数状态空间和可能单阶段费用无界的折扣问题, 按照它的形式引入一个正的序列 $v = \{v(1), v(2), \cdots\}$, 和由满足 $\|J\| < \infty$ 的序列 $\{J(1), J(2), \cdots\}$ 构成的空间 $B(X)$ 中的加权极值模

$$\|J\| = \max_{i \in X} \frac{|J(i)|}{v(i)}$$

下面的假设与 1.5.2 节中的假设 1.5.1 平行.

假设 3.6.1 (a) 有 $G = \{G(1), G(2), \cdots\} \in B(X)$, 其中

$$G(i) = \max_{u \in U(i)} |g(i,u)|, i \in X$$

(b) 有 $V = \{V(1), V(2), \cdots\} \in B(X)$, 其中

$$V(i) = \max_{u \in U(i)} \sum_{j \in X} p_{ij}(u) v(j), i \in X$$

(c) *存在整数 $m \geqslant 1$ 和标量 $\rho \in (0,1)$ 满足对每个策略 π, 有*

$$\frac{\sum_{j \in X} P(x_m = j | x_0 = i, \pi) v(j)}{v(i)} \leqslant \rho, \forall i \in X$$

作为例子, 考虑情形 $v(i) \equiv 1$。于是假设 3.6.1(a) 等价于每阶段的期望费用在 i 和 u 上均一有界。假设 3.6.1(b) 自动满足, 因为 $V(i) \equiv 1$。自然而然地, 若存在整数 $m \geqslant 1$, 满足在 m 个阶段达到目的地 t 的概率对所有的初始状态 i 和策略 π 均有界地远离 0, 则假设 3.6.1(c) 满足。所以, 当 $v(i) \equiv 1$ 时, 假设 3.6.1 与第 I 卷 7.2 节中使用的假设平行 (并推广到可数状态空间的情形) (这等价于要求所有平稳策略是合适的; 见习题 3.6)。

不过应注意, $v(i)$ 选择不满足 $v(i) \equiv 1$ 时, 假设 3.6.1 适用于更一般的问题, 包括单阶段费用无界的问题。这在下面的例子中得到展示。

例 3.6.1 令 $v(i) = i, i = 1, 2, \cdots$。如果在状态 i 的每个阶段最大期望绝对费用增长速度不超过 i 的线性速度, 那么假设 3.6.1(a) 满足。假设 3.6.1(b) 是指状态 i 的期望下一个状态 $E\{j | i, u\}$ 对所有 $u \in U(i)$ 以不超过 i 的线性速度增长。最终, 如果对某个 m, 以及所有的 i 和 π, 假设 3.6.1(c) 均满足, 则有

$$\sum_{j \in X} P(x_m = j | x_0 = i, \pi) j \leqslant \rho i$$

这意味着对所有的 π, 状态 i 之后 m 个阶段到达的状态的期望价值占 i 的比例不超过 ρ, 即, 从 i 开始的每 m 个阶段, 都有至少 $(1 - \rho)i$ 的向下的期望变化。

现在考虑动态规划映射 T_μ 和 T:

$$(T_\mu J)(i) = g(i, \mu(i)) + \sum_{j \in X} p_{ij}(\mu(i)) J(j), i \in X$$

$$(TJ)(i) = \min_{u \in U(i)} \left[g(i, u) + \sum_{j \in X} p_{ij}(u) J(j) \right], i \in X$$

通过与命题 1.5.5 在表述上几乎重复的证明将获得如下结果。

命题 3.6.1 在假设 3.6.1 条件下, 映射 T 和 T_μ 将 $B(X)$ 投影到 $B(X)$, 并且是 m-阶段压缩映射且模为 ρ。

m-阶段压缩性质和 m-阶段压缩的压缩映射定理 (参见命题 1.5.4) 可被用于证明标准的动态规划结论:

(a) 值迭代方法 $J_{k+1} = TJ_k$ 收敛到贝尔曼方程 $J = TJ$ 的唯一解 J^*。

(b) 贝尔曼方程的唯一解 J^* 是问题的最优费用函数。

(c) 平稳策略 μ 是最优的，当且仅当 $T_\mu J^* = TJ^*$。

最后提醒注意本节的分析与 3.3 节分析之间的联系，在那里我们证明了当状态个数有限且所有平稳策略是合适的时，映射 T_μ 和 T 是加权（单步）压缩映射。事实上，这一事实的证明（命题 3.3.1）构造了权重构成的集合 $v(i)$，当 $m = 1$ 时，满足假设 3.6.1(c)[参见式 (3.8)]；也可以参考习题 3.15。

3.7 注释、资源和习题

3.1 节和 3.2 节的分析基于假设 3.1.1 和假设 3.1.2，以及合适与不合适的策略之间的区别，是基于 Bertsekas 和 Tsitsiklis[BeT89]、[BeT91b]。后面的参考文献在 $U(i)$ 的更一般的紧性假设下证明了这里展示的结论，以及 $g(i,u)$ 和 $p_{ij}(u)$ 的连续性假设。其他的代表性工作是 Eaton 和 Zadeh[EaZ62]，这篇工作在对所有 $i = 1, \cdots, n$ 和 $u \in U(i)$ 有 $g(i,u) > 0$ 的假设和合适的策略的假设下首次介绍了这个问题；Derman[Der70]，将这个问题称为 "第一个包的问题"；Whittle[Whi82] 以 "过渡规划" 的名字考虑了相关的问题。

映射 T 的加权极值压缩性质的证明（命题 3.3.1）来自 Bertsekas 和 Tsitsiklis[BeT96]，独立地由 Littman[Lit96] 给出（更早的证明由 Veinott[Vei69] 给出，还给 A. J. Hoffman、Bertsekas 和 Tsitsiklis[BeT89] 的第 325 页和 Tseng[Tse90] 贡献了结果）。

有限终止的值迭代算法已经对几类随机最短路问题进行了研究（见 Nguyen 和 Pallottino[NgP86]，Polychronopoulos 和 Tsitsiklis[PoT96]，Psaraftis 和 Tsitsiklis[PsT93]，Tsitsiklis[Tsi95]，Bertsekas、Guerriero 和 Musmanno[BGM95]，Polymenakos、Bertsekas 和 Tsitsiklis[PBT98]）。对连续空间最短路问题的 Dijkstra 类算法的使用涉及由 Tsitsiklis[Tsi95] 提出的持续改进的策略（见习题 3.10）。这一策略后来也以 "快速匹配方法" 的名字由 Sethian[Set99a]、[Set99b] 给出，同时给出了集中其他相关方法和应用，也由 Helmsen 等 [HPC96] 给出。习题 3.11 中的 Dijkstra 类算法在本书第 2 版出版时是新的。3.4.2 节的异步值迭代分析源自作者的 [Ber82a] 和 [Ber83]。

3.5.1 节中的乐观策略迭代的收敛性分析和 3.5.2 节中的误差界的分析是新的；参见 [Ber12]。此外，在 3.5.3 节中给出的不合适策略的处理方法是新的。3.5.4 节的乐观和异步策略迭代算法源自 Bertsekas 和 Yu[BeY10b]、Yu 和 Bertsekas[YuB11b]。有许多处理随机最短路问题的最优停止问题这类特殊情况的值迭代、策略迭代和乐观策略迭代类的 Q-学习算法的理论。这将在 6.6.4 节和 7.1 节中进一步讨论。

具有可数无穷状态空间问题的计算方法由 Hinderer 和 Waldmann[HiW05] 给出。随机最短路问题的两人动态博弈版本由 Pollatschek 和 AviItzhak[PoA69] 讨论过；参见 Raghavan 和 Filar[RaF91] 的综述和 Filar 和 Vrieze[FiV96] 的书。与当前这一章的思想相近的分析由 Patek 和 Bertsekas[PaB99] 和 Yu[Yu11] 给出。

推广形式的随机最短路问题，其中涉及无穷（不可数）个状态由 Pliska[Pli78]、Hernandez-Lerma 等 [HCP99]、James 和 Collins[JaC06] 进行了分析。不完整的状态信息类的随机最短路问题由 Patek[Pat07] 进行了分析。

习题

3.1 假设想在最小的期望时间内从一个起始点 S 旅行到目的地 D，有两个选择：

(1) 使用直接路线，需要 a 个单位时间；

(2) 采用可能的捷径，需要 b 个单位时间到达中间点 I。从 I 出发，可以或者在 c 单位时间内到达目的地 D，或者返回出发点(这将花费额外的 b 单位时间)。将在到达中间点 I 时知道价值 c。你事先知道的是 c 以相应的概率 $p_1, \cdots, p_m$ 取 m 个值 $c_1, \cdots, c_m$。考虑两种情形：(i)c 的值随时间不变，是常数，(ii)c 的值在每次返回出发点时变化，且独立于之前时段的取值。

(a) 将这个问题建模为随机最短路问题。写出贝尔曼方程并尽你所能用给定的问题数据刻画最优平稳策略。对 $a = 2, b = 1, c_1 = 0, c_2 = 5, p_1 = 0.5, p_2 = 0.5$ 的情形求解问题。

(b) 建模一个随机最短路问题的变形，其中每次到达中间点 I 时可以停留在那里。每过 d 单位时间，c 的值以概率 $p_1, \cdots, p_m$ 变成 $c_1, \cdots, c_m$ 中的某个值，并与其之前的值独立。每次 c 的值变化时，可以选择再等待 d 单位时间、返回出发点或者去往目的地。尽你所能刻画最优平稳策略。

3.2 一个赌徒参加了一个在无穷长时段连续翻硬币的赌博。每次正面朝上时他赢一元钱，每当相邻两次都是反面朝上时输 $m > 0$ 元钱(所以序列 TTTT 输 $3m$ 元钱)。每个周期内赌徒要么使用一枚正常的硬币，要么使用两面均为正面的硬币来作弊。在后一种情况下，在他抛硬币前有 $p > 0$ 的概率被抓住，一旦抓住，赌博将终止，赌徒只有届时获得的收益。赌徒希望最大化他的期望收益。

(a) 将这一问题视作一个随机最短路问题并指出所有的合适的和所有不合适的策略。

(b) 指出一个关键值 $\bar{m}$ 满足若 $m > \bar{m}$，那么所有不合适的策略对某个初始状态给出无穷费用。

(c) 假设 $m > \bar{m}$，证明此时最优的方法是：如果最近一次是反面则作弊，否则使用正常硬币。

(d) 证明如果 $m < \bar{m}$ 总是使用正常硬币是最优的。

3.3 使用洗好的一副牌，包括 $b > 0$ 张 "黑色" 牌和 $r > 0$ 张 "红色" 牌，有两个选择：

(1) "预测" 最上面一张牌是黑色的，若预测正确，则赢得游戏，否则输。

(2) "放弃" 最上面一张牌，看其颜色，再在少一张牌的情况下继续这个游戏。

如果这副牌有 $b > 0$ 张黑色牌，没有红色牌，则赢得游戏；如果这副牌没有黑色牌，则输掉游戏。目标是最大化赢的概率。将这一问题建模为随机最短路问题，证明每个策略都是最优的，且对应的赢的概率是 $b/(b+r)$。

3.4 考虑随机最短路问题，并假设对所有的 i 和 $u \in U(i)$ 有 $g(i, u) \leqslant 0$。证明或者对某个初始状态的最优费用是 $-\infty$，或者在每个策略下，该系统最终以概率 1 进入一个无费用的状态集合并且不再离开那个集合。

3.5 考虑随机最短路问题并假设存在至少一个合适的策略。命题 3.2.2 意味着如果对每个不合适的策略 μ，对至少一个状态 i 有 $J_\mu(i) = \infty$，那么不存在不合适的策略 μ' 满足对至少一个状态 j 有 $J_{\mu'}(j) = -\infty$。给出这一事实的另一种不使用命题 3.2.2 的证明。提示：假设存在一个不合适的策略 μ' 满足对至少一个状态 j 有 $J_{\mu'}(j) = -\infty$。将这一策略与一个合适的策略结合在一起来产生另一个不合适的策略 μ'' 满足对所有的 i 有 $J_{\mu''}(i) < \infty$。

3.6(合适策略的等价假设) 考虑一个随机最短路问题，其中所有平稳策略都是合适的。证明第

I 卷 7.2 节中的假设可以被满足，即，对每个策略 π 存在一个 $m > 0$，满足

$$P(x_m = t | x_0 = i, \pi) > 0, i = 1, \cdots, n$$

简要证明： 考虑另一个随机最短路问题，该问题与原来的问题相同，除了一点，即对所有的 $i = 1, \cdots, n, j = 1, \cdots, n, t$ 和 $u \in U(i)$ 有 $g(i, u, j) = -1$。由命题 3.2.2，最优费用 $J^*(x)$ 对所有的 i 是有限的。结论是对每个策略 π 和状态 i，一定存在一条路径从 i 通向 t 并且包含不超过 $\max\limits_{s=1,\cdots,n} |J^*(s)|$ （正的概率）个转移。

3.7（序贯空间分解 —— 有限阶段问题） 考虑随机最短路问题，并假设存在有限的状态子集合序列 $S_1, S_2, \cdots, S_M$ 满足每个状态 $i = 1, \cdots, n$ 属于一个集合且只属于一个这样的集合，并且下面的性质成立：

对所有 $m = 1, \cdots, M$ 和状态 $i \in S_m$，后续状态 j 要么是终了状态 t，要么对所有的控制选择 $u \in U(i)$ 属于子集合 $S_m, S_{m-1}, \cdots, S_1$ 中的一个。

(a) 证明这个问题的解可以分解成 M 个随机最短路问题的解，其中每一个问题都涉及一个子集合 S_m 中的状态加上一个终了状态。

(b) 证明具有 N 个阶段的有限状态问题可被视作一个具有上述性质的随机最短路问题。

3.8 考虑在假设 3.1.1 和假设 3.1.2 下的一个随机最短路问题。假设对所有 $i \neq t$ 和 $u \in U(i)$ 有 $p_{ii}(u) < 1$，考虑另一个随机最短路问题具有如下转移概率

$$\tilde{p}_{ij}(u) = \begin{cases} 0, & j = i, \\ \dfrac{p_{ij}(u)}{1 - p_{ii}(u)}, & j \neq i, \end{cases} \quad i = 1, \cdots, n$$

和费用

$$\tilde{g}(i, u) = \frac{g(i, u)}{1 - p_{ii}(u)}$$

(a) 证明这两个问题是等价的，具有相同的最优费用和策略。应如何处理对某个 $i \neq t$ 和 $u \in U(i)$ 有 $p_{ii}(u) = 1$ 的情形？

(b) 将 $\tilde{g}(i, u)$ 解释为从到达状态 i 和转移到状态 $j \neq i$ 之间的平均费用。

3.9（对不可控状态维的简化） 考虑假设 3.1.1 和假设 3.1.2 下的一个随机最短路问题，其中状态是两个成分 i 和 y 的组合 (i, y)，主成分 i 可直接被控制 u 影响，但另一个成分 y 的变化不能（参见第 I 卷 1.4 节）。特别地，假设给定的状态 (i, y) 和控制 u，下一个状态 (j, z) 按如下方式确定：首先 j 按照转移概率 $p_{ij}(u, y)$ 产生，然后 z 按照依赖于新状态的主成分 j 的条件概率 $p(z|j)$ 产生。另外假设每个阶段的费用是 $g(i, y, u, j)$ 且不依赖于下一个状态 (j, z) 的第二个成分 z。对于函数 $\hat{J}(i), i = 1, \cdots, n$，考虑如下映射

$$(\hat{T}\hat{J})(i) = \sum_y p(y|i) \left(\min_{u \in U(i,y)} \sum_j p_{ij}(u, y) \left(g(i, y, u, j) + \hat{J}(j) \right) \right)$$

和与平稳策略 μ 对应的映射

$$(\hat{T}_\mu \hat{J})(i) = \sum_y p(y|i) \sum_j p_{ij} \left(\mu(i, y), y \right) \left(g(i, y, \mu(i, y), j) + \hat{J}(j) \right)$$

(a) 证明 $\hat{J} = \hat{T}\hat{J}$ 是贝尔曼方程的一种形式,且可被用于刻画最优平稳策略。提示:给定 $J(i,y)$,定义 $\hat{J}(i) = \sum_y p(y|i)J(i,y)$。

(b) 考虑一个修订的值迭代算法,从任意函数 $\hat{J}$ 出发并序贯的产生 $\hat{T}\hat{J}, \hat{T}^2\hat{J}, \cdots$,证明这一算法的合理性。

(c) 证明如下修订的策略迭代算法的合理性,该算法在给定当前策略 $\mu^k(i,y)$ 之后的典型的迭代包括两步:

(1) 策略评价,计算求解线性系统方程 $\hat{J}_{\mu^k} = \hat{T}_{\mu^k}\hat{J}_{\mu^k}$ 的唯一函数 $\hat{J}_{\mu^k}$。

(2) 策略改进,根据方程 $\hat{T}_{\mu^{k+1}}\hat{J}_{\mu^k} = \hat{T}\hat{J}_{\mu^k}$ 计算改进的策略 $\mu^{k+1}(i,y)$。

3.10(离散化最短路问题 [Tsi95]) 假设状态是一个平面上的网格的格点。每个格点 x 的邻居记作 $U(x)$ 并包括 2~4 个点。在每个格点 x,有两个选择:

(1) 选择两个邻居 $x^+, x^- \in U(x)$ 和一个概率 $p \in [0,1]$,支付费用 $g(x)\sqrt{p^2 + (1-p)^2}$,分别以概率 p 和 $1-p$ 移至 x^+ 或者 x^-。这里 g 是一个函数,满足对所有 x 有 $g(x) > 0$。

(2) 停止并支付费用 $t(x)$。

证明对这个问题存在一个一致改进的最优策略。注意:这个问题可被用于建模确定性连续空间二维最短路问题。(与第Ⅰ卷第 6 章的习题 6.11 对比。)

3.11(Dijkstra 算法和一致改进策略) 在假设 3.1.1 和假设 3.1.2 下考虑随机最短路问题,假设存在一个一致改进的最优平稳策略。

(a) 证明这个策略的转移概率图是无环的。

(b) 考虑如下算法,维护两个状态子集 P 和 L,以及定义在状态空间上的函数 J。(为了将这个算法与第Ⅰ卷 2.3.1 节中的 Dijkstra 方法建立联系,用 J 对应节点标号,用 L 对应 OPEN 列表,用 P 对应已经退出 OPEN 列表的节点子集。)一开始,$P = \varnothing, L = \{t\}$,且有

$$J(i) = \begin{cases} \infty, & i = 1, \cdots, n \\ 0, & i = t \end{cases}$$

在典型迭代中,从 L 中选中状态 j^* 满足

$$j^* = \arg\min_{j \in L} J(j)$$

(如果 L 是空的,则算法终止。)将 j^* 从 L 中移除,放入 P。另外,对所有 $i \notin P$,存在 $u \in U(i)$ 满足 $p_{ij^*}(u) > 0$ 和

$$p_{ij}(u) = 0 \quad \forall j \notin P$$

定义

$$\hat{U}(i) = \{u \in U(i) | p_{ij^*}(u) > 0 \text{和} p_{ij}(u) = 0, \text{对所有} j \notin P\}$$

设定

$$J(i) := \min\left[J(i), \min_{u \in \hat{U}(i)}\left[g(i,u) + \sum_{j \in P} p_{ij}(u)J(j) \right] \right]$$

如果 i 不在集合 L 中，则将其放入。证明这个算法是完整的，即 $\hat{U}(i)$ 非空，且在所有状态均在 P 中之前集合 L 不会为空集。进一步地，每个状态 j 只从 L 中移除一次，且当其被移除时，有 $J(j) = J^*(j)$。

3.12（命题 3.2.2 的替代假设）　考虑假设 3.1.2 的一种变形，其中假设对所有 i 和 $u \in U(i)$ 有 $g(i,u) \geqslant 0$，存在最优合适的策略。证明命题 3.2.2 的论断，除了一点，即在 (a) 部分，贝尔曼方程的解的唯一性应当在集合 $\Re^+ = \{J | J \geqslant 0\}$ 中证明（而不是在 $\Re^n$ 中），(b) 部分中的向量 J 一定属于 $\Re^+$。

简要证明： 命题 3.2.1 不适用，所以需要稍微不同的证明。完善如下论断的细节。假设保证 J^* 是有限的，并且 $J^* \in \Re^+$。[有 $J^* \geqslant 0$ 因为 $g(i,u) \geqslant 0$，有 $J^*(i) < \infty$，因为存在合适的策略。] 现在的想法是去证明 $J^* \geqslant TJ^*$，然后选择满足 $T_\mu J^* = TJ^*$ 的 μ，并证明 μ 是最优的。令 $\pi = \{\mu_0, \mu_1, \cdots\}$ 为一个策略。对所有 i，有

$$J_\pi(i) = g(i, \mu_0(i)) + \sum_{j=1}^{n} p_{ij}(\mu_0(i)) J_{\pi_1}(j)$$

其中 π_1 是策略 $\{\mu_1, \mu_2, \cdots\}$。因为 $J_{\pi_1} \geqslant J^*$，所以

$$J_\pi(i) \geqslant g(i, \mu_0(i)) + \sum_{j=1}^{n} p_{ij}(\mu_0(i)) J^*(j) = (T_{\mu_0} J^*)(i) \geqslant (TJ^*)(i)$$

对之前方程中在 π 上取极小，有

$$J^* \geqslant TJ^* \tag{3.32}$$

令 μ 满足 $T_\mu J^* = TJ^*$。由式 (3.32)，有 $J^* \geqslant T_\mu J^*$，使用 T_μ 的单调性，有

$$J^* \geqslant T_\mu J^* \geqslant T_\mu^N J^* = P_\mu^N J^* + \sum_{k=0}^{N-1} P_\mu^k g_\mu \geqslant \sum_{k=0}^{N-1} P_\mu^k g_\mu, \quad N \geqslant 1$$

对 $N \to \infty$ 取极限，有 $J^* \geqslant J_\mu$。所以，μ 是一个最优策略，且有 $J^* = J_\mu$。因为 μ 满足 $T_\mu J^* = TJ^*$，使用 $J^* = J_\mu$ 和 $J_\mu = T_\mu J_\mu$ 获得 $J^* = TJ^*$。剩余的证明，使用向量 δe，证明方式与命题 3.2.2 类似。

3.13（压缩反例）　考虑一个随机最短路问题，在终了状态 t 之外具有单个状态 1。在状态 1 有两个控制 u 和 u'。在 u 下，费用是 1，系统在状态 1 多保留一个阶段；在 u' 下，费用是 2，系统移动到 t。证明假设 3.1.1 和假设 3.1.2 满足，但 T 针对任意模均不是压缩映射。

3.14（多阶段前瞻策略迭代）　在假设 3.1.1 和假设 3.1.2 下考虑随机最短路问题。令 μ 为一个平稳策略，令 J 为一个函数满足 $TJ \leqslant J \leqslant J_\mu$（$J = J_\mu$ 是一种可能性），令 $\{\bar{\mu}_0, \bar{\mu}_1, \cdots, \bar{\mu}_{N-1}\}$ 为具有终了费用函数 J 的 N-阶段问题的一个最优策略，即

$$T_{\bar{\mu}_k} T^{N-k-1} J = T^{N-k} J, \quad k = 0, 1, \cdots, N-1$$

(a) 证明

$$J_{\bar{\mu}_k} \leqslant J_\mu, \quad k = 0, 1, \cdots, N-1$$

提示： 首先证明对所有的 k 有 $T^{k+1} J \leqslant T^k J \leqslant J$，然后证明假设 $T_{\bar{\mu}_k} T^{N-k-1} J = T^{N-k} J$ 意味着 $J_{\bar{\mu}_k} \leqslant T^{N-k-1} J$。

(b) 使用 (a) 部分证明多阶段策略迭代算法的合理性。

3.15（可数状态的压缩性） 考虑 3.6 节的可数空间随机最短路问题。令 $v(i)$ 为（在所有策略中）从状态 i 开始至终止前的最大期望阶段数。假设 $v(i)$ 对所有的 i 均有限且有界。证明映射 T 和 T_μ 是针对加权极值模 $\|\cdot\|$ 的压缩映射，压缩模为

$$\rho = \max_{i=1,2,\cdots} \frac{v(i)-1}{v(i)}$$

提示：考虑从一个初始状态 i 开始至终止前的最大化期望时间的问题。证明该问题的最优值 $v(i)$ 满足贝尔曼方程

$$v(i) = 1 + \max_{u\in U(i)} \sum_{j=1}^{\infty} p_{ij}(u)v(j), i = 1, 2, \cdots$$

[这可以通缩使用值迭代的论述来证明，也是将在第 4 章中证明的更一般结论的特例（见命题 4.1.1）]。结论是对所有平稳策略 μ，有

$$1 + \sum_{j=1}^{\infty} p_{ij}(\mu(i))v(j) \leqslant v(i), i = 1, 2, \cdots$$

所以

$$\frac{\sum_{j=1}^{\infty} p_{ij}(\mu(i))v(j)}{v(i)} \leqslant \rho, i = 1, 2, \cdots$$

使用 1.5 节的结论。

3.16 一台机器在无穷长的天数内进行某种活动。每天一开始，必须决定是否使用当前的机器，或者替换为一台新机器并产生费用 C。在进行操作后的第 k 天，机器会产生价值 r_k，并将以概率 p_k 在第 k 天结束时损坏，若损坏则必须替换为新机器。假设存在 $\epsilon > 0$ 对所有 k 满足 $p_k \geqslant \epsilon$。证明这个问题的映射 T 和 T_μ 是压缩映射。提示：使用上一道习题的结论。

第4章 无折扣问题

本章考虑无穷阶段问题的总费用问题，其中允许每个阶段的费用无上下界。同时，折扣因子 α 未必小于 1。这导致了许多复杂性，对应的分析比到目前为止给出的分析更为复杂，部分原因是最优费用对某些初始状态可能是无穷的。事实上，分析完全依赖于问题和对应的动态规划映射的单调性，完全不依赖压缩性质，后者是之前 3 章中所讨论问题的一个关键结构。

本章问题缺乏压缩性结构，影响了相关的计算方法。特别地，尽管值迭代（简称为 VI）一般情况下仍是适用的（在关于初始条件的一些假设和限制下），策略迭代（简称为 PI）并不是这样，除非对于特殊的结构。类似地，通过线性规划的计算求解仅在一些情形下是可能的。

4.1 每阶段的费用无界

本节基于下列两个假设条件的任意一个考虑 1.1 节的无穷阶段总费用问题。

假设 4.1.1（正性） 每个阶段的费用 g 满足

$$0 \leqslant g(x, u, w), \text{对所有}(x, u, w) \in X \times U \times W \tag{4.1}$$

假设 4.1.2（负性） 每个阶段的费用 g 满足

$$g(x, u, w) \leqslant 0, \text{对所有}(x, u, w) \in X \times U \times W \tag{4.2}$$

令人困惑的是，对应于假设 P 的问题优势在文献中被称为**负动态规划问题**。选择这一名称是因为历史原因。这在论文 [Str66] 中被引入，其中考虑了最大化无穷阶段的负收益问题。类似地，对应于假设 N 的问题优势被称为**正动态规划问题**（见 [Bla65]、[Str66]）。假设 N 出现于每个阶段具有非负收益且最大化期望总收益的问题中。

注意当 $\alpha < 1$ 且 g 有上界或下界是，可以在 g 上添加一个合适的标量来对应的满足式 (4.1) 或者式 (4.2)。最优策略将不会被这一改变影响，因为由于折扣因子，在 g 上增加常量 r 只是在每个策略上增加了费用 $(1 - \alpha)^{-1} r$。

当每个阶段的费用无界时出现的一种复杂性是，对某些初始状态 x_0 和某些真正有意思的可接受的策略 $\pi = \{\mu_0, \mu_1, \cdots\}$，费用 $J_\pi(x_0)$ 可能是 ∞（在假设 P 的情形下）或者是 $-\infty$（在假设 N 的情形下）。这里是一个例子：

例 4.1.1 考虑标量系统

$$x_{k+1} = \beta x_k + u_k, k = 0, 1, \cdots$$

其中对所有 k 有 $x_k \in \Re$ 和 $u_k \in \Re$，且 β 是一个正标量。控制约束是

$$|u_k| \leqslant 1$$

费用是

$$J_\pi(x_0) = \lim_{N \to \infty} \sum_{k=0}^{N-1} \alpha^k |x_k|$$

考虑策略 $\tilde{\pi} = \{\tilde{\mu}, \tilde{\mu}, \cdots\}$，其中对所有的 $x \in \Re$ 有 $\tilde{\mu}(x) = 0$。于是有

$$J_{\tilde{\pi}}(x_0) = \lim_{N \to \infty} \sum_{k=0}^{N-1} \alpha^k \beta^k |x_0|$$

于是

$$J_{\tilde{\pi}}(x_0) = \begin{cases} 0, & x_0 = 0, \\ \infty, & x_0 \neq 0, \end{cases} \quad \alpha\beta \geqslant 1$$

而

$$J_{\tilde{\pi}}(x_0) = \frac{|x_0|}{1 - \alpha\beta}, \quad \alpha\beta < 1$$

注意这里的一个特性：如果 $\beta > 1$，那么状态 x_k 发散到 ∞ 或者 $-\infty$，但如果折扣因子充分小（$\alpha < 1/\beta$），费用 $J_{\tilde{\pi}}(x_0)$ 是有限的。

还可能验证当 $\beta > 1$ 且 $\alpha\beta \geqslant 1$ 时，最优费用满足

$$J^*(x_0) \begin{cases} = \infty, & |x_0| \geqslant \dfrac{1}{\beta - 1} \\ < \infty, & |x_0| < \dfrac{1}{\beta - 1} \end{cases}$$

这里发生的是当 $\beta > 1$ 时系统不稳定的情况，考虑到控制限制 $|u_k| \leqslant 1$，系统状态一旦具有充分大的幅值，便不可能将其控制在 0 附近。

之前的例子展示了对某些策略的费用函数可能为无穷大，这一点我们无能为力。为处理这一情况，后续分析中使用符号时需注意费用 $J_\pi(x_0)$ 和 $J^*(x_0)$ 在假设 P（或者对应的 N）下对某些初始状态 x_0 和策略 π 可能是 ∞（或者 $-\infty$）。换言之，考虑 $J_\pi(\cdot)$ 和 $J^*(\cdot)$ 是扩展的实值函数。事实上，即使费用 $g(x, u, w)$ 对某些 (x, u, w) 是 ∞ 或者 $-\infty$，只要假设 P 或者假设 N 成立，下面的所有分析都是合理的。

本节的分析思路与 1.2 节中折扣问题的分析思路完全不同。对于后者，分析基于忽略费用序列的"尾部"。在本节，费用序列的尾部可能不小，因此，控制更关注影响状态的长期行为。例如，令 $\alpha = 1$，假设所有状态的阶段费用都是非零的，除了无费用且为吸收态的终了状态。于是，在假设 P（或者假设 N）下的一个主要控制任务大致来说是尽可能快地（或者尽可能慢地）将系统状态导向终了状态或者一个各阶段费用近似为 0 的区域。注意在假设 P 和 N 的控制目标中的区别。这导致在这两个假设下的一些迥然不同的结论。

4.1.1 主要结论

现在给出刻画最优费用函数 J^* 和最优平稳策略的结论。我们还讨论值迭代（简记为 VI）并给出收敛到最优费用函数 J^* 的条件。在证明中，经常需要在不同的关系式中交换期望和极限的顺序。这一顺序的交换在如下定理的假设下是合理的。

定理 4.1.1（单调收敛定理）　令 $P = (p_1, p_2, \cdots)$ 为在 $X = \{1, 2, \cdots\}$ 上的概率分布。令 $\{h_N\}$ 为 X 上的扩展实值函数列，满足对所有的 $i \in X$ 和 $N = 1, 2, \cdots$，

$$0 \leqslant h_N(i) \leqslant h_{N+1}(i)$$

令 $h : X \mapsto [0, \infty]$ 为极限函数

$$h(i) = \lim_{N \to \infty} h_N(i)$$

于是有

$$\lim_{N \to \infty} \sum_{i=1}^{\infty} p_i h_N(i) = \sum_{i=1}^{\infty} p_i \lim_{N \to \infty} h_N(i) = \sum_{i=1}^{\infty} p_i h(i)$$

证明　有

$$\sum_{i=1}^{\infty} p_i h_N(i) \leqslant \sum_{i=1}^{\infty} p_i h(i)$$

通过取极限，有

$$\lim_{N \to \infty} \sum_{i=1}^{\infty} p_i h_N(i) \leqslant \sum_{i=1}^{\infty} p_i h(i)$$

所以还需要证明反向不等式。对每个整数 $M \geqslant 1$，有

$$\lim_{N \to \infty} \sum_{i=1}^{\infty} p_i h_N(i) \geqslant \lim_{N \to \infty} \sum_{i=1}^{M} p_i h_N(i) = \sum_{i=1}^{M} p_i h(i)$$

通过对 $M \to \infty$ 取极限，可证明反向不等式。

贝尔曼方程

与到目前为止考虑的无穷阶段问题类似，最优费用函数满足贝尔曼方程。

命题 4.1.1（贝尔曼方程）　在假设 P 或者 N 下，最优费用函数 J^* 满足

$$J^*(x) = \min_{u \in U(x)} E_w \left\{ g(x, u, w) + \alpha J^*(f(x, u, w)) \right\}, x \in X$$

或者等价的

$$J^* = T J^*$$

证明　对任意可接受的策略 $\pi = \{\mu_0, \mu_1, \cdots\}$，考虑当初始状态是 x 时与 π 对应的费用 $J_\pi(x)$。有

$$J_\pi(x) = E_w \left\{ g(x, \mu_0(x), w) + V_\pi(f(x, \mu_0(x), w)) \right\} \tag{4.3}$$

其中对所有 $x_1 \in X$，有

$$V_\pi(x_1) = \lim_{N \to \infty} E_{w_k, k=1,2,\cdots} \left\{ \sum_{k=1}^{N-1} \alpha^k g(x_k, \mu_k(x_k), w_k) \right\}$$

所以，$V_\pi(x_1)$ 是当初始状态为 x_1 时使用 π 从阶段 1 到无穷的费用。可清楚地得到

$$V_\pi(x_1) \geqslant \alpha J^*(x_1), \text{对所有} x_1 \in X$$

于是,由式 (4.3),有

$$J_\pi(x) \geqslant E_w\{g(x, \mu_0(x), w) + \alpha J^*(f(x, \mu_0(x), w))\}$$
$$\geqslant \min_{u \in U(x)} E_w\{g(x, u, w) + \alpha J^*(f(x, u, w))\}$$

在所有的可接受策略上取最小,有

$$\min_\pi J_\pi(x) = J^*(x)$$
$$\geqslant \min_{u \in U(x)} E_w\{g(x, u, w) + \alpha J^*(f(x, u, w))\}$$
$$= (TJ^*)(x)$$

所以剩下的是证明反向不等式也成立。分别对假设 N 和假设 P 证明这一点。

假设 P。如果我们知道存在一个 μ 满足 $T_\mu J^* = TJ^*$,下面对假设 P 下的 $J^* \leqslant TJ^*$ 的证明可以大为简化。因为一般这样的 μ 未必存在,引入一个正的序列 $\{\epsilon_k\}$,并选择一个可接受的策略 $\pi = \{\mu_0, \mu_1, \cdots\}$,满足

$$(T_{\mu_k} J^*)(x) \leqslant (TJ^*)(x) + \epsilon_k, x \in X, k = 0, 1, \cdots$$

这样的选择是可能的因为在 P 下,对所有的 x 有 $0 \leqslant J^*(x)$。通过使用之前证明的不等式 $TJ^* \leqslant J^*$,有

$$(T_{\mu_k} J^*)(x) \leqslant J^*(x) + \epsilon_k, x \in X, k = 0, 1, \cdots$$

对这一关系式两侧同时使用 $T_{\mu_{k-1}}$,有

$$(T_{\mu_{k-1}} T_{\mu_k} J^*)(x) \leqslant (T_{\mu_{k-1}} J^*)(x) + \alpha \epsilon_k$$
$$\leqslant (TJ^*)(x) + \epsilon_{k-1} + \alpha \epsilon_k$$
$$\leqslant J^*(x) + \epsilon_{k-1} + \alpha \epsilon_k$$

继续这一过程,有

$$(T_{\mu_0} T_{\mu_1} \cdots T_{\mu_k} J^*)(x) \leqslant (TJ^*)(x) + \sum_{i=0}^k \alpha^i \epsilon_i$$

对 $k \to \infty$ 取极限,并注意到

$$J^*(x) \leqslant J_\pi(x) = \lim_{k \to \infty} (T_{\mu_0} T_{\mu_1} \cdots T_{\mu_k} J_0)(x) \leqslant \lim_{k \to \infty} (T_{\mu_0} T_{\mu_1} \cdots T_{\mu_k} J^*)(x)$$

其中 J_0 是零函数,于是有

$$J^*(x) \leqslant J_\pi(x) \leqslant (TJ^*)(x) + \sum_{i=0}^\infty \alpha^i \epsilon_i, x \in X$$

因为序列 $\{\epsilon_k\}$ 是任意的,所以可以将 $\sum_{i=0}^\infty \alpha^i \epsilon_i$ 取得任意小,对所有 $x \in X$ 有 $J^*(x) \leqslant (TJ^*)(x)$。将这一关系与之前证明的不等式 $J^*(x) \geqslant (TJ^*)(x)$ 联合,可以证明结论(在假设 P 下)。

假设 N 并令 J_N 为对应的 N- 阶段问题的最优费用函数

$$J_N(x_0) = \min_\pi E\left\{\sum_{k=0}^{N-1} \alpha^k g(x_k, \mu_k(x_k), w_k)\right\}$$

首先证明

$$J^*(x) = \lim_{N\to\infty} J_N(x), x \in X \tag{4.4}$$

确实，注意到假设 N，对所有 N 有 $J^* \leqslant J_N$，所以

$$J^*(x) \leqslant \lim_{N\to\infty} J_N(x), x \in X \tag{4.5}$$

同时对所有的 $\pi = \{\mu_0, \mu_1, \cdots\}$，有

$$E\left\{\sum_{k=0}^{N-1} \alpha^k g(x_k, \mu_k(x_k), w_k)\right\} \geqslant J_N(x_0)$$

通过对 $N \to \infty$ 取极限，

$$J_\pi(x) \geqslant \lim_{N\to\infty} J_N(x), x \in X$$

在 π 上取最小值，有 $J^*(x) \geqslant \lim\limits_{N\to\infty} J_N(x)$，将这一关系式与式 (4.5) 结合，有式 (4.4)。

对每个可接受的 μ，有

$$T_\mu J_N \geqslant J_{N+1}$$

并且通过对 $N \to \infty$ 取极限，并使用单调收敛定理和式 (4.4)，有

$$T_\mu J^* \geqslant J^*$$

在 μ 上取最小，有 $TJ^* \geqslant J^*$，与之前证明的不等式 $J^* \geqslant TJ^*$ 结合，证明了假设 N 下的结论。

我们还对每个平稳策略有贝尔曼方程。

命题 4.1.2　令 μ 为平稳策略。于是在假设 P 或者 N 下，有

$$J_\mu(x) = E_w\left\{g(x, \mu(x), w) + \alpha J_\mu(f(x, \mu(x), w))\right\}, x \in X$$

或者等价的

$$J_\mu = T_\mu J_\mu$$

与每阶段费用有界的折扣问题相反，在假设 P 或者 N 下的最优费用函数 J^* 未必是贝尔曼方程的唯一解。考虑下面的例子。

例 4.1.2　令 $X = [0, \infty)$（或者 $X = (-\infty, 0]$）且有

$$g(x, u, w) = 0, f(x, u, w) = \frac{x}{\alpha}$$

于是对每个 β，由对所有的 $x \in X$，有 $J(x) = \beta x$ 给定的函数 J 是贝尔曼方程的一个解，所以 T 具有无穷多不动点。然而，注意，在有界函数类中存在一类特殊的不动点，零函数 $J_0(x) \equiv 0$，即这个问题的最优费用函数。更一般地，可以使用下面的命题 4.1.3 证明如果 $\alpha < 1$ 并且存在有界函数是 T 的不动点，那么那个函数一定等于最优费用函数 J^*（见习题 4.5）。当 $\alpha = 1$ 时，贝尔曼方程即使在有界函数类中也可能有无穷多个解。这是因为如果 $\alpha = 1$ 且 $J(\cdot)$ 是任意解，那么对任意标量 r，$J(\cdot) + r$ 也是一个解。

然而，最优费用函数 J^* 具有性质：它是 T 的最小的（在假设 P 下）或是最大的（在假设 N 下）不动点，具体含义见如下命题。

命题 4.1.3 (a) 在假设 P 下, 对于满足 $\tilde{J} \geqslant T\tilde{J}$ 的 $\tilde{J} : X \mapsto (-\infty, \infty]$, 如果 $\tilde{J}$ 有下界且 $\alpha < 1$, 或者 $\tilde{J} \geqslant 0$, 那么 $\tilde{J} \geqslant J^*$。

(b) 在假设 N 下, 对于满足 $\tilde{J} \leqslant T\tilde{J}$ 的 $\tilde{J} : X \mapsto [-\infty, \infty)$, 如果 $\tilde{J}$ 有上界且 $\alpha < 1$, 或者 $\tilde{J} \leqslant 0$, 那么 $\tilde{J} \leqslant J^*$。

证明 (a) 在假设 P 下, 令 r 为一个标量且对所有的 $x \in X$ 满足 $\tilde{J}(x) + r \geqslant 0$, 如果 $\alpha \geqslant 1$, 令 $r = 0$。对满足 $\epsilon_k > 0$ 的任意序列 $\{\epsilon_k\}$, 令 $\tilde{\pi} = \{\tilde{\mu}_0, \tilde{\mu}_1, \cdots\}$ 为一个可接受的策略且对每个 $x \in X$ 和 k, 有

$$E_w\left\{g(x, \mu_k(x), w) + \alpha\tilde{J}(f(x, \mu_k(x), w))\right\} \leqslant (T\tilde{J})(x) + \epsilon_k \tag{4.6}$$

因为对所有的 $x \in X$ 有 $(T\tilde{J})(x) > -\infty$ 这样的策略存在。对任意初始状态 $x_0 \in X$, 有

$$
\begin{aligned}
J^*(x_0) &= \min_{\pi} \lim_{N \to \infty} E\left\{\sum_{k=0}^{N-1} \alpha^k g(x_k, \mu_k(x_k), w_k)\right\} \\
&\leqslant \min_{\pi} \liminf_{N \to \infty} E\left\{\alpha^N(\tilde{J}(x_N) + r) + \sum_{k=0}^{N-1} \alpha^k g(x_k, \mu_k(x_k), w_k)\right\} \\
&\leqslant \liminf_{N \to \infty} E\left\{\alpha^N(\tilde{J}(x_N) + r) + \sum_{k=0}^{N-1} \alpha^k g(x_k, \tilde{\mu}_k(x_k), w_k)\right\}
\end{aligned}
$$

使用式 (4.6) 和假设 $\tilde{J} \geqslant T\tilde{J}$, 有

$$
\begin{aligned}
&E\left\{\alpha^N\tilde{J}(x_N) + \sum_{k=0}^{N-1} \alpha^k g(x_k, \tilde{\mu}(x_k), w_k)\right\} \\
&= E\left\{\alpha^N\tilde{J}(f(x_{N-1}, \tilde{\mu}_{N-1}(x_{N-1}), w_{N-1})) + \sum_{k=0}^{N-1} \alpha^k g(x_k, \tilde{\mu}_k(x_k), w_k)\right\} \\
&\leqslant E\left\{\alpha^{N-1}\tilde{J}(x_{N-1}) + \sum_{k=0}^{N-2} \alpha^k g(x_k, \mu_k(x_k), w_k)\right\} + \alpha^{N-1}\epsilon_{N-1} \\
&\leqslant E\left\{\alpha^{N-2}\tilde{J}(x_{N-2}) + \sum_{k=0}^{N-3} \alpha^k g(x_k, \tilde{\mu}_k(x_k), w_k)\right\} + \alpha^{N-2}\epsilon_{N-2} \\
&\quad + \alpha^{N-2}\epsilon_{N-1} \\
&\quad \vdots \\
&\leqslant \tilde{J}(x_0) + \sum_{k=0}^{N-1} \alpha^k \epsilon_k
\end{aligned}
$$

综合这些不等式, 有

$$J^*(x_0) \leqslant \tilde{J}(x_0) + \lim_{N \to \infty}\left(\alpha^N r + \sum_{k=0}^{N-1} \alpha^k \epsilon_k\right)$$

因为 $\{\epsilon_k\}$ 是任意正数列, 所以可以选择 $\{\epsilon_k\}$ 让 $\lim\limits_{N \to \infty} \sum\limits_{k=0}^{N-1} \alpha^k \epsilon_k$ 任意接近 0, 于是推得结论。

(b) 在假设 N 下，令 r 为一个标量且对所有 $x \in X$ 满足 $\tilde{J}(x) + r \leqslant 0$，如果 $\alpha \geqslant 1$，令 $r = 0$。对每个初始状态 $x_0 \in X$，有

$$
J^*(x_0) = \min_{\pi} \lim_{N \to \infty} E\left\{ \sum_{k=0}^{N-1} \alpha^k g(x_k, \mu_k(x_k), w_k) \right\}
$$

$$
\geqslant \min_{\pi} \limsup_{N \to \infty} E\left\{ \alpha^N (\tilde{J}(x_N) + r) + \sum_{k=0}^{N-1} \alpha^k g(x_k, \mu_k(x_k), w_k) \right\}
$$

$$
\geqslant \limsup_{N \to \infty} \min_{\pi} E\left\{ \alpha^N (\tilde{J}(x_N) + r) + \sum_{k=0}^{N-1} \alpha^k g(x_k, \mu_k(x_k), w_k) \right\} \tag{4.7}
$$

其中最后一个不等式来自如下事实，对任意参数 ξ 的函数数列 $\{h_N(\xi)\}$，有

$$
\min_{\xi} \limsup_{N \to \infty} h_N(\xi) \geqslant \limsup_{N \to \infty} \min_{\xi} h_N(\xi)
$$

这一不等式可以通过在

$$
h_N(\xi) \geqslant \min_{\xi} h_N(\xi)
$$

两侧同时取 $\limsup$ 并在左侧关于 ξ 取最小值获得。

通过使用假设 $\tilde{J} \leqslant T\tilde{J}$，现在有

$$
\min_{\pi} E\left\{ \alpha^N \tilde{J}(x_N) + \sum_{k=0}^{N-1} \alpha^k g(x_k, \mu_k(x_k), w_k) \right\}
$$

$$
= \min_{\pi} E\left\{ \alpha^{N-1} \min_{u_{N-1} \in U(x_{N-1})} \min_{w_{N-1}} E\{ g(x_{N-1}, u_{N-1}, w_{N-1}) \right.
$$

$$
\left. + \alpha \tilde{J}\left(f(x_{N-1}, u_{N-1}, w_{N-1}) \right) \right\}
$$

$$
+ \sum_{k=0}^{N-2} \alpha^k g(x_k, \mu_k(x_k), w_k) \bigg\}
$$

$$
\geqslant \min_{\pi} E\left\{ \alpha^{N-1} \tilde{J}(x_{N-1}) + \sum_{k=0}^{N-2} \alpha^k g(x_k, \mu_k(x_k), w_k) \right\}
$$

$$
\vdots
$$

$$
\geqslant \tilde{J}(x_0)
$$

使用式 (4.7) 中的关系式，有

$$
J^*(x_0) \geqslant \tilde{J}(x_0) + \lim_{N \to \infty} \alpha^N r = \tilde{J}(x_0)
$$

和此前一样，对于命题 4.1.3 具有平稳策略的版本。

命题 4.1.4 令 μ 为平稳策略。

(a) 在假设 P 下，对于满足 $\tilde{J} \geqslant T_\mu \tilde{J}$ 的 $\tilde{J} : X \mapsto (-\infty, \infty]$，如果 $\tilde{J}$ 有下界且 $\alpha < 1$，或者 $\tilde{J} \geqslant 0$，那么 $\tilde{J} \geqslant J_\mu$。

(b) 在假设 N 下，对于满足 $\tilde{J} \leqslant T_\mu \tilde{J}$ 的 $\tilde{J}: X \mapsto [-\infty, \infty)$，如果 $\tilde{J}$ 有上界且 $\alpha < 1$，或者 $\tilde{J} \leqslant 0$，那么 $\tilde{J} \leqslant J_\mu$。

最优性条件

假设 P 条件下的无折扣问题与每阶段费用有界的折扣问题具有相同的最优性条件。

命题 4.1.5（在 P 下最优性的充分和必要条件） 令假设 P 成立。平稳策略 π 是最优的（当且仅当 $TJ^* = T_\mu J^*$）。

证明 如果 $TJ^* = T_\mu J^*$，贝尔曼方程 $(J^* = TJ^*)$ 意味着 $J^* = T_\mu J^*$。由命题 4.1.4(a)，得到 $J^* \geqslant J_\mu$，说明 μ 是最优的。反之，如果 $J^* = J_\mu$，使用命题 4.1.2，有 $TJ^* = J^* = J_\mu = T_\mu J_\mu = T_\mu J^*$。

注意，当对每个 $x \in X$ 均有 $U(x)$ 是有限集合时，上述命题意味着在假设 P 下最优平稳策略存在。这在假设 N 下不必成立（见后续的例 4.4.4）。

不幸的是，上述命题的充分部分在假设 N 下未必成立；即，可能有 $TJ^* = T_\mu J^*$，而 μ 不是最优的。下面的例子展示了这一点。

例 4.1.3 令 $X = U = (-\infty, 0]$，对所有的 $x \in X$ 有 $U(x) = U$，且

$$g(x, u, w) = f(x, u, w) = u$$

对所有的 $(x, u, w) \in X \times U \times W$ 成立。于是对所有的 $x \in X$ 有 $J^*(x) = -\infty$，每个平稳策略 μ 满足之前命题的条件。另一方面，当对所有的 $x \in X$ 有 $\mu(x) = 0$ 时，对所有的 $x \in X$ 有 $J_\mu(x) = 0$，于是 μ 不是最优的。

在假设 N 下，对最优平稳策略有一个不同的刻画。

命题 4.1.6（在 N 下的最优性的充分和必要条件） 令假设 N 成立。平稳策略 μ 是最优的（当且仅当 $TJ_\mu = T_\mu J_\mu$）。

证明 如果 $TJ_\mu = T_\mu J_\mu$，那么由命题 4.1.2，有 $J_\mu = T_\mu J_\mu$，所以 J_μ 是 T 的不动点。于是由命题 4.1.3，有 $J_\mu \leqslant J^*$，这意味着 μ 是最优的。反之，如果 $J_\mu = J^*$，那么 $T_\mu J_\mu = J_\mu = J^* = TJ^* = TJ_\mu$。

上述最优性条件可解释为：持续使用策略 μ 是最优的，当且仅当其性能不亚于在第一阶段使用任意策略 $\bar{\mu}$ 并在之后使用策略 μ。在假设 P 下，这一条件并不足以保证平稳策略 μ 的最优性，正如下面的例子所示。

例 4.1.4 令 $X = (-\infty, \infty)$，$\forall x \in X$，$U(x) = (0, 1]$，$\forall (x, u, w) \in X \times U \times W$

$$g(x, u, w) = |x|, f(x, u, w) = \alpha^{-1} ux$$

令 $\forall x \in X$，$\mu(x) = 1$。于是当 $x \neq 0$ 且 $J_\mu(0) = 0$，$J_\mu(x) = \infty$。进一步地，正如读者可以轻易验证的那样，有 $J_\mu = T_\mu J_\mu = TJ_\mu$。同样可以验证 $J^*(x) = |x|$，因此平稳策略 μ 不是最优的。

4.1.2 值迭代

现在转而关注动态规划算法能否收敛到最优费用函数 J^* 的问题。令 J_0 为 X 上的零函数，

$$J_0(x) = 0, x \in X$$

那么在假设 P 下，有

$$J_0 \leqslant TJ_0 \leqslant T^2 J_0 \leqslant \cdots \leqslant T^k J_0 \leqslant \cdots$$

而在假设 N 下，有

$$J_0 \geqslant TJ_0 \geqslant T^2J_0 \geqslant \cdots \geqslant T^kJ_0 \geqslant \cdots$$

对上述任一情形，极限函数

$$J_\infty(x) = \lim_{k\to\infty}(T^kJ_0)(x), x \in X$$

均是完整定义的，只要允许 J_∞ 取 ∞（在假设 P 下）或者 $-\infty$（在假设 N 下）的可能性。问题是这样的值迭代方法是否合理，即

$$J_\infty = J^*$$

当然，这个问题是从计算的角度考虑的，但也具有理论的意义，因为如果知道了 $J^* = \lim_{k\to\infty} T^kJ_0$，便可通过按照算法严格定义的 k-阶段最优费用函数 T^kJ_0 推断未知函数 J^* 的性质。

下面证明在假设 N 下有 $J_\infty = J^*$。然而在假设 P 下，$J_\infty \neq J^*$ 是可能出现的（见习题 4.1）。稍后将提供易于验证的条件来保证 $J_\infty = J^*$ 在假设 P 下成立。给出如下命题。

命题 4.1.7 (a) 令假设 P 成立并假设

$$J_\infty(x) = (TJ_\infty)(x), x \in X$$

如果 $J: X \mapsto \Re$ 是任意有界函数且 $\alpha < 1$，或者 $J_0 \leqslant J \leqslant J^*$，则有

$$\lim_{k\to\infty}(T^kJ)(x) = J^*(x), x \in X$$

(b) 令假设 N 成立。如果 $J: X \mapsto \Re$ 是任意有界函数且 $\alpha < 1$，或者 $J^* \leqslant J \leqslant J_0$，则有

$$\lim_{k\to\infty}(T^kJ)(x) = J^*(x), x \in X$$

证明 (a) 因为在假设 P 下，有

$$J_0 \leqslant TJ_0 \leqslant \cdots \leqslant T^kJ_0 \leqslant \cdots \leqslant J^*$$

于是有 $\lim_{k\to\infty} T^kJ_0 = J_\infty \leqslant J^*$。因为由假设 J_∞ 也是 T 的不动点，由命题 4.1.3(a)，有 $J^* \leqslant J_\infty$。于是

$$J_\infty = J^*$$

这样结论对 $J = J_0$ 的情形就被证明了。

对于 $\alpha < 1$ 且 J 有界的情形，令 r 为标量且满足

$$J_0 - re \leqslant J \leqslant J_0 + re$$

对这一关系式应用 T^k，有

$$T^kJ_0 - \alpha^k re \leqslant T^kJ \leqslant T^kJ_0 + \alpha^k re$$

因为 T^kJ_0 收敛到 J^*，正如之前证明的，这一关系式意味着 T^kJ 也收敛到 J^*。

当 $J_0 \leqslant J \leqslant J^*$ 时，通过使用 T^k，有

$$T^kJ_0 \leqslant T^kJ \leqslant J^*, k = 0, 1, \cdots$$

因为 $T^k J_0$ 收敛到 J^*，$T^k J$ 也是如此。

(b) 之前证明了 [参见式 (4.4)] 在假设 N 下

$$J_\infty(x) = \lim_{k \to \infty} (T^k J_0)(x) = J^*(x)$$

此后的证明与 (a) 部分相同。

现在推导保证 $J_\infty = T J_\infty$（即 $J_\infty = J^*$，由命题 4.1.7）在假设 P 下成立的条件。证明两个命题：第一个的证明简单但需要假设控制约束集有限，第二个的证明较困难但对紧性假设的要求较低。

命题 4.1.8 令假设 P 成立并假设控制约束集对每个 $x \in X$ 都是有限的。于是有

$$J_\infty = T J_\infty = J^*$$

证明 正如在命题 4.1.7(a) 的证明中所示，对所有的 k，有 $T^k J_0 \leqslant J_\infty \leqslant J^*$。对此关系式使用 T，有

$$(T^{k+1} J_0)(x) = \min_{u \in U(x)} E_w \{ g(x, u, w) + \alpha (T^k J_0)(f(x, u, w)) \}$$

$$\leqslant (T J_\infty)(x) \tag{4.8}$$

通过对 $k \to \infty$ 取极限，有

$$J_\infty \leqslant T J_\infty$$

假设存在一个状态 $\tilde{x} \in X$ 满足

$$J_\infty(\tilde{x}) < (T J_\infty)(\tilde{x}) \tag{4.9}$$

令 u_k 在 $x = \tilde{x}$ 时最小化式 (4.8)。因为 $U(\tilde{x})$ 是有限的，一定存在某个 $\tilde{u} \in U(\tilde{x})$ 使得 $\forall k \in K$，有 $u_k = \tilde{u}$，其中 K 为正整数的子集且无限。由式 (4.8)，对所有的 $k \in K$，有

$$(T^{k+1} J_0)(\tilde{x}) = E_w \{ g(\tilde{x}, \tilde{u}, w) + \alpha (T^k J_0)(f(\tilde{x}, \tilde{u}, w)) \}$$

$$\leqslant (T J_\infty)(\tilde{x})$$

取极限 $k \to \infty, k \in K$，有

$$J_\infty(\tilde{x}) = E_w \{ g(\tilde{x}, \tilde{u}, w) + \alpha J_\infty(f(\tilde{x}, \tilde{u}, w)) \}$$

$$\geqslant (T J_\infty)(\tilde{x})$$

$$= \min_{u \in U(\tilde{x})} E_w \{ g(\tilde{x}, u, w) + \alpha J_\infty(f(\tilde{x}, u, w)) \}$$

这与式 (4.9) 矛盾，所以有 $J_\infty(\tilde{x}) = (T J_\infty)(\tilde{x})$。

下面的命题对命题 4.1.8 进行了增强，它只需要紧性而不是有限性的假设。我们知道，（见第 I 卷附录 A）n-维欧几里得空间 $\Re^n$ 的子集合 X 被称为是紧的，如果每个数列 $\{x_k\}, x_k \in X$ 包括一个 $\{x_k\}_{k \in K}$ 收敛到一个点 $x \in X$ 的子列。等价地，X 是紧的当且仅当它是闭的且有界。空集合（显而易见）被认为是紧的。给定多个紧集，其交集是紧集（可能是空集）。给定一列非空紧集 $X_1, X_2, \cdots, X_k, \cdots$ 满足

$$X_1 \supset X_2 \supset \cdots \supset X_k \supset X_{k+1} \supset \cdots$$

它们的交集 $\cap_{k=1}^{\infty} X_k$ 非空且是紧的。基于这一点，如果 $f : \Re^n \mapsto [-\infty, \infty]$ 是一个函数且满足集合

$$F_\lambda = \{x \in \Re^n | f(x) \leqslant \lambda\} \tag{4.10}$$

对每个 $\lambda \in R$ 是紧的，那么存在一个向量 x^* 最小化 f；即，存在一个 $x^* \in \Re^n$ 满足

$$f(x^*) = \min_{x \in \Re^n} f(x)$$

为了说明这一点，取一个数列 $\{\lambda_k\}$ 满足 $\lambda_k \to \min\limits_{x \in \Re^n} f(x)$ 且对所有的 k 有 $\lambda_k \geqslant \lambda_{k+1}$。如果 $\min\limits_{x \in \Re^n} f(x) < \infty$，那么这样的数列存在且集合

$$F_{\lambda_k} = \{x \in \Re^n | f(x) \leqslant \lambda_k\}$$

非空且是紧的。进一步而言，$F_{\lambda_k} \supset F_{\lambda_{k+1}}$ 对所有的 k 成立，所以交集 $\cap_{k=1}^{\infty} F_{\lambda_k}$ 也是非空且紧的。令 x^* 为 $\cap_{k=1}^{\infty} F_{\lambda_k}$ 中的任意向量。于是有

$$f(x^*) \leqslant \lambda_k, k = 1, 2, \cdots$$

对 $k \to \infty$ 取极限，有 $f(x^*) \leqslant \min\limits_{x \in \Re^n} f(x)$，证明 x^* 最小化 $f(x)$。当 f 是连续的且当 $\|x\| \to \infty$ 有 $f(x) \to \infty$ 时，可以保证式 (4.10) 中的集合 F_λ 对所有的 λ 都是紧集，这也是最常见的情形。

命题 4.1.9 令假设 P 成立，假设如下集合

$$U_k(x, \lambda) = \{u \in U(x) | E_w \{g(x, u, w) + \alpha(T^k J_0)(f(x, u, w))\} \leqslant \lambda\} \tag{4.11}$$

对每个 $x \in X, \lambda \in \Re$ 和所有比某个整数 $\bar{k}$ 大的 k 都是欧几里得空间的紧子集。那么

$$J_\infty = T J_\infty = J^* \tag{4.12}$$

进一步地，存在一个平稳的最优策略。

证明 如同在命题 4.1.8 中，有 $J_\infty \leqslant T J_\infty$。假设存在一个状态 $\tilde{x} \in X$ 满足

$$J_\infty(\tilde{x}) < (T J_\infty)(\tilde{x}) \tag{4.13}$$

显然，一定有 $J_\infty(\tilde{x}) < \infty$。对每个 $k \geqslant \bar{k}$，考虑如下集合

$$U_k(\tilde{x}, J_\infty(\tilde{x}))$$
$$= \{u \in U(\tilde{x}) | E_w \{g(\tilde{x}, u, w) + \alpha(T^k J_0)(f(\tilde{x}, u, w))\} \leqslant J_\infty(\tilde{x})\}$$

同时令 u_k 为使下式得到最小值的点

$$(T^{k+1} J_0)(\tilde{x}) = \min_{u \in U(\tilde{x})} E_w \{g(\tilde{x}, u, w) + \alpha(T^k J_0)(f(\tilde{x}, u, w))\}$$

即，u_k 满足

$$(T^{k+1} J_0)(\tilde{x}) = E_w \{g(\tilde{x}, u_k, w) + \alpha(T^k J_0)(f(\tilde{x}, u_k, w))\}$$

根据紧性假设, 这样的最小点 u_k 存在。对每个 $k \geqslant \bar{k}$, 考虑序列 $\{u_i\}_{i=k}^{\infty}$。因为 $T^k J_0 \leqslant T^{k+1} J_0 \leqslant \cdots \leqslant J_{\infty}$, 于是有

$$E_w \{g(\tilde{x}, u_i, w) + \alpha(T^k J_0)(f(\tilde{x}, u_i, w))\}$$
$$\leqslant E_w \{g(\tilde{x}, u_i, w) + \alpha(T^i J_0)(f(\tilde{x}, u_i, w))\}$$
$$\leqslant J_{\infty}(\tilde{x}), i \geqslant k$$

所以 $\{u_i\}_{i=k}^{\infty} \subset U_k(\tilde{x}, J_{\infty}(\tilde{x}))$, 因为 $U_k(\tilde{x}, J_{\infty}(\tilde{x}))$ 是紧的, $\{u_i\}_{i=k}^{\infty}$ 的所有极限点属于 $U_k(\tilde{x}, J_{\infty}(\tilde{x}))$ 且至少有一个这样的极限点存在。于是整个序列 $\{u_i\}_{i=\bar{k}}^{\infty}$ 的极限点也满足这些性质。所以如果 $\tilde{u}$ 是 $\{u_i\}_{i=\bar{k}}^{\infty}$ 的极限点, 那么

$$\tilde{u} \in \cap_{k=\bar{k}}^{\infty} U_k(\tilde{x}, J_{\infty}(\tilde{x}))$$

由式 (4.11) 推得对所有的 $k \geqslant \bar{k}$, 有

$$J_{\infty}(\tilde{x}) \geqslant E_w \{g(\tilde{x}, \tilde{u}, w) + \alpha(T^k J_0)(f(\tilde{x}, \tilde{u}, w))\} \geqslant (T^{k+1} J_0)(\tilde{x})$$

对 $k \to \infty$ 取极限, 有

$$J_{\infty}(\tilde{x}) = E_w \{g(\tilde{x}, \tilde{u}, w) + \alpha J_{\infty}(f(\tilde{x}, \tilde{u}, w))\}$$

因为右式大于等于 $(TJ_{\infty})(\tilde{x})$ 与式 (4.13) 矛盾, 所以 $J_{\infty} = TJ_{\infty}$ 和式 (4.12) 可由命题 4.1.7(a) 证明。

为证明存在最优的平稳策略, 注意式 (4.12) 和上一个关系式, 意味着 $\tilde{u}$ 在下式中达到最小值

$$J^*(\tilde{x}) = \min_{u \in U(\tilde{x})} E_w \{g(\tilde{x}, u, w) + \alpha J^*(f(\tilde{x}, u, w))\}$$

其中, 状态 $\tilde{x} \in X$ 满足 $J^*(\tilde{x}) < \infty$。对满足 $J^*(\tilde{x}) = \infty$ 的状态 $\tilde{x} \in X$, 每个 $u \in U(\tilde{x})$ 达到之前的最小值。于是由命题 4.1.5(a) 得最优平稳策略存在。

读者可以通过检查之前的证明验证, 如果 $\mu_k(\tilde{x}), k = 0, 1, \cdots$ 达到如下关系的最小值

$$(T^{k+1} J_0)(\tilde{x}) = \min_{u \in U(x)} E_w \{g(\tilde{x}, u, w) + \alpha(T^k J_0)(f(\tilde{x}, u, w))\}$$

那么 $\mu^*(\tilde{x})$ 对每个 $\tilde{x} \in X$ 是 $\{\mu_k(\tilde{x})\}$ 的一个极限点, 平稳策略 μ^* 是最优的。进一步而言, $\{\mu_k(\tilde{x})\}$ 对每个满足 $J^*(\tilde{x}) < \infty$ 的 $\tilde{x} \in X$ 有至少一个极限点。所以在命题 4.1.8 或者命题 4.1.9 的假设下的值迭代方法最终不仅获得最优费用函数 J^*, 而且获得最优平稳策略。

异步值迭代

2.6.1 节提出的异步值迭代的概念也适用于本节的假设 P 和 N。在假设 P 下, 如果 J^* 是实值的, 则可以应用命题 2.6.1 并定义集合 $S(k)$ 如下

$$S(k) = \{J | T^k J_0 \leqslant J \leqslant J^*\}, k = 0, 1, \cdots$$

其中 J_0 是 X 上的零函数。假设 $T^k J_0 \to J^*$ (参见命题 4.1.7~命题 4.1.9), 那么从 $S(0)$ 中的任意函数开始, 异步形式的值迭代均逐点收敛到 J^*。这一结论也可以对 J^* 不是实值的情形进行证明, 只需对命题 2.6.1 进行简单推广, 将实值函数集合 $R(X)$ 替换为所有 X 上的扩展实值函数, 满足对所有的 $x \in X$ 有 $J(x) \geqslant 0$。

在假设 N 下, 从对所有 $x \in X$ 满足 $J^*(x) \leqslant J(x) \leqslant 0$ 的函数 J 开始的异步形式的值迭代有类似结论。基于扩展的异步收敛定理 (命题 2.6.1), 可以证明异步值迭代逐点收敛到 J^*, 其中将 $R(X)$ 替换为所有 X 上的扩展的实值函数的集合, 满足对所有的 $x \in X$ 有 $J(x) \leqslant 0$。

4.1.3 其他计算方法

现在讨论策略迭代。不幸的是，在没有其他条件时，策略迭代在假设 P 和 N 下都是不合理的。如果 μ 和 $\bar{\mu}$ 是平稳策略，满足 $T_{\bar{\mu}}J_\mu = TJ_\mu$，那么可以证明在 P 下，有

$$J_{\bar{\mu}}(x) \leqslant J_\mu(x), x \in X \tag{4.14}$$

为说明这一点，注意 $T_{\bar{\mu}}J_\mu = TJ_\mu \leqslant T_\mu J_\mu = J_\mu$，由此可得 $\lim_{N \to \infty} T_{\bar{\mu}}^N J_\mu \leqslant J_\mu$。然而，$J_{\bar{\mu}} \leqslant J_\mu$ 自身不足以保证策略迭代的合理性。例如，当 μ 不是最优策略时，式 (4.14) 中的严格不等式对于至少一个状态 $x \in X$ 尚不清楚。这里的难点是等式 $J_\mu = TJ_\mu$ 不意味着 μ 是最优的，还需要一个额外的条件保证策略迭代的合理性。然而，这样的条件对于特殊情形可以被验证（例如 4.2 节和习题 4.16）。

当 X、U 和 W 是有限集合时，可以利用命题 4.1.3 开发基于数学规划的计算方法。在假设 N 下和 $\alpha = 1$，$J^*(1), \cdots, J^*(n)$ 求解如下的线性规划（在 $z_1, \cdots, z_n$ 中）：

$$\text{maximize} \sum_{i=1}^{n} z_i$$

$$\text{s.t. } z_i \leqslant g(i, u) + \sum_{j=1}^{n} p_{ij}(u)z_j, i = 1, \cdots, n, u \in U(i)$$

当 $\alpha = 1$ 且假设 P 成立时，对应的规划问题具有如下形式

$$\text{minimize} \sum_{i=1}^{n} z_i$$

$$\text{s.t. } z_i \geqslant \min_{u \in U(i)} \left[g(i, u) + \sum_{j=1}^{n} p_{ij}(u)z_j \right], i = 1, \cdots, n$$

但不幸的是，这个问题不是线性的甚至不是凸的。

4.2 线性系统和二次费用

考虑如下线性系统的情形

$$x_{k+1} = Ax_k + Bu_k + w_k, k = 0, 1, \cdots$$

其中对所有的 k 有 $x_k \in \Re^n, u_k \in \Re^m$，矩阵 A、B 已知。正如在第 I 卷 4.1 节和 5.2 节，假设随机扰动 w_k 是独立的，具有零均值和有限二阶矩。费用函数是二次的且具有如下形式

$$J_\pi(x_0) = \lim_{N \to \infty} E_{w_k, k=0,1,\cdots,N-1} \left\{ \sum_{k=0}^{N-1} \alpha^k \left(x_k' Q x_k + \mu_k(x_k)' R \mu_k(x_k) \right) \right\}$$

其中 $\alpha \in (0, 1)$，Q 是半正定对称 $n \times n$ 矩阵，R 是正定对称 $m \times m$ 矩阵。明显，前一节的假设 P 成立。

我们的方法是使用动态规划算法来获得函数 $TJ_0, T^2J_0, \cdots$ 和逐点极限函数 $J_\infty = \lim\limits_{k\to\infty} T^k J_0$。接下来证明 J_∞ 满足 $J_\infty = TJ_\infty$，所以，由命题 4.1.7(a)，$J_\infty = J^*$。于是，通过最小化贝尔曼方程，可以从最优费用函数 J^* 获得最优策略（参见命题 4.1.5）。

正如在第 I 卷的 4.1 节，有

$$J_0(x) = 0, x \in \Re^n$$

$$(TJ_0)(x) = \min_u [x'Qx + u'Ru] = x'Qx, x \in \Re^n$$

$$(T^2 J_0)(x) = \min_u E\{x'Qx + u'Ru + \alpha(Ax + Bu + w)'Q(Ax + Bu + w)\}$$
$$= x'K_1 x + \alpha E\{w'Qw\}, x \in \Re^n$$

$$(T^{k+1} J_0)(x) = x'K_k x + \sum_{m=0}^{k-1} \alpha^{k-m} E\{w'K_m w\}, x \in \Re^n, k = 1, 2, \cdots$$

其中矩阵 $K_0, K_1, K_2, \cdots$ 通过如下迭代获得

$$K_0 = Q$$

$$K_{k+1} = A'\left(\alpha K_k - \alpha^2 K_k B(\alpha B'K_k B + R)^{-1} B'K_k\right) A + Q, k = 0, 1, \cdots$$

由定义 $\tilde{R} = R/\alpha$ 和 $\tilde{A} = \sqrt{\alpha}A$，上述方程可写作

$$K_{k+1} = \tilde{A}'\left(K_k - K_k B(B'K_k B + \tilde{R})^{-1} B'K_k\right) \tilde{A} + Q$$

正如在第 I 卷 4.1 节中考虑的形式。通过在第 I 卷中证明的结论，得到生成的矩阵序列 $\{K_k\}$ 收敛到正定对称阵 K，

$$K_k \to K$$

前提是矩阵对 $(\tilde{A}, B)$ 和 $(\tilde{A}, C)$ 分别是可控的和可观的，其中 $Q = C'C$。因为 $\tilde{A} = \sqrt{\alpha}A$，$(A, B)$ 或者 (A, C) 的可控性和可观性明显分别等价于 $(\tilde{A}, B)$ 或者 $(\tilde{A}, C)$ 的可控性和可观性。矩阵 K 是如下方程的唯一解

$$K = A'(\alpha K - \alpha^2 KB(\alpha B'KB + R)^{-1} B'K)A + Q \tag{4.15}$$

因为 $K_k \to K$，所以还可以看到极限

$$c = \lim_{k\to\infty} \sum_{m=0}^{k-1} \alpha^{k-m} E\{w'K_m w\}$$

是良好定义的，且实际上

$$c = \frac{\alpha}{1-\alpha} E\{w'Kw\} \tag{4.16}$$

所以，结论是，如果对 (A, B) 和 (A, C) 分别是可控的和可观的，函数 $T^k J_0$ 的极限给定如下

$$J_\infty(x) = \lim_{k\to\infty} (T^k J_0)(x) = x'Kx + c \tag{4.17}$$

使用式 (4.15)~式 (4.17)，可以直接计算验证对所有的 $x \in X$，有

$$J_\infty(x) = (TJ_\infty)(x) = \min_u [x'Qx + u'Ru + \alpha E\{J_\infty(Ax + Bu + w)\}] \tag{4.18}$$

于是由命题 4.1.7(a)，有 $J_\infty = J^*$。另一种证明 $J_\infty = TJ_\infty$ 的方法是证明命题 4.1.9 的假设条件成立；即，如下集合

$$U_k(x, \lambda) = \{u | E\{x'Qx + u'Ru + \alpha(T^kJ_0)(Ax + Bu + w)\} \leqslant \lambda\}$$

对所有的 k 和标量 λ 是紧集。这可以通过 T^kJ_0 是半正定二次函数和 R 是正定的事实来证明。通过式 (4.18) 中最小化获得的最优平稳策略 μ^* 具有如下形式

$$\mu^*(x) = -\alpha(\alpha B'KB + R)^{-1}B'KAx, x \in \Re^n$$

这一策略对实际应用具有吸引力，因为它是线性且平稳的。本节问题的一些推广版本，包括具有不完整状态信息的情形，在习题中进行了讨论。有意思的是，这一问题可以通过策略迭代来求解（见习题 4.16），尽管如此，正如在 4.1 节中讨论的，策略迭代在假设 P 下一般是不适用的。

4.3 库存控制

考虑第 I 卷 4.2 节中的一个折扣的无穷阶段版本的库存控制问题。库存水平按如下方程变化

$$x_{k+1} = x_k + u_k - w_k, k = 0, 1, \cdots$$

假设需求序列 w_k 是独立有界的，具有相同的概率分布。我们也为了简化而假设没有固定费用。具有非零固定费用的情形可以类似处理。费用函数是

$$J_\pi(x_0) = \lim_{N \to \infty} E_{w_k, k=0,1,\cdots,N-1} \left\{ \sum_{k=0}^{N-1} \alpha^k (c\mu_k(x_k) + H(x_k + \mu(x_k) - w_k)) \right\}$$

其中

$$H(y) = p\max(0, -y) + h\max(0, y)$$

动态规划算法给定如下

$$J_0(x) = 0$$

$$(T^{k+1}J_0)(x) = \min_{0 \leqslant u} E\{cu + H(x + u - w) + \alpha(T^kJ_0)(x + u - w)\}$$

首先证明最优费用对所有初始状态有限：

$$J^*(x_0) = \min_\pi J_\pi(x_0) < \infty, 对所有 x_0 \in X$$

考虑策略 $\tilde{\pi} = \{\tilde{\mu}, \tilde{\mu}, \cdots\}$，其中 $\tilde{\mu}$ 定义如下

$$\tilde{\mu}(x) = \begin{cases} 0, & x \geqslant 0 \\ -x, & x < 0 \end{cases}$$

因为 w_k 非负有界，所以当策略 $\tilde{\pi}$ 被使用时库存水平 x_k 满足

$$-w_{k-1} \leqslant x_k \leqslant \max(0, x_0), k = 1, 2, \cdots$$

且有界。所以 $\tilde{\mu}(x_k)$ 也有界。当使用 $\tilde{\pi}$ 时，所产生的每阶段的费用也是有界的，注意到折扣因子的存在，有

$$J_{\tilde{\pi}}(x_0) < \infty, x_0 \in X$$

因为 $J^* \leqslant J_{\tilde{\pi}}$，所以最优费用的有限性得证。

下一步应注意，在假设 $c < p$ 下，函数 $T^k J_0$ 是实值的且凸的。实际上，有

$$J_0 \leqslant T J_0 \leqslant \cdots \leqslant T^k J_0 \leqslant \cdots \leqslant J^*$$

这意味着 $T^k J_0$ 是实值的。通过使用第 I 卷 4.2 节中的归纳法可以证明凸性。

现在考虑如下集合

$$U_k(x, \lambda) = \{u \geqslant 0 | E\{cu + H(x + u - w) + \alpha(T^k J_0)(x_u - w)\} \leqslant \lambda\} \tag{4.19}$$

因为当 $u \to \infty$ 时上式括号内的期望值趋向 ∞，所以这些集合有界。同时，因为式 (4.19) 内的期望值是 u 的连续函数，集合 $U_k(x, \lambda)$ 是闭集 [注意 $T^k J_0$ 是实值凸的，故为连续函数]。所以可以使用命题 4.1.9 并断言

$$\lim_{k \to \infty} (T^k J_0)(x) = J^*(x), x \in X$$

于是从函数 $T^k J_0$ 的凸性推得极限函数 J^* 是实值凸函数。进一步而言，通过最小化贝尔曼方程的右侧可以获得最优平稳策略 μ^*

$$J^*(x) = \min_{u \geqslant 0} E\{cu + H(x + u - w) + \alpha J^*(x + u - w)\}$$

有

$$\mu^*(x) = \begin{cases} S^* - x, & x \leqslant S^* \\ 0, & \text{其他} \end{cases}$$

其中 S^* 是如下的最小点

$$G^*(y) = cy + L(y) + \alpha E\{J^*(y - w)\}$$

其中

$$L(y) = E\{H(y - w)\}$$

可见如果 $p > c$，有 $\lim_{|y| \to \infty} G^*(y) = \infty$，所以这样的最小点存在。进一步而言，利用 4.1 节最后提到的发现，$G^*(y)$ 的最小点 S^* 可以作为序列 $\{S_k\}$ 的极限点获得，其中对每个 k，标量 S_k 最小化

$$G_k(y) = cy + L(y) + \alpha E\{(T^k J_0)(y - w)\}$$

且可通过值迭代方法获得。

可见，关键水平 S^* 具有简单的刻画。可以证明 S^* 在 y 上使表达式 $(1-\alpha)cy + L(y)$ 最小化，故最终可以闭式获得（见习题 4.18 和 [HeS84] 第 2 章）。

当存在正的固定费用时（$K > 0$），可以使用同样的论述。类似地，我们证明 J^* 是实值 K-凸函数。为证明 J^* 也是连续的需要另一个论述（这在直观上是清楚的，留给读者）。一旦 K-凸性和 J^* 的连续性建立，平稳 (s^*, S^*) 策略的最优性就可以从如下方程获得

$$J^*(x) = \min_{u \geqslant 0} E\{C(u) + H(x + u - w) + \alpha J^*(x + u - w)\}$$

其中 $C(u) = K + cu$，如果 $u > 0, C(0) = 0$。

4.4 最优停止

考虑第 I 卷 4.4 节的停止问题的无穷阶段版本。在每个状态 x，必须从两个行为中做出选择：支付费用 $s(x)$ 并停止且没有后续费用，或者支付费用 $c(x)$ 并按照如下的系统方程继续这一过程

$$x_{k+1} = f_c(x_k, w_k), k = 0, 1, \cdots \tag{4.20}$$

目标是找到最小化无穷阶段总期望费用的最优停止策略。这里假设输入扰动 w_k 对所有 k 具有相同的概率分布，这些分布值依赖于当前状态 x_k。

这一问题可以被视作 3.1 节的随机最短路问题的特例，但这里将不假设状态空间有限也不假设 3.1 节针对合适和不合适策略的其他假设。相反，将依赖 4.1 节中讨论的无界费用问题的一般理论。

为了将问题纳入总费用无穷阶段问题的框架，引入一个额外的状态 t（终了状态），将第 I 卷 4.4 节的系统方程 (4.20) 完善为

$$x_{k+1} = t, \text{如果} u_k = \text{停止或者} x_k = t$$

一旦系统达到终了状态，将保持在那里而没有费用。

首先假设

$$s(x) \geqslant 0, c(x) \geqslant 0, \text{对所有的} x \in X \tag{4.21}$$

进入 4.1 节的假设 P 的框架下。[相应地，假设 N 的情形为对于所有 $x \in X$ 有 $s(x) \leqslant 0, c(x) \leqslant 0$，这一情形将在后面考虑。] 事实上，只要存在对所有 $x \in X$ 满足 $c(x) \geqslant \epsilon$ 的 $\epsilon > 0$，在假设式 (4.21) 下获得的结论也将适用于 $s(x)$ 以某个标量为下界而不是以 0 为下界的情形。原因是，如果假设 $c(x)$ 对所有的 $x \in X$ 大于 $\epsilon > 0$，任何无法在有限期望个阶段内停止的策略都将导致无穷大的费用，且可以从考虑中剔除。所以，如果将这个问题重新建模并在 $s(x)$ 上加上常数 r，使 $s(x) + r \geqslant 0$ 对所有 $x \in X$ 成立，最优费用 $J^*(x)$ 将只随 r 增大，而最优费用将保持不受影响。

定义动态规划算法的映射 T 具有如下形式

$$(TJ)(x) = \begin{cases} \min[s(x), c(x) + E\{J(f_c(x, w))\}], & x \neq t \\ 0, & x - t \end{cases} \tag{4.22}$$

其中 $s(x)$ 是停止行为的费用，$c(x) + E\{J(f_c(x,w))\}$ 是继续行为的费用。因为控制空间只有两个元素，由命题 4.1.8，有

$$\lim_{k \to \infty} (T^k J_0)(x) = J^*(x), x \in X$$

其中 J_0 是零函数 [对所有的 $x \in X$ 有 $J_0(x) = 0$]。由命题 4.1.5，存在一个平稳最优策略给定如下

停止 如果$s(x) < c(x) + E\{J^*(f_c(x,w))\}$

继续 如果$s(x) \geqslant c(x) + E\{J^*(f_c(x,w))\}$

用 S^* 表示最优停止集合（可能是空的）

$$S^* = \{x \in X | s(x) < c(x) + E\{J^*(f_c(x,w))\}\}$$

同时考虑如下集合

$$S_k = \{x \in X | s(x) < c(x) + E\{(T^k J_0)(f_c(x,w))\}\}$$

这决定了停止问题的有限阶段版本的最优策略。因为有

$$J_0 \leqslant T J_0 \leqslant \cdots \leqslant T^k J_0 \leqslant \cdots \leqslant J^*$$

于是

$$S_1 \subset S_2 \subset \cdots \subset S_k \subset \cdots \subset S^*$$

于是 $\cup_{k=1}^{\infty} S_k \subset S^*$。同时，如果 $\tilde{x} \notin \cup_{k=1}^{\infty} S_k$，那么

$$s(\tilde{x}) \geqslant c(\tilde{x}) + E\{(T^k J_0)(f_c(\tilde{x},w))\}, k = 0, 1, \cdots$$

当 $k \to \infty$ 时取极限，并使用单调收敛定理和 $T^k J_0 \to J^*$ 这一事实，有

$$s(\tilde{x}) \geqslant c(\tilde{x}) + E\{J^*(f_c(\tilde{x},w))\}$$

由此可得 $\tilde{x} \notin S^*$。于是有

$$S^* = \cup_{k=1}^{\infty} S_k$$

换言之，无穷阶段问题的最优停止集合 S^* 等于所有有限阶段停止集合 S_k 的并集。

现在考虑第 I 卷 4.4 节中的未来一步停止集合

$$\tilde{S}_1 = \{x \in S | s(x) \leqslant c(x) + E\{t(f_c(x,w))\}\} \tag{4.23}$$

并假设 $\tilde{S}_1$ 是吸收的，即

$$f_c(x,w) \in \tilde{S}_1, \text{对所有} x \in \tilde{S}_1, w \in W \tag{4.24}$$

那么，类似在第 I 卷的 4.4 节中，由一步前瞻策略得到

停止当且仅当$x \in \tilde{S}_1$

是最优的。现在提供一些例子。

例 4.4.1（卖资产） 考虑第 I 卷 4.4 节和 7.3 节的卖资产例子，其中利率 r 为 0，为了让房子保持未被出售，每阶段有维护费用 $c > 0$。同时，过去的买房报价可以在未来的任意时间接受。有如下的最优性方程：

$$J^*(x) = \max[x, -c + E\{J^*(\max(x, w))\}]$$

在这一情形下，考虑总期望收益的最大化，持续费用是严格负的，停止收益 x 是正的，不满足式 (4.21)。然而，如果假设 x 在有界区间 $[0, M]$ 中取值，其中 M 是所有可能报价的上界，我们的分析仍然适用 [参见式 (4.21) 之后的讨论]。考虑如下给定的一步未来停止集合

$$\tilde{S}_1 = \{x | x \geqslant -c + E\{\max(x, w)\}\}$$

类似第 I 卷 4.4 节，进行计算之后，可以看到

$$\tilde{S}_1 = \{x | x \geqslant \bar{\alpha}\}$$

其中 $\bar{\alpha}$ 是满足如下条件的标量

$$\bar{\alpha} = P(\bar{\alpha})\bar{\alpha} + \int_{\bar{\alpha}}^{\infty} w \mathrm{d}P(w) - c$$

可清楚地看到，$\tilde{S}_1$ 在式 (4.24) 的意义下是吸收的，于是一步前瞻策略（即接受大于或等于 $\bar{\alpha}$ 的第一个报价）是最优的。

例 4.4.2（序贯假设检验） 考虑第 I 卷例 5.4.4 的假设检验问题，其中可能观测的数量无限。这里状态是 x^0 和 x^1（观测的真实分布分别是 f_0 和 f_1）。集合 X 是区间 $[0,1]$ 并与充分统计量对应

$$p_k = P(x_k = x^0 | z_0, z_1, \cdots, z_k)$$

对每个 $p \in [0, 1]$，可以设定停止费用

$$s(p) = \min[(1-p)L_0, pL_1]$$

即，对应分布 f_0 和 f_1 中最优选择的费用。式 (4.22) 的映射 T 具有如下形式

$$(TJ)(p) = \min\left[(1-p)L_0, pL_1, c + E_z\left\{J\left(\frac{pf_0(z)}{pf_0(z) + (1-p)f_1(z)}\right)\right\}\right]$$

对所有的 $p \in [0, 1]$，在 z 上的期望对如下概率分布求取

$$P(z) = pf_0(z) + (1-p)f_1(z), z \in Z$$

最优费用函数 f^* 满足贝尔曼方程

$$J^*(p) = \min\left[(1-p)L_0, pL_1, c + E_z\left\{J^*\left(\frac{pf_0(z)}{pf_0(z) + (1-p)f_1(z)}\right)\right\}\right]$$

且通过对下式求极限获得

$$J^*(p) = \lim_{k \to \infty}(T^k J_0)(p), p \in [0, 1]$$

其中 J_0 是 $[0, 1]$ 上的零函数。

现在考虑函数 $T^k J_0, k = 0, 1, \cdots$。显然,

$$J_0 \leqslant TJ_0 \leqslant \cdots \leqslant T^k J_0 \leqslant \cdots \leqslant \min\left[(1-p)L_0, pL_1\right]$$

进一步地,从第 I 卷的 5.5 节的分析可看出,函数 $T^k J_0$ 对所有 $[0,1]$ 上的 k 是凹的。所以逐点极限函数 J^* 在 $[0,1]$ 上也是凹的。此外,贝尔曼方程意味着

$$J^*(0) = J^*(1) = 0$$

$$J^*(p) \leqslant \min\left[(1-p)L_0, pL_1\right]$$

使用图 4.4.1 中所示推理,可知 [前提是 $c < L_0 L_1 / (L_0 + L_1)$] 存在两个标量 $\bar{\alpha}, \bar{\beta}$ 满足 $0 < \bar{\beta} \leqslant \bar{\alpha} < 1$,且决定了如下形式的最优平稳策略

接受f_0　　如果$p \leqslant \bar{\alpha}$

接受f_1　　如果$p \leqslant \bar{\beta}$

继续观测　　如果$\bar{\beta} < p < \bar{\alpha}$

从之前平稳策略的最优性看出,第 I 卷 5.5 节描述的序贯概率比例测试在可能的观测是无穷多时是合理的。

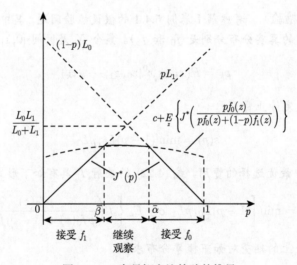

图 4.4.1　序贯概率比检验的推导

负转移费用的情形

现在考虑在假设 N 下的停止问题,即,

$$s(x) \leqslant 0, c(x) \leqslant 0, \text{对所有} x \in X$$

在这些情形下对系统进行持续操作没有惩罚(尽管因为没有在给定状态停止,可能失去一个有利的机会)。映射 T 给定如下

$$(TJ)(x) = \min\left[s(x), c(x) + E\left\{J(f_c(x, w))\right\}\right]$$

最优费用函数 J^* 满足

$$J^*(x) \leqslant s(x), x \in X$$

并且通过命题 4.1.1 和命题 4.1.7(b)，有

$$J^* = TJ^*, J^* = \lim_{k \to \infty} T^k J_0 = \lim_{k \to \infty} T^k s$$

其中 J_0 是零函数。可以看出，如果一步未来停止集合 $\tilde{S}_1$ 是吸收的[参见式 (4.24)]，那么一步前瞻策略是最优的。

例 4.4.3（理性的窃贼） 此例在第 I 卷 4.4 节的末尾进行过考虑，证明了一个一步前瞻策略对任意有限时段长度都是最优的。最优性方程是

$$J^*(x) = \max[x, (1-p)E\{J^*(x+w)\}]$$

这个问题等价于一个最小化问题，其中

$$s(x) = -x, c(x) = 0$$

所以满足假设 N。基于之前的分析，我们知道 $T^k s \to J^*$，且如果一步停止集合是吸收的，一步前瞻策略是最优的 [参见式 (4.23) 和式 (4.24)]。可以证明（见第 I 卷 4.4 节的分析）这一条件成立，所以窃贼在他的累积收益达到或者超过 $(1-p)\bar{w}/p$ 时就退休的有限长度最优策略对无穷长度也是最优的。

例 4.4.4（没有最优策略的问题） 这是一个确定性停止问题的例子，其中假设 N 成立，尽管每个状态只有两个控制（停或者继续），该问题不存在最优策略。状态是正整数，从状态 i 确定性持续运行到达状态 $i+1$ 并且没有费用，即 $X = \{1, 2, \cdots\}$，$c(i) = 0$，且对所有的 $i \in X$ 和 $w \in W$ 有 $f_c(i, w) = i+1$。停止费用对所有 $i \in X$ 均为 $s(i) = -1 + (1/i)$，所以在每个状态都没有动机来推迟停止。对所有 i，有 $J^*(i) = -1$，最优费用 -1 可以通过足够长时间的推迟停止行为来任意逼近。然而，没有达到最优费用的策略。

4.5 最优博弈策略

赌徒进入如下描述的一个赌局。赌徒可以在任意时间 k 投入不超过他当前财产 x_k 的赌注 $u_k \geqslant 0$（定义为他的初始资本加上他的收益或者减去他到目前为止的损失）。他以概率 p 赢回他投放的赌注并获得相同的收益，以概率 $(1-p)$ 输掉他的赌资。所以赌徒的资本按照如下方程变化

$$x_{k+1} = x_k + w_k u_k, k = 0, 1, \cdots \tag{4.25}$$

其中 $w_k = 1$ 的概率为 p，$w_k = -1$ 的概率为 $(1-p)$。几种博弈，比如在轮盘赌中赌红和黑，都可以用这个描述来刻画。

赌徒以初始资本 x_0 进入赌局，他的目标是将资本增加到 X。他持续赌博直到达到目标或者输光初始资本，此时他将离开赌局。问题是决定最优博弈策略来最大化达到目标的概率。一个博弈策略，指的是对每个 $x_k, 0 < x_k < X$，赌徒在时刻 k，资本是 x_k 时如何限定赌注的一个规则。

这个问题可以被转化为无穷阶段总费用问题，其中考虑最大化而不是最小化。为了方便，假设资本进行了统一化，使得 $X = 1$。状态空间是集合 $[0, 1] \cup \{t\}$，其中 t 是终了状态，系统从状态 0 和 1 均

以一定概率移动到终了状态并具有对应的收益 0 和 1。当 $x_k \neq 0, x_k \neq 1$ 时，系统按照式 (4.25) 演化。控制约束集合限定为

$$0 \leqslant u_k \leqslant x_k, 0 \leqslant u_k \leqslant 1 - x_k$$

当 $x_k \neq 0$ 且 $x_k \neq 1$ 时每个阶段的收益是零。在这些情形下，达到目标的概率等于总期望收益。因为该问题等价于最小化每阶段具有非正费用的总期望费用，假设 N 成立。

定义动态规划算法的映射 T 具有如下形式

$$(TJ)(x) = \begin{cases} \max\limits_{0 \leqslant u \leqslant x, 0 \leqslant u \leqslant 1-x} [pJ(x+u) + (1-p)J(x-u)], & x \in (0,1) \\ 0, & x = 0 \\ 1, & x = 1 \end{cases}$$

对任意函数 $J : [0,1] \mapsto [0,\infty]$。

现考虑如下情形，其中

$$0 < p < \frac{1}{2}$$

即该赌局对于赌徒是不公平的。习题 4.21 考虑了 $1/2 \leqslant p < 1$ 情形的离散版本。当 $0 < p < 1/2$ 时，直观上知道，如果赌徒遵循一个非常保守的策略，每次选择非常小的赌注，他将一定会输。例如，如果赌徒采取策略每次赌注为 $1/n$，那么可以证明（见习题 4.21 或者 Ash[Ash70] 第 182 页）他从初始资本 $i/n, 0 < i < n$ 到达目标资本 1 的概率为

$$\left(\left(\frac{1-p}{p}\right)^i - 1 \right) \left(\left(\frac{1-p}{p}\right)^n - 1 \right)^{-1}$$

如果 $0 < p < 1/2, n$ 趋向无穷大，i/n 趋向常量，上述概率趋向 0，这意味着持续采用小的赌注是一个坏的策略。

特别地，由此得到一个选择大赌注的策略 ——**全压**策略，赌徒在 k 时刻将他的所有资本 x_k 和足以达到目标的资本二者之小用作赌注。换言之，全压策略是一个平稳策略 μ^*，给定如下

$$\mu^*(x) = \begin{cases} x, & 0 < x \leqslant 1/2 \\ 1-x, & 1/2 \leqslant x < 1 \end{cases}$$

我们将证明全压策略实际上是最优策略。为此需要证明对每个初始资本 $x \in [0,1]$ 与全压策略 μ^* 对应的收益函数 $J_{\mu^*}(x)$ 的值满足充分条件（参见命题 4.1.6）

$$TJ_{\mu^*} = J_{\mu^*}$$

或者等价的

$$J_{\mu^*}(0) = 0, J_{\mu^*}(1) = 1$$

$$J_{\mu^*}(x) \geqslant pJ_{\mu^*}(x+u) + (1-p)J_{\mu^*}(x-u)$$

对所有的 $x \in (0,1)$ 和 $u \in [0,x] \cap [0,1-x]$。

使用全压策略的定义，贝尔曼方程

$$J_{\mu^*} = T_{\mu^*} J_{\mu^*}$$

写作

$$J_{\mu^*}(0) = 0, J_{\mu^*}(1) = 1 \tag{4.26}$$

$$J_{\mu^*}(x) = \begin{cases} pJ_{\mu^*}(2x), & 0 < x \leqslant 1/2 \\ p + (1-p)J_{\mu^*}(2x-1), & 1/2 \leqslant x < 1 \end{cases} \tag{4.27}$$

下面的引理证明了 J_{μ^*} 由这些关系唯一定义。

引理 4.5.1 对每个满足 $0 < p \leqslant 1/2$ 的 p，只有一个 $[0,1]$ 上的有界函数满足式 (4.26) 和式 (4.27)，这个函数是 J_{μ^*}。进一步地，J_{μ^*} 是 $[0,1]$ 上连续的且严格增的。

证明 假设存在两个有界函数 $J_1 : [0,1] \mapsto \Re$ 和 $J_2 : [0,1] \mapsto \Re$ 满足 $J_i(0) = 0, J_i(1) = 1, i = 1, 2$ 和

$$J_i(x) = \begin{cases} pJ_i(2x), & 0 < x \leqslant 1/2, \\ p + (1-p)J_i(2x-1), & 1/2 \leqslant x < 1, \end{cases} \quad i = 1, 2$$

于是

$$J_1(2x) - J_2(2x) = \frac{J_1(x) - J_2(x)}{p}, \quad 0 \leqslant x \leqslant 1/2 \tag{4.28}$$

$$J_1(2x-1) - J_2(2x-1) = \frac{J_1(x) - J_2(x)}{1-p}, \quad 1/2 \leqslant x \leqslant 1 \tag{4.29}$$

令 z 为满足 $0 \leqslant z \leqslant 1$ 的任意实数。对 $k = 1, 2, \cdots$，定义

$$z_1 = \begin{cases} 2z, & 0 \leqslant z \leqslant 1/2 \\ 2z - 1, & 1/2 < z \leqslant 1 \end{cases}$$

$$\vdots$$

$$z_k = \begin{cases} 2z_{k-1}, & 0 \leqslant z_{k-1} \leqslant 1/2 \\ 2z_{k-1} - 1, & 1/2 < z_{k-1} \leqslant 1 \end{cases}$$

那么从式 (4.28) 和式 (4.29) 得到（使用 $p \leqslant 1/2$）

$$|J_1(z_k) - J_2(z_k)| \geqslant \frac{|J_1(z) - J_2(z)|}{(1-p)^k}, k = 1, 2, \cdots$$

因为 $J_1(z_k) - J_2(z_k)$ 是有界的，故有 $J_1(z) - J_2(z) = 0$，否则不等式右侧将趋向 ∞。因为 $z \in [0,1]$ 是任意的，有 $J_1 = J_2$。于是 J_{μ^*} 是唯一在 $[0,1]$ 上的满足式 (4.26) 和式 (4.27) 的有界函数。

为了证明 J_{μ^*} 是严格增的且为连续的，考虑映射 T_{μ^*}，该映射在函数 $J : [0,1] \mapsto [0,1]$ 上操作，并定义为

$$(T_{\mu^*}J)(x) = \begin{cases} pJ(2x) + (1-p)J(0), & 0 < x \leqslant 1/2 \\ pJ(1) + (1-p)J(2x-1), & 1/2 \leqslant x < 1 \end{cases}$$

$$(T_{\mu^*}J)(0) = 0, (T_{\mu^*}J)(1) = 1 \tag{4.30}$$

考虑函数 $J_0, T_\mu^* J_0, \cdots, T_{\mu^*}^k J_0, \cdots$，其中 J_0 是零函数 $[J_0(x) = 0$ 对所有的 $x \in [0,1]$ 成立]。有

$$J_{\mu^*}(x) = \lim_{k \to \infty} (T_{\mu^*}^k J_0)(x), x \in [0,1] \tag{4.31}$$

进一步地, 函数 $T_{\mu^*}^k J_0$ 可被证明在区间 $[0,1]$ 上单调非减。于是, 由式 (4.31), J_{μ^*} 也是单调非减的。

现在考虑 $n = 0, 1, \cdots$ 的集合

$$X_n = \{x \in [0,1] | x = k2^{-n}, k = \text{非负整数}\}$$

可直接证明

$$(T_{\mu^*}^m J_0)(x) = (T_{\mu^*}^n J_0)(x), x \in X_{n-1}, m \geqslant n \geqslant 1$$

作为这一等式和式 (4.31) 的结果,

$$J_{\mu^*}(x) = (T_{\mu^*}^n J_0)(x), x \in X_{n-1}, n \geqslant 1 \tag{4.32}$$

使用归纳法以式 (4.30) 和式 (4.32) 可进一步验证, 对任意非负整数 k 和满足 $0 \leqslant k2^{-n} < (k+1)2^{-n} \leqslant 1$ 的 n, 有

$$p^n \leqslant J_{\mu^*}((k+1)2^{-n}) - J_{\mu^*}(k2^{-n}) \leqslant (1-p)^n \tag{4.33}$$

因为任意 $[0,1]$ 里的数都可以被形式为 $k2^{-n}$ 的数从上和下任意逼近, 而且因为 J_{μ^*} 已证明为单调非减, 于是由式 (4.33) 可知 J_{μ^*} 是连续的和严格增的。

现在可以证明下面的命题了。

命题 4.5.1 全压策略是一个最优平稳赌博策略。

证明 证明如下充分条件

$$J_{\mu^*}(x) \geqslant pJ_{\mu^*}(x+u) + (1-p)J_{\mu^*}(x-u), x \in [0,1], u \in [0,1] \cap [0,1-x] \tag{4.34}$$

应注意在之前的引理中证明的 J_{μ^*} 连续性, 只需证明式 (4.34) 对所有属于如下定义的集合 X_n 的并集 $\cup_{n=0}^{\infty} X_n$ 均成立, 其中 $x \in [0,1]$ 和 $u \in [0,x] \cap [0,1-x]$

$$X_n = \{z \in [0,1] | z = k2^{-n}, k = \text{非负整数}\}$$

使用归纳法进行证明。利用 $J_{\mu^*}(0) = 0, J_{\mu^*}(1/2) = p$ 和 $J_{\mu^*}(1) = 1$ 这一事实, 可以证明式 (4.34) 对 X_0 和 X_1 中所有的 x 和 u 成立。假设式 (4.34) 对所有的 $x, u \in X_n$ 成立, 证明该式所有的 $x, u \in X_{n+1}$ 也成立。

对任意的 $x, u \in X_{n+1}$, 满足 $u \in [0,x] \cap [0,1-x]$, 有 4 种可能性:

1. $x + u \leqslant 1/2$,
2. $x - u \geqslant 1/2$,
3. $x - u \leqslant x \leqslant 1/2 \leqslant x + u$,
4. $x - u \leqslant 1/2 \leqslant x \leqslant x + u$,

对上述每种情形分别证明式 (4.34)。

情形 1: 如果 $x, u \in X_{n+1}$, 那么 $2x \in X_n$ 和 $2u \in X_n$ 且由归纳假设

$$J_{\mu^*}(2x) - pJ_{\mu^*}(2x + 2u) - (1-p)J_{\mu^*}(2x - 2u) \geqslant 0 \tag{4.35}$$

如果 $x + u \leqslant 1/2$, 那么由式 (4.27)

$$J_{\mu^*}(x) - pJ_{\mu^*}(x+u) - (1-p)J_{\mu^*}(x-u)$$
$$= p(J_{\mu^*}(2x) - pJ_{\mu^*}(2x+2u) - (1-p)J_{\mu^*}(2x-2u))$$

利用式 (4.35)，式 (4.34) 在所考虑的情形下得到证明。

　　情形2: 如果 $x, u \in X_{n+1}$，那么 $(2x-1) \in X_n$ 且 $2u \in X_n$ 且由归纳假设

$$J_{\mu^*}(2x-1) - pJ_{\mu^*}(2x+2u-1) - (1-p)J_{\mu^*}(2x-2u-1) \geqslant 0$$

如果 $x - u \geqslant 1/2$，那么由式 (4.27)

$$
\begin{aligned}
&J_{\mu^*}(x) - pJ_{\mu^*}(x+u) - (1-p)J_{\mu^*}(x-u) \\
&= p + (1-p)J_{\mu^*}(2x-1) - p(p+(1-p)J_{\mu^*}(2x+2u-1)) \\
&\quad - (1-p)(p+(1-p)J_{\mu^*}(2x-2u-1)) \\
&= (1-p)(J_{\mu^*}(2x-1) - pJ_{\mu^*}(2x+2u-1) - (1-p)J_{\mu^*}(2x-2u-1)) \\
&\geqslant 0
\end{aligned}
$$

式 (4.34) 由之前的关系式可以证明。

　　情形3: 使用式 (4.27)，有

$$
\begin{aligned}
&J_{\mu^*}(x) - pJ_{\mu^*}(x+u) - (1-p)J_{\mu^*}(x-u) \\
&= pJ_{\mu^*}(2x) - p(p+(1-p)J_{\mu^*}(2x+2u-1)) - p(1-p)J_{\mu^*}(2x-2u) \\
&= p(J_{\mu^*}(2x) - p - (1-p)J_{\mu^*}(2x+2u-1) - (1-p)J_{\mu^*}(2x-2u))
\end{aligned}
$$

现在一定有 $x \geqslant 1/4$，否则有 $u < 1/4$ 和 $x + u < 1/2$。于是 $2x \geqslant 1/2$ 且等式序列可以按如下方式继续:

$$
\begin{aligned}
&J_{\mu^*}(x) - pJ_{\mu^*}(x+u) - (1-p)J_{\mu^*}(x-u) \\
&= p(p+(1-p)J_{\mu^*}(4x-1) - p \\
&\quad - (1-p)J_{\mu^*}(2x+2u-1) - (1-p)J_{\mu^*}(2x-2u)) \\
&= p(1-p)(J_{\mu^*}(4x-1) - J_{\mu^*}(2x+2u-1) - J_{\mu^*}(2x-2u)) \\
&= (1-p)(J_{\mu^*}(2x-1/2) - pJ_{\mu^*}(2x+2u-1) - pJ_{\mu^*}(2x-2u))
\end{aligned}
$$

因为 $p \leqslant (1-p)$，所以最后一个表达式大于或等于下面的两式

$$(1-p)\left(J_{\mu^*}(2x-1/2) - pJ_{\mu^*}(2x+2u-1) - (1-p)J_{\mu^*}(2x-2u)\right)$$

和

$$(1-p)\left(J_{\mu^*}(2x-1/2) - (1-p)J_{\mu^*}(2x+2u-1) - pJ_{\mu^*}(2x-2u)\right)$$

现在对 $x, u \in X_{n+1}$ 和 $n \geqslant 1$，若 $(2u-1/2) \in [0,1]$，则 $(2x-1/2) \in X_n$ 且 $(2u-1/2) \in X_n$；若 $(1/2-2u) \in [0,1]$，则 $(1/2-2u) \in X_n$。由归纳假设，前一表达式的第一和第二项非负，取决于是否有 $2x+2u-1 \geqslant 2x-1/2$ 或者 $2x-2u \geqslant 2x-1/2$ $\left(\text{即 } u \geqslant 1/4 \text{ 或者 } u \leqslant 1/4\right)$。于是式 (4.34) 在情形 3 下得证。

情形4: 证明与情形 3 类似。使用式 (4.27),有

$$J_{\mu^*}(x) - pJ_{\mu^*}(x + u) - (1 - p)J_{\mu^*}(x - u)$$
$$= p + (1 - p)J_{\mu^*}(2x - 1) - p(p + (1 - p)J_{\mu^*}(2x + 2u - 1))$$
$$\quad - (1 - p)pJ_{\mu^*}(2x - 2u)$$
$$= p(1 - p)$$
$$\quad + (1 - p)\left(J_{\mu^*}(2x - 1) - pJ_{\mu^*}(2x + 2u - 1) - pJ_{\mu^*}(2x - 2u)\right)$$

一定有 $x \leqslant 3/4$,否则 $u < 1/4$ 和 $x - u > 1/2$。于是 $0 \leqslant 2x - 1 \leqslant 1/2 \leqslant 2x - 1/2 \leqslant 1$,使用式 (4.27),得到

$$(1 - p)J_{\mu^*}(2x - 1) = (1 - p)pJ_{\mu^*}(4x - 2) = p(J_{\mu^*}(2x - 1/2) - p)$$

使用之前的关系式,得到

$$J_{\mu^*}(x) - pJ_{\mu^*}(x + u) - (1 - p)J_{\mu^*}(x - u)$$
$$= p(1 - p) + p(J_{\mu^*}(2x - 1/2) - p) - p(1 - p)J_{\mu^*}(2x + 2u - 1)$$
$$\quad - p(1 - p)J_{\mu^*}(2x - 2u)$$
$$= p((1 - 2p) + J_{\mu^*}(2x - 1/2) - (1 - p)J_{\mu^*}(2x + 2u - 1)$$
$$\quad - (1 - p)J_{\mu^*}(2x - 2u))$$

这些关系式与如下两式等价

$$p((1 - 2p)(1 - J_{\mu^*}(2x + 2u - 1))$$
$$\quad + J_{\mu^*}(x - 1/2) - pJ_{\mu^*}(2x + 2u - 1) - (1 - p)J_{\mu^*}(2x - 2u))$$

和

$$p((1 - 2p)(1 - J_{\mu^*}(2x - 2u))$$
$$\quad + J_{\mu^*}(2x - 1/2) - (1 - p)J_{\mu^*}(2x + 2u - 1) - pJ_{\mu^*}(2x - 2u))$$

因为 $0 \leqslant J_{\mu^*}(2x + 2u - 1) \leqslant 1$ 和 $0 \leqslant J_{\mu^*}(2x - 2u) \leqslant 1$,这些关系式大于或等于如下两式

$$p(J_{\mu^*}(2x - 1/2) - pJ_{\mu^*}(2x + 2u - 1) - (1 - p)J_{\mu^*}(2x - 2u))$$

和

$$p(J_{\mu^*}(2x - 1/2) - (1 - p)J_{\mu^*}(2x + 2u - 1) - pJ_{\mu^*}(2x - 2u))$$

类似情形 3,可以推得结论。

注意全压策略不是唯一的最优平稳赌博策略。对于所有最优策略的刻画,见书 [DuS65] 第 90 页。其他几种全压类策略是最优策略的赌博问题在 [DuS65] 第 5 章和第 6 章中进行了描述。

4.6　连续时间问题——排队的控制

排队的最优控制问题经常涉及单阶段无界费用。尽管通过使用 1.5.2 节的理论，可以类似于单阶段费用有界的折扣问题来处理一部分这类问题，但这可能涉及限制性的假设。替代方法是基于统一化来使用 1.4 节的分析路线。回顾 1.4 节，如果转移间隔时间是指数分布的，那么折扣连续时间问题可被转化为等价的离散时间问题（具有单阶段有界或者无界的费用）。1.4 节讨论了一些例子，其中每阶段的费用是有界的。这里考虑一些排队的应用，其中单阶段的费用无界。

例 4.6.1（具有可控服务速率的 $M/M/1$ 队列）　考虑一个单服务台的排队系统，其中顾客到达服从参数为 λ 的泊松过程。顾客的服务时间服从参数为 μ 的指数分布（称为服务速率）。顾客的服务时间彼此独立，并且与到达间隔时间独立。服务速率 μ 可以从区间 $[0, \bar{\mu}]$ 的闭子集 M 中选取，可以在顾客到达或者顾客离开系统时改变。当有 i 个顾客在系统中时每单位时间产生费用 $c(i)$（包括在队列中和正接受服务的顾客），服务速率 μ 每单位时间产生费用 $q(\mu)$ 和。这里的思想是可以通过选择更快的服务速率来降低顾客的等待费用，但前者也将导致更多的费用。简单说，这里的问题就是选择服务速率在服务费用和顾客的等待费用中进行最优的权衡。

做出如下假设：

(1) 对某个 $\mu \in M$，有 $\mu > \lambda$。（换言之，有一个服务速率可以跟上到达速率，于是保持队列的长度有限。）

(2) 等待费用函数 c 非负，单调非减，且为如下意义下的"类凸的"

$$c(i+2) - c(i+1) \geqslant c(i+1) - c(i), i = 0, 1, \cdots$$

(3) 服务速率费用函数 q 非负，在 $[0, \bar{\mu}]$ 上连续，满足 $q(0) = 0$。

这里的状态是系统中的顾客数，控制是在顾客到达或者离开后的服务速率的选择。状态 i 下的转移速率是

$$\nu_i(\mu) = \begin{cases} \lambda, & i = 0 \\ \lambda + \mu, & i \geqslant 1 \end{cases}$$

马尔可夫链的转移概率及其在如下选择的统一化版本示于图 4.6.1 中

$$\nu = \lambda + \bar{\mu}$$

有效的折扣因子是

$$\alpha = \frac{\nu}{\beta + \nu}$$

单阶段费用是

$$\frac{1}{\beta + \nu} \left(c(i) + q(\mu) \right)$$

贝尔曼方程具有如下形式

$$J(0) = \frac{1}{\beta + \nu} \left(c(0) + (\nu - \lambda) J(0) + \lambda J(1) \right)$$

对 $i = 1, 2, \cdots$，

$$J(i) = \frac{1}{\beta + \nu} \min_{\mu \in M} \left[c(i) + q(\mu) + \mu J(i-1) + (\nu - \lambda - \mu) J(i) + \lambda J(i+1) \right]$$

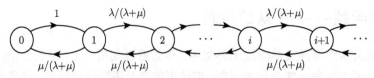

连续时间马尔可夫链的转移概率

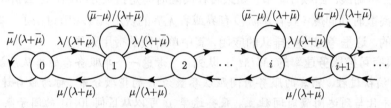

统一版本的马尔可夫链的转移概率

图 4.6.1　当服务速率是 μ 的时候，例 4.6.1 的连续时间马尔可夫链及其统一版本。对于状态 $i \geqslant 1$，最初的马尔可夫链的转移速率 $\nu_i(\mu) = \lambda + \mu$；对于状态 $i = 0$ 且，转移速率 $\nu_0(\mu) = \lambda$。统一版本的转移速率是 $\nu = \lambda + \bar{\mu}$

在状态 i 下的最优策略是采用使右式最小化的服务速率。所以在状态 i 下使用如下服务速率是最优的

$$\mu^*(i) = \arg\min_{\mu \in M} \{q(\mu) - \mu\Delta(i)\} \tag{4.36}$$

其中 $\Delta(i)$ 是最优费用的微分

$$\Delta(i) = J(i) - J(i-1), i = 1, 2, \cdots$$

[当式 (4.36) 中的最小值通过多于一个服务速率 μ 可达到时，通常选择最小的一个。] 我们很快将展示 $\Delta(i)$ 是单调非减的。于是由式 (4.36) 有 (见图 4.6.2) 最优服务速率 $\mu^*(i)$ 是单调非减的。所以当队长增加时，使用更快的服务速率是最优的。

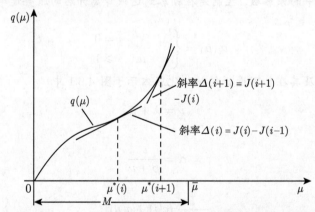

图 4.6.2　在例 4.6.1 中的状态 i 和 $(i+1)$ 找出最优的服务速率。当系统变得越来越拥挤的时候（i 增大），最优的服务速率 $\mu^*(i)$ 趋于增大

为了证明 $\Delta(i)$ 是单调非减的，使用动态规划，从如下起始函数迭代产生一系列函数 J_k

$$J_0(i) = 0, i = 0, 1, \cdots$$

对于 $k = 0, 1, \cdots$，[参见式 (4.15)]，有

$$J_{k+1}(0) = \frac{1}{\beta + \nu}\left(c(0) + (\nu - \lambda)J_k(0) + \lambda J_k(1)\right)$$

且对 $i = 1, 2, \cdots$

$$J_{k+1}(i) = \frac{1}{\beta + \nu} \min_{\mu \in M}[c(i) + q(\mu) + \mu J_k(i-1) + (\nu - \lambda - \mu)J_k(i) + \lambda J_k(i+1)] \qquad (4.37)$$

对于 $k = 0, 1, \cdots$ 和 $i = 1, 2, \cdots$，令

$$\Delta_k(i) = J_k(i) - J_k(i-1)$$

为了符号的完整性，同时定义 $\Delta_k(0) = 0$。由 4.1 节的理论（见命题 4.1.7），当 $k \to \infty$ 时，有 $J_k(i) \to J(i)$。所以

$$\lim_{k \to \infty} \Delta_k(i) = \Delta(i), i = 1, 2, \cdots$$

故只需证明 $\Delta_k(i)$ 对每个 k 是单调非减的。为此使用归纳法。该命题对于 $k = 0$ 显然成立。假设 $\Delta_k(i)$ 是单调非减的，证明该命题对于 $\Delta_{k+1}(i)$ 也成立。令

$$\mu^k(0) = 0$$

$$\mu^k(i) = \arg\min_{\mu \in M}[q(\mu) - \mu\Delta_k(i)], i = 1, 2, \cdots$$

由式 (4.37)，对所有的 $i = 0, 1, \cdots$

$$\begin{aligned}
\Delta_{k+1}(i+1) &= J_{k+1}(i+1) - J_{k+1}(i) \\
&\geqslant \frac{1}{\beta + \nu}(c(i+1) + q(\mu^k(i+1)) + \mu^k(i+1)J_k(i) \\
&\quad + (\nu - \lambda - \mu^k(i+1))J_k(i+1) \\
&\quad + \lambda J_k(i+2) - c(i) - q(\mu^k(i+1)) - \mu^k(i+1)J_k(i-1) \\
&\quad - (\nu - \lambda - \mu^k(i+1))J_k(i) - \lambda J_k(i+1)) \\
&= \frac{1}{\beta + \nu}(c(i+1) - c(i) + \lambda\Delta_k(i+2) + (\nu - \lambda)\Delta_k(i+1) \\
&\quad - \mu^k(i+1)(\Delta_k(i+1) - \Delta_k(i)))
\end{aligned} \qquad (4.38)$$

类似可得，对 $i = 1, 2, \cdots$，

$$\begin{aligned}
\Delta_{k+1}(i) \leqslant \frac{1}{\beta + \nu}\big(&c(i) - c(i-1) + \lambda\Delta_k(i+1) + (\nu - \lambda)\Delta_k(i) \\
&- \mu^k(i-1)(\Delta_k(i) - \Delta_k(i-1))\big)
\end{aligned}$$

最后两个不等式相减，得到对 $i = 1, 2, \cdots$，

$$\begin{aligned}
(\beta + \nu)(\Delta_{k+1}(i+1) - \Delta_{k+1}(i)) \geqslant &(c(i+1) - c(i)) - (c(i) - c(i-1)) \\
&+ \lambda(\Delta_k(i+2) - \Delta_k(i+1)) \\
&+ (\nu - \lambda - \mu^k(i+1))(\Delta_k(i+1) - \Delta_k(i)) \\
&+ \mu^k(i-1)(\Delta_k(i) - \Delta_k(i-1))
\end{aligned}$$

利用对 $c(i)$ 的凸性假设，$\nu - \lambda - \mu^k(i+1) = \bar{\mu} - \mu^k(i+1) \geqslant 0$ 的事实和归纳假设，可以推得上述不等式的右侧的每一项都是非负的。所以，$\Delta_{k+1}(i+1) \geqslant \Delta_{k+1}(i)$ 对 $i = 1, 2, \cdots$ 成立。由式 (4.38)，还可以证明 $\Delta_{k+1}(1) \geqslant 0 = \Delta_{k+1}(0)$，由此完成了归纳证明。

小结一下, 最优服务速率 $\mu^*(i)$ 由式 (4.36) 给出并趋向于在系统变得更拥挤时 (当 i 增大时) 变得更快。

例 4.6.2（具有可控到达速率的 $M/M/1$ 队列） 考虑与之前例子中相同的排队系统, 唯一的区别是服务速率 μ 是固定的, 而到达速率 λ 可以控制。假设 λ 从区间 $[0, \bar{\lambda}]$ 的一个闭子集 Λ 中选取, 且每单位时间有一个费用 $q(\lambda)$。所有其他例 4.6.1 中的假设依然有效。这是一个流量控制问题, 我们希望在减少到达过程与顾客的等待费用之间进行最优的权衡。

该问题与例 4.6.1 非常类似。选择如下的统一转移速率

$$\nu = \bar{\lambda} + \mu$$

并构造马尔可夫链的统一版本。贝尔曼方程具有如下形式

$$J(0) = \frac{1}{\beta + \nu} \min_{\lambda \in \Lambda}[c(0) + q(\lambda) + (\nu - \lambda)J(0) + \lambda J(1)]$$

$$J(i) = \frac{1}{\beta + \nu} \min_{\lambda \in \Lambda}[c(i) + q(\lambda) + \mu J(i-1) + (\nu - \lambda - \mu)J(i) + \lambda J(i+1)]$$

一个最优策略是在状态 i 使用如下的到达速率

$$\lambda^*(i) = \arg\min_{\lambda \in \Lambda}[q(\lambda) + \lambda \Delta(i+1)] \tag{4.39}$$

其中, 与之前相同, $\Delta(i)$ 是最优费用的微分

$$\Delta(i) = J(i) - J(i-1), i = 1, 2, \cdots$$

正如在例 4.6.1 中, 可以证明 $\Delta(i)$ 是单调非减的; 所以由式 (4.39) 可知 最优到达速率倾向于在系统变得拥挤时减小 (i 增加)。

例 4.6.3（两台系统的最优路由） 考虑如图 4.6.3 所示的包含两个队列的系统。顾客到达服从泊松过程, 速率为 λ, 并在到达时路由到这两个队列中的一个。服务时间为独立的指数分布, 第一个队列的参数为 μ_1, 第二个队列的参数为 μ_2。费用是

$$\lim_{N \to \infty} E\left\{ \int_0^{t_N} e^{-\beta t} (c_1 x_1(t) + c_2 x_2(t))\,dt \right\}$$

其中 β、c_1 和 c_2 是给定的正标量, $x_1(t)$ 和 $x_2(t)$ 分别表示队列 1 和队列 2 中在时间 t 时的顾客数。

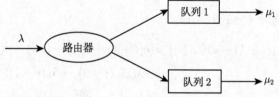

图 4.6.3 例 4.6.3 的排队系统。这个问题是给每一名新到达的顾客去往队列 1 或队列 2 的排队指示, 使得总共折算的平均等待时间最少

如前所述, 构造这个问题的统一化版本, 该问题具有统一速率

$$\nu = \lambda + \mu_1 + \mu_2$$

和图 4.6.4 所示的转移概率。将队列 1 和队列 2 中的顾客数对 (i,j) 构成的集合作为状态空间。贝尔曼方程具有如下形式

$$J(i,j) = \frac{1}{\beta+\nu}\left(c_1 i + c_2 j + \mu_1 J((i-1)^+, j) + \mu_2 J(i, (j-1)^+)\right)$$
$$+ \frac{\lambda}{\beta+\nu}\min[J(i+1, j), J(i, j+1)] \tag{4.40}$$

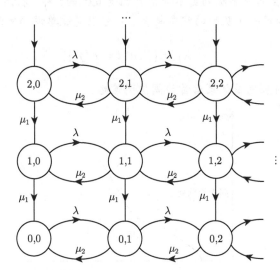

顾客被路由到队列1时转移速率的组成

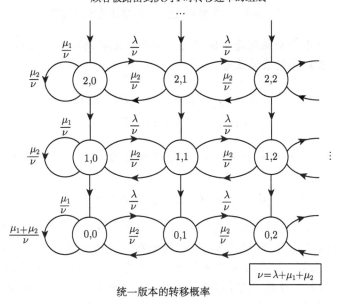

统一版本的转移概率

图 4.6.4　当顾客都被安排到第一个队列时，例 4.6.3 的连续时间马尔可夫链和统一版本。状态表示两个队列的顾客数组成的数对

其中，对任意 x，记有

$$(x)^+ = \max(0, x)$$

从这一公式可以看到一个最优策略是当且仅当到达时的状态 (i,j) 属于如下集合时, 将到达的顾客路由到队列 1。

$$X_1 = \{(i,j)|J(i+1,j) \leqslant J(i,j+1)\} \tag{4.41}$$

这一最优策略可以通过进一步的分析来更好地刻画。形象地说, 我们期待最优路由可以通过将顾客发送到某种意义下 "不太拥挤的" 队列中来达到。于是自然可以断言, 如果路由到第一个队列在状态 (i,j) 下最优, 这么做在第一个队列更不拥挤时也是最优的; 即, 状态为 $(i-m,j), m \geqslant 1$。即对应最优选择是将顾客路由到第一个队列的状态集合 X_1 可以通过单调非减的阈值函数 F 来刻画

$$X_1 = \{(i,u)|i = F(j)\} \tag{4.42}$$

(见图 4.6.5)。相应地, 对应的最优策略称为阈值型策略。

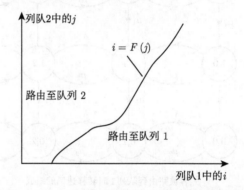

图 4.6.5　一个被阈值函数 F 描述的阈值策略

下面通过证明如下函数分别是对每个固定的 j 关于 i 是单调非减的, 和对每个固定的 i 关于 j 是单调非减的, 来说明存在阈值型最优策略

$$\Delta_1(i,j) = J(i+1,j) - J(i,j+1)$$
$$\Delta_2(i,j) = J(i,j+1) - J(i+1,j)$$

对 Δ_1 证明这一性质; 对 Δ_2 的证明类似。只需证明对所有的 $k = 0,1,\cdots$ 如下函数对每个固定的 j 关于 i 均是单调非减的,

$$\Delta_1^k(i,j) = J_k(i+1,j) - J_k(i,j+1) \tag{4.43}$$

其中 J_k 通过从零函数的动态规划迭代生成; 即, $J_{k+1}(i,j) = (TJ_k)(i,j)$, 其中 T 是定义式 (4.40) 的贝尔曼方程的动态规划映射, $J_0 = 0$。这是可行的, 因为对所有的 i、j, 当 $k \to \infty$ 时, $J_k(i,j) \to J(i,j)$ (命题 4.1.8)。为了证明 $\Delta_1^k(i,j)$ 具有所希望的性质, 首先证明 $J_k(i,j)$ 对于固定的 j (或者 i) 关于 i (或者 j) 是单调非减的是有效的。这可以通过归纳法或者利用 $J_k(i,j)$ 具有 k-阶段最优费用形式的事实, 通过第一原理来简单证明。下一步使用式 (4.40) 和式 (4.43) 得到

$$(\beta + \nu)\Delta_1^{k+1}(i,j) = c_1 - c_2$$
$$+ \mu_1\left(J_k(i,j) - J_k((i-1)^+,j+1)\right)$$
$$+ \mu_2\left(J_k(i+1,(j-1)^+) - J_k(i,j)\right) \tag{4.44}$$

$$+\lambda\Bigg(\min\left[J_k(i+2,j),J_k(i+1,j+1)\right]$$

$$-\min\left[J_k(i+1,j+1),J_k(i,j+2)\right]\Bigg)$$

现在用归纳法证明。对所有的 (i,j)，有 $\Delta_1^0(i,j)=0$。假设 $\Delta_1^k(i,j)$ 对于固定的 j 关于 i 是单调非减的，证明这对于 $\Delta_1^{k+1}(i,j)$ 也是成立的。这可以通过证明式 (4.44) 右侧的每一项对于固定的 j 关于 i 都是单调非减的。事实上，第一项是常数，第二和第三项使用归纳假设，即 $i,j>0$ 和早先证明的 $J_k(i,j)$ 在 $i=0$ 或者 $j=0$ 的情形下对于 i 是单调非减的事实，可以看出关于 i 是单调非减的。式 (4.44) 右侧的最后一项可被写作

$$\lambda\Bigg(J_k(i+1,j+1)+\min\left[J_k(i+2,j)-J_k(i+1,j+1),0\right]$$

$$-J_k(i+1,j+1)-\min\left[0,J_k(i,j+2)-J_k(i+1,j+1)\right]\Bigg)$$

$$=\lambda\Bigg(\min\left[0,J_k(i+1,j)-J_k(i+1,j+1)\right]$$

$$+\max\left[0,J_k(i+1,j+1)-J_k(i,j+2)\right]\Bigg)$$

$$=\lambda\left(\min\left[0,\Delta_1^k(i+1,j)\right]+\max\left[0,\Delta_1^k(i,j+1)\right]\right)$$

由归纳假设 $\Delta_1^k(i+1,j)$ 和 $\Delta_1^k(i,j+1)$ 是关于 i 单调非减的，上述表达式也是这样。所以式 (4.44) 右侧的每一项都是关于 i 单调非减的，归纳法证明至此完成。所以最优阈值型策略的存在性得到证明。

这个例子中的路由问题有一系列的变化采用类似的分析，并且存在最优的阈值型策略。例如，假设在队列 1 和队列 2 分别有额外的泊松到达过程，速率分别为 λ_1 和 λ_2。最优阈值型策略的存在性可以通过与我们的分析几乎完全相同的方法来证明。若有另外的服务容量 μ 可以在到达或者在队列 1 或者队列 2 中顾客服务完成时进行切换，可以获得更本质性的扩展。可以类似证明路由到队列 1 当且仅当 $(i,j)\in X_1$ 并切换额外的服务容量到队列 2 当且仅当 $(i+1,j+1)\in X_1$，其中 X_1 由式 (4.41) 给定，并由式 (4.42) 中的与之函数刻画的策略是最优的。对于这一扩展的证明，推荐阅读 [Haj84]，其中推广并统一了这个主题下之前的几个结论。

4.7 非平稳和周期性问题

到目前为止的假设是问题涉及平稳系统和每阶段的平稳费用（除了存在折扣因子）。具有非平稳系统或者每阶段费用非平稳的问题在实际中或者在理论分析中偶尔出现，因而引起了人们的兴趣。结果这类问题可通过简单的再建模被转化为平稳的问题。于是可以获得类似之前对平稳问题所获得的结论。

考虑如下形式的非平稳系统

$$x_{k+1}=f_k(x_k,u_k,w_k),k=0,1,\cdots$$

和具有如下形式的费用函数

$$J_\pi(x_0) = \lim_{N\to\infty} E_{w_k,k=0,1,\cdots,N-1} \left\{ \sum_{k=0}^{N-1} \alpha^k g_k(x_k, \mu_k(x_k), w_k) \right\}$$

在这些方程中,对每个 k, x_k 属于空间 X_k, u_k 属于空间 U_k 并对所有的 $x_k \in X_k$ 满足 $u_k \in U_k(x_k)$, w_k 属于可数空间 W_k。集合 $X_k, U_k, U_k(x_k), W_k$ 可能在每个阶段不同。随机扰动 w_k 由概率 $P_k(\cdot|x_k, u_k)$ 刻画,这个概率依赖于 x_k、u_k 和时间指标 k。可接受的策略集合 Π 是由所有满足 $\mu_k : X_k \mapsto U_k$ 和对所有的 $x_k \in X_k, k = 0, 1, \cdots$ 有 $\mu_k(x_k) \in U_k(x_k)$ 的序列 $\pi = \{\mu_0, \mu_1, \cdots\}$ 构成的集合。函数 $g_k : X_k \times U_k \times W_k \mapsto \Re$ 给定,并假设满足如下 3 个假设中的一个:

假设 4.7.1 (D′) 有 $\alpha < 1$,函数 g_k 满足对所有的 $k = 0, 1, \cdots$,有

$$|g_k(x_k, u_k, w_k)| \leqslant M, \text{对所有的}(x_k, u_k, w_k) \in X_k \times U_k \times W_k$$

其中 M 是某个标量。

假设 4.7.2 (P′) 函数 g_k 满足,对所有 $k = 0, 1, \cdots$,有

$$0 \leqslant g_k(x_k, u_k, w_k), \text{对所有}(x_k, u_k, w_k) \in X_k \times U_k \times W_k$$

假设 4.7.3 (N′) 函数 g_k 满足对所有的 $k = 0, 1, \cdots$,有

$$g_k(x_k, u_k, w_k) \leqslant 0, \text{对所有}(x_k, u_k, w_k) \in X_k \times U_k \times W_k$$

我们将所建模的问题称为非平稳问题(简称为 NSP)。可以通过考虑当状态空间在每个阶段相同(即 $X_k = X$ 对所有 k 成立)的特殊情形来理解 NSP 如何被转化为平稳问题。考虑增广状态

$$\tilde{x} = (x, k)$$

其中 $x \in X$, k 是时间指标。新的状态空间是 $\tilde{X} = X \times K$,其中 K 表示非负整数集合。增广系统按照如下方程演化

$$(x, k) \to (f_k(x, u_k, w_k), k+1), (x, k) \in \tilde{X}$$

类似地,可以定义每个阶段的费用为

$$\tilde{g}((x, k), u_k, w_k) = g_k(x, u_k, w_k), (x, k) \in \tilde{X}$$

可以明显看出,与增广系统对应的系统是平稳的。如果将注意力集中在初始状态 $\tilde{x}_0 \in X \times \{0\}$,可以看出这个平稳问题等价于 NSP。

现在考虑更一般的情形。为了简化符号,假设状态空间 $X_i, i = 0, 1, \cdots$,控制空间 $U_i, i = 0, 1, \cdots$ 和扰动空间 $W_i, i = 0, 1, \cdots$ 都是相互不交的。这个假设不失一般性,因为如果需要,可以重现编号 X_i、U_i 和 W_i 的元素而不影响问题的结构。现在定义一个新的状态空间 X、新的控制空间 U 和新的(可数的)扰动空间 W 如下

$$X = \cup_{i=0}^{\infty} X_i, U = \cup_{i=0}^{\infty} U_i, W = \cup_{i=0}^{\infty} W_i$$

引入一个新的（平稳）系统

$$\tilde{x}_{k+1} = f(\tilde{x}_k, \tilde{u}_k, \tilde{w}_k), k = 0, 1, \cdots$$

其中 $\tilde{x}_k \in X, \tilde{u}_k \in U, \tilde{w}_k \in W$，系统函数 $f : X \times U \times W \mapsto X$ 定义如下

$$f(\tilde{x}, \tilde{u}, \tilde{w}) = f_i(\tilde{w}, \tilde{u}, \tilde{w}), \text{如果} \tilde{x} \in X_i, \tilde{u} \in U_i, \tilde{w} \in W_i, i = 0, 1, \cdots$$

对于三元组 $(\tilde{x}, \tilde{u}, \tilde{w})$，其中对某个 $i = 0, 1, \cdots$，有 $\tilde{x} \in X_i$，但 $\tilde{u} \notin U_i$ 或者 $\tilde{w} \notin W_i$，f 的定义不重要；从将要引入的控制约束看来任意定义对于我们的目的都是足够的。控制约束选为 $\tilde{u} \in U(\tilde{x})$ 对所有的 $\tilde{x} \in X$，其中 $U(\cdot)$ 定义为

$$U(\tilde{x}) = U_i(\tilde{x}), \text{如果} \tilde{x} \in X_i, i = 0, 1, \cdots$$

扰动 $\tilde{w}$ 由满足如下条件的概率 $P(\tilde{w}|\tilde{x}, \tilde{u})$ 刻画

$$P(\tilde{w} \in W_i | \tilde{x} \in X_i, \tilde{u} \in U_i) = 1, \quad i = 0, 1, \cdots$$

$$P(\tilde{w} \notin W_i | \tilde{x} \in X_i, \tilde{u} \in U_i) = 0, \quad i = 0, 1, \cdots$$

进一步地，对任意 $w_i \in W_i, x_i \in X_i, u_i \in U_i, i = 0, 1, \cdots$，有

$$P(w_i | x_i, u_i) = P_i(w_i | x_i, u_i)$$

再引入一个新的费用函数

$$\tilde{J}_{\tilde{\pi}}(\tilde{x}_0) = \lim_{N \to \infty} E_{w_k, k=0,1,\cdots,N-1} \left\{ \sum_{k=0}^{N-1} \alpha^k g(\tilde{x}_k, \mu_k(\tilde{x}_k), \tilde{w}_k) \right\}$$

其中每阶段的（平稳的）费用 $g : X \times U \times W \mapsto \Re$ 对所有的 $i = 0, 1, \cdots$ 定义为

$$g(\tilde{x}, \tilde{u}, \tilde{w}) = g_i(\tilde{x}, \tilde{u}, \tilde{w}), \text{如果} \tilde{x} \in X_i, \tilde{u} \in U_i, \tilde{w}_i \in W_i$$

对于三元组 $(\tilde{x}, \tilde{u}, \tilde{w})$，其中对某个 $i = 0, 1, \cdots$，有 $\tilde{x} \in X_i$ 但 $\tilde{u} \notin U_i$ 或者 $\tilde{w} \notin W_i$，任意 g 的定义都是足够的，只要对所有的 $(\tilde{x}, \tilde{u}, \tilde{w})$ 当假设 D′ 成立 $|g(\tilde{x}, \tilde{u}, \tilde{w})| \leqslant M$，当假设 P′ 成立 $0 \leqslant g(\tilde{x}, \tilde{u}, \tilde{w})$，以及当假设 N′ 成立 $g(\tilde{x}, \tilde{u}, \tilde{w}) \leqslant 0$。新问题的可接受的策略集合 $\tilde{\Pi}$ 包括所有序列 $\tilde{\pi} = \{\tilde{\mu}_0, \tilde{\mu}_1, \cdots\}$，其中 $\tilde{\mu}_k : X \mapsto U$ 和 $\tilde{\mu}_k(\tilde{x}) \in U(\tilde{x})$ 对所有的 $\tilde{x} \in X$ 和 $k = 0, 1, \cdots$ 成立。

　　所给出的构造定义了一个问题，该问题清晰地符合无穷阶段总费用问题的框架。这个问题称为平稳问题（简称为 SP）。

　　理解 NSP 和这里建模的 SP 这件的密切联系是重要的。令 $\pi = \{\mu_0, \mu_1, \cdots\}$ 为一个 NSP 的可接受的策略，令 $\tilde{\pi} = \{\tilde{\mu}_0, \tilde{\mu}_1, \cdots\}$ 为 SP 的可接受的策略并满足

$$\tilde{\mu}_i(\tilde{x}) = \mu_i(\tilde{x}), \text{如果} \tilde{x} \in X_i, i = 0, 1, \cdots \tag{4.45}$$

令 $x_0 \in X_0$ 为 NSP 的初始状态，考虑 SP 的相同的初始状态（即，$\tilde{x}_0 = x_0 \in X_0$）。那么 SP 中产生的状态序列 $\{\tilde{x}_i\}$ 将以概率 1 满足 $\tilde{x}_i \in X_i, i = 0, 1, \cdots$（即，系统将从集合 X_0 移动到集合 X_1，然后到

集合 X_2，等等，正如在 NSP 中)。进一步地，状态和费用生成的概率在 NSP 中和在 SP 中相同。作为结果，易于证明对任意可接受的满足式 (4.45) 且初始状态 $x_0, \tilde{x}_0$ 满足 $x_0 = \tilde{x}_0 \in X_0$ 的策略 π 和 $\tilde{\pi}$，在 NSP 和 SP 中生成的状态序列相同 ($x_i = \tilde{x}_i$，对所有的 i)，只要所生成的扰动 w_i 和 $\tilde{w}_i$ 也对所有的 i 相同 (对所有的 i 有 $w_i = \tilde{w}_i$)。进一步地，如果 π 和 $\tilde{\pi}$ 满足式 (4.45)，则当 $x_0 = \tilde{x}_0 \in X_0$ 时有 $J_\pi(x_0) = \tilde{J}_\pi(\tilde{x}_0)$；再考虑 NSP 和 SP 的最优费用函数：

$$J^*(x_0) = \min_{\pi \in \Pi} J_\pi(x_0), x_0 \in X_0$$

$$\tilde{J}^*(\tilde{x}_0) = \min_{\tilde{\pi} \in \tilde{\Pi}} J_\pi(\tilde{x}_0), \tilde{x}_0 \in X_0$$

于是从 SP 的构造，有

$$\tilde{J}^*(\tilde{x}_0) = \tilde{J}^*(\tilde{x}_0, i), \text{如果} \tilde{x}_0 \in X_i, i = 0, 1, \cdots$$

其中，对所有的 $i = 0, 1, \cdots$，

$$\tilde{J}^*(\tilde{x}_0, i) = \min_{\pi \in \Pi} \lim_{N \to \infty} E_{w_k, k=0,1,\cdots,N-1} \left\{ \sum_{k=i}^{N-1} \alpha^{k-i} g_k(x_k, \mu_k(x_k), w_k) \right\} \tag{4.46}$$

如果 $\tilde{x}_0 = x_i \in X_i$。注意在这一方程中，有时定义为使用 NSP 中的数据。作为这一方程的特例，有

$$\tilde{J}^*(\tilde{x}_0) = \tilde{J}^*(\tilde{x}_0, 0) = J^*(x_0), \text{如果} \tilde{x}_0 = x_0 \in X_0$$

所以 NSP 的最优费用函数 J^* 可以从 SP 的最优费用函数 $\tilde{J}^*$ 获得。进一步地，如果 $\tilde{\pi}^* = \{\tilde{\mu}_0^*, \tilde{\mu}_1^*, \cdots\}$ 是 SP 的最优策略，那么如下定义的策略 $\pi^* = \{\mu_0^*, \mu_1^*, \cdots\}$

$$\mu_i^*(x_i) = \tilde{\mu}_i^*(x_i), \text{对所有的} x_i \in X_i, i = 0, 1, \cdots \tag{4.47}$$

是 NSP 的一个最优策略。所以 SP 的最优策略通过式 (4.47) 获得 NSP 的最优策略。另一个需要注意的是，如果假设 D′ (P′, N′) 对 NSP 满足，那么在本章之前引入的假设 D (P, N) 对 SP 也满足。

这些现象显示了我们可以通过 SP 来分析 NSP。之前各节给出的每个结论，当应用于 SP 时，可获得在 NSP 中对应的结论。我们将只提供如下命题中的 NSP 的最优性方程的形式。

命题 4.7.1 在假设 D′ (P′, N′) 下，有

$$J^*(x_0) = \tilde{J}^*(x_0, 0), x_0 \in X_0$$

其中对所有的 $i = 0, 1, \cdots$，函数 $\tilde{J}^*(\cdot, i)$ 将 X_i 映射入 $\Re([0, \infty], [-\infty, 0])$，由式 (4.46) 给定，并对所有的 $x_i \in X_i$ 和 $i = 0, 1, \cdots$，满足

$$\tilde{J}^*(x_i, i) = \min_{u_i \in U_i(x_i)} E_{w_i} \left\{ g_i(x_i, u_i, w_i) + \alpha \tilde{J}^*(f_i(x_i, u_i, w_i), i+1) \right\} \tag{4.48}$$

在假设 D′ 下函数 $\tilde{J}^*(\cdot, i), i = 0, 1, \cdots$ 是式 (4.48) 的方程组的唯一有界解。进一步地，在假设 D′ 或者 P′ 下，如果 $\mu_i^*(x_i) \in U_i(x_i)$ 在式 (4.48) 中对所有的 $x_i \in X_i$ 和 i 达到最小值，那么策略 $\pi^* = \{\mu_0^*, \mu_1^*, \cdots\}$ 对于 NSP 是最优的。

周期性问题

假设在 NSP 的框架下存在一个整数 $p \geq 2$（称为周期）满足对所有的整数 i 和 j 有 $|i-j| = mp, m = 1, 2, \cdots$，则

$$X_i = X_j, U_i = U_j, W_i = W_j, U_i(\cdot) = U_j(\cdot)$$

$$f_i = f_j, g_i = g_j, P_i(\cdot|x,j) = P_j(\cdot|x,u), (x,u) \in X_i \times U_i$$

假设空间 X_i、U_i、$W_i(i = 0, 1, \cdots, p-1)$ 是相互不交的。定义新的状态、控制和扰动空间如下

$$X = \cup_{i=0}^{p-1} X_i, U = \cup_{i=0}^{p-1} U_i, W = \cup_{i=0}^{p-1} W_i$$

等价的平稳问题的最优性方程简化为 p 个方程对应的系统

$$\tilde{J}^*(x_0, 0) = \min_{u_0 \in U_0(x_0)} E_{w_0} \left\{ g_0(x_0, u_0, w_0) + \alpha \tilde{J}^*(f_0(x_0, u_0, w_0), 1) \right\}$$

$$\tilde{J}^*(x_1, 1) = \min_{u_1 \in U_1(x_1)} E_{w_1} \left\{ g(x_1, u_1, w_1) + \alpha \tilde{J}^*(f_1(x_1, u_1, w_1), 2) \right\}$$

$$\vdots$$

$$\tilde{J}^*(x_{p-1}, p-1) = \min_{u_{p-1} \in U_{p-1}(x_{p-1})} E_{w_{p-1}} \left\{ g_{p-1}(x_{p-1}, u_{p-1}, w_{p-1}) \right.$$

$$\left. + \alpha \tilde{J}^*(f_{p-1}(x_{p-1}, u_{p-1}, w_{p-1}), 0) \right\}$$

这些方程可被用于在右侧对所有的 $x_i(i = 0, 1, \cdots, p-1)$ 达到最小值时获得（在假设 D′ 或者 P′）形式为 $\{\mu_0^*, \cdots, \mu_{p-1}^*, \mu_0^*, \cdots, \mu_{p-1}^*, \cdots\}$ 的周期性策略。当所涉及的所有空间都是有限的且 $\alpha < 1$，一个最优策略可以通过第 2 章的算法通过在对应的 SP 进行适当变化后找到。

4.8 注释、资源和习题

无折扣问题和每阶段费用无界的折扣问题首先由 Dubins 和 Savage[DuS65]、Blackwell[Bla65] 和 Strauch[Str66] 系统性分析。由专著 Bertsekas 和 Shreve[BeS78] 提供了详细的处理，这也处理了相关的测度论问题。值迭代方法在假设 P 下收敛的充分条件（参见命题 4.1.8 和命题 4.1.9）由 Schal[Sch75] 和本书作者 [Ber77] 各自独立推导。后者也推导了收敛的必要性条件。涉及凸假设的问题在本书作者的 [Ber73b] 中进行了分析。

我们回避了一些与平稳策略有关的复杂的理论问题，这些问题在历史上本章相关内容的发展中扮演了重要的角色。主要的问题是到底在什么程度可以将注意力集中在这类策略上。在这个问题上已经有了许多理论工作（Bertsekas 和 Shreve[BeS79]，Blackwell[Bla65]，Blackwell[Bla70]，Dubins 和 Savage[DuS65]，Feinberg[Fei78]、[Fei92a] 和 [Fei92b] 和 Ornstein[Orn69]），一些方面的问题仍未解决。例如，假设给定 $\epsilon > 0$。一个问题是否存在一个 ϵ-最优的平稳策略，即，一个平稳策略 μ 满足

$$J_\mu(x) \leq J^*(x) + \epsilon, \text{对所有的} x \in X \text{满足} J^*(x) > -\infty$$

$$J_\mu(x) \leqslant -\frac{1}{\epsilon}, \text{对所有的} x \in X \text{满足} J^*(x) = -\infty$$

在下面的任一条件下回答是肯定的:

(1) 假设 P 满足且 $\alpha < 1$(见习题 4.8)。

(2) 假设 N 满足,X 是有限集合,$\alpha = 1$,$J^*(x) > -\infty$ 对所有的 $x \in X$ 成立(见习题 4.11 或者 Blackwell[Bla65]、[Bla70] 和 Ornstein[Orn69])。

(3) 假设 N 满足,X 是可数集合,$\alpha = 1$,问题是确定性的(见 Bertsekas 和 Shreve[BeS79])。

在如下任一条件下回答是否定的:

(1) 假设 P 满足且 $\alpha = 1$(见习题 4.8)。

(2) 假设 N 满足且 $\alpha < 1$(见习题 4.11,或者 Bertsekas 和 Shreve[BeS79])。

Feinberg[Fei92b] 分析了具有有限状态空间的 SSP 问题,在有些不同的假设条件下存在 ϵ-最优平稳策略。

另一个问题是是否可以将对最优策略的搜索限制在一类平稳策略中,即,是否存在一个最优平稳策略当对每个初始状态存在一个最优策略。这在假设 P 下是成立的(见习题 4.9)。在假设 N 下,如果 $J^*(x) > -\infty$,那么对所有的 $x \in X, \alpha = 1$ 且扰动空间 W 可数时是成立的(尽管证明非常难)(Blackwell[Bla70]、Dubins 和 Savage[DuS65]、Ornstein[Orn69])。简单的两个状态的例子可以被构造出来以证明这个结论在 $\alpha = 1$ 且 $J^*(x) = -\infty$ 对某些状态 x(见习题 4.10 和 4.25)成立时失效。然而,这些例子依赖问题中存在随机因素。如果问题是确定性的,那么可以获得更强的结论;如果在每个初始状态下存在一个最优策略且或者 $\alpha = 1$ 或者 $\alpha < 1$ 且 $J^*(x) > -\infty$ 对所有的 $x \in X$ 成立,那么可以找到一个最优的平稳策略。这些结论也需要困难的证明(Bertsekas 和 Shreve[BeS79])。

赌博问题的内容选自 Dubins 和 Savage[DuS65]。最优收益函数 J^* 的一个令人惊讶的性质已有 Billingsley[Sil83] 证明:J^* 几乎处处可微且倒数为零,然而它是严格增的,取值为 $0 \sim 1$。

排队系统的控制和优先级指派问题和路由问题已经被深入的研究过了。我们给出一些有代表性的参考文献:Ayoun 和 Rosberg[AyR91],Baras、Dorsey 和 Makowskip[BDM83],Bhattacharya 和 Ephremides[BhE91],Courcoubetis 和 Varaiya[CoV84],Cruz 和 Chuah[CrC91],Ephremides、Varaiya 和 Walrand[EVW80],Ephremides 和 Verd'u[EpV89],Hajek[Haj84],Harrison[Har75a]、[Har75b],Lin 和 Kumar[LiK84],Pattipati 和 Kleinman[PaK81],Stidham 和 Prabhu[StP74],Stidham 和 Weber[StW93],Suk 和 Cassandras[SuC91],Towsley、Sparaggis 和 Cassandras[TSC92],Tsitsiklis[Tsi84],Viniotis 和 Ephremides[ViE88] 以及 Walrand[Wal88]。

习题

4.1　令 $X = [0, \infty)$ 和 $U = U(x) = (0, \infty)$ 分别为状态和控制空间,令系统方程为

$$x_{k+1} = \left(\frac{2}{\alpha}\right) x_k + u_k, k = 0, 1, \cdots$$

其中 $\alpha \in (0, 2)$,并令

$$g(x_k, u_k) = x_k + u_k$$

为每阶段的费用。证明对这个确定性问题,假设 P 满足且对所有的 $x \in X$ 有 $J^*(x) = \infty$,但对所有 k 有 $(T^k J_0)(0) = 0[J_0$ 是零函数,$J_0(x) = 0$,对所有的 $x \in X]$。

4.2 令假设 P 满足并考虑有限状态的情形 $X = D = \{1, 2, \cdots, n\}, \alpha = 1, x_{k+1} = w_k$。映射 T 表示如下

$$(TJ)(i) = \min_{u \in U(i)} \left[g(i, u) + \sum_{j=1}^{n} p_{ij}(u) J(j) \right], i = 1, 2, \cdots, n$$

其中 $p_{ij}(u)$ 表示当前状态是 i、控制是 u 且下一个状态将是 j 的转移概率。假设集合 $U(i)$ 对所有的 i 是 $\Re^n$ 的紧子集,且 $p_{ij}(u)$ 和 $g(i, u)$ 对所有的 i 和 j 在 $U(i)$ 上是连续的。证明 $\lim_{k \to \infty} (T^k J_0)(i) = J^*(i)$,其中 $J_0(i) = 0$ 对所有的 $i = 1, 2, \cdots, n$。再证明存在一个最优平稳策略。

4.3 考虑涉及如下线性系统的一个确定性问题

$$x_{k+1} = Ax_k + Bu_k, k = 0, 1, \cdots$$

其中 (A, B) 对可控,且 $x_k \in \Re^n, u_k \in \Re^m$。假设控制没有约束且每个阶段的费用 g 满足

$$0 \leqslant g(x, u), (x, u) \in \Re^n \times \Re^m$$

进一步假设 g 对于 x 和 u 是连续的,且如果 $\{x_n\}$ 有界且 $||u_n|| \to \infty$,则有 $g(x_n, u_n) \to \infty$。

(a) 证明对折扣因子 $\alpha < 1$,最优费用满足 $0 \leqslant J^*(x) < \infty$ 对所有的 $x \in \Re^n$ 成立。进一步地,存在最优平稳策略和

$$\lim_{k \to \infty} (T^k J_0)(x) = J^*(x), x \in \Re^n$$

(b) 证明当系统形式为 $x_{k+1} = f(x_k, u_k)$,满足 $f : \Re^n \times \Re^m \mapsto \Re^n$ 是一个连续函数时,有同样的结论,除了可能没有 $J^*(x) < \infty$。

(c) 假设控制限制为在紧集 $U \in \Re^m$[对所有的 x 有 $U(x) = U$] 而不是如果 $\{x_n\}$ 有界和 $||u_n|| \to \infty$ 时有 $g(x_n, u_n) \to \infty$ 的假设。提示: 证明 $T^k J_0$ 对每个 k 是实值连续的,并使用命题 4.1.9。

4.4 在假设 P 下,令 μ 满足对所有的 $x \in X, \mu(x) \in U(x)$ 和

$$(T_\mu J^*)(x) \leqslant (TJ^*)(x) + \epsilon$$

其中 ϵ 是某个正标量。证明如果 $\alpha < 1$,则有

$$J_\mu(x) \leqslant J^*(x) + \frac{\epsilon}{1 - \alpha}, x \in X$$

提示: 证明 $(T_\mu^k J^*)(x) \leqslant J^*(x) + \sum_{i=0}^{k-1} \alpha^i \epsilon$。

4.5 在假设 P 或者 N 下,证明如果 $\alpha < 1$ 且 $J' : X \mapsto \Re$ 是有界 函数并满足 $J' = TJ'$,那么有 $J' = J^*$。提示: 在 P 下,令 r 为满足 $J^* + re \geqslant J'$ 的标量。论证 $J^* \geqslant J'$ 并使用命题 4.1.3(a)。

4.6 我们想找到标量序列 $\{u_0, u_1, \cdots\}$ 满足 $\sum_{k=0}^{\infty} u_k \leqslant c, u_k \geqslant 0$ 对所有的 k 成立,并最大化 $\sum_{k=0}^{\infty} g(u_k)$,其中 $c > 0$ 和 $g(u) \geqslant 0$ 对所有的 $u \geqslant 0, g(0) = 0$ 成立。假设 g 在 $[0, \infty)$ 上是单调非减的。

证明问题的最优值是 $J^*(c)$,其中 J^* 是 $[0,\infty)$ 上的单调非减函数满足 $J^*(0) = 0$ 和

$$J^*(x) = \max_{0 \leqslant u \leqslant x} \{g(u) + J^*(x - u)\}, x \in [0, \infty)$$

4.7 令假设 P 成立并假设 $\pi^* = \{\mu_0^*, \mu_1^*, \cdots\} \in \Pi$ 满足 $J^* = T_{\mu_k^*} J^*$ 对所有的 k 成立。证明 π^* 涉及最优的,即,$J_{\pi^*} = J^*$。

4.8 在假设 P 下,证明给定 $\epsilon > 0$,存在策略 $\pi \in \Pi$ 满足 $J_\pi(x) \leqslant J^*(x) + \epsilon$ 对所有的 $x \in X$,对 $\alpha < 1$,π 可被选为平稳的。给定例子,其中 $\alpha = 1$ 对每个平稳策略 μ,有 $J_\mu(x) = \infty$,而对所有的 x 有 $J^*(x) = 0$。提示:见命题 4.1.1 的证明。

4.9 在假设 P 下,证明如果存在最优策略(一个策略 $\pi^* \in \Pi$ 满足 $J_{\pi^*} = J^*$),那么存在最优平稳策略。

4.10 使用下面的反例来证明习题 4.9 的结论可能在假设 N 下失效。如果对某个 $x \in X$,有 $J^*(x) = -\infty$。令 $X = D = \{0, 1\}, f(x, u, w) = w, g(x, u, w) = u, U(0) = (-\infty, 0], U(1) = \{0\}, p(w = 0|x = 0, u) = \frac{1}{2}$ 和 $p(w = 1|x = 1, u) = 1$。证明 $J^*(0) = -\infty, J^*(1) = 0$ 和可接受的非平稳策略 $\{\mu_0^*, \mu_1^*, \cdots\}$ 满足 $\mu_k^*(0) = -(2/\alpha)^k$ 是最优的。证明每个平稳策略 μ 满足 $J_\mu(0) = (2/(2 - \alpha))\mu(0), J_\mu(1) = 0$(相关分析见 [Bla70]、[DuS65] 和 [Orn69])。

4.11 令假设 N 满足并假设对所有的 $x \in X$ 有 $J^*(x) > -\infty$。

(a) 证明如果 X 是有限集合且 $\alpha \leqslant 1$,那么给定 $\epsilon > 0$,存在一个策略 $\pi \in \Pi$ 满足 $J_\pi(x) \leqslant J^*(x) + \epsilon$ 对所有的 $x \in X$,对 $\alpha < 1$,π 可以选为平稳的(参见习题 4.8 的结论)。提示:考虑整数 N 满足 N- 阶段最优费用 J_N 满足

$$J_N(x) \leqslant J^*(x) + \epsilon, x \in X$$

(b) 考虑反例来证明 (a) 部分的结论可能失效如果 X 可数且 $\alpha < 1$。提示:考虑一个停止问题,$X = \{0, 1, \cdots\}$,状态 $i \geqslant 0$ 下的停止费用等于 $1 - (1/\alpha)^i$。如果不能停在状态 i,那么转移到状态 $i + 1$ 而不产生费用。见 [BeS79] 第 609 页。

4.12(确定性线性二次型问题) 考虑涉及如下系统的确定性线性二次型问题

$$x_{k+1} = Ax_k + Bu_k$$

和费用

$$J_\pi(x_0) = \sum_{k=0}^{\infty} (x_k'Qx_k + \mu_k(x_k)'R\mu_k(x_k))$$

假设 R 是正定对称的,Q 形式为 $C'C$,对 (A, B)、(A, C) 分别是可控和可观的。使用第Ⅰ卷 4.1 节的理论来证明如下平稳策略 μ^*

$$\mu^*(x) = -(B'KB + R)^{-1}B'KAx$$

是最优的,其中 K 是如下代数 Riccati 方程的唯一半正定对称解(参见第Ⅰ卷 4.1 节):

$$K = A' \left(K - KB(B'KB + R)^{-1}B'K \right) A + Q$$

对于周期性确定性线性系统和周期性二次费用的情形下在核实的可控性假设下提供类似的证明（参见 4.6 节）。

4.13 考虑 4.2 节的线性二次型问题，唯一的区别是扰动 w_k 具有零均值，但它们的协方差矩阵是非平稳的且在 k 上一致有界。证明最优控制律保持不变。

4.14（周期线性二次型问题） 考虑线性系统

$$x_{k+1} = A_k x_k + B_k u_k + w_k, k = 0, 1, \cdots$$

和二次费用

$$J_\pi(x_0) = \lim_{N \to \infty} E_{w_k, k = 0, \cdots, N-1} \left\{ \sum_{k=0}^{N-1} \alpha^k \left(x_k' Q_k x_k + u_k' R_k u_k \right) \right\}$$

其中矩阵具有核实的维数，Q_k 和 R_k 分别是半正定和正定对称的，对所有 k 和 $0 < \alpha < 1$。假设系统和费用是周期的，周期为 p（参见 4.7 节），控制无约束，扰动独立且有零均值和有限协方差。进一步假设如下（可控性）条件有效。

对任意状态 $\bar{x}_0$，存在有限控制序列 $\{\bar{u}_0, \bar{u}_1, \cdots, \bar{u}_r\}$ 满足 $\bar{x}_{r+1} = 0$，其中 $\bar{x}_{r+1}$ 按如下方式生成

$$\bar{x}_{k+1} = A_k \bar{x}_k + B_k \bar{u}_k, k = 0, 1, \cdots, r$$

证明存在如下形式的最优周期性策略 π^*

$$\pi^* = \{\mu_0^*, \mu_1^*, \cdots, \mu_{p-1}^*, \mu_0^*, \mu_1^*, \cdots, \mu_{p-1}^*, \cdots\}$$

其中 $\mu_0^*, \mu_1^*, \cdots, \mu_{p-1}^*$ 给定如下

$$\mu_i^*(x) = -\alpha(\alpha B_i' K_{i+1} B_i + R_i)^{-1} B_i' K_{i+1} A_i x, i = 0, \cdots, p-2$$

$$\mu_{p-1}^*(x) = -\alpha(\alpha B_{p-1}' K_0 B_{p-1} + R_{p-1})^{-1} B_{p-1}' K_0 A_{p-1} x$$

矩阵 $K_0, K_1, \cdots, K_{p-1}$ 满足如下对 $i = 0, 1, \cdots, p-1$ 给定的 p 个耦合的代数 Riccati 方程组

$$K_i = A_i' \left(\alpha K_{i+1} - \alpha^2 K_{i+1} B_i (\alpha B_i' K_{i+1} B_i + R_i)^{-1} B_i' K_{i+1} A_i \right) + Q_i$$

满足

$$K_p = K_0$$

4.15（线性二次型问题——不完整的状态信息） 考虑 4.2 节的线性二次型问题，区别是控制器不是没有完整的状态信息，而是可以获得如下形式的测量

$$z_k = C x_k + v_k, k = 0, 1, \cdots$$

正如在第 I 卷 5.2 节中介绍的，扰动 v_k 是独立的且具有相同的统计量、零均值和有限协方差矩阵。假设对每个可接受的策略 π，如下矩阵

$$E \left\{ (x_k - E\{x_k | I_k\})(x_k - E\{x_k | I_k\})' | \pi \right\}$$

是在 k 上一致有界的，其中 I_k 是在第 I 卷 5.2 节中定义的信息向量。证明如下给定的平稳策略 μ^*

$$\mu^*(I_k) = -\alpha(\alpha B'KB + R)^{-1}B'KAE\{x_k|I_k\}, \text{对所有的} I_k, k = 0, 1, \cdots$$

是最优的。再证明如果 w_k 和 v_k 是非平稳的，具有零均值和在 k 上一致有界的协方差矩阵，则有同样的结论。提示：综合第 I 卷 5.2 节的理论和本章 4.2 节的理论。

4.16（线性二次型问题的策略迭代 [Kle68]） 考虑 4.2 节中的问题，令 L_0 为 $m \times n$ 的矩阵满足矩阵 $(A + BL_0)$ 具有严格在单位圆内的特征值。

(a) 证明对应于平稳策略 μ_0，$\mu_0(x) = L_0 x$，的费用具有如下形式

$$J_{\mu_0}(x) = x'K_0 x + 常量$$

其中 K_0 是半正定对称阵满足如下（线性）方程

$$K_0 = \alpha(A + BL_0)'K_0(A + BL_0) + Q + L_0'RL_0$$

(b) 令 $\mu_1(x)$ 对每个 x 达到如下表达式的最小值

$$\min_u \{u'Ru + \alpha(Ax + Bu)'K_0(Ax + bu)\}$$

证明对所有的 x，有

$$J_{\mu_1}(x) = x'K_1 x + 常量 \leqslant J_{\mu_0}(x)$$

其中 K_1 是某个半正定对称阵。

(c) 证明在 (a) 和 (b) 部分描述的策略迭代过程获得满足如下条件的一系列 $\{K_k\}$

$$K_k \to K$$

其中 K 是该问题的最优费用矩阵。

4.17（周期性库存控制问题） 在 4.3 节的库存控制问题中，考虑当需求 w_k、价格 c_k 以及保持和短缺的费用都是周期性的，且周期为 p。证明存在一个最优的周期性策略，形式为 $\pi^* = \{\mu_0^*, \cdots, \mu_{p-1}^*, \mu_0^*, \cdots, \mu_{p-1}^*, \cdots\}$，

$$\mu_i^*(x) = \begin{cases} S_i^* - x, & x \leqslant S_i^*, \\ 0, & 其他, \end{cases} \quad i = 0, 1, \cdots, p-1$$

其中 $S_0^*, \cdots, S_{p-1}^*$ 是合适的标量。

4.18[HeS84] 证明 4.3 节库存问题中具有零固定费用的临界水平 S^* 在 y 上最小化 $(1-\alpha)cy + L(y)$。提示：证明费用可以被表示为

$$J_\pi(x_0) = E\left\{\sum_{k=0}^{\infty} \alpha^k \left((1-\alpha)cy_k + L(y_k)\right) + \frac{c\alpha}{1-\alpha}E\{w\} - cx_0\right\}$$

其中 $y_k = x_k + \mu_k(x_k)$。

4.19 考虑一台机器可能会损坏并可以被修好。当它运行单位时间后，耗费 -1（即产生 1 个单位的收益），并以 0.1 的概率损坏。当处于损坏模式下，可以用 u 来尝试修复。在一个单位时间内修好的概率是 u，费用是 Cu^2。确定在无穷长时间短内、折扣因子 $\alpha < 1$ 的最优维修策略。

4.20 令 $z_0, z_1, \cdots$ 为一系列独立同分布随机变量，在有限集合 Z 上取值。我们知道，z_k 的概率分布是 n 个分布 $f_1, \cdots, f_n$ 中的某一个，尝试确定每个分布是正确的。在每个时间点 k，在观测 $z_1, \cdots, z_k$ 之后，可以停止观测并接受 n 个分布中的一个作为正确的，或者采取另一个观测，费用为 $c > 0$。若 f_j 是正确的，则接受 f_i 的费用是 $L_{ij}, i, j = 1, \cdots, n$。假设有 $L_{ij} > 0, i \neq j, L_{ii} = 0, i = 1, \cdots, n$。$f_1, \cdots, f_n$ 的先验分布表示为

$$P_0 = \{p_0^1, p_0^2, \cdots, p_0^n\}, p_0^i \geqslant 0, \sum_{i=1}^{n} p_0^i = 1$$

证明最优费用 $J^*(P_0)$ 是 P_0 的凹函数。刻画最优接受域并证明这个区域如何通过值迭代方法在极限下获得。

4.21（有利博弈的赌博策略） 一个赌徒参加了 4.5 节的博弈，但其中赢的概率 p 满足 $1/2 \leqslant p < 1$。他的目标是达到最终的财产 n，其中 n 是一个整数满足 $n \geqslant 2$。他的初始财产是一个整数满足 $0 < i < n$，他在时间 k 的赌注只能选择整数值 u_k 并满足 $0 \leqslant u_k \leqslant x_k, 0 \leqslant u_k \leqslant n - x_k$，其中 x_k 是他在时间 k 的财产。证明总是赌一元钱的策略是最优的 [即，$\mu^*(x) = 1$ 对所有满足 $0 < x < n$ 的整数 x 是最优的]。提示：证明如果 $p \in (1/2, 1)$，

$$J_{\mu^*}(i) = \left[\left(\frac{1-p}{p}\right)^i - 1\right]\left[\left(\frac{1-p}{p}\right)^n - 1\right]^{-1}, 0 \leqslant i \leqslant n$$

且如果 $p = 1/2$，

$$J_{\mu^*}(i) = \frac{i}{n}, 0 \leqslant i \leqslant n$$

（或者见 [Ash70] 第 182 页的证明）。然后使用命题 4.1.6 的充分性条件。

4.22[Sch81] 考虑一个网络有 n 个队列，其中队列 i 的顾客在完成服务后以概率 p_{ij} 路由到队列 j，并以 $1 - \sum_j p_{ij}$ 的概率离开网络。对每个队列 i，引入：

r_i——外部顾客到达速率；

$\frac{1}{\mu_i}$——平均顾客服务时间；

λ_i——顾客离去速率；

a_i——总顾客到达速率（外部到达速率和从上游队列的离开速率并根据相应的概率来加权）。

有

$$a_i = r_i + \sum_{j=1}^{n} \lambda_j p_{ji}, \text{对所有的} i$$

假设到达速率 a_i 的超过服务速率 μ_i 的部分将被丢失；所以在队列 i 的离去速率满足

$$\lambda_i = \min[\mu_i, a_i] = \min\left[\mu_i, r_i + \sum_{j=1}^{n} \lambda_j p_{ji}\right]$$

假设对至少一个 i 有 $r_i > 0$, 对每个满足 $r_{i_1} > 0$ 的队列 i_1, 有一个队列 i 满足 $1 - \sum_j p_{ij} > 0$ 和一个序列 $i_1, i_2, \cdots, i_k, i$ 满足 $p_{i_1 i_2} > 0, \cdots, p_{i_k i} > 0$。证明满足之前方程组的离去速率 λ_i 是唯一的, 且可以通过值迭代或者策略迭代找到。**提示**: 这个问题并不完全适合我们的框架, 因为可能对某个 i 有 $\sum_j p_{ji} > 1$。然而, 可以基于 m-阶段压缩映射进行一些分析。

4.23(无穷时间可达性 [Ber71]、[Ber72]) 考虑如下平稳系统

$$x_{k+1} = f(x_k, u_k, w_k), k = 0, 1, \cdots$$

其中扰动空间 W 是任意(未必可数)集合。扰动 w_k 可以从 W 的子集 $W(x_k, u_k)$ 中取值, 该子集可能依赖 x_k 和 u_k。这个问题处理如下问题: 给定一个状态空间 S 的非空子集 X, 在什么条件下存在可接受的策略能将(闭环)系统

$$x_{k+1} = f(x_k, \mu_k(x_k), w_k) \tag{4.49}$$

的状态对所有的 k 和所有可能取值 $w_k \in W(x_k, \mu_k(x_k))$ 保持在集合 X 中, 即

$$x_k \in X, \text{对所有} w_k \in W(x_k, \mu_k(x_k)), k = 0, 1, \cdots \tag{4.50}$$

集合 X 被称为是无穷可达的如果存在一个可接受的策略 $\{\mu_0, \mu_1, \cdots\}$ 和某个初始状态 $x_0 \in X$ 满足上述关系。该集合被称为是强可达的, 如果存在可接受的策略 $\{\mu_0, \mu_1, \cdots\}$ 对所有的初始状态 $x_0 \in X$ 满足上述关系。

考虑将状态空间 S 的任意子集 Z 映射入 S 的子集 $R(Z)$ 的函数 R, 其中 $R(Z)$ 定义如下

$$R(Z) = \{x | \text{对某个} u \in U(x), f(x, u, w) \in Z, \text{对所有} w \in W(x, u)\} \cap Z$$

(a) 证明集合 X 是强可达的当且仅当 $R(X) = X$。

(b) 给定 X, 考虑如下定义的集合 X^*: $x_0 \in X^*$ 当且仅当 $x_0 \in X$ 且存在可接受的策略 $\{\mu_0, \mu_1, \cdots\}$ 使得式 (4.49) 和式 (4.50) 在 x_0 选为系统初始状态时满足。证明集合 X 是无穷可达的当且仅当其包含非空强可达集合。进一步地, 最大的这样的集合是 X^*, 即 X^* 是强可达的, 只要非空且如果 $\tilde{X} \in X$ 是另一个强可达集合, 那么有 $\tilde{X} \subset X^*$。

(c) 证明如果 X 是无穷可达的, 存在可接受的平稳策略 μ 满足如果初始状态 x_0 属于 X^*, 那么所有闭环系统 $x_{k+1} = f(x_k, \mu(x_k), w_k)$ 的后续状态保证也属于 X^*。

(d) 给定 X, 考虑集合 $R^k(X), k = 1, 2, \cdots$, 其中 $R^k(X)$ 表示在 X 上 k 次使用映射 R 之后获得的集合。证明

$$X^* \subset \cap_{k=1}^{\infty} R^k(X)$$

(e) 给定 X, 考虑对每个 $x \in X$ 和 $k = 1, 2, \cdots$, 集合

$$U_k(x) = \{u | f(x, u, w) \in R^k(X) \text{对所有的} w \in W(x, u)\}$$

证明如果存在指标 $\bar{k}$ 满足对所有 $x \in X$ 和 $k \geqslant \bar{k}$ 集合 $U_k(x)$ 是欧几里得空间的一个紧子集, 那么有 $X^* = \cap_{k=1}^{\infty} R^k(X)$。

4.24（线性系统的无穷时间可达性 [Ber71]）　考虑线性平稳系统

$$x_{k+1} = Ax_k + Bu_k + Gw_k$$

其中 $x_k \in \Re^n, u_k \in \Re^m, w_k \in \Re^r$，矩阵 A、B 和 G 已知并具有合适的维数。矩阵 A 假设可逆。控制 u_k 和扰动 w_k 限制为分别在椭球 $U = \{u|u'Ru \leqslant 1\}$ 和 $W = \{w|w'Qw \leqslant 1\}$ 中取值，其中 R 和 Q 是具有合适维数的正定对称阵。证明为了让椭球 $X = \{x|x'Kx \leqslant 1\}$，其中 K 是正定对称阵，是强可达的（在习题 4.23 的意义下），对某个正定对称阵 M 和某个标量 $\beta \in (0,1)$，有

$$K = A' \left[(1-\beta)K^{-1} - \frac{1-\beta}{\beta}GQ^{-1}G' + BR^{-1}B' \right]^{-1} A + M$$

$$K^{-1} - \frac{1}{\beta}GQ^{-1}G' : \text{正定}$$

就足矣。再证明如果上述关系满足，线性平稳策略 μ^*，其中 $\mu^*(x) = Lx$ 且有

$$L = -(R + B'FB)^{-1}B'FA$$

$$F = \left[(1-\beta)K^{-1} - \frac{1-\beta}{\beta}GQ^{-1}G' \right]^{-1}$$

达到椭球 $X = \{x|x'Kx \leqslant 1\}$ 的可达性。进一步地，矩阵 $(A + BL)$ 的所有特征值均严格在单位圆内。（相关证明和找到满足上述条件的矩阵 K 的计算过程，见 [Ber71] 和 [Ber72]）。

4.25（勒索者的困境）　考虑例 3.2.1。这里有两个状态：状态 1 和终了状态 t。在状态 1，可以选择控制 u 满足 $0 < u \leqslant 1$；然后以概率 $p(u)$ 移动到状态 t 且没有费用，并以概率 $1 - p(u)$ 停在状态 1 且费用为 $-u$。

(a) 令 $p(u) = u^2$。对这种情形，在例 3.2.1 中证明了最优费用是 $J^*(1) = -\infty, J^*(t) = 0$。进一步地，证明了没有最优平稳策略，尽管有最优非平稳策略。找到贝尔曼方程的解集并验证命题 4.1.3(b) 的结论。

(b) 令 $p(u) = u$。找到贝尔曼方程的解集并使用命题 4.1.3(b) 来证明最优费用是 $J^*(1) = -1$，$J^*(t) = 0$。证明没有平稳最优策略。

4.26　考虑具有可变服务速率的 $M/M/1$（例 4.6.1）。假设没有到达（$\lambda = 0$），那么可以或者以速率 μ 服务顾客或者拒绝服务（$M = \{0, \mu\}$）。令顾客等待的费率和服务的费率分别为 $c(i) = ci$ 和 $q(\mu)$，且有 $q(0) = 0$。

(a) 证明最优策略是总服务顾客，只要

$$\frac{q(\mu)}{\mu} \leqslant \frac{c}{\beta}$$

否者总是拒绝服务。

(b) 当等待的费率为 $c(i) = ci^2$ 时分析该问题。

第5章 每阶段平均费用问题

前面几章的结论主要适用于最优总期望费用有限的情况，或者因为折扣或者因为系统最终进入没有费用的吸收态。然而，在许多情形下，折扣是不合适的，也没有无费用的自然的吸收态。在这样的情形下，优化稍后定义的每阶段的平均费用经常是有意义的。本章讨论这类优化，并将重点放在有限状态马尔可夫链上。

本章问题的介绍在第 I 卷 7.4 节中给出了。那里的分析基于每阶段平均费用和随机最短路问题之间的联系。而这一联系可以进一步被增强（见习题 5.12），这里研究一种替代方法，这一方法基于与折扣费用问题的联系，具有更强的分析能力。这一联系允许我们为了启发并证明平均费用问题的结论使用在第 1 章和第 2 章中折扣费用的结论。

本章还将遇到平均费用问题的特殊性质，这一性质在第 I 卷和第 II 卷之前章节均没有遇到：在动态规划的相关分析中系统的概率结构有本质影响。特别地，重返类和相关的马尔可夫链的周期性在分析和算法中均扮演了重要角色。作为结果，本章的内容与随机过程理论的联系比我们到目前为止看到的都要强。第 I 卷附录 D 中复习的马尔可夫链理论对我们的分析中的大部分是足够的。一些额外的知识，比如与周期性马尔可夫链相关的内容，将在需要时复习；也可参考教材 [BeT08]。

5.1 有限空间平均费用模型

为本章的优先状态和有限控制空间的问题建模。采用 2.1 节中 n-状态折扣问题的马尔可夫链符号。特别地，将状态记作 $1, \cdots, n$。对每个状态 i 和控制 u，有对应的一组转移概率 $p_{ij}(u), j = 1, \cdots, n$。每次系统在状态 i 并使用控制 u 时，产生费用 $g(i, u)$，系统以概率 $p_{ij}(u)$ 移动到状态 j。目标是在满足对所有的 i 和 k，有 $\mu_k(i) \in U(i)$ 的所有策略 $\pi = \{\mu_0, \mu_1, \cdots\}$ 中最小化从给定的初始状态 x_0 出发的每阶段平均费用，定义如下

$$J_\pi(x_0) = \limsup_{N \to \infty} \frac{1}{N} E\left\{ \sum_{k=0}^{N-1} g(x_k, \mu_k(x_k)) \right\} \tag{5.1}$$

在这一定义中，使用 $\limsup$ 而不是 $\lim$ 的原因是 $\limsup$ 保证对所有的 π 和 x_0 均存在，而极限不一定存在。稍后将证明我们将使用极限来定义每个平稳策略的平均费用（见后续的命题 5.1.2）。不过，尽管我们的分析将主要涉及平稳策略，为了保持数学上的严格性，用 $\limsup$ 来定义非平稳策略的平均费用是很关键的（见习题 5.3 中的例子）。

建模平均费用问题的另一种方法是引入一个策略的"上"和"下"费用，

$$J_\pi^+(x_0) = \limsup_{N \to \infty} \frac{1}{N} E\left\{ \sum_{k=0}^{N-1} g(x_k, \mu_k(x_k)) \right\}$$

$$J_\pi^-(x_0) = \liminf_{N \to \infty} \frac{1}{N} E\left\{ \sum_{k=0}^{N-1} g(x_k, \mu_k(x_k)) \right\}$$

通过分析，证明对特定的感兴趣的策略 π，有 $J_\pi^+(x_0) = J_\pi^-(x_0)$，此时 $J_\pi^+(x_0)$ 和 $J_\pi^-(x_0)$ 的相同值可被视作从 x_0 开始的 π 的费用。

如同在之前的章节中一样，对平稳策略 μ，用 $J_\mu(x_0)$ 表示策略 μ 从 x_0 开始的平均费用，使用如下的符号简写：

$$g_\mu = \begin{pmatrix} g(1, \mu(1)) \\ \vdots \\ g(n, \mu(n)) \end{pmatrix}, P_\mu = \begin{pmatrix} p_{11}(\mu(1)) \cdots p_{1n}(\mu(1)) \\ \vdots \\ p_{n1}(\mu(n)) \cdots p_{nn}(\mu(n)) \end{pmatrix}$$

$$J_\mu = \begin{pmatrix} J_\mu(1) \\ \vdots \\ J_\mu(n) \end{pmatrix}$$

结论概览

尽管本章的内容不依赖第 I 卷 7.4 节的平均费用的分析，仍值得小结部分分析的主要特点。我们在那里假设有一个特殊的状态，记为 n，是与每个平稳策略对应的马尔可夫链的常返态。其思想是考虑所生成的状态序列，并按照到达特殊状态 n 将其分为环。然后断言每个环都可被视作对应的 SSP 问题的状态轨迹，其终了状态是 n。

更精确地，这个 SSP 问题的状态是 $1, \cdots, n$，加上一个人造的终了状态 t，从状态 i 以概率 $p_{in}(u)$ 移动到状态 t。从一个状态 i 到另一个状态 $j \neq n$ 的转移概率与原问题相同，不过从 i 到 n 的转移概率是 0。每个状态–控制对 (i, u) 的期望阶段费用是 $g(i, u) - \lambda$，其中 λ 是从特殊状态 n 开始的每个阶段的最优平均费用。

我们证明这个 SSP 问题本质上等价于原先的每阶段平均费用问题，对应的贝尔曼方程和最优平稳策略本质上是相同的。基于此，证明若干结论，小结如下：

(a) 最优平均费用与初始状态独立。

(b) 贝尔曼方程形式如下

$$\lambda + h(i) = \min_{u \in U(i)} \left[g(i, u) + \sum_{j=1}^n p_{ij}(u) h(j) \right], i = 1, \cdots, n \tag{5.2}$$

其中 $h(n) = 0$，λ 是最优平均费用，$h(i)$ 可解读为每个状态 i 的相对或者微分费用（这是在所有策略中，从 i 第一次到达 n 的期望费用。如果每阶段平均费用等于在所有状态的平均值 λ 之间差别的最小值）。

(c) 有值迭代（简记为 VI）、策略迭代（简记为 PI）的版本和线性规划方法，可被用于在合理的条件下计算求解。

现在将提出基于平均费用和折扣问题之间的联系，这是本章更强大的分析基础。这里是这一联系的概要：

(1) α-折扣最优费用可被表示为 α 的一系列展开，展开式中的第一和第二项是最优平均费用（现在是可能具有不等元素的向量）和一个微分费用向量。

(2) 存在平稳策略同时对所有的接近 1 的 α 是 α-折扣最优的，同时对平均费用问题是最优的。这被称为 Blackwell 最优策略。

(3) α-数列展开和 Blackwell 最优策略被用于开发一对耦合的最优性条件，最为贝尔曼方程的替代。当最优平均费用对所有的初始状态相等时，这一方程组退化为贝尔曼方程 [见式 (5.2)]。

折扣和平均费用问题的联系也在超出有限空间问题的领域有用，正如将在 5.6.3 节中看到的那样。

关于有限状态马尔可夫链

有限状态马尔可夫链的理论在本章中扮演重要角色。为了方便引用，这里小结将使用的一些定义和性质（参见第 I 卷附录 D）。

给定有限状态马尔可夫链，转移概率矩阵为 P，我们知道，常返类是一个状态集合互相连通，从该集合中任意状态，以概率 1 最终到达该集合中的所有其他状态，以概率 0 到达该集合以外的状态。有两类状态：常返的，即属于某个常返类的状态（这些状态一旦被访问，就将以概率 1 被无穷次访问）和过渡态，这些状态是非常返的（这些状态以概率 1 将仅被访问有限次，无论初始状态是什么）。马尔可夫链和 P 被称为是周期性的，如果存在一个常返类，其中的状态可以被分为 $d > 1$ 个不相交的子集合 $X_1, \cdots, X_d$，满足所有从一个子集合的转移将进入另一个子集合。更精确地说，

$$\text{如果 } i \in X_k \text{ 且 } p_{ij} > 0, \text{ 那么} \begin{cases} j \in X_{k+1}, & k = 1, \cdots, d-1 \\ j \in X_1, & k = d \end{cases}$$

否则这些状态被称为非周期的（例如，见教材 [BeT08]）。P 的特征值位于复平面的单位圆内（模小于等于 1），其中 1 是一个特征值，对应的特征向量是 $e = (1, \cdots, 1)'$。注意 P 是非周期的当且仅当其所有特征值，除了特征值 1，严格位于单位圆内。

可以证明 P 是非周期的，当且仅当 $P^k (k \to \infty)$ 收敛到矩阵

$$P^* = \lim_{N \to \infty} \frac{1}{N} \sum_{k=0}^{N-1} P^k$$

上述定义的极限总是存在，这将在如下命题 5.1.1 中证明。如果马尔可夫链仅由一个常返态组成，那么可以证明当且仅当对某个 k 时它是非周期的，矩阵 P^k 的所有元素是正的。

注意矩阵 P^* 的结构。其第 ij 个元素 $[P^*]_{ij}$ 是当初始状态为 i 时长期平均访问状态 j 的频率。所以，如果 i 是一个常返态，那么 $[P^*]_{ij} > 0$ 当且仅当 j 是常返的并属于和 i 相同的常返类。进一步地，对所有的 i，有 $[P^*]_{ij} = 0$，当且仅当 j 是过渡态。

5.1.1 与折扣费用问题的关系

考虑如下对应的 α-折扣问题的平稳策略 μ 的费用。给定

$$J_{\alpha,\mu} = \sum_{k=0}^{\infty} \alpha^k P_\mu^k g_\mu = \left(\sum_{k=0}^{\infty} \alpha^k P_\mu^k \right) g_\mu = (I - \alpha P_\mu)^{-1} g_\mu, \alpha \in (0,1) \tag{5.3}$$

为了理解与 μ 的平均费用 J_μ 的关系，注意可以写为

$$J_\mu(i) = \limsup_{N \to \infty} \frac{1}{N} E\left\{\sum_{k=0}^{N-1} g(x_k, \mu(x_k))\right\}$$

$$= \limsup_{N \to \infty} \lim_{\alpha \to 1} \frac{E\left\{\sum_{k=0}^{N-1} \alpha^k g(x_k, \mu(x_k))\right\}}{\sum_{k=0}^{N-1} \alpha^k}$$

假设上式右侧两个极限运算的顺序可以交换, 有

$$J_\mu(i) = \lim_{\alpha \to 1} \limsup_{N \to \infty} \frac{E\left\{\sum_{k=0}^{N-1} \alpha^k g(x_k, \mu(x_k))\right\}}{\sum_{k=0}^{N-1} \alpha^k}$$

$$= \lim_{\alpha \to 1} \frac{\lim_{N \to \infty} E\left\{\sum_{k=0}^{N-1} \alpha^k g(x_k, \mu(x_k))\right\}}{\lim_{N \to \infty} \sum_{k=0}^{N-1} \alpha^k}$$

$$= \lim_{\alpha \to 1} (1-\alpha) J_{\alpha,\mu}(i)$$

上述关系式的正式证明将作为下一个命题的推论给出, 同时也提供了 J_μ 和 $(1-\alpha)J_{\alpha,\mu}$ 之间差别的一个估计, 形式如下

$$(1-\alpha) J_{\alpha,\mu} = J_\mu + (1-\alpha) h_\mu + O(|1-\alpha|^2)$$

其中 h_μ 是某个向量, $O(|1-\alpha|^2)$ 是一个 α-相关的向量满足 $\lim_{\alpha \to 1} O(|1-\alpha|^2)/|1-\alpha| = 0$ (见如下命题 5.1.2)。下面的命题提供了对转移概率矩阵的一些一般性的结论, 也是本章的基础背景。证明并没有提供对动态规划的深入启示, 对其细致的阅读对于理解本章的主要内容并不重要。

命题 5.1.1 对任意转移概率矩阵 P 和 $\alpha \in (0,1)$, 有

$$(I - \alpha P)^{-1} = (1-\alpha)^{-1} P^* + H + O(|1-\alpha|) \tag{5.4}$$

其中 $O(|1-\alpha|)$ 是 α-相关的矩阵满足

$$\lim_{\alpha \to 1} O(|1-\alpha|) = 0$$

矩阵 P^* 和 H 给定如下

$$P^* = \lim_{N \to \infty} \frac{1}{N} \sum_{k=0}^{N-1} P^k \tag{5.5}$$

$$H = (I - P + P^*)^{-1} - P^* \tag{5.6}$$

[在证明中将有一部分证明式 (5.5) 中的极限和式 (5.6) 的逆存在。] 进一步地, P^* 和 H 满足如下方程:

$$P^* = P P^* = P^* P = P^* P^* \tag{5.7}$$

$$P^*H = HP^* = 0 \tag{5.8}$$

$$P^* + H = I + PH \tag{5.9}$$

证明 根据矩阵求逆公式将逆的每一项表示为两个行列式的比例（Cramer 规则），可以看到矩阵 $M(\alpha)$ 给定如下

$$M(\alpha) = (1-\alpha)(I-\alpha P)^{-1}$$

可以被表示为一个矩阵，元素或者为 0，或者为一个分式，分子分母为 α 的多项式且没有公因子。$M(\alpha)$ 的非零元素的分母多项式不可能以 1 为根，否则的话，$M(\alpha)$ 的某些元素将在当 $\alpha \to 1$ 时趋向无穷；这是不可能的，因为由式 (5.3)，对任意的 μ，有 $(1-\alpha)^{-1}M(\alpha)g_\mu = (I-\alpha P)^{-1}g_\mu = J_{\alpha,\mu}$ 和 $|J_{\alpha,\mu}(j)| \leqslant (1-\alpha)^{-1}\max_i|g_\mu(i)|$，这意味着 $M(\alpha)g_\mu$ 的元素的绝对值对所有的 $\alpha < 1$ 以 $\max_i|g_\mu(i)|$ 为界。所以 $M(\alpha)$ 的第 (i,j) 个元素具有如下形式

$$m_{ij}(\alpha) = \frac{\gamma(\alpha-\zeta_1)\cdots(\alpha-\zeta_p)}{(\alpha-\xi_1)\cdots(\alpha-\xi_q)}$$

其中 γ、$\zeta_i(i=1,\cdots,p)$ 和 $\xi_i(i=1,\cdots,q)$ 是标量，满足 $\xi_i \neq 1$ 对 $i=1,\cdots,q$。

定义

$$P^* = \lim_{\alpha \to 1} M(\alpha) \tag{5.10}$$

令 H 为矩阵，第 (i,j) 个元素为在 $\alpha = 1$ 的 $-m_{ij}(\alpha)$ 的一阶微分。根据 $M(\alpha)$ 的元素 $m_{ij}(\alpha)$ 的一阶泰勒展开，对在 $\alpha = 1$ 邻域中的所有的 α 有

$$M(\alpha) = P^* + (1-\alpha)H + O((1-\alpha)^2) \tag{5.11}$$

其中 $O((1-\alpha)^2)$ 是 α-依赖的矩阵满足

$$\lim_{\alpha \to 1} \frac{O((1-\alpha)^2)}{(1-\alpha)} = 0$$

将式 (5.11) 乘上 $(1-\alpha)^{-1}$，得到所希望的关系式 (5.4)[尽管我们已经证明了 P^* 和 H 也分别由式 (5.5) 和式 (5.6) 给定]。

现在按照顺序证明式 (5.10) 定义的 P^* 满足式 (5.7)、式 (5.6)、式 (5.8)、式 (5.9) 和式 (5.5)。

现在有

$$(I-\alpha)(I-\alpha P)(I-\alpha P)^{-1} = (1-\alpha)I \tag{5.12}$$

通过整理，有

$$\alpha P(1-\alpha)(I-\alpha P)^{-1} = (1-\alpha)(I-\alpha P)^{-1} + (\alpha-1)I$$

通过当 $\alpha \to 1$ 时取极限并使用式 (5.10)，于是有

$$PP^* = P^*$$

此外，通过在式 (5.12) 中交换 $(I-\alpha P)$ 和 $(I-\alpha P)^{-1}$ 的顺序，类似地有 $P^*P = P^*$。由 $PP^* = P^*$，还有 $(I-\alpha P)P^* = (1-\alpha)P^*$ 或者

$$P^* = (1-\alpha)(I-\alpha P)^{-1}P^*$$

通过当 $\alpha \to 1$ 时取极限并使用式 (5.10), 有 $P^* = P^*P^*$。于是式 (5.7) 得到证明。

使用式 (5.7), 有 $(P - P^*)^2 = P^2 - P^*$, 且类似地有

$$(P - P^*)^k = P^k - P^*, k > 0$$

所以

$$(I - \alpha P)^{-1} - (1 - \alpha)^{-1}P^* = \sum_{k=0}^{\infty} \alpha^k(P^k - P^*)$$

$$= I - P^* + \sum_{k=1}^{\infty} \alpha^k(P - P^*)^k$$

$$= (I - \alpha(P - P^*))^{-1} - P^*$$

另一方面, 由式 (5.11), 有

$$H = \lim_{\alpha \to 1} \left((1 - \alpha)^{-1}M(\alpha) - (1 - \alpha)^{-1}P^*\right)$$

$$= \lim_{\alpha \to 1} \left((I - \alpha P)^{-1} - (1 - \alpha)^{-1}P^*\right)$$

通过综合之前两个方程, 有

$$H + P^* = \lim_{k \to \infty} A_k \tag{5.13}$$

其中

$$A_k = (I - \alpha_k(P - P^*))^{-1}$$

且 $\{\alpha_k\}$ 是一个数列满足 $\alpha_k \uparrow 1$。式 (5.13) 的左侧乘上 $I - P + P^*$ 并在右侧乘上等价的矩阵 $\lim_{k \to \infty} A_k^{-1}$, 有

$$(I - P + P^*)(H + P^*) = \lim_{k \to \infty} A_k^{-1} \lim_{k \to \infty} A_k = \lim_{k \to \infty} \left(A_k^{-1} A_k\right) = I$$

其中第二个等号是因为左侧的两个极限已知存在。所以

$$H + P^* = (I - P + P^*)^{-1}$$

这将获得 H 所期望的式 (5.6)。

由式 (5.6), 有

$$(I - P + P^*)H = I - (I - P + P^*)P^*$$

或者, 使用式 (5.7),

$$(I - P + P^*)H = I - P^* \tag{5.14}$$

在关系式两侧前端乘上 P^* 并使用式 (5.7), 有 $P^*H = 0$, 这是式 (5.8) 的一部分。式 (5.9) 于是来自式 (5.14)。类似地, 在 (5.14) 后侧乘上 P^* 并使用式 (5.7), 有

$$(I - P + P^*)HP^* = 0$$

注意 $I - P + P^*$ 的可逆性, 意味着 $HP^* = 0$, 为式 (5.8) 的剩余部分。

将式 (5.9) 乘上 P^k 并使用式 (5.7),有

$$P^* + P^k H = P^k + P^{k+1} H, k = 0, 1 \cdots$$

对这一关系式在 $k = 0, \cdots, N-1$ 相加,有

$$NP^* + H = \sum_{k=0}^{N-1} P^k + P^N H$$

除以 N,对 $N \to \infty$ 取极限,并使用 $P^N/N \to 0$ 这一事实 (因为 P 以及 P^N 是转移概率矩阵) 可获得式 (5.5)。

注意式 (5.5) 的矩阵 P^* 可被用于精确表示转移概率矩阵为 P 的任意马尔可夫链的平均费用向量 J 和费用向量 $\boldsymbol{g}$ 作为极限:

$$J = \limsup_{N\to\infty} \frac{1}{N} \sum_{k=0}^{N-1} P^k \boldsymbol{g} = \left(\lim_{N\to\infty} \frac{1}{N} \sum_{k=0}^{N-1} P^k \right) \boldsymbol{g}$$

并最终有

$$J = P^* \boldsymbol{g}$$

为了解释这一关系式,注意可以将 P^* 的第 i 行视作从状态 i 开始的稳态概率向量;即,P^* 的第 ij 个元素 p_{ij}^* 表示从状态 i 出发的马尔可夫链长期来看停留在状态 j 的时间比例。所以上面的方程给出了从状态 i 出发的平均费用 $J(i)$,作为所有单阶段费用 g_j 通过对应的稳态概率加权后的和 $\sum_{i=j}^{n} p_{ij}^* g_j$。

下面的命题将 α-折扣和平均费用对应到一个平稳策略。

命题 5.1.2(Laurent 数列展开) 对任意平稳策略 μ 和 $\alpha \in (0,1)$,有

$$J_{\alpha,\mu} = (1-\alpha)^{-1} J_\mu + h_\mu + O(|1-\alpha|) \tag{5.15}$$

其中 J_μ 和 h_μ 给定如下

$$J_\mu = P_\mu^* g_\mu, \quad h_\mu = H_\mu g_\mu \tag{5.16}$$

满足

$$P_\mu^* = \left(\lim_{N\to\infty} \frac{1}{N} \sum_{k=0}^{N-1} P_\mu^k \right), \quad H_\mu = (I - P_\mu + P_\mu^*)^{-1} - P_\mu^*$$

[参见式 (5.5) 和式 (5.6)]。进一步地,有

$$J_\mu = P_\mu J_\mu \tag{5.17}$$

$$J_\mu + h_\mu = g_\mu + P_\mu h_\mu \tag{5.18}$$

证明 式 (5.15) 来自式 (5.3) 和式 (5.4),并注意到如下替换 $P = P_\mu, P^* = P_\mu^*, H = H_\mu$ 和 $h_\mu = H_\mu g_\mu$。将式 (5.9) 乘上 g_μ 并使用相同的替换得到式 (5.18)。式 (5.17) 源自 $J_\mu = P_\mu^* g_\mu$,通过乘上 P_μ 并使用 $P_\mu^* = P_\mu P_\mu^*$ 这一事实 [参见式 (5.7)]。

式 (5.15) 将被称为平稳策略 μ 的折扣费用的 Laurent 数列展开。[①] Laurent 数列展开中的向量 J_μ 和 h_μ 是唯一定义的，并将分别被称为 μ 的增益和偏差。

我们注意到关于偏差的两个有用的方程。第一个是

$$P_\mu^* h_\mu = 0 \tag{5.19}$$

这来自 $h_\mu = H_\mu g_\mu$ 的定义和 $P_\mu^* H_\mu = 0$ 这一事实 [参见式 (5.8)]。第二个是

$$h_\mu = \lim_{N \to \infty} \sum_{k=0}^{N} P_\mu^k (g_\mu - J_\mu) \tag{5.20}$$

该式在如下假设下成立

$$P_\mu^* = \lim_{N \to \infty} P_\mu^N \tag{5.21}$$

（这一假设反过来当 P_μ 对应于非周期常返类的马尔可夫链；比如 [BeT08]。）为了证明式 (5.20)，使用方程 $g_\mu - J_\mu = h_\mu - P_\mu h_\mu$[参见式 (5.18)] 来写出

$$\sum_{k=0}^{N} P_\mu^k (g_\mu - J_\mu) = \sum_{k=0}^{N} P_\mu^k (h_\mu - P_\mu h_\mu) = h_\mu - P_\mu^{N+1} h_\mu$$

于是对 $N \to \infty$ 时取极限，并使用式 (5.21) 和式 (5.19)。式 (5.20) 的一个有趣的解释是这一偏差可被视作相对费用：这是 μ 的总费用和如果每阶段的费用是平均值 J_μ 时将产生的总费用之间的差别。

不幸的是，μ 的增益-偏差对 (J_μ, h_μ) 不能通过求解式 (5.17) 和式 (5.18) 的系统方程组来确定，因为这个系统有无穷多个解；例如，对 $(J_\mu, h_\mu + \gamma e)$，[其中 γ 是标量，e 是单位向量（所有元素等于 1）] 是一个解。我们将解决这一问题，并在命题 5.1.9 中刻画所有解构成的集合，并在 5.4 节中讨论策略迭代时讨论这个问题。

5.1.2　Blackwell 最优策略

Laurent 数列展开（命题 5.1.2）证明了 J_μ，平稳策略 μ 的平均费用向量，包括 3 个 α-依赖的项：

$$J_\mu = (1 - \alpha) J_{\alpha,\mu} - (1 - \alpha) h_\mu + O(|1 - \alpha|^2) \tag{5.22}$$

[①] 式 (5.15) 有时被称为截断Laurent 数列展开以区别于另一个更细致版本的展开，其中 $O(|1 - \alpha|)$ 这一项显式定义为涉及 α、g_μ 和 P_μ 的幂级数。这一幂级数展开给定如下

$$J_{\alpha,\mu} = (1 + \rho)\left(\rho^{-1} J_\mu + h_\mu + \sum_{k=1}^{\infty} \rho^k y_k \right)$$

其中

$$\rho = \frac{1 - \alpha}{\alpha}, y_k = (-1)^k H_\mu^{k+1} g_\mu, k = 1, 2, \cdots$$

并有

$$H_\mu = (I - P_\mu + P_\mu^*)^{-1} - P_\mu^*$$

[参见式 (5.6)]。注意上述展开与命题 5.1.2 中给出的截断版本一致（ρh_μ 这一项可以并入求和的第一项）。这一展开对 $0 < \rho < |\nu|$ 有效，其中 ν 是 $I - P_\mu$ 的最小非零特征值。我们并不需要使用这一更为细致的展开；这一展开在平均费用问题的分析中的几个有趣的问题中有用，不过那些问题超出了我们的讨论范围。

其中的 $(1-\alpha)J_{\alpha,\mu}$ 项对 $\alpha \approx 1$ 时趋向起支配作用,因为 $J_{\alpha,\mu}$ 的元素通常在 $\alpha \to 1$ 时变得渐近无穷。所以对所有 $\alpha \approx 1$ 最小化 $J_{\alpha,\mu}$ 的策略也将最小化平均费用 J_μ。这启发了一类特殊的策略,将提供平均费用和折扣问题之间的关键的概念上的联系。

定义 5.1.1 平稳策略 μ 被称为是 Blackwell最优的:如果该策略对所有的 α-折扣问题同时是最优的,其中 α 在一个区间 $(\bar\alpha, 1)$ 中, $\bar\alpha$ 是某个标量,满足 $0 < \bar\alpha < 1$。

注意,由式 (5.22),对任意平稳策略 μ,有

$$J_\mu = \lim_{\alpha \to 1}(1-\alpha)J_{\alpha,\mu}$$

因为 Blackwell 最优策略对所有的充分接近 1 的 α 在所有 μ 上最小化 $J_{\alpha,\mu}$,所以 Blackwell 最优策略在平稳策略中是最优的。

稍后将证明 Blackwell 最优策略在所有策略中是最优的,不论是否为平稳策略(命题 5.1.7)。可能存在平稳最优策略非 Blackwell 最优(见习题 5.4)。不过,Blackwell 最优策略比其他平均费用最优策略有一些优势:它不仅最小化每个截断的平均费用,正如上面提到的,由定义,它对 $\alpha \approx 1$ 最小化 α-折扣费用。所以它不仅优化了稳态平均性能,而且在某种程度上优化了系统的过渡性能;参见 5.7 节中对 m-折扣最优性的讨论。

下面的命题建立了 Blackwell 最优策略的存在性。

命题 5.1.3 存在 Blackwell 最优策略。

证明 由关系式

$$J_{\alpha,\mu} = (I - \alpha P_\mu)^{-1}g_\mu$$

[参见式 (5.3)]和用行列式表示矩阵求逆的 Cramer 规则,我们知道,对每个 μ 和状态 i, $J_{\alpha,\mu}(i)$ 是 α 的有理函数,即,两个 α 的多项式的比例。所以,对任意两个平稳策略 μ 和 μ' $J_{\alpha,\mu}(i)$ 以及 $J_{\alpha,\mu'}(i)$ 的图或者相同或者仅在区间 $(0,1)$ 上相交有限次。因为只有有限多个平稳策略,所以结论是对每个状态 i 有一个策略 μ^i 和标量 $\bar\alpha_i \in (0,1)$,满足 μ^i 对 $\alpha \in (\bar\alpha_i, 1)$ 的 α-折扣问题当初始状态为 i 时是最优的。于是,对每个 i, $\mu^i(i)$,有如下的 α-折扣问题达到贝尔曼方程的最小值

$$J_\alpha(i) = \min_{u \in U(i)}\left[g(i,u) + \alpha\sum_{j=1}^{n}p_{ij}(u)J_\alpha(j)\right]$$

对所有的在区间 $(\max_i \bar\alpha_i, 1)$ 中的所有的 α 成立(参见命题 1.2.3)。考虑对每个 i 通过 $\mu^*(i) = \mu^i(i)$ 定义的平稳策略。于是对所有的 i, $\mu^*(i)$ 达到贝尔曼方程的最小值,所以 μ^* 对所有的 $\alpha \in (\max_i \bar\alpha_i, 1)$ 的 α-折扣问题是最优的(参见命题 1.2.3)。所以 μ^* 是 Blackwell 最优的。

现在将使用 Blackwell 最优策略作为一个分析工具来对平均费用问题推导类似于贝尔曼方程的关系式。在这一过程中,还将证明 Blackwell 最优策略在所有策略中是最优的。下面的命题提供了这一推导中的第一步。

命题 5.1.4 (a) 所有的 Blackwell 最优策略有相同的增益和偏差向量,即,对任意两个 Blackwell 最优的 μ 和 μ',

$$J_\mu = J_{\mu'}, h_\mu = h_{\mu'}$$

其中 (J_μ, h_μ) 和 $(J_{\mu'}, h_{\mu'})$ 在 Laurent 级数展开中分别对应于 μ 和 μ'(参见命题 5.1.2)。

(b) 由 (a) 部分，令 (J^*, h^*) 为所有 Blackwell 最优策略的共同的增益–偏差对。有

$$J^*(i) = \min_{u \in U(i)} \sum_{j=1}^{n} p_{ij}(u) J^*(j), i = 1, \cdots, n \tag{5.23}$$

和

$$J^*(i) + h^*(i) = \min_{u \in \bar{U}(i)} \left[g(i,u) + \sum_{j=1}^{n} p_{ij}(u) h^*(j) \right], i = 1, \cdots, n \tag{5.24}$$

其中对每个 i, $\bar{U}(i)$ 是在式 (5.23) 中达到最小值的控制集合。进一步地，如果 μ^* 是 Blackwell 最优策略，那么 $\mu^*(i)$ 对所有 i 达到这两个方程右侧的最小值。

证明 (a) 由命题 5.1.2，有

$$J_{\alpha,\mu} = (1-\alpha)^{-1} J_\mu + h_\mu + O(|1-\alpha|)$$
$$J_{\alpha,\mu'} = (1-\alpha)^{-1} J_{\mu'} + h_{\mu'} + O(|1-\alpha|)$$

因为对所有充分接近 1 的 α, 有 $J_{\alpha,\mu} = J_{\alpha,\mu'}$, 通过在上面的方程中当 $\alpha \to 1$ 时取极限，有 $J_\mu = J_{\mu'}$ 和 $h_\mu = h_{\mu'}$。

(b) 令 μ^* 为 Blackwell 最优策略。因为 μ^* 对所有在区间 $(\bar{\alpha}, 1)$ 中的 α-折扣问题是最优的，所以一定有，对每个平稳策略 μ 和 $\alpha \in (\bar{\alpha}, 1)$,

$$g_{\mu^*} + \alpha P_{\mu^*} J_{\alpha,\mu^*} \leqslant g_\mu + \alpha P_\mu J_{\alpha,\mu^*} \tag{5.25}$$

由命题 5.1.2，对所有 $\alpha \in (\bar{\alpha}, 1)$, 有

$$J_{\alpha,\mu^*} = (1-\alpha)^{-1} J^* + h^* + O(|1-\alpha|)$$

在式 (5.25) 中代入这一关系式，有

$$0 \leqslant g_\mu - g_{\mu^*} + \alpha(P_\mu - P_{\mu^*}) \left((1-\alpha)^{-1} J^* + h^* + O(|1-\alpha|) \right) \tag{5.26}$$

或者与之等价的，乘以 $1-\alpha$,

$$0 \leqslant (1-\alpha)(g_\mu - g_{\mu^*}) + \alpha(P_\mu - P_{\mu^*})(J^* + (1-\alpha)h^* + O((1-\alpha)^2))$$

当 $\alpha \to 1$ 时取极限，有 $P_{\mu^*} J^* \leqslant P_\mu J^*$, 这等于式 (5.23)。

如果 μ 满足 $P_{\mu^*} J^* = P_\mu J^*$, 那么由式 (5.26), 有

$$0 \leqslant g_\mu - g_{\mu^*} + \alpha(P_\mu - P_{\mu^*})(h^* + O(|1-\alpha|))$$

当 $\alpha \to 1$ 时取极限，可见 μ^* 在所有 μ 上最小化 $g_\mu + P_\mu h^*$, 再使用如下方程

$$J^* + h^* = g_{\mu^*} + P_{\mu^*} h^*$$

(参见命题 5.1.2)，可获得所期望的关系式 (5.24)。

满足 Blackwell 最优策略的方程组的一些启示 [见式 (5.23) 和 (式 5.24)] 可以通过前面的证明获得。Blackwell 最优策略首先在 μ 上最小化 $P_\mu J^*$,这对应于式 (5.26) 中最显著的 $\alpha(1-\alpha)^{-1}$- 阶的项,在最小化 $P_\mu J^*$ 的策略中,该策略在 μ 上最小化第二显著的项 $g_\mu + P_\mu h^*$。

这些方程与第 I 卷 7.4 节中的贝尔曼方程类似,但有一个重要区别:第二个方程中的约束集 $\bar{U}(i)$ 依赖于第一个方程的最小化的结果。在特殊情况下,当 Blackwell 最优策略的平均费用 $J^*(i)$ 与初始状态 i 独立时,第一个方程明显成立,对所有 i,有 $\bar{U}(i) = U(i)$。于是,第二个方程变得与贝尔曼方程相同,正如在第 I 卷 7.4 节中遇到的 [参见式 (5.2)]。然而,一般而言,可能有 $\bar{U}(i) \neq U(i)$。这里是一个例子。

例 5.1.1 考虑一个平均费用问题,有两个状态 1 和 2,有两个控制 1 和 2。控制 1 保持系统停在所在状态,当状态分别是 1 和 2 时,费用分别是 1 和 2。控制 2 只在状态 1 可用,该控制将系统移动到状态 2,费用是 -10 (见图 5.1.1)。

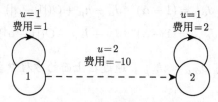

图 5.1.1　例 5.1.1 的转移概率图

从达到小的短期费用的角度看,希望通过使用 2 从状态 1 移动到状态 2,但这导致更坏的每阶段 2 的费用。所以,有一个唯一的最优策略 μ,也是 Blackwell 最优的:在两个状态都使用控制 1,从状态 1 和 2 出发平均费用分别达到 1 和 2。转移概率矩阵 P_μ 是单位阵,

$$P_\mu = I$$

对应的平均费用是

$$J^*(1) = 1, J^*(2) = 2$$

相应的 α-折扣费用是

$$J_{\alpha,\mu}(1) = (1-\alpha)^{-1}, J_{\alpha,\mu}(2) = 2(1-\alpha)^{-1}$$

对应 μ 的偏差 h^*[参见式 (5.15)] 是

$$h^*(1) = h^*(2) = 0$$

式 (5.23) 和式 (5.24) 具有如下形式

$$J^*(1) = \min\{J^*(1), J^*(2)\}, J^*(2) = J^*(2)$$

$$J^*(1) + h^*(1) = 1 + h^*(1), J^*(2) + h^*(2) = 2 + h^*(2)$$

J^* 和 h^* 显然满足这些关系 [有 $\bar{U}(1) = \bar{U}(2) = \{1\}$]。另一方面,如果在式 (5.24) 中用 $U(i)$ 替换 $\bar{U}(i)$,那么对应的方程将不能满足,因为

$$J^*(1) + h^*(1) \neq \min\{1 + h^*(1), -10 + h^*(2)\}$$

下面的命题提供了简化耦合的式 (5.23) 和式 (5.24) 的方程对的机制, 并导致 Blackwell 最优策略的最优性的证明。这个方法在第二个方程中引入 "惩罚", 这引入了对满足第一个方程的控制的倾向。

命题 5.1.5 令 (J^*, h^*) 满足如下方程对

$$J^*(i) = \min_{u \in U(i)} \sum_{j=1}^{n} p_{ij}(u) J^*(j), i = 1, \cdots, n \tag{5.27}$$

和

$$J^*(i) + h^*(i) = \min_{u \in \bar{U}(i)} \left[g(i, u) + \sum_{j=1}^{n} p_{ij}(u) h^*(j) \right], i = 1, \cdots, n \tag{5.28}$$

其中, 对每个 i, $\bar{U}(i)$ 是在式 (5.27) 中达到最小值的控制集合。对任意标量 γ, 记有

$$h_\gamma = h^* + \gamma J^*$$

于是存在某个 $\bar{\gamma} \geqslant 0$ 满足对所有的 $\gamma \geqslant \bar{\gamma}$, 有

$$J^*(i) + h_\gamma(i) = \min_{u \in U(i)} \left[g(i, u) + \sum_{j=1}^{n} p_{ij}(u) h_\gamma(j) \right], i = 1, \cdots, n \tag{5.29}$$

进一步地, 如果平稳策略 μ 对所有的 i 满足 $\mu(i)$ 达到式 (5.28) 中的最小值, 那么对所有的 i, 有 $\mu(i)$ 达到式 (5.29) 中的最小值。

证明 证明的思想是在式 (5.28) 中最小化的项中加上如下的惩罚项

$$\gamma \sum_{j=1}^{n} p_{ij}(u) J^*(j) \tag{5.30}$$

这让控制 $u \notin \bar{U}(i)$ 对充分大的 γ 在式 (5.29) 中的最小化中没有吸引力。

令 μ 满足对所有 i, 有 $\mu(i)$ 在式 (5.28) 中达到最小值。于是有

$$J^*(i) + h^*(i) - \left(g(i, u) + \sum_{j=1}^{n} p_{ij}(u) h^*(j) \right) \leqslant 0, i = 1, \cdots, n, u \in \bar{U}(i) \tag{5.31}$$

等号在 $u = \mu(i)$ 时取到。

使用定义 $h_\gamma = h^* + \gamma J^*$, 写有

$$J^*(i) + h_\gamma(i) - \left(g(i, u) + \sum_{j=1}^{n} p_{ij}(u) h_\gamma(j) \right) = J^*(i) + h^*(i)$$

$$- \left(g(i, u) + \sum_{j=1}^{n} p_{ij}(u) h^*(j) \right) + \gamma \left(J^*(i) - \sum_{j=1}^{n} p_{ij}(u) J^*(j) \right) \tag{5.32}$$

对所有的 i 和 $u \notin \bar{U}(i)$, 有

$$J^*(i) - \sum_{j=1}^{n} p_{ij}(u) J^*(j) < 0$$

且由式 (5.32), 有存在正标量 $\gamma(i,u)$, 满足

$$J^*(i) + h_\gamma(i) - \left(g(i,u) + \sum_{j=1}^n p_{ij}(u)h_\gamma(j)\right) \leqslant 0, \text{对所有的} \gamma \geqslant \gamma(i,u)$$

对 $u \in \bar{U}(i)$, 有 $J^*(i) - \sum_{j=1}^n p_{ij}(u)J^*(j) = 0$, 所以使用式 (5.31) 和式 (5.32), 有

$$J^*(i) + h_\gamma(i) - \left(g(i,u) + \sum_{j=1}^n p_{ij}(u)h_\gamma(j)\right) \leqslant 0, \text{对所有的} \gamma \geqslant 0$$

其中等号在 $u = \mu(i)$ 时取到。将 $\bar{\gamma}$ 取为在集合 $\{(i,u)|u \notin \bar{U}(i)\}$ 中 $\gamma(i,u)$ 的最大值(或者当该集合是空集时有 $\bar{\gamma} = 0$), 对所有的 $\gamma \geqslant \bar{\gamma}$, 有

$$J^*(i) + h_\gamma(i) - \left(g(i,u) + \sum_{j=1}^n p_{ij}(u)h_\gamma(j)\right) \leqslant 0, i = 1, \cdots, n, u \in U(i)$$

等号在 $u = \mu(i)$ 时取到, 这就是所期望的结论。

注意由命题 5.1.4, Blackwell 最优策略在式 (5.28) 中达到最小值, 它们的增益–偏差对 (J^*, h^*) 满足式 (5.27) 和式 (5.28) 的方程对。于是, 由命题 5.1.5, 这一对也在式 (5.29) 中达到最小值。

例 5.1.1(续) 对这个例子, (式 5.29) 具有如下形式

$$J^*(1) + h^*(1) + \gamma J^*(1) = \min\{1 + h^*(1) + \gamma J^*(1), -10 + h^*(2) + \gamma J^*(2)\},$$

$$J^*(2) + h^*(2) + \gamma J^*(2) = 2 + h^*(2) + \gamma J^*(2)$$

如下的

$$J^* = \begin{pmatrix} 1 \\ 2 \end{pmatrix}, h^* = \begin{pmatrix} 0 \\ 0 \end{pmatrix}$$

对所有的 $\gamma \geqslant 11$ 满足以上方程, 这是 Blackwell 最优策略的增益和偏差。

可以将式 (5.29) 写为

$$J^* + h_\gamma = Th_\gamma$$

其中, 如同在之前的章节中, 映射 T 定义为

$$(Th)(i) = \min_{u \in U(i)} \left[g(i,u) + \sum_{j=1}^n p_{ij}(u)h(j)\right], i = 1, \cdots, n$$

对于平稳策略 μ, 还将使用如下定义的映射 T_μ,

$$(T_\mu h)(i) = g(i, \mu(i)) + \sum_{j=1}^n p_{ij}(\mu(i))h(j), i = 1, \cdots, n$$

于是由式 (5.17) 和式 (5.18), 有

$$J_\mu = P_\mu J_\mu, J_\mu + h_\mu = T_\mu h_\mu$$

下面的命题提供了 Blackwell 最优策略的最优性证明的核心。

命题 5.1.6 令 J 和 h 为 n-维向量，令 $\pi = \{\mu_0, \mu_1, \cdots\}$ 为可接受的策略。假设对所有的 k，有

$$P_{\mu_k} J \geqslant J, T_{\mu_k} h \geqslant J + h \tag{5.33}$$

于是有

$$J_\pi \geqslant J$$

进一步地，如果式 (5.33) 中的等式对所有 k 成立，那么有 $J_\pi = J$。

证明 对任意 μ，我们有 $T_\mu(J + h) = g_\mu + P_\mu(J + h) = P_\mu J + T_\mu h$，所以由式 (5.33)，对所有 k，有

$$T_{\mu_k}(J + h) \geqslant J + T_{\mu_k} h \tag{5.34}$$

令 N 为正整数。由式 (5.33)，有

$$T_{\mu_{N-1}} h \geqslant J + h$$

通过对这一关系式两侧同时使用 $T_{\mu_{N-2}}$ 并使用 $T_{\mu_{N-2}}$ 的单调性以及式 (5.33)、式 (5.34)，有

$$T_{\mu_{N-2}} T_{\mu_{N-1}} h \geqslant T_{\mu_{N-2}}(J + h) \geqslant J + T_{\mu_{N-2}} h \geqslant 2J + h$$

通过对这一关系式两侧同时使用 $T_{\mu_{N-3}}$，并类似继续下去，有

$$T_{\mu_0} T_{\mu_1} \cdots T_{\mu_{N-1}} h \geqslant NJ + h \tag{5.35}$$

上述关系式中的等号在式 (5.33) 对所有 k 取等号时取到。

正如在 1.1 节中讨论的，$(T_{\mu_0} T_{\mu_1} \cdots T_{\mu_{N-1}})(i)$ 等于对应初始状态为 i、策略为 $\{\mu_0, \mu_1, \cdots, \mu_{N-1}\}$、终了费用函数为 h 的 N-阶段费用；即

$$(T_{\mu_0} T_{\mu_1} \cdots T_{\mu_{N-1}} h)(i) = E\left\{h(x_N) + \sum_{k=0}^{N-1} g(x_k, \mu_k(x_k)) | x_0 = i, \pi\right\}$$

在式 (5.35) 中使用这一关系并除以 N，对所有 i，有

$$\frac{1}{N} E\{h(x_N) | x_0 = i, \pi\} + \frac{1}{N} E\left\{\sum_{k=0}^{N-1} g(x_k, \mu_k(x_k)) | x_0 = i, \pi\right\}$$

$$\geqslant J(i) + \frac{1}{N} h(i) \tag{5.36}$$

通过当 $N \to \infty$ 时取 $\limsup$，可见

$$J_\pi(i) \geqslant J(i), i = 1, \cdots, n$$

如果式 (5.33) 中的等号对所有 k 成立，那么所有之前的不等式变成等号，所以 $J_\pi = J$。

之前的命题提供了平稳策略最优性的充分条件。特别地，如果 μ 是平稳策略，满足对某个向量 J 和 h，有

$$J = P_\mu J = \min_{\mu'} P_{\mu'} J, J + h = T_\mu h = \min_{\mu'} T_{\mu'} h \tag{5.37}$$

那么命题 5.1.6 意味着 μ 是最优的，且 J 等于最优平均费用向量。这样，可以证明 Blackwell 最优策略的最优性。

命题 5.1.7 Blackwell 最优策略在平均费用问题中在所有策略中是最优的。

证明 令 μ 为 Blackwell 最优策略,并记有

$$J = J_\mu, h = h_\mu + \gamma J$$

其中 (J_μ, h_μ) 是对应 μ 的增益-偏差对(参见命题 5.1.2),γ 是充分大的标量满足 $Th = J + h$(参见命题 5.1.5)。于是,对所有平稳策略 μ',有

$$T_{\mu'}h \geqslant J + h$$

因为由式 (5.27),还对所有 μ',有 $P_{\mu'}J \geqslant J$,命题 5.1.6 意味着对所有 π,有 $J_\pi \geqslant J$。

作为之前命题的应用,证明最优平均费用对所有初始状态在如下条件下相等,该条件是对某个常量 $L > 0$ 和 $\bar\alpha \in (0,1)$,有

$$|J_\alpha(i) - J_\alpha(j)| \leqslant L, \text{对所有} i, j = 1, \cdots, n, \alpha \in (\bar\alpha, 1) \tag{5.38}$$

其中 J_α 是 α-折扣最优费用向量。事实上,令 μ 为 Blackwell 最优策略。那么,对所有 $\alpha \in (\bar\alpha, 1)$ 和 i,由 Laurent 数列展开有(参见命题 5.1.2),

$$J_\mu(i) = (1-\alpha)J_\alpha(i) - (1-\alpha)h_\mu(i) + O(|1-\alpha|^2)$$

对状态 i 和 j 重写这一方程,并相减,有

$$|J_\mu(i) - J_\mu(j)| \leqslant (1-\alpha)|J_\alpha(i) - J_\alpha(j)| + (1-\alpha)|h_\mu(i) - h_\mu(j)| + O((1-\alpha)^2)$$

当 $\alpha \to 1$ 时取极限并使用式 (5.38),可见,对所有 i 和 j 有 $J_\mu(i) = J_\mu(j)$。因为由命题 5.1.7,μ 对平均费用问题最优,可见,在式 (5.38) 的假设下,最优平均费用独立于初始状态。注意尽管式 (5.38) 的条件限于在有限空间中使用,在 5.6.3 节这将成为对无穷空间平均费用问题的重要分析的起点。

5.1.3 最优性条件

考虑式 (5.27) 和式 (5.28) 的耦合方程组,为便于查阅,重写如下:

$$J^*(i) = \min_{u \in U(i)} \sum_{j=1}^n p_{ij}(u)J^*(j), i = 1, \cdots, n \tag{5.39}$$

和

$$J^*(i) + h^*(i) = \min_{u \in \bar U(i)} \left[g(i,u) + \sum_{j=1}^n p_{ij}(u)h^*(j) \right], i = 1, \cdots, n \tag{5.40}$$

其中 $\bar U(i)$ 是在式 (5.39) 中达到最小值的控制集合。

这对方程可以被视作在之前章节中针对多种总费用问题碰到的贝尔曼方程的类比。因为对所有 Blackwell 最优策略共同的增益-偏差对 (J^*, h^*) 满足这些方程,并且存在 Blackwell 最优策略(参见命题 5.1.3),这组方程有至少一个解。反之,任意解可以通过最小化右侧获得最优平稳策略,正如下面的命题所示。

命题 5.1.8 如果 J^* 和 h^* 满足最优方程组对式 (5.39) 和式 (5.40)，那么 J^* 等于最优平均费用向量。进一步地，如果 $\mu^*(i)$ 在式 (5.39) 和式 (5.40) 中对每个 i 都达到最小值，那么平稳策略 μ^* 是最优的。

证明 使用命题 5.1.5，选择满足 $h_\gamma = h^* + \gamma J^*$ 的 γ 来满足

$$J^*(i) + h_\gamma(i) = \min_{u \in U(i)} \left[g(i, u) + \sum_{j=1}^n p_{ij}(u) h_\gamma(j) \right], i = 1, \cdots, n \tag{5.41}$$

令 $\mu^*(i)$ 对每个 i 达到式 (5.40) 中的最小值，以至由命题 5.1.5，$\mu^*(i)$ 对每个 i 在式 (5.41) 中达到最小值。通过使用命题 5.1.6，并令 $J = J^*$ 和 $h = h_\gamma$，对每个策略 π 有 $J_\pi \geqslant J^*$。使用命题 5.1.6，并令 $J = J^*$ 和 $\pi = \{\mu^*, \mu^*, \cdots\}$，有 $J_{\mu^*} = J^*$。所以对所有的 π，有

$$J_\pi \geqslant J^* = J_{\mu^*}$$

在当最优平均费用对所有状态相等的重要情形下 [对某个 λ 和所有 i，有 $J^*(i) = \lambda$]，式 (5.39) 自动满足，且是多余的，所以对所有 i，有 $U(i) = \bar{U}(i)$。此时，最优方程组等于如下单个方程

$$\lambda + h(i) = \min_{u \in U(i)} \left[g(i, u) + \sum_{j=1}^n p_{ij}(u) h(j) \right], i = 1, \cdots, n \tag{5.42}$$

这是在第 I 卷 7.4 节中的对平均费用问题的介绍性分析中碰到的。

接下来把式 (5.42) 成为平均费用问题的**贝尔曼方程**，并基于如下理解，即该方程仅当对所有的初始状态最优平均费用等于常量 λ 时成立。可以将这一方程写作 $\lambda e + h = Th$，其中

$$(Th)(i) = \min_{u \in U(i)} \left[g(i, u) + \sum_{j=1}^n p_{ij}(u) h(j) \right], i = 1, \cdots, n$$

且有 $e = (1, \cdots, 1)'$ 是单位向量。向量 h 可被解释为微分或者相对费用向量，正如在第 I 卷 7.4 节中讨论的。注意尽管可以通过对贝尔曼方程的右侧进行最小化获得至少一个最优平稳策略（包括所有的 Blackwell 最优策略），不是所有的最优平稳策略都可以通过这一方法获得。习题 5.4 中给出了一个例子（参见习题 5.17）；这与在折扣问题中发生的事情相反（参见命题 1.2.3）。直观的原因是非 Blackwell 最优的最优策略可能比 Blackwell 最优策略有更大的偏差，后者是贝尔曼方程的解；参见 5.7 节中对折扣最优性的讨论。

当平稳策略 μ 对所有初始状态的平均费用等于常量 λ_μ 时，贝尔曼方程的形式为 $\lambda_\mu e + h = T_\mu h$，其中

$$(T_\mu h)(i) = g(i, \mu(i)) + \sum_{j=1}^n p_{ij}(\mu(i)) h(j), i = 1, \cdots, n$$

这是命题 5.1.2 中式 (5.18) 对于当 μ 的平均费用对所有初始状态相等这一特例的重复。

给定平稳策略 μ，考虑一个问题，其中约束集 $U(i)$ 被替换为集合 $\tilde{U}(i) = \{\mu(i)\}$；即，$\tilde{U}(i)$ 包含单个元素，控制 $\mu(i)$。那么最优性方程变成增益–偏差对 (J_μ, h_μ) 的具有 $2n$ 个方程、$2n$ 个未知量的线性系统，这在命题 5.1.2 中进行了推导。下面的命题刻画了这个系统的解集。

命题 5.1.9 令 μ 为平稳策略, 其增益-偏差对为 (J_μ, h_μ)。如下系统的解集

$$J = P_\mu J \tag{5.43}$$

$$J + h = g_\mu + P_\mu h \tag{5.44}$$

是形式为 $(J_\mu, h_\mu + d)$ 的对构成的集合, 满足 $d = P_\mu d$。

证明 为简化符号, 省略下标 μ, 并将 μ 的增益和偏差记为 $\bar{J}$ 和 $\bar{h}$ 来将它们区别于一般向量 J 和 h。将对 P^* 和 H 使用命题 5.1.1 的公式:

$$P^* = \lim_{N \to \infty} \frac{1}{N} \sum_{k=0}^{N-1} P^k, \quad H = (I - P + P^*)^{-1} - P^*$$

令 (J, h) 为系统式 (5.43) 和式 (5.44) 的系统的解。通过对式 (5.44) 乘上 P^*, 加上式 (5.43), 并使用 $P^*P = P^*$[参见式 (5.7)], 有

$$(I - P + P^*)J = P^*g$$

基于该式, 再使用式 (5.6) 和 $P^* = P^*P^*$, $HP^* = 0$[参见式 (5.7) 和式 (5.8)], 有

$$J = (I - P + P^*)^{-1}P^*g = (H + P^*)P^*g = P^*g = \bar{J}$$

因为刚证明了 $J = \bar{J} = P^*g$, 式 (5.44) 写成 $P^*g + h = g + Ph$, 或者

$$(I - P)h = (I - P^*)g$$

这个方程, 使用关系式 $I - P^* = (I - P)H$[参见式 (5.9)] 和事实 $Hg = \bar{h}$ [参见式 (5.16)], 获得 $(I - P)(h - \bar{h}) = 0$, 即, 向量 $d = h - \bar{h}$ 满足 $d = Pd$。

反过来, 由命题 5.1.2, 增益-偏差对 $(\bar{J}, \bar{h})$ 是式 (5.43)、式 (5.44) 系统的解, 由式 (5.44) 的形式, 于是有对满足 $d = Pd$ 的每个 d, $(\bar{J}, \bar{h} + d)$ 也是一个解。

修订的最优性方程

回顾命题 5.1.5 和相关的最优性充分条件式 (5.37)。这些结论意味着如果 J^* 和 h 满足方程对

$$J^*(i) = \min_{u \in U(i)} \sum_{j=1}^{n} p_{ij}(u) J^*(j), \quad i = 1, \cdots, n \tag{5.45}$$

$$J^*(i) + h(i) = \min_{u \in U(i)} \left[g(i, u) + \sum_{j=1}^{n} p_{ij}(u) h(j) \right], \quad i = 1, \cdots, n \tag{5.46}$$

μ^* 是平稳策略, 满足 $\mu^*(i)$ 在式 (5.45) 和式 (5.46) 中对每个 i 达到最小值, 那么 J^* 等于最优平均费用, μ^* 是最优的。

将式 (5.45) 和式 (5.46) 称为修订的最优性方程。注意, 如果对 (J^*, h) 是这组方程的解, 并不能推出 J^* 是最优平均费用(见下面的例子)。还必须要求存在平稳策略 μ^* 满足 $\mu^*(i)$ 同时在式 (5.45) 和式 (5.46) 中对所有 i 达到最小值。无论如何, 修订的最优性方程在许多分析中经常是有用的。例如, 式 (5.46) 在 Blackwell 最优策略的最优性证明中起到核心作用, 在命题 5.1.7 中给出。这个方程还将在后续的值迭代分析中用到。

下面的例子展示了修订的最优性方程如何可以与耦合的式 (5.39) 和式 (5.40) 的最优性方程组有完全不同的解集。

例 5.1.1（续） 再考虑图 5.1.1 中的确定性的 2 个状态、2 个控制的平均费用问题。注意控制 1 保持系统停在原有状态，费用为 1 或 2，当状态分别在 1 或 2 时。控制 2 仅在状态 1 时可用，并将系统移动到状态 2，费用为 -10。

这里，修订的最优性方程组式 (5.45) 和式 (5.46) 形式如下

$$J^*(1) = \min\{J^*(1), J^*(2)\}, J^*(2) = J^*(2)$$

$$J^*(1) + h(1) = \min\{1 + h(1), -10 + h(2)\}, J^*(2) + h(2) = 2 + h(2)$$

直接可证解 (J^*, h) 满足如下关系

$$J^*(1) = \min\{1, -10 + h(2) - h(1)\}, J^*(2) = 2$$

另一方面，式 (5.39) 和式 (5.30) 的耦合对形式如下

$$J^*(1) = \min\{J^*(1), J^*(2)\}, J^*(2) = J^*(2)$$

$$J^*(1) + h^*(1) = 1 + h^*(1), J^*(2) + h^*(2) = 2 + h^*(2)$$

其解 (J^*, h^*) 满足 $J^*(1) = 1$ 和 $J^*(2) = 2$，h^* 为任意向量。所以两组最优性方程的解在本例中非常不同，特别地，修订的最优性方程组对每个与最优平均费用不同的 J^* 有解 (J^*, h)，是向量 $(1, 2)'$。

5.2 所有初始状态的平均费用相等的条件

现在将之前的一些分析针对每个初始状态的最优费用相等时的情况进行具体化，这在实用的有限状态平均费用问题中很典型，正如在第 I 卷 7.4 节中所讨论的。如在 5.1.3 节所讨论的，耦合的最优性方程组此时化简为单个方程，即贝尔曼方程。

命题 5.2.1 如果标量 λ 和向量 h 满足

$$\lambda + h(i) = \min_{u \in U(i)} \left[g(i, u) + \sum_{j=1}^{n} p_{ij}(u) h(j) \right], i = 1, \cdots, n \tag{5.47}$$

那么 λ 对所有 i 是最优平均费用 $J^*(i)$,

$$\lambda = \min_{\pi} J_{\pi}(i) = J^*(i), i = 1, \cdots, n$$

进一步地，如果 $\mu^*(i)$ 在式 (5.47) 中对每个 i 得到最小值，那么平稳策略 μ^* 是最优的，即，对所有 i 有 $J_{\mu^*}(i) = \lambda$。

证明 这是命题 5.1.8 的一个特例。

针对单个平稳策略的特例，可由命题 5.2.1 获得如下命题。

命题 5.2.2 令 μ 为平稳策略。如果标量 λ_{μ} 和向量 h 满足

$$\lambda_{\mu} + h(i) = g(i, \mu(i)) + \sum_{j=1}^{n} p_{ij}(\mu(i)) h(j), i = 1, \cdots, n$$

那么对所有 i，有 $\lambda_{\mu} = J_{\mu}(i)$。

弱可达性条件

现在在贝尔曼方程有解的条件下,由命题 5.2.1,最优费用与初始状态独立。为理解这一条件,考虑两个状态 i 和 j,假设在策略 μ 下系统若从 i 开始在有限的期望次转移后到达 j。那么对应的平均费用满足 $J^*(i) \leqslant J^*(j)$,因为在初始状态 i 的一个可能的选择是使用 π,然后切换到最优策略直到到达 j,于是到达平均费用 $J^*(j)$(从 i 开始)一定是 $J^*(i)$ 的上界。这说明如果每个状态从每一个其他的状态使用某个策略可达,那么最优平均费用应当对所有初始状态相同。通过引入一种可能性让状态在所有策略下是暂时的,再稍微推广这一条件。

定义 5.2.1 我们说 状态 i 从状态 j 可达,如果存在平稳策略 μ 和整数 k 满足

$$P(x_k = j | x_0 = i, \mu) > 0$$

定义 5.2.2 我们说 弱可达性条件(简称为 WA)满足,如果状态集合可被分解为两个子集 X_t 和 X_c,且它们满足:

(a) X_t 中的所有状态在每个平稳策略下是过渡的。

(b) 对 X_c 中的每两个状态 i 和 j,j 从 i 可达。

有下面的命题。

命题 5.2.3 令 WA 条件满足,那么最优平均费用对所有初始状态相同。

证明 令 X_t 和 X_c 为状态子集,满足定义 5.2.2 的条件,考虑最优平稳策略 μ(由命题 5.1.7,存在至少一个)。首先证明 μ 的平均费用对所有 X_c 中的状态相同。假设相反的情况,即,如下集合

$$M = \left\{ i \in X_c | J_\mu(i) = \max_{j=1,\cdots,n} J_\mu(j) \right\}$$

及其在 X_c 中的补集 $\bar{M} = \{i \in X_c | i \notin M\}$ 是空的。取任意状态 $i \in M$ 和 $j \in \bar{M}$,平稳策略 μ' 满足对某个 k,

$$P(x_k = j | x_0 = i, \mu') > 0$$

不失一般性,令 k 为满足这个不等式的最小的时间标号,那么存在状态 $m \in M$ 和 $\bar{m} \in \bar{M}$ 满足

$$[P_{\mu'}]_{m\bar{m}} = P(x_{k+1} = \bar{m} | x_k = m, \mu') > 0$$

于是有 $P_{\mu'} J_\mu$ 的第 m 维严格比 $\max_s J_\mu(s)$ 小,后者等于 J_μ 的第 m 维。这与式 (5.39) 的最优性方程矛盾,这意味着

$$J_\mu = P_\mu J_\mu \leqslant P_{\mu'} J_\mu$$

因为 X_t 中的状态在 μ 下是过渡的,系统若从 X_t 中的任意状态出发,则将在期望有限次转移之后进入 X_c 中的一个状态。所以 X_t 中的状态的平均费用等于 X_c 中状态的共同的平均费用。

这里是一个可以使用 WA 条件的例子。

例 5.2.1(机器更换) 考虑一台机器,可能处于 n 个状态 $1,\cdots,n$。当机器在状态 i 下,让机器工作一个单位时间的费用是 $g(i)$。每个周期开始的选择是 (a) 让机器在当前所在状态再工作一个周期,或者 (b) 维修机器,费用为正——R,之后状态为 1(对应于在完美条件下的机器)。没有维修时,在每个阶段结束各状态间的转移概率是 p_{ij},满足 $p_{ij} = 0$(对 $j < i$)。一旦维修了,机器保证停留在状态 1 一个周期,并在其后的阶段中,可能根据转移概率 p_{1j} 衰减到状态 $j \geqslant 1$。问题是找到一个策略

最小化每个阶段的平均费用。我们已经在例 1.2.1 中分析了这个问题的折扣费用版本。可见 WA 条件成立，所以有存在标量 λ 和向量 h，满足对所有的 i，有

$$\lambda + h(i) = \min\left[R + g(1) + h(1), g(i) + \sum_{j=1}^{n} p_{ij}h(j)\right]$$

选择上述最小化行为的策略是平均费用最优的。

注意 WA 条件只取决于问题的转移概率，而不是转移费用。完全有可能通过合适的选择转移费用，对所有初始状态的最优平均费用相等，尽管 WA 条件不满足。然而，这将只是偶然发生。为了明确这一断言，我们说对给定的一组转移概率，对所有初始状态的最优平均费用一般是相等的，如果从不等的最优平均费用导致的费用向量集合 $\{g(i,u)|i = 1, \cdots, n, u \in U(i)\}$ 的勒贝格策略为零，那么可以证明最优平均费用一般是相等的，当且仅当 WA 条件成立（见 Tsitsiklis[Tsi07]）。

单链策略

现在考虑一类特殊的平稳策略，称为单链，对应的马尔可夫链具有单个常返类（可能有一些过渡态）。对于一个在每个状态只有一个可用控制的问题，当且仅当 WA 条件成立时对应的策略是单链。于是由命题 5.2.3，对于单链策略 μ，平均费用对所有初始状态是一个共同的标量 λ_μ，

$$J_\mu(i) = \lambda_\mu, i = 1, \cdots, n$$

贝尔曼方程有如下形式

$$\lambda_\mu + h(i) = g(i, \mu(i)) + \sum_{j=1}^{n} p_{ij}(\mu(i))h(j), i = 1, \cdots, n$$

这是一个具有 n 个线性方程、$n+1$ 个未知变量标量 $\lambda_\mu, h(1), \cdots, h(n)$ 的系统，具有无穷多个解，因为对一个解的所有维 $h(1), \cdots, h(n)$ 增加相同的常量，可以获得另一个解。然而，如果去掉这一自由度并将 h 的某一维固定在某个初始值（例如 0），那么该系统可以唯一求解。这是如下命题的主题。

命题 5.2.4 令 μ 为单链策略，t 为固定的状态。具有 $n+1$ 个线性方程的系统

$$\lambda + h(i) = g(i, \mu(i)) + \sum_{j=1}^{n} p_{ij}(\mu(i))h(j), i = 1, \cdots, n \tag{5.48}$$

$$h(t) = 0 \tag{5.49}$$

以这 $n+1$ 个未知量 $\lambda, h(1), \cdots, h(n)$ 为唯一解。

证明 这是第 I 卷的命题 7.4.1(c)。为了完整性，（本质上）在这里重复相关证明。有一个更快的证明方法，即使用马尔可夫链理论的标准结论：对于单链 μ，满足 $d = P_\mu d$ 的向量 d 的集合是标量集合乘上单位向量 e。而后根据命题 5.1.9 可以推导出相关结论。

首先假设 t 是对应于 μ 的马尔可夫链的常返态。那么，由式 (5.49)，可以将式 (5.48) 写作

$$h(i) = g(i, \mu(i)) - \lambda_\mu + \sum_{j-1, j \neq t}^{n} p_{ij}(\mu(i))h(j), i = 1, \cdots, n, i \neq t$$

且与一个对应的随机最短路问题的贝尔曼方程相同,其中 t 是终了状态,$g(i, \mu(i)) - \lambda_\mu$ 是在状态 i 的期望阶段费用,$h(i)$ 是从 i 开始直到 t 的平均费用。由命题 3.2.1,该系统具有唯一解,所以 $h(i)$ 由式 (5.48) 对所有的 $i \neq t$ 有唯一定义。

下面假设 t 是过渡态。那么选择另一个过渡态 $\bar{t}$ 并引入变量替换 $\bar{h}(i) = h(i) - h(\bar{t})$。式 (5.48) 和式 (5.49) 的系统方程可以写成以 λ 和 $\bar{h}(i)$ 为变量的形式

$$\bar{h}(i) = g(i, \mu(i)) - \lambda + \sum_{j=1, j \neq \bar{t}}^{n} p_{ij}(\mu(i))\bar{h}(j), i = 1, \cdots, n, i \neq \bar{t}$$

$$\bar{h}(\bar{t}) = 0$$

所以由之前给出的关于随机最短路问题的论述,该系统有唯一解,意味着式 (5.48) 和式 (5.49) 的系统方程的解也是唯一的。

现在假设所有的平稳策略是单链的,那么,任意最优平稳策略是单链的,由命题 5.1.7,至少保证存在一个。由之前的命题,这意味着最优平均费用与初始状态独立。另一种看待这一点的方法是将命题 5.2.3 和下面的命题结合起来。

命题 5.2.5 如果所有平稳策略是单链的,则 WA 条件成立。

证明 假设不成立,即,存在状态 i 和 j,在每个平稳策略下都是非过渡的,且满足 j 从 i 不可达。考虑平稳策略 μ,在其下 j 是常返的。在 μ 下并从 i 开始,j 的常返类永远不会被达到,所以一定有另一个常返类被达到。所以对应于 μ 的马尔可夫链有多于一个常返类,与单链假设矛盾。

注意在例 5.2.1 的机器更换问题中,WA 条件成立,并非所有策略都是单链的。特别地,对于除了在最坏状态 n 以外每个状态都选择更换机器的平稳策略(这是一个性能差但有效的选择),对应的马尔可夫链有两个常返类:$\{1, 2, \cdots, n-1\}$ 和 $\{n\}$(假设 $p_{1n} = 0$)。于是,所有策略都是单链的假设比 WA 条件更局限。

另一个有意思的事实是,对于给定的转移概率验证所有策略都是单链的假设是否成立是一个 NP 完全问题,正如在 [Tsi07] 中所证。相反地,可以使用简单的多项式时间图算法验证 WA 条件。

构造单链策略

尽管在 WA 条件下并非所有平稳策略都是单链的,但是总可以将平稳策略转化为单链的策略,且不影响任意选定的某个常返类中各状态的平均费用。特别地,令 μ 为平稳策略,S 为 μ 下的某个常返类的状态集合,S 中的每个状态的平均费用为 λ_μ。[1]可以将在 S 之外的状态上重新定义 μ 来构造一个新的单链策略,具有常返类 S,对所有状态的平均费用是 λ_μ。这里的思想是让不在 S 中的状态为过渡态,所以这些状态以概率 1 进入常返类 S,由此达到平均费用 λ_μ。

首先构造 $S_0 = S$。在第 k 步,给定 S_{k-1},如果 S_{k-1} 是空集则停止;否则,定义

$$S_k = \{i \notin S_0 \cup \cdots \cup S_{k-1} | p_{ij}(u) > 0, \text{对某个} u \in U(i) \text{和} j \in S_{k-1}\}$$

对每个 $i \in S_k$,重定义 $\mu(i)$ 等于某个 $u \in U(i)$,它满足对某个 $j \in S_{k-1}$ 有 $p_{ij}(u) > 0$。可以看到因为 WA 条件,S_k 将是非空的,除非 $S_0 \cup \cdots S_{k-1}$ 包括所有状态。所以,这一构造将在所有不在 S 中的状态上重新定义 μ,根据 μ 新的定义,这些状态将是过渡的,所以重定义的策略是单链的,且所有状

---

[1] 可以通过使用简单的算法找到与 μ 对应的马尔可夫链的所有常返类,对此请阅读相关参考文献。

态的平均费用将为 λ_μ。注意构造一共需要 $O(n(nm))$ 个操作，其中 m 是每个状态下最大可能的控制个数。

通过使用上面的构造，可获得下面的命题。

命题 5.2.6 如果 WA 条件满足，那么存在最优平稳策略是单链的。

证明 令 μ^* 为最优平稳策略，令 S 为构成 μ^* 下的常返类的状态集合。使用上文给出的构造。

注意单链最优策略由之前命题保证存在，但未必是 Blackwell 最优的。事实上，在 WA 条件下可能不存在 Blackwell 最优的单链策略（见习题 5.4）。

5.3 值迭代

所有为折扣和随机最短路问题开发的计算方法都有对每阶段平均费用的对应版本。然而，这些方法的推导通常是复杂的，且在折扣和随机最短路问题中没有直接的类比。事实上，这些方法的有效性可能依赖于与底层的马尔可夫链的结构相关的假设，我们在之前的章节中没有碰到这种情况。

一般而言，平均费用问题的最重要特征是弱可达性（WA）条件是否成立，这一条件本质上等价于要求最优平均费用 $J^*(i)$ 与 i 独立（见之前一阶的讨论）。所以将区分两种情形：

(a) 单链情形，此时弱可达性条件成立。此时，$J^*(i)$ 与 i 独立，存在具有单个常返类（可能加上某些暂态）的最优平稳策略。

(b) 多链情形，此时弱可达性条件不成立。此时，$J^*(i)$ 通常依赖于 i，最优平稳策略通常具有多个常返类。

我们已经看到了在这两种情形的分析中的主要区别：在单链情形，有单个最优性方程，而在多链情形有一对耦合的最优性方程组（参见 5.1.3 节）。现在讨论值迭代，主要强调更一般的单链情形（或者在弱可达性条件，或者意味着弱可达性条件的其他假设条件），但也会兼顾多链情形。在后续章节将讨论策略迭代和线性规划，均同时针对单链和多链的情形。

平均费用问题的值迭代方法的自然版本是从某个初始向量 h 开始，直接序贯的生成有限阶段最优费用 $Th, T^2h, \cdots$，其中 T 是如下动态规划映射

$$Th = \min_\mu [g_\mu + P_\mu h]$$

于是自然地猜测 "每个阶段" 的 k-阶段平均费用 $(1/k)T^k h$ 在 $k \to \infty$ 时收敛到最优平均费用向量 J^*；这实际上在第 I 卷 7.4 节中对单链情形已经证明。

现在证明 $(1/k)T^k h$ 通常收敛到 J^*。在如下命题中给出了证明的基本思想，就是证明对所有的 $k \geqslant 1$，有

$$T^k \hat{h} = kJ^* + \hat{h} \tag{5.50}$$

其中 J^* 是最优平均费用向量，$\hat{h}$ 是一个向量，满足修订的最优性方程 $J^* + \hat{h} = T\hat{h}$，如在命题 5.1.5 中所示 [参见式 (5.29)]。于是说 $T^k h - T^k \hat{h}$ 只是 k-阶段费用函数的最优值之间的差别，且仅在它们的终了费用上有差别（h 和 $\hat{h}$），所以有对所有的状态 i，有

$$\min_j [h(j) - \hat{h}(j)] \leqslant (T^k h)(i) - (T^k \hat{h})(i) \leqslant \max_j [h(j) - \hat{h}(j)]$$

式 (5.50) 证明了 $(1/k)T^k h$ 在极限时获得最优费用向量 J^*。

命题 5.3.1 令 J^* 为最优平均费用向量，令 $\hat{h}$ 为一个向量满足修订的最优性方程 $J^* + \hat{h} = T\hat{h}$，如在命题 5.1.5 中所示 [参见式 (5.29)]。再令 h 为任意 $\Re^n$ 中的向量。

(a) 对所有的 k，有

$$\min_{i=1,\cdots,n} \left[h(i) - \hat{h}(i) \right] \leqslant (T^k h)(i) - kJ^*(i) - \hat{h}(i)$$
$$\leqslant \max_{i=1,\cdots,n} \left[h(i) - \hat{h}(i) \right] \tag{5.51}$$

(b) 对所有的 k，有

$$T^k \hat{h} = kJ^* + \hat{h} \tag{5.52}$$

(c) 值迭代方法通过如下方程获得 J^*

$$J^* = \lim_{k \to \infty} \frac{1}{k} T^k h \tag{5.53}$$

证明 (a) 对任意的 $\mu_0, \cdots, \mu_{k-1}$，有

$$\left(T_{\mu_0} \cdots T_{\mu_{k-1}} \right)(h) = \left(T_{\mu_0} \cdots T_{\mu_{k-1}} \right)(\hat{h}) + P_{\mu_0} \cdots P_{\mu_{k-1}}(h - \hat{h}) \tag{5.54}$$

同时，从方程 $J^* + \hat{h} = T\hat{h}$，有

$$T_{\mu_{k-1}}\hat{h} \geqslant J^* + \hat{h}$$

对两侧同时应用 $T_{\mu_{k-2}}$，

$$\begin{aligned} T_{\mu_{k-2}} T_{\mu_{k-1}}\hat{h} &\geqslant T_{\mu_{k-2}}(J^* + \hat{h}) \\ &= g_{\mu_{k-2}} + P_{\mu_{k-2}}J^* + P_{\mu_{k-2}}\hat{h} \\ &\geqslant J^* + T_{\mu_{k-2}}\hat{h} \\ &\geqslant 2J^* + \hat{h} \end{aligned}$$

其中第二个不等式来自 $P_\mu J^* \geqslant J^*$ 对所有 μ 成立这一事实（参见命题 5.1.4），第三个不等式来自 $T\hat{h} = J^* + \hat{h}$ 这一事实。类似地，有

$$T_{\mu_0} \cdots T_{\mu_{k-1}}\hat{h} \geqslant kJ^* + \hat{h} \tag{5.55}$$

令 μ^* 为 Blackwell 最优策略。那么由命题 5.1.4 和命题 5.1.5，有 $P_{\mu^*} J^* = J^*$ 和 $J^* + \hat{h} = T_{\mu^*}\hat{h}$，所以如果 $\mu_0, \cdots, \mu_{k-1}$ 都等于 μ^*，那么之前关系式中的等号成立，即

$$T_{\mu^*}^k \hat{h} = kJ^* + \hat{h} \tag{5.56}$$

使用式 (5.54)，令 $\mu_0 = \cdots = \mu_{k-1} = \mu^*$，有

$$T^k h \leqslant T_{\mu^*}^k h = T_{\mu^*}^k \hat{h} + P_{\mu^*}^k(h - \hat{h}) \leqslant T_{\mu^*}^k \hat{h} + \max_{i=1,\cdots,n}[h(i) - \hat{h}(i)]e$$

并使用式 (5.56)，获得式 (5.51) 的右侧。

此外，对 $m = 0, \cdots, k-1$，令 μ_m 满足 $T_{\mu_m} T^m h = T^{m+1} h$。那么，合并式 (5.54) 和式 (5.55)，有

$$
\begin{aligned}
T^k h &= T_{\mu_0} \cdots T_{\mu_{k-1}} h \\
&= T_{\mu_0} \cdots T_{\mu_{k-1}} \hat{h} + P_{\mu_0} \cdots P_{\mu_{k-1}} (h - \hat{h}) \\
&\geqslant k J^* + \hat{h} + P_{\mu_0} \cdots P_{\mu_{k-1}} (h - \hat{h}) \\
&\geqslant k J^* + \hat{h} + \min_{i=1,\cdots,n} [h(i) - \hat{h}(i)] e
\end{aligned}
$$

这就是式 (5.51) 的左侧。

(b) 令 $h = \hat{h}$，使用式 (5.51)。

(c) 式 (5.51) 两侧除以 k 并当 $k \to \infty$ 时取极限。

尽管可以通过 $(1/k) T^k h$ 的极限获得 J^*，但这有两个缺点。首先，$T^k h$ 的某些维通常发散到 ∞ 或者 $-\infty$，所以直接计算 $\lim_{k \to \infty} (1/k) T^k h$ 在数值上是不现实的。其次，不能获得对应的微分费用向量。为处理这些问题，现在将区分单链和多链的情形。

5.3.1　单链值迭代

可以尝试通过从所有的值 $(T^k h)(i), i = 1, \cdots, n$ 中减去共同的标量 δ^k 来回避之前提及的值迭代的两点困难，所以 $(T^k h)(i) - \delta^k$ 保持有界。为了让这一方法有效，必须假设最优平均费用对所有的 i 相同；否者值迭代 $(T^k h)(i)$ 将对不同的 i 以不同的速率增加 [参见命题 5.3.1(b)]。

所以考虑如下形式的方法

$$
h^k = T^k h - \delta^k e
$$

其中 h 是任意向量，δ^k 是某个标量，满足

$$
\min_{i=1,\cdots,n} (T^k h)(i) \leqslant \delta^k \leqslant \max_{i=1,\cdots,n} (T^k h)(i)
$$

例如

$$
\delta^k = (T^k h)(t)
$$

其中 t 是某个固定的状态。那么由命题 5.3.1，有如下差别

$$
\max_i (T^k h)(i) - \min_i (T^k h)(i)
$$

当 $k \to \infty$ 时保持有界，所以向量 h^k 也保持有界，将看到通过对标量 δ^k 进行恰当的选择，$\{h^k\}$ 收敛到微分费用向量。

现在以适合迭代计算的形式重申算法 $h^k = T^k h - \delta^k e$。有

$$
h^{k+1} = T^{k+1} h - \delta^{k+1} e
$$

因为

$$
T^{k+1} h = T(T^k h) = T(h^k + \delta^k e) = T h^k + \delta^k e
$$

有

$$
h^{k+1} = T h^k + (\delta^k - \delta^{k+1}) e \tag{5.57}
$$

当对某个固定的状态 t 有 $\delta^k = (T^k h)(t)$ 时，有

$$\delta^{k+1} = (T^{k+1}h)(t) = \big(T(h^k + \delta^k e)\big)(t) = (Th^k)(t) + \delta^k$$

式 (5.57) 的迭代变成

$$h^{k+1} = Th^k - (Th^k)(t)e \tag{5.58}$$

之后将主要讨论 $\delta^k = (T^k h)(t)$ 的情形，并将对应的算法式 (5.58) 称为相对值迭代，因为迭代值 h^k 等于 $T^k h - (T^k h)(t)e$，可被视作相对于状态 t 的 k-阶段最优费用向量。下面的结论也适用于该算法的其他版本（见习题 5.7 和习题 5.8）。注意生成 h^k 的相对值迭代，与生成 $T^k h$ 的普通的值迭代并没有本质区别。由这两个方法生成的向量只相差单位向量的若干倍，在这两个方法的对应迭代中涉及的最小化问题在数学上是等价的。

可见，如果相对值迭代式 (5.58) 收敛到某个向量 h^*，那么

$$(Th^*)(t)e + h^* = Th^*$$

由命题 5.2.1，这意味着 $(Th^*)(t)$ 是所有初始状态的最优平均费用，h^* 是相应的微分费用向量。所以只有当最优平均费用与初始状态独立时可期待有收敛性。然而，需要更强的假设来证明收敛性。下面的例子说明了其中的原因。

例 5.3.1　考虑具有固定的平稳策略的值迭代，转移矩阵为 P，费用向量等于 0。那么从向量 h 开始的方法产生

$$T^k h = P^k h$$

尽管 $\lim\limits_{k\to\infty} (1/k)T^k h$ 正确的获得值为 0 的平均费用向量，相对值迭代序列

$$T^k h - (T^k h)(t)e$$

可能不收敛，因为当 P 是周期性时 P^k 不收敛。

确实，相对值迭代

$$h^{k+1} = Ph^k - (Ph^k)(t)e$$

可被写作

$$h^{k+1} = Ph^k - ee_t'Ph^k = \hat{P}h^k$$

其中

$$\hat{P} = (I - ee_t')P \tag{5.59}$$

e_t' 是行向量，第 t 维等于 1，其他所有维等于 0。该迭代对所有初始向量 h^0 收敛，当且仅当 $\hat{P}$ 的所有特征值严格位于单位圆内。对 P 的任意特征值 γ 和对应的特征向量 v，有

$$\hat{P}v = (I - ee_t')Pv = \gamma(v - ee_t'v)$$

所以有

$$\hat{P}(v - ee_t'v) = \gamma(v - ee_t'v)$$

于是 P 的每个特征值 γ 和对应的特征向量 v, 也是 $\hat{P}$ 的特征值和对应的特征向量 $(v - ee_t'v)$, 只要 $v - ee_t'v \neq 0$。特征值 $\gamma = 1$ 且特征向量 $v = e$ 时, 不能满足 $v - ee_t'v \neq 0$ 这一条件。然而, 如果 P 有特征值 $\gamma \neq 1$ 且在单位圆上, $\hat{P}$ 将有相同的特征值, 迭代将不收敛。当 P 是周期性的并有在单位圆上的非单位特征值时将出现这一情况。例如, 假设

$$P = \begin{pmatrix} 0 & 1 \\ 1 & 0 \end{pmatrix}$$

其特征值为 1 和 -1。那么令 $t = 1$, 式 (5.59) 的矩阵 $\hat{P}$ 给定如下

$$\hat{P} = \left(\begin{pmatrix} 1 & 0 \\ 0 & 1 \end{pmatrix} - \begin{pmatrix} 1 \\ 1 \end{pmatrix} \begin{pmatrix} 1 & 0 \end{pmatrix} \right) \begin{pmatrix} 0 & 1 \\ 1 & 0 \end{pmatrix} = \begin{pmatrix} 0 & 0 \\ 1 & -1 \end{pmatrix}$$

特征值为 0 和 -1。结果, 因为 P 的周期性, 相对值迭代不收敛, 尽管我们处理的是单个单链的平稳策略。

下面的命题在排除了如之前例子中的情形的技术条件下证明了式 (5.58) 的相对值迭代的收敛性。当每个状态下只有一个控制, 即, 只有一个平稳策略 μ 时, 下面命题的条件需要对某个正整数 m, 举证 P_μ^m 有至少一列全为正值。可以证明这等价于要求 μ 是单链的, 且对应的马尔可夫链是非周期的 (例如, 见 [BeT08])。不过, 稍后将提供式 (5.58) 的相对值迭代的一种变形, 这一方法在所有平稳策略是单链的条件下收敛, 无论对应的马尔可夫链是否为周期性的 (见命题 5.3.4)。

命题 5.3.2 假设存在正整数 m 满足对每个可接受的策略 $\pi = \{\mu_0, \mu_1, \cdots\}$, 存在 $\epsilon > 0$ 和状态 s 满足

$$\left[P_{\mu_m} P_{\mu_{m-1}} \cdots P_{\mu_1} \right]_{is} \geqslant \epsilon, i = 1, \cdots, n \tag{5.60}$$

$$\left[P_{\mu_{m-1}} P_{\mu_{m-2}} \cdots P_{\mu_0} \right]_{is} \geqslant \epsilon, i = 1, \cdots, n \tag{5.61}$$

其中 $[\cdot]_{is}$ 标志对应矩阵的第 i 行第 s 列的元素。固定一个状态 t, 考虑相对值迭代算法

$$h^{k+1}(i) = (Th^k)(i) - (Th^k)(t), i = 1, \cdots, n \tag{5.62}$$

其中 h^0 是任意向量。那么序列 $\{h^k\}$ 收敛到满足 $(Th^*)(t)e + h^* = Th^*$ 的向量 h^*, 所以由命题 5.2.1, $(Th^*)(t)$ 等于所有初始状态的最优平均费用, 且 h^* 是相应的微分费用向量。

证明 记有

$$q^k(i) = h^{k+1}(i) - h^k(i), i = 1, 2, \cdots, n$$

证明对所有的 i 和 $k \geqslant m$, 有

$$\max_i q^k(i) - \min_i q^k(i) \leqslant (1 - \epsilon) \left(\max_i q^{k-m}(i) - \min_i q^{k-m}(i) \right) \tag{5.63}$$

其中 m 和 ϵ 正如在假设中所述。由这一关系, 有对某个 $B > 0$ 和所有的 k,

$$\max_i q^k(i) - \min_i q^k(i) \leqslant B(1 - \epsilon)^{k/m}$$

因为 $q^k(t) = 0$, 于是对所有的 i, 有

$$|h^{k+1}(i) - h^k(i)| = |q^k(i)| \leqslant \max_j q^k(j) - \max_j q^k(j) \leqslant B(1 - \epsilon)^{k/m}$$

所以，对每个 $r > 1$ 和 i，有

$$|h^{k+r}(i) - h^k(i)| \leqslant \sum_{l=0}^{r-1} |h^{k+l+1}(i) - h^{k+l}(i)|$$

$$\leqslant B(1-\epsilon)^{k/m} \sum_{l=0}^{r-1} (1-\epsilon)^{l/m} \tag{5.64}$$

$$= \frac{B(1-\epsilon)^{k/m} \left(1 - (1-\epsilon)^{r/m}\right)}{1 - (1-\epsilon)^{1/m}}$$

所以 $\{h^k(i)\}$ 是柯西列，收敛到极限点 $h^*(i)$。由式 (5.62)，可以看到方程 $(Th^*)(t) + h^*(i) = (Th^*)(i)$ 对所有的 i 成立。于是式 (5.63) 得证。

为了证明式 (5.63)，用 $\mu_k(i)$ 表示在如下关系式中达到最小值的控制

$$(Th^k)(i) = \min_{u \in U(i)} \left[g(i, u) + \sum_{j=1}^{n} p_{ij}(u) h^k(j) \right] \tag{5.65}$$

对每个 k 和 i 成立。标记

$$\lambda_k = (Th^k)(t)$$

于是有

$$h^{k+1} = g_{\mu_k} + P_{\mu_k} h^k - \lambda_k e \leqslant g_{\mu_{k-1}} + P_{\mu_{k-1}} h^k - \lambda_k e$$

$$h^k = g_{\mu_{k-1}} + P_{\mu_{k-1}} h^{k-1} - \lambda_{k-1} e \leqslant g_{\mu_k} + P_{\mu_k} h^{k-1} - \lambda_{k-1} e$$

其中 $e = (1, \cdots, 1)'$ 是单位向量。基于这些关系式，使用定义 $q^k = h^{k+1} - h^k$，有

$$P_{\mu_k} q^{k-1} + (\lambda_{k-1} - \lambda_k) e \leqslant q^k \leqslant P_{\mu_{k-1}} q^{k-1} + (\lambda_{k-1} - \lambda_k) e$$

因为这一关系式对每个 $k \geqslant 1$ 成立，通过迭代有

$$P_{\mu_k} \cdots P_{\mu_{k-m+1}} q^{k-m} + (\lambda_{k-m} - \lambda_k) e \leqslant q^k$$

$$\leqslant P_{\mu_{k-1}} \cdots P_{\mu_{k-m}} q^{k-m} + (\lambda_{k-m} - \lambda_k) e \tag{5.66}$$

首先，假设如同在式 (5.60) 和式 (5.61) 中对应于 $\mu_{k-m}, \cdots, \mu_k$ 的特殊状态 s 是在式 (5.62) 迭代中使用的固定状态 t；即

$$\left[P_{\mu_k} \cdots P_{\mu_{k-m+1}}\right]_{it} \geqslant \epsilon, \quad i = 1, \cdots, n$$

$$\left[P_{\mu_{k-1}} \cdots P_{\mu_{k-m}}\right]_{it} \geqslant \epsilon, \quad i = 1, \cdots, n \tag{5.67}$$

式 (5.66) 的右侧获得

$$q^k(i) \leqslant \sum_{j=1}^{n} [P_{\mu_{k-1}} \cdots P_{\mu_{k-m}}]_{ij} q^{k-m}(j) + \lambda_{k-m} - \lambda_k$$

所以使用式 (5.67) 和事实 $q^{k-m}(t) = 0$，有

$$q^k(i) \leqslant (1-\epsilon) \max_j q^{k-m}(j) + \lambda_{k-m} - \lambda_k, i = 1, \cdots, n$$

这意味着

$$\max_j q^k(j) \leqslant (1-\epsilon)\max_j q^{k-m}(j) + \lambda_{k-m} - \lambda_k$$

类似地，由式 (5.66) 的左侧，有

$$\min_j q^k(j) \geqslant (1-\epsilon)\min_j q^{k-m}(j) + \lambda_{k-m} - \lambda_k$$

通过将最后两个关系式相减，可获得所希望获得的式 (5.63)。

正如在式 (5.60) 和式 (5.61) 中对应于 $\mu_{k-m}, \cdots, \mu_k$ 的特殊状态 s 不等于 t，定义相关的迭代过程

$$\tilde{h}^{k+1}(i) = (T\tilde{h}^k)(i) - (T\tilde{h}^k)(s), i = 1, \cdots, n \tag{5.68}$$

$$\tilde{h}^0(i) = h^0(i), i = 1, \cdots, n$$

那么，如前所述，有

$$\max_i \tilde{q}^k(i) - \min_i \tilde{q}^k(i) \leqslant (1-\epsilon)\left(\max_i \tilde{q}^{k-m}(i) - \min_i \tilde{q}^{k-m}(i)\right) \tag{5.69}$$

其中

$$\tilde{q}^k = \tilde{h}^{k+1} - \tilde{h}^k$$

于是使用式 (5.62) 和式 (5.68) 可直接证明，对所有的 i 和 k，有

$$h^k(i) = \tilde{h}^k(i) + (T\tilde{h}^{k-1})(s) - (T\tilde{h}^{k-1})(t)$$

所以，h^k 和 q^k 的各维分别与 $\tilde{h}^k$ 和 $\tilde{q}^k$ 的各维相差一个常数。于是有

$$\max_i q^k(i) - \min_i q^k(i) = \max_i \tilde{q}^k(i) - \min_i \tilde{q}^k(i)$$

由式 (5.69)，可获得所期望的式 (5.63)。

通过之前的证明过程，还可以获得收敛速率的估计。对式 (5.64) 当 $r \to \infty$ 时取极限，有

$$\max_i |h^k(i) - h^*(i)| \leqslant \frac{B(1-\epsilon)^{k/m}}{1 - (1-\epsilon)^{1/m}}, k = 0, 1, \cdots$$

所以误差界在每次迭代被减小 $(1-\epsilon)^{1/m}$。如果假设存在唯一的最优平稳策略 μ^*，则可以获得更快的收敛速率。于是，可以证明式 (5.65) 中的最小值对所有的 i 和 k 可在某个指标之后由 $\mu^*(i)$ 达到，所以对这样的 k，相对值迭代形式为 $h^{k+1} = T_{\mu^*} h^k - (T_{\mu^*} h^k)(t)e$，并且被如下矩阵的谱半径（最大特征值的幅值）限制

$$\hat{P}_{\mu^*} = (I - ee_t')P_{\mu^*}$$

误差界

与折扣问题类似，相对值迭代方法可以通过计算单调误差界来加强。

命题 5.3.3 在命题 5.3.2 的假设下，式 (5.62) 的相对值迭代方法的迭代值 h^k 满足

$$\underline{c}_k \leqslant \underline{c}_{k+1} \leqslant \lambda \leqslant \bar{c}_{k+1} \leqslant \bar{c}_k \tag{5.70}$$

其中 λ 是所有初始状态的最优平均费用，且有

$$\underline{c}_k = \min_i \left[(Th^k)(i) - h^k(i) \right]$$

$$\bar{c}_k = \max_i \left[(Th^k)(i) - h^k(i) \right]$$

证明 令 $\mu_k(i)$ 得到下式中的最小值

$$(Th^k)(i) = \min_{u \in U(i)} \left[g(i,u) + \sum_{j=1}^n p_{ij}(u)h^k(j) \right]$$

对每个 k 和 i 均成立。使用式 (5.62)，有

$$(Th^k)(i) = g(i,\mu_k(i)) + \sum_{j=1}^n p_{ij}(\mu_k(i)) h^k(j)$$

$$= g(i,\mu_k(i)) + \sum_{j=1}^n p_{ij}(\mu_k(i)) (Th^{k-1})(j) - (Th^{k-1})(t)$$

和

$$h^k(i) \leqslant g(i,\mu_k(i)) + \sum_{j=1}^n p_{ij}(\mu_k(i))h^{k-1}(j) - (Th^{k-1})(t)$$

将最后两个关系式相减，有

$$(Th^k)(i) - h^k(i) \geqslant \sum_{j=1}^n p_{ij}(\mu_k(i)) \left((Th^{k-1})(j) - h^{k-1}(j) \right)$$

于是有

$$\min_i \left[(Th^k)(i) - h^k(i) \right] \geqslant \min_i \left[(Th^{k-1})(i) - h^{k-1}(i) \right]$$

或者等价的

$$\underline{c}_{k-1} \leqslant \underline{c}_k$$

类似的分析可证明

$$\bar{c}_k \leqslant \bar{c}_{k-1}$$

由命题 5.3.2，有 $h^k(i) \to h^*(i)$，对所有的 i 有 $(Th^*)(i) - h^*(i) = \lambda$，所以 $\underline{c}_k \to \lambda$。因为 $\{\underline{c}_k\}$ 也是非减的，所以一定对所有的 k 有 $\underline{c}_k \leqslant \lambda$。类似地，对所有的 k 有 $\bar{c}_k \geqslant \lambda$。

现在通过一个例子来展示相对值迭代方法和误差界式 (5.70)。

例 5.3.2 考虑 2.2 节的算例（例 2.2.1）的无折扣版本。有

$$S = \{1, 2\}, C = \{u^1, u^2\}$$

$$P(u^1) = \begin{pmatrix} p_{11}(u^1) & p_{12}(u^1) \\ p_{21}(u^1) & p_{22}(u^1) \end{pmatrix} = \begin{pmatrix} 3/4 & 1/4 \\ 3/4 & 1/4 \end{pmatrix}$$

$$P(u^2) = \begin{pmatrix} p_{11}(u^2) & p_{12}(u^2) \\ p_{21}(u^2) & p_{22}(u^2) \end{pmatrix} = \begin{pmatrix} 1/4 & 3/4 \\ 1/4 & 3/4 \end{pmatrix}$$

和

$$g(1,u^1) = 2, g(1,u^2) = 0.5, g(2,u^1) = 1, g(2,u^2) = 3$$

映射 T 具有如下形式

$$(Th)(i) = \min \left\{ g(i,u^1) + \sum_{j=1}^{2} p_{ij}(u^1)h(j), g(i,u^2) + \sum_{j=1}^{2} p_{ij}(u^2)h(j) \right\}$$

令 $t=1$ 为参考状态，式 (5.62) 的相对值迭代具有如下形式

$$h^{k+1}(1) = 0$$

$$h^{k+1}(2) = (Th^k)(2) - (Th^k)(1)$$

从 $h^0(1) = h^0(2) = 0$ 开始的计算结果示于图 5.3.1 中。

k	$h^k(1)$	$h^k(2)$	$\underline{c}_k$	$\bar{c}_k$
0	0	0		
1	0	0.500	0.625	0.875
2	0	0.250	0.687	0.812
3	0	0.375	0.719	0.781
4	0	0.312	0.734	0.765
5	0	0.344	0.742	0.758
6	0	0.328	0.746	0.754
7	0	0.336	0.748	0.752
8	0	0.332	0.749	0.751
9	0	0.334	0.749	0.750
10	0	0.333	0.750	0.750

图 5.3.1　例 5.3.2 问题中由相关的 VI 方法产生的迭代和误差边界

相对值迭代方法的其他版本

如前所述，命题 5.3.2 中所给的相对值迭代方法可能在单链的假设下不收敛；需要更强的条件。现在将证明可以通过修改问题而不影响最优费用或者最优策略来回避这一困难，并对修订后的问题使用相对值迭代方法。

令 τ 为满足下式的任意标量

$$0 < \tau < 1$$

考虑当对应于平稳策略 μ 的每个转移矩阵 P_μ 被替代为

$$\tilde{P}_\mu = \tau P_\mu + (1-\tau)I \tag{5.71}$$

所获得的问题,其中 I 是单位阵。注意 $\tilde{P}_\mu$ 是转移概率矩阵,具有如下性质:在每个状态,自转移以至少 $(1-\tau)$ 的概率发生。这破坏了 P_μ 可能具有的所有周期特点,并让 $\tilde{P}_\mu$ 成为非周期的。从另一个角度看,注意 $\tilde{P}_\mu$ 的每个特征值形式为 $\tau\gamma+(1-\tau)$,其中 γ 是 P_μ 的特征值。所以,P_μ 的所有 $\gamma\neq1$ 且位于单位圆上的特征值被映射成了 $\tilde{P}_\mu$ 的特征值,且后者严格位于单位圆内。

修订后问题的贝尔曼方程是

$$\tilde{\lambda}_\mu e + \tilde{h} = g_\mu + \tilde{P}_\mu \tilde{h} = g_\mu + (\tau P_\mu + (1-\tau)I)\tilde{h}$$

这可被写成

$$\tilde{\lambda}_\mu e + \tau\tilde{h} = g_\mu + P_\mu(\tau\tilde{h})$$

我们注意到这个方程与原问题的贝尔曼方程相同

$$\lambda_\mu e + h = g_\mu + P_\mu h$$

具有如下等式关系 (identification)

$$h = \tau\tilde{h}$$

由命题 5.2.2,如果原问题的每个阶段的平均费用对每个 μ 与 i 独立,那么这对修订后的问题也成立。进一步地,所有平稳策略的费用和最优费用对于原问题和修改后的问题相等。

现在考虑修改后的问题(见式 (5.62))的相对值迭代方法。直接的计算显示其具有如下形式

$$h^{k+1}(i) = (1-\tau)h^k(i) + \min_{u\in U(i)}\left[g(i,u) + \tau\sum_{j=1}^n p_{ij}(u)h^k(j)\right]$$
$$- \min_{u\in U(t)}\left[g(t,u) + \tau\sum_{j=1}^n p_{tj}(u)h^k(j)\right] \tag{5.72}$$

其中 t 是某个固定的状态,满足 $h^0(t)=0$。注意这一迭代与原来的版本一样易于操作。它是收敛的,然而需要比命题 5.3.2 更弱的条件。

命题 5.3.4 假设每个平稳策略是单链的。那么,对 $0 < \tau < 1$,式 (5.72) 的修正的相对值迭代生成的序列 $\{h^k(i)\}$ 满足

$$\lim_{k\to\infty} h^k(i) = \frac{h^*(i)}{\tau}$$

$$\lim_{k\to\infty}\min_{u\in U(i)}\left[g(t,u) + \tau\sum_{j=1}^n p_{tj}(u)h^k(j)\right] = \lambda$$

其中 λ 是最优平均费用,h^* 是微分费用向量。

证明 这里要证明对修正后的涉及式 (5.71) 中转移概率矩阵 $\tilde{P}_\mu$ 的问题,命题 5.3.2 的条件成立。关键的事实是如果矩阵 $\tilde{P}_\mu$ 的一维是正的,当这个矩阵乘以另一个矩阵 $\tilde{P}_{\mu'}$ 时仍为正的,即如果 $[\tilde{P}_\mu]_{ij} > 0$ 或者 $[\tilde{P}_{\mu'}]_{ij} > 0$,则 $[\tilde{P}_{\mu'}\tilde{P}_\mu]_{ij} > 0$,原因在于式 (5.71) 中定义的 $(1-\tau)$ 这个系数。所以乘积 $\tilde{P}_{\mu_m}\cdots\tilde{P}_{\mu_0}$ 的正的元素包括了从集合 $\tilde{P}_{\mu_m},\cdots,\tilde{P}_{\mu_0}$ 的任意矩阵的子集的乘积中都是正的那些元素。

令 $m > nn_M$，其中 n 是状态数，n_M 是不同的平稳策略数。考虑控制函数 $\mu_0, \mu_1, \cdots, \mu_m$ 构成的集合，所以至少一个 μ 在子集 $\mu_1, \cdots, \mu_{m-1}$ 中被重复 n 次。那么 $\tilde{P}_{\mu_m} \cdots \tilde{P}_{\mu_1}$ 和 $\tilde{P}_{\mu_{m-1}} \cdots \tilde{P}_{\mu_0}$ 的正的元素包括矩阵 P_μ^n 的正的元素。令 s 为 $\tilde{P}_\mu$ 下的常返态。那么，对所有的 i，有 $[P_\mu^n]_{is} > 0$，所以有对某个 $\epsilon > 0$，如下条件满足

$$[\tilde{P}_{\mu_m} \cdots \tilde{P}_{\mu_1}]_{is} \geqslant \epsilon, i = 1, \cdots, n$$

$$[\tilde{P}_{\mu_{m-1}} \cdots \tilde{P}_{\mu_0}]_{is} \geqslant \epsilon, i = 1, \cdots, n$$

注意，因为修正的值迭代方法只是元方法应用到修正后的问题上，命题 5.3.3 的误差界通过适当的修正后仍可用。

最后指出，相对值迭代也可以被证明基于命题 5.3.2，在另一个替代条件下是收敛的，这一条件需要每个最优的平稳策略有非周期转移矩阵。我们将在下一节通过稍微复杂的分析证明这一点，在那里将在多链问题中讨论值迭代。

压缩值迭代和 λ-随机最短路问题

与折扣和随机最短路问题的值迭代方法相反，相对值迭代不涉及加权的极值模压缩或者甚至任何类型的压缩。可能开发一种值迭代方法，不涉及加权的极值模压缩，通过使用与第 I 卷 7.4 节中讨论的随机最短路问题之间的联系。这样方法的优势是它继承了压缩迭代的鲁棒性。例如，周期性转移矩阵在基于压缩的方法中不是问题。进一步地，这样的方法采用了高斯–赛德尔和其他相关的异步变形，不过相对值迭代没有这些变形。

对我们的分析，需要更具约束性的假设，即，所有平稳策略都是单链的，状态 n 在与每个平稳策略对应的马尔可夫链中是常返的。正如在第 I 卷 7.4 节中，考虑如下的随机最短路问题，对所有满足 $j \neq n$ 的转移概率 $p_{ij}(u)$ 保持不变，将所有转移概率 $p_{in}(u)$ 设为 0，引入人工终止状态 t，从每个状态 i 以概率 $p_{in}(u)$ 进入这个人工状态（见图 5.3.2）。一步费用等于 $g(i,u) - \lambda$，其中 λ 是标量。将这个随机最短路问题称为 λ-随机最短路问题。

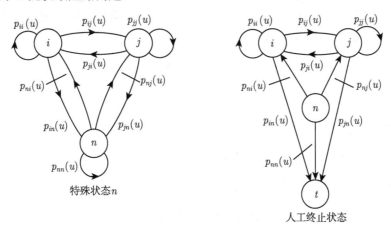

图 5.3.2 一个平均花费问题的转移概率以及它与 SSP 问题的联系

令 $h_{\mu,\lambda}(i)$ 为平稳策略 μ 在 λ-随机最短路问题中的费用，从状态 i 出发；即，$h_{\mu,\lambda}(i)$ 是从状态 i 开始直到第一次到达终了状态 n 产生的总期望费用。令 $h_\lambda(i) = \min_\mu h_{\mu,\lambda}(i)$ 为 λ-随机最短路问题对

应的最优费用。那么可以证明下面的结论（见图 5.3.3）：(a) 对所有的 μ 和所有的标量 λ 和 $\bar{\lambda}$，有

$$h_{\mu,\lambda}(i) = h_{\mu,\bar{\lambda}}(i) + (\bar{\lambda} - \lambda)N_{\mu}(i), i = 1, \cdots, n$$

其中 $N_{\mu}(i)$ 是从状态 i 开始在 μ 下达到 s 的第一个正时间的期望值。这是因为 λ-随机最短路问题和 $\bar{\lambda}$-随机最短路问题之间的唯一区别是 λ-随机最短路问题中的一步费用由 $\bar{\lambda}$-随机最短路问题中的一步费用通过 $\bar{\lambda} - \lambda$ 来调整。所以，特别地，对所有标量 λ，有

$$h_{\mu,\lambda}(i) = h_{\mu,\lambda_{\mu}}(i) + (\lambda_{\mu} - \lambda)N_{\mu}(i), i = 1, \cdots, n \tag{5.73}$$

其中 λ_{μ} 是 μ 的每阶段平均费用。进一步地，因为 $h_{\mu,\lambda_{\mu}}(n) = 0$（与第 I 卷 7.4 节的分析相比），有

$$h_{\mu,\lambda}(n) = (\lambda_{\mu} - \lambda)N_{\mu}(n) \tag{5.74}$$

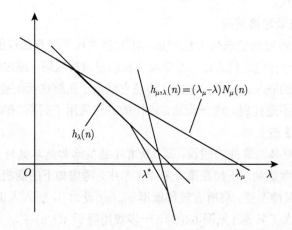

图 5.3.3　平均花费问题和 λ-SSP 问题中平稳策略的开销之间的关系。其中，$h_{\mu,\lambda}$ 是 λ-SSP 中策略 μ 的代价函数向量。也就是说，对所有的 i，有 $h_{\lambda}i = \min\limits_{\mu} h_{\mu,\lambda}(i)$。注意 $h_{\mu,\lambda}$ 关于 λ 是线性的，参看等式 (5.73)；且 $h_{\lambda}(i)$ 是关于 λ 的分段线性凹函数。此外，对于状态 n，有

$$h_{\mu,\lambda}(n) = (\lambda_{\mu} - \lambda)N_{\mu}(n)$$

因为 $h_{\mu,\lambda_{\mu}}(n) = 0$，参看等式 (5.74)。

　　(b) 如下函数

$$h_{\lambda}(i) = \min_{\mu} h_{\mu,\lambda}(i), i = 1, \cdots, n$$

是凹的、单调减的，是 λ 的分片线性函数，有

$$h_{\lambda}(n) = 0 当且仅当 \lambda = \lambda^{*}$$

进一步地，向量 $h_{\lambda^{*}}$ 和 λ^{*} 一起，满足贝尔曼方程 $\lambda^{*}e + h_{\lambda^{*}} = Th_{\lambda^{*}}$。

　　从图 5.3.3 可以看出 λ^{*} 可以通过一维搜索过程获得，该过程通过一系列嵌套的逐步减小的区间来找到 (brackets)λ^{*}（见习题 5.11）。这一方法可能效率不高，因为需要（精确）求解若干个 λ-随机最

短路问题，对应于 λ 的若干个不同的值。另一个替代方法，也是效率不高的，因为需要精确求解若干个 λ-随机最短路问题，是通过如下形式的迭代来更新 λ

$$\lambda^{k+1} = \lambda^k + \gamma^k h_{\lambda^k}(n) \tag{5.75}$$

其中 γ^k 是正的步长参数。这一迭代受图 5.3.3 启发，可以看到，$\lambda < \lambda^*$（或者 $\lambda > \lambda^*$）当且仅当 $h_\lambda(n) > 0$[或者相应的 $h_\lambda(n) < 0$] 成立。事实上，可以从图 5.3.3 看到，由式 (5.75) 生成的序列 $\{\lambda^k\}$ 收敛到 λ^*，只要步长 γ^k 对所有的迭代中不变且不超过阈值 $1/\max_\mu N_\mu(n)$。这样的步长充分小，可保证差分 $\lambda - \lambda^*$ 在式 (5.75) 的算法过程中不改变符号。注意每个 λ-随机最短路问题可以用值迭代求解，该方法具有如下形式

$$h^{k+1}(i) = \min_{u \in U(i)} \left[g(i,u) + \sum_{j=1}^{n-1} p_{ij}(u)h^k(j) \right] - \lambda, i = 1, \cdots, n \tag{5.76}$$

其中 λ 在值迭代方法中保持固定。

更有效的可能性是在式 (5.76) 的值迭代过程中改变 λ，通过使用式 (5.75) 的迭代，将 $h_{\lambda^k}(n)$ 替代为近似的、现在的值迭代 $h^{k+1}(n)$。这样的算法可被视作缓慢变化的最忌最短路问题的值迭代算法。该方法具有如下形式

$$h^{k+1}(i) = \min_{u \in U(i)} \left[g(i,u) + \sum_{j=1}^{n-1} p_{ij}(u)h^k(j) \right] - \lambda^k, i = 1, \cdots, n \tag{5.77}$$

$$\lambda^{k+1} = \lambda^k + \gamma^k h^{k+1}(n) \tag{5.78}$$

其中 γ^k 是正步长。

这个方法的动机是，状态 n 在所有平稳策略下的常返假设下，随机最短路问题的值迭代涉及压缩。特别地，基于命题 3.2.3，映射 $F : \Re^n \rightarrow \Re^n$ 具有如下给定的元素

$$F_i(h) = \min_{u \in U(i)} \left[g(i,u) + \sum_{j=1}^{n-1} p_{ij}(u)h(j) \right], i = 1, \cdots, n$$

这个映射是相对于某个加权极值模的压缩映射。注意，尽管在式 (5.77) 的 h 的迭代和式 (5.78) 的 λ 的迭代之间有耦合，后者可以通过使用步长 γ 变得比前者慢许多，以保证式 (5.77) 迭代的加权极值模压缩性质。相反地，相对值迭代方法不涉及加权极值模压缩。

式 (5.77)、式 (5.78) 的方法的收敛性可以通过多种选择步长 γ^k 的规则来证明（见 [Ber98]）。一种可能性是保持 γ^k 为充分小的常量。主要的权衡是如果 γ^k 选为常量但非常小，比如说以 $1/k$ 的速率减小（如同在许多随机迭代算法中常见的那样），那么 λ 比 h 变得相对慢，式 (5.78) 的迭代本质上变得与式 (5.75) 的迭代相同，但具有非常小的步长，这将导致收敛速度慢。另一方面，如果 γ^k 太大，那么 λ 将振荡发散。可以保持步长 γ^k 为某个通过试错法找到的常值，但有一些更好的选择。一种在 [Ber98] 的计算试验中使用良好的可能性是从相对大的 γ^k 开始（比如在 1 附近）并当 $h^k(n)$ 频繁变化符号时逐渐减小；例如，可以使用 $\gamma^k = m(\hat{k})\gamma$，其中；

(a) γ 是初始步长（正常量）。

(b) $m(\hat{k})$ 是 $\hat{k}$ 的下降函数，定义为满足 $h^{t-1}(n)h^t(n) < 0$ 的指标 $t \leqslant k$ 的个数 [迭代 t 改变 $h(n)$ 的符号]，且 $|h^t(n)|$ 大于某个固定阈值 θ。

一些可能的选择是

$$m(\hat{k}) = \frac{1}{\hat{k}+1}$$

和

$$m(\hat{k}) = \beta^{\hat{k}}$$

其中 β 是区间 $(0,1)$ 中的固定标量，所以 γ^k 在每次 $\hat{k}$ 增加时以 β 为比例变小。通常，在这样的情景下，步长迅速下降到一个合适的程度（取决于具体的问题）并在剩下的迭代中保持为常量。

注意该方法的一种改进，这保证了对于任意步长的选择只会产生有界的迭代。可以从式 (5.77) 的迭代计算 λ^* 的上下界，然后修订式 (5.78) 的迭代来将 $\lambda^k + \gamma^k h^k(n)$ 的迭代投影到界的区间。特别地，基于相对值迭代方法的命题 5.3.3 的误差界，可以看到

$$\underline{\zeta}^k \leqslant \lambda^* \leqslant \bar{\zeta}^k$$

其中

$$\underline{\zeta}^k = \lambda^k + \min\left[\min_{i \neq n}[h^{k+1}(i) - h^k(i)], h^{k+1}(n)\right]$$

$$\bar{\zeta}^k = \lambda^k + \max\left[\max_{i \neq n}[h^{k+1}(i) - h^k(i)], h^{k+1}(n)\right]$$

所以为取代迭代 $\lambda^{k+1} = \lambda^k + \gamma^k h^{k+1}(n)$[参见式 (5.78)]，可以将 λ^{k+1} 设为 $\lambda^k + \gamma^k h^{k+1}(n)$ 在如下区间上的投影

$$\left[\max_{m=0,\cdots,k} \underline{\zeta}^m, \min_{m=0,\cdots,k} \bar{\zeta}^m\right]$$

对于该算法实现的进一步讨论，推荐参考最初的来源 [Ber98]。

映射 F 的极值模压缩性质也可以被用于构造有效的基于压缩值迭代方法的高斯-赛德尔以及甚至是分布式异步的变化版本（见式 (5.77) 和式 (5.78)），其中 h 的各维的迭代顺序不可预测地变化；参见 2.5.4 节。另一方面，目前尚无已知的收敛的相对值迭代算法的高斯-赛德尔版本。

单链值迭代：小结

本节对单链问题给出了几种值迭代方法及其变形，在这里小结它们的性质：

(a) 最优平均费用向量 J^* 可以通过对 $(1/k)T^k h$[参见式 (5.53)] 取极限获得；这对多链问题也成立。

(b) 如果命题 5.3.2 的非周期类条件成立，那么最优平均费用 λ^* 和微分费用向量 h^* 若满足 $\lambda^* e + h^* = Th^*$，则都可以通过式 (5.62) 的相对值迭代在极限下获得。

(c) 即使当 (b) 中的条件不成立时，也可以让其对等价的问题成立，该问题可通过一个简单的变换从原问题获得，该变化让相关的转移概率矩阵变成非周期的：将每个 P_μ 替换为 $(1-\tau)I + \tau P_\mu$，其中 τ 是区间 $(0,1)$ 中的某个标量。

(d) 如果所有平稳策略是单链的，某个特殊的状态在每个平稳策略下都是常返的，那么可以使用一种替代的值迭代方法。这个方法包括一个加权的极值模压缩映射，从一个相关的随机最短路问题获得。作为结果，可以使用高斯-赛德尔/异步变形，且没有在相对值迭代中内在的周期性转移矩阵中的困难。

5.3.2 多链值迭代

现在考虑多链情形和值迭代方法

$$h^{k+1} = Th^k$$

从某个任意向量 h^0 开始。将 T 写成如下更紧凑的形式

$$Th = \min_{\mu \in M}[g_\mu + P_\mu h]$$

其中 M 表示所有可接受的平稳策略构成的集合。之前在命题 5.3.1 中证明了最优平均费用向量 J^* 可以如下获得

$$J^* = \lim_{k \to \infty} \frac{1}{k} T^k h^0$$

然而，我们还没有解决获得与 J^* 一同满足式 (5.39) 和式 (5.40) 的耦合的最优方程组的微分费用向量的问题。

不幸的是，作为 5.3.1 节的相对值迭代方法的基础，构造相对于某个固定状态的值迭代的想法在多链情形下却不成立，因为有多个常返类，值迭代 $h^k(i)$ 一般将以依赖 i 的速率随着 k 变化。于是使用一种不同的且更加复杂的方法，该方法基于*余项序列*的收敛性

$$r^k = h^k - kJ^* = T^k h^0 - kJ^* \tag{5.79}$$

我们已经在命题 5.3.1(a) 中证明了 $\{r^k\}$ 是有界的，很快将证明如果 $\{r^k\}$ 收敛，那么微分费用向量可以被构造。还将证明在某种非周期性条件下，$\{r^k\}$ 收敛。[①]

考虑满足修订的最优性方程 $J^* + \hat{h} = T\hat{h}$（参见命题 5.1.5）的向量 $\hat{h}$。那么，有 [参见式 (5.52)]

$$\hat{h} = T^k\hat{h} - kJ^*$$

将这一方程与式 (5.79) 联立，有

$$r^k = \hat{h} + (T^k h^0 - T^k\hat{h})$$

所以 r^k 收敛当且仅当分别以 h^0 和 $\hat{h}$ 作为终了费用向量的最优 k-阶段费用的差值收敛。

结果证明，$T^k h^0 - T^k\hat{h}$ 的收敛性 (hinges on) 需要系统中没有周期性，这一点对于通过值迭代获得微分费用向量的好的估计来说非常重要。确实，应考虑当只有一个平稳策略且转移概率矩阵为 P 的特殊情形。那么，r^k 给定如下

$$r^k = \hat{h} + \left(T^k h^0 - T^k\hat{h}\right) = \hat{h} + P^k(h^0 - \hat{h})$$

---

① 为了了解 r^k 的性质，考虑如下特殊情形，第 I 卷 7.4 节的假设成立，所以平均费用问题可被转化为相关的随机最短路问题。那么 r^k 就是随机最短路问题的第 k 步值迭代。所以，r^k 收敛到随机最短路问题的最优费用向量，这可被视作平均费用问题的微分费用向量，正如在第 I 卷 7.4 节中所讨论的那样。

保证对所有的初始 h^0 都收敛当且仅当 P 是非周期的。这在如下命题 (b) 部分的假设中有所体现，该命题是多链值迭代分析的核心。

为明确符号，将式 (5.39) 和式 (5.40) 的一对最优性方程写成如下更紧凑的形式

$$J^* = \min_{\mu \in M} P_\mu J^*, \quad J^* + h = \bar{T}h \tag{5.80}$$

其中映射 $\bar{T} : \Re^n \mapsto \Re^n$ 定义为

$$\bar{T}h = \min_{\mu \in \bar{M}}[g_\mu + P_\mu h] \tag{5.81}$$

其中 $\bar{M}$ 是在第一个最优性方程中达到最小值的平稳策略构成的子集，

$$\bar{M} = \{\bar{\mu} \in M \mid J^* = P_{\bar{\mu}} J^*\} \tag{5.82}$$

命题 5.3.5 令 J^* 为最优平均费用向量，令 $\{h^k\}$ 由值迭代方法 $h^{k+1} = T^k h^0$ 生成。

(a) 对所有充分大的 k，有

$$Th^k = \bar{T}h^k$$

如果 μ 满足 $T_\mu h^k = Th^k$，那么 $\mu \in \bar{M}$，其中 $\bar{T}$ 是式 (5.81) 的映射，$\bar{M}$ 是式 (5.82) 中的集合。

(b) 如果 μ 是具有非周期转移概率矩阵的最优平稳策略，那么对所有在 μ 下常返的状态 i，余项序列 $\{r^k\}$ 的第 i 维收敛。

(c) 如果每个最优平稳策略具有非周期转移概率矩阵，那么余项序列 $\{r^k\}$ 收敛。进一步地，如果 μ_k 满足 $T_{\mu_k} h^k = Th^k$，那么存在这样的指标 $\bar{k}$，它满足 μ_k 对所有的 $k \geqslant \bar{k}$ 是最优的。

证明 (a) 令 M' 为平稳策略 μ 构成的集合，这些平稳策略满足对无穷多个 k 都有 $T_\mu h^k = Th^k$。令 K 为满足这一条件的量: 对所有 $k \geqslant K$，有 (当且仅当 $\mu \in M'$ 时) $T_\mu h^k = Th^k$。固定 $\mu \in M'$，令 $\mathcal{K}$ 为由满足 $Th^k = T_\mu h^k$ 的整数 $k \geqslant K$ 构成的无穷集合。对所有的 $k \in \mathcal{K}$，有

$$h^{k+1} = g_\mu + P_\mu h^k$$

由此可得

$$\frac{1}{k+1}h^{k+1} = \frac{1}{k+1}g_\mu + \frac{k}{k+1}P_\mu\left(\frac{1}{k}h^k\right)$$

当 $k \to \infty$ 取极限，$k \in \mathcal{K}$ 时，可以得到 [使用事实 $(1/k)h^k \to J^*$，参见命题 5.3.1(c)]

$$J^* = P_\mu J^*$$

这意味着 $\mu \in \bar{M}$。由此还有 $Th^k = T_\mu h^k = \bar{T}h^k$。

(b) 令 (J^*, h) 表示 μ 的增益-偏差对，令 g 和 P 表示 μ 的费用向量和转移概率矩阵。由命题 5.1.2，有

$$J^* = PJ^*, \quad J^* + h = g + Ph \tag{5.83}$$

对所有的 k 记作

$$v^k = h^k - kJ^* - h$$

那么，利用式 (5.83) 以及事实 $h^{k+1} = Th^k \leqslant g + Ph^k$，有

$$
\begin{aligned}
v^{k+1} &= h^{k+1} - (k+1)J^* - h \\
&\leqslant g + Ph^k - (k+1)J^* - h \\
&= g + P(h^k - kJ^* - h) + Ph - J^* - h \\
&= Pv^k
\end{aligned}
\tag{5.84}
$$

由命题 5.3.1(a) 可知，$\{v^k\}$ 有界，所以有至少一个极限点。

在证明的剩余部分，一般用 $z(i)$ 表示向量 z 的第 i 维。令 $\hat{v}$ 表示 $\{v^k\}$ 的任意极限点，令

$$
\bar{v}(i) = \limsup_{k \to \infty} v^k(i), i = 1, \cdots, n
$$

并注意

$$
\hat{v}(i) \leqslant \bar{v}(i), i = 1, \cdots, n
$$

因为 P 有非负元素，通过迭代使用关系式 $v^{k+1} \leqslant Pv^k$ [参见式 (5.84)]，有

$$
v^{k+m} \leqslant P^m v^k, k, m = 0, 1, \cdots
$$

对每个 i，通过对收敛到 $\bar{v}(i)$ 的子列当 $m \to \infty$ 时取极限，有

$$
\bar{v}(i) \leqslant \sum_{j=1}^{n} P_{ij}^* v^k(j), i = 1, \cdots, n, k = 0, 1, \cdots
$$

其中 P^* 是 P^m 的极限点，该点存在因为 P 由假设为非周期的。当 $k \to \infty$ 时沿着收敛到 $\hat{v}$ 的子列取极限，有

$$
\bar{v}(i) \leqslant \sum_{j=1}^{n} P_{ij}^* \hat{v}(j), i = 1, \cdots, n
\tag{5.85}
$$

令 I 为状态子集构成 μ 下的常返类，令 $\bar{i} \in I$ 满足 $\bar{v}(\bar{i}) = \max_{i \in I} \bar{v}(i)$。由式 (5.85)，有

$$
\bar{v}(\bar{i}) \leqslant \sum_{j \in I} P_{\bar{i}j}^* \hat{v}(j) \leqslant \bar{v}(\bar{i}) \sum_{j \in I} P_{\bar{i}j}^* \leqslant \bar{v}(\bar{i})
\tag{5.86}
$$

其中第二个不等式使用了事实 $\hat{v}(j) \leqslant \bar{v}(\bar{i})$ 对所有的 $j \in I$ 成立。于是有在式 (5.86) 中取等号，这意味着对所有的 $j \in I$ 有 $\hat{v}(j) = \bar{v}(\bar{i})$，因为对所有的 $j \in I$，$P_{\bar{i}j}^* > 0$，而这是因为 I 构成了常返类。所以，$\{v^k(i)\}$ 对所有的 $i \in I$ 收敛到 $\bar{v}(\bar{i})$，即，v^k 的第 i 维构成的序列对所有的常返态 i 都收敛。因为 $r^k = v^k + h$，余项 r^k 的第 i 维构成的序列也满足上述性质。

(c) 令 $\bar{k}$ 对所有的 $k \geqslant \bar{k}$ 满足 $Th^k = \bar{T}h^k$，如同在 (a) 部分。有

$$
r^{k+1} = Th^k - (k+1)J^* = \bar{T}h^k - (k+1)J^* = \min_{\mu \in \bar{M}}[g_\mu + P_\mu h^k] - (k+1)J^*
$$

最终，因为 $r^k = h^k - kJ^*$，对所有的 $\mu \in \bar{M}$，有 $J^* = P_\mu J^*$，

$$
r^{k+1} = \min_{\mu \in \bar{M}}[q_\mu + P_\mu r^k], k \geqslant \bar{k}
\tag{5.87}
$$

其中 $q_\mu = g_\mu - J^*$。

令 x 和 y 为向量，其第 i 维分别为

$$x(i) = \liminf_{k\to\infty} r^k(i), y(i) = \limsup_{k\to\infty} r^k(i), i = 1, \cdots, n$$

注意 x 和 y 是定义完整的 $\Re^n$ 中的向量，因为由命题 5.3.1(a)，$\{r^k\}$ 有界。固定一个状态 i，令 $\{r^{k_m}(i)\}$ 为收敛到 $y(i)$ 的子列且满足 $\{r^{k_m-1}\}$ 收敛到一个向量 $w \in \Re^n$。对任意的 $\epsilon > 0$，存在 $\hat{k} \geqslant \bar{k}$ 满足

$$r^{k_m}(i) \geqslant y(i) - \epsilon, k_m \geqslant \hat{k}$$

$$(P_\mu r^{k_m-1})(i) \leqslant (P_\mu w)(i) + \epsilon, \mu \in \bar{M}, k_m \geqslant \hat{k}$$

那么，再使用式 (5.87)，有

$$\begin{aligned}
y(i) - \epsilon &\leqslant r^{k_m}(i) \\
&= \min_{\mu \in \bar{M}}[q_\mu(i) + (P_\mu r^{k_m-1})(i)] \\
&\leqslant \min_{\mu \in \bar{M}}[q_\mu(i) + (P_\mu w)(i)] + \epsilon \\
&\leqslant \min_{\mu \in \bar{M}}[q_\mu(i) + (P_\mu y)(i)] + \epsilon
\end{aligned}$$

其中最优一个不等式成立因为 P_μ 非负且 $w \leqslant y$。因为注意关系对所有的 $i, \mu \in \bar{M}$ 和 $\epsilon > 0$ 成立，有

$$y \leqslant \min_{\mu \in \bar{M}}[q_\mu + P_\mu y]$$

可以类似地证明

$$x \geqslant \min_{\mu \in \bar{M}}[q_\mu + P_\mu x]$$

令 $\mu \in \bar{M}$ 在上述关系式中达到最小值，所以有

$$q_\mu + P_\mu x \leqslant x \leqslant y \leqslant q_\mu + P_\mu y \tag{5.88}$$

由这一不等式，有

$$0 \leqslant y - x \leqslant P_\mu(y - x)$$

令 $P_\mu^* = \lim_{N\to\infty}(1/N)\sum_{k=0}^{N-1} P_\mu^k$（参见命题 5.1.1），迭代使用上述关系式，有

$$0 \leqslant y - x \leqslant P_\mu^*(y - x) \tag{5.89}$$

在式 (5.88) 左侧乘上 P_μ^* 并使用定义 $q_\mu = g_\mu - J^*$，有

$$P_\mu^*(g_\mu - J^*) + P_\mu^* P_\mu x \leqslant P_\mu^* x$$

再通过关系式 $J^* = P_\mu J^*$ 和 $P_\mu^* P_\mu = P_\mu^*$，获得

$$P_\mu^* g_\mu \leqslant J^*$$

因为 $P_\mu^* g_\mu = J_\mu$，所以可以看到 μ 是最优平稳策略。

由 (b) 部分，对所有在 μ 下常返的状态 i，有 $r^k(i)$ 的极限存在，所以 $y(i) - x(i) = 0$。使用这一事实，于是由式 (5.89)，有对所有在 μ 下为过渡态的状态 j 以及 P_μ^* 的第 j 列为 0，有 $y(j) - x(j) = 0$。所以，$r^k(i)$ 的极限对所有 i 存在。

最后，令 $\tilde{k} \geqslant \bar{k}$ 满足对所有的 $k \geqslant \tilde{k}$ 策略，μ_k 满足 $T_{\mu_k} h^k = T h^k$ 无穷次重复，即对无穷多 k'，有 $T_{\mu_k} h^{k'} = T h^{k'}$。对 $k \geqslant \tilde{k}, \mu_k \in \bar{M}$ 满足 $J^* = P_{\mu_k} J^*$，由式 (5.87)，

$$J^* + r^{k+1} = g_{\mu_k} + P_{\mu_k} r^k$$

固定 μ_k，沿着满足 $\mu_{k'} = \mu_k$ 的指标 k' 取极限，有

$$J^* + r^* = g_{\mu_k} + P_{\mu_k} r^*$$

由命题 5.1.9，于是有 $J_{\mu_k} = J^*$，即 μ_k 是最优的。

现在解释在非周期性假设条件 (c) 下，命题 5.3.5 在算法上的重要性。首先，可根据下式获得最优平均费用向量

$$h^{k+1} - h^k \to J^*$$

为得到上述关系，可利用式 (5.79) 对余项序列的定义

$$h^{k+1} = (k+1)J^* + r^{k+1}, h^k = kJ^* + r^k$$

由减法，可得

$$h^{k+1} - h^k = J^* + r^{k+1} - r^k$$

因为 $\{r^k\}$ 收敛，有 $r^{k+1} - r^k \to 0$，因此 $h^{k+1} - h^k \to J^*$。

其次，(J^*, r^*) 是式 (5.80) 的最优性方程组耦合对的解，其中 r^* 是余项序列 $\{r^k\}$ 的极限。为得到该结论，注意命题 5.3.5(a) 中对所有充分大的 k，有

$$h^{k+1} = T h^k = \bar{T} h^k$$

再结合 $h^k = kJ^* + r^k$，可以将上式写成

$$(k+1)J^* + r^{k+1} = \min_{\mu \in \bar{M}}[g_\mu + P_\mu(kJ^* + r^k)]$$

由 $\bar{M}$ 的定义，对所有的 $\mu \in \bar{M}$，有 $J^* = P_\mu J^*$，于是

$$J^* + r^{k+1} = \min_{\mu \in \bar{M}}[g_\mu + P_\mu r^k]$$

由此对 $k \to \infty$ 取极限，有

$$J^* + r^* = \min_{\mu \in \bar{M}}[g_\mu + P_\mu r^*]$$

我们将这些结论表述为如下命题。

命题 5.3.6 令 J^* 为最优平均费用向量，令 $\{h^k\}$ 由值迭代方法 $h^{k+1} = T^k h^0$ 生成，假设每个最优平稳策略具有非周期转移概率矩阵。

(a) 有

$$J^* = \lim_{k\to\infty}(h^{k+1} - h^k)$$

(b) 余项序列 $\{h^k - kJ^*\}$ 收敛到某个向量 r^*，与 J^* 满足式 (5.80) 的最优性方程组。

当有一个平稳策略具有周期性转移矩阵时，对某个 $\tau \in (0,1)$，将 P_μ 替换为 $(1-\tau)I + \tau P_\mu$，可以将该问题转化为一个等价的问题，其中所有平稳策略具有非周期转移矩阵，正如在相对值迭代算法中所讨论的，尽管需要考虑周期性转移矩阵的情况，但从计算的角度看它们并不重要。

最后，注意命题 5.3.3 的误差界可以被推广到多链的情形，事实上对任意满足 $T_{\mu_k}h^k = Th^k$ 的平稳策略 μ_k，有

$$\underline{c}_k \leqslant J^*(i) \leqslant J_{\mu_k}(i) \leqslant \bar{c}_k$$

其中

$$\underline{c}_k = \min_i[h^{k+1}(i) - h^k(i)], \bar{c}_k = \max_i[h^{k+1}(i) - h^k(i)]$$

（见习题 5.9）。这是 μ_k 的次优度的界。进一步地，假设命题 5.3.6 的条件成立，$\underline{c}_k$ 和 $\bar{c}_k$ 分别收敛到 $\min_i J^*(i)$ 和 $\max_i J^*(i)$。因此，当 $J^*(i)$ 对所有的 i 相同时，$\underline{c}_k$ 和 $\bar{c}_k$ 互相收敛到彼此，这与命题 5.3.3 一致。反之，当 $J^*(i)$ 并非对所有 i 相同时，误差界的差别 $\bar{c}_k - \underline{c}_k$ 将不会收敛到 0。在这种情况下，界可能相当松，可能不能作为值迭代的终止准则。

5.4 策略迭代

平均费用问题的策略迭代算法与折扣及随机最短路问题类似，分别参阅 2.3 节和 3.5 节。对于给定平稳策略，可以通过求解线性系统方程组的方法来评价它。然后可通过一个最小化的过程获得改进的策略，直到不能再改进。然而，我们发现分析更加复杂，是由于相应的马尔可夫链结构起重要作用。首先讨论单链的情形，然后是多链的情形。

5.4.1 单链策略迭代

对于单链情形，假设在算法过程中碰到的每个平稳策略都是单链的。如果不满足这一条件，则应使用多链的版本。

在策略迭代的第 k 步，得到单链平稳策略 μ^k。因此，执行策略评价；即，得到满足如下关系的平均和微分费用 λ^k 和 $h^k(i)$

$$\lambda^k + h^k(i) = g(i, \mu^k(i)) + \sum_{j=1}^n p_{ij}(\mu^k(i)) h^k(j), i = 1, \cdots, n \tag{5.90}$$

或者等价的

$$\lambda^k e + h^k = T_{\mu^k}h^k = g_{\mu^k} + P_{\mu^k}h^k$$

例如，这可以通过在式 (5.90) 的系统基础上附上如下方程

$$h^k(t) = 0$$

其中 t 是任意状态，所以解唯一（参见命题 5.2.4）。注意这一解 可以直接获得，也可以使用相对值迭代方法得到。

接下来执行策略改进；即找到一个平稳策略 μ^{k+1}，其中对所有的 i，$\mu^{k+1}(i)$ 满足

$$g\left(i,\mu^{k+1}(i)\right)+\sum_{j=1}^{n}p_{ij}\left(\mu^{k+1}(i)\right)h^{k}(j)=\min_{u\in U(i)}\left[g(i,u)+\sum_{j=1}^{n}p_{ij}(u)h^{k}(j)\right] \tag{5.91}$$

或者等价的

$$T_{\mu^{k+1}}h^{k}=Th^{k}$$

如果 $\mu^{k+1}=\mu^{k}$，则算法终止；否则，用 μ^{k+1} 替换 μ^{k} 并将该过程继续下去。注意策略 μ^{k+1} 不依赖在式 (5.91) 的策略改进中使用的式 (5.90) 的评价方程的那个解 h^{k}—— 这些解在所有状态下仅有相同的常值偏移的差别（参见命题 5.1.9 和命题 5.2.4）。特别地，可以使用 μ^{k} 的偏差替代式 (5.91) 中的 h^{k}。

有一个简单的证明，在习题 5.10 中给出，策略迭代算法将在有限步终止，如果假设对应于每个 μ^{k} 的马尔可夫链是不可约的（是单链且没有过渡态）。在没有这一假设下为证明这一结论，限制算法执行的方式如下。

统一化准则：如果 $\mu^{k}(i)$ 达到式 (5.91) 的策略改进中的最小值，则选择 $\mu^{k+1}(i)=\mu^{k}(i)$，即使 $\mu^{k}(i)$ 之外的控制可以达到最小值。

下面的命题建立了单链情形下策略迭代算法的合理性。

命题 5.4.1　如果所有生成的策略都是单链的，那么具有统一化准则的策略迭代算法在有限步终止并获得最优平稳策略。

将命题 5.4.1 的证明所需的主要论点阐述为一个单独的命题更加方便。

命题 5.4.2　令 μ 为单链策略，对应的增益–偏差对为 (λ_{μ},h_{μ})，令 $\bar{\mu}$ 为由 μ 通过具有统一化准则的策略迭代获得的单链策略，令 $(\lambda_{\bar{\mu}},h_{\bar{\mu}})$ 为对应的增益-偏差对。那么如果 $\bar{\mu}\neq\mu$，下面之一成立：

(1) $\lambda_{\bar{\mu}}<\lambda_{\mu}$。

(2) $\lambda_{\bar{\mu}}=\lambda_{\mu}$ 且对所有的 $i=1,\cdots,n$ 有 $h_{\bar{\mu}}(i)\leqslant h_{\mu}(i)$，对在 $\bar{\mu}$ 下的所有常返态 i 取等号，对在 $\bar{\mu}$ 下的至少一个过渡态 i 取严格不等号。

证明　为简化符号，记

$$P=P_{\mu},\bar{P}=P_{\bar{\mu}},P^{*}=\lim_{N\to\infty}\frac{1}{N}\sum_{k=0}^{N-1}P^{k},\bar{P}^{*}=\lim_{N\to\infty}\frac{1}{N}\sum_{k=0}^{N-1}\bar{P}^{k}$$

$$g=g_{\mu},\bar{g}=g_{\bar{\mu}},\lambda=\lambda_{\mu},\bar{\lambda}=\lambda_{\bar{\mu}},h=h_{\mu},\bar{h}=h_{\bar{\mu}}$$

定义向量 δ 如下

$$\delta=T_{\mu}h-T_{\bar{\mu}}h$$

注意策略改进一步，$T_{\bar{\mu}}h=Th$，意味着

$$0\leqslant\delta(i),i=1,\cdots,n \tag{5.92}$$

对至少一个 i 取严格不等号，如果 $\bar{\mu}\neq\mu$（从统一化准则的视角）。有

$$T_{\mu}h=\lambda e+h$$

所以将方程相减

$$T_{\bar{\mu}}h = T_{\bar{\mu}}\bar{h} + (T_{\bar{\mu}}h - T_{\bar{\mu}}\bar{h}) = \bar{\lambda}e + \bar{h} + \bar{P}(h - \bar{h})$$

有

$$\delta = (\lambda - \bar{\lambda})e + (I - \bar{P})\Delta \tag{5.93}$$

其中

$$\Delta = h - \bar{h}$$

将式 (5.93) 乘上 $\bar{P}^k$ 并对 $k = 0, 1, \cdots, N-1$ 相加, 有

$$\sum_{k=0}^{N-1} \bar{P}^k \delta = N(\lambda - \bar{\lambda})e + (I - \bar{P})\Delta + \cdots + (\bar{P}^{N-1} - \bar{P}^N)\Delta$$

$$= N(\lambda - \bar{\lambda})e + (I - \bar{P}^N)\Delta \tag{5.94}$$

除以 N 并当 $N \to \infty$ 时取极限, 有

$$\bar{P}^* \delta = \left(\lim_{N \to \infty} \frac{1}{N} \sum_{k=0}^{N-1} \bar{P}^k\right)\delta = (\lambda - \bar{\lambda})e \tag{5.95}$$

注意, $0 \leqslant \delta$[参见式 (5.92)], 可以看到

$$\bar{\lambda} \leqslant \lambda$$

如果 $\bar{\lambda} < \lambda$, 证明完成, 所以假设 $\lambda = \bar{\lambda}$。状态 i 被称为 $\bar{P}$-常返 ($\bar{P}$-过渡) 如果 i 属于 (不属于) $\bar{P}$ 对应马尔可夫链的常返类。由式 (5.95), 有 $\bar{P}^* \delta = 0$, 因为 $\delta \geqslant 0$ 且 $\bar{P}^*$ 的正元素对应于 $\bar{P}$-常返状态的列, 有

$$\delta(i) = 0, 对所有的 \bar{P}\text{-常返的} i \tag{5.96}$$

应注意统一化准则, 如果 i 是 $\bar{P}$-常返的, 那么 $\bar{\mu}(i) = \mu(i)$, 且 P 和 $\bar{P}$ 的第 i 行相同, 因此, P 和 $\bar{P}$ 具有相同的常返态。与这些常返态对应的向量 h 和 $\bar{h}$ 中的维 (相同的) 是每阶段费用分别对应于 μ 和 $\bar{\mu}$ 的马尔可夫链的偏差向量, 限制在常返态。于是有对所有的 $\bar{P}$-常返的 i, 有 $h(i) = \bar{h}(i)$, 即

$$\Delta(i) = 0, 对所有的 \bar{P}\text{-常返的} i \tag{5.97}$$

由式 (5.94), 因为 $\lambda = \bar{\lambda}$ 和 $\delta \geqslant 0$, 所以

$$\lim_{N \to \infty} \bar{P}^N \Delta = \Delta - \lim_{N \to \infty} \sum_{k=0}^{N-1} \bar{P}^k \delta \leqslant \Delta - \delta$$

对应于 $\bar{P}$-过渡态的 $\bar{P}^N \Delta$ 的维趋向 0, 从式 (5.97) 的视角看, 对应于 $\bar{P}$-常返的 $\bar{P}^N \Delta$ 的维也是这样。所以, 有 $\lim_{N \to \infty} \bar{P}^N \Delta = 0$, 于是

$$\delta(i) \leqslant \Delta(i), 对所有的 i \tag{5.98}$$

由式 (5.92) 以及式 (5.96)~ 式 (5.98), 可以看到, 当 $\delta = 0$ 时 $\mu = \bar{\mu}$; 或者对所有的 i 有 $0 \leqslant \Delta(i)$, 对至少一个 $\bar{P}$-过渡态 i 取严格不等号。

由命题 5.4.2 可知，在算法终止前没有策略会被碰到超过一次。又因为平稳策略的数量有限，因此有策略迭代算法一定在有限步终止。如果算法在第 k 步停止且满足 $\mu^{k+1} = \mu^k$，由式 (5.90) 和式 (5.91) 可以看出，λ^k 和 h^k 一定满足贝尔曼方程，

$$\lambda^k e + h^k = T h^k$$

由命题 5.2.1，这意味着 μ^k 是最优平稳策略。这一论断证明了命题 5.4.1。

现在通过一个例子说明策略迭代算法，该算例在相对值迭代中用过。

例 5.4.1 考虑例 5.3.2 中的问题。令

$$\mu^0(1) = u^1, \mu^0(2) = u^2$$

将 $t = 1$ 取为参考状态，从如下系统方程中获得 λ_{μ^0}、$h_{\mu^0}(1)$ 和 $h_{\mu^0}(2)$

$$\lambda_{\mu^0} + h_{\mu^0}(1) = g(1, u^1) + p_{11}(u^1)h_{\mu^0}(1) + p_{12}(u^1)h_{\mu^0}(2)$$

$$\lambda_{\mu^0} + h_{\mu^0}(2) = g(2, u^2) + p_{21}(u^2)h_{\mu^0}(1) + p_{22}(u^2)h_{\mu^0}(2)$$

$$h_{\mu^0}(1) = 0$$

代入问题数据，

$$\lambda_{\mu^0} = 2 + \frac{1}{4}h_{\mu^0}(2), \lambda_{\mu^0} + h_{\mu^0}(2) = 3 + \frac{3}{4}h_{\mu^0}(2)$$

由此可得，

$$\lambda_{\mu^0} = \frac{5}{2}, h_{\mu^0}(1) = 0, h_{\mu^0}(2) = 2$$

现在通过式 (5.91) 中指出的最小化过程找到 $\mu^1(1)$ 和 $\mu^1(2)$。确定

$$\min[g(1, u^1) + p_{11}(u^1)h_{\mu^0}(1) + p_{12}(u^1)h_{\mu^0}(2)$$
$$g(1, u^2) + p_{11}(u^2)h_{\mu^0}(1) + p_{12}(u^2)h_{\mu^0}(2)]$$
$$= \min\left[2 + \frac{1}{4} \times 2, 0.5 + \frac{3}{4} \times 2\right]$$
$$= \min[2.5, 2]$$

和

$$\min[g(2, u^1) + p_{21}(u^1)h_{\mu^0}(1) + p_{22}(u^1)h_{\mu^0}(2),$$
$$g(2, u^2) + p_{21}(u^1)h_{\mu^0}(1) + p_{22}(u^2)h_{\mu^0}(2)]$$
$$= \min\left[1 + \frac{1}{4} \times 2, 3 + \frac{3}{4} \times 2\right]$$
$$= \min[1.5, 4.5]$$

最小化获得

$$\mu^1(1) = u^2, \mu^1(2) = u^1$$

从如下系统方程中获得 λ_{μ^1}、$h_{\mu^1}(1)$ 和 $h_{\mu^1}(2)$

$$\lambda_{\mu^1} + h_{\mu^1}(1) = g(1,u^2) + p_{11}(u^2)h_{\mu^1}(1) + p_{12}(u^2)h_{\mu^1}(2)$$

$$\lambda_{\mu^1} + h_{\mu^1}(2) = g(2,u^1) + p_{21}(u^1)h_{\mu^1}(1) + p_{22}(u^1)h_{\mu^1}(2)$$

$$h_{\mu^1}(1) = 0$$

通过代入问题数据，有

$$\lambda_{\mu^1} = \frac{3}{4}, h_{\mu^1}(1) = 0, h_{\mu^1}(2) = \frac{1}{3}$$

通过确定如下最小值来找到 $\mu^2(1)$ 和 $\mu^2(2)$

$$\min[g(1,u^1) + p_{11}(u^1)h_{\mu^1}(1) + p_{12}(u^1)h_{\mu^1}(2),$$
$$g(1,u^2) + p_{11}(u^2)h_{\mu^1}(1) + p_{12}(u^2)h_{\mu^1}(2)]$$
$$= \min\left[2 + \frac{1}{4} \times \frac{1}{3}, 0.5 + \frac{3}{4} \times \frac{1}{3}\right]$$
$$= \min[2.08, 0.75]$$

和

$$\min[g(2,u^1) + p_{21}(u^1)h_{\mu^1}(1) + p_{22}(u^1)h_{\mu^1}(2),$$
$$g(2,u^2) + p_{21}(u^2)h_{\mu^1}(1) + p_{22}(u^2)h_{\mu^1}(2)]$$
$$= \min\left[1 + \frac{1}{4} \times \frac{1}{3}, 3 + \frac{3}{4} \times \frac{1}{3}\right]$$
$$= \min[1.08, 3.25]$$

最小化获得

$$\mu^2(1) = \mu^1(1) = u^2, \mu^2(2) = \mu^1(2) = u^1$$

于是之前的策略是最优的，最优平均费用是 $\lambda_{\mu^1} = 3/4$。

5.4.2 多链策略迭代

多链问题的策略迭代算法生成了一系列两个 n-维向量，即增益和偏差。与单链情形类似，该方法在策略评价和策略改进两步骤之间来回迭代。策略 μ 的评价包括找到如下方程组的解

$$J = P_\mu J, J + h = g_\mu + P_\mu h \tag{5.99}$$

（参见命题 5.1.9）。策略改进可以通过减小增益向量 J 的某一维的方式获得（其他维没有增加），如果无法实现，则可以通过减小偏差向量 h 的某一维（在任意其他维也没有增加）的方式获得。如果不能改进，则算法终止并获得一个最优的策略。因此，多链情形下的策略改进过程与单链情形类似（参见命题 5.4.2），但使用了两个全部最优性方程。

首先考虑策略评价这一步。由命题 5.1.9 可知，式 (5.99) 的系统解集 (J,h) 是形式为 (J_μ,h) 的对构成的集合，其中 $h = h_\mu + d$ 满足 $d = P_\mu d$。这里 J_μ 和 h_μ 是 μ 的增益和偏差向量。在单链情形，解的选择并不重要，而对于多链情形则必须要注意，因为这一选择影响后续的策略改进步骤中获得的策

略。在我们的分析中，将使用特定的解 (J_μ, h_μ)，即，算法显式计算偏差向量 h_μ。通过方程 $h_\mu = H_\mu g_\mu$ 来计算偏差向量（参见命题 5.1.2）效率不高，因为根据命题 5.1.1 计算 H_μ 的计算量庞大，难以获得：

$$P_\mu^* = \lim_{N \to \infty} \frac{1}{N} \sum_{k=0}^{N-1} P_\mu^k, H_\mu = (I - P_\mu + P_\mu^*)^{-1} - P_\mu^*$$

不过幸运的是，可以通过求解一个包含 $3n$ 个方程和 $3n$ 个未知量的线性系统来计算 h_μ，给定在如下命题中。

　　命题 5.4.3（**策略评价方程**）　令 μ 为具有增益-偏差对 (J_μ, h_μ) 的平稳策略。如下系统方程的解集 (J, h, v)

$$J = P_\mu J \tag{5.100}$$

$$J + h = g_\mu + P_\mu h \tag{5.101}$$

$$h + v = P_\mu v \tag{5.102}$$

是形式为 $(J_\mu, h_\mu, -H_\mu^2 g_\mu + d)$ 的三元组构成的集合，其中 d 满足 $d = P_\mu d$。

　　证明　为简化符号，舍弃下标 μ，将 μ 的增益和偏差分别记为 $\bar{J}$ 和 $\bar{h}$，来与一般的向量 J 和 h 区分。令 (J, h, v) 为式 (5.100)～式 (5.102) 的系统的解。由命题 5.1.9，有 $J = \bar{J}$ 和 $h = \bar{h} + d$，对某个 d 满足 $d = Pd$。将证明 $d = 0$。事实上，方程 $d = Pd$ 意味着

$$d = \frac{1}{N} \sum_{k=0}^{N-1} P^k d, N = 1, 2, \cdots$$

由此通过当 $N \to \infty$ 时取极限，有

$$d = P^* d \tag{5.103}$$

另一方面，再使用 $\bar{h} = Hg$，式 (5.102) 可写成

$$Hg + d + v = Pv$$

通过乘上 P^* 并根据 $P^* H = 0$ 和 $P^* P = P^*$[参见式 (5.7) 和式 (5.8)]，可得 $P^* d = 0$，结合式 (5.103)，可得 $d = 0$ 和 $h = \bar{h}$。

　　由式 (5.102)，有 $\bar{h} + v = Pv$ 或者

$$(I - P)v = -\bar{h} \tag{5.104}$$

另一方面，由式 (5.9)，有 $P^* - I = (P - I)H$，由此通过乘以 $\bar{h}$ 并利用 $\bar{h} = Hg$，有

$$P^* Hg - \bar{h} = (P - I)H^2 g$$

因为 $P^* H = 0$[参见式 (5.8)]，于是有

$$-\bar{h} = -(I - P)H^2 g \tag{5.105}$$

综合式 (5.104) 和式 (5.105)，有

$$(I - P)(v + H^2 g) = 0$$

即,向量 $v + H^2 g$ 是在 $I - P$ 的零空间 (nullspace),意味着 $v = -H^2 g + d$ 对某个 d 满足 $d = Pd$。于是式 (5.100)~ 式 (5.102) 的每个解具有所希望的形式。

相反,对于三元组 $(\bar{J}, \bar{h}, -H^2 g + d)$,其中 $d = Pd$,由命题 5.1.9 满足式 (5.100) 和式 (5.101)。对于这样的三元组,式 (5.102) 具有如下形式

$$\bar{h} - H^2 g + d = -PH^2 g + Pd$$

或者等价地,因为 $\bar{h} = Hg$ 和 $d = Pd$,

$$(I - H + PH)Hg = 0$$

所以这一方程成立,因为由 (5.9) 和式 (5.8),所以 $I - H + PH = P^*$ 和 $P^* H = 0$。

在策略改进算法的策略评价步骤,平稳策略 μ^k 的增益-偏差对 (J_{μ^k}, h_{μ^k}) 可以通过求解命题 5.4.3 中对应的系统方程来评价。[1] 给定 (J_{μ^k}, h_{μ^k}),可以使用如下的策略改进步骤获得新策略 μ^{k+1}。

策略改进步骤:如果 $\min_{\mu} P_{\mu} J_{\mu^k} \neq J_{\mu^k}$,令 μ^{k+1} 满足

$$P_{\mu^{k+1}} J_{\mu^k} = \min_{\mu} P_{\mu} J_{\mu^k}$$

否则令 μ^{k+1} 满足

$$P_{\mu^{k+1}} J_{\mu^k} = \min_{\mu} P_{\mu} J_{\mu^k}, T_{\mu^{k+1}} h_{\mu^k} = \min_{\mu \in \bar{M}} T_{\mu} h_{\mu^k}$$

其中 $\bar{M}$ 是方程 $\min_{\mu} P_{\mu} J_{\mu^k} = J_{\mu^k}$ 中达到最小值的策略集合。在上述两个最小化中,可看到统一化准则。

注意 $\min_{\mu} P_{\mu} J_{\mu^k} \neq J_{\mu^k}$ 等价于不等式 $\min_{\mu} P_{\mu} J_{\mu^k} \leqslant J_{\mu^k}$ 至少一维取严格不等号,该不等式成立的因为 μ^k 满足 $P_{\mu^k} J_{\mu^k} = J_{\mu^k}$。还应注意,如果算法在终止时满足 $\mu^{k+1} = \mu^k$,那么 μ^k 满足最优性方程组,因此由命题 5.1.8 知 μ^k 是最优的策略。因此,为证明策略改进算法在有限步终止,证明在获得最优性策略之前,策略不会被重复访问即可。这一点可以通过使用如下命题证明,如下命题与其单链版本命题 5.4.2 对应。

命题 5.4.4 令 μ^k 为具有增益-偏差对 (J_{μ^k}, h_{μ^k}) 的平稳策略,令 μ^{k+1} 为通过策略改进步骤获得的,令 $(J_{\mu^{k+1}}, h_{\mu^{k+1}})$ 为对应的增益-偏差对。那么如果 $\mu^{k+1} \neq \mu^k$,如下一点成立:

(1) $J_{\mu^{k+1}}(i) \leqslant J_{\mu^k}(i)$ 对所有的 $i = 1, \cdots, n$,对至少一个状态 i 取严格不等号。

(2) $J_{\mu^{k+1}} = J_{\mu^k}$ 和 $h_{\mu^{k+1}}(i) \leqslant h_{\mu^k}(i)$ 对所有的 $i = 1, \cdots, n$,对至少一个在 μ^{k+1} 下的过渡态 i 取严格不等号。

证明 为简化符号,定义

$$P = P_{\mu^k}, \bar{P} = P_{\mu^{k+1}}, P^* = \lim_{N \to \infty} \frac{1}{N} \sum_{k=0}^{N-1} P^k, \bar{P}^* = \lim_{N \to \infty} \frac{1}{N} \sum_{k=0}^{N-1} \bar{P}^k$$

$$\mu = \mu^k, \bar{\mu} = \mu^{k+1}, g = g_{\mu^k}, \bar{g} = g_{\mu^{k+1}}$$

---

[1] 值得注意的是,在式 (5.100)~ 式 (5.102) 系统的解中出现的 $-H_{\mu}^2 g_{\mu}$ 这一项是 Laurent 数列展开中的第三项 (见命题 5.1.2 之后的脚注)。事实上,命题 5.4.3 证明中的方法可用于验证 Laurent 数列展开的所有项可通过求解类似于命题 5.19 和命题 5.4.3 中的线性系统方程组来逐步计算。

$$J = J_{\mu^k}, \bar{J} = J_{\mu^{k+1}}, h = h_{\mu^k}, \bar{h} = h_{\mu^{k+1}}$$

首先假设 $\min\limits_{\mu} P_{\mu} J \neq J$，令

$$\gamma = J - \bar{P}J \tag{5.106}$$

注意对所有的 i，有 $\gamma(i) \geqslant 0$，对至少一个状态 i 取严格不等号。将式 (5.106) 乘上 $\bar{P}^k, k = 1, 2, \cdots$，并对 k 相加，有

$$J = \sum_{k=0}^{N-1} \bar{P}^k \gamma + \bar{P}^N J, N = 1, 2, \cdots$$

对 $N \to \infty$ 取极限，

$$\sum_{k=0}^{\infty} \bar{P}^k \gamma < \infty$$

由此可得

$$\bar{P}^* \gamma = 0 \tag{5.107}$$

令

$$R = 在 \bar{\mu} 下可到达满足 \gamma(j) > 0 的状态 j$$

注意 $i \in R$ 当且仅当 $\sum\limits_{k=0}^{\infty} \bar{P}^k \gamma$ 的第 i 维是正的。由式 (5.107)，如果 $\gamma(i) > 0$，则有 $[\bar{P}^*]_{ii} = 0$，所以

$$i 对所有的满足 \gamma(i) > 0 的 i 是 \bar{P}\text{-}过渡的$$

于是有

$$i 对所有的 i \in R 是 \bar{P}\text{-}过渡的$$

R 中的状态在 $\bar{\mu}$ 下不能从不在 R 中的状态到达，因为统一化准则，不在 R 中的状态在 μ 和 $\bar{\mu}$ 下具有相同的转移概率。所以

$$J(i) = \bar{J}(i), i \notin R$$

注意，定义 $\gamma = J - \bar{P}J$ 和 $\bar{J} = \overline{PJ}$，有

$$J - \bar{J} = \bar{P}(J - \bar{J}) + \gamma$$

由此可得

$$J - \bar{J} = d + \sum_{k=0}^{\infty} \bar{P}^k \gamma$$

其中 d 是一个向量，满足 $d = \bar{P}d$，于是还有 $d = \bar{P}^* d$。因为对所有的 $i \notin R$，有 $J(i) = \bar{J}(i)$ 和 $\sum\limits_{k=0}^{\infty} (\bar{P}^k \gamma)(i) = 0$，对所有的 $\bar{P}$-常返的 i，有 $d(i) = 0$，这与 $d = \bar{P}^* d$ 一起，意味着 $d = 0$。于是有

$$J - \bar{J} = \sum_{k=0}^{\infty} \bar{P}^k \gamma$$

由此对所有的 $i \in R$，有 $J(i) > \bar{J}(i)$。

下面考虑 $\bar{P}J = J$ 的情形。像对单链的情形那样进行分析，定义

$$\delta = T_\mu h - T_{\bar{\mu}}h, \Delta = h - \bar{h}$$

注意，对所有的 i，有 $\delta(i) \geqslant 0$，对至少一个 i 取严格不等号，假设 $\bar{\mu} \neq \mu$。命题 5.4.2 的证明于是只需稍许变化，主要的思想是在推导类似式 (5.94) 的公式时，用等式 $J - \bar{J} = \bar{P}(J - \bar{J})$（来自 $\bar{P}J = J$ 和 $\overline{\bar{P}J} = \bar{J}$）替代 $(\lambda - \bar{\lambda})e = \bar{P}(\lambda - \bar{\lambda})e$。其他细节留给读者补充。

因为平稳策略的个数有限，由命题 5.4.4 有策略迭代方法将终止在一个最优平稳策略。

5.5 线性规划

现在开发一种基于线性规划的求解方法。为此，需要使用最著名的线性规划理论的一部分，包括对偶性（假设读者熟悉这些内容；例如见教材 [Dan63]、[BeT97]）。我们将集中关注单链情形，并假设 WA 条件成立。对多链情形还有一种线性规划方法，但有些复杂且将只给出概要；更多细节请见本章最后的参考文献。

在 WA 条件下，最优平均费用 λ^* 与初始状态独立，由命题 5.1.6，λ^* 是最大的 λ，这些 λ 与某个向量 h 一起共同满足

$$\lambda e + h \leqslant g_\mu + P_\mu h$$

对所有的平稳策略 μ。所以，λ^* 和某个向量 h^* 一起是如下线性规划的解：

$$\text{maximize } \lambda$$
$$\text{s.t. } \lambda + h(i) \leqslant g(i,u) + \sum_{j=1}^{n} p_{ij}(u)h(j), i = 1, \cdots, n, u \in U(i) \tag{5.108}$$

这个线性规划的解将确定最优费用 λ^*，但可能不会立刻获得最优策略；原因是尽管线性规划的某个最优费用满足最优性方程

$$\lambda^* e + h^* = Th^*$$

并非所有最优解都保证可以做到这样（见习题 5.13）。为了处理这个和其他的问题，考虑另一个线性规划是有帮助的，该问题与上述问题对偶。特别地，线性规划的对偶性理论确定下面的（对偶）线性规划，其中的变量记作 $q(i,u)$，

$$\text{minimize} \sum_{i=1}^{n} \sum_{u \in U(i)} q(i,u)g(i,u)$$
$$\text{s.t.} \sum_{u \in U(j)} q(j,u) = \sum_{i=1}^{n} \sum_{u \in U(i)} q(i,u)p_{ij}(u), j = 1, \cdots, n$$
$$\sum_{i=1}^{n} \sum_{u \in U(i)} q(i,u) = 1$$
$$q(i,u) \geqslant 0, i = 1, \cdots, n, u \in U(i) \tag{5.109}$$

与式 (5.108) 的（主）规划具有相同的最优值。对偶理论保证这个对偶费用的最小值是 λ^*，且存在对偶问题的最优解。

假设已经找到了式 (5.109) 对偶规划的一个最优解

$$\{q^*(i,u)|i=1,\cdots,n,u\in U(i)\}$$

我们将展示如何构造一个最优的单链策略。考虑如下状态集合

$$I^* = \left\{i|\sum_{u\in U(i)} q^*(i,u) > 0\right\}$$

及其补集

$$\bar{I}^* = \{i|i\notin I^*\}$$

令

$$U^*(i) = \{u\in U(i)|q^*(i,u)>0\}, i\in I^*$$

注意，从对偶问题的第二个等式约束来看，I^* 非空，$U^*(i)$ 对所有的 $i\in I^*$ 也非空。

现在考虑具有如下形式的确定性平稳策略

$$\mu^*(i) = \begin{cases} 任意 u\in U^*(i), & i\in I^* \\ 任意 u\in U(i), & i\in \bar{I}^* \end{cases} \tag{5.110}$$

我们宣称集合 I^* 在 μ^* 下是"闭的"，即当从 I^* 中的状态出发时状态保持在 I^* 中，即，

$$p_{ij}(u) = 0, \forall i\in I^*, u\in U^*(i), j\in \bar{I}^* \tag{5.111}$$

确实，如果存在 $i\in I^*, j\in\bar{I}^*, u\in U(i)$ 满足 $p_{ij}(u) > 0$，将使用对偶问题的第一个等式约束，

$$0 = \sum_{u\in U(j)} q^*(j,u) \geqslant \sum_{u\in U(i)} q^*(i,u)p_{ij}(u) > 0$$

这是矛盾的。

使用另一种线性规划理论的标准结果，有原对偶问题的最优解对 (λ^*, h^*, q^*) 对所有的 $i=1,\cdots,n$ 和 $u\in U(i)$ 满足如下的互补松弛性关系：

$$q^*(i,u) > 0 \Rightarrow \lambda^* + h^*(i) = g(i,u) + \sum_{j=1}^n p_{ij}(u)h^*(j)$$

从这一点可以获得，使用式 (5.111)，

$$\lambda^* + h^*(i) = g(i,\mu^*(i)) + \sum_{j\in I^*} p_{ij}(\mu^*(i))h^*(j), i\in I^*$$

因为集合 I^* 在 μ^* 下是"闭的"[参见式 (5.111)]，于是由之前的方程和命题 5.2.2，有 μ^* 的平均费用等于从所有状态 $i\in I^*$ 开始的最优的 λ^*。如果 μ^* 是单链（这尤其在所有平稳策略是单链的条件下是成

立的),那么 I^* 是其常返类,$\bar{I}^*$ 中的所有状态都是过渡态,μ^* 是最优的。如果 μ^* 不是单链,那么可以找到一组状态 $S \subset I^*$ 构成 μ^* 下的一个常返类,并利用构造的方法结合命题 5.2.6 在集合 S 之外重新定义 μ^*。这一过程在 WA 条件下可用,获得重新定义的策略,该策略是单链且以集合 S 为常返类,对所有状态的平均费用等于最优的 λ^*。

注意,之前的算法即使在不知道 WA 条件是否成立的情况下也可使用。可以首先获得原对偶问题的最优解对 (λ^*, h^*, q^*);可以证明这样的解对始终存在(因为原问题和对偶问题都是可行的),事实上 λ^* 等于所有状态中最低的最优平均费用(见后续的状态-行为频率的讨论,或者习题 5.16)。那么,可以构造非空集合 I^* 和具有式 (5.110) 形式的策略 μ^*。如前所述,μ^* 是从 I^* 中的状态开始最优的,具有平均费用 λ^*。于是可以找到一个状态集合 $S \subset I^*$ 在 μ^* 下构成常返类,尝试使用与命题 5.2.6 一并给出的构造来在 S 之外重新定义 μ^*。如果这一构造成功,将获得单链策略具有平均费用等于最优的 λ^*。如果构造失败(获得一个策略是单链的并在一个严格的状态空间子集上是最优的),则意味着 WA 条件不满足。此时,为找到在 I^* 之外的状态上的最优策略,需要使用对多链问题可使用的方法。

之前的分析提供了一种方法在给定对偶最优解时来获得最优的平稳策略——无需最优原解。还有一种替代方法将在习题 5.14 和习题 5.15 中给出,使用原最优解 (λ^*, h^*),假设 WA 条件满足 —— 无需最优对偶解。其思想是构造状态 i 的一个 "闭" 集合,其中

$$\lambda^* + h^*(i) = g(i, u) + \sum_{j=1}^{n} p_{ij}(u) h^*(j), \text{对某个} u \in U(i)$$

从这个集合中的一个常返类开始,使用与命题 5.2.6 一并给出的构造方法。

多链情形

现在考虑式 (5.108) 线性规划问题的多链版本。由命题 5.1.6可知,对所有平稳策略 μ,J^* 是与某个向量 h 一起满足如下条件的 "最大的" 向量 J

$$J \leqslant P_\mu J, J + h \leqslant g_\mu + P_\mu h$$

这导致如下线性规划

$$\text{maximize} \sum_{i=1}^{n} \beta_i J(i)$$

$$\text{s.t. } J(i) \leqslant \sum_{j=1}^{n} p_{ij}(u) J(j), i = 1, \cdots, n, u \in U(i)$$

$$J(i) + h(i) \leqslant g(i, u) + \sum_{j=1}^{n} p_{ij}(u) h(j), i = 1, \cdots, n, u \in U(i) \tag{5.112}$$

其中 β_i 是某个正标量满足 $\sum_{i=1}^{n} \beta_i = 1$。对应的对偶规划是

$$\text{minimize} \sum_{i=1}^{n} \sum_{u \in U(i)} q(i, u) g(i, u)$$

$$\text{s.t. } \sum_{u \in U(j)} q(j, u) = \sum_{i=1}^{n} \sum_{u \in U(i)} q(i, u) p_{ij}(u), j = 1, \cdots, n$$

$$\sum_{u \in U(j)} q(j,u) + \sum_{u \in U(j)} r(j,u) = \beta_j + \sum_{i=1}^{n} \sum_{u \in U(i)} r(i,u) p_{ij}(u), j = 1, \cdots, n$$

$$q(i,u), r(i,u) \geqslant 0, i = 1, \cdots, n, u \in U(i)$$

对偶优化变量是 $q(i,u)$ 和 $r(i,u), i = 1, \cdots, n, u \in U(i)$。再次利用标准的线性规划的结论，有原问题和对偶问题的最优值相等，且对偶规划有最优解。

考虑对偶规划的一个最优解

$$\{q^*(i,u), r^*(i,u) | i = 1, \cdots, n, u \in U(i)\}$$

状态集合

$$I^* = \left\{ i \Big| \sum_{u \in U(i)} q^*(i,u) > 0 \right\}, \bar{I}^* = \{i | i \notin I^*\}$$

令 μ^* 为任意（确定性）平稳策略，且形式如下

$$\mu^*(i) = \begin{cases} \text{任意} u \in U(i) \text{满足} q^*(i,u) > 0, & i \in I^* \\ \text{任意} u \in U(i) \text{满足} r^*(i,u) > 0, & i \in \bar{I}^* \end{cases}$$

一般地，这样的策略未必从所有初始状态出发都是最优的。然而，若 (q^*, r^*) 是对偶可行集合的一个顶点，则其最优性有保证（单纯形方法可以找到这样的一个最优顶点）；见 Kallenberg[Kal83]、[Kal94a]（定理 8）和那里引用的参考文献。习题 5.18 给出了证明的提纲并基于随机策略提供了一种替代方法。特别地，证明了如下定义的随机策略是最优的

$$P(u|i) = \begin{cases} \dfrac{q^*(i,u)}{\displaystyle\sum_{u \in U(i)} q^*(i,u)}, & i \in I^* \\[4mm] \dfrac{r^*(i,u)}{\displaystyle\sum_{u \in U(i)} r^*(i,u)}, & i \in \bar{I}^* \end{cases}$$

还有其他更加复杂的方法来构造最优平稳策略，那些方法不需要极点对偶最优解。对于这些可参阅参考文献 [Der70]，书中第 6 章给出了使用最优原解的方法。

状态-行为频率和随机策略

式 (5.109) 的对偶单链问题提供了与随机策略相关的一种有意思的解释，即，在状态 i 下概率性选择控制量 u，通过在约束集 $U(i)$ 上按照某种概率采样。在任意的随机平稳策略下，获得一个平稳的马尔可夫链，其状态是 $(i,u), i = 1, \cdots, n, u \in U(i)$。令 R 为这个马尔可夫链的一个常返类。那么每个状态-控制对 $(i,u) \in R$ 在 R 之内的长期出现频率为 $f(i,u)$（也称为状态-行为频率）。特别地，对所有的 $(i,u) \in R$ 和 $(i',u') \in R$，有

$$f(i,u) = \lim_{N \to \infty} \frac{1}{N} \sum_{k=1}^{N} P(i_k = i, u_k = u | i_0 = i', u_0 = u')$$

其中 (i_k, u_k) 是在该策略下、在时刻 k 的状态-控制对 [由命题 5.1.1，极限存在且对所有的初始状态-行为对 $(i', u') \in R$ 相同]。状态-行为频率 $f(i, u)$ 满足如下方程

$$f(j, v) = \nu(j, v) \sum_{(i,u) \in R} f(i, u) p_{ij}(u), \text{对所有} (j, v) \in R$$

其中 $\nu(j, v)$ 是在系统处于状态 j 时，针对给定的随机策略使用控制 v 的概率 [从命题 5.1.1 得到，参见式 (5.7)]。在 $v \in U(j)$ 上将这一方程相加，可以看到如下定义的标量 $q(i, u)$

$$q(i, u) = \begin{cases} f(i, u), & (i, u) \in R \\ 0, & (i, u) \notin R \end{cases}$$

满足式 (5.109) 对偶规划的约束。给定的随机策略的平均费用，从 R 中的状态-控制对出发，有如下对偶费用

$$\sum_{i=1}^{n} \sum_{u \in U(i)} q(i, u) g(i, u)$$

由原问题和对偶问题之间的关系，上述费用以式 (5.108) 的原单链规划的最优值 λ^* 为下界。

这个分析的结论是每个随机平稳策略在其相关的每个常返类中均有以 λ^* 为下界的平均费用。于是从任意状态-控制对出发的策略的平均费用都不小于 λ^*（因为从过渡态-控制对出发的平均费用不小于从常返态-行为对出发的最小平均费用）。于是获得了一个有理论意义的结果（该结论可在没有 WA 条件时独立地被证明）：对任意的随机平稳策略，从任意初始状态-控制对开始的平均费用不小于式 (5.108) 元问题的最优费用 λ^*。作为特例，在 WA 条件下，没有平稳的随机策略可以获得比一个常规的（确定性）平稳策略可达到的最优平均费用更小的费用。

5.6 无穷空间平均费用模型

前面各节的假设是状态和控制空间有限。这些空间若没有有限性，到目前为止，证明的许多结论将不再成立。特别地，即使最优平均费用对所有初始状态相等，下面各条中的一条或多条可能发生：

(a) 贝尔曼方程和/或耦合的最有方程组可能无解。

(b) 值迭代不能收敛到最优平均费用。

(c) 策略迭代无效，且在极限时不能获得最优增益。

(d) 可能不存在最优平稳策略，尽管存在最优的非平稳策略。

(e) 可能不存在最优策略，不论是平稳的还是非平稳的。

(f) 最优平均费用可能无法由平稳策略的费用达到。

在本节的余下部分提供一系列例子或者反例来解释这些主要的难点。后续将讨论获得有用结论的证明所需要的条件和结构。不过，与具有有限状态和控制空间的问题相反，无穷空间平均费用问题没有系统完整的理论。

贝尔曼方程的解的存在性

当状态有限但控制无限的问题时，也可能出现不寻常的行为。在下面的例子中，贝尔曼方程无解。这个例子涉及两个状态（其中一个是吸收态），从例 3.2.1 的勒索例子获得，解释了随机最短路问

题的典型行为。当该问题被视作平均费用问题时，典型行为再次出现；注意到两类问题之间的强烈联系，这并不令人意外。

例 5.6.1（重返勒索者的困境） 假设有两个状态 1 和 t。在状态 1，可以选择控制 $u \in (0,1]$，并产生费用 $-u$；于是以概率 u^2 移动到状态 t，以概率 $1-u^2$ 停留在状态 1。状态 t 是吸收态且没有费用。

这个例子从例 3.2.1 中得出，一个典型的随机最短路问题，最优费用 $J^*(1) = -\infty$，贝尔曼方程没有实数解，没有最优平稳策略，但有最优的非平稳策略。注意到每个平稳策略在有限步转移后到达状态 t，所以对应的平均费用等于 0。事实上可以证明从两个状态中任意一个出发的最优平均费用等于 0，所以所有平稳策略都是平均费用下最优的（一种验证这一点的方法是使用值迭代的论述；见后续的例 5.6.3）。

耦合的最优性方程组 [参见式 (5.39) 和式 (5.40)]，具有如下形式

$$J^*(1) = \min_{u \in (0,1]} \left[(1-u^2)J^*(1) + u^2 J^*(t) \right], J^*(t) = J^*(t)$$

$$J^*(1) + h(1) = \min_{u \in \bar{U}(1)} \left[-u + (1-u^2)h(1) + u^2 h(t) \right], J^*(t) + h(t) = h(t)$$

其中 $\bar{U}(1)$ 是在第一个方程中达到最小值的 $u \in (0,1]$ 构成的集合。这对方程组的解一定满足 $J^*(t) = 0$（从最后一个方程），于是 $J^*(1) = 0$（从第一个方程），满足 $\bar{U}(1) = (0,1]$。所以耦合的最优性方程组化简为单个方程，这就是随机最短路问题的贝尔曼方程，且如之前所述没有（实值）解。这里发生的是所有策略的平均费用均为 0，而从状态 1 出发，比从状态 t 出发在总费用上有无穷的相对优势。

该问题的 α-折扣版本的最优费用，从状态 1 出发，是如下方程的唯一解

$$J_\alpha(1) = (TJ_\alpha)(1)$$

通过使用例 2.2.1 的计算，有

$$(TJ)(1) = \min_{u \in (0,1]} \left[-u + \alpha(1-u^2)J(1) \right] = \begin{cases} -1, & \alpha J(1) \geqslant -1/2 \\ \alpha J(1) + \dfrac{1}{4\alpha J(1)}, & \alpha J(1) \leqslant -1/2 \end{cases}$$

由此，通过求解方程 $J_\alpha(1) = (TJ_\alpha)(1)$，可见

$$J_\alpha(1) = \begin{cases} -1, & 0 \leqslant \alpha \leqslant 1/2 \\ -\dfrac{1}{2\sqrt{\alpha(1-\alpha)}}, & 1/2 \leqslant \alpha < 1 \end{cases} \tag{5.113}$$

最优的 α-折扣平均策略是

$$\mu^*(1) = \begin{cases} 1, & 0 \leqslant \alpha \leqslant 1/2 \\ \sqrt{\dfrac{1-\alpha}{\alpha}}, & 1/2 \leqslant \alpha < 1 \end{cases}$$

所以 J_α 没有命题 5.1.2 中那种形式的 Laurent 数列展开。这预示着对于无穷控制空间问题，基于 Laurent 数列展开、Blackwell 最优策略和平均费用与折扣问题之间的联系的分析思路要想有用，必须进行本质修订，即使状态空间有限。

最后，注意刚才讨论的困难还在控制约束是 $u \in [0,1]$ 时出现。所以控制约束集合的紧性和单阶段费用和转移概率相对于 u 的连续性不足，以保证耦合的最优性方程组或者贝尔曼方程有实值解，即使状态空间有限。

值迭代的收敛性

5.3 节中看到，在有限状态和控制空间的情形下，值迭代行为良好。特别地，命题 5.3.1 证明了

$$\lim_{k\to\infty}\frac{1}{k}T^k h=J^*$$

对所有的 h，其中 J^* 随最优的平均费用向量。进一步地，数列 $\{T^k h\}$ 以 k 的速率增加。这些结论对于无穷空间问题一般将失效，正如下面的两个源自书 [Whi82] 中的例子所展示的。在第一个例子中，失败源自另一种在有限空间模型中不会出现的反常现象：最优"上界"（或者上极限）和"下界"（或者下极限）费用不相等（如在 5.1 节中定义的）。

例 5.6.2 考虑具有可数无穷状态和控制的确定性问题，其中在某个状态，比如状态 0，可用的控制是 $1,2,\cdots$，控制 $u=m$ 在进行 m 个转移构成的环之后返回状态 0，前 $m-1$ 个转移费用为 0，最优一步转移费用为 m^2。所以，在状态 0 选择 $u=m$，将在 m 阶段后返回 0，每个阶段的平均费用是 m。于是以 $h=0$ 为初始函数的值迭代对每个 k 获得 $(T^k h)(0)=0$，因为在有限阶段后最优的方法是选择足够大的控制来推迟正费用的出现。然而，从 0 出发的最优的平均费用 [正如在 (5.1) 式中按上极限定义的] 明显是 $J^*(0)=1$，且由在状态 0 选择控制 1 的平稳策略达到。所以值迭代在本例中失效。

值得指出的是，如果策略的费用按下极限定义，从 0 出发的最优平均费用等于 0。这一费用由一个非平稳策略达到，该策略在回到状态 0 之后，选择控制 $u=m$ 满足 m 足够大以至于让 $(1/N)E\left\{\sum_{k=0}^{N-1}g(x_k,\mu_k(x_k))\right\}$ 对于充分大的 N 足够接近 0。

在下一个例子中，值迭代 $T^k h$ 不以 k 的速率增加，尽管这些迭代在极限时不获得最优的平均费用向量。

例 5.6.3 再次考虑勒索者的例 5.6.1。有

$$(Th)(1)=\min_{u\in(0,1]}\left[-u+(1-u^2)h(1)\right]=\begin{cases}-1, & h(1)\geqslant -1/2\\ h(1)+\dfrac{1}{4h(1)}, & h(1)\leqslant -1/2\end{cases}$$

[在式 (5.113) 的折扣问题公式中取 $\alpha=1$]。从这一点可以证明，从 $h^0(1)=0$ 开始，值迭代产生一个数列满足 $(T^k h^0)(1)\to -\infty$ 且有

$$(T^{k+1}h^0)(1)-(T^k h^0)(1)=\frac{1}{4(T^k h^0)(1)}\to 0$$

所以 $|(T^k h^0)(1)|$ 不以 k 的速率增加，正如在有限空间的情形（参见命题 5.3.1）。事实上，可以由归纳法来验证存在一个常量 c 满足

$$-c\sqrt{k}\leqslant (T^k h^0)(1)\leqslant 0, k=1,2,\cdots$$

所以 $|(T^k h^0)(1)|$ 以不超过 $\sqrt{k}$ 的速率增加。

策略迭代的扩展

存在将策略迭代自然地扩展到状态空间有限但控制约束集合 $U(i)$ 无穷的平均费用问题。当状态空间有限时，策略评价步骤保持不变，策略改进步骤需要稍许变化，主要的难点是对每个状态 i，需在

无穷（而不是有限的）集合 $U(i)$ 上进行最小化。这存在显著的复杂性，因为平稳策略集合是无穷的，所以不能期待有限步终止。

事实上，即使这种最简单的推广，也存在涉及单链和多链问题和紧集 $U(i)$ 的例子，其中由策略迭代生成的增序序列不收敛到最优值 [Dek87]。在单链情形，论文 [HoP87] 研究了在集合 $U(i)$ 具有 某种紧性以及其他一些条件下的策略迭代，包括 $p_{ij}(u)$ 相对于 u 的连续性。论文 [Gol03] 证明了 [HoP87] 的分析有缺陷，为了让原来的结论成立，需要附加额外的条件。论文 [Gol03] 和 [Pat04] 引入了一种常返结构，该结构包含了 5.3 节中讨论的平均费用和随机最短路问题之间的联系，并允许开发策略迭代的收敛版本。

下面是另一个具有异常行为的例子。

例 5.6.4 考虑例 5.6.1 和例 5.6.3 中的勒索者问题。这里所有的平稳策略都是最优的，然而，可以验证从（最优的）平稳策略 μ^0 满足 $\mu^0(1) = u$ 其中 $u \in (0,1)$ 出发，所生成的（最优）策略序列满足 $\mu^k(1) = 2^{-k}u$ 且不终止（事实上收敛到一个不可行策略）。

这里的主要原因是策略改进步骤不能识别最优策略，这在有限空间情形下也可能发生。特别地，假设将 $U(1)$ 替换为如下的有限集合

$$\{2^{-m} \mid m = 1, \cdots, M\}$$

那么，M 个平稳策略 $\mu(1) = 2^{-m}$ 中的每一个仍然是平均费用最优的，但从 $\mu^0(1) = 1/2$ 出发，策略迭代算法生成所有的平稳策略，并终止在 $\mu^{M-1}(1) = 2^{-M}$。然而，当有无穷多平稳策略时，正如在无穷控制空间的情形下，可能生成最优策略的无穷序列而不能检测到最优性。

最优和近优策略的存在性

尽管可以在有限空间问题中将注意力限制在平稳策略上，当状态空间无穷时这已经不再适用了。下面的例子，来自 [Ros70] 一书，展示了对于可数的状态空间可能存在最优的非平稳策略，但没有最优的平稳策略。

例 5.6.5 令状态空间为 $\{1, 2, 3, \cdots\}$，令有两个控制 u^1 和 u^2。转移概率和每阶段的费用是

$$p_{i(i+1)}(u^1) = p_{ii}(u^2) = 1$$

$$g(i, u^1) = 1, g(i, u^2) = \frac{1}{i}, i = 1, 2, \cdots$$

总之，在状态 i 可以或者以费用 1 移动到状态 $(i+1)$ 或者以费用 $1/i$ 停在状态 i。

对于与对所有的 i 有 $\mu(i) = u^1$ 的策略不同的任意平稳策略 μ，令 $n(\mu)$ 为满足如下条件的最小整数

$$\mu(n(\mu)) = u^2$$

那么对于相应的多阶段平均费用问题满足

$$J_\mu(i) = \frac{1}{n(\mu)} > 0, \text{对所有的} i \text{满足} i \leqslant n(\mu)$$

对于对所有的 i 有 $\mu(i) = u^1$ 的策略，对所有的 i 有 $J_\pi(i) = 1$。因为单阶段的最优费用不会小于 0，于是明显有

$$\min_\pi J_\pi(i) = 0, i = 1, 2, \cdots$$

然而，最优的费用不能由任意平稳策略达到，所以没有平稳策略是最优的。另一方面，考虑如下的非平稳策略 π^*，在进入状态 i 时连续 i 次选择 u^2 然后选择 u^1。如果起始状态为 i，产生的费用序列是

$$\underbrace{\frac{1}{i},\frac{1}{i},\cdots,\frac{1}{i}}_{i\text{次}},\quad 1,\quad \underbrace{\frac{1}{i+1},\frac{1}{i+1},\cdots,\frac{1}{i+1}}_{(i+1)\text{次}},\quad 1,\quad \underbrace{\frac{1}{i+2},\frac{1}{i+2},\cdots}_{}$$

该策略对应的平均费用是

$$J_{\pi^*}(i) = \lim_{m\to\infty} \frac{2m}{\displaystyle\sum_{k=1}^{m}(i+k)} = 0, i = 1,2,3,\cdots$$

于是非平稳策略 π^* 是最优的，如前所述，没有平稳策略是最优的。

在上面的例子中，可以看到给定任意 $\epsilon > 0$，存在 ϵ-最优的平稳策略，即，一个 μ_ϵ 满足

$$J_{\mu_\epsilon}(i) \leqslant J^*(i) + \epsilon, i = 1,2,\cdots$$

[Ros71] 中给出了这样的例子。所以，对于具有无穷多状态的问题，可能无法使用平稳策略来接近最优平均费用。

下面的例子来自 [Ros83a]，展示了如果状态空间可数，可能不存在最优策略。

例 5.6.6 令状态空间为 $\{1,1',2,2',3,3',\cdots\}$，令有两个控制 u^1 和 u^2。转移概率和单阶段的费用是

$$p_{i(i+1)}(u^1) = 1, p_{ii'}(u^2) = 1, i = 1,2,\cdots$$

$$p_{i'i'}(u^1) = p_{i'i'}(u^2) = 1, i = 1,2,\cdots$$

$$g(i,u^1) = g(i,u^2) = 0, i = 1,2,\cdots$$

$$g(i',u^1) = g(i',u^2) = -1 + \frac{1}{i}, i = 1,2,\cdots$$

总之，在状态 i，可以以费用 0 或者移动到状态 $(i+1)$，或者移动到状态 i'，在那里我们一直停留下去并每阶段产生费用 $-1 + 1/i$。

可以看到，对每个策略 π 和状态 $i = 1,2,\cdots$，有 $J_\pi(i) > -1$。然而，对每个状态 i，可以通过到达状态 j 就移动到状态 j' 让每个阶段的平均费用为 $-1 + 1/j$，其中 $j \geqslant i$，于是，对每个初始状态 $i = 1,2,\cdots$，可以用一个平稳策略让每个阶段的平均费用任意接近 -1，但不能由任意策略达到。

依赖初始状态的平均费用 —— 不完整的状态信息问题

尽管我们将最优平均费用对所有初始状态相同的情形视作 "典型的"，但依然存在着重要的问题类型，这种观点是值得怀疑的。特别地，具有不完整状态信息的有限状态问题当作充分统计量（状态的条件分布）的完整信息时，变成（不可数）无穷状态平均费用问题。对于这样的问题，将通过例子来展示即使在非常简单的情形下，最优平均费用仍然依赖于初始状态分布。

考虑涉及平稳有限状态马尔可夫链的不完整状态信息问题的无穷阶段平均费用版本（参见第I卷 5.4.2 节）。这里，状态记作 $1,2,\cdots,n$。当使用控制 u 时，系统从状态 i 以概率 $p_{ij}(u)$ 移动到状态 j。

从有限集合 U 中选择控制 u。在一个状态转移之后，控制器进行观测。可能有有限多个可能的观测结果，每个出现的概率依赖于当前状态和之前的控制。控制器在阶段 k 可用的信息如下

$$I_k = (z_1, \cdots, z_k, u_0, \cdots, u_{k-1})$$

其中，对所有的 i、z_i 和 u_i 分别是在阶段 i 的观测和控制。在观测 z_k 之后，控制器选择控制 u_k，产生费用 $g(x_k, u_k)$，其中 x_k 是当前的（隐）状态。

正如在第 I 卷 5.4.2 节中讨论的，可以将这个问题重新建模为一个具有完整状态信息的问题，其目标是控制条件概率 $p_k = (p_k^1, \cdots, p_k^n)'$ 的列向量，满足

$$p_k^j = P(x_k = j | I_k), j = 1, \cdots, n$$

将 p_k 称作信念状态，注意该状态按照如下形式演化

$$p_{k+1} = \Phi(p_k, u_k, z_{k+1})$$

函数 Φ 表示一个估计，正如在第 I 卷 5.4.2 节中讨论的。初始的信念状态由 p_0 给定。

在具有折扣因子 $\alpha \in (0, 1)$ 的总费用问题情形中，对应的贝尔曼方程具有如下形式

$$J^*(p) = \min_{u \in U} [p'g(u) + \alpha E_z \{J^*(\Phi(p, u, z)) | p, u\}]$$

其中 $g(u)$ 是列向量，各维是 $g(1, u), \cdots, g(n, u)$。第 1 章的理论完全适用，因为每阶段的费用 $p'g(u)$ 有界。类似地，第 3 章的理论适用，如果没有折扣，则费用 $g(i, u)$ 非负或者非正（对所有的 i 和 u）。

另一方面，在平均费用问题的情形下，不仅存在本章早先讨论的困难，而且最优平均费用可能依赖于初始状态，即使所有的状态在所有的策略下互通 (communicate)。下面利用论文 [YuB06a] 中的简单例子解释这一现象。

例 5.6.7　这里有四个状态 $\{1, 2, 3, 4\}$、两个控制 $\{a, b\}$ 和两个观测 $\{c, d\}$。控制的选择不能影响状态演化或者观测的概率只能影响每个阶段的费用。特别地，在任意策略下，状态过程是一个具有如下转移概率的马尔可夫链：

$$p_{11} = 1/2, p_{21} = 1/2$$
$$p_{43} = 1/2, p_{33} = 1/2$$
$$p_{32} = 1, p_{14} = 1$$

（见图 5.6.1）。给定当前状态后各观测的条件概率是

$$P(c|1) = P(c|3) = 1, P(d|2) = P(d|4) = 1$$

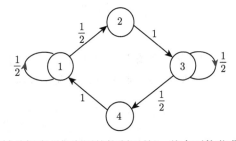

图 5.6.1　例 5.6.7 中转移概率（与应用的控制无关），其中平均花费依赖于初始状态分布

注意，对于观测的结构其状态 1 和状态 3 是不可区分的，状态 2 和状态 4 是不可区分的。进一步地，如果直到初始状态，状态过程可以通过观测推测出来，好像是完全可观的。

每阶段的费用都是 0，除了

$$g(1,a) = g(3,b) = 1$$

于是如果从一个满足 $p_0^1 = 1$ 的初始分布 p_0 或者一个满足 $p_0^3 = 1$ 的初始分布出发，那么最优平均费用是 0，然而如果从一个满足

$$p_0^1 = p_0^3 = 1/2$$

的初始分布 p_0 出发，那么最优平均费用严格大于 0。

5.6.1 最优性的充分条件

一般而言，无穷空间平均费用问题的分析有许多困难，现在没有系统、完整的理论。然而，存在一些假设允许得到一些可接受的分析。一个重要的工具是命题 5.2.1 直接推广到状态和控制空间无穷时的结论。特别地，如果可以找到标量 λ 和有界函数 h 让式 (5.47) 的贝尔曼方程成立，那么通过本质上重复命题 5.1.6 的证明，可以证明 λ 一定是所有初始状态的最优平均费用。证明该事实的一个更加一般性的版本，且为了简化，状态空间限制在可数无穷的情形。不过，证明的思路可以推广到更加一般的情形。

命题 5.6.1 令状态空间 S 为可数无穷。假设标量 λ 和实值函数 h 是贝尔曼方程的解，即，对所有状态 i，

$$\lambda + h(i) = \min_{u \in U(i)} \left[g(i,u) + \sum_{j \in S} p_{ij}(u)h(j) \right] \tag{5.114}$$

进一步地，h 对所有的策略 π 和状态 i 满足

$$\lim_{N \to \infty} \frac{1}{N} E\{h(x_N)|x_0 = i, \pi\} = 0 \tag{5.115}$$

那么

$$\lambda = \min_\pi J_\pi(i) = J^*(i)$$

进一步地，如果 $\mu^*(i)$ 在式 (5.114) 中对每个 i 达到最小值，那么平稳策略 μ^* 是最优的，即，$J_{\mu^*}(i) = \lambda$ 对所有的 i 成立。

证明 使用命题 5.1.6 的证明，获得 [参见式 (5.36)]

$$\frac{1}{N} E\{h(x_N)|x_0 = i, \pi\} + \frac{1}{N} E\left\{ \sum_{k=0}^{N-1} g(x_k, \mu_k(x_k))|x_0 = i, \pi \right\}$$

$$\geqslant \lambda + \frac{1}{N} h(i)$$

如果 $\mu_k(i), k = 0, 1, \cdots$ 在式 (5.114) 中对所有的 i 达到最小值，则上式取等号。当 $N \to \infty$ 取极限，$(1/N)h(i)$ 这一项消失而在左侧涉及 h 的项也由假设消失，所以

$$J_\pi(i) \geqslant \lambda, i = 1, \cdots, n$$

若 $\pi = \{\mu^*, \mu^*, \cdots\}$ 且 $\mu^*(i)$ 在式 (5.114) 中对所有的 i 取到最小值，则上式取等号。

$E\{h(x_N)|x_0 = i, \pi\}/N \to 0$ 这一假设 [参见式 (5.115)] 可被视作稳定性条件, 需要 $h(x_N)$ 在每个策略下以小于 N 的速率增加; 如果状态空间是有限的或者更一般地, 如果已知 h 是有界的, 则这当然不是必需的。在给定的问题中, 一个重要的需要分析的问题是明确稳定性所需条件。

一些重要的特例可以通过使用命题 5.6.1 来进行满意的分析。对于控制空间无穷而状态空间是有限的且一些额外的条件满足的情形, 在 5.6.2 节中已讨论过。另一种情形 —— 具有可数无穷的状态空间和每阶段可能无界的费用, 将在 5.6.3 节中讨论, 此时基于平均费用和折扣问题之间的联系来进行分析。可数无穷的状态空间问题在 5.6.4 节中讨论具有一个特殊的状态, 并且系统在任意策略下都倾向返回这一特殊状态的情形, 与 3.5 节的随机最短路问题类似。另一个情形, 涉及不可数无穷的状态空间, 将在 5.6.5 节中讨论。这是第 I 卷的第 4 章和第 5 章中的线性二次型问题的平均费用版本。

5.6.2 有限状态空间和无限控制空间

考虑平均费用问题, 状态为 $i = 1, \cdots, n$, 控制约束集 $U(i)$ 任意。将集中在该问题的一种版本, 即在控制集合 $U(i)$ (常规) 上生成随机控制的情况。主要的假设是下面的定义 5.2.2 的 WA 条件的加强版本, 以及有界费用的假设。

假设 5.6.1 (a) **可达性条件**: *对每个状态 i 和 j 的对, 存在平稳策略 μ 和整数 k 满足*

$$P(x_k = j|x_0 = i, \mu) > 0$$

(b) **有界性**: *每阶段的费用 $g(i, \cdot)$ 对每个 i 在 $U(i)$ 上有界。*

对每个状态 i, 为控制 $u \in U(i)$ 关联如下的转移概率向量

$$p_i(u) = (p_{i1}(u), \cdots, p_{in}(u))$$

记有

$$\mathcal{P}_i = \{p_i(u)|u \in U(i)\}$$

考虑 $\mathcal{P}_i$ 的凸包, 记为 $\bar{\mathcal{P}}_i$:

$$\bar{\mathcal{P}}_i = \mathrm{conv}(\mathcal{P}_i)$$

这是 $\mathcal{P}_i$ 中 (有限多个) 向量的所有凸组合构成的集合。所以, $\mathcal{P}_i$ 包括可以在状态 i 通过使用在 $U(i)$ 中的有限个控制之间的随机生成的所有转移概率向量。

记有

$$\bar{\mathcal{P}} = \bar{\mathcal{P}}_1 \times \cdots \times \bar{\mathcal{P}}_n$$

为 $\bar{\mathcal{P}}$ 关联第 i 行是从 $\bar{\mathcal{P}}_i$ 的转移概率向量构成的随机矩阵构成的集合。对每个向量 $p_i \in \bar{\mathcal{P}}_i$, 引入一个相关的期望阶段费用, 这是在状态 i 在一个控制下期望费用的常规符号的 "随机" 版本。记作 $\bar{g}_i(p_i)$, 是状态 i 在与 p_i 相关的 $U(i)$ 中的随机控制下的期望费用的最小值。更精确地说,

$$\bar{g}_i(p_i) = \min_{(\xi_1, \cdots, \xi_M, u_1, \cdots, u_M) \in V_i(p_i)} \sum_{m=1}^{M} \xi_m g(i, u_m)$$

其中

$$V_i(p_i) = \left\{ (\xi_1, \cdots, \xi_M, u_1, \cdots, u_M) \,|\, u_1, \cdots, u_M \in U(i), p_i = \sum_{m=1}^{M} \xi_m p_i(u_m), \right.$$

$$\left. M \geqslant 1, \xi_i \geqslant 0, \sum_{m=1}^{M} \xi_m = 1 \right\}$$

定义了获得概率向量 p_i 的所有"随机"控制构成的集合。可以证明,$\bar{g}_i(p_i)$ 是凸函数,在有限控制的情形 $[U(i)$ 有限$]$,这还是多面体。进一步地,$\bar{g}_i(\cdot)$ 在 $\bar{\mathcal{P}}_i$ 上有界(在假设 6.4.1(b) 下)。[①]

对如下形式的每个转移概率矩阵 $P \in \bar{\mathcal{P}}$,有

$$P = \begin{pmatrix} p_1 \\ \vdots \\ p_n \end{pmatrix}, p_i \in \bar{\mathcal{P}}_i, i = 1, \cdots, n$$

考虑相关的 n-维阶段费用向量

$$\bar{g}(P) = \begin{pmatrix} \bar{g}_1(p_1) \\ \vdots \\ \bar{g}_n(p_n) \end{pmatrix}$$

和平均费用向量

$$J(P) = P^* \bar{g}(P)$$

其中

$$P^* = \lim_{N \to \infty} \frac{1}{N} \sum_{k=0}^{N-1} P^k$$

$[$参见式 $(5.5)]$。现在的问题是在所有的 $P \in \bar{\mathcal{P}}$ 上最小化 $J(P)$,即找到

$$J^* = \min_{P \in \bar{\mathcal{P}}} J(P)$$

其中,最小化意味着对 $J(P)$ 的每一维分别进行。

将这个视作从原本(可能无限的)控制约束集合通过随机化获得的有限状态和控制约束的平均费用问题的自然推广。在本节,我们不那么严格地将这个问题称为随机平均费用问题,来将其与不涉及随机化的原本问题区分开。

---

① 可以看到,$\bar{g}_i$ 的 epigraph 是如下定义的增广的实值函数 $r_i(\cdot, u)$ 的 epigraph 的凸包

$$r_i(p_i, u) = \begin{cases} g_i(i, u), & p_i = p_i(u) \\ \infty, & 否则 \end{cases}, \quad u \in U(i)$$

函数 $r_i(\cdot, u)$ 的 epigraph 是如下的射线

$$\{(p_i(u), \gamma) \,|\, g_i(i, u) \leqslant \gamma\} \subset \Re^{n+1}$$

特别地,如果集合 $U(i)$ 有限,$\bar{g}_i$ 的 epigraph 是有限个射线的凸包,所以是个多面体集合。注意 $\bar{g}_i(\cdot)$ 在 $\bar{\mathcal{P}}_i$ 上有界,如果每阶段的费用 $g_i(i, \cdot)$ 在 $U(i)$ 上有界,这就是假设 5.6.1(b)。

现在要证明存在标量 λ 和向量 $h \in \Re^n$，满足

$$\lambda e + h = \min_{P \in \bar{\mathcal{P}}} [\bar{g}(P) + Ph] \tag{5.116}$$

其中最小化对每一维分别进行。这是随机平均费用问题的贝尔曼方程。结果，命题 5.6.1 可以被用于证明 λ 是从每个初始状态出发使用随机控制的最优平均费用。进一步地，最优的平稳（随机）策略可以通过在右侧进行最小化（假设最小值可以达到）来获得。这样的平稳最优策略获得在状态 i 使用的随机控制/概率向量 $\zeta_i^* \in \bar{\mathcal{P}}_i$。每个 ζ_i^* 是与 $u \in U(i)$ 一同满足如下关系的有限个概率向量 $p_i(u)$ 的凸组合

$$\zeta_i^* = \sum_{m=1}^{M_i} \xi_{im} p_i(u_{im}), \bar{g}_i(\zeta_i^*) = \sum_{m=1}^{M_i} \xi_{im} g(i, u_{im})$$

对某个 $M_i \geqslant 1, u_{im} \in U(i), \xi_{im} \geqslant 0, m = 1, \cdots, M_i$ 满足 $\sum_{m=1}^{M_i} \xi_{im} = 1$。现在考虑将控制约束集 $U(i)$ 替换为如下的有限集合

$$\bar{U}(i) = \{u_{1m}, \cdots, u_{iM_i}\}$$

的平均费用问题。这是有限空间平均费用问题，可用 5.1 ~ 5.5 节的理论获得最优非随机策略（参阅 5.5 节的方法）。

现在将集中在涉及随机控制的问题上，而不进一步引用（随机的）原始问题。考虑如下定义的映射 $T: \Re^n \mapsto \Re^n$

$$Th = \min_{P \in \bar{\mathcal{P}}} [\bar{g}(P) + Ph]$$

这里注意 Th 的各维是实值的，因为假设 5.6.1(b) 意味着 $\bar{g}(P)$ 的各维 $\bar{g}_i(p_i)$ 有界。对所有的 $y = (y_1, \cdots, y_n) \in \Re^n$，定义

$$\|y\| = \max_{i=1,\cdots,n} y_i - \min_{i=1,\cdots,n} y_i$$

$\|\cdot\|$ 称为半扩张模(span seminorm)，注意，尽管这不是常规意义下的模，但除了 $\|y\| = 0$ 意味着 $y = 0$ 这一点不满足之外，其满足模定义中的所有其他性质。特别地，其满足三角不等式

$$\|y + z\| \leqslant \|y\| + \|z\|, y, z \in \Re^n$$

因为 $\|y - z\| = 0$（当且仅当 y 和 z 的区别是单位向量 e 的倍数），所以向量 h 满足

$$\|Th - h\| = 0$$

当且仅当

$$\lambda e + h = Th$$

（对某个标量 λ）。于是证明贝尔曼方程 (5.116) 的解存在等于证明存在一个向量 h，满足 $\|Th - h\| = 0$。[①]

[①] 已经在值迭代（见命题 5.3.2 的证明）中遇到了半扩张模。事实上，可以看到，命题 5.3.2 的结论的一种等价的说法是值迭代序列 $T^k h^0$ 在半扩张模的意义下收敛，即，存在 h^* 满足

$$\lim_{k \to \infty} \|T^k h^0 - h^*\| = 0$$

进一步地，h^* 满足贝尔曼方程，这可以等价地写为 $\|Th^* - h^*\| = 0$。

首先推导映射 T 与半扩张模有关的一些有用的性质。对任意的 $y \in \Re^n$，定义

$$H(y) = \max\{y_i | i = 1, \cdots, n\}, L(y) = \min\{y_i | i = 1, \cdots, n\}$$

有如下引理。

引理 5.6.1 对任意 $y, z \in \Re^n$ 和 $\beta, \gamma \in \Re$，有

(a) $H(Ty - Tz) \leqslant H(y - z)$。

(b) $\|Ty - Tz\| \leqslant \|y - z\|$。

(c) $\|T(\beta y) - T(\gamma z)\| \leqslant |\beta| \|y - z\| + |\beta - \gamma| \|z\|$。

证明 (a) 对任意 $\epsilon > 0$，令 $P \in \bar{\mathcal{P}}$ 满足

$$\bar{g}(P) + Pz \leqslant Tz + \epsilon e$$

对这一关系式加上 $Ty \leqslant \bar{g}(P) + Py$，获得

$$Ty - Tz \leqslant P(y - z) + \epsilon e$$

因为 P 是转移概率矩阵，有 $P(y - z) \leqslant H(y - z)$，所以

$$Ty - Tz \leqslant H(y - z) + \epsilon e$$

其中，

$$H(Ty - Tz) \leqslant H(y - z) + \epsilon e$$

因为 ϵ 可以取得任意小，于是可以获得所期望的关系式。

(b) 使用 (a) 部分，有

$$\|Ty - Tz\| = H(Ty - Tz) + H(Tz - Ty) \leqslant H(y - z) + H(z - y) = \|y - z\|$$

(c) 使用三角不等式，有

$$\|\beta y - \gamma z\| = \|\beta(y - z) + (\beta - \gamma)z\| \leqslant |\beta| \|y - z\| + |\beta - \gamma| \|z\|$$

而从 (b) 部分，可得

$$\|T(\beta y) - T(\gamma z)\| \leqslant \|\beta y - \gamma z\|$$

将这两个关系式合并，可获得所期望的结论。

回顾值迭代方法：$h^{k+1} = Th^k$ 满足 $h^0 = 0$。下面的引理考虑了这一方法的一种近似（但更一般）的版本，其中 h^k 有因子 $\gamma_k \in [0, 1]$ 在下一次迭代中使用前进行缩小。该引理证明了所生成的序列 $\{\|h^k\|\}$ 有界。这一事实将被用于证明贝尔曼方程存在解且还将是构造收敛的相对值迭代方法的第一步。

引理 5.6.2 令假设 5.6.1 满足，令 $\{\gamma_k\}$ 为对所有 k 满足 $\gamma_k \in [0, 1]$ 的非下降序列。考虑按如下方式生成的序列 $\{h^k\}$

$$h^{k+1} = T(\gamma_k h^k) = \min_{P \in \bar{\mathcal{P}}} [\bar{g}(P) + \gamma_k P h^k]$$

其中 $h^0 = 0$。那么 $\{\|h^k\|\}$ 有界。

证明 不失一般性，假设

$$0 \leqslant \bar{g}_i(p_i) \leqslant \beta, p_i \in \bar{\mathcal{P}}_i$$

对某个标量 β[否则, 在使用 $\bar{g}_i(p_i)$ 在 $p_i \in \bar{\mathcal{P}}_i$ 上的有界性, 可以对 $\bar{g}_i(p_i)$ 的每一维加上共同的充分大的常量, 这不会改变 $\|h^k\|$]。那么, 可以看到 $\{h^k\}$ 是非减的,

$$h^k \leqslant h^{k+1}, k = 0, 1, \cdots \tag{5.117}$$

对每对状态 i、j, 令 μ_{ij} 为 (对原来的非随机化的平均费用问题的) 平稳策略满足 j 在 μ_{ij} 下可从 i 达到, 正如假设 6.4.1(a) 中所说。再令 $P_{\mu_{ij}}$ 为对应的转移概率矩阵。那么在与如下给定的转移概率矩阵 $Q \in \bar{\mathcal{P}}$ 对应的马尔可夫链中

$$Q = \frac{1}{n^2} \sum_{i=1}^n \sum_{j=1}^n P_{\mu_{ij}}$$

每个状态从每个其他状态都是可达的, 所以状态构成单个常返类。对每对状态 i、j, 用 τ_{ij} 表示当将 Q 用作平稳策略时从 i 到达 j 的期望转移次数 (注意 τ_{ij} 是有限的, 因为所有状态构成单个常返类)。那么, 通过考虑第一次转移, 有

$$\tau_{ij} = 1 + \sum_{l \neq j} q_{il} \tau_{lj}, i, j = 1, \cdots, n, i \neq j \tag{5.118}$$

其中 q_{il} 表示 Q 的对应元素。

现在让我们通过归纳法来证明

$$h_i^k \leqslant \beta \tau_{ij} + h_j^k, i, j = 1, \cdots, n, i \neq j, k = 0, 1, \cdots \tag{5.119}$$

事实上, 这一关系式对 $k = 0$ 成立。假设它对一个给定的 k 成立, 使用 $\bar{g}(P) \leqslant \beta e$, $\gamma_{k+1} \leqslant 1$ 和 $h^k \geqslant 0$, 有

$$h^{k+1} \leqslant \bar{g}(Q) + \gamma_{k+1} Q h^k \leqslant \beta e + Q h^k$$

所以对所有的 i 和 j, 有

$$h_i^{k+1} \leqslant \beta + \sum_{l=1}^n q_{il} h_l^k = \beta + \sum_{l \neq j} q_{il} h_l^k + q_{ij} h_j^k$$

在上式中使用式 (5.119) 和式 (5.118), 有

$$h_i^{k+1} \leqslant \beta + \sum_{l \neq j} q_{il} (\beta \tau_{lj} + h_j^k) + q_{ij} h_j^k$$

$$= \beta \left(1 + \sum_{l \neq j} q_{il} \tau_{lj} \right) + \sum_{l \neq j} q_{il} h_j^k + q_{ij} h_j^k$$

$$= \beta \tau_{ij} + h_j^k$$

因为 $\{h^k\}$ 是非减的 [参见式 (5.117)], 于是有

$$h_i^{k+1} \leqslant \beta \tau_{ij} + h_j^{k+1}$$

于是完成了归纳法。

由式 (5.119), 可以看到

$$\|h^k\| \leqslant \max\{\beta \tau_{ij} | i, j = 1, \cdots, n, i \neq j\}$$

所以 $\{||h^k||\}$ 有界。

现在准备证明贝尔曼方程 $\lambda e + h = Th$ 有解(或者等价的 $||Th - h|| = 0$)。考虑按如下方式生成的(近似值迭代)序列

$$h^{k+1} = T(\gamma_k h^k) = \min_{P \in \bar{\mathcal{P}}} \left[\bar{g}(P) + \gamma_k P h^k \right], k = 0, 1, \cdots$$

其中 $h^0 = 0$,$\{\gamma_k\} \subset [0, 1]$ 是需要后续确定的一个非减序列。再考虑如下的相对版本

$$\tilde{h}^k = h^k - L(h^k)e, k = 0, 1, \cdots \tag{5.120}$$

其中 $L(h^k) = \min_{i=1,\cdots,n} h_i^k$。那么

$$L(\tilde{h}^k) = 0, ||\tilde{h}^k|| = H(\tilde{h}^k) = \max_{i=1,\cdots,n} \tilde{h}_i^k$$

和

$$0 \leqslant \tilde{h}_i^k \leqslant ||\tilde{h}^k|| = ||h^k||, i = 1, \cdots, n$$

因为由引理 5.6.2,序列 $\{||h^k||\}$ 有界,于是有序列 $\{\tilde{h}^k\}$ 也有界。将在下面的命题中证明对合适的序列 $\{\gamma_k\}$,有 $||Th - h|| = 0$(对 $\{\tilde{h}^k\}$ 的任意极限点 h),于是证明了贝尔曼方程的解的存在性。

命题 5.6.2 假设 5.6.1 成立。那么存在向量 $h \in \Re^n$,满足 $||Th - h|| = 0$,所以对某个标量 λ,有

$$\lambda e + h = Th$$

进一步地,如果 $\bar{\mu}$ 满足 $T_{\bar{\mu}} h = Th$,即 $\bar{\mu}(i) \in \bar{\mathcal{P}}_i$ 在如下表达式中达到最小值

$$\min_{p_i \in \bar{\mathcal{P}}_i} \left[\bar{g}_i(p_i) + p_i' h \right], i = 1, \cdots, n$$

那么 $\bar{\mu}$ 对于随机平均费用问题是最优的。

证明 令 h 为 $\{\tilde{h}^k\}$ 的极限点(正如在之前命题中讨论的),令 $\{\tilde{h}^{k_t}\}$ 为对应的收敛子列。通过使用引理 5.6.1(c),有

$$||h^{k+1} - h^k|| = ||T(\gamma_k h^k) - T(\gamma_{k-1} h^{k-1})||$$
$$\leqslant \gamma_k ||h^k - h^{k-1}|| + |\gamma_k - \gamma_{k-1}| \, ||h^{k-1}||$$

且最终有

$$||h^{k+1} - h^k|| \leqslant \gamma_k ||h^k - h^{k-1}|| + B|\gamma_k - \gamma_{k-1}| \tag{5.121}$$

其中 B 是 $\{||h^k||\}$ 的上界。选择

$$\gamma_0 = \frac{1}{2}, \gamma_k = \frac{k}{k+1}, k = 1, 2, \cdots$$

那么使用式 (5.121) 的一个直接的归纳法和事实 $||h^1 - h^0|| = ||h^1|| \leqslant B$ 展示对所有的 k,有

$$||h^{k+1} - h^k|| \leqslant \frac{B}{k+1} \left(1 + \frac{1}{2} + \cdots + \frac{1}{k} \right)$$

于是有 $\lim_{k\to\infty} ||h^{k+1} - h^k|| = 0$。于是

$$\lim_{t\to\infty} ||\tilde{h}^{k_t+1} - \tilde{h}_{k_t}|| = 0 \qquad (5.122)$$

有

$$||Th - h|| \leqslant ||Th - \tilde{h}^{k_t+1}|| + ||\tilde{h}^{k_t+1} - \tilde{h}^{k_t}|| + ||\tilde{h}^{k_t} - h||$$

而且，通过使用引理 5.6.1(c) 和 $\tilde{h}^k$ 的定义 [参见式 (5.120)]，有

$$\begin{aligned}
||Th - \tilde{h}^{k_t+1}|| &= ||Th - h^{k_t+1}|| \\
&= \left\|Th - T\left(\frac{k_t}{k_t+1}h^{k_t}\right)\right\| \\
&\leqslant ||h - h^{k_t}|| + \frac{1}{k_t+1}||h^{k_t}|| \\
&= ||h - \tilde{h}^{k_t}|| + \frac{1}{k_t+1}||\tilde{h}^{k_t}||
\end{aligned}$$

综合最后两个关系式，于是有

$$||Th - h|| \leqslant ||\tilde{h}^{k_t+1} - \tilde{h}^{k_t}|| + 2||\tilde{h}^{k_t} - h|| + \frac{B}{k_t+1}$$

所以当 $t \to \infty$ 时取极限，并使用式 (5.122)，获得 $||Th - h|| = 0$。$\bar{\mu}$ 的最优性（当 $\bar{\mu}$ 满足 $T_{\bar{\mu}}h = Th$）源自命题 5.6.1。

注意，分析的副产品是相对值迭代方法的合理性

$$\tilde{h}^k = h^k - L(h^k)e$$

其中 $\{h^k\}$ 由如下方式生成

$$\gamma_0 = \frac{1}{2}, h^0 = 0, h^k = T(\gamma_{k-1}h^{k-1}), \gamma_k = \frac{k}{k+1}, k = 1, 2, \cdots$$

命题 5.6.2 的证明说明对 $\{\tilde{h}^k\}$ 的每个极限点 h，$Th - h$ 的所有组成部分都等于常值 λ，进一步地，h 和 λ 满足贝尔曼方程。事实上，可以证明无须将自己限制在初始条件 $h^0 = 0$；任何初始条件都可以被使用。原因是如果 $\{h^k\}$ 和 $\{\bar{h}^k\}$ 是分别从初始条件 h^0 和 $\bar{h}^0$ 通过将 $h^0 - \bar{h}^0$ 视作在 k-阶段优化且折扣因子为 $\gamma_0, \gamma_1, \cdots, \gamma_{k-1}$ 的终了费用的区别生成的序列，可以验证

$$\max_{i=1,\cdots,n} |h^k(i) - \tilde{h}^k(i)| \leqslant \gamma_0\gamma_1\cdots\gamma_{k-1} \max_{i=1,\cdots,n} |h^0(i) - \bar{h}^0(i)|$$

因为 $\gamma_0\gamma_1\cdots\gamma_{k-1} = 1/(2k) \to 0$，于是初始条件的选择并不重要。

现在用例子展示可达性假设 5.6.1(a) 不能用 5.2 节的更弱的 WA 条件来替代。

例 5.6.8（重返勒索者困境） 考虑例 5.6.1 中的勒索者问题，注意，如下的贝尔曼方程

$$\lambda + h(1) = \min_{u \subset (0,1]} \left[-u + (1 - u^2)h(1)\right], \lambda + h(0) = h(0)$$

没有解，尽管对于两个初始状态的最优平均费用等于 0。这一方程可以在本节的形式中通过使用变量替换 $p = 1 - u^2$ 被替换为

$$\lambda + h(1) = \min_{p \in [0,1)} \left[-\sqrt{1-p} + ph(1) \right], \lambda + h(0) = h(0)$$

注意到状态 1 从终了状态 t 不可达，所以假设 5.6.1(a) 被违反了。不过状态 1 在所有平稳策略下是过渡态，所以定义 5.2.2 中的 WA 条件得到满足。于是假设 5.6.1(a) 中的可达性不能被放松并被 WA 条件替代。如果约束 $p \in [0,1)$ 变为一个紧约束集 $p \in [0,1]$，那么也是如此。

注意本节的分析不能依赖 $\bar{g}_i(p_i)$ 和 $\bar{\mathcal{P}}_i$ 的凸性。关键的假设条件是：

(1) 从单个常返类中的状态构成的马尔可夫链对应的矩阵 $Q \in \bar{P}$ 存在（参见引理 5.6.2 的证明）。

(2) $\bar{g}(P)$ 在 $P \in \bar{\mathcal{P}}$ 上的有界性。

所以结论适用于具有特殊结构从而满足上述两个条件的其他平均费用问题。

5.6.3 可数状态——消失的折扣方法

考虑一个平均费用问题，其状态空间是

$$S = \{0, 1, 2, \cdots\}$$

对 $i, j \in S$ 和 $u \in U(i)$ 的转移概率记作 $p_{ij}(u)$，每个阶段的期望费用记作 $g(i, u), i \in S, u \in U(i)$。引入该问题的 α-折扣版本和对应的贝尔曼方程

$$J_\alpha^*(i) = \min_{u \in U(i)} \left[g(i,u) + \alpha \sum_{j=0}^\infty p_{ij}(u) J_\alpha^*(j) \right]$$

从该式两侧都减去 $\alpha J_\alpha^*(0)$，并引入如下给定的函数 $h_\alpha(\cdot)$

$$h_\alpha(i) = J_\alpha^*(i) - J_\alpha^*(0)$$

有

$$(1-\alpha)J_\alpha^*(0) + h_\alpha(i) = \min_{u \in U(i)} \left[g(i,u) + \alpha \sum_{j=0}^\infty p_{ij}(u) h_\alpha(j) \right] \tag{5.123}$$

可以将 $h_\alpha(i)$ 视作 α-折扣问题的状态 i 的相对费用（相对于状态 0）。这里注意参考状态 0 没有特别之处；可被任意其他状态替代。之前的方程重现了平均费用问题的贝尔曼方程。这被称作消失的折扣因子方法的分析思路的起点。

如果对式 (5.123) 中的两侧都对 $\alpha \to 1$ 取极限，并假设所有项的极限存在，获得平均费用问题的贝尔曼方程满足

$$\lambda = \lim_{\alpha \to 1} (1-\alpha)J_\alpha^*(0), h(i) = \lim_{\alpha \to 1} h_\alpha(i)$$

下面的命题证明了这是可能的，前提是 $h_\alpha(i)$ 在 i 和 α 上一致有界。尽管在命题中为了数学上的方便假设 $U(i)$ 有限，这一假设可以被推广（见本章末尾引用的参考文献）。

命题 5.6.3 令控制约束集 $U(i)$ 对所有的 i 有限，并令每阶段费用 $|g(i,u)|$ 对所有的 i 和 u 有界。假设 $|h_\alpha(i)|$ 也在 i 上有界，且 $\alpha \in (0,1)$。那么存在标量 λ 和有界函数 h 是贝尔曼方程的解，即对所有的 i，有

$$\lambda + h(i) = \min_{u \in U(i)} \left[g(i,u) + \sum_{j=0}^{\infty} p_{ij}(u)h(j) \right] \tag{5.124}$$

进一步地，

$$\lambda = \min_\pi J_\pi(i) = J^*(i)$$

如果 $\mu^*(i)$ 在式 (5.124) 中对每个 i 达到最小值，那么平稳策略 μ^* 是最优的。

证明 令 $\{\alpha_k\}$ 为满足 $\alpha_k \to 1$ 的序列。适用 h_α 的有界性，可以找到一个子列，为简便也记作 $\{\alpha_k\}$，对所有的 i 满足 $\lim_{k \to \infty} h_{\alpha_k}(i) = h(i)$。[①] 因为 $(1-\alpha_k)J^*_{\alpha_k}(0)$ 也有界，看到式 (5.123) 和 $|g(i,u)|$ 的有界性，于是存在 $\{\alpha_k\}$ 的子列，比如说 $\{\alpha_{k_t}\}$，满足对某个 λ

$$\lim_{t \to \infty}(1-\alpha_{k_t})J^*_{\alpha_{k_t}}(0) = \lambda$$

在式 (5.123) 中沿着子列 $\{\alpha_{k_t}\}$ 取极限，并交换极限和最小化 [使用 $U(i)$ 的有限性] 的顺序，获得式 (5.124)。这个命题的最后一个论点来自命题 5.6.1 的充分性条件。

作为命题的一个说明，证明来自 [Ros83a] 的一个结果。这个结果使用了常返条件，其中一个特殊状态（按惯例为状态 0）从所有其他状态在有界的期望时间内可达（想想排队/存储问题，状态 0 对应于空系统）。这个结论来自论文 [Der62] 和 [DeV67]，这对许多后续工作产生了启发。

命题 5.6.4 令控制约束集 $U(i)$ 对所有 i 有限，并令每阶段的费用 $|g(i,u)|$ 在所有的 i 和 u 上有界。对每个初始状态 i，令 τ_i 为状态第一次到达 0 的时间，

$$\tau_i = \min\{t \geqslant 1 | x_t = 0\}$$

假设对某个标量 T 和所有平稳策略 μ，对某个 $\alpha \in (0,1)$ 是 α-折扣最优的，有

$$E\{\tau_i | u\} \leqslant T$$

那么 $|h_\alpha(i)|$ 在 i 和 $\alpha \in (0,1)$ 有界，命题 5.6.3 的结论成立。

证明 如果必需，则通过对 $g(i,u)$ 加上合适的常量，为不失一般性，假设 $g(i,u)$ 是非负的。令 B 为标量满足对所有的 (i,u)，有

$$0 \leqslant g(i,u) \leqslant B$$

固定 $\alpha \in (0,1)$ 并令 μ_α 为 α-折扣问题是最优的。对所有的 i，有

$$\begin{aligned}
J^*_\alpha(i) &= \lim_{N \to \infty} E\left\{ \sum_{k=0}^{N-1} \alpha^k g(x_k, \mu_\alpha(x_k)) | x_0 = i \right\} \\
&= E\left\{ \sum_{k=0}^{\tau_i - 1} \alpha^k g(x_k, \mu_\alpha(x_k)) | x_0 = i \right\} \\
&\quad + \lim_{N \to \infty} E\left\{ \sum_{k=0}^{N-1} \alpha^{\tau_i + k} g(x_k, \mu_\alpha(x_k)) | x_0 = 0 \right\}
\end{aligned} \tag{5.125}$$

---

① 存在一个标准的方式来做这件事：序贯的，从 $i = 0$ 开始，为每个 i 选择一个子列 $\{\alpha_k | k \in \mathcal{K}_i\}$，满足 $\mathcal{K}_i \supset \mathcal{K}_{i+1}$ 和 $\{h_{\alpha_k}\}_{k \in \mathcal{K}_i}$ 收敛到某个标量 $h(i)$。然后选择一个子列 $\{\alpha_{k_i}\}$ 满足对所有的 i，有 $k_i \in \mathcal{K}_i$ 和 $k_i < k_{i+1}$。

由这一关系式，有

$$J_\alpha^*(i) \leqslant BE\left\{\sum_{k=0}^{\tau_i-1} \alpha^k\right\} + E\{\alpha^{\tau_i}\} J_\alpha^*(0) \leqslant BT + J_\alpha^*(0) \tag{5.126}$$

还有，由式 (5.125) 和 g 的非负性，有

$$J_\alpha^*(i) \geqslant E\{\alpha^{\tau_i}\} J_\alpha^*(0) \geqslant \alpha^{E\{\tau_i\}} J_\alpha^*(0) \geqslant \alpha^T J_\alpha^*(0) \tag{5.127}$$

其中第二个不等式是 α^{τ_i} 的凸性的后果，视作 τ_i 的函数和詹森不等式 $[E\{f(Y)\} \geqslant f(E\{Y\})]$ 对任意的凸函数 f 和随机变量 Y]。由式 (5.127)，有

$$J_\alpha^*(0) - J_\alpha^*(i) \leqslant (1-\alpha^T) J_\alpha^*(0) \leqslant (1-\alpha^T)\frac{B}{1-\alpha} = (1+\alpha+\cdots+\alpha^{T-1})B \leqslant BT \tag{5.128}$$

由式 (5.126) 和式 (5.128)，可以看到 $|J_\alpha^*(0) - J_\alpha^*(i)|$ 在 i 和 $\alpha \in (0,1)$ 有界，现在结论来自命题 5.6.3。

之前命题的条件已经被显著地推广了；见 [FHT79]、[Tho80]、[Whi82]（第 34 章）、[Sch93a] 和综述 [ABF93]。

5.6.4 可数状态——压缩方法

本节讨论前一节的可数状态平均费用问题的另一种分析方法。沿用 1.5.3 节和 3.6 节的压缩映射方法。尽管与前一节的消失的折扣因子方法在使用范围和方法论上有差别，但有显著的重叠，因为两种方法都在几处使用常返类的假设。

引入一个正序列 $v = \{v_0, v_1, \cdots\}$，满足

$$\inf_{i=0,1,\cdots} v_i > 0$$

和加权极值模

$$\|J\| = \max_{i=0,1,\cdots} \frac{|J(i)|}{v_i}$$

在满足 $\|J\| < \infty$ 的序列 $\{J(0), J(1), \cdots\}$ 的空间 $B(S)$。

假设状态 0 是特殊的，即系统在所有策略下有 "倾向于" 返回该状态。特别地，随任意策略 π，记有

C_π：从状态 0 出发直到首次返回 0 的期望费用，

N_π：从 0 出发返回状态 0 的期望阶段数，

有如下假设

假设 5.6.2 对每个策略π, C_π和N_π有限。进一步地，N_π在π上一致有界，即，对某个 $\bar{N}>0$ 和所有的 π，有 $N_\pi \leqslant \bar{N}$。

这个假设和后面的假设属于保证可数状态问题的贝尔曼方程有效性的广泛的类似条件中最简单的条件。这些条件都有共同的特点，即需要系统无穷次地回到特定的状态或者特定的状态子集，在所有或者适当的策略子集。对应的分析线路经常对应常返方法。

为了推导贝尔曼方程和相关结论，将遵循与第 I 卷 7.4 节中类似的分析路线，这本质上将平均费用问题转化为随机最短路问题。将使用 3.6 节的（可数状态）随机最短路问题。下面的假设与 3.6 节中的假设 3.6.1 平行。

假设 5.6.3 (a) 序列 $G = \{G_0, G_1, \cdots\}$，其中

$$G_i = \max_{u \in U(i)} |g(i, u)|, i = 0, 1, \cdots$$

属于 $B(S)$。

(b) 序列 $V = \{V_0, V_1, \cdots\} \in B(S)$，其中

$$V_i = \max_{u \in U(i)} \sum_{j=0}^{\infty} p_{ij}(u) v_j, i = 0, 1, \cdots$$

属于 $B(S)$。

(c) 这是一个标量 $\rho \in (0, 1)$ 和整数 $m \geqslant 1$ 满足对所有的 π 和 $i = 0, 1, \cdots$，有

$$\frac{\sum_{j=1}^{\infty} P(x_m = j | x_0 = i, \pi) v_j}{v_i} \leqslant \rho$$

注意假设 5.6.3(c) 中的加和不包括状态 0，所以这一假设量化了从所有其他状态在所有策略下返回 0 的倾向，类似假设 3.5.1(c)。

对任意标量 λ，考虑如下定义的映射 T_μ^λ 和 T^λ

$$(T_\mu^\lambda J)(i) = g(i, \mu(i)) - \lambda + \sum_{j=0}^{\infty} p_{ij}(\mu(i)) J(j)$$

$$(T^\lambda J)(i) = \min_{u \in U(i)} \left[g(i, u) - \lambda + \sum_{j=0}^{\infty} p_{ij}(u) J(j) \right]$$

与 1.5 节的分析类似，在假设 5.6.3 下，T_μ^λ 和 T^λ 对所有的 $J \in B(S)$ 和 $\lambda \in \Re$ 将 $B(S)$ 映射如 $B(S)$（参见命题 1.5.3）。

下面的引理为应用命题 5.6.1 的充分性条件准备了基础，后者将用于证明我们的主要结论。

引理 5.6.3 令假设 5.6.3 满足。那么对所有的 $h \in B(S)$，策略 π 和状态 i

$$\lim_{N \to \infty} \frac{1}{N} E\{h(x_N) | x_0 = i, \pi\} = 0$$

证明 我们将证明 $E\{h(x_N) | x_0 = i, \pi\}$ 在 N 上有界。不失一般性，假设 h 非负（否则，将 h 替换为 $|h|$）。首先注意假设 5.6.3(c) 意味着存在一个整数 $m \geqslant 1$ 满足对每个策略 π 和状态 i，有

$$\begin{aligned} E\{v_{x_m} | x_0 = i, \pi\} &= \sum_{j=1}^{\infty} P(x_m = j | x_0 = i, \pi) v_j \\ &\quad + P(x_m = 0 | x_0 = i, \pi) v_0 \\ &\leqslant \rho v_i + v_0 \end{aligned} \tag{5.129}$$

进一步地，对所有的 $k \geqslant 0$，

$$\begin{aligned} E\{h(x_{km}) | x_0 = i, \pi\} &\leqslant \|h\| E\{v_{x_{km}} | x_0 = i, \pi\} \\ &= \|h\| E\left\{ E\{v_{x_{km}} | x_{(k-1)m}, \pi\} | x_0 = i, \pi \right\} \\ &\leqslant \|h\| E\left\{ \rho v_{x_{(k-1)m}} + v_0 | x_0 = i, \pi \right\} \\ &= \|h\| \left(\rho E\{v_{x_{(k-1)m}} | x_0 = i, \pi\} + v_0 \right) \end{aligned} \tag{5.130}$$

其中第二个不等式来自对内部的条件期望项使用式 (5.129)。使用相同的论述并重复展开式 (5.130) 的右侧，有

$$E\{h(x_{km})|x_0 = i, \pi\} \leqslant \|h\| \left(\rho^k v_i + \frac{v_0}{1-\rho} \right) \tag{5.131}$$

令 $j \in \{0, 1, \cdots, m-1\}$。通过应用式 (5.131)，可以看到

$$E\{h(x_{km+j})|x_0 = i, \pi\} = E\{E\{h(x_{km+j})|x_j, \pi\}|x_0 = i, \pi\}$$
$$\leqslant \|h\| \left(\rho^k E\{v_{x_j}|x_0 = i, \pi\} + \frac{v_0}{1-\rho} \right) \tag{5.132}$$

由假设 5.6.3(b)，有

$$E\{v_{x_1}|x_0 = i, \pi\} \leqslant V_i \leqslant \|V\|v_i \tag{5.133}$$

类似地，对 $j = 2, \cdots, m-1$,

$$E\{v_{x_j}|x_0 = i, \pi\} = E\{E\{v_{x_j}|x_{j-1}, \pi\}|x_0 = i, \pi\}$$
$$\leqslant \|V\|E\{v_{x_{j-1}}|x_0 = i, \pi\}$$
$$\leqslant \|V\|^j v_i \tag{5.134}$$

综合式 (5.132) $\sim$ 式 (5.134)，对所有的 $j = 0, 1, \cdots, m-1$ 和 $k \geqslant 0$ 获得

$$E\{h(x_{km+j})|x_0 = i, \pi\} \leqslant \|h\| \left(\rho^k \|V\|^j v_i + \frac{v_0}{1-\rho} \right)$$

所以 $E\{h(x_N)|x_0 = i, \pi\}$ 在 N 上有界。

下面的命题提供了主要的结论。

命题 5.6.5 令假设 5.6.2 和假设 5.6.3 成立。那么最优平均费用，记为 λ^*，对所有的初始状态是相同的，且与某个序列 $h^* = \{h^*(0), h^*(1), \cdots\}$ 满足贝尔曼方程

$$\lambda^* + h^*(i) = \min_{u \in U(i)} \left[g(i, u) + \sum_{j=0}^{\infty} p_{ij}(u)h^*(j) \right], i = 0, 1, \cdots$$

进一步地，如果 $\mu(i)$ 在上述方程中对所有的 i 达到最小值，平稳策略 μ 是最优的。

证明 引入记法

$$\tilde{\lambda} = \min_{\pi} \frac{C_{\pi}}{N_{\pi}}$$

其中 C_{π} 和 N_{π} 已经在之前定义了，最小值是在所有可接受的策略集合中取的。考虑相关的随机最短路问题，其中在状态 i 发生的期望阶段费用是 $g(i, u) - \tilde{\lambda}$。那么假设 5.6.3(a)、(b) 和条件 $\inf_{i=0,1,\cdots} v_i > 0$ 可被用于证明如下序列

$$\left\{ \max_{u \in U(i)} |g(i, u) - \tilde{\lambda}| \Big| i = 0, 1, \cdots \right\}$$

属于 $B(S)$，且与假设 5.6.3(c) 和引理 5.6.3 一起，保证了 3.6 节的随机最短路问题的分析适用。于是有对应的费用 $h^*(0), h^*(1), \cdots$ 是如下对应的贝尔曼方程的唯一解

$$h^*(i) = \min_{u \in U(i)} \left[g(i, u) - \tilde{\lambda} + \sum_{j=1}^{\infty} p_{ij}(u)h^*(j) \right], i = 0, 1, \cdots \tag{5.135}$$

因为从 i 到 0 的转移概率在相关的随机最短路问题中为 0（与图 7.4.1 中的构造和第 I 卷命题 7.4.1 的证明对比）。

现在考虑 $h^*(0)$，这是从状态 0 返回状态 0 的最优费用，当每阶段的费用是 $g(i,u)-\lambda$。因为 $C_\pi - N_\pi\tilde{\lambda}$ 是从 0 开始返回 0 的策略 π 的对应费用，所以

$$h^*(0) = \min_\pi [C_\pi - N_\pi\tilde{\lambda}]$$

因为对所有的 π 有 $N_\pi \leqslant \bar{N}$（假设 5.6.2），从定义 $\tilde{\lambda} = \min_\pi C_\pi/N_\pi$ 对所有的 π 有 $C_\pi - N_\pi\tilde{\lambda} \geqslant 0$，于是有

$$0 \leqslant h^*(0) = \min_\pi N_\pi\left[\frac{C_\pi}{N_\pi} - \tilde{\lambda}\right] \leqslant \bar{N}\min_\pi\left[\frac{C_\pi}{N_\pi} - \tilde{\lambda}\right] = 0$$

所以 $h^*(0) = 0$，式 (5.135) 写为

$$\tilde{\lambda} + h^*(i) = \min_{u\in U(i)}\left[g(i,u) + \sum_{j=0}^{\infty} p_{ij}(u)h^*(j)\right], i = 0,1,\cdots$$

这一关系式和引理 5.6.3 意味着命题 5.6.1 的假设，所以从那个命题的结论，可以看到 $\tilde{\lambda}$ 等于对所有的初始状态的最优平均费用，而且关于平稳策略的结论成立。

5.6.5 具有二次费用的线性系统

考虑如下系统的线性二次型问题

$$x_{k+1} = Ax_k + Bu_k + w_k, k = 0,1,\cdots$$

费用函数

$$J_\pi(x_0) = \lim_{N\to\infty}\frac{1}{N}E_{w_k,k=0,1,\cdots}\left\{\sum_{k=0}^{N-1}(x_k'Qx_k + \mu_k(x_k)'R\mu_k(x_k))\right\}$$

与 4.2 节中采用相同的假设，即，Q 是半正定对称的，R 是正定对称的，w_k 是独立的，且具有零均值和有限的二阶矩。也假设对 (A,B) 可控，对 (A,C)（其中 $Q = C'C$）可观。在这些假设下，在第 I 卷 4.1 节中证明了如下的 Riccati 方程

$$K_0 = 0$$

$$K_{k+1} = A'\left(K_k - K_kB\left(B'K_kB + R\right)^{-1}B'K_k\right)A + Q$$

在极限时获得一个矩阵 K，

$$K = \lim_{k\to\infty}K_k$$

这是如下方程在半正定对称阵的类别中的唯一解

$$K = A'\left(K - KB\left(B'KB + R\right)^{-1}B'K\right)A + Q$$

N-阶段费用的最优值

$$\frac{1}{N}E_{w_k,k=0,1,\cdots,N-1}\left\{\sum_{k=0}^{N-1}(x_k'Qx_k + u_k'Ru_k)\right\}$$

已经在之前推导了，并且可看出等于

$$\frac{1}{N}\left(x_0' K_N x_0 + \sum_{k=0}^{N-1} E\{w' K_k w\}\right)$$

因为 $K = \lim_{k \to \infty} K_k$ 和

$$\lim_{N \to \infty} \frac{1}{N} \sum_{k=0}^{N-1} E\{w' K_k w\} = E\{w' K w\}$$

可以看到，最优的 N-阶段费用趋向

$$\lambda = E\{w' K w\}$$

当 $N \to \infty$ 时成立。另外，N-阶段最优策略在其初始阶段倾向平稳策略

$$\mu^*(x) = -(B'KB + R)^{-1} B' K A x \tag{5.136}$$

进一步地，简单的计算展示，由 λ、K 和 $\mu^*(x)$ 的定义，有

$$\lambda + x'Kx = \min_u E\{x'Qx + u'Ru + (Ax + Bu + w)'K(Ax + Bu + w)\}$$

而在该方程中右侧的最小值由式 (5.136) 中给定的 $u^* = \mu^*(x)$ 达到。

通过重复命题 5.6.1 的证明，有

$$\lambda \leqslant \frac{1}{N} E\{x_N' K x_N | x_0, \pi\}$$
$$- \frac{1}{N} x_0' K x_0 + \frac{1}{N} E\left\{\sum_{k=0}^{N-1} (x_k' Q x_k + u_k' R u_k) | x_0, \pi\right\}$$

等号在 $\pi = \{\mu^*, \mu^*, \cdots\}$ 时取到。于是，如果 π 满足 $E\{x_N' K x_N | x_0, \pi\}$ 对于 N 是一致有界的，则通过之前的关系式，当 $N \to \infty$ 时取极限，

$$\lambda \leqslant J_\pi(x), x \in \Re^n$$

当 $\pi = \{\mu^*, \mu^*, \cdots\}$ 时取等号。所以由式 (5.136) 给定的线性平稳策略在所有满足 $E\{x_N' K x_N | x_0, \pi\}$ 对于 N 一致有界的所有策略 π 是最优的。

5.7 注释、资源和习题

几位作者已经对平均费用问题做出了早期的贡献（Gillette[Gil57]，Howard[How60]，Brown[Bro65]，Veinott[Vei66]，[Vei69]，Schweitzer[Sch68]，Derman[Der70]，Ross[Ros70]），其中最著名的是 Blackwell[Bla62]。包含许多参考文献的一个深入的综述由 Arapostathis 等在 [ABF93] 中给出。Feinberg 和 Schwartz[FeS02] 编写的卷册提供了我们没有涉及的平均费用题目的综述。

作为 5.6.2 节的可达性条件的一种修订，弱可达性条件由 Platzman[Pla77a] 引入。后者由 Bather [Bat73] 引入，用于推导 5.6.2 节的分析和结论。

5.3 节的相对值迭代方法源自 White[Whi63]。其涉及步长参数 τ[参见式 (5.72)] 的 damped 版本源自 Schweitzer[Sch71]。命题 5.3.3 的误差界源自 Odoni[Odo69]。在压缩映射下分析相对值迭代方法是可能的；见 Federgruen、Schweitzer 和 Tijms[FST78] 以及 Puterman[Put94] 的 8.5 节。特别地，在命题 5.3.2 的假设下，可以证明定义该方法的映射是在一个涉及半扩张模符号的 m-步压缩（正如在 5.6.2 节中建模的）。事实上，命题 5.3.2 的真名隐含的基于这条分析路线。在比这里给出的条件稍微更弱的条件下的收敛性由 Platzman [Pla77b] 给出。习题 5.9 的误差界源自 Varaiya[Var78]，其中用于构造不同形式的值迭代方法。Varaiya 的方法的离散时间的版本由 Popyack、Brown 和 White[PBW79] 给出。相对值迭代的一步版本不可靠，因为该方法不涉及极值模压缩；见本书作者在 [Ber82a] 中的反例。

压缩值迭代方法源自本书作者的 [Ber98]，我们推荐收敛和计算结论的讨论。多链问题的值迭代方法已经被 Schweitzer[Sch71]、Schweitzer 和 Refergruen[ScF77]、[ScF79] 以及 Federgruen、Schweitzer 和 Tijms[FST78] 分析了。

策略迭代算法由 Howard[How60] 引入，证明了在所有策略导致不可约马尔可夫链的假设条件下有限步终止。Howard[How60] 还考虑了多链情形，但他提出了有缺陷的算法，可能不终止。Blackwell[Bla62] 给出了收敛的版本，Veinott[Vei66] 给出了这里给出的版本。对策略迭代到无限空间问题的多种推广版本，见 Hernandez-Lerma 和 Lasserre[HeL97]、Meyn[Mey97]、Golubin[Gol03] 以及 Patek[Pat04]。

线性规划方法是由 De Ghellinck[DeG60] 和 Manne[Man60] 对单链问题建模得到的。Denardo 和 Fox[DeF68] 和 Derman[Der70] 考虑了多链情形，Kallenberg[Kal83] 提供了更细致的处理。Derman[Der70] 将线性规划方法用于有约束的平均费用问题。另一本教材见 Puterman[Put94]，综述见 Kallenberg [Kal94a]、[Kal94b]。Borkar[Bor88]、[Bor89]、[Bor91] 引入了对无约束和约束平均费用问题的凸分析方法，这自然推广了线性规划方法，适用于可能无限状态和控制空间的问题；也见 Arapostathis 等 [ABF93] 中的讨论。

因为平均费用只度量了策略的渐近行为，两个最优策略可能有非常不同的过渡行为。例如，任何通过修改另一个单链策略的过渡态的转移策略产生的单链策略具有与原策略相同的平均费用，不过当从过渡态触发式可能有显著不同的有限阶段费用。m-折扣最优性对于区分具有不同过渡性能的两个策略有用，并与 Blackwell 最优性关联。特别地，给定有限空间问题，对于整数 $m \geqslant -1$，策略 π^* 是 m-折扣最优的，如果其折扣费用满足

$$\limsup_{\alpha \to 1}(1-\alpha)^{-m}\left(J_{\alpha,\pi^*}(i) - J_{\alpha,\pi}(i)\right) \leqslant 0$$

对所有的状态 i 和策略 π。这个定义可以用 Laurent 数列展开的角度来解读，具体在 5.1 节中给出。特别地，m-折扣最优性处理了 Laurent 数列最高到 m 阶的最优性，对所有的 $k = -1, 0, \cdots, m$，有 $(m+1)$-折扣最优策略也是 k-折扣最优的，注意 (-1)-折扣最优策略是平均费用最优的，而 0-折扣最优平稳策略是平均费用最优且还在所有平均费用最优的平稳策略中最小化了偏差。可以证明 Blackwell 最优策略对每个 m 是 m-折扣最优的。存在若干组互相耦合的 $m+3$ 最优性方程，其解获得 m-折扣最优策略。这重构了 5.1.3 节中引入的耦合最优性方程对。策略迭代伏安法可以被推广用于处理 m-折扣最优策略的计算，使用涉及 $m+3$ 嵌套的最小化的策略改进步骤。可以证明为了获得 Blackwell 最优策略，使用这个推广的策略迭代算法足以计算 $(n-2)$-折扣最优策略，其中 n 是状态数。推荐参

考 Puterman[Put94] 第 10 章中对于细节的分析,其内容与 Veinott 和 Miller[Vei66]、[Vei69]、[MiV69] 相关。

无限空间模型是许多研究的焦点。我们提供了相对较新的资源。其中的一些是综述论文或者教材,并提供丰富的参考文献:Sennott[Sen86]、[Sen89a]、[Sen89b]、[Sen91]、[Sen93a]、[Sen93b]、[Sen98]、Lasserre[Las88]、Borkar[Bor88]、[Bor89]、[Bor91]、Cavazos-Cadena[Cav89a]、[Cav89b]、[Cav91]、Hernandez-Lerma[Her89]、Fernández-Gaucherand、Arapostathis 和 Marcus[FAM90]、Hernandez-Lerma、Hennet 和 Lasserre [HHL91]、Cavazos-Cadena 和 Sennott[CaS92]、Ritt 和 Sennot[RiS92]、Arapostathis 等 [ABF93]、Schal[Sch93a]、Puterman[Put94]、Hernandez-Lerma 和 Lasserre[HeL96]、[HeL99]、Meyn [Mey99]、Feinberg 和 Schwartz[FeS02]、Guo 和 Rieder[GuR06]、Feinberg 和 Lewis[FeL07]。

部分可观马尔可夫决策过程(POMDP)可以被转化为状态的条件分布中的在(不可数无穷)空间的完整状态信息版本。在平均费用指标下,它们变成有挑战的问题,其行为有意思且目前不完全理解。特别地,最优平均费用可能依赖于在简单和不期待的情形下的初始状态分布向量 p,如例 5.6.7 中所示。已经给出了一些分析和充分条件来处理最优平均费用是否与 p 独立的问题(Platzman[Pla77a]、[Pla80]、Ohnishi、Mine 和 Kawai[OMK84]、Fernández-Gaucherand、Arapostathi 和 Marcus[FAM91]、Runggaldier 和 Stettner[RuS94]、Stettner[Ste93]);还可参见 Arapostathis 等 [ABF93]。Yu 和 Bertsekas 的论文 [YuB04] 提出了基于有限空间(完整观测)多链平均费用问题的下界近似的计算算法,该问题可以通过 5.3~5.5 节中的算法求解。当近似问题的状态数增加时,下界近似收敛到原 POMDP 的最优平均费用,假设这一费用与 p 独立,且偏差是 p 的连续函数。Yu 和 Bertsekas 的另一篇论文 [YuB06a](还有 Yu[Yu06])考虑了基于使用有限历史(固定数量的最近观测)以及有限存储的控制器的有限空间近似机制,并证明了最优平均费用可以被任意精确地近似,假设最优下极限费用与 p 独立。

习题

5.1 [LiR71]　考虑向顾客提供某种服务的生意。这种生意在每个时段的开始以概率 p_i 从 i 类型的顾客收到一份合同,其中 $i = 1, 2, \cdots, n$,并提供金额 M_i。假设 $\sum_{i=1}^{n} p_i \leqslant 1$。顾客可以拒绝该合同,此时顾客离去而该生意将在那个时段保持空闲;或者顾客可以接受这份合同,此时该生意为那位顾客服务 k 个时段,k 由概率 β_{ik} 决定,其中

$$k = 1, 2, \cdots$$

$\beta_{ik} = $ 类型 i 的顾客将在 k 时段后离去的概率,前提是该顾客已经被服务了 $k-1$ 个时段。

问题是如何确定一种接受–拒绝策略来最大化

$$\lim_{N \to \infty} \frac{1}{N} \{\text{在} N \text{个时段的期望支付}\}$$

考虑两种情形:

1. $\beta_{ik} = \beta_i \in (0, 1)$ 对所有的 k。
2. 对每个 i 存在 $\bar{k}_i$ 满足 $\beta_{i\bar{k}_i} = 1$。

(a) 将该问题建模为每阶段平均费用问题，证明最优费用与初始状态独立。

(b) 证明存在标量 λ^* 和最优策略满足接受类型 i 的顾客当且仅当

$$\lambda^* T_i \leqslant M_i$$

其中 T_i 是服务类型 i 的顾客的期望时间，给定

$$T_i = \beta_{i1} + \sum_{k=2}^{\infty} k\beta_{ik-1}(1 - \beta_{ik-2}) \cdots (1 - \beta_{i0})$$

5.2　求解计算机制造问题（第 I 卷习题 7.3）的平均费用版本（$\alpha = 1$）。

5.3　考虑一个平均费用问题，有两个状态 1 和 2，两个控制 1 和 2。在状态 1 和 2，每个阶段的费用分别是 0 和 1，无论施加什么控制。控制 1 保持系统在当前状态，而控制 2 将系统移动到另一个状态。构造一个非平稳的策略，当 $N \to \infty$ 时 N 阶段平均费用的极限

$$J_\pi^N(x_0) = \frac{1}{N} \sum_{k=0}^{N-1} g(x_k, \mu_k(x_k))$$

对于 $x_0 = 1, 2$ 不存在。提示：考虑一个非平稳策略，以逐渐下降的频率切换到另一个状态使得 $J_\pi^N(x_0)$ 不收敛。

5.4（Blackwell 最优策略和贝尔曼方程）　考虑一个确定性系统具有两个状态 0 和 1。在进入状态 0 时，该系统永远停留在该状态且没有费用。在状态 1，可以选择停在该状态且没有费用或者移动到状态 0 并产生费用 1。

(a) 证明每个策略是平均费用最优的，但唯一的 Blackwell 最优的平稳策略是将系统保持在当前状态的策略（注意这一策略不是单链的）。

(b) 证明贝尔曼方程 $\lambda e + h = Th$ 的解 (λ, h) 是 $\lambda = 0$ 和 $h(1) \leqslant 1 + h(0)$ 的解。然而，如果 $h(1) < 1 + h(0)$，那么所有 Blackwell 最优以外的策略不能在右侧达到最小值，即 $T_\mu h \neq Th$。

5.5　证明 WA 条件满足当且仅当存在随机平稳策略是单链的，且其过渡态在所有平稳策略下是过渡的。

5.6（化简到折扣情形）　对于有限状态平均费用问题，假设有状态 t 满足对某个 $\beta > 0$，有 $p_{it}(u) \geqslant \beta$ 对所有的状态 i 和控制 u。考虑具有相同状态空间、控制空间和如下转移概率的 $(1 - \beta)$-折扣问题

$$\bar{p}_{ij}(u) = \begin{cases} (1-\beta)^{-1} p_{ij}(u), & j \neq t \\ (1-\beta)^{-1}(p_{ij}(u) - \beta), & j = t \end{cases}$$

证明 $\beta\bar{J}(t)$ 和 $\bar{J}(i)$ 分别是平均和微分费用最优的，其中 $\bar{J}$ 是 $(1 - \beta)$-折扣问题的最优费用函数。

5.7　令 h^0 为 $\Re^n$ 中的任意向量，对所有的 i 和 $k \geqslant 1$，定义

$$h_i^k = T^k h^0 - (T^k h^0)(i)e$$

$$\hat{h}^k = T^k h^0 - \frac{1}{n} \sum_{i=1}^{n} (T^k h^0)(i)e$$

$$\tilde{h}^k = T^k h^0 - \min_{i=1,\cdots,n}(T^k h^0)(i)e$$

还令 $h_i^0 = \hat{h}^0 = \tilde{h}^0 = h^0$。

(a) 证明有如下算法生成的序列 $\{h_i^k\}$、$\{\hat{h}^k\}$ 和 $\tilde{h}^k$

$$h_i^{k+1} = Th_i^k - (Th_i^k)(i)e$$

$$\hat{h}_i^{k+1} = T\hat{h}^k - \frac{1}{n}\sum_{i=1}^{n}(T\hat{h}_i^k)(i)e$$

$$\tilde{h}_i^{k+1} = T\tilde{h}^k - \min_{i=1,\cdots,n}(T\tilde{h}^k)(i)e$$

(b) 证明命题 5.3.2 的收敛性结论对 (a) 部分的算法成立。**提示**：命题 5.3.2 适用于生成 $\{\hat{h}^k\}$ 的算法。将 $\hat{h}^k$ 和 $\tilde{h}^k$ 表示为 $\{h_i^k\}, i = 1,\cdots,n$ 的连续函数。

5.8（相对值迭代的变形） 考虑如下相对值迭代算法的两种变形：

$$h^{k+1}(i) = (Th^k)(i) - \lambda^k, i = 1,\cdots,n$$

其中

$$\lambda^k = c + \sum_{j=1}^{n} p_j h^k(j)$$

或者

$$\lambda^k = c + \sum_{j=1}^{n} p_j h^{k-1}(j)$$

这里 c 是任意标量，$(p_1,\cdots,p_n)$ 是任意系统状态的 概率分布。在命题 5.3.2 的假设下，证明序列 $\{h^k\}$ 收敛到向量 h，序列 $\{\lambda^k\}$ 收敛到满足 $\lambda e + h = Th$ 的标量 λ，所以由命题 5.2.1，λ 等于对所有初始状态的最优平均费用，h 是相关的微分费用向量。**提示**：通过引入人工状态 t' 来修改问题，从该状态系统以费用 c 移动到状态 j 的概率为 p_j（对所有的 u）。应用命题 5.3.2。

5.9（推广的误差界） 令 h 为任意 n-维向量并令 μ 满足

$$T_\mu h = Th$$

证明，对所有的 i，有

$$\min_j[(Th)(j) - h(j)] \leqslant J^*(i) \leqslant J_\mu(i) \leqslant \max_j[(Th)(j) - h(j)]$$

不论 $J^*(i)$ 是否与初始状态 i 独立。**提示**：完成如下论述的细节。令

$$\delta(i) = (Th)(i) - h(i), i = 1,\cdots,n$$

令 δ 为具有元素 $\delta(i)$ 的向量。有

$$T_\mu h = \delta + h, T_\mu^2 h = T_\mu h + P_\mu\delta = \delta + P_\mu\delta + h$$

且，按这样的方式继续下去，

$$T_\mu^N h = \sum_{k=0}^{N-1} P_\mu^k\delta + h, N = 1, 2, \cdots$$

于是

$$J_\mu = \lim_{N \to \infty} \frac{1}{N} T_\mu^N h = P_\mu^* \delta$$

其中

$$P_\mu^* = \lim_{N \to \infty} \frac{1}{N} \sum_{k=0}^{N-1} P_\mu^k$$

证明了所期望关系式的右侧。再令 $\pi = \{\mu_0, \mu_1, \cdots\}$ 为任意可接受的策略。有

$$T_{\mu_N} h \geqslant \delta + h$$

由此可得

$$T_{\mu_{N-1}} T_{\mu_N} h \geqslant P_{\mu_{N-1}} \delta + T_{\mu_{N-1}} h \geqslant P_{\mu_{N-1}} \delta + \delta + h \geqslant 2 \min_j \delta(j) e + h$$

所以对所有的 i, 有

$$\frac{1}{N+1} (T_{\mu_0} \cdots T_{\mu_N} h)(i) \geqslant \min_j \delta(j) + \frac{h(i)}{N+1}$$

当 $N \to \infty$ 时取极限, 有

$$J_\pi(i) \geqslant \min_j \delta(j)$$

因为 π 任意, 我们获得了所期望关系式的左侧。

5.10　使用命题 5.1.1 来证明在策略迭代算法中, 在单链假设下, 对所有的 k, 有

$$\lambda^{k+1} e = \lambda^k e + P_{\mu^{k+1}}^* (Th^k - h^k - \lambda^k e)$$

其中

$$P_{\mu^{k+1}}^* = \lim_{N \to \infty} \frac{1}{N} \sum_{m=0}^{N-1} P_{\mu^{k+1}}^m$$

使用这一事实来证明如果对应于 μ^{k+1} 的马尔可夫链没有过渡态且 μ^{k+1} 不是最优的, 那么 $\lambda^{k+1} < \lambda^k$。

5.11（随机最短路问题的求解方法）　本题的目的是展示平均费用问题如何可以通过求解有限序列的随机最短路问题来求解。对任意标量 λ, 考虑 λ-随机最短路问题。考虑一维搜索过程, 只在从上和下找到 λ 的函数 $h_\lambda(n)$ 的零点, 如图 5.7.1 所示。证明这一过程通过求解有限个随机最短路问题求解了平均费用问题。

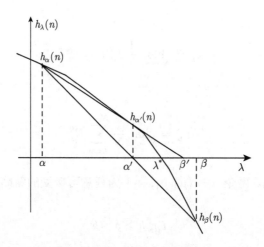

图 5.7.1 寻找满足 $h_\lambda(n) = 0$ 的 λ 的一维迭代搜索过程(参看练习 5.11)。每一个 $h_\lambda(n)$ 值都是通过求解带有阶段性花费 $g(i, u) - \lambda$ 的关联 SSP 问题的获得。和这类迭代的开始,有标量的 α 和 β 值,满足

$$\alpha < \lambda^* < \beta$$

且有相应的非零值 $h_\alpha(n)$ 和 $h_\beta(n)$。寻找 α',使得

$$\frac{\alpha' - \alpha}{\alpha' - \beta} = \frac{h_\alpha(n)}{h_\beta(n)}$$

且计算 $h_{\alpha'}(n)$。令 β' 满足

$$\frac{\beta' - \alpha'}{\beta' - \alpha} = \frac{h_{\alpha'}(n)}{h_\alpha(n)}$$

接下来用 α' 代替 α,并且若 $\beta' < \beta$,计算 $h_{\beta'}(n)$ 并用 β' 代替 β。接下来执行另一个迭代。当 $h_\alpha(n) = 0$ 或者 $h_\beta(n) = 0$ 时算法停止。

 5.12(单链情形的随机最短路分析) 本题的目的是提供分析单链平均费用问题的另一种思路,基于与随机最短路问题的联系,这在第 I 卷 7.4 节中给出。特别地,这一联系用于证明存在贝尔曼方程 $\lambda e + h = Th$ 的解,在假设平稳策略中的每个最优策略都是单链的条件下。完成如下证明细节:

 对任意平稳策略 μ,令 λ_μ 为每阶段的平均费用,令 $\lambda = \min_\mu \lambda_\mu$,令 $M = \{\mu | \lambda_\mu = \lambda\}$ 为最优平稳策略集合。假设有一个状态 s 在对应所有的 $\mu \in M$ 的马尔可夫链中同时是常返的。与第 I 卷 7.4 节类似,考虑相关的随机最短路问题,状态为 $1, 2, \cdots, n$ 和人工状态 s,从状态 i 以概率 $p_{is}(u)$ 移动到该该人工状态。该问题中的阶段费用是 $g(i, u) - \lambda, i = 1, \cdots, n$,从状态 i 到状态 $j \neq s$ 的转移概率与原问题相同,而 $p_{is}(u)$ 是零。证明在这个随机最短路问题中,每个不合适的策略都对某个初始状态具有无穷费用,使用这一事实来推论如果 $h(i)$ 是从状态 $i = 1, \cdots, n$ 开始的最优费用,那么 λ 和 h 满足 $\lambda e + h = Th$。如果没有状态 s 对所有的 $\mu \in M$ 是同时常返的,那么选择 $\bar{\mu} \in M$ 满足没有 $\mu \in M$ 的常返类是 $\bar{\mu}$ 的常返类的严格子集($\bar{\mu}$ 在所有的 $\mu \in M$ 中具有最少的常返态就足够了),将所有在 $\bar{\mu}$ 下不是常返的状态 i 的费用变为 $g(i, u) + \epsilon$,其中 $\epsilon > 0$,在之前的论述中用任意在 $\bar{\mu}$ 下是常返的状态作为状态 s,取 $\epsilon \to 0$。

5.13　构造一个两状态的例子，一个状态在所有策略下是无费用的吸收态，满足式 (5.108) 的线性规划的最优解 (λ^*, h^*) 不满足最优性方程 $\lambda^* + h^* = Th^*$。

5.14（单链线性规划的最优策略 I）　令 WA 条件满足，并且 (λ^*, h^*) 为式 (5.108) 单链线性规划的最优解。

(a) 令 μ^* 为最优平稳策略。证明有

$$\lambda^* + h^*(i) = g(i, \mu^*(i)) + \sum_{j=1}^n p_{ij}(\mu^*(i))h^*(j) \tag{5.137}$$

对所有在 μ^* 下为常返的状态 i 成立。**提示**：令 R 为对应于 μ^* 的马尔可夫链的常返类，令 ξ_i 为状态 $i \in R$ 的长期相对频率，当初始状态在 R 之内，即

$$\xi_i = \lim_{N \to \infty} \frac{1}{N} \sum_{k=0}^{N-1} P(i_k = i | i_0 = i')$$

对 $i' \in R$。如果式 (5.137) 对 R 内的某个状态不成立，通过乘以 ξ_i 并对 $i \in R$ 相加，可以获得

$$\sum_{i \in R} \xi_i (\lambda^* + h^*(i)) < \sum_{i \in R} \xi_i \left(g(i, \mu^*(i)) + \sum_{j=1}^n p_{ij}(\mu^*(i)) h^*(j) \right)$$

证明这一关系式左侧和右侧相等，于是出现矛盾。

(b) 令

$$I^* = \{i | \lambda^* + h^*(i) = (Th^*)(i)\}$$

$\bar{\mu}(i)$ 为满足 $(T_{\bar{\mu}} h^*)(i) = (Th^*)(i)$ 对所有 $i \in I^*$ 的任意平稳策略。证明如果 $I^* = \{1, \cdots, n\}$ 或者所有状态 $i \notin I^*$ 在 $\bar{\mu}$ 下是过渡的，那么 $\bar{\mu}$ 是最优的。特别地，如果每个状态在某个最优平稳策略下是常返的，那么 $I^* = \{1, \cdots, n\}$ 且 $\bar{\mu}$ 是最优的。

5.15（单链线性规划的最优策略 II）　令 WA 条件满足，令 (λ^*, h^*) 为式 (5.108) 单链线性规划的最优解。记有

$$C_0 = \left\{ (i, u) | \lambda^* + h^*(i) = g(i, u) + \sum_{j=1}^n p_{ij}(u)h^*(j), u \in U(i) \right\}$$

$$I_0 = \{i | (i, u) \in C_0,\ 对某个 u \in U(i)\}$$

考虑一个算法，从 (C_0, I_0) 开始，在第 $(k+1)$ 步，给定 (C_k, I_k)，尝试找到对 $(i, u) \in C_k$ 满足 $p_{ij}(u) > 0$ 对某个 $j \notin I_k$ 成立。如果不能找到这样的对，则算法停止；否则算法从 C_k 中移除 (i, u) 来构成 C_{k+1}，然后定义

$$I_{k+1} = \{i | (i, u) \in C_{k+1},\ 对某个 u \in U(i)\}$$

(a) 证明该算法停止在非空集合 C_k 和 I_k。**提示**：使用互补松弛性条件来证明 I_k 包含如下的状态集合

$$I^* = \left\{ i | \sum_{u \in U(i)} q^*(i, u) > 0 \right\}$$

其中 $\{q^*(i,u)|i=1,\cdots,n,u\in U(i)\}$ 是对偶最优解。

(b) 考虑具有如下形式的策略

$$\mu^*(i)=\begin{cases}\text{任意}u\text{满足}(i,u)\in C_k,&i\in I_k\\\text{任意}u\in U(i),&i\notin I_k\end{cases}$$

证明 μ^* 是从 I_k 内的状态出发最优的,即,$J^*_\mu(i)=\lambda^*$ 对所有的 $i\in I_k$ 成立。

(c) 使用与命题 5.2.6 一并给出的构造方法来获得一个最优策略,是单链的且在 I_k 的构成的常返类子集上与 μ^* 相同。

5.16 考虑 5.5 节式 (5.108) 的单链线性规划,令 λ^* 为最优值。证明 $\lambda^*=\min_{i=1,\cdots,n}J^*(i)$,其中 J^* 是最优平均费用向量。提示:使用式 (5.112) 的多链线性规划来证明

$$\lambda^*\leqslant\inf_{\sum_{i=1}^n\beta_i=1,\beta_i>0,i=1,\cdots,n}\sum_{i=1}^n\beta_iJ^*(i)$$

再证明 $\lambda=\min_{i=1,\cdots,n}J^*(i)$,与某个向量 h 一起,构成式 (5.108) 的单链线性规划的可行解,满足 $\lambda^*\geqslant\min_{i=1,\cdots,n}J^*(i)$。

5.17(平稳最优策略和贝尔曼方程) 令 WA 条件满足,令 (λ^*,h^*) 满足贝尔曼方程 $\lambda^*e+h^*=Th^*$。证明平稳策略 μ^* 是最优的,当且仅当

$$(T_{\mu^*}h^*)(i)=(Th^*)(i)$$

对在 μ^* 下是常返的所有的状态 i 成立。提示:使用式 (5.108) 的单链线性规划和习题 5.14(a) 的结论。

5.18(多链线性规划的最优策略) 考虑 5.5 节的多链线性规划情形,令 (q^*,r^*) 为最优对偶解,令

$$I^*=\left\{i\left|\sum_{u\in U(i)}q^*(i,u)>0\right.\right\},\bar{I}^*=\{i|i\notin I^*\}$$

(a) 证明 $\sum_{u\in U(i)}r^*(i,u)>0$ 对所有的 $i\in\bar{I}^*$ 成立。

(b) 考虑平稳策略 μ^* 满足对 $i\in I^*$,$\mu^*(i)$ 是任意 $u\in U(i)$ 满足 $q(i,u)>0$,而对 $i\in\bar{I}^*$,$\mu^*(i)$ 是任意 $u\in U(i)$ 满足 $r(i,u)>0$。证明如果 $\bar{I}^*$ 中的所有状态在 μ^* 下是过渡态,那么 μ^* 是最优的。注意:Kallenberg[Kal83](命题 5.2.3)证明了如果 (q^*,r^*) 是对偶可行集合的一个极点,那么 $\bar{I}^*$ 中的状态在 μ^* 下是过渡态。提示:完成如下论述的细节。正如在单链的情形,在 μ^* 下当从 I^* 中的状态出发时,状态将保留在集合 I^* 之中。现在注意原最优和对偶最优解,(J^*,h^*) 和 (q^*,r^*) 必须对所有的 $i=1,\cdots,n$ 和 $u\in U(i)$ 满足如下的互补松弛性:

$$q^*(i,u)>0\Rightarrow J^*(i)+h^*(i)=g(i,u)+\sum_{j=1}^np_{ij}(u)h^*(j)$$

$$r^*(i,u)>0\Rightarrow J^*(i)=\sum_{j=1}^np_{ij}(u)J^*(j)$$

通过对 $u = \mu^*(i)$ 使用这一关系式，有

$$J^*(i) + h^*(i) = g(i, \mu^*(i)) + \sum_{j=1}^{n} p_{ij}(\mu^*(i)) h^*(j), \forall i \in I^* \tag{5.138}$$

和

$$J^*(i) = \sum_{j=1}^{n} p_{ij}(\mu^*(i)) J^*(j), \forall i \in \bar{I}^*$$

还有，从对偶规划的第一个等式约束，有

$$0 = \sum_{j=1}^{n} J^*(j) \left(\sum_{u \in U(j)} q^*(j, u) - \sum_{i=1}^{n} \sum_{u \in U(i)} q^*(i, u) p_{ij}(u) \right)$$

$$= \sum_{i=1}^{n} \sum_{u \in U(i)} q^*(i, u) \left(J^*(i) - \sum_{j=1}^{n} p_{ij}(u) J^*(j) \right)$$

因为最后一个表达式的括号内的项是非正的，于是有 $J^*(i) - \sum_{j=1}^{n} p_{ij}(u) J^*(j) = 0$ 对所有的 $u \in U(i)$ 满足 $q^*(i, u) > 0$。于是，

$$J^*(i) = \sum_{j=1}^{n} p_{ij}(\mu^*(i)) J^*(j), \forall i \in I^* \tag{5.139}$$

从原问题的约束和式 (5.138)、式 (5.139)，可以看到 (J^*, h^*) 满足 μ^* 的耦合的策略评价方程组，限制在状态集合 I^* 上，所以由命题 5.1.9 有对所有的 $i \in I^*$ 有 $J_{\mu^*}(i) = J^*(i)$，于是 μ^* 对 I^* 中的所有初始状态是最优的。因为 $\bar{I}^*$ 中的状态在 μ^* 下由假设是过渡的，所以对所有的 $i = 1, \cdots, n$，有 $J_{\mu^*}(i) = J^*(i)$。

(c) 考虑如下定义的随机策略

$$P(u|i) = \begin{cases} \dfrac{q^*(i, u)}{\sum_{u \in U(i)} q^*(i, u)}, & i \in I^* \\ \dfrac{r^*(i, u)}{\sum_{u \in U(i)} r^*(i, u)}, & i \in \bar{I}^* \end{cases}$$

证明这个策略是最优的。**提示**：使用 (b) 部分的证明思路的提纲。将 $\sum_{u \in U(i)} q^*(i, u), i = 1, \cdots, n$ 视作稳态概率，用这一点来证明 I^* 中的状态是常返的且 $\bar{I}^*$ 中的状态在随机策略下是过渡态。

5.19（线性二次型问题的策略迭代） 本题的目的是展示策略迭代对线性二次型问题有效（尽管状态空间和控制空间都是有限的）。在常规的可控性、可观性和（半）正定性假设下考虑 5.6.5 节的问题。令 L_0 为 $m \times n$ 的矩阵并满足矩阵 $(A + BL_0)$ 是稳定的。

(a) 证明对应于平稳策略 μ^0 的每阶段平均费用，其中 $\mu^0(x) = L_0 x$，具有如下形式

$$J_{\mu^0} = E\{w'K_0 w\}$$

其中 K_0 是正半定对称阵, 满足 (线性) 方程

$$K_0 = (A + BL_0)'K_0(A + BL_0) + Q + L_0'RL_0$$

(b) 令 $\mu^1(x) = L_1 x = (R + B'K_0B)^{-1}B'K_0Ax$ 为在如下表达式中对每个 x 达到最小值的控制函数

$$\min_u \{u'Ru + (Ax + Bu)'K_0(Ax + Bu)\}$$

证明

$$J_{\mu^1} = E\{w'K_1w\} \leqslant J_{\mu^0}$$

其中 K_1 是某个半正定对称矩阵。

(c) 考虑重复 (a) 和 (b) 部分描述的 (策略迭代) 过程, 于是获得一系列半正定对称阵 $\{K_k\}$。证明

$$K_k \to K$$

其中 K 是问题的最优费用矩阵。

5.20 (确定性有限状态系统) 考虑确定性有限状态系统。假设系统是可控的, 即给定任意两个状态 i 和 j, 存在一系列可接受的控制, 将系统的状态从 i 移动到 j。考虑如下问题, 即如何找到可接受的控制序列 $\{u_0, u_1, \cdots\}$ 最小化

$$J_\pi(i) = \lim_{N \to \infty} \frac{1}{N} \sum_{k=0}^{N-1} g(x_k, u_k)$$

证明最优费用与初始状态独立, 存在最优控制序列, 在有限次时间指标后是周期性的。

第6章 近似动态规划：折扣模型

在本章和下一章考虑有挑战性的大规模动态规划问题的近似方法。在第 I 卷第 6 章和当前这一卷第 2 章讨论了一些这样的方法，例如滚动方法和其他的一步前瞻方法。这里我们将着重关注无限阶段动态规划的两种主要特征的方法：策略迭代（简称为 PI）和值迭代（简称为 VI）。这些算法构成了许多不同名字的方法论的核心，比如近似动态规划或者神经元动态规划，或者强化学习。本章集中关注折扣问题，在下一章关注其他问题。

我们的主要目的是处理具有非常大的状态数 n 的问题。在这类问题中，常规的线性代数运算比如 n-维内积非常耗费时间，实际上可能在计算内存储一个 n-维的向量都是不可行的。我们的方法将涉及在远小于 n 的维度上进行线性代数运算，而且只用到刚生成的 n-维向量的元素，不需要存储整个向量。

本章和下一章方法的另一个目的是处理无模型的情形，即，没有数学模型或者难以获得数学模型的问题。不过，系统和费用结构可以被仿真（想一想，比如，具有复杂但是良好定义的服务规则的排队网络）。这里的假设是存在一个用于仿真的计算机程序，对于给定的控制 u，从给定的状态 i 到后续状态 j 针对一个转移概率 $p_{ij}(u)$，会生成一个对应的转移费用 $g(i, u, j)$。

给定仿真器，有可能使用重复的仿真通过平均来计算（至少近似）系统的转移概率和每阶段的期望费用，然后应用之前章节讨论的方法。不过我们的方法基于另一种可能性，当面对大规模复杂系统时以及愿意使用近似时更有吸引力预期显式估计转移概率和费用，我们旨在通过生成一个或多个仿真的系统轨迹和对应的费用来近似给定策略的费用函数甚至是最优的未来费用函数，并使用某种形式的"最小二乘拟合"。

隐藏在基于费用函数近似的方法的原理中，也称为值空间的近似，当然是更精确的未来费用的近似将获得更好的一步或者多步前瞻策略的假设。这是合理的，尽管并不是无须证明的论断。在另一类方法中，称为*策略空间的近似*，我们将简要讨论。我们将仿真与梯度或者其他方法一起使用来直接近似给定策略或者给定参数形式的最优策略。这类方法并不旨在通过好的费用函数近似来获得性能好的策略。相反，其直接目的是找到具有良好性能的策略。

有两类额外的近似动态规划方法，之前已经讨论过，后面不再讨论：近似线性规划（2.4 节）和滚动算法（第 I 卷 6.4 节、6.5 节和本卷的 2.3.4 节）。进一步地，第 I 卷的第 6 章包含几种其他的重要的近似动态规划方法，基于有限的前瞻但不是仿真：问题近似，使用最优费用的上界和/或下界，确定性等价和开放反馈控制以及基于模型的预测控制。

本章的近似动态规划方法由精确值迭代、策略迭代算法，以及单调性和压缩性的基本性质指引，在第 1 章和第 2 章中已经详细讨论过。然而，这些方法还涉及额外的方法论思想，由所处理的实际问题的大规模的特性启发，以及对无需模型的解的可能的需求启发。所以与多种在精确动态规划中不扮演重要角色的方法论领域存在联系，例如：

(a) *函数和策略近似*，以及与近似架构、误差界和性能保障相关的问题。

(b) 基于仿真的算法,以及与有效实现、收敛性和收敛速率相关的问题。

(c) 异步计算,以及与多种确定性和随机迭代算法的有效性和收敛性相关的问题。因为这些领域的多样性和它们与大规模问题的内在联系的复杂性,在实际中求解近似动态规划问题通常是有挑战性的。进一步地,使用者经常需要在选择一种成功的解法之前创新性地尝试多种技术;确实,可观的验证成功可能是困难的。因此,近似动态规划因其复杂性和方法论的模糊性而与精确动态规划有明显区别。这体现在本章的讨论和分析中,其中给出的技术经常是有投机性的,没有严格的性能保障,这与读者在阅读了之前章节后可能期望的不同。

贯穿本章,我们将集中关注折扣马氏决策过程。在相对简单的折扣框架下开发的思想可以推广到其他类型的动态规划问题,例如随机最短路问题、平均费用和其他在第 7 章中讨论的问题。6.1 节提供了费用近似结构的概览,介绍了一些本章的方法论,因为与近似策略迭代和仿真有关。6.2~6.5 节集中关注多种近似策略迭代和值迭代方法,和费用函数近似。6.6 节在 Q-因子近似的上下文讨论相关的方法。

6.1 基于仿真的费用近似的一般性问题

本章的多数方法处理的是某种类型的费用函数的近似(最优费用、策略的费用、相关的 Q-因子,等等)。本节的目的是概览所涉及的主要问题,而不太涉及其中的数学细节。

我们从参数化近似结构的一般性问题入手,已经在第 I 卷(6.3.5 节)中讨论过。然后考虑近似策略迭代(6.1.2 节)和两种近似费用评价的一般性方法(直接和间接方法;6.1.3 节)。6.1.4 节提供对底层的基于仿真的方法的主要思想的介绍。6.1.5 节讨论可被用于简化近似策略迭代的多种特殊结构。

6.1.1 近似结构

费用近似主要用于获得单步前瞻次优策略(参见第 I 卷 6.3 节)。[①] 特别地,在 1.2 节的 n-状态折扣问题中,我们用 $\tilde{J}(j,r)$ 来近似从状态 j 开始的最优费用 $J^*(j)$。这里 $\tilde{J}$ 是某种选定形式的函数(近似结构),$r=(r_1,\cdots,r_s)$ 是相对低维 s 的参数向量。一旦确定了 r,就可以获得在任意状态 i 下的次优控制,通过单步前瞻最小化

$$\tilde{\mu}(i) = \arg\min_{u \in U(i)} \sum_{j=1}^{n} p_{ij}(u)\left(g(i,u,j) + \alpha\tilde{J}(j,r)\right) \tag{6.1}$$

或者,可以获得如下用最优费用函数 J^* 定义的 (i,u) 对的最优 Q-因子 $Q^*(i,u)$ 的参数化近似 $\tilde{Q}(i,u,r)$

$$Q^*(i,u) = \sum_{j=1}^{n} p_{ij}(u)\left(g(i,u,j) + \alpha J^*(j)\right)$$

因为 $Q^*(i,u)$ 是在贝尔曼方程中最小化的表达式,给定近似 $\tilde{Q}(i,u,r)$,可以通过如下方程来生成在任意状态 i 下的次优控制

$$\tilde{\mu}(i) = \arg\min_{u \in U(i)} \tilde{Q}(i,u,r)$$

---

① 我们还将使用多步前瞻最小化,具有在多步阶段的最后有一个未来费用的近似。从概念上讲,单步和多步前瞻方法是类似的,本章的费用近似算法对二者都适用。

适用 Q-因子的优点在于与式 (6.1) 的最小化不同，上述最小化无需转移概率 $p_{ij}(u)$。本节集中考虑费用近似，但有关讨论也适用于 Q-因子近似。

结构的选择对于这一近似方法非常重要。一种可能性是使用线性形式

$$\tilde{J}(i,r) = \sum_{k=1}^{s} r_k \phi_k(i) \tag{6.2}$$

其中 $\phi_k(i)$ 是某个已知标量且依赖于状态 i。所以近似费用 $\tilde{J}(i,r)$ 是内积 $\phi(i)'r$，其中[1]

$$\phi(i) = \begin{pmatrix} \phi_1(i) \\ \vdots \\ \phi_s(i) \end{pmatrix}$$

将 $\phi(i)$ 视作 i 的特征向量，将其元素视作特征（见图 6.1.1）。

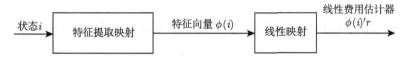

图 6.1.1　一种基于特征的线性结构。该结构结合了一个与状态 i 相关的特征向量 $\phi(i) = (\phi_1(i), \cdots, \phi_s(i))'$ 的提取映射和一个参数向量 r，从而构成了一个线性费用估计器 $\phi(i)'r$。

线性结构可被解释为子空间近似：所感兴趣的费用或者 Q-因子向量由如下子空间中的向量来近似

$$S = \{\Phi r \mid r \in \Re^s\}$$

其中

$$\Phi = \begin{pmatrix} \phi_1(1) & \cdots & \phi_s(1) \\ \vdots & & \vdots \\ \phi_1(n) & \cdots & \phi_s(n) \end{pmatrix} = \begin{pmatrix} \phi(1)' \\ \vdots \\ \phi(n)' \end{pmatrix}$$

可以将 Φ 的列视作近似子空间 S 的基函数，将 Φr 视作基函数的线性组合。形式为 Φr 的费用函数近似通常被称为线性压缩表示，将其与精确的情形加以区分，在后者中费用函数被精确地表达（Φ 是单位阵），这通常被称为查表法表示。[2]

特征在挑选得合适时，可以刻画费用函数中占主导地位的非线性，其线性组合可以作为良好的近似结构。然而，也有有意思的非线性近似结构，包括由神经元网络定义的，可能与特征提取映射联合使用（更多讨论见 [BeT96]、[Hay08] 或者 [SuB98]）。本书主要考虑线性结构的情形，因为许多我们讨论的策略评价算法仅对此情形有效。

---

[1] 基于标准惯例，我们将向量视作列向量，并将转置记为 $'$。

[2] 线性结构的一种推广是仿射结构，形式为 $c + \Phi r$，其中 c 是已知常数向量，基于问题特定的知识确定。仿射结构如果 c 接近我们尝试近似的向量时比较有效。例如，如果尝试使用近似策略的费用向量，那么 c 可以为类似的策略的费用向量，该策略已经通过某种方式在之前计算出来，或者已经近似得到了。稍后将给出的策略评价方法可以稍作修改后采用仿射结构（将近似的费用向量 J 被替代为 $J - c$）。

粗略来说,特征应当反映状态的最重要的特点,经常基于对问题的洞察来选择。例如,在计算机国际象棋程序中(第 I 卷 6.3.5 节),状态为当前棋盘布局,合适的特征包括盘面的平衡、旗子的移动能力、国王的安全以及其他与位置相关的因素,经验丰富的棋手很容易识别。许多成功的国际象棋程序采用令人惊讶的很少个数的特征(几十个,远小于状态/可能的棋盘布局的个数,后者是个天文数字)。下面是另一个常用的测试近似动态规划想法的问题,其中与问题有关的知识推荐了少量的合适的特征,并已被证明足够获得良好的性能。

例 6.1.1(俄罗斯方块)   回顾一下俄罗斯方块这个游戏,在第 I 卷例 1.4.1 中讨论过。假设该游戏对每个策略以概率 1 终止(这一点的证明已经在 [Bur97] 中给出),可以将找到最优的玩俄罗斯方块策略的问题建模为一个随机最短路问题。

棋盘布局是对每个方块满/空状态的布尔表达,记作 x。当前向下掉的块的形状记为 y。控制记为 u,用于下降块的水平位置和旋转。基于第 I 卷例 1.4.1 中的讨论,贝尔曼方程可以具有如下形式

$$J^*(x) = \sum_y p(y) \max_u \left[g(x,y,u) + J^* (f(x,y,u)) \right], \text{对所有的} x$$

其中 $g(x,y,u)$ 和 $f(x,y,u)$ 是获得的分数(消去的行数),棋盘布局为 x,下降块的形状是 y,$p(y)$ 是 y 的概率。

这里 $J^*(x)$ 是从 x 开始的期望最优分数。所以 J^* 是一个向量,具有非常大的维数(在“标准的”宽 10、高 20 的俄罗斯方块棋盘中,有 2^{200} 种棋盘布局)。然而,J^* 已经在实际中被成功的通过低维线性结构来近似。例如使用了下面的特征: 列的高度、相邻列的高度差、最大墙高、棋盘中的洞数和数字 1,[①]这些特征放在一起对“标准”棋盘有 22 个特征 [BeI96]。这已经被俄罗斯方块的玩家们认为抓住了棋盘布局的重要信息。当然,$2^{200} \times 22$ 的矩阵 Φ 不能存在计算机中,但对于任意的棋盘布局,特征的对应行可以轻易生成,这对于实现相应的近似动态规划算法足够了。

尽管基于对问题的洞察和/或专业分析获得的设计可能非常有用,还有“标准”的方法来生成特征,正如下面的例子所展示的。

例 6.1.2(多项式近似)   线性费用近似的一个重要的例子是基于多项式基函数。假设状态包括 q 个整数元素 $i_1, \cdots, i_q$,每个在某个范围的整数中取值。例如,在排队系统中,i_k 可能表示在第 k 个队列中的顾客数,其中 $k = 1, \cdots, q$。假设我们想使用元素 i_k 的二次近似函数。那么可以定义一共 $1 + q + q^2$ 个依赖状态 $i = (i_1, \cdots, i_q)$ 的基函数

$$\phi_0(i) = 1, \phi_k(i) = i_k, \phi_{km}(i) = i_k i_m, k, m = 1, \cdots, q$$

使用这些函数的一个线性结构给定如下

$$\tilde{J}(i,r) = r_0 + \sum_{k=1}^q r_k i_k + \sum_{k=1}^q \sum_{m=k}^q r_{km} i_k i_m$$

其中参数向量 r 具有维 r_0、r_k 和 r_{km},满足 $k = 1, \cdots, q, m = k, \cdots, q$。确实,任意 $i_1, \cdots, i_q$ 的多项式的近似函数都可以类似地被构造出来。

---

① 单位向量 $e = (1, \cdots, 1)$ 允许对 Φr 的所有维进行“常量偏移”,于是经常作为 Φ 的基函数/列包含在费用和 Q-因子的近似结构中。

更一般的多项式近似可以基于特征。例如，由二次多项式映射转换获得的特征向量 $\phi(i) = (\phi_1(i), \cdots, \phi_s(i))'$ 得出如下形式的近似函数

$$\tilde{J}(i, r) = r_0 + \sum_{k=1}^{s} r_k \phi_k(i) + \sum_{k=1}^{s} \sum_{m=k}^{s} r_{km} \phi_k(i) \phi_m(i)$$

其中参数向量 r 具有维 r_0、r_k 和 r_{km}，其中 $k, m = 1, \cdots, s$。这个函数也可以被视作使用如下基函数的线性结构

$$w_0(i) = 1, w_k(i) = \phi_k(i), w_{km}(i) = \phi_k(i)\phi_m(i), k, m = 1, \cdots, s$$

例 6.1.3（插值）　费用函数 J 的一种常用的近似是基于插值。这里选用特殊的状态子集 I，参数向量 r 对每个状态 $i \in I$，J 在状态 i 的值，有一维 r_i 取为

$$r_i = J(i), i \in I$$

J 在状态 $i \notin I$ 的值由使用 r 的某种形式的插值来近似。

插值可以基于几何上的近似。对于简单地传达这一基本思想的例子，令系统状态为在某个区间内的整数，I 为特殊状态子集，对每个状态 i，令 $\underline{i}$ 和 $\bar{i}$ 分别为 I 内从下和从上最接近 i 的状态。那么对任意状态 i，$\tilde{J}(i, r)$ 通过费用 $r_{\underline{i}} = J(\underline{i})$ 和 $r_{\bar{i}} = J(\bar{i})$ 的线性插值获得：

$$\tilde{J}(i, r) = \frac{i - \underline{i}}{\bar{i} - \underline{i}} r_{\underline{i}} + \frac{\bar{i} - i}{\bar{i} - \underline{i}} r_{\bar{i}}$$

与 r 各维相乘的标量可以被视作特征，所以上述 i 的特征向量包括两个非零特征（对应于 $\underline{i}$ 和 $\bar{i}$），其余特征均为 0。

上述例子的推广可以基于聚集，见第 I 卷 6.3.4 节和本章的 6.5 节。例如，有代表性的状态子集可以选为"离散格点"，一个以这些代表性状态为状态的"聚集"动态规划问题可以精确求解。于是这个"聚集"问题的最优费用于是可以被视作一个近似结构中的特征，其中一个典型状态的费用通过使用"相邻"有代表性的状态的费用进行插值来近似。

注意，在自动基函数生成方法上已经有相当多的研究。而且使用通过仿真来计算（可能具有仿真误差）的标准基函数是可能的。下面的例子讨论了这一可能性。

例 6.1.4（Krylov 子空间生成函数）　到目前已经假设 Φ 的列和基函数已知，且 Φ 的行 $\phi(i)'$ 在多种基于仿真的公式中显式可用。现在将讨论一类可能不可用的基函数，但在多种算法中可以用仿真来近似。为了正确性，考虑策略 μ 在折扣马氏决策过程（参见 2.1 节）中的费用向量的评价

$$J_\mu = (I - \alpha P_\mu)^{-1} g_\mu$$

那么 J_μ 具有如下形式的展开

$$J_\mu = \sum_{t=0}^{\infty} \alpha^t P_\mu^t g_\mu$$

所以 $g_\mu, P_\mu g_\mu, \cdots, P_\mu^s g_\mu$ 基于展开的前 $s+1$ 项产生一个近似，且看起来适合作为基函数的选择；这被称为 Krylov 子空间近似（例如，见 [Saa03]）。还有更一般的展开是

$$J_\mu = J + \sum_{t=0}^{\infty} \alpha^t P_\mu^t q$$

其中 J 是 $\Re^n$ 中的任意向量(可能是 J_μ 的初始猜测),q 是剩余向量

$$q = T_\mu J - J = g_\mu + \alpha P_\mu J - J$$

这可以从方程中 $J_\mu - J = \alpha P_\mu(J_\mu - J) + q$ 看到。所以基函数 $J, q, P_\mu g, \cdots, P_\mu^{s-1} q$ 可获得基于之前展开的前 $s+1$ 项的近似。

一般而言,后面为了实现涉及矩阵幂的基函数的方法,比如 $P_\mu^m g_\mu, m \geqslant 0$,需要对任意给定状态 i 生成第 i 项 $\left(P_\mu^m g_\mu\right)(i)$,但这可能难以计算。然而,结果可以使用简单的 $\left(P_\mu^m g_\mu\right)(i)$ 的样本近似,依赖于仿真的平均集值来提高近似的过程。这其中的细节超出了讨论范围,对于更深入的讨论和特定的实现,推荐参阅 [BeY07]、[BeY09]。

应注意从某个有限的类型中优化基函数选择的可能性。特别地,考虑近似子空间

$$S_\theta = \{\Phi(\theta)r | r \in \Re^s\}$$

其中 $n \times n$ 的矩阵 Φ 的 s 列是由向量 θ 参数化的基函数。假设对于给定的 θ,有一个对应的向量 $r(\theta)$,通过使用某个算法获得,所以 $\Phi(\theta)r(\theta)$ 是费用函数 J 的一个近似(多种这样的算法将在本章稍后给出)。那么可以希望选择 θ 来让某种近似质量的度量得到优化。例如,假设可以对选中的状态子集 I 计算真实的费用值 $J(i)$(或者更一般地,得到这些值的近似)。那么可以确定 θ 来最小化

$$\sum_{i \in I} \left(J(i) - \phi(i,\theta)'r(\theta)\right)^2$$

其中 $\phi(i,\theta)'$ 是 $\Phi(\theta)$ 的第 i 行。或者,可以确定 θ 来最小化,以满足贝尔曼方程中的误差的模

$$\|\Phi(\theta)r(\theta) - T\left(\Phi(\theta)r(\theta)\right)\|^2$$

为此,最小化的梯度和随机搜索算法已经在文献中提出(见本章最后的参考文献)。

6.1.2 基于仿真的近似策略迭代

许多近似动态规划算法是基于策略迭代的原理的:策略迭代的策略评价/策略改进结构被保持,但策略评价近似进行,使用仿真和之前小节中讨论的某种线性或者非线性的近似结构。所以每次迭代时,计算当前策略 μ 的费用函数 J_μ 的一个基于仿真的近似 $\tilde{J}_\mu(\cdot, r)$,使用如下公式生成"改进的"策略 $\bar{\mu}$

$$\bar{\mu}(i) = \arg \min_{u \in U(i)} \sum_{j=1}^{n} p_{ij}(u)\left(g(i,u,j) + \alpha \tilde{J}_\mu(j, r)\right), i = 1, \cdots, n \tag{6.3}$$

(见图 6.1.2)

该算法的一种可能的实现示于图 6.1.3 中,包括 4 个部分:

(a) 未来费用近似,给定 r 和近似结构 $\tilde{J}_\mu(\cdot, r)$,这对任意状态 j 可以生成 $\tilde{J}_\mu(j, r)$。

(b) 控制器,这使用式 (6.3) 来生成在仿真器中使用的改进策略在任意状态 i 下的控制 $\bar{\mu}(i)$(这是迭代中的策略改进部分)。

(c) 系统仿真器,给定 i 和 $\bar{\mu}(i)$,按照转移概率 $p_{ij}(\bar{\mu}(i))$ 生成下一个状态 j。

(d) 近似策略评价算法,以由仿真器产生的累积数据为输入 [所生成的转移 (i,j)、控制 $\bar{\mu}(i)$ 和费用 $g(i, \bar{\mu}(i), j)$ 序列],并计算 $J_{\bar{\mu}}$ 的近似 $\tilde{J}_{\bar{\mu}}(\cdot, \bar{r})$(这是迭代的近似策略评价部分)。

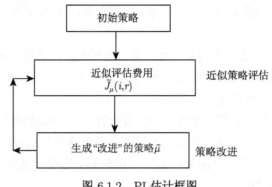

图 6.1.2 PI 估计框图

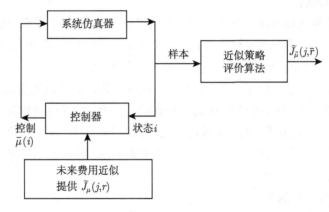

图 6.1.3 PI 估计算法的基于仿真的实现。给定 $\tilde{J}_\mu(\cdot, r)$ 的估计，通过仿真生成改进策略 $\bar{\mu}$ 的费用样本，利用这些样本生成 $\bar{\mu}$ 的估计器 $\tilde{J}_\mu(i, \bar{r})$

这一算法中同时涉及两个参数向量 r 和 $\bar{r}$：r 用于式 (6.3) 的策略改进来产生策略 $\bar{\mu}$，驱动仿真和对应的确定 $\bar{r}$ 的近似评价算法。

该方法的理论基础已在 2.5.6 节中讨论过。在命题 2.5.8 中证明了如果策略评价精确到 δ（在极值模的意义下），那么对于 α-折扣问题，该方法将在极限下获得（在无限多次的策略评价之后）与最优策略的性能在如下范围之内的平稳策略

$$\frac{2\alpha\delta}{(1-\alpha)^2}$$

其中 α 是折扣因子。当所生成的策略序列确实收敛到某个 $\hat{\mu}$ 时，$\hat{\mu}$ 与最优距离在

$$\frac{2\alpha\delta}{1-\alpha}$$

以内（参见命题 2.5.10）；这是一个显著改进了的误差界，但策略收敛依然没有保证。实验证据显示这些界经常是保守的，只需要几次策略迭代即可获得大部分最终的费用改进，并获得从实用角度足够的次优策略。

搜索的问题

应注意基于仿真的策略迭代的一个重要的常见困难：为了评价策略 μ，需要使用那个策略来产生费用的样本，但这会导致在 μ 下不太可能出现的状态在仿真中被代表得不够充分。结果是，这些未被

充分代表的状态的未来费用的估计可能非常不准，可能在通过式 (6.3) 的计算改进后的控制策略 $\bar{\mu}$ 时导致严重的误差。

上面描述的情形被称为系统动态的**不充分搜索**。当系统具有确定性时，这是个非常敏锐的难点，或者当前策略在转移概率中涉及的随机性是 "相对小的"(relatively small)，因为这样在仿真当前策略时，从给定的初始状态出发只可以达到少数状态。

一种保证状态空间被充分搜索的可能性是将仿真分解为多个段的样本轨道，且保证所使用的初始状态构成丰富且有代表性的子集。另一个可能性是在当前策略的仿真中人工引入某种额外的随机性，通过偶尔使用随机生成的转移而不是由策略 μ 确定的转移。这些及其他相关的改进搜索的方法将在 6.4.1 节和 6.4.2 节中进一步讨论。

有限采样/乐观策略迭代

在到目前为止讨论的近似策略迭代方法中，当前策略 μ 的评价必须充分进行。一种替代方法是**乐观策略迭代**，其中只用少量仿真采样来评价 μ，威胁 $\tilde{J}_\mu(\cdot, r)$ 是 J_μ 的不精确的近似。这是在 2.3.3 节、2.5.5 节和 3.5.1 节中讨论的确定性/非仿真乐观方法的类比。

乐观策略迭代在实际中经常使用。然而，相关的理论收敛性并未被充分理解。正如将在 6.4.3 节中讨论的，乐观策略迭代可以展示令人惊讶的违背直观的行为，包括对被称为震颤的现象的倾向，此时所生成的参数序列 $\{r_k\}$ 收敛了，而所生成的策略序列振荡，因为 $\{r_k\}$ 的极限对应多个策略。

注意，乐观策略倾向于能更好地处理之前讨论的搜索问题。原因是当策略快速变化时，仿真对受任意单个策略偏好的特定状态的倾向较小。

基于 Q-因子的近似策略迭代

到目前为止讨论的近似策略迭代方法依赖对当前策略的费用函数 J_μ 的近似 $\tilde{J}_\mu(\cdot, r)$ 的计算，然后使用如下的最小化来进行策略改进

$$\bar{\mu}(i) = \arg\min_{u \in U(i)} \sum_{j=1}^{n} p_{ij}(u) \left(g(i, u, j) + \alpha \tilde{J}_\mu(j, r) \right)$$

要进行这一最小化，需要知道转移概率 $p_{ij}(u)$ 和对所有控制 $u \in U(i)$ 相关的期望值的计算（否则需要对这些期望值进行费时的仿真）。一种无需模型的替代方法是计算近似 Q-因子

$$\tilde{Q}_\mu(i, u, r) \approx \sum_{j=1}^{r} p_{ij}(u) \left(g(i, u, j) + \alpha J_\mu(j) \right)$$

并对策略改进使用如下最小化（见图 6.1.4）

$$\bar{\mu}(i) = \arg\min_{u \in U(i)} \tilde{Q}_\mu(i, u, r)$$

这里 r 是一个可调整的参数向量，$\tilde{Q}_\mu(i, u, r)$ 是一个近似结构，可能具有线性结构

$$\tilde{Q}_\mu(i, u, r) = \sum_{k=1}^{s} r_k \phi_k(i, u)$$

其中 $\phi_k(i, u)$ 是依赖状态和控制的特征 [参见式 (6.2)]。

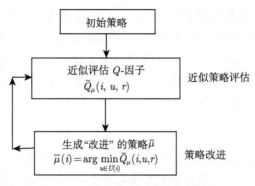

图 6.1.4　Q-因子 PI 估计的方框图

这里重要的一点是给定 μ，可以使用构造费用近似 $\tilde{J}_\mu(i,r)$ 的任意方法来构造 Q-因子的近似 $\tilde{Q}_\mu(i,u,r)$。可能的方法是对一个新的马尔可夫链使用稍后的方法。该马尔可夫链以 (i,u) 对为状态，从 (i,u) 转移到 (j,v) 的概率为

$$p_{ij}(u), \text{ 如果 } v = \mu(j)$$

否则概率为 0。这是概率机制，据此状态-控制对在 μ 下演化（见图 6.1.5）。对应的贝尔曼方程是

$$Q_\mu(i,u) = \sum_{j=1}^n p_{ij}(u)\left(g(i,u,j) + \alpha Q_\mu(j,\mu(j))\right), i = 1, \cdots, n, u \in U(i)$$

且通过对这一方程的解进行近似来获得 $\tilde{Q}_\mu(i,u,r)$。

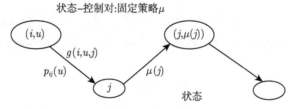

图 6.1.5　基于 Q-因子策略估计的马尔可夫链。状态以状态对 (i,u) 的形式表示，当 $v = \mu(j)$ 时，由状态 (i,u) 转移到 (j,v) 的转移概率为 $p_{ij}(u)$，否则转移概率为 0。因此，在第一次转移之后，生成的状态对可以用 $(i,\mu(i))$ 的形式表示，其他形式的状态对将不会出现

这里的一个主要的顾虑是状态-控制对 (i,u) 满足 $u \neq \mu(i)$ 在这一马尔可夫链中永远不会被产生，所以它们在用于构造近似 $\tilde{Q}_\mu(i,u,r)$ 的费用样本中没有被代表。这产生了由于逐渐消失的搜索性导致的严重困难，这必须在所有基于仿真的实现中小心处理。6.6 节将回到对 Q-因子的使用上来，在那里将讨论 Q-学习的精确和近似实现。

振荡的问题

与精确策略迭代相反，后者在相对常规的意义下收敛到最优策略，近似策略迭代可能振荡。我们的意思是在一些迭代后，策略倾向于按循环重复。相应的参数向量 r 可能也倾向于发散，尽管也可能发生参数空间收敛而策略空间振荡。这一现象在 6.4.3 节中揭示了，而且可能是非常有破坏性的，并且不能保证在振荡中涉及的策略都是 "好的" 策略，经常没有办法验证它们相对于最优策略有多好。

注意,振荡可以被避免,近似策略迭代可以被证明在特殊的条件下是收敛的,这些条件尤其当在策略评价中使用聚集方式时会出现。这些条件涉及特别的针对矩阵 Φ 选择的单调性假设,这些假设在聚集的情形下得到满足(见 6.4.3 节、6.5.2 节和习题 6.10)。然而,当 Φ 按照无约束的方式来选择时,正如在 6.3 节中的投影方程方法在实际应用时经常发生的那样,通常会发生策略振荡,而且经常对于简单的问题也会发生(见 6.4.3 节中的例子)。

6.1.3 直接和间接近似

现在将预览两种通用的方法来在由 $n \times s$ 的矩阵 Φ 的列张成的子空间 S 内近似固定平稳策略 μ 的费用函数,即, $S = \{\Phi_r | r \in \Re^s\}$。最直接的方法称为**直接法**,即找到在某种范数误差的意义下最好匹配 J_μ 的近似 $\tilde{J} \in S$,即

$$\min_{\tilde{J} \in S} ||J_\mu - \tilde{J}||$$

或者与之等价的

$$\min_{r \in \Re^s} ||J_\mu - \Phi r||$$

(见图 6.1.6 的左侧)[①]

这里, $|| \cdot ||$ 通常是某个(可能是加权的)欧氏模,此时近似问题是线性最小二乘问题,其解记为 r^*,可以在原理上通过求解相关的二次最小化问题来闭式获得。如果 Φ 具有线性独立的列,则解唯一且可以表示为

$$\Phi r^* = \Pi J_\mu$$

其中 Π 表示在子空间 S 中相对于 $|| \cdot ||$ 的投影。

一种替代的方法称作**间接法**,是用另一个定义在子空间 S 上的方程近似贝尔曼方程 $J = T_\mu J$。于是近似方程的解被用作原问题解的近似。将在 6.3 节中深入讨论一种可能性,即用如下的投影版本来近似贝尔曼方程:

$$\Phi r = \Pi T_\mu(\Phi r) \tag{6.4}$$

其中 Π 表示在 S 上相对于某个加权欧氏模的投影(见图 6.1.6 右侧)。

这里一个重要的事情是 ΠT_μ 是否为压缩的,此时式 (6.4) 有唯一解,迭代不动点算法可以用于求解。这取决于投影模,结果有特殊的让 ΠT_μ 为压缩的模(见 6.3 节)。

策略评价的另一个主要的间接法是聚集,6.5 节将深入讨论。该方法用 "聚集" 方程替代贝尔曼方程,该方程定义在近似子空间上。投影方程 $\Phi r = \Pi T_\mu(\Phi r)$ 的聚集对应的形式是

$$\Phi R = \Phi D T_\mu(\Phi R) \tag{6.5}$$

其中 Φ 和 D 是各行限制在概率分布上的矩阵(分别为聚集和分拆概率)。

[①] 注意,直接近似可以在其他的近似动态规划中使用,比如有限阶段问题,其中使用对未来费用函数 J_k 的序贯单阶段近似,后向迭代(即,从 J_N 开始,获得 J_{N-1} 的近似,然后用于获得 J_{N-2} 的近似,等等)。这一方法有时被称为拟合值迭代,可被视作方法 $\Phi r_k = \Pi T_\mu(\Phi r_{k+1}), k = 0, \cdots, N-1$,其中 Π 表示在 S 上相对于模 $|| \cdot ||$ 的投影。该方法与相对于 2.5.3 节中的近似值迭代方法,以及 6.3 节中将讨论的 PVI 和 LSPE 方法有关。当阶段数 N 大且 ΠT_μ 不是压缩映射时,可能遇到例 2.5.1 中展示的误差振荡的困难。

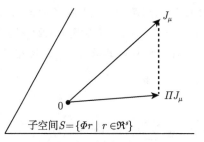

直接方法: 费用向量的投影 J_μ 间接方法:求解一个投影形式的贝尔曼方程

图 6.1.6 将成本方程 J_μ 估计为基本方程（子空间 S）的线性组合的两种方法。在直接方法中（左侧图），J_μ 被投影到 S 上。在间接方法中（右侧图），成本方程的估计是通过求解方程 $\Phi r = \Pi T_\mu(\Phi r)$ 而得到的，该方程是贝尔曼方程的一种投影形式

通过求解如下方程来求解式 (6.5) 的聚集方程

$$R = DT_\mu(\Phi R) \tag{6.6}$$

从数学上来说，这一方程可以解释如下：系统 $J_\mu = T_\mu J_\mu$ 的变量 $J_\mu(i)$ 由式 (6.5) 的系统中的变量 R_j 的凸组合使用 Φ 的行来近似，即

$$J_\mu(i) \approx \sum_{j=1}^{s} \Phi_{ij} R_j$$

类似地，映射 DT_μ 的元素通过 T_μ 的元素使用 D 的行进行凸组合来获得。所以式 (6.6) 的系统通过系统 $J_\mu = T_\mu J_\mu$ 中的变量和方程的凸组合来获得。

对于折扣问题，其中 T_μ 具有形式 $T_\mu J = g + \alpha P J$，式 (6.6) 变成

$$R = \hat{g} + \alpha \hat{P} R \tag{6.7}$$

其中 $\hat{g} = Dg$，$\hat{P} = DP\Phi$。于是可直接验证 $\hat{P}$ 是一个转移概率矩阵，因为 D 和 Φ 的行是概率分布。这意味着式 (6.7) 的聚集方程表示一个低维/聚集折扣问题的策略评价/贝尔曼方程。这一点的两个重要后果是：

(a) 式 (6.7) 的聚集方程集成了贝尔曼方程 $J = TJ$ 所有优良的特性，比如单调性和压缩性。

(b) 对于精确动态规划的基于仿真的方法，比如值迭代和策略迭代，也可以用于在聚集方法中进行近似动态规划。这些方法经常具有比其基于投影方程的方法相比更加正规的行为。

聚集方法的这些性质可以转化为显著的优势，正如将在 6.5 节中解释的，这些性质可以用于化解对于 D 和 Φ 的结构上的限制（它们的行必须是概率分布）。

6.1.4 蒙特卡罗仿真

本章的方法在很大程度上依赖仿真和为了处理大状态空间而采用的费用函数的近似。仿真对此的优势可以追根溯源到其（近似地）计算很多项之和的能力。这些和在许多场合下出现：内积和矩阵-向量相乘运算、线性系统方程组求解和策略评价、投影、线性最小二乘问题，等等。

通过仿真来估计某个量的关键思想是将其表示为相对于某个概率分布的数学期望值。可以通过相对于那个分布的采样来近似这个期望值。下面是一个说明性的例子，对后续分析很重要。

例 6.1.5（基于蒙特卡罗仿真的投影）　假设希望计算向量 $J \in \Re^n$ 在子空间 $S = \{\Phi r \mid r \in \Re^s\}$ 上的投影 ΠJ，其中 Φ 是 $n \times s$ 的矩阵，其行记为 $\phi(i)', i = 1, \cdots, n$（参见 6.1.2 节）。这个问题在直接费用函数近似方法中出现（参见 6.1.3 节）。该投影相对于加权欧氏模 $\|\cdot\|_\xi$，权重 $\xi_i, i = 1, \cdots, n$ 为正，[即，$\|J\|_\xi^2 = \sum\limits_{i=1}^n \xi_i \left(J(i)\right)^2$]，所以 ΠJ 具有形式 Φr^*，其中

$$r^* = \arg\min_{r \in \Re^s} \|\Phi r - J\|_\xi^2 = \arg\min_{r \in \Re^s} \sum_{i=1}^n \xi_i \left(\phi(i)'r - J(i)\right)^2 \tag{6.8}$$

通过将上述最小化表达式在 r^* 这一点的导数设为 0，即

$$2\sum_{i=1}^n \xi_i \phi(i) \left(\phi(i)'r^* - J(i)\right) = 0$$

获得闭式解

$$r^* = \left(\sum_{i=1}^n \xi_i \phi(i) \phi(i)'\right)^{-1} \sum_{i=1}^n \xi_i \phi(i) J(i) \tag{6.9}$$

假设 Φ 的列是线性独立的，所以逆存在。这里的难点是当 n 非常大时，公式中的矩阵向量计算可能非常耗费时间。

另外，假设（必要时统一化 ξ）$\xi = (\xi_1, \cdots, \xi_n)$ 是概率分布，可以将式 (6.9) 中的两项视作相对于 ξ 的期望值，并通过蒙特卡罗仿真来近似。特别地，假设按照分布 ξ 生成一些列指标 $i_t, t = 1, \cdots, k$ 的采样，构成如下的蒙特卡罗估计

$$\frac{1}{k}\sum_{t=1}^k \phi(i_t)\phi(i_t)' \approx \sum_{i=1}^n \xi_i \phi(i)\phi(i)', \quad \frac{1}{k}\sum_{t=1}^k \phi(i_t)J(i_t) \approx \sum_{i=1}^n \xi_i \phi(i) J(i)$$

于是可以使用式 (6.9) 对应的近似来估计 r^*：

$$\hat{r}_k = \left(\sum_{t=1}^k \phi(i_t)\phi(i_t)'\right)^{-1} \sum_{t=1}^k \phi(i_t) J(i_t) \tag{6.10}$$

（假设采样充分可保证上述逆存在）。这也等价于通过将式 (6.8) 的最小二乘最小化近似为

$$\hat{r}_k = \arg\min_{r \in \Re^s} \sum_{t=1}^k \left(\phi(i_t)'r - J(i_t)\right)^2 \tag{6.11}$$

所以基于仿真的投影可以通过两种等价的方式来实现：

(a) 将式 (6.9) 中的精确投影公式中的期望值替换为基于仿真的估计 [见式 (6.10)]。

(b) 将式 (6.8) 中的精确最小二乘问题替换为基于仿真的最小二乘近似 [见式 (6.11)]。

通过仿真来实现投影的两种可能性将在本章和下一章的若干场合下交替地与多种采样机制一起使用。

一般而言，我们希望当采样数 k 增加时，估计 $\hat{r}_k$ 收敛到 r^*，为此不需要仿真产生独立的样本。取而代之的是，只要下标 i 在仿真序列中出现的长期实验频率与投影模的概率 ξ_i 一致即可，即

$$\xi_i = \lim_{k\to\infty} \frac{1}{k}\sum_{t=1}^k \delta\left(i_t = i\right), i = 1, \cdots, n \tag{6.12}$$

其中 $\delta(i_t = i) = 1$（如果 $i_t = i$，且 $\delta(i_t = i) = 0$，若 $i_t \neq i$）。

另一个重要之处是，概率 ξ 无须是确定性的，实际上，ξ_i 的精确值经常不重要，可以先选定合适且方便的采样机制，然后通过式 (6.12) 来隐式确定 ξ_i。

注意在之前例子中仿真的一个主要的好处。它涉及只有 s-维的矩阵-向量计算且 s 可以远小于 n。使用仿真来通过低维矩阵-向量运算计算（精确的或者近似的）高维线性代数的主要思想将是本章和下一章的主要的而且不断出现的主题。

重要性采样

将一个量表示为期望值，然后通过仿真进行估计的思想可以通过许多不同的方式来实现。其原因是改进形式可以表示为相对于多个供选择的分布的期望值。这些分布中的一些比另一些更加方便，或者它们可能相对于采样的效率而言更加合适。确实，稍用心思就可以看出通过对加和中的 "重要" 项（具有大规模的项）比其他项更加频繁地采样可以更加有效地估计加和（试想有两组差不多规模的项，而其中一组的值相比于另一组可以忽略）。这是仿真理论中的一个主要思想，称为重要性采样，现在将简要解释，并推荐参考 [Liu01]、[AsG10]、[RoC10] 等文献中的更细致的分析。

考虑估计如下形式的标量求和问题

$$z = \sum_{w \in W} v(w)$$

其中 W 是有限集合，$v : W \mapsto \Re$ 是 w 的函数。下面介绍一个采样分布 ξ，该分布对每个 $w \in W$ 指派一个正的概率 $\xi(w)$，产生一个从 W 的样本序列

$$\{w_1, \cdots, w_k\}$$

每个样本 w_t 从 W 中按照 ξ 取值。然后将 z 表示为如下的期望值

$$z = \sum_{w \in W} \xi(w) \frac{v(w)}{\xi(w)}$$

并用如下来估计

$$\hat{z}_k = \frac{1}{k} \sum_{t=1}^{k} \frac{v(w_t)}{\xi(w_t)} \tag{6.13}$$

注意之前的公式要想有效，样本 w_t 无须独立。所需要的是每个元素 $w \in W$ 的长期实际频率等于 $\xi(w)$，即

$$\xi(w) = \lim_{k \to \infty} \frac{1}{k} \sum_{t=1}^{k} \delta(w_t = w), \forall w \in W$$

特别地，通过状态空间为 W 且稳态概率向量等于 ξ 的不可约马尔可夫链生成的样本是足够的。

我们还指出，式 (6.13) 说明为了采样效率，分布 ξ 应当选成让随机变量 $\frac{v(w)}{\xi(w)}$ 的方差较小。作为指示，注意在这一方差为 0 的极端情况下，即对所有的 $w \in W$，有 $v(w) > 0$，且

$$\xi(w) = \frac{v(w)}{z}, \forall w \in W$$

单个采样就足以使用式 (6.13) 来精确估计 z。

我们最后注意到蒙特卡罗仿真在本章由于一个额外的原因而重要。不仅是因为它可以有效计算非常多项的加和,而且因为它可以经常以没有模型的方式来做到这一点(即,通过使用一个仿真器,而不是求和中各项的显式模型)。

蒙特卡罗估计和线性系统的解

下面考虑形式为 $Cr = d$ 的线性方程的平方系统的解,其中矩阵 C 和向量 d 可能难以直接计算。例如,这样的系统出现在使用投影方程或者聚集方法进行策略评价时,其中 C 和 d 涉及高维矩阵-向量运算。可以尝试通过分别使用仿真生成的 C 和 d 的估计 $\hat{C}$ 和 $\hat{d}$ 来近似得到 $Cr = d$ 的解。一旦这一步做完,就可以使用两种方法中的一种,具体将首先在 6.3.4 解中描述,然后在其他多处也有介绍。

(a) **矩阵求逆方法**,求解所获得的(近似)线性系统 $\hat{C}r = \hat{d}$,那么获得一个解来估计 $\hat{r} = \hat{C}^{-1}\hat{d}$(假设 $\hat{C}$ 可逆)。标准的方法,比如高斯消元法,可以为此目的而使用。

(b) **迭代发**,迭代地求解线性系统 $\hat{C}r = \hat{d}$。再一次地,标准迭代方法可以用于求解。然而,使用收敛迅速的方法是重要的。另外,一个好的解的估计同样重要,解的估计可以用作迭代的起点。

刚才描述的基于仿真的方法是基于在求解多个方程的精确算法中出现的多个量的蒙特卡罗估计。一种主要的通过仿真求解方程的替代方法是随机近似,稍后将讨论。

随机近似方法

对于随机近似的非正式的讨论,这里考虑计算一个一般映射 $F: \Re^n \mapsto \Re^n$ 的不动点,该映射是相对于某个模且涉及期望值的压缩映射,具有如下形式

$$F(x) = E\{f(x, w)\} \tag{6.14}$$

其中 $x \in \Re^n$ 是 F 的一个一般性的变量;w 是随机变量,为了简单假设,从有限集合 $w \in W$ 中按照分布 $\xi = \{\xi(w) | w \in W\}$ 取值;f 是给定函数。

随机近似方法生成一系列样本 $\{w_1, w_2, \cdots\}$,满足对每个 $w \in W$ 的样本频率等于其概率,即

$$\xi(w) = \lim_{k \to \infty} \frac{1}{k} \sum_{t=1}^{k} \delta(w_t = w), \forall w \in W$$

给定样本,可以考虑使用(近似)不动点迭代

$$x_{k+1} = \frac{1}{k} \sum_{t=1}^{k} f(x_k, w_t) \approx E\{f(w_k, w)\} = F(x_k) \tag{6.15}$$

由于这一迭代近似收敛到迭代 $x_{k+1} = F(x_k)$,我们期待它收敛到 F 的某个不动点。

另一方面,式 (6.15) 具有一个重要的缺陷:需要对每个 k,计算所有的样本值 $w_t, t = 1, \cdots, k$ 对应的 $f(x_k, w_t)$。迭代

$$x_{k+1} = \frac{1}{k} \sum_{t=1}^{k} f(x_t, w_t), k = 1, 2, \cdots \tag{6.16}$$

是类似的,但需要的计算量少得多,因为每个样本 w_t 只需 f 的一个值。也可以写为

$$x_{k+1} = (1 - \gamma_k)x_k + \gamma_k f(x_k, w_k), k = 1, 2, \cdots \tag{6.17}$$

满足步长 γ_k 具有形式 $\gamma_k = 1/k$。

式 (6.17) 的迭代提供了随机近似方法的一般形式。作为其有效性的验证，我们注意到如果 $x_k \to \bar{x}$，那么由式 (6.16)，在宽泛的条件下，在极限下获得 $\bar{x} = E\{f(\bar{x}, w)\} = F(\bar{x})$，所以 $\bar{x}$ 是 F 的不动点。步长 γ_k 接近 0 的速率在收敛的过程中很关键。在 $\gamma_k = 1/k$ 之外，更一般地满足条件

$$0 < \gamma_k \leqslant 1, \forall k, \gamma_k \to 0, \sum_{k=1}^{\infty} \gamma_k = \infty \tag{6.18}$$

的步长规则也可以使用，而不影响收敛性。因为技术原因，附加条件 $\sum_{k=1}^{\infty} \gamma_k^2 < \infty$ 通常需要施加在 γ_k 上。任何形式为 $\gamma_k = c_1/(k+c_2)$ 的步长，其中 c_1 和 c_2 是某个正常数，满足之前所有的条件。还有在某种与不动点迭代的异步收敛条件平行的条件下，比如 F 的极值模压缩和单调性（参见 2.6 节），式 (6.17) 的异步或者一次一个元素版本的收敛性可以证明收敛到 F 的不动点（见 [Tsi94b]、[BeT96]）。

为了对式 (6.17) 的随机逼近迭代的收敛过程和式 (6.18) 的步长条件的角色有所了解，下面考虑一些例子，其中 f 是线性的。

例 6.1.6（线性压缩的随机逼近——可加性噪声） 考虑如下情形，其中式 (6.14) 的函数是线性的：

$$f(x, w) = Ax + w$$

其中 $x \in \Re^n, w \in \Re^n$ 是随机向量，A 是 $n \times n$ 的（确定性）矩阵。假设 A 的特征值在单位圆内，所以是一个相对于加权欧氏模 $\|\cdot\|$ 的压缩映射，形式为 $\|x\| = \sqrt{x'\Xi x}$，其中 Ξ 是正定对称阵（参见例 1.5.1）。还假设 w 具有均值 $E\{w\} = \bar{w}$ 和方差 $W = E\{\|w - \bar{w}\|^2\}$。希望计算 $F(X)$ 的不动点

$$F(x) = E\{f(x, w)\} = Ax + \bar{w}$$

这是 $x^* = (I - A)^{-1}\bar{w}$。式 (6.17) 的迭代具有如下形式

$$x_{k+1} = (1 - \gamma_k)x_k + \gamma_k(Ax_k + w_k) \tag{6.19}$$

且可以等价地写为

$$x_{k+1} - x^* = ((1 - \gamma_k)I + \gamma_k A)(x_k - x^*) + \gamma_k(w_k - \bar{w}) \tag{6.20}$$

假设 $\{w_1, w_2, \cdots\}$ 是 w 的独立采样序列。

通过对式 (6.20) 的两侧取平方模，然后取期望，有

$$\begin{aligned} E\{\|x_{k+1} - x^*\|^2\} &= E\{\|((1 - \gamma_k)I + \gamma_k A)(x_k - x^*)\|^2\} + \gamma_k^2 E\{\|w_k - \bar{w}\|^2\} \\ &\quad + 2\gamma_k E\{(x_k - x^*)'((1 - \gamma_k)I + \gamma_k A)'\Xi(w_k - \bar{w})\} \\ &= E\{\|((1 - \gamma_k)I + \gamma_k A)(x_k - x^*)\|^2\} + \gamma_k^2 W \end{aligned} \tag{6.21}$$

其中第二个等式成立，因为 $w_k - \bar{w}$ 与 $x_k - x^*$ 独立，所以 $E\{w_k - \bar{w}\} = 0$ 和 $E\{\|w_k - \bar{w}\|^2\} = W$。

记有

$$V_k = E\{\|x_k - x^*\|^2\}$$

证明在式 (6.18) 的步长条件下，有 $V_k \to 0$。如果 α 是 A 的压缩模，则

$$\|((1 - \gamma_k)I + \gamma_k A)(x_k - x^*)\| \leqslant ((1 - \gamma_k) + \gamma_k \alpha)\|x_k - x^*\|$$

由此, 再使用 $\alpha < 1$ 这一事实, 得

$$E\left\{\|\left((1-\gamma_k)I + \gamma_k A\right)(x_k - x^*)\|^2\right\} \leqslant E\left\{\left((1-\gamma_k) + \gamma_k \alpha\right)^2 \|x_k - x^*\|^2\right\}$$
$$= \left((1-\gamma_k) + \gamma_k \alpha\right)^2 V_k$$

将这一关系式与式 (6.21) 综合, 得

$$V_{k+1} \leqslant (1 - (1-\alpha)\gamma_k)^2 V_k + \gamma_k^2 W \tag{6.22}$$

现在可以使用非负序列的收敛性的标准结论, 这意味着只要式 (6.18) 的步长条件满足, 就有 $V_k \to 0$。[1]

$V_k \to 0$ 的事实不意味着 x_k 到不动点 x^* 的最强形式的收敛性, 即以概率 1 收敛。为此需要条件 $\sum\limits_{k=1}^{\infty} \gamma_k^2 < \infty$ 和一些额外的技术分析, 推荐参阅参考文献。

最后, 考虑当 $A = 0$ 且 F 的不动点是 $x^* = \bar{w}$ 的特殊情形。那么步长准则 $\gamma_k = 1/k$, 可以通过式 (6.19) 由归纳法看到

$$x_{k+1} = \frac{\sum\limits_{t=1}^{k} w_t}{k}$$

所以 x_{k+1} 是 w 的样本均值 (基于所有到时间 k 为止的样本)。所以, 由强大数定律, x_k 收敛到 F 的不动点 $\bar{w}$。这一论述还证明了随机近似方法的严格数学证明至少与大数定律的证明一样复杂。

例 6.1.7 (线性压缩的随机逼近——乘性噪声) 考虑如下情形, 其中式 (6.14) 的函数 f 是

$$f(x, w) = A(w)x + b(w)$$

其中 $x \in \Re^n, w \in \Re^n$ 是随机向量, $A(\cdot), b(\cdot)$ 是矩阵和依赖于 w 的向量, 对应的期望值是

$$\bar{A} = E\{A(w)\}, \bar{b} = E\{A(w)\}$$

假设 $\bar{A}$ 的特征值在单位圆内, 所以 $E\{f(\cdot, w)\}$ 是相对于一个加权欧氏模 $\|\cdot\|$ 的压缩映射。希望计算如下的不动点

$$F(x) = E\{f(x, w)\} = \bar{A}x + \bar{b}$$

这是 $x^* = (I - \bar{A})^{-1}\bar{b}$。式 (6.17) 的迭代形式如下

$$x_{k+1} = (1-\gamma_k)x_k + \gamma_k \left(A(w_k)x_k + b(w_k)\right)$$

通过使用事实 $x^* = \bar{A}x^* + \bar{b}$, 可以等价地写为

$$x_{k+1} - x^* = \left((1-\gamma_k)I + \gamma_k \bar{A}\right)(x_k - x^*) + \gamma_k N(x_k, w_k) \tag{6.23}$$

---

[1] 这里是这一结论的阐述。令 $\{V_k\}$ 为非负序列且满足

$$V_{k+1} \leqslant (1 - \xi_k)V_k + \zeta_k, k = 1, 2, \cdots$$

其中 $\{\xi_k\}$ 是正序列, $\{\zeta_k\}$ 是非负序列, 满足

$$\xi_k \to 0, \sum\limits_{k=1}^{\infty} \xi_k = \infty, \frac{\zeta_k}{\xi_k} \to 0$$

那么 $V_k \to 0$ (例如见 [BeT96] 引理 3.3 或者 [Ber99] 引理 1.5.1)。该结论适用于式 (6.22), 令 $\xi_k = 2(1-\alpha)\gamma_k - (1-\alpha)^2\gamma_k^2$ 和 $\zeta_k = \gamma_k^2 W$。

其中

$$N(x_k, w_k) = \left(A(w_k) - \bar{A}\right) x_k + b(w_k) - \bar{b}$$

再次假设 $\{w_k\}$ 是一系列 w 的独立采样。

采用类似于例 6.1.6 的处理方式 [参见式 (6.21)]。通过对式 (6.23) 的两侧取平方模，然后取对 x_k 的条件期望，有

$$E\{||x_{k+1} - x^*||^2|x_k\} = E\{|| \left((1 - \gamma_k)I + \gamma_k\bar{A}\right)(x_k - x^*)||^2|x_k\}$$
$$+ \gamma_k^2 E\{||N_k(x_k, w_k)||^2|x_k\}$$

二次展开的最后一项为零，因为样本 $w_1, w_2, \cdots$ 是独立的，$N(x_k, w_k)$ 与 x_k 条件独立且条件期望为 0。在上式中对 x_k 取期望值，得到的结果同在例 6.1.6 中获得的一样 [参见式 (6.22)]，即

$$V_{k+1} \leqslant (1 - (1 - \alpha)\gamma_k)^2 V_k + \gamma_k^2 B_k \tag{6.24}$$

其中

$$V_k = E\left\{||x_k - x^*||^2\right\}, B_k = E\{E\{N_k(x_k, w_k)|x_k\}\}$$

与例 6.1.6 类似，由式 (6.24) 在假设 $\{B_k\}$ 是有界序列 (如果 $\{x_k\}$ 有界且 w 有有限方差时成立) 的条件下可以证明 $V_k \to 0$。

证明 $\{x_k\}$ 的有界性需要进一步的技术性条件和分析，为此推荐阅读参考文献。采样序列 $\{w_k\}$ 的独立性假设是有局限性的，将在 6.3.4 节中讨论与 TD(0) 的联系时看到这一点；更合适的假设 $\{w_k\}$ 由马氏过程生成，比如马尔可夫链，满足某种条件包括马氏依赖渐近消退速率的界。对于进一步的讨论和分析，再次推荐阅读参考文献，比如 [BeT96]4.4.1 节。

式 (6.17) 的非线性迭代的收敛性的严格分析超出了我们的范畴。[BeT96] 一书包括了相当细致的分析，对于动态规划进行了裁剪，包括将在本章稍后讨论的异步随机逼近方法。其他更一般的参考文献包括 [BMP90]、[Bor08]、[KuY03] 和 [Mey07]。

6.1.5 简化

现在考虑多种情形，其中问题的特殊结构可以用于简化近似动态规划算法。这些简化可能包括在低维空间上执行算法或者具有较少的复杂的计算。

具有不可控状态元素的问题

在许多有意思的问题中，状态是两个元素 i 和 y 构成的 (i, y)，主要元素 i 的演化可以直接由控制 u 影响，而另一个元素 y 的演化不能。于是值迭代和策略迭代算法可以在较小的状态空间上执行，可控元素 i 的空间（参见第 I 卷 1.4 节的对应的动态规划算法）。

特别地，假设给定状态 (i, y) 和控制 u，下一个状态 (j, z) 如下确定：j 根据转移概率 $p_{ij}(u, y)$ 产生，z 由条件概率 $p(z|j)$ 生成，该概率依赖新状态的主要元素 j（见图 6.1.7）。为了记法上的方便，假设从状态 (i, y) 转移的费用形式为 $g(i, y, u, j)$ 且不依赖于下一个状态 (j, z) 的不可控的元素 z。在后续讨论中如果 g 依赖 z，其可以被替换为

$$\hat{g}(i, y, u, j) = \sum_z p(z|j)g(i, y, u, j, z)$$

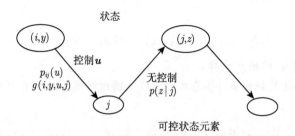

图 6.1.7　不可控状态元素问题的状态以及转移概率

对于 α-折扣问题，考虑如下定义的映射 $\hat{T}$

$$(\hat{T}\hat{J})(i) = \sum_{y} p(y|i)(T\hat{J})(i,y)$$

$$= \sum_{y} p(y|i) \min_{u \in U(i,y)} \sum_{j=1}^{n} p_{ij}(u,y)\left(g(i,y,u,j) + \alpha\hat{J}(j)\right)$$

即对平稳策略 μ 的对应映射，有

$$(\hat{T}_{\mu}\hat{J})(i) = \sum_{y} p(y|i)(T_{\mu}J)(i,y)$$

$$= \sum_{y} p(y|i) \sum_{j=1}^{n} p_{ij}\left(\mu(i,y),y\right)\left(g(i,y,\mu(i,y),j) + \alpha\hat{J}(j)\right)$$

在所有可控状态元素 i 上定义的贝尔曼方程具有如下形式

$$\hat{J}(i) = (\hat{T}\hat{J})(i), \text{ 对所有的 } i$$

简化策略迭代算法的典型迭代包括两步。

(a) **策略评价**：给定当前策略 $\mu^k(i,y)$，计算求解如下线性系统方程 $\hat{J}_{\mu^k} = \hat{T}_{\mu^k}\hat{J}_{\mu^k}$ 获得等价的

$$\hat{J}_{\mu^k}(i) = \sum_{y} p(y|i) \sum_{j=1}^{n} p_{ij}\left(\mu^k(i,y)\right)\left(g(i,y,\mu^k(i,y),j) + \alpha\hat{J}_{\mu^k}(j)\right)$$

对所有的 $i = 1, \cdots, n$ 的唯一解 $\hat{J}_{\mu^k}(i), i = 1, \cdots, n$。

(b) **策略改进**：由方程 $\hat{T}_{\mu^{k+1}}\hat{J}_{\mu^k} = \hat{T}\hat{J}_{\mu^k}$，或者等价地有

$$\mu^{k+1}(i,y) = \arg\min_{u \in U(i,y)} \sum_{j=1}^{n} p_{ij}(u,y)\left(g(i,y,u,j) + \alpha\hat{J}_{\mu^k}(j)\right)$$

对所有的 (i,y) 来计算改进的策略 $\mu^{k+1}(i,y)$。

所以策略评价在可控维 i 的小空间上定义，具有显著的计算简化。近似策略迭代算法可以类似地在化简后的形式下进行。

具有决策后状态的问题

在一些随机问题中，转移概率和阶段的费用具有如下形式

$$p_{ij}(u) = q(j|f(i,u)) \tag{6.25}$$

其中 f 是某个函数，$q(\cdot|f(i,u))$ 对 $f(i,u)$ 的每个值是一个给定的概率分布。总之，转移对 (i,u) 的依赖来自函数 $f(i,u)$。可以通过将 $f(i,u)$ 视作一种状态来利用这一结构：一个决策后状态决定了转移到下一个状态的概率。式 (6.25) 的条件被满足的一个例子是第 I 卷 4.2 节中考虑的库存控制问题。其中在时间 k 的决策后的状态是 $x_k + u_k$，即，购买之后的库存，在 k 时刻的需求已经被满足。

当阶段费用不依赖于 j 时，决策后的状态可以被利用，[①] 即，若有（有一定的符号的混淆）

$$g(i,u,j) = g(i,u)$$

那么，考虑 α-折扣，在状态 i 的最优的未来费用给定如下

$$J^*(i) = \min_{u \in U(i)} [g(i,u) + \alpha V^*(f(i,u))]$$

而 $V^*(m)$ 是在决策后状态 m 的最优未来费用，给定如下

$$V^*(m) = \sum_{j=1}^{n} q(j|m) J^*(j)$$

事实上，考虑一个修改的问题，其中状态空间被扩大来包括决策后状态，常规状态和决策后状态之间的转移由 f 和 $q(\cdot|f(i,u))$ 来指定（见图 6.1.8）。之前的两个方程表示了这个修改后问题的贝尔曼方程。

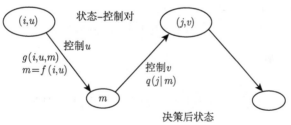

图 6.1.8　修改后的问题：决策后状态被视为附加状态

将这些方程合在一起，有

$$V^*(m) = \sum_{j=1}^{n} q(j|m) \min_{u \in U(j)} [g(j,u) + \alpha V^*(f(j,u))], \forall m \tag{6.26}$$

这可以被视作决策后状态 m 的空间上的贝尔曼方程。这一方程与 Q-因子方程类似，但定义在决策后状态空间而不是更大的状态-控制对的空间。这一方程的优势是一旦函数 V^* 被计算出来（或者近似的），最优策略可以计算为

$$\mu^*(i) = \arg \min_{u \in U(i)} [g(i,u) + \alpha V^*(f(i,u))]$$

[①] 如果有对 j 的依赖性，那么可以考虑通过仿真来计算（近似的）$\bar{g}(i,u) = \sum_{j=1}^{n} p_{ij}(u) g(i,u,j)$，并用之替代 $g(i,u,j)$。

这不需要转移概率的知识，也不需要计算期望值。这涉及确定性优化，可以用于没有模型的场合（只要函数 g 和 f 已知）。如果通过在线的方式来计算最优策略，那么这是重要的。

可以直接构造一个定义在决策后状态的空间上的策略迭代算法。平稳策略 μ 的未来费用函数 V_μ 是对应的贝尔曼方程的唯一解

$$V_\mu(m) = \sum_{j=1}^n q(j|m) \left(g(j, \mu(j)) + \alpha V_\mu(f(j, \mu(j))) \right), \forall m$$

给定 V_μ，改进后的策略可如下获得

$$\bar{\mu}(i) = \arg \min_{u \in U(i)} \left[g(i, u) + V_\mu(f(i, u)) \right], i = 1, \cdots, n$$

还有对应的使用费用函数近似的近似策略迭代。

这个方法的一个优势是当仿真被实现时，改进后策略的计算不需要计算期望值。进一步地，使用仿真器，V_μ 的策略评价可以在没有模型的形式下完成，无需概率 $q(j|m)$ 的明显知识。这些优势在基于 Q-因子的策略迭代的算法中分享。然而，当在策略迭代中使用函数近似时，使用决策后状态的方法可以比基于 Q-因子的方法有显著的优势：它们使用在决策后状态空间上的函数近似，而不是在更大的状态-控制对的空间上，它们也较少遇到不充分搜索导致的困难。

可以注意到存在决策之后的状态类似的化简，g 具有如下形式

$$g(i, u, j) = h(f(i, u), j)$$

对某个函数 h 成立。那么

$$J^*(i) = \min_{u \in U(i)} V^*(f(i, u))$$

其中 V^* 是如下方程的唯一解

$$V^*(m) = \sum_{j=1}^n q(j|m) \left(h(m, j) + \alpha \min_{u \in U(j)} V^*(f(j, u)) \right), \forall m$$

这里 $V^*(m)$ 应被解读为从决策后状态 m 的最优的未来费用，包括当生成 m 时在这个阶段产生的费用 $h(m, j)$。当 h 不依赖于 j 时，算法具有如下的更简单形式

$$V^*(m) = h(m) + \alpha \sum_{j=1}^n q(j|m) \min_{u \in U(j)} V^*(f(j, u)), \forall m$$

6.2 直接策略评价——梯度法

现在考虑策略评价的直接方法。特别地，假设希望找到当前策略 μ 的费用向量 J_μ 的近似 $\tilde{J}(\cdot, r)$。理想情况下，可以通过求解如下投影问题获得

$$\min_r \sum_{i=1}^n \left(J_\mu(i) - \tilde{J}(i, r) \right)^2$$

因为这涉及 J_μ 知识，使用仿真来近似这一投影。特别地，选择"有代表性的"状态子集 $\tilde{I}$，对每个 $i \in \tilde{I}$，获得 $J_\mu(i)$ 的样本 $M(i)$。这样的第 m 个样本记作 $c(i,m)$，在数学上可以视作 $J_\mu(i)$ 加上某个仿真误差/噪声。[1] 那么求解如下的最小二乘问题

$$\min_r \sum_{i \in \tilde{I}} \sum_{m=1}^{M(i)} \left(\tilde{J}(i,r) - c(i,m) \right)^2 \tag{6.27}$$

如果使用了线性近似结构，这一最小化可以精确求解，即，如果

$$\tilde{J}(i,r) = \phi(i)'r$$

其中 $\phi(i)'$ 是对应于状态 i 的特征的行向量，指定了 $n \times s$ 的矩阵 Φ，其各列可被视作基函数。那么 r 可通过求解如下线性系统方程来获得

$$\sum_{i \in \tilde{I}} \sum_{m=1}^{M(i)} \phi(i) \left(\phi(i)'r - c(i,m) \right) = 0$$

这源自将式 (6.27) 中最小化的二次费用相对于 r 的梯度设为 0。如果 $\tilde{I} = \{1, \cdots, n\}$，那么在极限下，当对每个 i 都有 $M(i) \to \infty$ 时，Φr 收敛到 J_μ 在子空间 $\{\Phi r | r \in \Re^s\}$ 的投影，相对于某个加权欧几里得投影范数（参见例 6.1.5）。这一形式的权重 v_i 通过在仿真中不同状态 i 的相对频率来指定 [即，v_i 是 $M(i)/\sum_{j=1}^n M(j)$ 的极限]。

当使用非线性结构时，可以使用梯度类方法来最小化式 (6.27) 的最小二乘问题，正如下面将讨论的。

策略评价的批梯度方法

让我们集中在仿真轨迹的 N-转移部分 $(i_0, \cdots, i_N)$，也称为批。将如下数

$$\sum_{t=k}^{N-1} \alpha^{t-k} g(i_t, \mu(i_t), i_{t+1}), k = 0, \cdots, N-1$$

视作费用样本，对每个初始状态 $i_0, \cdots, i_{N-1}$ 各有一个，这可以被视作参数化结构 $\tilde{J}(i,r)$ 的最小二乘近似 [参见式 (6.27)]：

$$\min_r \sum_{k=0}^{N-1} \left(\tilde{J}(i_k, r) - \sum_{t=k}^{N-1} \alpha^{t-k} g(i_t, \mu(i_t), i_{t+1}) \right)^2 \tag{6.28}$$

一种解决这个最小二乘问题的方法是使用梯度方法，其中 r 在时间 N 按如下方式更新

$$r := r - \gamma \sum_{k=0}^{N-1} \nabla \tilde{J}(i_k, r) \left(\tilde{J}(i_k, r) - \sum_{t=k}^{N-1} \alpha^{t-k} g(i_t, \mu(i_t), i_{t+1}) \right) \tag{6.29}$$

---

[1] 样本 $c(i,m)$ 采集的方式对于后续讨论并不重要。所以可以通过对应于 μ 的马尔可夫链的单条非常长的轨迹来产生这些样本，或者可以使用具有不同起点的多条轨迹来保证对于"有代表性的"状态子集产生了足够的费用样本。不论在哪种情形，对于与任意单个状态 i 的样本 $c(i,m)$ 将一般是耦合的，也是"有噪声的"。均值 $\frac{1}{M(i)} \sum_{m=1}^{M(i)} c(i,m)$ 通常当 $M(i) \to \infty$ 时收敛到 $J_\mu(i)$，由大数定律 [见 [BeT96] 中的习题 6.2 和讨论，5.1 节和 5.2 节讨论了当样本数 $M(i)$ 有限且随机时平均值的行为]。

这里，$\nabla \tilde{J}$ 表示相对于 r 的梯度，γ 是正步长，它经常随时间变小（暂时忽略其精确选择）。在上式右侧加和的 N 项中的每一项等于式 (6.28) 问题的最小二乘加和中对应项的梯度的一半。注意 r 的更新在处理完整批数据后进行，梯度 $\nabla \tilde{J}(i_k, r)$ 在 r 的事先存在的取值点，（即，在更新前的值）进行评价。

在传统的梯度方法中，式 (6.29) 的梯度迭代不断重复，直到收敛到式 (6.28) 的最小二乘问题的解，即，使用单个 N-转移批。然而，有一个与批的大小 N 有关的重要权衡：为了减小仿真误差并产生多个费用样本来代表大的状态子集，需要使用大的 N，但为了将每个梯度迭代的工作保持较小必须使用小的 N。

为了处理 N 的大小问题，在实际中推荐使用一个扩展的梯度方法，这样可以在单次或者多次迭代后改变批。所以，在这一更加一般的方法中，在给定的梯度迭代中使用的 N-转移批来自一个可能更长的仿真轨迹，或者来自许多仿真轨迹中的一条。进行一系列梯度迭代，每个迭代使用从多种不同方法采集的批中构成的费用采样，其长度 N 可能变化。批之间也可能有一部分重叠。

暂时放下仿真轨迹的产生和批组成问题，我们注意到这对对应式 (6.27) 的最小二乘优化的结果和对在所用的批中最经常出现的状态的更好近似有很大影响。这与搜索的问题有关：保证状态空间被充分的 "搜索"，即在最小二乘优化中表达了足够宽的状态选择，参见 6.1.2 节中的讨论。

式 (6.29) 的梯度方法是简单的，普遍已知的，而且易于理解。要对这一方法及其变形有深入的收敛性分析，推荐参阅在本章末尾的参考文献。由于仿真的随机特性和复杂的费用样本间的耦合，这些分析经常涉及可观的数学上的复杂性。然而，定性来说，这些分析的结论彼此一致而且与实际经验一致，包括：

(1) 在一些合理的技术性假设下，可以期待收敛到 r 的极限值可达到相关的优化问题的局部最小。

(2) 为了收敛，将步长逐渐减小为 0 很关键，最常见的选择是使用正比于 $1/m$ 的步长来处理第 m 批。实用中，可能需要相当的试错来选定有效的步长。在有些情况下，可能要通过对梯度的每一维使用不同的步长（或者缩放因子）来改进性能。

(3) 收敛速率通常是慢的，并依赖于 r 的初始选择、状态数、相关的马尔可夫链的动态、仿真误差的等级、步长选择方法和其他因素。事实上，收敛速率有时非常慢，以至于实际的收敛性是不可接受的，即使可以保障理论上的收敛性。

策略评价的逐次梯度方法

现在考虑一种梯度方法的变形，称为逐次梯度方法。这一方法也可以通过使用 N-转移批来描述，我们将看到（与之前讨论的批版本相反）该方法适合用于非常长的批，包括可以有单条非常长的仿真轨迹，视为单批。

对于给定的 N-转移批 $(i_0, \cdots, i_N)$，批梯度法一次性处理所有的 N 次转移，并使用式 (6.29) 更新 r。逐次方法一共 N 次更新 r，在每次转移后更新一次。每次对 r 加上式 (6.29) 右侧的梯度对应的部分，可以使用新近可用的仿真数据。所以，在每次转移 (i_k, i_{k+1}) 之后：

(1) 在当前的 r 值下评价梯度 $\nabla \tilde{J}(i_k, r)$。

(2) 将式 (6.29) 右侧的所有涉及转移 (i_k, i_{k+1}) 的项相加，通过对它们的和进行修正来更新 r：

$$r := r - \gamma \left(\nabla \tilde{J}(i_k, r) \tilde{J}(i_k, r) - \left(\sum_{t=0}^{k} \alpha^{k-t} \nabla \tilde{J}(i_t, r) \right) g(i_k, \mu(i_k), i_{k+1}) \right) \qquad (6.30)$$

通过在上述迭代中加上括号中的"逐次"修正项，可以看到在 N 次转移之后，式 (6.29) 的批迭代中的所有项将被累积，但有一个区别：在逐次的版本中，r 在处理批的过程中变化，梯度 $\nabla \tilde{J}(i_t, r)$ 在 r 的最近的值下进行评价 [在转移 (i_t, i_{t+1}) 之后]。作为对比，在批版本中，这些梯度采用在批开始时的数值下评价。注意式 (6.30) 右侧的梯度和可以在每次转移后方便地更新，从而构成有效的实现。

现在可以看到，因为 r 在一批内的当前转移下改进（而不是在批的结尾），批结束的位置变得不太相关。所以可能有非常长的批，事实上该算法可以在单条非常长的仿真轨迹和单批中使用。此时，对每个状态 i，当在仿真中每次遇到状态 i 时有一个费用样本。相应地，状态 i 将在最小二乘优化中对应在仿真轨迹中出现的频率进行正比加权。

一般而言，在本节的最小二乘/策略评价内容中，梯度方法的逐次版本可以比其批版本更加灵活地实现并倾向于更快地收敛。文献 [BeT96] 包含了对于逐次梯度方法的收敛性的详细理论分析（这与批方法非常相似），并提供了对于它们的性能比批版本的性能更好的一些说明；参见非线性规划一书 [Ber99]（见 1.5.2 节）、论文 [BeT00] 和综述 [Ber10b]。不过，收敛速率可能非常慢。

使用临时差分——TD(1) 的实现

现在介绍一种与式 (6.29) 和式 (6.30) 的批和逐次梯度迭代在数学上等价的实现方法，可以用更简洁的模型来描述。使用如下给出的临时差分（简记为 TD）的符号

$$q_k = \tilde{J}(i_k, r) - \alpha \tilde{J}(i_{k+1}, r) - g(i_k, \mu(i_k), i_{k+1}), k = 0, \cdots, N-2$$

$$q_{N-1} = \tilde{J}(i_{N-1}, r) - g(i_{N-1}, \mu(i_{N-1}), i_N)$$

特别地，应注意式 (6.29) 中括号内的项乘以 $\nabla \tilde{J}(i_k, r)$ 等于

$$q_k + \alpha q_{k+1} + \cdots + \alpha^{N-1-k} q_{N-1}$$

可以通过加上下面的方程来验证式 (6.29) 的迭代，实现如下：在状态转移 (i_0, i_1) 之后，设定

$$r := r - \gamma q_0 \nabla \tilde{J}(i_0, r)$$

在状态转移 (i_1, i_2) 之后，设定

$$r := r - \gamma q_1 \left(\alpha \nabla \tilde{J}(i_0, r) + \nabla \tilde{J}(i_1, r) \right)$$

类似地，在状态转移 (i_{N-1}, t) 之后，设定

$$r := r - \gamma q_{N-1} \left(\alpha^{N-1} \nabla \tilde{J}(i_0, r) + \alpha^{N-2} \nabla \tilde{J}(i_1, r) + \cdots + \nabla \tilde{J}(i_{N-1}, r) \right)$$

如果梯度 $\nabla \tilde{J}(i_k, r)$ 都在批开始所使用的 r 值下评价，那么就获得了式 (6.29) 的批版本。如果每个梯度 $\nabla \tilde{J}(i_k, r)$ 使用当转移 (i_k, i_{k+1}) 发生后的 r 的值下评价，就获得了式 (6.30)。

特别地,对于渐近版本,从某个向量 r_0 开始,遵循转移 $(i_k, i_{k+1}), k = 0, \cdots, N-1$,设定

$$r_{k+1} = r_k - \gamma_k q_k \sum_{t=0}^{k} \alpha^{k-t} \nabla \tilde{J}(i_t, r_t)$$

其中步长 γ_k 可能在每次迭代时都不同。在使用如下形式的线性近似结构的重要情形下

$$\tilde{J}(i, r) = \phi(i)'r, i = 1, \cdots, n$$

其中 $\phi(i) \in \Re^s$ 是某个固定的向量,具有如下形式

$$r_{k+1} = r_k - \gamma_k q_k \sum_{t=0}^{k} \alpha^{k-t} \phi(i_t) \tag{6.31}$$

这一算法被称为是 TD(1),将在 6.3.6 节看到该章节中讨论的 TD(λ) 的极限版本(当 $\lambda \to 1$)。

6.3 策略评价的投影方程方法

本节考虑简洁方法,其中策略评价基于求解贝尔曼方程的一个投影形式(参见图 6.1.6 的右侧)。将处理单个平稳策略 μ,为了简化,在符号中省略了对转移概率的控制和每阶段费用的依赖。

考虑对应一般策略 μ 的平稳有限状态马尔可夫链,将状态记为 $i = 1, \cdots, n$,转移概率记为 $p_{ij}, i, j = 1, \cdots, n$,每阶段的费用为 $g(i, j)$。要评价 μ 对应于每个初始状态 i 的期望费用,给定如下

$$J_\mu(i) = \lim_{N \to \infty} E\left\{\sum_{k=0}^{N-1} \alpha^k g(i_k, i_{k+1}) | i_0 = i\right\}, i = 1, \cdots, n$$

其中 i_k 表示在时间 k 的状态,$\alpha \in (0, 1)$ 是折扣因子。

用如下形式的线性结构来近似 $J_\mu(i)$

$$\tilde{J}(i, r) = \phi(i)'r, i = 1, \cdots, n$$

其中 r 是参数向量,$\phi(i)$ 是一个与状态 i 有关的 s-维的特征向量。如前所述,将列向量 $\left(\tilde{J}(1, r), \cdots, \tilde{J}(n, r)\right)'$ 写为紧凑的形式 Φr,其中 Φ 是 $n \times s$ 的矩阵,行为特征向量 $\phi(i)', i = 1, \cdots, n$。所以,我们希望在 $S = \{\Phi r | r \in \Re^s\}$ 中近似 J_μ,S 为由 s 的基函数和 Φ 的列张成的子空间。下面的两个假设将在本节中使用(稍后将讨论如何修改我们的方法以摆脱这些假设)。

假设 6.3.1 对应 μ 的马尔可夫链具有唯一的稳态概率 $\xi_1, \cdots, \xi_n$,它们都是正的,即,在 μ 下,对所有的 $i = 1, \cdots, n$,有

$$\lim_{N \to \infty} \frac{1}{N} \sum_{k=1}^{N} P(i_k = j | i_0 = i) = \xi_j > 0, j = 1, \cdots, n \tag{6.32}$$

注意,假设 6.3.1 等于假设马尔可夫链不可约,即,具有单个常返类且没有过渡态,且其稳态概率向量是 ξ。这与说 ξ 是具有正元素的不变分布(即 $\xi > 0$ 且 $\xi' = \xi' P$,其中 P 是马尔可夫链的转移概率矩阵)不同(且更局限)。马尔可夫链具有正的不变分布(当且仅当它没有过渡态),但可能有多个常返类,此时它有多个不变分布 ξ,任何一个都不满足式 (6.32)。

假设 6.3.2 矩阵 Φ 的秩为 s。

假设 6.3.2 等于假设基函数（Φ 的列）是线性独立的。这在分析上是方便的，因为这意味着子空间 S 中的每个向量都可表示为 Φr 的形式，对应唯一的向量 r。

6.3.1 投影贝尔曼方程

现在介绍贝尔曼方程的投影形式。使用如下形式的 $\Re^n$ 上的加权欧氏模

$$||J||_v = \sqrt{\sum_{i=1}^{n} v_i \left(J(i)\right)^2}$$

其中 v 是正的加权值 $v_1, \cdots, v_n$ 构成的向量。令 Π 表示在 S 上相对于这个模的投影运算。所以对任意的 $J \in \Re^n$，ΠJ 是在 S 中能在所有 $\hat{J} \in S$ 上最小化 $||J - \hat{J}||_v^2$ 的唯一向量。也可以写成

$$\Pi J = \Phi r^*$$

其中

$$r^* = \arg\min_{r \in \Re^s} ||J - \Phi r||_v^2, J \in \Re^n$$

现在考虑如下给定的映射 T[①]

$$(TJ)(i) = \sum_{j=1}^{n} p_{ij} \left(g(i,j) + \alpha J(j)\right), i = 1, \cdots, n$$

映射 ΠT（Π 和 T 的综合）和如下方程

$$\Phi r = \Pi T(\Phi r) \tag{6.33}$$

将这一点视作贝尔曼方程的投影/近似形式，将该方程的解 Φr^* 视作给定策略的费用的近似。

为了推导出投影方程式 (6.33) 的一些性质，首先应注意投影的一个重要性质：它们是非扩张的，即

$$||\Pi J - \Pi \bar{J}||_v \leqslant ||J - \bar{J}||_v, \text{对所有 } J, \bar{J} \in \Re^n$$

为看到这一点，注意通过使用 Π 的线性性质，有

$$||\Pi J - \Pi \bar{J}||_v^2 = ||\Pi \left(J - \bar{J}\right)||_v^2 \leqslant ||\Pi \left(J - \bar{J}\right)||_v^2 + ||(I - \Pi)(J - \bar{J})||_v^2 = ||J - \bar{J}||_v^2$$

其中最右边的等式来自如下的彼得格拉斯定理：

$$||X||_v^2 = ||\Pi X||_v^2 + ||(I - \Pi)X||_v^2, \text{对所有的 } X \in \Re^n \tag{6.34}$$

使用时令 $X = J - \bar{J}$。[②]

---

① 这里遵循本节的符号体系：在当前所评价的策略对应的转移概率和每阶段的费用中尽量不出现策略的符号。对映射 T 一样限定：当很清楚要处理的是固定策略 μ 时，将使用 T 而不是 T_μ，在需要避免混淆时即将更加具体。

② 彼得格拉斯定理来自向量 ΠX 和 $(I - \Pi)X$ 在模 $||\cdot||_v$ 的缩放几何下的正交性（两个向量 $x, y \in \Re^n$ 被称为是正交的，若 $\sum_{i=1}^{n} v_i x_i y_i = 0$）。为了证明式 (6.34)，可以写有

$$||X||_v^2 = ||\Pi X + (I - \Pi)X||_v^2 = ||\Pi X||_v^2 + ||(I - \Pi)X||_v^2 + 2(\Pi X)'V(I - \Pi)X$$

其中 V 是以向量 v 为对角线元素的对角阵，注意右侧最后一项是 0，因为 ΠX 和 $(I - \Pi)X$ 正交。

所以，为了让 ΠT 相对于 $||\cdot||$ 是个压缩映射，让 T 相对于 $||\cdot||_v$ 是压缩映射就足够了，因为

$$||\Pi T J - \Pi T \bar{J}||_v \leqslant ||T J - T \bar{J}||_v \leqslant \beta ||J - \bar{J}||_v$$

其中 β 是 T 相对于 $||\cdot||_v$ 的压缩模（见图 6.3.1）。

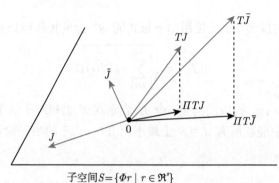

子空间 $S = \{\Phi r \mid r \in \Re^s\}$

图 6.3.1 由于 Π 的非扩张性而导致的 ΠT 的压缩性质描述。若 T 是关于投影的欧几里得范数 $||\bullet||_v$ 的压缩变换，那么 ΠT 也是关于该范数的压缩变换，因为 Π 是非扩张的，并且有：

$$||\Pi T J - \Pi T \bar{J}||_v \leqslant ||T J - T \bar{J}||_v \leqslant \beta ||J - \bar{J}||_v$$

其中，β 是欧几里得范数 $||\bullet||_v$ 下压缩变换 T 的系数。

由 1.5 节可知道，T 是相对于极值模的压缩，但不幸的是，这未必意味着 T 是相对于模 $||\cdot||_v$ 的压缩。然而，结果是如果 v 选为稳态概率向量 ξ，那么 T 是相对于 $||\cdot||_v$ 的压缩，且模为 α。证明的关键部分是如下引理，适用于任意的具有不变分布的、由正元素构成的转移矩阵 P。

引理 6.3.1 对任意具有不变分布 $\xi = (\xi_1, \cdots, \xi_n)$ 且由正元素构成的 $n \times n$ 转移概率矩阵 P，有

$$||Pz||_\xi \leqslant ||z||_\xi, \forall z \in \Re^n$$

证明 令 p_{ij} 为 P 的元素。对所有的 $z \in \Re^n$，有

$$\begin{aligned}
||Pz||_\xi^2 &= \sum_{i=1}^n \xi_i \left(\sum_{j=1}^n p_{ij} z_j \right)^2 \\
&\leqslant \sum_{i=1}^n \xi_i \sum_{j=1}^n p_{ij} z_j^2 \\
&= \sum_{j=1}^n \sum_{i=1}^n \xi_i p_{ij} z_j^2 \\
&= \sum_{j=1}^n \xi_j z_j^2 \\
&= ||z||_\xi^2
\end{aligned}$$

其中不等式源自二次函数的凸性，倒数第二个等式来自不变分布的定义 $\sum_{i=1}^n \xi_i p_{ij} = \xi_j$。

现在针对使用稳态概率向量 ξ 定义的投影模的情形来阐述投影方程的主要性质。

命题 6.3.1 令假设 6.3.1 和假设 6.3.2 满足，令 Π 为针对加权欧几里得模 $\|\cdot\|_\xi$ 的投影，其中 ξ 是对应于给定策略 μ 的马尔可夫链的稳态概率向量。那么：

(a) 对应于 μ 的映射 T 和 ΠT 相对于 $\|\cdot\|_\xi$ 是压缩的，模为 α。

(b) 有

$$\|J_\mu - \Phi r^*\|_\xi \leqslant \frac{1}{\sqrt{1-\alpha^2}}\|J_\mu - \Pi J_\mu\|_\xi$$

其中 J_μ 是 T 的不动点，r^* 是投影方程 $\Phi r = \Pi T(\Phi r)$ 的唯一解。

证明 (a) 将 T 写成 $TJ = g + \alpha PJ$ 的形式，其中 g 是向量，各维元素是 $\sum_{j=1}^{n} p_{ij}g(i,j), i = 1, \cdots, n$，$P$ 是矩阵，元素为 p_{ij}。那么对所有的 $J, \bar{J} \in \Re^n$，有

$$TJ - T\bar{J} = \alpha P(J - \bar{J})$$

于是有

$$\|TJ - T\bar{J}\|_\xi = \alpha\|P(J - \bar{J})\|_\xi \leqslant \alpha\|J - \bar{J}\|_\xi$$

其中不等式源自引理 6.3.1。于是 T 是压缩的，模为 α。ΠT 的压缩性质来自 T 的压缩性质和之前提到的 Π 的非扩张性。

(b) 假设 6.3.2 (Φ 具有满秩 s) 保证了 ΠT 的唯一不动点 [参见 (a) 部分] 唯一表示为 Φr^*，所以 r^* 是 $\Phi r = \Pi T(\Phi r)$ 的唯一解。有

$$\begin{aligned}\|J_\mu - \Phi r^*\|_\xi^2 &= \|J_\mu - \Pi J_\mu\|_\xi^2 + \|\Pi J_\mu - \Phi r^*\|_\xi^2 \\ &= \|J_\mu - \Pi J_\mu\|_\xi^2 + \|\Pi T J_\mu - \Pi T(\Phi r^*)\|_\xi^2 \\ &\leqslant \|J_\mu - \Pi J_\mu\|_\xi^2 + \alpha^2\|J_\mu - \Phi r^*\|_\xi^2\end{aligned}$$

其中第一个等式使用了彼得格拉斯定理 [参见式 (6.34)，并有 $X = J_\mu - \Phi r^*$]，第二个等式成立因为 J_μ 是 T 的不动点，不等式使用了 ΠT 的压缩性质。通过重新整理这一不等式，可以获得所要的结论。

注意在上述分析中的一个关键事实：αP（以及 T）是相对于投影模 $\|\cdot\|_\xi$ 的压缩映射（而不仅仅是极值模）；参见引理 6.3.1。事实上，如果 T 是任意（可能非线性的）相对于 $\|\cdot\|_\xi$ 的压缩映射，模为 α（参见图 6.3.1），那么命题 6.3.1 成立。

6.3.2 投影方程的矩阵形式

现在讨论求解投影贝尔曼方程的方法

$$\Phi r = \Pi T(\Phi r)$$

其中 T 是对应于给定策略 μ 的贝尔曼方程映射，Π 是相对于加权欧几里得模 $\|\cdot\|_\xi$ 的投影，ξ 是对应于 μ 的马尔可夫链的稳态概率向量（参见命题 6.3.1）。这是线性方程系统，因为 Π 是线性的且 T 是如下线性形式

$$TJ = g + \alpha PJ$$

其中 g 是向量，各维是 $\sum_{j=1}^{n} p_{ij}g(i,j), i = 1, \cdots, n$，$P$ 是矩阵，各元素是 p_{ij}（g 和 P 当然依赖于给定的

策略 μ，但为了符号上的简便，我们不展示这一依赖关系）。尽管这一系统涉及 n 个方程和 s 个未知量（向量 r），可以被化简为等价的具有 s 个方程的集合，正如现在要展示的那样。

基于投影的定义，唯一解 r^* 满足

$$r^* = \arg\min_{r \in \Re^s} \|\Phi r - (g + \alpha P \Phi r^*)\|_\xi^2$$
$$= \arg\min_{r \in \Re^s} (\Phi r - (g + \alpha P \Phi r^*))' \, \Xi \, (\Phi r - (g + \alpha P \Phi r^*)) \tag{6.35}$$

其中 Ξ 是对角阵，对角元是稳态概率 $\xi_1, \cdots, \xi_n$。通过将上述二次表达式对于 r 的梯度设为 0，有

$$\Phi' \Xi (\Phi r^* - (g + \alpha P \Phi r^*)) = 0 \tag{6.36}$$

这一方程表示了 s 个方程，具有 s 个未知量（r^* 的元素），可被视作投影方程 $\Phi r = \Pi T(\Phi r)$ 的等价矩阵。

对于解释，注意当我们将 $g + \alpha P \Phi r^*$ 投影到 S（由 Φ 的列张成的子空间）上时，必须有 Φr^*[参见式 (6.35)]，所以 $\Phi r^* - (g + \alpha P \Phi r^*)$ 是在模 $\|\cdot\|_\xi$ 的缩放几何意义下与 Φ 的列正交（两个向量 $x, y \in \Re^n$ 被视作正交的，如果 $x' \Xi y = \sum_{i=1}^n \xi_i x_i y_i = 0$）。这是式 (6.36) 的投影方程的矩阵形式的意义：这只是经典的对于 $\Phi r = \Pi T(\Phi r)$ 的投影的正交性条件。后面一般不区分投影方程和其等价的矩阵形式式 (6.36)。

通过矩阵求逆求解

将式 (6.36) 投影方程的矩阵形式紧凑地写成

$$Cr^* = d \tag{6.37}$$

其中

$$C = \Phi' \Xi (I - \alpha P) \Phi, \quad d = \Phi' \Xi g \tag{6.38}$$

注意 C 可逆，否则式 (6.37) 不会有唯一解，与命题 6.3.1(a) 矛盾。所以该方程可以通过矩阵求逆来求解

$$r^* = C^{-1} d$$

正如贝尔曼方程 $J = g + \alpha P J$，这也可以通过矩阵求逆 $J = (I - \alpha P)^{-1} g$ 来求解。

不过需要注意，尽管投影方程具有更小的维度（s 而不是 n），对于大的 n 进行精确求解是非常困难的。原因是使用式 (6.38) 计算 C 和 d 需要大小为 n 的内积，所以对于当 n 非常大的问题，C 和 d 的显式计算是不实际的。下一节将讨论通过使用仿真和低维计算来估计 C 和 d 的方法。

迭代求解——投影值迭代

在第 1 章注意到对于 n 非常大的问题，迭代的方法比如值迭代可能适合于求解贝尔曼方程 $J = TJ$。类似地，可以考虑求解投影贝尔曼方程 $\Phi r = \Pi T(\Phi r)$ 或者其等价的矩阵形式 $Cr = d$ 的迭代方法 [参见式 (6.37) 和式 (6.38)]。

因为 ΠT 是压缩映射 [参见命题 6.3.1(a)]，首先想到的第一个迭代方法类似于值迭代：连续使用 ΠT，从一个任意的形式为 Φr_0 的初始向量出发：

$$\Phi r_{k+1} = \Pi T(\Phi r_k), k = 0, 1, \cdots \tag{6.39}$$

所以在第 k 次迭代时，当前的迭代 Φr_k 采用 T 运算，所生成的值迭代 $T(\Phi r_k)$（这未必在 S 之内）投影到 S 上，来获得新的迭代 Φr_{k+1}（见图 6.3.2）。这称为投影值迭代（简称为 PVI）。因为 ΠT 是压缩映射，于是有由 PVI 生成的序列 $\{\Phi r_k\}$ 收敛到 ΠT 的唯一不动点 Φr^*。

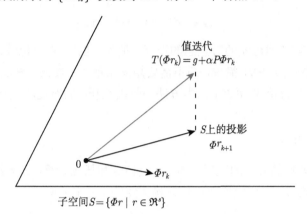

图 6.3.2　投影值迭代方法（PVI）的描述

通过注意如下的关系式可将 PVI 显式地写出

$$r_{k+1} = \arg\min_{r \in \Re^s} \|\Phi r - (g + \alpha P\Phi r_k)\|_\xi^2 \tag{6.40}$$

通过将上述二次表达式对于 r 的梯度设为 0，获得如下的正交性条件

$$\Phi' \Xi (\Phi r_{k+1} - (g + \alpha P\Phi r_k)) = 0$$

一般地，在第 k 次迭代中，当前迭代值 Φr_k 是通过运算 T 计算的，生成的向量 $T(\Phi r_k)$ 被投影到 S 空间中，进而得到新的迭代值 Φr_{k+1}。

$$\Phi r_{k+1} = \Pi T(\Phi r_k)$$

[参见式 (6.36)]，获得

$$r_{k+1} = r_k - (\Phi'\Xi\Phi)^{-1}(Cr_k - d) \tag{6.41}$$

其中 C 和 d 由式 (6.38) 给定。[①] 注意，尽管式 (6.40) 和式 (6.41) 是等价的，即使 Φ 不满秩且 $(\Phi'\Xi\Phi)^{-1}$ 不存在，式 (6.40) 的最小二乘公式依然是 PVI 的合理实现。

从动态规划的视角看，PVI 方法更直观，并且与已经建立的动态规划理论有良好的联系，所以我们将它作为主要的迭代方法。不过，求解线性方程的迭代方法的方法论允许更为广泛的算法可能性。

---

① 另一个更加直接的推导这一形式的 PVI 的方法是使用下面的众所周知的投影公式

$$\Pi = \Phi(\Phi'\Xi\Phi)^{-1}\Phi'\Xi$$

这与式 (6.38) 的 C 和 d 的表达式一起，证明了

$$\Pi T(\Phi r) = \Phi(\Phi'\Xi\Phi)^{-1}\Phi'\Xi(g + \alpha P\Phi r) = \Phi(r - (\Phi'\Xi\Phi)^{-1}(Cr - d))$$

所以式 (6.39) 和式 (6.41) 是等价的。

特别地，一种通用的方法，当前的迭代 r_k 通过 "余项" $Cr_k - d$ （这趋向于 0）来修正，在通过某个 $s \times s$ 的缩放矩阵 G "缩放" 之后，得到如下迭代

$$r_{k+1} = r_k - \gamma G(Cr_k - d) \tag{6.42}$$

其中 γ 是正步长。当

$$G = (\Phi' \Xi \Phi)^{-1}, \gamma = 1$$

获得 PVI 方法。不过还有其他可能的有意思的选择，例如，当 G 是单位阵或者是近似 $(\Phi' \Xi \Phi)^{-1}$ 的对角阵时，式 (6.42) 的迭代比 PVI 简单，即不需要矩阵求逆（不过该方法其实需要选择步长 γ）。我们将在 7.3.8 节和 7.3.9 节讨论式 (6.42) 这类方法的收敛性质，同时还将在更加一般的内容下讨论其基于仿真的实现方法。

6.3.3 基于仿真的估计方法

现在考虑求解投影方程的方法的近似版本，涉及仿真和低维计算。该方法非常简单：从与策略相关的马尔可夫链收集仿真样本，将它们取平均来构成矩阵 C_k 来近似

$$C = \Phi' \Xi (I - \alpha P) \Phi$$

和向量 d_k 来近似

$$d = \Phi' \Xi g$$

[参见式 (6.38)]。于是可以通过将投影方程的解 $C^{-1}d$ 近似为 $C_k^{-1} d_k$，或者将式 (6.41) [或者其缩放版本式 (6.42)] 中的 PVI 迭代中的项 $(Cr_k - d)$ 近似为 $(C_k r_k - d_k)$，从而构建基于仿真的矩阵求逆或者迭代方法。

下面仿真程序的关键思想是将如下在之前 C 和 d 的表达式中出现的三项中的每一项视作

$$\Phi' \Xi \Phi, \Phi' \Xi P \Phi, \Phi' \Xi g \tag{6.43}$$

相对于或者是状态 i 的稳态概率 ξ_i，或者是转移 (i,j) 的稳态概率 $\xi_i p_{ij}$ 的期望值。特别地，可以使用表达式 $\Phi' = [\phi(1) \cdots \phi(n)]$ 直接验证

$$\Phi' \Xi \Phi = \sum_{i=1}^{n} \xi_i \phi(i) \phi(i)', \Phi' \Xi P \Phi = \sum_{i=1}^{n} \sum_{j=1}^{n} \xi_i p_{ij} \phi(i) \phi(j)' \tag{6.44}$$

$$\Phi' \Xi g = \sum_{i=1}^{n} \sum_{j=1}^{n} \xi_i p_{ij} \phi(i) g(i,j) \tag{6.45}$$

所以式 (6.43) 中三项的每一个是相对于分布 $\{\xi_i | i = 1, \cdots, n\}$ 或者 $\{\xi_i p_{ij} | i,j = 1, \cdots, n\}$ 的期望值。

为了生成相对于这些分布的仿真样本，从某个任意的状态 i_0 开始，仿真对应当前策略的马尔可夫链的无穷长的轨迹 $(i_0, i_1, \cdots)$。在生成转移 (i_t, i_{t+1}) 之后，计算费用元素 $g(i_t, i_{t+1})$ 和 Φ 的行 $\phi(i_t)'$。在某个时间 k 终止仿真轨迹，于是构成了如下的估计

$$\Phi' \Xi \Phi \approx \frac{1}{k+1} \sum_{t=0}^{k} \phi(i_t) \phi(i_t)', \Phi' \Xi P \Phi \approx \frac{1}{k+1} \sum_{t=0}^{k} \phi(i_t) \phi(i_{t+1})'$$

参见式 (6.44)，和

$$\Phi'\Xi g \approx \frac{1}{k+1}\sum_{t=0}^{k}\phi(i_t)g(i_t,i_{t+1})$$

参见式 (6.45)。将这些关系式与如下公式综合

$$C = \Phi'\Xi(I-\alpha P)\Phi, d = \Phi'\Xi g$$

可获得基于仿真的近似

$$C_k \approx C, d_k \approx d$$

其中

$$C_k = \frac{1}{k+1}\sum_{t=0}^{k}\phi(i_t)\left(\phi(i_t)-\alpha\phi(i_{t+1})\right)' \tag{6.46}$$

$$d_k = \frac{1}{k+1}\sum_{t=0}^{k}\phi(i_t)g(i_t,i_{t+1}) \tag{6.47}$$

于是有 $C_k \to C$ 和 $d_k \to d$，只要对应的状态 i 出现的样本频率 $\hat{\xi}_{i,k}$ 或者转移 (i,j) 出现的样本频率 $\hat{p}_{ij,k}$ 在 $(i_0,\cdots,i_k)$ 中，渐近收敛到概率 ξ_i 和 p_{ij}。从数学上来说，有 $C_k \to C$ 和 $d_k \to d$，如果

$$\frac{\sum_{t=0}^{k}\delta(i_t=i)}{k+1} \to \xi_i, \quad \frac{\sum_{t=0}^{k}\delta(i_t=i,i_{t+1}=j)}{\sum_{t=0}^{k}\delta(i_t=i)} \to p_{ij} \tag{6.48}$$

其中 $\delta(\cdot)$ 表示示性函数，

$$\delta(E) = \begin{cases} 1, & \text{事件 } E \text{ 发生} \\ 0, & \text{其他} \end{cases}$$

注意，由式 (6.46) 和式 (6.47) 有 C_k 和 d_k 可以迭代更新，当新的样本 $\phi(i_k)$ 和 $g(i_k,i_{k+1})$ 生成之后。特别地，

$$C_k = (1-\delta_k)C_{k-1} + \delta_k\phi(i_k)\left(\phi(i_k)-\alpha\phi(i_{k+1})\right)'$$

$$d_k = (1-\delta_k)d_{k-1} + \delta_k\phi(i_k)g(i_k,i_{k+1})$$

具有初始条件 $C_{-1}=0, d_{-1}=0$，且

$$\delta_k = \frac{1}{k+1}, k=0,1,\cdots$$

在这些更新公式中，δ_k 可以被视作步长，事实上可以证明 C_k 和 d_k 收敛到 C 和 d 对于其他 δ_k 的选择（更详细的讨论和分析请见 [Yu10a]、[Yu10b]）。

6.3.4 LSTD、LSPE 和 TD(0) 方法

给定基于仿真的近似式 (6.46) 的 C_k 和式 (6.47) 的 d_k，一种可能性是构造基于仿真的近似解

$$\hat{r}_k = C_k^{-1} d_k \tag{6.49}$$

这被称为 LSTD （最小二乘临时差分）方法。尽管依赖于指标 k，这不是一个迭代方法，因为在计算 $\hat{r}_k$ 时并不需要 $\hat{r}_{k-1}$。它可以被视作基于仿真的矩阵求逆方法：将投影方程 $Cr = d$ 替换为近似的 $C_k r = d_k$，使用一批 $k+1$ 个仿真采样，并通过矩阵求逆来求解近似方程。

注意，通过使用式 (6.46) 和式 (6.47)，方程 $C_k r = d_k$ 可以被写成

$$C_k r - d_k = \frac{1}{k+1} \sum_{t=0}^{k} \phi(i_t) q_{k,t} = 0 \tag{6.50}$$

其中

$$q_{k,t} = \phi(i_t)' r_k - \alpha \phi(i_{t+1})' r_k - g(i_t, i_{t+1}) \tag{6.51}$$

标量 $q_{k,t}$ 是所谓的临时差分（简称为 TD），与 r_k 和转移 (i_t, i_{t+1}) 对应。可以被视作在投影贝尔曼方程中产生的余项的样本。更加具体一点，由式 (6.37) 和式 (6.38)，有

$$Cr_k - d = \Phi' \Xi (\Phi r_k - \alpha P \Phi r_k - g) \tag{6.52}$$

TD 的定义式 (6.51) 中的三项 $q_{k,t}$ 可以被视作在式 (6.52) 的表达式 $\Xi(\Phi r_k - \alpha P \Phi r_k - g)$ 的对应三项的样本 [与转移 (i_t, i_{t+1}) 对应]。

LSPE 方法

现在将开发 PVI 迭代的一种基于仿真的实现

$$\Phi r_{k+1} = \Pi T(\Phi r_k)$$

因为这一迭代具有如下形式

$$r_{k+1} = r_k - (\Phi' \Xi \Phi)^{-1} (Cr_k - d)$$

[参见式 (6.41)]，所以一个自然的基于仿真的实现是

$$r_{k+1} = r_k - G_k(C_k r_k - d_k) \tag{6.53}$$

其中 G_k 是 $(\Phi' \Xi \Phi)^{-1}$ 的一个基于仿真的近似，满足[1]

$$G_k = \left(\frac{1}{k+1} \sum_{t=0}^{k} \phi(i_t) \phi(i_t)' \right)^{-1} \tag{6.54}$$

---

[1] 逆 $\left(\sum_{t=0}^{k} \phi(i_t)\phi(i_t)' \right)^{-1}$ 可能在仿真的早期不存在，因为没有积累 Φ 的足够多的行 $\phi(i_t)'$ 来张成 Φ 的 s-维行空间。此时，可以使用

$$G_k = (k+1) \left(\sum_{t=0}^{k} \phi(i_t)\phi(i_t)' + \beta I \right)^{-1}$$

其中 β 是某个正的标量。因为将有 $G_k \to (\Phi' \Xi \Phi)^{-1}$，所以渐近的 β 的存在性不再重要。还将在 7.3.8 节中看到一种推广：算法 $r_{k+1} = r_k - G_k(C_k r_k - d_k)$ 收敛到 r^* 如果 $G_k = \gamma D_k$，其中 D_k 收敛到正定阵 D 且 γ 是一个充分小的正步长。

等价地，从式 (6.50) 的角度来看，可以将迭代式 (6.53) 写成

$$r_{k+1} = r_k - \left(\sum_{t=0}^{k} \phi(i_t)\phi(i_t)'\right)^{-1} \sum_{t=0}^{k} \phi(i_t)q_{k,t} \tag{6.55}$$

其中 $q_{k,t}$ 是式 (6.51) 的 TD。

还可以用另一种方法推导这一迭代，通过将投影表示为最小二乘最小化问题；这是涉及投影的方程的基于仿真的典型实现方法（参见例 6.1.5）。特别地，r_{k+1} 给定如下

$$r_{k+1} = \arg\min_{r \in \Re^s} \|\Phi r - T(\Phi r_k)\|_\xi^2$$

或者等价地

$$r_{k+1} = \arg\min_{r \in \Re^s} \sum_{i=1}^{n} \xi_i \left(\phi(i)'r - \sum_{j=1}^{n} p_{ij}\left(g(i,j) + \alpha\phi(j)'r_k\right)\right)^2 \tag{6.56}$$

将这一最优化通过生成无穷长的轨迹 $(i_0, i_1, \cdots)$ 来近似，且通过在每次转移 (i_k, i_{k+1}) 之后来按如下方式更新 r_k

$$r_{k+1} = \arg\min_{r \in \Re^s} \sum_{t=0}^{k} \left(\phi(i_t)'r - g(i_t, i_{t+1}) - \alpha\phi(i_{t+1})'r_k\right)^2 \tag{6.57}$$

与例 6.1.5 类似；参见式 (6.11)。通过将相对于 r 的梯度设为 0，可获得式 (6.57) 的迭代的等价形式：

$$r_{k+1} = \left(\sum_{t=0}^{k} \phi(i_t)\phi(i_t)'\right)^{-1} \left(\sum_{t=0}^{k} \phi(i_t)\left(g(i_t, i_{t+1}) + \alpha\phi(i_{t+1})'r_k\right)\right) \tag{6.58}$$

这一方程与式 (6.55) 在数学上等价，正如可以通过使用式 (6.51) 的 TD 公式经过直接比较看出。

将式 (6.55)、式 (6.57) 和式 (6.58) 这三个等价的迭代中的任意一个为最小二乘策略评价（简记为 LSPE）。它们是式 (6.41) 的 PVI 方法或者式 (6.56) 的等价形式的自然的基于仿真的实现，可以被视作在右侧加上仿真误差的 PVI。

TD(0) 方法

这是为了求解投影方程 $Cr = d$ 的一种迭代方法。与 LSTD 和 LSPE 很像，该方法产生马尔可夫链的一条无穷长的轨迹 $\{i_0, i_1, \cdots\}$，但在每次迭代中，它只使用最后一个样本。它具有如下形式

$$r_{k+1} = r_k - \gamma_k \phi(i_k)q_{k,k} \tag{6.59}$$

其中 γ_k 是收敛到 0 的步长序列。可被视作在 6.1.4 节中描述的一类随机近似方法，求解如下的投影方程

$$Cr - d = \Phi'\Xi(\Phi r - \alpha P\Phi r - b) = 0$$

参见式 (6.37) 和式 (6.38)。为了看到这一点，应注意如下几点：

(a) 投影方程 $Cr = d$ 等价于不动点问题

$$r = r - \gamma(Cr - d) \tag{6.60}$$

其中 γ 是任意正标量。

(b) C 的特征值具有正实部，所以矩阵 $I - \gamma C$ 对于充分小的 γ，所有的特征值严格位于单位圆内。这是一个关键的性质，意味着式 (6.60) 的不动点问题涉及压缩映射。该证明在习题 6.6 中给出了概要（另见 7.3.8 节，其中包含了相关的材料）。

(c) 由式 (6.44) 和式 (6.45)，有

$$Cr - d = \Phi'\Xi(I - \alpha P)\Phi r - \Phi'\Xi g = E\{\phi(i)q(r,i,j)\}$$

其中

$$q(r,i,j) = \phi(i)'r - \alpha\phi(j)'r - g(i,j)$$

且期望值相对于分布 $\{\xi_i p_{ij} | i, j = 1, \cdots, n\}$。作为结论，投影方程的不动点形式 (6.60) 可以被写成

$$\begin{aligned} r &= r - \gamma E\{\phi(i)q(r,i,j)\} \\ &= E\{I - \gamma\phi(i)\left(\phi(i) - \alpha\phi(j)\right)'\}r - E\{\phi(i)g(i,j)\} \end{aligned} \tag{6.61}$$

注意，出现在式 (6.59) 的 TD(0) 迭代中的 TD 项 $\phi(i_k)q_{k,k}$ 是上面出现的随机变量 $\phi(i)q(r_k,i,j)$ 的一个样本 [参见式 (6.51)]。

现在可以看到 TD(0) 迭代式 (6.59) 是在 6.1.4 节中讨论的那一类随机近似方法。特别地，式 (6.61) 的不动点方程可以被写成例 6.1.7 的形式，

$$r = E\{A(w)\}r + E\{b(w)\}$$

其中 $w = (i,j)$，且函数 $A(\cdot)$ 和 $b(\cdot)$ 由式 (6.61) 定义。如果在 TD(0) 迭代式 (6.59) 中使用的样本 (i,j) 根据分布 $\{\xi_i p_{ij} | i, j = 1, \cdots, n\}$ 独立选中，对不动点 r^* 的收敛性将包括在例 6.1.7 的分析中。然而，在此处的仿真情形下，这些样本并不独立（它们通过马尔可夫链生成），需要更加强大的分析来处理 $\{w_k\}$ 的马氏依赖性。这样的分析是可能的，推荐参阅 [TsV97] 或者 [BeT96] 以获取技术细节。

最后，注意 TD(0) 和如下迭代方法之间的类似之处

$$r_{k+1} = r_k - \gamma(C_k r_k - d_k) = r_k - \frac{\gamma}{k+1}\sum_{t=0}^{k}\phi(i_t)q_{k,t} \tag{6.62}$$

这是式 (6.42) 的迭代方法的基于仿真的实现，其中 G 为单位阵。尽管这一方法基于所有可用的样本计算 $Cr_k - d$ 的按时间平均的近似，并以此作为变化的方向，TD(0) 使用单个样本近似。所以看到 TD(0) 比基于式 (6.42) 的迭代方法（比如 LSPE 或者式 (6.62)）慢许多并不奇怪。进一步地，TD(0) 需要步长 γ_k 减小到 0 以处理在式 (6.59) 的项 $\phi(i_k)q_{k,k}$ 中内在的不见效的噪声。在另一方面，TD(0) 在每次迭代时都需要少许的预备工作：计算单个 TD$q_{k,k}$ 并乘以 $\phi(i_k)$，而不是更新 $s \times s$ 的矩阵 C_k 并乘上 r_k。所以当 s（特征数）非常大时，TD(0) 可以提供比 LSTD 和 LSPE 在预先计算量上的优势。

6.3.5 乐观版本

在到目前为止所讨论的 LSTD 和 LSPE 方法中，所基于的假设是每个策略通过非常大量的样本来评价，所以可以获得 C 和 d 的精确估计。也有乐观的版本（参见 6.1.2 节），其中每个策略在有限数量的仿真样本被策略评价处理过之后由"改进的"策略来替代。

乐观的 LSTD 的一种自然形式是 $\hat{r}_k = C_k^{-1} d_k$，其中 C_k 和 d_k 通过用对应当前策略的控制所采集的 $(k+1)$ 个样本取平均的方式来获得 [参见式 (6.49)]。即 C_k 和 d_k 是如下矩阵和向量的按时间的平均值

$$\phi(i_t)\left(\phi(i_t) - \alpha\phi(i_{t+1})\right)', \phi(i_t)g(i_t, i_{t+1})$$

对应于仿真的使用当前策略所生成的转移 (i_t, i_{t+1})[参见式 (6.50) 和式 (6.51)]。不幸的是，这一方法需要在策略更新时收集太多的样本，因为它可以接受 C_k 和 d_k 在仿真中的噪声。

类似地，LSPE 的一种自然的形式是基于有限样本 [式 (6.57)] 的最小二乘的实现。不过，因为式 (6.57) 可能不可靠（包括许多仿真噪声），所以可以考虑如下给定的 damped 版本

$$r_{k+1} = (1 - \gamma_k)r_k + \gamma_k \tilde{r}_{k+1}$$

其中 $\tilde{r}_{k+1}$ 通过式 (6.57) 的最小二乘给定，$\gamma_k \in (0, 1]$ 是正的步长。还有类似的 TD(0) 的乐观版本。

一般而言，乐观方法的行为（当嵌入在近似策略迭代的框架中之时）变得非常复杂，且难以取得关于它们的相对优点的任意类型的可靠结论。计算研究展示了作为一种迭代方法，LSPE 对矩阵求逆的误差相对没有那么敏感，而 LSTD 在存在大的仿真噪声时所受影响较大，正如在乐观的策略迭代的情形下那样。

6.3.6 多步基于仿真的方法

一种有用的近似动态规划的方法是将贝尔曼方程用等价的方程来替代，该方程反映了在多个连续阶段的控制过程。这对应于将 T 替代为一个多步的版本且具有相同的不动点；例如，T^l 对于 $l > 1$，或者 $T^{(\lambda)}$ 给定如下

$$T^{(\lambda)} = (1 - \lambda)\sum_{l=0}^{\infty} \lambda^l T^{l+1}$$

其中 $\lambda \in (0, 1)$。本节集中关注 λ-加权多步贝尔曼方程

$$J = T^{(\lambda)}J$$

应注意

$$T^2 J = g + \alpha P(TJ) = g + \alpha P(g + \alpha PJ) = (I + \alpha P)g + \alpha^2 P^2 J$$

$$T^3 J = g + \alpha P(T^2 J) = g + \alpha P\left((I + \alpha P)g + \alpha^2 P^2 J\right) = (I + \alpha P + \alpha^2 P^2)g + \alpha^3 P^3 J$$

等等，可以将映射 $T^{(\lambda)}$ 写成

$$T^{(\lambda)}J = g^{(\lambda)} + \alpha P^{(\lambda)}J \tag{6.63}$$

其中

$$P^{(\lambda)} = (1 - \lambda)\sum_{l=0}^{\infty} \alpha^l \lambda^l P^{l+1}, g^{(\lambda)} = \sum_{l=0}^{\infty} \alpha^l \lambda^l P^l g = (I - \alpha\lambda P)^{-1}g \tag{6.64}$$

将应用之前的仿真算法的变形来找到 $\Pi T^{(\lambda)}$ 的不动点，而不是 ΠT 的不动点。至此，使用投影方程对应的矩阵形式，具有如下形式

$$C^{(\lambda)}r = d^{(\lambda)}$$

其中

$$C^{(\lambda)} = \Phi'\,\Xi\left(I - \alpha P^{(\lambda)}\right)\Phi, d^{(\lambda)} = \Phi'\,\Xi g^{(\lambda)} \tag{6.65}$$

[参见式 (6.38)]。用 $T^{(\lambda)}$ 取代 T 的动机是 $T^{(\lambda)}$ 的压缩模更小，这导致了更紧的误差界。这在下面的命题中将得以证明。

命题 6.3.2 令假设 6.3.1 和假设 6.3.2 满足，令 Π 为相对于加权欧几里得模 $\|\cdot\|_\xi$ 的投影，其中 ξ 是对应于给定策略 μ 的马尔可夫链的稳态概率向量。那么对应于 μ 的映射 $T^{(\lambda)}$ 和 $\Pi T^{(\lambda)}$ 是具有如下模的压缩映射

$$\alpha_\lambda = \frac{\alpha(1-\lambda)}{1-\alpha\lambda}$$

（相对于 $\|\cdot\|_\xi$）。进一步地，

$$\|J_\mu - \Phi r_\lambda^*\|_\xi \leqslant \frac{1}{\sqrt{1-\alpha_\lambda^2}}\|J_\mu - \Pi J_\mu\|_\xi \tag{6.66}$$

其中 Φr_λ^* 是 $\Pi T^{(\lambda)}$ 的不动点。

证明 使用式 (6.64) 和引理 6.3.1 (断言 $\|Pz\|_\xi \leqslant \|z\|_\xi$)，有

$$\|P^{(\lambda)}z\|_\xi \leqslant (1-\lambda)\sum_{l=0}^{\infty}\alpha^l\lambda^l\|P^{l+1}z\|_\xi$$
$$\leqslant (1-\lambda)\sum_{l=0}^{\infty}\alpha^l\lambda^l\|z\|_\xi$$
$$= \frac{(1-\lambda)}{1-\alpha\lambda}\|z\|_\xi$$

因为 $T^{(\lambda)}$ 是线性的且有相关的矩阵 $\alpha P^{(\lambda)}$ [参见式 (6.63)]，于是有 $T^{(\lambda)}$ 是压缩的，模为 $\alpha(1-\lambda)/(1-\alpha\lambda)$。式 (6.66) 的估计类似于命题 6.3.1(b) 可证。

注意压缩模 α_λ 当 λ 增大时减小，且当 $\lambda \to 1$ 时有 $\alpha_\lambda \to 0$。于是有给定任意模，映射 $T^{(\lambda)}$ 相对于那个模，对于充分接近 1 的 λ 是压缩的（具有任意小的模）。这是 $\Re^n$ 中的模等价性质的结果（任意模以任意其他模的常数倍为界）。结果，对于任意的加权欧几里得投影模，$\Pi T^{(\lambda)}$ 是压缩映射（只要 λ 充分接近 1）。

λ 的选择——偏差-方差的权衡

另一个有意思的事实是，式 (6.66) 的误差界随着 λ 的增加而变得更好。事实上，由式 (6.66)，有随着 $\lambda \to 1$，投影方程的解 Φr_λ^* 收敛到 J_μ 在 S 上"最好地"近似 ΠJ_μ。$\Phi r_\lambda^* - \Pi J_\mu$ 的大小称为偏差，并随着 $\lambda \to 1$ 而下降到 0。建议使用 λ 的更大值。

另一方面，稍后将讨论当基于仿真的近似被使用时，仿真噪声的影响随着 λ 的增大变得更加大（见图 6.3.3）。这是因为 $T^{(\lambda)}$ 是 T^{l+1} 的加权级数和，其权重 $(1-\lambda)\lambda^l$ 随着 λ 增大，由第 l 项级数近似贡献的噪声方差随着 l 增大。

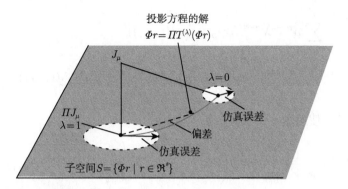

图 6.3.3　估计不同 λ 值对应的投影方程的解的偏差-方差的权衡描述。当 λ 的值从 0 增加至 1 时，投影方程 $\Phi r = \Pi T^{(\lambda)}(\Phi r)$ 的解 Φr_λ^* 逐渐接近投影 ΠJ_μ。$\Phi r_\lambda^* - \Pi J_\mu$ 即为偏差，该偏差的值在 λ 逐渐接近 1 的过程中逐渐减小至 0，同时仿真误差的方程逐渐增大

同时，在近似策略迭代的内容下，目标不仅仅是近似当前策略的费用，还要使用近似的费用来获得 "好的" 下一个策略。并没有一致的试验或者理论证据表明后面的目标可以只通过好的当前策略的费用估计来达到。

小结：为了减小仿真噪声的影响，希望使用更小的 λ 值，但这将导致更大的偏差。不过，并不能直接说更大的偏差导致总体更坏的性能。所以，在实际中，需要通过试错法来确定 λ 的值是有用的。

仿真过程　之前一节中基于仿真的方法对应 $\lambda = 0$，但可以推广到 $\lambda > 0$ 的情况。再一次，从任意的状态 i_0 开始，仿真无穷长的对应当前策略的样本轨道 $(i_0, i_1, \cdots)$。在产生了转移 (i_t, i_{t+1}) 之后，计算费用元素 $g(i_t, i_{t+1})$ 和 Φ 的行 $\phi(i_t)'$。在某个时间 k，确定仿真轨迹，于是构成矩阵 $C^{(\lambda)}$ 和式 (6.65) 的向量 $d^{(\lambda)}$ 的估计，分别记为 $C_k^{(\lambda)}$ 和 $d_k^{(\lambda)}$。

一种计算估计 $C_k^{(\lambda)}$ 和 $d_k^{(\lambda)}$ 的可能性是式 (6.46) 和式 (6.47) 的推广：

$$C_k^{(\lambda)} = \frac{1}{k+1} \sum_{t=0}^k \phi(i_t) \sum_{m=t}^k \alpha^{m-t} \lambda^{m-t} \left(\phi(i_m) - \alpha \phi(i_{m+1}) \right)' \tag{6.67}$$

$$d_k^{(\lambda)} = \frac{1}{k+1} \sum_{t=0}^k \phi(i_t) \sum_{m=t}^k \alpha^{m-t} \lambda^{m-t} g_{i_m} \tag{6.68}$$

可以证明，事实上存在式 (6.65) 的 $C^{(\lambda)}$ 和 $d^{(\lambda)}$ 的正确的基于仿真的近似。验证与 $\lambda = 0$ 的情形类似：在式 (6.64) 和式 (6.65) 中对于 $C^{(\lambda)}$ 和 $d^{(\lambda)}$ 有三项，表示为期望值并由仿真来近似。数学上，关键的事实是稳态概率 ξ_i 和转移概率 p_{ij} 通过对应的样本频率在极限下获得 [参见式 (6.48)]。

为了论断的概要性，首先验证式 (6.67) 中最右侧关于 $C_k^{(\lambda)}$ 的表达式可以被写为

$$\sum_{m=t}^k \alpha^{m-t} \lambda^{m-t} \left(\phi(i_m) - \alpha \phi(i_{m+1}) \right)'$$

$$= \phi(i_t) - \alpha(1-\lambda) \sum_{m=t}^{k-1} \alpha^{m-t} \lambda^{m-t} \phi(i_{m+1}) - \alpha^{k-t+1} \lambda^{k-t} \phi(i_{k+1})$$

通过舍弃最后一项（这对于 $k \gg t$ 是可以忽略的），获得

$$\sum_{m=t}^{k} \alpha^{m-t} \lambda^{m-t} \left(\phi(i_m) - \alpha\phi(i_{m+1})\right)'$$

$$= \phi(i_t) - \alpha(1-\lambda) \sum_{m=t}^{k-1} \alpha^{m-t} \lambda^{m-t} \phi(i_{m+1})$$

在式 (6.67) 中对于 $C_k^{(\lambda)}$ 使用这一关系式, 有

$$C_k^{(\lambda)} = \frac{1}{k+1} \sum_{t=0}^{k} \phi(i_t) \left(\phi(i_t) - \alpha(1-\lambda) \sum_{m=t}^{k-1} \alpha^{m-t} \lambda^{m-t} \phi(i_{m+1})\right)'$$

现在计算 $C^{(\lambda)}$ 的表达式, 类似于式 (6.44), 可以被写作

$$C^{(\lambda)} = \Phi' \Xi \left(I - \alpha P^{(\lambda)}\right) \Phi = \sum_{i=1}^{n} \xi_i \phi(i) \left(\phi(i) - \alpha \sum_{j=1}^{n} p_{ij}^{(\lambda)} \phi(j)\right)'$$

其中 $p_{ij}^{(\lambda)}$ 是矩阵 $P^{(\lambda)}$ 的元素。可以看到 (参见 6.3.3 节的推导)

$$\frac{1}{k+1} \sum_{t=0}^{k} \phi(i_t) \phi(i_t)' \to \sum_{i=1}^{n} \xi_i \phi(i) \phi(i)'$$

通过使用如下公式

$$p_{ij}^{(\lambda)} = (1-\lambda) \sum_{l=0}^{\infty} \alpha^l \lambda^l p_{ij}^{(l+1)}$$

其中, $p_{ij}^{(l+1)}$ 是 P^{l+1} 的第 (i,j) 个元素 [参见式 (6.64)], 可以验证

$$\frac{1}{k+1} \sum_{t=0}^{k} \phi(i_t) \left((1-\lambda) \sum_{m=t}^{k-1} \alpha^{m-t} \lambda^{m-t} \phi(i_{m+1})'\right) \to \sum_{i=1}^{n} \xi_i \phi(i) \sum_{j=1}^{n} p_{ij}^{(\lambda)} \phi(j)'$$

所以, 通过对比之前的表达式, 可以看到 $C_k^{(\lambda)} \to C^{(\lambda)}$ 以概率 1 成立。对 $d_k^{(\lambda)} \to d^{(\lambda)}$ 可以类似验证。完整的收敛性分析可以在 [NeB03] 中找到, 还有 [BeY09]、[Yu10a]、[Yu10b], 它们分析将在 6.4.2 节中讨论的更加一般的搜索相关的问题。

还可以将 $C_k^{(\lambda)}$ 和 $d_k^{(\lambda)}$ 的计算通过引入如下向量来序贯化

$$z_t = \sum_{m=0}^{t} (\alpha\lambda)^{t-m} \phi(i_m) \tag{6.69}$$

这经常被称为可达性向量; 这是通过仿真当前和过去 [折扣因子为 $(\alpha\lambda)^{t-m}$] 特征向量 $\phi(i_m)$ 的加权和。那么, 通过直接的计算, 可以验证

$$C_k^{(\lambda)} = \frac{1}{k+1} \sum_{t=0}^{k} z_t \left(\phi(i_t) - \alpha\phi(i_{t+1})\right)' \tag{6.70}$$

$$d_k^{(\lambda)} = \frac{1}{k+1} \sum_{t=0}^{k} z_t g(i_t, i_{t+1}) \tag{6.71}$$

注意，z_k、$C_k^{(\lambda)}$、$d_k^{(\lambda)}$ 可以通过迭代公式简便地进行更新，正如在 $\lambda = 0$ 的情形。特别地，有

$$z_k = \alpha\lambda z_{k-1} + \phi(i_k)$$

$$C_k^{(\lambda)} = (1 - \delta_k)C_{k-1}^{(\lambda)} + \delta_k z_k \left(\phi(i_k) - \alpha\phi(i_{k+1})\right)'$$

$$d_k^{(\lambda)} = (1 - \delta_k)d_{k-1}^{(\lambda)} + \delta_k z_k g(i_k, i_{k+1})$$

初始条件为 $z_{-1} = 0, C_{-1} = 0, d_{-1} = 0$，且

$$\delta_k = \frac{1}{k+1}, k = 0, 1, \cdots$$

LSTD(λ)、LSPE(λ) 和 TD(λ)

基于刚才描述的仿真程序，可以定义类似于 6.3.4 节中的 LSTD、LSPE 和 TD(0) 的方法。特别地，LSTD(λ) 的迭代是

$$\hat{r}_k^{(\lambda)} = \left(C_k^{(\lambda)}\right)^{-1} d_k^{(\lambda)} \tag{6.72}$$

即，通过求解投影方程 $C_k^{(\lambda)}r = d_k^{(\lambda)}$ 获得。注意到式 (6.70) 和式 (6.71)，这一方程还可以写成如下的替代形式

$$C_k^{(\lambda)}r - d_k^{(\lambda)} = \frac{1}{k+1}\sum_{t=0}^{k} z_t q_{k,t} = 0 \tag{6.73}$$

其中 $q_{k,t}$ 是式 (6.51) 的 TD，

$$q_{k,t} = \phi(i_t)'r_k - \alpha\phi(i_{t+1})'r_k - g(i_t, i_{t+1}) \tag{6.74}$$

[与式 (6.50) 的特殊情形相比，其中 $\lambda = 0$]。

类似地，可以考虑 LSPE(λ) 迭代

$$r_{k+1} = r_k - G_k\left(C_k^{(\lambda)}r_k - d_k^{(\lambda)}\right) \tag{6.75}$$

其中

$$G_k = \left(\frac{1}{k+1}\sum_{t=0}^{k}\phi(i_t)\phi(i_t)'\right)^{-1}$$

参见式 (6.53) 和式 (6.54)。通过使用式 (6.73)，这一迭代还可以被写为

$$r_{k+1} = r_k - \left(\sum_{t=0}^{k}\phi(i_t)\phi(i_t)'\right)^{-1}\sum_{t=0}^{k} z_t q_{k,t} \tag{6.76}$$

其中 $q_{k,t}$ 是式 (6.74) 的 TD[与式 (6.55) 的特殊情形对比，其中 $\lambda = 0$]。

TD(λ) 算法的原始提议（[Sut88]）本质上是 TD(0) 应用于多步投影方程 $C^{(\lambda)}r = d^{(\lambda)}$。具有如下形式

$$r_{k+1} = r_k - \gamma_k z_k q_{k,k} \tag{6.77}$$

其中 γ_k 是步长参数 [与式 (6.59) 的特殊情形对比，其中 $\lambda = 0$]。

最后注意，当 $\lambda \to 1$ 时，z_k 接近 $\sum_{t=0}^{k} \alpha^{k-t}\phi(i_t)$[参见式 (6.69)]，TD($\lambda$) 接近在 6.2 节中早先给出的 TD(1) 方法。对应的迭代接近 TD(1) 的极限，正是 ΠJ_μ（参见命题 6.3.2 和图 6.3.3）。

PVI(λ) 和 LSPE(λ) 的最小二乘形式 现在推导 LSPE(λ) 的最小二乘形式，类似于式 (6.57) 的 LSPE(0) 的实现。通过首先考虑如下的 λ-版本的 PVI

$$\Phi r_{k+1} = \Pi T^{(\lambda)}(\Phi r_k)$$

这称为 PVI(λ)。至此，用涉及 TD 的方式重写映射 $T^{(\lambda)}$。有

$$(T^{t+1}J)(i) = E\left\{\alpha^{t+1}J(i_{t+1}) + \sum_{k=0}^{t} \alpha^k g(i_k, i_{k+1}) \Big| i_0 = i\right\}$$

作为结论，映射 $T^{(\lambda)}$ 可以被表达为

$$\left(T^{(\lambda)}J\right)(i) = (1-\lambda) \sum_{t=0}^{\infty} \lambda^t E\left\{\alpha^{t+1}J(i_{t+1}) + \sum_{k=0}^{t} \alpha^k g(i_k, i_{k+1}) \Big| i_0 = i\right\}$$

这可以被写为

$$\left(T^{(\lambda)}J\right)(i) = J(i) + (1-\lambda)$$
$$\cdot \sum_{t=0}^{\infty}\sum_{k=0}^{t} \lambda^t \alpha^k E\left\{g(i_k, i_{k+1}) + \alpha J_t(i_{k+1}) - J_t(i_k) \big| i_0 = i\right\}$$
$$= J(i) + (1-\lambda)$$
$$\cdot \sum_{k=0}^{\infty}\left(\sum_{t=k}^{\infty} \lambda^t\right) \alpha^k E\left\{g(i_k, i_{k+1}) + \alpha J(i_{k+1}) - J(i_k) \big| i_0 = i\right\}$$

最后有

$$\left(T^{(\lambda)}J\right)(i) = J(i) + \sum_{t=0}^{\infty} (\alpha\lambda)^t E\left\{g(i_t, i_{t+1}) + \alpha J(i_{t+1}) - J(i_t) \big| i_0 = i\right\}$$

所以可以将 PVI(λ) 迭代 $\Phi r_{k+1} = \Pi T^{(\lambda)}(\phi r_k)$ 写为

$$r_{k+1} = \arg\min_{r \in \Re^s} \sum_{i=1}^{n} \xi_i \Bigg\{ \phi(i)'r - \phi(i)'r_k$$
$$- \sum_{t=0}^{\infty} (\alpha\lambda)^t E\{g(i_t, i_{t+1}) + \alpha\phi(i_{t+1})'r_k - \phi(i_t)'r_k | i_0 = i\} \Bigg\}^2$$

通过引入 TD

$$q_{k,t} = \phi(i_t)'r_k - g(i_t, i_{t+1}) - \alpha\phi(i_{t+1})'r_k$$

最后获得如下形式的 PVI(λ)

$$r_{k+1} = \arg\min_{r \in \Re^s} \sum_{i=1}^{n} \xi_i \Bigg\{ \phi(i)'r - \phi(i)'r_k$$
$$+ \sum_{t=0}^{\infty} (\alpha\lambda)^t E\{q_{k,t} | i_0 = i\} \Bigg\}^2$$

LSPE(λ) 方法是对上述 PVI(λ) 的基于仿真的近似。它具有最小二乘形式

$$r_{k+1} = \arg\min_{r \in \Re^s} \sum_{t=0}^{k} \left(\phi(i_t)'r - \phi(i_t)'r_k + \sum_{m=t}^{k} (\alpha\lambda)^{m-t} q_{k,m} \right)^2 \tag{6.78}$$

其中 $(i_0, i_1, \cdots)$ 是仿真生成的无穷长轨迹。读者可以验证这一最小二乘的实现等价于之前给定的式 (6.75) 和式 (6.76) 的迭代形式。

特征缩放和其对 LSTD(λ)、LSPE(λ) 和 TD(λ) 的影响 现在讨论近似子空间 S 的表示如何影响 LSTD(λ)、LSPE(λ) 和 TD(λ) 的结论。特别地，假设 S 并不是被表示为

$$S = \{\Phi r | r \in \Re^r\}$$

它等价地被表示为

$$S = \{\Psi v | v \in \Re^r\}$$

其中

$$\Phi = \Psi B$$

其中 B 是一个可逆的 $r \times r$ 矩阵。所以 S 表示为不同的基函数集合张成的空间：任意向量 $\Phi r \in S$ 都可以被写为 Ψv，其中加权向量 v 等于 Br。进一步地，每行 $\phi(i)'$，状态 i 的特征向量在基于 Φ 的表示中，等于 $\psi(i)'B$（i 为在基于 Ψ 的表示中线性变换后的特征向量）。

假设产生对应于 6.3.3 节的仿真程序的轨迹 $(i_0, i_1, \cdots)$，使用基于 Φ 和 Ψ 的两种不同的 S 的表示来计算 LSTD(λ)、LSPE(λ) 和 TD(λ) 的迭代。令 $C_{k,\Phi}^{(\lambda)}$ 和 $C_{k,\Psi}^{(\lambda)}$ 是由式 (6.70) 生成的对应的矩阵，令 $d_{k,\Phi}^{(\lambda)}$ 和 $d_{k,\Psi}^{(\lambda)}$ 是式 (6.71) 生成的对应的向量。再令 $z_{t,\Phi}$ 和 $z_{t,\Psi}$ 是式 (6.69) 生成的对应的可达性向量。那么，因为 $\phi(i_m) = B'\psi(i_m)$，有

$$z_{t,\Phi} = B' z_{t,\Psi}$$

由式 (6.70) 和式 (6.71)，有

$$C_{k,\Phi}^{(\lambda)} = B' C_{k,\Psi}^{(\lambda)} B, \quad d_{k,\Phi}^{(\lambda)} = B' d_{k,\Psi}^{(\lambda)}$$

现在将比较由不同的方法生成的高维迭代 Φr_k 和 Ψv_k。基于之前的方程，宣称 LSTD(λ) 是缩放不变的，即 $\Phi r_k = \Psi v_k$ 对所有的 k 成立。事实上，在 LSTD(λ) 的情形下，有 [参见式 (6.72)]

$$\Phi r_k = \Phi \left(C_{k,\Phi}^{(\lambda)} \right)^{-1} d_{k,\Phi}^{(\lambda)} = \Psi B \left(B' C_{k,\Psi}^{(\lambda)} B \right)^{-1} B' d_{k,\Psi}^{(\lambda)} = \Psi \left(C_{k,\Psi}^{(\lambda)} \right)^{-1} d_{k,\Psi}^{(\lambda)} = \Psi v_k$$

还宣称 LSPE(λ) 是缩放不变的，即 $\Phi r_k = \Psi v_k$ 对所有的 k 成立。这来自式 (6.76)，使用类似于 LSTD(λ) 的计算，但也形象地来自于 LSPE(λ) 是 PVI(λ) 迭代 $J_{k+1} = \Pi T^{(\lambda)} J_k$ 的基于仿真的实现这一事实，这涉及缩放不变的投影运算 Π（不依赖于 S 的表示）。

最后注意，式 (6.77) 的 TD(λ) 迭代不是缩放不变的，除非 B 是正交阵（$BB' = I$）。这可以通过使用式 (6.77) 的迭代对于基于 Φ 和 Ψ 的 S 的两种表示的直接计算来验证。特别地，令 $\{r_k\}$ 为由 TD(λ) 基于 Φ 生成的，

$$r_{k+1} = r_k - \gamma_k z_{k,\Phi} \left(\phi(i_k)'r_k - \alpha\phi(i_{k+1})'r_k - g(i_k, i_{k+1}) \right)$$

并令 $\{v_k\}$ 为 TD(λ) 基于 Ψ 生成的,

$$v_{k+1} = v_k - \gamma_k z_{k,\Psi} \left(\psi(i_k)' v_k - \alpha \psi(i_{k+1})' v_k - g(i_k, i_{k+1}) \right)$$

[参见式 (6.74)、式 (6.77)]。那么,一般有 $\Phi r_k \neq \Psi v_k$,因为 $\Phi r_k = \Psi B r_k$ 且 $B r_k \neq v_k$。特别地,向量 $\bar{v}_k = B r_k$ 由如下的迭代生成

$$\bar{v}_{k+1} = \bar{v}_k - \gamma_k z_{k,\Psi}(BB') \left(\psi(i_k)' \bar{v}_k - \alpha \psi(i_{k+1})' \bar{v}_k - g(i_k, i_{k+1}) \right)$$

这与生成 v_k 的迭代不同,除非 $BB' = I$。这一分析也指出,在 TD(λ) 中的步长 γ_k 的合适值强烈地依赖于表示 S 的基函数的选择,并指出了该方法的一般性弱点。

6.3.7 提要

前面已经讨论了通过使用投影方程方法来近似评价给定策略 μ 的几种算法,现在将小结这些分析,并解释当这一分析的假设被违反时什么可能出错。

对比投影方程方法与直接法,比如 6.2 节中的批和逐次梯度方法,包括 TD(1)。这些直接法目的是计算费用向量 J_μ 在 $\Re^n$ 的低维子集上的加权投影的基于仿真的近似,通过近似架构来限定。直接法的一个优势是它们允许非线性的近似结构,以及在最小二乘优化中使用的在费用样本的采集中的许多自由度。例如,在直接法中,搜索的问题并不与收敛问题互相纠缠。另一个优势与相对应的误差界有关:对于线性的近似架构,直接法对应于 $\lambda = 1$,这比 $\lambda < 1$ 好,从近似质量的视角来看;参见命题 6.3.2 的误差界。

直接法的缺陷是它们对于具有大的仿真噪声方差的问题不太适用,且当使用梯度类方法来实现时可能非常慢。前一个困难部分是由于缺乏参数 λ,该参数在其他方法中用于在参数更新公式中减小方差/噪声。另一个困难是当直接近似在近似值迭代框架中使用时出现,当出现误差放大和稳定性问题时(见例 2.5.1)。

投影方程方法允许通过参数 λ 来控制仿真噪声的自由度。它们包括近似矩阵求逆方法 [比如 LSTD(λ)] 和迭代方法 [比如 LSPE(λ) 和 TD(λ)]。我们分析的特征是:

(a) 对于给定的 $\lambda \in [0, 1)$ 的选择,所有投影方程方法旨在计算 r_λ^* 投影方程 $\Phi r = \Pi T^{(\lambda)}(\Phi r)$ 的唯一解。这一方程等价于形式为 $C^{(\lambda)} r = d^{(\lambda)}$ 的线性方程,这表示了向量 $\Phi r - T^{(\lambda)}(\Phi r)$ 的正交性和近似子空间 S。投影 Π 的模可以为任意的加权欧氏模,尽管本节集中关注与对应于策略的马尔可夫链的稳态分布 ξ 相关的模。一个重要的性质是,$T^{(\lambda)}$ 是相对于这个模的压缩映射,这意味着 $\Pi T^{(\lambda)}$ 也是压缩映射。进一步地,$\Pi T^{(\lambda)}$ 对于任意加权欧几里得模的投影是压缩的,只要 λ 充分接近 1。

(b) 投影方程的解 r_λ^* 依赖于 λ。命题 6.3.2 的估计指出近似误差 $\|J_\mu - \Phi r_\lambda^*\|$ 当从子空间 S 的距离 $\|J_\mu - \Pi J_\mu\|_\xi$ 变得更大时增加,也随着 λ 变得更小时增加。确实,误差下降对于小的 λ 取值可能非常明显,正如在 [Ber95b] 中通过例子所示(在习题 6.5 中重新使用了这个例子),其中 TD(0) 产生相对于 ΠJ_μ 而言非常坏的解,这是由 TD(1) 产生的解 [也是当 $\lambda \to 1$ 时由 TD(λ) 产生的解的极限]。(这个例子涉及随机最短路问题,但可以被修订来展示对于折扣问题的同样的结论。)不过,注意,在近似策略迭代中,当前策略的费用的近似误差和下一个策略的性能之间的耦合关系并不清楚(例如,在当前策略的每个状态的费用上增加一个常量不影响策略改进步骤的结果)。

(c) 可以使用仿真和低阶矩阵-向量计算来近似 $C^{(\lambda)}$ 和 $d^{(\lambda)}$ 分别满足矩阵 $C_k^{(\lambda)}$ 和向量 $d_k^{(\lambda)}$。稍后在 6.4.1 节和 6.4.2 节中将看到仿真可以通过增强的搜索来补充，这适当地改变了投影模来保证在费用近似中所有状态的权重有充分的加权。这在策略迭代中是重要的。

(d) 近似 $C_k^{(\lambda)}$ 和 $d_k^{(\lambda)}$ 可以被用于两类方法：矩阵求逆和迭代。矩阵求逆方法的主要例子是 LSTD(λ)，这简单地计算如下方程

$$\hat{r}_k = \left(C_k^{(\lambda)} \right)^{-1} d_k^{(\lambda)}$$

的解是投影方程的基于仿真的近似 $C_k^{(\lambda)} r = d_k^{(\lambda)}$。迭代方法的主要例子是 LSPE($\lambda$)，该方法近似 PVI 方法，给定如下

$$r_{k+1} = r_k - \gamma G_k \left(C_k^{(\lambda)} r_k - d_k^{(\lambda)} \right) \tag{6.79}$$

其中 G_k 是 $(\Phi'\Xi\Phi)^{-1}$ 的近似，γ 是步长，通常选为等于或者接近 1。LSPE(λ) 的收敛性的一个重要事实是 $\Pi T^{(\lambda)}$ 是相对于投影模 $\|\cdot\|_\xi$ 的压缩映射。也有其他的式 (6.79) 形式的迭代方法，其中 G_k 是更加一般的缩放矩阵，将在 7.3 节中讨论。LSTD(λ)、LSPE(λ) 和其他的式 (6.79) 形式的方法，当在非乐观策略迭代中使用时，具有相同的收敛速率，因为它们有共同的瓶颈：仿真的慢速度（这将在 7.3 节的开始部分讨论）。

(e) 尽管当 $\lambda \to 1$ 时，逼近误差 $\|J_\mu - \Phi r_\lambda^*\|_\xi$ 趋向更小，方法变得对于仿真噪声更加敏感，于是为了好的性能需要更多的采样。确实，在 l-阶段的费用向量 $T^l J$ 的仿真采样的噪声趋向当 l 增加时变得更大，由下面的公式

$$T^{(\lambda)} = (1-\lambda) \sum_{l=0}^{\infty} \lambda^l T^{l+1}$$

可以看到 $T^{(\lambda)}(\Phi r_k)$ 的仿真样本被多种方法所使用，当 λ 增加时，倾向于包含更多的噪声。这与实际经验一致，这说明该算法在实际中倾向于更快且更加可靠，当 λ 取更小的值时（或者至少当 λ 不太接近 1）。一般而言，没有简单的规则来选择 λ，一般通过试错法来选。

(f) TD(λ) 是另一种主要的迭代方法。它与 LSPE(λ) 有重要的区别，即它使用 $C^{(\lambda)}$ 和 $d^{(\lambda)}$ 的单样本近似，这没有 $C_k^{(\lambda)}$ 和 $d_k^{(\lambda)}$ 精确，结果它需要逐步减小的步长来处理相应的噪声问题。不像 LSPE(λ) 和 LSTD(λ)，它基于随机逼近方法，对此在 6.1.4 节已讨论过。

(g) TD(λ) 比 LSTD(λ) 和 LSPE(λ) 慢许多 [除非基函数的个数 s 非常大，此时 LSTD(λ) 和 LSPE(λ) 内在的线性代数计算所需的计算量变得非常大]。这可以回溯到 TD(λ) 使用 $C^{(\lambda)}$ 和 $d^{(\lambda)}$ 的单样本近似，这些远没有 $C_k^{(\lambda)}$ 和 $d_k^{(\lambda)}$ 精确。

迭代方法 LSPE(λ) 和 TD(λ) 收敛的假设经常包括：

(i) 使用线性逼近结构 Φr，其中 Φ 满足秩的假设 6.3.2。

(ii) 基于仿真的目的使用一个马尔可夫链，其稳态分布向量具有正的元素且定义了投影模。

(iii) 使用一个投影模，满足 $\Pi T^{(\lambda)}$ 是压缩映射。

(iv) 在 TD(λ) 中使用逐步减小的步长。

现在讨论上面的假设 (i)～(iv)。对于 (i)，使用非线性结构的方法没有收敛性的保证。特别地，[TsV97] 中的一个例子（在 [BeT96] 的例 6.6 中重复）展示了如果使用了非线性结构，那么 TD(λ) 可能发散。当 Φ 没有秩 s 时，映射 $\Pi T^{(\lambda)}$ 将仍然是一个相对于 $\|\cdot\|_\xi$ 的压缩，所以它有唯一的不动点。此时，TD(λ)

已经证明收敛到某个向量 $r^* \in \Re^s$。这个向量是初始猜测 r_0 在投影贝尔曼方程的解集上的正交投影,即,所有满足 Φr 是 $\Pi T^{(\lambda)}$ 的唯一不动点的 r 构成的集合;见 [Ber09b]、[Ber11a]。LSPE(λ) 可以证明具有类似的性质。投影方程是奇异的或者接近奇异的(可能由于线性或者接近线性的依赖 Φ 的列),基于仿真的方法的收敛性质将在 7.3.8 节和 7.3.9 节中讨论。

对于 (ii),如果用于仿真的马尔可夫链的稳态分布有某些元素为 0,对应的状态是过渡态,那么它们将最终从仿真中消失。一旦这发生了,算法将如同马尔可夫链只包括常返态一样运行下去,收敛性不受影响。然而,过渡态在费用近似中将不能得到充分表现。如果在仿真中使用具有多个常返类的马尔可夫链,则会出现类似的困难。那么这些算法的结果将依赖于仿真轨迹的初始状态(更精确的说是依赖于这一初始状态的常返类)。特别地,从其他常返类的状态和过渡态在所获得的费用近似中将不能得到有效的表现。这些困难本质上是与搜索相关的,可以通过使用 LSTD(λ) 和 LSPE(λ) 的搜索增强的变形来修正,这将在 6.4.1 节和 6.4.2 节中讨论。

对于 (iii),[BeT96] 给出了一个例子(见例 6.7),证明了如果所采用的投影模满足 ΠT 不是一个压缩映射,那么 TD(0) 可能发散。习题 6.3 给出了类似的例子。另一方面,正如之前所述,$\Pi T^{(\lambda)}$ 对于任意的投影模都是压缩映射,只要 λ 充分接近 1。

对于 (iv),选择步长的方法对于 TD(λ) 很关键;对于其收敛性和其性能。这是 TD(λ) 的一个主要缺陷,构成了其在实用中收敛速度慢的难点。

为了完整,对投影方程方法进行小结。将它们与将在 6.5 节中讨论的聚集方法进行简单的对比,并推荐阅读 6.5 节中的更多的细节。正如在 6.1.3 节中提到的,聚集方法用 ΦR 来近似策略的费用向量,其中 R 是低维聚集问题的费用向量,并求解形式为 $R = DT(\Phi R)$ 的方程;这是投影方程 $Cr = d$ 的类比 [参见式 (6.37) 和式 (6.38)]。聚集方法的主要局限是 Φ(和 D)必须以概率分布为行(对于投影方程方法没有这样的限制)。另一方面,方程 $R = DT(\Phi R)$ 具有精确贝尔曼方程的结构 [参见式 (6.7)],所以它保持了原本的贝尔曼方程 $J = TJ$ 的单调性和压缩性质,结果导致近似策略迭代框架的有限步收敛性。相反,投影方程一般并不单调,因为投影运算 Π 未必是单调的 [它是单调的(当且仅当它有非负元素)]。稍后将在 6.4.3 节中看到,这可能是近似策略迭代框架中策略振荡现象的产生原因。最后,注意有聚集方法的推广,近似最优费用向量(而不是某个策略的费用向量),正如将在 6.5.2 节中看到的那样,而对于投影方程方法这一般必须通过策略迭代框架中的迭代策略改进机制来实现。

6.4 策略迭代问题

6.3 节讨论了基于投影方程的策略评价方法。这些方法相对易于理解且具有相对坚实的理论基础。然而,当这些方法嵌入在策略迭代中时(即,它们与迭代策略改进一起使用),又有新的问题需要面对,比如搜索和振荡的行为,本节将处理这些问题。首先讨论与 TD 方法一起使用的搜索方法 (6.4.1 节和 6.4.2 节),然后在 6.4.3 节解释振荡现象。

不充分的搜索是基于仿真的策略迭代的一个主要的困难,正如我们在 6.1.2 节中简要解释的:在仿真中给所有的状态互相可比的加权是重要的,而不仅仅是那些使用当前评价的策略最有可能产生的状态。换言之,仿真不应当过于偏向那些在当前策略下 "偏爱" 的状态。

另一个困难是假设 6.3.1（当前评价的策略的转移矩阵 P 是不可约的）可能太难或者不能保证，此时这些方法失效，或者因为存在过渡态（此时 ξ 对应于过渡态的元素为 0，这些状态在所构造的近似中没有得到充分的代表），或者因为存在多个常返类（此时某些状态将在仿真中永远不会被生成，于是在所构造的近似中将不会被代表）。

从数学上来说，提高搜索意味着投影模应当涉及加权向量，其大小在不同的状态之间应当比较均衡。所以一个提高了搜索能力的 LSTD(λ) 方法可求解如下投影方程的基于仿真的近似

$$\Phi r = \bar{\Pi} T^{(\lambda)}(\Phi r) \tag{6.80}$$

其中 $\bar{\Pi}$ 表示相对于某个搜索增强的模 $\|\cdot\|_\zeta$ 的投影，其中 ζ 区别于与当前策略对应的稳态分布 ξ。类似地，搜索增强的 LSPE(λ) 方法是如下迭代的基于仿真的近似

$$\Phi r_{k+1} = \bar{\Pi} T^{(\lambda)}(\Phi r_k) \tag{6.81}$$

这是 6.3.6 节的 PVI(λ) 迭代，除了使用了不同的投影模。

重要的一点是，映射 $\bar{\Pi} T^{(\lambda)}$ 不需要对所有的 λ 为压缩的，尽管对于充分接近 1 的 λ 是压缩的（参见命题 6.3.2 之后的讨论）。这意味着一旦搜索增强已经被使用，就可以增大 λ 的取值让 LSPE(λ) 可用；这对于 LSTD(λ) 不是必需的。

进一步地，当模 $\|\cdot\|_\zeta$ 用于投影时，命题 6.3.2 的误差界不再成立。为了获得不同的界，将 $\bar{\Pi}$ 视作 $n \times n$ 的矩阵，注意，投影方程 $\Phi r = \bar{\Pi} T^{(\lambda)}(\Phi r)$ 具有唯一解，记为 Φr_λ，当且仅当 $I - \alpha \bar{\Pi} P^{(\lambda)}$ 是可逆矩阵，其中

$$P^{(\lambda)} = (1 - \lambda) \sum_{l=0}^{\infty} \alpha^l \lambda^l P^{l+1}$$

是线性映射 $T^{(\lambda)}$ 的矩阵 [参见式 (6.64)]。进一步地，如果 J_μ 是当前所评价的策略的费用向量 [即，T 和 $T^{(\lambda)}$ 的不动点]，有

$$J_\mu - \Phi r_\lambda = J_\mu - \bar{\Pi} J_\mu + \bar{\Pi} T^{(\lambda)} J_\mu - \bar{\Pi} T^{(\lambda)}(\Phi r_\lambda) = J_\mu - \bar{\Pi} J_\mu + \alpha \bar{\Pi} P^{(\lambda)}(J_\mu - \Phi r_\lambda)$$

于是，假设 $I - \alpha \bar{\Pi} P^{(\lambda)}$ 是可逆的，

$$J_\mu - \Phi r_\lambda = \left(I - \alpha \bar{\Pi} P^{(\lambda)} \right)^{-1} \left(J_\mu - \bar{\Pi} J_\mu \right)$$

于是如果 $\|\cdot\|$ 是 $\Re^n$ 中的任意模，有

$$\|J_\mu - \Phi r_\lambda\| \leqslant \| \left(I - \alpha \bar{\Pi} P^{(\lambda)} \right)^{-1} \| \cdot \|J_\mu - \bar{\Pi} J_\mu\|$$

那么误差 $\|J_\mu - \Phi r_\lambda\|$ 在此以距离 $\|J_\mu - \bar{\Pi} J_\mu\|$ 的常数倍为界，这提供了一定的性能保证。

从实现的视角，搜索增强需要特殊的仿真程序，这允许投影方程式 (6.80) 的建模与求解，或者只是对于给定的 r_k 的 $\bar{\Pi} T^{(\lambda)}(\Phi r_k)$ 的计算 [参见式 (6.81)]。下面两节中将用两种不同的方式来处理这些问题。

6.4.1 基于几何采样的搜索增强

本节介绍一种仿真程序,称为几何采样,这与在之前一节中使用的单条无穷长仿真轨迹不同,具有如下特征:

(a) 使用多条相对较短的仿真轨迹。

(b) 每条轨迹的初始状态本质上选为所期望的,于是允许生成具有丰富的状态访问混合的自由度。

(c) 每条轨迹的长度是随机的,且由 λ-依赖的几何分布来决定 [一个概率 $(1-\lambda)\lambda^l$ 且转移数为 $l+1$]。

更精确地说,给定当前策略和费用向量的当前估计 Φr_k,生成 m 条仿真轨迹。一条轨迹的状态通过所评价的策略的转移概率 p_{ij} 生成,转移费用由 α 打折扣。在每次转移到状态 j 之后,轨迹以 $1-\lambda$ 的概率结束并具有额外的费用 $\alpha\phi(j)'r_k$。一旦轨迹终止,下一条轨迹的初始状态按照固定的概率分布 $\zeta_0 = (\zeta_0(1), \cdots, \zeta_0(n))$ 选择,其中

$$\zeta_0(i) = P(i_0 = i), i = 1, \cdots, n$$

重复该过程。一个需要注意的极限情形是 $\lambda = 0$。那么所有的仿真轨迹只包含单个转移,在每次转移之后又重新开始。这意味着仿真样本来自根据重新开始分布 ζ_0 所独立生成的状态。

使用仿真程序来构造 LSPE(λ) 和 LSTD(λ) 的搜索增强的实现。从前面一个方法开始。这与 6.3.6 节中的 LSPE(λ) 在形式上类似,且在每次迭代时涉及求解一个线性最小二乘问题。细节如下。

令轨迹 t(其中 $t = 1, \cdots, m$)具有形式 $(i_{0,t}, i_{1,t}, \cdots, i_{N_t,t})$,其中 $i_{0,t}$ 是初始状态,$i_{N_t,t}$ 是轨迹完成的状态(在终止前的最后一个状态)。对轨迹 t 的每个状态 $i_{\tau,t}, \tau = 0, \cdots, N_t - 1$,仿真费用是

$$c_{\tau,t}(r_k) = \alpha^{N_t - \tau}\phi(i_{N_t,t})'r_k + \sum_{q=\tau}^{N_t-1} \alpha^{q-\tau} g(i_{q,t}, i_{q+1,t}) \tag{6.82}$$

这是当前策略从状态 $i_{\tau,t}$ 开始的期望费用的一个样本,状态数是随机的,分布是几何的,参数为 λ(参见图 6.4.1)。一旦费用 $c_{\tau,t}(r_k)$ 对轨迹 t 中的所有的状态 $i_{\tau,t}$ 计算出来且所有的轨迹 $t = 1, \cdots, m$,就可向量 r_{k+1} 就可通过这些费用的最小二乘拟合获得:

$$r_{k+1} = \arg\min_{r \in \Re^s} \sum_{t=1}^{m} \sum_{\tau=0}^{N_t-1} \left(\phi(i_{\tau,t})'r - c_{\tau,t}(r_k)\right)^2 \tag{6.83}$$

这个最小二乘问题的解是

$$r_{k+1} = \left(\sum_{t=1}^{m} \sum_{\tau=0}^{N_t-1} \phi(i_{\tau,t})\phi(i_{\tau,t})'\right)^{-1} \sum_{t=1}^{m} \sum_{\tau=0}^{N_t-1} \phi(i_{\tau,t})c_{\tau,t}(r_k) \tag{6.84}$$

假设上面的逆存在。注意其与式 (6.57)、式 (6.58)、式 (6.76) 和式 (6.78) 的 LSPE 实现的类似之处。

现在展示在极限下,当 $m \to \infty$ 时,式 (6.83) 的向量 r_{k+1} 满足

$$\Phi r_{k+1} = \bar{\Pi}T^{(\lambda)}(\Phi r_k) \tag{6.85}$$

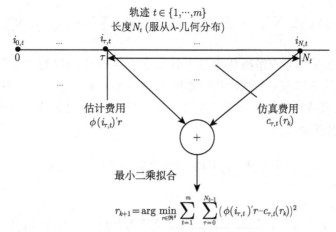

图 6.4.1　几何采样方法的描述。进行 m 个路径的仿真，每一个路径 $t \in \{1, \cdots, m\}$ 都具有 $i_{0,t}, i_{1,t}, \cdots, i_{N_t,t}$ 的形式，其中 N_t 由几何分布采样所决定。新的向量 r_{k+1} 由估计成本 $\phi(i_\tau, t)'$ 到仿真所得成本 $c_{\tau,t}(r_k)$（其中，$\tau = 0, \cdots, N_t - 1; t = 1, \cdots, m$）的最小二乘法拟合得到

其中 $\bar{\Pi}$ 表示相对于具有加权向量 $\zeta = (\zeta(1), \cdots, \zeta(n))$ 的加权极值模的投影，其中

$$\zeta(i) = \frac{\bar{\zeta}(i)}{\sum\limits_{j=1}^{n} \bar{\zeta}(j)}, i = 1, \cdots, n$$

且 $\bar{\zeta}(i) = \sum\limits_{\tau=0}^{\infty} \zeta_\tau(i)$，其中 $\zeta_\tau(i)$ 是随机选中的仿真轨迹包含多于 τ 次转移且 τ 次转移之后的状态是 i 的概率。所以 $\zeta(i)$ 是状态 i 在整个仿真过程中的长期出现概率。假设重启概率 ζ_0 选为满足对所有的 i，有 $\zeta(i) > 0$[一种可能性是对所有的 i 有 $\zeta_0(i) > 0$]。

　　形象地说，这里发生的是 $c_{\tau,t}(r_k)$ 是 $T^l(\Phi r_k)$ 对应状态 $i_{\tau,t}$ 的元素的采样并涉及 $l = N_t - \tau$ 次转移。进一步地，l 的样本频率 [在采样 $c_{\tau,t}(r_k)$ 中涉及的转移次数] 在仿真中与几何概率/权重 $(1-\lambda)\lambda^l$ 匹配，其中 $T^{l+1}(\Phi r_k)$ 表示为如下的级数展开

$$T^{(\lambda)}(\Phi r_k) = (1-\lambda) \sum_{l=0}^{\infty} \lambda^l T^{l+1}(\Phi r_k)$$

结果是，对应于多个状态的 $c_{\tau,t}(r_k)$ 的蒙特卡罗平均近似了 $T^{(\lambda)}(\Phi r_k)$ 的对应元素。进一步地，由式 (6.83) 的最小二乘最小化定义的 Φr_{k+1} 正确地近似了 $\bar{\Pi}T^{(\lambda)}(\Phi r_k)$，其中 $\bar{\Pi}$ 是相对于加权模的投影，权重对应于这些费用样本的初始状态出现的样本频率，即分布 ζ（参见例 6.1.5 中通过仿真的投影）。

　　将 $T^{l+1}J$ 视作在 $(l+1)$ 次转移的长度内的总折扣费用向量，终了费用函数是 J，并写有

$$T^{l+1}J = \alpha^{l+1}P^{l+1}J + \sum_{q=0}^{l} \alpha^q P^q g$$

其中 P 和 g 分别是当前策略下的转移概率矩阵和费用向量。结果向量 $T^{(\lambda)}J = (1-\lambda) \sum\limits_{l=0}^{\infty} \lambda^l T^{l+1}J$ 可被表示为

$$\left(T^{(\lambda)}J\right)(i) = \sum_{l=0}^{\infty}(1-\lambda)\lambda^l E\left\{\alpha^{l+1}J(i_{l+1}) + \sum_{q=0}^{l}\alpha^q g(i_q, i_{q+1})|i_0 = i\right\}$$

所以 $\left(T^{(\lambda)}J\right)(i)$ 可以被视作当前策略从状态 i 开始在 $(l+1)$ 个阶段的期望费用,阶段数是随机的且满足参数为 λ 的几何分布 $[l+1$ 次转移的概率是 $(1-\lambda)\lambda^l, l = 0,1,\cdots]$。这表明了式 (6.82) 的费用采样 $c_{\tau,t}(r_k)$ 是由之前描述的仿真过程产生的,并可以被用于通过蒙特卡罗平均来对所有的 i 估计 $\left(T^{(\lambda)}(\Phi r_k)\right)(i)$。估计公式是

$$\left(T^{(\lambda)}(\Phi r_k)\right)(i) = \lim_{m\to\infty} C_m(i), i = 1,\cdots,n$$

其中

$$C_m(i) = \frac{1}{\displaystyle\sum_{t=1}^{m}\sum_{\tau=0}^{N_t-1}\delta(i_{\tau,t}=i)} \cdot \sum_{t=1}^{m}\sum_{\tau=0}^{N_t-1}\delta(i_{\tau,t}=i)c_{\tau,t}(r_k) \tag{6.86}$$

对任意事件 E,用 $\delta(E)$ 表示 E 的示性函数。

现在可以比较式 (6.85) 的 PVI(λ) 和式 (6.84) 的基于仿真的实现。使用投影的定义,式 (6.85) 可以被写成

$$r_{k+1} = \arg\min_{r\in\Re^s}\sum_{i=1}^{n}\zeta(i)\left(\phi(i)'r - \left(T^{(\lambda)}(\Phi r_k)\right)(i)\right)^2$$

或者等价的

$$r_{k+1} = \left(\sum_{i=1}^{n}\zeta(i)\phi(i)\phi(i)'\right)^{-1}\sum_{i=1}^{n}\zeta(i)\phi(i)\left(T^{(\lambda)}(\Phi r_k)\right)(i) \tag{6.87}$$

令 $\tilde{\zeta}(i,m)$ 为状态 i 在仿真中基于 m 条样本轨道的相对样本频率,给定

$$\tilde{\zeta}(i,m) = \frac{1}{N_1 + \cdots + N_m}\sum_{t=1}^{m}\sum_{\tau=0}^{N_t-1}\delta(i_{\tau,t}=i) \tag{6.88}$$

然后式 (6.84) 的基于仿真的估计可以被写成

$$
\begin{aligned}
r_{k+1} &= \left(\sum_{t=1}^{m}\sum_{\tau=0}^{N_t-1}\phi(i_{\tau,t})\phi(i_{\tau,t})'\right)^{-1}\sum_{t=1}^{m}\sum_{\tau=0}^{N_t-1}\phi(i_{\tau,t})c_{\tau,t}(r_k) \\
&= \left(\sum_{i=1}^{n}\sum_{t=1}^{m}\sum_{\tau=0}^{N_t-1}\delta(i_{\tau,t}=i)\phi(i)\phi(i)'\right)^{-1} \\
&\quad \cdot \sum_{i=1}^{n}\sum_{t=1}^{m}\sum_{\tau=0}^{N_t-1}\delta(i_{\tau,t}=i)\phi(i)c_{\tau,t}(r_k) \\
&= \left(\sum_{i=1}^{n}\tilde{\zeta}(i,m)\phi(i)\phi(i)'\right)^{-1} \cdot \\
&\quad \cdot \sum_{i=1}^{n}\frac{1}{N_1 + \cdots + N_m}\cdot\phi(i)\cdot\sum_{t=1}^{m}\sum_{\tau=0}^{N_t-1}\delta(i_{\tau,t}=i)c_{\tau,t}(r_k)
\end{aligned}
$$

$$= \left(\sum_{i=1}^{n} \tilde{\zeta}(i,m)\phi(i)\phi(i)' \right)^{-1} \sum_{t=1}^{n} \frac{\sum_{t=1}^{m}\sum_{\tau=0}^{N_t-1} \delta(i_{\tau,t} = i)}{N_1 + \cdots + N_m} \cdot \phi(i)$$

$$\cdot \frac{1}{\sum_{t=1}^{m}\sum_{\tau=0}^{N_t-1} \delta(i_{\tau,t}=i)} \cdot \sum_{t=1}^{m}\sum_{\tau=0}^{N_t-1} \delta(i_{\tau,t}=i)c_{\tau,t}(r_k)$$

且最后使用式 (6.86) 和式 (6.88)，

$$r_{k+1} = \left(\sum_{i=1}^{n} \tilde{\zeta}(i,m)\phi(i)\phi(i)' \right)^{-1} \sum_{i=1}^{n} \tilde{\zeta}(i,m)\phi(i)C_m(i) \tag{6.89}$$

因为 $(T^{(\lambda)}(\Phi r_k))(i) = \lim_{m\to\infty} C_m(i)$ 和 $\zeta(i) = \lim_{m\to\infty} \tilde{\zeta}(i,m)$，可以看到式 (6.87) 的迭代和式 (6.89) 的基于仿真的实现渐近下会重合。

式 (6.89) 的表达式提供了这个方法如何近似 PVI(λ) 迭代 $\Phi r_{k+1} = \bar{\Pi}T^{(\lambda)}(\Phi r_k)$ 的启示；参见式 (6.85)。一般而言，基于多个段的样本轨道设计比其他实现方式的仿真过程有更大的噪声（单个长轨道），因为每条仿真轨迹的长度是随机的（几何分布）。这可以从式 (6.89) 的迭代看出，这涉及显著的仿真噪声，因为 $\tilde{\zeta}(i,m)$ 的 $C_m(i)$ 的存在。然而，可以说从实用的角度来看这些噪声并不扮演重要的角色。

为看到这一点，首先注意 $\tilde{\zeta}(i,m)$ 从 $\zeta(i)$ 的区分并不重要，因为 $\tilde{\zeta}(i,m)$ 只是重新定义了投影模。下一个需要注意的是 $C_m(i)$，正如在式 (6.86) 中所定义的，可以被写成

$$C_m(i) = \sum_{l=0}^{\infty} \tilde{f}_l(i)\tilde{E}_l(i) \tag{6.90}$$

其中 $\tilde{f}_l(i)$ 和 $\tilde{E}_l(i)$ 是如下的在整个仿真过程上的样本平均：

(a) $\tilde{f}_l(i)$ 是费用采样的相对样本频率，基于 m 条样本轨道，从状态 i 开始，对应于涉及 $l+1$ 次转移的轨迹。当 $m \to \infty$ 时，它基于仿真的结构收敛到 $(1-\lambda)\lambda^l$。

(b) $\tilde{E}_l(i)$ 是基于 m 条样本轨道获得的从状态 i 出发包含 $l+1$ 条样本轨道且具有终了费用向量 Φr_k 的样本轨道费用的蒙特卡罗估计。

尽管 $\tilde{f}_l(i)$ 和 $\tilde{E}_l(i)$ 都对 $C_m(i)$ 的方差有贡献，只有 $\tilde{E}_l(i)$ 具有实际的意义。为了看到这一点，注意基于式 (6.90)，$C_m(i)$ 也可以被视作如下公式的一个估计

$$\tilde{T}(\Phi r_k)(i) = \sum_{l=0}^{\infty} \tilde{f}_l(i)T^{l+1}(\Phi r_k)(i) \tag{6.91}$$

所以式 (6.89) 的迭代也可以被视作乐观策略迭代方法的基于仿真的实现

$$\Phi r_{k+1} = \tilde{\Pi}\tilde{T}(\Phi r_k)$$

其中 $\tilde{\Pi}$ 是相对于由 $\tilde{\zeta}$ 定义的加权极值模的投影。从实际的角度来看，这一迭代和 PVI(λ) 迭代 $\Phi r_{k+1} = \bar{\Pi}T^{(\lambda)}(\Phi r_k)$ 行为相似：只在投影模上有区别（$\tilde{\Pi}$ 而不是 $\bar{\Pi}$），和在各项 T^{l+1} 的权重上有区别 [$\tilde{f}_l(i)$ 而

不是 $(1-\lambda)\lambda^l$]; 将式 (6.91) 给定的 $\tilde{T}(\Phi r_k)(i)$ 与下式比较

$$T^{(\lambda)}(\Phi r_k)(i) = \sum_{l=0}^{\infty} (1-\lambda)\lambda^l T^{l+1}(\Phi r_k)(i)$$

这是 $T^{(\lambda)}$ 的定义。

结论是,在式 (6.82) 和式 (6.83) 的实现下,当 $m \to \infty$ 时,在极限下获得式 (6.85) 的 PVI(λ) 迭代,相比于 6.3.6 节的 LSPE(λ) 的实现,前者具有显著更小的仿真噪声。这一实现的一个重要特征是可以搜索的更灵活、更有效。因为在每次转移完成一条样本轨道,以潜在大的概率 $1-\lambda$ 和新的初始状态 i_0 进行重启是经常的,且每条仿真的样本轨道是相对较小的。重启机制可以被用于 "自然" 形式的搜索,通过选择合适的重启分布 ζ_0 让 $\zeta(i)$ 对所有的状态 i 反映 "本质的" 权证。所以该方法类似于 LSPE(λ) 单具有嵌入的搜索提升。

搜索提升的 LSTD(λ)

还可以开发类似的 LSTD(λ) 的最小二乘搜索提升的实现。使用相同的仿真程序,基于多条段的样本轨道,与式 (6.82) 类似,定义

$$c_{\tau,t}(r) = \alpha^{N_t - \tau} \phi(i_{N_t,t})'r + \sum_{q=\tau}^{N_t-1} \alpha^{q-\tau} g(i_{q,t}, i_{q+1,t})$$

如下投影方程解的 LSTD(λ) 近似 $\Phi\hat{r}$

$$\Phi r = \bar{\Pi} T^{(\lambda)}(\Phi r)$$

[参见式 (6.85)]可以通过将这一方程写成如下形式来确定

$$\hat{r} = \arg\min_{r \in \Re^s} \sum_{t=1}^{m} \sum_{\tau=0}^{N_t-1} \left(\phi(i_{\tau,t})'r - c_{\tau,t}(\hat{r})\right)^2 \tag{6.92}$$

上述最小二乘最小化的最优性条件是

$$\sum_{t=1}^{m} \sum_{\tau=0}^{N_t-1} \phi(i_{\tau,t}) \left(\phi(i_{\tau,t})'\hat{r} - c_{\tau,t}(\hat{r})\right) = 0$$

通过求解 $\hat{r}$,获得

$$\hat{r} = \hat{C}^{-1}\hat{d} \tag{6.93}$$

其中

$$\hat{C} = \sum_{t=1}^{m} \sum_{\tau=0}^{N_t-1} \phi(i_{\tau,t}) \left(\phi(i_{\tau,t}) - \alpha^{N_t-\tau}\phi(i_{N_t,t})\right)' \tag{6.94}$$

且

$$\hat{d} = \sum_{t=1}^{m} \sum_{\tau=0}^{N_t-1} \sum_{q=\tau}^{N_t-1} \alpha^{q-\tau} g(i_{q,t}, i_{q+1,t}) \tag{6.95}$$

对于大量的样本轨道 m, LSPE(λ) 类的方法式 (6.83) 和 LSTD(λ) 类的方法式 (6.92)[或者与之等价的式 (6.93)~式 (6.95)] 获得类似的结果,特别是当 $\lambda \approx 1$ 时。然而式 (6.83) 的方法具有迭代的特性(r_{k+1}

依赖于 r_k），所以可以合理地期待这一方法在乐观策略迭代中当每个策略的样本数较少时受仿真噪声的影响较小。

在 $\lambda = 0$ 的极限特殊情形下，获得 LSTD(0) 的搜索增强版本，其中仿真样本来自针对重启分布 ζ_0 独立生成的状态。我们将在 6.6.3 节在 Q-因子的近似策略迭代中再次碰到这一与策略无关的采样方法。

最后，介绍一些几何采样的变形，这些变形可以与 LSPE(λ) 和 LSTD(λ) 联合使用。首先，不需要随机的产生样本轨道的长度。取而代之的是，可以通过任意保证这些长度的样本分布随着轨道数目增大后接近几何分布的任意过程来产生这些样本轨道。其次，不需要将重采样分布 ζ_0 在仿真过程中保持不变。取而代之的是可以在每条仿真轨道的最后适应的改变它，基于当前的仿真结果。投影模的加权向量 ζ 将相应变换，但分析不受影响。更大的变化是使用非几何分布来采样，此时权重 $(1-\lambda)\lambda^l$ 需要通过依赖于状态的权重来替代。下面讨论这一可能性。

自由形式采样和加权贝尔曼方程

现在讨论多步采样的另一种形式，称为自由形式的采样，其中仿真相比于几何采样所受约束更少。特别地，仿真轨迹无须具有几何分布的长度或者是独立的，于是提供了更多的实现的自由度。数学上，自由形式的采样只在近似求解推广的加权贝尔曼方程，其中 T^l 的权证可能与在 $T^{(\lambda)}$ 中所使用的权重 $(1-\lambda)\lambda^l$ 不同，而且可能依赖于状态（参见例 1.6.6）。

在自由行使的采样中使用当前策略的马尔可夫链产生 m 条样本轨道 $(i_{0,t}, i_{1,t}, \cdots, i_{N_t,t}), t = 1, \cdots, m$。暂时不限定初始状态 $i_{0,t}$ 的生成方式和转移次数 N_t 的确定方式，稍后将引入一些简单的限定。一般而言，这些样本轨道可以用比几何采样更加灵活的方式获得。特别地，它们可以互相依赖或者重叠，可以作为更长样本轨道的一段来获得。例如，仿真 3 次转移的样本轨道来获得 $\{2,3,1,5\}$，用这个来构造额外的 2 次转移的样本轨道 $\{2,3,1\}$、$\{3,1,5\}$，和额外的单步转移的轨道 $\{2,3\}$、$\{3,1\}$、$\{1,5\}$。所有这些 6 条样本轨道可以在 m 条样本轨道 $(i_{0,t}, i_{1,t}, \cdots, i_{N_t,t}), t = 1, \cdots, m$ 中单独包含。这一灵活性允许设计适用于特定的问题结构和算法目标的采样机制。

对于给定的向量 $J \in \Re^n$，为每条样本轨道 t 关联单个仿真费用

$$c_t(J) = \alpha^{N_t} J(i_{N_t,t}) + \sum_{q=0}^{N_t-1} \alpha^q g(i_{q,t}, i_{q+1,t})$$

这可以被是视作 $(T^{N_t} J)(i_{0,t})$ 的采样，该策略从状态 $i_{0,t}$ 开始经过 N_t 个阶段具有终止费用函数 J 的期望费用。注意，相对于几何采样情形的一个相对区别：从轨道 $\{i_{0,t}, i_{1,t}, \cdots, i_{N_t,t}\}$ 获得单个费用的采样而不是 $N_t - 1$ 个采样 [参加式 (6.82)]；然而，这并没有导致效率不高，因为现在的样本轨道可以是互相依赖的或者是重叠的。

用 $w_{l,m}(i)$ 表示从状态 i 开始包含 l 次转移的样本轨道的样本相对频率：

$$w_{l,m}(i) = \frac{\sum_{t=1}^{m} \delta(i_{0,t}=i)\delta(N_t=l)}{\sum_{t-1}^{m} \delta(i_{0,t}=i)} \tag{6.96}$$

假设它当 $m \to \infty$ 时收敛到记为 $w_l(i)$ 的极限:

$$w_{l,m}(i) \to w_l(i), i = 1, \cdots, n, l = 1, 2, \cdots \tag{6.97}$$

（假设 $0/0 = 0$）。还用 $(T^l J)_m(i)$ 表示从状态 i 开始包含 l 次转移的仿真费用的样本均值

$$(T^l J)_m(i) = \frac{\sum_{t=1}^{m} \delta(i_{0,t} = i) \delta(N_t = l) c_t(J)}{\sum_{t=1}^{m} \delta(i_{0,t} = i) \delta(N_t = l)} \tag{6.98}$$

假设收敛到 $(T^l J)(i)$（第 l 次幂 $T^l J$ 的第 i 个元素），当 $m \to \infty$ 时，

$$(T^l J)_m(i) \to (T^l J)(i), i = 1, \cdots, n, l = 1, 2, \cdots$$

这是一个假设，在几种不同类型的采样机制下自然满足。

现在考虑从状态 i 开始的样本轨道的费用的样本均值。给定

$$C_m(i, J) = \frac{\sum_{t=1}^{m} \delta(i_{0,t} = i) c_t(J)}{\sum_{t=1}^{m} \delta(i_{0,t} = i)}$$

可见这是样本均值 $w_{l,m}(i)$ 的乘积 [参见式 (6.96)] 和 $(T^l J)_m(i)$[参见式 (6.98)]。所以当 $m \to \infty$ 时，有

$$C_m(i, J) = \sum_{l=1}^{\infty} w_{l,m}(i)(T^l J)_m(i) \to (T^{(w)} J)(i) \tag{6.99}$$

其中

$$(T^{(w)} J)(i) = \sum_{l=1}^{\infty} w_l(i)(T^{(w)} J)(i), i = 1, \cdots, n$$

刚才定义的映射 $T^{(w)} : \Re^n \mapsto \Re^n$ 包括 T^l 的加权幂，权重为 $w_l(i)$，推广了对应于几何权重 $w_l(i) = (1 - \lambda)\lambda^l$ 的映射 $T^{(\lambda)}$。由定义式 (6.96) 和式 (6.97)，权重满足

$$\sum_{l=1}^{\infty} w_l(i) = 1, \forall i = 1, \cdots, n$$

由此可以看到，$T^{(w)}$ 是极值模压缩映射且具有与 T 相同的不动点（参见例 1.6.6），所以方程 $J = T^{(w)} J$ 可以被视作推广的多步贝尔曼方程。与 $T^{(\lambda)}$ 的一个重要区别是，$T^{(w)}$ 可以对每个状态 i 采用不同的权重。进一步地，这些权重由仿真的概率结构来确定，可能事先未知。

之前的分析已经证明了我们可以使用自由形式的采样对任意 $J \in \Re^n$ 基于仿真来近似计算 $T^{(w)} J$ [参见式 (6.99)]。所以，通过推广，也可以使用自由形式的采样来近似 $T^{(w)}$ 的不动点（这与 T 的不动点相同）：从某个 J_0 开始，序贯地计算（近似的）$J_{k+1} = T^{(w)} J_k$（参见基于几何采样的 LSPE 类方法）。类似地，可以用如下给定的 $\hat{J}$ 来近似 T 的不动点

$$\hat{J} = \arg \min_{J \in \Re^n} \sum_{t=1}^{m} \left(J(i_{0,t}) - c_t(\hat{J}) \right)^2 \tag{6.100}$$

这是一个 LSTD 类的矩阵求逆方法, 基于查表法的表达形式 (上述最小二乘问题的最优性条件是一个线性方程, 对于 $\hat{J}$ 可以求解)。

还可以构造 LSPE 类和 LSTD 类的方法来找到 $\bar{\Pi} T^{(w)}$ 的不动点, 其中 $\bar{\Pi}$ 表示相对于一个合适的投影模在 S 上的投影。这可以通过引入一个最小二乘最小化来实现, 与之前为了找到 $\bar{\Pi} T^{(\lambda)}$ 的不动点所采用的几何采样的分析类似。至此, 假设从状态 i 开始的样本轨道的样本频率,

$$\zeta_m(i) = \frac{1}{m} \sum_{t=1}^{m} \delta(i_{0,t} = i), i = 1, \cdots, n$$

当 $m \to \infty$ 时, 对所有的 $i = 1, \cdots, n$ 收敛到某个 $\zeta(i) > 0$。令 $\bar{\Pi}$ 为相对于加权极值模的投影运算, 权重向量为 $\zeta = (\zeta(1), \cdots, \zeta(n))$。对于给定的向量 r_k, 可以获得 [参见式 (6.85)]

$$\Phi r_{k+1} = \bar{\Pi} T^{(w)}(\Phi r_k) \tag{6.101}$$

近似地 (对于大的 m) 作为如下最小二乘问题的解:

$$r_{k+1} = \arg \min_{r \in \Re^s} \sum_{t=1}^{m} \left(\phi(i_{0,t})' r - c_t(\Phi r_k) \right)^2 \tag{6.102}$$

这一方程推广了搜索增强的 LSPE(λ) 方法 [式 (6.83)], 基于几何采样, 其合理性是类似的。

例 6.4.1 (乐观策略迭代的自由形式采样) 考虑采用费用函数近似的乐观策略迭代, 适用 m 次值迭代来评价当前的策略。特别地, 给定当前策略 μ^k 和对其费用向量的初始猜测 Φr_k, 可以考虑对 μ^k 的费用向量用 Φr_{k+1} 来近似, 后者由式 (6.101) 来生成, 其中 $T^{(w)}$ 设计 T^l 幂级数的凸组合, 直到 $l \leqslant m$, 通过与状态有关的加权系数:

$$\left(T^{(w)}(\Phi r) \right)(i) = \sum_{l=1}^{m} w_l(i) \left(T^l(\Phi r) \right)(i), i = 1, \cdots, n$$

满足对所有的 i, 有 $\sum_{l=1}^{m} w_l(i) = 1$。这可以通过生成一系列长度为 m 的样本轨道来实现, 具有随机生成的重启, 通过包含最小二乘最小化式 (6.102) 所有长度为 $1, \cdots, m$ 的子列。

这里映射 $T^{(w)}$ 的每个权重 $w_l(i)$ (从状态 i 开始具有长度 l 的子列的样本频率) 将通过仿真来确定, 将是依赖于状态的, 但对于实际来说并不重要。同时, 重启过程提供了提高搜索的易于控制的机制。注意所有的子轨道, 包括长度小于 m 的那些, 在算法中都用到了。如果没有引入依赖于状态的权重, 那么这是不可能的。

定性来看, $T^{(w)}$ 与 $T^{(\lambda)}$ 类似涉及在投影方程方法中相同的权衡: 允许更小的偏差, 但代价是对于仿真噪声的敏感, 因为随着 l 增大, 权重 $w_l(i)$ 也增大。这一灵活性在某些场合下是有用的。例如, 对于某些 "敏感的" 状态 i, 其费用估计可能对许多其他状态具有本质的影响, 我们可以尝试涉及基于仿真的过程, 大的 l 值导致相对大的权重 $w_l(i)$, 于是可以在 i 的费用估计中减小偏差。

作为另一个例子, 假设担心 $\bar{\Pi} T^{(w)}$ 可能不是压缩的。那么可以基于在线的计算来相应增加轨道的长度 [这与当 $T^{(\lambda)}$ 不是压缩时使用更大的 λ 类似]。还有一个例子是在线修订, 在仿真的过程中, 用轨迹的重启分布来调整搜索提升的量。对于这些和其他可能性的讨论, 以及具有需要收敛性质的特定算法, 参见 [YuB12]。

最后注意，与几何采样的情形类似，我们可以获得之前给出的搜索增强的 LSTD 方法的自由形式采样的版本。它具有如下形式

$$\hat{r} = \arg \min_{r \in \Re^s} \sum_{t=1}^{m} \left(\phi(i_{0,t})'r - c_t(\Phi\hat{r}) \right)^2$$

这推广了式 (6.92) 的几何采样形式和式 (6.100) 的查表法表示形式。正如我们已经注意到的，上面优化问题的最优性条件是线性方程，可以通过矩阵求逆来求解，与 LSTD(λ) 方法类似。

6.4.2 基于离线策略方法的搜索增强

现在讨论在基于仿真的策略评价中提升搜索的另一种方法。这就是通过偶尔产生不同于由 μ 指定的状态转移来修改给定的策略 μ 对应的转移矩阵 P。在这一框架的一个通用例子中，产生对应不可约转移概率矩阵

$$\bar{P} = (I - B)P + BQ$$

的无穷长样本轨道 $(i_0, i_1, \cdots)$，其中 B 是具有对角元 $\beta_i \in [0,1]$ 的对角阵，Q 是另一个转移概率矩阵。于是在状态 i，下一个状态以概率 $1 - \beta_i$ 按照转移概率 p_{ij} 来生成，以概率 β_i 按照转移概率 q_{ij} 来生成 [这里的 (i,j) 对满足 $q_{ij} > 0$，未必对应于实际的转移]。[1]

不幸的是，在仿真中使用 $\bar{P}$ 替代 P，而没有其他对投影方程算法的修改，将导致该算法给出错误的目标。即求解如下方程

$$\Phi r = \bar{\Pi} \bar{T}^{(\lambda)}(\Phi r) \tag{6.103}$$

其中

$$\bar{T}J = \bar{g} + \alpha\bar{P}J$$

向量 $\bar{g}$ 具有元素 $\bar{g}_i = \sum_{j=1}^{n} \bar{p}_{ij} g(i, j)$，$\bar{\Pi}$ 是在范数 $\|\cdot\|_{\bar{\xi}}$ 下到近似子空间的投影，其中 $\bar{\xi}$ 是 $\bar{P}$ 的稳态分布。

另外讨论一种机制，允许近似求解如下的投影方程

$$\Phi r = \bar{\Pi} T^{(\lambda)}(\Phi r) \tag{6.104}$$

注意式 (6.103) 和式 (6.104) 之间的区别：前者涉及 $\bar{T}$，但后者涉及 T，所以只会近似所期望的 T 的不动点，而不是 $\bar{T}$ 的不动点。再注意，通过仿真不同的马尔可夫链来近似一个马尔可夫链的费用向量的思想是重要性采样的再现（参见 6.1.4 节）。

使用修订 TD 的离线策略方法 为了概览后续的讨论，回顾一下，当适用仿真来估计某些量时，可以用几种不同的方式将这个量表示为期望值，这给了我们选择采样分布的自由。蒙特卡罗平均公式应当通过简单的调整来反映分布中的变化（参见 6.1.4 节中的重要性采样的讨论）。

---

[1] 在文献中，例如 [SuB98]，被评价的策略优势被称为目标策略，以此区别于为了搜索的目的修改的策略，例如 $\bar{P}$，这被称为行为策略。还有，使用行为策略的方法被称为离线策略方法，而不使用这一策略的方法被称为在线策略方法。不过要注意，$\bar{P}$ 未必对应于可接受的策略，事实上不存在合适的可接受的策略能导致充分的搜索。在某些情形下，可能对于多个目标策略使用相同的行为策略来重用轨道 $(i_0, i_1, \cdots)$ 并经济化所用的仿真量是合适的。

将要提供的框架是基于如下的思想。特别地，针对搜索增强的转移矩阵 $\bar{P}$ 产生单个状态序列 $\{i_0, i_1, \cdots\}$。多种 TD 算法的公式与之前给出的类似，但包括修订版本的 TD，定义如下

$$\tilde{q}_{k,t} = \phi(i_t)'r_k - \frac{p_{i_t i_{t+1}}}{\bar{p}_{i_t i_{t+1}}} \left(\alpha\phi(i_{t+1})'r_k + g(i_t, i_{t+1}) \right) \tag{6.105}$$

其中 p_{ij} 和 $\bar{p}_{ij}$ 分别表示 P 和 $\bar{P}$ 的第 ij 个元素。

首先考虑 $\lambda = 0$，用基于仿真的方式来近似矩阵 C 和投影方程 $Cr = d$ 的矩阵形式的向量 d[参见式 (6.37) 和式 (6.38)]。使用搜索增强的转移矩阵 $\bar{P}$ 来产生状态序列 $\{i_0, i_1, \cdots\}$。在采集了 $k+1$ 个样本（$k = 0, 1, \cdots$）之后，构造

$$C_k = \frac{1}{k+1} \sum_{t=0}^{k} \phi(i_t) \left(\phi(i_t) - \alpha \frac{p_{i_t i_{t+1}}}{\bar{p}_{i_t i_{t+1}}} \phi(i_{t+1}) \right)'$$

和

$$d_k = \frac{1}{k+1} \sum_{t=0}^{k} \frac{p_{i_t i_{t+1}}}{\bar{p}_{i_t i_{t+1}}} \phi(i_t) g(i_t, i_{t+1})$$

与 6.3.3 节中的情形类似，其中 $\bar{P} = P$，可以使用简单的大数定律来证明 $C_k \to C$ 和 $d_k \to d$ 以概率 1 成立。注意，投影方程的近似 $C_k r = d_k$ 也可以被写成

$$\sum_{t=0}^{k} \phi(i_t)\tilde{q}_{k,t} = 0$$

其中 $\tilde{q}_{k,t}$ 是由式 (6.105) 给定的修订 TD[参见式 (6.73)]。

搜索增强的 LSTD(0) 方法就是 $\hat{r}_k = C_k^{-1}d_k$，并以概率 1 收敛到投影方程 $\Phi r = \bar{\Pi}T(\Phi r)$ 的解。搜索增强版本的 LSPE(0) 和 TD(0) 可以类似推导，但为了这些方法的收敛性，映射 $\bar{\Pi}T$ 应当是一个压缩映射，这仅当 $\bar{P}$ 与 P 的差别充分小时才有保障。

当 $\lambda > 0$ 时，$C^{(\lambda)}$ 和 $d^{(\lambda)}$ 的估计的类似修订可以使用，对应于可以获得搜索增强版本的 LSTD(λ) 和 LSPE(λ)。下面简要给出这一方法的架构；并推荐 [BeY09] 来提供更详细的分析。特别地，搜索增强的 LSTD(λ) 方法将 $\hat{r}_k$ 作为方程 $C_k^{(\lambda)}r = d_k^{(\lambda)}$ 的解，其中 $C_k^{(\lambda)}$ 和 $d_k^{(\lambda)}$ 由与未修订的 TD 类似的重复方式生成 [参见式 (6.69)~式 (6.71)]：

$$C_k^{(\lambda)} = (1 - \delta_k)C_{k-1}^{(\lambda)} + \delta_k z_k \left(\phi(i_k) - \alpha \frac{p_{i_k i_{k+1}}}{\bar{p}_{i_k i_{k+1}}} \phi(i_{k+1}) \right)' \tag{6.106}$$

$$d_k^{(\lambda)} = (1 - \delta_k)d_{k-1}^{(\lambda)} + \delta_k z_k g(i_k, i_{k+1}) \tag{6.107}$$

其中，z_k 是修正的可达性向量，给定如下

$$z_k = \alpha\lambda \frac{p_{i_{k-1} i_k}}{\bar{p}_{i_{k-1} i_k}} z_{k-1} + \phi(i_k) \tag{6.108}$$

初始条件是 $z_{-1} = 0, C_{-1}^{(\lambda)} = 0, d_{-1}^{(\lambda)} = 0$，和

$$\delta_k = \frac{1}{k+1}, \quad k = 0, 1, \cdots$$

可以证明 $\Phi\hat{r}_k$ 收敛到搜索增强投影方程 $\Phi r = \bar{\Pi} T^{(\lambda)}(\Phi r)$ 的解，假设这个方程有唯一解（不必有压缩性质，因为 LSTD 不是迭代方法，而是通过仿真来近似投影方程）。[①]

搜索增强的缩放版 LSPE(λ) 类迭代给定如下

$$r_{k+1} = r_k - \left(\frac{1}{k+1} \sum_{t=0}^{k} \phi(i_t)\phi(i_t)' \right)^{-1} \left(C_k^{(\lambda)} r_k - d_k^{(\lambda)} \right)$$

或者等价地有

$$r_{k+1} = r_k - \left(\sum_{t=0}^{k} \phi(i_t)\phi(i_t)' \right)^{-1} \sum_{t=0}^{k} z_t \tilde{q}_{k,t}$$

其中 $\tilde{q}_{k,t}$ 是式 (6.105) 的修订 TD[参见式 (6.75) 和式 (6.76)]。还有搜索增强版的 TD(λ)，使用修订的 TD（见 [BeY09]5.3 节）。具有如下形式

$$r_{k+1} = r_k - \gamma_k z_k \tilde{q}_{k,k}$$

其中 γ_k 是步长参数，$\tilde{q}_{k,k}$ 是式 (6.105) 的修订 TD[参见式 (6.77)]。然而，只有当 $\bar{\Pi}T^{(\lambda)}$ 是压缩映射时，这些方法保证收敛到搜索增强的投影方程 $\Phi r = \bar{\Pi} T^{(\lambda)}(\Phi r)$ 的解。只要 λ 充分接近 1，就满足这一条件，正如在 6.3.6 节中所讨论的。

最后注意之前的框架需要关于转移概率 p_{ij} 和 $\bar{p}_{ij}$ 的显式知识。稍后，在 6.6.3 节中，将在 Q-学习中讨论合适的无需模型的修订。

6.4.3 策略振荡——震颤

现在将要描述一种通用的机制，该机制可能在近似策略迭代中导致策略振荡。在这里，引入所谓的贪婪分区。对于给定的近似结构 $\tilde{J}(\cdot, r)$，这是将参数向量 r 的空间 $\Re^s$ 划分为子集 R_μ 的分区，每个子集对应于一个平稳策略 μ，并定义如下[②]

$$R_\mu = \left\{ r | T_\mu \left(\tilde{J}(\cdot, r) \right) = T \left(\tilde{J}(\cdot, r) \right) \right\}$$

或者等价地有

$$R_\mu = \left\{ r | \mu(i) = \arg \min_{u \in U(i)} \sum_{j=1}^{n} p_{ij}(u) \left(g(i, u, j) + \alpha \tilde{J}(j, r) \right), i = 1, \cdots, n \right\}$$

所以，R_μ 是让 μ 相对于 $\tilde{J}(\cdot, r)$ 为 "贪婪" 的参数向量 r 构成的集合。注意贪婪分区只依赖近似结构 $\tilde{J}(\cdot, r)$（这可以是任意的，例如，非线性的），且不依赖用于策略评价的方法。

[①] $C_k^{(\lambda)} \to C^{(\lambda)}$ 和 $d_k^{(\lambda)} \to d^{(\lambda)}$ 的收敛性分析已经在不同的假设下从几个渠道给出：(a) [NeB03] 的对于在没有搜索（$\bar{P} = P$）的 α-折扣问题的策略评价中。(b) 在 [BeY09] 中，假设 $\alpha\lambda \max\limits_{(i,j)}(p_{ij}/\bar{p}_{ij}) < 1$（其中采用 0/0 = 0），此时式 (6.108) 的可达性向量 z_k 由压缩过程产生且保持有界。这涵盖了通常的情形 $\bar{P} = (1 - \epsilon)P + \epsilon Q$，其中 $\epsilon > 0$ 是常量，满足 λ 不超过 $(1 - \epsilon)$。(c) 在 [Yu10a] 和 [Yu10b] 中，对所有的 $\lambda \in [0,1]$ 且没有其他限制，当 $\alpha\lambda \max\limits_{(i,j)}(p_{ij}/\bar{p}_{ij}) > 1$ 时，可达性向量 z_k 通常当 k 增加时变为无界。

[②] 现在处理多个策略，这里的符号反映了阶段费用和转移概率对控制的依赖关系。还有，T_μ 是对应于策略 μ 的贝尔曼方程映射，而 T 由在 μ 上最小化 T_μ 来定义，正如 1.1.2 节中的介绍。

首先考虑近似策略迭代的非乐观版本。为了简便，假设使用策略评价方法（例如投影方程或者其他方法），对每个给定的 μ 产生唯一的参数向量，记为 r_μ。非乐观策略迭代从参数向量 r_0 开始，这将 μ^0 限定为相对于 $\tilde{J}(\cdot, r_0)$ 的贪婪策略，并使用给定的策略评价方法产生 r_{μ^0}。于是找到了策略 μ^1 相对于 $\tilde{J}(\cdot, r_{\mu^0})$ 是贪婪的，即，一个 μ^1 满足

$$r_{\mu^0} \in R_{\mu^1}$$

于是用 μ^1 替代 μ^0 并重复这一过程。如果某个策略 μ^k 满足

$$r_{\mu^k} \in R_{\mu^k}$$

那么该方法继续产生那个策略。这是在非乐观策略迭代方法中策略收敛的充要条件。

当使用查表法表示时，参数向量 r_μ 等于未来费用向量 J_μ，此时条件 $r_{\mu^k} \in R_{\mu^k}$ 等于 $r_{\mu^k} = Tr_{\mu^k}$，并且当且仅当 μ^k 是最优的时被满足。然而，当有费用函数近似时，这一条件对任意策略未必能够满足。因为有有限个可能的向量 r_μ，一个由另一个生成，按照确定性的方式，该算法结果重复策略的某个循环 $\mu^k, \mu^{k+1}, \cdots, \mu^{k+m}$ 满足

$$r_{\mu^k} \in R_{\mu^{k+1}}, r_{\mu^{k+1}} \in R_{\mu^{k+2}}, \cdots, r_{\mu^{k+m-1}} \in R_{\mu^{k+m}}, r_{\mu^{k+m}} \in R_{\mu^k}$$

（见图 6.4.2）。进一步地，可能有几种不同的循环，该方法可能收敛到其中的任意一个。所获得的循环依赖于初始策略 μ^0。这与应用于具有多个局部极小的函数最小化问题的梯度法类似，其中收敛的极限依赖于初始点。

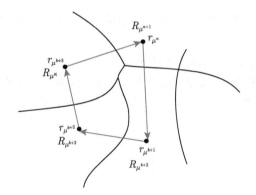

图 6.4.2 贪婪分区和成本方程非乐观 PI 估计产生的策略循环。特别地，当且仅当 $r_\mu \in R_{\bar{\mu}}$ 时，策略 μ 通过策略改进得到 $\bar{\mu}$。在图中，该方法在四种策略中循环，对应的参数分别为 r_{μ^k}、$r_{\mu^{k+1}}$、$r_{\mu^{k+2}}$、$r_{\mu^{k+3}}$

现在考虑当使用乐观版本的近似策略评价方法时的策略振荡。那么该方法的轨迹更不可预计且依赖于迭代的策略评价方法的细节，例如，策略更新的频率和步长的选择规则。一般而言，给定当前策略 μ，乐观策略迭代将朝向对应的"目标"参数 r_μ 移动，只要 μ 持续为针对当前的未来费用近似 $\tilde{J}(\cdot, r)$ 是贪婪的，即，只要当前的参数向量 r 属于集合 R_μ。然而，一旦参数 r 进入另一个集合，比如 $R_{\bar{\mu}}$，策略 $\bar{\mu}$ 变得贪婪，r 就会改变轨迹并开始朝向新的"目标"$r_{\bar{\mu}}$ 前进。所以，方法的"目标"r_μ、对应的策略 μ 和集合 R_μ 可以持续变化，与非乐观策略迭代类似。同时，参数向量 r 将朝向该方法当前所在的区域 R_μ 的边界接近，按照非乐观策略迭代可能遵循的化简版本的循环（见图 6.4.2）。进一步

地,正如图 6.4.3 所示,如果减小的参数变化在策略更新之间进行(例如,当在策略评价方法中使用了逐渐减小的步长时)且该方法最终在几个策略之间循环,参数向量将倾向于收敛到对应于这些策略的区域 R_μ 的共同边界。这就是所谓的乐观策略迭代的震颤现象,此时在策略空间有同时的振荡和在参数空间的收敛。

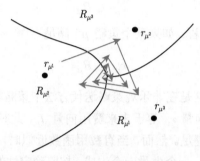

图 6.4.3 成本方程乐观 PI 估计的一条路径。该算法在策略 μ^1、μ^2、μ^3 中形成振荡,满足

$$r_{\mu^1} \in R_{\mu^2}, r_{\mu^2} \in R_{\mu^3}, r_{\mu^3} \in R_{\mu^1}$$

参数向量收敛到共同边界 R_{μ^1}、R_{μ^2}、R_{μ^3}

另一个启示是迭代策略评价方法的选择(例如,对于不同 λ 值的 LSTD、LSPE 或者 TD)产生不同的收敛速率,但看上去对于最终获得的策略的质量并不重要(只要方法收敛)。使用 λ 的不同值在某种程度上改变了目标 r_μ,但没有改变贪婪分区。结果是,不同的方法"在同样的池水中钓鱼",倾向于获得类似的最终策略循环。

下面是一个策略振荡和震颤的例子。对于其他的例子,请见 [BeT96] 的 6.4.2 节(见例 6.9 和例 6.10)。

例 6.4.2(策略振荡和震颤)   考虑具有两个状态 1 和 2 的折扣问题,在图 6.4.4(a) 中展示。仅在状态 1 下可以选择控制,有两个策略,记为 μ^* 和 μ。最优策略 μ^*,当在状态 1,以概率 $p > 0$ 停留在 1 并导致负费用 c。另一个策略是 μ 并将在两个状态之间循环,费用为 0。考虑对每个状态 $i = 1, 2$ 具有单个特征 $\phi(i)' = i$ 的线性近似,

$$\Phi = \begin{pmatrix} 1 \\ 2 \end{pmatrix}, \tilde{J} = \Phi r = \begin{pmatrix} r \\ 2r \end{pmatrix}$$

下面构造贪婪划分。有

$$\Phi = \begin{pmatrix} 1 \\ 2 \end{pmatrix}, \tilde{J} = \Phi r = \begin{pmatrix} r \\ 2r \end{pmatrix}$$

接下来计算能求解投影方程的点 r_μ 和 r_{μ^*}

$$C_\mu r_\mu = d_\mu, C_{\mu^*} r_{\mu^*} = d_{\mu^*}$$

这分别对应于 μ 和 μ^*[参见式 (6.37) 和式 (6.38)]。有

$$C_\mu = \Phi' \Xi_\mu (1 - \alpha P_\mu)\Phi = \begin{pmatrix} 1 & 2 \end{pmatrix} \begin{pmatrix} 1 & 0 \\ 0 & 1 \end{pmatrix} \begin{pmatrix} 1 & -\alpha \\ -a & 1 \end{pmatrix} \begin{pmatrix} 1 \\ 2 \end{pmatrix} = 5 - 9\alpha$$

$$d_\mu = \Phi' \Xi_\mu g_\mu = \begin{pmatrix} 1 & 2 \end{pmatrix} \begin{pmatrix} 1 & 0 \\ 0 & 1 \end{pmatrix} \begin{pmatrix} 0 \\ 0 \end{pmatrix} = 0$$

所以

$$r_\mu = 0$$

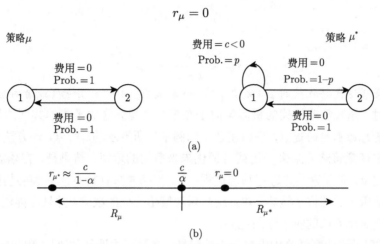

图 6.4.4 例 6.4.2 中的问题。(a) 策略 μ 和 μ^* 的成本和转移概率。(b) 贪婪分区和与策略 μ 和 μ^* 对应的投影方程的解。非乐观 PI 方法在 r_μ 和 r_{μ^*} 之间振荡。乐观 PI 方法也在 μ 和 μ^* 之间振荡，但是其参数向量 r 收敛到 c/α

类似地，通过一些计算，

$$C_{\mu^*} = \Phi' \Xi_{\mu^*} (1 - \alpha P_{\mu^*}) \Phi$$

$$= \begin{pmatrix} 1 & 2 \end{pmatrix} \begin{pmatrix} \dfrac{1}{2-p} & 0 \\ 0 & \dfrac{1-p}{2-p} \end{pmatrix} \begin{pmatrix} 1-\alpha p & -\alpha(1-p) \\ -\alpha & 1 \end{pmatrix} \begin{pmatrix} 1 \\ 2 \end{pmatrix}$$

$$= \frac{5 - 4p - \alpha(4 - 3p)}{2 - p}$$

$$d_{\mu^*} = \Phi' \Xi_{\mu^*} g_{\mu^*} = \begin{pmatrix} 1 & 2 \end{pmatrix} \begin{pmatrix} \dfrac{1}{2-p} & 0 \\ 0 & \dfrac{1-p}{2-p} \end{pmatrix} \begin{pmatrix} c \\ 0 \end{pmatrix} = \frac{c}{2-p}$$

所以

$$r_{\mu^*} = \frac{c}{5 - 4p - \alpha(4 - 3p)}$$

现在注意，因为 $c < 0$，所以

$$r_\mu = 0 \in R_{\mu^*}$$

而对于 $p \approx 1$ 和 $\alpha > 1 - \alpha$，有

$$r_{\mu^*} \approx \frac{c}{1 - \alpha} \in R_\mu$$

参见图 6.4.4(b)。此时，近似策略迭代在 μ 和 μ^* 之间循环。乐观策略迭代使用某种算法从当前值 r 朝向 r_{μ^*}（如果 $r \in R_{\mu^*}$），朝向 r_μ（如果 $r \in R_\mu$）。所以乐观策略迭代从 R_μ 中的某个点开始朝向 r_{μ^*} 移动，一旦穿越贪婪划分的边界点 c/α，就转而移向 r_μ。如果方法在检查是否改变当前的策略之前在 r

进行小的渐近变化,那么将在 c/α 产生小的振荡。如果在 r 的逐次改变是逐渐减小的,那么该方法将收敛到 c/α。然而 c/α 不对应于两个策略中的任一个且不是一个所期望的参数值。

注意,当振荡将发生时难以预测,且难以预测是哪种振荡。例如,如果 $c > 0$,则有

$$r_\mu = 0 \in R_\mu$$

而对与 $p \approx 1$ 和 $\alpha > 1 - \alpha$,有

$$r_{\mu^*} \approx \frac{c}{1-\alpha} \in R_{\mu^*}$$

此时近似和乐观策略迭代将收敛到 μ(或者 μ^*)[如果从 R_μ 中的 r 开始(或者对应的 R_{μ^*})]。

当出现震颤时,乐观策略迭代的极限倾向于在多个贪婪分区的子集的共同边界可能不能有意义地代表任意对应策略的费用的近似,正如在之前的例子中所展示的。所以,该方法所收敛到的极限并不总是能用于构造任意策略的未来费用或者最优未来费用的近似。结果是,在乐观策略迭代的最后,且与非乐观版本相反,必须返回并进行筛选过程;即,用仿真来评价从感兴趣的初始条件并选择最优希望的策略的方法所生成的许多策略。并且这是乐观策略迭代的缺陷,并且可能消除在实践中可能有的相对于其非乐观对比方法的收敛性的优势。

然而,我们注意到,计算经验指出对于许多问题,在震颤中涉及的不同策略的费用函数未必"非常不同"。确实,假设收敛到参数向量 $\bar{r}$ 且有涉及策略集合 $\mathcal{M}$ 的稳态策略振荡。那么,$\mathcal{M}$ 中的所有策略相对于 $\tilde{J}(\cdot, \bar{r})$ 是贪婪的,这意味着存在状态 i 的子集,满足至少有两个不同的控制 $\mu_1(i)$ 和 $\mu_2(i)$,并且

$$\begin{aligned}
\min_{u \in U(i)} \sum_j p_{ij}(u) &\left(g(i, u, j) + \alpha \tilde{J}(j, \bar{r}) \right) \\
&= \sum_j p_{ij}\left(\mu_1(i) \right) \left(g(i, \mu_1(i), j) + \alpha \tilde{J}(j, \bar{r}) \right) \\
&= \sum_j p_{ij}\left(\mu_2(i) \right) \left(g(i, \mu_2(i), j) + \alpha \tilde{J}(j, \bar{r}) \right)
\end{aligned} \tag{6.109}$$

这类方程可被视作在参数向量 $\bar{r}$ 的约束关系。所以,除了奇异情形,将有最多 s 个式 (6.109) 形式的关系成立,其中 s 是 $\bar{r}$ 的维数。这意味着将有最多 s 个"混淆的"状态,在这些状态上,多于一个控制是相对于 $\tilde{J}(\cdot, \bar{r})$ 贪婪的(在例 6.4.2 中,状态 1 是"混淆的")。

现在假设有一个问题,其中总状态数远大于 s,此外没有"关键"状态;即,在少数状态(比如说 s 同阶量)下改变一个策略的费用结果是相对较小的。于是在集合 $\mathcal{M}$ 中涉及震颤的所有策略具有大致相同的费用。进一步地,对于本节的方法,可以说费用近似 $\tilde{J}(\cdot, \bar{r})$ 接近可以对任意策略 $\mu \in \mathcal{M}$ 生成的费用近似 $\tilde{J}(\cdot, r_\mu)$ 接近。然而,注意"没有关键状态"的假设,先不说这并不容易定量化,这个条件对许多问题是不成立的。

尽管之前的论述可以解释一些所观察到的现象,一个重要的顾虑依然存在:即使在震颤中涉及的所有策略具有大致相同的费用,仍有可能它们中的任何一个都不好。该策略迭代过程可能只是在贪婪划分中的"坏"部分循环。

最后,注意涉及大规模问题的计算研究,记录了基于投影方程方法的近似策略迭代框架的坏的行为。一个有意思的例子是 tetris,这被广泛用作近似动态规划方法的测试平台 [Van95]、[TsV96]、[BeI96]、

[Kak02]、[FaV06]、[DFM09]。使用例 6.1.1 中描述的 22 个特征，投影方程方法取得了几千的平均分数（还使用了平均线性规划和将在 7.4 节中讨论的一类策略梯度方法）。使用相同的特征和在权重向量 r 的空间中的随机搜索方法，可获得 900 000 的平均分数（见 [SzL06] 和 [ThS09]）。我们并不清楚这一行为的主要原因是振荡/震颤，还是其他某个近似策略迭代的内在弱点。结论是，也许可以说目前尚不能完全理解在实际中策略振荡导致的结果，但很清楚这值得思考。

当策略收敛时的误差界

之前的讨论已经展示了近似策略迭代中策略振荡的不利的影响。另一个策略收敛希望出现的原因与误差界有关。一般而言，对于近似策略迭代，通过 2.5.6 节的结果（参见命题 2.5.8），有如下形式的误差界

$$\limsup_{k\to\infty} \|J_{\mu^k} - J^*\| \leqslant \frac{2\alpha\delta}{(1-\alpha)^2}$$

其中 δ 满足

$$\|J_k - J_{\mu^k}\| \leqslant \delta$$

对所有生成的策略 μ^k，J_k 是用于策略改进的 μ^k 的近似费用向量（这个界假设策略改进过程精确进行，误差完全由在策略评价过程中的费用函数近似）。然而，当策略序列 $\{\mu^k\}$ 终止时，通过重复某个策略 $\bar{\mu}$ 且 $\bar{\mu}$ 的策略评价在极大模意义下在 δ 范围内是精确的，

$$\|\Phi r_{\bar{\mu}} - J_{\bar{\mu}}\| \leqslant \delta$$

那么更加适用的误差界

$$\|J_{\bar{\mu}} - J^*\| \leqslant \frac{2\alpha\delta}{1-\alpha} \tag{6.110}$$

成立，正如在 2.5.6 节中所示（参见命题 2.5.10）。

从之前的讨论来看，阐述保证策略振荡和震颤不会发生的条件是有意义的。对策略迭代机制的详细检查说明为了获得收敛性，具有策略评价过程的单调性是关键，比如由映射 T_μ 给出。不幸的是，当 T_μ 与投影运算 Π 联合使用来构成 ΠT_μ 时，所需要的单调性就丢失了，因为 Π 未必是单调的，即，$J \leqslant J'$ 未必意味着 $\Pi J \leqslant \Pi J'$。另一方面，如果 Π 有单调运算替代且满足某些额外的自然条件，那么策略迭代的收敛性可以恢复。这样的条件已经在 [Ber10a] 中给出（见习题 6.10），并且在下面将要讨论的聚集方法和其他方法中出现。

6.5 聚集方法

本节回忆在第 I 卷 6.3.4 节中讨论的聚集方法，现在在折扣动态规划的费用函数近似范畴内。[①] 聚集方法在某种方式下再现了在第 I 卷 6.3.3 节中讨论的问题近似方法：原问题用相关的"聚集"问题近似，然后精确求解后者来近似原问题的未来费用。在其他方面聚集方法再现了投影方程/子空间近似方法，更重要的是，因为它使用基函数的线性组合构造了费用近似。然而，重要的区别是：在聚

---

① 聚集可以与给定问题的贝尔曼方程联合使用。例如，如果问题允许决策之后的状态（参见 6.1.5 节），聚集可以使用对应的贝尔曼方程来实现，并可能显著简化。

集中没有投影,仿真可以更加灵活地进行,从数学的观点看,底层的压缩映射是针对极值模而不是欧氏模。[1]

为了构造聚集的框架,引入聚集状态的有限集合 $\mathcal{A}$,引入两个(某种意义上任意的)概率的选择,将原问题状态与聚集后的状态联系在一起,如图 6.5.1 所示。

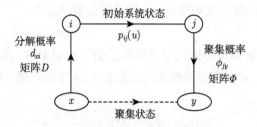

图 6.5.1　聚集状态和初始系统状态的关系描述

(1) 对每个聚集状态 x 和原系统状态 i,限定分解概率 d_{xi};有

$$\sum_{i=1}^{n} d_{xi} = 1, \forall x \in \mathcal{A}$$

粗略地说,d_{xi} 可被解释为 "x 由 i 代表的程度"。

(2) 对每个聚集状态 y 和原系统状态 j,线性聚集概率为 ϕ_{jy};有

$$\sum_{y \in \mathcal{A}} \phi_{jy} = 1, \forall j = 1, \cdots, n$$

粗略地说,ϕ_{jy} 可被解释为 "j 在聚集状态 y 中的隶属度"。向量 $\{\phi_{jy} | j = 1, \cdots, n\}$ 也可以被视作将被用于近似表示原问题的费用向量的基函数。

这一分解和聚集概率定义了两个矩阵 D 和 Φ,分别具有行 $\{d_{xi} | i = 1, \cdots, n\}$ 和 $\{\phi_{jy} | y \in \mathcal{A}\}$。一种近似贝尔曼方程 $J = TJ$ 的解的方法是用 $\Phi\hat{R}$,其中 $\hat{R}$ 是 "聚集" 方程的解

$$R = DT(\Phi R)$$

类似地,对于给定的策略 μ,费用向量 J_μ 可以用 ΦR_μ 来近似,其中 R_μ 是如下 "聚集" 策略评价方程的解

$$R = DT_\mu(\Phi R)$$

所以聚集涉及与投影方程方法类似的近似结构:使用聚集概率作为特征。很快将看到上面的 "聚集" 方程可以被视作对应的 "聚集" 问题的贝尔曼方程。为了解释之前的构造,下面讨论一些特例。

例 6.5.1(硬和软聚集)　这里将原系统状态聚集成为非空子集,将每个子集视作聚集状态(参见第Ⅰ卷例 6.3.9 和例 6.3.10)。在硬聚集中,每个状态属于一个且仅属于一个子集,聚集概率是

$$\phi_{jy} = 1, \text{如果系统状态} j \text{属于聚集状态/子集} y$$

---

[1] 这是一个重要的聚集方程的例子,它同时是一个合适的投影模下的投影方程。这是硬聚集的情形,稍后将简要讨论(见例 6.5.1 和习题 6.7)。另一个与间接投影的联系将在 7.3.6 节中讨论。

总之，矩阵 Φ 由 0 和 1 构成，Φ 的每一行 $\phi(i)'$ 具有单个 1，位于对应于状态 i 所属聚集状态的列；见图 6.5.2。有了这样的矩阵 Φ，形式为 ΦR 的向量在每个聚集状态的状态上都是常量。

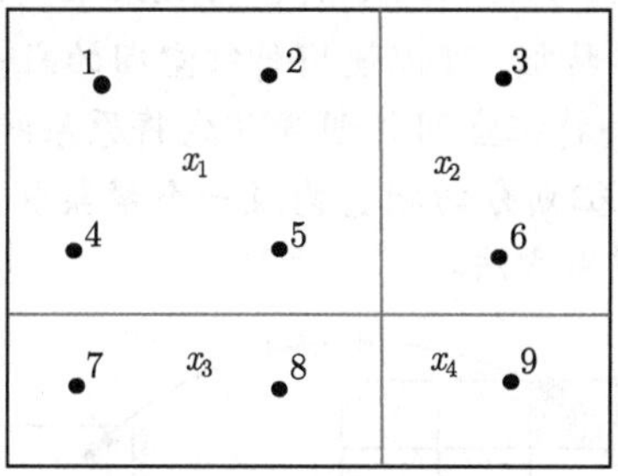

$$\Phi = \begin{pmatrix} 1 & 0 & 0 & 0 \\ 1 & 0 & 0 & 0 \\ 0 & 1 & 0 & 0 \\ 1 & 0 & 0 & 0 \\ 1 & 0 & 0 & 0 \\ 0 & 1 & 0 & 0 \\ 0 & 0 & 1 & 0 \\ 0 & 0 & 1 & 0 \\ 0 & 0 & 0 & 1 \end{pmatrix}$$

图 6.5.2 硬聚集的一个例子。如图中所示，9 个初始系统状态分区至 4 个聚集状态/子集 x_1、x_2、x_3、x_4，对应的聚集矩阵 Φ 在图中右侧给出

硬聚集中的分解概率 d_{xi} 被限制仅对在对应的聚集状态/子集 x 中的状态 i 取正值。一种可能性是选择

$$d_{xi} = 1/n_x, \text{ 如果系统状态 } i \text{ 属于聚集状态/子集 } x$$

其中 n_x 是 x 的状态数（这隐含的假设了所有属于聚集状态/子集 y 的状态"被平等的代表了"）。然而，任意对不在聚集状态/子集 x 中的状态 i 分配概率 0 的分布 $\{d_{xi}|i=1,\cdots,n\}$ 在硬聚集框架中都是可能的。

软聚集是硬聚集的更加放松的版本，对聚集状态之间提供"软边界"。特别地，我们允许聚集状态/子集在一定程度上彼此重叠，用聚集概率 ϕ_{jy} 来量化 j 在聚集状态/子集 y 中的"隶属度"。所以每个原始系统状态 j 与聚集状态的凸组合有关：

$$j \sim \sum_{y \in \mathcal{A}} \phi_{jy} y \tag{6.111}$$

对某个非负权重 ϕ_{jy}，其在 y 上的加和为 1，这被视作聚集概率。类似地，分解概率在挑选时相比硬聚集具有更少限制。

一般而言，在硬聚集和软聚集中选择聚集状态的方法是重要的问题，目前对此没有系统的数学理论。然而，在实际问题中，基于直觉和问题特定的知识，通常有明显的选择，这可以通过实验来进一步微调。例如，假设系统 $J = TJ$ 的解 J^* 在状态空间 $\{1,\cdots,n\}$ 的一个划分 $\{I_x|x \in \mathcal{A}\}$ 上是分段常值。对于此，我们的意思是对某个向量

$$R = \{R(x)|x \in \mathcal{A}\}$$

有

$$J^*(j) = R(x), \forall j \in I_x, x \in \mathcal{A}$$

那么可以看出，由这个划分定义的硬聚集框架是精确的，即 R 是硬聚集方程 $R = DT(\Phi R)$ 的唯一解（参见习题 6.12）。这提示在硬聚集中，聚集状态应当由原系统状态中具有大致相等费用值的子集构成（习题 6.9 基于相关的费用界验证了这一选择）。

作为之前论述的推广,假设通过一些对于问题结构的特定的启发,或者一些初步的计算,我们知道系统状态的一些特征能 "较好地预测" 其费用。那么通过将具有 "类似特征" 的状态聚在一起所获得的硬聚集框架来构造聚集状态是合理的。这一方法称为基于特征的硬聚集,下一个例子将给出描述。

例 6.5.2(**基于特征的硬聚集**)　给定 s 个特征,可以使用特征空间的或多或少有规律的划分(由所有可能的特征向量构成的 $\Re^s$ 的子集)。这个特征空间的划分可能将原系统状态空间不规则地划分为硬聚集框架下的聚集状态(所有具有相同特征划分的状态构成一个聚集状态);见图 6.5.3。这是从基于特征的状态表示获得基于聚集的架构的通用方法。

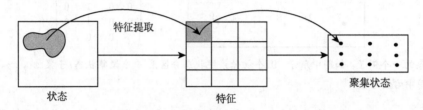

图 6.5.3　利用特征空间分区的基于特征的硬聚集方法。每一个聚集状态由具有相似特征的状态所构成,这里所说的具有相似特征的状态也即被映射到相同特征空间分区的状态。

不幸的是,在所获得的聚集框架中聚集后的状态数可能变得非常大。另一方面,有一种可能相对于通常的基于线性特征的架构的显著优势,后者对每个特征指派单个权重(参见 6.1.1 节):在基于特征的聚集中为特征空间划分的每个子集分配权重(可能要使用更多权重,但会带来更为丰富的表示)。事实上,使用聚集来构造非线性(分段常值)基于特征的架构,这可能比对应的线性版本更加强大。

下面的例子与硬聚集有某种相似性,但并没为每个原系统状态关联唯一的聚集状态/子集,而是为每个聚集状态关联唯一的原系统状态,该状态在某种意义下是 "有代表性的"。一个常见的例子是,欧几里得空间和原系统状态的精细格点被 "聚集" 称为更加粗糙的格点。

例 6.5.3(**粗糙格点模式/代表性状态**)　这里选择 "有代表性的" 原系统状态,为其中每一个关联聚集状态(参见第 I 卷例 6.3.12)。所以每个聚集状态 x 与唯一的有代表性的状态 i_x 关联,分解概率是

$$d_{xi} = \begin{cases} 1, & i = i_x \\ 0, & i \neq i_x \end{cases}$$

聚集概率选为通过聚集/代表性状态的凸组合来代表每个原系统状态 j[参见式 (6.111),与例 6.5.1 的软聚集情形类似];见图 6.5.4。也可自然地假设聚集概率将代表性状态映射为其自身,即,

$$\phi_{jy} = \begin{cases} 1, & j = j_y \\ 0, & j \neq j_y \end{cases}$$

这一框架在几何上直观对应于一种插值,用于当原状态和聚集状态与欧几里得空间中的点关联的特殊情形(参见第 I 卷例 6.3.13)。进一步地,这一框架可以直接推广到具有连续状态空间的问题(见后续的例 6.5.5)。

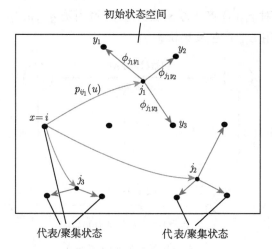

图 6.5.4 基于代表性状态小子集的聚集（在上图中，代表性状态用大圈表示，其他状态用小圈表示）。图中，由代表性状态 $x = i$ 开始，根据 $p_{ij_1}(u), p_{ij_2}(u), p_{ij_3}(u)$ 可能转移到三种不同的状态 j_1、j_2、j_3，且每一种状态都与利用聚集概率的代表性状态的凸组合相关。比如，j_1 与 $\phi_{j_1y_1}y_1 + \phi_{j_1y_2}y_2 + \phi_{j_1y_3}y_3$ 有关。由于初始状态空间可能是连续的，这种聚集方式可以应用与 POMDP 中，参见例 6.5.5。

下一个聚集框架涉及 "代表性特征" 而不是代表性状态。它将硬聚集和代表性状态聚集统一在一起，并将这两者作为特殊情形。

例 6.5.4（具有代表性特征的聚集） 这里聚集状态是原系统状态的非空子集，但它们可能不能构成原系统状态的划分，正如在基于特征的硬聚集情形下（见例 6.5.2）。在这一框架下的一个重要的例子是，选择不同的 "有代表性的" 特征向量的集合，为其中每一个关联一个由具有类似特征的原系统状态的子集构成的聚集状态，与例 6.5.2 的思想一致。然而，特征向量与多于一个有代表性的特征向量 "相似" 的 "歧义状态" 未必属于任意聚集状态。例如，考虑一个排队系统，其中我们希望用三值特征来表示每个队列中的符合：空、中和满。于是难以基于这一划分来使用硬聚集或者代表性状态，因为例如 30% 这样的边界符合不能清楚地与这三个特征取值中的任何一个有关联。然而，可以合理地将小范围的队列符合指派给每个特征值（例如，15% 及以下为空，40% 至 60% 为中，大于 85% 为满）。

注意当代表性特征用于聚集，图 6.5.1 的下半部在概念上有有趣的解释：它表示了以代表性特征为状态的聚集系统。

在这一聚集框架中有三个限制：

(a) 聚集状态/子集不相交。

(b) 分解概率满足 $d_{xi} > 0$（当且仅当 $i \in x$）。

(c) 聚集概率满足 $\phi_{jy} = 1$（对所有的 $j \in y$）。

从这些限制可以看出，如果每个原系统状态 i 属于某个聚集状态，则可获得硬聚集（见例 6.5.1）。如果每个聚集状态由单个原系统状态构成，则可获得具有代表性状态的聚集（见例 6.5.3）。

聚集系统

聚集和分解概率指定了涉及聚集和原系统状态的动态系统（见图 6.5.5）。在这一系统中：

(i) 由聚集状态 x，用 d_{xi} 产生原系统状态 i。

(ii) 由原系统状态 i 针对 $p_{ij}(u)$ 产生原系统状态 j，费用是 $g(i,u,j)$。

(iii) 由原系统状态 j，用 ϕ_{jy} 产生聚集状态 y。

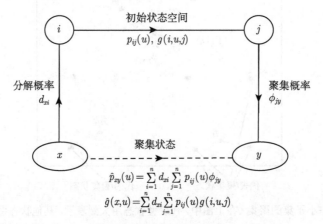

$$\hat{p}_{xy}(u) = \sum_{i=1}^{n} d_{xi} \sum_{j=1}^{n} p_{ij}(u) \phi_{jy}$$

$$\hat{g}(x,u) = \sum_{i=1}^{n} d_{xi} \sum_{j=1}^{n} p_{ij}(u) g(i,u,j)$$

图 6.5.5　聚集问题的转移机制和单步费用的描述

可以将不同的动态规划问题模型关联到这一系统，于是获得两种互相替代的费用近似。

(a) 在第一种近似中（在 6.5.1 节已讨论），焦点是聚集状态，原系统状态的角色是定义费用生成和从一个聚集状态到下一个聚集状态的概率转移的机制。这一近似可能导致更小规模的聚集问题，可以通过常规的值迭代和策略迭代方法来求解，即使原系统状态数非常大。聚集问题是基于控制在具有聚集状态的知识而不是原系统状态的知识来选择的假设之上的。

(b) 在第二种近似中（在 6.5.2 节已讨论），焦点是原系统状态和聚集状态，两者一起被视作扩大的系统状态。策略迭代和值迭代算法于是针对这个扩大的系统被定义。对于大量的原系统状态，这一近似需要基于仿真的实现，且假设可使用更精细的策略，其控制可基于原系统状态。

6.5.1　基于聚集问题的费用近似

这里对一个聚集问题建模，其中控制使用聚集状态的知识来使用（而不是原系统状态）。至此，假设控制约束集 $U(i)$ 与状态 i 独立，将其记为 U。于是，从聚集状态 x 到聚集状态 y 在控制 u 下的转移概率和对应的期望转移费用给定如下（参见图 6.5.5）：

$$\hat{p}_{xy}(u) = \sum_{i=1}^{n} d_{xi} \sum_{j=1}^{n} p_{ij}(u) \phi_{jy}, \hat{g}(x,u) = \sum_{i=1}^{n} d_{xi} \sum_{j=1}^{n} p_{ij}(u) g(i,u,j) \tag{6.112}$$

这些转移概率和费用定义了一个聚集的问题，其状态就是聚集状态。

聚集问题的最优费用函数记为 $\hat{R}$，作为贝尔曼方程的唯一解来获得

$$\hat{R}(x) = \min_{u \in U} \left[\hat{g}(x,u) + \alpha \sum_{y \in \mathcal{A}} \hat{p}_{xy}(u) \hat{R}(y) \right], \forall x \tag{6.113}$$

这一方程的维度等于聚集状态数，如果 $\hat{p}_{xy}(u)$ 和 $\hat{g}(x,u)$ 可以被精确计算，那么可以通过任意一种在第 2 章中讨论的精确值迭代和策略迭代方法来求解。也可以通过基于仿真的方法来求解，使用 $\hat{R}(x)$ 的查表法表示（没有费用函数近似）。

一旦获得了 $\hat{R}$，原问题的最优费用函数 J^* 就可由 $\tilde{J}$ 通过如下来近似

$$\tilde{J}(j) = \sum_{y \in \mathcal{A}} \phi_{jy} \hat{R}(y), \forall j$$

这用于原系统的一步前瞻；即，次优策略 $\bar{\mu}$ 通过最小化获得

$$\bar{\mu}(i) = \arg\min_{u \in U(i)} \sum_{j=1}^{n} p_{ij}(u)\Big(g(i,u,j) + \alpha\tilde{J}(j)\Big), i=1,\cdots,n$$

一种替代方法是通过在聚集贝尔曼方程式 (6.113) 的最小化来获得次优策略。然而，这一策略将控制关联至聚集后的状态，因而必须通过某种方法进一步将控制关联至原系统状态。

注意，由原系统状态 j，近似 $\tilde{J}(j)$ 是聚集状态 y 的费用 $\hat{R}(y)$ 的凸组合，满足 $\phi_{jy} > 0$。在硬聚集中，$\tilde{J}$ 是分段常值的：它将相同的费用指派给所有属于相同的聚集状态 y 的状态 j（$\phi_{jy}=1$（如果 j 属于 y），否则 $\phi_{jy}=0$）。

之前的机制也可以被用于解决具有无穷状态空间的问题，以及近似部分客观的有限状态和控制空间马尔可夫决策问题（POMDP），这在它们的信念空间上定义了（在其状态上的概率分布的空间，参见第 I 卷 5.4.2 节）。通过使用更粗的格点离散化信念空间，可将原问题转化为具有完整状态信息的有限空间动态规划问题，这一新问题可用第 2 章中的方法求解（见 [ZhL97]、[ZhH01]、[YuB04]）。下面的例子解释了主要思想且显示了在 POMDP 中 [其中最优费用函数是在信念向量的单纯形上的凹函数（见第 I 卷 5.4.2 节）] 所获得的近似是最优费用函数的下界。

例 6.5.5（粗糙格点/POMDP 离散化和下界估计）　考虑 α-折扣的动态规划问题，具有有界的每阶段费用（见 1.2 节），其中状态空间是欧几里得空间的凸子集 C。使用 z 来表示这一空间的元素，来将它们区别于 x，后者现在表示聚集状态。贝尔曼方程是 $J = TJ$ 满足

$$(TJ)(z) = \min_{u \in U} E_w\{g(z,u,w) + \alpha J(f(z,u,w))\}, \forall z \in C$$

令 J^* 表示最优费用函数。采用粗糙的格点方法（见例 6.5.3）具有代表性的状态集合 $\{x_1,\cdots,x_m\} \in C$（为了简便，这里从符号上定义了具有其代表性状态的聚集状态）。

假设 $\{x_1,\cdots,x_m\}$ 的凸包等于 C，所以每个状态 $z \in C$ 可以被表示为

$$z = \sum_{i=1}^{m} \phi_{zx_i} x_i$$

其中 $\{\phi_{zx_i} | i=1,\cdots,m\}$ 是概率分布：

$$\phi_{zx_i} \geq 0, i=1,\cdots,m, \sum_{i=1}^{m} \phi_{zx_i} = 1, \forall z \in C$$

将 ϕ_{zx_i} 作为聚集概率。

考虑映射 $\hat{T}$ 将函数 $R = \{R(z) | z \in C\}$ 转化为函数 $\hat{T}R = \{(\hat{T}R)(z) | z \in C\}$，定义如下

$$(\hat{T}R)(z) = \min_{u \in U} E_w\left\{g(z,u,w) + \alpha \sum_{j=1}^{m} \phi_{f(z,u,w)x_j} R(x_j)\right\}, \forall z \in C$$

其中 $\phi_{f(z,u,w)x_j}$ 是下一个状态的聚集概率 $f(z,u,w)$。注意，$\hat{T}$ 是相对于极值模的压缩映射。令 $\hat{R}$ 表示其唯一不动点，所以对于代表性状态有

$$\hat{R}(x_i) = (\hat{T}\hat{R})(x_i), i = 1, \cdots, m$$

这是对于聚集的有限状态折扣动态规划问题的贝尔曼方程，其状态是 $x_1, \cdots, x_m$。这个问题中的转移如下：在控制 u 下，由状态 x_i，首先移动到 $f(x_i,u,w)$，费用为 $g(x_i,u,w)$，然后移动到状态 $x_j, j = 1, \cdots, m$（针对概率 $\phi_{f(z,u,w)x_j}$）。这一问题的最优费用 $\hat{R}(x_i), i = 1, \cdots, m$ 通常可以通过标准的值迭代和策略迭代方法获得，无须使用仿真。于是可以用如下方式来近似元问题的最优费用函数

$$\tilde{J}(z) = \sum_{i=1}^{m} \phi_{zx_i}\hat{R}(x_i), \forall z \in C$$

现在假设 J^* 是在 C 上的凹函数（正如在 POMDP 中，其中 J^* 是凹的有限阶段最优费用函数的极限，正如在第Ⅰ卷 5.4.2 节中所示）。然后对所有的 (z,u,w)[因为 $\phi_{f(z,u,w)x_j}, j = 1, \cdots, m$ 是相加为 1 的概率]，有

$$J^*(f(z,u,w)) = J^*\left(\sum_{i=1}^{m} \phi_{f(z,u,w)x_i}x_i\right) \geqslant \sum_{i=1}^{m} \phi_{f(z,u,w)x_i}J^*(x_i)$$

这是凹性定义的结果，也被称为詹森不等式（例如见 [Roc70]、[Ber09a]）。于是由 T 和 $\hat{T}$ 的定义，有

$$J^*(z) = (TJ^*)(z) \geqslant (\hat{T}J^*)(z), \forall z \in C$$

所以通过迭代，可以看到

$$J^*(z) \geqslant \lim_{k\to\infty} (\hat{T}^k J^*)(z) = \hat{R}(z), \forall z \in C$$

其中最后一个等式是因为 $\hat{T}$ 是压缩的，于是 $\hat{T}^k J^*$ 收敛到 $\hat{T}$ 的唯一不动点 $\hat{R}$。对于 $z = x_i$，特别有

$$J^*(x_i) \geqslant \hat{R}(x_i), \forall i = 1, \cdots, m$$

由此对所有的 $z \in C$，获得

$$J^*(z) = J^*\left(\sum_{i=1}^{m} \phi_{zx_i}x_i\right) \geqslant \sum_{i=1}^{m} \phi_{zx_i}J^*(x_i) \geqslant \sum_{i=1}^{m} \phi_{zx_i}\hat{R}(x_i) = \tilde{J}(z)$$

其中第一个不等式源自 J^* 的凹性。所以从聚集系统获得的近似 $\tilde{J}(z)$ 提供了 $J^*(z)$ 的下界。类似地，如果 J^* 可以被证明是凸的，可以修订之前的论述以证明 $\tilde{J}(z)$ 是 $J^*(z)$ 的上界。

6.5.2 通过增广问题的费用近似

6.5.1 节的方法计算费用近似时假设策略对聚集状态指派控制，而不是对原系统状态来指派。所以，例如，在硬聚集中，该计算假设相同的控制将用于处于给定聚集状态下的每个原系统状态。现在讨论另一种不受这一限制的替代方法。

考虑一个由原系统和聚集状态构成的系统，它具有之前描述的转移概率和阶段费用（参见图 6.5.5）。引入向量 $\tilde{J}_0$、$\tilde{J}_1$ 和 R^*，其中：

$R^*(x)$ 是聚集状态 x 的最优未来费用。

$\tilde{J}_0(i)$ 是原系统状态 i 的最优未来费用，该状态刚从聚集状态中生成（见图 6.5.5 左侧）。

$\tilde{J}_1(j)$ 是原系统状态 j 的最优未来费用，该状态刚有原系统状态生成（见图 6.5.5 右侧）。

注意，由于转移到聚集状态的中间转移，所以 $\tilde{J}_0$ 和 $\tilde{J}_1$ 是不同的。

这三个向量满足下面的三个贝尔曼方程：

$$R^*(x) = \sum_{i=1}^{n} d_{xi} \tilde{J}_0(i), x \in \mathcal{A} \tag{6.114}$$

$$\tilde{J}_0(i) = \min_{u \in U(i)} \sum_{j=1}^{n} p_{ij}(u) \left(g(i,u,j) + \alpha \tilde{J}_1(j) \right), i = 1, \cdots, n \tag{6.115}$$

$$\tilde{J}_1(j) = \sum_{y \in \mathcal{A}} \phi_{jy} R^*(y), j = 1, \cdots, n \tag{6.116}$$

通过综合这些方程，获得 R^* 的方程：

$$R^*(x) = (FR^*)(x), x \in \mathcal{A} \tag{6.117}$$

其中 F 是如下定义的映射

$$(FR)(x) = \sum_{i=1}^{n} d_{xi} \min_{u \in U(i)} \sum_{j=1}^{n} p_{ij}(u) \left(g(i,u,j) + \alpha \sum_{y \in \mathcal{A}} \phi_{jy} R(y) \right), x \in \mathcal{A} \tag{6.118}$$

可以看到，F 是极值模压缩映射，以 R^* 为其唯一不动点。这来自标准的压缩分析（参见命题 1.2.4）和事实 $d_{xi}, p_{ij}(u)$ 和 ϕ_{jy} 是所有的转移概率。[1] 注意贝尔曼方程 $R^* = FR^*$[参见式 (6.117)] 和贝尔曼方程 6.5.1 节式 (6.112) 和式 (6.113) 之间的区别是：第一个涉及 $\sum_{i=1}^{n} d_{xi} \min_{u \in U(i)} \sum_{j=1}^{n} p_{ij}(u)(\cdots)$，而第二个涉及 $\min_{u \in U} \sum_{i=1}^{n} d_{xi} \sum_{j=1}^{n} p_{ij}(u)(\cdots)$。

一旦找到 R^*，原问题的最优未来费用就可以通过 $\tilde{J}_1 = \Phi R^*$ 近似，次优策略可以通过定义 $\tilde{J}_0$ 的式 (6.115) 最小化来找到。再一次，最优费用函数近似 $\tilde{J}_1$ 是 Φ 的列的线性组合，这可以被视作基函数。

基于仿真的策略迭代

策略迭代算法是计算 R^* 的一种可能性。从一个原问题的平稳策略 μ^0 开始，给定 μ^k，找到满足 $R_{\mu^k} = F_{\mu^k} R_{\mu^k}$，其中 F_μ 是如下定义的映射

$$(F_\mu R)(x) = \sum_{i=1}^{n} d_{xi} \sum_{j=1}^{n} p_{ij}(\mu(i)) \left(g(i,\mu(i),j) + \alpha \sum_{y \in \mathcal{A}} \phi_{jy} R_\mu(y) \right), x \in \mathcal{A} \tag{6.119}$$

---

[1] 简短证明如下：注意 F 是综合 $F = DT\Phi$，其中 T 是通常的动态规划映射，D 和 Φ 是矩阵，分别以分解和聚集分布为行。因为 T 是相对于极值模 $\|\cdot\|$ 的压缩，且 D 和 Φ 是如下意义下的极值模非扩张的

$$\|Dx\| \leqslant \|x\|, \|\Phi y\| \leqslant \|y\|, \forall x, y \in \Re^s$$

于是有 F 极值模压缩。

(这是策略评价步骤)。于是按照如下方式生成 μ^{k+1}

$$\mu^{k+1}(i) = \arg\min_{u \in U(i)} \sum_{j=1}^{n} p_{ij}(u)\left(g(i,u,j) + \alpha\sum_{y \in \mathcal{A}}\phi_{jy}R_{\mu^k}(y)\right), \forall i$$

(这是策略改进步骤)。可以证明,这一算法在有限步迭代中收敛到 F 的唯一不动点。证明遵循之前的策略迭代的收敛性证明的模式,留给读者完成(还参见习题 6.10)。这里的关键事实是 F 和 F_μ 不仅是极值模压缩,还是动态规划映射的单调性(参见 1.1.2 节和引理 1.1.1),这在常规策略迭代的收敛性证明中作为关键的方式来应用(参见命题 2.3.1)。

为了避免在之前的策略迭代算法中的策略评价步骤的 n-维计算,可以使用仿真。特别地,对于给定的策略 μ,考虑如下与 μ 关联的动态规划映射 T_μ,即

$$T_\mu J = g_\mu + \alpha P_\mu J$$

其中 P_μ 是对应于 μ 的转移概率矩阵,g_μ 是向量,其第 i 维元素是

$$\sum_{j=1}^{n} p_{ij}(\mu(i)) g(i,\mu(i),j)$$

策略评价方程 $R = F_\mu R$ 具有线性形式 [参见式 (6.119)]

$$R = DT_\mu(\Phi R)$$

其中 D 和 Φ 是矩阵,其行分别是分解和聚集分布。可以将这一方程写为 $CR = d$,其中

$$C = I - \alpha DP_\mu\Phi, d = Dg_\mu$$

与投影方程的对应矩阵和向量类似 [参见式 (6.38)]。注意方程 $CR = d$ 的结构:这是一个转移概率矩阵等于 $DP_\mu\Phi$,且每阶段费用向量等于 Dg_μ 的策略的贝尔曼方程。

可以使用仿真来近似 C 和 d,与 6.3.3 节类似 [参见式 (6.46) 和式 (6.47)]。特别地,采样序列 $\{(i_0,j_0),(i_1,j_1),\cdots\}$ 通过首先按照分布 $\{\xi_i | i = 1,\cdots,n\}$ 生成状态序列 $\{i_0,i_1,\cdots\}$ 获得(满足对所有的 i 有 $\xi_i > 0$),然后对每个 t 按照分布 $\{p_{i_t j} | j = 1,\cdots,n\}$ 产生转移 (i_t,j_t)。给定前 $k+1$ 样本,构造如下给定的矩阵 $\hat{C}_k$ 和向量 $\hat{d}_k$

$$\hat{C}_k = I - \frac{\alpha}{k+1}\sum_{t=0}^{k}\frac{1}{\xi_{i_t}}d(i_t)\phi(j_t)', \hat{d}_k = \frac{1}{k+1}\sum_{t=0}^{k}\frac{1}{\xi_{i_t}}d(i_t)g(i_t,\mu(i_t),j_t) \tag{6.120}$$

其中 $d(i)$ 是 D 的第 i 列,$\phi(j)'$ 是 Φ 的第 j 行。收敛性 $\hat{C}_k \to C$ 和 $\hat{d}_k \to d$ 遵循如下方程

$$C = I - \alpha\sum_{i=1}^{n}\sum_{j=1}^{n}p_{ij}(\mu(i))d(i)\phi(j)', d = \sum_{i=1}^{n}\sum_{j=1}^{n}p_{ij}(\mu(i))d(i)g(i,\mu(i),j)$$

通过对 $p_{ij}(\mu(i))$ 乘上和除以 ξ_i 来合适地将这些表达式视作期望值,并使用如下关系式

$$\lim_{k\to\infty}\sum_{t=0}^{k}\frac{\delta(i_t = i, j_t = j)}{k+1} = \xi_i p_{ij}(\mu(i))$$

和大数定律的论断（参见 6.3.3 节）。

对应的矩阵求逆方法生成 $\hat{R}_k = \hat{C}_k^{-1} \hat{d}_k$，并用向量 $\Phi \hat{R}_k$ 来近似 μ 的费用向量

$$\tilde{J}_\mu = \Phi \hat{R}_k$$

这是 6.3.4 节中的 LSTD 方法的聚集的对应部分。还可以使用迭代/LSPE- 类方法来求解方程 $CR = d$。

注意，与其用概率 ξ_i 来直接采样原系统状态，还可以替代地按照分布 $\{\zeta_x | x \in \mathcal{A}\}$ 来采样聚集状态 x，产生聚集状态序列 $\{x_0, x_1, \cdots\}$，然后使用分解概率来生成状态序列 $\{i_0, i_1, \cdots\}$。此时式 (6.120) 应当按如下方式修订：

$$\hat{C}_k = I - \frac{\alpha}{k+1} \sum_{t=0}^{k} \frac{1}{\zeta_{x_t} d_{x_t i_t}} d(i_t) \phi(j_t)'$$

$$\hat{d}_k = \frac{1}{k+1} \sum_{t=0}^{k} \frac{1}{\zeta_{x_t} d_{x_t i_t}} d(i_t) g(i_t, \mu(i_t), j_t)$$

一般而言，基于聚集的策略迭代方法与它们基于投影方程的方法相比更好。特别地：

(a) 基于聚集的策略迭代的非乐观版本并不变现基于投影方法的振荡行为（参见 6.4.3 节）。进一步地，该方法的乐观版本也不表现出在 6.4.3 节中描述的震颤现象。这是因为本质上处理的是图 6.5.5 中使用查表法来表示的聚集系统费用。

(b) 正如在 6.4.3 节中讨论的，当策略序列 $\{\mu^k\}$ 收敛到某个 $\bar{\mu}$，正如它在这里所做的，有如下的误差界

$$\|J_{\bar{\mu}} - J^*\| \leqslant \frac{2\alpha\delta}{1-\alpha}$$

其中 δ 满足

$$\|J_k - J_{\mu^k}\| \leqslant \delta$$

对所有生成的策略 μ^k，且 J_k 是 μ^k 的近似费用向量，用于策略改进（在聚集时是 ΦR_{μ^k}）。对于 2.5.6 节的近似策略迭代来说，这比如下的误差界更加紧

$$\limsup_{k \to \infty} \|J_{\mu^k} - J^*\| \leqslant \frac{2\alpha\delta}{(1-\alpha)^2}$$

(c) 搜索的问题在使用聚集进行策略评价时没有那么严重 (acute)。采样概率 ξ_i 限制为正的，否则是任意的，且不依赖当前策略。进一步地，它们的选择不影响所获得的方程 $CR = d$ 的近似解。这与投影方程方法是不同的，在那里 ξ_i 的选择影响投影模，投影方程的节和映射 ΠT 的压缩性质。

之前的讨论指出基于聚集的策略迭代在行为的规律性、误差保障和搜索相关的难点方面比其基于投影方程的方法更有优势。其局限是基函数被限制为 Φ 的行必须是概率分布。

基于仿真的值迭代

为了获得 R^* 的值迭代算法序贯的计算 $FP, F^2R, \cdots$，从某个初始猜测 R 开始，其中 F 是式 (6.118) 的映射。该算法采用基于仿真的实现，它通常不针对例 2.5.1 中的误差放大困难：在实际中，这是增广聚集问题的精确值迭代方法。

另一种替代的求解基于聚集的值迭代方法是基于随机近似方法,具体在 6.1.4 节中讨论过。这类算法通过某种概率机制产生一系列聚集状态 $\{x_0, x_1, \cdots\}$,这保证所有聚集状态被无穷次产生。给定每个 x_k,它独立地按照概率 $d_{x_k i}$ 产生原系统状态 i_k,并更新 $R(x_k)$ 如下

$$R_{k+1}(x_k) = (1 - \gamma_k) R_k(x_k)$$
$$+ \gamma_k \min_{u \in U(i)} \sum_{j=1}^{n} p_{i_k j}(u) \left(g(i_k, u, j) + \alpha \sum_{y \in \mathcal{A}} \phi_{jy} R_k(y) \right)$$

其中 γ_k 是逐步减小的正步长,并保持 R 的其他元素不变:

$$R_{k+1}(x) = R_k(x), \ x \neq x_k$$

这一算法可以被视作异步的随机逼近版本的策略迭代。其收敛性机制和可用性与将在 6.6.1 节中给出的 Q-学习算法非常相似,所以我们将讨论推后到那一节。步长 γ_k 应当基于随机逼近的原理,参见 6.1.4 节。

6.5.3 多步聚集

到目前为止,所讨论的聚集方法是基于图 6.5.5 的系统,这在原系统的单次转移之后返回一个聚集的状态。可以通过考虑多步基于聚集的动态系统来获得更加一般的方法。一种可能性(如图 6.5.6 所示)和之前一样由分解和聚集概率来限定,但涉及在原系统状态和聚集状态之间的 $k > 1$ 次转移。

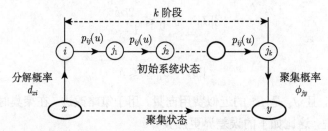

图 6.5.6 多步聚集的转移机制。该机制基于一个动态系统,该动态系统包含聚集状态、由聚集状态之间交叉转移构成的初始系统状态间的 k 次转移

引入向量 $\tilde{J}_0, \tilde{J}_1, \cdots, \tilde{J}_k, R^*$,其中:

$R^*(x)$ 是聚集状态 x 的最优未来费用。

$\tilde{J}_0(i)$ 是从某聚集状态生成的原系统状态 i 出现的最优未来费用(图 6.5.6 左部)。

$\tilde{J}_1(j_1)$ 是从由原系统状态 i 生成的原系统状态 j_1 出发的最优未来费用。

$\tilde{J}_m(j_m), m = 2, \cdots, k$,是从由原系统状态 j_{m-1} 生成的原系统状态 j_m 出发的最优未来费用。

这些向量满足下面的贝尔曼方程:

$$R^*(x) = \sum_{i=1}^{n} d_{xi} \tilde{J}_0(i), x \in \mathcal{A}$$

$$\tilde{J}_0(i) = \min_{u \in U(i)} \sum_{j_1=1}^{n} p_{ij_1}(u) \left(g(i, u, j_1) + \alpha \tilde{J}_1(j_1) \right), i = 1, \cdots, n \tag{6.121}$$

$$\tilde{J}_m(j_m) = \min_{u \in U(j_m)} \sum_{j_{m+1}=1}^{n} p_{j_m j_{m+1}}(u)(g(j_m, u, j_{m+1}) + \alpha \tilde{J}_{m+1}(j_{m+1})), j_m = 1, \cdots, n, m = 1, \cdots, k-1$$

$$\tag{6.122}$$

$$\tilde{J}_k(j_k) = \sum_{y \in \mathcal{A}} \phi_{j_k y} R^*(y), j_k = 1, \cdots, n \tag{6.123}$$

通过组合这些方程，获得 R^* 的一个方程：

$$R^* = DT^k(\Phi R^*)$$

其中 T 是原系统的通常的动态规划映射。正如之前，可以看到相关联的映射 $DT^k\Phi$ 是极值模压缩，但其压缩模是 α^k 而不是 α。

存在对应于固定策略的类似映射，可以被用于实现策略迭代算法，该映射通过计算对应的向量 R 来评价一个策略，然后改进它。然而，这与单步聚集情形有一个主要区别：一个策略涉及 k 个控制函数 $\{\mu_0, \cdots, \mu_{k-1}\}$，尽管已知策略可能易于仿真，其改进需使用多步前瞻，使用式 (6.121)~式 (6.123) 的最小化，可能要消耗大量计算。仅当这一计算量可承受时，方可使用前述基于多步聚集的策略迭代。

另一方面，基于理论上的观点，一个多步机制提供了真正最优的费用向量 J^*，与使用大量的聚集状态独立。这可以从式 (6.121)~式 (6.123) 中看出，由经典的值迭代收敛性结论可以看到当 $k \to \infty$ 时，有 $\tilde{J}_k(i) \to J^*(i)$（不论聚集状态的选择如何）。进一步地，因为下面的压缩模是 α^k，所以可以验证改进的误差界而不是式 (6.110) 的界（对应于 $k = 1$）：

$$\|J_{\bar{\mu}} - J^*\| \leqslant \frac{2\alpha^k \delta}{1 - \alpha^k}$$

其中 $\bar{\mu}$ 是由近似策略迭代生成的多阶段策略 $\{\mu_0, \cdots, \mu_{k-1}\}$ 的极限的第一维 $\bar{\mu}_0$。

6.5.4　异步分布聚集

现在讨论大规模折扣动态规划问题的分布式解，使用基于硬聚集的费用函数近似。将原系统状态分为聚集状态/子集 $x \in \mathcal{A} = \{x_1, \cdots, x_m\}$，假想对于一个网络处理器，每个异步的更新细节的/精确的局部的费用函数，定义在单个聚集状态/子集。每个处理器也对其聚集状态保持聚集费用，这是在该处理器的子集中的（原系统）状态的细节费用的加权平均，权重是对应的分解概率。这些聚集费用在处理器之间通信，并被用于进行局部更新。

在这一类同步的值迭代方法中，每个处理器 $l = 1, \cdots, m$ 为每个原系统状态 $i \in x_l$ 保持/更新一个（局部的）费用 $J(i)$ 和一个聚集费用

$$R(l) = \sum_{i \in x_l} d_{x_l i} J(i)$$

其中 $d_{x_l i}$ 是对应的分解概率。一般用 J 和 R 来分别表示两个向量，其元素为 $J(i), i = 1, \cdots, n$ 和 $R(l), l = 1, \cdots, m$。这些元素按如下方式更新

$$J_{k+1}(i) = \min_{u \in U(i)} H_l(i, u, J_k, R_k), \forall i \in x_l \tag{6.124}$$

和

$$R_k(l) = \sum_{i \in x_l} d_{x_l i} J_k(i), l = 1, \cdots, m \tag{6.125}$$

其中映射 H_l 对所有的 $l = 1, \cdots, m, i \in x_l, u \in U(i)$ 和 $J \in \Re^n, R \in \Re^m$ 定义如下

$$H_l(i, u, J, R) = \sum_{j=1}^{n} p_{ij}(u) g(i, u, j) + \alpha \sum_{j \in x_l} p_{ij}(u) J(j) + \alpha \sum_{j \notin x_l} p_{ij}(u) R(x(j)) \tag{6.126}$$

对每个原系统状态 j,用 $x(j)$ 表示 j 所属于的子集 [即,$j \in x(j)$]。所以式 (6.124) 的迭代与常规值迭代相同,不同之处在于对于状态 j 并未使用 $J(j)$ 而是使用聚集费用 $R(x(j))$,该费用由其他处理器更新。

可以证明式 (6.124) 和式 (6.125) 的更新涉及极值模压缩映射,且模为 α,所以它收敛到 (J, R) 的系统方程的唯一解,具体如下

$$J(i) = \min_{u \in U(i)} H_l(i, u, J, R), R(l) = \sum_{i \in x_l} d_{x_l i} J(i), \forall i \in x_l, l = 1, \cdots, m \tag{6.127}$$

这来自如下事实,即 $\{d_{x_l i | i=1, \cdots, n}\}$ 是概率分布。可以将式 (6.127) 视作一个 "聚集的" 动态规划问题的贝尔曼方程组,这与之前的讨论相似,同时涉及原系统状态和聚集的系统状态。与式 (6.114)~式 (6.116) 的贝尔曼方程的区别是,式 (6.126) 的映射涉及 $J(j)$ 而不是 $R(x(j))$(对 $j \in x_l$)。

在式 (6.124) 和式 (6.125) 的算法中,所有处理器 l 必须同步更新它们的局部费用 $J(i)$ 和聚集费用 $R(l)$,并且在新的迭代可以开始之前与其他处理器交换聚集费用。这通常是不实际的,而且很耗费时间。在这一方法的更加实际的异步版本中,聚集费用 $R(l)$ 可以是过期的,以表示处理器之间通信的 "延迟"。进一步地,费用 $J(i)$ 未必对所有的 i 进行更新;它们由每个处理器 l 仅在 $I_{l,k} \in x_l$ 的(可能是空的)子集上进行更新就足够了。此时,式 (6.124) 和式 (6.125) 修订为如下形式

$$J_{k+1}(i) = \min_{u \in U(i)} H_l(i, u, J_k, R_{\tau_{1,k}}(1), \cdots, R_{\tau_{m,k}}(m)), \forall i \in I_{l,k} \tag{6.128}$$

满足对所有的 $l = 1, \cdots, m$,有 $0 \leqslant \tau_{l,k} \leqslant k$ 和

$$R_\tau(l) = \sum_{i \in x_l} d_{x_l i} J_\tau(i), \forall l = 1, \cdots, m$$

式 (6.128) 中的差别 $k - \tau_{l,k}, l = 1, \cdots, m$ 可以被视作当前时间 k 和时间 $\tau_{l,k}$ 之间的 "延迟",后者是对应的聚集费用在其他处理器计算的时间。为了收敛性,当然需要每个 $i \in x_l$ 属于 $I_{l,k}$ 对无穷多的 k 成立(因而每个费用元素被无穷多次更新),且对所有的 $l = 1, \cdots, m$,有 $\lim_{k \to \infty} \tau_{l,k} = \infty$(所以处理器最终将更加新的计算出来的聚集费用通信给其他的处理器)。

这类异步分布式方法属于 2.6.1 节的框架。其收敛性基于式 (6.127) 的映射的极值模压缩性质,可以使用命题 2.6.1 的异步收敛性定理来证明。单调性也足够用于证明收敛性,这可以在其他非折扣动态规划模型的相关算法的收敛性分析中使用(参见 [BeY10b])。

6.6 Q-学习

本节讨论折扣问题的多种 Q-学习方法，可以在系统没有显式模型时使用（属于无模型）。这类方法的原始版本与值迭代有关，且可以直接用于多个策略的情况。相比于近似某特定策略的的费用函数，该方法更新最优策略所关联的 Q-因子，于是避免了策略迭代方法中的多个策略评价步骤。考虑这一方法和其他相关方法，这些方法具有共同特点，即它们都涉及精确或者近似的 Q-因子。

6.6.1 节讨论了 Q-学习的原始形式，作为在 2.6.1 节中异步值迭代分析的推广。6.6.2 节中讨论 Q-因子的策略迭代算法，包括乐观异步版本，这导出了在每次迭代具有更小额外计算负担的算法。在最后的 4 个小节中，我们集中关注使用 Q-因子近似的 Q-学习算法：使用投影方程方法的策略迭代（见 6.6.3 节）、最优停止问题的特殊算法（见 6.6.4 节）、聚集方法（见 6.6.5 节）和有限阶段问题的方法（见 6.6.6 节）。

6.6.1 Q-学习：随机值迭代算法

在折扣问题中，对所有的 $(i, u), u \in U(i)$，最优 Q-因子定义如下

$$Q^*(i, u) = \sum_{j=1}^{n} p_{ij}(u) \left(g(i, u, j) + \alpha J^*(j) \right)$$

正如在 2.2.3 节中所讨论的，这些 Q-因子对所有的 (i, u) 满足

$$Q^*(i, u) = \sum_{j=1}^{n} p_{ij}(u) \left(g(i, u, j) + \alpha \min_{v \in U(j)} Q^*(j, v) \right)$$

且是这组方程的唯一解。其证明与贝尔曼方程解的存在性和唯一性的证明本质上相同。此外，最优 Q-因子可以通过值迭代算法 $Q_{k+1} = FQ_k$ 来获得，其中 F 是如下定义的映射

$$(FQ)(i, u) = \sum_{j=1}^{n} p_{ij}(u) \left(g(i, u, j) + \alpha \min_{v \in U(j)} Q(j, v) \right), \forall (i, u) \tag{6.129}$$

因为 F 是模为 α 的极值模压缩映射（对应 α-折扣问题的贝尔曼方程），算法 $Q_{k+1} = FQ_k$ 从每个起点 Q_0 收敛到 Q^*。[①]

最初并且最广为人知的 Q-学习算法（[Wat89]）是一种随机的值迭代方法，借由采样和仿真得到等式 (6.129) 的近似期望值。特别地，一个无穷长的状态-控制对序列 $\{(i_k, u_k)\}$ 是由一些概率机制产生的。给定 (i_k, u_k)，状态 j_k 通过概率 $p_{i_k j}(u_k)$ 产生。(i_k, u_k) 的 Q-因子使用步长 $\gamma_k \in (0, 1]$ 来更新，而所有其他的 Q-因子保持不变：

$$Q_{k+1}(i, u) = (1 - \gamma_k) Q_k(i, u) + \gamma_k (F_k Q_k)(i, u), \forall (i, u) \tag{6.130}$$

---

① Q-学习算法也可以用于具有决策后状态的问题，其中 $p_{ij}(u)$ 具有形式 $q(f(i, u), j)$（参见 6.1.5 节）。特别地，可以开发计算决策后状态 $m = f(i, u)$ 的最优未来费用函数 V^* 的类似的异步基于仿真版本的值迭代：式 (6.129) 的映射 F 被替换为如下给定的映射 H

$$(HV)(m) = \sum_{j=1}^{n} q(m, j) \min_{u \in U(j)} [g(j, u) + \alpha V(f(j, u))], \forall m$$

[参见式 (6.26)]。

其中

$$(F_k Q_k)(i, u) = \begin{cases} g(i_k, u_k, j_k) + \alpha \min_{u \in U(j_k)} Q_k(j_k, v), & (i, u) = (i_k, u_k) \\ Q_k(i, u), & (i, u) \neq (i_k, u_k) \end{cases} \quad (6.131)$$

注意 $(F_k Q_k)(i_k, u_k)$ 是定义式 (6.129) 中的 $(F Q_k)(i_k, u_k)$ 的期望值的单个样本近似。

为了保证式 (6.130) 和式 (6.131) 的算法的收敛到最优 Q-因子，需要满足一些条件。这其中的主要条件是所有状态-控制对 (i, u) 需要在无穷长的序列 $\{(i_k, u_k)\}$ 中被无穷多次地产生，而且后续状态 j 必须在给定的状态–控制对每次出现后独立地采样出来。进一步地，步长 γ_k 应当满足

$$\gamma_k > 0, \forall k, \sum_{k=0}^{\infty} \gamma_k = \infty, \sum_{k=0}^{\infty} \gamma_k^2 < \infty$$

这在随机逼近方法中是典型的（参见 6.1.4 节），例如当 $\gamma_k = c_1/(k + c_2)$ 时，c_1 和 c_2 是某个正常量。此外其他一些技术性条件也应当满足。数学上严格的收敛性证明超出了我们讨论的范畴；请见论文 [Tsi94b]，该文将 Q-学习嵌入在广泛的异步随机逼近算法之中。

对于不正式的收敛过程的介绍，可以将 Q-学习视作异步值迭代算法，其中式 (6.12) 定义中映射 F 的期望值通过蒙特卡罗形式的平均来近似，秉承了随机逼近方法的思想。特别地，可以将式 (6.130) 和式 (6.131) 的 Q-学习算法关联到（理想的）值迭代类型算法，这由相同的无穷长序列 $\{(i_k, u_k)\}$ 来定义，且给定如下

$$Q_{k+1}(i, u) = \begin{cases} (F Q_k)(i_k, u_k), & (i, u) = (i_k, u_k) \\ Q_k(i, u), & (i, u) \neq (i_k, u_k) \end{cases} \quad (6.132)$$

其中 F 是式 (6.129) 的映射。与式 (6.130) 和式 (6.131) 的 Q-学习算法相比，我们注意到这一算法：

(a) 也在第 k 步迭代更新，但只更新对应于 (i_k, u_k) 的 Q-因子，而保持所有其他的 Q-因子不变。

(b) 用映射 F 替代 "单样本近似" F_k，且用步长 1 而不是 γ_k。

可以将式 (6.132) 的算法视作 2.6.1 节中所讨论的异步值迭代的特殊情形。使用在那一节中所给出的高斯-赛德尔方法的分析和相关的每次一个状态/异步值迭代算法，可以证明式 (6.132) 的算法收敛到最优 Q-因子向量，只要所有的状态-控制对 (i, u) 在序列 $\{(i_k, u_k)\}$ 中无穷多次被产生。关键的事实是映射 F 是极值模压缩，且满足异步收敛定理 2.6.1 的条件。

式 (6.130) 和式 (6.131) 的 Q-学习算法由式 (6.132) 的算法通过将式 (6.129) 中 F 的定义替换为基于到 k 时刻为止所有涉及 (i_k, u_k) 的采样的蒙特卡罗估计，然后简化计算，所以可以每次只用一个样本迭代得到结果，正如在 6.1.4 节中所讨论的随机逼近方法。

[Tsi94b] 的收敛性证明（也在 [BeT96] 中重新给出）将随机逼近算法的理论工具与 2.6.1 节中异步收敛理论结合起来。在后者的理论中，一个关键的思想是证明该算法进入并保持在一系列越来越小的 "盒子" 里面，这些盒子的交集是 Q^*。然而，需要处理额外的几个事项：由于逐渐减小的步长和随机效应，可能需要多次更新 Q 才能从一个盒子进入下一个，于是需要验证仿真噪声最终可以协调以保证不会影响收敛过程。

在实际中，Q-学习具有一些弱点，其中最重要的是 Q-因子/状态-控制对 (i, u) 的数量可能非常大。为了减小难度，可以引入状态聚集框架。或者，可以引入 Q-因子的线性近似框架，与 6.3 节中的策略评价框架类似。这些可能性将在后续的章节中讨论。

6.6.2 Q-学习和策略迭代

现在考虑 Q-因子的策略迭代。在 2.3.2 节中可以注意到，策略迭代既可以应用于费用空间来找到 J^*，也可用于 Q-因子空间来找到 Q^*。数学上，这两种算法可产生相同的结果，但使用 Q-因子非常适用于无模型的场合。精确形式策略迭代的第 k 次迭代从当前策略 μ^k 开始，包含用于找到如下给定的映射 F_{μ^k} 的不动点 Q_{μ^k} 的策略评价过程

$$(F_{\mu^k}Q)(i,u) = \sum_{j=1}^{n} p_{ij}(u)\left(g(i,u,j) + \alpha Q(j,\mu^k(j))\right), \forall (i,u)$$

和将 μ^k 通过如下方程更新为一个新的策略 μ^{k+1} 的策略改进阶段

$$\mu^{k+1}(i) = \arg\min_{u \in U(i)} Q_{k+1}(i,u), \forall i \tag{6.133}$$

乐观策略迭代不精确地执行 μ^k 的策略评价，使用有限的 m_k 次值迭代来计算 Q_{μ^k}。它从对 (μ^k, Q_k) 开始第 k 步，近似地评价 μ^k，使用

$$Q_{k+1} = F_{\mu^k}^{m_k} Q_k \tag{6.134}$$

并通过式 (6.133) 获得新的策略 μ^{k+1}。然而，正如在 2.6.2 节中指出的，乐观策略迭代在异步执行时，具有收敛性上的困难；事实上，该方法可能不收敛，正如 [WiB93] 中的反例所展示的那样。进一步地，目前没有已知的对这一方法一致收敛的随机实现可以与 6.6.1 节中的 Q-学习算法并行。这些困难是由于该方法缺乏内在的一致性：它逐次使用映射 F_μ，该映射当 μ 变化时指向不同的不动点，所以需要一些额外的收敛机制。

为了绕开收敛性的难点，可以使用 2.6.3 节中具有均一不动点的异步策略迭代算法的思想。在这一算法中，与其只在 Q-因子 Q 上迭代，不如在 Q-因子对/费用对 (Q,J) 上迭代。进一步地，与其使用 F_μ，不如使用另一个映射，该映射在对 (Q,J) 上运算。这个映射在例 2.6.2 中给出，是一个极值模压缩映射，且对所有的 μ 有共同的不动点 (Q^*, J^*)。这个策略迭代算法于是可以任意变化策略 μ，而始终朝向所期望的不动点 (Q^*, J^*)。这不仅克服了式 (6.133) 和式 (6.134) 的乐观策略迭代的收敛性困难，而且保证了在完全异步的计算环境中收敛。

这样的算法的基于仿真的实现再现了式 (6.130) 的经典 Q-学习迭代，但将在所有 $u \in U(j)$ 上的最小化替代为更简单的最小化（只在两个数之间进行）。与经典 Q-学习类似，它产生一系列的状态-行为对 $\{(i_k, u_k) | k = 0, 1, \cdots\}$，并在第 k 次迭代仅更新 (i_k, u_k) 的 Q-因子，使用正步长 γ_k。它还更新 J 的单个元素，如果 $k \in K_J$，其中 K_J 是指标的无穷子集（这未必需要事先确定，具体依赖于算法的进程）。给定 (Q_k, J_k) 和当前策略 μ^k，算法以如下过程获得 (Q_{k+1}, J_{k+1})：

(1) 选中一个状态-行为对 (i_k, u_k)。如果 $k \in K_J$，按照如下方式更新 J_k

$$J_{k+1}(j) = \begin{cases} \min_{v \in U(j)} Q_k(j,v), & j = i_k \\ J_k(j), & j \neq i_k \end{cases} \tag{6.135}$$

并将 $\mu^{k+1}(i_k)$ 设为等于式 (6.135) 中的最小化控制，对所有 $j \neq i_k$ 有 $\mu^{k+1}(j) = \mu^k(j)$。如果 $k \notin K_J$，保持 J_k 和 μ^k 不变：$J_{k+1} = J_k$ 和 $\mu^{k+1} = \mu^k$。

(2) 选中步长 $\gamma_k \in (0,1]$。按照分布 $p_{i_k j}(u_k), j = 1, \cdots, n$ 产生后续状态 j_k，按照如下方式更新 Q 的第 (i_k, u_k) 维

$$
\begin{aligned}
Q_{k+1}(i_k, u_k) = &(1 - \gamma_k)Q_k(i_k, u_k) \\
&+ \gamma_k \left(g(i_k, u_k, j_k) + \alpha \min\{J_k(j_k), Q_k(j_k, \mu^k(j_k))\} \right)
\end{aligned} \tag{6.136}
$$

并保持 Q_k 的其他维不变：对所有的 $(i, u) \neq (i_k, u_k)$ 有 $Q_{k+1}(i, u) = Q_k(i, u)$。

关于本算法和其他相关的 Q-学习算法的收敛性分析，推荐 [BeY10a]、[BeY10b]、[YuB11b]。该算法在每次迭代中具有较少的额外运算（仅在通常是 K_J 的一个小的子集上执行在所有控制上的最小化；这是乐观策略迭代相比于值迭代的一般优势）。然而该算法具有强的收敛性质，正如 6.6.1 节中的经典 Q-学习算法。这两个算法的收敛性条件本质上是相同的。特别地，步长 γ_k 应当逐渐减小到 0 且应当满足对随机逼近方法的典型条件（参见 6.1.4 节）。

在 [BeY10a] 中给出了一个更加一般的 Q-学习算法，该算法使用一个本质上任意随机的策略 ν_k 在式 (6.136) 中替代 μ^k。这里 $\nu_k(v|j)$ 是在状态 j 使用控制 v 的概率，所以与其使用式 (6.136)，不如使用

$$
\begin{aligned}
Q_{k+1}(i_k, u_k) = &(1 - \gamma_k)Q_k(i_k, u_k) \\
&+ \gamma_k \left(g(i_k, u_k, j_k) + \alpha \min\{J_k(j_k), Q_k(j_k, v_k)\} \right)
\end{aligned} \tag{6.137}
$$

其中 v_k 使用分布 $\nu_k(\cdot|j_k)$ 来生成。该算法可以与插值共同使用，正如在 2.6.3 节末尾所提及的。

为了传达关于这个算法的一些启示，注意，如果 J_k 和 ν_k 为定值 J 和 ν，在标准条件下式 (6.137) 的算法可以被证明将收敛到与 Q^* 关联的 Q-因子向量 $Q_{J,\nu}$，且为映射 $F_{J,\nu}$ 的不动点，该映射对所有的 (i, u) 定义如下

$$
(F_{J,\nu}Q)(i, u) = \sum_{j=1}^{n} p_{ij}(u) \left(g(i, u, j) + \alpha \sum_{v \in U(j)} \nu(v|j) \min\{J(j), Q(j, v)\} \right)
$$

进一步地，如果 ν 是近优策略，只要 J 不过分小于 J^*，有 $Q_{J,\nu} \approx Q^*$，于是可以利用关于 J^* 的先验知识 [例如，$J(j)$ 可以是某个已知的从状态 j 出发的"好的"策略]，而如果 $J \approx J^*$，那么不论 ν 如何选择，都有 $Q_{J,\nu} \approx Q^*$。这允许我们在选择 ν 时考虑其他的目标，比如可以考虑策略的性能而不是仅仅选择基于到目前为止的计算结果中被认为是"最好"的策略。在无模型的学习中，我们希望能够灵活地选择策略，此时在评价当前最有希望的策略之外，需要尝试其他的策略来搜索环境。所以 J 和 ν 的选择可以通过不同的方式对算法的进程产生有利的影响。对于进一步的分析，推荐 [BeY10b]，该论文还讨论了涉及 Q-因子近似的算法推广，并提供了相关的误差界。

6.6.3 Q-因子近似和投影方程

到目前为止，已经讨论了使用 Q-因子的查表法表示方式的 Q-学习算法。现在将考虑使用线性 Q-因子近似的 Q-学习 —— 投影方程方法。正如我们之前所讨论的（参见图 6.6.1），可以将 Q-因子视作某个折扣动态规划问题的最优费用，其状态是状态-控制对 (i, u)。于是可以使用 6.3～6.5 节的近似策略迭代方法。为此，需要引入线性参数架构 $\tilde{Q}(i, u, r)$，

$$\tilde{Q}(i,u,r) = \phi(i,u)'r \tag{6.138}$$

其中 $\phi(i,u)$ 是依赖于状态和控制的特征向量。状态特征的例子已经在之前展示了。与状态-控制对的特征类似，除了经常没有足够的启示来引导我们选择控制的特征。此时，如果控制数量比较小，那么可以为每个 u 的取值分别引入权重向量 r_u，即

$$\tilde{Q}(i,u,r) = \phi(i)'r_u, \forall u \in U(i)$$

其中 $\phi(i)$ 是状态 i 的特征向量。

在典型的迭代中，给定当前策略 μ，为对应 μ 的 Q-因子的投影方程找到近似解 $\tilde{Q}_\mu(i,u,r)$，然后通过如下方式获得新的策略 $\bar{\mu}$

$$\bar{\mu}(i) = \arg\min_{u \in U(i)} \tilde{Q}_\mu(i,u,r)$$

例如，与 6.3.4 节中的讨论类似，使用当前策略 $[u_t = \mu(i_t)]$ 具有式 (6.138) 形式的线性参数结构的 LSTD(0) 产生轨迹 $\{(i_0,u_0),(i_1,u_1),\cdots\}$，并找到在时间 k 的投影方程的唯一解 [参见式 (6.50)]

$$\sum_{t=0}^{k} \phi(i_t,u_t)q_{k,t} = 0$$

其中 $q_{k,t}$ 是对应的 TD

$$q_{k,t} = \phi(i_t,u_t)'r_k - \alpha\phi(i_{t+1},u_{t+1})'r_k - g(i_t,u_t,i_{t+1}) \tag{6.139}$$

[参见式 (6.51)]。LSPE(0) 给定如下

$$r_{k+1} = r_k - \left(\sum_{t=0}^{k} \phi(i_t,u_t)\phi(i_t,u_t)'\right)^{-1}\sum_{t=0}^{k}\phi(i_t,u_t)q_{k,t} \tag{6.140}$$

或者之前讨论的类型的某种修订。

还有基于 LSPE(0)、LSTD(0) 和 TD(0) 的乐观近似策略迭代方法，与之前讨论的方法类似。举例来说，考虑 TD(0) 的一种极端情形 —— 在策略更新之间只使用单个样本。在第 k 次迭代开始时，有当前的参数向量 r_k（在某个状态 i_k，且已经选择了控制 u_k）。于是：

(1) 使用转移概率 $p_{i_kj}(u_k)$ 仿真下一次转移 (i_k,i_{k+1})。

(2) 从如下的最小化生成控制 u_{k+1}

$$u_{k+1} = \arg\min_{u \in U(i_{k+1})} \tilde{Q}(i_{k+1},u,r_k)$$

[在某些机制中，u_{k+1} 以小概率选为 $U(i_{k+1})$ 的随机元素以增强搜索。]

(3) 通过如下方式来更新参数向量

$$r_{k+1} = r_k - \gamma_k\phi(i_k,u_k)q_{k,k}$$

其中 γ_k 是正步长，且 $q_{k,k}$ 是如下 TD

$$q_{k,k} = \phi(i_k,u_k)'r_k - \alpha\phi(i_{k+1},u_{k+1})'r_k - g(i_k,u_k,i_{k+1})$$

[参见式 (6.139)]。该过程现在分别用 r_{k+1}、i_{k+1} 和 u_{k+1} 替代 r_k、i_k 和 u_k。

刚才描述的这类的极端的乐观机制已经在实际中使用，并经常被称为 SARSA（状态−行为−受益−状态−行为）。它们的行为非常复杂，它们的理论收敛性质尚不清楚，在文献中也没有相关的误差界。进一步地，因为不使用参数 $\lambda > 0$，所以它们可能对偏差敏感。

可以通过改造 6.3 节和 6.4 节的 LSTD(λ) 和 LSPE(λ) 直接构造其他的 Q-因子乐观策略迭代方法。这需要将状态和费用分别替换为状态-控制对和 Q-因子。6.6.2 节的乐观策略迭代算法还有变体版本，使用紧凑表示且可以与最优停止问题中的费用函数近似方法联合使用，例如在下一节中将要讨论的方法。此外，对应的误差界可以被证明，这与近似策略迭代中的标准界类似（第 2 章命题 2.5.11）。对于这些界和使用紧凑表达的相关讨论，推荐 [BeY10a]。

正如在其他形式的策略迭代中一样，本节算法的行为非常复杂，涉及例如策略振荡（参见 6.4.3 节），且不能保证成功（除了一般的误差界）。搜索也是一个重要的问题，使用 6.4.1 节和 6.4.2 节的搜索增强版本是非常关键的，正如接下来的讨论。

搜索问题

在 Q-因子的基于仿真的策略迭代方法中，一个主要的顾虑是在当前策略 μ 的近似评价步骤中的搜索问题，来保证状态-控制对 $(i, u) \neq (i, \mu(i))$ 在仿真中被充分且经常地产生。为此，可以使用 6.4.1 节和 6.4.2 节中讨论的搜索增强机制。

举例来说，可以使用基于几何采样或者自由形式的采样的 LSTD(λ) 或者 LSPE(λ) 方法，即，Q-因子的多条使用当前策略产生的短的轨道的仿真（参见6.4.1 节）。这些轨道从由合适的随机化机制选定的状态-控制对重新开始以提高搜索效率。重新开始的状态-控制对的序列可以从一个策略到下一个策略重新使用。在极限情况下，当 $\lambda = 0$ 时，每个"轨迹"包含单个转移，所以转移的整个序列可以从一个策略到下一个策略被重用。

另举一例，可以使用基于使用了修正 TD 的 LSTD(λ) 的离线策略搜索机制（参见 6.4.2 节）。在这样的机制中，按照下面的转移概率来产生一系列状态-控制对 $\{(i_0, u_0), (i_1, u_1), \cdots\}$

$$p_{i_k i_{k+1}}(u_k)\nu(u_{k+1}|i_{k+1})$$

其中 $\nu(u|i)$ 是在控制约束集 $U(i)$ 上的概率分布，这提供了搜索的一个机制。注意，此时在式 (6.105) 的修订 TD 中概率比例具有如下形式

$$\frac{p_{i_k i_{k+1}}(u_k)\delta\left(u_{k+1} = \mu(i_{k+1})\right)}{p_{i_k i_{k+1}}(u_k)\nu(u_{k+1}|i_{k+1})} = \frac{\delta(u_{k+1} = \mu(i_{k+1}))}{\nu(u_{k+1}|i_{k+1})}$$

且不依赖转移概率 $p_{i_k i_{k+1}}(u_k)$。一般而言，Q-学习所需的搜索量可能是比较大的，所以底层的映射 $\bar{\Pi}T$ 可能不是压缩的，此时 LSPE(λ) 或 TD(λ) 的合理性是存疑的（除非 λ 非常接近 1），正如在 6.4 节中所讨论的。对于涉及刚才描述的那类搜索的 Q-因子的 LSTD(λ) 类算法的一般收敛性分析，推荐 [Yu10a]、[Yu10b]。

6.6.4　最优停止问题的 Q-学习

6.3 节中的策略评价算法，例如 TD(λ)、LSPE(λ) 和 LSTD(λ)，只适用于在近似策略迭代中每次只评价单个策略的情况。可以尝试将这些方法推广到多个策略的情形，通过用仿真投影方程 $\Phi r =$

$\Pi T(\Phi r)$ 的方式来求解，其中 T 是现在涉及在多个控制上进行最小化的动态规划映射。然而，存在一些困难：

(a) 映射 ΠT 是非线性的，所以基于仿真的近似方法（比如 LSTD）不再适用。

(b) ΠT 一般不再是相对于任意模的压缩，所以 PVI 迭代

$$\Phi r_{k+1} = \Pi T(\Phi r_k)$$

[参见式 (6.39)]可能发散且基于仿真的 LSPE 类近似也可能发散。这一难点也影响了在 6.1.3 节中讨论的拟合值迭代方法。

(c) 即使 ΠT 是压缩的，所以上述 PVI 迭代收敛，基于仿真的 LSPE 类近似可能没有有效地递归实现，因为 $T(\Phi r_k)$ 是 r_k 的非线性函数。

在本节讨论最优停止问题的情形，其中上述最后两个难点可以被极大地克服。结果是，这一问题具有很快将讨论的良好结构：压缩性质，在 [TsV99b] 中发现，这允许开发类似于 TD(0) 和 LSPE(0) 的迭代方法。

最优停止问题是动态规划问题的特例，其中只能选择是否停在当前状态。例子包括搜索问题、序贯假设检验和金融衍生品定价（见第 I 卷 4.4 节）。给定马尔可夫链，其状态空间是 $\{1,\cdots,n\}$，转移概率是 p_{ij}。假设状态构成单个常返类，所以稳态分布向量 $\xi = (\xi_1,\cdots,\xi_n)$ 对所有的 i 满足 $\xi_i > 0$，正如 6.3 节中所述。给定当前状态 i，假设有两个选项：停止并导致费用 $c(i)$，或者继续下去并产生费用 $g(i,j)$，其中 j 是下一个状态（没有控制可以影响对应的转移概率）。问题是最小化相关的 α-折扣无穷阶段的费用。

为这两个可能的决策中的每一个关联一个 Q-因子。决定停止的 Q-因子等于 $c(i)$。决定继续的 Q-因子记为 $Q(i)$，并满足贝尔曼方程

$$Q(i) = \sum_{j=1}^{n} p_{ij}\left(g(i,j) + \alpha \min\{c(j), Q(j)\}\right) \tag{6.141}$$

Q-学习算法产生满足所有状态都无穷多次被生成的无穷长的状态序列 $\{i_0, i_1, \cdots\}$ 以及按照转移概率 $p_{i_k j}$ 来生成的对应的转移序列 $\{(i_k, j_k)\}$。它按如下方式更新继续下去的决策的 Q-因子 [参见式 (6.130)~式 (6.131)]：

$$Q_{k+1}(i) = (1 - \gamma_k)Q_k(i) + \gamma_k (F_k Q_k)(i), \forall i$$

其中映射 F_k 的元素定义如下

$$(F_k Q)(i_k) = g(i_k, j_k) + \alpha \min\{c(j_k), Q(j_k)\}$$

和

$$(F_k Q)(i) = Q(i), \forall i \neq i_k$$

这一算法的收敛性由之前讨论的 Q-学习的一般理论处理。一旦 Q-因子被计算了，一个最优的策略就可以通过在状态 i 停止 [当且仅当 $c(i) \leqslant Q(i)$] 来实现。然而，当状态数非常大时，算法是不实际的，这启发了 Q-因子近似。

引入如下给定的映射 $F : \Re^n \mapsto \Re^n$

$$(FQ)(i) = \sum_{j=1}^{n} p_{ij} \left(g(i,j) + \alpha \min\{c(j), Q(j)\} \right)$$

这个映射可以写为更加紧凑的形式

$$FQ = g + \alpha P f(Q)$$

其中 g 是向量,其第 i 个元素是

$$\sum_{j=1}^{n} p_{ij} g(i,j) \tag{6.142}$$

$f(Q)$ 是函数,其第 j 个元素是

$$f_j(Q) = \min\{c(j), Q(j)\} \tag{6.143}$$

注意,继续下去选择的(精确) Q-因子是 F 的唯一不动点 [参见式 (6.141)]。下面是关键的事实。

命题 6.6.1 F 是压缩映射,相对于 $\|\cdot\|_\xi$ 的模为 α,加权欧氏模对应稳态概率向量 ξ。

证明 对任意两个向量 Q 和 $\bar{Q}$,有

$$|(FQ)(i) - (F\bar{Q})(i)| \leqslant \alpha \sum_{j=1}^{n} p_{ij} |f_j(Q) - f_j(\bar{Q})| \leqslant \alpha \sum_{j=1}^{n} p_{ij} |Q(j) - \bar{Q}(j)|$$

或者

$$|FQ - F\bar{Q}| \leqslant \alpha P |Q - \bar{Q}|$$

其中使用符号 $|x|$ 来表示一个向量,其元素是 x 的元素的绝对值。于是,

$$\|FQ - F\bar{Q}\|_\xi \leqslant \alpha \|P|Q - \bar{Q}|\|_\xi \leqslant \alpha \|Q - \bar{Q}\|_\xi$$

其中最后一步来自不等式 $\|PJ\|_\xi \leqslant \|J\|_\xi$,这对每个向量 J 都成立(参见引理 6.3.1)。

现在将考虑 Q-因子近似,使用线性近似结构

$$\tilde{Q}(i,r) = \phi(i)' r$$

其中 $\phi(i)$ 是与状态 i 关联的 s-维特征向量。还可以将如下向量

$$\left(\tilde{Q}(1,r), \cdots, \tilde{Q}(n,r) \right)'$$

写成紧凑形式 Φr,其中正如在 6.3 节中,Φ 是 $n \times s$ 的矩阵,其行为 $\phi(i)', i = 1, \cdots, n$。假设 Φ 的秩是 s,用 Π 表示相对于 $\|\cdot\|_\xi$ 在子空间 $S = \{\Phi r \mid r \in \Re^s\}$ 上的投影映射。

因为 F 是相对于 $\|\cdot\|_\xi$ 的模为 α 的压缩映射,且 Π 是非扩张的,映射 ΠF 也是相对于 $\|\cdot\|_\xi$ 的模为 α 的压缩映射。所以,如下算法

$$\Phi r_{k+1} = \Pi F(\Phi r_k) \tag{6.144}$$

收敛到 ΠF 的唯一不动点。这是 PVI 算法的类比(参见 6.3.2 节)。

正如在 6.3.2 节，可以将式 (6.144) 的 PVI 迭代写成

$$r_{k+1} = \arg\min_{r \in \Re^s} \|\Phi r - (g + \alpha P f(\Phi r_k))\|_\xi^2 \tag{6.145}$$

其中 g 和 f 在式 (6.142) 和式 (6.143) 中定义了。通过将式 (6.145) 中的二次函数的梯度设为 0，可以看到这一迭代可写为

$$r_{k+1} = r_k - (\Phi'\Xi\Phi)^{-1}(C(r_k) - d)$$

其中

$$C(r_k) = \Phi'\Xi(\Phi r_k - \alpha P f(\Phi r_k)), d = \Phi'\Xi g$$

与 6.3.3 节类似，可以实现这一迭代的基于仿真的近似版本，于是获得 LSPE(0) 方法的类似。特别地，产生对应于不停止系统的单条无穷长的仿真轨迹 $(i_0, i_1, \cdots)$，即，使用转移概率 p_{ij}。在转移 (i_k, i_{k+1}) 之后，按照如下方式更新 r_k，

$$r_{k+1} = r_k - \left(\sum_{t=0}^{k} \phi(i_t)\phi(i_t)'\right)^{-1} \sum_{t=0}^{k} \phi(i_t)q_{k,t} \tag{6.146}$$

其中，$q_{k,t}$ 是 TD，

$$q_{k,t} = \phi(i_t)'r_k - \alpha \min\{c(i_{t+1}), \phi(i_{t+1})'r_k\} - g(i_t, i_{t+1}) \tag{6.147}$$

与涉及 PVI 和 LSPE 之间关系的计算类似，可以证明，由这一关系给定的 r_{k+1} 等于由迭代 $\Phi r_{k+1} = \Pi F(\Phi r_k)$ 产生的迭代值加上仿真引发的误差，该误差以概率 1 渐近地收敛到 0（见论文 [YuB07]，对此推荐进一步地分析）。结果是，所生成的序列 $\{\Phi r_k\}$ 渐进地收敛到 ΠF 的唯一不动点。

在将式 (6.146) 和式 (6.147) 的 Q-学习迭代与替代的式 (6.140) 的乐观 LSPE 版本的对比中，注意到前者具有显著更高的额外的计算负荷。在通过式 (6.146) 更新 r_{k+1} 的过程中，可以如同在 6.3 节的 LSPE 算法中一样迭代的计算矩阵 $\sum_{t=0}^{k} \phi(i_t)\phi(i_t)'$ 和 $\sum_{t=0}^{k} \phi(i_t)q_{k,t}$。然而，如下项

$$\min\{c(i_{t+1}), \phi(i_{t+1})'r_k\}$$

在式 (6.147) 的 TD 公式需要对所有的样本 $i_{t+1}, t \leqslant k$ 重新计算。直观上讲，这一计算对应于将状态重新划分为停止和继续，基于当前的近似 Q-因子 Φr_k。相反地，在对应的式 (6.140) 的乐观 LSPE 版本中，没有重新划分，这些项由如下给定的 $\tilde{w}(i_{t+1}, r_k)$ 替代

$$\tilde{w}(i_{t+1}, r_k) = \begin{cases} c(i_{t+1}), & t \in T \\ \phi(i_{t+1})'r_k, & t \notin T \end{cases}$$

其中

$$T = \{t | c(i_{t+1}) \leqslant \phi(i_{t+1})'r_t\}$$

是基于近似 Q-因子 Φr_t 停止的状态集合，在时间 t 计算（而不是当前时间 k）。

之前的讨论建议式 (6.146) 和式 (6.147) 的算法的一个计算有效的版本，其中如下项

$$\sum_{t=0}^{k} \phi(i_t) \min\{c(i_{t+1}), \phi(i_{t+1})'r_k\}$$

被替代为

$$\sum_{t=0}^{k} \phi(i_t)\tilde{w}(i_{t+1}, r_k) = \sum_{t \leq k, t \in T} \phi(i_t)c(i_{t+1}) + \left(\sum_{t \leq k, t \notin T} \phi(i_t)\phi(i_{t+1})'\right)r_k \tag{6.148}$$

这不涉及重新划分,且可以在每个时间 k 进行高效更新。然而,这一算法在理论上的收敛性现在仍不清楚,尽管其在实际中的性能可能是令人满意的。

式 (6.146) 和式 (6.147) 的算法的一个具有更加坚实的理论基础的变种,通过简单地将式 (6.147)TD 公式中的 $\phi(i_{t+1})'r_k$ 这一项替换为 $\phi(i_{t+1})'r_t$,可以再次消除为了重新划分而产生的额外计算。其思想是对于大的 k 和 t,这两项彼此相近,所以仍然可以保持收敛。这一算法和一些变形的收敛性分析是基于随机逼近理论的,具体在论文 [YuB07] 中给出,推荐阅读该论文中的进一步讨论。

约束策略迭代和最优停止

在近似动态规划中尝试利用所有关于 J^* 的先验知识是很自然的。特别地,如果已知 J^* 属于 $\Re^n$ 的子集 $\mathcal{J}$,应当尝试找到属于 $\mathcal{J}$ 的近似 Φr。这导致了涉及在近似子空间 S 的有约束的子集上的投影的投影方程。这样的投影方程的对应的 LSTD 和 LSPE 类方法的涉及线性微分不等式的解(大致来说,这些解是线性方程和凸不等式构成的系统)而不是线性系统方程。这其中的细节超出了我们讨论的范围,推荐阅读 [Ber09b]、[Ber11a]。

在常见的实际情形中,有 J^* 的上界,一个简单的可能性是修改策略迭代算法。特别地,假设知道一个向量 $\bar{J}$ 对所有的 i 满足 $\bar{J}(i) \geq J^*(i)$,那么近似策略迭代方法可以修改为按如下方式运用这一知识。给定策略 μ,通过找到如下方程的解 $\tilde{J}_\mu$ 的近似 $\Phi\tilde{r}_\mu$ 来评价这个策略

$$\tilde{J}_\mu(i) = \sum_{j=1}^{n} p_{ij}(\mu(i))\left(g(i, \mu(i), j) + \alpha\min\{\bar{J}(j), \tilde{J}_\mu(j)\}\right), \quad i = 1, \cdots, n \tag{6.149}$$

接下来是(修订的)策略改进

$$\bar{\mu}(i) = \arg\min_{u \in U(i)} \sum_{j=1}^{n} p_{ij}(u)\left(g(i, u, j) + \alpha\min\{\bar{J}(j), \phi(j)'\tilde{r}_\mu\}\right), \quad i = 1, \cdots, n \tag{6.150}$$

其中 $\phi(j)'$ 是 Φ 对应于状态 j 的那一行。

注意式 (6.149) 是最优停止问题的 Q-因子的贝尔曼方程,该问题在状态 i 的停止费用是 $\bar{J}(i)$[参见式 (6.141)]。假设对所有的 i,有 $\bar{J}(i) \geq J^*(i)$ 和查表法的表示($\Phi = I$),可以证明 (式 6.149) 和式 (6.150) 的方法在有限次迭代中获得 J^*,就像在标准的(精确)策略迭代方法中那样。当使用了紧凑的基于特征的表示($\Phi \neq I$),使用在本节之前描述的 Q-学习算法可以实现基于 (式 6.149) 的近似策略评价。该方法可能展现振荡的行为于是也有震颤,与其无约束策略迭代的版本类似(参见 6.4.3 节)。

6.6.5 Q-学习和聚集

考虑与聚集一起使用 Q-学习,涉及聚集状态集合 $\mathcal{A}$、分解概率 d_{ix} 和聚集概率 ϕ_{jy}。这只是 6.6.1 节的 Q-学习算法,应用于 6.5.1 节的聚集问题。正如在那一节中,假设控制约束集 $U(i)$ 与状态 i 独立,记为 U。

特别地，聚集问题的 Q-因子 $\hat{Q}(x,u), x \in \mathcal{A}, u \in U$ 有 Q-因子方程唯一求解

$$\hat{Q}(x,u) = \hat{g}(x,u) + \alpha \sum_{y \in \mathcal{A}} \hat{p}_{xy}(u) \min_{v \in U} \hat{Q}(y,v)$$

$$= \sum_{i=1}^{n} d_{xi} \sum_{j=1}^{n} p_{ij}(u) \left(g(i,u,j) + \alpha \sum_{y \in \mathcal{A}} \phi_{jy} \min_{v \in U} \hat{Q}(y,v) \right)$$

[参见式 (6.112) 和式 (6.113)]。为了用 Q-学习来求解这一方程，针对某个概率机制产生无穷长的序列 $\{(x_k, u_k)\} \subset \mathcal{A} \times U$。对每个 (x_k, u_k)，针对分解概率 $d_{x_k i}$ 产生一个原系统状态 i_k，然后按照概率 $p_{i_k j_k}(u_k)$ 产生后继系统状态 j_k。最后使用聚集概率 $\phi_{j_k y}$ 来产生一个聚集系统状态 y_k。然后 (x_k, u_k) 的 Q-因子使用步长 $\gamma_k \in (0,1]$ 更新，而所有其他的 Q-因子保持不变 [参见式 (6.130) 和式 (6.131)]：

$$\hat{Q}_{k+1}(x,u) = (1 - \gamma_k)\hat{Q}_k(x,u) + \gamma_k(F_k\hat{Q}_k)(x,u), \forall(x,u)$$

其中向量 $F_k\hat{Q}_k$ 定义如下

$$(F_k\hat{Q}_k)(x,u) = \begin{cases} g(i_k, u_k, j_k) + \alpha \min_{v \in U} \hat{Q}_k(y_k, v), & (x,u) = (x_k, u_k) \\ \hat{Q}_k(x,u), & (x,u) \neq (x_k, u_k) \end{cases}$$

注意 (x_k, u_k) 产生的概率机制可以是任意的，只要所有可能的对都被无穷多次的生成：正如在所有的没有 Q-因子近似的 Q-学习算法中，没有主要的搜索与收敛性互相影响的问题。

在求解了 Q-因子 $\hat{Q}$ 之后，原问题的 Q-因子被近似如下

$$\tilde{Q}(j,v) = \sum_{y \in \mathcal{A}} \phi_{jy} \hat{Q}(y,v), j = 1, \cdots, n, v \in U \tag{6.151}$$

将 $\tilde{Q}$ 识别为元问题的 Q-因子的近似表示，作为基函数的线性组合。对每个聚集状态 $y \in \mathcal{A}$ 有一个基函数（向量 $\{\phi_{jy}|j = 1, \cdots, n\}$），对应的加权基函数的系数是聚集问题 $\hat{Q}(y,v), y \in \mathcal{A}, v \in U$ 的 Q-因子。

在对应的单步前瞻次优策略的在线实现中，在状态 i 使用如下控制

$$\tilde{\mu}(i) = \arg\min_{u \in U} \sum_{j=1}^{n} p_{ij}(u) \left(g(i,u,j) + \alpha\tilde{J}(j) \right), i = 1, \cdots, n$$

其中

$$\tilde{J}(j) = \min_{v \in U} \tilde{Q}(j,v), j = 1, \cdots, n$$

是原问题的最优未来费用的近似。注意，在之前的最小化中对期望值进行有效的计算需要对转移概率 $p_{ij}(u)$ 的知识。不幸的是，因为 Q-学习的一个主要动机是处理无模型的情形，所以此时不能明确知道转移概率。一种可能的替代方法是通过蒙特卡罗方法来进行这一最小化，对每个 $u \in U$ 或由随机搜索来进行，或在之前的方程中通过仿真来估计期望值。另一种替代是在 j 通过最小化在 $v \in U$ 上最小化式 (6.151) 给定的 Q-因子 $\tilde{Q}(j,v)$ 来得到次优控制。然而，这在控制的选择中较少区分；例如，在硬聚集中，它在所有的属于相同的聚集状态 y 的状态 j 上使用相同的控制。

6.6.6 有限阶段 Q-学习

现在简要讨论 Q-学习及相关的具有有限和相对较短阶段的问题的近似。这样的问题特别重要，因为它们在多步前瞻和滚动框架中出现，并可能在阶段之末使用费用函数的近似。

可以开发前面几节中 Q-学习算法的扩展来处理有限阶段的问题，不论是否使用函数近似。例如，可以直接开发投影贝尔曼方程的版本，以及对应的 LSTD 和 LSPE 类算法（见习题 6.4）。然而，在有限阶段，有一些替代的方法具有在线的性质。特别地，在状态-时间对 (i_k, k)，可以计算近似 Q-因子

$$\tilde{Q}_k(i_k, u_k), \forall u_k \in U_k(i_k)$$

并在线应用能在 $u_k \in U_k(i_k)$ 上最小化 $\tilde{Q}_k(i_k, u_k)$ 的控制 $\tilde{u}_k \in U_k(i_k)$。这些近似 Q-因子具有如下形式

$$\tilde{Q}_k(i_k, u_k) = \sum_{i_{k+1}=1}^{n_{k+1}} p_{i_k i_{k+1}}(u_k) \Bigg\{ g(i_k, u_k, i_{k+1}) \\ + \min_{u_{k+1} \in U_{k+1}(i_{k+1})} \hat{Q}_{k+1}(i_{k+1}, u_{k+1}) \Bigg\} \tag{6.152}$$

其中，对每个时间 k，$\hat{Q}_{k+1}$ 是单步前瞻 Q-函数，可以通过多种方式来计算：

(1) $\hat{Q}_{k+1}$ 可以是一个基础的规则（于是与 u_{k+1} 独立）的费用函数 $\tilde{J}_{k+1}$，此时式 (6.152) 具有如下形式

$$\tilde{Q}_k(i_k, u_k) = \sum_{i_{k+1}=1}^{n_{k+1}} p_{i_k i_{k+1}}(u_k) \Big(g(i_k, u_k, i_{k+1}) + \tilde{J}_{k+1}(i_{k+1}) \Big) \tag{6.153}$$

这是在第 I 卷第 6 章详细讨论的滚动算法。一种变化是当使用了多个基础规则时，且 $\tilde{J}_{k+1}$ 是这些规则的费用函数中最小的。这些机制还可以用滚动和/或多步前瞻阶段的方式结合。

(2) $\hat{Q}_{k+1}$ 是近似最优费用函数 $\tilde{J}_{k+1}$[正如在式 (6.153) 中独立于 u_{k+1}]，这由（可能是多步前瞻或者滚动）动态规划基于有限采样来近似多种在动态规划算法中出现的期望值来计算。所以，这里式 (6.153) 的函数 $\tilde{J}_{k+1}$ 对应于（有限阶段）近优策略替代了由滚动迭代所使用的基础策略。这些机制非常适合具有很大（或者无穷）状态空间但每个状态只有少数控制的问题，而且也可能涉及对控制约束集合的选择性剪枝来减小相关联的动态规划计算。[CFH07] 一书具有对这类方法的详细讨论，包括系统形式的适应采样，旨在减少有限仿真的后果（对在给定的状态看起来不太有希望的控制少采样，并对从当前的状态 i_k 出发在未来比较少可能访问到的状态少采样）。

(3) $\hat{Q}_{k+1}$ 使用如下形式的线性参数结构来计算

$$\hat{Q}_{k+1}(i_{k+1}, u_{k+1}) = \phi(i_{k+1}, u_{k+1})' r_{k+1} \tag{6.154}$$

其中 r_{k+1} 是参数向量。特别地，$\hat{Q}_{k+1}$ 可以通过最小二乘拟合/回归或者基于在选择的状态-控制对的子集上计算出来的值的插值（参见第 I 卷 6.4.3 节）来得到。这些值可以通过有限阶段滚动来计算，使用贪婪策略作为基础策略对应于之前在后向（离线）Q-学习机制的近似 Q-值：

$$\tilde{\mu}^i(x_i) = \arg \min_{u_i \in U_i(x_i)} \hat{Q}_i(x_i, u_i), i = k+2, \cdots, N-1 \tag{6.155}$$

所以，在这样的机制中，首先计算

$$\tilde{Q}_{N-1}(i_{N-1}, u_{N-1}) = \sum_{i_N=1}^{n_N} p_{i_{N-1}i_N}(u_{N-1})\{g(i_{N-1}, u_{N-1}, i_N) + J_N(i_N)\}$$

通过在选定的状态-控制对 (i_{N-1}, u_{N-1}) 子集上进行最终阶段的动态规划计算，并对所获得的值用最小二乘拟合来获得式 (6.154) 的 $\hat{Q}_{N-1}$；然后在选定的状态-控制对 (i_{N-2}, u_{N-2}) 的子集上通过使用在式 (6.155) 中定义的基础策略 $\{\tilde{\mu}_{N-1}\}$ 来计算 $\tilde{Q}_{N-2}$，之后是在式 (6.154) 的形式下对所获得的值进行最小二乘拟合来获得 $\hat{Q}_{N-2}$；然后在选定的状态-控制对 (i_{N-3}, u_{N-3}) 的子集上通过对在式 (6.155) 中定义的基础策略 $\{\tilde{\mu}_{N-2}, \tilde{\mu}_{N-1}\}$ 使用滚动方法来计算 $\tilde{Q}_{N-3}$，等等。

一种有限阶段模型的优势是对于无穷阶段策略迭代或者值迭代方法出现的这类收敛性问题（例如，策略振荡或者由于误差放大导致的不稳定性）不扮演重要的角色，所以在数学意义下，不会出现异常的行为。不过，有利也有弊，因为这可能会掩盖不佳的性能和/或在不同方法之间重要的定性上的差异。

6.7 注释、资源和习题

考虑到基于仿真的近似动态规划方法有望处理动态规划的双重困难：维数灾难（求解问题所需的计算量随着状态数的增加爆炸）和模型灾难（需要系统动态的精确模型）。我们已经使用了*近似动态规划*这一名字来笼统地称呼这些方法。另外，两个常见的名字是*强化学习*和*神经元动态规划*。前者被计算机科学和人工智能领域的研究人员大量使用，并由此开展了一些这个领域的重要的研究活动。后者在 [BeT96] 这本书中使用，来自于动态规划和神经元网络方法之间极强的联系，比如使用样本或者仿真数据的近似结构训练。

这个领域的当前状态大力得益于两个领域思想的交汇：人工智能（传统上强调对观察和经验的学习、在博弈程序中的启发式评价函数和使用基于特征的其他表示方法）以及决策和控制（其传统的在时间上的决策和形式化的优化方法）。在这两个领域之间的边界，因为它们与我们的主题有关，由于对基础性问题、相关方法和核心应用的深入理解而逐渐消失。我们的目标之一是推广这一理解，尽管我们的表述毫无疑问受到作者在决策和控制领域背景的影响。显而易见，例如，我们缺乏对在线方法的强调，这在人工智能研究中是一个重要的方向，部分涉及学习一个受控系统的特征或者模型。在决策与控制方法中最接近的类比是适应控制（见第 I 卷第 6 章），其中部分控制上的努力旨在识别未知的系统参数。不过，这一主题并不是我们分析的主线，也未在这一卷中涉及。

在本节的剩余部分是注释的参考文献，围绕两个目标。第一个是将本章的内容与其在之前的研究文献和作者使用的（原创和衍生）资源之间建立联系。我们的引用在这一意义下是很不完整的，因为它们反映了作者的阅读偏好和研究方向。第二个是通过引用作者熟悉的所有的教材、研究专著和综述来提供阅读的一个起点。这些资源将为读者提供对本领域的许多不同的研究路线远比我们能够在这里提供的更加全面的观点。

20 世纪 90 年代有两本关于我们的主题的书：一本是 Sutton 和 Barto 的 [SuB98]，反映了人工智能的观点；另一本是 Bertsekas 和 Tsitsiklis 的 [BeT96]，它更加数学化并反映了决策和控制/运筹的研究视角。我们推荐后者来提供对本章的某些主题的更广泛的讨论 [包括 TD(λ) 和 Q-学习的严格收敛性证明]，以及有关近似框架、批处理和增量梯度方法、神经元网络训练的材料，以及截止到 1996 年的历史文献的扩展阅读。

更加近期的书是 Cao 的 [Cao07]，其中强调了灵敏度方法和策略梯度方法；Chang、Fu、Hu 和 Marcus 的 [CFH07] 强调了有限阶段/有限前瞻框架和适应采样；Gosavi 的 [Gos03] 强调了基于仿真的优化和强化学习算法；Powell 的 [Pow07] 强调了资源分配和与大控制空间相伴的困难；Busoniu 等的 [BBD10]，强调了连续空间系统的函数逼近方法。Haykin 的 [Hay08] 一书在更广泛的神经元网络相关内容中讨论了近似动态规划。Borkar 的 [Bor08] 是一本深入的专著，严格地处理了许多有关近似动态规划中的迭代随机算法的收敛性问题，主要使用的是所谓的 ODE 方法。Meyn 的 [Mey07] 一书所涉及的内容较多，并讨论了一些我们所讨论的近似动态规划算法。

在 Si、Barto、Powell 和 Wunsch 的 [SBP04]，Lewis 和 Liu 的 [LeL12]，和 Lewis、Liu 和 Lendaris 的 [LLL08] 的专刊中的几篇综述论文描述了我们在本章没有涵盖的一些近期的工作和近似方法：基于线性规划的方法（De Farias[DeF04]）、大规模资源分配方法（Powell 和 Van Roy[PoV04]）以及确定性最优控制方法（Ferrari 和 Stengel[FeS04] 以及 Si、Yang 和 Liu[SYL04]）。由 White 和 Sofge 所著的 [WhS92] 包含了几篇综述，描述了这个领域早期的工作。Barto、Bradtke 和 Singh[BBS95] 以及 Kaelbling、Littman 和 Moore[KLM96] 是从人工智能/机器学习视角的综述，颇有影响力。一些近期的综述包括 Borkar[Bor09]（其方法论观点涉及了与其他蒙特卡罗机制的联系），Lewis 和 Vrabie 的 [LeV09]（控制理论的观点），Werbos 的 [Web09]（描述了在大脑智能、神经元网络和动态规划之间的联系），Szepesvari 的 [Sze10]（机器学习的视角），作者的 [Ber05a]（着眼于单步前瞻算法、滚动算法和最优控制问题）、[Ber10a]（着眼于近似策略迭代并详述了本章中的一些主题）、[Ber11b]（回顾了 LSTD、LSPE 与基于 λ-策略迭代的其他方法的联系，参见习题 6.13）和 [Ber12]（着眼于在 1.6 节和 2.5 节的抽象加权压缩映射框架下的近似值迭代和策略迭代方法的误差界）。

6.1 节：近似结构的挑选方法已经获得了许多关注（比如，Keller、Mannor 和 Precup[KMP06]，Jung 和 Polani[JuP07]，Bhatnagar、Borkar 和 Prashanth[BBP11]）。进一步地，在给定的参数类中优化特征选择已经有了许多研究（见 Menache、Mannor 和 Shimkin 的 [MMS06]，Yu 和 Bertsekas 的 [YuB09]、Di Castro 和 Mannor 的 [DiM10]，Bhatnagar、Borkar 和 Prashanth 的 [BBP11]）。

6.1.5 节中提及的简化是动态规划中的一部分。特别地，决策后的状态已经在自从动态规划的早期起的文献中多次出现。它们在 Van Roy、Bertsekas、Lee 和 Tsitsiklis 的 [VBL97] 的近似动态规划中的库存控制问题被使用。它们在 Powell 的 [Pow07] 一书中被认为是重要的简化，特别重视与大控制空间相关的困难。

许多大规模问题具有特殊结构，可以在近似动态规划中使用。有许多这类例子，所以我们将不解释原因或者讨论实现的细节；对于一些代表性的工作，请参见 Guestrin 等的 [GKP03]，Koller 和 Parr 的 [KoP00]，Roy、Gordon 和 Thrun 的 [RGT05]。还可以提及部分可观马氏决策问题（POMDP），这类问题本质上既是大规模的（它们涉及连续的信念空间），又是有结构的。这是一个活跃的研究领域，有大量的文献。细致的讨论或者综述超出了我们讨论的范围，所以我们只给出一些有代表性的参考文献。通过聚集/插值机制获得的近似和有限空间折扣或者平均费用问题的解已经由 Zhang 和 Liu[ZhL97]、Zhou 和 Hansen[ZhH01]、Yu 和 Bertsekas[YuB04]（这一工作，在例 6.5.5 中的折扣问题中部分的描述了，主要处理的是更加复杂的平均费用情形）提出。基于有限状态控制器的替代的近似机制在 Hauskrecht[Hau00]、Poupart 和 Boutilier[PoB04]、Yu 和 Bertsekas[YuB06a] 和 Hansen[Han08] 中分析了。近似策略迭代和值迭代算法由 Spaan 和 Vlassis[SpV05]、Vlassis 和 Toussaint[VlT09] 给出。POMDP 问题也已经用在 7.4 节中所讨论的在策略空间的近似方法来处理。例如，只有行为者的一类问题的策略梯度方法已经由 Baxter 和 Bartlett[BaB01]、Aberdeen 和 Baxter[AbB00] 给出。另一种策略梯度方法，属于行动者-裁判类问题，已经由 Yu[Yu05] 提出。另见 Singh、Jaakkola 和 Jordan[SJJ94]，Moazzez-Estanjini、Li 和 Paschalidis[MLP11]。

6.2 节：直接近似方法和拟合值迭代方法在动态规划的早期就已经用于解决有限阶段问题。这些方法概念简单且易于实现，它们在最优费用或者 Q-因子的近似中依然广泛使用（如 Gordon[Gor95]，Longstaff 和 Schwartz[LoS01]，Ormoneit 和 Sen[OrS02]，Ernst、Geurts 和 Wehenkel[EGW06]，Antos、Munos 和 Szepesvari[AMS07]、[ASM08]，以及 Munos 和 Szepesvari[Mus08]）。数学上，拟合值迭代是 PVI(0) 方法 $J_{k+1} = \Pi T(J_k)$ 的基于仿真的实现，其中 Π 表示投影，所以当 ΠT 不是压缩的时它具有收敛性的困难。增量梯度方法可以回溯到神经元网络训练的早期；见教材 [BeT96] 和 [Hay08] 及其中引用的参考文献。对于近期的综述，见作者的 [Ber10b]。

6.3 节：投影方程是 Galerkin 方法的基础，这在科学计算中有很长的历史。它们在许多类型的问题中被广泛使用，包括从偏微分和积分方程的离散化中出现的大规模线性系统的近似解（如 Krasnoselskii 等 [KVZ72]、Fletcher[Fle84]、Saad[Saa03] 或者 Kirsch[Kir11]）。投影方程方法是所谓的 Bubnov-Galerkin 方法的特殊情形，尽管相关方法是针对最小二乘问题的（将在 7.3.5 节中的 "方程误差方法" 内讨论）所谓的 Galerkin-Petrov 方法的特例（见 [KVZ72] 第 15 章）。

基于投影方程的近似策略评价与 Galerkin 方法之间的联系，首先由 Yu 和 Bertsekas[YuB08]、[Ber11a] 讨论，这或许会因引领思想的碰撞而变得十分重要。然而，在近似动态规划中占中心地位的蒙特卡罗仿真思想将本章的投影方程方法与 Galerkin 方法区别开来。另一方面，Galerkin 方法适用于更宽的问题类型，远超出动态规划，且基于仿真的近似动态规划思想可以被推广到更广泛的应用上，正如将在 7.3 节中看到的。

即时差分起源于强化学习，其中它们被视作一种编码误差以预测未来费用的方法，这与近似结构有关。它们在 Samuel[Sam59]、[Sam67] 的有关 checkers-playing 的程序中被引入。Barto、Sutton 和 Anderson[BSA83] 以及 Sutton[Sut88] 的工作形式化了即时差分并提出了 TD(λ) 方法。这是主要的进展并启发了在基于仿真的动态规划中的许多研究，特别是在早期的 Tesauro[Tes92]backgammon playing 程序的令人印象深刻的成功。原始论文没有讨论数学上的收敛性问题，而且没有将 TD 方法与投影方程建立联系。实际上在相当长的时间里，人们并不清楚 TD(λ) 到底要解决什么数学问题！几位作者在折扣问题中考虑了 TD(λ) 和相关方法的收敛性，包括 Dayan[Day92]，Gurvits、Lin 和 Hanson[GLH94]，Jaakkola、Jordan 和 Singh[JJS94]，Pineda[Pin97]，Tsitsiklis 和 Van Roy[TsV97] 以及 Van Roy[Van98]。Tsitsiklis 和 Van Roy[TsV97] 的证明基于投影方程和 ΠT 的压缩性质的联系 [参见引理 6.3.1 和命题 6.3.1(a)]，这是 6.3 节分析的起点。TD(0) 的缩放版本和 λ-版本由 Choi 和 Van

Roy[ChV06] 以不动点卡尔曼滤波器的名义提出。由 Bertsekas 和 Tsitsiklis 合著的 [BeT96] 一书以及 Sutton 和 Barto 的 [SuB98] 包含了许多关于 TD(λ) 及其变形以及其在近似策略迭代中的使用方面的内容。

注意 6.3 节中讨论的 $\Pi T^{(\lambda)}$ 的压缩性质仅当 T 对应于单个策略且投影模对应于那个策略的稳态分布时存在。一旦在多个策略上的最小化被引入 [所以 T 和 $T^{(\lambda)}$ 是非线性的],$\Pi T^{(\lambda)}$ 可能不是相对于任意模的压缩。例如,存在 $\Pi T^{(\lambda)}$ 没有不动点以及具有多个不动点的情形;见 [BeT96](例 6.9)和 [DFV00]。然而,注意,与命题 6.3.2 类似,可以证明 $T^{(\lambda)}$ 是极值模压缩,其模当 $\lambda \to 1$ 时趋向 0。于是有给定任意的投影模 $\|\cdot\|$,$T^{(\lambda)}$ 和 $\Pi T^{(\lambda)}$ 是相对于 $\|\cdot\|$ 的压缩,前提是 λ 充分接近 1。

LSTD(λ) 算法首先由 Bradtke 和 Barto[BrB96] 提出。最初的建议是假设 $\lambda = 0$;对 $\lambda > 0$ 的推广后来由 Boyan[Boy02] 提出。对于折扣问题中 $C_k^{(\lambda)} \to C^{(\lambda)}$ 和 $d_k^{(\lambda)} \to d^{(\lambda)}$ 的收敛性分析由 Nedić 和 Bertsekas[NeB03] 给出。更加一般的两个马尔可夫链采样的内容,可以用于搜索相关的方法,由 Bertsekas 和 Yu[BeY09] 及 Yu[Yu10a]、[Yu10b] 分析了,在最一般的条件下证明了收敛性。[BeY09]、[Yu10a]、[Yu10b] 的算法和分析也推广了一般投影方程的基于仿真的解(参见 7.3 节)。LSTD 的收敛速率由 Konda [Kon02] 进行了分析,证明了 LSTD 在广泛类型的 TD 方法中具有最优的收敛速率。

LSPE(λ) 算法是针对随机最短路问题首先由 Bertsekas 和 Ioffe[BeI96] 提出,并应用于具有挑战性的问题,该问题上 TD(λ) 失效:学习俄罗斯方块游戏的最优策略(参见例 6.1.1;也参见 Bertsekas 和 Tsitsiklis[BeT96]8.3 节)。该方法对折扣问题的收敛性在 [NeB03](对于逐渐减小的步长)以及由 Bertsekas、Borkar 和 Nedić[BBN04](对于单位步长)中给出。[1] [BBN04]一文对折扣问题非正式地比较了 LSPE 和 LSTD,并提出因为它们具有相同的瓶颈:慢速的仿真,所以这些方法渐近重合。Yu 和 Bertsekas[YuB06b] 为此对折扣和平均费用问题都提供了数学证明。推广的/缩放版本的 LSPE 在作者的 [Ber09b]、[Ber11a] 中给出,基于在一般的投影方程和变分不等式之间的联系。这些版本也涉及在凸集而不是子空间上的投影,所以可以使用关于所近似的费用向量的先验知识。特征缩放及其对 LSTD(λ)、LSPE(λ) 和 TD(λ) 的影响(见 6.3.6 节)在 [Ber11a] 中有讨论。

使用费用函数近似的乐观策略迭代倾向于展示复杂而且在某种意义下难以预测的行为,这在目前尚未被完全理解。另一方面,该方法多次在案例研究中被成功应用。对于乐观策略迭代的实验分析,见 Bertsekas 和 Ioffe[BeI96],Jung 和 Polani[JuP07],Busoniu 等 [BED09],Thiery 和 Scherrer[ThS10a] 以及 Foderaro、Raju 和 Ferrari[FRF11]。尽管乐观策略迭代的矩阵求逆和迭代方法当下暂无高下之分,但证据似乎对迭代方法有利。

6.4 节:近似策略迭代机制启发了在策略或者 Q-因子评价方法上的研究。目前已经有这类机制的显著的实验,例如见 [BeI96]、[BeT96]、[SuB98]、[LaP03a]、[JuP07]、[BED09]、[ThS10a]、[FRF11]。然而,与 LSTD(λ)、LSPE(λ) 和 TD(λ) 联合使用时乐观与非乐观机制的相对实际优势,目前尚不清楚(见 [Ber11b] 的综述对近期的比较的分析)。

---

[1] 原始论文 [BeI96] 和书 [BeT96] 对这里描述的查表法和紧凑表达形式的 LSPE 方法都使用了 "λ-策略迭代" 一名(见习题 6.13 对这一方法的定义和一些主要性质,[Ber11b] 对近期的综述和多种实现方式的讨论)。"LSPE" 一名 Nedić 和 Bertsekas[NeB03] 后续论文中首次使用,用于描述 λ-策略迭代的一种特定的迭代实现,采用了对折扣马氏决策问题的费用函数近似(本质上是在 [BeI96] 和 [BeT96] 中的折扣版本的实现,用于之前的俄罗斯方块的例子)。λ-策略迭代的其他实现由 Thierry 和 Scherrer[ThS10a] 和作者的 [Ber11b] 给出。

几何采样（见 6.4.1 节）是一个新颖的想法，由作者在 [Ber11b] 中与搜索增强版本的 LSPE(λ) 和 LSTD(λ) 一起提出。自由形式的采样及其相关的迭代和矩阵求逆方法也是新兴的方法，在 Yu 和 Bertsekas[YuB12] 的论文中提出，该论文展现出了对加权贝尔曼方程的更广的视角，涉及 T 的幂级数的加权和，其权重依赖状态。该论文也给出了算法和应用的例子的分析，包括使用多条固定长度的轨迹而不是单条长轨迹的乐观策略迭代的实现；参见例 6.4.1。

具有离线策略搜索和修订 TD 的 LSTD(λ) 算法（见 6.4.2 节）来自 Bertsekas 和 Yu[BeY07]、[BeY09]。修订 TD 的思想来自重要性采样技术，这在多种动态规划相关的内容中被引入，相关文献包括 Glynn 和 Iglehart[GlI89]（对于精确费用评价），Precup、Sutton 和 Dasgupta[PSD01][对具有搜索和随机最短路问题的 TD(λ)]，Ahamed、Borkar 和 Juneja[ABJ06]（在没有近似的对费用向量估计的适应重要性采样机制中），以及 Bertsekas 和 Yu[BeY07]、[BeY09]（将在 7.3 节的推广投影方程方法中讨论）。

策略振荡、震颤和贪婪划分（6.4.3 节）首先由作者在强化学习研讨会上描述 [Ber96]，后续在 [BeT96] 的 6.4.2 节中讨论。振荡的尺寸对于 2.5.6 节中的近似策略迭代有基于极值模的误差界界定，这来自 [BeT96]。一种替代的误差界是基于由 Munos[Mun03] 推导的欧氏模。对于多种特定的乐观策略迭代的界由 Thiery 和 Scherrer[ThS10b]、Bertsekas 和 Yu[BeY10a] 以及 Scherrer[Sch11] 给出。

6.5 节：聚集方法在科学计算和运筹学研究中有很长的历史（例如见 Bean、Birge 和 Smith[BBS87]、Chatelin 和 Miranker[ChM82]、Douglas 和 Douglas[DoD93] 和 Rogers 等 [RPW91]）。这在基于仿真的近似动态规划中引入，主要是以值迭代的形式；见 Singh、Jaakkola 和 Jordan[SJJ94]，[SJJ95]、Gordon [Gor95] 和 Tsitsiklis 以及 Van Roy[TsV96]。关于 POMDP 离散化和近似下界的例 6.5.5 基于 Yu 和 Bertsekas[YuB04]。这一参考文献提供了对于平均费用情形的机制，其中贝尔曼方程未必有解，但该机制仍然提供了难以计算的最优平均费用函数的下界。此处着眼于简单的折扣情形。

多步聚集由作者在 [Ber10a] 中讨论。有关异步分布式聚集的内容基于 Bertsekas 和 Yu[BeY10b]。λ-聚集的思想（见习题 6.8）是十分新颖的。在硬聚集情形中，最优未来费用向量 J^* 和值迭代方法的极限之间的误差界由 Tsitsiklis 和 Van Roy[TsV96] 推导出（亦可见 [BeT96] 的 6.7.4 节和本书的习题 6.9）。相关的误差界由 Munos 和 Szepesvari[MuS08] 给出。更加近期的关于硬聚集的误差界的工作，是 Van Roy[Van06]。我们的讨论假设聚集状态在费用函数近似中保持为常数。一种替代方法是基于中间计算的结果适应性的修订这一集合；相关的思想已经由 Bertsekas 和 Castanon[BeC89] 以及 Singh、Jaakkola 和 Jordan[SJJ95] 讨论过。多格点方法已经由 Chow 和 Tsitsiklis[ChT91] 应用于动态规划，包含多个层次的聚集细节的思想，用给定层次的当前解作为其他层次的更细划分的求解的起始点。

6.6 节：Q-学习首先由 Watkins[Wat89] 提出，在本领域的发展中产生了主要的影响；也见 Watkins 和 Dayan[WaD92]。Q-学习的严格的收敛性证明由 Tsitsiklis[Tsi94b] 在更加一般的综合了几种从随机逼近理论和分布式异步计算理论而来的思想框架中给出。这一证明涵盖了折扣问题和随机最短路问题，其中所有的策略都是合适的。也涵盖了具有不合适策略的随机最短路问题，假设 Q-学习迭代是非负的或者是有界的。无需非负性或有界性假设的收敛性证明最近由 Yu 和 Bertsekas[YuB11a] 给出。

6.6.2 节的 Q-学习和乐观策略迭代的内容来自 Bertsekas 和 Yu[BeY10a]、[BeY10b]。这些论文包含了与折扣和随机最短路问题的乐观策略迭代相关的确定性异步迭代算法，并提供了收敛性分析。它

们也提出了 Q-学习的乐观异步策略迭代版本，具有可保证的收敛性且相比于在 6.6.1 节中所讨论的经典 Q-学习算法在每次迭代中具有更小的额外计算量。此外，[BeY10a] 一文讨论了基于特征的 Q-因子近似并提供了相关的误差界。

自从近似动态规划的早期以来，Q-因子近似和乐观策略迭代（见 6.6.3 节）就被用于大型的有挑战性的问题。这些方法在实用中的有效性仍需继续试验。

最优停止问题的费用函数近似方法（见 6.6.4 节）由 Tsitsiklis 和 Van Roy[TsV99b]、[Van98] 进行了分析，他们观察了具有线性参数结构的 Q-学习可以被应用，因为相关的映射 F 是相对于模 $||\cdot||_\xi$ 的压缩映射。他们证明了对应的 Q-学习方法的收敛性并将其应用于金融衍生品的定价问题（见 Tsitsiklis 和 Van Roy[TsV01]）。相关的误差界由 Van Roy[Van10] 给出。6.6.4 节的迭代 LSPE 算法来自 Yu 和 Bertsekas[YuB07]，对此我们推荐阅读相关文献以了解额外的分析。另一种替代的与 TD(0) 有一定相似性的算法由 Choi 和 Van Roy[ChV06] 给出，也用于最优停止问题。我们注意到对于停止问题的近似动态规划和仿真方法在金融领域很常见，例如，在期权定价中；见 Carriere[Car96] 和 Longstaff 和 Schwartz[LoS01]，他们在 6.6.5 节的精神下考虑了有限阶段模型；参见 Tsitsklis 和 Van Roy[TsV01] 以及 Li、Szepesvari 和 Schuurmasn[LSS09]，他们的工作与 6.6.4 节的 LSPE 方法有关；另外，Desai、Farias 和 Moallemi[DFM09]，提出了基于上下界的近似方法。6.6.4 节的约束策略迭代方法与 Bertsekas 和 Yu[BeY10a] 论文中的算法密切相关。

一种变形的 Q-学习是优势更新方法，由 Baird[Bai93]、[Bai94]、[Bai95] 以及 Harmon、Baird 和 Klopf[HBK94] 提出。在这一方法中，与其计算 $Q(i, u)$，不如计算

$$A(i, u) = Q(i, u) - \min_{u \in U(i)} Q(i, u)$$

函数 $A(i, u)$ 对于计算对应策略这一目的可以与 $Q(i, u)$ 起相同作用，基于最小化 $\min_{u \in U(i)} A(i, u)$，但可能比 $Q(i, u)$ 有更小的范围，这在涉及基函数近似的场合可能是有用的。当使用查表法时，优势更新本质上等于 Q-学习，具有相同类型的收敛性性质。采用函数近似的优势更新的收敛性质并没有被很好理解（类似 Q-学习）。推荐 [BeT96] 一书的 6.6.2 节来提供更多的细节和分析。另一种 Q-学习的变形，也由对 Q-因子的区别比 Q-因子更加感兴趣这一事实启发，已经在第 I 卷 6.4.2 节中讨论了，且旨在减小通过仿真获得的 Q-因子的方差。相关的近似策略迭代和 Q-学习的变形，称为微分训练，已经由作者在 [Ber97] 中提出（也见 Weaver 和 Baxter[WeB99]）。

习题

6.1 考虑一个具有 n 个节点的全联通网络，希望找到一种旅行策略，该策略将旅行者从节点 1 在不超过给定的 m 个时段内带到节点 n，而且最小化期望的旅行费用（在所经过路线上的弧的费用之和）。穿过一条弧的费用按照给定分布随机变化且在每时段独立。对于任意节点 i，当前穿越外向弧 $(i, j), j \neq i$ 的费用将在旅行者到达 i 时变得已知，旅行者于是或选择旅行路线的下一个节点 j，或停在 i（等待在下一个时段外向弧的更小费用）并产生每阶段的一个固定的（确定性的）费用。推导在决策后状态空间上的动态规划算法，并与常规的动态规划比较。

6.2（蒙特卡罗仿真中的多状态访问） 考虑如下的蒙特卡罗仿真公式

$$J_\mu(i) = \lim_{M\to\infty} \frac{1}{M} \sum_{m=1}^{M} c(i,m)$$

其中 $c(i,m)$ 正如在 6.2 节中是 $J_\mu(i)$ 的随机采样，即使一个状态可能在相同的样本轨道中被访问过也是可行的。注意：如果只有有限个样本轨道被生成，那么此时对于给定状态 i 所采集的费用样本的数量 M 是有限的而且是随机的，和 $\frac{1}{M}\sum_{m=1}^{M} c(i,m)$ 未必是 $J_\mu(i)$ 的无偏估计。然而，当样本轨道的数量增大到无穷时，偏差消失。见 [BeT96] 中的 5.1 节、5.2 节的讨论和例子。提示：假设 M 个费用样本从 N 条样本轨道中生成，第 k 条轨道涉及对状态 i 的 n_k 次访问且产生了 n_k 个对应的费用样本。记有 $m_k = n_1 + \cdots + n_k$。写有

$$\lim_{M\to\infty} \frac{1}{M}\sum_{m=1}^{M} c(i,m) = \lim_{N\to\infty} \frac{\frac{1}{N}\sum_{k=1}^{N}\sum_{m=m_{k-1}+1}^{m_k} c(i,m)}{\frac{1}{N}(n_1+\cdots+n_N)}$$

$$= \frac{E\left\{\sum_{m=m_{k-1}+1}^{m_k} c(i,m)\right\}}{E\{n_k\}}$$

并断言

$$E\left\{\sum_{m=m_{k-1}+1}^{m_k} c(i,m)\right\} = E\{n_k\}J_\mu(i)$$

（或者见 Ross[Ros83b]，引理 7.2.3 中紧密相关的结论）。

6.3 这道习题提供了一个当投影相对于 $||\cdot||_\xi$ 以外的模时对于折扣问题的 PVI 收敛性的反例。考虑映射 $TJ = g + \alpha PJ$ 和算法 $\Phi r_{k+1} = \Pi T(\Phi r_k)$，其中 P 和 Φ 满足假设 6.3.1 和假设 6.3.2。这里 Π 表示相对于加权欧氏模 $||J||_v = \sqrt{J'VJ}$ 的在 Φ 的区间上的投影，其中 V 是具有正元素的对角阵。使用公式 $\Pi = \Phi(\Phi'V\Phi)^{-1}\Phi'V$ 来证明在单个基函数的情形（Φ 是 $n\times 1$ 的向量）算法可以写为

$$r_{k+1} = \frac{\Phi'Vg}{\Phi'V\Phi} + \frac{\alpha\Phi'VP\Phi}{\Phi'V\Phi}r_k$$

构造让算法收敛的 α、g、P、Φ 和 V 的选择。

6.4（有限阶段问题的投影方程） 考虑有限状态有限阶段的策略评价问题，在时间 m 所使用费用向量和转移矩阵分别记为 g_m 和 P_m。动态规划算法/贝尔曼方程具有如下形式

$$J_m = g_m + P_m J_{m+1}, m = 0,\cdots,N-1$$

其中 J_m 是对给定策略在阶段 m 的费用向量，J_N 是给定的最终费用向量。考虑 J_m 的低维近似，具有如下形式

$$J_m \approx \Phi_m r_m, m = 0,\cdots,N-1$$

其中 Φ_m 是以基函数为列的矩阵。再考虑具有如下形式的投影方程

$$\Phi_m r_m = \Pi_m \left(g_m + P_m \Phi_{m+1} r_{m+1}\right), m = 0, \cdots, N-1$$

其中 Π_m 表示对由 Φ_m 的列张成的空间上的投影，相对于具有加权向量 ξ_m 的加权欧氏模。

(a) 证明投影方程可以被写成如下的等价形式

$$\Phi'_m \Xi_m \left(\Phi_m r_m - g_m - P_m \Phi_{m+1} r_{m+1}\right) = 0, m = 0, \cdots, N-2$$

$$\Phi'_{N-1} \Xi_{N-1} \left(\Phi_{N-1} r_{N-1} - g_{N-1} - P_{N-1} J_N\right) = 0$$

其中 Ξ_m 是以向量 ξ_m 为对角元的对角阵。**简要解**：推导遵循 6.3 题解的证明 [参见式 (6.37) 和式 (6.38) 的分析]。投影方程的解 $\{r_0^*, \cdots, r_{N-1}^*\}$ 通过求解如下问题获得

$$\min_{r_0, \cdots, r_{N-1}} \left\{ \sum_{m=0}^{N-2} \|\Phi_m r_m - (g_m + P_m \Phi_{m+1} r_{m+1}^*)\|_{\xi_m}^2 \right.$$
$$\left. + \|\Phi_{N-1} r_{N-1} - (g_{N-1} + P_{N-1} J_N)\|_{\xi_{N-1}}^2 \right\}$$

最小化可以被分解为 N 个最小化，每个对应于一个 m。

(b) 考虑可以生成系统的一系列轨迹的仿真机制，推导对应的 LSTD 和 LSPE 算法。

6.5（TD 方法的逼近误差 [Ber95b]） 这道习题解释了 λ 的值可以如何显著地影响 TD 方法中的近似质量。考虑具有单个策略的随机最短路类型的问题。状态是 $0, 1, \cdots, n$，状态 0 是终止状态。在给定策略下，系统确定性的从状态 $i \geqslant 1$ 移动到状态 $i-1$，费用是 g_i。考虑如下形式的线性逼近

$$\tilde{J}(i, r) = ir$$

对于未来费用函数和 TD 方法的应用。令所有仿真从状态 n 开始，并在按顺序访问了所有的状态 $n-1, n-2, \cdots, 1$ 之后终止在 0。

(a) 推导对应的投影方程 $\Phi r_\lambda^* = \Pi T^{(\lambda)}(\Phi r_\lambda^*)$ 并证明其唯一解 r_λ^* 满足

$$\sum_{k=1}^{n} (g_k - r_\lambda^*) \left(\lambda^{n-k} n + \lambda^{n-k-1}(n-1) + \cdots + k\right) = 0$$

(b) 为如下两个情形对 λ 从 0~1 画出 $\tilde{J}(i, r_\lambda^*)$：

(1) $n = 50, g_1 = 1$ 和 $g_i = 0$（对所有的 $i \neq 1$）。

(2) $n = 50, g_n = -(n-1)$ 和 $g_i = 1$（对所有的 $i \neq n$。）

图 6.7.1 给出了对于 $\lambda = 0$ 和 $\lambda = 1$ 的结果。

6.6（投影方程的正定性） 考虑投影方程 $Cr = d$ 的矩阵形式（参见 6.3.2 节）。证明 C 是正定的，意思是 $r'Cr > 0$ 对所有的 $r \neq 0$，且其特征值具有正实部。**简要证明**：首先证明 C 是正定的。对所有的 $r \in \Re^s$，有

$$\|\Pi P \Phi r\|_\xi \leqslant \|P \Phi r\|_\xi \leqslant \|\Phi r\|_\xi \tag{6.156}$$

其中第一个不等式来自毕达哥拉斯定理

$$||P\Phi r||_\xi^2 = ||\Pi P\Phi r||_\xi^2 + ||(I - \Pi)P\Phi r||_\xi^2$$

第二个不等式来自命题 6.3.1。再从投影的性质，所有形式为 Φr 的向量与形式为 $x - \Pi x$ 的向量正交，即，

$$r'\Phi'\Xi(I - \Pi)x = 0, \forall r \in \Re^s, x \in \Re^n \tag{6.157}$$

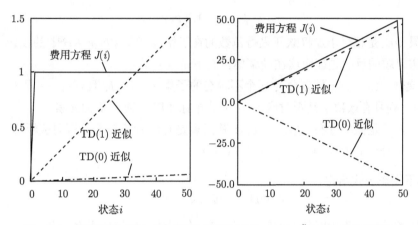

图 6.7.1 代价函数方程 $J(i)$ 的形式以及练习 6.5 中 $\tilde{J}(i, r_\lambda^*)$ 的线性表示

左图：

$$g_1 = 1, g_i = 0, \forall i \neq 1$$

右图：

$$g_n = -(n-1), g_i = 1, \forall i \neq n$$

所以对所有的 $r \neq 0$，有

$$\begin{aligned}
r'Cr &= r'\Phi'\Xi(I - \alpha P)\Phi r \\
&= r'\Phi'\Xi(I - \alpha\Pi P + \alpha(\Pi - I)P)\Phi r \\
&= r'\Phi'\Xi(I - \alpha\Pi P)\Phi r \\
&= ||\Phi r||_\xi^2 - \alpha r'\Phi'\Xi\Pi P\Phi r \\
&\geqslant ||\Phi r||_\xi^2 - \alpha ||\Phi r||_\xi \cdot ||\Pi P\Phi r||_\xi \\
&\geqslant (1 - \alpha)||\Phi r||_\xi^2 \\
&> 0
\end{aligned}$$

其中第三个等式来自式 (6.157)，第一个不等式来自柯西-施瓦茨不等式应用于内积 $<x, y> = x'\Xi y$，第二个不等式来自式 (6.156)，最后一个不等式来自 Φ 的满秩假设。这证明了 C 的正定性。

因为 C 是正定的，存在充分小的 $\gamma > 0$，满足对所有的 $r \neq 0$，有 $(\gamma/2)r'C'Cr < r'Cr$，或者等价的

$$||(I - \gamma C)r||^2 < ||r||^2, \forall r \neq 0$$

意味着 $I - \gamma C$ 是相对于标准的欧几里得范数的压缩映射。于是 $I - \gamma C$ 的特征值位于单位圆之内。因为这些特征值是 $1 - \gamma\beta$,其中 β 是 C 的特征值,于是有 C 的特征值具有正实部。

6.7(作为投影方程方法的硬聚集 [Ber10a]) 考虑如下形式的不动点方程

$$r = DT(\Phi r)$$

其中 $T : \Re^n \mapsto \Re^n$(可能非线性的)映射,D 和 Φ 分别是 $s \times n$ 和 $n \times s$ 的矩阵,Φ 的秩为 s。将这一方程写为

$$\Phi r = \Phi DT(\Phi r)$$

可以看到,如果 ΦD 是相对于加权欧几里得范数的在子空间 $S = \{\Phi r | r \in \Re^s\}$ 的投影,那么这是一个投影方程。这道习题的目的是证明这在硬聚集机制下是成立的。

假设指标集合 $\{1, \cdots, n\}$ 被划分为 s 个不相交的子集 $I_1, \cdots, I_s$ 且有:

(1) Φ 的第 l 列具有取决于是否对应于 I_l 中的指标而取 1 或 0 值的元素。

(2) D 的第 l 行是概率分布 $(d_{l1}, \cdots, d_{ln})$ 其元素是正的且依赖于是否对应于 I_l 中的指标,即,$\sum_{i=1}^{n} d_{li} = 1, d_{li} > 0$(若 $i \in I_l$),且 $d_{li} = 0$(若 $i \notin I_l$)。

证明 ΦD 由如下投影公式给定

$$\Phi D = \Phi(\Phi' \Xi \Phi)^{-1}\Phi' \Xi$$

其中 Ξ 是以 D 的非零元素为对角元的对角阵,统一化后让它们构成概率分布,即

$$\xi_i = \frac{\frac{d_{li}}{n}}{\sum_{k=1}^{s}\sum_{j=1}^{n}d_{kj}} = \frac{d_{li}}{s}, \ i \in I_l, l = 1, \cdots, s$$

提示:证明 $\Phi' \Xi \Phi = s^{-1}I$ 且 $\Phi' \Xi = s^{-1}D$。注释:

(1) 基于之前的结论,如果 T 是相对于投影模的压缩映射,那么 ΦDT 也是。此外,如果 T 是相对于极值模的压缩映射,那么 $DT\Phi$ 也是(因为聚集和分解矩阵相对于极值模是非扩张的);这对所有的聚集机制都成立,不仅仅是硬聚集。

(2) 为了让 ΦD 是加权欧几里得投影,必须有 $\Phi D\Phi D = \Phi D$。这意味着如果 $D\Phi$ 是可逆的且 ΦD 是加权欧几里得投影,必须有 $D\Phi = I$(因为如果 $D\Phi$ 是可逆的,那么 Φ 的秩为 s,这意味着 $D\Phi D = D$,于是有 $D\Phi = I$,因为 D 的秩也是 s)。由此可以看到,从所有的 $D\Phi$ 可逆且 D 具有非零列的聚集机制中,只有硬聚集具有这道习题的投影性质。

6.8(λ-聚集和几何采样) 一种多步聚集的可能性是考虑一个动态系统,按照一定概率从原系统状态转移到聚集状态,而不是像在图 6.5.5 中的那样确定。有直接的方法来在具有聚集状态集合/子集 $x \in \mathcal{A} = \{x_1, \cdots, x_s\}$ 及由对应的 0 和 1 组成的聚集矩阵 Φ 的硬聚集的特殊情形下实现这一想法。正如在习题 6.7 中所注意到的,因为 ΦD 是相对于合适的欧几里得投影范数的投影映射所以聚集方程 $\Phi R = \Phi DT(\Phi R)$ 也是投影方程。所以可以在近似策略迭代机制中使用 6.4.1 节的搜索增强的 LSTD(λ) 和 LSPE(λ) 方法来求解多步聚集方程 $\Phi R = \Phi DT^{(\lambda)}(\Phi R)$,并使用这一解来近似当前策略的费用向量,而具有更小的偏差。特别地,给定平稳策略 μ 的费用向量由 ΦR_μ 近似评价,其中 R_μ 是这个方程的解

$$R = DT_\mu^{(\lambda)}(\Phi R)$$

改进的策略 $\bar{\mu}$ 用通常的方式获得：

$$T_{\bar{\mu}}(\Phi R_\mu) = T(\Phi R_\mu)$$

对于固定的向量 R，假设使用几何采样来采集元素 $(T_\mu^{(\lambda)}(\Phi R))_i, i = 1, \cdots, n$ 的采样，使用一些重启概率，而且使用这些样本对每个 $x \in \mathcal{A}$ 来近似 $DT_\mu^{(\lambda)}(\Phi R)$ 的元素。这个元素给定如下

$$\left(DT_\mu^{(\lambda)}(\Phi R)\right)(x) = \sum_{i=1}^{n} d_{xi} \left(T_\mu^{(\lambda)}(\Phi R)\right)_i$$

分解概率 d_{xi} 由仿真结果决定：用状态 i 在仿真中出现的样本频率作为 d_{xi}，即，对 $i \in x$，有

$$d_{xi} = \frac{(\text{从} i \text{开始的费用样本的个数})}{(\text{从} x \text{中的状态出发的所有费用样本的总数})}$$

证明每个元素 $(DT_\mu^{(\lambda)}(\Phi R))(x)$ 的可行的蒙特卡罗估计是

$$\frac{(\text{从} x \text{中的状态出发的费用样本之和})}{(\text{从} x \text{内的状态出发的费用样本总数})}$$

矩阵求逆方法求解了如下的线性系统方程

$$R(x) = \frac{(\text{从} x \text{之内的某个状态出发的费用样本之和})}{(\text{从} x \text{之内出发的费用样本总数})}$$

（对每个 $x \in \mathcal{A}$，有一个方程且其右侧是未知向量 R 的线性函数）。验证这等于 6.4.1 节实现的 LSTD(λ) 方法，其中投影定义为习题 6.7 中的 $\Pi = \Phi D$。

6.9（硬聚集的误差界 [TsV96]）　考虑 6.5 节的硬聚集情形，如果原状态 i 属于聚集状态 x，记有 $i \in x$。并且对每个 i，用 $x(i)$ 表示满足 $i \in x$ 的聚集状态 x。考虑如下定义的对应的映射 F

$$(FR)(x) = \sum_{i=1}^{n} d_{xi} \min_{u \in U(i)} \sum_{j=1}^{n} p_{ij}(u)(g(i, u, j) + \alpha R(x(j))), x \in A$$

[参见式 (6.118)]，令 R^* 为这个映射的唯一不动点。证明

$$R^*(x) - \frac{\epsilon}{1 - \alpha} \leqslant J^*(i) \leqslant R^*(x) + \frac{\epsilon}{1 - \alpha}, \forall x \in A, i \in x$$

其中

$$\epsilon = \max_{x \in A} \max_{i,j \in x} |J^*(i) - J^*(j)|$$

简要证明：令向量 $\bar{R}$ 定义如下

$$\bar{R}(x) = \min_{i \in x} J^*(i) + \frac{\epsilon}{1 - \alpha}, x \in A$$

对所有的 $x \in A$,有

$$(F\bar{R})(x) = \sum_{i=1}^{n} d_{xi} \min_{u \in U(i)} \sum_{j=1}^{n} p_{ij}(u) \left(g(i, u, j) + \alpha\bar{R}(x(j)) \right)$$

$$\leqslant \sum_{i=1}^{n} d_{xi} \min_{u \in U(i)} \sum_{j=1}^{n} p_{ij}(u) \left(g(i, u, j) + \alpha J^*(j) + \frac{\alpha\epsilon}{1-\alpha} \right)$$

$$= \sum_{i=1}^{n} d_{xi} \left(J^*(i) + \frac{\alpha\epsilon}{1-\alpha} \right)$$

$$\leqslant \min_{i \in x} \left(J^*(i) + \epsilon \right) + \frac{\alpha\epsilon}{1-\alpha}$$

$$= \min_{i \in x} J^*(i) + \frac{\epsilon}{1-\alpha}$$

$$= \bar{R}(x)$$

所以,$F\bar{R} \leqslant \bar{R}$,由此有 $R^* \leqslant \bar{R}$(因为 $R^* = \lim_{k\to\infty} F^k\bar{R}$ 和 F 是单调的)。这证明了所希望的不等式的左侧。右侧可以类似证明。

6.10(近似策略迭代中策略的收敛性 [Ber10a]) 在这道习题中推导一些条件,在这些条件下,在近似策略迭代中有策略的收敛性。考虑一个方法涉及映射 $H_\mu : \Re^n \mapsto \Re^n$,由策略 μ 进行参数化,和映射 $H : \Re^n \mapsto \Re^n$,定义如下

$$HJ = \min_{\mu \in \mathcal{M}} H_\mu J$$

其中 $\mathcal{M}$ 是有限的策略子集,上述最小化对 $H_\mu J$ 的每一维分别进行,即

$$(HJ)(i) = \min_{\mu \in \mathcal{M}} (H_\mu J)(i), i = 1, \cdots, n$$

参见 1.6 节和 2.5 节的推广动态规划框架。

构造一个策略迭代方法,旨在近似 H 的不动点,并用如下的向量 J 的不动点方程的解 $\tilde{J}_\mu$ 来评价策略 $\mu \in \mathcal{M}$:

$$(WH_\mu)(J) = J$$

其中 $W : \Re^n \mapsto \Re^n$ 是映射(可能是非线性的,但与 μ 独立)。假设如下:

(1) 对每个 J,在 H 的定义中的最小值可以达到,其意义是存在 $\bar{\mu} \in \mathcal{M}$ 满足 $HJ = H_{\bar{\mu}}J$。

(2) 对每个 $\mu \in \mathcal{M}$,映射 W 和 WH_μ 是单调的:

$$WJ \leqslant W\bar{J}, (WH_\mu)(J) \leqslant (WH_\mu)(\bar{J}), \forall J, \bar{J} \in \Re^n 满足 J \leqslant \bar{J}$$

(3) 对每个 μ,方程 $(WH_\mu)(J) = J$ 具有唯一解,记为 $\tilde{J}_\mu$,对所有的 J 满足 $(WH_\mu)(J) \leqslant J$,有

$$\tilde{J}_\mu = \lim_{k\to\infty} (WH_\mu)^k(J)$$

考虑策略迭代方法使用映射 WH_μ 的不动点 $\tilde{J}_\mu$ 来评价策略 μ,方程 $H_{\bar{\mu}}\tilde{J}_\mu = H\tilde{J}_\mu$ 为策略改进。假设该方法由某个在 $\mathcal{M}$ 中的策略开始,且其在运行中满足当策略 $\bar{\mu}$ 满足 $H_{\bar{\mu}}\tilde{J}_{\bar{\mu}} = H\tilde{J}_{\bar{\mu}}$ 时终止。证明该方法在有限次迭代中终止,且终止时获得的向量 $\tilde{J}_{\bar{\mu}}$ 是 WH 的不动点。

简要证明：有

$$(WH_{\bar{\mu}})(\tilde{J}_{\mu}) = (WH)(\tilde{J}_{\mu}) \leqslant (WH_{\mu})(\tilde{J}_{\mu}) = \tilde{J}_{\mu}$$

通过用单调的映射 $WH_{\bar{\mu}}$ 迭代且使用条件 (3)，有

$$\tilde{J}_{\bar{\mu}} = \lim_{k \to \infty} (WH_{\bar{\mu}})^k (\tilde{J}_{\mu}) \leqslant \tilde{J}_{\mu}$$

因为存在有限多的策略，所以一定在有限步迭代之后有 $\tilde{J}_{\bar{\mu}} = \tilde{J}_{\mu}$，这使用了策略改进方程 $H_{\bar{\mu}}\tilde{J}_{\mu} = H\tilde{J}_{\mu}$，意味着 $H_{\bar{\mu}}\tilde{J}_{\mu} = H\tilde{J}_{\mu}$。因为 $\tilde{J}_{\bar{\mu}} = (WH_{\bar{\mu}})(\tilde{J}_{\mu})$，于是有 $\tilde{J}_{\bar{\mu}}$ 是 WH 的不动点。

　　6.11（使用近似问题的近似策略迭代 [Ber10a]）　考虑 6.3 节的折扣问题（在这道习题中称为 EP）和这个问题的一个近似（这是一个不同的折扣问题，被称为 AP）。这道习题考虑一种近似策略迭代方法，其中策略评价通过 AP 来进行，但策略改进通过 EP 来进行 —— 这与 6.5.2 节的基于聚集的策略迭代方法具有相同特征。特别地，假设这两个问题 EP 和 AP 有如下的联系：

　　(1) EP 和 AP 具有相同的状态和控制空间以及相同的策略。

　　(2) 对任意策略 μ，其在 AP 中的费用向量记作 $\tilde{J}_{\mu}$，满足

$$\|\tilde{J}_{\mu} - J_{\mu}\| \leqslant \delta$$

其中 $\|\cdot\|$ 表示极值模，即，使用 AP 进行策略评价而不是 EP，在极值模中最多产生 δ 的误差。

　　(3) 通过在 AP 中的精确策略迭代获得的策略 $\bar{\mu}$ 满足如下方程

$$T\tilde{J}_{\bar{\mu}} = T_{\bar{\mu}}\tilde{J}_{\bar{\mu}}$$

这尤其当在 AP 中的策略改进过程与在 EP 中相同时成立。
证明误差界

$$\|J_{\bar{\mu}} - J^*\| \leqslant \frac{2\alpha\delta}{1 - \alpha}$$

其中 J^* 是 EP 的最优费用向量。提示：遵循对式 (6.110) 误差界的推导。

　　6.12（精确子空间近似）　考虑映射 $T : \Re^n \mapsto \Re^n$ 具有唯一的不动点 J^*，对 J^* 在子空间 $S = \{\Phi r \mid r \in \Re^s\}$ 中由向量 Φr^* 进行近似，其中 r^* 是如下形式的方程的解

$$r = WT(\Phi r) \tag{6.158}$$

满足 W 是 $s \times n$ 的矩阵。当 $J^* \in S$ 时，该方法是精确的且令人期待的，这道习题讨论了让这一点成立的条件。假设 $J^* \in S$ 且式 (6.158) 具有唯一解。

　　(a) 证明如果 $W\Phi = I$，那么 $J^* = \Phi r^*$，其中 r^* 是式 (6.158) 的解。

　　(b) 证明条件 $W\Phi = I$ 在下面两种情形下成立：

　　(i) 投影方程情形（见 6.3 节）满足 $W = (\Phi'\Xi\Phi)^{-1}\Phi'\Xi$。

　　(ii) 聚集情形，采用代表性的特征（见 6.5.1 节例 6.5.4），满足 $W = D$。

　　6.13（λ-策略迭代 [BeI96]、[Ber11b]）　λ-策略迭代方法（简称为 λ-PI）是乐观策略迭代的一种形式，定义如下

$$T_{\mu^{k+1}} J_k = T J_k, \quad J_{k+1} = T_{\mu^{k+1}}^{(\lambda)} J_k \tag{6.159}$$

其中对任意策略 μ 和 $\lambda \in [0,1)$,$T_\mu^{(\lambda)}$ 给定如下

$$T_\mu^{(\lambda)} = (1-\lambda)\sum_{l=0}^{\infty} \lambda^l T_\mu^{l+1}$$

为了将式 (6.159) 的 λ-策略迭代与 2.3.3 节的乐观策略迭代方法比较,定义有

$$T_{\mu^{k+1}} J_k = T J_k, \quad J_{k+1} = T_{\mu^{k+1}}^{m_k} J_k \tag{6.160}$$

注意两个映射 $T_{\mu^{k+1}}^{(\lambda)}$ 和 $T_{\mu^{k+1}}^{m_k}$ 都出现在式 (6.159) 和式 (6.160) 中,涉及多次应用 $T_{\mu^{k+1}}$:在前者是几何加权的数(满足 $\lambda = 0$ 对应于值迭代和 $\lambda \to 1$ 对应于策略迭代),在后者是固定的数 m_k(满足 $m_k = 1$ 对应于值迭代和 $m_k \to \infty$ 对应于策略迭代)。所以 λ-策略迭代和乐观策略迭代是类似的:它们只通过在不同的方式应用值迭代来控制近似 $J_{k+1} \approx J_{\mu^{k+1}}$ 的精度。

考虑如下定义的映射 W_k

$$W_k J = (1-\lambda) T_{\mu^{k+1}} J_k + \lambda T_{\mu^{k+1}} J$$

证明:

(a) W_k 是极值模压缩,系数为 $\lambda\alpha$。

(b) 由式 (6.159) 的 λ-策略迭代在下一步生成的向量 $J_{k+1} = T_{\mu^{k+1}}^{(\lambda)} J_k$ 是 W_k 的唯一不动点。进一步的不动点方程 $J = W_k J$ 可被视作或者在 $\lambda\alpha$-折扣问题或者在停止问题中评价一个策略的贝尔曼方程。注意:这个形式是 [ThS10a] 和 [Ber11b] 中描述的基于仿真的实现方法的基础。

(c) 令 $\{J_k, \mu^k\}$ 为由式 (6.159) 的 λ-策略迭代方法所生成的序列。那么 J_k 收敛到 J^*。进一步地,对所有比某个指标 $\bar{k}$ 更大的 k,μ^k 是最优的。进一步地,J_k 对所有的 $k > \bar{k}$,满足

$$\|J_{k+1} - J^*\| \leqslant \frac{\alpha(1-\lambda)}{1-\lambda\alpha}\|J_k - J^*\|$$

其中 $\|\cdot\|$ 表示极值模。

6.14(确定性问题的多步 Q-学习) 考虑一个确定性折扣问题,状态为 $x \in X$,控制为 $u \in U(x)$,系统方程为 $x_{k+1} = f(x_k, u_k)$,每阶段的费用 $g(x, u)$ 一致有界。令 J^* 和 Q^* 分别表示最优费用和 Q-因子向量。对任意策略 μ,定义映射 W_μ 将 Q-因子向量 Q 映射到费用向量 $W_\mu(Q)$,各维是

$$W_\mu(Q)(x) = Q(x, \mu(x)), \quad x \in X$$

对任意整数 $l \geqslant 1$,定义映射 $F_{\mu,l}$,将一对费用和 Q-因子向量 (V, Q) 映射到 Q-因子向量 $F_{\mu,l}(V, Q)$,各维是

$$F_{\mu,l}(V, Q)(x, u) = \min\{V(x), g(x, u) + \alpha \left(T_\mu^{l-1} W_\mu(Q)\right)(f(x, u))\}$$

其中 T_μ 是与 μ 相关的贝尔曼方程映射,$T_\mu^{l-1} W_\mu(Q)$ 表示 T_μ 的 $(l-1)$-次应用于向量 $W_\mu(Q)$,且有

$$(T_\mu J)(x) = g(x, \mu(x)) + \alpha J(f(x, \mu(x))), \quad x \in X$$

记有 $T_\mu^0 W_\mu(Q) = W_\mu(Q)$。对于 $\lambda \in (0,1)$,定义如下映射

$$F_\mu^{(\lambda)}(V, Q) = (1-\lambda)\sum_{l=0}^{\infty} \lambda^l F_{\mu,l+1}(V, Q)$$

和映射

$$L_\mu^{(\lambda)}(V, Q) = \left(MQ, F_\mu^{(\lambda)}(V, Q) \right)$$

其中 M 是最小化映射，将 Q-因子向量 Q 映射为费用向量 MQ，各维是

$$(MQ)(x) = \min_{u \in U(x)} Q(x, u)$$

(a) 证明对所有的策略 μ 有 (J^*, Q^*) 是 $L_\mu^{(\lambda)}$ 的唯一不动点。

(b) 沿着 2.5.6 节的思路定义对应的异步乐观策略迭代方法。

(c) 基于 (b) 部分的方法和 6.4.1 节的几何和自由形式的采样思想定义多步 Q-学习算法。

第 7 章　近似动态规划：无折扣模型及推广

本章将第 6 章中的近似动态规划方法推广到非折扣类模型。7.1 节和 7.2 节分别讨论随机最短路和平均费用问题。7.3 节采用更一般的对大规模问题的基于仿真的求解视角，在这一视角下我们的方法和分析可以更好地被理解。我们主要关注线性系统方程的近似解，推广 6.3 节和 6.4 节的 LSTD(λ) 和 LSPE(λ)，以及 6.5 节的聚集方法。还讨论新的迭代方法，适用于奇异和接近奇异的系统。最后，7.4 节描述基于策略而不是费用函数的参数化近似的方法。

7.1　随机最短路问题

本节考虑有限状态随机最短路（SSP）问题的近似策略迭代，例如在第 3 章中的所讨论的。假设没有折扣（$\alpha = 1$），状态是 $0, 1, \cdots, n$，其中状态 0 是特殊的没有费用的终了状态。关注给定的合适策略 μ 的费用评价，在这一策略下，所有 0 以外的状态都是过渡态（策略改进与折扣问题中类似）。

为了策略评价，引入如下形式的线性近似结构

$$\tilde{J}(i, r) = \phi(i)'r, i = 1, \cdots, n$$

和子空间

$$S = \{\Phi r | r \in \Re^s\}$$

其中，正如在 6.3 节中，Φ 是 $n \times s$ 的矩阵，其行是 $\phi(i)', i = 1, \cdots, n$。假设 Φ 的秩为 s。此外，为了在后续公式中的符号记法上的方便，定义 $\phi(0) = 0$。

近似策略评价问题可以通过 LSTD 和 LSPE 算法的自然推广来求解。特别地，我们生成一系列仿真轨迹，每条都在某个（随机的）终止时间 N 停在状态 0，例如，轨迹形式为 $(i_0, i_1, \cdots, i_N)$，其中 $i_N = 0, i_t \neq 0 \ (t < N)$。一旦轨迹完成，就为下一条轨迹选择初始状态 i_0 针对固定的重启概率分布 $\zeta_0 = (\zeta_0(1), \cdots, \zeta_0(n))$，其中

$$\zeta_0(i) = P(i_0 = i), i = 1, \cdots, n \tag{7.1}$$

重复这一过程。

对于所生成的轨迹，考虑如下概率

$$\zeta_t(i) = P(i_t = i), i = 1, \cdots, n, t = 0, 1, \cdots$$

注意，$\zeta_t(i)$ 当 $t \to \infty$ 时以几何级数的速率减小到 0（参见 3.1 节），所以极限

$$\zeta(i) = \sum_{t=0}^{\infty} \zeta_t(i), i = 1, \cdots, n$$

是有限的。令 ζ 为以 $\zeta(1),\cdots,\zeta(n)$ 为元素的向量。假设 $\zeta_0(i)$ 选为满足 $\zeta(i)>0$ 对所有 i 成立 [另一个更强的保证这一点满足的假设是对所有的 i 有 $\zeta_0(i)>0$]。引入加权欧氏模

$$||J||_{\zeta} = \sqrt{\sum_{i=1}^{n} \zeta(i)\,(J(i))^2}$$

用 Π 表示相对于这一模的在子空间 S 上的投影。在随机最短路问题中，投影模 $||\cdot||_{\zeta}$ 扮演了类似在折扣问题中稳态分布模 $||\cdot||_{\xi}$ 的角色（参见 6.3 节）。

投影方程

令 P 为 $n\times n$ 的矩阵，元素为 $p_{ij}, i,j=1,\cdots,n$，令 g 为向量，各维为 $\sum_{j=0}^{n} p_{ij}g(i,j), i=1,\cdots,n$，与所评价的合适的策略相关联。考虑如下给定的对应的映射 $T: \Re^n \mapsto \Re^n$

$$TJ = g + PJ$$

对于 $\lambda \in [0,1)$，还考虑如下形式投影方程的多步版本

$$\Phi r = \Pi T^{(\lambda)}(\Phi r)$$

其中

$$T^{(\lambda)} = (1-\lambda)\sum_{l=0}^{\infty} \lambda^l T^{l+1}$$

投影方程的对应矩阵形式是

$$C^{(\lambda)} r = d^{(\lambda)}$$

其中

$$C^{(\lambda)} = \Phi' \Xi \left(I - P^{(\lambda)}\right)\Phi, d^{(\lambda)} = \Phi' \Xi g^{(\lambda)}$$

满足

$$P^{(\lambda)} = (1-\lambda)\sum_{l=0}^{\infty} \lambda^l P^{l+1}, g^{(\lambda)} = (I-\lambda P)^{-1}g$$

正如在折扣问题中，这只是经典的投影的正交条件，应用于 $\Phi r = \Pi T^{(\lambda)}(\Phi r)$。

现在证明 $\Pi T^{(\lambda)}$ 是压缩的，所以具有唯一不动点。

命题 7.1.1 对所有的 $\lambda \in [0,1)$，$\Pi T^{(\lambda)}$ 是相对于某个模的压缩。

证明 首先使用与引理 6.3.1 的证明中类似的论证来证明

$$||PJ||_{\zeta} \leqslant ||J||_{\zeta}, \forall J \in \Re^n \tag{7.2}$$

确实，有 $\zeta = \sum_{t=0}^{\infty} \zeta_t$ 且 $\zeta_{t+1}' = \zeta_t' P$，所以

$$\zeta' P = \sum_{t=0}^{\infty} \zeta_t' P = \sum_{t=1}^{\infty} \zeta_t' = \zeta' - \zeta_0'$$

或者

$$\sum_{i=1}^{n} \zeta(i) p_{ij} = \zeta(j) - \zeta_0(j), j = 1, \cdots, n$$

使用这一关系式, 对所有的 $J \in \Re^n$, 有

$$
\begin{aligned}
\|PJ\|_\zeta^2 &= \sum_{i=1}^{n} \zeta(i) \left(\sum_{j=1}^{n} p_{ij} J(j) \right)^2 \\
&\leqslant \sum_{i=1}^{n} \zeta(i) \sum_{j=1}^{n} p_{ij} J(j)^2 \\
&= \sum_{j=1}^{n} J(j)^2 \sum_{i=1}^{n} \zeta(i) p_{ij} \\
&= \sum_{j=1}^{n} \left(\zeta(j) - \zeta_0(j) \right) J(j)^2 \\
&\leqslant \|J\|_\zeta^2
\end{aligned}
\tag{7.3}
$$

其中第一个不等式来自二次方程的凸性。这证明了式 (7.2)。

令 $\lambda > 0$。证明 $T^{(\lambda)}$ 是相对于投影模 $\|\cdot\|_\zeta$ 的压缩, 所以这对于 $\Pi T^{(\lambda)}$ 也成立, 因为 Π 是非扩张的。由式 (7.2), 有

$$\|P^l J\|_\zeta \leqslant \|J\|_\zeta, \forall J \in \Re^n, l = 0, 1, \cdots$$

所以, 通过使用定义式 $P^{(\lambda)} = (1 - \lambda) \sum_{l=0}^{\infty} \lambda^l P^{l+1}$, 也有

$$\|P^{(\lambda)} J\|_\zeta \leqslant \|J\|_\zeta, \forall J \in \Re^n$$

因为 $\lim_{l \to \infty} P^l J = 0$ 对任意的 $J \in \Re^n$ 成立, 于是有 $\|P^l J\|_\zeta < \|J\|_\zeta$ 对所有的 $J \neq 0$ 和充分大的 l 成立。于是有

$$\|P^{(\lambda)} J\|_\zeta < \|J\|_\zeta, \forall J \neq 0 \tag{7.4}$$

现在定义

$$\beta = \max\{\|P^{(\lambda)} J\|_\zeta \mid \|J\|_\zeta = 1\}$$

并注意到因为在这一定义中的最大值可以达到 (通过维尔斯特拉斯定义 —— 连续函数在紧集上可以达到最大值), 从式 (7.4) 的视角, 有 $\beta < 1$。因为

$$\|P^{(\lambda)} J\|_\zeta \leqslant \beta \|J\|_\zeta, \forall J \in \Re^n$$

于是有 $P^{(\lambda)}$ 是相对于 $\|\cdot\|_\zeta$ 的压缩, 系数为 β。

令 $\lambda = 0$。使用不同的论证, 因为 T 未必是相对于 $\|\cdot\|_\zeta$ 的压缩。[按照命题 7.3.1 可以给出一个例子。如果 $\zeta_0(i) > 0$ 对所有的 i 成立, 由式 (7.3) 的计算于是有 P 以及 T 是相对于 $\|\cdot\|_\zeta$ 的压缩映

射。然而我们没有假设对所有的 i 有 $\zeta_0(i) > 0$。] 证明 ΠT 是相对于某个模的压缩，通过证明 ΠP 的特征值严格位于单位圆内。[①]

确实，式 (7.2) 和 Π 的非扩张性意味着 $\|\Pi PJ\|_\zeta \leqslant \|J\|_\zeta$，所以 ΠP 的特征值不可能位于单位圆之外。为了获得矛盾假设 ν 是 ΠP 的特征值且满足 $|\nu| = 1$，并令 q 为对应的特征向量。我们断言 Pg 的实部和虚部一定都在子空间 S 中。如果不是这样，那么将有 $Pq \neq \Pi Pq$，所以

$$\|Pq\|_\zeta > \|\Pi Pq\|_\zeta = \|\nu q\|_\zeta = |\nu| \, \|q\|_\zeta = \|q\|_\zeta$$

这与事实 $\|PJ\|_\zeta \leqslant \|J\|_\zeta$ 对所有 J 成立矛盾。所以，Pq 的实部和虚部都在 S 中，这意味着 $Pq = \Pi Pq = \nu q$，所以 ν 是 P 的特征值。这是矛盾的，因为 $|\nu| = 1$ 而 P 的特征值严格位于单位圆内，鉴于所评价的策略是合适的。

之前的证明已经证明了当 $\lambda > 0$ 时 [还有当 $\lambda = 0$ 和对所有的 j 有 $\zeta_0(j) > 0$；参见式 (7.3) 的计算]，映射 $\Pi T^{(\lambda)}$ 是相对于 $\|\cdot\|_\zeta$ 的压缩。结果是，与命题 6.3.2 类似，当 $\lambda > 0$ 时，可以获得如下误差界

$$\|J_\mu - \Phi r_\lambda^*\|_\zeta \leqslant \frac{1}{\sqrt{1 - \alpha_\lambda^2}} \|J_\mu - \Pi J_\mu\|_\zeta$$

其中 Φr_λ^* 和 α_λ 分别是 $\Pi T^{(\lambda)}$ 的不动点和压缩系数。当 $\lambda = 0$ 时，有

$$\|J_\mu - \Phi r_0^*\| \leqslant \|J_\mu - \Pi J_\mu\| + \|\Pi J_\mu - \Phi r_0^*\|$$
$$= \|J_\mu - \Pi J_\mu\| + \|\Pi T J_\mu - \Pi T(\Phi r_0^*)\|$$
$$= \|J_\mu - \Pi J_\mu\| + \alpha_0 \|J_\mu - \Phi r_0^*\|$$

其中 $\|\cdot\|$ 是一个模，ΠT 相对于这个模是压缩的（参见命题 7.1.1），Φr_0^* 和 α_0 分别是 ΠT 的不动点和压缩系数。于是获得了如下的误差界

$$\|J_\mu - \Phi r_0^*\| \leqslant \frac{1}{1 - \alpha_0} \|J_\mu - \Pi J_\mu\|$$

与折扣情形类似，LSTD(λ) 和 LSPE(λ) 算法使用基于仿真的 C_k 和 d_k 来近似 $C^{(\lambda)}$ 和 $d^{(\lambda)}$。仿真产生了一系列轨迹，形式为 $(i_0, i_1, \cdots, i_N)$，在状态 0 终止，即，其中 $i_N = 0$，且对 $t < N$ 有 $i_t \neq 0$。一旦轨迹完成，下一条轨迹的初始状态 i_0 按照固定的重启分布 $\zeta_0 = (\zeta_0(1), \cdots, \zeta_0(n))$ 来产生。LSTD(λ) 方法用 $C_k^{-1} d_k$ 来近似投影方程的解。LSPE(λ) 算法采用了与 6.3.6 节和 6.4.1 节中类似的最小二乘实现。细节方程的推导是直接的且将不再给出（也见 7.3 节中的讨论）。

注意因为所仿真的轨迹的初始状态的重启分布 ζ_0 本质上是任意的，随机最短路问题中的搜索的问题不像折扣问题中那样敏感。另一方面，在一些随机最短路问题中从某些状态开始的仿真轨迹的自然长度可能非常长，此时重启机制对于充分的搜索而言可能不够充足。对于这一情形，需要使用搜索机制，与 6.4.1 节和 6.4.2 节中类似。

[①] 在这里使用如下事实，即如果方阵具有严格位于单位圆内的特征值，那么存在一个模，相对于这个模由该矩阵定义的线性映射是压缩的（参见例 1.4.1）。在下面的论述中，复向量 z 的投影 Πz 可以通过将 z 的实部和虚部分别投影到 S 上来获得。复向量 $x + iy$ 的投影模定义为

$$\|x + iy\|_\zeta = \sqrt{\|x\|_\zeta^2 + \|y\|_\zeta^2}$$

我们提到随机最短路问题的近似解也可能通过聚集方法来处理。实现这一点的框架是基于引入聚集状态、分解和聚集概率,与 6.5 节中类似。聚集状态中的一个应当作为终了状态,所以聚集问题具有随机最短路问题的特征。

最后应注意对随机最短路问题使用无模型/Q-学习算法的可能性。这些算法的结构和性质与 6.6 节中对折扣问题所讨论的方法类似。然而,它们的分析在技术上更加复杂,因为在对 Q-因子的贝尔曼方程之下的映射未必是压缩的。结果是需要特殊的证明来确定 Q-因子迭代的有界性。推荐 [Tsi94b]、[YuB11a]、[YuB11b] 中对计算最优 Q-因子的值迭代和策略迭代类算法的不同方面的收敛性分析,[YuB11b] 中使用 Q-因子的基函数近似的方法和相关的误差界。

7.2 平均费用问题

本节考虑平均费用问题和相关的近似:策略评价算法,例如 LSTD(λ) 和 LSPE(λ),近似策略迭代以及 Q-学习。我们自始至终假设 5.1 节中的有限状态模型,且对所有初始状态的最优平均费用相同(参见 5.2 节)。

7.2.1 近似策略评价

考虑近似评价平稳策略 μ 的问题。正如在折扣问题中(见 6.3 节),考虑对应的平稳的有限状态马尔可夫链,状态为 $i = 1, \cdots, n$,转移概率 $p_{ij}, i, j = 1, \cdots, n$,各阶段费用 $g(i, j)$。假设状态构成单个常返类。表达这一假设的一个等价的方式如下。

假设 7.2.1 马尔可夫链具有稳态概率向量 $\xi = (\xi_1, \cdots, \xi_n)$ 各维为正,即,对所有的 $i = 1, \cdots, n$,有

$$\lim_{N \to \infty} \frac{1}{N} \sum_{k=1}^{N} P(i_k = j \mid i_0 = i) = \xi_j > 0, \qquad j = 1, \cdots, n$$

由 5.2 节可知,在假设 7.2.1 下,平均费用记为 η,与初始状态独立

$$\eta = \lim_{N \to \infty} \frac{1}{N} E \left\{ \sum_{k=0}^{N-1} g(x_k, x_{k+1}) | x_0 = i \right\}, i = 1, \cdots, n \tag{7.5}$$

并满足

$$\eta = \xi' g$$

其中 g 是向量,其第 i 个元素是每阶段的期望费用 $\sum_{j=1}^{n} p_{ij} g(i, j)$。[①]平均费用 η,与微分费用向量 $h = (h(1), \cdots, h(n))'$,满足贝尔曼方程

$$h(i) = \sum_{j=1}^{n} p_{ij} \left(g(i, j) - \eta + h(j) \right), i = 1, \cdots, n$$

解彼此仅相差 h 元素的常值偏移,可以通过消去一个自由度变得唯一,比如将某个状态的微分费用固定为 0(参见命题 5.2.4)。

---

① 第 5 章,用 λ 表示平均费用,但在当前这一章,对读者表示抱歉,我们将 λ 留给在 LSTD、LSPE 和 TD 算法中使用,于是改变了符号。

考虑微分费用的近似，具有如下的线性结构

$$\tilde{h}(i,r) = \phi(i)'r, i = 1, \cdots, n$$

其中 $r \in \Re^s$ 是参数向量，$\phi(i)$ 是与状态 i 相关联的特征向量。特征向量定义了子空间

$$S = \{\Phi r | r \in \Re^s\}$$

其中 Φ 是 $n \times s$ 的矩阵，其行是 $\phi(i)', i = 1, \cdots, n$。于是将旨在用 S 中的向量来近似 h。

引入如下定义的映射 $F : \Re^n \mapsto \Re^n$

$$FJ = g - \eta e + PJ$$

其中 P 是转移概率矩阵，$e = (1, \cdots, 1)'$ 是单位向量。注意，F 的定义使用了平均费用 η 的精确值，由式 (7.5) 给定。使用这一符号，贝尔曼方程变成

$$h = Fh$$

所以如果我们知道 η，那么可以尝试使用之前介绍的方法来近似 F 的不动点。不过存在区别：F 不是压缩的，其不动点集合是与 e 平行的线。

投影贝尔曼方程

与 6.3 节类似，引入投影方程

$$\Phi r = \Pi F(\Phi r)$$

其中 Π 是在范数 $\| \cdot \|_\xi$ 下在子空间 S 上的投影。对于 $\lambda \in [0,1)$，还考虑如下形式投影方程的多步版本

$$\Phi r = \Pi F^{(\lambda)}(\Phi r)$$

其中

$$F^{(\lambda)} = (1 - \lambda) \sum_{l=0}^{\infty} \lambda^l F^{l+1}$$

对应的矩阵形式是

$$C^{(\lambda)} r = d^{(\lambda)}$$

其中

$$C^{(\lambda)} = \Phi' \Xi \left(I - P^{(\lambda)} \right) \Phi, d^{(\lambda)} = \Phi' \Xi g^{(\lambda)}$$

满足

$$P^{(\lambda)} = (1 - \lambda) \sum_{l=0}^{\infty} \lambda^l P^{l+1}, g^{(\lambda)} = \sum_{l=0}^{\infty} \lambda^l P^l (g - \eta e)$$

正如在折扣情形，这只是应用于 $\Phi r = \Pi F^{(\lambda)}(\Phi r)$ 的正交性条件。

一个重要的事情是，ΠF 和 $\Pi F^{(\lambda)}$ 是否是压缩的。为此必须具有如下的假设。

假设 7.2.2　矩阵 Φ 的列与单位向量 $e = (1, \cdots, 1)'$ 构成线性独立的向量集合。

应注意与 6.3 节中折扣情形下的对应的假设 6.3.2 之间的区别。这里，在 Φ 具有秩 s 之外，需要 e 不属于子空间 S。为理解为什么需要这样，应注意如果 $e \in S$，那么 ΠF 不能是压缩的，因为 e 的任意标量乘积当与 ΠF 的不动点相加之后还是不动点。

我们希望清楚地刻画映射 $\Pi F^{(\lambda)}$ 是压缩的条件。下面的命题与一般的具有欧几里得投影的线性映射的结合相关，并刻画了分析的关键点。

命题 7.2.1 令 S 为 $\Re^n$ 的子空间，令 $L : \Re^n \mapsto \Re^n$ 为线性映射，

$$Lx = b + Ax$$

其中 A 是 $n \times n$ 的矩阵，b 是 $\Re^n$ 中的向量。令 $\|\cdot\|$ 为加权欧氏模，L 相对于此模式为非扩张的，令 Π 表示相对于这个模在 S 上的投影。

(a) ΠL 具有唯一不动点，当且仅当或者 1 不是 A 的特征值，或者对应于特征值 1 的特征向量不属于 S。

(b) 如果 ΠL 具有唯一不动点，那么对于所有的 $\gamma \in (0,1)$，如下映射

$$H_\gamma = (1-\gamma)I + \gamma \Pi L$$

是压缩的，即，对某个标量 $\rho_\gamma \in (0,1)$，有

$$\|H_\gamma x - H_\gamma y\| \leqslant \rho_\gamma \|x-y\|, \forall x, y \in \Re^n$$

证明 (a) 假设 ΠL 具有唯一不动点，或者等价地有（注意到 L 的线性）0 是 ΠA 的唯一不动点。如果 1 是 A 的特征值，且对应的特征向量 z 属于 S，那么 $Az = z$ 且 $\Pi Az = \Pi z = z$。所以，z 是 ΠA 的不动点，满足 $z \neq 0$，这是矛盾的。于是，或者 1 不是 A 的特征值，或者否则对应于特征值 1 的特征向量不属于 S。

相反地，假设或者 1 不是 A 的特征值，或者否则对应于特征值 1 的特征向量不属于 S。证明映射 $\Pi(I-A)$ 是从 S 到 S 的一一映射，于是 ΠL 的不动点是唯一向量 $x^* \in S$，满足 $\Pi(I-A)x^* = \Pi b$。确实，与假设相反，即，$\Pi(I-A)$ 具有非寻常的 S 中的空间，所以某个 $z \in S$ 满足 $z \neq 0$ 是 ΠA 的不动点。于是，或者有 $Az = z$（这是不可能的，因为那么 1 是 A 的特征值，z 是属于 S 的对应的特征向量），或者 $Az \neq z$，此时 Az 与其投影 ΠAz 有别，且有

$$\|z\| = \|\Pi Az\| < \|Az\| \leqslant \|A\| \, \|z\|$$

所以有 $1 < \|A\|$（这是不可能的，因为 L 是非扩张的，于是有 $\|A\| \leqslant 1$），于是获得了矛盾的结果。

(b) 如果 $z \in \Re^n$ 满足 $z \neq 0$ 且 $z \neq a\Pi Az$ 对于所有的 $a \geqslant 0$ 成立，则有

$$\|(1-\gamma)z + \gamma \Pi Az\| < (1-\gamma)\|z\| + \gamma\|\Pi Az\| \leqslant (1-\gamma)\|z\| + \gamma\|z\| = \|z\| \tag{7.6}$$

其中严格不等号来自范数的严格凸性，弱不等式来自 ΠA 的非扩张性。如果另一方面 $z \neq 0$ 且对某个 $a \geqslant 0$ 有 $z = a\Pi Az$，则有 $\|(1-\gamma)z + \gamma \Pi Az\| < \|z\|$ 因为于是 ΠL 有唯一不动点，所以有 $a \neq 1$，且 ΠA 是非扩张的，所以有 $a < 1$。如果定义

$$\rho_\gamma = \sup\{\|(1-\gamma)z + \gamma \Pi Az\| \mid \|z\| \leqslant 1\}$$

注意上面的极值模可通过维尔斯特拉斯定理获得(在紧集上的连续函数达到最小值)，可以看到式 (7.6) 获得 $\rho_\gamma < 1$ 且有

$$||(1-\gamma)z + \gamma\Pi Az|| \leqslant \rho_\gamma||z||, z \in \Re^n$$

通过令 $z = x - y$，满足 $x, y \in \Re^n$，于是通过使用 H_γ 的定义，有

$$(1-\gamma)z + \gamma\Pi Az = (1-\gamma)(x-y) + \gamma\Pi A(x-y) = H_\gamma(x-y) = H_\gamma x - H_\gamma y$$

所以通过将之前两个关系式综合，获得

$$||H_\gamma x - H_\gamma y|| \leqslant \rho_\gamma||x-y||, x, y \in \Re^n$$

现在可以推导让 LSPE 迭代是相对于 $||\cdot||_\xi$ 的映射压缩的条件。

命题 7.2.2 如下映射

$$F_{\gamma,\lambda} = (1-\gamma)I + \gamma\Pi F^{(\lambda)}$$

是相对于 $||\cdot||_\xi$ 的压缩，如果下面的任一条成立：

(i) $\lambda \in (0,1)$ 且有 $\gamma \in (0,1]$，

(ii) $\lambda = 0$ 且有 $\gamma \in (0,1)$。

证明 首先考虑 $\gamma = 1$ 且 $\lambda \in (0,1)$ 的情形。那么 $F^{(\lambda)}$ 是涉及矩阵 $P^{(\lambda)}$ 的线性映射。因为 $0 < \lambda$ 且所有的状态构成单个常返类，$P^{(\lambda)}$ 的所有元素都是正的。所以 $P^{(\lambda)}$ 可以被表示为凸组合

$$P^{(\lambda)} = (1-\beta)I + \beta\bar{P}$$

对某个 $\beta \in (0,1)$，其中 $\bar{P}$ 是相对于正的转移概率矩阵。具有如下的关注：

(i) $\bar{P}$ 对应于相对于范数 $||\cdot||_\xi$ 的非扩张映射。原因是 $\bar{P}$ 的稳态分布是 ξ[正如可以通过将 ξ 乘上关系式 $P^{(\lambda)} = (1-\beta)I + \beta\bar{P}$，并且通过使用关系式 $\xi' = \xi'P^{(\lambda)}$ 来验证 $\xi' = \xi'\bar{P}$]。所以，对所有的 $z \in \Re^n$，有 $||\bar{P}z||_\xi \leqslant ||z||_\xi$（参见引理 6.3.1），意味着 $\bar{P}$ 具有所提及的非扩张性。

(ii) 因为 $\bar{P}$ 具有正的元素，马尔可夫链对应于 $\bar{P}$ 的状态构成单个常返类。如果 z 是 $\bar{P}$ 对应于特征值 1 的特征向量，对所有的 $k \geqslant 0$ 有 $z = \bar{P}^k z$，所以有 $z = \bar{P}^* z$，其中

$$\bar{P}^* = \lim_{N \to \infty} (1/N) \sum_{k=0}^{N-1} \bar{P}^k$$

（参见命题 5.1.2）。$\bar{P}^*$ 的行都等于 ξ'，因为 $\bar{P}$ 的稳态分布是 ξ，所以方程 $z = \bar{P}^* z$ 意味着 z 是 e 的非零乘积。使用假设 7.2.2，于是有 z 不属于 S 的子空间，由命题 7.2.1（用 $\bar{P}$ 替代 C，用 β 替代 γ），可以看到 $\Pi P^{(\lambda)}$ 相对于范数 $||\cdot||_\xi$ 是压缩的。这意味着 $\Pi F^{(\lambda)}$ 也是压缩的。

考虑如下情形，$\gamma \in (0,1)$ 且有 $\lambda \in (0,1)$。因为 $\Pi F^{(\lambda)}$ 相对于 $||\cdot||_\xi$ 是压缩的，正如所证明的，对任意的 $J, \bar{J} \in \Re^n$，有

$$||F_{\gamma,\lambda}J - F_{\gamma,\lambda}\bar{J}||_\xi \leqslant (1-\gamma)||J - \bar{J}||_\xi + \gamma||\Pi F^{(\lambda)}J - \Pi F^{(\lambda)}\bar{J}||_\xi$$
$$\leqslant (1-\gamma+\gamma\beta)||J - \bar{J}||_\xi$$

其中 β 是 $F^{(\lambda)}$ 的压缩系数。于是，$F_{\gamma,\lambda}$ 是压缩的。

最后,考虑 $\gamma \in (0,1)$ 且有 $\lambda = 0$ 的情形。证明映射 ΠF 具有唯一不动点,通过证明或者 1 是 P 的特征值,或者否则对应于特征值 1 的特征向量不属于 S[参见命题 7.2.1(a)]。与假设相反,即,某个 $z \in S$ 满足 $z \neq 0$ 是对应于 1 的特征向量。于是有 $z = Pz$。从这一点,于是有 $z = P^k z$ 对所有的 $k \geq 0$ 成立,所以有 $z = P^* z$,其中

$$P^* = \lim_{N \to \infty} (1/N) \sum_{k=0}^{N-1} P^k$$

(参见命题 5.1.2)。P^* 的行都等于 ξ',所以方程 $z = P^* z$ 意味着 z 是 e 的非零乘积。于是,由假设 7.2.2,z 不可能属于 S——矛盾。于是 ΠF 是唯一不动点,于是 $F_{\gamma,\lambda}$ 的压缩性质对 $\gamma \in (0,1)$ 和 $\lambda = 0$ 来自命题 7.2.1(b)。

命题 7.2.2 未回答 ΠF 是否是相对于 $\|\cdot\|_\xi$ 的压缩性的问题(此情形 $\lambda = 0$ 和 $\gamma = 1$)。对这一问题的回答是比较复杂的,并且取决于 P 的特征值结构。我们推荐参考 [YuB06b] 中的分析。在其中所证明的内容之中有一个是当 P 是非周期的,那么 ΠF 是相对于某个模的压缩,但未必是相对于 $\|\cdot\|_\xi$ 的压缩的。当 P 是周期性的,那么 ΠF 未必是相对于任意模压缩的。

误差界

已经证明对每个 $\lambda \in [0,1)$,存在向量 Φr_λ^*,这是 $\Pi F_{\gamma,\lambda}$ 的唯一不动点,对所有的 $\gamma \in (0,1)$(参见命题 7.2.2)。令 h 为任意微分费用向量,令 $\beta_{\gamma,\lambda}$ 为 $\Pi F_{\gamma,\lambda}$ 相对于 $\|\cdot\|_\xi$ 的压缩模。与折扣情形下的命题 6.3.1(b) 的证明类似,有

$$\|h - \Phi r_\lambda^*\|_\xi^2 = \|h - \Pi h\|_\xi^2 + \|\Pi h - \Phi r_\lambda^*\|_\xi^2$$
$$= \|h - \Pi h\|_\xi^2 + \|\Pi F_{\gamma,\lambda} h - \Pi F_{\gamma,\lambda}(\Phi r_\lambda^*)\|_\xi^2$$
$$\leq \|h - \Pi h\|_\xi^2 + \beta_{\gamma,\lambda}\|h - \Phi r_\lambda^*\|_\xi^2$$

于是有

$$\|h - \Phi r_\lambda^*\|_\xi \leq \frac{1}{\sqrt{1 - \beta_{\gamma,\lambda}^2}} \|h - \Pi h\|_\xi, \lambda \in [0,1), \gamma \in (0,1) \tag{7.7}$$

对所有的微分费用向量 h。

这一估计是有点独特的,因为微分费用向量不唯一。微分费用向量的集合是

$$D = \{h^* + \delta e | \delta \in \Re\}$$

其中 h^* 是所评价策略的偏差(参见 5.1 节,命题 5.1.1 和命题 5.1.2)。特别地,h^* 是 $h \in D$ 的不动点,满足 $\xi' h = 0$ 或者等价的 $P^* h = 0$,其中

$$P^* = \lim_{N \to \infty} \frac{1}{N} \sum_{k=0}^{N-1} P^k$$

通常,在平均费用的策略评价中,我们感兴趣的是,获得一个小的误差 $(h - \Phi r_\lambda^*)$ 让 h 的选择不重要(请见 7.2.2 节关于近似策略迭代的讨论)。于是有因为式 (7.7) 的估计对所有的 $h \in D$ 成立,所以可以通过在左侧使用 h 的最优选择并在右侧最优选择 γ 来获得更好的误差界。确实,这样优化的误差

估计在 [TsV99a] 中获得。具有如下形式

$$\min_{h\in D}||h-\Phi r_\lambda^*||_\xi=||h^*-(I-P^*)\Phi r_\lambda^*||_\xi\leqslant\frac{1}{\sqrt{1-\alpha_\lambda^2}}||\Pi^*h^*-h^*||_\xi \tag{7.8}$$

其中 h^* 是偏差向量，Π^* 表示相对于 $||\cdot||_\xi$ 在如下子空间上的投影

$$S^*=\{(I-P^*)y|y\in S\}$$

α_λ 是映射 $\Pi^*F_{\gamma,\lambda}$ 的压缩系数在 $\gamma\in(0,1)$ 上的最小值：

$$\alpha_\lambda=\min_{\gamma\in(0,1)}\max_{||y||_\xi=1}||\Pi^*P_{\gamma,\lambda}y||_\xi$$

其中 $P_{\gamma,\lambda}=(1-\gamma)I+\gamma\Pi^*P^{(\lambda)}$。注意这一误差界与折扣问题中类似的情形（参见命题 6.3.2），但 S 已经被 S^* 替代，Π 已经被 Π^* 替代。可证明标量 α_λ 随着 λ 增加而减小，并且当 $\lambda\uparrow 1$ 时 α_λ 接近 0。这与折扣问题对应的误差界一致的（参见命题 6.3.2），也与样本观测一致，这意味着 λ 的更小的值会导致更大的近似误差。

图 7.2.1 说明并解释了投影运算 Π^*，从其投影 Π^*h^* 到偏差 h^* 的距离，和误差界式 (7.8) 的其他项。

LSTD(λ) 和 LSPE(λ)

平均费用的 LSTD(λ) 和 LSPE(λ) 算法是折扣版本的直接推广，所以仅概述。假设单条无限长的样本轨道 $(i_0,i_1,\cdots)$ 使用所评价的策略来生成。在这一过程中，每阶段平均费用 η 的样本估计 $\eta_k,k=0,1,\cdots$ 构成了基于到时间 k 未知的采样。

LSPE(λ) 迭代可以被写成（与折扣类型类似）

$$r_{k+1}=r_k-\gamma G_k(C_kr_k-d_k)$$

其中 γ 是正步长

$$C_k=\frac{1}{k+1}\sum_{t=0}^k z_t\left(\phi(i_t)'-\phi(i_{t+1})'\right),G_k=\left(\frac{1}{k+1}\sum_{t=0}^k\phi(i_t)\phi(i_t)'\right)^{-1}$$

$$d_k=\frac{1}{k+1}\sum_{t=0}^k z_t\left(g(i_t,i_{t+1})-\eta_k\right),z_t=\sum_{m=0}^t\lambda^{t-m}\phi(i_m)$$

LSTD(λ) 算法给定如下

$$\hat r_k=C_k^{-1}d_k$$

矩阵 C_k,G_k 和向量 d_k 可被证明收敛到如下极限：

$$C_k\to\Phi'\Xi\left(I-P^{(\lambda)}\right)\Phi,\qquad G_k\to\Phi'\Xi\Phi,\qquad d_k\to\Phi'\Xi g^{(\lambda)}$$

其中

$$P^{(\lambda)}=(1-\lambda)\sum_{l=0}^\infty\lambda^l P^{l+1},\qquad g^{(\lambda)}=\sum_{l-0}^\infty\lambda^l P^l(g-\eta e)$$

且 Ξ 是具有对角元 $\xi_1, \cdots, \xi_n$ 构成的对角阵:

$$\Xi = \mathrm{diag}(\xi_1, \cdots, \xi_n)$$

(参见 6.3.6 节)。

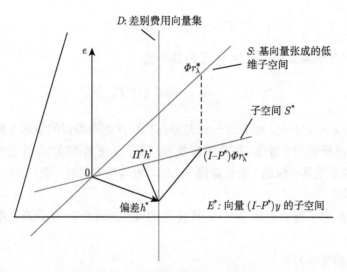

图 7.2.1 估计形式 (7.8) 的阐释

考虑子空间:

$$E^* = \{(I - P^*)y | y \in \Re^n\}$$

令 Ξ 为以 $\xi_1, \xi_2, \cdots, \xi_n$ 为对角元素的对角矩阵。注意:

(a) E^* 是在范数 $\| \bullet \|_\xi$ 下与单位向量 e 正交的子空间,于是有:对于所有 $z \in E^*$,满足 $e'\Xi z = 0$。确实有如下关系:

$$e'\Xi(I - P^*)y = 0, \forall y \in \Re^n$$

因为 $e'\Xi = \xi'$ 以及 $\xi'(I - P^*) = 0$,这可以很容易地由以下事实验证:P^* 的行全等于 ξ'。

(b) 范数 $\|\cdot\|_\xi$ 下 E^* 的投影其实就是与 $(I - P^*)$ 的乘法(因为 $P^*y = \xi'ye$,所以在范数 $\|\cdot\|_\xi$ 下 P^*y 与 E^* 是正交的)。因此,S^* 是 S 到 E^* 的投影。

(c) 有 $h^* \in E^*$,因为 $(I - P^*)h^* = h^*$,$P^*h^* = 0$。

(d) 方程:

$$\min_{h \in D} ||h - \Phi r_\lambda^*||_\xi = ||h^* - (I - P^*)\Phi r_\lambda^*||_\xi$$

由图 7.2.1 可知,在几何上是显而易见的。同时,最小误差界限 $||\Pi^*h^* - h^*||_\xi$ 是最小可能误差,h^* 由 S^* 的一个元素近似得到。

(e) 式 (7.8) 的估计形式是定理 6.3.2 的折扣估计的模拟。其中,E^* 相当于整个空间,S^* 相当于 S,h^* 相当于 J_μ,$(I - P^*)\Phi r_\lambda^*$ 相当于 Φr_λ^*,Π^* 相当于 Π。最后,在 E^* 空间内,以及在 $\gamma \in (0,1)$ 条件下,α_λ 是 $\Pi^*F_{\gamma,\lambda}$ 的最优可能收缩系数(具体分析参见文献 [TsV99a])。

之前的算法假设单条长样本轨道 $(i_0, i_1, \cdots)$,使用所评价的策略产生。也有增强遍历的版本,使用集合或者自由形式的采样(沿着 6.4.1 节的线路)。

7.2.2 近似策略迭代

考虑涉及近似策略评价和近似策略改进的策略迭代方法。假设对应于每个平稳策略的马尔可夫链是不可约的,于是选择单个特殊状态 s。正如在 5.3.1 节中,考虑如下的随机最短路问题,即通过将所有的 $j \neq s$ 的转移概率 $p_{ij}(u)$ 保持不变,通过将转移概率 $p_{is}(u)$ 设为 0,并引入人工终止状态 t,从每个状态 i 以概率 $p_{is}(u)$ 到达状态 t。单阶段费用等于 $g(i,u) - \eta$,其中 η 是标量参数。我们将这一随机最短路问题称为 η-随机最短路问题。

该方法产生一系列平稳策略 μ^k,对应的近似微分费用向量 h_k 系列,增益 η_{μ^k} 的系列。假设对增益 η_{μ^k} 进行精确计算,这通过使用仿真单条无限长的轨迹是可能的。策略改进假设在 $\epsilon > 0$ 的容忍范围内进行,如满足对所有的 i 和 k,$\mu^{k+1}(i)$ 在如下表达式中在 ϵ 的范围内达到最小值

$$\min_{u \in U(i)} \sum_{j=1}^{n} p_{ij}(u) \left(g(i,u,j) + h_k(j) \right)$$

定义

$$\eta_k = \min_{t=0,1,\cdots,k} \eta_{\mu^t}$$

因为 η_k 是单调非增的,对最优增益 η^* 有下界,所以一定收敛到某个标量 $\bar{\eta}$。因为 η_k 只可以与有限个平稳策略 μ 对应的有限个值 η_μ 中选取,可以看到 η_k 一定在有限步之内收敛到 $\bar{\eta}$;即,对某个 $\bar{k}$,有

$$\eta_k = \bar{\eta}, k \geqslant \bar{k}$$

令 $h_{\bar{\eta}}(s)$ 表示从状态 s 出发在 $\bar{\eta}$-随机最短路问题中的最优未来费用。于是,由命题 3.5.2,有

$$\limsup_{k \to \infty} \left(h_{\mu^k, \bar{\eta}}(s) - h_{\bar{\eta}}(s) \right) \leqslant \frac{\epsilon + 2\alpha\delta}{(1-\alpha)^2} v(s) \tag{7.9}$$

其中 $h_{\mu^k, \eta_k}(i)$ 是从状态 i 出发相对于状态 s 在 η_k-随机最短路问题中在策略 μ^k 下的未来费用,δ 满足

$$\| h_k - h_{\mu^k, \eta_k} \| \leqslant \delta, k = 0, 1, \cdots$$

其中 $\| \cdot \|$ 是相对于 $\bar{\eta}$-随机最短路的加权极值模,v 和 α 是相关的加权向量和压缩系数。另一方面,正如可以从图 7.2.2 中看出的,如下关系

$$\bar{\eta} \leqslant \eta_{\mu^k}$$

意味着

$$h_{\mu^k, \bar{\eta}}(s) \geqslant h_{\mu^k \eta_{\mu^k}}(s) = 0$$

于是再使用图 7.2.2,有

$$h_{\mu^k, \bar{\eta}}(s) - h_{\bar{\eta}}(s) \geqslant -h_{\bar{\eta}}(s) \geqslant -h_{\mu^*, \bar{\eta}}(s) = (\bar{\eta} - \eta^*) N_{\mu^*} \tag{7.10}$$

其中 μ^* 是 η^*-随机最短路问题的最优策略（于是也是原每阶段平均费用的最优策略），且 N_{μ^*} 是从 s 出发，使用 μ^*，返回状态 s 的期望阶段数。所以，由式 (7.9) 和式 (7.10)，有

$$\bar{\eta} - \eta^* \leqslant \frac{\epsilon + 2\alpha\delta}{N_{\mu^*}(1-\alpha)^2} v(s) \tag{7.11}$$

这一关系提供了对近似策略迭代方法的稳态误差的估计。

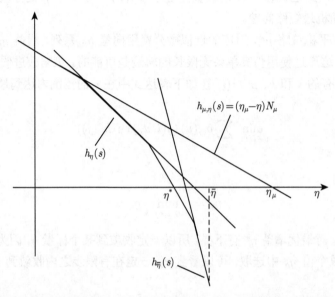

图 7.2.2　近似 PI 方法中 η-SSP 的平稳策略成本的关系。这里，N_μ 是在策略 μ 下由状态 s 出发返回状态 s 期望阶段数。由于 $\eta_{\mu^k} \geqslant \bar{\eta}$，所以有

$$h_{\mu^k, \bar{\eta}}(s) \geqslant h_{\mu^k \eta_{\mu^k}}(s) = 0$$

进而，若 μ^* 是 η^*-SSP 的最优策略，则有

$$h_{\bar{\eta}}(s) \leqslant h_{\mu^*, \bar{\eta}}(s) = (\eta^* - \bar{\eta})N_{\mu^*}$$

最后应注意，之前近似策略迭代方法的乐观版本比其折扣费用的对应版本更难实现。因为假设每个所生成的策略 μ 的增益 η_μ 精确计算；在当前策略 μ 的乐观方法可能不能在足够长的时间保持不变来精确估计 η_μ。可以考虑如下机制，其中策略迭代的乐观版本用于对固定的 η 求解 η-随机最短路问题。η 的值可能偶尔通过对某个（假设为最可能的）生成策略 μ 的增益 η_μ 的仿真的"精确"计算来向下调整，然后通过针对 $\eta := \min\{\eta, \eta_\mu\}$ 来更新 η。一种替代方法是用折扣问题来近似平均费用问题，对前者近似策略迭代的乐观版本可以有效地实现。

7.2.3　平均费用问题的 Q-学习

为了推导 Q-学习的合适形式，通过对原系统为每个满足 $u \in U(i)$ 的对 (i, u) 添加一个额外的状态来构造辅助的平均费用问题。所以，辅助问题的状态包括原问题的状态 $i = 1, \cdots, n$ 和额外的状态 $(i, u), i = 1, \cdots, n, u \in U(i)$。从原状态 i 出发的转移概率机制与原问题相同 [移动到状态 j 的概率为 $p_{ij}(u)$]，而从状态 (i, u) 出发的转移概率机制是只以对应的概率 $p_{ij}(u)$ 移动到原问题的状态 j，且费用为 $g(i, u, j)$。

可以看到，辅助问题与原问题具有相同的最优每阶段平均费用 η，对应的贝尔曼方程是

$$\eta + h(i) = \min_{u \in U(i)} \sum_{j=1}^{n} p_{ij}(u)\left(g(i,u,j) + h(j)\right), i = 1, \cdots, n \tag{7.12}$$

$$\eta + Q(i,u) = \sum_{j=1}^{n} p_{ij}(u)\left(g(i,u,j) + h(j)\right), i = 1, \cdots, n, u \in U(i) \tag{7.13}$$

其中，$Q(i,u)$ 是对应于 (i,u) 的微分费用。在式 (7.13) 中，在 u 上取最小值，并与式 (7.12) 比较，获得

$$h(i) = \min_{u \in U(i)} Q(i,u), i = 1, \cdots, n$$

在式 (7.13) 中替换上述的 $h(i)$ 的形式，获得只涉及 Q-因子的贝尔曼方程的形式：

$$\eta + Q(i,u) = \sum_{j=1}^{n} p_{ij}(u)\left(g(i,u,j) + \min_{v \in U(j)} Q(j,v)\right), i = 1, \cdots, n, u \in U(i)$$

现在将如下的相对值迭代的变形应用于辅助问题

$$h_{k+1} = Th_k - h_k(s)e$$

其中 s 是一个特殊状态。于是获得如下迭代 [参见式 (7.12) 和式 (7.13)]

$$h_{k+1}(i) = \min_{u \in U(i)} \sum_{j=1}^{n} p_{ij}(u)\left(g(i,u,j) + h_k(j)\right) - h_k(s), i = 1, \cdots, n$$

$$Q_{k+1}(i,u) = \sum_{j=1}^{n} p_{ij}(u)\left(g(i,u,j) + h_k(j)\right) - h_k(s), i = 1, \cdots, n, u \in U(i) \tag{7.14}$$

由这些方程，有

$$h_k(i) = \min_{u \in U(i)} Q_k(i,u), i = 1, \cdots, n$$

通过将上述的 h_k 的形式代入式 (7.14)，获得如下 Q-因子的相对值迭代

$$Q_{k+1}(i,u) = \sum_{j=1}^{n} p_{ij}(u)\left(g(i,u,j) + \min_{v \in U(j)} Q_k(j,v)\right) - \min_{v \in U(s)} Q_k(s,v)$$

期望值 $\min_{u \in U(s)} Q_k(s,u)$ 构成的数列收敛到每阶段最优平均费用，期望值 $\min_{u \in U(i)} Q(i,u)$ 构成的数列收敛到微分费用 $h(i)$。

之前迭代的一个渐近版本涉及如下给定的正的步长 γ

$$Q(i,u) := (1-\gamma)Q(i,u) + \gamma\left(\sum_{j=1}^{n} p_{ij}(u)\left(g(i,u,j) + \min_{v \in U(j)} Q(j,v)\right) - \min_{v \in U(s)} Q(s,v)\right)$$

平均费用问题的 Q-学习方法的自然形式是这一迭代的一种近似版本，其中期望值由单个样本替代，即

$$Q(i,u) := Q(i,u) + \gamma\left(g(i,u,j) + \min_{v \in U(j)} Q(j,v) - \min_{v \in U(s)} Q(s,v) - Q(i,u)\right)$$

其中 j 和 $g(i,u,j)$ 由 (i,u) 对通过仿真生成。在这一方法中，只有对应于当前采样的对 (i,u) 的 Q-因子在每次迭代中更新，而其他的 Q-因子保持不变。另外，步长应当减小到 0。这一方法的收敛性分析可以在论文 [ABB01] 中找到。

基于压缩值迭代的 Q-学习

现在考虑一种替代的 Q-学习方法，基于 5.3 节中的压缩值迭代方法。如果将这一方法应用于上面所使用的辅助问题，那么可获得如下的算法

$$h_{k+1}(i) = \min_{u \in U(i)} \left[\sum_{j=1}^{n} p_{ij}(u)g(i,u,j) + \sum_{j=1, j \neq s}^{n} p_{ij}(u)h_k(j) \right] - \eta_k$$

$$Q_{k+1}(i,u) = \sum_{j=1}^{n} p_{ij}(u)g(i,u,j) + \sum_{j=1, j \neq s}^{n} p_{ij}(u)h_k(j) - \eta_k$$

$$\eta_{k+1} = \eta_k + \delta_k h_{k+1}(s)$$

其中 δ_k 是正的步长。由这些方程，有

$$h_k(i) = \min_{u \in U(i)} Q_k(i,u)$$

通过综合之前的三个方程，有

$$Q_{k+1}(i,u) = \sum_{j=1}^{n} p_{ij}(u)g(i,u,j) + \sum_{j=1, j \neq s}^{n} p_{ij}(u) \min_{v \in U(j)} Q_k(j,v) - \eta_k$$

$$\eta_{k+1} = \eta_k + \delta_k \min_{v \in U(s)} Q_{k+1}(s,v)$$

这一迭代的小步长的版本给定如下

$$Q(i,u) := (1 - \gamma)Q(i,u) + \gamma \left(\sum_{j=1}^{n} p_{ij}(u)g(i,u,j) + \sum_{j=1, j \neq s}^{n} p_{ij}(u) \min_{v \in U(j)} Q(j,v) - \eta \right)$$

$$\eta := \eta + \delta \min_{v \in U(s)} Q(s,v)$$

其中 γ 和 δ 是正步长。基于这一迭代的 Q-学习的自然形式可以通过将期望值替代为单个样本来获得，即

$$Q(i,u) := (1 - \gamma)Q(i,u) + \gamma \left(g(i,u,j) + \min_{v \in U(j)} \hat{Q}(j,v) - \eta \right) \tag{7.15}$$

$$\eta := \eta + \delta \min_{v \in U(s)} Q(s,v) \tag{7.16}$$

其中

$$\hat{Q}(j,v) = \begin{cases} Q(j,v), & j \neq s \\ 0, & \text{其他} \end{cases}$$

j 和 $g(i,u,j)$ 通过仿真从对 (i,u) 生成。这里步长 γ 和 δ 应当逐渐减小，但 δ 应当比 γ 减小得 "更快"；即，步长的比例 δ/γ 应当收敛到 0。例如，可以使用 $\gamma = C/k$ 和 $\delta = c/k \log k$，其中 C 和 c 是正常数，k 分别是在对应的对 (i,u) 或者 η 上进行的迭代的次数。

该算法具有两个组成部分：式 (7.15) 的迭代，这本质上是一个 Q-学习算法，旨在对当前的 η 值求解 η-SSP；式 (7.16) 的迭代，向着其正确值 η^* 更新 η。然而，η 以比 Q 更慢的速率更新，因为步长比例 δ/γ 收敛到 0。效果是 Q-学习迭代式 (7.15) 足够快，能跟得上缓慢变化的 η-SSP。这一方法的收敛性分析可以在论文 [ABB01] 中找到。

7.3　一般问题和蒙特卡罗线性代数

我们已经在本章和之前的章节中遇到了几种类型的通过仿真来处理的大规模计算：大量项的求和以及在基函数的低维子空间上的投影（参加 6.1.4 节），以及其他更加复杂的问题。在这些问题中，突出的是方程组系统——贝尔曼方程的求解，及其近似版本，比如投影和聚集方程。可以看到，在折扣、随机最短路、平均费用问题的共同的解析方法，以及在建模、算法、实现细节和理论结果中的区别。

本节旨在关注大规模问题的基于仿真求解的更一般视角，在这一视角下，目前的方法可以被嵌入并被更好地理解。这一分析的优点是更深入地理解以及处理目前还没有讨论的动态规划问题的变形的能力，以及处理其他动态规划之外的更宽范围问题的能力。

考虑求解如下线性不动点方程的基于仿真的方法

$$x = b + Ax \tag{7.17}$$

其中 A 是 $n \times n$ 的矩阵，b 是 n 维向量。注意与求解如下形式的线性方程组的问题

$$Cx = d \tag{7.18}$$

是等价的，因为这一方程可以被转化为式 (7.17) 的不动点方程，通过令

$$C = I - A, d = b \tag{7.19}$$

在式 (7.17) 的不动点形式与式 (7.18) 的方程形式之间的选择主要取决于是否方便。对一种形式的任意一种求解方法都可以通过式 (7.19) 转化为对另一种形式的求解方法。

式 (7.17) 和式 (7.18) 的方程组已经以简单的抽象形式被阐述了，但可能有复杂的形式，例如，涉及多步映射（参见 6.3.6 节）或者基于投影方程的基函数近似或者聚集方法。另一种有意思的情形是这些方程在多种优化问题的最优性条件中出现，例如最小二乘、回归等等。

随机逼近与蒙特卡罗估计方法

到目前为止所看到的基于仿真的方法主要旨在精确地或者近似地求解在不同设定下出现的贝尔曼方程。对于线性不动点问题 $x = b + Ax$，这些方法被分成两种主要类别，基于完全不同的思想和分析路线。

(a) **随机逼近方法**，例如如下迭代

$$x_{k+1} = (1 - \gamma_k)x_k + \gamma_k(b + Ax_k + w_k)$$

其中 w_k 是零均值噪声。这里项 $b + Ax_k + w_k$ 可被视作 $b + Ax_k$ 的仿真样本，γ_k 是逐渐减小的正步长（$\gamma_k \downarrow 0$）。这是一种最简单的加性噪声，在 6.1.4 节中曾简要讨论过（参见例 6.1.6），以及更加复杂的

乘性噪声的情形(参见例 6.1.7)。在分析中的一个主要的例子是 TD(λ),这是求解对应于评价单个策略的多步投影方程 $C^{(\lambda)}r = d^{(\lambda)}$ 的随机逼近方法(参见 6.3.6 节)。6.6.1 节的 Q-学习算法也是一个随机逼近方法,但求解的是非线性不动点问题:多个策略的贝尔曼方程。

(b) **蒙特卡罗估计方法**,获得蒙特卡罗估计 A_m 和 b_m,基于 m 个样本,在多种确定性方法中使用它们替代 A 和 b。所以,例如,近似不动点可以在采集了 m 个样本后获得,估计 A_m 和 b_m 通过矩阵求逆构造,

$$\hat{x} = (I - A_m)^{-1}b_m$$

(假设 $I - A$ 可逆,m 充分大),或者通过迭代构造

$$x_{k+1} = b_m + A_m x_k, k = 0, 1, \cdots \tag{7.20}$$

(也假设 A 是压缩的)。在迭代方法的一种变形中,向量 x_k 随着仿真样本被采集的同时被更新,此时之前的不动点迭代具有稍微不同的形式

$$x_{k+1} = b_k + A_k x_k, k = 0, 1, \cdots$$

LSTD(λ) 和 LSPE(λ) 类方法,应用于多步投影方程 $C^{(\lambda)}r = d^{(\lambda)}$(参见 6.3.6 节),分别是矩阵求逆和迭代方法的例子。

一般而言,随机逼近方法通常简单但是比较慢。这些方法更加简单,部分原因是它们涉及单个样本而不是基于许多样本的矩阵-向量估计。这些方法比较慢,是因为它们在每次迭代(单个样本而不是蒙特卡罗平均)涉及更多的噪声,于是需要逐渐减小的步长。基本上,随机逼近方法综合了迭代和蒙特卡罗估计过程,而例如式 (7.20) 的方法可将这两个过程在很大程度上分开。

我们将不进一步讨论随机逼近方法,因为严格的数学分析超出了我们讨论的技术范畴。推荐参阅有关这个问题的更详细的文献(见 6.1.4 节的讨论)。我们将主要考虑蒙特卡罗估计方法,为了浏览的目的,首先提供一些例子,该方法在这些例子上可能提供独特的优势。

启发性的例子

存在若干实际问题适用线性系统的基于仿真的求解方法。我们目前已经看到近似动态规划情形中涉及用低维子空间近似的高维向量 x。下面的问题中未必需要这样的近似。

例 7.3.1(过定最小二乘) 考虑加权最小二乘问题

$$\min_{x \in \Re^s} \|Wx - h\|_\xi^2$$

其中 W 是给定的 $n \times s$ 矩阵满足 $n > s$,h 是 $\Re^n$ 中的向量,$\|\cdot\|_\xi$ 是加权欧氏模,其中 ξ 是各元素为正数的向量,即 $\|y\|_\xi^2 = \sum_{i=1}^n \xi_i y_i^2$。

通过将上述最小化的表达式的梯度设为 0,我们看到该问题等于求解 $s \times s$ 的系统 $Cx = d$,其中

$$C = W'\Xi W, d = W'\Xi h$$

其中 Ξ 是对角阵并且以 ξ 的元素为对角线。如果 x 的维度比较小,无需用低维子空间近似。然而,当问题是强过定的($n \gg s$),C 的计算涉及高维内积。这启发我们使用蒙特卡罗估计方法来近似在表达式 $W'\Xi W$ 和 $W'\Xi h$ 中出现的高维内积,其中通过对矩阵 W 的行采样获得对 C 和 d 的基于仿真的近似。特别地,(不失一般性)假设 ξ 是概率分布向量,可以将 C 和 d 写成期望值

$$C = W'\Xi W = \sum_{i=1}^{n} \xi_i w(i)w(i)', \quad d = W'\Xi h = \sum_{i=1}^{n} \xi_i w(i)h(i)$$

其中 $w(i)'$ 是 W 的第 i 行，$h(i)$ 是 h 的第 i 个元素。为了近似这些期望值，可以通过按照分布 ξ 采样下标集合 $\{1,\cdots,n\}$ 来生成下标序列 $\{i_1,\cdots,i_k\}$，然后计算对应的蒙特卡罗均值：

$$C_k = \frac{1}{k}\sum_{t=1}^{k} w(i_t)w(i_t)', \quad d_k = \frac{1}{k}\sum_{t=1}^{k} w(i_t)h(i_t)$$

再注意 C 和 d 可以用不同的方式写成期望值（参见 6.1.4 节中对重要性采样的讨论）。特别地，令 $\zeta = (\zeta_1,\cdots,\zeta_n)$ 为概率分布，满足对所有的 i 有 $\zeta_i > 0$，有

$$C = \sum_{i=1}^{n} \zeta_i \frac{\xi_i}{\zeta_i} w(i)w(i)', \quad d = \sum_{i=1}^{n} \zeta_i \frac{\xi_i}{\zeta_i} w(i)h(i)$$

所以 C 和 d 可以被按照分布 ζ 的期望值近似。为了近似这些期望值，可以按照 ζ 生成下标序列 $\{i_1,\cdots,i_k\}$，并计算蒙特卡罗均值

$$C_k = \frac{1}{k}\sum_{t=1}^{k} \frac{\xi_{i_t}}{\zeta_{i_t}} w(i_t)w(i_t)', \quad d_k = \frac{1}{k}\sum_{t=1}^{k} \frac{\xi_{i_t}}{\zeta_{i_t}} w(i_t)h(i_t)$$

引入分布 ζ 替代 ξ 的一种可能的目的是为了减小样本 $\frac{\xi_{i_t}}{\zeta_{i_t}} w(i_t)w(i_t)'$ 和 $\frac{\xi_{i_t}}{\zeta_{i_t}} w(i_t)h(i_t)$ 的方差。这指出了一件重要的事，即需要设计高效的重要性采样分布。

本节主要关注的方法中未知量为高维向量 x，在下列子空间中近似

$$S = \{\Phi r \mid r \in \Re^s\}$$

这与近似动态规划的内容一致。当然我们的处理方法在 $\Phi = I$ 时也适用，此时没有子空间近似。在 7.3.1 节~7.3.7 节中将采用如下假设：

假设 7.3.1 矩阵 Φ 各列线性独立。

该假设的主要意义是存在形式为 Φr 的高维向量及其低维表示向量 r 之间的一一对应。进一步地，这个假设是获得对应的非奇异系统方程的先决条件（见后面的例子）。在 7.3.8 节和 7.3.9 节将放松这一假设并考虑奇异问题。下面是一些例子，后续小节将更完整地讨论。

例 7.3.2（投影方程方法） 这是基于投影方程（6.3 节）的策略评价方法的直接推广。考虑一般的线性不动点方程 $x = Tx = b + Ax$ 的近似解，其中 A 是 $n \times n$ 矩阵，$b \in \Re^n$ 是向量。取而代之，考虑投影方程

$$\Phi r = \Pi T(\Phi r) = \Pi(b + A\Phi r)$$

其中 Π 表示相对于某个给定的加权欧氏模 $\|\cdot\|_\xi$ 的在子空间 $S = \{\Phi r \mid r \in \Re^s\}$ 上的投影。

例如，有策略评价的贝尔曼方程，此时 $A = \alpha P$，其中 P 是转移矩阵，正如在折扣（$\alpha < 1$）和平均费用（$\alpha = 1$）的问题中，或者 P 是次随机矩阵（非负元素，行和小于等于 1）$\alpha = 1$ 的随机最短路问题中。其他尚未讨论的与近似有关的动态规划的例子包括半马尔可夫问题。

例 7.3.3（聚集方法） 这是策略评价（6.5 节）的聚集方法的直接推广。正如在之前的例子中，考虑一般线性不动点方程 $x = Tx = b + Ax$ 的近似解，其中 A 是 $n \times n$ 矩阵，$b \in \Re^n$ 是向量。取而代之，求解聚集方程

$$r = DT(\Phi r) = D(b + A\Phi r)$$

其中 D 是 $s \times n$ 矩阵,Φ 是 $n \times s$ 矩阵。

在 6.5 节中,D 和 Φ 的特别的特征是它们的行是概率分布。这对于将聚集问题定义为动态规划问题是至关重要的。然而,可以在没有 D 和 Φ 的限制时考虑聚集方法(见 7.3.7 节)。

例 7.3.4(大最小二乘问题) 考虑加权最小二乘问题

$$\min_{x \in \Re^n} \|Wx - h\|_\xi^2$$

其中 W 和 h 分别是给定的 $m \times n$ 矩阵和 $\Re^m$ 中的向量,$\|\cdot\|_\xi$ 是加权欧氏模。我们对 x 是高维的情形感兴趣,所以在子空间 $S = \{\Phi r \mid r \in \Re^s\}$ 中近似 x,来获得最小二乘问题

$$\min_{r \in \Re^s} \|W\Phi r - h\|_\xi^2$$

通过将上面的最小化表达式的梯度设为 0,可以看到这一问题等价于 $s \times s$ 的线性系统 $Cr = d$,其中

$$C = \Phi' W' \Xi W \Phi, d = \Phi' W' \Xi h$$

这里,仿真的使用可能在 $s \leqslant m << n$ 的欠定情形下以及在 $s << m \approx n$ 的近似正方系统中都是适用的。在这些情形下,C 的显式计算可能是困难的。

之前类型的最小二乘问题在偏微分和积分方程求解中常见,其中 x 是可能很高维的向量,源自连续变量的函数的精细离散化,比如在空间或者时间上离散化。于是在低维子空间上近似 x 是很关键的,包括例如多项式插值、有限元或者其他的基函数,这定义了矩阵 Φ。当矩阵 $C = \Phi' W' \Xi W \Phi$ 不能简单计算或存储时,可能希望使用基于仿真的方法。将在 7.3.5 节中讨论在所谓的贝尔曼方程误差方法的内容下策略评价在动态规划中的应用。

蒙特卡罗估计方法中的实现问题

在线性系统 $Cx = d$ 的蒙特卡罗估计方法中的重要问题是设计了分别用 C_k 和 d_k 估计 C 和 d 的合适的采样方法,以至于

$$C = \lim_{k \to \infty} C_k, d = \lim_{k \to \infty} d_k$$

这里有几个需要注意的问题。

(a) 采样一定要在低维计算上进行,即使 C 和 d 的精确计算涉及高维计算。这是采用仿真的主要原因。

(b) C 和 d 一定需要表示为期望值(在它们可以通过蒙特卡罗采样近似之前)。表达方式的选择和对应的采样分布可能显著的影响计算效率,正如在 6.1.4 节中注意到的。相关的问题是仿真的收敛速率,例如,对仿真误差的方差的估计,或者对相关的置信区间的计算。

(c) 特殊的考虑和约束一定要被注意到,正如在近似策略迭代中需要充分的搜索(参见 6.4 节)。

本节将深入讨论这些问题,并强调低维子空间近似的情形(参见例 7.3.2~例 7.3.4)。

收敛性和收敛速率

线性系统 $Cx = d$ 的蒙特卡罗估计方法的一些主要的分析问题与相应的收敛性和收敛速率性质有关。这里主要区分两种情形:当 C 可逆和当 C 是奇异的。对奇异情形的分析还提供了启示,启发适用于实际中 C 可逆但接近奇异的情形的方法。

首先假设 C 可逆，所以对于充分大的 k，C_k 也是可逆的。那么可以用 $C_k^{-1}d_k$ 来估计 $Cx = d$ 的解 $C^{-1}d$（矩阵求逆方法）。这里一个有意思的收敛速率问题是估计误差项 $C_k^{-1}d_k - C^{-1}d$ 的方差（这与估计误差项 $C_k - C$ 和 $d_k - d$ 的方差不同，后者使用多种统计方法是相对容易的）。

另一种替代方法是，可以使用迭代方法。求解 $Cx = d$ 的确定性迭代方法通常具有如下形式

$$x_{k+1} = x_k - \gamma G(Cx_k - d) \tag{7.21}$$

其中 G 是可逆矩阵，$\gamma > 0$ 是步长；7.3.8 节将讨论几种这一类的重要方法。[①]它们的基于仿真的对应方法具有如下形式

$$x_{k+1} = x_k - \gamma G_k(C_k x_k - d_k) \tag{7.22}$$

其中 $C_k \to C$, $d_k \to d$, G_k 是矩阵（可能通过仿真来估计）收敛到 G。重要的是，注意这一方法收敛到解 $C^{-1}d$[当且仅当其确定性版本式 (7.21) 也收敛]：两种方法都收敛到 $C^{-1}d$（当且仅当矩阵 $I - \gamma GC$ 是压缩的）。所以，当 C 是可逆的时，式 (7.22) 的随机迭代的收敛性可以通过考虑其确定性版本式 (7.21) 的收敛性来分析。

现在对比矩阵求逆和随机迭代方法式 (7.22) 的收敛速率。结果是矩阵求逆方法的误差 $C_k^{-1}d_k - C^{-1}d$ 和式 (7.22) 的迭代方法的误差 $x_k - C^{-1}d$ 当 $C_k^{-1}d_k - C^{-1}d$ 以慢于几何速率的速度收敛到 0 时，通常是可比的。这可以通过直接的计算将式 (7.22) 的迭代方法写成

$$x_{k+1} - C^{-1}d = (I - \gamma G_k C_k)(x_k - C^{-1}d)$$
$$+ \gamma G_k C_k (C_k^{-1}d_k - C^{-1}d) \tag{7.23}$$

因为 $I - \gamma G_k C_k$ 收敛到压缩 $I - \gamma GC$，$x_k - C^{-1}d$ 的收敛速率由 $C_k^{-1}d_k - C^{-1}d$ 的比几何速率更慢的收敛速率来确定，假设 $G_k C_k$ 可逆。

之前的论述可以进一步细化，可以证明更强的结论：通常有

$$\|x_k - C_k^{-1}d_k\| << \|C^{-1}d_k - C_k^{-1}d_k\|, 对大的 k \tag{7.24}$$

与 γ 和 G_k 收敛到的矩阵 G 的选择独立，只要 $I - \gamma GC$ 是压缩的。[②] 所以通过矩阵求逆和迭代方法获得的估计 $C_k^{-1}d_k$ 和 x_k 分别以比收敛到其共同极限 $C^{-1}d$ 更快的速率收敛到彼此。进一步地，矩阵求逆和迭代方法的长期收敛速率相同，与 γ 和 G 独立（尽管短期收敛速率可能显著地受到 γ 和 G 的选择影响）。这类结论在 [BBN04] 中对于 LSPE 方法推断过，在 [YuB06b] 中有对折扣和平均费用问题的形式化证明。那里给出的证明可以被推广。

---

① 可以看到，式 (7.21) 的一类方法与形式为 $x_{k+1} = f(x_k)$ 的方法，其中 f 是线性的，其不动点是 $Cx = d$ 的解，即，$x^* = f(x^*)$（当且仅当 $Cx^* = d$）。

② 作为非正式的证明，注意到确定性迭代具有几何收敛速率（因为它涉及压缩 $I - \gamma GC$），这与基于仿真所生成的 G_k、C_k 和 d_k 的较慢的收敛速率相比是快的。所以式 (7.23) 的基于仿真的迭代在两个时间尺度上操作：在较慢的时间尺度上改变 G_k、C_k 和 d_k，在较快的时间尺度上 x_k 适应 G_k、C_k 和 d_k 的变化。结果是，本质上，在较快的时间尺度上的收敛性遭遇在较慢的时间尺度上出现较大的变化。大致来说，x_k "将 G_k、C_k 和 d_k 视作实质上的常量"，所以对于大的 k，x_k 本质上等于对应的式 (7.23) 的迭代的极限，前提是 G_k、C_k 和 d_k 保持不变。当 $G_k C_k$ 是可逆的时，可以从式 (7.23) 看到这一极限是 $C_k^{-1}d_k$。换言之，x_k 以比 $C_k^{-1}d_k$ 收敛到 $C^{-1}d$ 的速率更快的速率 "跟踪" $C_k^{-1}d_k$，这意味着式 (7.24)。推荐参阅 [Bor08] 的第 6 章来提供两个时间尺度算法的数学讨论。

另一个重要的研究问题与矩阵求逆方法的误差 $C_k^{-1}d_k - C^{-1}d$ 的收敛速率有关(在统计置信区间估计的意义下)。这些估计反过来量化了达到给定的求解精度所必需的采样量。正如可以从大家熟知的舍入误差对病态线性方程系统的有害影响中推断的,这对于接近奇异的问题是关键的问题。仿真噪声在某种意义下与舍入误差类似,但更大(这预示着对于接近奇异系统的严重困难),也收敛到 0(这意味着它的效果随时间减小)。这导致了接下来要讨论的一个极端的奇异系统的例子。

奇异问题的收敛问题

考虑当 C 奇异但系统 $Cx = d$ 有解的情形。那么,矩阵求逆方法失效,主要的替代方法是使用如下形式的迭代方法

$$x_{k+1} = x_k - \gamma G_k(C_k x_k - d_k)$$

[参见式 (7.22)]。在特定的必要和充分条件下,对应的确定性方法

$$x_{k+1} = x_k - \gamma G(C x_k - d)$$

产生收敛到解的序列 $\{x_k\}$,只要存在着至少一个解(见 7.3.8 节)。然而,这一收敛性质通常当方法采用仿真来实现时会失去。

7.3.9 节讨论了两种处理收敛问题的方法。一方面引入计算稳定性机制保障当 C 是奇异的时 $\{x_k\}$ 收敛到一个解,也可以当 C 可逆但病态时使用并具有显著的优势。另一方面推导条件,在这些条件下无需稳定机制便可获得收敛性。幸运的是,这些条件通常在使用基于投影方程方法的低维子空间近似时使用,包括近似动态规划/策略评价方法(参见例 7.3.2 和例 7.3.3)。

7.3.8 节和 7.3.9 节的分析明确地集中在当 C 奇异的情形下,许多计算方法适用于 C 可逆但接近奇异的重要情形。实际上,当使用仿真时,从实用的角度看,在 C 是奇异和 C 非奇异但高度病态的情况下,两者之间没有什么差别,在迭代计算的早期尤其如此,仿真噪声 $(C_k - C, d_k - d, G_k - G)$ 的标准偏差可能相对于迭代的 "稳定边界",即矩阵 $I - \gamma GC$ 的最大特征值与单位圆边界的距离非常大。

例 7.3.5 为了获得仿真误差与 C 的接近奇异性综合之后可能效果的大概感觉,考虑最简单的情形:通过仿真误差 ϵ 来估计小的非零值 c 的近似求逆。绝对和相对误差是

$$E = \frac{1}{c+\epsilon} - \frac{1}{c}, E_r = \frac{E}{1/c}$$

通过在 $\epsilon = 0$ 附近进行一阶泰勒展开,对小的 ϵ 获得

$$E \approx \frac{\partial (1/(c+\epsilon))}{\partial \epsilon}|_{\epsilon=0}\epsilon = -\frac{\epsilon}{c^2}, E_r \approx -\frac{\epsilon}{c}$$

所以为了让估计 $\frac{1}{c+\epsilon}$ 可靠,必须有 $|\epsilon| << |c|$。如果使用 N 个独立样本来估计 c,ϵ 的方差与 $1/N$ 成正比,那么对于小的相对误差,N 一定远大于 $1/c^2$。所以当 c 接近 0 时,为了得到可靠的基于仿真的求逆,所需的样本量迅速增加。

奇异和接近奇异系统的正则化

最后介绍处理奇异或接近奇异系统的常用的替代方法。这是所谓的正则化方法,这里求解原系统的一个替代行为更好的近似,接受所获得的近似解。在最常见的情形下,这类方法称为 Tikhonov 正则

化，而不是求解系统 $C_k x = d_k$（$Cx = d$ 的基于仿真的近似），求解如下的最小二乘问题

$$\min_{x \in \Re^n} \left\{ (d_k - C_k x)' \Sigma^{-1} (d_k - C_k x) + \beta \|x - \bar{x}\|^2 \right\} \tag{7.25}$$

其中 $\|\cdot\|$ 是标准欧氏模，$\bar{x}$ 是解的先验估计，Σ 是某个正定对称阵，β 是正标量。通过将式 (7.25) 中最小二乘目标函数的梯度设为 0，可以找到如下的闭式形式解：

$$\hat{x}_k = \left(C_k' \Sigma^{-1} C_k + \beta I \right)^{-1} \left(C_k' \Sigma^{-1} d_k + \beta \bar{x} \right) \tag{7.26}$$

注意上面的逆始终存在，由于 $\beta > 0$ 的使用。

式 (7.25) 中的二次项 $\beta \|x - \bar{x}\|^2$ 被称为是正则项，具有将近似解 $\hat{x}_k$ 向着先验估计 $\bar{x}$ "偏差" 的效果。β 的合适的大小可能不清楚（更大的尺寸减小了 C_k 的接近奇异性，以及 $C_k - C$ 和 $d_k - d$ 的仿真误差的影响，但也可能导致大的 "偏差"，请参见习题 7.10 中对这一权衡的量化分析）。然而，这通常不是实用中的主要困难，因为采用不同 β 取值的试错法。一旦 C_k 和 d_k 变得可用时涉及低维线性代数。$\bar{x}$ 的一个合适的选择可能是基于对问题的直观的规则的猜测，或者可能是对应于所估计的类似策略的费用向量 $\Phi \bar{x}$ 的参数向量（例如在近似策略迭代中前一个策略）。在缺乏清楚的选择时，推荐使用 $\bar{x} = 0$。

在正则化方法的迭代版本中，这一版本旨在减少或者消除偏差，$\bar{x}$ 可被重置为一个新的估计，最小二乘最小化可以重复进行。当 $\bar{x}$ 重置为所获得的向量 $\hat{x}_k$ 时，方法具有如下迭代形式

$$x_{k+1} = \left(C_k' \Sigma^{-1} C_k + \beta I \right)^{-1} \left(C_k' \Sigma^{-1} d_k + \beta x_k \right)$$

或者等价的

$$x_{k+1} = x_k - \left(C_k' \Sigma^{-1} C_k + \beta I \right)^{-1} C_k' \Sigma^{-1} \left(C_k x_k - d_k \right)$$

这就是迭代 $x_{k+1} = x_k - \gamma G_k (C_k x_k - d_k)$ [参阅式 (7.22)]，其中

$$\gamma G_k = \left(C_k' \Sigma^{-1} C_k + \beta I \right)^{-1} C_k' \Sigma^{-1}$$

是将在 7.3.8 节和 7.3.9 节中所谓的近似算法的一种特例。

如果 C 是可逆的，所生成的序列 $\{x_k\}$ 收敛到 $Cx = d$ 的唯一解，只要 $C_k \to C$ 且 $d_k \to d$。如果 C 是奇异的，$\{x_k\}$ 可被证明收敛到 $Cx = d$ 的某个解（假设解存在），在确定性情形下，其中 $C_k \equiv C$，$d_k \equiv d$。另一方面，如果 C_k 和 d_k 是 C 和 d 的估计，满足 $C_k \to C$ 和 $d_k \to d$，所生成的序列 $\{x_k\}$ 可能发散（见 [WaB11b] 中的例子）。不过，通过对方法的适当修改，仍可获得收敛性，正如将在 7.3.8 节和 7.3.9 节中更广泛的讨论（也见 [WaB11a] 和 [WaB11b]）。

下面开始讨论投影方程方法，继续相关的最小二乘/方程误差方法，然后考虑聚集方法。最后，描述奇异或者临近奇异的线性系统方程的基于仿真的迭代方法的行为。偶尔，讨论不同的推广，例如，涉及一些特殊的非线性不动点问题。

7.3.1　投影方程

本节开始对一般的线性不动点方程 $x = Tx$ 的近似方法的细致讨论，其中

$$Tx = b + Ax$$

A 是一个 $n \times n$ 的矩阵,$b \in \Re^n$ 是一个向量(参见例 7.3.2)。首先着重关注求解如下的投影方程

$$\Phi r = \Pi T(\Phi r) = \Pi(b + A\Phi r)$$

其中 Π 表示相对于在子空间 $S = \{\Phi r | r \in \Re^s\}$ 上的某个给定的加权欧氏模 $||\cdot||_\xi$ 的投影。本节假设 $I - \Pi A$ 是可逆的,以至于从在 Φ 上的满秩假设 7.3.1 的角度看,投影方程具有唯一解,记为 r^*。

推导 LSTD(0)、LSPE(0) 和 TD(0) 方法的推广形式(参见 6.3.4 节)。继续讨论 LSTD(λ)、LSPE(λ) 和 TD(λ) 为求解投影方程 $\Phi r = \Pi T^{(\lambda)}(\Phi r)$ 的推广形式,其中

$$T^{(\lambda)} = (1 - \lambda) \sum_{l=0}^{\infty} \lambda^l T^{l+1}$$

$\lambda \in (0, 1)$(参见 6.3.6 节)。对于更细致的讨论、分析和算法,推荐 [BeY07] 和 [BeY09],在那里这些方法首次被展示出来。

误差界

给定某个模 $||\cdot||$(未必与投影模 $||\cdot||_\xi$ 相同)和 T 的不动点 x^*,可以获得误差 $||x^* - \Phi r^*||$ 的关于 $||x^* - \Pi x^*||$ 的不同界,后者是从 x^* 到 S 的最短距离。特别地,如果 ΠT 是相对于 $||\cdot||$ 模为 $\alpha \in (0, 1)$ 的压缩映射,通过使用不动点性质 $x^* = Tx^*$ 和 $\Phi r^* = \Pi T(\Phi r^*)$,有

$$||x^* - \Phi r^*|| \leqslant ||x^* - \Pi x^*|| + ||\Pi T(x^*) - \Pi T(\Phi r^*)|| \leqslant ||x^* - \Pi x^*|| + \alpha ||x^* - \Phi r^*||$$

满足

$$||x^* - \Phi r^*|| \leqslant \frac{1}{1-\alpha} ||x^* - \Pi x^*|| \tag{7.27}$$

当 ΠT 是相对于投影模 $||\cdot||_\xi$(是欧氏模,满足毕达哥拉斯定理)的模为 $\alpha \in [0, 1)$ 的压缩映射时,有

$$\begin{aligned}
||x^* - \Phi r^*||_\xi^2 &= ||x^* - \Pi x^*||_\xi^2 + ||\Pi x^* - \Phi r^*||_\xi^2 \\
&= ||x^* - \Pi x^*||_\xi^2 + ||\Pi T(x^*) - \Pi T(\Phi r^*)||_\xi^2 \\
&\leqslant ||x^* - \Pi x^*||_\xi^2 + \alpha^2 ||x^* - \Phi r^*||_\xi^2
\end{aligned}$$

由此获得

$$||x^* - \Phi r^*||_\xi^2 \leqslant \frac{1}{1-\alpha^2} ||x^* - \Pi x^*||_\xi^2 \tag{7.28}$$

这是命题 6.3.1(b) 的误差界的推广。

式 (7.27) 和式 (7.28) 的界即使当 T 是非线性的时也是成立的,尽管它有不动点 x^*,而且 ΠT 是压缩的。进一步地,这些界没有使用除了压缩模 α 之外的其他问题数据。然而,正如在 [YuB08] 中所展示的,可以推导出依赖于 A 的具体结构却不需要 ΠT 是压缩映射的更一般的并且/或者更紧的界。

至此,用方程 $x^* = Tx^*$ 和 $\Phi r^* = \Pi T(\Phi r^*)$,有

$$x^* - \Phi r^* = x^* - \Pi x^* + \Pi T(x^*) - \Pi T(\Phi r^*) = x^* - \Pi x^* + \Pi A(x^* - \Phi r^*)$$

由此可得

$$x^* - \Phi r^* = (I - \Pi A)^{-1}(x^* - \Pi x^*) \tag{7.29}$$

所以，即使 T 或者 ΠT 不是压缩的，有

$$||x^* - \Phi r^*|| \leqslant ||(I - \Pi A)^{-1}|| \, ||x^* - \Pi x^*|| \tag{7.30}$$

所以近似误差 $||x^* - \Phi r^*||$ 与解 x^* 和近似子空间的距离成正比；这里对于任意的 $n \times n$ 矩阵 M，用 $||M||$ 表示矩阵模 $||M|| = \max_{x \in \Re^n, x \neq 0} ||Mx||/||x||$。

现在将 $(I - \Pi A)^{-1}$ 表示为如下形式

$$(I - \Pi A)^{-1} = I + (I - \Pi A)^{-1}\Pi A$$

于是也使用 $\Pi(x^* - \Pi x^*) = 0$ 这一事实，可以将式 (7.29) 写为

$$x^* - \Phi r^* = (x^* - \Pi x^*) + (I - \Pi A)^{-1}\Pi A(I - \Pi)(x^* - \Pi x^*)$$

这个方程中的 3 个向量构成了正交三角形的 3 条边，于是由毕达哥拉斯定理，有

$$||x^* - \Phi r^*||_\xi^2 = ||x^* - \Pi x^*||_\xi^2 + ||(I - \Pi A)^{-1}\Pi A(I - \Pi)(x^* - \Pi x^*)||_\xi^2$$
$$\leqslant ||x^* - \Pi x^*||_\xi^2 + ||(I - \Pi A)^{-1}\Pi A(I - \Pi)||_\xi^2 ||x^* - \Pi x^*||_\xi^2$$

于是有

$$||x^* - \Phi r^*||_\xi^2 \leqslant B(A, \xi, S)||x^* - \Pi x^*||_\xi^2 \tag{7.31}$$

其中

$$B(A, \xi, S) = 1 + ||(I - \Pi A)^{-1}\Pi A(I - \Pi)||_\xi^2$$

如在 [YuB08] 中所示，式 (7.31) 中的界总是不比式 (7.28) 中的界差（在 $\alpha < 1$ 的情形下）而且标量 $B(A, \xi, S)$ 和其他相关的对于 $B(A, \xi, S)$ 的近似可以通过或者分析或者仿真（当 x 具有大维数时）的方法来计算。

在其他情形下，式 (7.31) 中的界可以在 "偏差" $||\Phi r^* - \Pi x^*||$ [投影方程的解 Φr^* 和 x^* 在 S 中的最好近似（即为 Πx^*）之间的距离] 非常大的情形下有用 [参阅习题 6.5 中的例子，其中 TD(0) 提供了一个相对于 TD(λ), $\lambda \approx 1$ 非常差的解]。$B(A, \xi, S)$ 的一个比 1 大许多的值经常导致大的偏差，受此启发得到了修正的方法（比如，在近似动态规划情形下增大 λ，改变子空间 S，或者改变 ξ）。这些推断无法从没有多少区分度的界式 (7.28) 做出，即使 A 相对于 $||\cdot||_\xi$ 而言是压缩的。

投影方程的矩阵形式

引入投影方程的一种等价形式，可以推广折扣动态规划问题的对应的矩阵形式（参阅 6.3.2 节）。通过定义相对于 $||\cdot||_\xi$ 的投影，投影方程的唯一解 r^* 满足

$$r^* = \arg\min_{r \in \Re^s} ||\Phi r - (b + A\Phi r^*)||_\xi^2$$

将相对于 r 的梯度设为 0,获得

$$\Phi'\Xi(\Phi r^* - (b + A\Phi r^*)) = 0, \tag{7.32}$$

其中 Ξ 是对角矩阵其对角元素是概率 $\xi_1, \cdots, \xi_n$。等价地,

$$Cr^* = d$$

其中

$$C = \Phi'\Xi(I - A)\Phi, d = \Phi'\Xi b \tag{7.33}$$

参阅 6.3.2 节。将这一方程解释为最优性条件与在 6.3.2 节中给出的类似:向量 $\Phi r^* - (b + A\Phi r^*)$ 与 Φ 的列正交,于是在缩放后的投影模 $\|\cdot\|_\xi$ 下与子空间 S 正交。

通过行与列采样的仿真

现在开发一种对于系统 $Cr = d$ 的基于仿真的近似,通过使用对应的 C 和 d 的近似。使用式 (7.33),将 C 和 d 写成相对于 ξ 的期望值:

$$C = \sum_{i=1}^{n} \xi_i \phi(i) \left(\phi(i) - \sum_{j=1}^{n} a_{ij} \phi(j) \right)', d = \sum_{i=1}^{n} \xi_i \phi(i) b_i \tag{7.34}$$

其中 a_{ij} 和 b_i 分别是 A 和 b 的元素,$\phi(i)'$ 表示 Φ 的第 i 行。如同 6.3.3 节中的介绍,将这些期望值用基于仿真获得的蒙特卡罗平均来近似。然而,这里没有用来产生样本的马尔可夫链结构。于是必须设计一种采样机制,可以被用于适当近似式 (7.34) 中的期望值。

在这一机制中的最基本形式,产生一系列指标

$$\{i_0, i_1, \cdots\}$$

和一系列指标之间的转移

$$\{(i_0, j_0), (i_1, j_1), \cdots\}$$

为了这一点,使用满足如下两个约束的任意概率机制(参阅图 7.3.1):

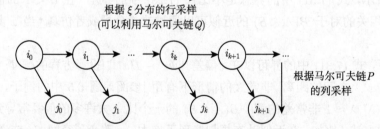

图 7.3.1　解决投影方程的一种基本仿真方法。它由两部分组成:(a) 根据分布 ξ 生成一个指数序列 $\{i_0, i_1, \cdots\}$;(b) 由马尔可夫链 P 生成一个转移序列 $\{(i_0, j_0), (i_1, j_1), \cdots\}$。

(1) **行采样**:序列 $\{i_0, i_1, \cdots\}$ 是相对于投影模分布 ξ 生成的,即

$$\lim_{k \to \infty} \frac{\sum_{t=0}^{k} \delta(i_t = i)}{k+1} = \xi_i, i = 1, \cdots, n \tag{7.35}$$

概率为 1，其中 $\delta(\cdot)$ 表示函数 [如果事件 E 已经出现了，则 $\delta(E) = 1$；否则 $\delta(E) = 0$]。

(2) **列采样**：序列 $\{(i_0, j_0), (i_1, j_1), \cdots\}$ 是相对于某个转移概率矩阵 P 的转移概率 p_{ij} 生成的，后者满足

$$p_{ij} > 0, \text{ 如果 } a_{ij} \neq 0 \tag{7.36}$$

在如下意义下

$$\lim_{k \to \infty} \frac{\sum_{t=0}^{k} \delta(i_t = i, j_t = j)}{\sum_{t=0}^{k} \delta(i_t = i)} = p_{ij}, i, j = 1, \cdots, n \tag{7.37}$$

以概率 1 成立。

在采集了到时间 k 为止的所有样本之后，将 C 和 d 分别近似为

$$C_k = \frac{1}{k+1} \sum_{t=0}^{k} \phi(i_t) \left(\phi(i_t) - \frac{a_{i_t j_t}}{p_{i_t j_t}} \phi(j_t) \right)', d_k = \frac{1}{k+1} \sum_{t=0}^{k} \phi(i_t) b_{i_t} \tag{7.38}$$

与 6.3.3 节类似，可以证明这是一个有效的近似。特别地，将式 (7.38) 写作

$$C_k = \sum_{i=1}^{n} \hat{\xi}_{i,k} \phi(i) \left(\phi(i) - \sum_{j=1}^{n} \hat{p}_{ij,k} \frac{a_{ij}}{p_{ij}} \phi(j) \right)', d_k = \sum_{i=1}^{n} \hat{\xi}_{i,k} \phi(i) b_i \tag{7.39}$$

其中

$$\hat{\xi}_{i,k} = \frac{\sum_{t=0}^{k} \delta(i_t = i)}{k+1}, \hat{p}_{ij,k} = \frac{\sum_{t=0}^{k} \delta(i_t = i, j_t = j)}{\sum_{t=0}^{k} \delta(i_t = i)}$$

从如下假设看来

$$\hat{\xi}_{i,k} \to \xi_i, \hat{p}_{ij,k} \to p_{ij}, i, j = 1, \cdots, n$$

[参阅式 (7.35) 和式 (7.37)]，通过比较式 (7.34) 和式 (7.39)，可以看到 $C_k \to C$ 和 $d_k \to d$。因为系统 $Cr = d$ 的解 r^* 存在且唯一，对于所有充分大的 k 系统 $C_k r = d_k$ 的解也存在且唯一。所以，以概率 1，系统 $C_k r = d_k$ 的解在 $k \to \infty$ 时收敛到 r^*。

行和列采样概率

式 (7.34) 和式 (7.39) 的比较提示了选择用于行采样的转移概率矩阵 P 时的一些考虑。可以看到，"重要的"（例如，大的）元素 a_{ij} 应当更经常被仿真（p_{ij} 为大的）。特别地，如果 (i, j) 满足 $a_{ij} = 0$，那么有动机选择 $p_{ij} = 0$，因为对应的转移 (i, j) 被"浪费"了，因为它们并没有通过式 (7.39) 来改进对式 (7.34) 的近似。这说明 P 的结构应该在某种意义下与矩阵 A 的结构匹配，以此来改进仿真的效率（为了达到给定仿真误差方差所需的采样数）。另一方面，P 的选择并不影响 $\Phi C_k^{-1} d_k$ 的极限，后者是投影方程的解 Φr^*。对比之下，ξ 的选择同时影响投影 Π 和 Φr^*。

注意，生成满足式 (7.35) 和式 (7.37) 的序列 $\{i_0, i_1, \cdots\}$ 和转移序列 $\{(i_0, j_0), (i_1, j_1), \cdots\}$ 有许多自由度。一种重要的可能性是简单地通过相对于 ξ 的独立采样来选择指标 i_t。然而，还有其他方法。例如，可以引入一个不可约马尔可夫链以转移矩阵 Q，状态 $1, \cdots, n$ 和 ξ 为它的稳态概率向量，然后从某个状态 i_0 开始通过生成该链的单条无穷长轨道作为序列 $\{i_0, i_1, \cdots\}$。对于转移序列，可以令 $j_k = i_{k+1}$[对所有的 k（此时 $Q = P$）]，但一般而言这并不重要。在 6.3 节、7.1 节和 7.2 节介绍的机制中，有 $Q = P$（于是也有 $A = \alpha P$）。6.4.2 节的离线策略框架是另一个例子，其中 $Q = P$（但是 $A \neq \alpha P$）。

讨论构造满足稳态概率向量 ξ 的马尔可夫链的两种可能性。第一种当所想要的分布 ξ 除了一个统一化的常量之外已知时有用。于是可以用马尔可夫链蒙特卡罗（MCMC）方法中的通用技术来构造一个这样的链（例如，见 [Liu01] 和 [RuK08]）。

另一种可能性当没有特别期望的 ξ 时有用。具体是首先制定不可约马尔可夫链的转移矩阵 Q 并令 ξ 为其稳态概率向量，然后状态按照 ξ 来仿真的要求 [参见式 (7.35)] 将被满足。一件重要的事是并不需要 ξ 的显式知识；只是需要知道马尔可夫链以及能够仿真其转移。6.3 节、6.4.2 节、7.1 节和 7.2 节中的近似动态规划的应用属于这种情况。下一节将讨论从 A 构造转移矩阵 Q 的合适的方法，这样获得一个压缩的 ΠT 并满足 $I - \Pi A$ 是可逆的，于是可以应用矩阵求逆和迭代方法。

让我们指出可以用多条仿真出来的序列构成式 (7.38)。例如，在基于马尔可夫链的采样机制中，可以生成这个链的多条无穷长轨道，从几个不同的状态开始，对每条轨道对所有的 k 使用 $j_k = i_{k+1}$。即使当链有多个常返类只要没有过渡态并且从每个常返类出发至少有一条轨道时就可以使用。再一次，ξ 将是该链的某个不变分布（因为有多个常返类所以有多个这样的分布），而且无须显式知道。还应注意，即使只有单个常返类，使用多条轨道可能也是有意义的，因为至少如下两个原因：

(a) 轨道的生成可以在多个处理器中并行进行，这可以极大地提升速度。

(b) 状态出现的经验频率可以更快地接近稳态概率；对于大的和 "不易弯曲的" 马尔可夫链尤其如此。

最后注意，基本的行和列采样机制的变形，生成多条有限长度的行指标序列，与 6.4.1 节中的集合和自由形式采样机制类似。这里轨道的长度是随机的，每条轨道终止之后紧跟着从随机选择的行指标重新开始。数学上，这对应于使用一个非平稳的，可能是非马尔可夫的随机过程来进行行采样，条件是每个行指标 i 通过定义良好的经验相对频率 ξ_i 来生成。

7.3.2 矩阵逆合迭代方法

回忆一下，假设 $I - \Pi A$ 是可逆的，所以如下投影方程的高维解 Φr^*

$$\Phi r = \Pi T(\Phi r) = \Pi(b + A\Phi r)$$

是唯一的。进一步地，因为 Φ 的秩为 s（参阅假设 7.3.1），矩阵形式 $Cr = d$ 的低维解 r^* 也是唯一的。于是有如下矩阵

$$C = \Phi' \Xi (I - A) \Phi$$

[参阅式 (7.33)]是可逆的。给定 C 和 d 的满足 $C_k \to C$ 和 $d_k \to d$ 的基于仿真的估计 C_k 和 d_k，矩阵

C_k 对于足够大的 k 将是可逆的，可以将唯一解 $r^* = C^{-1}d$ 近似为

$$\hat{r}_k = C_k^{-1}d_k$$

于是有 $\hat{r}_k \to r^*$ 以概率 1 成立；这是矩阵求逆方法，与 6.3.4 节的 LSTD(0) 方法平行。

矩阵求逆的另一种方法是使用 C_k 和 d_k 的迭代方法求解投影方程 $Cr = d$ [参阅式 (7.22)]。这类方法的一个主要例子是不动点迭代

$$\Phi r_{k+1} = \Pi T(\Phi r_k) = \Pi(b + A\Phi r_k), k = 0, 1, \cdots \tag{7.40}$$

这推广了 6.3.2 节的 PVI 方法，以及后面将要在 7.3.8 节中讨论的其他可能性。这一方法若想有效并收敛到 r^*，需要 ΠT 相对于某个模而言是压缩的。稍后将提供用来验证这一点的工具。

与 6.3.2 节中的分析类似，式 (7.40) 中的迭代可以被写成

$$r_{k+1} = \arg\min_{r \in \Re^s} \|\Phi r - T(\Phi r_k)\|_\xi^2$$

或者等价地有，

$$r_{k+1} = r_k - (\Phi'\Xi\Phi)^{-1}(Cr_k - d)$$

一个基于仿真的实现是，与 6.3.4 节中的 LSPE(0) 方法平行，

$$r_{k+1} = r_k - G_k(C_k r_k - d_k)$$

其中 G_k 是如下对 $(\Phi'\Xi\Phi)^{-1}$ 的近似：[1]

$$G_k = \left(\frac{1}{k+1}\sum_{t=0}^{k}\phi(i_t)\phi(i_t)'\right)^{-1}$$

使用 C_k 和 d_k 的式 (7.38) 中的形式，可以将这一迭代写成

$$r_{k+1} = r_k - \left(\sum_{t=0}^{k}\phi(i_t)\phi(i_t)'\right)^{-1}\sum_{t=0}^{k}\phi(i_t)q_{k,t} \tag{7.41}$$

其中

$$q_{k,t} = \phi(i_t)'r_k - \frac{a_{i_t j_t}}{p_{i_t j_t}}\phi(j_t)'r_k - b_{i_t}$$

这里又一次 $\{i_0, i_1, \cdots\}$ 是一个下标序列并且 $\{(i_0, j_0), (i_1, j_1), \cdots\}$ 是满足式 (7.35)~式 (7.37) 的转移序列。等价地有，可以将式 (7.41) 的迭代写成最小二乘形式

$$r_{k+1} = \arg\min_{r \in \Re^s}\sum_{t=0}^{k}\left(\phi(i_t)'r - \frac{a_{i_t j_t}}{p_{i_t j_t}}\phi(j_t)'r_k - b_{i_t}\right)^2$$

---

[1] 正如 6.3.4 节中的介绍，如果逆 $\left(\sum_{t=0}^{k}\phi(i_t)\phi(i_t)'\right)^{-1}$ 不存在，那么可以在 $\sum_{t=0}^{k}\phi(i_t)\phi(i_t)'$ 上加上单位阵的一个小的倍数。

这不涉及矩阵求逆。

还应注意 TD(0) 方法的一种推广。正如在 6.3.4 节中,具有如下形式

$$r_{k+1} = r_k - \gamma_k \phi(i_k) q_{k,k} \tag{7.42}$$

其中步长 γ_k 必须减小到 0 并满足其他随机逼近方法的典型条件（参阅 6.1.4 节）。可以证明（见 [BeY07]、[BeY09],命题 5),如果 ΠT 在 S 上相对于 $\|\cdot\|_\xi$ 是压缩的,那么矩阵 C 是正定的 $[r'Cr > 0$（对所有的 $r \neq 0$)],这一结果是该方法收敛到投影方程 $Cr = d$ 的解 r^* 的关键 [见 [TsV97] 或者 [BeT96] 中 TD(λ) 的收敛性证明]。

压缩性质

现在将推导 ΠT 是压缩的条件。这是式 (7.40) 的不动点迭代及其式 (7.41) 的基于仿真的 LSPE(0) 类近似和 TD(0) 类方法式 (7.42) 收敛所需要的。假设行采样使用了不可约马尔可夫链,转移矩阵 Q 如前所述,用 q_{ij} 表示 Q 的元素。

对于任意的向量或者矩阵 X,用 $|X|$ 表示各元素分别是 X 的对应元素的绝对值的向量或者矩阵。看起来难以保证 ΠT 是压缩的,除非 $|A| \leqslant Q$[即, $|a_{ij}| \leqslant q_{ij}$,对所有的 (i,j)]。下面的命题假设这一条件。

命题 7.3.1 假设定义投影模 $\|\cdot\|_\xi$ 的向量 ξ 是一个不可约马尔可夫链的稳态分布,其转移矩阵是 Q 满足 $|A| \leqslant Q$。那么 T 和 ΠT 在下述 3 个条件任意一个下是压缩映射:

(1) 对某个标量 $\alpha \in (0,1)$,有 $|A| \leqslant \alpha Q$。

(2) 存在指标 $\bar{i}$,满足 $|a_{\bar{i}j}| < q_{\bar{i}j}$（对所有的 $j = 1,\cdots,n$)。

(3) 存在指标 $\bar{i}$,满足 $\sum_{j=1}^{n} |a_{\bar{i}j}| < 1$。

证明 假设条件 (1) 成立。因为 Π 是相对于 $\|\cdot\|_\xi$ 非扩张的(即, $\|\Pi x - \Pi y\|_\xi \leqslant \|x - y\|_\xi$,对所有的 x 和 y),足够证明 A 是相对于 $\|\cdot\|_\xi$ 压缩的。有

$$|Az| \leqslant |A||z| \leqslant \alpha Q|z|, \forall z \in \Re^n \tag{7.43}$$

使用这一关系,有

$$\|Az\|_\xi \leqslant \alpha \|Q|z|\|_\xi \leqslant \alpha \|z\|_\xi, \forall z \in \Re^n \tag{7.44}$$

其中最后一个不等式源自 $\|Qx\|_\xi \leqslant \|x\|_\xi$ 对所有的 $x \in \Re^n$（见引理 6.3.1)。所以, A 相对于 $\|\cdot\|_\xi$ 是压缩的,模为 α。

假设条件 (2) 成立。那么,取代式 (7.43),有

$$|Az| \leqslant |A||z| \leqslant Q|z|, \forall z \in \Re^n$$

其中当 $z \neq 0$ 时,与 $\bar{i}$ 对应的行取严格不等号,取代式 (7.44),有

$$\|Az\|_\xi < \|Q|z|\|_\xi \leqslant \|z\|_\xi, \forall z \neq 0$$

其中第二个不等式因为引理 6.3.1 成立,与式 (7.44) 类似。于是有 A 相对于 $\|\cdot\|_\xi$ 是压缩的,模为 $\max_{\|z\|_\xi \leqslant 1} \|Az\|_\xi$。

假设条件 (3) 成立。足以证明 ΠA 的特征值严格地位于单位圆之内 (参见例 1.5.1)。[①] 用 $\bar{Q}$ 表示一个几乎与 Q 完全一样的矩阵，其唯一不同的是，第 $\bar{i}$ 行为 $|A|$ 的第 $\bar{i}$ 行。从 Q 的不可约性有对任意的 $i_1 \neq \bar{i}$ 可以找到一系列 $\bar{Q}$ 的非零元素 $\bar{q}_{i_1 i_2}, \cdots, \bar{q}_{i_{k-1} i_k}, \bar{q}_{i_k \bar{i}}$，从 i_1 "引导到" $\bar{i}$。所以 $\bar{Q}$ 对应于在 SSP 内容中的一个合适的策略，其中状态 $\bar{i}$ 扮演了终止状态的角色。于是由命题 3.2.3，有 $\bar{Q}$ 相对于某个模是压缩的，于是有 $\bar{Q}^t \to 0$。因为 $|A| \leqslant \bar{Q}$，所以有 $|A|^t \to 0$，于是也有 $A^t \to 0$ (因为 $|A^t| \leqslant |A|^t$)。所以，A 的所有特征值都严格的位于单位圆内。

为了证明 ΠA 的所有特征值也严格的位于单位圆内，首先应注意从在条件 (1) 和 (2) 下的证明中，有

$$\|\Pi A z\|_\xi \leqslant \|z\|_\xi, \forall z \in \Re^n$$

所以 ΠA 的特征值不会位于单位圆外。为了采用反证法假设 ν 是 ΠA 的一个特征值且 $|\nu| = 1$，令 ζ 是对应的特征向量。宣称 $A\zeta$ 的实部和虚部一定都在子空间 S 内。如果不是这样，有 $A\zeta \neq \Pi A\zeta$，于是有

$$\|A\zeta\|_\xi > \|\Pi A\zeta\|_\xi = \|\nu\zeta\|_\xi = |\nu| \|\zeta\|_\xi = \|\zeta\|_\xi$$

这与之前证明的对所有的 z 有 $\|Az\|_\xi \leqslant \|z\|_\xi$ 这一事实矛盾。所以，$A\zeta$ 的实部和虚部都在 S 之内，这意味着 $A\zeta = \Pi A\zeta = \nu\zeta$，所以 ν 是 A 的一个特征值且满足 $|\nu| = 1$。这与 A 的所有特征值都严格位于单位圆之内的假设矛盾。

注意之前的证明已经证明了在命题 7.3.1 的条件 (1) 和 (2) 下 T 和 ΠT 相对于特定的模 $\|\cdot\|_\xi$ 是压缩映射，而且在条件 (1) 下，压缩模为 α。进一步地，Q 无须在这些条件下是不可约的 —— 证明 Q 没有过渡状态且 ξ 是具有正元素的不变分布就足够了。在条件 (3) 下，T 和 ΠT 无须相对于 $\|\cdot\|_\xi$ 是压缩的。作为反例，取 $a_{i,i+1} = 1$ 对 $i = 1, \cdots, n-1$，且 $a_{n,1} = 1/2$，且 A 每隔一个元素为 0。还令 $q_{i,i+1} = 1$ 对 $i = 1, \cdots, n-1$ 且 $q_{n,1} = 1$，Q 的每个元素等于 0，所以对所有的 i，有 $\xi_i = 1/n$。于是对 $z = (0, 1, \cdots, 1)'$，有 $Az = (1, \cdots, 1, 0)'$ 且 $\|Az\|_\xi = \|z\|_\xi$，所以 A 相对于 $\|\cdot\|_\xi$ 不是压缩的。取 S 为整个空间 $\Re^n$，可以看到 ΠA 也有相同性质。

当 $|A|$ 的所有行和小于等于 1 时，可以通过在 $|A|$ 上加上另一个矩阵来构造满足 $|A| \leqslant Q$ 的 Q：

$$Q = |A| + \text{Diag}(e - |A|e)R \tag{7.45}$$

其中 R 是转移概率矩阵，e 是单位向量所有元素等于 1，$\text{Diag}(e - |A|e)$ 是对角阵且对角元为 $1 - \sum_{m=1}^n |a_{im}|, i = 1, \cdots, n$。那么 A 的第 i 行的行和不足值按照 R 的元素 r_{ij} 的比例分摊到列 j 上。

下一个命题使用与命题 7.3.1 不同的假设，并适用于没有特定的下标 $\bar{i}$ 满足 $\sum_{j=1}^n |a_{\bar{i}j}| < 1$ 的情形。事实上 A 自身可能是一个转移概率矩阵，以至于 $I - A$ 未必是可逆的，原来的系统可能有多个解；见后面的例 7.3.7。该命题建议在多种方法中使用 T 映射的阻尼版本 (参见命题 7.2.2 和当 $\lambda = 0$ 时的平均费用的情形)。

---

① 在下面的讨论中，复向量 z 的投影 Πz 通过将其实部和虚部分别投影到 S 上来获得。复向量 $x + iy$ 的投影模定义为

$$\|x + iy\|_\xi = \sqrt{\|x\|_\xi^2 + \|y\|_\xi^2}$$

对于复数 ν，用 $|\nu|$ 表示 ν 的模。

命题 7.3.2 假设定义投影模 $\|\cdot\|_\xi$ 的向量 ξ 是一个马尔可夫链的不变分布, 没有过渡状态, 且转移矩阵 Q 满足 $|A| \leqslant Q$。进一步假设 $I - \Pi A$ 是可逆的。那么映射 ΠT_γ, 其中

$$T_\gamma = (1 - \gamma)I + \gamma T$$

对所有的 $\gamma \in (0, 1)$ 相对于 $\|\cdot\|_\xi$ 是压缩的。

证明 命题 7.3.1 的证明论述展示了条件 $|A| \leqslant Q$ 意味着 A 相对于模 $\|\cdot\|_\xi$ 是非扩张的。进一步地, 因为 $I - \Pi A$ 是可逆的, 所以有 $z \neq \Pi A z$ (对所有的 $z \neq 0$)。于是对所有的 $\gamma \in (0, 1)$ 和 $z \in \Re^n$, 有

$$\|(1-\gamma)z + \gamma \Pi A z\|_\xi < (1-\gamma)\|z\|_\xi + \gamma\|\Pi A z\|_\xi \leqslant (1-\gamma)\|z\|_\xi + \gamma\|z\|_\xi = \|z\|_\xi \tag{7.46}$$

其中严格不等式是因为 $\|\cdot\|_\xi$ 的严格凸性, 弱不等式源自 ΠA 的非扩张性。如果定义

$$\rho_\gamma = \sup\{\|(1-\gamma)z + \gamma \Pi A z\|_\xi \mid \|z\| \leqslant 1\}$$

并注意到上面的极大值可以通过威尔斯塔拉斯定理达到, 可以看到由式 (7.46) 导出 $\rho_\gamma < 1$ 且

$$\|(1-\gamma)z + \gamma \Pi A z\|_\xi \leqslant \rho_\gamma \|z\|_\xi, \forall z \in \Re^n$$

由 T_γ 的定义, 对所有的 $x, y \in \Re^n$, 有

$$\begin{aligned}
\Pi T_\gamma x - \Pi T_\gamma y &= \Pi T_\gamma (x - y) \\
&= (1-\gamma)\Pi(x-y) + \gamma \Pi A(x-y) \\
&= (1-\gamma)\Pi(x-y) + \gamma \Pi(\Pi A(x-y))
\end{aligned}$$

所以通过使用之前的两个关系式和 Π 的非扩张性, 有

$$\begin{aligned}
\|\Pi T_\gamma x - \Pi T_\gamma y\|_\xi &= \|(1-\gamma)\Pi(x-y) + \gamma \Pi(\Pi A(x-y))\|_\xi \\
&\leqslant \|(1-\gamma)(x-y) + \gamma \Pi A(x-y)\|_\xi \\
&\leqslant \rho_\gamma \|x-y\|_\xi
\end{aligned}$$

对所有的 $x, y \in \Re^n$。

可以注意到映射 ΠT_γ 和 ΠT 具有相同的不动点, 所以在命题 7.3.2 的假设条件下, 有 ΠT 的唯一不动点 Φr^*。现在讨论在一些特殊情形下选择 ξ 和 Q 的例子。

例 7.3.6(折扣动态规划问题) 一个具有 n 个状态的折扣动态规划问题的贝尔曼方程形式为 $x = Tx = g + \alpha P x$, 其中 g 是单阶段费用向量, P 是相对应的马尔可夫链的转移概率矩阵, $\alpha \in (0, 1)$ 是折扣因子。如果马尔可夫链不可约且 ξ 选为其稳态概率向量, 矩阵求逆方法 $r_k = C_k^{-1} d_k$, 其中 C_k 和 d_k 是式 (7.38) 的基于仿真的估计, 变成了 LSTD(0)。

例 7.3.7(非折扣动态规划问题) 考虑方程 $x = Tx = g + Px$, 其中 P 是次随机矩阵 ($p_{ij} \geqslant 0$, 对所有的 i, j; 且 $\sum_{j=1}^n p_{ij} \leqslant 1$, 对所有的 i)。这里 $1 - \sum_{j=1}^n p_{ij}$ 可被视作从状态 i 到无费用的吸收终了状态的转移概率。这是一个随机最短路问题的平稳策略的费用向量的贝尔曼方程。如果策略是合适的, 那么如下矩阵

$$Q = P + \text{Diag}(e - Pe)R$$

[参见式 (7.45)]是不可约的，前提是 R 具有正元素。如果是这样，那么在条件 (2) 下的命题 7.3.1 的条件满足，T 和 ΠT 相对于 $\|\cdot\|_\xi$ 是压缩的。使用并非所有元素都是正值的矩阵 R 是可能的，只要 Q 不可约，且命题 7.3.1 的条件 (3) 适用。

同样在当 P 是满足稳态概率向量 ξ 的不可约转移概率矩阵的情形下考虑方程 $x = g + Px$。这与设计转移概率矩阵 P 的马尔可夫链的平均费用动态规划问题的平稳策略的微分费用向量的贝尔曼方程有关。那么，如果单位向量 e 未被包含在近似子空间 S 中，矩阵 $I - \Pi P$ 是可逆的，正如在 7.2 节中所示 [参见命题 7.2.1(a)]。结果是，命题 7.3.2 适用且证明映射 $(1 - \gamma)I + \gamma P$ 对所有的 $\gamma \in (0, 1)$ 相对于 $\|\cdot\|_\xi$ 是压缩的（参见 7.2 节的命题 7.2.1 和命题 7.2.2）。

本节的投影方程方法适用于一般的线性不动点方程，其中 A 无须具有概率结构。这类方程的其中一类 ΠA 是压缩的在下面的例子中给出，这是在科学计算领域的一类重要的问题，其中迭代方法被广泛用于求解大规模线性系统方程。

例 7.3.8（弱对角支配系统）　考虑如下系统的解

$$Cx = d$$

其中 $d \in \Re^n$ 且 C 是一个 $n \times n$ 的矩阵且是弱对角支配的，即，其元素满足

$$c_{ii} \neq 0, \sum_{j \neq i} |c_{ij}| \leqslant |c_{ii}|, i = 1, \cdots, n \tag{7.47}$$

通过将第 i 行除以 c_{ii}，获得等价系统 $x = b + Ax$，其中 A 和 b 的元素是

$$a_{ij} = \begin{cases} 0, & i = j \\ -\dfrac{c_{ij}}{c_{ii}}, & i \neq j \end{cases}, b_i = \frac{d_i}{c_{ii}}, i = 1, \cdots, n$$

那么，由式 (7.47)，有

$$\sum_{j=1}^n |a_{ij}| = \sum_{j \neq i} \frac{|c_{ij}|}{|c_{ii}|} \leqslant 1, i = 1, \cdots, n$$

所以可以在合适的条件下使用命题 7.3.1 和命题 7.3.2。特别地，如果由式 (7.45) 给定的矩阵 Q 没有过渡态且存在指标 $\bar{i}$ 满足 $\sum_{j=1}^n |a_{\bar{i}j}| < 1$，那么命题 7.3.1 适用并可证明 ΠT 是压缩的。

或者，不用式 (7.47)，假设某种更为局限性的条件

$$|1 - c_{ii}| + \sum_{j \neq i} |c_{ij}| \leqslant 1, i = 1, \cdots, n \tag{7.48}$$

并考虑等价系统 $x = b + Ax$，其中

$$A = I - C, b = d$$

那么，由式 (7.48)，有

$$\sum_{j=1}^n |a_{ij}| = |1 - c_{ii}| + \sum_{j \neq i} |c_{ij}| \leqslant 1, i = 1, \cdots, n$$

所以命题 7.3.1 和命题 7.3.2 在合适的条件下也适用。

7.3.3 多步方法

本节考虑将映射 T 定义为 $Tx = b + Ax$,替换为多步映射的可能性,具有与 T 相同的不动点。例如,可以考虑映射 T^l,满足 $l > 1$,或者 $T^{(\lambda)}$ 给定如下

$$T^{(\lambda)} = (1 - \lambda) \sum_{l=0}^{\infty} \lambda^l T^{l+1}$$

其中 $\lambda \in (0,1)$[假设定义 $T^{(\lambda)}$ 序列的极限是良好定义的,这等价于 λA 是压缩映射]。将 T 替换为某个与 T^l 或者 $T^{(\lambda)}$ 在传统的不动点算法中很少考虑,因为每次迭代的额外开销不断增长并且/或者实现起来比较复杂。然而,在投影方程方法中,这一替代可能提供某种优势,正如在 LSTD(λ)、LSPE(λ) 和 TD(λ) 方法中展示的。

作为启发,注意到如果 T 是压缩的,压缩的模可以通过使用 T^l 或者 $T^{(\lambda)}$ 获得增强。特别地,如果 $\alpha \in [0,1)$ 是 T 的压缩模,T^l 的压缩模是 α^l,而 $T^{(\lambda)}$ 的压缩模是

$$\alpha_\lambda = (1 - \lambda) \sum_{l=0}^{\infty} \lambda^l \alpha^{l+1} = \frac{\alpha(1 - \lambda)}{1 - \alpha\lambda}$$

进一步地,对所有的 $\lambda \in (0,1)$,$\alpha^l < \alpha$ 且 $\alpha_\lambda < \alpha$。所以式 (7.27) 和式 (7.28) 的误差界随着 λ 的增加而增强。正如在 6.3.6 节中讨论的,这是使用 $\lambda > 0$ 的 TD 方法比其他使用 $\lambda = 0$ 的方法的主要优势。

为了理解 $T^{(\lambda)}$ 的性质,将其写为

$$T^{(\lambda)}x = b^{(\lambda)} + A^{(\lambda)}x, \forall x \in \Re^n$$

其中通过直接的计算,有

$$A^{(\lambda)} = (1 - \lambda) \sum_{l=0}^{\infty} \lambda^l A^{l+1}, b^{(\lambda)} = \sum_{l=0}^{\infty} \lambda^l A^l b \tag{7.49}$$

下面的命题提供了 $A^{(\lambda)}$ 的一些有趣的性质,这反过来决定了 $T^{(\lambda)}$ 的压缩和其他性质。

为了这个命题,引入一些符号。对于任意方阵 M,用 $|M|$ 表示元素为 $|m_{ij}|$ 的矩阵,其中 m_{ij} 是 M 的元素。用 $\sigma(M)$ 表示 M 的谱半径。注意对于 $\Re^n$ 的任意模 $||\cdot||$,有 $\sigma(M) \leqslant ||M||$,其中用 $||M||$ 表示 M 对应的矩阵模:$||M|| = \max_{||z|| \leqslant 1} ||Mz||$。还应注意对于转移概率矩阵 P,其具有正元素的不变概率分布 ξ(即,$\xi' = \xi'P$ 且 $\xi > 0$),有 $\sigma(P) = ||P||_\xi = 1$。这由引理 6.3.1 而得,这展示了 $||P||_\xi \leqslant 1$ 意味着 $\sigma(M) \leqslant ||P||_\xi \leqslant 1$,而且 1 是 P 的特征值的事实意味着 $\sigma(M) \geqslant 1$。在下面的证明中,如同在命题 7.1.1 中,复向量 $x + \mathrm{i}y$ 的投影模定义为

$$||x + \mathrm{i}y||_\xi = \sqrt{||x||_\xi^2 + ||y||_\xi^2}$$

且复向量 z 的投影 Πz 通过分别将 z 的实部和虚部投影到 S 上获得。对于复数 ν,用 $|\nu|$ 表示 ν 的模。

命题 7.3.3 假设 $I - A$ 可逆且 $\sigma(A) \leqslant 1$。

(a) 对于 $\lambda \in (0,1)$,$\sigma(A^{(\lambda)})$ 随着 λ 增大单调减小,有 $\sigma(A^{(\lambda)}) < 1$ 和 $\lim_{\lambda \to 1} \sigma(A^{(\lambda)}) = 0$。

(b) 进一步假设 $|A| \leqslant P$，其中 P 是转移概率矩阵以各元素为正的向量 ξ 为不变分布。那么，

$$|A^{(\lambda)}| \leqslant P^{(\lambda)}, \|A^{(\lambda)}\|_\xi \leqslant \|P^{(\lambda)}\|_\xi = 1, \forall \lambda \in [0, 1)$$

其中 $P^{(\lambda)} = (1-\lambda) \sum\limits_{l=0}^{\infty} \lambda^l P^{l+1}$。此外，对所有的 $\lambda \in (0,1)$，$\Pi A^{(\lambda)}$ 是相对于某个模压缩的，其中 Π 表示相对于 $\|\cdot\|_\xi$ 在 S 上的投影。

证明 (a) 由式 (7.49)，可以看到 $A^{(\lambda)}$ 的特征值具有如下形式

$$(1-\lambda) \sum_{l=0}^{\infty} \lambda^l \beta^{l+1} = \frac{\beta(1-\lambda)}{1-\beta\lambda} \tag{7.50}$$

其中 β 是 A 的特征值。因为 $\sigma(A) \leqslant 1$，有 $|\beta| \leqslant 1$，而且因为 $I-A$ 是可逆的，所以有 $\beta \neq 1$。于是，存在整数 i 和 j 满足 $\beta^i \neq \beta^j$，所以 β^i 和 β^j 的凸组合严格位于单位圆之内。于是 $A^{(\lambda)}$ 的特征值 $(1-\lambda) \sum\limits_{l=0}^{\infty} \lambda^l \beta^{l+1}$ 也严格位于单位圆之内，所以 $\sigma(A^{(\lambda)}) < 1$。由式 (7.50)，也有 $\lim\limits_{\lambda \to 1} \sigma(A^{(\lambda)}) = 0$。

(b) 为了明白 $|A^{(\lambda)}| \leqslant P^{(\lambda)}$，注意到对所有的 $l > 1$，$|A|^l$ 的元素不大于 P^l 的对应元素，因为它们可以被写成 $|A|$ 和 P 的对应元素的乘积，而且由假设，$|A| \leqslant P$。有 $\|P^{(\lambda)}\|_\xi = 1$，因为 $P^{(\lambda)}$ 是转移概率矩阵且 ξ 是 $P^{(\lambda)}$ 的不变分布。不等式 $\|A^{(\lambda)}\|_\xi \leqslant \|P^{(\lambda)}\|_\xi$ 可以通过命题 7.3.1 的证明的简单修改获得。

因为 $\|A^{(\lambda)}\|_\xi \leqslant \|P^{(\lambda)}\|_\xi = 1$ 且 Π 相对于 $\|\cdot\|_\xi$ 是非扩张的，于是有 $\|\Pi A^{(\lambda)}\|_\xi \leqslant 1$，所以 $\Pi A^{(\lambda)}$ 的所有特征值位于单位圆之内。现在将证明 $\Pi A^{(\lambda)}$ 的所有满足 $|\nu| = 1$ 的特征值 ν 必定也是 $A^{(\lambda)}$ 的特征值。因为由 (a)，有 $\sigma(A^{(\lambda)}) < 1$ [对 $\lambda > 0$]，于是可得不存在 $\Pi A^{(\lambda)}$ 的特征值 ν 满足 $|\nu| = 1$，意味着 $\Pi A^{(\lambda)}$ 相对于某个模式压缩的（参见例 1.5.1）。

确实，令 ν 为 $\Pi A^{(\lambda)}$ 的满足 $|\nu| = 1$ 和特征向量为 ζ 的特征值，满足 $\Pi A^{(\lambda)}\zeta = \nu\zeta$。于是一定有 $A^{(\lambda)}\zeta = \Phi r_1 + \mathrm{i}\Phi r_2$ 对某个 $r_1, r_2 \in \Re^s$，因为如果不是这样，就有 $A^{(\lambda)}\zeta \neq \Pi A^{(\lambda)}\zeta$ 和

$$\|A^{(\lambda)}\zeta\|_\xi > \|\Pi A^{(\lambda)}\zeta\|_\xi = \|\nu\zeta\|_\xi = |\nu|\|\zeta\|_\xi = \|\zeta\|_\xi$$

这与 $\|A^{(\lambda)}\|_\xi \leqslant 1$ 的事实矛盾。因为 $A^{(\lambda)}\zeta$ 的形式为 $A^{(\lambda)}\zeta = \Phi r_1 + \mathrm{i}\Phi r_2$，有

$$A^{(\lambda)}\zeta = \Phi r_1 + \mathrm{i}\Phi r_2 = \Pi(\Phi r_1 + \mathrm{i}\Phi r_2) = \Pi A^{(\lambda)}\zeta = \nu\zeta$$

于是有 ν 是 $A^{(\lambda)}$ 的特征值。

$\lim\limits_{\lambda \to 1} \sigma(A^{(\lambda)}) = 0$ 的事实 [参见命题 7.3.3(a)] 预示着使用接近 1 的 λ 的优势。然而，正如在 6.3.6 节中讨论的，这必须与在基于仿真的实现中的增大的仿真噪声取得平衡，后者很快将讨论。

由命题 7.3.3(a)，也看到使用 $\lambda > 0$ 在提高压缩模之外的另一个优势：$T^{(\lambda)}$ 对于 $\lambda > 0$ 是压缩的，即使 T 不是，只要 $I-A$ 是可逆的且 $\sigma(A) \leqslant 1$。这对于 $T^l, l > 1$ 并不成立，因为 A^l 的特征值是 β^l，其中 β 是 A 的特征值，所以 $\sigma(A^l) = 1$ [若 $\sigma(A) = 1$]。这里发生的是 A 的特征值的单独幂次可能在单位圆上，但通过将 A 的一个特征值 β 的不同幂次取凸组合构成的 $A^{(\lambda)}$ 对应的特征值 $(1-\lambda) \sum\limits_{l=0}^{\infty} \lambda^l \beta^{l+1}$，获得了位于单位圆内部的一个复数。

多步操作的基于仿真的实现

将基于仿真的多步方法从动态规划推广到一般的线性系统的关键思想是一般仿真的幂次可以通过将转移概率矩阵幂次的仿真与重要性采样的思想相结合来仿真（见 [BeY07] 和 [BeY09]）。特别地，可以看到形式为 $A^m b$ 的向量的第 i 个元素 $(A^m b)(i)$（其中 $b \in \Re^n$），可以通过 b 的元素的合适的加权采样值的平均来计算。

在多步方法中，为了技术原因对行采样和列采样使用相同的概率机制是重要的：使用不可约转移概率矩阵 P 生成指标序列 $\{i_0, i_1, \cdots\}$，将转移序列 $\{(i_0, i_1), (i_1, i_2), \cdots\}$ 视作使用 P 进行列采样的结果。然后构成所有满足 $i_t = i$ 的指标 t 的 $w_{t,m} b_{i_{t+m}}$ 的平均值，其中

$$
w_{t,m} = \begin{cases} \dfrac{a_{i_t i_{t+1}}}{p_{i_t i_{t+1}}} \dfrac{a_{i_{t+1} i_{t+2}}}{p_{i_{t+1} i_{t+2}}} \cdots \dfrac{a_{i_{t+m-1} i_{t+m}}}{p_{i_{t+m-1} i_{t+m}}}, & m \geqslant 1 \\ 1, & m = 0 \end{cases} \tag{7.51}
$$

特别地，宣称 $(A^m b)(i)$ 的一个合理的近似如下：

$$
(A^m b)(i) = \lim_{k \to \infty} \frac{\sum\limits_{t=0}^{k} \delta(i_t = i) w_{t,m} b_{i_{t+m}}}{\sum\limits_{t=0}^{k} \delta(i_t = i)} \tag{7.52}
$$

其中 $\delta(\cdot)$ 表示示性函数，$\delta(i_t = i) = 1$（若 $i_t = i$），$\delta(i_t = i) = 0$（若 $i_t \neq i$），见图 7.3.2。

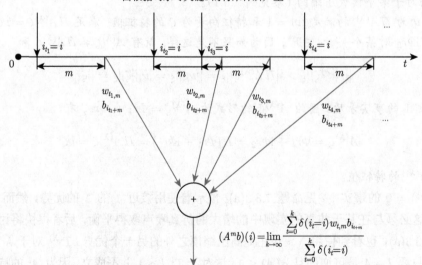

图 7.3.2 方程 (7.52) 中 $(A^m b(i))$ 的描述。在每一个 m-转移区间的末尾，构成项 $\omega_{t,m} b_{i_{(t+m)}}$。之后，在一个无限长的仿真路径上平均这些项

为了获得这一公式的一些启发，注意如果 $A = P$，那么 $w_{t,m} = 1$，所以根据式 (7.52)，$(P^m b)(i)$ 由 $b_{i_{t+m}}$ 的样本的蒙特卡罗平均来近似，其中指标 i_{t+m} 通过从 $i_t = i$ 开始使用 P 进行 m 次转移生

成。当 $A \neq P$ 时，$(A^m b)(i)$ 通过 $b_{i_{t+m}}$ 的使用 P 样本的蒙特卡罗平均来近似，但用 $w_{t,m}$ 加权这样它们获得正确的结果。

为了获得式 (7.52) 的正式证明，首先应注意，由 P 的不可约性，有

$$\lim_{k \to \infty} \frac{\sum_{t=0}^{k} \delta(i_t = i, i_{t+1} = j_1, \cdots, i_{t+m} = j_m)}{\sum_{t=0}^{k} \delta(i_t = i)} = p_{ij_1} p_{j_1 j_2} \cdots p_{j_{m-1} j_m} \tag{7.53}$$

即，任意 $(m+1)$ 长的序列 $\{i, j_1, \cdots, j_m\}$ 的样本均值渐近收敛到其概率。现在有

$$\begin{aligned}
&\lim_{k \to \infty} \frac{\sum_{t=0}^{k} \delta(i_t = i) w_{t,m} b_{i_{t+m}}}{\sum_{t=0}^{k} \delta(i_t = i)} \\
&= \lim_{k \to \infty} \frac{\sum_{t=0}^{k} \sum_{j_1=1}^{n} \cdots \sum_{j_m=1}^{n} \delta(i_t = i, i_{t+1} = j_1, \cdots, i_{t+m} = j_m) w_{t,m} b_{i_{t+m}}}{\sum_{t=0}^{k} \delta(i_t = i)} \\
&= \sum_{j_1=1}^{n} \cdots \sum_{j_m=1}^{n} \lim_{k \to \infty} \frac{\sum_{t=0}^{k} \delta(i_t = i, i_{t+1} = j_1, \cdots, i_{t+m} = j_m)}{\sum_{t=0}^{k} \delta(i_t = i)} w_{t,m} b_{i_{t+m}} \\
&= \sum_{j_1=1}^{n} \cdots \sum_{j_m=1}^{n} a_{ij_1} a_{j_1 j_2} \cdots a_{j_{m-1} j_m} b_{j_m} \\
&= (A^m b)(i)
\end{aligned}$$

其中第三个等式源自式 (7.51) 和式 (7.53)。这证明了式 (7.52)。

通过使用式 (7.52) 的近似公式，可以构造设计 A 的幂次的公式的复杂的基于仿真的近似，使用相同的仿真序列计算 A 的若干个（或者无穷多个）幂次与向量的乘积。例如，在动态规划中，到目前为止还没有遇到的，可以通过仿真获得如下线性系统的解 x^*

$$x = b + Ax$$

这里假设 A 是压缩的，可以被表达为

$$x^* = (I - A)^{-1} b = \sum_{m=0}^{\infty} A^m b$$

历史上，这是首次提出对线性系统的基于仿真的解（见 [FoL50]）。

类似的流程可以用于通过仿真近似其他的矩阵向量运算，比如形式为 $A_1 \cdots A_m b$ 的乘积，其中 $A_i, i = 1, \cdots, m$，是具有合适尺寸的矩阵，b 是向量。那么式 (7.51) 中的权重 $w_{t,m}$ 应当进行合适的修改。下面的例子与低维近似的主题相关。

例 7.3.9（矩阵幂次的投影） 考虑用仿真来近似的问题

$$r^* = \arg\min_{r \in \Re^s} \|\Phi r - A^m b\|_\xi$$

即，$A^m b$ 在子空间 $\{\Phi r \,|\, r \in \Re^s\}$ 上相对于投影模 $\|\cdot\|_\xi$ 的投影 Φr^*，其中 ξ 是具有正元素的概率分布，Φ 各列线性独立。假设在之前 $A^m b$ 的仿真过程中，选择 P 为具有稳态分布 ξ 的不可约转移概率矩阵，用 P 生成指标序列 $\{i_0, i_1, \cdots\}$。然后注意 $(A^m b)(i)$ 的样本在对所有满足 $i_t = i$ 的 t 的 $w_{t,m} b_{i_{t+m}}$ 给定，正如在式 (7.52) 中，每个指标 i 在仿真中的样本频率是 ξ_i。所以通过将之前的分析与例 6.1.5 的分析结合，有 $r_k \to r^*$，其中

$$r_k = \arg\min_{r \in \Re^s} \sum_{t=0}^{k} \left(\phi(i_t)'r - w_{t,m} b_{i_{t+m}} \right)^2 \tag{7.54}$$

这个例子可被推广到幂次的线性组合，例如通过仿真来近似

$$r^* = \arg\min_{r \in \Re^s} \left\| \Phi r - \sum_{l=1}^{m} \beta_l A^l b \right\|_\xi$$

其中 β_l 是某个标量。

前面的例子指示了丰富的多步线性代数运算，可以用这些方法来从式 (7.52) 的基本建筑单元开始仿真。下面提供一个在动态规划中重要的例子：用 LSTD(λ) 和 LSPE(λ)-类方法求解多步投影方程。

线性系统的多步投影方程方法——几何采样

考虑如下的 λ-投影方程

$$\Phi r = \Pi T^{(\lambda)}(\Phi r)$$

其中 Π 是相对于某个加权欧氏模的投影，$T^{(\lambda)}$ 是多步映射

$$T^{(\lambda)} = (1 - \lambda) \sum_{l=0}^{\infty} \lambda^l T^{l+1}$$

正如之前，T 由 $Tx = b + Ax$ 给定。假设 λA 是压缩的，所以定义 $T^{(\lambda)}$ 的序列是收敛的。原来有

$$T^{(\lambda)}x = b^{(\lambda)} + A^{(\lambda)}x, \forall x \in \Re^n$$

其中

$$A^{(\lambda)} = (1 - \lambda) \sum_{l=0}^{\infty} \lambda^l A^{l+1}, \quad b^{(\lambda)} = \sum_{l=0}^{\infty} \lambda^l A^l b$$

所以 $T^{(\lambda)}x$ 可以被表示成包含 A 的幂次与向量相乘的无穷项之和，这可以通过仿真来计算 [参阅式 (7.51) 和式 (7.52)]。

现在将要推导 6.4.1 节的几何采样方法的推广，基于多条长度具有几何分布的短样本轨道的仿真。其思想是 $T^{(\lambda)}x$ 可以被视作 $T^{l+1}x$ 的期望值，其中 l 是具有 λ-几何分布 $(1-\lambda)\lambda^l$ 的随机数。所以，为

了基于仿真计算形式为 $T^{(\lambda)}x$ 的任一向量，可以使用幂指数 $T^{l+1}x$ 的采样和公式 (7.52)，并用 λ-几何分布随机生成 l。

至此，引入具有转移概率矩阵 P 的马尔可夫链满足

$$p_{ij} > 0, \text{ 若 } a_{ij} \neq 0$$

在列采样和行采样中都使用 [参见式 (7.36)]。指定一个重启概率分布 $\zeta_0 = (\zeta_0(1), \cdots, \zeta_0(n))$，与 6.4.1 节类似。生成 m 条样本轨道，指标为 $1, \cdots, n$。轨道 t（其中 $t = 1, \cdots, m$）从指标 $i_{0,t}$ 开始，后者用分布 ζ_0 选择。轨道的指标用转移概率 p_{ij} 生成，但在每次转移之后，轨道以概率 $1 - \lambda$ 终止。

这些轨道可被用于近似任意形式为 $T^{(\lambda)}x$ 的向量和形式为 $\Pi T^{(\lambda)}(\Phi r)$ 的向量，其中 Π 是相对于用 P 和重启分布定义的 S 上的投影。特别地，让我们解释如何用仿真来近似如下迭代方法

$$\Phi r_{k+1} = \Pi T^{(\lambda)}(\Phi r_k)$$

这推广了 6.3.6 节的 PVI(λ) 方法和与 $\lambda = 0$ 对应的式 (7.40) 的单步不动点迭代方法。

令轨道 t 具有形式 $(i_{0,t}, i_{1,t}, \cdots, i_{N_t,t})$，其中 $i_{0,t}$ 是初始指标，$i_{N_t,t}$ 是轨道结束的指标（终止前的最后一个指标）。给定 r_k，对任意的 $r \in \Re^s$ 定义

$$c_{\tau,t}(r_k) = w_{\tau,N_t-\tau}\phi(i_{N_t,t})'r_k + \sum_{q=\tau}^{N_t-1} w_{\tau,q-\tau}b_q \tag{7.55}$$

其中 $w_{\tau,q-\tau}$ 由式 (7.51) 给定。注意 $c_{\tau,t}(r_k)$ 可以被视作下式的样本

$$\left(A^{N_t-\tau}\Phi r_k + b + Ab + \cdots + A^{N_t-1-\tau}b\right)(i_{\tau,t})$$

向量 $A^{N_t-\tau}\Phi r_k + b + Ab + \cdots + A^{N_t-1-\tau}b$ 的第 $i_{\tau,t}$ 个元素 [参阅式 (7.52)]。

一旦轨道 $t, t = 1, \cdots, m$ 的所有指标 $i_{\tau,t}$ 的样本 $c_{\tau,t}(r_k)$ 都采集到，向量 r_{k+1} 可以通过这些样本的最小二乘拟合获得：

$$r_{k+1} = \arg\min_{r \in \Re^s} \sum_{t=1}^{m} \sum_{\tau=0}^{N_t-1} \left(\phi(i_{\tau,t})'r - c_{\tau,t}(r_k)\right)^2$$

参阅例 7.3.9 和式 (7.54)。等价地，可以将之前的最小二乘问题的解显式的写成

$$r_{k+1} = \left(\sum_{t=1}^{m} \sum_{\tau=0}^{N_t-1} \phi(i_{\tau,t})\phi(i_{\tau,t})'\right)^{-1} \sum_{t=1}^{m} \sum_{\tau=0}^{N_t-1} \phi(i_{\tau,t})c_{\tau,t}(r_k)$$

假设上面的逆存在。注意与 6.4.1 节的搜索增强的 LSPE(λ) 方法的紧密类似之处。二者唯一的区别是式 (7.55) 的样本 $c_{\tau,t}(r_k)$ 的折扣因子 $\alpha^{q-\tau}$ 已经被替代为比例 $w_{\tau,q-\tau}$。

现在可以验证，通过本质上重复 6.4.1 节的分析，在极限情况下，当 $m \to \infty$ 时，前述两个方程的中的向量 r_{k+1} 满足

$$\Phi r_{k+1} = \Pi T^{(\lambda)}(\Phi r_k) \tag{7.56}$$

其中 Π 表示相对于以向量 $\zeta = (\zeta(1), \cdots, \zeta(n))$ 为权重的加权极大模的投影，其中

$$\zeta(i) = \frac{\hat{\zeta}(i)}{\sum_{j=1}^{n} \hat{\zeta}(j)}, i = 1, \cdots, n$$

且 $\hat{\zeta}(i) = \sum_{\tau=0}^{\infty} \zeta_\tau(i)$，其中 $\zeta_\tau(i)$ 是在随机选中的仿真轨迹中 τ 次转移之后状态是 i 的概率。假设重启分布 ζ_0 选为对所有的 i 满足 $\zeta(i) > 0$ [一种可能性是对所有的 i，有 $\zeta_0(i) > 0$]。

还可以开发与 LSTD(λ) 方法类似的方法。再次使用几何采样，与式 (7.55) 类似，定义

$$c_{\tau,t}(r) = w_{\tau,N_t-\tau} \phi(i_{N_t,t})' r + \sum_{q=r}^{N_t-1} w_{\tau,q-\tau} b_q$$

其中 $w_{\tau,q-\tau}$ 由式 (7.51) 给定。对如下投影方程的解可采用 LSTD(λ)-类的近似 $\Phi\hat{r}$

$$\Phi r = \Pi T^{(\lambda)}(\Phi r)$$

[参阅式 (7.56)]由如下不动点方程确定

$$\hat{r} = \arg\min_{r \in \Re^s} \sum_{t=1}^{m} \sum_{\tau=0}^{N_t-1} \left(\phi(i_{\tau,t})' r - c_{\tau,t}(\hat{r}) \right)^2 \tag{7.57}$$

这是与 6.4.1 节中的搜索增强版的 LSTD(λ) 方法相对应的线性最小二乘问题。最优性条件是如下的线性系统方程

$$\sum_{t=1}^{m} \sum_{\tau=0}^{N_t-1} \phi(i_{\tau,t}) \left(\phi(i_{\tau,t})' \hat{r} - c_{\tau,t}(\hat{r}) \right) = 0$$

这可以对 $\hat{r}$ 求解。

本节的多步基于仿真的方法依赖 6.4.1 节的几何采样方法，并且是目前最容易解释的一种推广。还有使用 6.4.1 节的自由形式采样思想的推广。替代方法是基于单轨道仿真，推广了 6.3.6 节的 LSTD(λ)、LSPE(λ) 和 TD(λ) 方法，和 6.4.2 节的离线策略方法，在 [BeY07]、[BeY09]、[Yu10a] 和 [Yu10b] 中讨论。

7.3.4 最优停止的 Q-学习的推广

在考虑投影方程方法的替代方法之前，先来讨论对非线性方程的推广，这是在最优停止问题中出现的一类特殊情况。首先注意如果映射 T 是非线性的（正如在多策略情形下），那么投影方程 $\Phi r = \Pi T(\Phi r)$ 也是非线性的，可能有一个或者多个解，或者根本没有解。另一方面，如果 ΠT 是压缩的，则有唯一解。已经在 6.6.4 节中看到投影方程的非线性特例，其中 ΠT 是压缩的，即最优停止。这一情形可以被推广，正如现在要展示的。

考虑如下形式的系统

$$x = Tx = b + Af(x) \tag{7.58}$$

其中 $f : \Re^n \mapsto \Re^n$ 是一个由标量函数作为元素构成的形式为 $f(x) = (f_1(x_1), \cdots, f_n(x_n))$ 的映射。假设每个映射 $f_i : \Re \mapsto \Re$ 在如下意义下是非扩张的

$$|f_i(x_i) - f_i(\bar{x}_i)| \leqslant |x_i - \bar{x}_i|, \forall i = 1, \cdots, n, x_i, \bar{x}_i \in \Re \tag{7.59}$$

这保证了如果 A 相对于某个模 $\|\cdot\|$ 是压缩的，那么具有如下性质

$$\|y\| \leqslant \|z\|, \text{ 若 } |y_i| \leqslant |z_i|, \forall i = 1, \cdots, n$$

那么 T 相对于那个模也是压缩的。这样的模包括加权 l_1 模、l_∞ 模、$\|\cdot\|_\xi$ 模，以及任意的缩放欧氏模 $\|x\| = \sqrt{x'Dx}$，其中 D 是正定对称阵具有非负元素。在式 (7.59) 的假设下，使用 7.3.2 节的理论并建议为了仿真选择合适的马尔可夫链让 ΠT 为压缩的。

求解式 (7.58) 系统的 LSPE-类算法的一个版本，推广了 6.6.4 节的最优停止问题的方法，可用于当 ΠT 是压缩的情况。特别地，迭代

$$\Phi r_{k+1} = \Pi T(\Phi r_k), k = 0, 1, \cdots$$

具有如下形式

$$r_{k+1} = \left(\sum_{i=1}^{n} \xi_i \phi(i) \phi(i)' \right)^{-1} \sum_{i=1}^{n} \xi_i \phi(i) \left(b_i + \sum_{j=1}^{n} a_{ij} f_j \left(\phi(j)' r_k \right) \right)$$

并且通过将右侧的两项视作期望值，可以被近似为

$$r_{k+1} = \left(\sum_{t=0}^{k} \phi(i_t) \phi(i_t)' \right)^{-1} \sum_{t=0}^{k} \phi(i_t) \left(b_{i_t} + \frac{a_{i_t j_t}}{p_{i_t j_t}} f_{j_t} \left(\phi(j_t)' r_k \right) \right) \tag{7.60}$$

这里，如前所述，$\{i_0, i_1, \cdots\}$ 是指标序列，$\{(i_0, j_0), (i_1, j_1), \cdots\}$ 是通过行和列采样生成的转移序列 [参阅式 (7.35)～式 (7.37)]。这一近似的合理性与到目前为止所给的非常类似。

式 (7.60) 的迭代的一个难点是项 $f_{j_t} \left(\phi(j_t)' r_k \right)$ 必须对所有的 $t = 0, \cdots, k$ 在每一步 k 都计算，这导致了显著的额外计算量。在 6.6.4 节末尾讨论的方法在最优停止时克服了这一难点，可以推广到这里考虑的更加一般的情形。

例 7.3.10（最优停止的应用） 考虑如下方程

$$x = Tx = b + \alpha P f(x)$$

这里 P 是具有稳态概率向量 ξ 的不可约转移概率矩阵，$\alpha \in (0, 1)$ 是标量折扣因子，f 是映射且元素如下

$$f_i(x_i) = \min\{c_i, x_i\}, i = 1, \cdots, n$$

其中 c_i 是某个标量。这是一个折扣最优停止问题的 Q-因子方程，状态为 $i = 1, \cdots, n$，每个状态 i 下有两个行为可选：停止则费用为 c_i，继续则费用为 b_i 且以概率 p_{ij} 移动到状态 j。从状态 i 开始的最优费用是 $\min\{c_i, x_i^*\}$，其中 x^* 是 T 的不动点。作为命题 7.3.1 的特例，可以获得 ΠT 相对于 $\|\cdot\|_\xi$ 是

压缩的。当 αP 被替换为满足命题 7.3.1 的条件 (2) 或者命题 7.3.2 的条件的矩阵 A 时，类似结果依然成立。

还考虑这一情形，没有 $A = \alpha P$，但是矩阵 A 满足 $0 \leqslant A \leqslant P$，其中 P 是不可约转移概率矩阵。这一情形在非折扣最优停止问题中出现。如果命题 7.3.1 的条件 (3) 成立，停止状态将从所有其他状态以概率 1 达到，即使不应用停止行为。那么 ΠA 相对于某个模是压缩的，于是 $I - \Pi A$ 是可逆的。用这一事实，可以通过修改命题 7.3.2 的证明来证明映射 ΠT_γ，其中

$$T_\gamma x = (1 - \gamma)x + \gamma Tx$$

相对于 $\|\cdot\|_\xi$ 对所有的 $\gamma \in (0,1)$ 是压缩的。那么，ΠT_γ 有唯一不动点，也必须是 ΠT 的唯一不动点（因为 ΠT 和 ΠT_γ 有相同的不动点）。ΠT_γ 的压缩性质可以用于证明非折扣最优停止问题的自然 Q-学习算法的合理性。

7.3.5 方程误差方法

现在考虑近似解如下线性方程的一种替代方法

$$x = Tx = b + Ax$$

这是基于最小二乘的：找到向量 r^* 最小化

$$\|\Phi r - T(\Phi r)\|_\xi^2 \tag{7.61}$$

或者

$$\sum_{i=1}^n \xi_i \left(\phi(i)'r - b_i - \sum_{j=1}^n a_{ij}\phi(j)'r \right)^2$$

其中 ξ 是具有正元素的概率分布。在动态规划中方程 $x = Tx$ 是一个固定策略的贝尔曼方程，这被称为贝尔曼方程误差方法（见 [BeT96]，6.10 节对于这一情形的详细讨论，以及当 T 涉及在多个策略中取最小的更复杂的非线性情形）。接下来，假设矩阵 $(I - A)\Phi$ 秩为 s，这保证了最小化 $\|\Phi r - T(\Phi r)\|_\xi^2$ 的向量 r^* 是唯一的。

可以注意到方程误差方法与投影方程方法相关。为了明白这一点，注意到 r^* 最小化式 (7.61) 的充分必要条件是

$$\Phi'(I - A)'\Xi\,(\Phi r^* - T(\Phi r^*)) = 0 \tag{7.62}$$

其中 Ξ 是对角阵，其对角元是 ξ 的元素。在直接的计算之后，可以看到这一条件等价于

$$\Phi'\Xi\left(\Phi r^* - \hat{T}(\Phi r^*)\right) = 0$$

其中 $\hat{T}$ 是如下线性映射

$$\hat{T}x = Tx + \Xi^{-1}A'\Xi(x - Tx) \tag{7.63}$$

所以式 (7.61) 方程误差的最小化等价于求解如下投影方程

$$\Phi r = \Pi\hat{T}(\Phi r)$$

其中 Π 表示相对于模 $\|\cdot\|_\xi$ 的投影。

误差界

与式 (7.27)~式 (7.31) 的投影方程界类似的方程误差方法的误差界可以被推导出来，假设 $I - A$ 可逆且 x^* 是 T 的唯一不动点。于是

$$x^* - \Phi r^* = Tx^* - T(\Phi r^*) + T(\Phi r^*) - \Phi r^* = A(x^* - \Phi r^*) + T(\Phi r^*) - \Phi r^*$$

所以

$$x^* - \Phi r^* = (I - A)^{-1} \left(T(\Phi r^*) - \Phi r^* \right)$$

所以，用 Π 表示相对于 $\|\cdot\|_\xi$ 的投影，有

$$\|x^* - \Phi r^*\|_\xi \leqslant \|(I - A)^{-1}\|_\xi \|\Phi r^* - T(\Phi r^*)\|_\xi$$
$$\leqslant \|(I - A)^{-1}\|_\xi \|\Pi x^* - T(\Pi x^*)\|_\xi$$
$$= \|(I - A)^{-1}\|_\xi \|\Pi x^* - x^* + Tx^* - T(\Pi x^*)\|_\xi$$
$$= \|(I - A)^{-1}\|_\xi \|(I - A)(\Pi x^* - x^*)\|_\xi$$
$$\leqslant \|(I - A)^{-1}\|_\xi \|I - A\|_\xi \|x^* - \Pi x^*\|_\xi$$

其中第二个不等式成立，因为 r^* 最小化 $\|\Phi r - T(\Phi r)\|_\xi^2$。当 T 相对于模 $\|\cdot\|_\xi$ 是压缩映射且在模 $\alpha \in (0, 1)$ 的情形下，经类似的计算获得

$$\|x^* - \Phi r^*\|_\xi \leqslant \frac{1 + \alpha}{1 - \alpha} \|x^* - \Pi x^*\|_\xi$$

注意，这是一个比投影方程方法的对应界更差的界 [参见式 (7.28)]。

在实用中，难以比较方程误差和投影方程方法的逼近误差，两种方法各有胜负的例子都已被构造出来。文献 [Ber95b] 展示了在习题 6.5 的例子中，投影方程方法结果更差。习题 7.5 给了一个例子，其中投影方程方法可能更适用。

基于仿真的实现

最小化 $\|\Phi r - T(\Phi r)\|_\xi^2$ 的向量 r^* 满足对应的最优性条件

$$\Phi'(I - A)' \Xi (I - A) \Phi r = \Phi'(I - A)' \Xi b \tag{7.64}$$

将这一条件写成期望值，

$$\sum_{i=1}^n \xi_i \left(\phi(i) - \sum_{j=1}^n a_{ij} \phi(j) \right) \left(\phi(i) - \sum_{j=1}^n a_{ij} \phi(j) \right)' r$$
$$= \sum_{i=1}^n \xi_i \left(\phi(i) - \sum_{j=1}^n a_{ij} \phi(j) \right) b_i \tag{7.65}$$

上式可以用仿真来逼近。

与 7.3.1 节的投影方程方法类似，引入行采样分布 ξ 和列采样转移矩阵 P，其元素 p_{ij} 满足

$$p_{ij} > 0, \ \text{若} \ a_{ij} \neq 0$$

用 ξ 生成一系列状态 $\{i_0, i_1, \cdots\}$，用转移概率 p_{ij} 生成一系列转移

$$\{(i_0, j_0), (i_1, j_1), \cdots\}$$

同时，按照 p_{ij} 生成额外的转移序列

$$\{(i_0, j'_0), (i_1, j'_1), \cdots\}$$

与序列 $\{(i_0, j_0), (i_1, j_1), \cdots\}$ "独立"，意即以概率 1，有

$$\lim_{k \to \infty} \frac{\sum_{t=0}^{k} \delta(i_t = i, j_t = j, j'_t = j')}{\sum_{t=0}^{k} \delta(i_t = i)} = p_{ij} p_{ij'} \tag{7.66}$$

对所有的 $i, j, j' = 1, \cdots, n$，以及

$$\lim_{k \to \infty} \frac{\sum_{t=0}^{k} \delta(i_t = i, j_t = j)}{\sum_{t=0}^{k} \delta(i_t = i)} = \lim_{k \to \infty} \frac{\sum_{t=0}^{k} \delta(i_t = i, j'_t = j)}{\sum_{t=0}^{k} \delta(i_t = i)} = p_{ij} \tag{7.67}$$

对所有的 $i, j = 1, \cdots, n$ 成立；见图 7.3.3。在时刻 k，构造如下的线性方程

$$\sum_{t=0}^{k} \left(\phi(i_t) - \frac{a_{i_t j_t}}{p_{i_t j_t}} \phi(j_t) \right) \left(\phi(i_t) - \frac{a_{i_t j'_t}}{p_{i_t j'_t}} \phi(j'_t) \right)' r$$

$$= \sum_{t=0}^{k} \left(\phi(i_t) - \frac{a_{i_t j_t}}{p_{i_t j_t}} \phi(j_t) \right) b_{i_t} \tag{7.68}$$

与之前的分析类似，可以看到这是式 (7.65) 的合法逼近。

应注意这一方法相对于投影方程方法的一个缺点（参见 7.3.1 节）。必须生成两列转移（而不是一列）。进一步地，这两列进入式 (7.68)，于是比其投影方程的对应公式 [参见式 (7.38)] 包含更多仿真噪声。

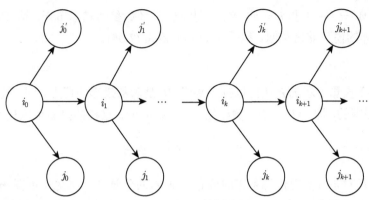

图 7.3.3　最小化方程误差准则的仿真机制 [参见式（7.68）]。根据分布 ξ 生成一个状态序列 $\{i_0, i_1, \cdots\}$，同时，根据转移概率 p_{ij} 生成两个独立的转换序列：$\{(i_0, j_0), (i_1, j_1), \cdots\}$ 和 $\{(i_0, j_0'), (i_1, j_1'), \cdots\}$，这样就满足式（7.66）和式（7.67）。

具有贝尔曼方程误差的近似策略迭代中的策略评价——振荡

当贝尔曼方程误差方法与近似策略迭代在动态规划中联合使用时，可能会发生震颤和振荡，正如投影方程方法（参见 6.4.3 节）。原因是两种方法都在相同的贪婪划分下运行，并且当存在循环策略 $\mu^k, \mu^{k+1}, \cdots, \mu^{k+m}$ 时振荡，该策略序列满足

$$r_{\mu^k} \in R_{\mu^{k+1}}, r_{\mu^{k+1}} \in R_{\mu^{k+2}}, \cdots, r_{\mu^{k+m-1}} \in R_{\mu^{k+m}}, r_{\mu^{k+m}} \in R_{\mu^k}$$

唯一的区别是策略 μ 的加权向量 r_μ 用不同方式计算（分别通过求解最小二乘贝尔曼误差问题和求解投影方程获得）。特别地，两种方法计算的权重可能不一样，但一般来说不足以导致在定性行为上的显著变化。

例 7.3.11　回到例 6.4.1，其中当 r_μ 用投影方程方法计算时出现了震颤。当使用贝尔曼方程误差方法时，贪婪划分保持不变，策略 μ 的权重是 $r_\mu = 0$（正如在投影方程情形下），对 $p \approx 1$，策略 μ^* 的权重可被计算为

$$r_{\mu^*} \approx \frac{c}{(1-\alpha)\left((1-\alpha)^2 + (2-\alpha)^2\right)}$$

[而不是在投影方程情形下获得的权重 $c/(1-\alpha)$]。用这两种方法在近似策略迭代中都会在 μ 和 μ^* 之间振荡，并在乐观版本下震颤，具有非常类似的迭代过程。

最小二乘问题

最后，考虑如下的加权最小二乘问题

$$\min_{x \in \Re^n} \|Wx - h\|_\xi^2$$

其中 W 和 h 分别是 $\Re^m$ 内给定的 $m \times n$ 矩阵和向量，$\|\cdot\|_\xi$ 是加权欧氏模，其低维逼近

$$\min_{r \in \Re^s} \|W\Phi r - h\|_\xi^2$$

参阅例 7.3.4。刚才描述的方程误差方法可以直接改造来获得基于仿真的方法来求解。特别地，可以将对应的最优性条件写成

$$\Phi'W'\Xi(W\Phi r - h) = 0$$

[参阅式 (7.64)，有 $W = I - A$ 和 $h = b$]，然后用仿真来近似 [参阅式 (7.68)]；见 [BeY09] 和 [WPB09]。细节与当 W 是方阵的情形非常类似，参阅式 (7.64) 和式 (7.68)。

7.3.6 倾斜投影

之前的一些关于投影方程的方法可以推广到当 Π 是倾斜投影的情形，即，其范围是子空间 $S = \{\Phi r | r \in \Re^s\}$ 且是幂等的，即，$\Pi^2 = \Pi$（例如见 Saad[Saa03]）。这样的投影可以被写成如下形式

$$\Pi = \Phi (\Psi' \Xi \Phi)^{-1} \Psi' \Xi \tag{7.69}$$

其中如前所述，Ξ 是对角阵其对角元是正的分布向量 ξ 的分量 $\xi_1, \cdots, \xi_n$，Φ 是 $n \times s$ 的矩阵且秩为 s，Ψ 是 $n \times s$ 的矩阵且秩为 s。倾斜投影在即将讨论的一些动态规划问题中出现，也出现于多种其他情形，包括 Galerkin 逼近（见 [KVZ72] 第 4 章），对此推荐阅读有关参考文献。

现在考虑如下的推广投影方程

$$\Phi r = \Pi T(\Phi r) = \Pi (b + A\Phi r) \tag{7.70}$$

其中 Π 是倾斜投影。使用式 (7.69) 并假设 Φ 秩为 s，这一方程推导出

$$r = (\Psi' \Xi \Phi)^{-1} \Psi' \Xi (b + A\Phi r)$$

或者等价的 $\Psi' \Xi \Phi r = \Psi' \Xi (b + A\Phi r)$，这可以被写成

$$Cr = d$$

其中

$$C = \Psi' \Xi (I - A)\Phi, d = \Psi' \Xi b \tag{7.71}$$

方程 $Cr = d$ 推广了投影方程的矩阵形式，之前为欧几里得投影情形推导出来的，其中 $\Psi = \Phi$[参见式 (7.33)]。

对于倾斜投影的解释，令 x^* 为 $x = b + Ax$ 的任意解，满足 $b = (I - A)x^*$。然后使用式 (7.71)，矩阵形式 $Cr^* = d$ 可以被写成

$$\Psi' \Xi (I - A)(\Phi r^* - x^*) = 0$$

这一方程的意义是误差 $\Phi r^* - x^*$ 与矩阵 $(I - A')\Xi\Psi$ 的范围正交（在通常的正交意义下），即，与 Ψ 的范围的变化 $(I - A')\Xi$（见图 7.3.4）。

与欧几里得投影的情形类似，可以将 C 和 d 写成期望值，并使用行和列采样机制计算基于仿真的估计 C_k 和 d_k。对应的方程具有如下形式 [参阅式 (7.38)]

$$C_k = \frac{1}{k+1} \sum_{t=0}^{k} \psi(i_t) \left(\phi(i_t) - \frac{a_{i_t j_t}}{p_{i_t j_t}} \phi(j_t) \right)', d_k = \frac{1}{k+1} \sum_{t=0}^{k} \psi(i_t) b_{i_t}$$

其中 $\psi'(i)$ 是 Ψ 的第 i 行。

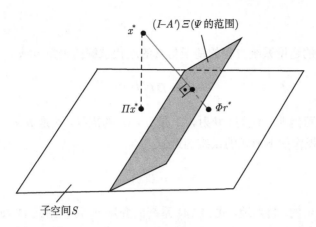

图 7.3.4 x^*（$x = b + Ax$ 的解）在另一子空间上的正交投影对应的倾斜投影方程的解。误差 $x^* - \Phi r^*$ 与矩阵 $(I - A')\Xi\Psi$ 的像空间正交。$\Phi r^* - \Pi x^*$ 的大小即是偏差（参见图 6.3.3）。

对于倾斜投影方程的例子，考虑前一节的方程误差方法的最优性条件 [参见式 (7.62)]。该式可以被写成

$$\Phi'(I - A)'\Xi(\Phi r^* - b - A\Phi r^*) = 0$$

所以这是倾斜投影方程 $Cr^* = d$ 的特殊情况，满足 $\Psi = (I - A)\Phi$[参见式 (7.71)]。注意这个方程也是（常规）投影方程 $\Phi r = \Pi\hat{T}(\Phi r)$ 的特殊情形，其中 $\hat{T}$ 是如下的线性映射

$$\hat{T}x = Tx + \Xi^{-1}A'\Xi(x - Tx)$$

Π 表示相对于加权的欧氏模 $\|\cdot\|_\xi$ 的投影，正如前面所展示的 [参阅式 (7.63)]。

倾斜投影和代表性特征的聚集

在动态规划中出现倾斜投影的另一个例子是采用代表性特征进行聚集，参见例 6.5.4。这里聚集状态通常记作 x，是原系统状态的非空子集，通常记作 i。聚集状态/子集是不相交的。折扣马尔可夫决策过程的聚集方程具有如下形式

$$\Phi r = \Phi D(g + \alpha P\Phi r) \tag{7.72}$$

其中分解和聚集矩阵 D 和 Φ 的行是概率分布，它们的元素满足如下两个约束：

(a) $d_{xi} > 0$，当且仅当状态 i 属于聚集状态 x。

(b) $\phi_{ix} = 1$，对聚集状态 x 中的所有的状态 i。

于是可以直接验证矩阵 $D\Phi$ 是单位阵，所以有 $\Phi D \cdot \Phi D = \Phi D$。结果有 ΦD 是倾斜投影。

结论是代表性特征的特殊情形下的聚集方程式 (7.72) 与式 (7.70) 的投影方程碰巧一致，这涉及倾斜投影 $\Pi = \Phi D$。之前在 6.5 节中注意到固定的聚集提供了在聚集和投影方程方法之间的桥梁：它可以被视作两种方法的特例（参见习题 6.7）。现在看到了具有代表性特征的聚集也是这样，前提是允许倾斜投影。在其他解释中，这一解释是有价值的，因为它为倾斜投影方程的通用误差界分析引入方法，在 [Sch10] 中作为 7.3.1 节中讨论的加权欧几里得投影方程情形的推广给出 [参见式 (7.31)]。最后注意聚集方程式 (7.72) 也可以被解释为另一类投影方程，由半模定义（见习题 7.11）。

7.3.7　推广聚集

现在考虑如下形式的通用系统方程的基于仿真的迭代求解的聚集方法

$$r = DT(\Phi r) \tag{7.73}$$

这里 $T : \Re^n \mapsto \Re^m$ 是(可能非线性的)映射,D 是 $s \times m$ 的矩阵,Φ 是 $n \times s$ 的矩阵。在 $m = n$ 的情形下,可以将这个系统视作如下形式的系统的近似

$$x = T(x) \tag{7.74}$$

这可能是欠定的或者过定的。特别地,式 (7.74) 系统的变量 x_j 可以用式 (7.73) 的变量 r_j 的线性组合来近似,使用 Φ 的行,而映射 DT 的元素通过 T 的元素的线性组合,使用 D 的行。

我们已经在讨论投影方程和聚集的时候遇到了式 (7.73) 的方程,这里将关注当 D 的行已知或者可以容易地计算的情形。特别地,6.5.2 节的聚集方程,$R = FR$,满足

$$(FR)(x) = \sum_{i=1}^n d_{xi} \min_{u \in U(i)} \sum_{j=1}^n p_{ij}(u) \left(g(i, u, j) + \alpha \sum_{y \in \mathcal{A}} \phi_{jy} R(y) \right), x \in \mathcal{A}$$

具有式 (7.73) 的形式,其中 $r = R$,s 的维度等于聚集后状态 x 的个数,$m = n$ 是状态 i 的数目,矩阵 D 和 Φ 相应包含分解和聚集概率。

另一个例子,考虑如下在决策后状态 m 的空间上的贝尔曼方程(见 6.1.5 节):

$$V(m) = \sum_{j=1}^n q(m, j) \min_{u \in U(j)} [g(j, u) + \alpha V(f(j, u))], \forall m$$

这个方程具有式 (7.73) 的形式,其中 $r = V$,维数 s 等于决策后状态的个数,n 是(决策前)状态的个数,矩阵 D 包括概率 $q(m, j)$,Φ 是单位阵。

也有之前例子的版本,设计单个状态的例子,此时没有在 u 上的最小化,且对应的映射 T 是线性的。现在分别考虑 T 是线性和非线性的情形。对于线性情形,将推导蒙特卡罗估计方法;而对于非线性情形,将讨论随机逼近类型的迭代方法,这推广了 6.5.2 节的值迭代方法。

线性情形

令 T 为线性的,于是方程 $r = DT(\Phi r)$ 具有如下形式

$$r = D(b + A\Phi r) \tag{7.75}$$

其中 A 是 $m \times n$ 矩阵,$b \in \Re^s$。于是可以将这一方程写成 $Cr = d$,其中

$$C = I - DA\Phi, d = Db$$

为了解释式 (7.75) 系统,注意到矩阵 $A\Phi$ 通过将 A 的 n 列替代为 A 的各列用 s 加权和,权重由 Φ 的对应列定义。矩阵 $DA\Phi$ 通过将 $A\Phi$ 的 m 行替代为 $A\Phi$ 各行的 s 加权和,其权重由 D 的对应行定义。最简单的情形是通过丢弃 A 的 $m - s$ 行和 $n - s$ 列来构成 $DA\Phi$。

正如在一般的投影方程（参见 7.3.1 节）中的情形，可以使用低维仿真来基于行和列采样来逼近 C 和 d。做到这点的一种方法是引入分布 $\xi = \{\xi_i | i = 1, \cdots, m\}$，对所有的 i 满足 $\xi_i > 0$，并对每个指标 $i = 1, \cdots, m$，分布 $\{p_{ij} | j = 1, \cdots, n\}$ 满足如下性质

$$p_{ij} > 0, \text{若} a_{ij} \neq 0$$

于是通过相对于 ξ 的采样来生成行指标 $\{i_0, i_1, \cdots\}$，用相对于 $\{p_{i_t j} | j = 1, \cdots, n\}$ 对每个 t 生成列指标 j_t。

给定首先的 $k+1$ 样本，构成如下给定的矩阵 C_k 和向量 d_k

$$C_k = I - \frac{1}{k+1} \sum_{t=0}^{k} \frac{a_{i_t j_t}}{\xi_{i_t} p_{i_t j_t}} d(i_t) \phi(j_t)', d_k = \frac{1}{k+1} \sum_{t=0}^{k} \frac{1}{\xi_{i_t}} d(i_t) b_{i_t}$$

其中 $d(i)$ 是 D 的第 i 列，$\phi(j)'$ 是 Φ 的第 j 行，a_{ij} 和 b_i 分别是 A 和 b 元素。通过使用如下表达式

$$C = I - \sum_{i=1}^{m} \sum_{j=1}^{n} a_{ij} d(i) \phi(j)', d = \sum_{i=1}^{m} d(i) b_i$$

以及大数定律，可以证明 $C_k \to C$ 和 $d_k \to d$，与投影方程的情形类似。特别地，可以写有

$$\frac{1}{k+1} \sum_{t=0}^{k} \frac{a_{i_t j_t}}{\xi_{i_t} p_{i_t j_t}} d(i_t) \phi(j_t)' = \sum_{i=1}^{m} \sum_{j=1}^{n} \frac{\sum_{t=0}^{k} \delta(i_t = i, j_t = j)}{k+1} \frac{a_{ij}}{\xi_i p_{ij}} d(i) \phi(j)'$$

于是有

$$\frac{\sum_{t=0}^{k} \delta(i_t = i, j_t = j)}{k+1} \to \xi_i p_{ij}$$

有

$$C_k \to I - \sum_{i=1}^{m} \sum_{j=1}^{n} a_{ij} d(i) \phi(j)' = C$$

类似地，可以写有

$$d_k = \sum_{i=1}^{m} \frac{\sum_{t=0}^{k} \delta(i_t = i)}{k+1} \frac{1}{\xi_i} d(i) b_i$$

因为

$$\frac{\sum_{t=0}^{k} \delta(i_t = i)}{k+1} \to \xi_i$$

所以

$$d_k \to \sum_{i=1}^{m} d(i) b_i = Db$$

给定收敛性 $C_k \to C$ 和 $d_k \to d$,可以用矩阵求逆或者迭代方法来在极限下获得方程 $r = DT(\Phi r)$ 或者等价的 $Cr = d$ 的解。

非线性情形

在 T 是非线性的情形,需要不同的仿真方法。矩阵求逆方法不能使用而迭代方法必须在 Q-学习算法之下基于随机逼近的想法(参阅 6.6.1 节),而不是之前介绍的方法之下的蒙特卡罗估计思想。

假设 T、D 和 Φ 满足 $DT\Phi$ 是极大模下的压缩,从不动点迭代开始

$$r_{k+1} = DT(\Phi r_k)$$

这一迭代保证收敛到 r^*,方程 $r = DT(\Phi r)$ 的唯一解,这对于异步版本也成立,在后者中每次迭代只有 r 的一个元素更新(这是因为 $DT\Phi$ 的极大模压缩性质;参见 2.6.1 节)。引入概率分布 $\{p_{li}|i = 1, \cdots, m\}, l = 1, \cdots, s$,满足

$$p_{li} > 0, \ \text{若} \ d_{li} \neq 0, l = 1, \cdots, s, i = 1, \cdots, m$$

向量 $DT(\Phi r)$ 的第 l 个元素可以被写成相对于如下分布的期望值:

$$\sum_{i=1}^{m} d_{li} T_i(\Phi r) = \sum_{i=1}^{m} p_{li} \left(\frac{d_{li}}{p_{li}} T_i(\Phi r) \right)$$

其中 T_i 是 T 的第 i 个元素。这一期望值在之后的算法中通过仿真来近似。

特别地,算法使用一系列指标 $\{l_0, l_1, \cdots\}$,通过一个机制获得,该机制保证所有的指标 $l = 1, \cdots, s$ 无穷次生成。给定 l_k,指标 $i_k \in \{1, \cdots, m\}$ 根据概率 $p_{l_k i}$ 生成,与之前的指标独立。然后 r_k 的元素,记作 $r_k(l), l = 1, \cdots, s$ 使用如下的迭代更新:

$$r_{k+1}(l) = \begin{cases} (1 - \gamma_k) r_k(l) + \gamma_k \dfrac{d_{l i_k}}{p_{l i_k}} T_{i_k}(\Phi r_k), & l = l_k \\ r_k(l), & l \neq l_k \end{cases}$$

其中 $\gamma_k > 0$ 是步长,按照合适的速度减小到 0。所以只有 r_k 的第 l 个元素变化,而所有其他元素保留不变。步长应当按照随机逼近方法的原理选择(参见 6.1.4 节)。该算法与 6.6.1 节的 Q-学习算法相关,并采用类似的分析。

7.3.8 奇异线性系统的确定性方法

到目前为止,已经考虑了具有唯一解的系统方程和不动点问题。本节和下一节将讨论基于仿真的迭代方法对奇异和非奇异线性系统方程都收敛到解。这些方法大大推广了到目前为止所讨论的 LSPE-类方法。我们的描述小结了在论文 [WaB11a]、[WaB11b] 中的研究,推荐阅读相关文献以了解进一步的分析、额外的方法和计算例子。

为简化符号,将不使用不动点方程 $x = b + Ax$,而是其等价的通用线性方程 $Cx = d$,其中

$$C = I - A, d = b$$

将偶尔暂停下来将我们的算法和分析翻译成不动点的形式,并指出与(可能近似的)动态规划/策略评价内容的联系。

我们对蒙特卡罗仿真方法感兴趣，其中与其用 C 和 d，使用由仿真生成的近似 C_k 和 d_k，满足 $C_k \to C$ 和 $d_k \to d$，考虑如下形式的通用迭代方法

$$x_{k+1} = x_k - \gamma G_k(C_k x_k - d_k)$$

其中 γ 是正步长，G_k 是 $n \times n$ 的缩放矩阵。这一方法受经典迭代启发

$$x_{k+1} = x_k - \gamma G(C x_k - d)$$

这包含将很快讨论的广泛使用的几种特例。

作为参照点，考虑基于投影方程的策略评价的动态规划内容，其中

$$C = \Phi' \Xi (I - \alpha P)\Phi, d = \Phi' \Xi g$$

[参见式 (7.33)]，PVI 和 LSPE 方法，其中 $\gamma = 1, G = (\Phi' \Xi \Phi)^{-1}$，$G_k$ 是 G 的对应的基于仿真的近似。作为另一个重要的例子，可以考虑基于聚集的策略评价的动态规划内容，其中

$$C = I - \alpha DP\Phi, d = Dg$$

[参见式 (7.75)]，对于值迭代方法，其中 $\gamma = 1$ 且 $G = G_k = I$。

在投影方程情形下 C（几乎）奇异，如果 Φ 的列是（几乎）线性依赖的。然而，即使在查表法情形下其中 Φ 和 D 是单位矩阵，矩阵 C 可以近似奇异，因为矩阵 αP 的谱半径接近 1；这可以同时在折扣情形 $\alpha \approx 1$ 和随机最短路情形 $\alpha = 1$ 且 P 具有接近 1 的谱半径时发生。

下面假设 $Cx = d$ 是一致的，即，有至少一个解；否则，可能希望计算最小二乘解

$$x^* = \arg \min_{x \in \Re^n} \|Cx - d\|^2$$

（其总存在）或者等价的，求解如下系统

$$C'Cx = C'd$$

还有，在本节和下一节的所有分析中，将假设 C 是奇异的。这是为了方便，因为分析技术的主要部分当 C 非奇异时没有意义，而将其修改为同时适用于奇异和非奇异的情形是令人尴尬的。然而，我们的算法和结果对于 C 是非奇异的情形具有显而易见的（而且在实用中重要的）对应部分。

术语和符号

首先引入一些术语和符号，先复习线性代数中的一些事实，后续将在本节和下一节中使用。矩阵 M 的零空间和范围分别记作 $\boldsymbol{N}(M)$ 和 $\boldsymbol{R}(M)$。对于奇异方阵 A，特征值 0 的代数乘法是 A 的 0 特征值的个数。这个数字大于等于 $\boldsymbol{N}(A)$ 的维数（0 特征值的几何乘法，即，对应于 0 的特征空间的维数）。我们将使用如下事实，即在严格不等式下，存在向量 v，满足 $Av \neq 0$ 且 $A^2 v = 0$；这是对应于特征值 0 的 2 次推广的特征向量（例如 [LaT85]，6.3 节）。

对于任意子空间 S，用 $S^\perp$ 表示 S 的正交补。对于任意矩阵 M，有 $\boldsymbol{N}(M)^\perp = \boldsymbol{R}(M')$。如果 x^* 是 $Cx = d$ 的任意解，那么所有解的集合是 $x^* + \boldsymbol{N}(C)$[子空间 $\boldsymbol{N}(C)$ 转换为经过 x^*]。一个正交 $n \times m$

矩阵 U 是以具有单位欧氏模的 m 个彼此正交的向量为列构成的。由如下事实刻画 $U'U = I$，所以若 U 是方阵，则有 $U^{-1} = U'$。U 的列构成 $\boldsymbol{R}(U)$ 的基 [即，线性独立且张成 $\boldsymbol{R}(U)$]。对于 $\Re^n$ 的维数为 s 的子空间 S，存在 $n \times s$ 的正交阵 U，其列构成 S 的基。

确定性迭代算法的收敛性

现在分析如下形式的确定性迭代算法的收敛性

$$x_{k+1} = x_k - \gamma G(Cx_k - d) \tag{7.76}$$

作为分析其基于仿真的版本的第一步。对于给定的 C、d 和 G，满足系统 $Cx = d$ 有解，我们说这一迭代是收敛的，如果存在 $\bar{\gamma} > 0$，满足对所有的 $\gamma \in (0, \bar{\gamma}]$ 及所有的初始条件 $x_0 \in \Re^n$，由这一迭代产生的序列 $\{x_k\}$ 收敛到 $Cx = d$ 的一个解。

收敛性的定义并不指定特定的解，实际上迭代收敛到的解可能取决于初始条件 x_0。下面的假设是迭代收敛的充分必要条件。

假设 7.3.2 如下对式 (7.76) 迭代中的矩阵 G 和 C 成立。

(a) GC 的每个特征值或者有正实部或者为 0。

(b) $\boldsymbol{N}(GC)$ 的维数等于 GC 的特征值 0 的代数倍数。

(c) $\boldsymbol{N}(C) = \boldsymbol{N}(GC)$。

如上假设是收敛性的必要条件的证明是相对简单的。$I - \gamma GC$ 的特征值形式为 $1 - \gamma\beta$，其中 β 是 GC 的特征值。所以如果假设中的 (a) 部分不满足，那么 $I - \gamma GC$ 的某个特征值将对所有的 $\gamma > 0$ 严格位于单位圆的外部，所以式 (7.76) 的迭代不能是收敛的。如果 (b) 部分不满足，那么存在向量 w 满足 $GCw \neq 0$ 且 $(GC)^2 w = 0$。假设 $d = 0$ 且 $x_0 = w$，于是有

$$x_k = (I - GC)^k x_0 = (I - kGC)x_0, \quad GCx_k = GCx_0 \neq 0, \quad k = 1, 2, \cdots$$

所以 $\{x_k\}$ 发散。最后，如果 (c) 部分不满足，$\boldsymbol{N}(C)$ 严格包含于 $\boldsymbol{N}(GC)$，所以对 $Cx = d$ 的任意解 x^*，当式 (7.76) 的迭代的初始点 x_0 满足

$$x_0 \in x^* + \boldsymbol{N}(GC), \quad x_0 \notin x^* + \boldsymbol{N}(C)$$

将停止在 x_0，这不是 $Cx = d$ 的解，出现了矛盾。

为了证明式 (7.76) 的迭代在假设 7.3.2 下是收敛的，首先推导 GC 的一种分解。

命题 7.3.4（零空间分解） 令假设 7.3.2 满足。

(a) 矩阵 GC 可以被写成

$$GC = \begin{pmatrix} U & V \end{pmatrix} \begin{pmatrix} 0 & N \\ 0 & H \end{pmatrix} \begin{pmatrix} U & V \end{pmatrix}' \tag{7.77}$$

其中
　U 是正交阵，其列构成 $\boldsymbol{N}(C)$ 的基，
　V 是正交阵，其列构成 $\boldsymbol{N}(C)^{\perp}$ 的基，
　N 是如下给定的矩阵

$$N = U'GCV \tag{7.78}$$

H 是如下给定的方阵

$$H = V'GCV \tag{7.79}$$

进一步地，H 的特征值等于 GC 具有正实部的特征值。

(b) 任意向量 x 可被分解为两个向量 $Uy \in \boldsymbol{N}(C)$ 和 $Vz \in \boldsymbol{N}(C)^\perp$ 之和的形式，

$$x = Uy + Vz$$

其中

$$y = U'x, z = V'x$$

证明 (a) 令 U 为正交阵，其列构成 $\boldsymbol{N}(GC)$ 的基 [或者假设 7.3.2(c) 中的 $\boldsymbol{N}(C)$]，令 V 为正交阵，其列构成 $\boldsymbol{N}(GC)^\perp$ 的基。有

$$\left(\begin{array}{cc} U & V \end{array} \right)' GC \left(\begin{array}{cc} U & V \end{array} \right) = \left(\begin{array}{cc} U'GCU & U'GCV \\ V'GCU & V'GCV \end{array} \right) = \left(\begin{array}{cc} 0 & U'GCV \\ 0 & V'GCV \end{array} \right) \tag{7.80}$$

其中使用了 $GCU = 0$ 的事实，所以 $U'GCU = 0$ 且 $V'GCU = 0$。因为 $\left(\begin{array}{cc} U & V \end{array} \right)$ 是正交方阵，所以其逆等于其转置，通过将式 (7.80) 之前乘上 $\left(\begin{array}{cc} U & V \end{array} \right)$ 并在之后乘上 $\left(\begin{array}{cc} U & V \end{array} \right)'$，并使用 N 和 H 的定义，式 (7.77) 于是可得。

由式 (7.77)~式 (7.80)，因为 $\left(\begin{array}{cc} U & V \end{array} \right)$ 是正交阵，所以矩阵 GC 和 $\left(\begin{array}{cc} 0 & N \\ 0 & H \end{array} \right)$ 通过相似变换相互关联。于是，从分块上三角阵 $\left(\begin{array}{cc} 0 & N \\ 0 & H \end{array} \right)$ 的视角来看，GC 的特征值是 H 的特征值加上 0 特征值，其数目等于 $\boldsymbol{N}(GC)$ 的维数 (0 对角块的维数)。所以由假设 7.3.2(a)，H 的特征值或者是 0 或者具有正实部。如果 H 以 0 为特征值，那么 GC 的 0 特征值的代数倍数将严格大于 $\boldsymbol{N}(GC)$ 的维数，与假设 7.3.2(b) 矛盾。所以，H 的所有特征值具有正的实部。

(b) 因为 $\left(\begin{array}{cc} U & V \end{array} \right)$ 是正交阵，有

$$I = \left(\begin{array}{cc} U & V \end{array} \right) \left(\begin{array}{cc} U & V \end{array} \right)' = UU' + VV' \tag{7.81}$$

由此可得 $x = (UU' + VV')x = Uy + Vz$。

式 (7.77) 分解的意义在于在通过如下变换定义的缩放坐标系统中

$$y = U'(x - x^*), z = V'(x - x^*)$$

其中 x^* 是 $Cx = d$ 的解，可以写有 $x_k - x^* = Uy_k + Vz_k$，式 (7.76) 的迭代分解为两个成分迭代：一个对于 y，生成一系列 $\{y_k\}$；另一个对于 z，生成一系列 $\{z_k\}$。这可形式化为如下命题。

命题 7.3.5 令假设 7.3.2 成立，令 x^* 是系统 $Cx = d$ 的解。式 (7.76) 的迭代可被写为

$$x_k = x^* + Uy_k + Vz_k \tag{7.82}$$

其中 y_k 和 z_k 给定如下

$$y_k = U'(x_k - x^*), z_k = V'(x_k - x^*) \tag{7.83}$$

且由如下迭代生成

$$y_{k+1} = y_k - \gamma N z_k, z_{k+1} = z_k - \gamma H z_k \tag{7.84}$$

其中 U 和 V 是命题 7.3.4 中的矩阵。进一步地，对应的余项给定如下

$$Cx_k - d = CV z_k \tag{7.85}$$

证明 因为 $d = Cx^*$，式 (7.76) 的迭代写成 $x_{k+1} - x^* = (I - \gamma GC)(x_k - x^*)$，这从命题 7.3.4(a) 的视角来看具有如下形式

$$x_{k+1} - x^* = \begin{pmatrix} U & V \end{pmatrix} \begin{pmatrix} I & -\gamma N \\ 0 & I - \gamma H \end{pmatrix} \begin{pmatrix} U & V \end{pmatrix}' (x_k - x^*)$$

或者因为 $\begin{pmatrix} U & V \end{pmatrix}$ 是正交的，

$$\begin{pmatrix} U & V \end{pmatrix}' (x_{k+1} - x^*) = \begin{pmatrix} I & -\gamma N \\ 0 & I - \gamma H \end{pmatrix} \begin{pmatrix} U & V \end{pmatrix}' (x_k - x^*) \tag{7.86}$$

令 $y_k = U'(x_k - x^*)$ 和 $z_k = V'(x_k - x^*)$ 正如在式 (7.83) 中，于是有

$$\begin{pmatrix} U & V \end{pmatrix}' (x_k - x^*) = \begin{pmatrix} y_k \\ z_k \end{pmatrix}$$

在式 (7.86) 中使用这一关系式，可获得式 (7.84)。进一步地，通过命题 7.3.4(b)，有 $x_k - x^* = Uy_k + Vz_k$。此外，使用事实 $Cx^* = d$ 和 $CU = 0$，有

$$Cx_k - d = C(x_k - x^*) = C(Uy_k + Vz_k) = CV z_k$$

基于之前的命题，z_k 的迭代与 y_k 独立，且形式为 $z_{k+1} = z_k - \gamma H z_k$[参见式 (7.84)]。于是有 $\{z_k\}$ 收敛到 0（以几何速度）当且仅当矩阵 $I - \gamma H$ 是压缩的，或者等价地，如果 H 的特征值具有正实部且 γ 充分小。如果是这样，那么 $\{y_k\}$ 也收敛，正如在下面的命题中所示。图 7.3.5 展示了收敛过程。

命题 7.3.6（确定性迭代的收敛性） 如果假设 7.3.2 满足，式 (7.76) 的迭代收敛到 $Cx = d$ 的如下解：

$$\hat{x} = (UU' - UNH^{-1}V')x_0 + (I + UNH^{-1}V')x^* \tag{7.87}$$

其中 x_0 是初始迭代，x^* 是 $Cx = d$ 的解并具有最小的欧氏模 [即，属于 $\mathbf{N}(C)^\perp$ 的唯一解]。

证明 由式 (7.84)，y_k 和 z_k 等于

$$y_k = y_0 - \gamma N \sum_{t=0}^{k-1} (I - \gamma H)^t z_0, z_k = (I - \gamma H)^k z_0$$

由命题 7.3.4(a)，$I - \gamma H$ 对所有充分小的 γ 其特征值都在单位圆内部。所以 $z_k \to 0$，因为

$$\sum_{t=0}^{k-1} (I - \gamma H)^t \to (I - I + \gamma H)^{-1} = \gamma^{-1} H^{-1}$$

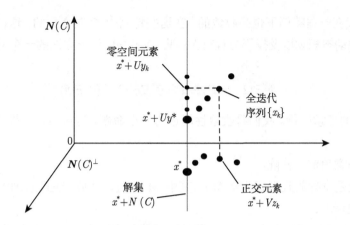

图 7.3.5 迭代 (7.76) 的收敛过程。该迭代过程被分解到 $N(C)$ 和 $N(C)^\perp$ 两个正交分量中，相对应地有：

$$x_k = x^* + Uy_k + Vz_k$$

在图中，x^* 是最小欧几里得范数的解，并且 $\{x_k\}$ 收敛到 $x^* + Uy^*$，其中 y^* 是 $\{y_k\}$ 的极限。

所以 y_k 也收敛，且

$$\lim_{k\to\infty} y_k = y_0 - NH^{-1}z_0$$

于是，由式 (7.82)，$\{x_k\}$ 收敛到向量

$$x^* + U(y_0 - NH^{-1}z_0)$$

通过使用表达式 $y_0 = U'(x_0 - x^*)$ 和 $z_0 = V'(x_0 - x^*)$[参见式 (7.83)]，有

$$\lim_{k\to\infty} x_k = x^* + Uy_0 - UNH^{-1}z_0$$
$$= x^* + UU'(x_0 - x^*) - UNH^{-1}V'(x_0 - x^*)$$
$$= (UU' - UNH^{-1}V')x_0 + (I + UNH^{-1}V')x^*$$

其中最后一个等式使用了事实 $UU'x^* = 0$[因为 $x^* \in N(C)^\perp$，有 $U'x^* = 0$]。

注意迭代的极限 $\hat{x}$ 依赖初始迭代 x_0 但不依赖步长 γ。之前的证明展示了在假设 7.3.2 下，保证收敛性的步长 γ 是让 $I - \gamma H$ 的特征值严格位于单位圆之内的那些。

现在描述一些特殊的方法，其中假设 7.3.2 成立。因为这一假设是式 (7.76) 的迭代对某个 $\gamma > 0$ 收敛的充分必要条件，文献中证明这一收敛性所用的任意集合的条件都意味着假设 7.3.2 成立。我们将讨论一些算法，其收敛性都已经得到证明。所有这些算法都作为 6.3 节的 PVI 和 LSPE 方法的替代用于近似动态规划。

投影方法

这一方法形式如下

$$x_{k+1} = x_k - \gamma G(Cx_k - d) \tag{7.88}$$

其中 G 是正定对称的，C 是正定（未必对称）矩阵，即满足 $x'Cx > 0$ 对所有的 $x \neq 0$ 成立。这是一种更一般的可用于求解单调变化不等式的方法的特例，其收敛性已经在文献中有详细分析。对于这里考虑的线性系统的情形，也称为理查德森方法。

式 (7.88) 的迭代在一些特例下也是收敛的，在这些特例中 C 是奇异的，这在 [BeG82] 中有分析。这些情形尤其与近似动态规划以及投影方程有关；见 [Ber11a]。这一方法的一个例子是 6.3.2 节的 PVI 算法，其中

$$C = \Phi'\Xi(I - \alpha P)\Phi, d = \Phi'\Xi g, G = (\Phi'\Xi\Phi)^{-1} \tag{7.89}$$

γ 是在范围 $(0,1]$ 中的任意标量。我们将收敛性阐述为一个命题，这从两方面推广了 PVI 算法的对应结果：

(a) 矩阵 G 是任意镇定对称阵。

(b) 矩阵 C 可能是奇异的且形式为 $\Phi'M\Phi$，其中 M 有正定性质，在式 (7.89) 的 PVI 情形下满足，正如我们很快将要展示的。

在证明中，使用（可能非对称的）正定矩阵的特征值都有正实部这一事实。[1]

命题 7.3.7 令 C 形式为 $C = \Phi'M\Phi$，其中 Φ 是 $m \times n$ 矩阵，M 是 $m \times m$ 矩阵，满足

$$y'My > 0, \forall y \in \mathbf{R}(\Phi), \text{满足} y \neq 0$$

令 G 为正定对称的。那么有

$$\mathbf{N}(\Phi) = \mathbf{N}(C) = \mathbf{N}(C') = \mathbf{N}(GC) \tag{7.90}$$

进一步地，假设 7.3.2 满足，式 (7.88) 的迭代是收敛的。

证明 首先证明式 (7.90)。确实，如果 $x \in \mathbf{N}(C)$，那么有 $x'Cx = 0$ 或者等价的 $x'\Phi'M\Phi x = 0$。因为由假设，$(\Phi x)'M(\Phi x) > 0$ 对 $\Phi x \neq 0$ 成立，一定有 $\Phi x = 0$，于是有 $\mathbf{N}(C) \subset \mathbf{N}(\Phi)$。而且如果 $\Phi x = 0$，那么显然 $Cx = 0$，说明 $\mathbf{N}(\Phi) \subset \mathbf{N}(C)$。所以有 $\mathbf{N}(C) = \mathbf{N}(\Phi)$。因为 $y'My = y'M'y$，相同的论述可以应用于 $C' = \Phi'M'\Phi$ 来证明 $\mathbf{N}(C') = \mathbf{N}(\Phi) = \mathbf{N}(C)$。等式 $\mathbf{N}(C) = \mathbf{N}(GC)$ 源自 G 的可逆性。

回到曾用于获得 GC 分解的推导 [参见式 (7.77)]。由式 (7.79) 和式 (7.81)，有

$$H = V'GCV = V'G(UU' + VV')CV = (V'GV)(V'CV) \tag{7.91}$$

其中最后一个等式使用了之前证明的事实 $\mathbf{N}(C) = \mathbf{N}(C')$，这意味着 $C'U = 0$，于是 $U'C = 0$。因为 $V'GV$ 是对称正定的，其可以写成 $V'GV = DD$，其中 D 是对称正定的。所以由式 (7.91)，$V'GCV$ 等于 $DD(V'CV)$，这反过来与 $D(V'CV)D$ 类似。

因为 V 的列构成 $\mathbf{N}(GC)^{\perp} = \mathbf{N}(C)^{\perp} = \mathbf{N}(\Phi)^{\perp}$ 的基，矩阵 ΦV 有属于 $\mathbf{R}(\Phi)$ 的独立列，所以矩阵

$$V'CV = (\Phi V)'M(\Phi V)$$

是正定的。于是有 $D(V'CV)D$ 是正定的，所以 $D(V'CV)D$ 具有正实部的特征值，对类似的矩阵 $V'GCV$ 这一点也成立，后者等于 H [参见式 (7.79)]。于是，由式 (7.77)，GC 的特征值要么等于 0 或

---

[1] 这一事实的证明如下。令 L 是正定矩阵。那么对充分小的 $\gamma > 0$，有 $(\gamma/2)r'L'Lr < r'Lr$ 对所有的 $\gamma \neq 0$ 成立。等价地

$$\|(I - \gamma L)r\|^2 < \|r\|^2, \forall r \neq 0$$

其中 $\|\cdot\|$ 是标准欧氏模，意味着 $I - \gamma L$ 是压缩映射。于是 $I - \gamma L$ 的特征值位于单位圆内。因为这时特征值是 $1 - \gamma\lambda$，其中 λ 是 L 的特征值，于是有 L 的特征值有正实部。

者有正实部，且 GC 的 0 特征值的代数倍数等于 $\boldsymbol{N}(GC)$ 的维数。所以已经验证了假设 7.3.2 的所有部分。

之前命题中 M 的假设可以重述为 M 在 $S = \{\Phi r | r \in \Re^s\}$ 上正定的。在之前的最小二乘例 7.3.4 中满足该假设，其中 $C = \Phi'W'\Xi W\Phi$，如果 Φ 的列不属于 W 的零空间。下面的命题给出了让假设满足的另一个充分条件，并且建立了与动态规划相关的投影方程方法之间的联系。

命题 7.3.8 令 C 形式为 $C = \Phi'M\Phi$，其中 Φ 是 $n \times m$ 矩阵且 M 的形式为

$$M = \Xi(I - W)$$

其中 Ξ 是 $m \times m$ 正定对称阵，W 是 $m \times m$ 矩阵且满足如下性质

$$\|y\|_\Xi > \|Wy\|_\Xi, \forall y \in \boldsymbol{R}(\Phi), \text{满足 } y \neq 0 \tag{7.92}$$

其中 $\|\cdot\|_\Xi$ 是由 Ξ 定义的加权欧氏模（即，$\|y\|_\Xi^2 = y'\Xi y$）。那么对所有的 $y \in \boldsymbol{R}(\Phi)$，满足 $y \neq 0$ 时有 $y'My > 0$。

证明 对任意的 $y \in \boldsymbol{R}(\Phi)$，有

$$y'My = y'\Xi(I - W)y = y'\Xi y - y'\Xi Wy \geqslant \|y\|_\Xi^2 - \|y\|_\Xi\|Wy\|_\Xi$$

其中不等式源自柯西-施瓦茨不等式。将这一关系式与假设式 (7.92) 结合，可得相关结论。

之前的命题适用于近似动态规划投影方程方法和如下算法

$$x_{k+1} = x_k - \gamma G(Cx_k - d) \tag{7.93}$$

其中 G 是正定对称的，且有

$$C = \Phi'\Xi(I - \alpha P)\Phi, d = \Phi'\Xi g$$

其中 P 是没有过渡态的转移概率矩阵，Ξ 是正定对角阵且 P 的不变分布沿着对角线（参见 6.3 节和 7.2 节）。式 (7.89) 的 PVI 算法形式为式 (7.93)，其中 $G = (\Phi'\Xi\Phi)^{-1}$。两个特殊情形值得注意：

(a) 折扣马氏决策过程（$\alpha < 1$），其中式 (7.92) 由引理 6.3.1 成立。

(b) 平均费用马尔可夫决策过程其中 $\alpha = 1$，假设 P 是不可约的，并且假设单位向量不属于 $\boldsymbol{R}(\Phi)$（参见假设 7.2.2）。那么式 (7.92) 可通过综合命题 7.3.8 和引理 6.3.1 的证明来证明。

近似算法

近似算法经常被称为 "近似点算法"，形式如下

$$x_{k+1} = x_k - (C + \beta I)^{-1}(Cx_k - d) \tag{7.94}$$

其中 β 是某个正标量，C 假设为半正定（未必对称）矩阵。于是这是迭代 $x_{k+1} = x_k - \gamma G(Cx_k - d)$ 的特例，其中 $\gamma = 1$ 以及

$$G = (C + \beta I)^{-1}$$

一个有趣的特殊情形在将算法应用于系统时出现

$$C'\Sigma^{-1}Cx = C'\Sigma^{-1}d$$

其中 Σ 是半正定对称的；这是最小化 $(Cx - d)'\Sigma^{-1}(Cx - d)$ 的充分必要条件，所以对于非半正定的 C，只要 $Cx = d$ 有解。则 $C'\Sigma^{-1}Cx = C'\Sigma^{-1}d$ 等价于 $Cx = d$。于是获得如下方法

$$x_{k+1} = x_k - (C'\Sigma^{-1}C + \beta I)^{-1}C'\Sigma^{-1}(Cx_k - d) \tag{7.95}$$

对应于 $\gamma = 1$ 且

$$G = (C'\Sigma^{-1}C + \beta I)^{-1}C'\Sigma^{-1}$$

近似算法式 (7.94) 可以被证明收敛到 $Cx = d$ 的某个解（假设 C 是半正定的）。推荐参考文献来阅读有关证明（[Mar70] 和 [Roc76]）。

分裂算法

这里 C 分解为两个矩阵 D 和 E 的和，其中 D 不可逆。分裂算法使用 $\gamma = 1$ 和 $G = D^{-1}$，且具有如下形式

$$x_{k+1} = x_k - D^{-1}(Cx_k - d) \tag{7.96}$$

其中通过使用方程 $C = D + E$ 可以重写为

$$x_{k+1} = D^{-1}(d - Ex_k) \tag{7.97}$$

为解读这一算法，将方程 $Cx = d$ 表示为"分裂"的形式 $Dx + Ex = d$，并将其写为方程 $x = D^{-1}(d - Ex)$。于是看到算法式 (7.97) 是该方程的不动点迭代，这可以被重写为等价的迭代形式式 (7.96)。

这一方法的思想是 D 可以被选为让其本质上是可逆的，且让式 (7.96) 中的 $D^{-1}(Cx_k - d)$ 或者式 (7.97) 中的 $D^{-1}(d - Ex_k)$ 的计算得以简化。例如，D 可以是单位阵，如同在动态规划的雅可比/值迭代算法中。作为替代，D 可以是 C 的下三角部分，正如高斯-赛德尔方法中，其中 x 的每一维通过求解 $Cx = d$ 的对应方程来按序更新，每次固定其他元素；参阅 2.2.2 节。

已知多种保证分裂算法收敛的条件，所以假设 7.3.2 在这些条件下得以满足。这些条件中的一些遵循在 2.6.1 节中讨论的异步值迭代算法，包括当 A 是加权极值模压缩的情形。在与动态规划相关的内容中，对于系统 $x = b + Ax$ 有 2.2.2 节中高斯-赛德尔方法的自然推广，其中 A 具有非负元素且满足命题 7.3.1 的压缩假设 (1)（例如见 [OrR70]、[Saa03]、[BeT89]）。异步高斯 - 赛德尔算法对于 A 是不可约和弱对角支配的情形（见 [BeT89] 的 7.2.2 节）已知是收敛的。最后，论文 [LuT89] 在假设 C 是半正定对称且 $D - E$ 是半正定的情形下证明了收敛性。这些工作可以被用于验证假设 7.3.2 满足 G 对应于高斯-赛德尔分裂。

7.3.9 奇异线性系统的随机方法

现在转向确定性迭代方法式 (7.76) 的基于仿真的版本：

$$x_{k+1} = x_k - \gamma G_k(C_k x_k - d_k) \tag{7.98}$$

其中 C_k、d_k 和 G_k 分别是 C、d 和 G 的估计，满足 $(C_k, d_k, G_k) \to (C, d, G)$ 以概率 1 成立。

为了将 C 是奇异的和非奇异的两种情形联系在一起，暂时关注非奇异的情形。如果 GC 的特征值具有正实部，那么式 (7.98) 的迭代收敛到 $x^* = C^{-1}d$ 的唯一解。然而，这一阐述没有抓住收敛过程的特点：即使迭代矩阵 $I - \gamma GC$ 的特征值严格位于单位圆内部，基于仿真的近似 $I - \gamma G_k C_k$ 的特征值仍然经常位于外部。事实上，式 (7.98) 的迭代将不会"表现得好"，直到仿真噪声 ($C_k - C$、$d_k - d$、$G_k - G$) 至少与从矩阵 $I - \gamma GC$ 的支配特征值到单位圆边界的距离具有同样的尺度为止。如果这一距离非常小（正如当 C 是可逆的但非常接近奇异），在迭代表现良好之前将需要大量的迭代，然后开始表现出收敛性。

若 C 是奇异的，则情形更加复杂，我们需要区分迭代序列 x_k 的收敛和余项序列 $\{Cx_k - d\}$ 的收敛。可能发生下面 3 种情形之一：

(a) 式 (7.98) 的随机迭代完全不稳定，尽管其确定性的对应版本式 (7.76) 是收敛的。也就是说，x_k 和 $\{Cx_k - d\}$ 都发散。

(b) $\{x_k\}$ 发散但 $\{Cx_k - d\}$ 收敛到 0。

(c) $\{x_k\}$ 收敛。

结果情形 (b) 和 (c) 分别在例 7.3.2 的投影方程和例 7.3.4 的最小二乘问题中出现。

下面首先展示情形 (b) 下的发散过程，然后简要描述稳定式 (7.98) 迭代的通用方法。然后转向情形 (b) 和 (c)，并提供收敛性分析。论文 [WaB11a] 包含一个例子其中上述类型 (a) 的发散出现了。论文 [WaB11b] 提供了在情形 (b) 下从发散的序列中提取出收敛的迭代子列的机制。

为了构造上述类型 (b) 的发散例子，考虑简单的特殊情形，其中

$$C_k \equiv C, G_k \equiv G \tag{7.99}$$

所以对于 $Cx = d$ 的任意解 x^*，式 (7.98) 的迭代写为

$$x_{k+1} - x^* = (I - \gamma GC)(x_k - x^*) + \gamma G(d_k - d) \tag{7.100}$$

如果假设 $G(d_k - d) \in \boldsymbol{N}(GC)$ 对所有的 k，可以通过简单的归纳法验证算法按照如下方式演进

$$x_{k+1} - x^* = (I - \gamma GC)^k(x_0 - x^*) + \gamma G \sum_{t=0}^{k}(d_t - d) \tag{7.101}$$

因为右侧的最后一项可能不可控的累积，即使 $d_k \to d$，迭代序列 $\{x_k\}$ 未必收敛而且可能无界。这里的难点是迭代没有机制来消除在 $\boldsymbol{N}(C)$ 内的仿真噪声成分的累积。

不过，仍然可以展示余项序列 $\{Cx_k - d\}$ 收敛到 0。为了看到这一点，注意在确定性情形下，由命题 7.3.6，$\{z_k\}$ 以几何速度收敛到 0，而且因为 $Cx_k - d = CVz_k$[参见式 (7.85)]，对余项序列 $\{Cx_k - d\}$ 也是这样。在随机迭代式 (7.100) 的特殊情形下，其中 $C_k \equiv C$ 且 $G_k \equiv G$[参见式 (7.99)]，余项序列按下式演化

$$Cx_{k+1} - d = (I - \gamma CG)(Cx_k - d) + \gamma CG(d_k - d)$$

因为当噪声项 $(d_k - d)$ 为 0 时迭代以几何速度收敛到 0，当 $(d_k - d)$ 收敛到 0 时它也收敛到 0。这里为了构成余项，将 $x_k - x^*$ 乘上 C，这在 $\boldsymbol{N}(C)$ 内消灭了 $x_k - x^*$ 的不可控的噪声成分。

结果余项收敛到 0 更一般地出现在迭代的零空间 "保持平稳" 时，即，

$$\boldsymbol{N}(G_k C_k) = \boldsymbol{N}(C_k) = \boldsymbol{N}(C) = \boldsymbol{N}(GC)$$

这一情形与近似动态规划/投影方程和最小二乘问题特别相关（参阅例 7.3.2 和例 7.3.4）。我们将此称为零空间一致性情形，下面将细致讨论这一情形。

另一种有趣的情形涉及式 (7.95) 的特殊近似迭代，其中可以证明在合理的条件下余项序列收敛到 0。这些条件涉及仿真误差的收敛速率 [条件 $(C_k, d_k, G_k) \to (C, d, G)$ 不足以在没有零空间一致性时保证余项收敛]。注意式 (7.95) 的近似迭代在最小二乘问题中广泛用于正则化，然而迭代序列 $\{x_k\}$ 可能仍然在有仿真噪声时发散。我们不再继续考虑这一迭代并推荐阅读 [WaB11b] 了解相关分析。

平稳化随机迭代方法

我们之前注意到式 (7.98) 的随机迭代未必收敛，即使其确定性版本式 (7.76) 是收敛的而且有 $(C_k, d_k, G_k) \to (C, d, G)$。为克服这一困难，可以使用平稳机制来恢复收敛性质。其具有如下形式

$$x_{k+1} = (1 - \delta_k) x_k - \gamma G_k (C_k x_k - d_k) \tag{7.102}$$

其中 $\{\delta_k\}$ 是区间 $(0,1)$ 内的标量序列。为了收敛性，序列 $\{\delta_k\}$ 将需要以足够慢的速率收敛到 0（见下面的命题）。

这里的思想是通过将迭代矩阵 $I - \gamma G_k C_k$ 的特征值移动 $-\delta_k$ 来稳定发散的式 (7.98) 的迭代，于是将它们移动到单位圆的严格内部。为此也需要将仿真噪声序列 $\{(G_k C_k - GC)\}$ 以比 $\{\delta_k\}$ 更快的速度减小到 0，所以移动后的特征值以充分的频率严格保持在单位圆内部来导致收敛性。这启发了下面的对仿真过程和 δ_k 的假设。式 (7.102) 的稳定机制也可以应对仿真噪声和 $I - \gamma GC$ 接近单位圆边界的综合效果，即使 C 只是接近奇异（而不是奇异）；见下面的例子。

下面的命题说如果 δ_k 以慢于 $1/\sqrt{k}$ 的速度减小到 0（采样误差按照中心极限定理的速率减小的典型速率），并且满足一些额外的宽松的技术条件，那么迭代序列 $\{x_k\}$ 收敛到 $Cx = d$ 的解。这个解的形式为

$$\hat{x} = \left(I + UNH^{-1}V'\right) x^* \tag{7.103}$$

其中 U、V、N 和 H 正如在命题 7.3.4 中的分解，x^* 是原点在解集上的投影（这是最小欧氏模的唯一解）。注意与在确定性迭代中不同 $\hat{x}$ 不依赖于 x_0，其中 $\delta_k \equiv 0$[参见命题 7.3.6 中的式 (7.87)]。所以参数 δ_k 提供了稳定的对偶形式：这抵消了仿真噪声的影响和初始迭代 x_0 的选择的影响。对于命题的证明推荐 [WaB11a]。

命题 7.3.9（稳定迭代的收敛性） 令假设 7.3.2 满足，并假设仿真误差

$$R_k = (C_k - C, d_k - d, G_k - G)$$

满足 $R_k \to 0$ 以概率 1 成立，且对于某个整数 $q > 2$，有

$$\limsup_{k \to \infty} \sqrt{k^q} E[||R_k||^q] < \infty$$

还令 $\{\delta_k\}$ 为下降序列对所有的 k 满足 $0 < \delta_k < 1$，且

$$\lim_{k \to \infty} \delta_k = 0, \ \lim_{k \to \infty} k^{(1/2 - (1+\epsilon)/q)} \delta_k = \infty$$

其中 ϵ 是某个正标量。于是存在 $\bar{\gamma} > 0$ 满足对所有的 $\gamma \in (0, \bar{\gamma}]$ 成立，由式 (7.102) 迭代生成的序列 $\{x_k\}$ 以概率 1 收敛到 $Cx = d$ 的解 $\hat{x}$，由式 (7.103) 给定。

参考文献 [WaB11a] 也给出了替代的稳定机制，可以修改为特定的算法和问题结构所适用。特别地，对于不动点问题 $x = b + Ax$，一个合适的稳定迭代是

$$x_{k+1} = (1 - \delta_k)(b_k + A_k x_k) \tag{7.104}$$

其中 A_k 和 b_k 是 A 和 b 的基于仿真的估计。与命题 7.3.9 类似的收敛性结果可以在当 A 具有小于或等于 1 的谱半径、由 $Tx = b + Ax$ 定义的映射 T 具有不动点、且作为 A 的特征值的 1 的倍数等于 $I - A$ 的维数时对于这个迭代证明出来 [参见假设 7.3.2(b)]。

为了了解式 (7.104) 稳定迭代对于接近奇异问题的收敛行为，考虑当 A 是压缩的且 δ_k 等于常数 $\delta \in (0, 1)$ 的情形。于是，记有

$$A_k = A + W_k, b_k = b + v_k$$

其中 $W_k \to 0$ 且 $v_k \to 0$，迭代式 (7.104) 具有如下形式

$$x_{k+1} = (1 - \delta)(Ax_k + b) + (1 - \delta)(W_k x_k + v_k) \tag{7.105}$$

当 W_k 的元素较大时，"乘性" 噪声元素 $W_k x_k$ 可在迭代早期导致强过渡。这一元素倾向于支配 "非乘性" 噪声元 v_k，特别是当初始条件 x_0 远离解集时。因子 $1 - \delta$ 减弱了两个噪声元并且具有平稳的效果。

注意式 (7.105) 的平稳迭代收敛到

$$x(\delta) = (1 - \delta)(I - A + \delta A)^{-1} b$$

所以相对于精确解

$$x^* = (I - A)^{-1} b$$

存在误差

$$x^* - x(\delta) = \left((I - A)^{-1} - (1 - \delta)(I - A + \delta A)^{-1} \right) b = O(\delta) b$$

其中 $O(\delta)$ 是矩阵满足 $\lim_{\delta \downarrow 0} O(\delta) = 0$。然而，迭代收敛到 $x(\delta)$ 远快于未稳定的迭代

$$x_{k+1} = (A + W_k) x_k + b + v_k \tag{7.106}$$

这对应于 $\delta = 0$。因为当 $\delta_k \to 0$ 时，δ 由 δ_k 替代，误差减小到 0，但是为了让算法如所需要的方式工作，$\{\delta_k\}$ 必须以比 $\{W_k\}$ 和 $\{v_k\}$ 慢许多的速度收敛到 0。稳定迭代式 (7.105) 的渐近收敛速率是 $\{\delta_k\}$ 之一，但在未稳定迭代式 (7.106) 中的 W_k 和 v_k 的早期数值的过渡效果有效地受到 δ_k 存在的影响。

通常，在贝尔曼方程 $J = g + \alpha PJ$ 的近似解的动态规划相关的情形下，当矩阵 αP 的谱半径接近 1 时，之前的稳定机制可能有用。在基于投影方程的策略评价中，结果是特征矩阵 Φ 的各列的线性依赖性导致矩阵 $C = \Phi' \Xi (I - \alpha P) \Phi$ 的奇异性，这并未带来由矩阵 C 的特殊结构造成的困难，这是零空间一致性，正如下面要讨论的。

零空间一致随机迭代方法

现在考虑如下迭代的特殊情形

$$x_{k+1} = x_k - \gamma G_k(C_k x_k - d_k) \tag{7.107}$$

其中 $N(G_k C_k)$ 不随着 k 变化且等于 $N(GC)$[也等于 $N(C)$，参见假设 7.3.2(c)]。结果是，与 GC 相关的零空间分解（参见命题 7.3.4）也不随着迭代的推进而变化。

假设 7.3.3（零空间一致性） 有

$$(C_k, d_k, G_k) \to (C, d, G)$$

以概率 1 成立。进一步地，

(a) GC 的每个特征值或者有正实部或者为 0。

(b) $N(GC)$ 的维数等于 GC 的特征值 0 的代数倍数。

(c) 存在 $\bar{k}$，满足

$$N(C) = N(C_k) = N(G_k C_k) = N(GC), \forall k \geqslant \bar{k} \tag{7.108}$$

以概率 1 成立。

注意，之前的假设意味着假设 7.3.2 成立，所以它只适用于当确定性版本收敛的情形。例如，当假设满足时，考虑如下情形

$$C_k = \Phi' M_k \Phi, C = \Phi' M \Phi$$

其中 $M_k \to M$ 且 $y'My > 0$ 对所有的 $y \in \Re(\Phi)$ 满足 $y \neq 0$，G_k 收敛到正定对称阵 G。这一情形与基于投影方程的近似策略评价方法相关；见命题 7.3.8 的讨论。这也与例 7.3.4 的最小二乘相关。为了明白假设 7.3.3 满足这一情形，注意由命题 7.3.7 推出假设 7.3.2 成立，这意味着假设 7.3.3 的 (a) 和 (b) 部分。进一步地，由式 (7.90)，有

$$N(\Phi) = N(C) = N(C') = N(GC)$$

用于证明这一方程的论述也证明了 $N(\Phi) = N(C_k) = N(G_k C_k)$，于是还有式 (7.108)。于是假设 7.3.3 的所有条件都满足。

现在要对零空间一致的迭代证明余项总是收敛到 0。其思想是在假设 7.3.3 下，$I - \gamma GC$ 的零空间分解的矩阵 U 和 V 在转到 $I - \gamma G_k C_k$ 的零空间分解时保持不变。这导出了迭代的 z_k-部分的适用结构并将其与 y_k 分开。

命题 7.3.10（零空间一致迭代的余项收敛性） 令零空间一致性假设 7.3.3 满足。那么存在 $\bar{\gamma} > 0$，对所有的 $\gamma \in (0, \bar{\gamma}]$ 和初始迭代 x_0 成立，由随机迭代式 (7.107) 产生的余项序列 $\{Cx_k - d\}$ 和 $\{C_k x_k - d_k\}$ 以概率 1 收敛到 0。

证明 令 x^* 为最小欧氏模的解。式 (7.98) 的迭代可被写作

$$x_{k+1} - x^* = (I - \gamma G_k C_k)(x_k - x^*) + \gamma G_k(d_k - C_k x^*) \tag{7.109}$$

现在回忆迭代分解 $x_k - x^* = Uy_k + Vz_k$，其中 $y_k = U'(x_k - x^*)$ 和 $z_k = V'(x_k - x^*)$（参见命题 7.3.5）。通过将式 (7.109) 迭代乘上 U' 和 V'，获得

$$\begin{pmatrix} y_{k+1} \\ z_{k+1} \end{pmatrix} = \begin{pmatrix} I & -\gamma U'G_kC_kV \\ 0 & I - \gamma V'G_kC_kV \end{pmatrix} \begin{pmatrix} y_k \\ z_k \end{pmatrix} + \begin{pmatrix} \gamma U'G_ke_k \\ \gamma V'G_ke_k \end{pmatrix} \tag{7.110}$$

其中 $e_k = d_k - C_kx^*$，已经使用了如下事实

$$V'(I - \gamma G_kC_k)U = V'U - \gamma V'G_kC_kU = 0$$

注意，$V'U = 0$ 和 $C_kU = 0$ 是成立的 [由零空间一致性假设 U 的列属于 $N(C_k)$]。

集中关注式 (7.110) 迭代的 z_k 部分的渐近行为，注意：

(i) 矩阵 $I - \gamma V'G_kC_kV$ 收敛到 $I - \gamma V'GCV = I - \gamma H$[参见式 (7.110)]，这对于充分小的 $\gamma > 0$ 是一个压缩 [参见命题 7.3.4(a) 和命题 7.3.6 的证明]。

(ii) 有 $\gamma V'G_ke_k \to 0$，因为 $G_k \to G$ 和 $e_k = d_k - C_kx^* \to 0$。

所以，当 k 充分大时，z_k 的迭代是压缩的，且加性误差减小到 0，这意味着 $z_k \to 0$。最后，因为 $Cx_k - d = CVz_k$，于是有 $Cx_k - d \to 0$。进一步地，有

$$\begin{aligned} C_kx_k - d_k &= C_k(x_k - x^*) + (C_kx^* - d_k) \\ &= C_k(Uy_k + Vz_k) + (C_kx^* - d_k) \\ &= C_kVz_k + (C_kx^* - d_k) \end{aligned}$$

其中最后一个等式使用了 $C_kU = 0$ 的事实。因为

$$z_k \to 0, C_kx^* - d_k \to Cx^* - d = 0$$

还有 $C_kx_k - d_k \to 0$。

注意前面的命题只涉及余项序列 $\{Cx_k - d\}$。正如之前证明的 [参见式 (7.101)]，当没有使用诸如之前所讨论的稳定机制时，迭代 x_k 可能对所有步长都发散。然而，有一种特殊的情形：假设我们对形式为 Φx^* 的向量感兴趣，其中 Φ 是矩阵且满足 $N(\Phi) = N(C)$ 且 x^* 是 $Cx = d$ 的任意解。这一情形在近似动态规划和大的最小二乘问题中出现，涉及在由 Φ 的列张成的低维子空间内的近似（参见例 7.3.2 和例 7.3.4 以及命题 7.3.7）。那么 Φx_k 收敛到 Φx^* 因为 Φ 抑制了 $x_k - x^*$ 的 y_k 部分，正如在下面的命题中所示。

命题 7.3.11 令零空间一致性假设 7.3.3 成立，令 Φ 为矩阵且满足 $N(\Phi) = N(C)$。那么 Φx_k 收敛到 Φx^*，其中 x^* 是 $Cx = d$ 的任意解。

证明 由方程 $x_k = x^* + Uy_k + Vz_k$[参见式 (7.82)]，有

$$\Phi x_k = \Phi x^* + \Phi Uy_k + \Phi Vz_k = \Phi x^* + \Phi Vz_k \to \Phi x^*$$

因为 $\Phi U = 0$ 和 $z_k \to 0$（从命题 7.3.10 的证明）。

最后注意，尽管迭代序列 $\{x_k\}$ 可能发散，在零空间一致性假设下可以通过投影到共同的零空间 $N(C_k)$ 抽取出收敛的迭代序列。这一可能性在 [WaB11b] 中讨论过，另外还讨论了用于从其他方法的发散迭代 x_k 中抽取出收敛的迭代序列的类似机制，其中余项 $Cx_k - d$ 和 $C_kx_k - d_k$ 保证收敛到 0。下面讨论迭代 x_k 收敛的条件，其中无需这样的机制，包括在近似动态规划中出现的。

零空间一致迭代的收敛性

数学上，迭代 x_k 的收敛需要额外的条件将在下面的命题中给出，这保障了式 (7.110) 中的第一行（迭代的 y_k 部分）具有合适的渐近行为。

命题 7.3.12 令零空间一致性假设 7.3.3 满足，另外假设对于充分大的 k，有

$$\boldsymbol{R}(G_k C_k) \subset \boldsymbol{N}(C)^\perp, \{G_k d_k\} \subset \boldsymbol{N}(C)^\perp \tag{7.111}$$

那么存在着 $\bar{\gamma} > 0$，满足对所有的 $\gamma \in (0, \bar{\gamma}]$ 和初始迭代 x_0 成立，由式 (7.107) 迭代生成的序列 $\{x_k\}$ 以概率 1 收敛到 $Cx = d$ 的解。

证明 式 (7.110) 的第一行在我们的假设下变成 $y_{k+1} = y_k$ (对于充分大的 k)；这来自条件 $\boldsymbol{R}(G_k C_k) \subset \boldsymbol{N}(C)^\perp$ 和 $\{G_k d_k\} \subset \boldsymbol{N}(C)^\perp$，这意味着

$$U' G_k C_k V = 0, U' G_k e_k = U' G_k (d_k - C_k x^*) = 0$$

对所有充分大的 k 成立。由命题 7.3.10 的证明，有 $z_k \to 0$，所以 $\{x_k\}$ 以概率 1 收敛，其极限是 $Cx = d$ 的解。

之前的证明解释了收敛机制：式 (7.111) 条件意味着可能不稳定的成分 y_k 最终成为常量。现在考虑零空间一致迭代的一个特例，其中式 (7.111) 的额外条件满足且可以证明 $\{x_k\}$ 的收敛性。这出现在近似动态规划的投影方程方法和大的最小二乘问题中，涉及在低维子空间中的近似（参见例 7.3.2 和例 7.3.4）。

假设 7.3.4 (a) 矩阵 C_k 具有如下形式

$$C_k = \Phi' M_k \Phi$$

其中 Φ 是 $m \times n$ 矩阵，M_k 是 $m \times m$ 矩阵且收敛到满足如下条件的矩阵 M

$$y' M y > 0, \forall y \in \boldsymbol{R}(\Phi), 满足 y \neq 0$$

(b) 向量 d_k 满足对所有的 k 有，

$$d_k = \Phi' q_k$$

其中 q_k 是 $\Re^m$ 中的向量且收敛到某个向量 q。

(c) 矩阵 G_k 收敛到矩阵 G，满足假设 7.3.2 和 $C = \Phi' M \Phi$，且对所有的 k，有

$$G_k \boldsymbol{R}(\Phi') \subset \boldsymbol{R}(\Phi')$$

注意假设 7.3.4(a) 在最小二乘的例 7.3.4 中满足，其中 $C = \Phi' W' \Xi W \Phi$，如果 Φ 的列不属于 W 的零空间。再由命题 7.3.8，M 满足假设 7.3.4(a)，如果

$$M = \Xi(I - W)$$

其中 Ξ 是 $m \times m$ 的正定对称阵，W 是 $m \times m$ 的矩阵且满足

$$\|y\|_\Xi > \|Wy\|_\Xi, \forall y \in \boldsymbol{R}(\Phi), 满足 y \neq 0$$

参见式 (7.92)。由前面的命题 7.3.8 可知，这正是折扣和平均费用马尔可夫决策过程的投影方程方法所用到的情形。进一步地，假设 7.3.4(a),(b) 在这些方法的基于仿真的实现中满足，正如后面要讨论的，假设 7.3.4(c) 也满足。下面的命题展示了在假设 7.3.4 下的迭代的收敛性。

命题 7.3.13 令假设 7.3.4 满足，那么命题 7.3.12 的假设满足，由零空间一致迭代式 (7.107) 生成的序列 $\{x_k\}$ 以概率 1 收敛到 $Cx = d$ 的解。

证明 假设 7.3.4 意味着假设 7.3.2，于是零空间一致性假设 7.3.3 的 (a) 和 (b) 部分也满足。按照那个假设的阐述，证明了

$$N(C') = N(\Phi) = N(C) = N(C_k) = N(G_k C_k) = N(GC), \forall k \geqslant \bar{k}$$

所以，假设 7.3.4 也意味着假设 7.3.3 的 (c) 部分。

还需要证明 $R(G_k C_k) \subset N(C)^\perp$ 和 $\{G_k d_k\} \subset N(C)^\perp$。至此，注意到

$$R(\Phi') = N(\Phi)^\perp = N(C)^\perp = N(C_k)^\perp = N(C_k')^\perp = R(C_k)$$

于是使用条件 $G_k R(\Phi') \subset R(\Phi')$[参见假设 7.3.4(c)]，有

$$R(G_k C_k) = G_k R(C_k) = G_k R(\Phi') \subset R(\Phi') = N(C)^\perp$$

而使用假设 7.3.4(b) 的形式 $d_k = \Phi' q_k$，有

$$G_k d_k \in G_k R(\Phi') \subset R(\Phi') = N(C)^\perp$$

于是命题 7.3.12 的所有条件均满足。

让我们指出假设 7.3.4(c) 的条件 $G_k R(\Phi') \subset R(\Phi')$ 对于 $\{x_k\}$ 的收敛性是至关重要的，正如由例子所展示的（见 [WaB11b]）。如果这一条件不成立，但假设 7.3.4 的所有其他条件满足，那么迭代 x_k 可能发散，而由命题 7.3.10，余项序列收敛到 0 且对任意解 x^* 序列 Φx_k 也收敛到 Φx^*（参见命题 7.3.11）。

现在给出 G_k 的一些对于基于投影方程的近似策略评价内容下有特别兴趣的选择，可以令命题 7.3.13 的假设满足，这意味着迭代的收敛性。

命题 7.3.14 令假设 7.3.4(a),(b) 成立并令 G_k 对充分大的 k 满足任一如下条件：

(i) $G_k = I$。

(ii) $G_k = (\Phi' \Xi_k \Phi + \beta I)^{-1}$，其中 Ξ_k 收敛到正定对角矩阵，β 是正标量。

(iii) $G_k = (C_k + \beta I)^{-1}$。

(iv) $G_k = (C_k' \Sigma^{-1} C_k + \beta I)^{-1} C_k' \Sigma^{-1}$，其中 Σ 是正定对称阵且 β 是正标量。

那么假设 7.3.4(c) 满足，由零空间一致迭代式 (7.107) 生成的序列 $\{x_k\}$ 以概率 1 收敛到 $Cx = d$ 的解。

证明 首先注意，在 (ii)~(iv) 部分中的逆存在 [对 (iii) 中的情形，G_k 对于充分大的 k 可逆，因为由假设 7.3.4(a)，$x'(C_k + \beta I)x = x'\Phi' M_k \Phi x + \beta\|x\|^2 > 0$ 对所有的 $x \neq 0$ 成立]。下面注意 G_k 收敛到极限 G，这与 $C = \Phi' M \Phi$ 一起满足假设 7.3.2。事实上，对于 (i) 和 (ii) 中的情形，G_k 收敛到对称正定阵，所以假设 7.3.2 满足（见命题 7.3.7），而对于近似的情形 (iii) 和 (iv)，正如之前所注假设 7.3.2 满足。

剩下的是验证条件 $G_k \boldsymbol{R}(\Phi') \subset \boldsymbol{R}(\Phi')$;参见假设 7.3.4(c)。令 $v \in \boldsymbol{R}(\Phi')$ 并记有 $h_k = G_k v$。在情形 (i)~(iii),可以看到 G_k 具有如下形式[①]

$$G_k = (\Phi' N_k \Phi + \beta I)^{-1}$$

其中 N_k 是合适的矩阵且 β 是正标量。因为 G_k 是可逆的,所以有

$$(\Phi' N_k \Phi + \beta I) h_k = G_k^{-1} h_k = v \in \boldsymbol{R}(\Phi')$$

因为 $\Phi' N_k \Phi h_k \in \boldsymbol{R}(\Phi')$,一定有 $\beta h_k \in \boldsymbol{R}(\Phi')$。于是已经证明了 $h_k = G_k v \in \boldsymbol{R}(\Phi')$ 对任意的 $v \in \boldsymbol{R}(\Phi')$ 成立,或者与之等价的,在情形 (i)~(iii) 下有 $G_k \boldsymbol{R}(\Phi') \subset \boldsymbol{R}(\Phi')$。

在情形 (iv),可以将 G_k 写成如下形式

$$G_k = (\Phi' N_k \Phi + \beta I)^{-1} C_k' \Sigma^{-1}$$

其中 $N_k = M_k' \Phi \Sigma^{-1} \Phi' M_k$。所以

$$(\Phi' N_k \Phi + \beta I) h_k = (\Phi' N_k \Phi + \beta I) G_k v = C_k' \Sigma^{-1} v = \Phi' M_k' \Phi \Sigma^{-1} v \in \boldsymbol{R}(\Phi')$$

因为 $\Phi' N_k \Phi h_k \in \boldsymbol{R}(\Phi')$,所以一定有 $\beta h_k \in \boldsymbol{R}(\Phi')$。于是证明了 $h_k = G_k v \in \boldsymbol{R}(\Phi')$ 对任意 $v \in \boldsymbol{R}(\Phi')$ 成立,或者与之等价的,$G_k \boldsymbol{R}(\Phi') \subset \boldsymbol{R}(\Phi')$ 在情形 (iv) 也成立。

小结

本节考虑了线性系统 $Cx = d$ 在几种不同条件下的一大类迭代方法,对这些分析结论进行小结将有所裨益。我们的分析主要基于 C 和 d 的基于蒙特卡罗的估计,具有如下形式

$$x_{k+1} = x_k - \gamma G_k (C_k x_k - d_k)$$

这具有同时在奇异和非奇异问题中收敛的确定性迭代的模式。奇异情形的分析也旨在澄清当 C 接近奇异时的收敛行为,特别是当仿真噪声显著大时。

(a) 收敛性行为是复杂的和脆弱的(当 C 是奇异的时)。一般而言,迭代和余项都可能出现发散。为了克服这一困难,可以使用稳定过程将 $I - \gamma GC$ 的特征值移动到单位圆内部。移动量应当以比仿真误差减小到 0 更慢的速度减小到 0,使得稳定有效。

(b) 在零空间一致迭代情形下,C_k 的零空间的稳定性和 $G_k C_k$ 增强了收敛行为。特别地,余项的收敛性(但不是迭代)得以恢复。进一步地,从发散的迭代序列,可以通过投影到共同的零空间 $\boldsymbol{N}(C_k)$ 抽取出收敛序列;见 [WaB11b]。这里迭代误差分解为两个正交的成分:其中一个不稳定,但不会影响另一个;另一个是稳定的且以合适的速度收敛,于是导致了余项的收敛。

(c) 在具有假设 7.3.4 的特殊结构的零空间一致迭代情形下(这在具有投影方程方法的动态规划问题的近似策略迭代和近似最小二乘优化中出现)余项和迭代都收敛。那么上述 (b) 的可能不稳定的成分在算法始终保持常数。特别地,这展示了在投影方程方法的近似策略迭代中出现的特殊情形中,因为基函数/Φ 的列的线性依赖性导致的奇异性对收敛过程没有本质影响。

(d) 当 C 非奇异时,在与其确定性版本相同的条件下随机方法收敛到唯一解。然而,出于实际的考虑,直到 γGC 的蒙特卡罗估计的仿真误差变得足够小以至于 $I - \gamma G_k C_k$ 的特征值以充分的频率位于单位圆内,方法并不显示出收敛性。为了克服这一现象,上述 (a) 的稳定过程可能有用。

[①] 对由情形 (i),取 $N_k = 0$ 和 $\beta = 1$;对于情形 (ii) 取 $N_k = \Xi_k$;对于情形 (iii),有 $C_k = \Phi' M_k \Phi$ 且令 $N_k = M_k$。

7.4 在策略空间的近似

到目前为止，本章介绍的方法一直是使用某个费用函数、微分费用或者 Q-因子的近似架构。有时，这被称为值空间近似，以指出费用或者值函数被近似了。在一类重要的替代方法中，被称为策略空间的近似，将策略集合用向量 $r = (r_1, \cdots, r_s)$ 参数化，并对这一向量来优化费用。特别地，考虑给定的参数形式 $\tilde{\mu}_u(i, r)$ 的随机平稳策略，其中 $\tilde{\mu}_u(i, r)$ 表示当状态为 i 时控制 u 应用的概率。r 的每个值定义了一个随机平稳策略，这反过来将感兴趣的费用定义为 r 的函数。然后选择 r 来最小化这一费用。

在这一方法的一类重要的特殊情形中，策略的参数化是间接的，通过近似费用函数。特别地，费用近似架构用 r 进行参数化，定义了通过在贝尔曼方程中的最小化依赖于 r。例如，Q-因子近似 $\tilde{Q}(i, u, r)$，通过对某个在 $u \in U(i)$ 上最小化 $\tilde{Q}(i, u, r)$ 的 u 令 $\tilde{\mu}_u(i, r) = 1$，并对所有其他的 u 令 $\tilde{u}_u(i, r) = 0$ 定义了策略的参数化。这一参数化在 r 上不连续，但在实用中通过将最小化运算替换为平滑的基于指数的近似；推荐阅读参考文献来了解细节。从更加抽象和一般的视角来看策略空间的近似，而不是参数化策略或者 Q-因子，可以简单地用 r 来参数化问题的数据（每阶段的费用和转移概率），然后在 r 上优化对应的费用函数。所以，在这个更加一般的建模中，可以旨在选择给定的控制系统的某些参数来优化性能。

一旦策略通过某种方式用向量 r 参数化，问题的费用函数，在有限或者无限的阶段上，间接地参数化为向量 $\tilde{J}(r)$。于是可以从 $\tilde{J}(r)$ 推导出性能的标量度量，例如，从单个特殊状态出发的期望费用或者从选定的状态集合出发的加权费用和。优化的方法可以是多种方法中的任意一种，从随机搜索到梯度方法。这一方法未必与动态规划有关，尽管动态规划计算可以在其实现中扮演重要的角色。通常，梯度类方法在这类问题中受到了绝大多数的关注，但它们经常比较慢且可能收敛到局部最小。另一方面，随机搜索方法，例如交叉熵方法 [RuK04]、[BKM05]、[RuK08]，经常易于实现且有时已被证明惊人地有效（见本章末引用的文献）。

本节将着重关注有限状态平均费用问题和梯度类方法，对这类问题一些动态规划的特定理论已经发展出来。令每个阶段的费用向量和转移概率矩阵分别给定为 r 的函数：$G(r)$ 和 $P(r)$。假设在每个 $P(r)$ 下状态构成单个常返类，令 $\xi(r)$ 为对应的稳态概率向量。用 $G_i(r)$、$P_{ij}(r)$ 和 $\xi_i(r)$ 分别表示 $G(r)$、$P(r)$ 和 $\xi(r)$ 的元素。r 的每个值定义了一个平均费用 $\eta(r)$，这对所有的初始状态是共同的（参见 5.2 节），问题是找到 $\min_{r \in \Re^s} \eta(r)$；参见图 7.4.1。假设 $\eta(r)$ 相对于 r 可微（这是需要独立验证的），这一最小化可以用梯度方法：

$$r_{k+1} = r_k - \gamma_k \nabla \eta(r_k)$$

其中 γ_k 是正步长。这被称为**策略梯度方法**。

7.4.1 梯度公式

现在将展示梯度 $\nabla \eta(r)$ 的方便公式可以通过微分贝尔曼方程来获得

$$\eta(r) + h_i(r) = G_i(r) + \sum_{j=1}^{n} P_{ij}(r) h_j(r), i = 1, \cdots, n \tag{7.112}$$

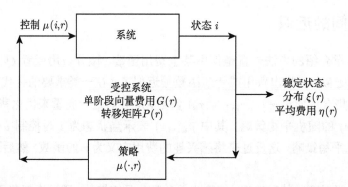

图 7.4.1 平均成本问题在策略空间中的近似。参数值 r 决定了策略、对应的具有单阶段成本为 $G(r)$ 的马尔可夫链以及转移矩阵 $P(r)$。该马尔可夫链的单阶段平均成本 $\eta(r)$ 是最小化的

相对于 r 的元素,其中 $h_i(r)$ 是微分费用。相对于 r_m 取偏微分,对所有的 i 和 m 获得,

$$\frac{\partial \eta}{\partial r_m} + \frac{\partial h_i}{\partial r_m} = \frac{\partial G_i}{\partial r_m} + \sum_{j=1}^{n} \frac{\partial P_{ij}}{\partial r_m} h_j + \sum_{j=1}^{n} P_{ij} \frac{\partial h_j}{\partial r_m}$$

(下面假设相对于 r 各元素的偏微分在不同的方程中均存在。它们取值所在之处通常为了简化符号而省略了。)通过将这一方程乘上 $\xi_i(r)$,在 i 上相加,并使用 $\sum_{i=1}^{n} \xi_i(r) = 1$ 这一事实,有

$$\frac{\partial \eta}{\partial r_m} + \sum_{i=1}^{n} \xi_i \frac{\partial h_i}{\partial r_m} = \sum_{i=1}^{n} \xi_i \frac{\partial G_i}{\partial r_m} + \sum_{i=1}^{n} \xi_i \sum_{j=1}^{n} \frac{\partial P_{ij}}{\partial r_m} h_j + \sum_{i=1}^{n} \xi_i \sum_{j=1}^{n} P_{ij} \frac{\partial h_j}{\partial r_m}$$

右式的最后一个加和消去了左侧的最后一项加和,因为由稳态概率的定义性质,有

$$\sum_{i=1}^{n} \xi_i \sum_{j=1}^{n} P_{ij} \frac{\partial h_j}{\partial r_m} = \sum_{j=1}^{n} \left(\sum_{i=1}^{n} \xi_i P_{ij} \right) \frac{\partial h_j}{\partial r_m} = \sum_{j=1}^{n} \xi_j \frac{\partial h_j}{\partial r_m}$$

于是有

$$\frac{\partial \eta(r)}{\partial r_m} = \sum_{i=1}^{n} \xi_i(r) \left(\frac{\partial G_i(r)}{\partial r_m} + \sum_{j=1}^{n} \frac{\partial P_{ij}(r)}{\partial r_m} h_j(r) \right), \quad m = 1, \cdots, s \tag{7.113}$$

或者以更紧凑的形式

$$\nabla \eta(r) = \sum_{i=1}^{n} \xi_i(r) \left(\nabla G_i(r) + \sum_{j=1}^{n} \nabla P_{ij}(r) h_j(r) \right) \tag{7.114}$$

其中所有的梯度是维数为 s 的列向量。注意,这一公式将 $\nabla \eta(r)$ 表示为期望值,这便于其基于仿真的计算,下面将要讨论这一点。

7.4.2　通过仿真计算梯度

尽管其相对简单性,式 (7.114) 的梯度公式涉及可观的计算来获得在单个 r 值下的 $\nabla \eta(r)$。原因是不论是稳态概率向量 $\xi(r)$ 还是偏差向量 $h(r)$ 都不知道,所以它们必须用某种方式来计算或者近似。进一步地,$h(r)$ 是维数为 n 的向量,所以对于大的 n,只能或者通过其仿真样本或者通过使用参数化架构并使用诸如 LSPE 或者 LSTD 的方法来近似(见本章末引用的参考文献)。

使用参数化架构近似 h 的可能性建立了策略空间的近似和值空间近似之间的联系。这也提出了在梯度计算中引入的近似是否影响策略梯度方法的收敛性保障的问题。不过，幸运的是，梯度算法一般是鲁棒的并且保持了它们的收敛性质，即使在梯度计算中存在显著的误差时也能保持。

在文献中，μ 和 h 都参数化的算法有时被称为执行-批判方法。只有 μ 被参数化，h 未被参数化而是显式或者隐式地通过仿真估计的算法被称为只执行的方法，而只有 h 被参数化而 μ 通过单步前瞻最小化获得的算法被称为只批判的方法。

现在讨论使用仿真来近似 $\nabla\eta(r)$ 的一些可能性。对所有的满足 $P_{ij}(r) > 0$ 的 i 和 j 引入如下函数

$$L_{ij}(r) = \frac{\nabla P_{ij}(r)}{P_{ij}(r)}$$

于是，为了抑制对 r 的依赖，写出如下形式的偏微分公式 (7.114)

$$\nabla\eta = \sum_{i=1}^{n} \xi_i \left(\nabla G_i + \sum_{j=1}^{n} P_{ij} L_{ij} h_j \right) \tag{7.115}$$

假设对所有的状态 i 和可能的转移 (i,j)，可以计算 ∇G_i 和 L_{ij}。现在假设生成单个无限长仿真轨道 $(i_0, i_1, \cdots)$。于是可以估计平均费用 η 为

$$\tilde{\eta} = \frac{1}{k} \sum_{t=0}^{k-1} G_{i_t}$$

其中 k 是大的。那么，给定估计 $\tilde{\eta}$，可以通过使用对如下公式的基于仿真的近似来估计偏差成分 h_j

$$h_{i_0} = \lim_{N \to \infty} E \left\{ \sum_{t=0}^{N} (G_{i_t} - \eta) \right\}$$

[若 $P(r)$ 是非周期的，由偏差向量的一般性质可知，上式成立 —— 见命题 4.1.2 之后的讨论]。作为替代，可以使用 7.2.1 节的 LSPE 或者 LSTD 算法来估计 h_j[这里注意如果特征子空间包含偏差向量，LSPE 和 LSTD 算法将在极限时找到 h_j 的精确值，所以通过足够丰富的特征集合，h_j 的渐近精确计算以及 $\nabla\eta(r)$ 是可能的]。最后，给定估计 $\tilde{\eta}$ 和 $\tilde{h}_j$，可以用如下给定的向量 δ_η 来估计梯度 $\nabla\eta$

$$\delta_\eta = \frac{1}{k} \sum_{t=0}^{k-1} \left(\nabla G_{i_t} + L_{i_t i_{t+1}} \tilde{h}_{i_{t+1}} \right) \tag{7.116}$$

通过比较式 (7.115) 和式 (7.116) 可以看到：如果将 ∇G_i 和 L_{ij} 的期望值替换为样本均值，那么将 h_j 替换为 $\tilde{h}_j$，可获得估计值 δ_η。

上述概述的通过仿真的估计过程提供了更加实际的梯度估计方法的概念上的起点。例如，在这类方法中，η 和 h_j 的估计可以同时通过式 (7.116) 和多种不同算法估计梯度来实现。推荐阅读本章末引用的参考文献。

7.4.3 梯度评价的关键特征

现在要推导梯度 $\nabla\eta(r)$ 的一种替代的(但在数学上等价的)表达式,涉及 Q-因子而不是微分费用。考虑随机策略,其中 $\tilde{\mu}_u(i,r)$ 表示控制在状态 i 使用控制 u 的概率。假设 $\tilde{\mu}_u(i,r)$ 对于每个 i 和 u 相对于 r 都是可微的,那么对应的阶段费用和转移概率给定如下

$$G_i(r) = \sum_{u\in U(i)} \tilde{\mu}_u(i,r) \sum_{j=1}^{n} p_{ij}(u)g(i,u,j), i=1,\cdots,n$$

$$P_{ij}(r) = \sum_{u\in U(i)} \tilde{\mu}_u(i,r)p_{ij}(u), i,j=1,\cdots,n$$

将这些方程相对于 r 取微分,获得

$$\nabla G_i(r) = \sum_{u\in U(i)} \nabla\tilde{\mu}_u(i,r) \sum_{j=1}^{n} p_{ij}(u)g(i,u,j) \tag{7.117}$$

$$\nabla P_{ij}(r) = \sum_{u\in U(i)} \nabla\tilde{\mu}_u(i,r)p_{ij}(u), i,j=1,\cdots,n \tag{7.118}$$

因为对所有的 r,有 $\sum_{u\in U(i)} \tilde{\mu}_u(i,r) = 1$,$\sum_{u\in U(i)} \nabla\tilde{\mu}_u(i,r) = 0$,所以由式 (7.117) 获得

$$\nabla G_i(r) = \sum_{u\in U(i)} \nabla\tilde{\mu}_u(i,r) \left(\sum_{j=1}^{n} p_{ij}(u)g(i,u,j) - \eta(r)\right)$$

而且,通过乘以 $h_j(r)$ 并在 j 上相加,由式 (7.118) 获得

$$\sum_{j=1}^{n} \nabla P_{ij}(r)h_j(r) = \sum_{j=1}^{n} \sum_{u\in U(i)} \nabla\tilde{\mu}_u(i,r)p_{ij}(u)h_j(r)$$

通过使用之前的两个方程来重写梯度公式 (7.114),获得

$$\nabla\eta(r) = \sum_{i=1}^{n} \xi_i(r) \left(\nabla G_i(r) + \sum_{j=1}^{n} \nabla P_{ij}(r)h_j(r)\right)$$

$$= \sum_{i=1}^{n} \xi_i(r) \sum_{u\in U(i)} \nabla\tilde{\mu}_u(i,r) \sum_{j=1}^{n} p_{ij}(u)\left(g(i,u,j) - \eta(r) + h_j(r)\right)$$

且最终

$$\nabla\eta(r) = \sum_{i=1}^{n} \sum_{u\in U(i)} \xi_i(r)\tilde{Q}(i,u,r)\nabla\tilde{\mu}_u(i,r) \tag{7.119}$$

其中 $\tilde{Q}(i,u,r)$ 是相对于 r 的近似 Q-因子:

$$\tilde{Q}(i,u,r) = \sum_{j=1}^{n} p_{ij}(u)\left(g(i,u,j) - \eta(r) + h_j(r)\right)$$

现在将公式 (7.119) 用便于解释的方式来表达。特别地，通过写出

$$\nabla \eta(r) = \sum_{i=1}^{n} \sum_{\{u \in U(i) | \tilde{\mu}_u(i,r) > 0\}} \xi_i(r) \tilde{\mu}_u(i,r) \tilde{Q}(i,u,r) \frac{\nabla \tilde{\mu}_u(i,r)}{\tilde{\mu}_u(i,r)}$$

通过引入函数

$$\psi_r(i,u) = \frac{\nabla \tilde{\mu}_u(i,r)}{\tilde{\mu}_u(i,r)}$$

获得

$$\nabla \eta(r) = \sum_{i=1}^{n} \sum_{\{u \in U(i) | \tilde{\mu}_u(i,r) > 0\}} \zeta_r(i,u) \tilde{Q}(i,u,r) \psi_r(i,u) \tag{7.120}$$

其中 $\zeta_r(i,u)$ 是对 (i,u) 在 r 下的稳态概率：

$$\zeta_r(i,u) = \xi_i(r) \tilde{\mu}_u(i,r)$$

注意，对每个 (i,u)，$\psi_r(i,u)$ 是维数为 s 的向量，s 是参数向量 r 的维数。用 $\psi_r^m(i,u), m = 1, \cdots, s$ 表示这一向量的元素。

式 (7.120) 可以构成仿真估计 $\tilde{Q}(i,u,r)$ 的策略梯度方法的基，于是引向只执行的算法。在 [KoT99] 和 [KoT03] 中建议的一种替代方法是将公式解释为内积，于是引向不同的一类算法。特别地，对于给定的 r，定义 (i,u) 的两个实值函数 Q_1 和 Q_2 的内积为

$$\langle Q_1, Q_2 \rangle_r = \sum_{i=1}^{n} \sum_{\{u \in U(i) | \tilde{\mu}_u(i,r) > 0\}} \zeta_r(i,u) Q_1(i,u) Q_2(i,u)$$

用这一符号可以将式 (7.120) 重写为

$$\frac{\partial \eta(r)}{\partial r_m} = \langle \tilde{Q}(\cdot,\cdot,r), \psi_r^m(\cdot,\cdot) \rangle_r, m = 1, \cdots, s$$

重要的一点是，尽管 $\nabla \eta(r)$ 依赖于 $\tilde{Q}(i,u,r)$，后者由多个元素等于状态控制对 (i,u) 的个数，这一依赖性仅通过其与 s 函数 $\psi_r^m(\cdot,\cdot), m = 1, \cdots, s$ 的内积表示。

现在令 $|| \cdot ||_r$ 为由这一内积引出的模，即

$$||Q||_r^2 = \langle Q, Q \rangle_r$$

也令 S_r 为由函数 $\psi_r^m(\cdot,\cdot), m = 1, \cdots, s$ 张成的子空间，并令 Π_r 表示相对于这一模到 S_r 上的投影。因为

$$\langle \tilde{Q}(\cdot,\cdot,r), \psi_r^m(\cdot,\cdot) \rangle_r = \langle \Pi_r \tilde{Q}(\cdot,\cdot,r), \psi_r^m(\cdot,\cdot) \rangle_r, m = 1, \cdots, s$$

可知 $\tilde{Q}(\cdot,\cdot,r)$ 在 S_r 上的投影足以计算 $\nabla \eta(r)$，所以 S_r 定义了关键特征的子空间，即，这些特征的信息对于计算梯度 $\nabla \eta(r)$ 是关键的。正如在 6.2 节中所讨论的，$\tilde{Q}(\cdot,\cdot,r)$ 在 S_r 上的投影可以通过 $\lambda \approx 1$ 的 TD(λ)、LSPE(λ) 或者 LSTD(λ) 来近似获得。推荐参阅 [KoT99]、[KoT03] 和 [SMS99] 的论文来进一步了解细节。

7.4.4 策略和值空间的近似

现在提供在策略和值空间进行近似的对比性评价。首先注意在可比的方法中，必须记住特定的问题可能具有自然的参数化方法更适用一类方法。例如，在库存控制问题中，现在考虑在特定情形下是最优的 (s, S) 策略的策略参数化是自然的，但也在更广的问题中直观上合理。

在策略空间近似的策略梯度方法有有趣的理论支撑，且旨在直接从给定的参数类中找到最优策略。然而，它们有一个对于非线性优化的实用者熟知的不足：收敛速度慢，这经常导致阻塞（没有可见的进展）和完全失效。不幸的是，在策略梯度方法中没有可展示的有效的加速收敛的机制被提出（不过，可参见 [Kak01] 中为解决这一问题的一个有趣的尝试）。进一步的策略梯度方法的性能和可靠性可能由于仿真噪声的大方差而减弱。所以，尽管策略梯度方法在理论上有得到保障的收敛性，在实用中达到收敛性经常是有挑战性的。此外，梯度方法通常陷入局部极小，其后果对于策略空间中的近似目前尚不清楚。

还应该注意有一些可在策略空间近似的不基于梯度的方法，但没有讨论；请参见章末的参考文献。这些方法可能比本节的梯度方法在多类问题上性能更好。

在值空间进行近似的主要困难是基函数/特征的选择经常很不明显，特别是当使用近似策略迭代/投影方程方法时。进一步地，即使当好的特征可用时，间接的 TD 方法可能既不能获得最好的费用函数或者策略在特征子空间的 Q-因子的近似，又不能获得相关的单步前瞻策略的最好性能。在固定策略情形下，LSTD(λ) 和 LSPE(λ) 是可靠的算法，以至于它们在近似相关的费用函数或者 Q-因子时达到其理论保障：它们涉及求解线性方程系统、仿真（具有由大数定律支配的收敛性）和压缩迭代（当 λ 不太接近 0 时具有合适的压缩模）。然而，在近似策略迭代机制的多策略情形下，TD 方法会产生振荡和相关的震颤现象，并缺乏对乐观和非乐观机制的收敛性保障。当聚集方法用于策略评价时，这些难点不再出现，但费用近似向量 Φr 受 Φ 的行必须是概率分布的要求限制。

其他一些在值空间的近似方法，在本书的其他部分也有讨论，也应当被考虑。（2.3.4 节讨论的）滚动方法是简单且可靠的，且在许多研究中被一致地证明有效。然而它在仿真需求很多的问题上未必有效，此时它可以与近似一起实现，后者的效果未必易于预测。近似线性规划方法（见 2.4 节）旨在直接找到最优策略，并广泛地使用可用和可靠的线性规划软件。其不足是需要选择合适的特征以及可能大量的计算量。最后，应考虑多种使用下界和/或问题简化的基于费用函数近似的方法（参见第 I 卷 6.3.3 节）。尽管这些问题倾向于依赖于问题，它们在特定的内容下是非常适用的。

7.5 注释、资源和习题

7.1 节：在 7.1 节中对 SSP 问题的压缩映射分析（见命题 7.1.1）基于在 Bertsekas 和 Tsitsiklis[BeT96]6.3.4 节中给出的 TD(λ) 的收敛性分析之上。LSPE 算法由 Bertsekas 和 Ioffe[BeI96] 对 SSP 问题提出，作为 λ-策略迭代方法的一种实现。当不合适的策略存在时，Q-学习算法的收敛性（见假设 3.1.1 和假设 3.1.2）已经由 Tsitsiklis[Tsi94b] 建立，假设或者每阶段的费用非负或者迭代有界。没有后一个假设的收敛性由 Yu 和 Bertsekas[YuB11a] 给出。这一收敛性结果也由 Yu[Yu11] 推广到 SSP 博弈情形中。沿着 6.6.2 节的路线，Q-因子的乐观策略迭代算法的收敛性由 Yu 和 Bertsekas[YuB11b]

给出。

7.2 节：TD(λ) 算法已推广到平均费用问题，其收敛性由 Tsitsiklis 和 Van Roy[TsV99a] 证明（也见 [TsV02]）。7.2.1 节的压缩分析和相关的 LSPE 方法来自 Yu 和 Bertsekas[YuB06b]。7.2.1 节的 LSPE 和 LSTD 算法的替代方法是基于平均费用和 SSP 问题之间的关系以及在 5.4.1 节中讨论的相关的压缩值迭代方法。其思想是将平均费用问题转化为 SSP 问题的参数化形式，然而随着策略的收益由仿真正确估计，其收敛到正确值。7.1 节的 SSP 算法于是可以与策略 η_k 的估计增益一起用于替代真实增益 η。

尽管折扣问题的 Q-学习的收敛性分析是基于它们的极值模压缩性质，平均费用问题需要不同的分析路线，其中压缩性质基于不同的模。结果是，分析更加复杂，基于所谓的常微分方程方法的证明方法已有；见 Abounadi、Bertsekas 和 Borkar[ABB01]、[ABB02] 和 Borkar 和 Meyn[BeM00]。特别的，7.2.3 节的 Q-学习算法在 [ABB01] 中提出并分析。它们也在 [BeT96]（7.1.5 节）中有讨论。平均费用问题的 Q-学习类的替代算法由 Schwartz[Sch93b]、Singh[Sin94] 和 Mahadevan[Mah96] 给出但没有收敛性证明；也参阅 Gosavi[Gos04]。

7.3 节：本节的材料由 H. Yu、M. Wang 和本书作者近期的研究组成；见 Bertsekas 和 Yu[BeY07]、[BeY09]，Yu 和 Bertsekas[YuB08]，Wang、Polydorides 和 Bertsekas[WPB09]，Yu[Yu10a]、[Yu10b]，Bertsekas[Ber11a]、[Ber11b] 以及 Wang 和 Bertsekas[WaB11a]、[WaB11b]，推荐阅读其中的额外的方法、分析和讨论。

"蒙特卡罗线性代数" 一词在这里用于指示出现的领域，其中蒙特卡罗仿真方法和算法线性代数被引入到求解大规模问题，而且可能使用近似。通过求解由精确和近似策略评价时出现的线性系统可近似动态规划，上述 "蒙特卡罗线性代数" 在该领域扮演重要角色，而且也在其他领域有着更广泛的应用：最小二乘/回归问题、特征值问题、线性和二次规划问题、线性互补问题。

求解线性系统的蒙特卡罗估计方法提出已有相当长时间，从 von Neumann 和 Ulam 的建议开始，正如由 Forsythe 和 Leibler[FoL50] 和 Wasow[Was52] 中回忆；也见 Curtiss[Cur54]、[Cur57]，以及 Halton[Hal70] 的综述，其中包含许多参考文献。

最小二乘问题和低秩矩阵近似的蒙特卡罗方法近期也在理论计算科学研究领域获得广泛关注；例如见由 Drineas 等的一系列论文 [DKM06a]、[DKM06b]、[DMM06]、[DMM08]、[DMM11] 和 Mahoney[Mah11] 的综述，其中包括了许多额外的参考文献。在这一研究中，需要强调的一点是基于计算复杂度分析的有效的重要性采样分布的设计。

与蒙特卡罗估计方法相关的是求解随机优化问题的样本均值近似方法，它在随机规划领域中与其他方法一起出现，在第 I 卷第 6 章中已简要讨论过。这里有如下形式的优化问题

$$\min_{x \in X} E\{f(x, w)\}$$

其中期望值相对于随机变量 w 的分布取。这一问题由采样版本近似

$$\min_{x \in X} \frac{1}{N} \sum_{k=1}^{N} f(x, w_k)$$

其中 $w_1, \cdots, w_N$ 是 w 的样本。这一方法论有很长的历史，推荐参阅 Shapiro、Dentcheva 和 Ruszczynski[SDR09] 和 Nemirovskii 等的 [NJL09] 来了解最近的研究。

对投影方程和贝尔曼误差方法的 7.3.1~7.3.6 节的框架是基于 Bertsekas 和 Yu[BeY07]、[BeY09] 论文，其中也讨论了多步方法以及几种这里给出的方法的其他变形（也见 Bertsekas[Ber09b]、[Ber11a] 和 Yu[Yu10a]、[Yu10b]）。Yu 和 Bertsekas[YuB08] 推导了误差界，适用于即使没有压缩结构的推广的投影方程（参见 7.3.1 节的讨论）。7.3.3 节的几何采样方法是新的，基于笔者的论文 [Ber11b] 的思想。Basu、Bhattacharyya 以及 Borkar[BBB08] 以及 Bertsekas 和 Yu[BeY07] 提出了近似矩阵的支配特征值和特征向量的基于仿真的方法。约束投影方程（见习题 7.8 和习题 7.9）与我们已经讨论过的类似，但涉及一般的凸集而不是子空间上的投影。它们与变化不等式密切相关，且已经由笔者在 [Ber09b]、[Ber11a] 中讨论。

动态规划问题的贝尔曼方程误差方法最初由 Schweitzer 和 Seidman[ScS85] 中提出，基于这一方法的基于仿真的算法后来由 Harmon、Baird 和 Klopf[HBK94]，Baird[Bai95] 及笔者 [Ber95b] 给出。近期的发展包括 Ormoneit 和 Sen[OrS02]，Antos、Szepesvari 和 Munos[ASM08]，Bethke、How 和 Ozdaglar[BHO08] 以及 Scherrer[Sch10]。基于贝尔曼方程误差最小化的策略迭代的两种基于采样和仿真的方法（见 7.3.5 节和图 7.3.3）源自笔者的论文 [Ber95b] 以及 Harmon、Baird 和 Klopf[HBK94]。到一般线性系统的推广和相关的误差界和算法来自 Bertsekas 和 Yu[BeY07]。其他一些迭代算法由 Yao 和 Liu[YaL08] 给出。

对近似动态规划的倾斜投影的兴趣（见 7.3.6 节）由 Scherrer[Sch10] 激发。这一工作将式 (7.31) 的误差界推广到倾斜投影的情形。使用代表性特征的倾斜投影方法基于 H. Yu 和笔者未发表的合作工作成果。

7.3.7 节的推广的聚集方法在这里给出的形式是新的，但受到 6.5 节中给出的基于聚集的近似动态规划的发展的启发。非线性聚集方法的收敛性分析可以基于由 Tsitsiklis 所做的用于极值模压缩的随机近似方法论。

7.3.8 节和 7.3.9 节的对奇异和近似奇异问题的迭代基于仿真的方法内容源自 Wang 和 Bertsekas[WaB11a]、[WaB11b]。推荐参阅这些论文来了解额外的算法以及进一步的分析、讨论和计算上的描述。

7.4 节：平均费用问题的策略梯度方法有大量的文献。平均费用的梯度公式已经在不同的背景下以不同的形式给出：见 Cao 和 Chen[CaC97]，Cao 和 Wan[CaW98]，Cao[Cao99]、[Cao04]、[Cao05]，Fu 和 Hu[FuH94]，Glynn[Gly87]，Jaakkola、Singh 和 Jordan[JSJ95]，L'Ecuyer[L'Ec91] 和 William[Wil92]。我们遵循 Marbach 和 Tsitsiklis[MaT01] 的推导。$\partial \eta(r)/\partial r_m$ 的内积表达由 Konda 和 Tsitsiklis[KoT99]、[KoT03] 和 Sutton、McAllester、Singh 和 Mansour[SMS99] 用于给出梯度计算的关键特征。

策略梯度方法的集中实现，其中的一些使用了费用近似，已经被提出：见 Cao[Cao04], Grudic 和 Ungar[GrU04], He[He02]、He、Fu 和 Marcus[HFM05], Kakade[Kak01], Konda[Kon02], Konda 和 Borkar[KoB99], Konda 和 Tsitsiklis[KoT99]、[KoT03], Marbach 和 Tsitsiklis[MaT01]、[MaT03], Sutton、McAllester、Singh 和 Mansour[SMS99] 以及 Williams[Wil92]。

在策略空间方法中的近似，与策略迭代耦合并给予分类的思想，由 Lagoudakis 和 Parr[LaP03b]，

Fern、Yoon 和 Givan[FYG06] 以及 Lazaric、Ghavamzadeh 和 Munos[LGM10] 给出。策略空间的近似也可以非常简单地通过策略参数空间的随机搜索方法来进行。交叉熵方法（见 Rubinstein 和 Kroese[RuK04]、[RuK08], de Boer 等 [BKM05]）已经获得了可观的关注。这一方法的一个值得注意的成功之处是达到了俄罗斯方块游戏中的高分策略的学习（见 Szita 和 Lorinz[SzL06]、Thiery 和 Scherrerp[ThS09]）；令人惊讶的是，这一方法比基于近似策略迭代的方法、近似线性规划和策略梯度方法性能好过一个数量级（参见 6.4.3 节中的策略振荡和震颤的讨论）。其他随机搜索算法也被建议；见 Chang、Fu、Hu 和 Marcus[CFH07] 的第 3 章。另外，统计推断方法已经是适应在特殊应用中在策略空间中的近似，且将策略参数视作对应推断问题中的参数；见 Attias[Att03], Toussaint 和 Storkey[ToS06] 以及 Verma 和 Rao[VeR06]。

习题

7.1（将 Q-因子视作最优费用）　在假设 3.1.1 和假设 3.1.2 下考虑随机最短路问题。证明 Q-因子 $Q(i,u)$ 可以被视作与修改的随机最短路问题相关的状态费用。用这一事实来证明 Q-因子 $Q(i,u)$ 是如下系统方程的唯一解

$$Q(i,u) = \sum_j p_{ij}(u) \left(g(i,u,j) + \min_{v \in U(j)} Q(j,v) \right)$$

提示：为每对 (i,u) 引入一个新状态，到状态 $j = 1, \cdots, n, t$ 的转移概率为 $p_{ij}(u)$。

7.2（平均费用问题的 LSPE(0)[YuB06b]）　对单位步长的平均费用问题证明 LSPE(0) 的收敛性，假设 P 非周期；通过证明矩阵 ΠF 的特征值严格位于单位圆内。

7.3（折扣和平均费用近似的关系 [TsV02]）　考虑 6.3 节和 7.2 节的有限状态 α-折扣和平均费用框架，固定的平稳策略，每阶段费用为 g，转移概率矩阵为 P。假设状态构成单个常返类，令 J_α 为 α-折扣费用向量，令 (η^*, h^*) 为增益-偏差对，令 ξ 为稳态概率向量，令 Ξ 为对角元为 ξ 元素的对角阵，并令

$$P^* = \lim_{N \to \infty} \sum_{k=0}^{N-1} P^k$$

证明：

  (a) $\eta^* = (1-\alpha)\xi' J_\alpha$ 和 $P^* J_\alpha = (1-\alpha)^{-1}\eta^* e$。

  (b) $h^* = \lim_{\alpha \to 1}(I - P^*)J_\alpha$。提示：使用 J_α 的劳伦斯级数展开（参见命题 5.1.2）。

  (c) 考虑子空间

$$E^* = \{(I - P^*)y | y \in \Re^n\}$$

这与单位向量 e 在缩放的几何下是正交的，其中 x 和 y 是正交的如果 $x'\Xi y = 0$（参见图 7.2.1）。验证 J_α 可以被分解为两个正交（在缩放几何下）向量之和：$P^* J_\alpha$，这是 J_α 在由 e 定义的线上的投影，以及 $(I - P^*)J_\alpha$，这是 J_α 在 E^* 上的投影并当 $\alpha \to 1$ 时收敛到 h^*。

  (d) 用 (c) 部分来证明 α-折扣问题的 PVI(λ) 的极限 $r^*_{\lambda,\alpha}$ 当 $\alpha \to 1$ 时，收敛到平均费用问题的 PVI(λ) 的极限 r^*_λ。

7.4（SSP 变换为平均费用策略评价） 我们经常使用平均费用问题到 SSP 问题的变换（参见 5.3.1 节和第 I 卷第 7 章）。本题的目的（基于 H. Yu 和笔者未发表的合作）是证明反变换是可能的，从 SSP 到平均费用，至少在当所有策略是合适的时。结果是，平均费用策略评价的分析、启发和算法可被用于 SSP 问题的策略评价。

考虑 SSP 问题，单个合适的平稳策略 μ 和用于重启仿真轨道的概率分布 $q_0 = (q_0(1), \cdots, q_0(n))$[参见式 (7.1)]。让我们通过消除从状态 0 到自身的自转移来修改马尔可夫链，并将从 0 到 i 的概率替换为 $q_0(i)$，

$$\tilde{p}_{0i} = q_0(i)$$

每个都具有固定转移费用 β，其中 β 是标量参数。所有其他转移和费用保持不变（参见图 7.5.1）。对应的平均费用问题称为 $\beta\text{-AC}$。将 μ 的 SSP 费用向量记作 J_μ，分别用 η_β 和 $h_\beta(i)$ 表示 $\beta\text{-AC}$ 的平均和微分费用。

(a) 证明 η_β 可以表示为从状态 0 开始到返回 0 的循环的每阶段平均费用，即

$$\eta_\beta = \frac{\beta + \sum_{i=1}^{n} q_0(i) J_\mu(i)}{T}$$

其中 T 是从 0 开始到返回 0 的期望时间。

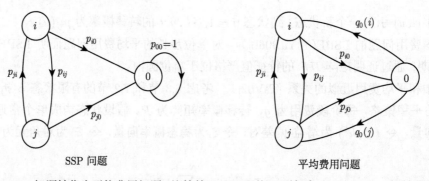

SSP 问题　　　　　　　　　　　　平均费用问题

图 7.5.1　SSP 问题转化为平均费用问题（比较练习 7.4）。从 0 到每个 $i = 1, \cdots, n$, 的转移费用为 β

(b) 证明对于特殊值

$$\beta^* = -\sum_{i=1}^{n} q_0(i) J_\mu(i)$$

有 $\eta_{\beta^*} = 0$ 和

$$J_\mu(i) = h_{\beta^*}(i) - h_{\beta^*}(0), i = 1, \cdots, n$$

提示： 因为 $\beta\text{-AC}$ 的状态构成单个常返类，由贝尔曼方程有

$$\eta_\beta + h_\beta(i) = \sum_{j=0}^{n} p_{ij} \left(g(i,j) + h_\beta(j) \right), i = 1, \cdots, n \tag{7.121}$$

$$\eta_\beta + h_\beta(0) = \beta + \sum_{i=1}^{n} q_0(i) h_\beta(i) \tag{7.122}$$

由式 (7.121)，如果 $\beta = \beta^*$，则有 $\eta_{\beta^*} = 0$，和

$$\delta(i) = \sum_{j=0}^{n} p_{ij} g(i,j) + \sum_{j=1}^{n} p_{ij} \delta(j), i = 1, \cdots, n \tag{7.123}$$

其中

$$\delta(i) = h_{\beta^*}(i) - h_{\beta^*}(0), i = 1, \cdots, n$$

因为式 (7.123) 是 SSP 问题的贝尔曼方程，可以看到，对所有的 i 有 $\delta(i) = J_\mu(i)$。

(c) 推导一个变换将平均费用策略评价问题转化为另一个平均费用策略评价问题，其中从单个状态出来的转移概率可以任意修改为满足让所得的马尔可夫链的状态构成单个常返类。这两个平均费用问题应当具有相同的微分费用向量，除了常数偏移。注意：如果变换后的问题具有更合适的性质，那么这一变换是有用的。

7.5 本题提供了 7.3.1 节的投影方程方法和 7.3.5 节的最小二乘方法的比较的例子。考虑涉及两个分块成分 $x_1 \in \Re^k$ 和 $x_2 \in \Re^m$ 的向量 x 的线性系统的情形。系统形式如下

$$x_1 = A_{11} x_1 + b_1, x_2 = A_{21} x_1 + A_{22} x_2 + b_2$$

所以 x_1 可以通过求解第一个方程获得。令近似子空间为 $\Re^k \times S_2$，其中 S_2 是 $\Re^m$ 的子空间。证明通过投影方程方法，可获得原方程的解的 x_1^* 部分，但是用最小二乘方法不能。

7.6（费用函数差别近似的投影方程） 令 x^* 为形式为 $x = b + Ax$ 的方程的唯一解。假设对在子空间 $S = \{\Phi r | r \in \Re^s\}$ 对向量 $y^* = Dx^*$ 进行近似感兴趣，其中 D 是可逆矩阵。(a) 证明 y^* 是 $y = c + By$ 的唯一解，其中

$$B = DAD^{-1}, c = Db$$

(b) 考虑用 Φr^* 近似 y^* 的投影方程方法，通过求解 $\Phi r = \Pi(c + B\Phi r)$ 获得（参见 7.3.1 节），以及特殊情形其中 D 是将 $(x(1), \cdots, x(n))$ 映射为向量 $(y(1), \cdots, y(n))$ 的矩阵，其中 y 由 x 的各维差构成：$y(i) = x(i) - x(n), i = 1, \cdots, n-1$ 和 $y(n) = x(n)$。计算 D、B 和 c，并推导对此情形的基于仿真的矩阵求逆方法。

7.7（将分布投影到分布混合上 [BeY09]） 考虑离散事件随机过程，状态 $i = 1, \cdots, n$ 是遍历的，即存在 $\xi = (\xi_1, \cdots, \xi_n)$，其所生成的轨道 $\{i_0, i_1, \cdots\}$ 满足

$$\xi_i = \lim_{k \to \infty} \frac{\sum_{t=0}^{k} \delta(i_t = i)}{k+1}, i = 1, \cdots, n$$

以概率 1 成立。一个特殊情形是具有单个常返类的马尔可夫链，此时 ξ 是该链的稳态分布。其他特殊情形，未必易于使用马尔可夫链建模，在排队网络应用中出现。考虑用混合分布 Φr^* 近似 ξ，其中 r^* 是如下问题的解

$$\min_{e'r=1, r \geqslant 0} \frac{1}{2} \|\xi - \Phi r\|_\xi^2 \tag{7.124}$$

这里 e 是单位向量，ζ 是已知分布具有正元素，Φ 是 $n \times s$ 的矩阵其各列是分布的基函数。为了近似问题式 (7.124)，生成该过程的无穷长轨道 $\{i_0, i_1, \cdots\}$。也通过按照分布 ζ 独立采样状态 $i = 1, \cdots, n$ 生成指标序列 $\{\hat{i}_0, \hat{i}_1, \cdots\}$。然后求解问题

$$\min_{e'r=1, r \geqslant 0} \frac{1}{2} r' C_k r - c_k' r \tag{7.125}$$

其中

$$C_k = \frac{1}{k+1} \sum_{t=0}^{k} \phi(\hat{i}_t) \phi(\hat{i}_t)', c_k = \frac{1}{k+1} \sum_{t=0}^{k} \zeta_{i_t} \phi(i_t)$$

证明渐近意义下，当 $k \to \infty$ 时，问题式 (7.125) 的费用函数以概率 1 收敛到问题式 (7.124) 的费用函数减去常量 $\frac{1}{2}\|\xi\|_\zeta^2$。

7.8（约束投影方程 [Ber10a]） 考虑投影方程 $x = \Pi Tx$，其中投影 Π 是在近似子空间 $S = \{\Phi r | r \in \Re^s\}$ 的闭凸子集 $\hat{S}$ 上的（而不是在 S 自身上）。投影模是加权欧氏模，形式为 $\|x\|_\Xi^2 = x'\Xi x$，其中 Ξ 是正定对称阵。

(a) 证明投影方程等价于找到满足 $\Phi r^* \in \hat{S}$ 的 r^*，满足

$$f(\Phi r^*)' \Phi(r - r^*) \geqslant 0, \forall r \in \hat{R} \tag{7.126}$$

其中

$$f(x) = \Xi(x - Tx), \hat{R} = \{r | \Phi r \in \hat{S}\}$$

注意：式 (7.126) 不等式表示了 Φr^* 为 $T(\Phi r^*)$ 在 $\hat{S}$ 上投影的充分必要条件。这是变分不等式的特殊情形，在 [BeG82] 中研究了。

(b) 证明如果 T 相对于 $\|\cdot\|_\Xi$ 是压缩的，那么 f 是强单调的，即对某个 $\beta > 0$，有

$$(f(x_1) - f(x_2))' \Xi(x_1 - x_2) \geqslant \beta\|x_1 - x_2\|_\Xi^2, \forall x_1, x_2 \in \hat{S}$$

证明：令 $\alpha \in [0, 1)$ 为 T 的压缩模。对任意两个向量 $x_1, x_2 \in \hat{S}$

$$\begin{aligned}
\Big(f(x_1) &- f(x_2)\Big)'(x_1 - x_2) \\
&= (x_1 - T(x_1) - x_2 + T(x_2))' \Xi(x_1 - x_2) \\
&= (x_1 - x_2)' \Xi(x_1 - x_2) - (T(x_1) - T(x_2))' \Xi(x_1 - x_2) \\
&\geqslant \|x_1 - x_2\|_\Xi^2 - \|T(x_1) - T(x_2)\|_\Xi \|x_1 - x_2\|_\Xi \\
&\geqslant \|x_1 - x_2\|_\Xi^2 - \alpha\|x_1 - x_2\|_\Xi^2 \\
&= (1 - \alpha)\|x_1 - x_2\|_\Xi^2
\end{aligned}$$

其中第一个不等式源自柯西-施瓦茨不等式，第二个不等式源自 T 的压缩性质。**注意**：强单调性增强了变化不等式的求解方法，特别是式 (7.126)；例如见 [BeG82]、[BeT89]、[PaF03]。

(c) 考虑特殊情形，其中 Φ 分解为 $[\psi \hat{\Phi}]$，其中 ψ 是 Φ 的第一列，$\hat{\Phi}$ 是构成剩下的 $(s-1)$ 列的 $n \times (s-1)$ 矩阵。考虑如下给定的到仿射集合 $\hat{S} \subset S$ 的投影

$$\hat{S} = \{\psi + \hat{\Phi}\hat{r} | \hat{r} \in \Re^{s-1}\}$$

令 T 为形式是 $Tx = b + Ax$ 的线性的，其中 A 是 $n \times n$ 的矩阵，$b \in \Re^n$ 给定。证明投影方程 $x = \Pi Tx$，其中投影是在 $\hat{S}$ 上相对于 $\| \cdot \|_\Xi$，等价于找到求解方程 $\hat{C}\hat{r} = \hat{d}$ 的 $\hat{r} \in \Re^{s-1}$，其中

$$\hat{C} = \hat{\Phi}' \Xi (I - A)\hat{\Phi}, \hat{d} = \hat{\Phi}' \Xi (b + A\psi - \psi)$$

用 7.3.1 节的方法来推导类似矩阵求逆的基于仿真的方法。

   7.9（用分布混合近似分布的投影方程方法） 令 P 为一个具有单个常返类的马尔可夫链的转移概率矩阵。考虑习题 7.8 的投影方程方法，用 Φr^* 混合分布来近似其不变分布 ξ，即，分布的凸组合构成 Φ 的列，r^* 是由相加为 1 的非负权重构成的向量。所以 r^* 是如下投影方程的解

$$\Phi r = \Pi P' \Phi r$$

其中 Π 表示相对于模 $\| \cdot \|_\xi$ 到凸集合 $\{r | e'r = 1, r \geqslant 0\}$ 上的投影，e 是单位向量。

   (a) 使用习题 7.8(a) 的结论来证明求解投影方程等价于找到满足 $e'r^* = 1$ 和如下条件的 $r^* \geqslant 0$

$$r^{*'} \Phi' (I - P) \Xi \Phi (r - r^*) \geqslant 0, \forall r 满足 e'r = 1, r \geqslant 0$$

其中 Ξ 是以分布 ξ 为对角线的对角阵。

   (b) 推导近似矩阵 $\Phi' (I - P) \Xi \Phi$ 的基于仿真的方法（参见 7.3.1 节）。讨论将这一方法用于近似 (a) 部分问题的解。

   (c) 讨论将 7.3.3 节的方法用于多步投影方程

$$\Phi r = \Pi P^{(\lambda)'} \Phi r$$

其中 $\lambda \in (0, 1)$, $P^{(\lambda)} = (1 - \lambda) \sum_{l=0}^{\infty} \lambda^l P^{l+1}$。

   7.10（正则化矩阵求逆的误差界） 令 C 可逆，令 x^* 为系统 $Cx = d$ 的解。这道习题的目的（基于与 M. Wang 未发表的合作）是推导如下正则化矩阵求逆方法的误差 $\hat{x}_k - x^*$ 的估计

$$\hat{x}_k = (C_k' \Sigma^{-1} C_k + \beta I)^{-1} (C_k' \Sigma^{-1} d_k + \beta \bar{x}) \tag{7.127}$$

[参见式 (7.26)]。证明

$$\|\hat{x}_k - x^*\| \leqslant \max_{i=1,\cdots,s} \left\{ \frac{\lambda_i}{\lambda_i^2 + \beta} \right\} \|b_k\| + \max_{i=1,\cdots,s} \left\{ \frac{\beta}{\lambda_i^2 + \beta} \right\} \|\bar{x} - x^*\| \tag{7.128}$$

其中 $\lambda_1, \cdots, \lambda_s$ 是 $\Sigma^{-1/2} C_k$ 的奇异值（这些是 $C_k' \Sigma^{-1} C_k$ 的特征值的均方根；例如见 [Str09]），还有

$$b_k = \Sigma^{-1/2} (d_k - C_k x^*)$$

简要证明：由式 (7.127)，

$$\hat{x}_k - x^* = (C_k' \Sigma^{-1} C_k + \beta I)^{-1} (C_k' \Sigma^{-1/2} b_k + \beta(\bar{x} - x^*))$$

令 $\Sigma^{-1/2} C_k = U \Lambda V'$ 为 $\Sigma^{-1/2} C_k$ 的奇异值分解，其中 $\Lambda = \mathrm{diag}\{\lambda_1, \cdots, \lambda_s\}$，$U, V$ 是单位阵（$UU' = VV' = I$，$\|U\| = \|U'\| = \|V\| = \|V'\| = 1$；见 [Str09]）。那么，由式 (7.128) 可推出

$$\hat{x}_k - x^* = (V \Lambda U' U \Lambda V' + \beta I)^{-1} (V \Lambda U' b_k + \beta(\bar{x} - x^*))$$
$$= (V')^{-1} (\Lambda^2 + \beta I)^{-1} V^{-1} (V \Lambda U' b_k + \beta(\bar{x} - x^*))$$
$$= V (\Lambda^2 + \beta I)^{-1} \Lambda U' b_k + \beta V (\Lambda^2 + \beta I)^{-1} V' (\bar{x} - x^*)$$

所以，使用三角不等式，有

$$\|\hat{x}_k - x^*\| \leqslant \|V\| \max_{i=1,\cdots,s} \left\{ \frac{\lambda_i}{\lambda_i^2 + \beta} \right\} \|U'\| \, \|b_k\|$$
$$+ \beta \|V\| \max_{i=1,\cdots,s} \left\{ \frac{1}{\lambda_i^2 + \beta} \right\} \|V'\| \, \|\bar{x} - x^*\|$$
$$= \max_{i=1,\cdots,s} \left\{ \frac{\lambda_i}{\lambda_i^2 + \beta} \right\} \|b_k\| + \max_{i=1,\cdots,s} \left\{ \frac{\beta}{\lambda_i^2 + \beta} \right\} \|\bar{x} - x^*\|$$

    7.11（半模投影方程和使用代表性特征的聚集 [YuB12]）　本题考虑基于半模投影的投影方程。这些方程由 Yu 和 Bertsekas[YuB12] 引入，一些与基于仿真的内容相关的启发在那篇论文中进行了讨论。这里集中关注与聚集的联系。令 $S = \{\Phi r \mid r \in \Re^s\}$ 为由 $n \times s$ 矩阵 Φ 的列张成的子空间，令 $\xi = \{\xi_1, \cdots, \xi_n\}$ 为向量，满足 $\xi_i \geqslant 0$ 对所有的 i 成立。令 Ξ 为以 ξ_i 为对角元的对角阵，令 $\|\cdot\|_\xi$ 为由 $\|x\|_\xi = \sqrt{x'\Xi x}$ 定义的。（注意 $\|\cdot\|_\xi$ 未必是个模，因为 ξ_i 的某些元素可能为 0。）假设矩阵 $\Phi'\Xi\Phi$ 可逆。

    (a) 证明对每个 $x \in \Re^n$ 存在唯一向量，记为 Πx，在 $y \in S$ 行最小化 $\|x - y\|_\xi$。进一步地，

$$\Pi x = \Phi(\Phi'\Xi\Phi)^{-1}\Phi'\Xi x, \forall x \in \Re^n$$

提示：在 $r \in \Re^s$ 上最小化 $\|x - \Phi r\|_\xi^2$ 的充分必要最优条件是

$$\Phi'\Xi(\Phi r - x) = 0$$

因为 $\Phi'\Xi\Phi$ 可逆，这一线性系统的解唯一且给定为 $(\Phi'\Xi\Phi)^{-1}\Phi'\Xi x$。

    (b) 证明 Π 是倾斜投影。

    (c) 描述求解形式为 $y = \Pi(Ay + b)$ 线性半模投影方程的基于仿真的方法。

    (d) 正如在例 6.5.4 中定义的考虑采用代表性特征的聚集，即，聚集状态包括 s 个原系统状态 $\{1, \cdots, n\}$ 集合的互不相交的子集 $I_1, \cdots, I_s$，分解矩阵 D 的第 l 行是概率分布 $(d_{l1}, \cdots, d_{ln})$，其元素是正的当且仅当它们对应 I_l 内的指标，对应于 I_l 中的状态的聚集矩阵 Φ 的第 l 列的元素等于 1。证明聚集方程

$$\Phi r = \Phi D T(\Phi r)$$

是形式为 $\Phi r = \Pi T(\Phi r)$ 的半模投影方程，其中定义了投影半模的向量 ξ 是由 D 定义的概率分布：

$$\xi_i = \frac{d_{li}}{\sum\limits_{k=1}^{s}\sum\limits_{j=1}^{n} d_{kj}} = \frac{d_{li}}{s},若\ i \in I_l, l = 1, \cdots, s$$

$\xi_i = 0$ 对所有的 $i \notin \cup_{l=1}^{s} I_l$ 成立。**注意**：这一部分包含了习题 6.7 对于硬聚集的结论作为一种特例，其中 $\cup_{l=1}^{s} I_l = \{1, \cdots, n\}$，对所有的 i 有 $\xi_i > 0$。

7.12（SSP 的策略梯度公式）   考虑 SSP 问题，令每阶段的费用和转移概率矩阵给定为参数向量 r 的函数。用 $g_i(r), i = 1, \cdots, n$ 表示从状态 i 开始的单阶段期望费用，用 $p_{ij}(r)$ 表示转移概率。r 的每个值都定义了一个平稳策略，并假设为合适的。对每个 r，从状态 i 开始的期望费用记为 $J_i(r)$。我们希望计算费用 $J_i(r)$ 的加权和的梯度，即

$$\bar{J}(r) = \sum_{i=1}^{n} q(i) J_i(r)$$

其中 $q = (q(1), \cdots, q(n))$ 是在状态上的某个概率分布。考虑 r 的单个标量维 r_m，对贝尔曼方程取导数来证明

$$\frac{\partial J_i}{\partial r_m} = \frac{\partial g_i}{\partial r_m} + \sum_{j=1}^{n} \frac{\partial p_{ij}}{\partial r_m} J_j + \sum_{j=1}^{n} p_{ij} \frac{\partial J_j}{\partial r_m}, i = 1, \cdots, n$$

其中偏微分所计算的 r 省略了。将上述方程解释为 SSP 问题的贝尔曼方程。

附录 A 动态规划中的测度论问题

随机动态规划的一般理论会处理不可数概率空间中出现的数学问题。本附录的目的是为数学上深入的读者综述这些问题。[①]

附录基于 Bertsekas 和 Shreve[BeS78] 的研究学术专著（在互联网上可免费获取），推荐参阅那本书以了解细致的分析、早期的研究、数学背景的推导以及 Borel 空间和相关主题的术语。这里将用 A.1 节中描述的两阶段简单例子讨论主要的问题。A.2 节将对于这一例子给出标准动态规划结论的严格数学分析和更一般的有限阶段模型，并基于通用可测策略建立一个框架。

A.1 两阶段例子

考虑初始状态 x_0 是实轴 $\Re$ 上的一个点。已知 x_0，必须选择一个控制 $u_0 \in \Re$。然后新状态 x_1 根据 $\Re$ 上的 Borel σ-代数（由 $\Re$ 的开集合生成的）上的转移概率策略 $p(dx_1|x_0, u_0)$ 生成。然后，已知 x_1，必须选择一个控制 $u_1 \in \Re$ 并产生费用 $g(x_1, u_1)$，其中 g 是实值函数有上界或者下界。所以只在第二阶段产生费用。

策略 $\pi = \{\mu_0, \mu_1\}$ 是从状态到控制的一对函数，即，如果使用 π 且 x_0 是初始状态，那么 $u_0 = \mu_0(x_0)$，如果 x_1 是后续状态，那么 $u_1 = \mu_1(x_1)$。当 x_0 是初始状态时，对应 π 的费用的期望值给定如下

$$J_\pi(x_0) = \int g(x_1, \mu_1(x_1)) p(\mathrm{d}x_1|x_0, \mu_0(x_0)) \tag{A.1}$$

希望找到 π 来最小化 $J_\pi(x_0)$。

为了适当地对问题建模，必须保证式 (A.1) 中的积分有定义。为此可以使用多种充分条件；例如 g、μ_0 和 μ_1 是 Borel 可测的且对每个 Borel 集合 B，$p(B|x_0, u_0)$ 是 (x_0, u_0) 的 Borel 可测函数（见 [BeS78]）。然而，这个例子的主要目的是讨论必需的测度论框架，不仅为了定义费用 $J_\pi(x_0)$，也为了主要的动态规划相关结论成立。于是暂且不限制问题数据和策略 π 的可测性。

最优费用是

$$J^*(x_0) = \inf_\pi J_\pi(x_0)$$

其中极小值是在所有的满足 μ_0 和 μ_1 是相对于稍后将界定的 σ-代数从 $\Re$ 到 $\Re$ 的可测函数的策略 $\pi = \{\mu_0, \mu_1\}$ 上所取。给定 $\epsilon > 0$，策略 π 是 ϵ-最优的，若

$$J_\pi(x_0) \leqslant J^*(x_0) + \epsilon, \forall x_0 \in \Re$$

策略 π 是最优的，若

$$J_\pi(x_0) = J^*(x_0), \forall x_0 \in \Re$$

[①] 本附录的形式和术语假设读者了解测度论的基本符号并熟悉有限阶段动态规划。特别地，我们自由地使用可测和积分的基本符号。我们还在多种优化方程中使用 "inf" 符号而不是 "min"（当极小值未知是否可达到时）。

动态规划算法

对上述两阶段问题的动态规划算法具有如下形式

$$J_1(x_1) = \inf_{u_1 \in \Re} g(x_1, u_1), \forall x_1 \in \Re \tag{A.2}$$

$$J_0(x_0) = \inf_{u_0 \in \Re} \int J_1(x_1) p(\mathrm{d}x_1 | x_0, u_0), \forall x_0 \in \Re \tag{A.3}$$

并假设

$$J_0(x_0) > -\infty, \forall x_0 \in \Re, J_1(x_1) > -\infty, \forall x_1 \in \Re$$

我们期望能证明的结论是：

R.1：有

$$J^*(x_0) = J_0(x_0), \forall x_0 \in \Re$$

R.2：给定任意 $\epsilon > 0$，有一个 ϵ-最优策略。

R.3：如果 $\mu_1^*(x_1)$ 和 $\mu_0^*(x_0)$ 分别对所有的 $x_1 \in \Re$ 和 $x_0 \in \Re$ 在动态规划算法 (A.2)、算法 (A.3) 中达到极小值，那么 $\pi^* = \{\mu_0^*, \mu_1^*\}$ 是最优的。

可以看到，为了证明这些结论，将需要处理两个主要问题：

(1) 策略 π 的费用函数 J_π 和由动态规划产生的函数 J_0 和 J_1 应当定义良好，具有数学框架，保证在式 (A.1)~式 (A.3) 中的积分有意义。

(2) 因为 $J_0(x_0)$ 易于被视为对所有的 x_0 和 $\pi = \{\mu_0, \mu_1\}$ 是 $J_\pi(x_0)$ 的下界，如果这类策略具有 ϵ-选择性质，这一性质保证了式 (A.2) 和式 (A.3) 中的最小值可以分别由 $\mu_1(x_1)$ 和 $\mu_0(x_0)$ 对所有的 x_1 和 x_0 几乎达到，J_0 和 J^* 的等价性将受到保证。

为了更好地理解这些问题，考虑如下 R.1 的非正式推导：

$$
\begin{aligned}
J^*(x_0) &= \inf_\pi J_\pi(x_0) \\
&= \inf_{\mu_0} \inf_{\mu_1} \int g(x_1, \mu_1(x_1)) p(\mathrm{d}x_1 | x_0, \mu_0(x_0)) \tag{A.4a} \\
&= \inf_{\mu_0} \int \left\{ \inf_{\mu_1} g(x_1, \mu_1(x_1)) \right\} p(\mathrm{d}x_1 | x_0, \mu_0(x_0)) \tag{A.4b} \\
&= \inf_{\mu_0} \int \left\{ \inf_{u_1} g(x_1, u_1) \right\} p(\mathrm{d}x_1 | x_0, \mu_0(x_0)) \\
&= \inf_{\mu_0} \int J_1(x_1) p(\mathrm{d}x_1 | x_0, \mu_0(x_0)) \tag{A.4c} \\
&= \inf_{u_0} \int J_1(x_1) p(\mathrm{d}x_1 | x_0, u_0) \tag{A.4d} \\
&= J_0(x_0)
\end{aligned}
$$

为了让这一推导有意义且在数学上严格，需要论证下面各点：

(a) g 和 μ_1 应当满足 $g(x_1, \mu_1(x_1))$ 可以在式 (A.4a) 中良好定义的意义下可积。

(b) 式 (A.4b) 中的极小值与积分符号的交换需要合法。

(c) g 必须满足

$$J_1(x_1) = \inf_{u_1} g(x_1, u_1)$$

该函数需要在式 (A.4c) 中定义的意义下可积。

首先在状态空间本质上可数的简单情形下讨论这些点。

可数状态问题

注意,如果对每个 (x_0, u_0),测度 $p(dx_1|x_0, u_0)$ 具有可数支持,即,集中在可数个点,那么对固定策略 π 和初始状态 x_0,在式 (A.1) 中定义费用 $J_\pi(x_0)$ 的积分定义在(可能无穷)积分上。类似地,动态规划算法式 (A.2) 和式 (A.3) 定义在求和上,在式 (A.4a)~式 (A.4d) 中的积分类似。所以,无须引入让积分有意义并让求和/积分定义良好的可测性限制,g 有上界或者下界足矣。

还可以证明式 (A.4b) 中的极小值和加和的交换,可从如下假设中看出

$$\inf_{u_1} g(x_1, u_1) > -\infty, \forall x_1 \in \Re$$

为了看到这一点,对任意 $\epsilon > 0$,选择 $\bar{\mu}_1 : \Re \mapsto \Re$ 满足

$$g(x_1, \bar{\mu}_1(x_1)) \leqslant \inf_{u_1} g(x_1, u_1) + \epsilon, \forall x_1 \in \Re \tag{A.5}$$

那么

$$\inf_{\mu_1} \int g(x_1, \mu_1(x_1)) \, p(dx_1|x_0, \mu_0(x_0))$$
$$\leqslant \int g(x_1, \bar{\mu}_1(x_1)) p(dx_1|x_0, \mu_0(x_0))$$
$$\leqslant \int \inf_{u_1} g(x_1, u_1) p(dx_1|x_0, \mu_0(x_0)) + \epsilon$$

因为 $\epsilon > 0$ 是任意的,所以

$$\inf_{\mu_1} \int g(x_1, \mu_1(x_1)) p(dx_1|x_0, \mu_0(x_0)) \leqslant \int \inf_{u_1} g(x_1, u_1) p(dx_1|x_0, \mu_0(x_0))$$

反向不等式也成立,因为对所有的 μ_1,可以写出

$$\int \inf_{u_1} g(x_1, u_1) p(dx_1|x_0, \mu_0(x_0)) \leqslant \int g(x_1, \mu_1(x_1)) p(dx_1|x_0, \mu_0(x_0))$$

然后可以在 μ_1 上取极小值。于是有式 (A.4b) 中的极小值和加和交换得以验证,式 (A.5) 的 ϵ-最优选择性质是在证明中的关键步骤。

于是证明了当测度 $p(dx_1|x_0, u_0)$ 具有可数支撑,g 有上界或者下界,对所有的 x_0 有 $J_0(x_0) > -\infty$,对所有的 x_1,有 $J_1(x_1) > -\infty$,式 (A.4) 的推导是有效的,证明了动态规划算法产生最优费用函数 J^*(参见性质 R.1)。[①]类似的论述证明了 ϵ-最优策略的存在性(参见 R.2);在第二阶段使用式 (A.5) 的 ϵ-最优选择,对第一阶段使用类似的 ϵ-最优选择,即,存在 $\bar{\mu}_0 : \Re \mapsto \Re$,满足

$$\int J_1(x_1) p(dx_1|x_0, \bar{\mu}_0(x_0)) \leqslant \inf_{u_0} \int J_1(x_1) p(dx_1|x_0, u_0) + \epsilon \tag{A.6}$$

[①] g 有上界或者下界的条件可以替换为任意保证式 (A.3) 中的 J_1 的无穷加和/积分合理定义的条件。也注意如果 g 有下界,那么对所有的 x_0 有 $J_0(x_0) > -\infty$ 且对所有的 x_1 有 $J_1(x_1) > -\infty$ 的假设自然满足。

R.3 也容易使用在 μ_0 和 μ_1 上没有可测性限制的事实来证明。

不可数空间问题的方法

为了处理当 $p(\mathrm{d}x_1|x_0, u_0)$ 没有可数支撑的情形，有两种方法被用过。第一种是推广积分的定义，第二种是在 g、p 和 $\{\mu_0, \mu_1\}$ 上引入适当的可测性限制。推广积分的定义可以通过将在之前的方程中出现的积分解释为外部积分。因为外部积分可以对任意函数定义，不论是否可测，都没有必要引入任意的可测性假设，上面给定的论述可以成立（正如在可测的扰动情形之下）。我们不继续讨论这一方法，除了指出 Bertsekas 和 Shreve [BeS78] 指出对完全状态信息的有限和无限阶段问题的基本结论在外部积分的框架下适用。然而，这一方法有围绕外部积分方法的内在局限，在 [BeS78] 中进行了讨论。

第二种方法是引入合适的可测结构，允许动态规划算法的合法性证明的关键步骤。这些是：

(a) 动态规划算法的式 (A.2) 和式 (A.3) 定义中积分和式 (A.4) 的推导的合适解释。

(b) 基于式 (A.5) ϵ-最优选择性质，这反过来验证了式 (A.4b) 中最小化和积分的交换性。

为了让 (a) 成立，问题结构所需要的性质一定要包括在部分最小化下对可测性的保持。特别地，当 g 在某种意义下可测时，需要部分最小函数

$$J_1(x_1) = \inf_{u_1} g(x_1, u_1)$$

也是在同样的意义下可测的，所以在式 (A.3) 下的积分是合理定义的。作为结果，这是波热尔可测性的一个主要困难，这可能为问题的形式化提供了一个自然的框架：即使当 g 是波热尔可测的，J_1 未必是波热尔可测的。因为这个原因，需要传给更大类的可测函数，在部分最小化的关键操作中是闭的（以及在某些其他共同的操作中，例如加性和函数组合）。①

一个这样的下半可解析函数和通用可测函数的相关类别将成为下一节的着重关注点。它们是让动态规划理论与当可测性不重要的问题一样有用的问题模型的基础（例如，当状态和控制空间可数的那些问题）。

A.2 可测问题的解决方法

A.1 节的例子指出如果可测性限制对于问题的数据和策略是必需的，那么在部分最小化之下的可测性选择和可测性的保留，称为分析的关键部分。我们将讨论适用这一分析的可测性框架，至此，将使用波热尔空间的理论。

波热尔空间和可解析集合

给定拓扑空间 Y，用 $\mathcal{B}_Y$ 表示由 Y 的开子集生成的 σ-代数，将 $\mathcal{B}_Y$ 的元素记作 Y 的波热尔子集。拓扑空间 Y 是波热尔空间，如果它与安全可分测度空间的波热尔子集是同种的。波热尔的概念是相当广泛的，包括 n-维欧几里得空间的任意"合理的"子集。波热尔空间的任意波热尔子集也是波热尔

---

① 也可能使用更小类的函数，在相同操作下是闭的。这已经导致了所谓的半连续模型，其中状态和控制空间是波热尔空间，g 和 p 具有特定的半连续性和其他性质。这些模型也在 Bertsekas 和 Shreve[BeS78]（A.3 节）进行了细致分析。然而，这些模型没有我们将关注的通用可测模型一样有用以及广泛可用，因为它们涉及比较局限并且/或者难以验证的假设条件。相反，通用可测模型简单且非常通用。它们允许问题建模，在最小假设下处理动态规划分析的力量。这一分析可以反过来被用于基于模型的特定特征证明更加特别的结果。

空间,正如波热尔空间的任意同种的像和任意波热尔空间的有限或者可数的笛卡儿积。令 Y 和 Z 为波热尔空间,考虑函数 $h:Y\mapsto Z$。如果对每个 $B\in\mathcal{B}_Z$,有 $h^{-1}(B)\in\mathcal{B}_Y$,则称 h 是波热尔可测的。

波热尔空间在优化内容中有不足之处:即使在单位方块中,存在着其在坐标轴上的投影不是那个坐标轴的波热尔子集的波热尔集合。事实上,这是前提到的关于在动态规划内容下的波热尔可测性的困难的源头:如果 $g(x_1,u_1)$ 是波热尔可测的,那么部分最小函数

$$J_1(x_1)=\inf_{u_1}g(x_1,u_1)$$

未必是可测的,因为其高度集合按照 g 的高度集合的投影定义如下

$$\{x_1|J_1(x_1)<c\}=P\left(\{(x_1,u_1)|g(x_1,u_1)<c\}\right)$$

其中 c 是标量,$P(\cdot)$ 表示 x_1 的空间的投影。作为一个例子,用 g 表示单位方形,其在 x_1 轴上的投影不是波热尔的波热尔子集。那么 J_1 是这一投影的示性函数,这也是波热尔可测的。这将我们引向解析集合的标示。

波热尔空间 Y 的子集 A 被称为是解析的,如果存在着波热尔空间 Z 和 $Y\times Z$ 的波热尔子集 B 满足 $A=\mathrm{proj}_Y(B)$,其中 proj_Y 是从 $Y\times Z$ 到 Y 的投影。显然,波热尔空间的每个波热尔子集是解析的。

解析集合具有许多有趣的性质,在 [BeS78] 中进行了详细讨论。一些这些性质特别与动态规划分析有关。例如,令 Y 和 Z 为波热尔空间。那么:

(i) 如果 $A\subset Y$ 是解析的,$h:Y\mapsto Z$ 是波热尔可测的,那么 $h(A)$ 是解析的。特别地,如果 Y 是波热尔空间 Y_1 和 Y_2 的积,$A\subset Y_1\times Y_2$ 是解析的,那么 $\mathrm{proj}_{Y_1}(A)$ 是解析的。那么,解析集合的类相对于投影是闭的,这是动态规划的关键性质,而波热尔集合类缺少这一性质,正如之前已经提及的。

(ii) 如果 $A\subset Z$ 是解析的,$h:Y\mapsto Z$ 是波热尔可测的,那么 $h^{-1}(A)$ 是解析的。

(iii) 如果 $A_1,A_2,\cdots$ 是 Y 的解析子集,那么 $\cup_{k=1}^{\infty}A_k$ 和 $\cap_{k=1}^{\infty}A_k$ 是解析的。然而,一个解析集合的补未必是解析的,所以 Y 的解析自己的组合未必是 σ-代数。

低半解析函数

令 Y 为波热尔空间,令 $h:Y\mapsto[-\infty,\infty]$ 为函数。我们说 h 是低半解析的,如果高度集合

$$\{y\in Y|h(y)<c\}$$

对每个 $c\in\Re$ 是解析的。下面的命题指出在部分最小化下,低解析得以保留,这是我们想得到的关键结论。证明的依据是在投影到其分量空间中的每一维时,乘积空间的子集保持了解析性,正如上面 (i) 所述(见 [BeS78] 命题 7.47)。

命题 A.1 令 Y 和 Z 为波热尔空间,令 $h:Y\times Z\mapsto[-\infty,\infty]$ 为低半解析的。那么 $h^*:Y\mapsto[-\infty,\infty]$ 定义为

$$h^*(y)=\inf_{z\in Z}h(y,z)$$

是低半解析的。

通过对比动态规划方程 $J_1(x_1) = \inf_{u_1} g(x_1, u_1)$[参见式 (A.2)] 和命题 A.1，可以看到低半解析函数如何可以出现在动态规划。特别地，如果 g 是低半解析的，那么 J_1 也是。让我们再给出低半解析函数的两条额外的性质，这将在动态规划中扮演重要的角色（证明请见 [BeS78] 引理 7.40）。

命题 A.2 令 Y 为波热尔空间，令 $h: Y \mapsto [-\infty, \infty]$，令 $l: Y \mapsto [-\infty, \infty]$ 为低半解析的。假设对每个 $y \in Y$，加和 $h(y) + l(y)$ 有定义，即，不是形式为 $\infty - \infty$。那么 $h + l$ 是低半解析的。

命题 A.3 令 Y 和 Z 为波热尔空间，另 $h: Y \mapsto Z$ 为波热尔可测的，令 $l: Z \mapsto [-\infty, \infty]$ 为低半解析的。那么 $l \circ h$ 组合是低半解析的。

通用可测

为了处理与在动态规划算法中出现的积分的定义有关的问题，必须讨论低半解析函数的可测性质。除了之前提及的波热尔 σ-代数 $\mathcal{B}_Y$，存在通用 σ-代数 $\mathcal{U}_Y$，这是 $\mathcal{B}_Y$ 的所有补的交集相对于所有的概率测度。所以，$E \in \mathcal{U}_Y$ 当且仅当给定在 $(Y, \mathcal{B}_Y)$ 上的任意的概率测度 p 成立，存在波热尔集合 B 和 p-null 集合 N 满足 $E = B \cup N$。显然，有 $\mathcal{B}_Y \subset \mathcal{U}_Y$。还有，每个解析集合都是通用可测的（证明请见 [BeS78] 推论 7.42.1），然后由解析集合产生的 σ-代数，被称为解析的 σ-代数，记作 $\mathcal{A}_Y$，包含在 $\mathcal{U}_Y$：

$$\mathcal{B}_Y \subset \mathcal{A}_Y \subset \mathcal{U}_Y$$

令 X、Y 和 Z 为波热尔空间，考虑函数 $h: Y \mapsto Z$。称 h 是通用可测的，如果 $h^{-1}(B) \in \mathcal{U}_Y$ 对每个 $B \in \mathcal{B}_Z$ 成立。可以证明，如果 $U \subset Z$ 是通用可测的且 h 是通用可测的，那么 $h^{-1}(U)$ 也是通用可测的。结果是，如果 $g: X \mapsto Y$，$h: Y \mapsto Z$ 是通用可测函数，那么组合 $(g \circ h): X \mapsto Z$ 是通用可测的。

称 $h: Y \mapsto Z$ 是解析可测的，如果 $h^{-1}(B) \in \mathcal{A}_Y$ 对每个 $B \in \mathcal{B}_Z$ 成立。可以看到，每个低半解析函数都是解析可测的，注意，包含关系 $\mathcal{A}_Y \subset \mathcal{U}_Y$ 也是通用可测的。

低半解析函数的积分

如果 p 是在 $(Y, \mathcal{B}_Y)$，那么 p 在 $(Y, \mathcal{U}_Y)$ 上有唯一的概率测度 $\bar{p}$。简单写作 p 而不是 $\bar{p}$，写为 $\int h dp$ 而不是 $\int h d\bar{p}$。特别地，如果 h 是低半解析的，那么 $\int h dp$ 按这一方式解释。

令 Y 和 Z 为波热尔空间。给定 Y 之后在 Z 上的随机核 $q(dz|y)$ 是由 Y 的元素参数化地在 $(Z, \mathcal{B}_Z)$ 上的概率测度的集合。如果对每个波热尔集合 $B \in \mathcal{B}_Z$，函数 $q(B|y)$ 在 y 内是波热尔可测的（通用可测），随机核 $q(dz|y)$ 被称为是波热尔可测的（通用可测的，相应的）。下面的命题提供了为动态规划内容的另一个基本性质（证明参见 [BeS78]，命题 7.46 和命题 7.48）。

命题 A.4 令 Y 和 Z 为波热尔空间，令 $q(dz|y)$ 为给定 Y 之后，在 Z 上的随机核。还令 $h: Y \times Z \mapsto [-\infty, \infty]$ 为有上界或者下界的函数。

(a) 如果 q 是波热尔可测的，h 是低半解析的，那么如下给定的函数 $l: Y \mapsto [-\infty, \infty]$

$$l(y) = \int_Z h(y, z) q(dz|y)$$

是低半解析的。

(b) 如果 q 是通用可测的，h 是通用可测的，那么如下给定的函数 $l: Y \mapsto [-\infty, \infty]$

$$l(y) = \int_Z h(y, z) q(dz|y)$$

是通用可测的。

注意在之前命题中的 h 的有上界或者有下界的假设旨在保证 $l(y)$ 对每个 y 是良好定义的积分。[①]

回到 A.1 节的动态规划算法式 (A.2) 和式 (A.3),注意如果费用函数 g 是下半解析的,且有上界或者下界,那么由式 (A.2) 的动态规划给定的部分最小化函数 J_1 是下半解析的(参见命题 A.1),且分别有上界或者下界。进一步地,如果转移核 $p(\mathrm{d}x_1|x_0,u_0)$ 是波热尔可测的,那么积分

$$\int J_1(x_1)p(\mathrm{d}x_1|x_0,u_0) \tag{A.7}$$

是 (x_0,u_0) 低半解析函数(参见命题 A.4),根据命题 A.1,由式 (A.3) 动态规划给定的函数 J_0 也是这样,这是式 (A.7) 在 u_0 上的部分最小化。所以,低半解析 g 和波热尔可测的 p,在动态规划算法出现的积分有意义。

注意,A.1 节中的例子,在系统操作的第一阶段没有出现费用。当这样的费用 [将其称为 $g_0(x_0,u_0)$],被引入时,式 (A.3) 动态规划中最小化的表达式变成

$$g_0(x_0,u_0) + \int J_1(x_1)p(\mathrm{d}x_1|x_0,u_0)$$

这样 (x_0,u_0) 仍然是低半解析函数,前提是 g_0 是低半解析和上面的加和对任意的 (x_0,u_0) 不是 $\infty - \infty$(见命题 A.2)。还有,对于系统函数而不是随机核定义的替代模型(例如,第 1 章的总费用模型),命题 A.3 为证明由动态规划算法生成的函数是低半解析的提供了必需的机制。

通用可测选择

之前的讨论已经证明了如果 g 是低半解析且或者有上界或者有下界,那么 p 是波热尔可测的,式 (A.2) 和式 (A.3) 的动态规划算法是定义良好的,提供了低半解析函数 J_1 和 J_0。然而,这并不意味着 J_0 等于最优费用函数 J^*。为此,必须有选中的策略类具有 ϵ-最优选择性质式 (A.5)。结果通用可测策略具有此性质。

在一般形式给定后,下面是关键的选择定理,这也解决了可以从动态规划算法获得的最优策略存在性问题(证明见 [BeS78] 命题 7.50)。该定理证明了,如果有任意函数 $\bar{\mu}_1 : \Re \to \Re$ 和 $\bar{\mu}_0 : \Re \to \Re$,可以找到满足 $\bar{\mu}_1(x_1)$ 和 $\bar{\mu}_0(x_0)$ 在式 (A.2) 和式 (A.3) 中的响应的最小点,对每个 x_1 和 x_0,那么 $\bar{\mu}_1$ 和 $\bar{\mu}_0$ 可被选为是通用可测的,动态规划算法导出最优费用函数和 $\pi = (\bar{\mu}_0, \bar{\mu}_1)$ 是最优的,给出 g 是下半解析的,以及式 (A.3) 中的积分是 (x_0,u_0) 的下半解析函数。

命题 A.5(可测选择定理) 令 Y 和 Z 是波热尔空间,令 $h : Y \times Z \mapsto [-\infty, \infty]$ 是下半解析的。按如下定义 $h^* : Y \mapsto [-\infty, \infty]$

$$h^*(y) = \inf_{z \in Z} h(y, z)$$

并令

$$I = \{y \in Y | \text{ 存在 } z_y \in Z, \text{ 满足 } h(y, z_y) = h^*(y)\}$$

[①] 这里使用积分的典型定义,其中对于概率测度 p,扩展实值函数 f 的积分及其正部和负部 f^+ 和 f^-,定义如下

$$\int f \mathrm{d}p = \int f^+ \mathrm{d}p - \int f^- \mathrm{d}p$$

只要有 $\int f^+ \mathrm{d}p < \infty$ 或者 $\int f^- \mathrm{d}p < \infty$。[BeS78] (7.4.4 节) 使用了更一般的定义,对于 $\int f^+ \mathrm{d}p = \infty$ 和 $\int f^- \mathrm{d}p = \infty$ 的情形采用 $\infty - \infty = \infty$。采用这一推广的积分定义,在命题 A.4 中无须有界性假设(参见 [BeS78] 命题 7.46 和命题 7.48)。

即, I 是上面极小值可以达到的点 y 的集合 I。对于任意 $\epsilon > 0$, 存在通用可测函数 $\phi : Y \mapsto Z$, 满足

$$h(y, \phi(y)) = h^*(y), \forall y \in I$$

$$h(y, \phi(y)) \leqslant \begin{cases} h^*(y) + \epsilon, & \forall y \notin I, h^*(y) > -\infty \\ -1/\epsilon, & \forall y \notin I, h^*(y) = -\infty \end{cases}$$

通用可测框架:小结 之前的讨论显示了在 A.1 节的两阶段例子中, 可测性问题是在如下意义下解决的:式 (A.2) 和式 (A.3) 的动态规划算法是良好定义的, 产生了下半解析函数 J_1 和 J_0, 获得最优费用函数(正如在 R.1 中), 进一步地, 存在 ϵ-最优切可能严格最优的策略(正如在 R.2 和 R.3 中), 给定如下:

(a) 阶段费用函数 g 是下班解析的且有上界或者下界。需要下解析来证明式 (A.2) 动态规划的函数 J_1 是下半解析的, 于是也是通用可测的(参见命题 A.1)。需要有上界或者下界来保证 J_1 的相应的有界性质, 这在保证式 (A.3) 中的 J_1 的积分有定义(相对于经典定义)时需要。更加 "自然的" 对 g 的波热尔可测性假设意味着 g 的下解析性, 但不会将由动态规划算法产生的函数 J_1 和 J_0 保持在波热尔可测的范围内。这是因为波热尔可测函数的部分最小运算将我们带到范围之外(参见命题 A.1)。

(b) 随机核 p 是波热尔可测的。为了让式 (A.3) 动态规划中的积分可定义为 (x_0, u_0) 的下半解析函数需要这一点(参见命题 A.4)。反过来, 这用于证明式 (A.3) 的动态规划的函数 J_0 是下半解析的(参见命题 A.1)。

(c) 控制函数 μ_0 和 μ_1 允许为通用可测的, 有 $J_0(x_0) > -\infty$ 对所有的 x_0, $J_1(x_1) > -\infty$ 对所有的 x_1 成立。为了式 (A.4) 中的计算能够进行需要这一点(使用命题 A.5 的可测选择性质), 并证明动态规划算法产生最优费用函数(参见 R.1)。为了证明(再次使用命题 A.5)相关的解的存在性结论也需要这一点(参见 R.2 和 R.3)。

推广到一般有限阶段动态规划

现在将分析推广到 N-阶段的模型, 状态为 x_k, 控制为 u_k, 分别在波热尔空间 X 和 U 内取值。假设随机/转移核 $p_k(\mathrm{d}x_{k+1}|x_k, u_k)$ 是波热尔可测的, 阶段费用函数 $g_k : X \times U \mapsto (-\infty, \infty]$ 是下半解析的或者有上界或下界。[1]进一步地, 我们允许策略 $\pi = \{\mu_0, \cdots, \mu_{N-1}\}$ 是随机的:每个元素 μ_k 是从 X 到 U 的通用可测随机核 $\mu_k(\mathrm{d}u_k|x_k)$。如果对每个 x_k 和 k, $\mu_k(\mathrm{d}u_k|x_k)$ 给单个控制 u_k 设定的概率为 1, 那么 π 被称为非随机的。

每个策略 π 和初始状态 x_0 定义了唯一的概率测度, 相对于此测度 $g_k(x_k, u_k)$ 可以被积分来产生 g_k 的期望值。这些期望值对于 $k = 0, \cdots, N-1$ 的加和是费用 $J_\pi(x_0)$。易于将这一费用写为下面的动态规划类似的后向迭代形式(见 [BeS78]8.1 节):

$$J_{\pi, N-1}(x_{N-1}) = \int g_{N-1}(x_{N-1}, u_{N-1}) \mu_{N-1}(\mathrm{d}u_{N-1}|x_{N-1})$$

$$J_{\pi, k}(x_k) = \int \left(g_k(x_k, u_k) + \int J_{\pi, k+1}(x_{k+1}) p_k(\mathrm{d}x_{k+1}|x_k, u_k) \right) \mu_k(\mathrm{d}u_k|x_k), k = 0, \cdots, N-2$$

---

[1] 注意因为 g_k 可以取 ∞, 形式为 $u_k \in U_k(x_k)$ 的约束可能通过令 $g_k(x_k, u_k) = \infty$ 当 $u_k \notin U_k(x_k)$ 时被间接引入。

在最优一步获得的函数是从 x_0 开始的 π 的费用:

$$J_\pi(x_0) = J_{\pi,0}(x_0)$$

可以将 $J_{\pi,k}(x_k)$ 解释为在时间 k 从 x_k 开始,使用 π 的期望未来费用。注意由命题 A.4,函数 $J_{\pi,k}$ 都是通用可测的。

动态规划算法给定如下

$$J_{N-1}(x_{N-1}) = \inf_{u_{N-1} \in U} g_{N-1}(x_{N-1}, u_{N-1}), \forall x_{N-1}$$

$$J_k(x_k) = \inf_{u_k \in U} \left[g_k(x_k, u_k) + \int J_{k+1}(x_{k+1}) p_k(\mathrm{d}x_{k+1}|x_k, u_k) \right], \forall x_k, k$$

本质上通过重复两阶段的例子,可以证明在上述动态规划算法中的积分是有定义的,而且函数 $J_{N-1}, \cdots,$ J_0 是下半解析的。

从前面的表达式可以看到,对所有的策略 π,有

$$J_k(x_k) \leqslant J_{\pi,k}(x_k), \forall x_k, k = 0, \cdots, N-1$$

为了证明在上面关系式中的在 $\epsilon \geqslant 0$ 之内的等式关系,可以使用可测选择定理(命题 A.5),假设

$$J_k(x_k) > -\infty, \forall x_k, k$$

所以 ϵ-最优通用可测选择在动态规划算法中是可能的。特别地,定义 $\bar\pi = \{\bar\mu_0, \cdots, \bar\mu_{N-1}\}$ 满足 $\bar\mu_k:$ $X \mapsto U$ 是通用可测的,且对所有的 x_k 和 k,有

$$g_k(x_k, \bar\mu_k(u_k)) + \int J_{k+1}(x_{k+1}) p_k(\mathrm{d}x_{k+1} \mid x_k, \bar\mu_k(u_k)) \leqslant J_k(x_k) + \frac{\epsilon}{N} \tag{A.8}$$

那么可以用归纳法证明

$$J_k(x_k) \leqslant J_{\bar\pi,k}(x_k) \leqslant J_k(x_k) + \frac{(N-k)\epsilon}{N}, \forall x_k, k = 0, \cdots, N-1$$

特别地,对于 $k = 0$,

$$J_0(x_0) \leqslant J_{\bar\pi}(x_0) \leqslant J_0(x_0) + \epsilon, \forall x_0$$

于是还有

$$J^*(x_0) = \inf_\pi J_\pi(x_0) = J_0(x_0)$$

所以,动态规划算法通过对式 (A.8) 的近似最小化产生最优费用函数 ϵ-最优策略。类似地,如果在动态规划算法中对所有的 x_k 和 k 极小值可以达到,那么存在最优策略。注意 ϵ-最优和精确最优策略可以取为非随机的。

之前分析的一条有意思的特征是将动态规划算法的定义问题与该算法是否获得最优费用函数和 ϵ-最优或近优策略的问题解耦了。在前一个问题中,关键事实是在部分最小化和积分下保持下半解析。而在后一个问题中,关键事实是在动态规划算法中在规定的策略类中进行 ϵ-最优选择是否可能。为了

解释这一点，假设我们对在随机通用可测策略的约束子集 Π 中优化费用 $J_\pi(x_0)$ 感兴趣。例如，在具有特殊结构的问题中，Π 可能是一类连续函数，或者线性函数，或者具有某种特殊结构的函数 [例如，在库存控制中的 (s, S) 或者其他阈值型策略]。那么，随机核的波热尔可测性和每阶段费用的下半解析性质将保证由动态规划算法产生的函数 J_k 有定义且可以分析。如果分析展示策略 Π 类具有 ϵ-选择性质式 (A.8)，于是有 $J_0(x_0)$ 等于在约束类 Π 上的最优费用，ϵ-最优策略在这一类中存在。

随机核的波热尔可测性、每阶段费用的下半解析性质和通用可测策略是 Bertsekas 和 Shreve [BeS78] 所采用的框架的基础，这为有限和无穷阶段总费用问题提供了系统分析的基础。在那里获得的结论使用与这一卷中第 1 章和第 3 章中平行的框架，但适用于更加一般的不可数扰动空间的情形。在 [BeS78] 中，还有额外的对不完整状态信息问题的分析，以及对之前描述的可测性框架的多种细化。这些细化涉及极限可测策略（对于所谓的极限 σ-代数，具有动态规划理论必须性质的最小 σ-代数，具有与通用 σ-代数可比的威力）。

[ABB01] Abounadi, J., Bertsekas, B. P., and Borkar, V. S., 2001. "Learning Algorithms for Markov Decision Processes with Average Cost," SIAM J. on Control and Optimization, Vol. 40, pp. 681-698.

[ABB02] Abounadi, J., Bertsekas, B. P., and Borkar, V. S., 2002. "Stochastic Approximation for Non-Expansive Maps: Q-Learning Algorithms," SIAM J. on Control and Optimization, Vol. 41, pp. 1-22.

[ABF93] Arapostathis, A., Borkar, V., Fernandez-Gaucherand, E., Ghosh, M., and Marcus, S., 1993. "Discrete-Time Controlled Markov Processes with Average Cost Criterion: A Survey," SIAM J. on Control and Optimization, Vol. 31, pp. 282-344.

[AMS07] Antos, A., Munos, R., and Szepesvari, C., 2007. "Fitted Q-Iteration in Continuous Action-Space MDPs," Proc. of NIPS, pp. 9-16.

[ABJ06] Ahamed, T. P. I., Borkar, V. S., and Juneja, S., 2006. "Adaptive Importance Sampling Technique for Markov Chains Using Stochastic Approximation," Operations Research, Vol. 54, pp. 489-504.

[AMT93] Archibald, T. W., McKinnon, K. I. M., and Thomas, L. C., 1993. "Serial and Parallel Value Iteration Algorithms for Discounted Markov Decision Processes," Eur. J. Operations Research, Vol. 67, pp. 188-203.

[ASM08] Antos, A., Szepesvari, C., and Munos, R., 2008. "Learning Near-Optimal Policies with Bellman-Residual Minimization Based Fitted Policy Iteration and a Single Sample Path," Machine Learning, Vol. 71, pp. 89-129.

[AbB02] Aberdeen, D., and Baxter, J., 2002. "Scalable Internal-State Policy-Gradient Methods for POMDPs," Proc. of the Nineteenth International Conference on Machine Learning, pp. 3-10.

[AsG10] Asmussen, S., and Glynn, P. W., 2010. Stochastic Simulation: Algorithms and Analysis, Springer, N. Y.

[Ash70] Ash, R. B., 1970. Basic Probability Theory, Wiley, N. Y.

[Att03] Attias, H. 2003. "Planning by Probabilistic Inference," in C. M. Bishop and B. J. Frey, (Eds.) Proc. of the 9th Int. Workshop on Artificial Intelligence and Statistics.

[AyR91] Ayoun, S., and Rosberg, Z., 1991. "Optimal Routing to Two Parallel Heterogeneous Servers with Resequencing," IEEE Trans. on Aut. Control, Vol. 36, pp. 1436-1449.

[BBB08] Basu, A., Bhattacharyya, and Borkar, V., 2008. "A Learning Algorithm for Risk-Sensitive Cost," Math. of Operations Research, Vol. 33, pp. 880-898.

[BBD10] Busoniu, L., Babuska, R., De Schutter, B., and Ernst, D., 2010. Reinforcement Learning and Dynamic Programming Using Function Approximators, CRC Press, N. Y.

[BBN04] Bertsekas, D. P., Borkar, V., and Nedić, A., 2004. "Improved Temporal Difference Methods with Linear Function Approximation," in Learning and Approximate Dynamic Programming, by J. Si, A. Barto, W. Powell, and D. Wunsch, (Eds.), IEEE Press, N. Y.

[BBP11] Bhatnagar, S., Borkar, V. S., and Prashanth, L. A., 2011. "Adaptive Feature Pursuit: Online Adaptation of Features in Reinforcement Learning," to appear in *Reinforcement Learning and Approximate Dynamic Programming for Feedback Control*, by F. Lewis and D. Liu (eds.), IEEE Press, Computational Intelligence Series.

[BBS87] Bean, J. C. Birge, J. R., and Smith, R. L., 1987. "Aggregation in Dynamic Programming," Operations Research, Vol. 35, pp. 215-220.

[BBS95] Barto, A. G., Bradtke, S. J., and Singh, S. P., 1995. "Real-Time Learning and Control Using Asynchronous Dynamic Programming," Artificial Intelligence, Vol. 72, pp. 81-138.

[BDM83] Baras, J. S., Dorsey, A. J., and Makowski, A. M., 1983. "Two Competing Queues with Linear Costs: The μc-Rule is Often Optimal," Report SRR 83-1, Department of Electrical Engineering, University of Maryland.

[BED09] Busoniu, L., Ernst, D., De Schutter, B., and Babuska, R., 2009. "Online Least-Squares Policy Iteration for Reinforcement Learning Control," unpublished report, Delft Univ. of Technology, Delft, NL.

[BGM95] Bertsekas, D. P., Guerriero, F., and Musmanno, R., 1995. "Parallel Shortest Path Methods for Globally Optimal Trajectories," High Performance Computing: Technology, Methods, and Applications, (J. Dongarra et al. Eds.), Elsevier.

[BHO08] Bethke, B., How, J. P., and Ozdaglar, A., 2008. "Approximate Dynamic Programming Using Support Vector Regression," Proc. IEEE Conference on Decision and Control, Cancun, Mexico.

[BKM05] de Boer, P. T., Kroese, D. P., Mannor, S., and Rubinstein, R. Y., 2005. "A Tutorial on the Cross-Entropy Method," Annals of Operations Research, Vol. 134, pp. 19-67.

[BMP90] Benveniste, A., Metivier, M., and Priouret, P., 1990. Adaptive Algorithms and Stochastic Approximations, Springer-Verlag, N. Y.

[BPT94a] Bertsimas, D., Paschalidis, I. C., and Tsitsiklis, J. N., 1994. "Optimization of Multiclass Queueing Networks: Polyhedral and Nonlinear Characterizations of Achievable Performance," Annals of Applied Probability, Vol. 4, pp. 43-75.

[BPT94b] Bertsimas, D., Paschalidis, I. C., and Tsitsiklis, J. N., 1994. "Branching Bandits and Klimov's Problem: Achievable Region and Side Constraints," Proc. of the 1994 IEEE Conference on Decision and Control, pp. 174-180; also in IEEE Trans. on Aut. Control, Vol. 40, 1995, pp. 2063-2075.

[BSA83] Barto, A. G., Sutton, R. S., and Anderson, C. W., 1983. "Neuron-like Elements that Can Solve Difficult Learning Control Problems," IEEE Trans. on Systems, Man, and Cybernetics, Vol. 13, pp. 835-846.

[BaB01] Baxter, J., and Bartlett, P. L., 2001. "Infinite-Horizon Policy-Gradient Estimation," J. Artificial Intelligence Research, Vol. 15, pp. 319-350.

[Bai93] Baird, L. C., 1993. "Advantage Updating," Report WL-TR-93-1146, Wright Patterson AFB, OH.

[Bai94] Baird, L. C., 1994. "Reinforcement Learning in Continuous Time: Advantage Updating," International Conf. on Neural Networks, Orlando, Fla.

[Bai95] Baird, L. C., 1995. "Residual Algorithms: Reinforcement Learning with Function Approximation," Dept. of Computer Science Report, U.S. Air Force Academy, CO.

[Bat73] Bather, J., 1973. "Optimal Decision Procedures for Finite Markov Chains," Advances in Appl. Probability, Vol. 5, pp. 328-339, pp. 521-540, 541-553.

[BeC89] Bertsekas, D. P., and Castanon, D. A., 1989. "Adaptive Aggregation Methods for Infinite Horizon Dynamic Programming," IEEE Trans. on Aut. Control, Vol. AC-34, pp. 589-598.

[BeG82] Bertsekas, D. P., and Gafni, E. M., 1982. "Projection Methods for Variational Inequalities with Application to the Traffic Assignment Problem," Mathematical Programming Study, Vol. 17, pp.

139-159.

[BeI96] Bertsekas, D. P., and Ioffe, S., 1996. "Temporal Differences-Based Policy Iteration and Applications in Neuro-Dynamic Programming," Lab. for Info. and Decision Systems Report LIDS-P-2349, Massachusetts Institute of Technology.

[BeN96] Bertsimas, D., and Nino-Mora, J., 1996. "Conservation Laws, Extended Polymatroids, and the Multi-armed Bandit Problem: A Unified Polyhedral Approach," Mathematics of Operations Research, Vol. 21, pp. 257-306.

[BeS78] Bertsekas, D. P., and Shreve, S. E., 1978. Stochastic Optimal Control: The Discrete Time Case, Academic Press, N. Y.; may be downloaded from http://web.mit.edu/dimitrib/www/home.html.

[BeS79] Bertsekas, D. P., and Shreve, S. E., 1979. "Existence of Optimal Stationary Policies in Deterministic Optimal Control," J. Math. Anal. and Appl., Vol. 69, pp. 607-620.

[BeT89] Bertsekas, D. P., and Tsitsiklis, J. N. 1989. Parallel and Distributed Computation: Numerical Methods, Prentice-Hall, Englewood Cliffs, N. J.; may be downloaded from http://web.mit.edu/dimitrib/www/home.html.

[BeT91a] Bertsekas, D. P., and Tsitsiklis, J. N., 1991. "A Survey of Some Aspects of Parallel and Distributed Iterative Algorithms," Aut. a, Vol. 27, pp. 3-21.

[BeT91b] Bertsekas, D. P., and Tsitsiklis, J. N., 1991. "An Analysis of Stochastic Shortest Path Problems," Math. Operations Research, Vol. 16, pp. 580-595.

[BeT96] Bertsekas, D. P., and Tsitsiklis, J. N., 1996. Neuro-Dynamic Programming, Athena Scientific, Belmont, MA.

[BeT97] Bertsimas, D., and Tsitsiklis, J. N., 1997. Introduction to Linear Optimization, Athena Scientific, Belmont, MA.

[BeT00] Bertsekas, D. P., and Tsitsiklis, J. N., 2000. "Gradient Convergence in Gradient Methods," SIAM J. on Optimization, Vol. 10, pp. 627-642.

[BeT08] Bertsekas, D. P., and Tsitsiklis, J. N., 2008. Introduction to Probability, (2nd Edition), Athena Scientific, Belmont, MA.

[BeY07] Bertsekas, D. P., and Yu, H., 2007. "Solution of Large Systems of Equations Using Approximate Dynamic Programming Methods," Lab. for Information and Decision Systems Report LIDS-P-2754, MIT.

[BeY09] Bertsekas, D. P., and Yu, H., 2009. "Projected Equation Methods for Approximate Solution of Large Linear Systems," J. of Computational and Applied Mathematics, Vol. 227, pp. 27-50.

[BeY10a] Bertsekas, D. P., and Yu, H., 2010. "Q-Learning and Enhanced Policy Iteration in Discounted Dynamic Programming," Lab. for Information and Decision Systems Report LIDS-P-2831, MIT; to appear in Mathematics in Operations Research.

[BeY10b] Bertsekas, D. P., and Yu, H., 2010. "Asynchronous Distributed Policy Iteration in Dynamic Programming," Proc. of Allerton Conf. on Communication, Control and Computing, Allerton Park, Ill, pp. 1368-1374.

[Bel57] Bellman, R., 1957. Applied Dynamic Programming, Princeton University Press, Princeton, N. J.

[Ber71] Bertsekas, D. P., 1971. "Control of Uncertain Systems With a Set-Membership Description of the Uncertainty," Ph.D. Thesis, Dept. of EECS, MIT; may be downloaded from http://web.mit.edu/dimitrib/www/publ.html.

[Ber72] Bertsekas, D. P., 1972. "Infinite Time Reachability of State Space Regions by Using Feedback Control," IEEE Trans. Aut. Control, Vol. AC-17, pp. 604-613.

[Ber73a] Bertsekas, D. P., 1973. "Stochastic Optimization Problems with Nondifferentiable Cost Functionals," J. Optimization Theory Appl., Vol. 12, pp. 218-231.

[Ber73b] Bertsekas, D. P., 1973. "Linear Convex Stochastic Control Problems Over an Infinite Time Horizon," IEEE Trans. Aut. Control, Vol. AC-18, pp. 314-315.

[Ber75] Bertsekas, D. P., 1975. "Convergence of Discretization Procedures in Dynamic Programming," IEEE Trans. Aut. Control, Vol. AC-20, pp. 415-419.

[Ber76] Bertsekas, D. P., 1976. "On Error Bounds for Successive Approximation Methods," IEEE Trans. Aut. Control, Vol. AC-21, pp. 394-396.

[Ber77] Bertsekas, D. P., 1977. "Monotone Mappings with Application in Dynamic Programming," SIAM J. on Control and Optimization, Vol. 15, pp. 438-464.

[Ber82a] Bertsekas, D. P., 1982. "Distributed Dynamic Programming," IEEE Trans. Aut. Control, Vol. AC-27, pp. 610-616.

[Ber82b] Bertsekas, D. P., 1982. Constrained Optimization and Lagrange Multiplier Methods, Academic Press, N. Y.

[Ber83] Bertsekas, D. P., 1983. "Asynchronous Distributed Computation of Fixed Points," Math. Programming, Vol. 27, pp. 107-120.

[Ber95a] Bertsekas, D. P., 1995. "A Generic Rank One Correction Algorithm for Markovian Decision Problems," Operations Research Letters, Vol. 17, pp. 111-119.

[Ber95b] Bertsekas, D. P., 1995. "A Counterexample to Temporal Differences Learning," Neural Computation, Vol. 7, pp. 270-279.

[Ber96] Bertsekas, D. P., 1996. Lecture at NSF Workshop on Reinforcement Learning, Hilltop House, Harper's Ferry, N. Y.

[Ber97] Bertsekas, D. P., 1997. "Differential Training of Rollout Policies," Proc. of the 35th Allerton Conference on Communication, Control, and Computing, Allerton Park, Ill.

[Ber98] Bertsekas, D. P., 1998. "A New Value Iteration Method for the Average Cost Dynamic Programming Problem," SIAM J. on Control and Optimization, Vol. 36, pp. 742-759.

[Ber99] Bertsekas, D. P., 1999. Nonlinear Programming, (2nd Edition), Athena Scientific, Belmont, MA.

[Ber05a] Bertsekas, D. P., 2005. "Dynamic Programming and Suboptimal Control: A Survey from ADP to MPC," Fundamental Issues in Control, Special Issue for the CDC-ECC 05, European J. of Control, Vol. 11, Nos. 4-5.

[Ber05b] Bertsekas, D. P., 2005. "Rollout Algorithms for Constrained Dynamic Programming," Lab. for Information and Decision Systems Report LIDS-P-2646, MIT.

[Ber09a] Bertsekas, D. P., 2009. Convex Optimization Theory, Athena Scientific, Belmont, MA.

[Ber09b] Bertsekas, D. P., 2009. "Projected Equations, Variational Inequalities, and Temporal Difference Methods," Lab. for Information and Decision Systems Report LIDS-P-2808, MIT.

[Ber10a] Bertsekas, D. P., 2010. "Approximate Policy Iteration: A Survey and Some New Methods," Lab. for Information and Decision Systems Report LIDS-P-2833, MIT; J. of Control Theory and Applications, Vol. 9, 2011, pp. 310-335.

[Ber10b] Bertsekas, D. P., 2010. "Incremental Gradient, Subgradient, and Proximal Methods for Convex Optimization: A Survey," Lab. for Information and Decision Systems Report LIDS-P-2848, MIT; also in "Optimization for Machine Learning," by S. Sra, S. Nowozin, and S. J. Wright, MIT Press, Cambridge, MA, 2012, pp. 85-119.

[Ber10c] Bertsekas, D. P., 2010. "Williams-Baird Counterexample for Q-Factor Asynchronous Policy Iteration," http://web.mit.edu/dimitrib/www/Williams-Baird Counterexample.pdf.

[Ber11a] Bertsekas, D. P., 2011. "Temporal Difference Methods for General Projected Equations," IEEE Trans. on Aut. Control, Vol. 56, 2011, pp. 2128-2139.

[Ber11b] Bertsekas, D. P., 2011. "λ-Policy Iteration: A Review and a New Implementation," Lab. for Information and Decision Systems Report LIDS-P-2874, MIT; to appear in *Reinforcement Learning and Approximate Dynamic Programming for Feedback Control*, by F. Lewis and D. Liu (eds.), IEEE Press, Computational Intelligence Series.

[Ber12] Bertsekas, D. P., 2012. "Weighted Sup-Norm Contractions in Dynamic Programming: A Review and Some New Applications," Lab. for Information and Decision Systems Report LIDS-P-2884, MIT.

[BhE91] Bhattacharya, P. P., and Ephremides, A., 1991. "Optimal Allocations of a Server Between Two Queues with Due Times," IEEE Trans on Aut. Control, Vol. 36, pp. 1417-1423.

[Bil83] Billingsley, P., 1983. "The Singular Function of Bold Play," American Scientist, Vol. 71, pp. 392-297.

[Bla62] Blackwell, D., 1962. "Discrete Dynamic Programming," Ann. Math. Statist., Vol. 33, pp. 719-726.

[Bla65] Blackwell, D., 1965. "Discounted Dynamic Programming," Ann. Math. Statist., Vol. 36, pp. 226-235.

[Bla70] Blackwell, D., 1970. "On Stationary Policies," J. Roy. Statist. Soc. Ser. A, Vol. 133, pp. 33-38.

[BoM00] Borkar, V. S., and Meyn, S. P., 2000. "The O.D.E. Method for Convergence of Stochastic Approximation and Reinforcement Learning," SIAM J. Control and Optimization, Vol. 38, pp. 447-469.

[Bor88] Borkar, V. S., 1988. "A Convex Analytic Approach to Markov Decision Processes," Prob. Theory and Related Fields, Vol. 78, pp. 583-602.

[Bor89] Borkar, V. S., 1989. "Control of Markov Chains with Long-Run Average Cost Criterion: The Dynamic Programming Equations," SIAM J. on Control and Optimization, Vol. 27, pp. 642-657.

[Bor91] Borkar, V. S., 1991. Topics in Controlled Markov Chains, Pitman Research Notes in Math. No. 240, Longman Scientific and Technical, Harlow.

[Bor08] Borkar, V. S., 2008. Stochastic Approximation: A Dynamical Systems Viewpoint, Cambridge Univ. Press, N. Y.

[Bor09] Borkar, V. S., 2009. "Reinforcement Learning: A Bridge Between Numerical Methods and Monte Carlo," in World Scientific Review, Vol. 9, Ch. 4.

[Boy02] Boyan, J. A., 2002. "Technical Update: Least-Squares Temporal Difference Learning," Machine Learning, Vol. 49, pp. 1-15.

[BrB96] Bradtke, S. J., and Barto, A. G., 1996. "Linear Least-Squares Algorithms for Temporal Difference Learning," Machine Learning, Vol. 22, pp. 33-57.

[Bro65] Brown, B. W., 1965. "On the Iterative Method of Dynamic Programming on a Finite Space Discrete Markov Process," Ann. Math. Statist., Vol. 36, pp. 1279-1286.

[Bur97] Burgiel, H., 1997. "How to Lose at Tetris," The Mathematical Gazette, Vol. 81, pp. 194-200.

[CFH07] Chang, H. S., Fu, M. C., Hu, J., Marcus, S. I., 2007. Simulation-Based Algorithms for Markov Decision Processes, Springer, N. Y.

[CaC97] Cao, X. R., and Chen, H. F., 1997. "Perturbation Realization Potentials and Sensitivity Analysis of Markov Processes," IEEE Trans. on Aut. Control, Vol. 32, pp. 1382-1393.

[CaR11] Canbolat, P. G., and Rothblum, U. G., 2011. "(Approximate) Iterated Successive Approximations Algorithm for Sequential Decision Processes," Technical Report, The Technion-Israel Institute of Technology; Annals of Operations Research, to appear.

[CaS92] Cavazos-Cadena, R., and Sennott, L. I., 1992. "Comparing Recent Assumptions for the Existence of Optimal Stationary Policies," Operations Research Letters, Vol. 11, pp. 33-37.

[CaW98] Cao, X. R., and Wan, Y. W., 1998. "Algorithms for Sensitivity Analysis of Markov Systems Through Potentials and Perturbation Realization," IEEE Trans. Control Systems Technology, Vol. 6, pp. 482-494.

[Cao99] Cao, X. R., 1999. "Single Sample Path Based Optimization of Markov Chains," J. of Optimization Theory and Applications, Vol. 100, pp. 527-548.

[Cao04] Cao, X. R., 2004. "Learning and Optimization from a System Theoretic Perspective," in Learning and Approximate Dynamic Programming, by J. Si, A. Barto, W. Powell, and D. Wunsch, (Eds.), IEEE Press, N. Y.

[Cao05] Cao, X. R., 2005. "A Basic Formula for Online Policy Gradient Algorithms," IEEE Trans. on Aut. Control, Vol. 50, pp. 696-699.

[Cao07] Cao, X. R., 2007. Stochastic Learning and Optimization: A Sensitivity-Based Approach, Springer, N. Y.

[Car96] Carriere, J., 1996. "Valuation of Early-Exercise Price of Options Using Simulations and Nonparametric Regression," Insurance: Mathematics and Economics, Vol. 19, pp. 19-30.

[Cav86] Cavazos-Cadena, R., 1986. "Finite-State Approximations for Denumerable State Discounted Markov Decision Processes," Appl. Math. Opt., Vol. 14, pp. 1-26.

[Cav89a] Cavazos-Cadena, R., 1989. "Necessary Conditions for the Optimality Equations in Average-Reward Markov Decision Processes," Sys. Control Letters, Vol. 11, pp. 65-71.

[Cav89b] Cavazos-Cadena, R., 1989. "Weak Conditions for the Existence of Optimal Stationary Policies in Average Markov Decisions Chains with Unbounded Costs," Kybernetika, Vol. 25, pp. 145-156.

[Cav91] Cavazos-Cadena, R., 1991. "Recent Results on Conditions for the Existence of Average Optimal Stationary Policies," Annals of Operations Research, Vol. 28, pp. 3-28.

[ChM82] Chatelin, F., and Miranker, W. L., 1982. "Acceleration by Aggregation of Successive Approximation Methods," Linear Algebra and its Applications, Vol. 43, pp. 17-47.

[ChT89] Chow, C.-S., and Tsitsiklis, J. N. 1989. "The Complexity of Dynamic Programming," J. of Complexity, Vol. 5, pp. 466-488.

[ChT91] Chow, C.-S., and Tsitsiklis, J. N., 1991. "An Optimal One-Way Multigrid Algorithm for Discrete-Time Stochastic Control," IEEE Trans. on Aut. Control, Vol. AC-36, pp. 898-914.

[ChV06] Choi, D. S., and Van Roy, B., 2006. "A Generalized Kalman Filter for Fixed Point Approximation and Efficient Temporal-Difference Learning," Discrete Event Dynamic Systems, Vol. 16, pp. 207-239.

[CoR87] Courcoubetis, C. A., and Reiman, M. I., 1987. "Optimal Control of a Queueing System with Simultaneous Service Requirements," IEEE Trans. on Aut. Control, Vol. AC-32, pp. 717-727.

[CoV84] Courcoubetis, C., and Varaiya, P. P., 1984. "The Service Process with Least Thinking Time Maximizes Resource Utilization," IEEE Trans. Aut. Control, Vol. AC-29, pp. 1005-1008.

[CrC91] Cruz, R. L., and Chuah, M. C., 1991. "A Minimax Approach to a Simple Routing Problem," IEEE Trans. on Aut. Control, Vol. 36, pp. 1424-1435.

[Cur54] Curtiss, J. H., 1954, "A Theoretical Comparison of the Efficiencies of Two Classical Methods and a Monte Carlo Method for Computing One Component of the Solution of a Set of Linear Algebraic Equations," Proc. Symposium on Monte Carlo Methods, pp. 191-233.

[Cur57] Curtiss, J. H., 1957. "A Monte Carlo Methods for the Iteration of Linear Operators," Uspekhi Mat. Nauk, Vol. 12, pp. 149-174.

[D' Ep60]   D' Epenoux, F., 1960. "Sur un Probleme de Production et de Stockage Dans l' Aleatoire," Rev. Francaise Aut. Infor. Recherche Operationnelle, Vol. 14, (English Transl.: Management Sci., Vol. 10, 1963, pp. 98-108).

[DFM09]   Desai, V. V., Farias, V. F., and Moallemi, C. C., 2009. "Approximate Dynamic Programming via a Smoothed Approximate Linear Program," to appear in Operations Research J.

[DFV00]   de Farias, D. P., and Van Roy, B., 2000. "On the Existence of Fixed Points for Approximate Value Iteration and Temporal-Difference Learning," J. of Optimization Theory and Applications, Vol. 105, pp. 589-608.

[DFV03]   de Farias, D. P., and Van Roy, B., 2003. "The Linear Programming Approach to Approximate Dynamic Programming," Operations Research, Vol. 51, pp. 850-865.

[DFV04]   de Farias, D. P., and Van Roy, B., 2004. "On Constraint Sampling in the Linear Programming Approach to Approximate Dynamic Programming," Mathematics of Operations Research, Vol. 29, pp. 462-478.

[DKM06a]   Drineas, P., Kannan, R., and Mahoney, M. W., 2006. "Fast Monte Carlo Algorithms for Matrices I: Approximating Matrix Multiplication," SIAM J. Computing, Vol. 35, pp. 132-157.

[DKM06b]   Drineas, P., Kannan, R., and Mahoney, M. W., 2006. "Fast Monte Carlo Algorithms for Matrices II: Computing a Low-Rank Approximation to a Matrix," SIAM J. Computing, Vol. 36, pp. 158-183.

[DMM06]   Drineas, P., Mahoney, M. W., and Muthukrishnan, S., 2006. "Sampling Algorithms for L2 Regression and Applications," Proc. 17th Annual SODA, pp. 1127-1136.

[DMM08]   Drineas, P., Mahoney, M. W., and Muthukrishnan, S., 2008. "Relative-Error CUR Matrix Decompositions," SIAM J. Matrix Anal. Appl., Vol. 30, pp. 844-881.

[DMM11]   Drineas, P., Mahoney, M. W., Muthukrishnan, S., and Sarlos, T., 2011. "Faster Least Squares Approximation," Numerische Mathematik, Vol. 117, pp. 219-249.

[Dan63]   Dantzig, G. B., 1963. Linear Programming and Extensions, Princeton Univ. Press, Princeton, N. J.

[Day92]   Dayan, P., 1992. "The Convergence of TD(λ) for General λ," Machine Learning, Vol. 8, pp. 341-362.

[DeF68]   Denardo, E. V., and Fox, B., 1968. "Multichain Markov Renewal Programs," SIAM J. of Applied Math., Vol. 16, pp. 468-487.

[DeF04]   De Farias, D. P., 2004. "The Linear Programming Approach to Approximate Dynamic Programming," in Learning and Approximate Dynamic Programming, by J. Si, A. Barto, W. Powell, and D. Wunsch, (Eds.), IEEE Press, N. Y.

[DeG60]   De Ghellinck, G. T., 1960. "Les Problems de Decisions Sequentielles," Cah. Centre, d' Etudes Rec. Oper., Vol. 2, pp. 161-179.

[DeV67]   Derman, C., and Veinott, A. F., Jr., 1967. "A Solution to a Countable System of Equations Arising in Markovian Decision Processes," Ann. Math. Statist., Vol. 37, pp. 582-584.

[Dek87]   Dekker, R., 1987. "Counter Examples for Compact Action Markov Decision Chains with Average Reward Criteria," Communications in Statistics: Stochastic Models, Vol. 3, pp. 357-368.

[Den67]   Denardo, E. V., 1967. "Contraction Mappings in the Theory Underlying Dynamic Programming," SIAM Review, Vol. 9, pp. 165-177.

[Der62]   Derman, C., 1962. "On Sequential Decisions and Markov Chains," Management Sci., Vol. 9, pp. 16-24.

[Der70]   Derman, C., 1970. Finite State Markovian Decision Processes, Academic Press, N. Y.

[DiM10]   Di Castro, D., and Mannor, S., 2010. "Adaptive Bases for Reinforcement Learning," Machine Learning and Knowledge Discovery in Databases, Vol. 6321, pp. 312-327.

[DoD93]   Douglas, C. C., and Douglas, J., 1993. "A Unified Convergence Theory for Abstract Multigrid or Multilevel Algorithms, Serial and Parallel," SIAM J. Num. Anal., Vol. 30, pp. 136-158.

[DuS65] Dubins, L., and Savage, L. M., 1965. How to Gamble If You Must, McGraw-Hill, N. Y.

[DyY79] Dynkin, E. B., and Yuskevich, A. A., 1979. Controlled Markov Processes, Springer-Verlag, N. Y.

[EGW06] Ernst, D., Geurts, P., and Wehenkel, L., 2006. "Tree-Based Batch Mode Reinforcement Learning," J. of Machine Learning Research, Vol. 6, pp. 503-556.

[EVW80] Ephremides, A., Varaiya, P. P., and Walrand, J. C., 1980. "A Simple Dynamic Routing Problem," IEEE Trans. Aut. Control, Vol. AC-25, pp. 690-693.

[EaZ62] Eaton, J. H., and Zadeh, L. A., 1962. "Optimal Pursuit Strategies in Discrete State Probabilistic Systems," Trans. ASME Ser. D. J. Basic Eng., Vol. 84, pp. 23-29.

[EpV89] Ephremides, A., and Verd'u, S., 1989. "Control and Optimization Methods in Communication Network Problem," IEEE Trans. Aut. Control, Vol. AC-34, pp. 930-942.

[FAM90] Fernández-Gaucherand, E., Arapostathis, A., and Marcus, S. I., 1990. "Remarks on the Existence of Solutions to the Average Cost Optimality Equation in Markov Decision Processes," Systems and Control Letters, Vol. 15, pp. 425-432.

[FAM91] Fernández-Gaucherand, E., Arapostathis, A., and Marcus, S. I., 1991. "On the Average Cost Optimality Equation and the Structure of Optimal Policies for Partially Observable Markov Decision Processes," Annals of Operations Research, Vol. 29, pp. 439-470.

[FHT79] Federgruen, A., Hordijk, A., and Tijms, H. C., 1979. "Denumerable State Semi-Markov Decision Processes with Unbounded Costs, Average Cost Criterion," Stochastic Processes and their Applications, Vol. 9, pp. 223-235.

[FRF11] Foderaro, G., Raju, V., and Ferrari, S., 2011. "A Model-Based Approximate λ-Policy Iteration Approach to Online Evasive Path Planning and the Video Game Ms. Pac-Man," J. of Control Theory and Applications, Vol. 9, pp. 391-399.

[FST78] Federgruen, A., Schweitzer, P. J., and Tijms, H. C., 1978. "Contraction Mappings Underlying Undiscounted Markov Decision Problems," J. of Math. Analysis and Applications, Vol. 65, pp. 711-730.

[FYG06] Fern, A., Yoon, S., and Givan, R., 2006. "Approximate Policy Iteration with a Policy Language Bias: Solving Relational Markov Decision Processes," J. of Artificial Intelligence Research, Vol. 25, pp. 75-118.

[FaV06] Farias, V. F., and Van Roy, B., 2006. "Tetris: A Study of Randomized Constraint Sampling," in Probabilistic and Randomized Methods for Design Under Uncertainty, Part II, G. Calafiore, and F. Dabbene (eds.), Springer-Verlag, pp. 189-201.

[FeL07] Feinberg, E. A., and Lewis, M. E., 2007. "Optimality Inequalities for Average Cost Markov Decision Processes and the Stochastic Cash Balance Problem," Mathematics of Operations Research, Vol. 32, pp. 769-785.

[FeS94] Feinberg, E. A., and Shwartz, A., 1994. "Markov Decision Models with Weighted Discounted Criteria," Mathematics of Operations Research, Vol. 19, pp. 1-17.

[FeS96] Feinberg, E. A., and Shwartz, A. 1996. "Constrained Discounted Dynamic Programming," Mathematics of Operations Research, Vol. 21, pp. 922-945.

[FeS02] Feinberg, E. A., and Shwartz, A., 2002. Handbook of Markov Decision Processes: Methods and Applications, Kluwer, N. Y.

[FeS04] Ferrari, S., and Stengel, R. F., 2004. "Model-Based Adaptive Critic Designs," in Learning and Approximate Dynamic Programming, by J. Si, A. Barto, W. Powell, and D. Wunsch, (Eds.), IEEE Press, N. Y.

[Fea10] Fearnley, J., 2010. "Exponential Lower Bounds For Policy Iteration," Department of Computer Science Report, University of Warwick, UK.

[Fei78] Feinberg, E. A., 1978. "The Existence of a Stationary ϵ-Optimal Policy for a Finite-State Markov Chain," Theor. Prob. Appl., Vol. 23, pp. 297-313.

[Fei92a] Feinberg, E. A., 1992. "Stationary Strategies in Borel Dynamic Programming," Mathematics of Operations Research, Vol. 125, pp. 87-96.

[Fei92b] Feinberg, E. A., 1992. "A Markov Decision Model of a Search Process," Contemporary Mathematics, Vol. 125, pp. 87-96.

[FiV96] Filar, J., and Vireze, K., 1996. Competitive Markov Decision Processes, Springer, N. Y.

[Fle84] Fletcher, C. A. J., 1984. Computational Galerkin Methods, Springer, N. Y.

[FoL50] Forsythe, G. E., and Leibler, R. A., 1950. "Matrix Inversion by a Monte Carlo Method," Mathematical Tables and Other Aids to Computation, Vol. 4, pp. 127-129.

[Fox71] Fox, B. L., 1971. "Finite State Approximations to Denumerable State Dynamic Programs," J. Math. Anal. Appl., Vol. 34, pp. 665-670.

[FuH94] Fu, M. C., and Hu, J.-Q., 1994. "Smoothed Perturbation Analysis Derivative Estimation for Markov Chains," Oper. Res. Letters, Vol. 41, pp. 241-251.

[GKP03] Guestrin, C. E., Koller, D., Parr, R., and Venkataraman, S., 2003. "Efficient Solution Algorithms for Factored MDPs," J. of Artificial Intelligence Research, Vol. 19, pp. 399-468.

[GLH94] Gurvits, L., Lin, L. J., and Hanson, S. J., 1994. "Incremental Learning of Evaluation Functions for Absorbing Markov Chains: New Methods and Theorems," Preprint.

[Gal95] Gallager, R. G., 1995. Discrete Stochastic Processes, Kluwer, N. Y.

[Gho90] Ghosh, M. K., 1990. "Markov Decision Processes with Multiple Costs," Operations Research Letters, Vol. 9, pp. 257-260.

[GiJ74] Gittins, J. C., and Jones, D. M., 1974. "A Dynamic Allocation Index for the Sequential Design of Experiments," Progress in Statistics (J. Gani, ed.) North-Holland, Amsterdam, pp. 241-266.

[Gil57] Gillette, D., 1957. "Stochastic Games with Zero Stop Probabilities," in Contributions to the Theory of Games, III, Princeton Univ. Press, Princeton, N. J., Annals of Math. Studies, Vol. 39, pp. 71-187.

[Git79] Gittins, J. C., 1979. "Bandit Processes and Dynamic Allocation Indices," J. Roy. Statist. Soc., Vol. B, No. 41, pp. 148-164.

[GlI89] Glynn, P. W., and Iglehart, D. L., 1989. "Importance Sampling for Stochastic Simulations," Management Science, Vol. 35, pp. 1367-1392.

[Gly87] Glynn, P. W., 1987. "Likelihood Ratio Gradient Estimation: An Overview," Proc. of the 1987 Winter Simulation Conference, pp. 366-375.

[Gol03] Golubin, A. Y., 2003. "A Note on the Convergence of Policy Iteration in Markov Decision Processes with Compact Action Spaces," Math. Operations Research, Vol. 28, pp. 194-200.

[Gor95] Gordon, G. J., 1995. "Stable Function Approximation in Dynamic Programming," in Machine Learning: Proceedings of the Twelfth International Conference, Morgan Kaufmann, San Francisco, CA.

[Gos03] Gosavi, A., 2003. Simulation-Based Optimization: Parametric Optimization Techniques and Reinforcement Learning, Springer, N. Y.

[Gos04] Gosavi, A., 2004. "Reinforcement Learning for Long-Run Average Cost," European J. of Operational Research, Vol. 155, pp. 654-674.

[GrU04] Grudic, G., and Ungar, L., 2004. "Reinforcement Learning in Large, High-Dimensional State Spaces," in Learning and Approximate Dynamic Programming, by J. Si, A. Barto, W. Powell, and D. Wunsch,

(Eds.), IEEE Press, N. Y.

[GuR06] Guo, X., and Rieder, U., 2006. "Average Optimality for Continuous-Time Markov Decision Processes in Polish Spaces," Ann. Appl. Probability, Vol. 16, pp. 730-756.

[HBK94] Harmon, M. E., Baird, L. C., and Klopf, A. H., 1994. "Advantage Updating Applied to a Differential Game," Presented at NIPS Conf., Denver, Colo.

[HCP99] Hernandez-Lerma, O., Carrasco, O., and Perez-Hernandez. 1999. "Markov Control Processes with the Expected Total Cost Criterion: Optimality, Stability, and Transient Models," Acta Appl. Math., Vol. 59, pp. 229-269.

[HFM05] He, Y., Fu, M. C., and Marcus, S. I., 2005. "A Two-Timescale Simulation-Based Gradient Algorithm for Weighted Cost Markov Decision Processes," Proc. of the 2005 Conf. on Decision and Control, Seville, Spain, pp. 8022-8027.

[HHL91] Hernandez-Lerma, O., Hennet, J. C., and Lasserre, J. B., 1991. "Average Cost Markov Decision Processes: Optimality Conditions," J. Math. Anal. Appl., Vol. 158, pp. 396-406.

[HPC96] Helmsen, J., Puckett, E. G., Colella, P., and Dorr, M., 1996. "Two New Methods for Simulating Photolithography Development," SPIE, Vol. 2726, pp. 253-261.

[HaL86] Haurie, A., and L'Ecuyer, P., 1986. "Approximation and Bounds in Discrete Event Dynamic Programming," IEEE Trans. Aut. Control, Vol. AC-31, pp. 227-235.

[Haj84] Hajek, B., 1984. "Optimal Control of Two Interacting Service Stations," IEEE Trans. Aut. Control, Vol. AC-29, pp. 491-499.

[Hal70] Halton, J. H., 1970. "A Retrospective and Prospective Survey of the Monte Carlo Method," SIAM Review, Vol. 12, pp. 1-63.

[Han08] Hansen, E. A., 2008. "Sparse Stochastic Finite-State Controllers of POMDPs," Proc. UAI, pp. 256-263.

[Har72] Harrison, J. M., 1972. "Discrete Dynamic Programming with Unbounded Rewards," Ann. Math. Stat., Vol. 43, pp. 636-644.

[Har75a] Harrison, J. M., 1975. "A Priority Queue with Discounted Linear Costs," Operations Research, Vol. 23, pp. 260-269.

[Har75b] Harrison, J. M., 1975. "Dynamic Scheduling of a Multiclass Queue: Discount Optimality," Operations Research, Vol. 23, pp. 270-282.

[Has68] Hastings, N. A. J., 1968. "Some Notes on Dynamic Programming and Replacement," Operational Research Quart., Vol. 19, pp. 453-464.

[Han00] Hauskrecht, M., 2000. "Value-Function Approximations for Partially Observable Markov Decision Processes," J. of Artificial Intelligence Research, Vol. 13, pp. 33-95.

[Hay08] Haykin, S., 2008. Neural Networks and Learning Machines, (3rd Edition), Prentice-Hall, Englewood-Cliffs, N. J.

[He02] He, Y., 2002. Simulation-Based Algorithms for Markov Decision Processes, Ph.D. Thesis, University of Maryland.

[HeL96] Hernandez-Lerma, O., and Lasserre, J. B., 1996. Markov Control Processes: Basic Optimality Criteria, Springer-Verlag, N. Y.

[HeL97] Hernandez-Lerma, O., and Lasserre, J. B., 1997. "Policy Iteration for Average Cost Markov Control Processes on Borel Spaces," Acta Applicandae Mathematicae, Vol. 47, pp. 125-154.

[HeL99] Hernandez-Lerma, O., and Lasserre, J. B., 1999. Further Topics on Discrete-Time Markov Control Processes, Springer-Verlag, N. Y.

[HeS84] Heyman, D. P., and Sobel, M. J., 1984. Stochastic Models in Operations Research, Vol. II, McGraw-Hill, N. Y.

[Her89] Hernandez-Lerma, O., 1989. Adaptive Markov Control Processes, Springer-Verlag, N. Y.

[HiW05] Hinderer, K., and Waldmann, K.-H., 2005. "Algorithms for Countable State Markov Decision Models with an Absorbing Set," SIAM J. of Control and Optimization, Vol. 43, pp. 2109-2131.

[Hin70] Hinderer, K., 1970. Foundations of Non-Stationary Dynamic Programming with Discrete Time Parameter, Springer-Verlag, N. Y.

[HoP87] Hordijk, A., and Puterman, M., 1987. "On the Convergence of Policy Iteration in Finite State Undiscounted Markov Decision Processes: the Unichain Case," Math. of Operations Research, Vol. 12, pp. 163-176.

[How60] Howard, R., 1960. Dynamic Programming and Markov Processes, MIT Press, Cambridge, MA.

[JJS94] Jaakkola, T., Jordan, M. I., and Singh, S. P., 1994. "On the Convergence of Stochastic Iterative Dynamic Programming Algorithms," Neural Computation, Vol. 6, pp. 1185-1201.

[JSJ95] Jaakkola, T., Singh, S. P., and Jordan, M. I., 1995. "Reinforcement Learning Algorithm for Partially Observable Markov Decision Problems," Advances in Neural Information Processing Systems, Vol. 7, pp. 345-352.

[JaC06] James, H. W., and Collins, E. J., 2006. "An Analysis of Transient Markov Decision Processes," J. Appl. Prob., Vol. 43, pp. 603-621.

[Jew63] Jewell, W., 1963. "Markov Renewal Programming I and II," Operations Research, Vol. 2, pp. 938-971.

[JuP07] Jung, T., and Polani, D., 2007. "Kernelizing LSPE(λ)," Proc. 2007 IEEE Symposium on Approximate Dynamic Programming and Reinforcement Learning, Honolulu, Ha., pp. 338-345.

[KLM96] Kaelbling, L. P., Littman, M. L., and Moore, A. W., 1996. "Reinforcement Learning: A Survey," J. of Artificial Intelligence Res., Vol. 4, pp. 237-285.

[KMP06] Keller, P. W., Mannor, S., and Precup, D., 2006. "Aut. Basis Function Construction for Approximate Dynamic Programming and Reinforcement Learning," Proc. of the 23rd ICML, Pittsburgh, Penn.

[KVZ72] Krasnoselskii, M. A., Vainikko, G. M., Zabreyko, R. P., and Ruticki, Ya. B., 1972. Approximate Solution of Operator Equations, Translated by D. Louvish, Wolters-Noordhoff Pub., Groningen.

[KaV87] Katehakis, M., and Veinott, A. F., 1987. "The Multi-Armed Bandit Problem: Decomposition and Computation," Math. of Operations Research, Vol. 12, pp. 262-268.

[Kak01] Kakade, S., 2001. "A Natural Policy Gradient," Proc. Advances in Neural Information Processing Systems, Vancouver, BC, Vol. 14, pp. 1531-1538.

[Kal83] Kallenberg, L. C. M., 1983. Linear Programming and Finite Markov Control Problems, Mathematical Centre Report, Amsterdam.

[Kal94a] Kallenberg, L. C. M., 1994. "Survey of Linear Programming for Standard and Nonstandard Markovian Control Problems. Part I: Theory," J. Math. Methods of Operations Research (ZOR), Vol. 40.

[Kal94b] Kallenberg, L. C. M., 1994. "Survey of Linear Programming for Standard and Nonstandard Markovian Control Problems. Part II: Applications," J. Math. Methods of Operations Research (ZOR), Vol. 40.

[Kel81] Kelly, F. P., 1981. "Multi-Armed Bandits with Discount Factor Near One: The Bernoulli Case," The Annals of Statistics, Vol. 9, pp. 987-1001.

[Kle68] Kleinman, D. L., 1968. "On an Iterative Technique for Riccati Equation Computations," IEEE Trans. Aut. Control, Vol. AC-13, pp. 114-115.

[Kir11] Kirsch, A., 2011. An Introduction to the Mathematical Theory of Inverse Problems, (2nd Edition), Springer, N. Y.

[KoB99] Konda, V. R., and Borkar, V. S., 1999. "Actor-Critic Like Learning Algorithms for Markov Decision Processes," SIAM J. on Control and Optimization, Vol. 38, pp. 94-123.

[KoP00] Koller, K., and Parr, R., 2000. "Policy Iteration for Factored MDPs," Proc. of the 16th Annual Conference on Uncertainty in AI, pp. 326-334.

[KoT99] Konda, V. R., and Tsitsiklis, J. N., 1999. "Actor-Critic Algorithms," Proc. 1999 Neural Information Processing Systems Conference, Denver, Colorado, pp. 1008-1014.

[KoT03] Konda, V. R., and Tsitsiklis, J. N., 2003. "Actor-Critic Algorithms," SIAM J. on Control and Optimization, Vol. 42, pp. 1143-1166.

[Kon02] Konda, V. R., 2002. Actor-Critic Algorithms, Ph.D. Thesis, Dept. of EECS, M.I.T., Cambridge, MA.

[KuV86] Kumar, P. R., and Varaiya, P. P., 1986. Stochastic Systems: Estimation, Identification, and Adaptive Control, Prentice-Hall, Englewood Cliffs, N. J.

[KuY03] Kushner, H. J., and Yin, G., 2003. Stochastic Approximation and Recursive Algorithms and Applications, (2nd Ed.), Springer-Verlag, New York.

[Kum85] Kumar, P. R., 1985. "A Survey of Some Results in Stochastic Adaptive Control," SIAM J. on Control and Optimization, Vol. 23, pp. 329-380.

[LDK95] Littman, M. L., Dean T. L., and Kaelbling, L. P., 1995. "On the Complexity of Solving Markov Decision Problems," Proc. of the Eleventh Annual Conference on Uncertainty in Artificial Intelligence, pp. 394-402.

[LGM10] Lazaric, A., Ghavamzadeh, M., and Munos, R., 2010. "Analysis of a Classification-Based Policy Iteration Algorithm," Proceedings of ICML, pp. 607-614.

[LLL08] Lewis, F. L., Liu, D., and Lendaris, G. G., 2008. Special Issue on Adaptive Dynamic Programming and Reinforcement Learning in Feedback Control, IEEE Trans. on Systems, Man, and Cybernetics, Part B, Vol. 38, No. 4.

[LSS09] Li, Y., Szepesvari, C., and Schuurmans, D., 2009. "Learning Exercise Policies for American Options," Proc. of the Twelfth International Conference on Artificial Intelligence and Statistics, Clearwater Beach, Fla.

[L'Ec91] L'Ecuyer, P., 1991. "An Overview of Derivative Estimation," Proceedings of the 1991 Winter Simulation Conference, pp. 207-217.

[LaP03a] Lagoudakis, M. G., and Parr, R., 2003. "Least-Squares Policy Iteration," J. of Machine Learning Research, Vol. 4, pp. 1107-1149.

[LaP03b] Lagoudakis, M. G., and Parr, R., 2003. "Reinforcement Learning as Classification: Leveraging Modern Classifiers," Proc. of ICML, pp. 424-431.

[LaT85] Lancaster, P., and Tismenetsky, M., 1985. The Theory of Matrices, Academic Press, N. Y.

[Las88] Lasserre, J. B., 1988. "Conditions for Existence of Average and Blackwell Optimal Stationary Policies in Denumerable Markov Decision Processes," J. Math. Anal. Appl., Vol. 136, pp. 479-490.

[LeL12] Lewis, F. L., and Liu, D., 2012. Reinforcement Learning and Approximate Dynamic Programming for Feedback Control, IEEE Press Computational Intelligence Series, N. Y.

[LeV09] Lewis, F. L., and Vrabie, D., 2009. "Reinforcement Learning and Adaptive Dynamic Programming for Feedback Control," IEEE Circuits and Systems Magazine, 3rd Q. Issue.

[LiK84] Lin, W., and Kumar, P. R., 1984. "Optimal Control of a Queueing System with Two Heterogeneous Servers," IEEE Trans. Aut. Control, Vol. AC-29, pp. 696-703.

[LiR71] Lippman, S. A., and Ross, S. M., 1971. "The Streetwalker's Dilemma: A Job-Shop Model," SIAM J. of Appl. Math., Vol. 20, pp. 336-342.

[LiS61] Liusternik, L., and Sobolev, V., 1961. Elements of Functional Analysis, Ungar, N. Y.

[Lip73] Lippman, S. A., 1973. "Semi-Markov Decision Processes with Unbounded Rewards," Management Sci., Vol. 21, pp. 717-731.

[Lip75a] Lippman, S. A., 1975. "On Dynamic Programming with Unbounded Rewards," Management Sci., Vol. 19, pp. 1225-1233.

[Lip75b] Lippman, S. A., 1975. "Adaptive a New Device in the Optimization of Exponential Queuing Systems," Operations Research, Vol. 23, pp. 687-710.

[Lit96] Littman, M. L., 1996. Algorithms for Sequential Decision Making, Ph.D. thesis, Brown University, Providence, R. I.

[Liu01] Liu, J. S., 2001. Monte Carlo Strategies in Scientific Computing, Springer, N. Y.

[LoS01] Longstaff, F. A., and Schwartz, E. S., 2001. "Valuing American Options by Simulation: A Simple Least-Squares Approach," Review of Financial Studies, Vol. 14, pp. 113-147.

[LuT89] Luo, Z. Q., and Tseng, P., 1989. "On the Convergence of a Matrix Splitting Algorithm for the Symmetric Monotone Linear Complementarity Problem," SIAM J. Control and Optimization, Vol. 29, pp. 1037-1060.

[MLP11] Moazzez-Estanjini, R., Li, K., and Paschalidis, I. C., 2011. "A Least Squares Temporal Difference Actor-Critic Algorithm with Applications to Warehouse Management," CISE 2011-IR-0042, Boston Univ.

[MMS06] Menache, I., Mannor, S., and Shimkin, N., 2005. "Basis Function Adaptation in Temporal Difference Reinforcement Learning," Ann. Oper. Res., Vol. 134, pp. 215-238.

[MaS99] Mansour, Y., and Singh, S., 1999. "On the Complexity of Policy Iteration," Proc. of the 15th International Conference on Uncertainty in AI, pp. 401-408.

[MaT01] Marbach, P., and Tsitsiklis, J. N., 2001. "Simulation-Based Optimization of Markov Reward Processes," IEEE Trans. on Aut. Control, Vol. 46, pp. 191-209.

[MaT03] Marbach, P., and Tsitsiklis, J. N., 2003. "Approximate Gradient Methods in Policy-Space Optimization of Markov Reward Proccesses," J. Discrete Event Dynamic Systems, Vol. 13, pp. 111-148.

[Mah96] Mahadevan, S., 1996. "Average Reward Reinforcement Learning: Foundations, Algorithms, and Empirical Results," Machine Learning, Vol. 22, pp. 1-38.

[Mah11] Mahoney, M. W., 2011. "Randomized Algorithms for Matrices and Data," Foundations and Trends in Machine Learning, Vol. 3, pp. 123-224.

[Man60] Manne, A., 1960. "Linear Programming and Sequential Decisions," Management Science, Vol. 6, pp. 259-267.

[Mar70] Martinet, B., 1970. "Regularisation d' Inequations Variationnelles par Approximations Successives," Rev. Francaise Inf. Rech. Oper., Vol. 2, pp. 154-159.

[McQ66] MacQueen, J., 1966. "A Modified Dynamic Programming Method for Markovian Decision Problems," J. Math. Anal. Appl., Vol. 14, pp. 38-43.

[Mey97] Meyn, S., 1997. "The Policy Iteration Algorithm for Average Reward Markov Decision Processes with General State Space," IEEE Trans. on Aut. Control, Vol. 42, pp. 1663-1680.

[Mey99] Meyn, S., 1999. "Algorithms for Optimization and Stabilization of Controlled Markov Chains," Sadhana, Vol. 24, pp. 339-367.

[Mey07] Meyn, S., 2007. Control Techniques for Complex Networks, Cambridge Univ. Press, N. Y.

[MiV69] Miller, B. L., and Veinott, A. F., Jr., 1969. "Dynamic Programming with a Small Interest Rate," Annals of Mathematical Statistics, Vol. 40, pp. 366-370.

[MoW77]   Morton, T. E., and Wecker, W., 1977. "Discounting, Ergodicity and Convergence for Markov Decision Processes," Management Sci., Vol. 23, pp. 890-900.

[Mor71]   Morton, T. E., 1971. "On the Asymptotic Convergence Rate of Cost Differences for Markovian Decision Processes," Operations Research, Vol. 19, pp. 244-248.

[MuS08]   Munos, R., and Szepesvari, C., 2008. "Finite-Time Bounds for Fitted Value Iterations," J. of Machine Learning Research, Vol. 1, pp. 815-857.

[Mun03]   Munos, R., 2003. "Error Bounds for Approximate Policy Iteration," Proc. 20th International Conference on Machine Learning, pp. 560-567.

[NJL09]   Nemirovski, A., Juditsky, A., Lan, G., and Shapiro, A., 2009. "Robust Stochastic Approximation Approach to Stochastic Programming," SIAM J. on Optimization, Vol. 19, pp. 1574-1609.

[NTW89]   Nain, P., Tsoucas, P., and Walrand, J., 1989. "Interchange Arguments in Stochastic Scheduling," J. of Appl. Prob., Vol. 27, pp. 815-826.

[NeB03]   Nedić, A., and Bertsekas, D. P., 2003. "Least-Squares Policy Evaluation Algorithms with Linear Function Approximation," J. of Discrete Event Systems, Vol. 13, pp. 79-110.

[OMK84]   Ohnishi, M., Mine, H., and Kawai, H., 1984. "An Optimal Inspection and Replacement Policy Under Incomplete State Information: Average Cost Criterion," in Stochastic Models in Reliability Theory (S. Osaki and Y. Hatoyama, Eds.), Lect. Notes Econ. Math. Systems, Vol. 135, Springer-Verlag, Berlin, pp. 187-197.

[Odo69]   Odoni, A., R., 1969. "On Finding the Maximal Gain for Markov Decision Processes," Operations Research, Vol. 17, pp. 857-860.

[OrR70]   Ortega, J. M., and Rheinboldt, W. C., 1970. Iterative Solution of Nonlinear Equations in Several Variables, Academic Press, N. Y.

[OrS02]   Ormoneit, D., and Sen, S., 2002. "Kernel-Based Reinforcement Learning," Machine Learning, Vol. 49, pp. 161-178.

[Orn69]   Ornstein, D., 1969. "On the Existence of Stationary Optimal Strategies," Proc. Amer. Math. Soc., Vol. 20, pp. 563-569.

[PBT98]   Polymenakos, L. C., Bertsekas, D. P., and Tsitsiklis, J. N., 1998. "Efficient Algorithms for Continuous-Space Shortest Path Problems," IEEE Trans. on Aut. Control, Vol. 43, pp. 278-283.

[PBW79]   Popyack, J. L., Brown, R. L., and White, C. C., III, 1969. "Discrete Versions of an Algorithm due to Varaiya," IEEE Trans. Aut. Control, Vol. 24, pp. 503-504.

[PSD01]   Precup, D., Sutton, R. S., and Dasgupta, S., 2001. "Off-Policy Temporal-Difference Learning with Function Approximation," Proc. 18th Int. Conf. Machine Learning, pp. 417-424.

[PaB99]   Patek, S. D., and Bertsekas, D. P., 1999. "Stochastic Shortest Path Games," SIAM J. on Control and Optimization, Vol. 36, pp. 804-824.

[PaF03]   Pang, J. S., and Facchinei, F., 2003. Finite-Dimensional Variational Inequalities and Complementarity Problems, Springer-Verlag, N. Y.

[PaK81]   Pattipati, K. R., and Kleinman, D. L., 1981. "Priority Assignment Using Dynamic Programming for a Class of Queueing Systems," IEEE Trans. on Aut. Control, Vol. AC-26, pp. 1095-1106.

[PaT87]   Papadimitriou, C. H., and Tsitsiklis, J. N., 1987. "The Complexity of Markov Decision Processes," Math. Operations Research, Vol. 12, pp. 441-450.

[PaT00]   Paschalidis, I. C., and Tsitsiklis, J. N., 2000. "Congestion-Dependent Pricing of Network Services," IEEE/ACM Trans. on Networking, Vol. 8, pp. 171-184.

[Pat04] Patek, S. D., 2004. "Policy Iteration Type Algorithms for Recurrent State Markov Decision Processes," Computers and Operations Research, Vol. 31, pp. 2333-2347.

[Pat07] Patek, S. D., 2007. "Partially Observed Stochastic Shortest Path Problems with Approximate Solution by Neuro-Dynamic Programming," IEEE Trans. on Systems, Man, and Cybernetics Part A, Vol. 37, pp. 710-720.

[Pin97] Pineda, F., 1997. "Mean-Field Analysis for Batched TD(λ)," Neural Computation, Vol. 9, pp. 1403-1419.

[Pla77a] Platzman, L., 1977. Finite Memory Estimation and Control of Finite Probabilistic Systems, Ph.D. Thesis, Dept. of EECS, MIT, Cambridge, MA.

[Pla77b] Platzman, L., 1977. "Improved Conditions for Convergence in Undiscounted Markov Renewal Programming," Operations Research, Vol. 25, pp. 529-533.

[Pla80] Platzman, L., 1980. "Optimal Infinite Horizon Undiscounted Control of Finite Probabilistic Systems," SIAM J. Control and Opt., Vol. 18, pp. 362-380.

[Pli78] Pliska, S. R., 1978. "On the Transient Case for Markov Decision Chains with General State Spaces," in Dynamic Programming and Its Applications, M. L. Puterman (ed.), Academic Press, N. Y.

[PoA69] Pollatschek, M., and Avi-Itzhak, B., 1969. "Algorithms for Stochastic Games with Geometrical Interpretation," Management Sci., Vol. 15, pp. 399-413.

[PoB04] Poupart, P., and Boutilier, C., 2004. "Bounded Finite State Controllers," Advances in Neural Information Processing Systems, Proc. of 2003 NIPS Conference, MIT Press, Cambridge, MA.

[PoT78] Porteus, E., and Totten, J., 1978. "Accelerated Computation of the Expected Discounted Return in a Markov Chain," Operations Research, Vol. 26, pp. 350-358.

[PoT96] Polychronopoulos, G. H., and Tsitsiklis, J. N., 1996. "Stochastic Shortest Path Problems with Recourse," Networks, Vol. 27, pp. 133-143.

[PoV04] Powell, W. B., and Van Roy, B., 2004. "Approximate Dynamic Programming for High-Dimensional Resource Allocation Problems," in Learning and Approximate Dynamic Programming, by J. Si, A. Barto, W. Powell, and D. Wunsch, (Eds.), IEEE Press, N. Y.

[Por71] Porteus, E., 1971. "Some Bounds for Discounted Sequential Decision Processes," Management Sci., Vol. 18, pp. 7-11.

[Por75] Porteus, E., 1975. "Bounds and Transformations for Finite Markov Decision Chains," Operations Research, Vol. 23, p. 761-784.

[Pow07] Powell, W. B., 2007. Approximate Dynamic Programming: Solving the Curses of Dimensionality, J. Wiley and Sons, Hoboken, N. J; a 2nd edition appeared in 2011.

[PsT93] Psaraftis, H. N., and Tsitsiklis, J. N., 1993. "Dynamic Shortest Paths in Acyclic Networks with Markovian Arc Costs," Operations Research, Vol. 41, pp. 91-101.

[PuB78] Puterman, M. L., and Brumelle, S. L., 1978. "The Analytic Theory of Policy Iteration," in Dynamic Programming and Its Applications, M. L. Puterman (ed.), Academic Press, N. Y.

[PuS78] Puterman, M. L., and Shin, M. C., 1978. "Modified Policy Iteration Algorithms for Discounted Markov Decision Problems," Management Sci., Vol. 24, pp. 1127-1137.

[PuS82] Puterman, M. L., and Shin, M. C., 1982. "Action Elimination Procedures for Modified Policy Iteration Algorithms," Operations Research, Vol. 30, pp. 301-318.

[Put94] Puterman, M. L., 1994. Markovian Decision Problems, J. Wiley, N. Y.

[RGT05] Roy, N., Gordon, G., and Thrun, S., 2005. "Finding Approximate POMDP Solutions Through Belief Compression," J. of Artificial Intelligence Research, Vol. 23, pp. 1-40.

[RPW91] Rogers, D. F., Plante, R. D., Wong, R. T., and Evans, J. R., 1991. "Aggregation and Disaggregation Techniques and Methodology in Optimization," Operations Research, Vol. 39, pp. 553-582.

[RVW82] Rosberg, Z., Varaiya, P. P., and Walrand, J. C., 1982. "Optimal Control of Service in Tandem Queues," IEEE Trans. Aut. Control, Vol. AC-27, pp. 600-609.

[RaF91] Raghavan, T. E. S., and Filar, J. A., 1991. "Algorithms for Stochastic Games - A Survey," ZOR - Methods and Models of Operations Research, Vol. 35, pp. 437-472.

[RiS92] Ritt, R. K., and Sennot, L. I., 1992. "Optimal Stationary Policies in General State Markov Decision Chains with Finite Action Set," Math. Operations Research, Vol. 17, pp. 901-909.

[RoC10] Robert, C. P., and Casella, G., 2010. Monte Carlo Statistical Methods, Springer, N. Y.

[Roc70] Rockafellar, R. T., 1970. Convex Analysis, Princeton University Press, Princeton, N. J.

[Roc76] Rockafellar, R. T., 1976. "Monotone Operators and the Proximal Point Algorithm," SIAM J. on Control and Optimization, Vol. 14, pp. 877-898.

[Ros70] Ross, S. M., 1970. Applied Probability Models with Optimization Applications, Holden-Day, San Francisco, CA.

[Ros71] Ross, S. M., 1971. "On the Nonexistence of ϵ-Optimal Randomized Stationary Policies in Average Cost Markov Decision Models," The Annuals of Math. Statistics, Vol. 42, pp. 1767-1768.

[Ros83a] Ross, S. M., 1983. Introduction to Stochastic Dynamic Programming, Academic Press, N. Y.

[Ros83b] Ross, S. M., 1983. Stochastic Processes, Wiley, N. Y.

[Ros89] Ross, K. W., 1989. "Randomized and Past-Dependent Policies for Markov Decision Processes with Multiple Constraints," Operations Research, Vol. 37, pp. 474-477.

[Rot79] Rothblum, U. G., 1979. "Iterated Successive Approximation for Sequential Decision Processes," in Stochastic Control and Optimization, by J. W. B. van Overhagen and H. C. Tijms (eds), Vrije University, Amsterdam.

[Roy88] Royden, H. L., 1988. Principles of Mathematical Analysis, (3rd Ed.), McGraw-Hill, N. Y.

[RuK04] Rubinstein, R. Y., and Kroese, D. P., 2004. The Cross-Entropy Method: A Unified Approach to Combinatorial Optimization, Springer, N. Y.

[RuK08] Rubinstein, R. Y., and Kroese, D. P., 2008. Simulation and the Monte Carlo Method, (2nd Edition), J. Wiley, N. Y.

[RuS94] Runggaldier, W. J., and Stettner, L., 1994. Approximations of Discrete Time Partially Observed Control Problems, Applied Math. Monographs 6, Giardini Editori e Stampatori, Pisa.

[Rud76] Rudin, W., 1976. Real Analysis, (3rd Ed.), McGraw-Hill, N. Y.

[Rus95] Rust, J., 1995. "Numerical Dynamic Programming in Economics," in Handbook of Computational Economics, H. Amman, D. Kendrick, and J. Rust (eds.).

[Rus97] Rust, J., 1997. "Using Randomization to Break the Curse of Dimensionality," Econometrica, Vol. 65, pp. 487-516.

[SBP04] Si, J., Barto, A., Powell, W., and Wunsch, D., (Eds.) 2004. Learning and Approximate Dynamic Programming, IEEE Press, N. Y.

[SDR09] Shapiro, A., Dentcheva, D., and Ruszczynski, A., 2009. Lectures on Stochastic Programming: Modeling and Theory, SIAM, Phila., PA.

[SJJ94] Singh, T. S., Jaakkola, T., and Jordan, M. I., 1994. "Learning Without State-Estimation in Partially Observable Markovian Decision Processes," Proc. 11th Conf. Machine Learning.

[SJJ95] Singh, S. P., Jaakkola, T., and Jordan, M. I., 1995. "Reinforcement Learning with Soft State Aggregation," in Advances in Neural Information Processing Systems 7, MIT Press, Cambridge, MA.

[SMS99]   Sutton, R. S., McAllester, D., Singh, S. P., and Mansour, Y., 1999. "Policy Gradient Methods for Reinforcement Learning with Function Approximation," Proc. 1999 Neural Information Processing Systems Conference, Denver, Colorado.

[SYL04]   Si, J., Yang, L., and Liu, D., 2004. "Direct Neural Dynamic Programming," in Learning and Approximate Dynamic Programming, by J. Si, A. Barto, W. Powell, and D. Wunsch, (Eds.), IEEE Press, N. Y.

[Saa03]   Saad, Y., 2003. Iterative Methods for Sparse Linear Systems, SIAM, Phila., Pa.

[Sam59]   Samuel, A. L., 1959. "Some Studies in Machine Learning Using the Game of Checkers," IBM J. of Research and Development, pp. 210-229.

[Sam67]   Samuel, A. L., 1967. "Some Studies in Machine Learning Using the Game of Checkers," II-Recent Progress," IBM J.of Research and Development, pp. 601-617.

[ScF77]   Schweitzer, P. J., and Federgruen, A., 1977. "The Asymptotic Behavior of Value Iteration in Markov Decision Problems," Math. Operations Research, Vol. 2, pp. 360-381.

[ScF78]   Schweitzer, P. J., and Federgruen, A., 1978. "The Functional Equations of Undiscounted Markov Renewal Programming," Math. Operations Research, Vol. 3, pp. 308-321.

[ScS85]   Schweitzer, P. J., and Seidman, A., 1985. "Generalized Polynomial Approximations in Markovian Decision Problems," J. Math. Anal. and Appl., Vol. 110, pp. 568-582.

[Sch68]   Schweitzer, P. J., 1968. "Perturbation Theory and Finite Markov Chains," J. Appl. Prob., Vol. 5, pp. 401-413.

[Sch71]   Schweitzer, P. J., 1971. "Iterative Solution of the Functional Equations of Undiscounted Markov Renewal Programming," J. Math. Anal. Appl., Vol. 34, pp. 495-501.

[Sch72]   Schweitzer, P. J., 1972. "Data Transformations for Markov Renewal Programming," talk at National ORSA Meeting, Atlantic City, N. J.

[Sch75]   Schal, M., 1975. "Conditions for Optimality in Dynamic Programming and for the Limit of n-Stage Optimal Policies to be Optimal," Z. Wahrscheinlichkeitstheorie und Verw. Gebiete, Vol. 32, pp. 179-196.

[Sch81]   Schweitzer, P. J., 1981. "Bottleneck Determination in a Network of Queues," Graduate School of Management Working Paper No. 8107, University of Rochester, Rochester, N. Y.

[Sch93a] Schal, M., 1993. "Average Optimality in Dynamic Programming with General State Space," Math. of Operations Research, Vol. 18, pp. 163-172.

[Sch93b] Schwartz, A., 1993. "A Reinforcement Learning Method for Maximizing Undiscounted Rewards," Proc. of the 10th Machine Learning Conference.

[Sch10]   Scherrer, B., 2010. "Should One Compute the Temporal Difference Fix Point or Minimize the Bellman Residual? The Unified Oblique Projection View," in ICML'10: Proc. of the 27th Annual International Conf. on Machine Learning.

[Sch11]   Scherrer, B., 2011. "Performance Bounds for Lambda Policy Iteration and Application to the Game of Tetris," Report RR-6348, INRIA, France; to appear in J. of Machine Learning Research.

[Sch12]   Scherrer, B., 2012. "On the Use of Non-Stationary Policies for Infinite-Horizon Discounted Markov Decision Processes," INRIA Lorraine Report, France.

[Sen86]   Sennott, L. I., 1986. "A New Condition for the Existence of Optimum Stationary Policies in Average Cost Markov Decision Processes," Operations Research Lett., Vol. 5, pp. 17-23.

[Sen89a] Sennott, L. I., 1989. "Average Cost Optimal Stationary Policies in Infinite State Markov Decision Processes with Unbounded Costs," Operations Research, Vol. 37, pp. 626-633.

[Sen89b] Sennott, L. I., 1989. "Average Cost Semi-Markov Decision Processes and the Control of Queueing Systems," Prob. Eng. Info. Sci., Vol. 3, pp. 247-272.

[Sen91] Sennott, L. I., 1991. "Value Iteration in Countable State Average Cost Markov Decision Processes with Unbounded Cost," Annals of Operations Research, Vol. 28, pp. 261-272.

[Sen93a] Sennott, L. I., 1993. "The Average Cost Optimality Equation and Critical Number Policies," Prob. Eng. Info. Sci., Vol. 7, pp. 47-67.

[Sen93b] Sennott, L. I., 1993. "Constrained Average Cost Markov Decision Chains," Prob. Eng. Info. Sci., Vol. 7, pp. 69-83.

[Sen98] Sennott, L. I., 1998. Stochastic Dynamic Programming and the Control of Queueing Systems, Wiley, N. Y.

[Set99a] Sethian, J. A., 1999. Level Set Methods and Fast Marching Methods Evolving Interfaces in Computational Geometry, Fluid Mechanics, Computer Vision, and Materials Science, Cambridge Univ. Press, N. Y.

[Set99b] Sethian, J. A., 1999. "Fast Marching Methods," SIAM Review, Vol. 41.

[Sha53] Shapley, L. S., 1953. "Stochastic Games," Proc. Nat. Acad. Sci. U.S.A., Vol. 39.

[Sin94] Singh, S. P., 1994. "Reinforcement Learning Algorithms for Average-Payoff Markovian Decision Processes," Proc. of 12th National Conference on Artificial Intelligence, pp. 202-207.

[Sob82] Sober, M. J., 1982. "The Optimality of Full-Service Policies," Operations Research, Vol. 30, pp. 636-649.

[SpV05] Spaan, M. J. T., and Vlassis, N., 2005. "Perseus: Randomized Point-Based Value Iteration for POMDPs," J. of Artificial Intelligence Research, Vol. 24, pp. 195-220.

[StP74] Stidham, S., and Prabhu, N. U., 1974. "Optimal Control of Queueing Systems," in Mathematical Methods in Queueing Theory (Lecture Notes in Economics and Math. Syst., Vol. 98), A. B. Clarke (Ed.), Springer-Verlag, N. Y., pp. 263-294.

[StW93] Stidham, S., and Weber, R., 1993. "A Survey of Markov Decision Models for Control of Networks of Queues," Queueing Systems, Vol. 13, pp. 291-314.

[Ste93] Stettner, L., 1993. "Ergodic Control of Partially Observed Markov Processes with Equivalent Transition Probabilities," Applicationes Math. (Warsaw), Vol. 22, pp. 25-38.

[Sti85] Stidham, S. S., 1985. "Optimal Control of Admission to a Queueing System," IEEE Trans. Aut. Control, Vol. AC-30, pp. 705-713.

[Str66] Strauch, R., 1966. "Negative Dynamic Programming," Ann. Math. Statist., Vol. 37, pp. 871-890.

[SuB98] Sutton, R. S., and Barto, A. G., 1998. Reinforcement Learning, MIT Press, Cambridge, MA.

[SuC91] Suk, J.-B., and Cassandras, C. G., 1991. "Optimal Scheduling of Two Competing Queues with Blocking," IEEE Trans. on Aut. Control, Vol. 36, pp. 1086-1091.

[Sut88] Sutton, R. S., 1988. "Learning to Predict by the Methods of Temporal Difference," Machine Learning, Vol. 3, pp. 9-44.

[SzL06] Szita, I., and Lorinz, A., 2006. "Learning Tetris Using the Noisy Cross-Entropy Method," Neural Computation, Vol. 18, pp. 2936-2941.

[Sze10] Szepesvari, C., 2010. Algorithms for Reinforcement Learning, Morgan and Claypool Publishers, San Franscisco, CA.

[TSC92] Towsley, D., Sparaggis, P. D., and Cassandras, C. G., 1992. "Optimal Routing and Buffer Allocation for a Class of Finite Capacity Queueing Systems," IEEE Trans. on Aut. Control, Vol. 37, pp. 1446-1451.

[Tes92] Tesauro, G., 1992. "Practical Issues in Temporal Difference Learning," Machine Learning, Vol. 8, pp. 257-277.

[ThS09] Thiery, C., and Scherrer, B., 2009. "Improvements on Learning Tetris with Cross-Entropy," International Computer Games Association J., Vol. 32, pp. 23-33.

[ThS10a] Thiery, C., and Scherrer, B., 2010. "Least-Squares λ-Policy Iteration: Bias-Variance Trade-off in Control Problems," in ICML'10: Proc. of the 27th Annual International Conf. on Machine Learning.

[ThS10b] Thiery, C., and Scherrer, B., 2010. "Performance Bound for Approximate Optimistic Policy Iteration," Technical Report, INRIA, France.

[Tho80] Thomas, L. C., 1980. "Connectedness Conditions for Denumerable State Markov Decision Processes," in Recent Developments in Markov Decision Processes, by R. Hartley, L. C. Thomas, and D. F. White (Eds.), Academic Press, N. Y., pp. 181-204.

[ToS06] Toussaint, M., and Storkey, A. J., 2006. "Probabilistic Inference for Solving Discrete and Continuous State Markov Decision Processes," Proc. of the 23nd ICML, pp. 945-952.

[TsV96] Tsitsiklis, J. N., and Van Roy, B., 1996. "Feature-Based Methods for Large-Scale Dynamic Programming," Machine Learning, Vol. 22, pp. 59-94.

[TsV97] Tsitsiklis, J. N., and Van Roy, B., 1997. "An Analysis of Temporal-Difference Learning with Function Approximation," IEEE Trans. on Aut. Control, Vol. 42, pp. 674-690.

[TsV99a] Tsitsiklis, J. N., and Van Roy, B., 1999. "Average Cost Temporal-Difference Learning," Aut. a, Vol. 35, pp. 1799-1808.

[TsV99b] Tsitsiklis, J. N., and Van Roy, B., 1999. "Optimal Stopping of Markov Processes: Hilbert Space Theory, Approximation Algorithms, and an Application to Pricing Financial Derivatives," IEEE Trans. on Aut. Control, Vol. 44, pp. 1840-1851.

[TsV01] Tsitsiklis, J. N., and Van Roy, B., 2001. "Regression Methods for Pricing Complex American-Style Options," IEEE Trans. on Neural Networks, Vol. 12, pp. 694-703.

[TsV02] Tsitsiklis, J. N., and Van Roy, B., 2002. "On Average Versus Discounted Reward Temporal-Difference Learning," Machine Learning, Vol. 49, pp. 179-191.

[Tse90] Tseng, P., 1990. "Solving H-Horizon, Stationary Markov Decision Problems in Time Proportional to $\log(H)$," Operations Research Letters, Vol. 9, pp. 287-297.

[Tsi84] Tsitsiklis, J. N., 1984. "Convexity and Characterization of Optimal Policies in a Dynamic Routing Problem," J. Optimization Theory Appl., Vol. 44, pp. 105-136.

[Tsi86] Tsitsiklis, J. N., 1986. "A Lemma on the Multiarmed Bandit Problem," IEEE Trans. Aut. Control, Vol. AC-31, pp. 576-577.

[Tsi89] Tsitsiklis, J. N., 1989. "A Comparison of Jacobi and Gauss-Seidel Parallel Iterations," Applied Math. Lett., Vol. 2, pp. 167-170.

[Tsi94a] Tsitsiklis, J. N., 1994. "A Short Proof of the Gittins Index Theorem," Annals of Applied Probability, Vol. 4, pp. 194-199.

[Tsi94b] Tsitsiklis, J. N., 1994. "Asynchronous Stochastic Approximation and Q-Learning," Machine Learning, Vol. 16, pp. 185-202.

[Tsi95] Tsitsiklis, J. N., 1995. "Efficient Algorithms for Globally Optimal Trajectories," IEEE Trans. Aut. Control, Vol. AC-40, pp. 1528-1538.

[Tsi07] Tsitsiklis, J. N., 2007. "NP-Hardness of Checking the Unichain Condition in Average Cost MDPs," Operations Research Letters, Vol. 35, pp. 319-323.

[VBL07] Van Roy, B., Bertsekas, D. P., Lee, Y., and Tsitsiklis, J. N., 1997. "A Neuro-Dynamic Programming

Approach to Retailer Inventory Management," Proc. of the IEEE Conference on Decision and Control, pp. 4052-4057.

[VWB85] Varaiya, P. P., Walrand, J. C., and Buyukkoc, C., 1985. "Extensions of the Multiarmed Bandit Problem: The Discounted Case," IEEE Trans. Aut. Control, Vol. AC-30, pp. 426-439.

[VaW78] Van Nunen, J. A., and Wessels, J., 1978. "A Note on Dynamic Programming with Unbounded Rewards," Management Sci., Vol. 24, pp. 576-580.

[Van76] Van Nunen, J. A., 1976. Contracting Markov Decision Processes, Mathematical Centre Report, Amsterdam.

[Van95] Van Roy, B., 1995. "Feature-Based Methods for Large Scale Dynamic Programming," Lab. for Info. and Decision Systems Report LIDS-TH-2289, Massachusetts Institute of Technology, Cambridge, MA.

[Van98] Van Roy, B., 1998. Learning and Value Function Approximation in Complex Decision Processes, Ph.D. Thesis, Dept. of EECS, MIT, Cambridge, MA.

[Van06] Van Roy, B., 2006. "Performance Loss Bounds for Approximate Value Iteration with State Aggregation," Mathematics of Operations Research, Vol. 31, pp. 234-244.

[Van10] Van Roy, B., 2010. "On Regression-Based Stopping Times," Discrete Event Dynamic Systems, Vol. 20, pp. 307-324.

[Var78] Varaiya, P. P., 1978. "Optimal and Suboptimal Stationary Controls of Markov Chains," IEEE Trans. Aut. Control, Vol. AC-23, pp. 388-394.

[VeP84] Verd'u, S., and Poor, H. V., 1984. "Backward, Forward, and Backward-Forward Dynamic Programming Models under Commutativity Conditions," Proc. 1984 IEEE Decision and Control Conference, Las Vegas, NE, pp. 1081-1086.

[VeP87] Verd'u, S., and Poor, H. V., 1987. "Abstract Dynamic Programming Models under Commutativity Conditions," SIAM J. on Control and Optimization, Vol. 25, pp. 990-1006.

[VeR06] Verma, R., and Rao, R. P. N., 2006. "Planning and Acting in Uncertain Environments Using Probabilistic Inference," Proc. of IEEE/RSJ Intern. Conf. on Intelligent Robots and Systems.

[Vei66] Veinott, A. F., Jr., 1966. "On Finding Optimal Policies in Discrete Dynamic Programming with no Discounting," Ann. Math. Statist., Vol. 37, pp. 1284-1294.

[Vei69] Veinott, A. F., Jr., 1969. "Discrete Dynamic Programming with Sensitive Discount Optimality Criteria," Ann. Math. Statist., Vol. 40, pp. 1635-1660.

[ViE88] Viniotis, I., and Ephremides, A., 1988. "Extensions of the Optimality of the Threshold Policy in Heterogeneous Multiserver Queueing Systems," IEEE Trans. on Aut. Control, Vol. 33, pp. 104-109.

[VlT09] Vlassis, N., and Toussaint, M., 2009. "Model-Free Reinforcement Learning as Mixture Learning," Proc. of the 26th International Conference on Machine Learning, Montreal, Canada.

[WPB09] Wang, M., Polydorides, N., and Bertsekas, D. P., 2009. "Approximate Simulation-Based Solution of Large-Scale Least Squares Problems," Lab. for Information and Decision Systems Report LIDS-P-2819, MIT.

[WaB11a] Wang, M., and Bertsekas, D. P., 2011. "Stabilization of Stochastic Iterative Methods for Singular and Nearly Singular Linear Systems," Lab. for Information and Decision Systems Report LIDS-P-2878, MIT.

[WaB11b] Wang, M., and Bertsekas, D. P., 2011. "Convergence of Iterative Simulation-Based Methods for Singular Linear Systems," Lab. for Information and Decision Systems Report LIDS-P-2879, MIT.

[WaD92] Watkins, C. J. C. H., and Dayan, P., 1992. "Q-Learning," Machine Learning, Vol. 8, pp. 279-292.

[Wal88] Walrand, J., 1988. An Introduction to Queueing Networks, Prentice Hall, Englewood Cliffs, N. J.

[Was52] Wasow, W. R., 1952. "A Note on Inversion of Matrices by Random Walks," Mathematical Tables and Other Aids to Computation, Vol. 6, pp. 78-81.

[Wat89] Watkins, C. J. C. H., Learning from Delayed Rewards, Ph.D. Thesis, Cambridge Univ., England.

[WeB99] Weaver, L., and Baxter, J., 1999. "Reinforcement Learning From State and Temporal Differences," Tech. Report, Department of Computer Science, Australian National University.

[Web92] Weber, R., 1992. "On the Gittins Index for Multiarmed Bandits," Annals of Applied Probability, Vol. 2, pp. 1024-1033.

[Wei88] Weiss, G., 1988. "Branching Bandit Processes," Probab. Eng. Inform. Sci., Vol. 2, pp. 269-278.

[Wer09] Werbos, P. J., 2009. "Intelligence in the Brain: A Theory of How it Works and How to Build it," Neural Networks, Vol. 22, pp. 200-212.

[Wes77] Wessels, J., 1977. "Markov Programming by Successive Approximations with Respect to Weighted Supremum Norms," J. Math. Anal. Appl., Vol. 58, pp. 326-335.

[WhK80] White, C. C., and Kim, K., 1980. "Solution Procedures for Partially Observed Markov Decision Processes," J. Large Scale Systems, Vol. 1, pp. 129-140.

[WhS92] White, D., and Sofge, D., (Eds.), 1992. Handbook of Intelligent Control, Van Nostrand, N. Y.

[Whi63] White, D. J., 1963. "Dynamic Programming, Markov Chains, and the Method of Successive Approximations," J. Math. Anal. and Appl., Vol. 6, pp. 373-376.

[Whi78] Whitt, W., 1978. "Approximations of Dynamic Programs I," Math. Operations Research, Vol. 3, pp. 231-243.

[Whi79] Whitt, W., 1979. "Approximations of Dynamic Programs II," Math. Operations Research, Vol. 4, pp. 179-185.

[Whi80a] White, D. J., 1980. "Finite State Approximations for Denumerable State Infinite Horizon Discounted Markov Decision Processes: The Method of Successive Approximations," in Recent Developments in Markov Decision Processes, Hartley, R., Thomas, L. C., and White, D. J. (eds.), Academic Press, N. Y., pp. 57-72.

[Whi80b] Whittle, P., 1980. "Multi-Armed Bandits and the Gittins Index," J. Roy. Statist. Soc. Ser. B, Vol. 42, pp. 143-149.

[Whi81] Whittle, P., 1981. "Arm-Acquiring Bandits," The Annals of Probability, Vol. 9, pp. 284-292.

[Whi82] Whittle, P., 1982. Optimization Over Time, Wiley, N. Y., Vol. 1, 1982. Vol. 2, 1983.

[WiB93] Williams, R. J., and Baird, L. C., 1993. "Analysis of Some Incremental Variants of Policy Iteration: First Steps Toward Understanding Actor-Critic Learning Systems," Report NU-CCS-93-11, College of Computer Science, Northeastern University, Boston, MA.

[Wil92] Williams, R. J., 1992. "Simple Statistical Gradient Following Algorithms for Connectionist Reinforcement Learning," Machine Learning, Vol. 8, pp. 229-256.

[YaL08] Yao, H., and Liu, Z.-Q., 2008. "Preconditioned Temporal Difference Learning," Proc. of the 25th ICML, Helsinki, Finland.

[Ye05] Ye, Y., 2005. "A New Complexity Result on Solving the Markov Decision Problem," Mathematics of Operations Research, Vol. 30, pp. 733-749.

[YuB04] Yu, H., and Bertsekas, D. P., 2004. "Discretized Approximations for POMDP with Average Cost," Proc. of the 20th Conference on Uncertainty in Artificial Intelligence, Banff, Canada.

[YuB06a] Yu, H., and Bertsekas, D. P., 2006. "On Near-Optimality of the Set of Finite-State Controllers for Average Cost POMDP," Lab. for Information and Decision Systems Report LIDS-P-2689, MIT; Mathematics of Operations Research, Vol. 33, 2008, pp. 1-11.

[YuB06b]   Yu, H., and Bertsekas, D. P., 2006. "Convergence Results for Some Temporal Difference Methods Based on Least Squares," Lab. for Information and Decision Systems Report LIDS-P-2697, MIT; IEEE Trans. on Aut. Control, Vol. 54, 2009, pp. 1515-1531.

[YuB07]   Yu, H., and Bertsekas, D. P., 2007. "A Least Squares Q-Learning Algorithm for Optimal Stopping Problems," Proc. European Control Conference 2007, Kos, Greece, pp. 23682375; an extended version appears in Lab. for Information and Decision Systems Report LIDS-P-2731, MIT.

[YuB08]   Yu, H., and Bertsekas, D. P., 2008. "Error Bounds for Approximations from Projected Linear Equations," Lab. for Information and Decision Systems Report LIDS-P-2797, MIT, July 2008; Mathematics of Operations Research, Vol. 35, 2010, pp. 306-329.

[YuB09]   Yu, H., and Bertsekas, D. P., 2009. "Basis Function Adaptation Methods for Cost Approximation in MDP," Proceedings of 2009 IEEE Symposium on Approximate Dynamic Programming and Reinforcement Learning (ADPRL 2009), Nashville, Tenn.

[YuB11a]   Yu, H., and Bertsekas, D. P., 2011. "On Boundedness of Q-Learning Iterates for Stochastic Shortest Path Problems," Lab. for Information and Decision Systems Report LIDS-P-2859, MIT; to appear in Mathematics of Operations Research.

[YuB11b]   Yu, H., and Bertsekas, D. P., 2011. "Q-Learning and Policy Iteration Algorithms for Stochastic Shortest Path Problems," Lab. for Information and Decision Systems Report LIDS-P-2871, MIT; to appear in Annals of Operations Research.

[YuB12]   Yu, H., and Bertsekas, D. P., 2012. "Weighted Bellman Eqations and their Applications in Dynamic Programming," Lab. for Information and Decision Systems Report LIDS-P-2876, MIT.

[Yu05]   Yu, H., 2005. "A Function Approximation Approach to Estimation of Policy Gradient for POMDP with Structured Policies," Proc. of the 21st Conference on Uncertainty in Artificial Intelligence, Edinburgh, Scotland.

[Yu06]   Yu, H., 2006. Approximate Solution Methods for Partially Observable Markov and Semi-Markov Decision Processes, Ph.D. Thesis, Dept. of EECS, M.I.T., Cambridge, MA.

[Yu10a]   Yu, H., 2010. "Least Squares Temporal Difference Methods: An Analysis Under General Conditions," Technical report C-2010-39, Dept. Computer Science, Univ. of Helsinki.

[Yu10b]   Yu, H., 2010. "Convergence of Least Squares Temporal Difference Methods Under General Conditions," Proc. of the 27th ICML, Haifa, Israel.

[Yu11]   Yu, H., 2011. "Stochastic Shortest Path Games and Q-Learning," Lab. for Information and Decision Systems Report LIDS-P-2875, MIT.

[ZhH01]   Zhou, R., and Hansen, E. A., 2001. "An Improved Grid-Based Approximation Algorithm for POMDPs," In Int. J. Conf. Artificial Intelligence, Seattle, WA.

[ZhL97]   Zhang, N. L., and Liu, W., 1997. "A Model Approximation Scheme for Planning in Partially Observable Stochastic Domains," J. Artificial Intelligence Research, Vol. 7, pp. 199-230.

图 书 资 源 支 持

感谢您一直以来对清华大学出版社图书的支持和爱护。为了配合本书的使用，本书提供配套的资源，有需求的读者请扫描下方的"书圈"微信公众号二维码，在图书专区下载，也可以拨打电话或发送电子邮件咨询。

如果您在使用本书的过程中遇到了什么问题，或者有相关图书出版计划，也请您发邮件告诉我们，以便我们更好地为您服务。

我们的联系方式：

地　　址：北京市海淀区双清路学研大厦 A 座 714

邮　　编：100084

电　　话：010-83470236　010-83470237

资源下载：http://www.tup.com.cn

客服邮箱：tupjsj@vip.163.com

QQ：2301891038（请写明您的单位和姓名）

用微信扫一扫右边的二维码,即可关注清华大学出版社公众号。

教学资源·教学样书·新书信息

人工智能科学与技术
人工智能|电子通信|自动控制

资料下载·样书申请

书圈